物理无机化学：
反应、机理和应用

〔美〕安德烈亚·巴卡奇（Andreja Bakac） 著

刘春元 孟 苗 译

科学出版社

北京

图字：01-2018-1009 号

内 容 简 介

物理无机化学是一个非常宽泛的研究领域。安德烈亚·巴卡奇的著作《物理无机化学》(*Physical Inorganic Chemistry*)在 2010 年由 Wiley 出版发行，全书分上、下两卷。上卷系统地介绍了物理无机化学研究的方法、技术和模型，下卷（本书）着重讨论金属配合物的反应、机理和应用，内容涵盖当前无机化学与化学生物学研究的热点问题，如小分子（O_2、H_2、CO_2 和 NO）和碳-氢键的活化及能量转换与储存。全书各章节均由该领域杰出科学家撰稿。其特色是依据化合物的结构和性质对反应进行分类并从机理上阐述各类反应的特征与应用。

本书可作为化学专业研究生教学参考用书。

PHYSICAL INORGANIC CHEMISTRY: REACTIONS, PROCESSES, AND APPLICATIONS By ANDREJA BAKAC, ISBN: 978-0-470-22420-5 (cloth)

Copyright @2010 by John Wiley & Sons, Inc.

All Rights Reserved. This translation published under license. Authorized translation from the English language edition, Published by John Wiley & Sons. No part of this book may be reproduced in any form without the written permission of the original copyrights holder

Copies of this book sold without a Wiley sticker on the cover are unauthorized and illegal

本书中文简体中文字版专有翻译出版权由 John Wiley & Sons, Inc.授予科学出版社。未经许可，不得以任何手段和形式复制或抄袭本书内容。

本书封底贴有 Wiley 防伪标签，无标签者不得销售。

图书在版编目 (CIP) 数据

物理无机化学：反应、机理和应用 /（美）安德烈亚·巴卡奇（Andreja Bakac）著；刘春元，孟苗译. --北京：科学出版社，2025.7

书名原文：Physical Inorganic Chemistry: Reactions, Processes, and Applications

ISBN 978-7-03-073954-4

Ⅰ.①物… Ⅱ.①安… ②刘… ③孟… Ⅲ.①物理化学－无机化学 Ⅳ.①O64

中国版本图书馆 CIP 数据核字（2022）第 221238 号

责任编辑：彭婧煜 郭 会 / 责任校对：郝璐璐
责任印制：赵 博 / 封面设计：义和文创

科学出版社 出版

北京东黄城根北街 16 号
邮政编码：100717
http://www.sciencep.com

三河市骏杰印刷有限公司印刷
科学出版社发行 各地新华书店经销

*

2025 年 7 月第 一 版　开本：787×1092　1/16
2025 年 10 月第二次印刷　印张：31　插页：2
字数：734 000

定价：248.00 元

（如有印装质量问题，我社负责调换）

译 者 序

当前化学已成为在分子水平上解决人类生存与发展的基本问题，以及改善人们生活的物质条件和自然环境的一个重要手段，突出体现在材料、能源、生物以及生命健康等多个领域。就此而言，一类特殊的分子——由金属中心和辅助配体构成的配位化合物，发挥了重要作用。这种作用是分离的金属离子和配体或两者的混合物所不具备的，如金属配合物的催化作用；此外，这类"合二为一"的分子还可能与生物进化产生的功能性大分子密切相关，并表现出相似的功效，例如，环系四氮杂铁配合物与血红素铁酶。长期以来，国内外许多课题组为探究这种"作用"、"相关性"和"功效"做出了不懈的努力。感谢美国埃姆斯国家实验室无机化学家 Andreja Bakac（安德烈亚·巴卡奇）及合作者，他们把从事该领域研究所需的知识储备凝聚在《物理无机化学：反应、机理和应用》（*Physical Inorganic Chemistry: Reactions, Processes, and Applications*）一书中。

电子转移是化学体系最简单的基元反应，也是化学反应的核心，在此专著中被作者精心编排在第 1 章。书中不但系统地介绍了 Marcus 电子转移理论的核心内容，还通过具体反应详细阐述了该理论的实际应用。全书涵盖了当代化学各新兴领域，并从机理角度，深入细致地阐述化学反应的实质和规律性，它的价值在于为读者提供了宽广、有益的背景知识。因此，该书既可作为研究生课程教学必要的知识补充，同时又为研究工作提供了全面、便捷的文献索引。

10 年前第一次阅读这本新上架的英文专著时，便产生了将其推荐给相关领域研究者的愿望。原作者巴卡奇教授欣然同意了我们的这一请求——翻译并出版这本书的中文版，在此深表感谢。

谭颖宁博士、刘霄副研究员和朱光远实验师以及历年来课题组研究生参与了部分章节的译校和绘图工作。

付梓之际，非常感谢为此书出版作出贡献的所有老师和学生。该书的出版得到了暨南大学、国家基金委和科学出版社的大力支持，在此一并致以诚挚谢意。

译 者
2025.5

序

　　这本书是《物理无机化学：原理、方法与模型》(*Physical Inorganic Chemistry: Principles, Methods, and Models*) 的自然延续，那本包含十章内容的著作从一个机理化学家的视角描述了物理无机化学的方法、技术和模型。本书提供了对许多反应的深入理解，这些反应在太阳能、氢能、生物可再生能源、催化、环境、大气和人类健康等领域发挥着关键作用。本书不是要描述某一特定化学领域的反应类型，而更像是机理化学家比其他领域化学家对这些反应更系统和深入的研究、扩展和应用。本书主题包括电子转移（Weinstock 和 Snir）、氢原子和质子耦合电子转移（Fukuzumi）、氧原子转移（Abu-Omar）、金属中心的配体取代（Swaddle）、无机自由基（Stanbury）、有机金属自由基（Kégl、Fortman、Temprado 和 Hoff）、氧的活化（Rybak-Akimova）、氢气（Kubas 和 Heinekey）、二氧化碳（Joó）和一氧化氮（Olabe）。最后，Gunnoe 和 Meyer 在各自的章节中介绍了碳-氢键活化以及太阳能光化学中的最新进展。

　　我要感谢这群敬业的科学家们的辛勤工作和专业精神，通过我们的共同努力，这个艰难的项目得以顺利完成。我还要感谢我的家人、朋友和同事，他们在整个项目期间给予了我宝贵的支持和鼓励。特别感谢我的编辑 Anita Lekhwni，她为本书的创作过程提供了许多想法和专业建议。

Andreja Bakac

贡 献 者

马赫迪·阿布-奥马尔（Mahdi M. Abu-Omar）：美国印第安纳州西拉斐特，普渡大学，化学系

乔治·福特曼（George C. Fortman）：美国佛罗里达州科勒尔盖布尔斯，迈阿密大学，化学系

福住俊一（Shunichi Fukuzumi）：日本大阪吹田市，大阪大学工程研究院，材料与生命科学系

托马斯·布伦特·冈诺（Thomas Brent Gunnoe）：美国弗吉尼亚州夏洛茨维尔，弗吉尼亚大学，化学系

丹尼斯·迈克尔·海尼基（Dennis Michael Heinekey）：美国华盛顿西雅图，华盛顿大学，化学系

卡尔·霍夫（Carl D. Hoff）：美国佛罗里达州科勒尔盖布尔斯，迈阿密大学，化学系

费伦茨·约（Ferenc Joó）：匈牙利德布勒森大学匈牙利科学院物理化学研究所，匈牙利德布勒森均相催化研究组

陶马什·凯格尔（Tamás Kégl）：匈牙利维斯普雷姆，潘诺尼亚大学，有机化学系

格雷戈里·库巴斯（Gregory J. Kubas）：美国新墨西哥州洛斯阿拉莫斯，国家实验室化学科

杰拉尔德·迈耶（Gerald J. Meyer）：美国马里兰州巴尔的摩市，约翰斯·霍普金斯大学，化学系

乔斯·奥拉比（José A. Olabe）：阿根廷布宜诺斯艾利斯，布宜诺斯艾利斯大学精密科学自然科学学院，无机、分析和物理化学系

埃琳娜·雷巴克-阿基莫娃（Elena V. Rybak-Akimova）：美国马萨诸塞州梅德福，塔夫茨大学，化学系

奥菲尔·斯尼尔（Ophir Snir）：以色列比尔谢瓦，内盖夫本古里安大学，化学系

大卫·斯坦伯里（David M. Stanbury）：美国亚拉巴马州奥本市，奥本大学，化学系

托马斯·斯瓦德尔（Thomas W.Swaddle）：加拿大卡尔加里，卡尔加里大学，化学系

曼纽尔·滕普拉多（Manuel Temprado）：美国佛罗里达州科勒尔盖布尔斯，迈阿密大学，化学系

艾拉·温斯托夫（Ira A.Weinstock）：以色列贝尔谢瓦，内盖夫本古里安大学，化学系

目　　录

译者序
序
贡献者
第1章　电子转移反应···1
　1.1　引言···1
　1.2　理论背景与实用模型···1
　　1.2.1　溶液中硬球之间的碰撞速率··2
　　1.2.2　势能面···3
　　1.2.3　弗兰克-康顿原理与外层电子转移····································4
　　1.2.4　绝热电子转移··4
　　1.2.5　Marcus方程···5
　　1.2.6　Marcus方程的适用形式···7
　　1.2.7　Marcus理论其他相关方面——反转区······························9
　　1.2.8　核隧穿···11
　　1.2.9　带电物种的反应与电解质理论的重要性·························12
　1.3　Marcus模型应用指南···14
　　1.3.1　遵循带电物种间的碰撞速率模型····································15
　　1.3.2　电子自交换速率表达式··18
　　1.3.3　Marcus交叉关系··20
　　1.3.4　电解质离子与电子给体或受体之间的离子配对·················25
　1.4　结论··27
　参考文献··27
第2章　氢和氢负离子转移反应中的质子耦合电子转移·······························30
　2.1　引言···30
　2.2　一步式HAT和连续式PCET之间的机理界限·····························32
　2.3　电子转移与氢键相互作用的一步式与分步式反应机理···············36
　　2.3.1　通过质子化氨基酸形成氢键··36
　　2.3.2　分子内氢键··41
　2.4　氢负离子转移反应中的连续式电子转移和质子转移路径···········44
　　2.4.1　NADH类似物对醌的氢负离子还原··································44
　　2.4.2　NADH类似物对高价金属-氧配合物的氢负离子还原··········48
　2.5　结论···54

参考文献 ·· 55

第3章 氧原子转移 ·· 60
3.1 引言 ·· 60
3.2 生物氧原子转移 ··· 62
3.2.1 细胞色素 P450 ·· 62
3.2.2 过氧化物酶 ··· 65
3.2.3 释放氧气的亚氯酸盐歧化酶 ·· 67
3.2.4 非血红素铁的氧原子转移 ··· 68
3.2.5 钼和钨氧转移酶 ·· 71
3.3 化学氧原子转移 ··· 75
3.3.1 高价态咔咯和咔咯嗪配合物 ·· 75
3.3.2 铼的 OAT 反应 ·· 77
3.3.3 环境中高氯酸盐的高价氧转移还原作用 ··· 80
3.3.4 水合金属离子的 OAT 反应 ·· 82
3.3.5 金属间 OAT：快与慢 ··· 83
3.4 结论 ·· 85
参考文献 ·· 85

第4章 过渡金属中心对氧键合及活化机理 ··· 89
4.1 引言 ·· 89
4.2 氧分子的氧化还原性质及其与过渡金属配合物的反应 ··· 90
4.2.1 氧分子的分步还原热力学 ··· 90
4.2.2 过渡金属配合物与氧分子的反应及金属-氧配合物的结构 ························ 93
4.2.3 生物氧载体与氧分子的可逆键合 ··· 94
4.3 单核金属配合物与双氧的反应 ··· 98
4.3.1 端接 1∶1 金属-过氧化物配合物的形成 ··· 99
4.3.2 侧接 1∶1 金属-超氧化物配合物的形成 ··· 107
4.3.3 金属-氧配合物的形成 ·· 113
4.4 双氧与两个金属中心的键合 ·· 116
4.4.1 由单核前驱体合成双核金属-氧配合物 ·· 117
4.4.2 以非血红素铁为例解释氧气与双核金属配合物的键合 ···························· 119
4.4.3 双氧与二铜配合物的键合：O—O 键断裂并生成双氧桥连化合物 ··········· 128
4.4.4 四电子双氧还原 ··· 131
4.5 金属-氧中间体的反应 ··· 132
4.5.1 金属酶的氧活化作用 ·· 132
4.5.2 在合成体系中生成金属-氧中间体 ··· 135
4.5.3 合成的金属超氧化物、金属过氧化物和金属-氧配合物的反应活性 ········ 136
4.6 结论 ·· 142

参考文献……143

第5章 氢气分子的活化……153
5.1 引言……153
5.2 H_2配合物的合成……155
5.3 H_2配合物的结构、成键及动力学……156
5.4 H_2配合物的反应活性：酸性和H—H键的异裂……159
5.5 生物和非金属体系中H_2的活化……161
5.6 H_2的储存和生产……162
5.7 H_2配合物的结构测定……163
5.7.1 衍射法……163
5.7.2 固态核磁共振谱……165
5.7.3 溶液核磁共振谱……165
5.8 H_2配位的振动光谱研究……169
5.8.1 η^2-H_2的振动模式：发现H_2配合物的线索……169
5.8.2 $W(H_2)(CO)_3(PCy_3)_2$的简正坐标分析……175
5.8.3 通过振动分析确定M-H_2键合的性质……177
5.8.4 拉伸型H_2配合物中高度混合的H-H和M-H_2振动模式：定义新的简正模式……178
5.8.5 不稳定H_2配合物的振动光谱……180
5.8.6 H_2配位和转动的非弹性中子散射研究……183
5.8.7 H_2与多孔固体的配位和INS研究……184
5.9 H_2配体配位和断裂中的同位素效应……187
5.9.1 H_2和D_2的键合平衡同位素效应比较……187
5.9.2 H_2配位中逆EIE的原因……188
5.9.3 EIE的温度依赖性……190
5.9.4 拉伸的H_2配合物和氧化加成过程的EIE……191
5.9.5 H_2氧化加成和还原消除的动力学同位素效应……192
参考文献……193

第6章 二氧化碳的活化……202
6.1 引言……202
6.2 CO_2分子及其配位性质……203
6.3 二氧化碳的实际利用……205
6.3.1 水杨酸的合成……205
6.3.2 尿素的合成……206
6.3.3 甲酸、甲酰胺和甲酸酯的合成……207
6.3.4 有机碳酸盐和聚碳酸酯的合成……214
6.4 二氧化碳作为C1原料的新兴应用……217
6.4.1 烃类的直接羧基化反应……217

	6.4.2	氨基甲酸酯的合成 ··· 219
	6.4.3	内酯和吡喃酮的合成 ··· 219
	6.4.4	甲烷重整为合成气及甲醇生产 ······································· 221
	6.4.5	二氧化碳的电化学和光化学还原 ···································· 222
6.5	结论 ·· 224	
参考文献 ·· 225		

第7章 键合一氧化氮及相关氧化还原衍生物的化学研究 ····················· 230
- 7.1 引言 ·· 230
- 7.2 金属亚硝基的键合作用：结构与反应性（Enemark-Feltham 理论） ······· 231
- 7.3 $n = 6$：以亲电反应为主的线形配合物 ································· 234
  - 7.3.1 X-射线结构、磁性、IR、UV-Vis 和穆斯堡尔光谱及理论证据 ········ 234
  - 7.3.2 亚硝基卟啉的键合和解离反应：NO 如何从"铁血红素"中释放出来？ ···· 237
  - 7.3.3 NO^+配合物的亲核加成反应：对 OH^-的动力学和计算研究 ········ 239
  - 7.3.4 SNP 与 N-键合亲核试剂的反应：以 N_2H_4 为例 ················· 245
- 7.4 $n = 7$：部分弯曲的 MNO 配合物——多样化的结构和反应性图景 ········· 247
  - 7.4.1 六配位和五配位配合物：红外、电子顺磁共振和穆斯堡尔光谱 ········ 247
  - 7.4.2 反式效应：NO 信号作用的关键 ··································· 250
  - 7.4.3 NO 配体交换：歧化反应 ·· 251
  - 7.4.4 氧的亲电加成 ··· 254
- 7.5 $n = 8$：强烈弯曲的 NO^-/HNO 配合物——质子化、解离和其他反应 ··· 256
- 7.6 连接异构体：末端配位-ON、η^1-ON "异亚硝基"和侧向配位-ON、η^2-NO ···· 258
- 7.7 光化学反应性 ·· 262
- 7.8 O-配位和 N-配位过氧亚硝酸根配合物 ································· 263
- 7.9 NO 和其他非无辜配体同时与金属配位：注入电子流向何处？ ············· 266
- 参考文献 ·· 270

第8章 金属配合物中的配体取代动力学 ····································· 276
- 8.1 引言 ·· 276
- 8.2 热力学、动力学和机理 ··· 276
- 8.3 机理分类 ·· 277
  - 8.3.1 第一步 ·· 278
  - 8.3.2 Langford-Gray 分类 ·· 279
  - 8.3.3 机理标准 ·· 279
- 8.4 最简单的配体取代反应：溶剂交换 ··································· 285
  - 8.4.1 水交换反应 ·· 287
  - 8.4.2 非水溶剂交换反应 ·· 296
- 8.5 八面体配合物的取代 ··· 299
  - 8.5.1 旁观配体和立体化学变化 ······································ 301

  8.5.2 立体效应 ··············· 303
  8.5.3 螯合物 ················ 304
 8.6 平面正方形配合物中的取代 ············ 305
 8.7 配体取代过程的计算机建模 ············ 308
 8.8 水生地球化学中的配体取代动力学和计算机模拟 ············ 310
 8.9 结论 ················ 312
 参考文献 ················ 313

第9章 无机自由基在水溶液中的反应 ············ 320
 9.1 引言 ················ 320
 9.2 二聚反应 ················ 320
 9.3 歧化反应 ················ 322
 9.4 质子转移反应 ················ 324
 9.5 羟基自由基产生反应 ············ 325
 9.6 与非自由基分子的缔合反应 ············ 326
 9.7 与其他自由基的结合 ············ 327
 9.8 亲核取代反应 ················ 327
 9.9 电子转移反应 ················ 328
 9.10 氢原子转移/质子耦合电子转移 ············ 331
 9.11 氧原子/阴离子的提取 ············ 333
 9.12 金属中心的配体取代反应 ············ 333
 9.13 亲核体辅助的电子转移反应 ············ 337
 9.14 其他三级反应 ················ 338
 9.15 自由基引发的还原裂解反应 ············ 338
 9.16 配体反应 ················ 338
 参考文献 ················ 341

第10章 有机金属自由基：热力学、动力学和反应机理 ············ 349
 10.1 引言 ················ 349
 10.2 历史 ················ 350
 10.3 用于表征金属自由基的光谱技术 ············ 352
 10.4 典型的有机金属自由基及其反应活性 ············ 355
  10.4.1 以 $Co(CO)_4$ 为代表的金属羰基自由基 ············ 355
  10.4.2 以 $M(CO)_3Cp$（M = Cr、Mo、W）为代表的取代基金属羰基自由基 ············ 356
  10.4.3 以 Rh（卟啉）为代表的金属卟啉自由基 ············ 372
  10.4.4 $Mo(NRAr)_3$ 作为含多个未成对电子的金属有机自由基代表 ············ 375
 10.5 配体中心反应性 ················ 378
 10.6 自旋态变化效应 ················ 381
 10.7 自由基体系的理论计算研究 ············ 383

10.7.1 金属有机自由基计算的一般考量 383
10.7.2 自由基配合物的结构和反应的研究 385
10.8 结论 396
参考文献 396

第 11 章 金属介导的碳-氢键活化 404

11.1 引言 404
11.2 金属与碳-氢键的键合和早期金属介导的碳-氢键活化的研究概述 404
11.3 碳-氢键活化机理 411
11.3.1 概述 411
11.3.2 氧化加成反应 412
11.3.3 σ键复分解反应 425
11.3.4 氧化加成还是σ键复分解反应？ 427
11.3.5 亲电取代反应 431
11.3.6 金属-杂原子键上的 1,2-加成反应 433
11.3.7 后过渡金属配合物中非氧化加成碳-氢键活化的反应模型 441
11.4 烷烃配位的研究 442
11.4.1 快速红外光谱 442
11.4.2 核磁共振波谱 444
11.5 结论 445
参考文献 445

第 12 章 锚定在半导体表面过渡金属化合物的太阳能光化学 450

12.1 引言 450
12.2 金属到配体电荷转移激发态 451
12.2.1 在纳米二氧化钛薄膜上的表现 453
12.2.2 配体场和配体定域激发态 456
12.3 电荷分离 458
12.3.1 界面电荷分离 461
12.3.2 还原态敏化剂的界面电荷分离 468
12.3.3 分子到颗粒的电荷转移 469
12.4 界面电荷重组 470
12.5 超分子敏化剂 471
12.6 结论 474
参考文献 474

彩图

第1章 电子转移反应

Ophir Snir,Ira A. Weinstock

1.1 引　　言

在过去的几十年里,马库斯(Marcus)模型被广泛用于无机电子转移反应的研究。尽管需要对理论作一些近似处理,以便简化描述并得到一个简单的二次方程,同时也要假设该模型适用于实际反应,但计算与实验观察的速率常数却常常惊人地一致。正因如此,Marcus 模型已成为评估电子转移反应性质的主要工具。本章旨在帮助化学工作者更好地利用这一模型,并从"反应化学家"[1]的视角进行讲解。1987 年,Eberson[2]出版的一本优秀专著为研究有机反应提供了宝贵的指导。本章将重点讨论无机反应,并详细阐述电解质理论、离子对等概念,同时结合实际案例进行分析,以便读者更好地将理论应用于实践。

本章从 Marcus 的外层电子转移理论入手,强调其主要特征,并建立起理论与实际应用之间的联系。

本章还包含对溶液中带电物质碰撞速率的讨论,以及盐和离子强度对这些碰撞的影响。这些工作早于 Marcus 模型,但为其发展提供了基础。碰撞速率与电解质模型,如 Smoluchowski、Debye 和 Hückel 模型,尽管在实际应用中并不常见,但它们的假设在特定情况下仍然适用。我们将探讨这些模型的假设,并强调它们在实际反应体系中可能不完全适用的情况。为了更好地应用 Marcus 模型,必须清楚模型在何种条件下无法有效适用,并明确计算与实验数据不一致的原因。

熟悉 Marcus 模型及交叉关系理论的人会意识到,很多发表的文章和教材中的"公式"与模型假设、术语定义以及应用所需的物理常数之间存在差异。在本章中,我们将解决这一问题,帮助那些希望将 Marcus 模型应用到自身研究中的研究人员。此外,通过含量纲的实例分析,合理选择物理常数与实验变量的单位能够使计算过程更简化。

涉及金属离子及其配合物的外层电子转移反应的文献多如牛毛,本章不可能全面概述这一领域的所有研究成果。然而,我们将从大量文献中筛选出具有指导性的例子。与传统的综述文章或外层电子转移研究相比,本章的分析更加详细。通常,文献的目的在于报告和讨论研究结果,而我们的目的是使读者能够自信地运用 Marcus 模型进行计算,并在自己的研究中获得可发表的结果。

1.2 理论背景与实用模型

Marcus 因其在电子转移反应理论方面的开创性工作获得了 1992 年诺贝尔化学奖,该理论的发展历史在他的诺贝尔获奖演讲中已有概述。Marcus 理论中应用最广泛的部分是关于外层电子转移反应的研究[3]。外层电子转移反应的特点是电子在给体和受体之间沿着反应坐标发生弱相互作用，这与通过化学键进行的内层电子转移反应完全不同。Marcus 的理论包括分子间（通常是双分子）电子转移、分子内电子转移以及异质（电极）反应。本章的背景介绍和模型分析主要聚焦于双分子电子转移。

本章的目的并不是要进行严格而全面的理论推导，而是帮助研究人员理解基本原理、经典模型及其假设条件。我们希望为领域新人提供实用的知识，使他们能够在自己的研究中运用 Marcus 模型的经典形式。

想要深入了解 Marcus 理论的读者可以参考众多优秀的综述文章和书籍，这些资料对该理论在化学、生物学和纳米科学中的应用进行了更为广泛的探讨。特别推荐 Marcus 和 Sutin[4] 的高被引综述文章，以及 Endicott[5]、Creutz 和 Brunschwig[6]、Stanbury[7] 的出色综述。此外，Balzano[8] 编辑的五卷丛书和 Eberson[2] 的专著也是非常有价值的参考书目。

1.2.1 溶液中硬球之间的碰撞速率

1942 年，德拜（Debye）将斯莫卢霍夫斯基（Smoluchowski）的方法扩展到了包含带电反应物种在含电解质的介电质中的静电效应，用以评估基本频率因子，该频率因子与溶液中随机扩散的中性粒子 D 和 A 的碰撞速率有关[9-11]。假设 D^n（带 n 电荷的电子给体）和 A^m（带 m 电荷的电子受体）通过碰撞形成瞬时的前驱体 D^n-A^m，得到了 Debye 的碰撞球体模型。此类反应的速率常数随着离子强度变化呈非线性变化，该模型与后来发展的电解质理论密切相关。

Marcus 等[12,13]进一步将该模型扩展到包括"给体"和"受体"在碰撞过程中发生的、短暂存在的 D^n-A^m 配合物之间的电子转移反应。在这种情况下，前驱体 D^n-A^m 发生电子转移生成短暂的后继配合物 $D^{(n+1)}$-$A^{(m-1)}$（如图式 1.1 所示）。Debye-Smoluchowski 模型对 D^n 和 A^m 之间的扩散控制碰撞速率的描述依然适用。这一点在 Marcus 模型的应用中具有重要意义，尤其在电子给体和电子受体参与的无机电子转移反应中。此时，只有其碰撞速率根据 Debye-Smoluchowski 模型随离子强度变化，此类反应物才可以合理地应用 Marcus 模型评估此类反应。本节的结尾将讨论如何通过电解质理论验证某一反应是否适合使用 Marcus 模型进行评估。

$$D^n + A^m \underset{}{\overset{\text{快速}}{\rightleftharpoons}} [D^n, A^m] \underset{k_{\text{ret}}}{\overset{k_{\text{fet}}}{\rightleftharpoons}} [D^{(n+1)}, A^{(m-1)}] \overset{\text{快速}}{\rightleftharpoons} D^{(n+1)} + A^{(m-1)}$$

反应物　　　　前驱体　　　　　　后继配合物　　　　　产物

图式 1.1

电子转移发生后［在图式 1.1 中，沿反应坐标从 D^n-A^m 过渡到 $D^{(n+1)}$-$A^{(m-1)}$］，后继配合物解离，形成电子转移的最终产物 $D^{(n+1)}$ 和 $A^{(m-1)}$。区分后继配合物和最终产物很重要，因为 Marcus 模型描述的速率常数是前驱体和后继配合物（而不是反应物和最终产物）之间能量差的函数。

1.2.2 势能面

如上所述,外层电子转移反应的特点是,转移电子所占据的给体和受体原子或分子轨道之间不存在强烈的电子相互作用(例如化学键的形成)。然而,直观上可以理解,外层电子转移反应依然需要给体和受体的轨道之间存在某种形式的电子"通讯"。文献中将此现象称为"耦合"、"电子相互作用"或"电子云重叠",其相互作用能通常约小于 1 kcal[①]/mol。相比之下,内层电子转移反应通常涉及反应物之间的共价键形成,并且伴随着配体交换或原子转移(如 O、H、H^- 或 Cl^- 等)。

图 1.1 展示了两个 N 维势能面相交的二维表示[4]。曲线表示多维(N 维)构型空间中反应物和产物的能量及空间位置,x 轴表示所有原子核运动的坐标。反应物与周围介质的相互关系由 R 曲线表示,产物与介质的相互关系由 P 曲线表示。每条曲线的最小值(即点 A 和 B)代表前驱体和后继配合物的平衡核构型及其能量,而非单独的反应物或产物。因此,反应物和产物之间的能量差(A 和 B 之间的差值)不是总反应的标准吉布斯(Gibbs)自由能 ΔG°,而是"校正后"的 Gibbs 自由能 $\Delta G^{\circ\prime}$。对于带电物种的反应,ΔG° 和 $\Delta G^{\circ\prime}$ 之间的差异可能较大。

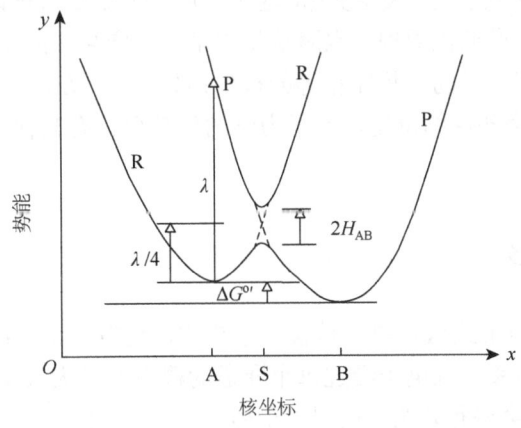

图 1.1 外层电子转移反应势能面

反应物与周围介质的势能面标记为 R,而产物与周围介质的势能面标记为 P;虚线表示由于反应物之间的电子相互作用而产生的分裂;A 和 B 分别表示反应物和产物的平衡构型的核坐标,而 S 表示两个势能面相交处的核构型

两个势能面在图 1.1 中的 S 点相交,形成一个新的曲面。该曲面的维度(N−1 维)较反应物 R 和产物 P 的势能面少了一个自由度。反应物之间的弱电子作用导致势能面的裂分。这引起反应物与产物电子态的耦合(轨道混合引起的共振能),由电子矩阵元 H_{AB} 描述。H_{AB} 等于 R 和 P 曲线相交处上下曲线间距的一半。虚线表示在完全没有电子相互作用的情况下的反应路径。

---

① 1 cal = 4.1868 J

从图 1.1 可以理解内层和外层过程的主要区别。由于"键合"过渡态需要较强的电子相互作用，前者对应于较大的势能面分裂。1983 年诺贝尔化学奖获得者亨利·陶布（Henry Taube）研究的无机反应机理就是一个典型的例子。在一个著名实验中，他研究了在酸性条件下，电子从不稳定的高自旋$[Cr^{II}(H_2O)_6]^{2+}$（d^4）传递到稳定的$[(NH_3)_5Co^{III}Cl]^{2+}$（$d^6$）配合物。随着电子转移，溶液颜色也发生了变化，蓝色的$[Cr^{II}(H_2O)_6]^{2+}$与紫色的$[(NH_3)_5Co^{III}Cl]^{2+}$混合后生成了深绿色且非易解离的$[(H_2O)_5Cr^{III}Cl]^{2+}$和易解离且高自旋的$[Co^{II}(H_2O)_6]^{2+}$ [式（1.1）][14, 15]。

$$\underset{\text{蓝色}}{\left[Cr^{II}(H_2O)_6\right]^{2+}} + \underset{\text{紫色}}{\left[(NH_3)_5Co^{III}Cl\right]^{2+}} + 5H^+ \longrightarrow \underset{\text{绿色}}{\left[(H_2O)_5Cr^{III}Cl\right]^{2+}} + \left[Co^{II}(H_2O)_6\right]^{2+} + 5NH_4^+$$

(1.1)

在实验中，Taube 使用了放射性 Cl^- 标记的$[(NH_3)_5Co^{III}Cl]^{2+}$，证明即便溶液中存在 Cl^-，电子仍通过直接（内层）途径发生转移，导致放射性 Cl^- 与最终产物中的 Cr^{III} 配位。

1.2.3 弗兰克-康顿原理与外层电子转移

相对于原子核，电子的质量极小。因此，电子转移速度远远快于原子核的运动，以至于在电子转移过程中，核坐标几乎没有发生变化，这就是弗兰克-康顿（Frank-Condon）原理的核心。

电子转移反应不仅遵循该原理，也服从热力学第一定律（能量守恒）。电子转移仅在反应物和产物与其周围介质的总势能相等的核坐标处发生。在图 1.1 中，两个势能面的交点 S 是唯一满足这两个条件的位置。量子力学的处理允许有其他可能性，例如后续讨论的"核隧穿"现象。

1.2.4 绝热电子转移

Marcus 方程的经典形式假设电子转移是绝热的，这意味着系统以足够慢的速度经过交点，然后发生电子转移，且电子经过每个通道的概率非常大（接近 1）。该概率称为透射系数 κ，在后续部分会进行定义。根据量子力学定义，"绝热"表示核坐标变化非常缓慢，系统在反应坐标上行进时（有效地）始终处于平衡态。根据薛定谔方程，系统的起始本征态会平滑地转变为最终本征态。在绝热极限下，系统从初始状态到最终状态所需的时间接近无穷大（即$[t_f-t_i]\to\infty$）。

$$\left|\Psi(x,t_f)\right|^2 \neq \left|\Psi(x,t_i)\right|^2 \quad (1.2)$$

当系统快速通过交点时，前述条件甚至近似都无法满足，通常会表现为从反应物曲线 R（在交点 S 之前）"跳跃"到产物曲线 P（在交点 S 之后）。这种情况被称为非绝热电子转移，电子经过每个通道的概率很小（即 $\kappa \ll 1$）。此时核坐标的变化速度非常快，系统无法保持在平衡态。处于非绝热极限时，系统通过交点 S 的时间间隔接近零（即$[t_f-t_i]\to 0$），此时初始状态和最终状态的概率密度分布函数保持不变。

$$\left|\Psi(x,t_f)\right|^2 = \left|\Psi(x,t_i)\right|^2 \quad (1.3)$$

另一个导致非绝热现象的因素是反应物之间的电子相互作用极其微弱。此时 κ 的数值远小于 1，势能面的分裂也非常小。换句话说，在 R 和 P 曲线的交点处，反应物之间的电子交流不足以促进电子态从反应物到产物的转变。在图 1.1 中，这意味着交点 S 处的分裂非常小，系统沿下表面的绝热路径几乎不会发生电子转移。

此处描述的"快"与"慢"是指系统通过交点 S 的速度，反映了核运动频率的高低。因此，"核频率"在电子转移的量子力学处理中起着重要作用。

1.2.5 Marcus 方程

在外层电子转移反应的理论处理中，Marcus 提出了一个二次方程 [式（1.4）]，将活化自由能 $\Delta G^{\ddagger}$ 与校正后的 Gibbs 自由能 $\Delta G^{o\prime}$ 关联起来[2, 4, 13]。

$$\Delta G^{\ddagger} = \frac{z_1 z_2 e^2}{D r_{12}} \exp(-\chi r_{12}) + \frac{\lambda}{4}\left(1 + \frac{\Delta G^{o\prime}}{\lambda}\right)^2 \quad (1.4)$$

式中，$\Delta G^{o\prime}$ 和 λ 如图 1.1 所示；χ 是 Debye 半径的倒数 [式（1.5）][11, 16]，表示为

$$\chi = \left(\frac{4\pi e^2}{DkT}\sum_i n_i z_i^2\right)^{1/2} \quad (1.5)$$

式中，D 是介质的介电常数；e 是电子电荷；k 是玻尔兹曼常数；$\sum_i n_i z_i^2 = 2\mu$，其中，μ 是电解质溶液的总离子强度，n_i 是物种 i 的摩尔浓度，z_i 是物种 i 的电荷（离子强度 μ 定义为 $\mu \equiv \frac{1}{2}\sum_i n_i z_i^2$）。

式（1.4）中的第一项源自 Debye 的碰撞球体模型：电子给体和电子受体被视为半径分别为 r_1 和 r_2 的球体，其电荷分别为 z_1 和 z_2。这一项描述了将两个无限远的球体移至两球心距离为 $r_{12} = r_1 + r_2$ 所需的静电能（库仑作用力），此距离也被视为前驱体配合物 D^n-A^m 的最短距离。考虑介电常数 D 和总离子强度 μ 的影响，库仑项的大小由因子 $\exp(-\chi r_{12})$ 加以修正。

式（1.4）中校正后的 Gibbs 自由能 $\Delta G^{o\prime}$ 不同于前驱体和后继配合物之间的自由能差。常见的 Gibbs 自由能 ΔG^o 表示分离反应物与产物之间的自由能差，而校正后的 $\Delta G^{o\prime}$ 是反应物和产物电荷的函数，计算公式如式（1.6）所示，其中，z_2 是电子给体的电荷，z_1 是电子受体的电荷。

$$\Delta G^{o\prime} = \Delta G^o + (z_1 - z_2 - 1)\frac{e^2}{D r_{12}}\exp(-\chi r_{12}) \quad (1.6)$$

如果某一反应物是中性的（形式电荷为零），则式（1.4）中的静电校正项等于零。因此，在其他条件相同时，带负电的氧化剂与中性电子给体的反应比与带正电的电子给体的反应要快。这似乎与直觉相反，因为通常认为带相反电荷的物种之间的吸引力有助于反应的进行。换句话说，带相反电荷的物种之间的吸引力通常被视为有利于反应的。然

而，在某些情况下，例如杂多酸阴离子 $Co^{III}W_{12}O_{40}^{5-}$（$E^o = +1.0$ V）可以氧化标准电位高达 +2.2 V 的有机底物。这是因为电子转移产生的后继配合物中，氧化后的给体和受体之间的静电吸引使反应更加有利。这种吸引力降低了活化能，使得校正后的 Gibbs 自由能更为有利，从而使电子转移反应在动力学上变得可能[2, 17]。

当 $z_1-z_2 = 1$ 时（例如，当 z_1 和 z_2 分别等于 3 和 2、2 和 1、1 和 0、0 和 –1、–1 和 –2），静电校正项为零[2]。在这些情况下，前驱体配合物和后继配合物之间的 Gibbs 自由能差与分离的反应物和产物之间的 Gibbs 自由能差几乎没有区别。ΔG^o 和给体及受体的标准还原电位 E^o 之间的关系为

$$\Delta G^o = -nFE^o \tag{1.7}$$

式中，n 为转移电子的数目；F 为法拉第常数。结合式（1.6），该公式通常用于根据电化学数据计算 $\Delta G^{o'}$。

在式（1.4）中，λ 是与电子转移相关的重组能，更具体地说，它是前驱体电子转化为后继配合物所需的重组能。如前所述，重组能可以分为内重组能和外重组能，分别用 $\lambda_{内}$ 和 $\lambda_{外}$ 表示。总重组能则是两者之和，如式（1.8）所示。

$$\lambda = \lambda_{内} + \lambda_{外} \tag{1.8}$$

其中，内重组能是由于电子转移引起的给体和受体分子或配合物的键长和键角（包括平面内角和扭转角）变化。电子转移后，后继配合物的电子性质和电荷分布与前驱体不同，这也会导致周围溶剂分子的朝向发生变化，从而产生与外重组能相关的能量消耗。

如果将反应物的化学键视为谐振子，则可以通过式（1.9）来计算内重组能。

$$\lambda_{内} = \sum_j \frac{f_j^r f_j^p}{f_j^r + f_j^p} (\Delta q_j)^2 \tag{1.9}$$

式中，f_j^r 是反应物中第 j 项简正模式的力常数；f_j^p 是产物中的力常数；Δq_j 是第 j 项简正坐标平衡值的变化量。

当将溶剂作为介电连续体处理时，外重组能可通过简化表达式得到[18]。为此，假设配位外层的介电极化对电荷分布的变化呈线性响应，这样得到了介电极化的自由能跟荷电参数的二次函数关系。然后，Marcus 通过一个两步热力学循环计算得到 $\lambda_{外}$[19, 20]。这种处理可以使个体溶剂偶极子非谐振地移动，就像溶液中发生的那样。$\lambda_{外}$ 的表达式与电荷分布的几何模型选择有关。对于球形反应物，$\lambda_{外}$ 由式（1.10）给出。

$$\lambda_{外} = (\Delta e)^2 \left[\frac{1}{2r_1} + \frac{1}{2r_2} - \frac{1}{r_{12}}\right] \left[\frac{1}{D_{op}} - \frac{1}{D_s}\right] \tag{1.10}$$

式中，Δe 是反应物之间的电子转移量；r_1 和 r_2 是两个球形反应物的半径；r_{12} 是两球心之间的距离，通常接近 $r_1 + r_2$[18]；D_s 和 D_{op} 分别为溶剂的静态和光学介电常数。此模型将反应物视为"硬球"。对于非球形物种，需要更加复杂的模型，但这在实验化学中很少使用[21]。

1.2.6 Marcus 方程的适用形式

1.2.6.1 Eyring 方程与线性自由能关系

理论上，以 $\lambda_{外}$ 作为可变参数，可以通过一系列反应的 $\Delta G^{\ddagger}$ 对应于 $\Delta G^{o\prime}$ 的图采取非线性回归来拟合 Marcus 方程 [式 (1.4)]。为了获得合理的拟合结果，反应物和产物的形状、大小及电荷必须彼此相似。实验与计算曲线的良好拟合可以支持外层电子转移机理，λ 的拟合值为该参数的近似值。实验中，$\Delta G^{\ddagger}$ 无法直接测量，但双分子速率常数 k 可以通过艾林（Eyring）方程 [式 (1.11)] 计算。

$$k = \kappa Z \exp(-\Delta G^{\ddagger}/RT) \tag{1.11}$$

式中，$\Delta G^{\ddagger}$ 如式 (1.4) 所示；κ 为电子透射系数；Z 为碰撞频率，单位为 $M^{①-1}s^{-1}$；透射系数 κ 已在上文讨论。在应用中，κ 常被设为 1。尽管这种假设在许多情况下给出了合理的结果，但这只是 Marcus 方程经典形式中的众多假设之一。式 (1.4) 的展开式为式 (1.12)，其中库仑作用力项 [即式 (1.4) 右侧的第一项] 缩写为 $W(r)$。

$$\Delta G^{\ddagger} = W(r) + \frac{\lambda}{4} + \frac{\Delta G^{o\prime}}{2} + \frac{(\Delta G^{o\prime})^2}{4\lambda} \tag{1.12}$$

通过将式 (1.12) 代入式 (1.11) 中并进行自然对数变换，可以得到式 (1.13)。

$$RT\ln Z - RT\ln k = W(r) + \frac{\lambda}{4} + \frac{\Delta G^{o\prime}}{2} + \frac{(\Delta G^{o\prime})^2}{4\lambda} \tag{1.13}$$

对于一系列反应，以 λ 作为可变参数，通过非线性回归拟合可以绘制 $\ln k$ 与 $\Delta G^{o\prime}$ 的关系图。

当 $|\Delta G^{o\prime}| \ll \lambda$ 时，式 (1.12) 的最后一项可以忽略，Marcus 方程可以近似为线性自由能关系（linear free energy relation, LFER）[式 (1.14)]。

$$\Delta G^{\ddagger} = W(r) + \frac{\lambda}{4} + \frac{\Delta G^{o\prime}}{2} \tag{1.14}$$

理论上，如果一组相似反应的 λ 值彼此接近，且 $W(r)$ 值较小或保持恒定，则可以绘制 $\Delta G^{\ddagger}$ 对 $\Delta G^{o\prime}$ 的关系图，呈现线性关系，斜率为 0.5。如上所述，$\Delta G^{\ddagger}$ 的值几乎不可能直接测量。另一种用线性关系绘制数据的方法是应用式 (1.15) 和平衡常数 K，$K = A\exp(\Delta G^{o\prime}/RT)$，其中 A 为常数。如果一系列反应的平衡常数可以直接测得或计算得到，则可以绘制 $\ln k$ 与 $\ln K$ 的关系图 [式 (1.15)]。斜率为 0.5 的线性关系将证明它遵循常见的外层电子转移机理。

$$\ln k = \ln Z - \frac{W(r)}{RT} - \frac{\lambda}{4RT} + 0.5\ln K + \ln A \tag{1.15}$$

另一种有用的线性关系基于电化学数据，可以通过 $\Delta G^o = -nFE^o$ 计算得到。对于一

---

① M 表示 mol/L

组符合式（1.14）所讨论条件的外层电子转移反应，绘制 $\ln k$ 对 E° 的关系图，在 25℃时，当 $n=1$ 时，斜率为 $0.5(nF)/2.303RT$ 或 $8.5\ \text{V}^{-1}$[5]。上述所有方法都能用于获得系列相似反应的同一（或近似）λ 值。然而，λ 值通常可以通过电子自交换反应直接测量。

1.2.6.2 电子自交换

在许多情况下，ΔG° 可以很容易地通过电化学方法测得，而 λ 值的确定则更加困难。上述讨论的方法依赖于一系列类似反应的数据，而这些数据并不总是容易获得或有实际意义。另一种更直接的方法是通过电子自交换反应速率常数来确定 λ 值。这要求动力学方法能够测量配合物或分子单电子氧化态和还原态之间的电子交换速率。此外，还要求氧化或还原过程不会导致反应物发生快速、不可逆等进一步反应。因此，能够通过动力学方法测定 λ 值的电子自交换体系通常是可逆的或准可逆的氧化还原体系。

在自交换反应中，例如式（1.16）中的 A^m 和 A^{m+1}，$\Delta G^{\circ\prime}=0$。

$$^*A^m + A^{m+1} \rightleftharpoons {}^*A^{m+1} + A^m \tag{1.16}$$

在这个特例中，Marcus 方程简化为式（1.17）。

$$\Delta G^{\ddagger} = W(r) + \frac{\lambda}{4} \tag{1.17}$$

由于 $\Delta G^\ddagger$ 无法直接测量，λ_{11} 可以通过测量的自交换反应速率常数 k 并利用式（1.18）计算得出。假设 $\kappa=1$，将式（1.17）代入式（1.11）。

$$k = Z\exp\left[-\frac{W(r)+\lambda/4}{RT}\right] \tag{1.18}$$

对式（1.18）取自然对数可转换为线性形式［式（1.19）］。

$$RT\ln k = RT\ln Z - W(r) - \frac{\lambda}{4} \tag{1.19}$$

对于溶液中的反应，Z 通常为 $10^{11}\ \text{M}^{-1}\text{s}^{-1}$ 量级（有时也使用 $Z=6\times10^{11}\ \text{M}^{-1}\text{s}^{-1}$）[7]。要计算 $W(r)$，必须知道反应物的电荷和半径、溶剂的介电常数以及溶液的离子强度。然后，通过 k 计算重组能 λ_{11}。1.3 节将给出文献中的一些应用实例。

1.2.6.3 Marcus 交叉关系

如式（1.20）所示，如果 A^m 和 B^n 之间的电子转移不通过氧化还原关联，则该电子转移被称为 Marcus 交叉关系（Marcus cross-relation，MCR）。

$$A^m + B^{n+1} \rightleftharpoons A^{m+1} + B^n \tag{1.20}$$

Marcus 交叉关系是通过代数处理两个相关的电子自交换反应式（1.21）和式（1.22）得到的，其速率常数分别为 k_{11} 和 k_{22}，重组能分别为 λ_{11} 和 λ_{22}。

$$^*A^m + A^{m+1} \rightleftharpoons {}^*A^{m+1} + A^m,\ \text{速率常数}=k_{11} \tag{1.21}$$

$$^*B^m + B^{m+1} \rightleftharpoons {}^*B^{m+1} + B^m,\ \text{速率常数}=k_{22} \tag{1.22}$$

MCR 的建立基于假设：交叉电子转移反应的重组能 λ_{12} 等于两个对应自交换反应的重组能 λ_{11} 和 λ_{22} 的平均值。

$$\lambda_{12} \cong \frac{1}{2}(\lambda_{11} + \lambda_{22}) \tag{1.23}$$

仅当 A^m 和 B^{n+1} 的尺寸大小相同（即 $r_1 = r_2$）时，对 λ_{11} 和 λ_{22} 的外层分量（即 $\lambda_{11外}$ 和 $\lambda_{22外}$）取平均值才是合理的。后续章节将讨论给体和受体体积大小不同时，计算值与实验值可能出现较大差异。

式（1.23）中的假设用于推导 MCR [式（1.24）～式（1.26）]。

$$k_{12} = (k_{11}k_{22}K_{12}f_{12})^{1/2}C_{12} \tag{1.24}$$

其中

$$\ln f_{12} = \frac{1}{4}\frac{\left[\ln K_{12} + (w_{12} - w_{21})/RT\right]^2}{\ln(k_{11}k_{22}/Z^2) + (w_{11} - w_{22})/RT} \tag{1.25}$$

以及

$$C_{12} = \exp\left[-(w_{12} + w_{21} - w_{11} - w_{22})/2RT\right] \tag{1.26}$$

式中，Z 是指前因子；w_{ij} 是反应物种相关的库仑功项。如果已知 k_{22}，则可以利用 k_{12} 和式（1.24）～式（1.26）计算 k_{11}。式（1.19）将把 k_{11} 与重组能 λ_{11} 关联起来。对于电荷较小的分子，C_{12} 和 f_{12} 常趋近于 1[4, 22]。但对于带电的无机配合物反应，公式中的每一项都很重要。

1.2.7 Marcus 理论其他相关方面——反转区

Marcus 模型预测，随着 $\Delta G^{o\prime}$ 的绝对值减小（电子转移在热力学上变得更加有利），电子转移速率常数减小。通常来说，反应越有利，反应速度越快，因此这种现象似乎违反直觉。然而，在 Marcus 反转区，情况恰好相反：热力学上更有利的反应反而速度更慢。因此，发生这种现象的放热区域被称为"反转区"。1960 年，Marcus 等[13, 22]预测了这种现象，二十多年后才获得首个实验支持的证据[23]。

在一系列具有相似 λ 值但不同 $\Delta G^{o\prime}$ 的相关反应中，活化自由能 $\Delta G^{\ddagger}$ 与 $\Delta G^{o\prime}$ 的关系图 [来自式（1.12）] 可以划分为两个区域。在第一个区域（正常区）中，随着 $\Delta G^{o\prime}$ 从零减小到负值，$\left|\Delta G^{o\prime}\right| < \lambda$ 时，$\Delta G^{o\prime}$ 越负，反应驱动力越大，反应速度越快。当 $\Delta G^{o\prime}$ 达到 $-\lambda$ 时，对于 $W(r) = 0$ 的反应，$\Delta G^{\ddagger}$ 为零；对于 $W(r) \neq 0$ 的反应，$\Delta G^{\ddagger} = W(r)$。在反转区，随着 $\Delta G^{o\prime}$ 继续变负，$\Delta G^{\ddagger}$ 增大，反应速度下降。

图 1.2 描述了 $\ln k$ 与 $-\Delta G^{o\prime}$ 之间的依赖关系。在正常区（Ⅰ～Ⅱ 的区域），随着 $-\Delta G^{o\prime}$ 增大，反应速度增加；在 $-\Delta G^{o\prime} = \lambda$ 时达到最大值（点Ⅱ）；在反转区（Ⅱ～Ⅲ 的区域），随着 $-\Delta G^{o\prime}$ 进一步增大，$\ln k$ 开始降低。

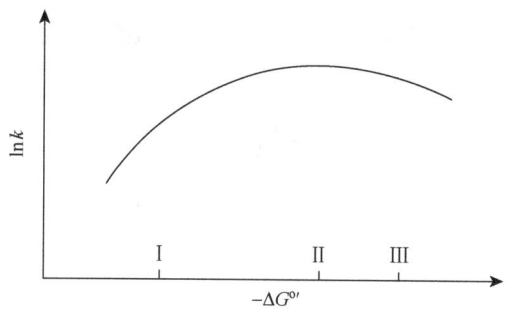

图 1.2　$\ln k$ 与 $-\Delta G^{o\prime}$ 关系图

Ⅰ～Ⅱ的区域为正常区，Ⅱ～Ⅲ的区域为反转区，在Ⅱ点时，$-\Delta G^{o\prime}=\lambda$，$\ln k$ 达到最大值

通过图1.1可以理解这一原因。图1.1展示了在正常区中反应物（R）和产物（P）势能面的相对位置。为了进入反转区，$\Delta G^{o\prime}$ 必须变得更负。这相当于在图1.1中将P势能面置于相对低于R势能面。随着这一过程的进行，自由能势垒 $\Delta G^{\ddagger}$ 会降低，直到在 $\Delta G^{o\prime}=-\lambda$ 时变为零。在这一点上，R和P势能面的交点位于R能量曲线的最低点，反应不再具有活化势垒。$\Delta G^{o\prime}$ 进一步降低则会使R和P势能面的交点处的能量升高。这对应于活化势垒 $\Delta G^{\ddagger}$ 的增加，以及反应速率的下降。这种情况，即反转区，展示在图1.3。图中描绘了反应物和产物能量面在反转区中的相对位置。

通过观察高度放热的电子转移反应引发的化学发光，首次间接证明了反转区的存在，表明形成了电子激发态产物（P势能面）。当产物基态的P势能面与R势能面相交于高能点（图1.3），反应速率减慢。在这种情况下，相比于热力学有利的电子转移到产物基态（P势能面），电子更容易转移到激发态（P*势能面）。Bard 等[24]观察到了这种电子转移到P*势能面的现象，以及其随后的能量释放引起的化学发光。几年后，直接的实验结果验证了反转区的存在[25, 26]。

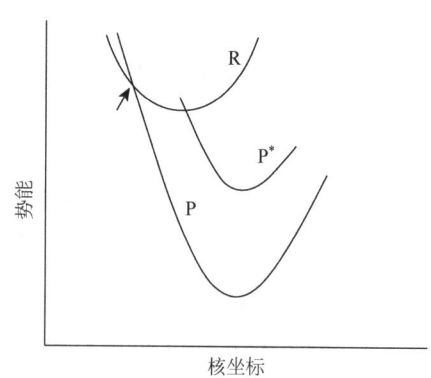

图 1.3　Marcus 反转区势能面

在这种高度放热的反应中，P势能面的能量下降到某一程度，以至于其能量的进一步降低导致更大的活化能和更小的速率常数。箭头指示R和P势能面的相交处（未显示由于电子耦合引起的表面裂分）。P*势能面描述了一种能量上不太有利但更快的从R势能面到一个产物电子激发态的跃迁（详见文中的讨论）

1.2.8 核隧穿

Marcus 方程（及其衍生出的其他有用关系式）是一种特殊情况，其特征是电子在反应物和产物势能面交点处发生绝热电子转移。该交点（图 1.1 中的 S）定义了核坐标和电子转移过渡态的能量。本节将讨论一种量子力学现象，即电子转移发生时，核坐标并未先到达交叉点。图形上表现为系统在能量低于交点 S 时，从 R 势能面通过隧穿到 P 势能面。这被称为从 R 势能面到 P 势能面的核隧穿。本节旨在帮助读者理解这种现象的一些基本方面。

当核隧穿发生时，系统横跨 R 和 P 势能面。在图 1.4 中，这一过程用从"a"到"b"的水平线表示。实际上，对于正常区域的反应，核隧穿对室温下反应速率常数的影响很小。由于在公式 $k_{12} = (k_{11}k_{22}K_{12})^{1/2}$ 中，量子修正被部分抵消，因此正常区域中的交叉相关反应受核隧穿影响较小。

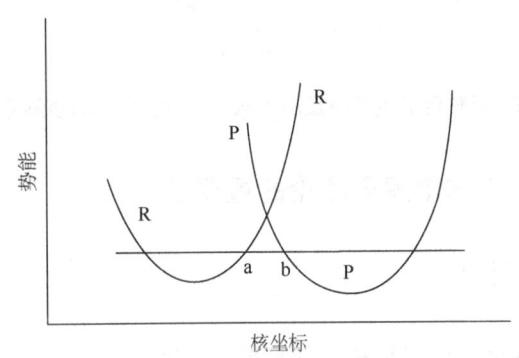

图 1.4 核隧穿图式

水平线描述经 R 势能面的"a"点到 P 势能面"b"点的核隧穿进行的电子转移

在低温下，由于系统到达交点 S 的概率较低，核隧穿占主导地位，成为可行路径。此外，核隧穿速率与温度无关。这是因为隧穿电子转移发生在能量接近反应物和介质零点振动能时（假设 R 势能面的最低点能量大于或等于 P 势能面的能量）。

温度影响核运动，从而影响 R 和 P 势能面交点处核构型的玻尔兹曼分布概率。因此，温度决定了核隧穿对总反应速率的贡献。H_{AB} 不受温度直接影响，尽管它可能随核构型不同而变化。因此，高温时的温度相关速率常数和低温时的温度无关速率常数可能是核隧穿的表现之一。

前面讨论的绝热与非绝热现象可以直接与隧穿现象联系在一起。如果体系通过绝热路径发生反应，电子转移的初始阶段沿着 R 势能面，然后由于电子耦合而在交点处停留，并沿曲线进入 P 势能面。在非绝热反应中，反应物的电子耦合非常弱（H_{AB} 很小），因此当系统接近图 1.1 中的交点区域时，电子从 R 到 P 势能面的概率 κ 非常低。大多数情况下，系统在碰撞中停留在 R 势能面，而不是进入 P 势能面。对于具有中等 κ 值的反应，可以使用朗道-齐纳（Landau-Zener）公式计算 κ 值[13]。在反转区，没有绝热路径，系统直接从 R 势能面跃迁到 P 势能面，这一过程必然是非绝热的，体系必须从一条实线"跳"到另一条才能直接形成基态产物。

从 R 势能面到 P 势能面的核隧穿过程如图 1.5 所示，用从"a"到"b"的水平线表示。与图 1.4 不同的是，R 和 P 势能面在交点附近具有相同的斜率符号。半经典的电子转移模型表明，在这种情况下，核隧穿更为重要。

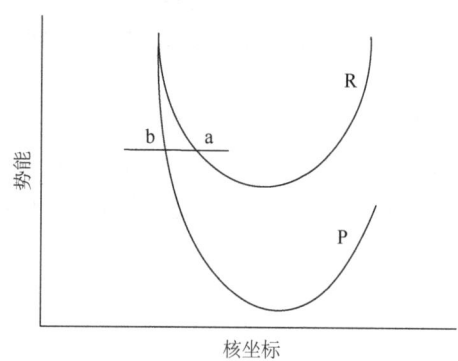

图 1.5　反转区高度放热反应中从"a"到"b"的核隧穿过程

1.2.9　带电物种的反应与电解质理论的重要性

1.2.9.1　背景及适用模型

Marcus 方程是碰撞理论中早期模型的扩展。因此，合理使用 Marcus 方程的前提是该反应符合碰撞速率模型。这对于带电物种的反应，特别是许多无机配合物反应尤为重要。在这种情况下，关键问题在于电子转移速率常数是否随着电解质理论所决定的离子强度变化而变化。否则，理论计算值和实验测量值之间可能相差几个数量级。

溶液中电解质行为的理论非常复杂，1923 年 Debye 和休克尔（Hückel）[27,28]描述的低浓度极限下的电解质行为一直存在争议。许多方法在 20 世纪 80 年代被提出，其中一些能够很好地适用于高离子强度的溶液，但大多数动力学家通常并不使用这些方法。

电解质浓度对速率常数的影响取决于反应物种之间相互作用的性质。如果反应物种彼此排斥，速率常数将随着离子强度增加而增加，因为电解质离子减弱了反应离子之间的静电排斥。如果反应物具有相反的电荷并相互吸引，电解质离子会减弱这种吸引力，反应速率则减小。

此时，通常使用 Debye-Hückel 方程，也称为戴维斯（Davies）方程[29]。

$$\log k = \log k_0 + \frac{2z_1 z_2 \alpha \sqrt{\mu}}{1+\beta r \sqrt{\mu}} \tag{1.27}$$

在 25℃ 的溶液中，α 和 β 是 Debye-Hückel 常数，分别等于 0.509 和 0.329。k_0 是溶液无限稀释时(μ = 0 mol/L)的速率常数。在此方程式中，α 为量纲一，β 的单位为 $\text{Å}^{1/2}/\text{mol}^{1/2}$。

一个基本问题是，动力学研究几乎总是涉及混合电解质溶液。在这种情况下，Davies 方程并不是严格正确的（基于热力学的基本原理）。此外，一些研究人员认为，将参数 r 设为反应物种之间的核间距离是不合理的，因此通过这种方式获得的成功结果应被视为偶然的[30]。然而，正如本章后面所展示的那样，在某些情况下它可以产生很好的结果[31-34]。

或者，可以使用古根海姆（Guggenheim）方程[式（1.28）]，它在混合电解质溶液中是严格正确的。在该方程中，特定的作用参数从分母移到第二项中，其中 b 是一个可调参数。

$$\log k = \log k_0 + \frac{2z_1 z_2 \alpha \sqrt{\mu}}{1+\sqrt{\mu}} + b\mu \qquad (1.28)$$

当忽略式（1.28）中的第二项时，可得到简化的 Guggenheim 方程，即式（1.29），该方程与 Davies 方程一致，只不过 βr 等于 1。读者应注意，许多作者将式（1.29）称为 Guggenheim 方程。

$$\log k = \log k_0 + \frac{2z_1 z_2 \alpha \sqrt{\mu}}{1+\sqrt{\mu}} \qquad (1.29)$$

或者，也可以使用更复杂的模型[35]。这些模型可能很适合于非常高的离子强度，但通常不会带来太多额外的认识。

在实际应用中，最常见的方法是使用缩略的 Guggenheim 方程[式（1.29）]，并将离子强度控制在不超过 0.1 mol/L[36]。这也是 Espenson 所推崇的方法[37]。如果不解决问题，有时会使用 Guggenheim 方程[式（1.28）]。这个方程有更多可调参数，因此更有可能应用于线性拟合。然而，所获得的斜率往往偏离理论值（该理论值是根据反应物种的电荷乘积 $z_1 z_2$ 定义的）。尽管如此，如果获得了良好的线性拟合（即使斜率不正确），这仍可能被用作否定显著离子配对或其他介质效应存在的依据。Brown 和 Sutin[38]在一篇文章中提供了一个很好的例子，他们在拟合同一数据集时使用了多个模型，最终观察到了速率常数与离子强度之间的线性关系。

1.2.9.2 缩略的 Guggenheim 方程的图形展示

在图 1.6 中，使用缩略的 Guggenheim 方程[式（1.29）]计算了随离子强度变化的速率常数。随后，$\log k$ 作为离子强度的函数被绘制出来。该图展示了离子强度对速率常数的影响，这与实验中可能观察到的情况一致。图中的曲线对应电荷乘积 $z_1 z_2 = -2$、-1、0、1 和 2 的反应。电荷乘积为 2 和 1 表明相同电荷的反应物之间的排斥作用，而电荷乘积为 -1 和 -2 则表示带相反电荷的反应物之间的吸引作用。

在图 1.7 中，相同的速率常数和离子强度根据缩略的 Guggenheim 方程[式（1.29）]再次被绘制出来。水平线对应于 $z_1 z_2 = 0$。直线的斜率等于 $2z_1 z_2 \alpha$，斜率的数值为 -2.036、-1.018、0、1.018 和 2.036，分别对应电荷乘积 $z_1 z_2$ 为 -2、-1、0、1 和 2 的反应。

如上所述，带电物种反应的前提条件是符合电解质理论，因此 $\log k$ 对 $\sqrt{\mu}/(1+\sqrt{\mu})$（Guggenheim 方程）的图应呈现线性关系，斜率应为 $2z_1 z_2 \alpha$，如图 1.7 所示。如果出现线性偏离或较小程度的偏差,斜率会给出错误的电荷乘积 z_1z_2,说明该体系不遵循该模型,此时则可以选择尝试其他模型。如果这些模型都不行,则可能涉及离子对、其他特殊的介质效应、阳离子催化或其他反应机理[21]。在这些情况下,该反应不适合于用外层电子转移 Marcus 模型来研究。

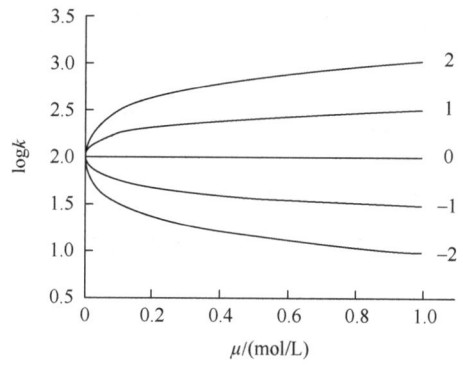

图 1.6　电荷乘积 $z_1z_2 = 2$、1、0、-1、-2 时,理论计算值 $\log k$ 对离子强度 μ 的关系图

零点离子强度速率常数 k_0 等于 100 M^{-1}s^{-1},μ 值范围为 0.001～1 mol/L

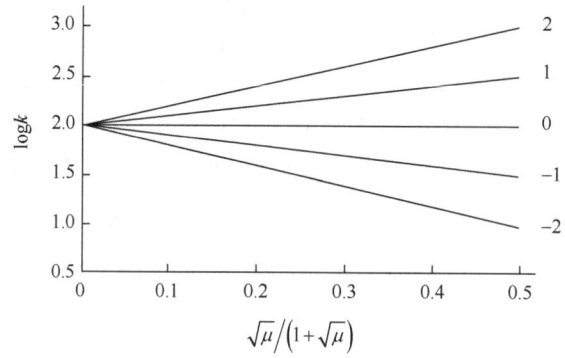

图 1.7　电荷乘积 $z_1z_2 = 2$、1、0、-1、-2 时,$\log k$ 对 $\sqrt{\mu}/(1+\sqrt{\mu})$ 的关系图

k_0 取值 100 M^{-1}s^{-1},离子强度 μ 值范围为 0.001～1 mol/L

最后,读者应该注意到 MacInnes[39]在 1939 年的评论,他说:"没有一项关于 Debye-Hückel 理论的方程推导细节未受到批评。"从这个角度来看,电解质模型作为最佳工具,用于评估电子转移速率常数对离子强度依赖性是否足够符合规则,以证明使用 Marcus 模型的合理性。为了这一目的,尽管存在不足之处,这些模型仍然是不可或缺的。

1.3　Marcus 模型应用指南

本节旨在介绍应用上面这些公式所需的术语和物理常数、假设及相关定义。本节给出了一些物理常数和所需转换因子的值，并进行了量纲分析以显示如何获得最终结果及其单位。本节细致讨论了公式和单位的细节，后面是文献中的实例。本节的目的是，为感兴趣的读者提供几乎所有所需的信息，使其能够较为自信地正确评估自己的数据。

1.3.1 遵循带电物种间的碰撞速率模型

本节将通过文献中的实例演示 Davies 方程和缩略的 Guggenheim 方程的应用。

1.3.1.1 Davies 方程

Davies 方程 [在本章前面已介绍，并在式（1.30）中重现以方便参考] 是几个密切相关的模型之一，这些模型源自电解质理论，用于描述速率常数随离子强度变化的函数关系。

$$\log k = \log k_0 + 2z_1z_2\alpha\mu^{1/2} / (1+\beta r\mu^{1/2}) \tag{1.30}$$

式中，z_1 和 z_2 是反应离子的总电荷；r 是硬球碰撞距离（即核间距离），近似为反应离子半径之和 $r_1 + r_2$[18]；μ 是总离子强度，在电解质溶液中定义为 $\mu = \frac{1}{2}\sum n_i z_i^2$，$n_i$ 为带电物种 i 的摩尔浓度；常数 α（量纲一），值为 0.509。r 的单位为 cm，$\beta = 3.29\times10^7$ $cm^{1/2}/mol^{1/2}$。最终，$\log k$ 指的是 $\log_{10}k$，而不是自然对数 $\ln k$。这一点值得指出，因为许多发表的文献中，$\log k$ 常常（不恰当地）被用来指代 $\ln k$。

通常，将 $\log k$（即 $\log_{10}k$）绘制为 $\mu^{1/2}/(1+\beta r\mu^{1/2})$（x 轴）的函数。如果函数图呈线性，其斜率应等于电荷乘积 $2z_1z_2\alpha$。在 y 轴上的截距为 $\log k_0$，即离子强度为零时，速率常数的对数。常数 k_0 是不受离子强度影响的速率常数，可以视为电子转移反应的基本参数。

1.3.1.2 量纲分析

在式（1.31）中，常数 β 是 Debye 半径的倒数[11, 16]。这一项的量纲分析具有重要的指导意义，因为它在多种情况下出现，并且与多种常量相关。

$$\beta \equiv 8\pi Ne^2 / 1000 D_s kT \tag{1.31}$$

式中，水温 $T = 298$ K（25℃）；$N =$ 阿伏伽德罗常数，6.022×10^{23} mol^{-1}；$e =$ 电子电荷 [4.803×10^{-10} 静电单位（esu）或 StatC①]；$D_S =$ 静态介电常数（78.4），水温 298 K；$k =$ 玻尔兹曼常数（1.3807×10^{-16} erg②/K）。

$$1\,StatC^2 / cm = 1\,erg \tag{1.32}$$

β 评估值为

---

① 1 esu = 1 StatC = 3.33564×10^{-10} C
② 1 erg = 10^{-7} J

$$\beta = \left(\frac{8\pi Ne^2}{1000 D_s kT}\right)^{1/2} \tag{1.33}$$

$$\beta = \left[\frac{8\pi(6.022\times 10^{23}\,\text{mol}^{-1})(4.803\times 10^{-10}\,\text{StatC})^2}{1000\times(78.4)\times(1.3807\times 10^{-16}\,\text{erg/K})\times 298\,\text{K}}\right]^{1/2} \tag{1.34}$$

$$\beta = \left[\frac{8\pi(6.022\times 10^{23}\,\text{mol}^{-1})(4.803\times 10^{-10}\,\text{StatC})^2}{1000\times(78.4)\times(1.3807\times 10^{-16}\,\text{erg/K})\times 298\,\text{K}}\frac{(\text{erg cm})}{\text{StatC}^2}\right]^{1/2} \tag{1.35}$$

$$\beta = 3.29\times 10^7\,\text{cm}^{1/2}/\text{mol}^{1/2} \tag{1.36}$$

Davies 方程中有 βr 项，当此项中的距离以 cm 为单位时，得到

$$\beta \cdot \text{cm} = (3.29\times 10^7\,\text{cm}^{1/2}/\text{mol}^{1/2})\cdot \text{cm} \tag{1.37}$$

即等于式（1.38）。

$$\beta \cdot \text{cm} = 3.29\times 10^7\left(\frac{\text{cm}^3}{\text{mol}}\right)^{1/2} \tag{1.38}$$

式（1.38）中的单位为$(\text{cm}^3/\text{mol})^{1/2}$，当与 Davies 方程中 $\mu^{1/2}(\text{mol/L})^{1/2}$ 的单位相乘时，单位将被抵消。

需要注意的是，等式（1.33）中分母乘以 1000，这样可以将单位从 cm^3 转换为 L。因此，当 r 的单位为 cm，离子强度 μ 的单位为 mol/L 时，$\beta r\mu$ 的单位相互抵消。同样地，当 r 的单位为 Å[①]，μ 的单位为 mol/L 时，$\beta = 0.329\,\text{Å}^{1/2}/\text{mol}^{1/2}$。

在发表的文献中，β 常常是量纲一的（如 0.329），或以 cm^{-1} 或 Å^{-1} 为单位。当等式（1.33）中分母包含单位为 cm^3 的校正因子时，β 的单位为 cm^{-1}。一旦最终单位确定为 cm^{-1}，就可以转换为 Å^{-1}。对于刚接触这些模型的读者来说，可能不知道如何选择单位。实际上，只需要知道，当 μ 的单位为 mol/L，r 的单位为 Å 时，$\beta = 0.329$；当 r 的单位为 cm 时，$\beta = 3.29\times 10^7$。

1.3.1.3 文献实例：$\alpha\text{-PW}_{12}\text{O}_{40}^{3-}$ 和 $\alpha\text{-PW}_{12}\text{O}_{40}^{4-}$ 之间的反应

在深入研究水溶液中凯金（Keggin）杂多钨酸根阴离子之间的电子自交换时，Kozik 和 Baker 利用 ^{31}P NMR 信号线展宽测定了 $\alpha\text{-PW}_{12}\text{O}_{40}^{3-}$ 和单电子还原产物 $\alpha\text{-PW}_{12}\text{O}_{40}^{4-}$（图 1.8）以及 $\alpha\text{-PW}_{12}\text{O}_{40}^{4-}$ 与双电子还原产物 $\alpha\text{-PW}_{12}\text{O}_{40}^{5-}$ 之间的电子自交换速率[31,40]。阴离子 $\alpha\text{-PW}_{12}\text{O}_{40}^{3-}$ 中钨离子处于最高氧化态 +6（电子态 d^0）。

从结构上讲，直径为 1.12 nm 的 $\alpha\text{-PW}_{12}\text{O}_{40}^{3-}$ [41]可以看作是四面体磷酸根阴离子 $\text{P}^{\text{V}}\text{O}_4^{3-}$ 镶嵌在中性的四面体 $\alpha\text{-W}_{12}^{\text{VI}}\text{O}_{36}$ 壳中[42-44]。据此模型，在单电子还原物 $\alpha\text{-PW}_{12}\text{O}_{40}^{4-}$ 中，$\text{P}^{\text{V}}\text{O}_4^{3-}$ 位于带负电的 $\text{W}_{12}\text{O}_{36}^{-}$ 壳的中心[45]，并包含一个价层 d 电子。此外，单价态电子并不局限于单个 W 原子上，而是在 12 个化学等效的钨中心之间快速交换。在 6 K 下，分子内的交换速率约为 $10^8\,\text{s}^{-1}$，比大多数近环境温度下还原阴离子 $\alpha\text{-PW}_{12}\text{O}_{40}^{4-}$ 和电子受体之间的电子转移反应要快得多[46,47]。

---

① 1 Å = 10^{-10} m

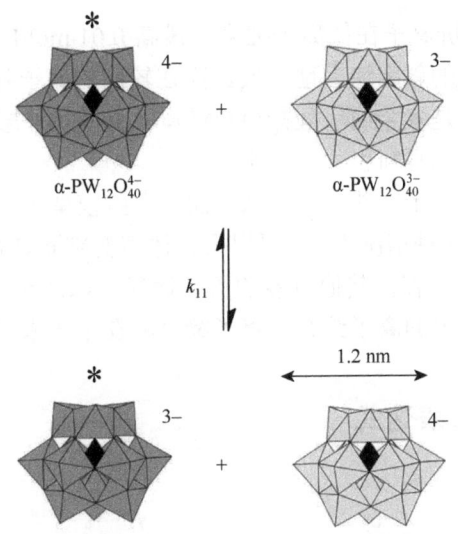

图 1.8　α-PW$_{12}$O$_{40}^{4-}$ 和 α-PW$_{12}$O$_{40}^{3-}$ 之间的电子自交换

α-Keggin 为阴离子配位多面体。每个阴离子的直径为 1.12 nm，并具有四面体（T$_d$）对称性。在每个阴离子中，12 个 W 原子位于具有 C$_{4v}$ 对称性的 WO$_6$ 多面体中心。在每个簇的中心（黑色部分）是一个具有四面体结构的磷酸氧阴离子 PO$_4^{3-}$

在水中，离子强度保持为 0.026～0.616 mol/L，Kozik 和 Baker[31]将两种阴离子的酸形式 α-H$_3$PW$_{12}$O$_{40}$ 和 α-H$_4$PW$_{12}$O$_{40}$（各 1 mmol/L）混合，并通过添加 HCl 和 NaCl 调节离子强度（pH 范围为 0.98～1.8）。在这些条件下，阴离子以完全脱质子化的游离阴离子形式存在，即 α-PW$_{12}$O$_{40}^{3-}$ 和 α-PW$_{12}$O$_{40}^{4-}$。通过 Davies 方程拟合测得速率 k_{obs}，核间距 $r = 11.2$ Å，相当于 Keggin 阴离子半径的两倍。在 25℃水温下，$\alpha = 0.509$（量纲一），$\beta = 3.29 \times 10^7$ cm/mol$^{1/2}$。

为了使单位一致，r 必须转换为 1.12×10^{-7} cm。利用式（1.30），绘制了 log$k$ 对 $\mu^{1/2}/(1 + \beta r \mu^{1/2})$ 的函数图。观察到线性关系（$R^2 = 0.998$），其斜率（等于 $2\alpha z_1 z_2$）给出了电荷乘积 $z_1 z_2 = 14.3$（图 1.9）。理论电荷乘积为 12。线性度和与理论电荷乘积的接近程度是评估带电物种之间的电子转移反应是否遵循电解质理论，使数据足以适应 Marcus 模型的重要考量。在目前的情况下，几乎没有人会质疑该体系与电解质理论的符合性。

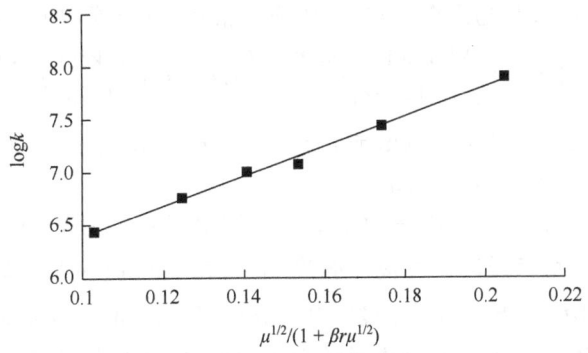

图 1.9　由 Davies 方程得到的 log$k$ 与 $\mu^{1/2}/(1+\beta r\mu^{1/2})$ 的线性关系图

因为式（1.30）是单价离子在低离子强度（最高 0.01 mol/L）下推导的，图 1.9 的线性相关性和与接近理论值的斜率惊人地一致。而在较高的离子强度（大于 0.5 mol/L）下也能如此接近的原因可能是多金属氧酸盐（POM），"由于其外层氧原子显著的极化作用，其溶剂化能非常低，范德瓦耳斯引力也非常小"[48]。

许多发表的细致工作显示一些模型失效，而另一些模型（包括经过实验修正的模型）则得到了较好的拟合。在这种情况下，需要根据具体情况判断是否可以使用 Marcus 模型。模型失效的常见原因包括：存在其他可能的机理途径，以及在电子转移反应中电解质离子与反应带电物种之间显著的离子缔合。离子缔合将在本章末尾更详细地讨论。

1.3.2 电子自交换速率表达式

1.3.2.1 公式推导

对于如图 1.8 所示的自交换反应，其自交换速率遵循式（1.18），其中式（1.12）中的自由能项取值为零。在大多数情况下，功 $W(r)$ 可以计算得出。它表示将反应物从无限远移动到碰撞距离 r（$r = r_1 + r_2$）所需的能量。重组能 λ 则较难计算，因为计算 λ 需要了解电子转移过程中所有键长和键角的变化［式（1.9）］，而这些变化通常无法直接测量。实际上，确定重组能最常用的方法是利用自交换反应。这类反应中的基本参数可用于测定其他相关电子转移反应（即交叉转移反应）的内重组能。因此，自交换反应的物种可以作为物理化学中的"探针"[17, 32, 33]。

在式（1.39）中，r 表示自交换反应的碰撞距离。

$$W(r) = \frac{z_1 z_2 e^2}{D r_{11}} \exp(-\chi r_{11}) \tag{1.39}$$

式（1.39）可以简化为式（1.40）。

$$W(r) = \frac{z_1 z_2 e^2}{D r_{11}(1 + \beta r \mu^{1/2})} \tag{1.40}$$

上述式（1.33）～式（1.38）中的量纲分析同样适用于此处，电子电荷 $e = 4.803 \times 10^{-10}$ StatC。如果使用式（1.40），则需要加上一个转换因子，如式（1.41）所示。

$$W(r) = \frac{z_1 z_2 (4.803 \times 10^{-10} \text{StatC})^2}{D r_{11}(1 + \beta r \mu^{1/2})} \left(1.439 \times 10^{13} \frac{\text{kcal/mol}}{\text{StatC}^2/\text{cm}}\right) \tag{1.41}$$

分析后发现，当 r 的单位为 cm 时，z_1、z_2 和静电介质常数 D 都是量纲一，因此式（1.41）中的单位最终为 kcal/mol。

一个关于电荷和 $W(r)$ 对速率常数影响的显著例子是 $\alpha\text{-AlW}_{12}\text{O}_{40}^{5-}$ 和其单电子还原物 $\alpha\text{-AlW}_{12}\text{O}_{40}^{6-}$ 之间的自交换反应。在离子强度 $\mu = 175$ mmol/L 时，该反应的速率常数为 3.34×10^2 M^{-1}s^{-1}。相比之下，离子强度同样为 $\mu = 175$ mmol/L，$\alpha\text{-PW}_{12}\text{O}_{40}^{3-}$ 和其单电子还原物 $\alpha\text{-PW}_{12}\text{O}_{40}^{4-}$ 之间的自交换反应速率常数为 2.28×10^7 M^{-1}s^{-1}。两种反应的功项和重组能分别为 4.46 kcal/mol 和 1.78 kcal/mol，对应的电荷乘积分别为 30 和 12。部分自交换反应速

率常数差异的原因在于重组能从慢反应的 8.8 kcal/mol 降至快反应的 6.1 kcal/mol。

通过对式（1.18）两边取自然对数，可以得到式（1.42）（1.2 节）。k 的下标是两个 1，表示该速率常数是用于自交换反应的。

$$\ln k_{11} = \ln Z - \frac{W(r)}{RT} - \frac{\lambda}{4RT} \tag{1.42}$$

因此，通过测量电子自交换速率，可以方便地使用 Marcus 模型计算重组能 λ。为了计算这个值，通常使用碰撞频率 $Z = 10^{11}$ M^{-1}s^{-1}，并且温度以开[尔文]为单位。

1.3.2.2 文献实例：$Ru(III)(NH_3)_6^{3+} + Ru(II)(NH_3)_6^{2+}$ 以及 $O_2 + O_2^-$

$Ru(III)(NH_3)_6^{3+}$ 和 $Ru(II)(NH_3)_6^{2+}$ 的反应是一个著名的自交换反应[38,49]。在 25℃ 和 $\mu = 0.1$ mol/L 的条件下，实验测得的自交换反应速率常数 k_{11} 为 4×10^3 M^{-1}s^{-1}。

对于 $D = 78.4$，Ru 配合物的有效半径为 3.4×10^{-8} cm（即 $r = 6.8 \times 10^{-8}$ cm），其余常数如上文所示，$W(r)$ 按照式（1.43）进行计算。

$$W(r) = \frac{3 \times 2 \times (4.803 \times 10^{-10} \text{ StatC})^2}{78.4 \times (6.8 \times 10^{-8} \text{ cm})\left[1 + (3.29 \times 10^7 \text{ cm}^{1/2}/\text{mol}^{1/2}) \times (6.8 \times 10^{-8} \text{ cm}) \times (0.1 \text{mol}/\text{L})^{1/2}\right]}$$
$$\times \left(1.439 \times 10^{13} \frac{\text{kcal}/\text{mol}}{\text{StatC}^2/\text{cm}}\right) = 2.19 \text{ kcal}/\text{mol} \tag{1.43}$$

离子强度 μ 的单位为 mol/L，等同于 mmol/cm^3。需要注意的是，β 的单位为 cm$^{1/2}$/mol$^{1/2}$，因此 $\beta r \mu$ 的乘积单位可以相互抵消，因为在 β 的分母中包含了 1000 的因子[如式（1.33）中定义的]。

通过解式（1.42）以求 λ，可以得到以下结果：

$$\lambda = 4\left[RT \ln Z - RT \ln k_{11} - W(r)\right] \tag{1.44}$$

通过将 $Z = 10^{11}$、$D = 78.4$、$R = 1.987 \times 10^{-3}$ kcal/mol、$k_{11} = 4 \times 10^3$ M^{-1}s^{-1} 和 $W(r) = 2.19$ kcal/mol 代入式（1.44），得到 $\lambda = 31.6$ kcal/mol。在该反应中，将带电反应物拉近至相互作用所需的功远小于达到电子转移过渡态所需的重组能。

在上述例子中，重组能 λ 是总重组能，包括内层和外层成分，即 $\lambda_内$ 和 $\lambda_外$，如本章前面所讨论的。一旦知道了总重组能 $\lambda_总$，便可以使用式（1.45）计算出 $\lambda_内$ 和 $\lambda_外$。

$$\lambda_总 = \lambda_内 + \lambda_外 \tag{1.45}$$

如前所述，计算 $\lambda_内$[式（1.9）]所需的信息通常不易获得。然而，$\lambda_外$ 可以使用式（1.10）轻松计算。对于自交换反应，$r_1 = r_2$，$r_{12} = 2r_1$，对于单电子过程，$\Delta e = e$。因此，式（1.10）简化为式（1.46）。

$$\lambda_外 = e^2\left[\frac{1}{r_1}\right]\left[\frac{1}{\eta^2} - \frac{1}{D_S}\right] \tag{1.46}$$

式中，η 和 D_S 分别是溶剂的折射率和静态介电常数。在 298 K 下的水溶液中，$\eta = 1.33$，$D_S = 78.4$。

式（1.45）和式（1.46）的一个重要应用是分析水中氧气（O_2）和超氧自由基阴离子（O_2^-）之间的电子交换。Lind 等[50]通过反应同位素标记的 O_2^-（$^{32}O_2$ 与 O_2^- 反应）确定了该反应的速率常数［式（1.47）］。标记的超氧自由基阴离子由 γ 辐照 $^{36}O_2$ 产生。

$$^{32}O_2 + {}^{36}O_2^- \longrightarrow {}^{32}O_2^- + {}^{36}O_2 \tag{1.47}$$

他们获得的速率常数为 $(450\pm150)\ M^{-1}s^{-1}$。由于该反应的电荷乘积 z_1z_2 为零（O_2 的电荷为零），因此式（1.44）中的 $W(r)$ 也为零，式（1.45）简化为

$$\lambda_{总} = 4RT\left(\ln\frac{Z}{k_{11}}\right) \tag{1.48}$$

实验测得的速率常数得出 $\lambda_{总} = 45.5\ kcal/mol$。在这种情况下，可以通过估算 $\lambda_{内}$（涉及 O—O 键的延长），然后使用式（1.45）确定 $\lambda_{外}$。他们估算出 $\lambda_{内} = 15.9\ kcal/mol$，因此 $\lambda_{外}$ 为 $29.6\ kcal/mol$。接下来，他们使用式（1.46）计算 O_2 的"有效"半径（即 $r_1/2$），得到的值为 3 Å。更近期的研究表明，这个较大的值可能反映了在 O_2 和 O_2^- 之间发生碰撞时，由于反应物的非球形特性而引入的方向性限制[51]。

1.3.3 Marcus 交叉关系

对于存在吉布斯自由能净变化的外层电子转移反应，可以使用 Marcus 交叉关系计算其速率常数［式（1.24）～式（1.26）］。该理论被称为交叉关系，是通过两个不同自交换反应的表达式推导出来的。

1.3.3.1 Marcus 交叉关系机理的推导

假设交叉反应的重组能等于两个相关自交换反应的重组能的平均值，然后通过代数计算得出交叉关系。为了阐明这一关系，先考虑两个自交换反应，它们的速率常数分别为 k_{11} 和 k_{22}，重组能分别为 λ_{11} 和 λ_{22}。重组能是这些自交换反应对的内在性质。

$$A_{red} + A_{ox}^* \rightleftharpoons A_{ox} + A_{red}^* \tag{1.49}$$

$$B_{red} + B_{ox}^* \rightleftharpoons B_{ox} + B_{red}^* \tag{1.50}$$

与这些自交换反应相关的是两个"交叉"反应［式（1.51）和式（1.52）］。不同于自交换反应，交叉反应是（几乎总是）非零吉布斯自由能 ΔG_{12}° 和 ΔG_{21}° 的函数（下标表示"交叉"反应，此处任意分配给一个反应及其逆反应）。一旦知道自交换反应的速率常数以及交叉反应的吉布斯自由能，便可以使用 MCR 预测每个交叉反应的速率常数，k_{12} 或 k_{21}。

$$A_{red} + B_{ox} \rightleftharpoons A_{ox} + B_{red}, \quad 速率常数为 k_{12} \tag{1.51}$$

$$B_{red} + A_{ox} \rightleftharpoons B_{ox} + A_{red}, \quad 速率常数为 k_{21} \tag{1.52}$$

为了推导出 MCR，必须假设式（1.51）和式（1.52）中的重组能等于 λ_{11} 和 λ_{22} 的平均值，如式（1.53）所示。

$$\lambda_{12} = \frac{1}{2}(\lambda_{11} + \lambda_{22}) \tag{1.53}$$

然后,将式(1.53)与描述 k_{11} 和 k_{22} 分别对 λ_{11} 和 λ_{22} 的依赖关系的式(1.54)和式(1.55),以及描述 k_{12} 对 λ_{12} 和校正后的吉布斯自由能 $\Delta G_{12}^{o\prime}$ 的式(1.56)代数组合。

$$\ln k_{11} = w_{11} + \frac{\lambda_{11}}{4} \tag{1.54}$$

$$\ln k_{22} = w_{22} + \frac{\lambda_{22}}{4} \tag{1.55}$$

$$\ln k_{12} = W(r)_{12} + \frac{\lambda_{12}}{4}\left(1 + \frac{\Delta G_{12}^{o\prime}}{\lambda_{12}}\right)^2 \tag{1.56}$$

式(1.56)中的吉布斯自由能并不是标准吉布斯自由能 ΔG_{12}^{o},而是校正后的吉布斯自由能 $\Delta G_{12}^{o\prime}$,它表示如图式 1.2 所示的前驱体和后继配合物的能量差。

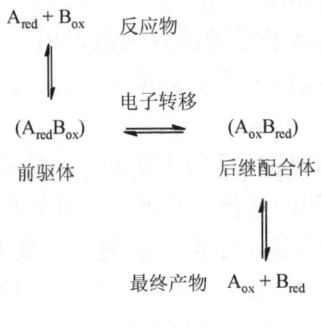

图式 1.2

校正后的吉布斯自由能通过以下公式与 ΔG_{12}^{o} 相关,其中,w_{ij} 是配合物形成时的库仑作用(通常为瞬时中间产物)。在 MCR 中保留了 w_{ij} 项,通过下面的例子进一步阐明。

$$\Delta G_{12}^{o\prime} = \Delta G_{12}^{o} + w_{21} - w_{12} \tag{1.57}$$

将式(1.58)代入式(1.57)中得到式(1.59)。

$$\Delta G_{12}^{o} = -RT \ln K_{12} \tag{1.58}$$

$$\Delta G_{12}^{o\prime} = -RT \ln K_{12} + w_{21} - w_{12} \tag{1.59}$$

通过代入式(1.53)~式(1.56)和式(1.59),经过约 30 个代数步骤,可以得到式(1.60)~式(1.62)(为便于参考,摘自 1.2 节)。在式(1.60)中包含了平衡常数 K_{12} 而非吉布斯自由能项,这是通过将式(1.59)代入式(1.56)得到的。

$$k_{12} = (k_{11} k_{22} K_{12} f_{12})^{1/2} C_{12} \tag{1.60}$$

其中

$$\ln f_{12} = \frac{1}{4} \frac{[\ln K_{12} + (w_{12} - w_{21})/RT]^2}{\ln(k_{11}k_{22}/Z^2) + (w_{11} - w_{22})/RT} \tag{1.61}$$

$$C_{12} = \exp[-(w_{12} + w_{21} - w_{11} - w_{22}/2RT)] \tag{1.62}$$

使用此关系要求式（1.53）成立。反过来说，只有当反应物的形状为球形且大小完全相同时，式（1.53）才是良好的交叉反应重组能［式（1.51）或式（1.52）］的近似方法。然而，尽管此模型在严格条件下有其局限性，它仍能对大多数反应给出合理的结果。

1.3.3.2 文献实例：$\alpha\text{-AlW}_{12}\text{O}_{40}^{6-} + \alpha\text{-AlW}_{12}\text{O}_{40}^{4-}$ 和 $\alpha\text{-PW}_{12}\text{O}_{40}^{4-} + \text{O}_2$

此处可以使用 MCR 来计算速率常数 k_{12}，电子转移从 $\alpha\text{-AlW}_{12}\text{O}_{40}^{6-}$（单电子还原态）到 $\alpha\text{-PW}_{12}\text{O}_{40}^{4-}$（单电子氧化态），得到 $\alpha\text{-AlW}_{12}\text{O}_{40}^{5-}$ 和 $\alpha\text{-PW}_{12}\text{O}_{40}^{5-}$（双电子氧化还原过程）［式（1.63）］[32]。

$$\alpha\text{-AlW}_{12}\text{O}_{40}^{6-} + \alpha\text{-PW}_{12}\text{O}_{40}^{4-} \longrightarrow \alpha\text{-AlW}_{12}\text{O}_{40}^{5-} + \text{PW}_{12}\text{O}_{40}^{5-} \tag{1.63}$$

接下来运用 MCR 来计算此反应的速率常数 $k_{12}(\text{calc})$，并将其与实验值 $k_{12}(\text{exp})$ 进行比较。为了确定实验值 $k_{12}(\text{exp})$，使用零离子强度的速率常数。这些速率常数可以通过速率与由电解质理论推导的离子强度函数关系得出。如果该关系图呈线性并接近理论值（即实际电荷乘积 $z_1 z_2$ 的线性关系的斜率），则可使用外推法得到零离子强度的速率常数。

为了确定 $k_{12}(\text{exp})$，将 $\alpha\text{-AlW}_{12}\text{O}_{40}^{6-}$ 和 $\alpha\text{-PW}_{12}\text{O}_{40}^{4-}$（后者以大摩尔过量存在）的溶液混合在停流装置中。吸光度随时间的变化（通过紫外可见吸收光谱测定）呈指数衰减，并通过每条吸光度随时间变化的曲线确定准一级速率常数 k_{obs}（反应大约 100%完成）。将这些速率常数作为初始 $\alpha\text{-PW}_{12}\text{O}_{40}^{4-}$ 浓度的函数绘制在三种离子强度下，得到了三条直线（图 1.10）。这些直线的斜率为每种离子强度下双分子反应的速率常数 k_{12}。实验上有用的离子强度的范围受到实际情况限制，但仍满足数据采集。

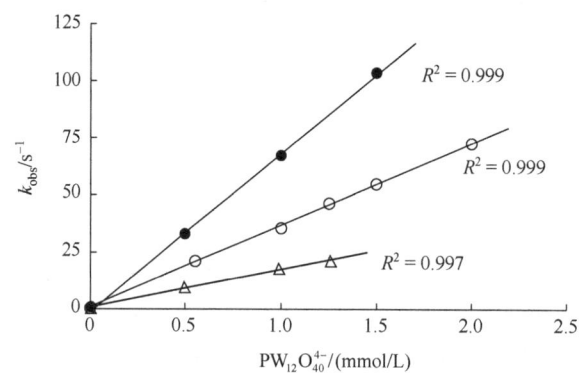

图 1.10　从 $\alpha\text{-AlW}_{12}\text{O}_{40}^{6-}$ 到 $\alpha\text{-PW}_{12}\text{O}_{40}^{4-}$（大大过量）电子转移反应速率常数 k_{obs}

初始离子强度：65 mmol/L（△）、97 mmol/L（○）、140 mmol/L（●）（加 NaCl 调节离子强度）；实验条件：50 mmol/L 磷酸盐缓冲液中，pH = 2.15，$T = 25$℃

使用扩展的 Davies 方程（图 1.11），按照图 1.10，把三个双分子速率常数 k_{12} 绘制成离子强度的函数。相关系数 $R^2 = 0.999$ 的直线的斜率给出了电荷乘积（z_1z_2）为 23 ± 1，在理论值为 24 的实验不确定性范围内。外推至零离子强度，得到 $k_{22}^0(\exp) = (17\pm2)$ $M^{-1}s^{-1}$（上标"0"用于表示该值对应于零离子强度）。

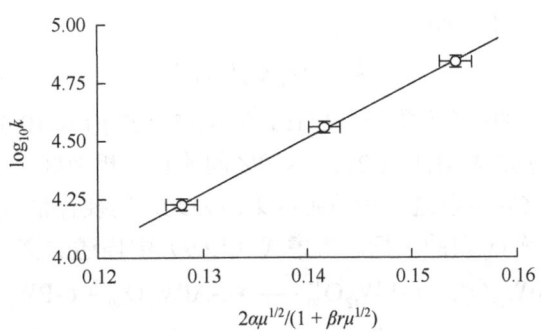

图 1.11 根据 Davies 方程［式（1.30）］得到的 α-AlW$_{12}$O$_{40}^{6-}$ 到 α-PW$_{12}$O$_{40}^{5-}$ / α-PW$_{12}$O$_{40}^{4-}$ 的电子转移反应速率常数 k_{12} 与离子强度函数关系图

现在将使用 MCR 从式（1.64）和式（1.65）中的两个相关自交换反应得到 $k_{12}(\text{calc})$。

$$^*\text{α-AlW}_{12}\text{O}_{40}^{6-} + \text{α-AlW}_{12}\text{O}_{40}^{5-} \longrightarrow {}^*\text{α-AlW}_{12}\text{O}_{40}^{5-} + \text{α-AlW}_{12}\text{O}_{40}^{6-} \tag{1.64}$$

$$^*\text{α-PW}_{12}\text{O}_{40}^{5-} + \text{α-PW}_{12}\text{O}_{40}^{4-} \longrightarrow {}^*\text{α-PW}_{12}\text{O}_{40}^{4-} + \text{α-PW}_{12}\text{O}_{40}^{5-} \tag{1.65}$$

在这个例子中，用 ^{29}Al NMR 和 ^{31}P NMR 谱测定了两个相关反应的速率常数。

在零离子强度下，α-AlW$_{12}$O$_{40}^{6-}$ 和 α-AlW$_{12}$O$_{40}^{5-}$ 之间的自交换反应的速率常数为 $k_{11}^0 = (6.5\pm1.5)\times10^{-3}$ $M^{-1}s^{-1}$［式（1.64）］，而在式（1.65）中，α-AlW$_{12}$O$_{40}^{5-}$ 和 α-PW$_{12}$O$_{40}^{4-}$ 之间的反应的速率常数为 $k_{22}^0 = (1.6\pm0.3)\times10^2$ $M^{-1}s^{-1}$[31]（在本示例的后续部分，为避免混淆，将省略上标"0"，表示在零离子强度极限下的值，特别是当公式和一般处理适用于任意离子强度时）。交叉反应的吉布斯自由能变化 ΔG° 通常通过电化学数据得到。对于交叉反应关系，使用单个自交换反应的还原电位来计算交叉反应的平衡常数 K_{12}。已知 α-AlW$_{12}$O$_{40}^{6-}$ 和 α-PW$_{12}$O$_{40}^{5-}$ / α-PW$_{12}$O$_{40}^{4-}$ 的自交换氧化还原对的还原电位［相对于标准氢电极（NHE）］分别为 (-130 ± 5) mV 和 (-10 ± 5) mV。通过重排式（1.58）可以得到平衡常数计算公式［式（1.66）］。

$$K_{12} = \exp\left(-\frac{\Delta G_{12}^\circ}{RT}\right) \tag{1.66}$$

ΔG_{12}° 是通过电化学数据，应用标准电位的定义［式（1.67）］计算得到的，其中 n 是反应的电荷数，也就是参与反应的电子数，F 为法拉第常数。在常用单位下，$F = 23.06$ kcal/(mol·V)。

$$\Delta G_{12}^\circ = -nFE^\circ \tag{1.67}$$

因此，式（1.63）中反应的标准电位等于反应中被还原物质的还原电位减去电子给体的电位，即 –10–(–130) mV，等于 + 0.12 V。因此，ΔG_{12}^o = 2.77 kcal/mol［由式（1.58）得出］。应用式（1.66），取 R = 1.987×10^{-3} kcal/(mol·K) 和 T = 298 K，得出 K_{12} = 107。

现在我们已经通过实验确定了 k_{11}、k_{22} 和 K_{12} 的值。应用 Marcus 交叉关系的下一步是评估 $\ln f_{12}$ 和 C_{12} 的值。对于电荷较小或相似的反应物，将 f_{12} 和 C_{12} 都设为 1 来得到合理的结果，从而 MCR 简化为式（1.68）。

$$k_{12} = (k_{11}k_{22}K_{12})^{1/2} \tag{1.68}$$

通过式（1.68）得出的速率常数为：k_{12}^0(calc)=[(6.5×10^{-3})(1.6×10^2)×10^7]$^{1/2}$=10.5 M^{-1}s^{-1}。对于此类计算，该值与实验值[(17±2) M^{-1}s^{-1}]之间的吻合相当好。

通过引入 $\ln f_{12}$ 和 C_{12} 可以进一步改善结果。为此，需要评估式（1.61）和式（1.62）中的 w_{ij} 项，并正确解读 w_{ij} 项的下标。考虑式（1.69）中描述的交叉反应。

$$\alpha\text{-AlW}_{12}\text{O}_{40}^{6-} + \alpha\text{-PW}_{12}\text{O}_{40}^{4-} \longrightarrow \alpha\text{-AlW}_{12}\text{O}_{40}^{5-} + \alpha\text{-PW}_{12}\text{O}_{40}^{5-} \tag{1.69}$$
$$1_{red} \qquad\qquad 2_{ox} \qquad\qquad\qquad 1_{ox} \qquad\qquad 2_{red}$$

各物质下的数字 1 或 2 表示与两个自交换反应［式（1.64）和式（1.65）］相关，分别对应于速率常数 k_{11} 和 k_{22}。对于第一个自交换反应（涉及 α-AlW$_{12}$O$_{40}^{6-}$ 和 k_{11}），电子给体为 1_{red}，对应的氧化形式为 1_{ox}。而对于涉及 α-PW$_{12}$O$_{40}^{4-}$ 和 k_{22} 的自交换反应，电子受体为 2_{ox}，对应的电子转移产物为 2_{red}。

w_{ij} 项与式（1.40）和式（1.41）中定义的 $W(r)$ 项相同。为了评估这些项，需要知道反应物的电荷乘积 $z_i z_j$ 以及反应物最近的距离 r_{ij}。这些数值可以通过表 1.1 获得。

表 1.1 MCR 中 w_{ij} 项相关信息注释指南

w_{ij}	物种	物种电荷乘积 $z_i z_j$	$z_i z_j$
w_{12}	1_{red} 和 2_{ox}	(6-)(4-)	24
w_{21}	1_{ox} 和 2_{red}	(5-)(5-)	25
w_{11}	1_{red} 和 1_{ox}	(6-)(5-)	30
w_{22}	2_{red} 和 2_{ox}	(4-)(5-)	20

可以构建一个完全类似的表格来分配应在上述 w_{ij} 项中使用的 r_{ij} 值。对于 Keggin 阴离子，这一过程被简化了，因为式（1.69）中的所有物种都具有相同的晶体学半径 5.6 Å。因此，所有的 r_{ij} 值近似为半径之和，为 11.2 Å 或 1.12×10^{-7} cm。然后各个 w_{ij} 项按照式（1.43）进行评估。

把这些项以及本章前面定义的必要常数应用在式（1.61）和式（1.62）中，得出 f_{12} = 0.80 和 C_{12} = 1.38。将这些值代入式（1.60），并结合 k_{11} 和 k_{22} 的不确定性，得到 k_{12}(calc) = (13.0±3) M^{-1}s^{-1}，在统计上与 k_{22}(exp)一致。这种一致性非常好；根据所涉及的反应，差异在一个数量级以内的结果通常被认为是合理的。

MCR 现在将用于计算从 α-PW$_{12}$O$_{40}^{4-}$（单电子还原）到 O$_2$ 的电子转移速率 k_{12}，这是式（1.70）中反应的第一步[33]。

$$2\alpha\text{-PW}_{12}\text{O}_{40}^{4-} + \text{O}_2 + 2\text{H}^+ \longrightarrow 2\alpha\text{-PW}_{12}\text{O}_{40}^{3-} + \text{H}_2\text{O}_2 \tag{1.70}$$

当 pH = 2 时，此反应通过如下步骤发生：

$$\alpha\text{-PW}_{12}\text{O}_{40}^{4-} + \text{O}_2 \longrightarrow \alpha\text{-PW}_{12}\text{O}_{40}^{3-} + \text{O}_2^{\cdot -}, \quad k_{12}, \text{慢反应} \tag{1.71}$$

$$\text{O}_2^{\cdot -} + \text{H}^+ \longrightarrow \text{HO}_2^{\cdot}, \quad \text{快反应} \tag{1.72}$$

$$\alpha\text{-PW}_{12}\text{O}_{40}^{4-} + \text{HO}_2^{\cdot} \longrightarrow \alpha\text{-PW}_{12}\text{O}_{40}^{3-} + \text{HO}_2^{-}, \quad \text{快反应} \tag{1.73}$$

$$\text{HO}_2^{-} + \text{H}^+ \longrightarrow \text{H}_2\text{O}_2, \quad \text{快反应} \tag{1.74}$$

单电子还原的阴离子 $\alpha\text{-PW}_{12}\text{O}_{40}^{4-}$ 在可见光区域（λ_{max} = 700 nm，$\varepsilon \approx 1.8 \times 10^3 \text{ M}^{-1}\text{cm}^{-1}$）中具有较强的吸收，通过吸光度与时间的关系数据，确定了氧化 $\alpha\text{-PW}_{12}\text{O}_{40}^{4-}$ 的速率表达式 [式（1.75）] 以及在 μ = 175 mmol/L 下 O_2 氧化 $\alpha\text{-PW}_{12}\text{O}_{40}^{4-}$ 的速率常数。

$$-d\left[\alpha\text{-PW}_{12}\text{O}_{40}^{4-}\right]/dt = 2k\left[\alpha\text{-PW}_{12}\text{O}_{40}^{4-}\right]\left[\text{O}_2\right], \quad k_{12}(\text{exp}) = 1.35 \text{ M}^{-1}\text{s}^{-1} \tag{1.75}$$

现在将使用 MCR 来获得 $k_{12}(\text{calc})$。为此，需要四个实验确定的数值：k_{11} = 2.28×10^7 M^{-1}s^{-1}（用于 $\alpha\text{-PW}_{12}\text{O}_{40}^{4-}$ 和 $\alpha\text{-PW}_{12}\text{O}_{40}^{3-}$ 在 μ = 175 mmol/L 下的自交换反应）、k_{22} = 450 M^{-1}s^{-1} [用于 O_2 和 O_2^{-} 的自交换反应，见式（1.47）]、$\text{PW}_{12}\text{O}_{40}^{3-}$ 的单电子还原电位 −0.255 V（相对于 NHE）和 O_2 的还原电位。由于 O_2^{-} 在决速步中未被质子化 [式（1.71）]，因此使用了不依赖 pH 的还原电位（即 $\text{O}_2/\text{O}_2^{-}$ 对），其值基于单位浓度（即 1 mol/L O_2 而非溶液上方的 1atm①O_2）为 −0.16 V[52]。对于该反应，电位差为 −0.16−(−0.255) = +0.095 V，因此，式（1.66）和式（1.67）得到 K_{12} = 9.0×10^{-8}。

然而，在使用 MCR 本身及评估 f_{12} 和 C_{12} 中的 w_{ij} 项时，出现了两个主要问题：第一个问题是 O_2 比 $\alpha\text{-PW}_{12}\text{O}_{40}^{4-}$ 小得多，因此建立 MCR 的假设 [式（1.53）] 已不再有效；第二个问题是 O_2 的形状远非球形。Lind 和 Merényi 使用 O—O 键的键长的一半作为 O_2 的"半径"进行近似，发现如果将 O_2 和 O_2^{-} 之间的自交换反应速率常数设为约 2 M^{-1}s^{-1}（远小于实验确定的 450 M^{-1}s^{-1}），对于多种尺寸约为 O_2 的 2~3 倍电子给体的电子转移反应，可能获得与实验值一致的计算值[53]。使用此近似，式（1.60）和式（1.61）计算得出 $k_{12}(\text{calc})$ = 1.1 M^{-1}s^{-1}，接近实验值 $k_{12}(\text{exp})$ = 1.35 M^{-1}s^{-1}[33]。

Lind 和 Merényi 的观点通过一种经过修改的 MCR 得到了进一步的确认，该 MCR 考虑到了反应物种之间的尺寸差异[51]。尽管对该工作的详细分析超出了本章的范围，但由于 O_2 在化学、生物和工程中的氧化还原化学具有重要性，值得一提。通过使用实验确定的 O_2 和 O_2^{-} 之间自交换的速率常数 450 M^{-1}s^{-1}，修改后的 MCR 计算得出 $k_{12}(\text{calc})$ = 0.96 M^{-1}s^{-1}[51]，这一结果与实验值 $k_{12}(\text{exp})$ = 1.35 M^{-1}s^{-1} 相当接近。

1.3.4 电解质离子与电子给体或受体之间的离子配对

对于溶液中带电物质的反应，离子对的形成可能是 Marcus 模型应用的最大限制。因此，在许多发表的文章中，离子对在溶液中所起的作用还不明确。在很多情况下，研究者广泛讨论了实验值与计算值之间的差异，但很少将其归因于离子配对的影响。

---

① 1atm = 1.01325×10^5 Pa

Wherland[54]和 Swaddle[55]的综述探讨了离子对效应，他们在这一领域的实验研究作出了重要贡献。此外，Marcus[56]和 Saveant[57]也对离子配对和电子转移进行了有价值的分析。Swaddle 指出，离子对效应对阳离子之间的电子转移反应影响不大，而对阴离子之间的电子转移反应影响更大。一个很好的例子是铁氰化物阴离子 $Fe^{III}(CN)_6^{3-}$ 与亚铁氰化物阴离子 $Fe^{II}(CN)_6^{4-}$ 的电子转移。

在研究 $Fe^{III}(CN)_6^{3-}$ 与 $Fe^{II}(CN)_6^{4-}$ 之间电子自交换动力学的过程中，Shporer 观察到它们之间的电子转移速率随着水溶液中 H^+ 到 Cr^+ 和 Mg^{2+} 到 Sr^{2+} 的变化而增加[58]。在恒定离子强度的碱性水溶液中，Wahl 等观察到，随着四烷基铵阳离子尺寸的增大（从 Me_4N^+ 到 Et_4N^+、$n\text{-}Pr_4N^+$、$n\text{-}Bu_4N^+$、$n\text{-}Pent_4N^+$），$Fe^{III}(CN)_6^{3-}$ 和 $Fe^{II}(CN)_6^{4-}$ 之间的自交换速率降低[59]。在乙酸中也观察到了类似的效应[60]。

在分析 $Fe(CN)_6^{3-/4-}$ 自交换反应时，Shporer 等[58]研究了离子对的静电作用、重组能以及电子转移本身的机理，并解决了以下三个问题：①离子对效应对相似电荷之间库仑项的影响［式（1.4）的库仑项］；②离子对效应对电子转移重组能 λ 的影响；③配对的阳离子作为电子转移通道的可能性，该阳离子可作为给体和受体间的较低能量途径。显然，第一个和第二个问题无疑是重要的，而第二个问题更难评估[59]。关于第三个问题，Kirby 和 Baker[61]的研究表明，在多金属氧酸盐（POM）之间，碱金属、碱土金属或四烷基铵阳离子不能作为电子转移的传导桥。此外，Swaddle[55]观察到，在阳离子催化的带电物种的电子转移反应中，活化体积为负值。这归因于溶剂分子从相关阳离子的配位壳层中离去。

接下来介绍一些关于 $Fe^{III}(CN)_6^{3-}$ 和 $Fe^{II}(CN)_6^{4-}$ 溶液化学的基本事实。1953 年，Kolthoff 和 Tomsicek[62]证明，即使在极稀的水溶液中，$M_3Fe^{III}(CN)_6$ 和 $M_4Fe^{II}(CN)_6$（其中 M 为碱金属阳离子）并不完全解离。这意味着这些盐溶液是不同离子缔合程度和不同电荷物种的混合物［例如 $K_3Fe(CN)_6$ 溶液中含有不可忽视的二价阴离子 $KFe(CN)_6^{2-}$］。这一点对于 Marcus 模型的应用非常重要，因为电荷决定了碰撞速率，并且离子对物种的大小以及电子转移反应的重组能都难以测定。此外，离子对的化学电势不同于"游离"阴离子的电势，因此电子转移反应的 ΔG° 值是不确定的。Kolthoff 和 Tomsicek 还证实，离子配对的程度按以下顺序增加：$Li^+ = Na^+ < NH_4^+ < K^+ < Rb^+ < Cs^+$。

2002 年，Swaddle 等在 $Fe(CN)_6^{3-}$ 和 $Fe(CN)_6^{4-}$ 的溶液中加入 18-冠-6 醚以络合 K^+，从而抑制离子对的形成，并测得这对非离子配对阴离子之间的自交换速率常数——这是目前最可靠的（也可能是唯一可靠的）数据[63]。在这里强调了使用这些阴离子进行动力学研究时的另一个问题：$Fe(CN)_6^{3-}/Fe(CN)_6^{4-}$ 的自交换反应速率常数经常用于估计其他物种的自交换速率。然而，Swaddle 指出，文献中经常引用的 $Fe(CN)_6^{3-}/Fe(CN)_6^{4-}$ 自交换反应速率常数实际上是描述离子对物种的速率常数。

1935 年，Kolthoff 和 Tomsicek[64]报道了 25℃下亚铁氰化物$[H_4Fe^{II}(CN)_6]$的第四电离常数，值为 5.6×10^{-5}。也就是说，$HFe^{II}(CN)_6^{3-}$ 是一个弱酸。在 pH≤6 的条件下，溶液中 $HFe^{II}(CN)_6^{3-}$ 的浓度较大。1962 年，Jordan 和 Ewing[65]表明在 pH = 1 时，溶液中存在大量 $H_2Fe^{II}(CN)_6^{2-}$。他们提到，铁氰化物 $H_3Fe^{III}(CN)_6$ 的解离度非常高，因此在 pH>1 时，它

可以有效地完全去质子化，形成游离阴离子。

尽管这些信息已经存在了数十年，但这些配合物（2010年原著刊出）仍然作为化学、胶体、界面、纳米科学和生物无机化学中的动力学探针。许多作者发现 pH 和离子强度的变化对电子传输速率有显著影响，但往往轻易将这些差异归因于研究材料的化学性质和电子传输特性，而没有意识到 $Fe^{III}(CN)_6^{3-}$ 或 $Fe^{II}(CN)_6^{4-}$ 探针的离子对效应。这表明，在应用 Marcus 模型之前，必须仔细评估带电物种间电子转移反应对离子强度的依赖性。

1.4 结 论

本章提供了对外层电子转移 Marcus 理论的介绍，并对其经典形式应用于双分子反应给出了实用性指南。重点放在带电物质上，例如无机化学中常见的无机和金属有机配合物。结合这一重点，本章还讨论了电解质对反应速率的影响，并对如何评估特定反应在这种情况下的适用性提供了实用性指导。如前言所述，本章仅涵盖了无机文献中报道的许多有趣而重要的反应中的一小部分。希望通过对这些逐步复杂的反应的详细分析，能帮助感兴趣的读者在自己的工作中应用 Marcus 模型，并更好地理解文献中的计算结果。

参 考 文 献

1. Mayer, J. M. *Annu. Rev. Phys. Chem.* **2004**, *55*, 363–390.
2. Eberson, L. E. *Electron Transfer Reactions in Organic Chemistry*; Springer: Berlin, 1987; Vol. 25.
3. Marcus, R. A. *Angew. Chem., Int. Ed.* 1993, *32*, 1111–1121.
4. Marcus, R. A.; Sutin, N. *Biochim. Biophys. Acta* 1985, *811*, 265–322.
5. Endicott, J. F., Ed. *Molecular Electron Transfer*; Elsevier: Oxford, 2004; Vol. 7.
6. Creutz, C. A.; Brunschwig, Eds. *Electron Transfer from the Molecular to the Nanoscale*; Elsevier: Oxford, 2004; Vol. 7.
7. Stanbury, D. M. *Adv. Inorg. Chem.* 2003, *54*, 351–393.
8. Balzano, V., Ed. *Electron Transfer in Chemistry*; Wiley-VCH: Weinheim, 2001; Vols. 1–5.
9. Smoluchowski, M. *Z. Phys. Chem.* 1917, *92*, 129–168.
10. Smoluchowski, M. *Phys. Z.* 1916, *17*, 557–571.
11. Debye, P. *Trans. Electrochem. Soc.* 1942, *82*, 265–272.
12. Marcus, R. A. *J. Phys. Chem.* 1963, *67*, 853–857.
13. Marcus, R. A.; Eyring, H. *Annu. Rev. Phys. Chem.* 1964, *15*, 155–196.
14. Taube, H.; Myers, H.; Rich, R. L. *J. Am. Chem. Soc.* 1953, *75*, 4118–4119.
15. Taube, H. *Angew. Chem., Int. Ed.* 1984, *23*, 329–339.

16. Pelizzetti, E.; Mentasti, E.; Pramauro, E. *Inorg. Chem.* 1978, *17*, 1688–1690.
17. Eberson, L. *J. Am. Chem. Soc.* 1983, *105*, 3192–3199.
18. Marcus, R. A. *J. Phys. Chem.* 1965, *43*, 679–701.
19. Marcus, R. A. *J. Chem. Phys.* 1956, *24*, 966–978.
20. Marcus, R. A. *J. Chem. Phys.* 1956, *24*, 979–988.
21. Chen, P.; Meyer, T. *J. Chem. Rev.* 1998, *98*, 1439–1477.
22. Marcus, R. A. *Discuss. Faraday Soc.* 1960, *29*, 21–31.
23. Miller, J. R.; Calcaterra, L. T.; Closs, G. L. *J. Am. Chem. Soc.* 1984, *106*, 3047–3049.
24. Wallace, W. L.; Bard, A. J. *J. Phys. Chem.* 1979, *83*, 1350–1357.
25. Miller, J. R.; Beitz, J. V.; Huddleston, R. K. *J. Am. Chem. Soc.* 1984, *106*, 5057–5068.
26. Wasielewski, M. R.; Niemczyk, M. P.; Svec, W. A.; Pewitt, E. B. *J. Am. Chem. Soc.* 1985, *107*, 1080–1082.
27. Debye, P.; Hückel, E. *Phys. Z.* 1923, *24*, 185–206.
28. Debye, P.; *Phys. Z.* 1924, *25*, 97–107.
29. Pethybridge, A. D.; Prue, J. E.; In *Inorganic Reaction Mechanisms Part II*; Edwards, J. O., Ed., Wiley: New York, 1972; Vol. *17*, pp 327–390.
30. Czap, A.; Neuman, N. I.; Swaddle, T. W. *Inorg. Chem.* 2006, *45*, 9518–9530.
31. Kozik, M.; Baker, L. C. W. *J. Am. Chem. Soc.* 1990, *112*, 7604–7611.
32. Geletii, Y. V.; Hill, C. L.; Bailey, A. J.; Hardcastle, K. I.; Atalla, R. H.; Weinstock, I. A. *Inorg. Chem.* 2005, *44*, 8955–8966.
33. Geletii, Y. V.; Hill, C. L.; Atalla, R. H.; Weinstock, I. A. *J. Am. Chem. Soc.* 2006, *128*, 17033–17042.
34. Geletii, Y. V.; Weinstock, I. A. *J. Mol. Catal. A: Chem.* 2006, *251*, 255–262.
35. Rubin, E.; Rodriguez, P.; Brandariz, I.; Sastre de Vicente, M. E. *Int. J. Chem. Kinet.* 2004, *36*, 650–660.
36. Stanbury, D. M., private communication.
37. Espenson, J. H. *Chemical Kinetics and Reaction Mechanisms*; 2nd edition, McGraw-Hill: New York, 1995.
38. Brown, G. M.; Sutin, N. *J. Am. Chem. Soc.* 1979, *101*, 883–892.
39. MacInnes, D. A. *The Principles of Electrochemistry*; 1st edition, Dover Publications: New York, 1961.
40. Weinstock, I. A. *Chem. Rev.* 1998, *98*, 113–170.
41. Weinstock, I. A.; Cowan, J. J.; Barbuzzi, E. M. G.; Zeng, H.; Hill, C. L. *J. Am. Chem. Soc.* 1999, *121*, 4608–4617.
42. Day, V. W.; Klemperer, W. G. *Science* 1985, *228*, 533–541.
43. López, X.; Maestre, J. M.; Bo, C.; Poblet, J.-M. *J. Am. Chem. Soc.* 2001, *123*, 9571–9576.
44. Maestre, J. M.; Lopez, X.; Bo, C.; Poblet, J.-M.; Casañ-Pastor, N. *J. Am. Chem. Soc.* 2001, *123*, 3749–3758.
45. López, X.; Poblet, J. M. *Inorg. Chem.* 2004, *43*, 6863–6865.
46. Kwak, W.; Rajkovic, L. M.; Stalick, J. K.; Pope, M. T.; Quicksall, C. O. *Inorg. Chem.* 1976,

15, 2778–2783.

47. Kazansky, L. P.; McGarvey, B. R. *Coord. Chem. Rev.* 1999, *188*, 157–210.
48. Kozik, M.; Hammer, C. F.; Baker, L. C. W. *J. Am. Chem. Soc.* 1986, *108*, 7627–7630.
49. Meyer, T. J.; Taube, H. *J. Chem. Phys.* 1968, *7*, 2369–2379.
50. Lind, J.; Shen, X.; Merényi, G.; Jonsson, B. Ö. *J. Am. Chem. Soc.* 1989, *111*, 7654–7655.
51. Weinstock, I. A. *Inorg. Chem.* 2008, *47*, 404–406.
52. Sawyer, D. T.; Valentine, J. S. *Acc. Chem. Res.* 1981, *14*, 393–400.
53. Merényi, G.; Lind, J.; Jonsson, M. *J. Am. Chem. Soc.* 1993, *115*, 4945–4946.
54. Wherland, S. *Coord. Chem. Rev.* 1993, *123*, 169–199.
55. Swaddle, T. W. *Chem. Rev.* 2005, *105*, 2573–2608.
56. Marcus, R. A. *J. Phys. Chem. B* 1998, *102*, 10071–10077.
57. Savéant, J.-M. *J. Am. Chem. Soc.* 2008, *130*, 4732–4741.
58. Shporer, M.; Ron, G.; Loewenstein, A.; Navon, G. *Inorg. Chem.* 1965, *4*, 361–364.
59. Campion, R. J.; Deck, C. F.; King, P. J.; Wahl, A. C. *Inorg. Chem.* 1967, *6*, 672–681.
60. Gritzner, G.; Danksagmüller, K.; Gutmann, V. *J. Electroanal. Chem.* 1976, *72*, 177–185.
61. Kirby, J. F.; Baker, L. C. W. *J. Am. Chem. Soc.* 1995, *117*, 10010–10016.
62. Kolthoff, I. M.; Tomsicek, W. J. *J. Phys. Chem.* 1935, *39*, 945–954.
63. Zahl, A.; van Eldik, R.; Swaddle, T. W. *Inorg. Chem.* 2002, *41*, 757–764.
64. Kolthoff, I. M.; Tomsicek, W. J. *J. Phys. Chem.* 1935, *39*, 955–958.
65. Jordan, J.; Ewing, G. J. *Inorg. Chem.* 1962, *1*, 587–591.

第 2 章 氢和氢负离子转移反应中的质子耦合电子转移

Shunichi Fukuzumi

2.1 引 言

许多氧化还原反应涉及碳-氢键的断裂，通常通过氢原子转移（HAT）进行[1, 2]。HAT 是化学中的一个重要领域，已经在燃烧、卤化、抗氧化剂氧化以及其他反应中得到了广泛而深入的研究[1, 2]。HAT 反应通常被定义为氢原子在两个基团之间转移的过程。HAT 的反应性通常与从底物中夺取氢原子的键解离能（BDE）相关。由于氢原子由一个电子和一个质子组成，因此在 HAT 反应中存在两种可能的反应路径：一种是一步式（协同式）HAT，另一种是连续式（分步式）电子转移（ET）和质子转移（PT）过程（图式 2.1）[3]。当底物（RH）为弱酸（如苯酚）时，可能会先发生去质子化，然后是电子转移反应[4]。一步式机理意味着 HAT 反应在没有中间体形成的情况下发生，电子和质子同时转移。这与连续式机理不同，后者经过不同的电子转移和质子转移步骤，包含可检测的中间体[RH$^{•+}$ A$^{•-}$]（图式 2.1）。然而，随着中间体寿命的缩短，一步式 HAT 和连续式 ET/PT 过程之间的区分变得模糊。如果电子转移是速率决定步骤，且伴随快速的质子转移，则中间体将无法检测到。在这种情况下，不会观察到氘代动力学同位素效应（KIE）。尽管没有检测到中间体，但这并不意味着反应是通过一步式 HAT 进行的，而中间体的检测可以为连续式 ET/PT 过程提供明确的证据。

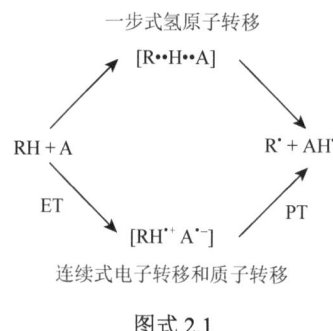

图式 2.1

电子转移机理的复杂性还取决于电子给体（D）到电子受体（A）之间的电子耦合常数（H_{DA}）的大小[5]。当电子转移的 H_{DA} 小于 200 cm^{-1} 时，定义为外层通路，这可以通过 Marcus 电子转移理论很好地分析[6]。当 H_{DA} 值较大时，则属于内层电子转移机理[7-9]。外层电子转移的定义源自金属配合物的电子转移,在此过程中,双分子过渡态保持电子给体和电子受体的配位层基本完好无损[6]。相反,在内层电子转移中,单分子过渡态通常是通过桥连配体导致配位层的相互渗透而形成的[10, 11]。协同配体转移的一步式内层电子转移与伴随配体转移的分步式外层电子转移两种机理之间存在区分(图式 2.2),正如一步式 HAT 与分步式 ET 和 PT(图式 2.1)的区别一样[7-9]。内层电子转移通常伴随着桥连配体的转移。这种内层电子转移反应也常见于多种有机氧化还原过程中,其中过渡态的电子相互作用可能非常强($H_{DA}>1000\ cm^{-1}$)[7-9],通常由电子转移之前的(预平衡)电荷转移(CT)配合物的形成所表示[7-9, 12, 13]。有机 ET 反应中的内层特征通过它们对立体效应的高度敏感性来确立[14]。

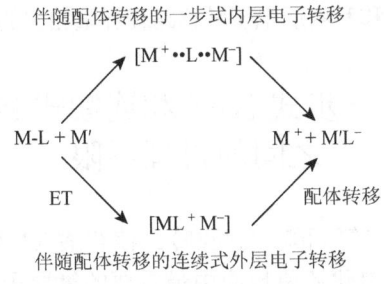

图式 2.2

随着耦合常数 H_{DA} 的进一步增加,ET 过程与随后的 PT 过程发生耦合,这通常称为质子耦合电子转移(PCET)[15-24]。PCET 与经典的 HAT 反应的区别在于,质子和电子是在两个不同的(不相互作用的)轨道之间转移的。PCET 在某些单核非血红素铁酶的酶促反应中发挥着特别重要的作用,如脂氧合酶[25-27]。脂氧合酶反应的关键步骤是当电子转移到金属中心,质子转移到羟基配体时,从底物和三价铁氢氧化物辅因子[Fe(III)-OH]生成二价铁氢氧化物[Fe(II)-OH]和自由基中间体[28, 29]。PCET 是一个协同过程,其中质子和电子同时转移,这样的 PCET 过程可以并入一步式 HAT 过程[30]。因此,关于连续式 PCET 路径与一步式 HAT 路径之间的机理界限问题,长期以来一直存在争议。要清楚地理解 HAT 反应,当然需要掌握整个 HAT、ET 和 PT 过程的热力学和动力学知识。

如果仅考虑电子受体 A 的双电子还原,其通过还原和质子化可生成 9 种具有不同氧化态和质子化态的物种,如图式 2.3 所示。每个物种都可以与多种金属离子(M^{n+})相互作用,这种相互作用能够控制每一步电子转移和质子化过程,以及它们的合并步骤(氢原子转移),如图式 2.3 所示[31-35]。M^{n+} 与电子受体的自由基阴离子结合,显著提高了电子转移速率[31-35]。这种过程被定义为金属离子耦合电子转移(metal ion-coupled electron transfer,MCET),类似于 PCET[36]。M^{n+} 与 A^{-} 的结合还伴随其他非共价相互作用,例如氢键和 π-π 相互作用[36]。在初始 PCET 和 MCET 之后,第二次 PCET 和 MCET 过程生成了双质子化的双电子还原产物 AH_2[36]。

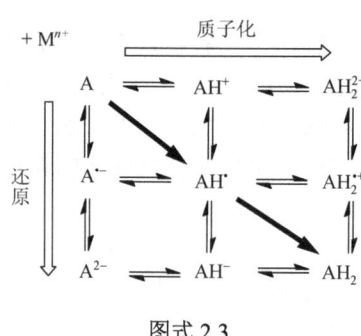

图式 2.3

本章旨在探讨连续式 PCET 路径与一步式 HAT 路径之间的机理界限，金属离子对 HAT 反应的影响，以及与外层电子转移和内层电子转移路径界限相关的整体双电子和双质子过程。

2.2 一步式 HAT 和连续式 PCET 之间的机理界限

在众多氢原子给体中，二氢烟酰胺腺嘌呤二核苷酸（NADH）及其类似物引起了特别关注，因为 NADH 是生物氧化还原反应中最重要的氢原子和氢负离子来源[37-40]。如果 NADH 及其类似物向氢原子受体发生 HAT 过程通过一步式机理进行，那么 NAD$^•$ 和 AH$^•$ 将是唯一可检测到的自由基产物。然而，在连续式电子转移和质子转移的机理下，NADH$^{•+}$ 和 A$^{•-}$ 也会作为氢原子转移反应的中间体被检测到。这些自由基中间体，例如 NADH$^{•+}$、NADH$^•$ 及其相应的类似物，参与了 NADH 及其类似物的各种热诱导和光诱导的电子转移反应[39-47]。利用一系列环嗪（^{3}R$_2$Tz*）的三重激发态作为氢原子受体，阐明了 NADH 及其类似物的一步式 HAT 与连续式 PCET 反应路径的界限[48]。

通过激光闪光光解法检测了 NADH 类似物 10-甲基-9,10-二氢吖啶（AcrH$_2$）向 ^{3}Ph$_2$Tz* 的 HAT 动力学。如图 2.1 所示，在 Ph$_2$Tz 和 AcrH$_2$ 的存在下，使用 450 nm 激光激发含[Ru(bpy)$_3$]$^{2+}$ 的除氧 MeCN 溶液，产生了新的吸收峰（λ_{max} = 360 nm 和 520 nm），对应于 AcrH$^•$[48]。与此同时，^{3}Ph$_2$Tz* 的吸收峰（λ_{max} = 535 nm）减弱，而未观察到 AcrH$_2^{•+}$ 的吸收峰（λ_{max} = 640 nm）[41, 48]。

通过研究氘代动力学同位素效应，可以确定 AcrH$_2$ 向 ^{3}Ph$_2$Tz* 的氢原子转移是通过一步式氢原子转移机理，还是通过决速步的电子转移机理发生的。一步式氢原子转移反应会表现出显著的氘代动力学同位素效应，而决速步的电子转移和质子转移反应则不会表现出氘代动力学同位素效应。通过比较 AcrH$_2$ 与 ^{3}Ph$_2$Tz* 以及双氘化合物（AcrD$_2$）与 ^{3}Ph$_2$Tz* 的氢原子转移速率，发现后者表现出更显著的初级氘代动力学同位素效应（k_H/k_D = 1.80±0.20）[48]。因此，通过一步式氢原子转移机理发生的 AcrH$_2$ 向 ^{3}Ph$_2$Tz* 的氢原子转移比通过电子转移机理更快[48]。

当 ^{3}Ph$_2$Tz*[E^*_{red} = (1.09±0.04) V, 相对于 SCE]被还原电位更高的四嗪衍生物 ^{3}(ClPh)$_2$Tz*[E^*_{red} = (1.11±0.05) V, 相对于 SCE]替代时，AcrH$^•$ 仍由 AcrH$_2$ 向 ^{3}(ClPh)$_2$Tz* 的氢原子转移产生[48]。然而，与 ^{3}Ph$_2$Tz* 的情况不同，这里仅观察到一个较小的初级氘代动力学同位素效应（k_H/k_D = 1.11±0.08）[48]。当用四嗪衍生物替代 ^{3}(ClPh)$_2$Tz*[E^*_{red} = (1.11±0.05) V,

相对于 SCE]时，未观察到氘代动力学同位素效应。与 $^3Ph_2Tz^*$ [$E_{red}^* = (1.25\pm0.04)$ V，相对于 SCE]相比，$^3(ClPh)_2Tz^*$ 的氧化能力较弱[48]。因此，随着 E_{red} 值的增加和 $^3R_2Tz^*$ 氮位点碱性的减弱，一步式氢原子转移机理转变为决速步电子转移机理。

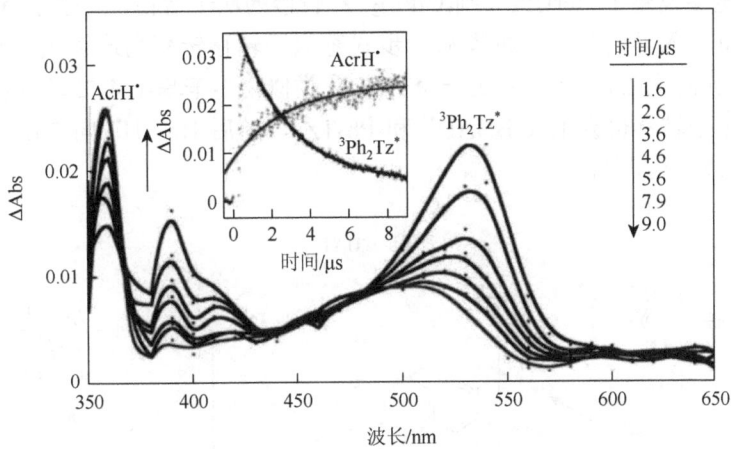

图 2.1 通过激光闪光光解观察到的除氧 MeCN 溶液[Ru(bpy)$_3$]$^{2+}$（4.6×10^{-5} mol/L）在 AcrH$_2$（1.1×10^{-4} mol/L）和 Ph$_2$Tz（9.6×10^{-4} mol/L）存在下的瞬态吸收光谱，在 298 K 和 $\lambda = 450$ nm 的激发后 1.6～9.0 μs 观测到的信号变化[48]。插图：AcrH$^\bullet$ 在 360 nm 处的吸收增强，$^3Ph_2Tz^*$ 在 535 nm 处的吸收衰减[48]

AcrHPr^i 替代 AcrH$_2$ 与 $^3(ClPh)_2Tz^*$ 的反应是通过连续式电子转移和质子转移机理进行的，在激光闪光光解测量中观察到 AcrHPr^i（$\lambda_{max} = 680$ nm）自由基阳离子的生成[41]，如图 2.2a 所示[48]。由于 Pr^i 基团的立体效应，AcrHPr$^{i\bullet+}$ 去质子化比 AcrH$_2^{\bullet+}$ 的更慢[41]。图 2.2b 展示了 $^3(ClPh)_2Tz^*$ 在 530 nm、AcrHPr$^{i\bullet+}$ 在 680 nm、AcrPr$^{i\bullet}$ 在 510 nm 的瞬态吸收时间曲

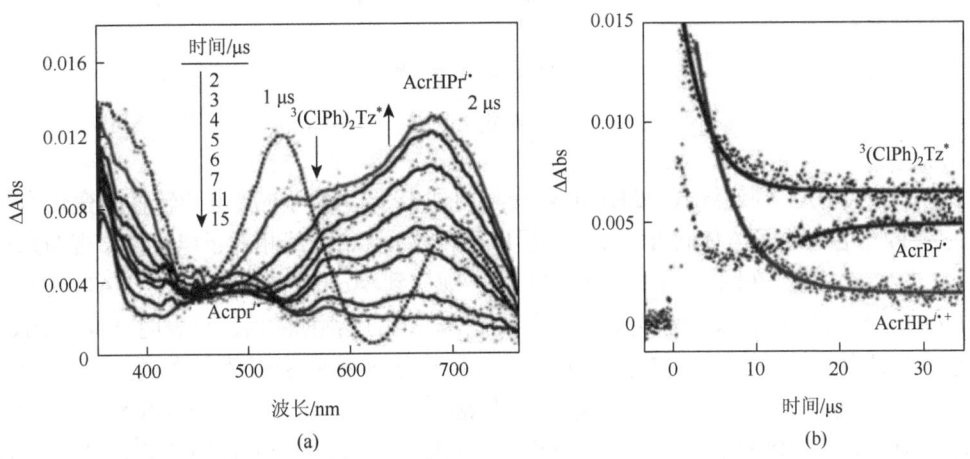

图 2.2 （a）通过激光闪光光解观察到的除氧 MeCN 溶液[Ru(bpy)$_3$]$^{2+}$（4.6×10^{-5} mol/L）在 AcrHPr^i（8.8×10^{-4} mol/L）和(ClPh)$_2$Tz（9.6×10^{-4} mol/L）存在下的瞬态吸收光谱，在 298 K 和 $\lambda = 450$ nm 激发后 1～15 μs 的信号变化[48]；（b）在 530 nm 处 $^3(ClPh)_2Tz^*$ 的吸收衰减，680 nm 处 AcrHPr$^{i\bullet+}$ 的吸收衰减，510 nm 处 AcrHPr$^{i\bullet}$ 的吸收增强[48]

线[48]。^{3}(ClPh)$_2$Tz*的吸收峰（530 nm）在激光激发后 2 μs 内便衰减，同时 AcrHPr$^{i\bullet+}$ 在 680 nm 的吸收增加。AcrHPr$^{i\bullet+}$ 的吸收衰减（680 nm）与 AcrPr$^{i\bullet}$吸收的增加（510 nm）同时发生（图 2.2b）。这表明 2 μs 内 AcrHPr^i 向 ^{3}(ClPh)$_2$Tz*发生了快速电子转移，产生了 AcrHPr$^{i\bullet+}$ 和 (ClPh)$_2$Tz$^{\bullet-}$，随后发生了 AcrHPr$^{i\bullet+}$ 到(ClPh)$_2$Tz$^{\bullet-}$较慢的质子转移，产生了 AcrPr$^{i\bullet}$。因此，AcrH$_2$ 在 9 位引入异丙基会使机理从一步式氢原子转移转变为连续式电子转移和质子转移机理[48]，如图式 2.4 所示。从另一个 NADH 类似物 1-苄基-1,4-二氢烟酰胺（BNAH）向 ^{3}Ph$_2$Tz*的电子转移也会生成 BNAH$^{\bullet+}$ 和 Ph$_2$Tz$^{\bullet-}$，随后 BNAH$^{\bullet+}$ 向 Ph$_2$Tz$^{\bullet-}$发生较慢的质子转移，生成 BNA$^{\bullet}$[48]。

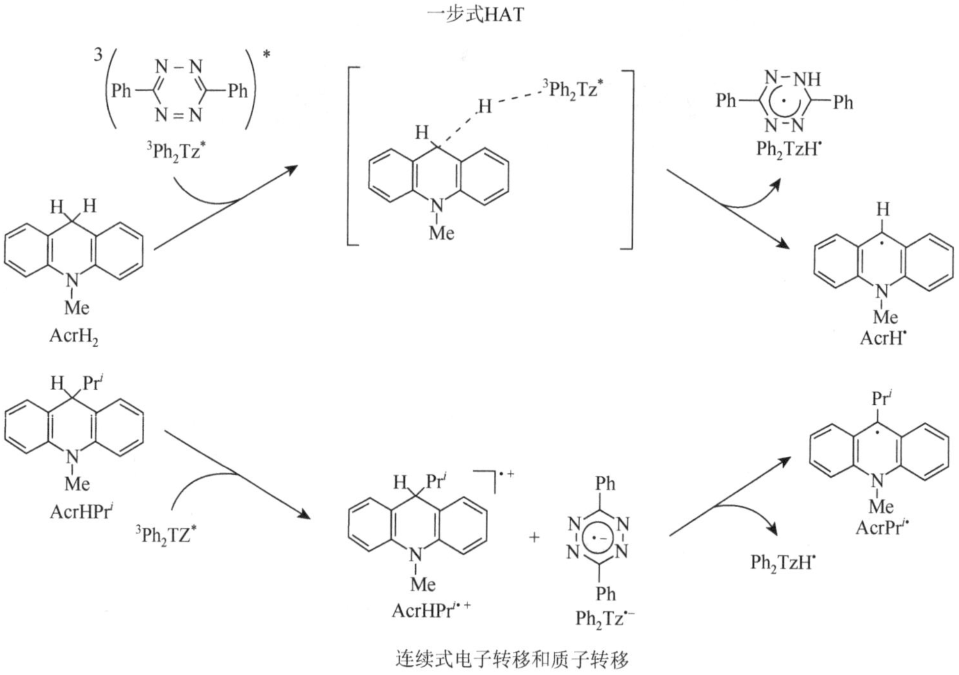

图式 2.4

从一步式 HAT 到连续式 PCET 的转变与内层电子转移向外层电子转移的变化有关。图 2.3 关联了各种电子给体向 ^{3}R$_2$Tz*的外层电子转移 log k_{et} 曲线相对于电子转移吉布斯自由能变化（ΔG_{et}）[48]。在图 2.3a（编号 17）中，观察到 AcrH$_2$ 向 ^{3}Ph$_2$Tz* 的 HAT 速率常数 [$k_H = (2.7\pm0.1)\times10^9$ M^{-1}s^{-1}]明显大于基于 logk_{et} 与 ΔG_{et} 所预期的值。这表明一步式 HAT 机理属于内层电子转移，其中 H_{DA} 值远大于外层电子转移的极限值，在过渡态 AcrH$_2$ 的 C—H 键部分断裂，表现出氘代动力学同位素效应[48]。相反，在图 2.3b（编号 18）中观察到的 AcrH$_2$ 向 ^{3}(ClPh)$_2$Tz*的氢原子转移速率常数[$k_H = (3.1\pm0.1)\times10^9$ M^{-1}s^{-1}]与基于外层电子转移模型得到的预期值一致[48]。这表明 AcrH$_2$ 向 ^{3}(ClPh)$_2$Tz*的氢原子转移过程中，与一步式 HAT 过程竞争的是决速步电子转移发生后接着发生的快速质子转移[48]，如图式 2.5 所示。

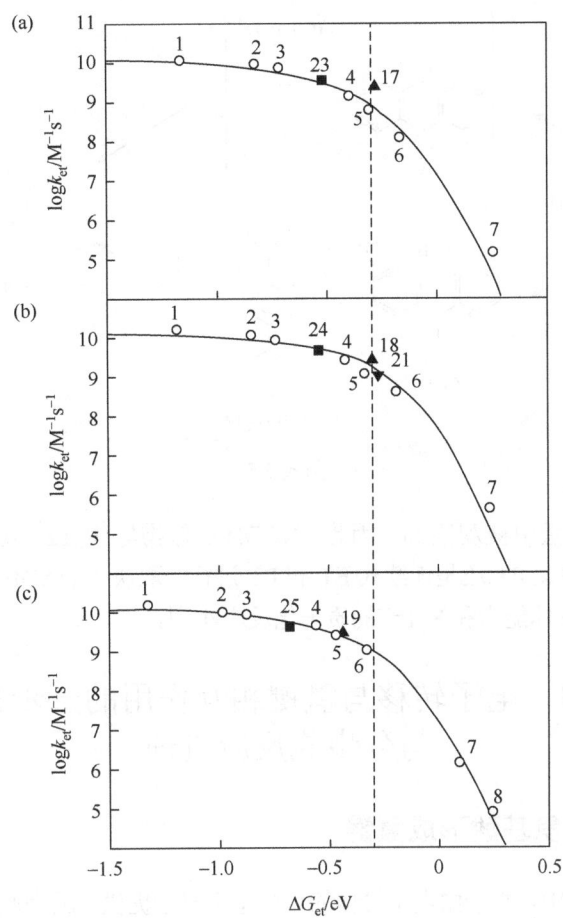

图 2.3 (a)在 298 K 条件下的除氧 MeCN 中,各种电子给体对 ^{3}Ph$_2$Tz*的光诱导电子转移的 log k_{et} 对 ΔG_{et} 作图(空心圆),包括 ^{3}Ph$_2$Tz*被 AcrH$_2$(编号 17)和 BNAH(编号 23)猝灭的 log k_H 与 ΔG_{et} 的图[48];(b)在 298 K 条件下的除氧 MeCN 中,各种电子给体对 ^{3}(ClPh)$_2$Tz*的光诱导电子转移的 log k_{et} 对 ΔG_{et} 的图(空心圆),包括 ^{3}(ClPh)$_2$Tz*被 AcrH$_2$(编号 18)、BNAH(编号 24)、AcrHPr^i(编号 21)猝灭的 log k_H 与 ΔG_{et} 的图[48];(c)在 298 K 条件下的除氧 MeCN 中,各种电子给体对 ^{3}Py$_2$Tz*的光诱导电子转移的 log k_{et} 对 ΔG_{et} 作图(空心圆),包括 ^{3}Py$_2$Tz*被 AcrH$_2$(编号 19)和 BNAH(编号 25)猝灭的 log k_H 与 ΔG_{et} 的图[48]。图中的空心圆圈编号(编号 1~8)代表电子给体,例如二茂铁衍生物[48]

从 AcrHPr^i 到 ^{3}(ClPh)$_2$Tz*(1.0×10^9 M^{-1}s^{-1})的 ET 速率常数(图 2.3b,编号 21)和从 AcrH$_2$ 到 ^{3}Py$_2$Tz*的氢原子转移[k_H = (3.4±0.1)×10^9 M^{-1}s^{-1},见图 2.3c,编号 19]的速率常数也与 log k_{et} 与 ΔG_{et} 的对数关系图中的预期值一致[48]。为强调机理边界,图 2.3a~图 2.3c(虚线)显示了 AcrH$_2$(E_{ox} = 0.81 V,相对于 SCE)到 ^{3}(ClPh)$_2$Tz*[E^*_{red} = (1.11±0.05) V,相对于 SCE]的电子转移的吉布斯自由能变化(ΔG_{et} = −0.30 eV)[48]。当 ΔG_{et} 小于−0.30 eV 时,随着 E_{red} 值增加和 ^{3}R$_2$Tz*氮位点碱性的降低,反应机理从一步式氢原子转移转变为决定速率的电子转移,随后是快速质子转移[48]。用 AcrHPr^i 和 BNAH 代替 AcrH$_2$,一步式氢原子转移也转变为连续式电子-质子转移[48],此时,AcrHPr^i 和 BNAH 自由基阳离子的形

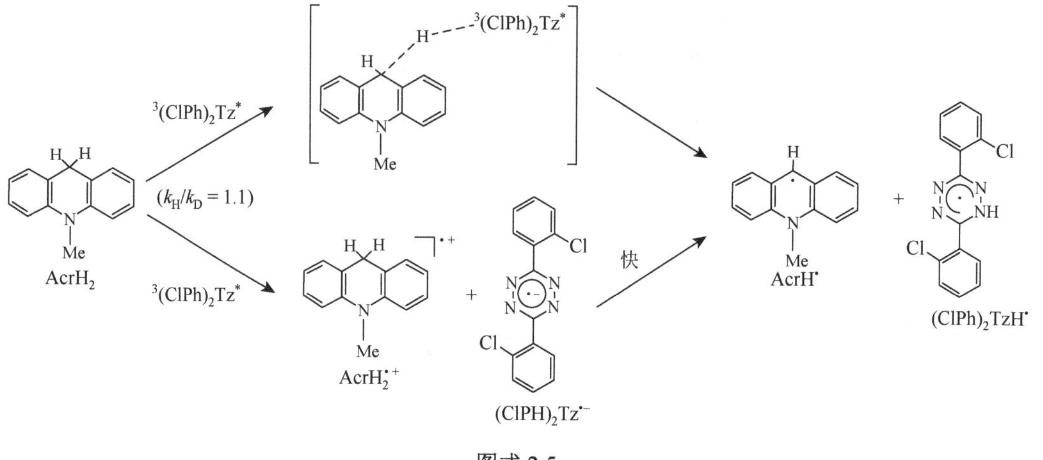

图式 2.5

成在激光闪光光解测量中被观察到。因此，NADH 类似物与 $^3R_2Tz^*$ 的反应通过一步式 HAT、速率决定的 ET 加上快速 PT 还是连续式 ET 和 PT 进行，取决于 NADH 类似物的电子给体能力以及 $^3R_2Tz^*$ 的电子受体能力和 $R_2Tz^{•-}$ 的质子化反应性[48]。

2.3 电子转移与氢键相互作用的一步式与分步式反应机理

2.3.1 通过质子化氨基酸形成氢键

在上述 HAT 反应中，质子由电子给体的自由基阳离子提供，因为通过电子给体的单电子氧化能够显著提高其酸性。电子和质子是通过一步路径还是连续路径进行转移的，主要取决于电子给体和电子受体的类型。研究指出，当外部提供质子时，PCET 同样具备两种机理区分[49]。当电子受体的单电子还原和质子化同时发生时，从无质子的电子给体到电子受体（A）的电子转移需要与 $A^{•-}$ 进行质子耦合（图式 2.6a 中的绿色箭头）。质子对 $A^{•-}$ 的结合强度受布朗斯特（Brønsted）碱（:B）的调控，例如蛋白质环境中的氨基酸残基[50,51]。当:B 的碱性比 $A^{•-}$ 的碱性更强时，$A^{•-}$ 会与 H^+:B 形成氢键，而不是直接发生质子化（图式 2.6b）[52-56]。电子转移伴随着质子化（或形成氢键）（图式 2.6，绿色箭头）相比于电子转移后发生质子化（图式 2.6，红色和蓝色箭头），前者在热力学上更有利[53,54]。但是，当初始电子转移驱动力显著增加时（图式 2.6，蓝色箭头），一步式电子转移机理可能转变为连续式电子转移机理。

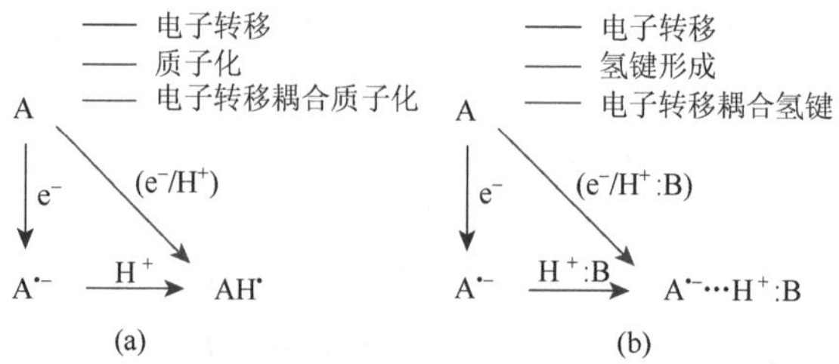

图式 2.6（后附彩图）

关于这种机理的差别，出现了一个重要的问题：这两种路径是否可以同时发生？还是两种机理前后相继？这一问题在质子化组氨酸（His•2H$^+$）体系中进行了研究，以电子给体促进 1-(对甲苯亚磺酰基)-2,5-苯醌（TolSQ）的电子转移还原反应（见下文）[49]。

在 10,10′-二甲基-9,9′-双吖啶[(AcrH)$_2$]到醌的光诱导电子转移过程中，电子自旋共振（ESR）检测到质子化的氨基酸与半醌自由基阴离子之间氢键的形成（图式 2.7）[49]。已知(AcrH)$_2$ 可以作为双电子给体，产生 2 当量的自由基阳离子受体[59, 60]。图 2.4a 展示了 TolSQ$^{•-}$ 和 His•2H$^+$ 之间形成的氢键配合物（TolSQ$^{•-}$/His•2H$^+$）的 ESR 谱图[49]。TolSQ$^{•-}$ 的三个质子的超精细耦合常数（hfc）分别为 a(3H) = 0.88 G①、5.31 G 和 6.08 G，同时由于超精细裂分产生 His•2H$^+$ 的一个氮原子和三个质子的耦合常数分别为 a(N) = 1.35 G 和 a(3H) = 2.97 G（图 2.4b）[49]。实验观测到的 ESR 谱（图 2.4a）与计算机模拟光谱（图 2.4b）完全吻合，清楚地表明了 TolSQ$^{•-}$/His•2H$^+$ 配合物的形成（图式 2.7）[49]。TolSQH$^•$ 的优化结构和 hfc 值也可以通过 BLYP/6-31G** 基组的密度泛函理论（DFT）计算得到（图 2.4c）[49]。

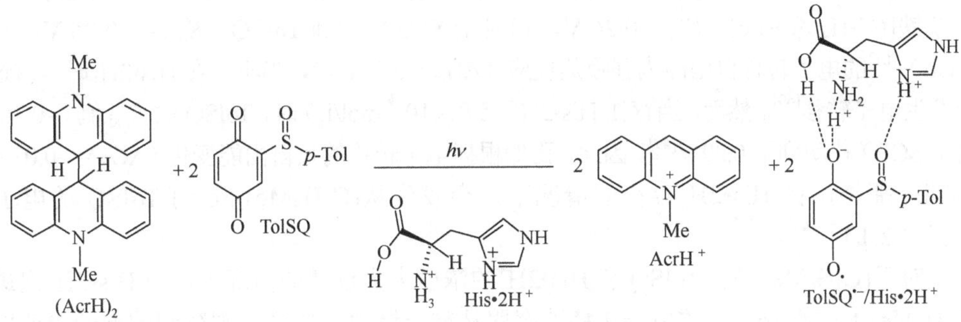

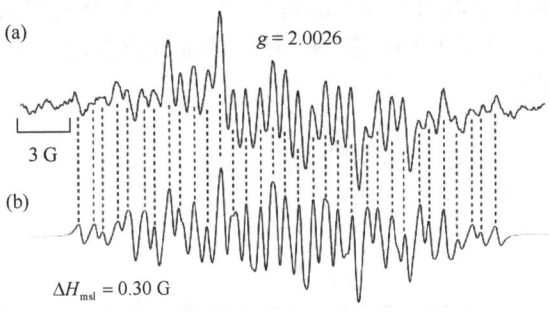

图式 2.7

(a)

g = 2.0026

3 G

(b)

ΔH_{msl} = 0.30 G

---

① 1 G = 10^{-4} T

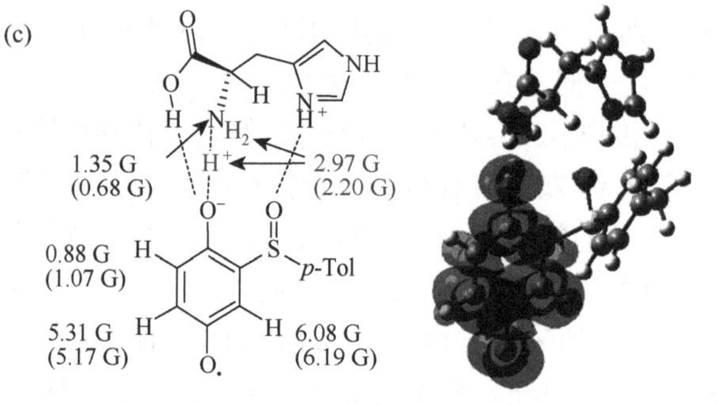

图 2.4 （a）在 298 K 的除氧 MeCN 中及 His（4.0×10^{-3} mol/L）和 HClO$_4$（8.0×10^{-3} mol/L）存在下，由 AcrH$_2$ 到 TolSQ 的光诱导电子转移产生的 TolSQ$^{•-}$/His·2H$^+$ 的 ESR 谱；（b）计算得到的，带有 TolSQ$^{•-}$/His·2H$^+$ 的 hfc 值的模拟光谱[49]；（c）基于 BLYP/6-31G** 的 DFT 计算得到的 TolSQ$^{•-}$/His·2H$^+$ 优化结构（hfc 计算值在括号中给出）[49]

可以预期，TolSQ$^{•-}$ 和 His·2H$^+$（TolSQ$^{•-}$/His·2H$^+$）之间形成的强氢键以及 TolSQ$^{•-}$ 的质子化（TolSQH$^{•}$）将导致 TolSQ 的单电子还原电位（E_{red}）向正值方向移动[49]。由于从 1, 1$'$-二甲基二茂铁[(C$_5$H$_4$Me)$_2$Fc]（E_{ox} = 0.26 V，相对于 SCE）[58]到 TolSQ（E_{red} = −0.26 V，相对于 SCE）[61]的电子转移自由能为强吸热反应（ΔG_{et} = 0.52 eV），当不存在 His·2H$^+$ 时，该过程不会发生电子转移[49]。然而，当存在 His·2H$^+$（5.0×10^{-2} mol/L）时，TolSQ 的 E_{red} 值（−0.26 V，相对于 SCE）移动到了 0.29 V[49]。因此，正如根据电子转移的负自由能变化（ΔG_{et} = −0.03 eV）所预期的那样，在 His·2H$^+$ 存在的情况下，会发生从(C$_5$H$_4$Me)$_2$Fc 到 TolSQ 的电子转移［式（2.1）］[49]。

相对于(C$_5$H$_4$Me)$_2$Fc，TolSQ 和 His·2H$^+$ 的浓度大大过量的情况下，由 His·2H$^+$ 促进的从(C$_5$H$_4$Me)$_2$Fc 到 TolSQ 的电子转移速率服从准一级动力学[49]。观察到的准一级速率常数（k_{obs}）的增加与 TolSQ 浓度的增加成正比[49]。二级速率常数（k_H）随着 His·2H$^+$ 浓度（[His·2H$^+$]）的增加线性增大[49]。如图 2.5 中黑色圆圈所示，当 His·2H$^+$ 被氘代化合物（His·2D$^+$-d_6）替代时［式（2.1）中 His·2D$^+$-d_6 的结构］，从 R$_2$Fc 到 TolSQ 的电子转移速率表现出氘代动力学同位素效应（$1.3<k_H/k_D<1.9$）[49]。观察到的氘代动力学同位素效应可能是由于过渡态中 His·2H$^+$ 中 NH$_3^+$ 的 N—H 键的部分断裂，此时电子转移与氢键形成紧密耦合（图式 2.8a）[49]。

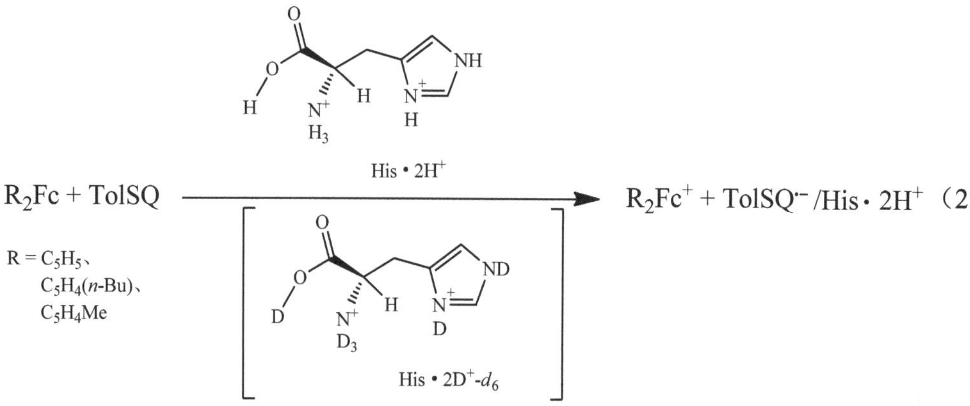

$$R_2Fc + TolSQ \xrightarrow{His\cdot 2H^+} R_2Fc^+ + TolSQ^{•-}/His\cdot 2H^+ \quad (2.1)$$

R = C$_5$H$_5$、C$_5$H$_4$(n-Bu)、C$_5$H$_4$Me

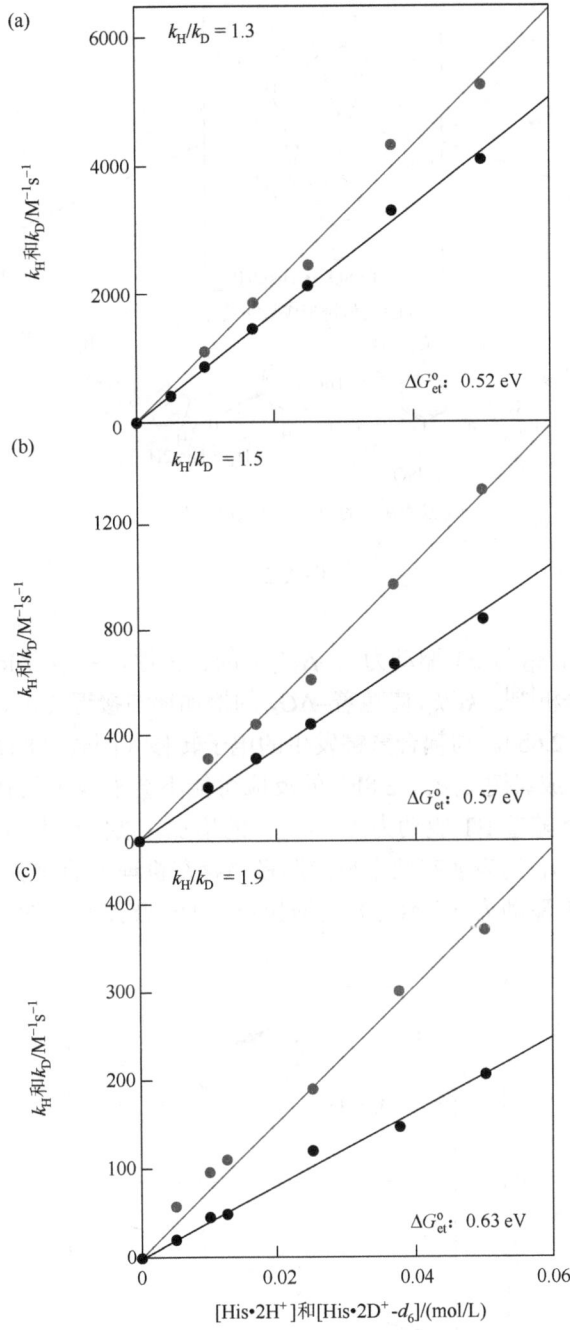

图 2.5 在除氧 MeCN（298 K）中，(a) $(C_5H_4Me)_2Fc$（1.0×10^{-4} mol/L）、(b) $[C_5H_4(n\text{-Bu})]_2Fc$（$1.0\times10^{-4}$ mol/L）和 (c) $(C_5H_5)_2Fc$（1.0×10^{-4} mol/L）向 TolSQ 的电子转移中，k_H（灰色圆点）和 k_D（黑色圆点）对 His·2H$^+$ 和 His·2D$^+$-d_6 的依赖性[49]

(a) ET与氢键形成紧密耦合

(b) 速率决定的ET后快速氢键形成

图式 2.8

图 2.6a 显示了 k_H/k_D 与 ET 驱动力（$-\Delta G_{et}$）的相关性，并结合 $\log k_H$ 与 $-\Delta G_{et}$ 的关系图（图 2.6b）进行分析[49]。k_H/k_D 值随着 $-\Delta G_{et}$ 的增加逐渐接近 1.0（图 2.5a），同时伴随 $\log k_H$ 值的增加（图 2.6b）。与耦合氢键发生的电子转移（图式 2.8a）不同，在决速步电子转移后接着快速形成氢键（图式 2.8b）的反应可能不会表现出氘代动力学同位素效应（$k_H/k_D = 1.0$）。因此，随着 ET 驱动力（$-\Delta G_{et}^o$）的增加，氘代动力学同位素效应（k_H/k_D）的持续下降（图 2.6a），这表明在两个反应路径中存在机理上的前后相继；即，一步路径（图式 2.8a）随着 ET 驱动力（$-\Delta G_{et}^o$）的增加转变为分步路径（图式 2.8b）[49]。如果同

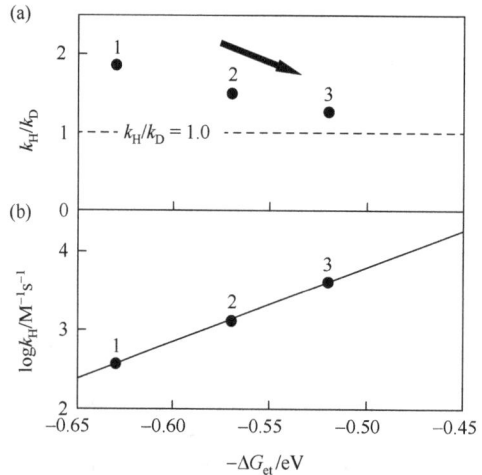

图 2.6　(a) k_H/k_D 和 (b) $\log k_H$ 与 $-\Delta G_{et}$ 的关联图，显示在除氧 MeCN（298 K）中以及 His·2H$^+$（5.0×10^{-2} mol/L）存在下，R$_2$Fc 到 TolSQ 的电子转移[49]

时采用两种反应路径,在跨过转换点到分步机理后(图解 2.8b),无论 ET 驱动力($-\Delta G_{et}$)如何变化,氘代动力学同位素效应(k_H/k_D)将保持不变[49]。

2.3.2 分子内氢键

2.3.2.1 分步电子转移和氢键的形成

对于有氢键位点的电子给体-受体二元体,例如带有酰胺桥基的二茂铁-醌二元体(Fc-Q),当电子转移是一个高放热过程时,光诱导电子转移和氢键的形成将分步进行[62]。在除氧苄腈(PhCN)溶液中使用 388 nm 的飞秒激光(150 fs 宽)激发 Fc-Q 中的 Q 部分时,激发后 1 ns 会出现新的吸收带(λ_{max} = 580 nm)[62]。与 422 nm 处半醌自由基阴离子的吸收带相比,580 nm 处的吸收带发生显著红移,归属于与桥酰胺质子形成氢键的 $Q^{\bullet-}$[62]。光动力学研究表明,从 Fc 到 Q 的单重激发态电子转移迅速发生,生成 Fc-Q$^{\bullet-}$,并没有构象改变(<1 ps),随后 $Q^{\bullet-}$ 与桥基的酰胺质子形成氢键($\tau \approx$ 5 ps),所产生的自由基离子对通过电子反向转移过程衰减至基态,如图式 2.9 所示[62]。因此,当电子转移过程涉及 Q 部分的激发态有关并且是一个高放热过程时,氢键的形成不会与电子转移耦合[62]。

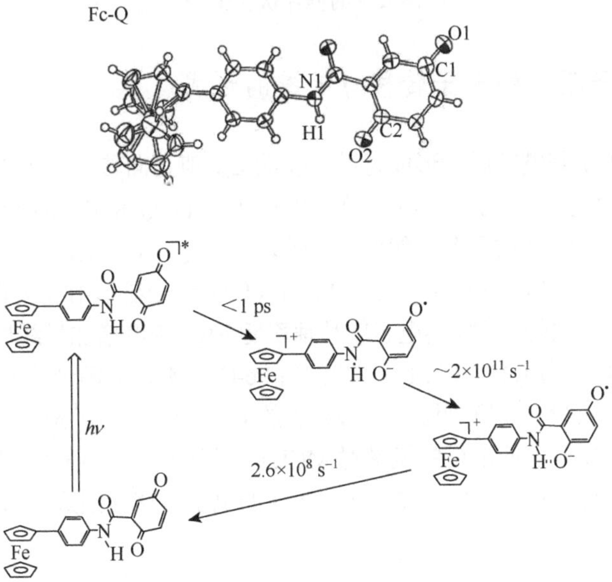

图式 2.9

Fc-Q 和 Fc-(MeQ)(其中 N—H 基团被 N—Me 取代)的循环伏安图的差异显示出氢键对 Fc-Q 中 Q 的单电子还原电势(E_{red})的影响[63]。Fc-Q 的循环伏安图(图 2.7)在 0.39 V 和 –0.16 V(相对于 SCE)处显示出两个可逆的单电子氧化还原峰,分别对应于 Fc^+/Fc 和 Q/$Q^{\bullet-}$ 的氧化还原过程[63]。与对苯醌(E_{red} = –0.50 V)相比,Q 的单电子还原电位(E_{red} = –0.16 V)明显往正向移动,比具有吸电子取代基的对氯苯醌(E_{red} = –0.38 V)

还要正[64]。与 Fc-Q（E_{red} = –0.16 V）相比，Fc-(Me)Q 中 Q 的 E_{red} 值（E_{red} = –0.40 V）明显更负[63]。这表明，与 Fc-(Me)Q 相比，Fc-Q 中 Q 的自由基阴离子（$Q^{·-}$）通过与桥基的酰胺质子形成氢键而稳定[63]。

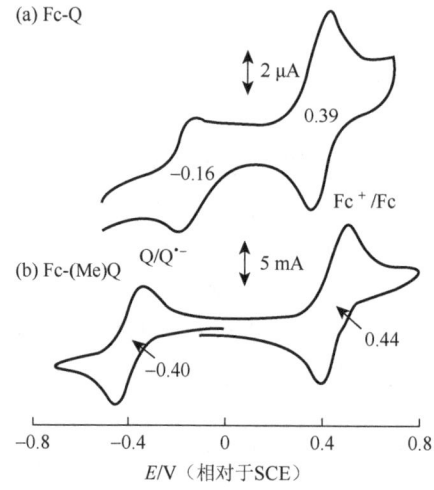

图 2.7　(a) Fc-Q（0.5 mmol/L）和（b) Fc-(Me)Q（0.5 mmol/L）在含有 0.1 mol/L Bu_4NPF_6 的 MeCN 溶液中的循环伏安图[63]

2.3.2.2　金属离子耦合的电子转移与氢键的形成

通过与 Fc-Q 中桥基酰胺质子形成氢键，Q 的 E_{red} 值正向移动（图 2.7），但不足以实现从 Fc 到 Q 的热力学电子转移。事实上，在 298 K 下的 Fc-Q 和 Fc-(MeQ)MeCN 溶液中，没有观察到从 Fc 到 Q 的电子转移[62]。然而，金属离子与 $Q^{·-}$ 的结合进一步稳定了 $Q^{·-}$，使热电子转移成为可能[63]。因此，加入 Mg^{2+} 后，Fc^+ 在 800 nm 处显示出吸收峰，$Q^{·-}$ 与 Mg^{2+} 键合后在 420 nm 处显示吸收峰[63,65]。其电子转移速率随 Mg^{2+} 浓度增加呈线性增长[63]。其 MCET 的二级速率常数（k_{et}）为 $1.4×10^3\ M^{-1}s^{-1}$[63]。当 Fc-Q 被不含氢键受体的 Fc-(Me)Q 替代时，Fc-(Me)Q 的 k_{et} 值（$0.4\ M^{-1}s^{-1}$）明显低于 Fc-Q 的 k_{et} 值（$1.4×10^3\ M^{-1}s^{-1}$）[63]。这一差异归因于 $Q^{·-}$ 部分与酰胺质子之间形成的氢键对 MCET 的增强作用。很多种金属离子（M^{n+}：三氟甲磺酸盐）也可以促进 Fc-(Me)Q 中从 Fc 至 Q 的电子转移（图式 2.10）[63]。

图式 2.10

金属离子的促进作用因其路易斯（Lewis）酸性不同而有显著差异[63]。金属离子的 Lewis 酸性可以通过 $O_2^{\cdot-}/M^{n+}$ 的 ΔE 值（通过 g_{zz} 值求得）来确定[66, 67]。如图 2.8 所示，Fc-Q 和 Fc-(Me)Q 的 MCET 过程的 $\log k_{et}$ 值与 ΔE 值呈线性相关[63]。Sc^{3+} 耦合的 Fc-Q 电子转移速率常数（k_{et}）在金属离子中最大（图 2.8），比对应的 Fc-(Me)Q 的 k_{et} 值大 10^4 倍。如图 2.7 所示，这个数值差异与 Fc-Q（$E_{red} = -0.16$ V，相对于 SCE）和 Fc-(Me)Q（$E_{red} = -0.40$ V，相对于 SCE）之间的单电子还原电位相符，速率常数的比率由 $\exp(0.24\ eV/k_B T)$ 给出，在 298 K 时等于 $1.1 \times 10^{4[63]}$。

在向 Fc-Q 的 MeCN 溶液中滴加 Mg^{2+} 后，测得的 ESR 谱表明生成了顺磁性物种，即 $Q^{\cdot-}$ 与 Mg^{2+} 和酰胺质子键合[63]。图 2.9a 展示了 ESR 谱及其计算机模拟光谱（图 2.9b）[63]。hfc 的最大值（3.95 G）明显低于无 Mg^{2+} 的值（4.60 G），这是因为 Mg 核的自旋离域效应[63]。

随着 $Q^{\cdot-}$ 键合到 Mg^{2+} 和酰胺质子，Fc^+ 也同时生成，但没有检测到不含氢键的中间体[63]。因此，与分步光诱导电子转移和 Fc-Q 中氢键的形成相反（图式 2.9），Fc-Q 中的 MCET 是与氢键形成耦合的，如图式 2.10 所示。

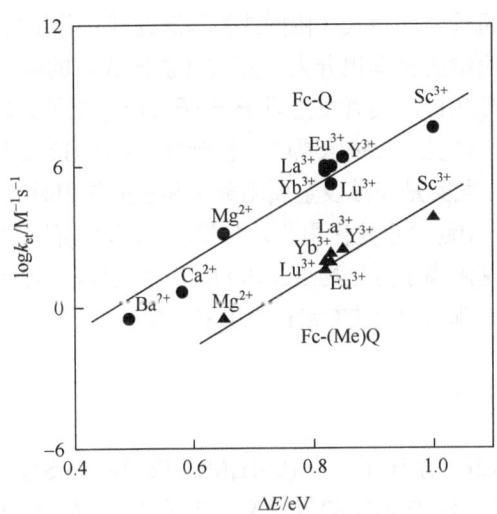

图 2.8　Fc-Q 和 Fc-(Me)Q 体系（298 K，除氧 MeCN 溶液）M^{2+} 促进的电子转移反应的 $\log k_{et}$ 与 ΔE 的关系图[63]

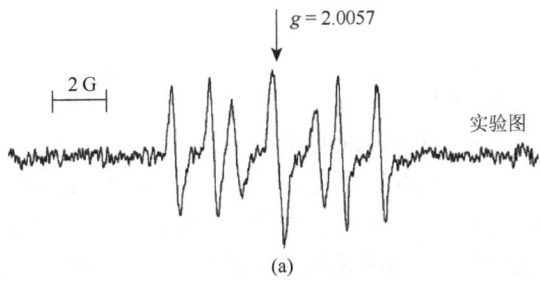

(a)

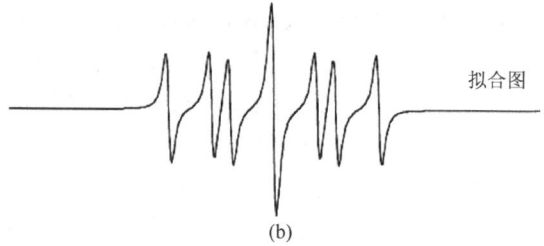

(b)

图 2.9 （a）298 K 的除氧 MeCN 溶液中,以及 Mg^{2+}（7.5×10^{-2} mol/L）存在下,Fc^+-$Q^{·-}$（4.0×10^{-4} mol/L）的 ESR 谱图；（b）计算的模拟光谱,超精细耦合常数（hfc）值分别为 3.95 G（1 H）、2.30 G（1 H）和 1.60 G（1 H）[63]

2.4 氢负离子转移反应中的连续式电子转移和质子转移路径

2.4.1 NADH 类似物对醌的氢负离子还原

HAT 反应存在两种机理,一步式（协同式）与连续式（分步式）电子转移和质子转移；同样,氢负离子转移反应中的机理也分为一步式（协同式）的氢负离子转移和连续式（分步式）的电子转移（图式 2.1）,接着发生质子-电子（或氢原子）转移[13, 40, 64, 68]。这种一步式与分步式路径已经在还原型烟酰胺腺嘌呤二核苷酸（NADH）及其类似物的氢负离子转移反应中得到了广泛讨论,尤其是在涉及金属阳离子和酸的作用时[69-79]。酸催化在 NADH 酶催化羰基化合物还原过程中起着重要作用[80]。与没有中间产物的一步式氢负离子转移路径不同,ET 路径产生的自由基阳离子氢化物给体作为反应中间体,尽管这种情况比较少见。如果 ET 在热力学上是可行的,那么这种 ET 路径是可能实现的。

2.4.1.1 一步式氢负离子转移

如前所述,在 $His·2H^+$ 存在下,从 $(C_5H_4Me)_2Fc$ 到 TolSQ 的电子转移是有可能发生的[49]。同样,从 $AcrH_2$ 到 TolSQ 的氢负离子转移生成 $AcrH^+$ 和 $TolSQH_2$ 的过程也有可能发生[式（2.2）][49]。

$$\text{AcrH}_2 + \text{TolSQ} \xrightarrow{\text{His·2H}^+} \text{AcrH}^+ + \text{TolSQH}_2 \quad (2.2)$$

在 $His·2H^+$ 存在时,从 $AcrH_2$ 到 TolSQ 的氢负离子转移二级速率常数（k_{HH}）随 $His·2H^+$ 的浓度呈线性增加（图 2.10a 中的灰色圆圈）[45]。当 $AcrH_2$ 被氘代化合物 $AcrD_2$ 替代时,氢负离子转移速率表现出氘代动力学同位素效应（$k_{HH}/k_{DH} = 1.7\pm0.1$）（$k_{DH}$ 表示 $His·2H^+$ 存在时从 $AcrD_2$ 到 TolSQ 的氢负离子转移速率常数）（图 2.10b 中的黑色圆圈）[49]。相反,当 $His·2H^+$ 被 $His·2D^+$-d_6 替代时,从 $AcrH_2$ 和 $AcrD_2$ 到 TolSQ 的氢负离子转移过程中没

有氘代动力学同位素效应（$k_{HH}/k_{HD} = 1.0$ 和 $k_{DH}/k_{DD} = 1.0$）（k_{DH} 表示 His·2D$^+$-d_6 存在时，AcrH$_2$ 到 TolSQ 的氢负离子转移速率常数），如图 2.10 中的灰色和黑色实心三角形所示[49]。如图式 2.11 中的虚线箭头所示，如果从 AcrH$_2$（$E_{ox} = 0.81$ V，相对于 SCE）到 TolSQ（$E_{red} = 0.26$ V，相对于 SCE）发生氢负离子转移，那么氢负离子转移反应的速率将表现出氘代动力学同位素效应，这与以 His·2D$^+$-d_6 代替 His·2H$^+$ 时促进从 R$_2$Fc 到 TolSQ 的电子转移的情况相似（图 2.10）。因此，通过氘代 AcrH$_2$ 得到的 AcrD$_2$，可以观察到氘代动力学同位素效应（$k_{HH}/k_{DH} = 1.7±0.1$），而通过氘代 His·2H$^+$ 得到 His·2D$^+$-d_6 时则没有氘代动力学同位素效应（$k_{HH}/k_{HD} = 1.0$ 和 $k_{DH}/k_{DD} = 1.0$），这表明氢负离子转移是通过一步式路径进行的（图式 2.11）[49]。值得注意的是，在 His·2H$^+$ 促进的从 AcrH$_2$ 到 TolSQ 的氢负离子转移中，没有观察到 AcrH$_2^{•+}$ 的吸收带[49]。k_{HH} 和 His·2H$^+$ 之间的线性关系（图 2.10a）可能是由于 TolSQ 和 His·2H$^+$ 之间形成的氢键配合物（TolSQ/His·2H$^+$），它随着 His·2H$^+$ 浓度的增加而增大[49]。

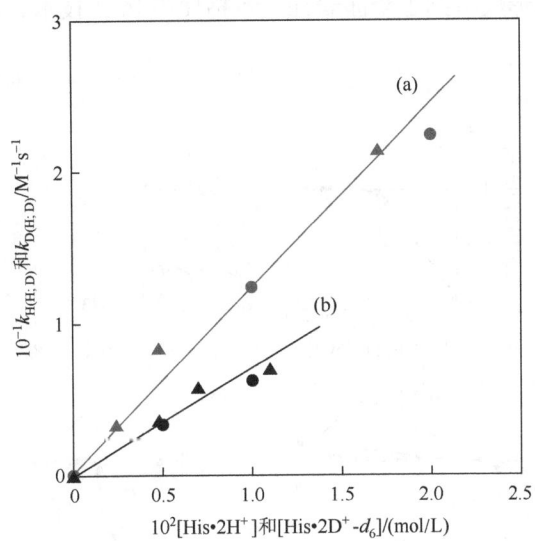

图 2.10 （a）在 298 K 的除氧 MeCN 溶液中，His·2H$^+$ 存在时，AcrH$_2$（$1.0×10^{-4}$ mol/L）向 TolSQ 的氢负离子转移过程中 k_{HH}（灰色圆点）随[His·2H$^+$]存在的依赖性，以及在 His·2D$^+$-d_6 存在下 AcrH$_2$（$1.0×10^{-4}$ mol/L）向 TolSQ 氢化物转移过程中 k_{HD}（灰色三角形）随[His·2D$^+$-d_6]的变化[49]；（b）在 298 K 下除氧 MeCN 溶液中，His·2H$^+$ 存在时，AcrD$_2$（$1.0×10^{-4}$ mol/L）向 TolSQ 氢负离子转移过程中 k_{DH}（黑色圆点）随[His·2H$^+$]的变化以及 His·2D$^+$-d_6 存在时，AcrD$_2$（$1.0×10^{-4}$ mol/L）向 TolSQ 氢负离子转移过程中 k_{DD}（黑色三角形）随[His·2D$^+$-d_6]的变化[49]

图式 2.11

2.4.1.2 分步式电子转移路径

在高氯酸（$HClO_4$）存在下，$AcrH_2$ 能够有效还原 TolSQ，生成 $AcrH^+$ 和 $TolSQH_2$，而在没有 $HClO_4$ 的情况下，$AcrH_2$ 和 TolSQ 不会发生反应[81]。在 $HClO_4$ 存在下，通过 $AcrH_2$ 对 TolSQ 的光谱滴定实验证明了其化学计量（图 2.11a），此时，所有 TolSQ 分子因加入 1 当量的 $AcrH_2$ 反应完全，生成 1 当量的 $AcrH^+$[81]。$HClO_4$ 对 $AcrH_2$ 还原 TolSQ 的促进作用归因于 TolSQ 的质子化（$TolSQ + H^+ \longrightarrow TolSQH^+$），这个过程在 $HClO_4$ 的不同浓度下通过 TolSQ 的紫外可见吸收光谱变化得到了确认[81]。

在 $HClO_4$ 存在下，使用停流光谱技术监测了 $AcrH_2$ 还原 TolSQ 的动力学过程，在 $\lambda = 640\ nm$ 处出现的瞬态吸收峰表明电子转移中间体的存在（图 2.11b），该吸收峰归属于 $AcrH_2^{\cdot-}$[81]。$AcrH_2^{\cdot-}$ 的形成得到了全面表征，包括使用 ESR 技术。ESR 谱图（图 2.11c）

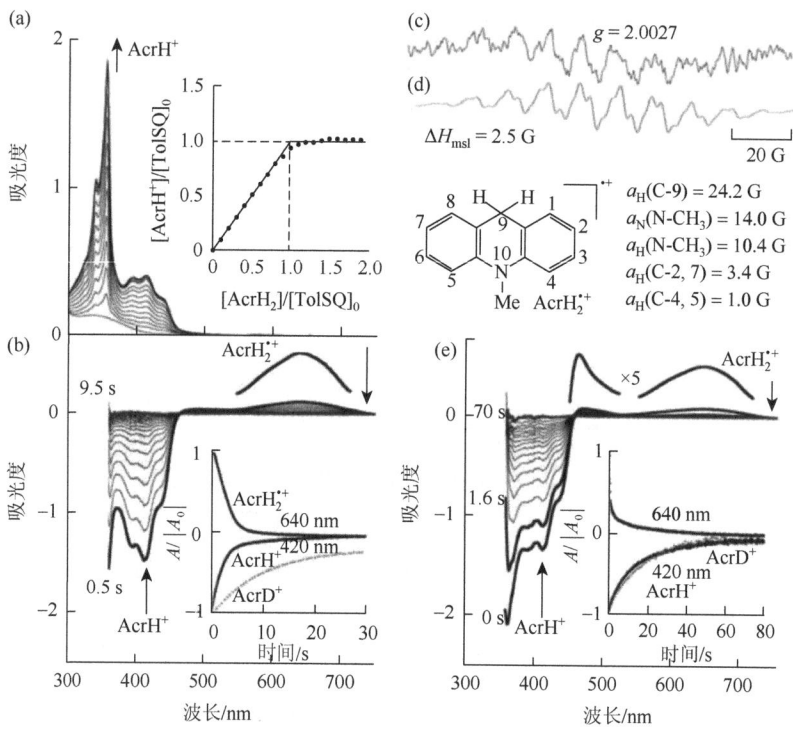

图 2.11　(a) 298 K，$HClO_4$（$1.0 \times 10^{-1}\ mol/L$）存在下，滴加 $AcrH_2$（$0 \sim 1.9 \times 10^{-4}\ mol/L$）到 TolSQ（$1.0 \times 10^{-4}\ mol/L$）的除氧 MeCN 溶液得到的紫外可见吸收光谱变化[81]；(b) 在除氧 MeCN 中 $HClO_4$（$4.9 \times 10^{-2}\ mol/L$）存在下，$AcrH_2$（$6.0 \times 10^{-3}\ mol/L$）还原 TolSQ（$4.6 \times 10^{-4}\ mol/L$）的差分光谱变化[81]；(c) 在 298 K 除氧 MeCN 中，并在 $HClO_4$（$7.0 \times 10^{-2}\ mol/L$）和 TolSQ（$2.8 \times 10^{-3}\ mol/L$）存在下，$AcrH_2$（$2.9 \times 10^{-3}\ mol/L$）氧化生成 $AcrH_2^{\cdot+}$ 的 ESR 谱[81]；(d) $AcrH_2^{\cdot+}$ 的计算机拟合光谱[81]；(e) 298 K 的除氧 MeCN 中 $HClO_4$（$4.9 \times 10^{-2}\ mol/L$）存在下，$AcrH_2$（$4.8 \times 10^{-3}\ mol/L$）还原 PQ（$4.9 \times 10^{-4}\ mol/L$）的差分光谱变化[76]

插图：(a) $[AcrH^+]/[TolSQ]_0$ 相对于 $[AcrH_2]/[TolSQ]_0$ 的图，其中 $[TolSQ]_0$ 是 TolSQ 的初始浓度（$1.0 \times 10^{-4}\ mol/L$）[81]；在 $\lambda = 640\ nm$ 和 420 nm 处吸收变化随时间的变化指示 (b) TolSQ 和 (e) PQ 被 $AcrH_2$ 和 $AcrD_2$ 还原；A_0 为初始吸光度[81]

与通过 $AcrH_2^{·+}$ 的 hfc 值 [a_H(C-9) = 24.2 G, a_H(N-CH$_3$) = 14.0 G, a_H(N-CH$_3$) = 10.4 G, a_H(C-2, 7) = 3.4 G, a_H(C-4, 5) = 1.0 G] 生成的计算机模拟光谱（图 2.11d）一致，$AcrH_2^{·+}$ 通过 [Fe(bpy)$_3$]$^{3+}$（bpy = 2,2′-联吡啶）氧化 $AcrH_2$ 获得[41, 81]。从观察到的 $AcrH_2^{·+}$ 可知，从 $AcrH_2$ 到 TolSQH$^+$，首先发生电子转移（图式 2.12）[81]。

图式 2.12

由于电子转移的自由能变化（ΔG_{et} = 1.07 eV）为正值，从 $AcrH_2$（E_{ox} = 0.81 V，相对于 SCE）到 TolSQ（E_{red} = −0.26 V，相对于 SCE）的电子转移是强吸热反应，因此在没有 HClO$_4$ 的情况下不会发生电子转移[81]。然而，当 HClO$_4$（5.0×10^{-2} mol/L）存在时，TolSQ 发生质子化，使 TolSQ 的单电子还原电位相对于 SCE 移动到 0.69 V[49]。从 $AcrH_2$ 到 TolSQH$^+$ 的电子转移自由能变化（ΔG_{et} = 0.12 eV）虽然仍为正值，但此时 $AcrH_2$ 到 TolSQH$^+$ 的有效电子转移过程伴随着 TolSQH$^·$ 的快速歧化反应（图式 2.12），使电子转移过程得以完成[81]。

如图 2.11b 所示，$AcrH_2^{·+}$ 在 640 nm 处的吸收强度随时间衰减，伴随着 $AcrH^+$ 在 420 nm 处的吸收强度随时间增加[81]。由于 $AcrH_2^{·+}$ 的去质子化和歧化作用，$AcrH_2^{·+}$ 的衰减动力学（以及 $AcrH^+$ 的增加动力学）包含一级和二级反应，如图式 2.12 中的实线箭头所示[81]。当用双氘代化合物 $AcrD_2$ 取代 $AcrH_2$ 时，一级和二级过程都表现出显著的动力学同位素效应（k_H/k_D 分别为 3.2 和 10）（图 2.11b 的插图）[81]。$AcrH^·$ 是由 $AcrH_2^{·+}$ 去质子化产生的，它比 $AcrH_2$ 具有更强的还原能力。因此，从 $AcrH^·$（E_{ox} = −0.46 V，相对于 SCE）[41] 到 TolSQH$^+$ 的快速电子转移反应后，生成 $AcrH^+$ 和 TolSQH$^·$（图式 2.12）[81]。最终，1 当量的 TolSQH$^+$ 被 1 当量的 $AcrH_2$ 还原，生成 1 当量的 $AcrH^+$ 和 TolSQH$_2$[81]。

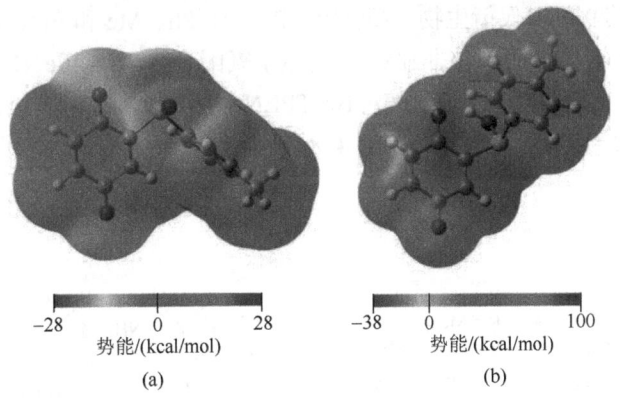

图 2.12 （a）TolSQ 和（b）TolSQH$^+$ 的静电势能图[81]（后附彩图）

采用 BLYP/6-31G** 进行 DFT 计算

TolSQ 的质子化预计会提高 TolSQ 的亲电性，从而加速从 AcrH$_2$ 到 TolSQH$^+$的一步式氢负离子转移过程，这类似于 His•2H$^+$促进 AcrH$_2$ 到 TolSQ 的氢负离子转移（图式 2.11）[81]。TolSQH$^+$的静电势能图（图 2.12b）表明，与中性物种相比，TolSQ 的质子化会导致正电荷在整个环体系中完全离域[81]。在这种情况下，HClO$_4$ 的存在使 TolSQ 的 E_{red} 值向正向移动，然而，质子化物种（TolSQH$^+$）正电荷的离域未能如预期那样显著提高亲电性，以促进电子转移。这也许是为什么从 AcrH$_2$ 到 TolSQH$^+$发生电子转移，而不是一步式氢负离子转移[81]。

2.4.2 NADH 类似物对高价金属-氧配合物的氢负离子还原

2.4.2.1 通过协同式 PCET 进行的一步式氢负离子转移

金属-氧配合物通常在 C—H 键氧化中起着重要作用，这在生物化学和工业生产中至关重要[82]。特别是高价铁(Ⅳ)-氧物种经常作为非血红素铁酶中有机底物氧化的关键中间体[83-85]。对大肠杆菌牛磺酸催化循环中的非血红素铁(Ⅳ)-氧中间体进行了表征，包括 α-酮戊二酸双加氧酶（TauD）、脯氨酰-4-羟化酶和卤素酶 CytC3[86, 87]。这些结果明确证明了非血红素铁(Ⅳ)-氧中间体能够在生物反应底物中夺取 C—H 键。在仿生研究中，非血红素铁(Ⅳ)-氧中间体通过光谱得到了表征[88]，随后，通过[Fe(Ⅱ)(TMC)]$^{2+}$和人工氧化剂的反应获得首个铁(Ⅳ)-氧配合物的晶体结构，[(TMC)Fe(Ⅳ)(O)]$^{2+}$（TMC = 1, 4, 8, 11-四甲基-1, 4, 8, 11-四氮杂环十四烷）[89]。自此，带有四齿 N4、五齿 N5 及 N4S 配体的单核非血红素铁(Ⅳ)-氧配合物在 C—H 键及其他底物的氧化反应中，发挥了作用，包括烷烃的羟基化、烯烃的环氧化、醇的氧化、N-脱烷基、硫化物的氧化等[90-98]。然而，关于 C—H 键氧化的关键初始步骤的机理一直在探讨中，涉及电子转移、氢原子转移或氢负离子转移[15-30]。然而，很难理解为何某一路径会优于另一路径。

比较对苯醌衍生物（前文已讨论）的氢负离子转移反应，NADH 类似物到高价金属-氧物种的氢负离子转移能够解释这种机理差异。一系列 NADH 类似物，10-甲基-9, 10-二氢吖啶（AcrH$_2$）及其 9 位取代衍生物（AcrHR：R = H, Ph, Me 和 Et），BNAH 及其氘代化合物作为氢负离子给体，而单核非血红素铁(Ⅳ)-氧配合物，[(L)Fe^{Ⅳ}(O)]$^{2+}$ [N4Py = N, N-双(2-吡啶基甲基)-N-双(2-吡啶基)甲胺；Bn-TPEN = N-苄基-N, N', N'-三(2-吡啶基甲基)乙烷-1, 2-二胺；TMC = 1, 4, 8, 11-四甲基-1, 4, 8, 11-四氮杂环十四烷]作为氢负离子受体（图示 2.1）[99]。

氢负离子给体

AcrHR {R = H, R = Me, R = Et, R = Ph}   AcrDR' {R' = D, R' = Ph}   BNAH   BNAH-4, 4'-d_2

氢负离子受体

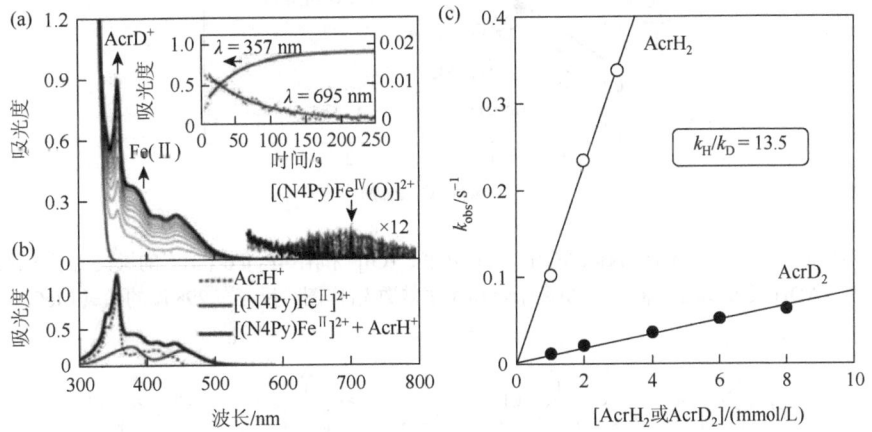

图示 2.1

如图 2.13a 所示，作为经典案例，NADH 类似物（AcrH$_2$）到 [(N4Py)Fe^{IV}(O)]$^{2+}$ [式(2.3)] 发生氢负离子转移。其中 [(N4Py)Fe^{IV}(O)]$^{2+}$ 在 695 nm 处的吸收带减弱，同时 10-甲基苯并吖啶阳离子（AcrH$^+$）在 357 nm 处的吸收带增强，以及 [(N4Py)Fe^{II}(OH)]$^{2+}$ 在 380 nm 和 450 nm 处的吸收带也增强[99]。由 357 nm 处吸光度的增加测得 AcrH$^+$ 的生成速率，与 695 nm 处吸光度的减少所测得 [(N4Py)Fe^{IV}(O)]$^{2+}$ 的衰减速率一致（图 2.13a 插图）[99]。在这种氢负离子转移反应中未观察到中间体[99]。因此，反应通过一步式反应进行。该准一级速率常数（k_{obs}）随着 AcrH$_2$ 浓度增加呈线性增长（图 2.13c 中的空心圆）[99]。根据 k_{obs} 对 AcrH$_2$ 浓度的线性图，得到 [(N4Py)Fe^{IV}(O)]$^{2+}$ 与 AcrH$_2$ 反应的二级速率常数（k_H）为 1.1×10^2 M^{-1}s^{-1}[99]。当用二氘代化合物（AcrD$_2$）替代 AcrH$_2$ 时，获得了较大的氘代动力学同位素值，即为 13.5（图 2.13c 中的空心圆）[99]。

图 2.13 (a) 在 298 K 的除氧 MeCN 中，[(N4Py)Fe^{IV}(O)]$^{2+}$（5.0×10^{-5} mol/L）和 (AcrH$_2$)（2.0×10^{-3} mol/L）反应中观察到的光谱变化，插图：在 357 nm 处 AcrH$^+$ 形成和 695 nm 处 [(N4Py)Fe^{IV}(O)]$^{2+}$ 衰减的吸收变化时间曲线；(b) 在 MeCN 中 AcrH$^+$（6.0×10^{-5} mol/L）和 [(N4Py)Fe^{II}]$^{2+}$（6.0×10^{-5} mol/L）的紫外可见吸收光谱；(c) [(N4Py)Fe^{IV}(O)]$^{2+}$ 的准一级速率常数（k_{obs}）对 AcrH$_2$ 或 AcrD$_2$ 的浓度作图

$$\text{AcrH}_2 + [(\text{N4Py})\text{Fe}^{IV}(\text{O})]^{2+} \xrightarrow{k_H} \text{AcrH}^+ + [(\text{N4Py})\text{Fe}^{II}(\text{OH})]^+ \quad (2.3)$$

从$[(L)Fe^{IV}(O)]^{2+}$反应中测得的k_H值随不同的NADH类似物显著变化,特别是因AcrHR中R基团的变化[99]。从同一系列NADH类似物到对氯苯醌(Cl_4Q)的氢负离子转移反应中,观察到类似的变化[式(2.4)][13]。因此,如图2.14所示,NADH类似物与$[(L)Fe^{IV}(O)]^{2+}$的氢负离子转移反应的k_H值与Cl_4Q的对应值之间表现出极好的线性相关性[99]。尽管在反应过程中未观察到任何中间体,但仅从通过氢化物离子的一步式转移,无法解释C-9位置引入取代基R后,反应活性显著下降的现象[99]。已知C-9位置的烷基或苯基取代基呈舟形轴向构型[41],由此判断C-9位置的氢处于赤道位置,因为在氢负离子转移反应中轴向取代基的位阻最小[13]。如果协同氢负离子转移反应发生,给电子取代基R的引入会活化带负电荷的氢离子的释放。而随着R给电子能力的增加,反应活性明显下降,则表明该反应由释放正电荷的过程决定。

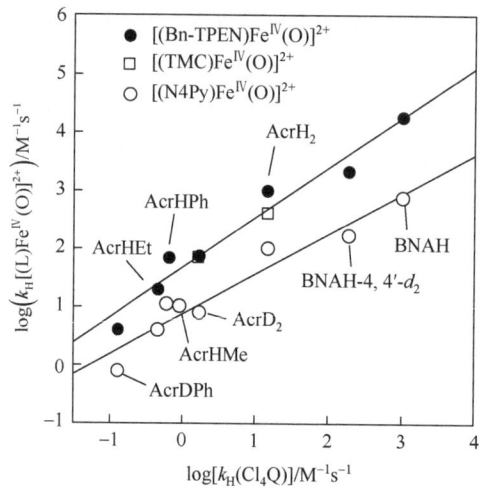

图2.14 NADH类似物向$[(Bn\text{-}TPEN)Fe^{IV}(O)]^{2+}$、$[(TMC)Fe^{IV}(O)]^{2+}$和$[(N4Py)Fe^{IV}(O)]^{2+}$的氢负离子转移速率常数$k_H$对同系列NADH类似物向$Cl_4Q$的氢负离子转移速率常数$k_H$作图,反应在298 K的除氧MeCN中进行[99]

$$\text{AcrHR} + \text{Cl}_4\text{Q} \xrightarrow{k_H} \text{AcrR}^+ + \text{Cl}_4\text{QH}^- \tag{2.4}$$

如图2.14所示,NADH类似物与$[(L)Fe^{IV}(O)]^{2+}$和Cl_4Q的氢负离子转移反应的线性相关性表明,向$[(L)Fe^{IV}(O)]^{2+}$与Cl_4Q的氢负离子转移机理基本相同[99]。虽然就电子转移或一步式氢负离子转移路径而论,有关NADH类似物向氢化物受体的氢负离子转移机理仍存在争议,但NADH类似物到强电子受体的氢负离子转移已被广泛接受为电子转移路径[13, 64, 81]。值得注意的是,非血红素铁(IV)-氧配合物的E_{red}值($[(L)Fe^{IV}(O)]^{2+}$;0.39~0.51 V,相对于SCE)[100]高于Cl_4Q(0.01 V,相对于SCE)[64]。这意味着$[(L)Fe^{IV}(O)]^{2+}$配合物是比Cl_4Q更强的电子受体。因此,从NADH类似物(AcrHR)到$[(L)Fe^{IV}(O)]^{2+}$很可能发生电子转移，随后是 AcrHR·⁺到[(L)Fe^III(O)]⁺的快速质子转移，以及 AcrR·到[(L)Fe^III(O)]²⁺的电子转移，这是一个与反向电子转移竞争的过程，生成最终产物 AcrH⁺和[(L)Fe^II(O)]⁺，如图式 2.13 所示[99]。由于未观察到任何电子转移中间体，最初的电子转移与质子转移相耦合，即质子耦合电子转移，随后发生快速电子转移[99]。

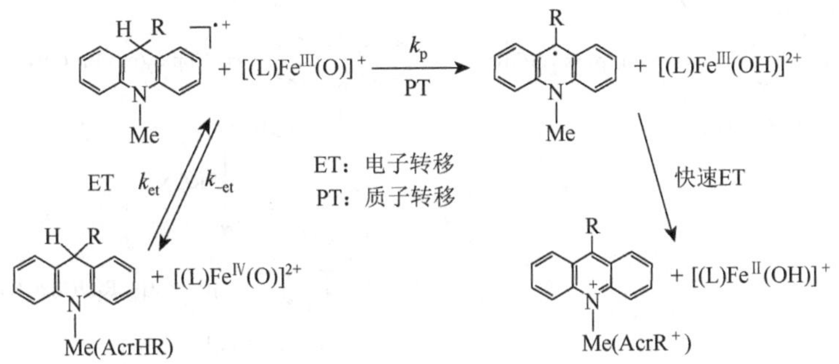

图式 2.13

从 AcrH$_2$ 到 Ru(Ⅳ)-氧物种 *cis*-[Ru^IV(bpy)$_2$(py)(O)]²⁺（bpy = 2,2'-联吡啶；py = 吡啶）的氢负离子转移过程，提出了类似图式 2.13 的机理，如图式 2.14 所示[39]。从 AcrH$_2$ 到 *cis*-[Ru^IV(bpy)$_2$(py)(O)]²⁺的 PCET（HT）过程是决速步，随后从 AcrH· 到 *cis*-[Ru^III(bpy)$_2$(py)(O)]²⁺的快速电子转移生成 AcrH⁺和 *cis*-[Ru^II(bpy)$_2$(py)(OH)]⁺。最初的 HAT 过程显示较大的 KIE 值（$k_H/k_D = 12±1$）[39]，这与 AcrH$_2$ 到[(N4Py)Fe^IV(O)]²⁺的 PCET 过程相似（图 2.13c）。与[(N4Py)Fe^IV(O)]²⁺不同的是，在 MeCN 溶液中，*cis*-[Ru^II(bpy)$_2$(py)(OH)]⁺中的 OH⁻对 AcrH⁺的亲核进攻较慢，生成 AcrH(OH)和 *cis*-[Ru^II(bpy)$_2$(py)(MeCN)]²⁺[43]。该过程是由于 *cis*-[Ru^II(bpy)$_2$(py)(OH$_2$)]²⁺的 pK_a 值（10.6）比 *cis*-[Ru^III(bpy)$_2$(py)(OH$_2$)]²⁺的 pK_a 值（0.85）高[101]。随后发生 AcrH(OH)到 AcrH⁺的氢负离子转移，生成最终产物 10-甲基吖啶酮(AcrO)[102]。因此，在 MeCN 溶液中，AcrH⁺被 2 当量的 *cis*-[Ru^IV(bpy)$_2$(py)(O)]²⁺四电子氧化，最终生成 AcrO 和 *cis*-[Ru^II(bpy)$_2$(py)(MeCN)]²⁺[43]。

在一系列类似的 HAT 反应中，速率常数通常与 C—H 键的键解离能呈良好的相关性[103,104]。图 2.15 显示了 *cis*-[Ru^IV(bpy)$_2$(py)(O)]²⁺对一系列烷基芳香族和烯丙基 C—H 键氧化的相关性[43]。使用 AcrH$_2$（BDE = 73.7 kcal/mol）[105]和 BNAH（BDE = 67.9 kcal/mol）[105]的键解离能，依据此相关性得出了它们的速率常数，如图 2.15 所示[43]。AcrH$_2$ 和 BNAH 的氧化速率常数很好地符合此相关性。通过这种线性相关性表明，所有这些化合物（包括 NADH 类似物）的反应都通过常见的 HAT 机理进行，其中最初的 HAT 路径是决速步，而不是 AcrH$_2$ 的氢负离子转移步骤。当反应速率非常快时，AcrH· 到 *cis*-[Ru^III(bpy)$_2$(py)(OH)]²⁺的电子转移是剧烈的放热反应[43]。

图式 2.14

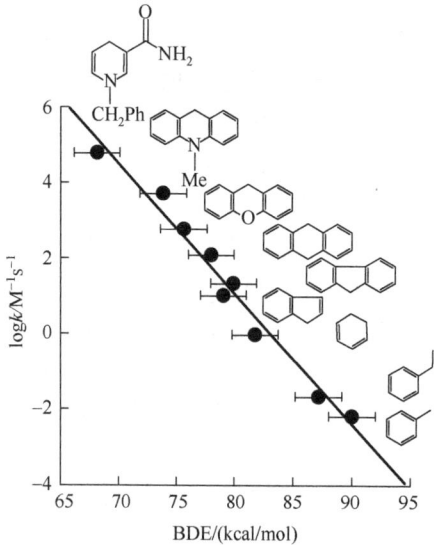

图 2.15 cis-$[Ru^{IV}(bpy)_2(py)(O)]^{2+}$氧化反应的速率常数相对于 C—H 键的 BDE 关系图[43]

较大的 k_{IE} 值（12±1）排除了 $AcrH_2$ 到 cis-$[Ru^{IV}(bpy)_2(py)(O)]^{2+}$的另一种初始决速步电子转移机理[43]。此外，从 $AcrH_2$（E_{ox} = 0.81 V，相对于 SCE）[64]到 cis-$[Ru^{IV}(bpy)_2(py)(O)]^{2+}$

（$E_{red}<0.26$ V，相对于 SCE）[101]的电子转移在热力学上不可行。然而，氢原子转移反应究竟是通过一步式氢原子转移，还是通过质子耦合电子转移进行，仍不完全清楚。

2.4.2.2 连续式电子转移路径

如上所述，从 $AcrH_2$ 到 $[(L)Fe^{IV}(O)]^{2+}$ 的氢负离子转移通过 PCET 发生，并且没有形成电子转移中间体，因为从 $AcrH_2$ 到 $[(L)Fe^{IV}(O)]^{2+}$ 的电子转移是吸热反应（图式 2.13）。然而，当存在 $HClO_4$ 时，电子转移过程可能变为放热反应，就像从 $AcrH_2$ 到质子化氢负离子受体（$TolSQH^+$）的电子转移情况一样（图式 2.12）。当电子转移过程在 $HClO_4$ 存在下变为放热时，可能会观察到酸促进的 AcrHR 到 $[(L)Fe^{IV}(O)]^{2+}$ 的氢负离子转移，产生自由基阳离子（$AcrHR^{\bullet+}$）（详见下文）。

在 MeCN 溶液中，以及高氯酸存在下，从 AcrDPh 到 $[(N4Py)Fe^{IV}(O)]^{2+}$ 的电子转移反应在 $\lambda_{max}=680$ nm 处出现瞬态吸收峰，归因于 $AcrDPh^{\bullet+}$ 的形成，如图 2.16a 所示[94]。$\lambda_{max}=680$ nm 处的吸收峰消失与 $[(N4Py)Fe^{II}]^{2+}$ 在 380 nm 处的吸收峰和 Acr^+-Ph 在 360 nm 处的吸收峰的出现相对应（图 2.16a 插图）[99]。同样，在酸促进下，从 AcrHEt 到 $[(N4Py)Fe^{IV}(O)]^{2+}$ 的氢负离子转移中也观察到 $AcrHEt^{\bullet+}$ 的形成，如图 2.16b 所示，$AcrHEt^{\bullet+}$ 在 $\lambda_{max}=685$ nm 处的吸收峰消失也与 Acr^+-Et 在 360 nm 处的吸收峰的出现相对应（图 2.16b 插图）[99]。这些结果表明，酸促进了 AcrHR 到 $[(N4Py)Fe^{IV}(O)]^{2+}$ 的电子转移，首先生成 $AcrHR^{\bullet+}$ 和 $[(N4Py)Fe^{III}(OH)]^{2+}$，然后 $AcrHR^{\bullet+}$ 去质子化产生 $AcrR^{\bullet}$[99]。随后，通过 $AcrR^{\bullet}$ 到 $[(N4Py)Fe^{III}(OH)]^{2+}$ 的快速电子转移，得到最终产物 $AcrR^+$ 和 $[(N4Py)Fe^{II}(OH)]^+$，如图式 2.15 所示[99]。

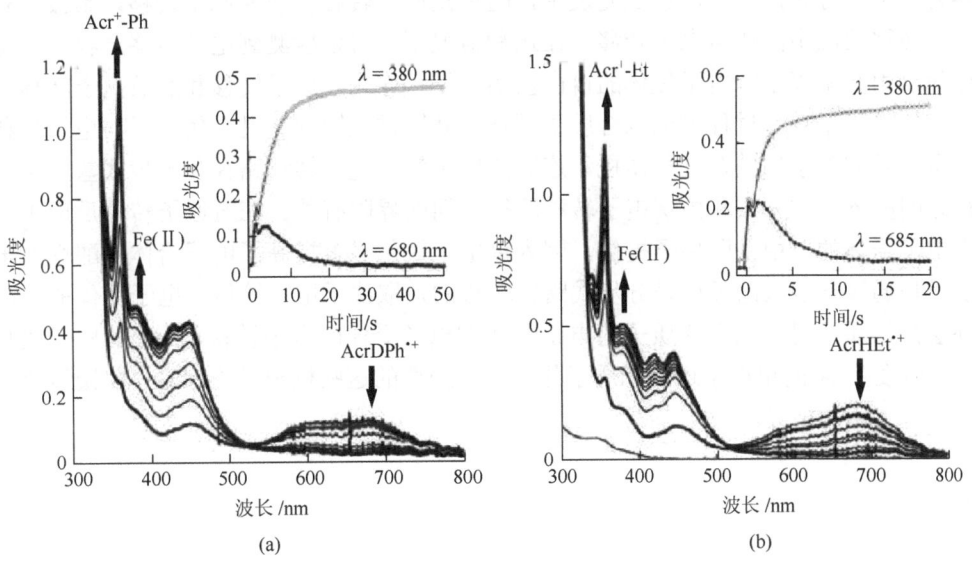

图 2.16 在 298 K 的除氧 MeCN 溶液中，以及在 $HClO_4$（2.2×10^{-3} mol/L）存在下，将（a）AcrDPh（2.5×10^{-3} mol/L）和（b）AcrHEt（2.5×10^{-3} mol/L）加入 $[(N4Py)Fe^{IV}(O)]^{2+}$（5.0×10^{-5} mol/L）的溶液中观察到的紫外可见吸收光谱变化

插图：在（a）$\lambda=380$ nm 和 680 nm 以及（b）$\lambda=380$ nm 和 685 nm 处的吸收变化的时间曲线

文献报道，在 H_2O/MeCN（体积比为 4∶1）溶液中，从 $AcRH_2$ 到氢铬酸离子（H_2CrO_4）的电子转移通过自由基链机理引发，导致 $AcRH_2$ 被氧化为 $AcRH^+$，但氧气对该反应有强烈的抑制作用[70]。

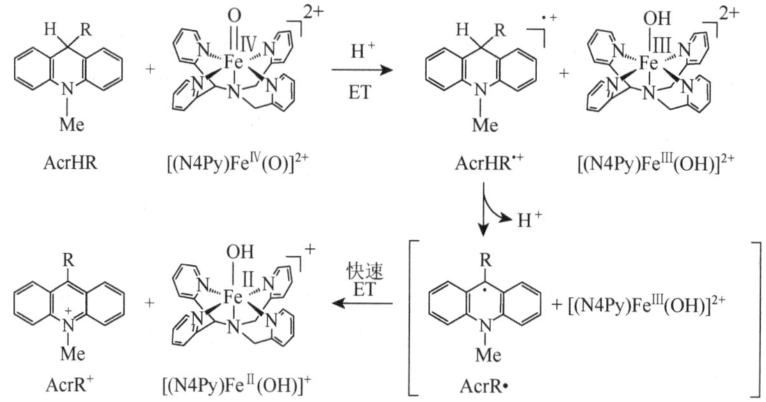

图式 2.15

2.5 结　论

如本章所述，在 C—H 键的氧化过程中一直存在机理归属问题，即决速步是电子转移、质子耦合电子转移、一步式氢原子转移还是一步式氢负离子转移。当电子转移步骤在热力学上可行时，电子转移首先发生，随后是质子转移以及氢原子转移，紧接着是氢负离子转移反应中的快速电子转移。在这种情况下，可以检测到电子转移产物，即电子给体的自由基阳离子和电子受体的自由基阴离子，作为氢原子转移和氢负离子转移反应的中间体。电子转移过程可以耦合质子转移，并通过氢键或通过金属离子与电子转移产生的自由基阴离子的结合进行调控。连续式质子耦合电子转移路径和一步式氢原子转移路径之间的界限与外层和内层电子转移路径之间的界限有关。在氢原子转移反应中，质子由电子给体的自由基阳离子提供，因为单电子氧化显著提高了电子给体的酸性。电子和质子是通过一步式路径还是分步式路径转移的，取决于电子给体和电子受体的类型。当外层提供质子时，从不含质子的电子给体到电子受体的电子转移与 $A^{\cdot-}$ 的质子化相耦合，同时发生 A 的单电子还原和质子化。本章描述的这些机理讨论为 C—H 键氧化的调控提供了有用的指导。

致谢

感谢所有参考文献中提到的合作者和同事的贡献，感谢日本教育、文化、体育、科学和技术部的持续支持。

参 考 文 献

1. Dyker, G., Ed.; *Handbook of C–H Transformations*; Wiley-VCH: Weinheim, 2005.
2. Kochi, J. K., Ed.; *Free Radicals*; Wiley: New York, 1973.
3. Tanko, J. M. Reaction mechanisms. Part I. Radical and radical ion reactions. *Annu. Rep. Prog. Chem. B: Org. Chem.* **2008**, *104*, 234–259.
4. Litwinienko, G.; Ingold, K. U. *Acc. Chem. Res.* **2007**, *40*, 222–230.
5. Piotrowiak, P., Ed. *Electron Transfer in Chemistry. Part 1. Principles and Theories*; Balzani, V., Ed.; Wiley-VCH: Weinheim, 2001, Vol. 1.
6. (a) Marcus, R. A. *Discuss. Faraday Soc.* **1960**, *29*, 21–31; (b) Marcus, R. A.; Sutin, N. *Biochim. Biophys. Acta* **1985**, *811*, 265–322.
7. Rosokha, S. V.; Kochi, J. K. *J. Am. Chem. Soc.* **2007**, *129*, 3683–3697.
8. Fukuzumi, S.; Wong, C. L; Kochi, J. K. *J. Am. Chem. Soc.* **1980**, *102*, 2928–2939.
9. Rosokha, S. V.; Kochi, J. K. *Acc. Chem. Res.* **2008**, *41*, 641–653.
10. Taube, H. *Angew. Chem., Int. Ed. Engl.* **1984**, *23*, 329.
11. Taube, H. *Electron-Transfer Reactions of Complex Ions in Solution*; Academic Press: New York, 1970.
12. Fukuzumi, S.; Kochi, J. K. *J. Am. Chem. Soc.* **1981**, *103*, 7240–7252.
13. Fukuzumi, S.; Ohkubo, K.; Tokuda, Y.; Suenobu, T. *J. Am. Chem. Soc.* **2000**, *122*, 4286–4294.
14. Rathore, R.; Lindeman, S.; Kochi, J. K. *J. Am. Chem. Soc.* **1997**, *119*, 9393–9404.
15. Huynh, M. H. V.; Meyer, T. J. *Chem. Rev.* **2007**, *107*, 5004–5064.
16. Cukier, R. I.; Nocera, D. G. *Annu. Rev. Phys. Chem.* **1998**, *49*, 337–369.
17. Chang, C. J.; Chang, M. C. Y.; Damrauer, N. H.; Nocera, D. G. *Biochim. Biophys. Acta* **2004**, *1655*, 13–28.
18. Mayer, J. M.; Rhile, I. J. *Biochim. Biophys. Acta* **2004**, *1655*, 51–58.
19. Mayer, J. M. *Annu. Rev. Phys. Chem.* **2004**, *55*, 363–390.
20. Hammes-Schiffer, S. In *Electron Transfer in Chemistry*; Balzani, V., Ed.; Wiley-VCH: Weinheim, 2001; Vol. 1, pp 189–237.
21. Stubbe, J.; Nocera, D. G.; Yee, C. S.; Chang, M. C. Y. *Chem. Rev.* **2003**, *103*, 2167–2202.
22. Costentin, C. *Chem. Rev.* **2008**, *108*, 2145–2179.
23. Mayer, J. M.; Hrovat, D. A.; Thomas, J. L.; Borden, W. T. *J. Am. Chem. Soc.* **2002**, *124*, 11142–11147.
24. Isborn, C.; Hrovat, D. A.; Borden, W. S.; Mayer, J. M.; Carpenter, B. K. *J. Am. Chem. Soc.* **2005**, *127*, 5794–5795.
25. Brash, A. R. *J. Biol. Chem.* **1999**, *274*, 23679–23682.
26. Boyington, J. C.; Gaffney, B. J.; Amzel, L. M. *Science* **1993**, *260*, 1482.
27. Skrzypczak-Jankun, E.; Bross, R. A.; Carroll, R. T.; Dunham, W. R.; Funk, M. O., Jr. *J.*

Am. Chem. Soc. **2001**, *123*, 10814–10820.

28. Lehnert, N.; Solomon, E. I. *J. Biol. Inorg. Chem.* **2003**, *8*, 294–305.
29. Fukuzumi, S. *Helv. Chim. Acta* **2006**, *89*, 2425–2440.
30. Tishchenko, O.; Truhlar, D. G.; Ceulemans, A.; Nguyen, M. T. *J. Am. Chem. Soc.* **2008**, *130*, 7000–7010.
31. Fukuzumi, S. In *Electron Transfer in Chemistry*; Balzani, V., Ed.; Wiley-VCH: Weinheim, 2001; Vol. 4, pp 3–67.
32. Fukuzumi, S. *Bull. Chem. Soc. Jpn.* **1997**, *70*, 1–28.
33. Fukuzumi, S.; Itoh, S. In *Advances in Photochemistry*; Neckers, D. C.; Volman D.H.; von Bünau, G., Eds.; Wiley: New York, 1998; Vol. 25, pp 107–172.
34. Fukuzumi, S.; Itoh, S. *Antioxid. Redox Signal.* **2001**, *3*, 807–824.
35. Fukuzumi, S. *Org. Biomol. Chem.* **2003**, *1*, 609–620.
36. Fukuzumi, S. *Prog. Inorg. Chem.* **2008**, *56*, 49–153.
37. Stryer, L.; *Biochemistry*; 3rd edition; Freeman: New York, 1988, Chapter 17.
38. (a) Eisner, U.; Kuthan, J. *Chem. Rev.* **1972**, *72*, 1–42; (b) Stout, D. M.; Meyers, A. I. *Chem. Rev.* **1982**, *82*, 223–243.
39. Fukuzumi, S.; Tanaka, T. In *Photoinduced Electron Transfer. Part C*; Fox, M. A.; Chanon, M., Eds.; Elsevier: Amsterdam, 1988, Chapter 10.
40. Fukuzumi, S. In *Advances in Electron Transfer Chemistry*; Mariano, P. S., Ed.; JAI Press: Greenwich, CT, 1992, pp 67–175.
41. Fukuzumi, S.; Tokuda, Y.; Kitano, T.; Okamoto, T.; Otera, J. *J. Am. Chem. Soc.* **1993**, *115*, 8960–8968.
42. Gebicki, J.; Marcinek, A.; Zielonka, J. *Acc. Chem. Res.* **2004**, *37*, 379.
43. Matsuo, T.; Mayer, J. M. *Inorg. Chem.* **2005**, *44*, 2150.
44. Fukuzumi, S.; Inada, O.; Suenobu, T. *J. Am. Chem. Soc.* **2003**, *125*, 4808.
45. Pestovsky, O.; Bakac, A.; Espenson, J. H. *J. Am. Chem. Soc.* **1998**, *120*, 13422.
46. Pestovsky, O.; Bakac, A.; Espenson, J. H. *Inorg. Chem.* **1998**, *37*, 1616–1622.
47. Fukuzumi, S.; Ohkubo, K.; Suenobu, T.; Kato, K.; Fujitsuka, M.; Ito, O. *J. Am. Chem. Soc.* **2001**, *123*, 8459–8467.
48. Yuasa, J.; Fukuzumi, S. *J. Am. Chem. Soc.* **2006**, *128*, 14281–14292.
49. Yuasa, J.; Yamada, S.; Fukuzumi, S. *J. Am. Chem. Soc.* **2008**, *130*, 5808–5820.
50. Stowell, M. H. B.; McPhillips, T.; Rees, D. C.; Soltis, S. M.; Abresch, E.; Feher, G. *Science* **1997**, *276*, 812–816.
51. Ädelroth, P.; Paddock, M. L.; Sagle, L. B.; Feher, G.; Okamura, M. Y. *Proc. Natl. Acad. Sci. USA* **2000**, *97*, 13086–13091.
52. Rotello, V. M. In *Electron Transfer in Chemistry*; Balzani, V., Ed.; Wiley-VCH: Weinheim, 2001; Vol. 4, pp 68–87.
53. Okamoto, K.; Ohkubo, K.; Kadish, K. M.; Fukuzumi, S. *J. Phys. Chem. A* **2004**, *108*, 10405–10413.
54. Rhile, I. J.; Markle, T. F.; Nagao, H.; DiPasquale, A. G.; Lam, O. P.; Lockwood, M. A.;

Rotter, K.; Mayer, J. M. *J. Am. Chem. Soc.* **2006**, *128*, 6075–6088.

55. Sjödin, M.; Irebo, T.; Utas, J. E.; Lind, J.; Merényi, G.; Åkermark, B.; Hammarström, L. *J. Am. Chem. Soc.* **2006**, *128*, 13076–13083.

56. Costentin, C.; Robert, M.; Savéant, J.-M. *J. Am. Chem. Soc.* **2007**, *129*, 9953–9963.

57. Fukuzumi, S.; Ishikawa, K.; Hironaka, K.; Tanaka, T. *J. Chem. Soc., Perkin Trans.* **1987**, 2, 751–760.

58. Fukuzumi, S.; Mochizuki, S.; Tanaka, T. *J. Am. Chem. Soc.* **1989**, *111*, 1497–1499.

59. Fukuzumi, S.; Kitano, T.; Mochida, K. *J. Am. Chem. Soc.* **1990**, *112*, 3246–3247.

60. Fukuzumi, S.; Tokuda, Y. *J. Phys. Chem.* **1992**, *96*, 8409–8413.

61. Yuasa, J.; Yamada, S.; Fukuzumi, S. *J. Am. Chem. Soc.* **2006**, *128*, 14938–14948.

62. Fukuzumi, S.; Yoshida, Y.; Okamoto, K.; Imahori, H.; Araki, Y.; Ito, O. *J. Am. Chem. Soc.* **2002**, *124*, 6794–6795.

63. Okamoto, K.; Yoshida, Y.; Imahori, H.; Araki, Y.; Ito, O. *J. Am. Chem. Soc.* **2003**, *125*, 1007–1013.

64. Fukuzumi, S.; Koumitsu, S.; Hironaka, K.; Tanaka, T. *J. Am. Chem. Soc.* **1987**, *109*, 305–316.

65. Fukuzumi, S.; Okamoto, T. *J. Am. Chem. Soc.* **1993**, *115*, 11600–11601.

66. Fukuzumi, S.; Ohkubo, K. *Chem. Eur. J.* **2000**, *6*, 4532–4535.

67. Ohkubo, K.; Menon, S. C.; Orita, A.; Otera, J.; Fukuzumi, S. *J. Org. Chem.* **2003**, *68*, 4720–4726.

68. Afanasyeva, M. S.; Taraban, M. B.; Purtov, P. A.; Leshina, T. V.; Grissom, C. B. *J. Am. Chem. Soc.* **2006**, *128*, 8651–8658.

69. Lee, I.-S. H.; Jeoung, E. H.; Kreevoy, M. M. *J. Am. Chem. Soc.* **1997**, *119*, 2722–2728.

70. Pestovsky, O.; Bakac, A.; Espenson, J. H. *J. Am. Chem. Soc.* **1998**, *120*, 13422–13428.

71. Yuasa, J.; Yamada, S.; Fukuzumi, S. *J. Am. Chem. Soc.* **2006**, *128*, 14938–14292.

72. Fukuzumi, S.; Ohkubo, K.; Okamoto, T. *J. Am. Chem. Soc.* **2002**, *124*, 14147–14155.

73. Fukuzumi, S.; Fujii, Y.; Suenobu, T. *J. Am. Chem. Soc.* **2001**, *123*, 10191–10199.

74. Reichenbach-Klinke, R.; Kruppa, M.; König, B. *J. Am. Chem. Soc.* **2002**, *124*, 12999–13007.

75. Fukuzumi, S.; Ishikawa, M.; Tanaka, T. *J. Chem. Soc., Perkin Trans.* **1989**, 2, 1037–1045.

76. (a) Fukuzumi, S.; Mochizuki, S.; Tanaka, T. *J. Am. Chem. Soc.* **1989**, *111*, 1497–1499; (b) Fukuzumi, S.; Ishikawa, M.; Tanaka, T. *Chem. Lett.* **1989**, 1227–1230.

77. (a) Carlson, B. W.; Miller, L. L. *J. Am. Chem. Soc.* **1985**, *107*, 479–485; (b) Miller, L. L.; Valentine, J. R. *J. Am. Chem. Soc.* **1988**, *110*, 3982–3989.

78. (a) Coleman, C. A.; Rose, J. G.; Murray, C. J. *J. Am. Chem. Soc.* **1992**, *114*, 9755–9762; (b) Murray, C. J.; Webb, T. *J. Am. Chem. Soc.* **1991**, *113*, 7426–7427.

79. Polyansky, D.; Cabelli, D.; Muckerman, J. T.; Fujita, E.; Koizumi, T.; Fukushima, T.; Wada, T.; Tanaka, K. *Angew. Chem., Int. Ed.* **2007**, *46*, 4169–4172.

80. Eklund, H.; Branden, C.-I. In *Zinc Enzymes*; Spiro, T. G., Ed.; Wiley–Interscience: New York, 1983; Chapter 4.

81. Yuasa, J.; Yamada, S.; Fukuzumi, S. *Angew. Chem., Int. Ed.* **2008**, *47*, 1068–1071.

82. Meunier, B., Ed.; *Biomimetic Oxidations Catalyzed by Transition Metal Complexes*; Imperial College Press: London, 2000.

83. Kryatov, S. V.; Rybak-Akimova, E. V.; Schindler, S. *Chem. Rev.* **2005**, *105*, 2175–2226.

84. Abu-Omar, M. M.; Loaiza, A.; Hontzeas, N. *Chem. Rev.* **2005**, *105*, 2227–2252.

85. (a) Borovik, A. S. *Acc. Chem. Res.* **2005**, *38*, 54–61; (b) Costas, M.; Mehn, M. P.; Jensen, M. P.; Que, L. Ć., Jr. *Chem. Rev.* **2004**, *104*, 939–986.

86. (a) Krebs, C.; Galonić Fujimori, D. G.; Walsh, C. T.; Bollinger, J. M., Jr. *Acc. Chem. Res.* **2007**, *40*, 484–492; (b) Hoffart, L. M.; Barr, E. W.; Guyer, R. B.; Bollinger, J. M., Jr.; Krebs, C. *Proc. Natl. Acad. Sci. USA* **2006**, *103*, 14738–14743; (c) Galonić, D. P.; Barr, E. W.; Walsh, C. T.; Bollinger, J. M., Jr.; Krebs, C. *Nat. Chem. Biol.* **2007**, *3*, 113–116.

87. (a) Riggs-Gelasco, P. J.; Price, J. C.; Guyer, R. B.; Brehm, J. H.; Barr, E. W.; Bollinger, J. M., Jr.; Krebs, C. *J. Am. Chem. Soc.* **2004**, *126*, 8108–8109; (b) Price, J. C.; Barr, E. W.; Glass, T. E.; Krebs, C.; Bollinger, J. M., Jr. *J. Am. Chem. Soc.* **2003**, *125*, 13008–13009.

88. Grapperhaus, C. A.; Mienert, B.; Bill, E.; Weyhermüller, T.; Wieghardt, K. *Inorg. Chem.* **2000**, *39*, 5306–5317.

89. Rohde, J.-U.; In, J.-H.; Lim, M. H.; Brennessel, W. W.; Bukowski, M. R.; Stubna, A.; Münck, E.; Nam, W.; Que, L., Jr. *Science* **2003**, *299*, 1037–1039.

90. Nam, W. *Acc. Chem. Res.* **2007**, *40*, 522–531.

91. Que, L., Jr. *Acc. Chem. Res.* **2007**, *40*, 493–500.

92. (a) Kaizer, J.; Klinker, E. J.; Oh, N. Y.; Rohde, J.-U.; Song, W. J.; Stubna, A.; Kim, J.; Münck, E.; Nam, W.; Que, L., Jr. *J. Am. Chem. Soc.* **2004**, *126*, 472–473; (b) Oh, N. Y.; Suh, Y.; Park, M. J.; Seo, M. S.; Kim, J.; Nam, W. *Angew. Chem., Int. Ed.* **2005**, *44*, 4235–4239; (c) Kim, S. O.; Sastri, C. V.; Seo, M. S.; Kim, J.; Nam, W. *J. Am. Chem. Soc.* **2005**, *127*, 4178–4179.

93. Bukowski, M. R.; Koehntop, K. D.; Stubna, A.; Bominaar, E. L.; Halfen, J. A.; Münck, E.; Nam, W.; Que, L., Jr. *Science* **2005**, *310*, 1000–1002.

94. (a) Park, M. J.; Lee, J.; Suh, Y.; Kim, J.; Nam, W. *J. Am. Chem. Soc.* **2006**, *128*, 2630–2634;(b) Sastri, C. V.; Oh, K.; Lee, Y. J.; Seo, M. S.; Shin, W.; Nam, W. *Angew. Chem., Int. Ed.* **2006**, *45*, 3992–3995.

95. (a) Nehru, K.; Seo, M. S.; Kim, J.; Nam, W. *Inorg. Chem.* **2007**, *46*, 293–298; (b) Sastri, C. V.; Lee, J.; Oh, K.; Lee, Y. J.; Lee, J.; Jackson, T. A.; Ray, K.; Hirao, H.; Shin, W.; Halfen, J. A.; Kim, J.; Que, L., Jr.; Shaik, S.; Nam, W. *Proc. Natl. Acad. Sci. USA* **2007**, *104*, 19181–19186.

96. (a) Martinho, M.; Banse, F.; Bartoli, J.-F.; Mattioli, T. A.; Battioni, P.; Horner, O.; Bourcier, S.; Girerd, J.-J. *Inorg. Chem.* **2005**, *44*, 9592–9596; (b) Balland, V.; Charlot, M.-F.; Banse, F.; Girerd, J.-J.; Mattioli, T. A.; Bill, E.; Bartoli, J.-F.; Battioni, P.; Mansuy, D. *Eur. J. Inorg. Chem.* **2004**, 301–308.

97. Bautz, J.; Comba, P.; Lopez de Laorden, C. L.; Menzel, M.; Rajaraman, G. *Angew. Chem., Int. Ed.* **2007**, *46*, 8067–8070.

98. (a) Anastasi, A. E.; Comba, P.; McGrady, J.; Lienke, A.; Rohwer, H. *Inorg. Chem.* **2007**, *46*, 6420–6426; (b) Bautz, J.; Bukowski, M. R.; Kerscher, M.; Stubna, A.; Comba, P.;

Lienke, A.; Münck, E.; Que, L., Jr. *Angew. Chem., Int. Ed.* **2006**, *45*, 5681–5684.

99. Fukuzumi, S.; Kotani, H.; Lee, Y.-M.; Nam, W. *J. Am. Chem. Soc.* **2008**, *130*, 15134–15142.
100. Lee, Y.-M.; Kotani, H.; Suenobu, T.; Nam, W.; Fukuzumi, S. *J. Am. Chem. Soc.* **2008**, *130*, 434–435.
101. Moyer, B. A.; Meyer, T. J. *Inorg. Chem.* **1981**, *20*, 436–444.
102. Shinkai, S.; Tsuno, T.; Manabe, O. *J. Chem. Soc., Perkin Trans.* **1984**, *2*, 661–665.
103. Mayer, J. M. *Acc. Chem. Res.* **1998**, *31*, 441–450.
104. Bryant, J. R.; Mayer, J. M. *J. Am. Chem. Soc.* **2003**, *125*, 10351–10361.
105. Zhu, X.-Q.; Li, H.-R.; Li, Q.; Ai, T.; Lu, J.-Y.; Yang, Y.; Cheng, J.-P. *Chem. Eur. J.* **2003**, *9*, 871–880.

第3章 氧原子转移

Mahdi M. Abu-Omar

3.1 引 言

生物学和化学工业中的许多反应都涉及氧原子从过渡金属中心向底物分子的转移，反之亦然。氧气（O_2）和过氧化氢（H_2O_2）是最常见的用于将氧插入 C—H 键或 C—C 键中以及用于氧化反应的试剂，例如环氧化和磺氧化。细胞色素 P450 普遍存在于所有生命形式中，其各种同工酶催化各种有机底物的氧化。这些反应对于药物的生物合成、新陈代谢和排毒至关重要。在工业方面，20 世纪石化工业的成功很大程度上依赖于将石油裂化产生的烃功能化，获得有用产品。例如，在非均相银催化剂上，乙烯与 O_2 反应每年可生产约 1000 万 t 环氧乙烷 [式（3.1）][1]。环氧乙烷用于生产乙二醇，并用作食品和医疗用品的灭菌剂。相比之下，环氧丙烷可用于生产聚氨酯塑料的聚醚多元醇单体。它通过丙烯氯化或有机过氧化物（如叔丁基氢过氧化物或 1-苯乙基氢过氧化物）氧化，而不是直接来自丙烯和氧气。巴斯夫和陶氏化学在新的过氧化氢制环氧丙烷（hydrogen peroxide to propylene oxide，HPPO）工艺中用过氧化氢氧化丙烯合成环氧丙烷，产生的副产物仅有水 [式（3.2）][2]。

$$H_2C=CH_2 + 1/2\ O_2 \xrightarrow[\substack{200\sim300\ ℃ \\ 1\sim2\ \text{MPa}}]{\text{氧化铝/银}} H_2C\underset{O}{\diagdown\!\diagup}CH_2 \quad (3.1)$$

$$\triangle + H_2O_2 \longrightarrow \triangle\!\!\!{}_O + H_2O \quad (3.2)$$

在确定过渡金属催化剂是否适合给定的氧化剂和基质时，氧原子转移的能量学至关重要。生物系统通过在线粒体中发展电子传输链并利用金属酶来避免氧气作为氧化剂的低反应活性。同样，化学家们学会了通过设计利用热力学的氧原子转移链来提高催化氧化的效率。根据反应式（3.3）[3]所述的反应物的计算自由能（ΔG），为各种氧化剂和底物建立了热力学氧转移势（TOP）标度。TOP 值是使用密度泛函理论（DFT）计算的，典型示例如图 3.1 所示。例如，在串联反应中使用 TOP 较高的氧化剂（TOP = –36 kcal/mol）（图 3.2）驱动二氧磷 2,5-二氧戊环（Os^{VI}）氧化为三氧磷 2,5-二氧戊环（Os^{VIII}），实现了"绿色"化的锇(VIII)催化烯烃二羟基化[4]。

$$X + H_2O_2 \longrightarrow XO + H_2O \quad (3.3)$$

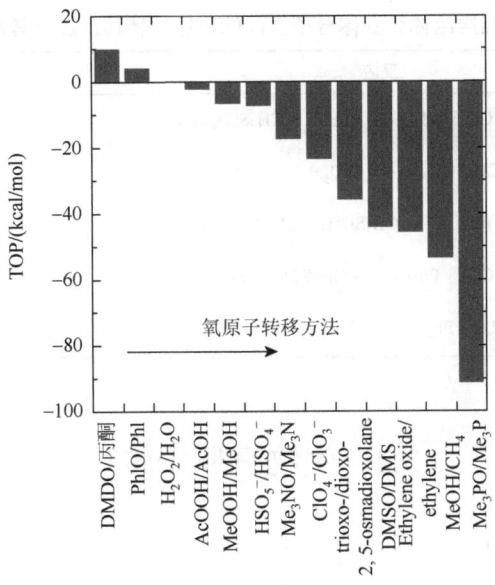

图 3.1 热力学氧转移势

DMDO,二甲基二环氧乙烷;Ac,$CH_3C(O)$;DMSO,二甲基亚砜;DMS,二甲基硫

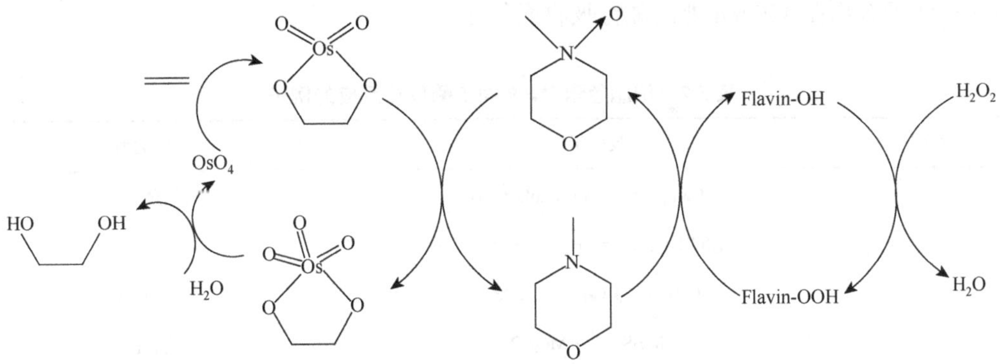

图 3.2 使用 OsO_4 作为氧原子转移催化剂和对环境无害的 H_2O_2 氧化烯烃的催化串联反应

另一大类氧原子转移(OAT)反应发生在给体和受体之间。尽管这些反应在热力学上通常是有利的,但在常温常压下,它们的反应速率非常低,几乎不可察觉。代表性的例子包括有机亚砜歧化生成硫化物和砜,硫化物被吡啶-N-氧化物、高氯酸盐或硝酸盐氧化,以及有机膦被亚砜氧化(表 3.1)。这类反应通常由过渡金属配合物催化。在生物酶还原二甲基亚砜(DMSO)、硝酸盐、三甲胺 N-氧化物、生物素亚砜、高氯酸盐,以及氧化亚硫酸盐和一氧化碳的反应中就用到了钼和钨。除了 Mo 和 W 模型系统,还发展了多种 +5 价(d^2)和 +7 价(d^0)的金属铼 OAT 反应。除了其丰富的化学机理外,OAT 无机催化剂对无机氧阴离子的环境修复也很重要。本节将首先讨论生物 OAT 及其仿生模型化合物,然后介绍化学反应体系,重点是最新研究进展。

表 3.1 闭壳层给体和受体分子之间的氧原子转移反应及其热力学实例

反应	$-\Delta G^{\circ}/(kJ/mol)$
$C_5H_5NO + CH_3SCH_3 \longrightarrow C_5H_5N + CH_3S(O)CH_3$	63
$ClO_4^- + CH_3SCH_3 \longrightarrow ClO_3^- + CH_3S(O)CH_3$	84
$2\ CH_3S(O)CH_3 \longrightarrow CH_3SCH_3 + CH_3S(O)_2CH_3$	105
$CH_3S(O)CH_3 + Ph_3P \longrightarrow CH_3SCH_3 + Ph_3PO$	234
$NO_3^- + Ph_3P \longrightarrow NO_2^- + Ph_3PO$	247

3.2 生物氧原子转移

3.2.1 细胞色素 P450

细胞色素 P450 广泛存在于从单细胞生物体到人类的所有生命形式中，不同种类的这种酶可以催化各种各样的重要反应，包括毒素的解毒。由 P450 同工酶催化的反应例子列于表 3.2 中。细胞色素 P450 是一种含血红素的酶，具有硫醇盐（Cys⁻）轴向配体，因其 Fe^{II}—CO 配合物在 450 nm 处的独特吸收而得名。

表 3.2 细胞色素 P450 同工酶催化反应的例子

序号	反应示例	反应类型
1	Camphor ⟶ Camphor-OH	烷烃羟基化
2	$CH_3(CH_2)_3CH = CH_2 \longrightarrow$ 环氧乙烯	烯烃环氧化
	$C_6H_6 \longrightarrow C_6H_6O$（苯酚）	芳香羟基化
3	$Me_2S \longrightarrow Me_2SO$	硫氧化
4	$Me_3N \longrightarrow Me_3NO$	胺氧化
5	$Ph(CH_2)Br \longrightarrow Ph(CH_3)$（甲苯）	还原卤化
6	$Me_2NH \longrightarrow MeNH_2 + H_2CO$	N-脱烷基
7	$Ph^-OCH_3 \longrightarrow PhOH + H_2CO$	O-脱烷基
8	$MeNH_2 \longrightarrow NH_3 + H_2CO$	氧化脱氨

在静止状态时，这种酶含低自旋的 Fe^{III}（EPR 谱的 g 值为 2.41、2.26 和 1.91）。结合底物后，该蛋白质失去轴向水配体，铁的自旋状态改变为高自旋 Fe^{III}。这种变化改变了铁的还原电位（低自旋为 –300 mV，高自旋约为 –170 mV）。当铁被还原剂（NADPH 或 NADH）还原，氧与 Fe^{II} 结合，并通过多步电子转移（ET）和质子转移（PT）耦合，生成高价的 $(por^{\bullet+})Fe^{IV}\!=\!O$ 配合物。该配合物称为化合物 I，它通过"再键合"机理主导 C—H 键

的氧化和 OAT 反应。图 3.3 总结了 P450 的催化循环。使用过氧化物（H_2O_2 或 ROOH），通过称之为过氧化物分流的反应，可直接将三价铁转化为化合物 I，无须经过活化氧气的 ET-PT 反应。通过对各种 P450、模型化合物的光谱研究以及与过氧化酶类比，揭示了 P450 催化循环中的中间体结构[5]。此外，利用捕获技术和单晶 X-射线晶体学方法，确定了细胞色素 P450 的 Fe^{II}-双氧加合物的结构及其高价铁-氧物种（化合物 I）的分解[6]。

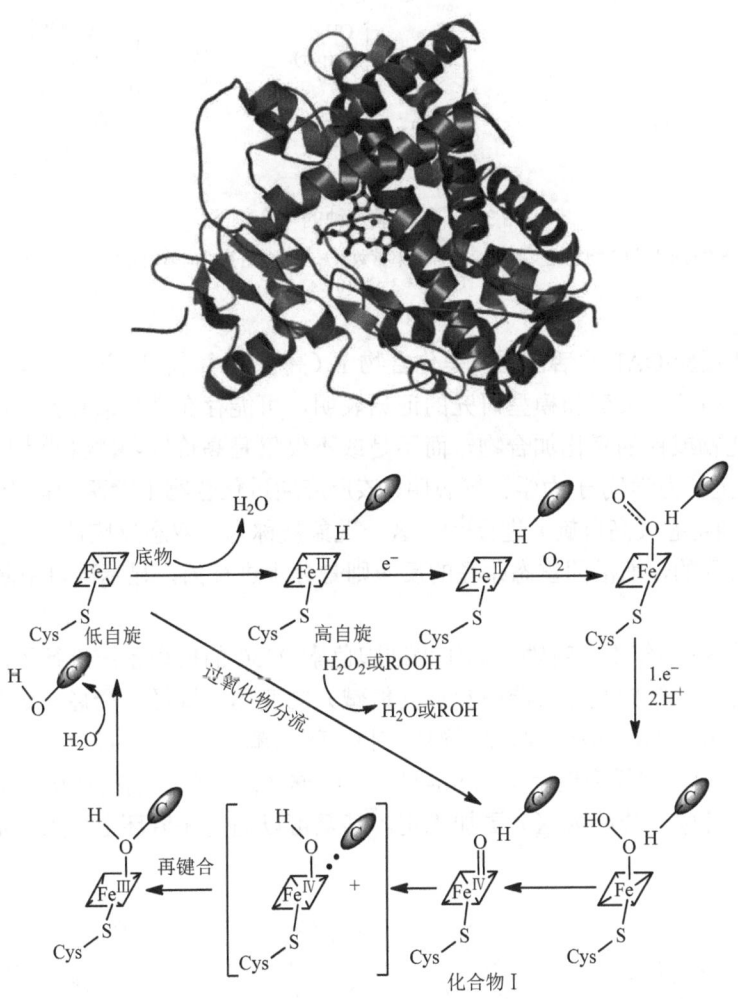

图 3.3　细胞色素 P450 的催化循环和人类细胞色素 P450 2D6 的 X-射线结构，该结构识别含有碱性氮和芳香环的底物，是一种大量存在于中枢神经系统和心血管药物中的功能性基团

探测 P450 氧化再键合机理的常用工具是使用自由基时钟[7]。这些机理通过在反应过程中形成自由基时钟进行快速重组来提供诊断产物。许多自由基时钟基于环丙烷，它在自由基产生时开环重排，以增加产物的比例（图 3.4 中给出了一个例子）。需要注意的是，自由基时钟重排的速率常数至关重要，因为必须与碳自由基底物和 P450 的 Fe^{IV}—OH 的再键合速率常数相竞争。典型的 P450 再键合速率范围为 $10^9 \sim 10^{11}$ s^{-1}[8]。

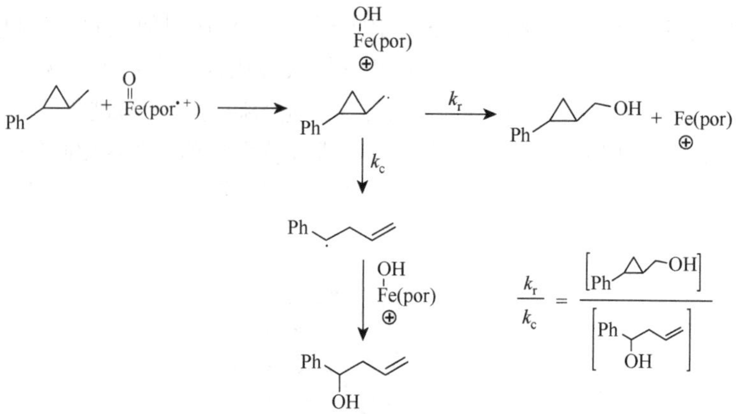

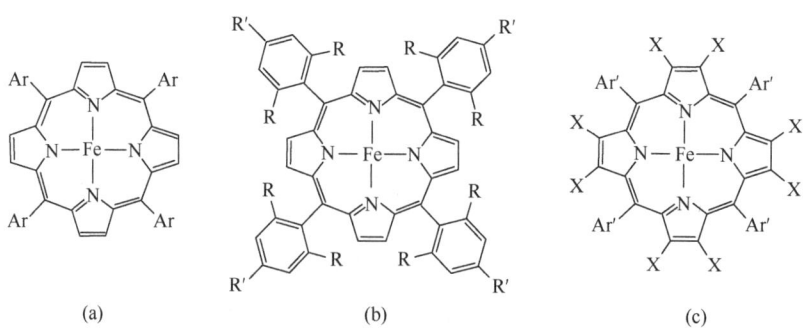

图 3.4 自由基时钟的一个例子

未排列的羟基化产物与重排的产物之比反映了再键合速率常数（k_r）与自由基中间体的开环（k_c）之比，在这种情况下，$k_c = 3.4 \times 10^{11} \text{ s}^{-1}$

主导氧化反应/OAT 的活性物质是化合物 I（高价铁-氧物种）还是其前驱体过氧配合物，始终存在争议。突变和模型研究的证据表明，可能存在多种氧化剂，其中一种可能是铁的过氧化物或铁的氧化加合物，而不是或不仅仅是高价铁-氧物种[9-11]。最近，细胞色素 P450 的量子力学/分子力学计算表明，该反应通过化合物 I 的两种自旋态，即双重态（低自旋）和四重态（高自旋）进行[12]，这一现象被称为"双态反应性"。沿双重态势能面的反应是协同的，而沿四重态路径的反应则是分步进行的，显示碳自由基与 Fe^{IV}—OH 之间的键合。

在过去的 30 多年中，对铁卟啉作为细胞色素 P450 的模型系统进行了广泛研究[13]。仿生模型研究包括轴向配体（硫醇盐和其他碱）的变体，烷烃、烯烃、硫化物和胺的氧化，以及多种氧化剂，如次氯酸盐（漂白剂）、碘代苯（ArIO）、过氧化氢和有机过氧化物（ROOH）。第一代模型使用了 *meso*-四芳基卟啉（图 3.5）。它们比衍生自血红素的 β-取代卟啉和铁卟啉（原卟啉IX）更加稳定。甚至可以通过在芳环上引入大取代基（如四

图 3.5 作为 P450 模型的铁卟啉结构

（a）较早的具有 Ar = aromatic 的模型；（b）改进的具有 R = CH₃、Cl 或 F 和 R′ = H 或 CH₃ 的第二代卟啉配体；（c）较新的模型催化剂，如其中的 Ar′ 和 X = Br、Cl 或 F

甲磺酰基和二氯苯基）来增强催化剂的功效和稳定性（图 3.5b）。最近，通过在 β 位置引入吸电子卤素原子，提高了反应活性和对氧化降解的稳定性（图 3.5c）。卤代卟啉的金属配合物能够氧化惰性烷烃的 C—H 键。例如，在相同条件下，使用 PhIO 催化剂将庚烷氧化为庚醛和庚酮的转化率为 38%，而 Fe(TDCPP)Cl（TDCPP = 四-2,6-二氯苯基卟啉）的转化率为 78%[14]。对卤代卟啉配合物氧化烷烃的机理研究提出了自由基链机理，自由基是由过氧化物氧化剂的氧化和还原产生的[15]。

3.2.2 过氧化物酶

过氧化氢是另一种具有生物学意义的氧化剂，多种酶在三种反应模式中将其用作底物：①歧化反应生成氧气和水（过氧化氢酶）；②作为氧化剂（过氧化物酶）；③在卤化有机底物中作为催化剂（卤过氧化物酶）。除了钒卤代过氧化物酶外，所有这些酶均含有血红素活性位点，并且在许多方面与 P450 的化学性质类似。然而，轴向配体和机理的细节方面有所不同。过氧化氢酶具有酚类轴向配体（酪氨酸），并且在另一个轴向位点上具有开放的配位点以结合 H_2O_2。牛肝过氧化氢酶的结构特征表明，远端袋中存在许多必需的功能性残基[16]，包括 π-π 堆积在一个血红素吡咯环上的苯丙氨酸环和形成氢键网络的 His 和 Asn 残基。在过氧化氢酶的机理中包含了化合物 I，在所处的环境中，它能够将另一分子过氧化氢氧化为 O_2，以完成催化循环[式（3.4）]。已有研究证明，过氧化氢酶的化合物 I 能够氧化甲酸酯和乙醇以及过氧化氢。虽然，通常过氧化物酶的作用是生成 Fe(IV)=O，自由基阳离子的位置也发生了变化。它可以像细胞色素 P450 一样存在于原卟啉上，也可以存在于蛋白质残基上。最近的 EPR 研究表明，在牛肝过氧化氢酶中，$g≈2$ 处观察到了宽的、具有超精细结构的自由基信号，与在光系统 II 中观察到的 Tyr· 类似[17]。

(过氧化氢酶)Fe^{III} + H_2O_2 ⟶ 化合物 I/(过氧化氢酶) + Fe^{IV}=O + H_2O

化合物 I/(过氧化氢酶) + Fe^{IV}=O + H_2O_2 ⟶ (过氧化氢酶)Fe^{III} + H_2O + O_2 (3.4)

细胞色素 c 过氧化物酶（CcP）和辣根过氧化物酶（HRP）都包含轴向配位的组氨酸，化合物 I 中的氧以水的形式被释放[式（3.5）]。细胞色素 c 过氧化物酶能够氧化二摩尔当量的细胞色素 c。HRP 则能够与多种电子给体底物（如烷基胺和硫化物）发生反应。尽管在这些反应中化合物 I 中的氧未转移到底物上，过氧化物酶已被证明能够催化多种在合成上有用的、使用 H_2O_2 的氧原子转移反应，包括环氧化和亚砜氧化等反应[18]。在某些情况下，这些反应以良好的对映选择性进行。对于 HRP，化合物 I (por·+)Fe^{IV}=O 的特征已经通过 EPR 谱和穆斯堡尔（Mössbauer）光谱确定[19]。在 Phe172Tyr HRP 突变体中，观察到瞬态酪氨酸自由基 (por·+) 与 Tyr· 处于平衡[20]。在 CcP 的化合物 I 中，发现有机基团位于 Trp191 上[21]。抗坏血酸过氧化物酶与 CcP 的活性位点结构类似，它还对 por·+ 自由基起到稳定作用[22]。

(底物-H_2)$_{red}$ + H_2O_2 ⟶ (底物)$_{ox}$ + $2H_2O$ (3.5)

氯过氧化物酶（CPO）与细胞色素 P450 类似，因为它的轴向配体是半胱氨酸硫醇盐。除了催化底物的卤化[式（3.6）]，CPO 还具有过氧化物酶、过氧化氢酶和细胞色素 P450 活性。CPO 催化反应通过化合物 I 中间体进行，该中间体将氯化物氧化为次氯酸盐，后者再卤化底物并释放氢氧化物。因此,正如其他过氧化物酶一样,来自过氧化氢的氧原子最终存在于水中。尽管 CPO 的近端与细胞色素 P450 类似,具有半胱氨酸连接的特点,但其远端与过氧化物酶更相似,含有极性残基,可以结合过氧化物[23]。进入 CPO 活性位点的途径有限,位于血红素上方,具有疏水性斑点。这使得小的有机底物能够接近铁-氧配体(化合物 I),从而解释了 CPO 表现出类似于 P450 的活性。最近,CPO 的 Fe^{IV}-氧(化合物 II)的 X-射线吸收结果与质子化 Fe^{IV}—OH 一致,这表明由于轴向硫醇盐的作用,氧配体的碱性很强[24]。Fe^{IV}-氧部分的强碱性可能解释了这些酶具有的蛋白质可耐受电位下氧化底物的能力。

$$H_2O_2 + Cl^- + 底物\text{-}H \longrightarrow H_2O + 底物\text{-}Cl + OH^- \qquad (3.6)$$

钒卤代过氧化物酶存在于海藻和地衣中,它们负责催化溴离子(钒溴过氧化物酶 = VBPO)或氯离子(钒氯过氧化物酶 = VCPO)与过氧化氢反应,生成 XO^-、HOX 以及 X_2,产物可以存在于溶液中或与蛋白质结合[25]。次卤类物质在天然产物的合成中用于卤化有机底物,如萜烯。在这些酶中,金属的氧化态不会发生变化。钒保持 +5 价,随后钒(V)过氧配合物产生氧原子转移。最近的研究发现,VCPO 在结构上与酸性磷酸酶相似(图 3.6)[26]。钒酸根通过与一个组氨酸残基配位和多种氢键作用,留在酶的活性位点上(图 3.7)[27]。图 3.7 说明了 VBPO 的作用机理。

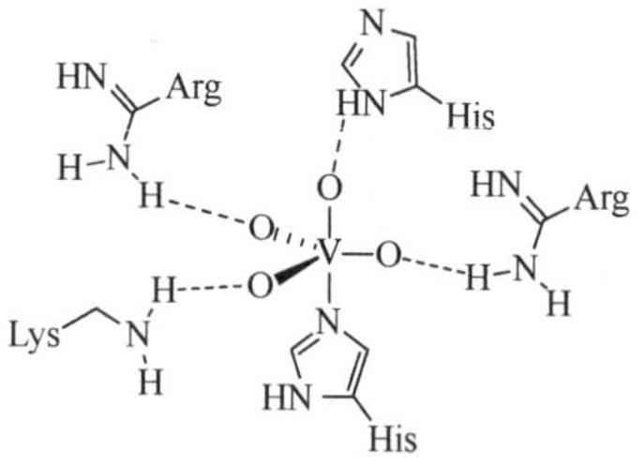

图 3.6 *C. inaequalis* 的钒氯过氧化物酶的活性位点

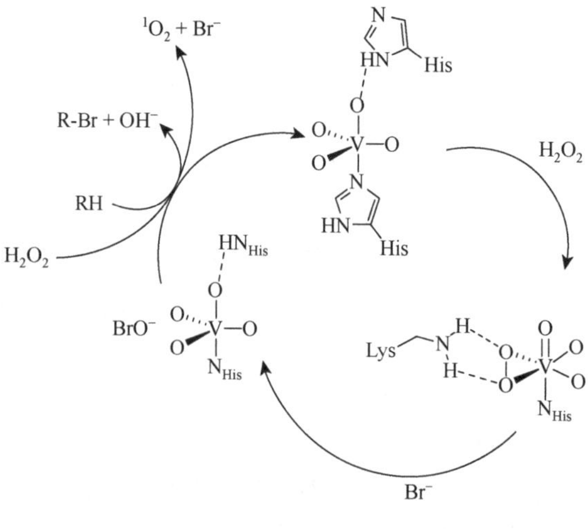

图 3.7 钒溴过氧化物酶的作用机理

3.2.3 释放氧气的亚氯酸盐歧化酶

亚氯酸盐歧化酶（Cld）含有一个血红素 b 活性位点，类似于过氧化物酶，存在于高氯酸盐和氯酸盐的呼吸细菌中[28]。最近，土壤和地下水中发现了用于烟火和弹药的火箭燃料高氯酸盐（ClO_4^-）[29]。高氯酸盐的大小与碘化物相似，因此它能够不可逆地抑制甲状腺。微生物已经进化出利用高氯酸盐氧化的能力，它们通过一种钼蝶呤依赖的高氯酸盐还原酶（PerR）将高氯酸盐还原为氯酸盐，再将氯酸盐还原为亚氯酸盐。这种 PerR 为细菌呼吸硝酸根还原酶的同源物。

Cld 通过将亚氯酸盐（ClO_2^-）转化为氧气和无害的氯离子（Cl^-）来发挥解毒作用 [式（3.7）]，该酶对生成氧气（O_2）的选择性非常高[30]。在如抗坏血酸还原性底物和氧原子受体（如硫代苯甲醚 PhSMe）的存在下，Cld 不进行过氧化物酶与亚氯酸的反应，仅催化亚氯酸盐生成 O_2 和 Cl^-。然而，对于别的氧化剂如过氧化氢和过氧酸，Cld 的行为与过氧化物酶相似。相反，血红素过氧化物酶则使用亚氯酸盐作为单电子氧化、氧原子转移和氯化反应中的氧化剂[31]。

$$ClO_4^- \xrightarrow{PerR} ClO_3^- \xrightarrow{PerR} ClO_2^- \xrightarrow{PerR} Cl^- + O_2 \qquad (3.7)$$

同位素标记实验表明，亚氯酸盐是产生的 O_2 中氧原子的唯一来源[30]。EPR 谱和紫外可见吸收光谱研究还表明，Cld 与 ClO_2^- 反应后形成了类似化合物 I 的中间体。然而，副产物次氯酸盐（ClO^-）不会自由扩散到溶液中，而是与蛋白质结合，继续与铁-氧物种反应生成 O_2。对这种独特的血红素酶提出了如图 3.8 所示的机理。

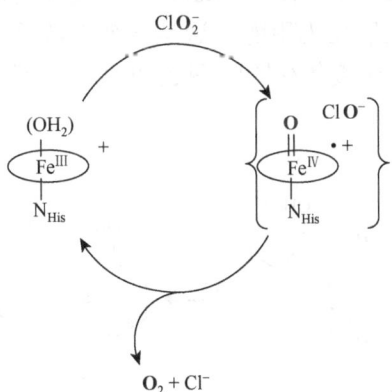

图 3.8 亚氯酸盐歧化酶的机理

水溶性铁卟啉催化亚氯酸盐分解为氯酸盐和氯离子 [式（3.8）]，而不是生成氧气[32]。但是，当使用高度氟化的铁卟啉时，情况有所不同（图 3.9）。[Fe^{III}(TF$_4$TMA)]除了生成氯酸盐，还能够催化亚氯酸盐分解为 O_2 和 Cl^-。尽管如此，这种仿生模型的选择性仍远低于酶本身。

$$3ClO_2^- \longrightarrow Cl^- + 2ClO_3^- \qquad (3.8)$$

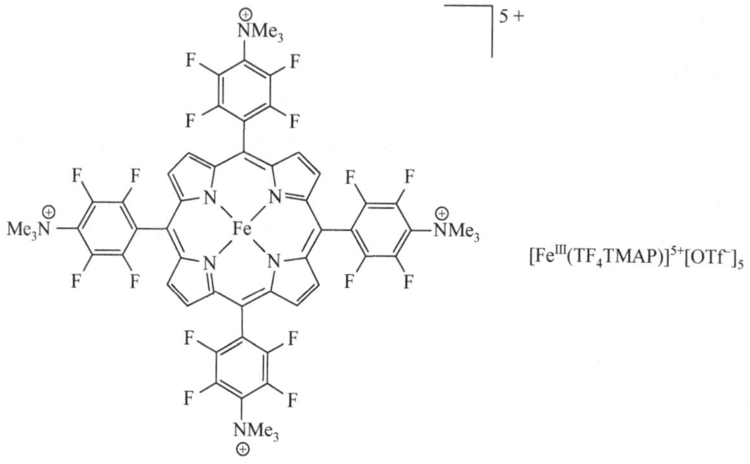

图 3.9 亚氯酸盐歧化酶的仿生功能模型

3.2.4 非血红素铁的氧原子转移

非血红素铁氧化酶能催化多种与氧分子有关的反应，其反应范围比血红素类似物更加广泛[33, 34]。一些非血红素铁酶的活性位点中含有单一铁离子，需要一个辅因子参与反应，例如芳香族氨基酸羟化酶和 α-酮戊二酸依赖型酶（图 3.10）。在其他情况下，单核铁酶充当双加氧酶，例如儿茶酚双加氧酶（图 3.10）。尽管细胞色素 P450 不能氧化动力学上最稳定的碳氢化合物甲烷（CH_4），微生物却进化出了依赖铁的甲烷单加氧酶（MMO），能够催化甲烷氧化为甲醇。这是一个极具挑战的反应，因为甲醇比甲烷的氧化反应活性更高而发生过度氧化[35]。图 3.10 展示了不同类别非血红素铁酶及其催化反应的例子。

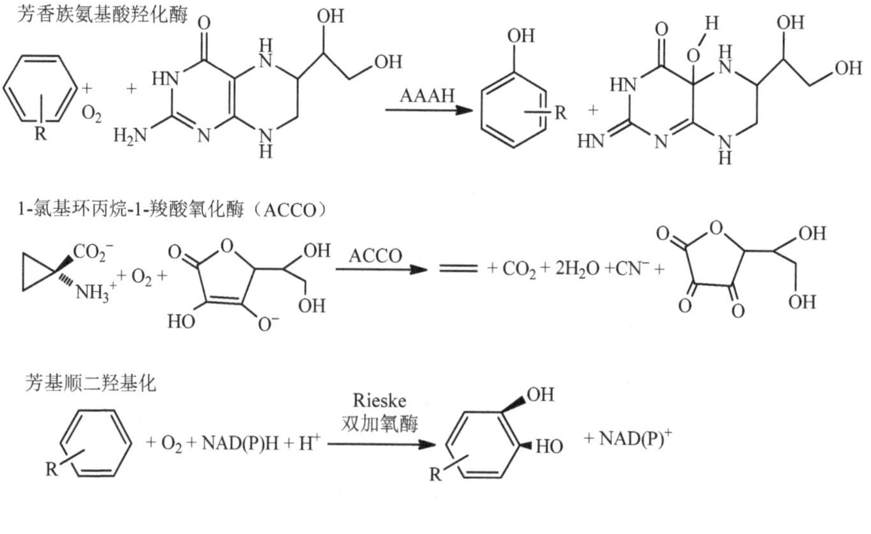

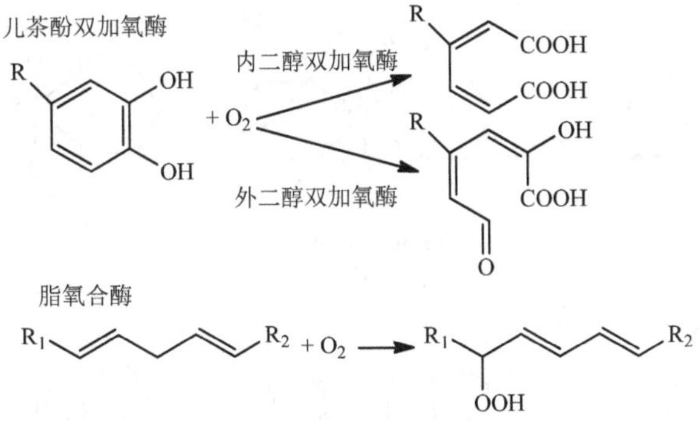

图 3.10 非血红素铁酶的代表性反应

已提出高价铁中间体作为非血红素铁酶在氧原子转移和 C—H 键氧化反应中的活性物种。在某些情况下，这些中间体已通过快速冷冻猝灭实验捕获并进行表征。在大肠杆菌（E. coli）中的核糖核苷酸还原酶和甲烷单加氧酶中，分别鉴定出具有 Fe^{III}-$(\mu\text{-}O)_2$-Fe^{IV} 和 Fe^{IV}-$(\mu\text{-}O)_2$-Fe^{IV} 的金刚石核的中间体 X 和 Q（图 3.11）[35]。此外，在牛磺酸/2-氧代戊二酸双加氧酶（TauD）等单核蛋白中，已观察到 Fe^{IV}-氧中间体的存在（图 3.11）[36]。

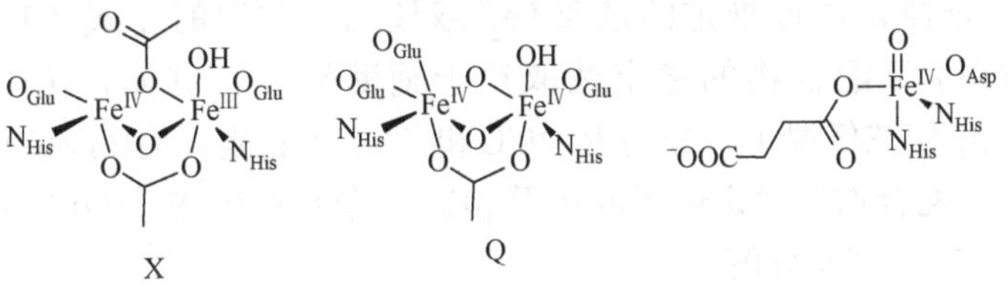

图 3.11 在非血红素酶中检测到的高价铁中间体

在合成无机模型配合物方面，过去几年在制备和分离高价 Fe^{IV}-氧配合物方面取得了重要进展。十多年前，四酰胺基大环配体（TAML，图 3.12）被证明可以稳定高价金属中心，如$[Fe^{IV}(TAML)Cl]^-$[37]。最近，氧桥连双核铁(IV)（Fe^{IV}—O—Fe^{IV}）已被分离出，报道了第一个 Fe^V-氧配合物的实例[38]。近年来，文献中已报道了大约 15 种，基于四氮杂大环配体和聚吡啶胺配体（图 3.12）的非血红素铁(IV)-氧配合物[39,40]。这些配体支持低自旋（$S=1$）铁(IV)-氧配合物，其 Fe=O 键的键长约为 1.65 Å [由 X-射线晶体学和扩展 X-射线吸收精细结构（EXAFS）确定]。红外光谱提供了进一步的支持，显示 Fe—O 键的双键特性，ν(Fe—O) 约为 830 cm^{-1}。低自旋非血红素铁(IV)-氧配合物的电子光谱在 650~1050 nm 的可见-近红外区域具有特征吸收带，摩尔吸光系数为 200~400 L/(mol·cm)。尽管大多数合成的非血红素铁(IV)-氧配合物为低自旋态，但$[(H_2O)_5Fe^{IV}=O]^{2+}$ 的 Mössbauer 分析表明，在酸性水溶液中为高自旋态（$S=2$）。另外，在 TauD 酶中已鉴定出高自旋铁(IV)-氧中间体。

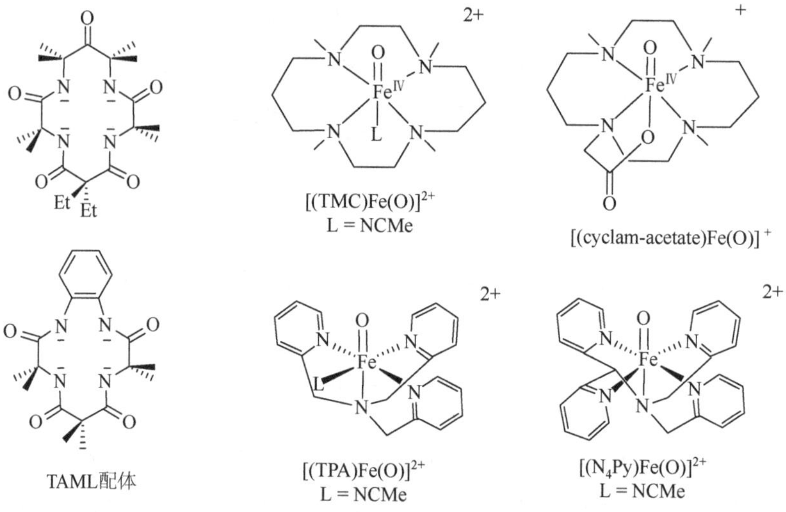

图 3.12 四酰胺配体和非血红素铁(Ⅳ)羰基合成配合物

已建立三种合成铁(Ⅳ)-氧配合物的方法：①与氧给体如 PhIO、过酸、臭氧、$KHSO_5$ 和次氯酸盐反应 [式（3.9）]；②$Fe^{Ⅲ}$ 有机过氧化物的均相裂解 [式（3.10）]；③双氧与 $Fe^{Ⅱ}$ 的反应，推测是通过推定的过氧 $Fe_2^{Ⅲ}$ 双核物种实现的 [式（3.11）][40]。合成的非血红素铁(Ⅳ)-氧配合物的稳定性取决于辅助配体。例如，$[(TPA)Fe^{Ⅳ}=O]^{2+}$ 和 $[(Cyclam)Fe^{Ⅳ}=O]^+$ 仅在低温下（分别为 –40℃ 和 –80℃）稳定，而 $[(TMC)Fe^{Ⅳ}(O)]^{2+}$ 在室温下稳定。铁(Ⅳ)-氧配合物的稳定性还取决于 pH。尽管 $[(N4Py)Fe^{Ⅳ}(O)]^{2+}$ 在 pH 为 5~6 下稳定，但在更高 pH 下容易分解。

$$(L)Fe^{Ⅱ} + PhIO \longrightarrow (L)Fe^{Ⅳ}(O) + PhI \qquad (3.9)$$

$$(L)Fe^{Ⅱ} + ROOH \longrightarrow (L)Fe^{Ⅲ}OOR \longrightarrow (L)Fe^{Ⅳ}(O) + RO· \qquad (3.10)$$

$$2(L)Fe^{Ⅱ} + O_2 \longrightarrow [(L)Fe^{Ⅲ}—O—O—Fe^{Ⅲ}(L)] \longrightarrow 2(L)Fe^{Ⅳ}(O) \qquad (3.11)$$

合成的非血红素铁(Ⅳ)-氧配合物能够发生多种氧原子转移和氧化反应[40]。它们能够将氧原子转移至有机膦（PR_3）、有机硫化物（R_2S）和烯烃（例如环辛烯和顺二苯乙烯），生成氧化膦（$R_3P=O$）、亚砜（$R_2S=O$）和环氧化物。铁(Ⅳ)-氧配合物与芳基硫醚的反应显示出对取代基的显著依赖性，其哈米特（Hammett）反应常数（ρ 值）为 –2.5~–1.4。该范围与 $Fe^{Ⅳ}=O$ 的亲电氧原子转移一致。与生物系统相关的是，某些合成的非血红素铁(Ⅴ)-氧配合物，如 $[(N4Py)Fe^{Ⅳ}(O)]^{2+}$，能够氧化烷烃类，如环己烷。这些反应表现出大于 30 的显著氘动力学同位素效应（KIE），这与速率决定步骤中发生的氢原子夺取相符。反应的 KIE 值与酶的 KIE 值相似。单核铁依赖型 TauD 显示 KIE 约为 37，而双核 MMO 的 KIE 大于 50[41, 42]。铁(Ⅳ)-氧的另一种 HAT 反应是与醇反应生成醛。使用 $Fe^{Ⅳ}=^{18}O$ 的同位素标记表明，醛形成的机理是通过两个连续的 HAT 反应，而非通过二醇中间体[40]。在所得醛中未观察到 ^{18}O 的掺入。

与烷烃和醇反应完全相反，合成的非血红素 $Fe^{Ⅳ}$-氧配合物能氧化芳香族化合物，如蒽氧化为蒽醌[40]，其逆反应的 KIE 约为 0.9。此外，给电子取代基会影响反应速率，产生较大的负 Hammett 反应常数（$\rho = -3.9$）。这些观察结果不支持 HAT 机理，而更符合 Fe^{IV}-氧配合物对芳香环的亲电加成，这与对铁依赖型芳香族氨基酸羟化酶体系的观察相似。该羟化酶通过芳环氧化中间体进行反应，随后进行 1,2-氢转移，这被称为 NIH 转移[34]。

非血红素铁(IV)-氧配合物还表现出氧化性 N-脱烷基化作用，这是自然界中非血红素铁酶的公认反应[43]。利用合成的模型化合物与 N,N-二甲基苯胺进行的反应机理研究表明，该反应不是 HAT 反应，而是通过电子转移然后进行质子转移的路径[40]。最后，非血红素铁(IV)-氧配合物通过金属间 OAT 反应完全转化为 Fe^{II} 物种。氧原子转移取决于起始金属物种的氧化能力。在非血红素系统中，观察到金属间氧原子转移完全不同于铁卟啉/血红素系统，在后一种情况下 OAT 反应不完全，生成桥连的 μ-Fe^{III}-氧双核物种。图 3.13 总结了非血红素铁(IV)-氧配合物的所有反应类型。

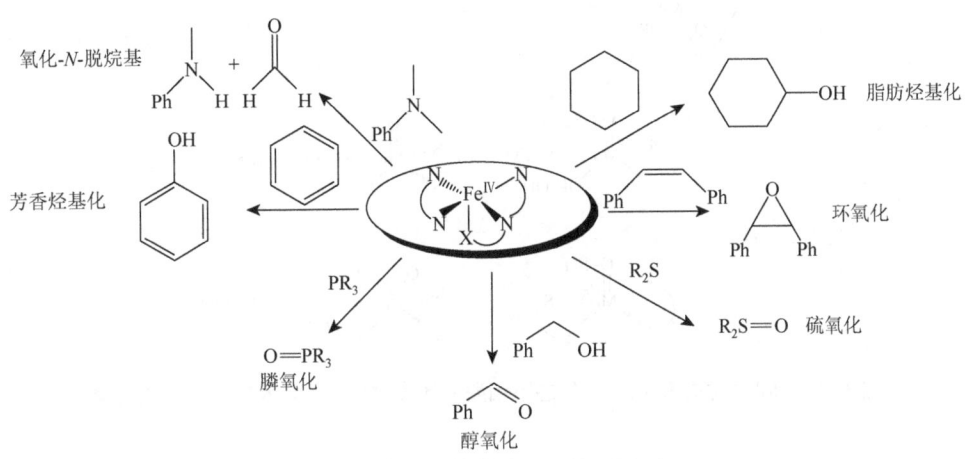

图 3.13 非血红素铁(IV)-氧配合物的反应

3.2.5 钼和钨氧转移酶

从微生物到人类，所有生命形式中都发现了钼酶和钨酶[44]。它们在催化氮和氯循环中涉及许多重要的代谢反应。即使 Mo^{IV}/W^{IV} 和 Mo^{VI}/W^{VI} 之间的金属位点循环伴随着氧（oxo）原子的加入或去除，因此被称为氧转移酶（oxotransferase），但水仍然是整个催化循环中氧的最终来源或汇入点。底物（X/XO）反应与从铁硫簇、血红素蛋白或黄素辅助因子到酶的电子转移相耦合。在过去十年中，已经报道了大量钼酶和钨酶的单晶 X-射线结构。这些结构揭示了还原和氧化状态下的活性位点的配位情况。吡喃蝶呤二硫醇盐（也称为钼蝶呤或蝶呤二硫烯）是这些酶中钼和钨的常见配体（图 3.14）。根据钼酶的蛋白质序列和活性位点结构，钼酶有三个不同的种类（图 3.14）[45]。黄嘌呤氧化酶及其家族中的其他酶包含一个蝶呤二硫烯配体和处于 Mo^{VI} 氧化态的末端氧和硫配位原子。亚硫酸盐氧化酶家族的成员也包含一个单独的蝶呤二硫烯配体、一个 Mo^{VI} 氧化态的二氧代基和一个硫醇根（来自 Cys）。DMSO 还原酶的特征是在 Mo^{VI} 氧化态下的双蝶呤二硫烯和一个氧配体。在还原状态下，DMSO 还原酶不具备多重键合氧配体(图 3.14)。DMSO 还原酶中的另一种配体是丝氨酸(Ser)的醇盐。在 DMSO 还原酶家族的其他成员中,丝氨酸被硝酸还原酶中的半胱氨酸(Cys)硫醇基或甲酸脱氢酶(FDH)中的硒半胱氨酸(Se-Cys)硒醇基所取代。表 3.3 总结了钼酶和钨酶催化的各种不同反应。

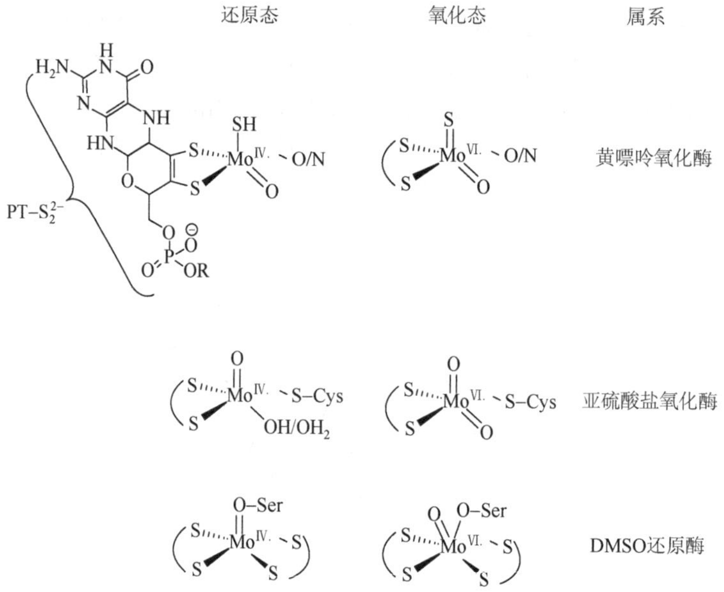

图 3.14 Mo^{IV} 还原态和 Mo^{VI} 氧化态下钼酶的活性位点结构以及它们的三大种类

表 3.3 钼酶和钨酶催化反应的例子

反应	酶
钼(Mo)	
黄嘌呤 + $H_2O \longleftrightarrow$ 尿酸 + $2H^+ + 2e^-$	黄嘌呤氧化酶
$SO_3^{2-} + H_2O \longleftrightarrow SO_4^{2-} + 2H^+ + 2e^-$	亚硫酸盐氧化酶
$NO_3^- + 2H^+ + 2e^- \longleftrightarrow NO_2^- + H_2O$	硝酸还原酶
$Me_2SO + 2H^+ + 2e^- \longleftrightarrow MeS + H_2O$	DMSO 还原酶
$RCHO + H_2O \longleftrightarrow RCO_2H + 2H^+ + 2e^-$	醛氧化还原酶
$CO + H_2O \longleftrightarrow CO_2 + 2H^+ + 2e^-$	一氧化碳脱氢酶
$H_2AsO_3^- + H_2O \longleftrightarrow HAsO_4^{2-} + 3H^+ + 2e^-$	砷氧化酶
钨(W)	
$HCO_2^- \longleftrightarrow CO_2 + H^+ + 2e^-$	甲酸脱氢酶
$HC\equiv CH + H_2O \longleftrightarrow CH_3CHO$	乙炔水合酶
$RCHO + H_2O \longleftrightarrow RCO_2H + 2H^+ + 2e^-$	醛氧化还原酶

第 3 章 氧原子转移

钨酶已知有三个主要系列[46]：醛氧化还原酶、乙炔水合酶和甲酸脱氢酶（表 3.3）。其中每一个系列的结构都得到了确认。钨的活性位点包含两个蝶二硫基（$PT-S_2^{2-}$）配体。在所有情况下，其他配体尚不清楚，但它们似乎是来源于肽主链的给体原子。对于醛氧化还原酶，其氧化形式可能包含氧基和羟基，$W^{VI}(O)(OH)$。对于甲酸脱氢酶，报道有一个硒半胱胺酸根和一种羟基配体。钨酶还包含一个与蛋白质结合的 Fe_4S_4 簇。

图 3.14 中酶的活性位点结构的一个显著特征是五配位钼和二硫代烯的连接。在获得这些酶的结构信息之前，很多建模工作集中在单氧 Mo^{IV} 和双氧 Mo^{VI} 的 OAT 反应[式（3.12）][47]。早期的模型化合物使用了基于 O、N 和 S 给体的辅助配体，但并未使用二硫烯配体。此外，这些配合物是六配位的，并且未能模拟出观察到的 DMSO 还原酶还原状态的脱氧结构。

然而，通过这些模型系统进行的 OAT 反应研究，揭示了重要的动力学和机理化学反应[式（3.12）]。从这些研究中获得的一个重要知识点，即位点拥挤抑制了单氧 Mo^{IV} 和双氧 Mo^{VI} 的逆歧化反应，未能不可逆地生成$(O)Mo^V$-μ-O-$Mo^V(O)$ [式（3.13）]。图 3.15 显示了一个早期的非二硫代烯系统，该系统表现出双氧原子转移反应。从功能的角度来看，该配合物是亚硫酸根氧化酶系列的合成类似物，因为它涉及单氧钼(IV)和双氧钼(VI)的反应。

$$(L)Mo^{VI}(O)_2 + X \longleftrightarrow (L)Mo^{IV}(O) + XO \qquad (3.12)$$

$$(L)Mo^{VI}(O)_2 + (L)Mo^{IV}(O) \longleftrightarrow (L)(O)Mo^V\text{-}O\text{-}Mo^V(O)(L) \qquad (3.13)$$

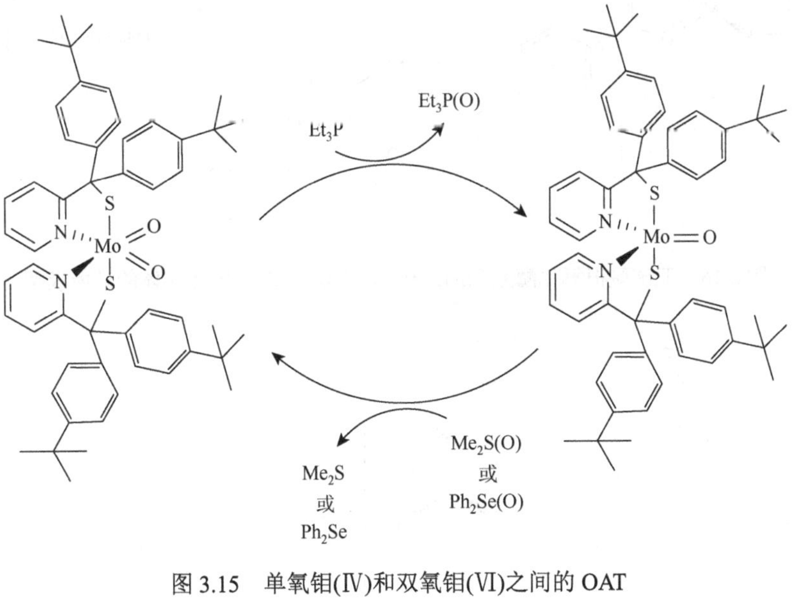

图 3.15 单氧钼(IV)和双氧钼(VI)之间的 OAT

对于合成化学家来说，创造与亚硫酸根氧化酶相似的配体环境是一项挑战，因为它需要单个二硫烯配体的配位。钼的双二硫烯配合物更容易获得和分离。即使二硫烯是一个非无辜配体，并且可以以完全还原的二价阴离子形式存在，酶及合成模型的部分还原自由基阴离子和完全氧化的中性形式的结构数据，与钼配合物的完全还原形式相一致。

1,2-二硫代苯已成功用于稳定亚硫酸根氧化酶系列的结构模拟物（图 3.16）。然而，就功能性而言，发现双二硫辛烯配合物[Mo(O)$_2$(mnt)$_2$]$^{2-}$可以按照米氏动力学（$K_M = 10^{-2}$ mol/L 和 $k_{cat} = 0.9$ s^{-1}）氧化亚硫酸氢根（图 3.16）。该反应可被其他阴离子（如 SO_4^{2-} 和 $H_2PO_4^-$ 等）所抑制。尽管配体的组成与酶的位点不一致，该配合物的化学反应与酶的相似。亚硫酸氢根饱和动力学显示，该中间体是 Mo 的亚硫酸根加合物。黄嘌呤氧化酶系列的结构模拟存在两处挑战，即二硫基和混氧硫端基配体的配位。由于硫配体的高反应活性，后者尤为困难。在一个黄嘌呤氧化酶系列的结构模拟物中使用三吡唑基硼酸根配体，生成[(L)Mo^{VI}(O)(S)(OPh)]$^{[47]}$，然而，该化合物形成了由硫硫桥（μ-S-S）连接的 Mo^V 双核物种。钼和钨的双二硫烯配合物成为结构和 OAT 反应动力学表征最完善的系列，使得对 DMSO 还原酶系列的化学模拟变得容易。这里明确表征的双二硫烯配合物是指具有单氧 Mo^{IV} 和双氧 Mo^{VI} 特征部分的配合物（图 3.16）。已实现对最小的 DMSO 还原酶活性位点的确切结构模拟，即去氧 Mo^{IV} 配合物（图 3.17）。然而，由于单氧 Mo^{VI} 配合物不稳定并迅速分解为单氧 Mo^V，对其 OAT 动力学的研究变得复杂（图 3.17）。对胺 N-氧化物或亚砜底物向 M^{IV}(O)（M = Mo 或 W）的 OAT 机理研究表明，该反应通过氧给体的加合物中间体进行，随后进行原子转移。

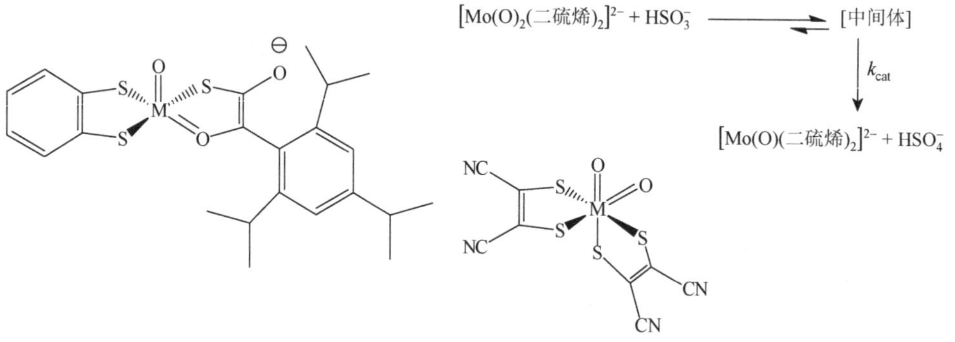

图 3.16 亚硫酸根氧化酶系列的结构模拟和基于双二硫烯配体的功能模型

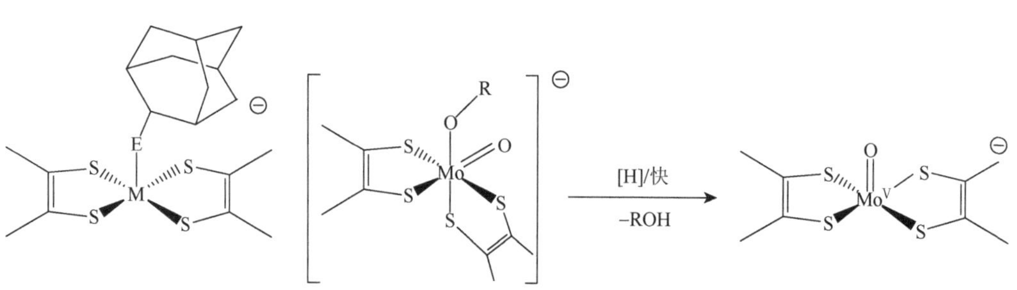

图 3.17 DMSO 还原酶的脱氧位点的结构模型和单氧 Mo^{VI} 模拟物的分解

动力学遵循氧给体的趋势，该趋势与给体中 X—O 键强度的焓以及底物作为 Lewis 碱的能力相关。通常，烷基胺 N-氧化物比吡啶 N-氧化物（PyO）的反应活性更高，而

PyO 的反应活性又高于有机亚砜[Me₃NO＞PyO＞R₂S(O)]。反应的活化熵较大且为负 [$\Delta S^{\ddagger}$ = −40～−15 cal/(mol·K)]，这些值与缔合反应过渡态一致。在逆反应中，有机膦从 $M^{VI}(O)_2$ 中夺取一个氧原子，其速率随着膦上电子给体基团的增加而加快，这与作为亲核试剂的氧原子受体一致。在含有相同配体的系统中，可以比较钼（Mo）和钨（W）的反应性。尽管两者的反应性差异取决于底物，膦表现出最大的速率差异，含氧原子给体的钨和含氧原子受体的钼则反应活性更高。例如，在$[M^{VI}(O)_2(mnt)]^{2-}$（mnt = *cis*-1, 2-二氰基-1, 2-亚乙基二硫代烯）中，钼与$(MeO)_2PhP$ 的反应活性比钨高 1000 倍。相反，在$[M^{IV}(O)(bdt)]^{2-}$（bdt = 1, 2-二硫代苯）与 Me₃NO 的反应中，钨的反应速率比钼约高 3 倍。

3.3 化学氧原子转移

3.3.1 高价态咔咯和咔咯嗪配合物

尽管铁卟啉被用作血红素酶位点的模型，但很难分离出高价中间体。近年来，对几种多吡咯大环配体（图 3.18）进行了研究，并在 OAT 和高价配合物方面取得了重大进展。过去几年中，对金属咔咯（corrole）和咔咯嗪（corrolazine）配合物的研究取得了显著进展[48, 49]。这两种大环均为环收缩的卟啉类。该中心原子的还原使完全去质子化的配体成为三阴离子，从而产生更强的 σ-给体。电荷和 σ-给体增强的结果是配体（咔咯和咔咯嗪）能够稳定高氧化态的金属离子。然而，对咔咯配体进行单电子氧化以生成 π-阳离子自由基是典型现象，这使得氧化态的归属变得复杂。咔咯嗪可以被视为环收缩的卟啉或氮杂取代的咔咯。正如所述，环收缩的效应是电荷和 σ-给体能力的增强。氮杂取

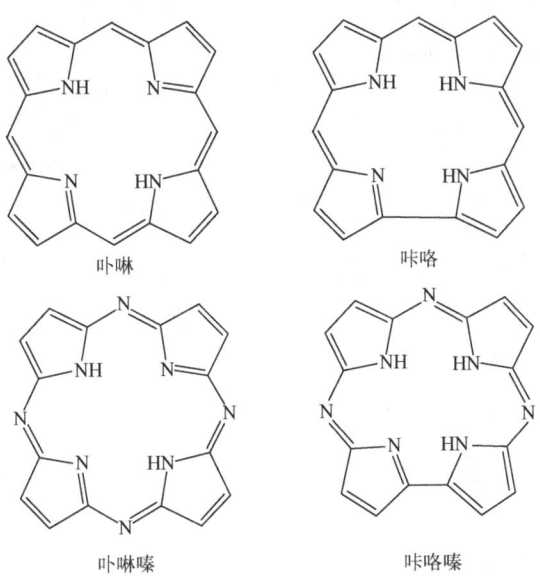

图 3.18 多吡咯大环配体

代使配体成为具有更大空腔、更强的 σ-给体，并通过降低最高占据分子轨道（HOMO）能量（C_{2v} 对称性中的 b_1 轨道）提高了 π-阳离子自由基的氧化电位。

尽管咔咯化学被人们所了解已有数十年，因近年合成方法的改进，它的应用重新受到关注。然而，掌握的合成方法仅限于 *meso*-取代的衍生物，而 β-取代的咔咯仍然难以制备。相比之下，可以通过咕啉与 PBr_3 发生环收缩反应制备咔咯嗪，这一方法更容易获得 β-取代的咔咯嗪。然而，直到最近通过使用 Na/NH_3 作为还原剂可以移除磷原子，生成游离的咔咯嗪配体。值得特别提及的是五氟苯取代咔咯配合物，由此实现了几种高氧化态金属-氧配合物的制备和分离（图 3.19）[50]。在锰(V)的情况下，证明了对烯烃和其他底物进行 OAT。然而，该体系的催化反应机理及锰(V)在 OAT 中的作用仍是文献中讨论的主题之一[49, 51]。Cr^{III}(tpfc)配合物与分子氧（O_2）反应生成 Cr^V(O)(tpfc)。后者可以将氧原子转移到有机膦类物质或降冰片烯上，例如，能够催化氧气氧化反应[52]。

除了 OAT 反应外，Mn^V(O)咔咯和咔咯嗪配合物还表现出对酚类底物和烯丙基 C—H 键进行氢原子转移反应（图 3.19）[53]。使用双重同位素标记实验对 Mn^V(O)(Cz)配合物的 OAT 反应进行了研究，结果表明，氧原子从锰-氧配合物的氧化剂加合物上转移而非氧原子配体本身（图 3.20）[54]。咔咯和咔咯嗪配合物的高价化学反应已扩展到亚氮化物和亚胺体系（这些是氧的氮类似物），这些反应涉及氮原子转移[55, 56]。

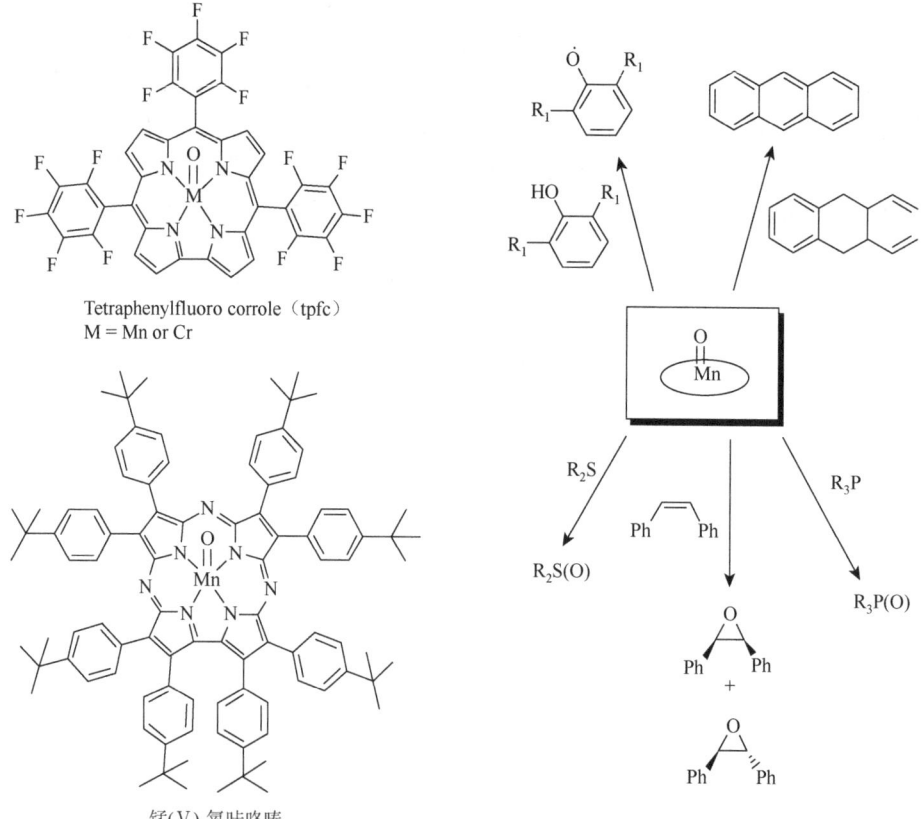

Tetraphenylfluoro corrole（tpfc）
M = Mn or Cr

锰(V)-氧咔咯嗪

图 3.19　高价态咔咯和咔咯嗪配合物，锰(V)-氧咔咯嗪配合物的氧原子和氢原子转移反应

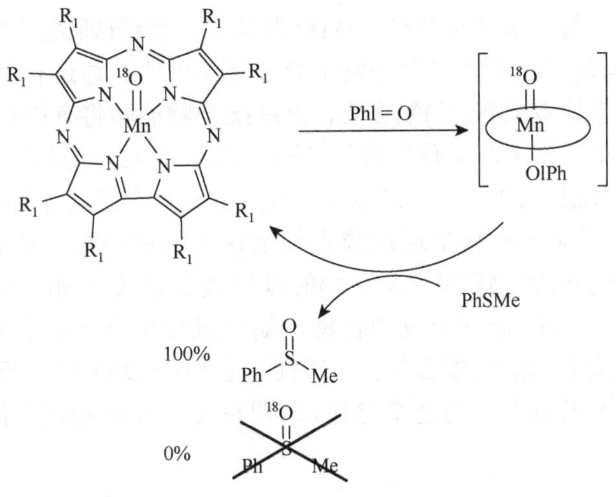

图 3.20 锰-氧咔咯嗪 OAT 的新机理

3.3.2 铼的 OAT 反应

继钼之后,在 OAT 反应领域研究最深入的元素是铼。铼的氧配合物氧化态为Ⅶ和Ⅴ的化合物,且种类十分丰富。其电子构型和结构与氧化态为Ⅵ和Ⅳ的 Mo 和 W 相似。铼(Ⅴ)的简单配合物通常涉及氧原子转移,例如 mer, trans-Re(O)Cl$_3$(PPh$_3$)$_2$ 与过量 DMSO 反应生成 mer, cis-Re(O)Cl$_3$(MeS)(OPPh$_3$),后者能够催化从亚砜到膦的 OAT 反应。动力学和机理研究表明,氧原子来自 Re(Ⅴ)亚砜配合物,而不是双氧铼[57]。

毫无疑问,有机金属氧铼配合物,尤其是甲基三氧铼(Ⅶ)(MTO)的出现,推动了铼的 OAT 反应的发展[58-60]。MTO 能够催化多种过氧化氢氧化反应,反应经过铼过氧化物中间体(图 3.21)。这些单吡咯和双吡咯铼配合物能够将氧从过氧化物配体转移到底物上,如烯烃、炔烃、硫化物、胺和亚胺等。过氧化氢是这些反应的氧源,因为它是一种"绿色"氧化剂,唯一的副产物是水。

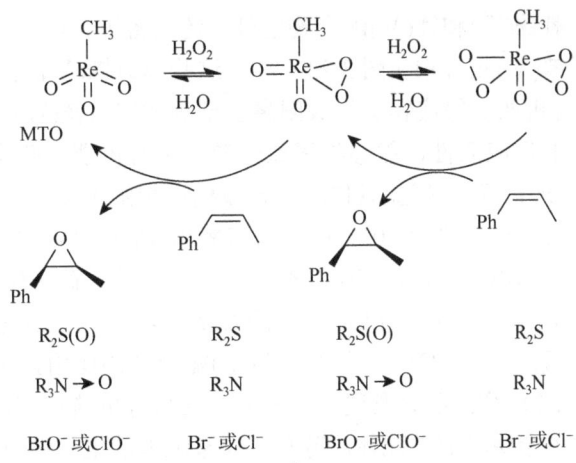

图 3.21 由 MTO 催化的 H$_2$O$_2$ 氧原子转移反应

除了催化过氧化氢的氧化反应外，MTO 及其他三氧铼(Ⅶ)配合物 [如 CpRe(O)$_3$ 和 TpRe(O)$_3$] 还能够与闭壳层的有机分子发生 OAT 反应[59-61]。通过有机膦还原三氧铼(Ⅶ)配合物，可以获得活性双氧铼(Ⅴ)配合物，这些配合物能够将有机亚砜、胺 N-氧化物、吡啶 N-氧化物（PyO）甚至环氧化物脱氧（图 3.22）。据信，与环氧化物反应生成烯烃是通过二醇酸中间体进行的[62]。对许多此类反应的动力学进行了详细研究，并建立了线性自由能关系。氧原子转移是通过膦底物亲核进攻铼的亲电子氧配体进行的。在某些情况下，氧原子从底物转移至铼(Ⅴ)的过程遵循米氏（Michaelis-Menten）动力学，涉及给体底物与铼配合物形成加合物，随后进行单分子中氧原子转移。广泛制备了含氧和甲基配体的铼(Ⅴ)配合物，并研究了它们的 OAT 催化反应[63]。研究表明，这些铼(Ⅴ)催化剂表现出不同的速率定律，表明反应涉及不同的中间体和反应步骤或机理。

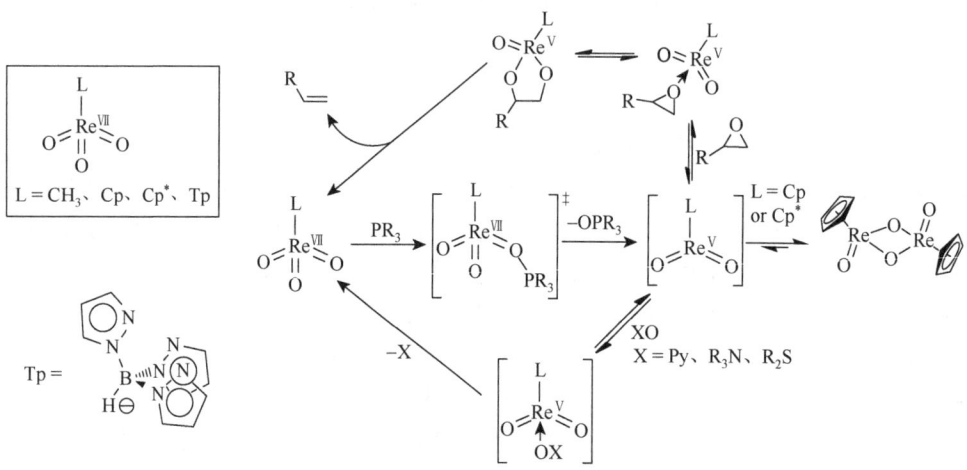

图 3.22　三氧铼(Ⅶ)配合物 [如 MTO 和 CpRe(O)$_3$] 的 OAT 反应

除了有机金属三氧铼(Ⅶ)和铼(Ⅴ)配合物之外，还制备了含噁唑啉和塞伦（Salen）辅助配体的阳离子单氧铼(Ⅴ)配合物（图 3.23）[64]。这些单氧铼(Ⅴ)配合物在与氧给体反应后，能够在 PyO 和有机亚砜等底物上生成阳离子型顺式双氧铼(Ⅶ)配合物。研究表明，这些配合物具有足够的反应活性，能够将氧原子转移至有机膦和硫化物中。值得注意的是，这些化合物可以与钼基亚硫酸盐氧化酶的合成模型相媲美（3.2.5 节），其反应动力学比观察到的钼配合物反应速率高出 $10^3 \sim 10^4$ 倍。双氧铼(Ⅶ)配合物与氧受体底物的反应动力学高度依赖于取代基的电子效应。使用几种对位取代的硫代茴香醚（p-X-PhSMe）底物显示了 Hammett 线性自由能关系（LFER），反应常数 ρ 约为 -4。活化参数也与缔合过渡态一致。通过有机叠氮化物（RN$_3$）对单氧铼(Ⅴ)配合物的作用，可以合成双氧铼(Ⅶ)-氧亚氨类似物（图 3.24）[65]。研究发现，这些化合物与有机膦和硫化物等底物发生氧原子转移反应，而保留了金属酰亚胺配体。芳基酰亚胺配体的电子性质对 OAT 的二级速率常数有重要影响。含有吸电子基团的芳基氨基配体效果最佳。尽管金属配体中的诱导效

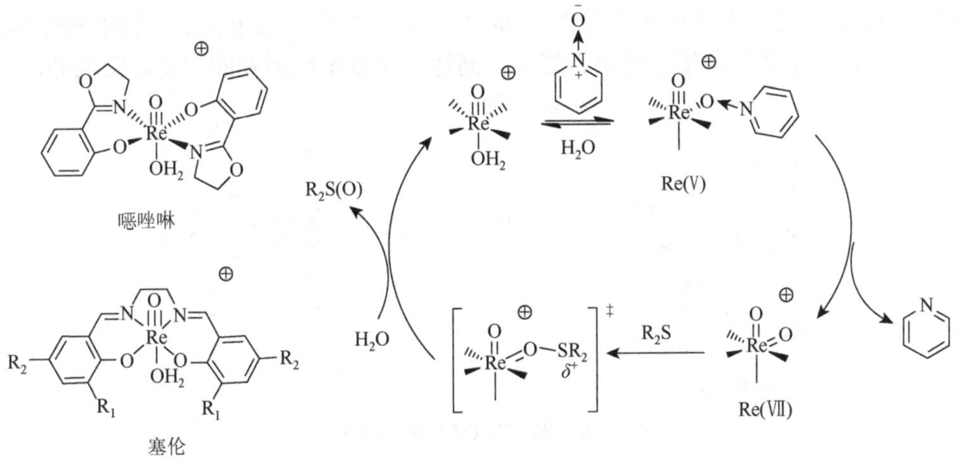

图 3.23 阳离子单氧铼(V)噁唑啉和塞伦配合物，单氧铼(V)和双氧铼(VII)配合物的 OAT 反应机理

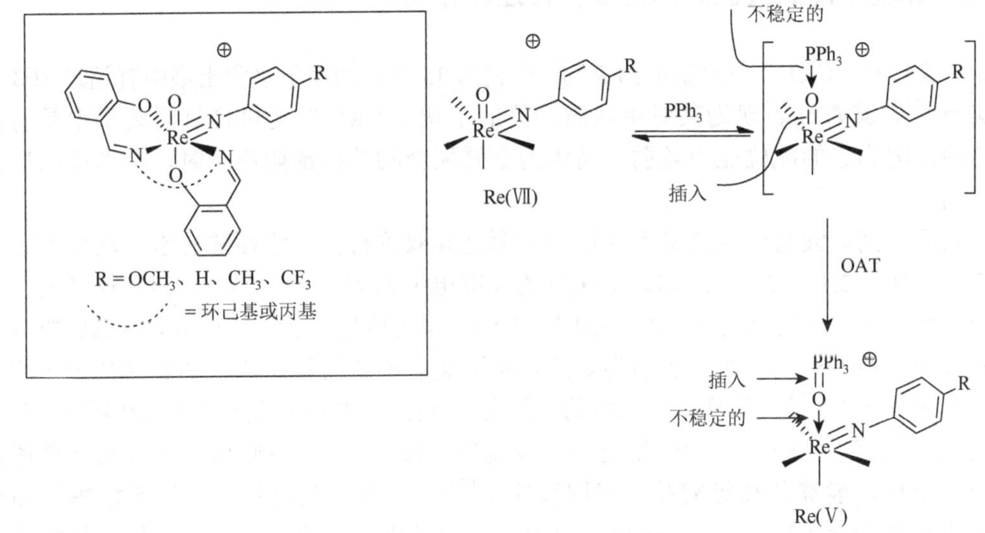

图 3.24 氧亚氨基铼(VII)配合物及其 OAT 机理

应通常仅引起速率的微小变化，但这些铼(VII)配合物中芳基氨基配体的取代基影响了反应活性，使其 OAT 反应跨三个数量级以上。这些结果表明，在过渡态下多重键合的酰亚胺配体与氧原子之间的耦合程度和强度。此外，氧原子转移遵循 Michaelis-Menten 动力学且饱和值依赖于底物性质。这一结果支持了先前提出的反应机理，即还原剂与铼氧配合物形成预平衡加合物（prior equilibrium adduct）（$Re^{VII}=O \leftarrow Y$）（图 3.24）。

通过对两个相同的单氧铼(V)配合物进行研究，仅在其电荷不同的情况下，探讨了电荷对氧原子转移速率的影响[66]。将阳离子单氧铼(V)配合物[(HCpz$_3$)ReOCl$_2$]$^+$（HCpz$_3$ 为三吡唑基甲烷）与中性配合物[(HBpz$_3$)Re(O)Cl$_2$]（HBpz$_3$ 为三吡唑基硼酸酯）进行了比较（图 3.25）。研究了每种化合物与 PPh$_3$ 的反应，得到相应的 Re^{III}(OPPh$_3$)配合物。结果显示，阳离子配合物被 PPh$_3$ 还原速度是中性配合物的 1000 倍。这一发现与带电荷配合物中氧配体更强的亲电性一致，正是所期望的结果。然而，高达三个数量级影响的程度非常显著。

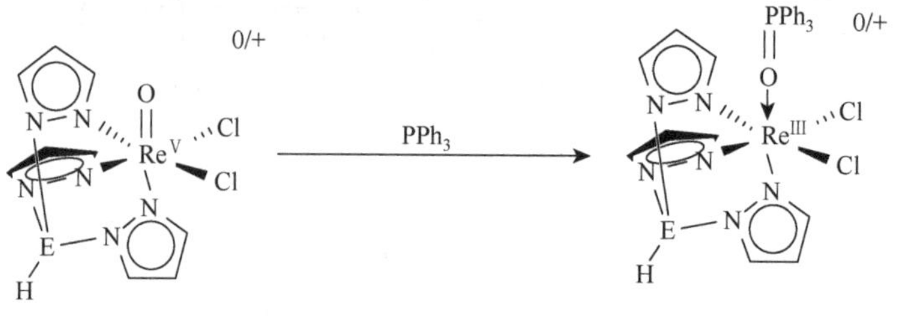

图 3.25 电荷对 OAT 速率的影响

当 E = C 和电荷 = +1 时的反应速率为 E = B 和电荷 = 0 时的反应速率的 1000 倍

3.3.3 环境中高氯酸盐的高价氧转移还原作用

高氯酸盐（ClO_4^-）是公认的污染物，在美国 35 个州的地下水和土壤中有超过 100 个污染点[67]。其毒性表现为其对甲状腺功能的干扰。ClO_4^- 在无机含氧阴离子中具有其独特性，因为它的配位能力较弱，当作为金属配合物的抗衡阴离子时，会形成高质量的单晶。

然而，高氯酸盐化学最引人注目的方面是其双重特性。它在酸性水溶液中是强氧化剂，$ClO_4^- + 2H^+ + 2e^- \longrightarrow ClO_3^- + H_2O$ 的标准电位为 $E^\circ = +1.23$ V，但其在溶液中的反应非常缓慢。这种动力学惰性归因于 ClO_4^- 的弱亲核性和碱性。此外，氯(Ⅶ)的氧化中心被四个氧原子所保护。正因为如此，高氯酸盐不会与强还原性的金属离子（例如 $Cr_{(aq)}^{2+}$）发生反应[68]。即便是不稳定的 $Ti_{(aq)}^{3+}$ 还原高氯酸盐的速度也非常缓慢[69]。有人认为这种反应活性依赖于形成稳定 M=O 键的过渡金属配合物，这种配合物具有适宜的反应坐标，能够从高氯酸盐中夺取氧原子[70]。值得注意的是，钼依赖型酶已知可以还原高氯酸盐（3.2.3 节）。因此，原理上，通过化学催化可以克服高氯酸盐的动力学障碍。

研究发现，在酸性水溶液中生成的甲基二氧铼（MDO）能够与高氯酸盐反应，最终生成氯化物[70]。反应的决速步是将高氯酸根还原为氯酸根（$k = 7$ M^{-1}s^{-1}，pH = 0，$T = 25$ ℃）。在相同条件下，氯酸根（ClO_3^-）的氧原子转移速度快了四个数量级（$k = 4 \times 10^4$ M^{-1}s^{-1}）。反应动力学显示此时阴离子浓度[ClO_n^-]达到饱和，这与氧原子转移之前形成了加合物的判断一致（图 3.26）。通过用次磷酸（H_3PO_2）还原 MTO，可以在水溶液中生成 MDO。因此，这是一个催化反应，H_3PO_2 用作氧吸收剂。

然而，在催化条件下，反应的决速步变为 MDO 的生成。在 pH = 0 和 25 ℃时，其二级速率常数为 0.03 M^{-1}s^{-1} [71]。该催化体系的另一个限制是需要保持低的 pH，因为 MDO 可能与一种或多种水溶性配体结合，而在较高 pH 下，会形成聚合甲基铼氧化物从溶液中析出。这些聚合物由桥氧和氢氧配体桥连而成。除了高氯酸盐外，MDO 还能够将高溴酸盐（BrO_4^-）

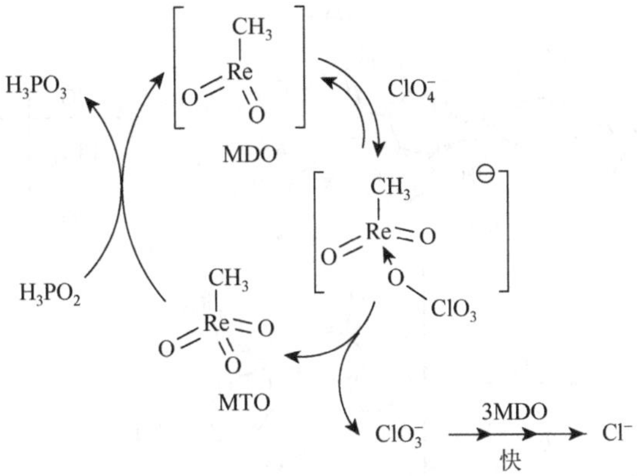

图 3.26　MDO 还原高氯酸盐

还原为溴离子（Br^-），其在 pH = 0 和 25℃时的反应速率为 $k = 3 \times 10^5 \ M^{-1}s^{-1}$，比高氯酸盐的反应快五个数量级。最近研究表明，MTO 的非均相催化形式可以在 Pd/C 催化剂作用下，以氢气（H_2）作为化学计量还原剂将高氯酸盐还原为氯化物 [式（3.14）][72]。该过程非常适合环境修复，因为其唯一的副产物是水，且催化剂的回收（由于非均相性）相对简单。此外，氧化铼的其他氧化物如 Re_2O_7 和 ReO_4 也可以用于该反应。然而，非均相催化剂对 pH 依然非常敏感，反应需要在酸性条件（pH<3）下进行。H_2 的活化依赖于钯，推测钯表面对铼氧化物的溢流效应是决定高氯酸盐还原速率的关键步骤。

$$ClO_4^- + H_2 \xrightarrow{MTO/Pd/C} Cl^- + 4H_2O \qquad (3.14)$$

研究发现，阳离子氧合铼(V)噁唑啉配合物（图 3.23）在乙腈-水介质中对高氯酸盐具有显著的反应活性[73]。该反应不受 pH 影响，在中性条件下进行顺利。高氯酸根离子（ClO_4^-）最终被还原为氯离子（Cl^-）。氧合铼(V)与高氯酸盐的反应遵循 Michaelis-Menten 动力学，表现出[ClO_n^-]的饱和现象。ClO_4^- 的明显二级速率常数约为 0.5 $M^{-1}s^{-1}$。生成的阳离子二氧合铼(VII)配合物的 OAT 反应活性比 MTO 更高，并且可以通过有机硫化物轻松逆转（图 3.27）[74]。因此，在催化条件下，噁唑啉体系的决速步是在中性溶液中，高氯酸盐以约 0.5 $M^{-1}s^{-1}$ 的二级反应速率被还原。随后的氯酸盐（ClO_3^-）还原速度极快，动力学表现出[ClO_3^-]的饱和现象，其一级速率常数为 0.13 s^{-1}（半衰期仅为 5 s）。值得注意的是，在底物饱和时，ClO_4^- 和 ClO_3^- 的一级速率常数是相似的，这与阴离子对铼(V)配位后发生的 OAT 步骤相关（图 3.27）。因此，氯酸盐是一种优越的氧化剂，其优势并不在于更快的 OAT 速率，而在于其作为配体的优越性（图 3.27 中的 k 值）。噁唑啉催化剂在高氯化物浓度下出现产物抑制作用，这并不奇怪，可以通过用 Ag^+ 沉淀去除氯化物来避免这种抑制作用。尽管如此，即使高氯酸盐浓度高达 0.10 mol/L，Cl^- 的积累也导致明显的产物抑制，但氧合铼(V)噁唑啉体系的周转频率（TOF）仍然超过 10 h^{-1}。另一个显著优点是，即使经过数百次转换，催化剂几乎没有发生分解。

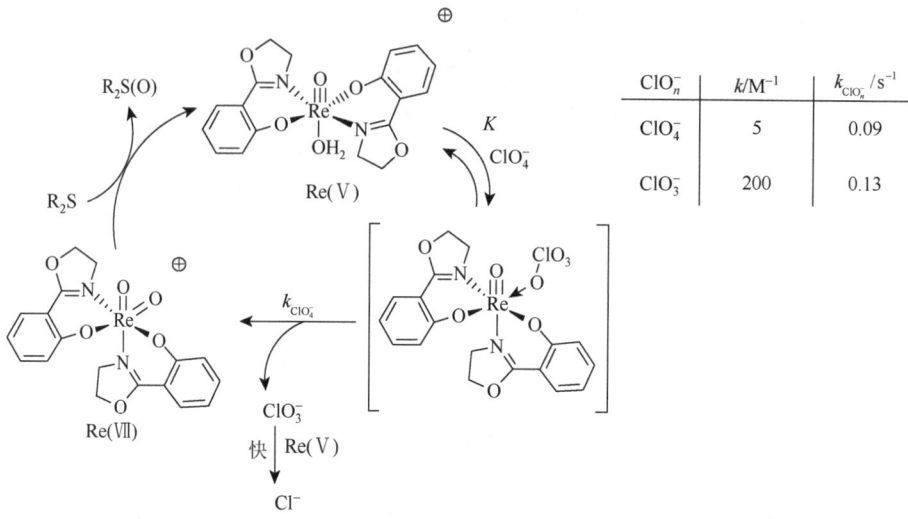

图 3.27 氧合铼(V)噁唑啉还原高氯酸盐和氯酸盐的机理和速率常数

3.3.4 水合金属离子的 OAT 反应

在水溶液中对具有活化氧配体的中间氧化态过渡金属配合物进行了广泛研究，包括 Cr^{III}、Cr^{IV}、Co^{III} 和 Rh^{III}[75]。这些金属离子的还原态 M^{II}（M = Cr、Co 或 Rh）与氧发生反应，生成超氧化物配合物（M^{III}—OO）。超氧化物还原并伴随质子转移后，生成氢过氧化物（M^{III}—OOH）。对于铬（Cr），进一步的电子转移和质子转移会生成铬离子（Cr^{IV}=O）。在钴（Co）和铑（Rh）的研究中，对 Co 和 Rh 使用大环配体 Cyclam，并以 H_2O、OH^-、Cl^- 或 SCN^- 作为轴向第六配体，Cr 以水分子配位，Rh 则使用四个氨和一个水分子作为配体（图 3.28）。

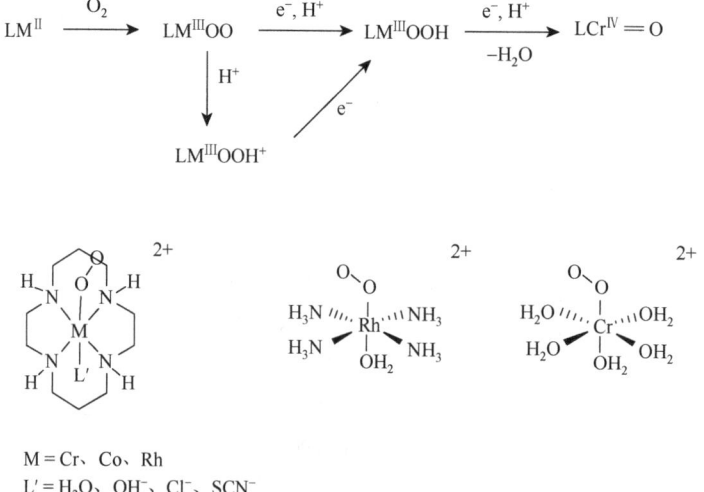

图 3.28 处于中间氧化态的金属-氧配合物及其在水溶液中的超氧、过氧和氧配合物

氢过氧化物配合物与卤素离子 I⁻ 和 Br⁻ 发生反应，生成 OAT 产物 HOI 和 HOBr，其动力学步骤对[H_3O^+]、[M^{III}—OOH]和[卤化物]呈一级反应。HOBr 进一步与 M^{III}—OOH 反应，生成氧气和 Br⁻。该反应类似于 HOBr 引起的 H_2O_2 歧化反应和卤代过氧化物酶催化的 H_2O_2 歧化反应（3.2.2 节）。碘离子的反应活性比溴离子高，速率常数根据金属和配体的不同跨越两个数量级。例如，对不同的配合物，I⁻ 氧化的速率常数 k_i 如下：$(H_2O)_5Cr(OOH)^{2+}$ = 990 $M^{-2}s^{-1}$、$(cyclam)(H_2O)Co(OOH)^{2+}$ = 100 $M^{-2}s^{-1}$、$(cyclam)(H_2O)Rh(OOH)^{2+}$ = 540 $M^{-2}s^{-1}$、$(NH_3)_4(H_2O)Rh(OOH)^{2+}$ = 8800 $M^{-2}s^{-1}$。然而，在所有情况下，金属氢过氧化物的反应活性都远远高于 H_2O_2，$k_i(H_2O_2)$ = 0.17 $M^{-2}s^{-1}$。与过氧化氢不同，金属氢过氧化物不显示出与酸无关的反应活性。对氧原子向卤素离子转移的反应，已提出两种可能的机理（图 3.29）。对于稳定金属，远端氧的转移似乎是有利的，因为在$(cyclam)(H_2O)Rh(H_2O_2)^{3+}$ 和 $(CN)_5Co(H_2O_2)^{2-}$ 等配合物中，氢过氧基的质子化并不会导致过氧化氢的快速解离。此外，体积较大的底物（如 PPh_3）可能有利于对远端氧的亲核攻击。

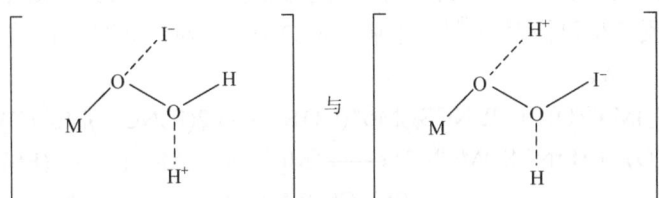

图 3.29　从金属氢过氧化物到卤素离子（I⁻）的 OAT

M = Rh、Co 或 Cr

有趣的是，铬基离子可以通过酸依赖性途径氧化溴化物，所有的动力学数据都支持单电子机理。然而，没有光谱证据表明质子化的铬离子（Cr^{IV}—OH^{3+}）的存在。苯甲酰与 I⁻ 的反应速度过快，即使使用停流分光光度法也无法测量。在大多数条件下，铬基离子大约只能稳定 1 min，随后通过歧化反应分解，生成 $Cr^{3+}_{(aq)}$ 和 $HCrO_4^-$。该反应在苯甲基体系中为二级反应，且显示出显著的溶剂动力学同位素效应。在水中的反应速率比在 D_2O 中的快 7 倍。此外，目前尚无法理解 Cr^{IV}=O 是如何一步转化为 $HCrO_4^-$ 的。因此，推测该反应可能涉及多个步骤，而速率决定步骤必须包括从溶剂分子断裂 O—H/D 键的过程。已有研究提出，反应经过了羟基桥中间体以生成 Cr^{3+} 和 $(OH)Cr^V$=O^{2+}，后者发生歧化反应生成 Cr(IV) 和 Cr(VI)。

3.3.5　金属间 OAT：快与慢

尽管氧原子从金属配合物转移到有机底物和主族元素的过程已经得到了广泛研究，但金属间 OAT 的研究却相对较少。涉及原子转移（单电子过程）的内层电子转移反应可以追溯到 Co^{III}-Cl 和 Cr^{2+} 之间的经典 Taube 反应。然而，类似的完全双电子氧转移反应的动力学研究却不多见。在某些情况下，金属中心之间的许多 OAT 反应并不完全，生成氧桥双核物种，例如在卟啉亚铁和氧钼配合物中［式（3.13）和式（3.15）］。铬和钛卟啉配合物中的完全氧/氯原子交换已被研究［式（3.16）］[76]，但在这些体系中，净氧化还原过程是单电子转移。推测该反应涉及氧桥连，而非氯桥连配合物中间体。动力学研究显示了 Cl^- 的抑制作用，这与在 OAT 之前发生氯化物解离的意见相符。Cr 和 Ti 的二级速率常数分别为 $0.14\ M^{-1}s^{-1}$ 和 $240\ M^{-1}s^{-1}$，反应速率差异跨三个数量级。式（3.16）的反应涉及不同的卟啉，但平衡常数接近 1，因此所测得的动力学本质上是简并的原子转移，并且不受驱动力的影响。

$$(por)Fe^{IV}(O) + (por)Fe^{II} \longrightarrow (por)Fe^{III}-O-O-Fe^{III}(por) \qquad (3.15)$$

$$(por)M=O + (por')M-Cl \longleftrightarrow (por)M-Cl + (por')M=O, \quad M = Ti\ 或\ Cr \qquad (3.16)$$

已证实双氧 Mo(Ⅵ) 与 Mo(Ⅱ) 及其简并体系 Mo(Ⅵ) 与 Mo(Ⅳ) 之间的完全原子转移 ［式（3.17）和式（3.18）］[77,78]。在后一种情况下，观察到双核 Mo(Ⅴ) 中间体中存在 μ-氧桥基配体。其速率常数 $k = 1470\ M^{-1}s^{-1}$，比卟啉体系的速率常数快。此外，对空间位阻较大的硫醇基配体参与的 $Mo^{VI}(O)_2$ 和 $Mo^{IV}(O)$ 之间的 OAT 反应也有报道[79]。这些反应是自发的，能让研究人员建立 OAT 的相对热力学标尺。同样，Mo 和 Re 的配合物到 W 的完全氧原子转移反应也已被报道[76]。通常，对 OAT 反应有利的热力学趋势为 Re→Mo、Re→W 以及 Mo→W。

$$(R_2NCS_2)Mo^{IV}(O)_2 + (R_2NCS_2)Mo^{II}(CO)_2 \longrightarrow 2(R_2NCS_2)Mo^{IV}(O) + 2CO \qquad (3.17)$$

$$(Et_2NCS_2)Mo^{VI}(O)_2 + (EtNCS_2)Mo^{IV}(O) \longleftrightarrow [Mo^V-O-Mo^V] \longleftrightarrow (Et_2NCS_2)Mo^{VI}(O)_2$$
$$+ (Et_2NCS_2)Mo^{IV}(O) \qquad (3.18)$$

近期对 $(Mes)_3Ir^V=O$ 与 $(Mes)_3Ir^{III}$ 以及 $(ArN)_3Os^{VIII}=O$ 与 $(ArN)_3Os^{VI}$ 之间的简并 OAT 反应进行了详细研究（图 3.30）[80]。对于 Ir，金属间 OAT 的速率常数比观察到 Os 的速率常数快了 12 个数量级。两种金属氧合物对 PPh_3 显示出相同的反应活性，并且金属-氧键合强度相当。此外，正如 Marcus 交叉关系所预测的那样，Ir-Os 间的交叉电子转移以中等速率进行。两者之间 OAT 速率的强烈对比归因于通过 μ-氧代中间体重组时的几何要求。在 Ir 的情况下，+3 价态和 +5 价态的配合物呈四方锥形结构，并且可以通过形成四方锥形的 +4 价态的 Ir 配合物，几乎无需能量补偿。然而，三亚氮 Os(Ⅵ) 是平面的，其锥体化将导致反键轨道的占据。这是一个很好的例子，说明金属和几何构型的细微变化会导致速率损失高达 10^{12} 个数量级。

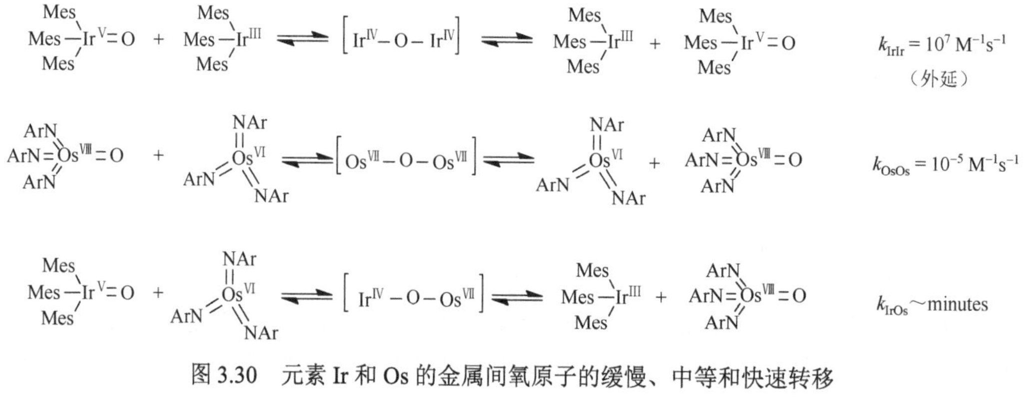

图 3.30 元素 Ir 和 Os 的金属间氧原子的缓慢、中等和快速转移

3.4 结 论

由于我们生活在一个富氧的星球上，氧气化学在生活的各个方面都占据核心地位。生物体依赖氧气进行呼吸并代谢药物。然而，氧气的使用伴随着一定的代价，即氧化损伤。因此，抗氧化剂化学也显得尤为重要。在过去的 100 年中，我们的工业发展在很大程度上依赖于石油原料，而石油原料的使用离不开氧化化学，以生产各种功能化学品。尽管各个领域的需求不同，所有这些领域都依赖于氧原子转移（OAT）反应。在许多化学和生物化学转化中，氧原子的转移由过渡金属介导。本章详细讨论了过渡金属配合物在碳-氢键、碳-碳双键、卤化物，以及闭壳层有机和无机分子在氧化反应中的应用。配体的种类繁多，从卟啉/血红素到基于氧、氮或硫的单齿和多齿配体不等。可用的过渡金属也很广泛，几乎涵盖了整个过渡元素系列。动力学和反应机理十分丰富。在某些情况下，可以通过热力学解释观察到的反应速率，而在其他情况下，除了热力学之外，还存在其他影响因素。氧合作用是许多 OAT 反应的核心，它通过添加氧原子生成新的有趣分子。对可再生资源的需求迫使我们逐渐放弃使用化石燃料，我们将朝着开发高效化学方法来利用生物质的方向发展。这将需要在相反方向上推进 OAT 反应，例如木质纤维素生物质的脱氧。

参 考 文 献

1. McClellan, P. P. *Ind. Eng. Chem.* **1950**, *42*, 2402–2407.
2. Tullo, A. *Chem. Eng. News* 2004, *82* (36), 15.
3. Duebel, D. V. *J. Am. Chem. Soc.* 2004, *126*, 996–997.
4. Jonsson, S. Y.; Färnegårdh, K.; Bäckvall, J.-E. *J. Am. Chem. Soc.* 2001, *123*, 1365–1371.
5. Groves, J. T.; Han, Y. In *Cytochrome P450: Structure, Mechanism and Biochemistry*, 2nd edition; Ortiz de Montellano, P. R., Ed.; Plenum Press: New York, 1995; pp 3–48.
6. Schlichting, I.; Berendzen, J.; Chu, K.; Stock, A. M.; Maves, S. A.; Benson, D. E.; Sweet, R. M.; Ringe, D.; Petsko, G. A.; Sligar, S. G. *Science* 2000, *287*, 1615–1622.
7. Griller, D.; Ingold, K. U. *Acc. Chem. Res.* 1980, *13*, 317–323.
8. McLain, J. L.; Lee, J.; Groves, J. T. In *Biomimetic Oxidations Catalyzed by Transition Metal Complexes*; Meunier, B., Ed.; Imperial College Press: London, 2000; pp 91–169.
9. Toy, P. H.; Newcomb, M.; Coon, M. J.; Vaz, A. D. N. *J. Am. Chem. Soc.* 1998, *120*, 9718–9719.
10. Vaz, A. D. N.; McGinnity, D. F.; Coon, M. J. *Proc. Natl. Acad. Sci. USA* 1998, *95*, 3555–3560.
11. Nam, W.; Lim, M. H.; Moon, S. K.; Kim, C. *J. Am. Chem. Soc.* 2000, *122*, 10805–10809.
12. Schönoboom, J. C.; Cohen, S.; Lin, H.; Shaik, S.; Thiel, W. *J. Am. Chem. Soc.* 2004, *126*, 4017–4034.
13. Mansuy, D. *C. R. Chim.* 2007, *10*, 392–413.

14. Bartoli, J. F.; Brigaud, O.; Battioni, P.; Mansuy, D. *J. Chem. Soc., Chem. Commun.* 1991, 440–442.

15. Grinstaff, M. W.; Hill, M. G.; Labinger, J. A.; Gray, H. B. *Science* 1994, *264*, 1311–1313.

16. Fita, I.; Silva, A. M.; Murthy, M. R. N.; Rossmann, M. G. *Acta Crystallogr. B* 1986, *42*, 497–515.

17. Ivancich, A.; Jouve, H. M.; Gaillard, J. *J. Am. Chem. Soc.* 1996, *118*, 12852–12853.

18. Hager, L. P.; Lakner, F. J.; Basavapathruni, A. *J. Mol. Catal. B* 1998, *5*, 95–101.

19. Shulz, C. E.; Devaney, P. W.; Winkler, H.; Debrunner, P. G.; Doan, N.; Chiang, R.; Rutter, R.; Hager, L. P. *FEBS Lett.* 1979, *103*, 102–105.

20. Miller, V. P.; Goodin, D. B.; Friedman, A. E.; Hartmann, C.; Ortiz de Montellano, P. R. *J. Biol. Chem.* 1995, *270*, 18413–18419.

21. Sivaraja, M.; Goodin, D. B.; Smith, M.; Hoffman, B. M. *Science* 1989, *245*, 738–740.

22. Bonagura, C. A.; Sundaramoorthy, M.; Pappa, H. S.; Patterson, W. R.; Poulos, T. L. *Biochemistry* 1996, *35*, 6107–6115.

23. Sundaramoorthy, M.; Terner, J.; Poulos, T. L. *Structure* 1995, *3*, 1367–1378.

24. Green, M. J.; Dawson, J. H.; Gray, H. B. *Science* 2004, *304*, 1653–1656.

25. Butler, A. *Curr. Opin. Chem. Biol.* 1998, *2*, 279–285.

26. Littlechild, J.; Garcia-Rodriguez, E.; Dalby, A.; Isupov, M. *J. Mol. Recognit.* 2002, *15*, 291–296.

27. Messerschmidt, A.; Wever, R. *Proc. Nat. Acad. Sci. USA* 1996, *93*, 392–396.

28. Coates, J. D.; Achenbach, L. A. *Nat. Rev. Microbiol.* 2004, *2*, 569–580.

29. Urbansky, E. T.; Schock, M. R. *J. Environ. Manage.* 1999, *56*, 79–95.

30. Lee, A. Q.; Streit, B. R.; Zdilla, M. J.; Abu-Omar, M. M.; DuBois, J. L. *Proc. Natl. Acad. Sci. USA* 2008, *105*, 15654–15659.

31. Jakopitsch, C.; Spalteholz, H.; Fûrtmuller, P. G.; Arnhold, J.; Obinger, C. *J. Inorg. Biochem.* 2008, *102*; 293–302.

32. Zdilla, M. J.; Lee, A. Q.; Abu-Omar, M. M. *Angew. Chem., Int. Ed.* 2008, *47*, 7697–7700.

33. Costas, M.; Mehn, M. P.; Jensen, M. P.; Que, L., Jr. *Chem. Rev.* 2004, *104*, 939–986.

34. Abu-Omar, M. M.; Loaiza, A.; Hontzeas, N. *Chem. Rev.* 2005, *105*, 2227–2252.

35. Wallar, B. J.; Lipscomb, J. D. *Chem. Rev.* 1996, *96*, 2625–2658.

36. Krebs, C.; Price, J. C.; Baldwin, J.; Saleh, L.; Green, M. T.; Bollinger, J. M., Jr. *Inorg. Chem.* 2005, *44*, 742–757.

37. Collins, T. J. *Acc. Chem. Res.* 2002, *35*, 782–790.

38. Tiago de Oliviera, F.; Chanda, A.; Banerjee, D.; Shan, X.; Mondal, X.; Que, L., Jr.; Bominaar, E. L.; Münck, E.; Collins, T. J. *Science* 2007, *315*, 835–838.

39. Que, L., Jr. *Acc. Chem. Res.* 2007, *40*, 493–500.

40. Nam, W. *Acc. Chem. Res.* 2007, *40*, 522–531.

41. Price, J. C.; Barr, E. W.; Glass, T. E.; Krebs, C.; Bollinger, J. M., Jr. *J. Am. Chem. Soc.* 2003, *125*, 13008–13009.

42. Nesheim, J. C.; Lipscomb, J. D. *Biochemistry* 1996, *35*, 10240–10247.
43. Mishina, Y.; He, C. *J. Inorg. Biochem.* 2006, *100*, 670–678.
44. Sigel, A.; Sigel, H.; Eds. *Molybdenum and Tungsten: Their Roles in Biological Processes. Metals in Biological Systems*; Marcel Dekker: New York, 2002; Vol. 39.
45. Hille, R. *Trends Biochem. Sci.* 2002, *27*, 360–367.
46. Johnson, M. K.; Rees, D. C.; Adams, M. W. W. *Chem. Rev.* 1996, *96*, 2817–2840.
47. Enemark, J. H.; Cooney, J. J. A.; Wang, J.-J.; Holm, R. H. *Chem. Rev.* 2004, *104*, 1175–1200.
48. Aviv, I.; Gross, Z. *Chem. Commun.* 2007, 1987–1999.
49. Kerber, W. D.; Goldberg, D. P. *J. Inorg. Biochem.* 2006, *100*, 838–857.
50. Gross, Z. *J. Biol. Inorg. Chem.* 2001, *6*, 733–738.
51. Zhang, R.; Newcomb, M. *J. Am. Chem. Soc.* 2003, *125*, 12418–12419.
52. Mahammed, A.; Gray, H. B.; Meier-Callahan, A. E.; Gross, Z. *J. Am. Chem. Soc.* 2003, *125*, 1162–1163.
53. Lansky, D. E.; Goldberg, D. P. *Inorg. Chem.* 2006, *45*, 5119–5125.
54. Wang, S. H.; Mandimutsira, B. S.; Todd, R.; Ramdhanie, B.; Fox, J. P.; Goldberg, D. P. *J. Am. Chem. Soc.* 2004, 18–19.
55. Galina, G.; Gross, Z. *J. Am. Chem. Soc.* 2005, *127*, 3258–3259.
56. Zdilla, M. J.; Abu-Omar, M. M. *J. Am. Chem. Soc.* 2006, *128*, 16971–16979.
57. Abu-Omar, M. M.; Khan, S. I. *Inorg. Chem.* 1998, *37*, 4979–4985.
58. Romão, C. C.; Kühn, F. E.; Herrmann, W. A. *Chem. Rev.* 1997, *97*, 3197–3246.
59. Espenson, J. H. *Chem. Commun.* 1999, 479–488.
60. Owens, G. S.; Arias, J.; Abu-Omar, M. M. *Catal. Today* 2000, *55*, 317–363.
61. Gable, K. P. *Adv. Organomet. Chem.* 1997, *41*, 127.
62. Gable, K. P.; Phan, T. N. *J. Am. Chem. Soc.* 1994, *116*, 833–839.
63. Espenson, J. H. *Coord. Chem. Rev.* 2005, *249*, 329–341.
64. Abu-Omar, M. M. *Chem. Commun.* 2003, 2102–2111.
65. Ison, E. A.; Cessarich, J. E.; Travia, N. E.; Fanwick, P. E.; Abu-Omar, M. M. *J. Am. Chem. Soc.* 2007, *129*, 1167–1178.
66. Seymore, S. B.; Brown, S. N. *Inorg. Chem.* 2000, *39*, 325–332.
67. Brown, G. M.; Gu, B. H. *Perchlorate: Environmental Occurrence, Interactions, and Treatments*; Springer: New York, 2006; pp 17–47.
68. Thompson, R. C.; Gordon, G. *Inorg. Chem.* 1966, *5*, 562–569.
69. Early, J. E.; Tofan, D. C.; Amadie, G. A. In *Perchlorate in the Environment*; Urbansky, E. T., Ed.; American Chemical Society: Washington, DC.
70. Abu-Omar, M. M.; Espenson, J. H. *Inorg. Chem.* 1995, *34*, 6239–6240.
71. Abu-Omar, M. M.; Appleman, E. H.; Espenson, J. H. *Inorg. Chem.* 1996, *35*, 7751–7757.
72. Hurley, K. D.; Shapley, J. R. *Environ. Sci. Technol.* 2007, *41*, 2044–2049.
73. Abu-Omar, M. M.; McPherson, L. D.; Arias, J.; Béreau, *Angew. Chem., Int. Ed.* 2000, *39*, 4310–4313.

74. McPherson, L. D.; Drees, M.; Khan, S. I.; Strassner, T.; Abu-Omar, M. M. *Inorg. Chem.* 2004, *43*, 4036–4050.
75. Bakac, A. *Coord. Chem. Rev.* 2006, *250*, 2046–2058.
76. Woo, L. K. *Chem. Rev.* 1993, *93*, 1125–1136.
77. Chen, G. J.-J.; McDonald, J. W.; Newton, W. E. *Inorg. Chim. Acta* 1976, *19*, L67–L68.
78. Matsuda, T.; Tanaka, K.; Tanaka, T. *Inorg. Chem.* 1979, *18*, 454–457.
79. Harlan, E. W.; Berg, J. M.; Holm, R. H. *J. Am. Chem. Soc.* 1986, *108*, 6992–7000.
80. Fortner, K. C.; Laitar, D. S.; Muldoon, J.; Pu, L.; Braun-Sand, S. B.; Wiest, O.; Brown, S. N. *J. Am. Chem. Soc.* 2007, *129*, 588–600.

第4章 过渡金属中心对氧键合及活化机理

Elena V. Rybak-Akimova

4.1 引　言

　　理解过渡金属中心活化氧分子机理，对于揭示金属氧化酶和加氧酶的活化机理、设计新的选择性氧化催化剂、开发类似博来霉素的新药，以及阻断生物体系中的自由基氧化损伤途径，都具有重要意义。此外，对分子氧化学的兴趣还源于燃料电池中对高效氧电极的需求。水制氢问题也与氧化学相关，无论是通过电催化还是光催化，水分解过程将氢气的生成与水的氧化相耦合，这就是由水制氧的过程。

　　氧气是理想的化学氧化剂，因为它不仅易得（空气中约含20%的氧气），而且对环境无害（用氧气进行氧化的唯一副产品是水）。在自然界中，氧气被广泛应用于所有需氧生物体（包括人类），进行各种选择性的化学反应。然而，化学家利用氧气合成复杂分子的能力远不如自然界。在严苛条件下，氧气可以被活化，与大多数有机化合物迅速、完全反应，最终生成二氧化碳。虽然这种方法对于能源转换非常有效，但并不适用于特定有机物的合成。在温和条件下进行选择性氧活化仍然是一个难题。

　　目前，氧气和过氧化物活化的催化剂正处于火热研发中。在最近出版的一本现代氧化方法书籍中，每章都包括氧气和过氧化氢参与的环境友好型氧化反应部分[1]。该领域尽管取得了显著进展，但仍有诸多挑战。许多氧活化过程会产生自由基，进而生成非选择性氧化剂。大多数供选择的氧气活化催化剂仍然基于铂金属，即使是最近的研究也是如此[2]。开发廉价、无毒的氧气活化催化剂仍是一个主要目标。利用活性铁或铜化合物模拟氧活化金属酶的行为是一个备受关注且很有希望的途径。

　　在生物学中，氧气的反应由两类金属酶催化：氧化酶和加氧酶。氧化酶的化学作用是将电子和质子从底物转移到O_2中，将两个氧原子键合成水分子。相比之下，加氧酶则将O_2中的一个或两个氧原子引入有机产物中，催化氧原子转移而非电子转移。1955年，Hayaishi发现了加氧酶，这一发现与Mason同期的研究工作一起，被认为是生物化学领域中氧活化研究的开端[3]。并发现空气氧化不是只局限于狭义的诸如加氧酶之类的氧活化过程，而是要使氧化酶类型的反应变得有利可图[2]。

　　从热力学角度来看，双氧反应通常是可行的。然而，这些反应大多进行缓慢。因此，氧活化主要是一个动力学问题。与其他一些小分子（尤其是N_2）不同，双氧的动力学惰性并非源于其强大的元素-元素键。$N\equiv N$三键是已知的第二强化学键（键能为941 kJ/mol），而$O=O$双键相对较弱（495 kJ/mol）。双氧在与常见有机分子反应时的动力学惰性，主要源于O_2与反应物的自旋态不匹配。O_2分子的基态有两个未配对电子。三

重态 O_2 与单重态有机分子的协同反应是自旋禁阻的,因此反应缓慢[4]。这种限制在三重态 O_2 与某些顺磁物质(如有机自由基、过渡金属离子或其配合物)反应时并不存在。有机自由基通常不稳定,往往引发自由基链式反应,而不是选择性地产生特定产物。相比之下,过渡金属配合物能够稳定活性中间体,并通过非自由基途径选择性地生成目标产物。因此,过渡金属在可行且环保的氧气活化催化剂开发中更具吸引力。

关于氧活化的文献非常丰富,包括书籍[5-9]、章节[2, 10]、杂志特刊[11-13]、综述文章[14-16],以及众多正在进行的研究工作。这里只引用了少数有代表性的参考文献。全面综述这一领域几乎是不可能的,而且也不是本书的意图。在本章中,我们将聚焦于过渡金属中心氧活化的机理。通过一些例子(特别是仿生体系),我们将简要讨论和说明过渡金属配合物活化氧的基本动力学原理和机理。本章还介绍了涉及金属-氧中间体的反应,为氧分子的键合与活化之间建立了联系。氧的传递过程已在第 3 章详细讨论,氢原子攫取反应和质子耦合电子转移反应已在第 2 章详细讨论。

另一种使 O_2 与其反应物自旋态匹配的方法是生成单重态氧分子的激发态($^1O_2$)。这种方法在化学和生物学上都有优点,但此处不作讨论。最后,氧气的同素异形体臭氧(O_3)明显比 O_2 更具活性。O_2 可通过放电转化为臭氧。虽然臭氧的化学性质非常有趣,但这里不作详细讨论;在适当的地方会提及一些产生金属-氧中间体的臭氧特定反应。

4.2 氧分子的氧化还原性质及其与过渡金属配合物的反应

氧分子与过渡金属配合物的反应通常涉及电子密度的重新分配,导致分子氧的部分或完全还原。通常,氧还原和金属中心的配位同时或依次发生。还原剂(如金属配合物)向 O_2 转移电子,有助于放热反应的进行。4.2.1 节将简要讨论氧分子分步还原热力学,它限定了能够活化 O_2 的金属配合物的范围。尽管外层反应不能超越这些热力学限制,但氧或部分还原的氧与金属中心的配位会改变氧化还原电位,增强氧活化的驱动力。后面的章节将总结金属-氧配合物的经典化学结构。最后一节将介绍 O_2 与天然氧载体的可逆键合。这些主题为更详细地讨论单核(4.3 节)、双核或多核金属配合物(4.4 节)中的氧反应机理和动力学提供了背景。

4.2.1 氧分子的分步还原热力学

完全还原一个氧分子需要四个电子和四个质子。

$$O_2 + 4H^+ + 4e^- \longrightarrow 2H_2O \tag{4.1}$$

在 1 mol/L 酸溶液中,四电子还原氧(1atm O_2)的氧化还原电位为 + 1.229 V(相对于 NHE)。当然,氧化还原电位对质子敏感(图 4.1),并取决于 H^+ 的浓度:在 pH 为 7 时,氧化还原电位降至 + 0.815 V;在 pH 为 14 时,进一步降至 + 0.401 V[5]。

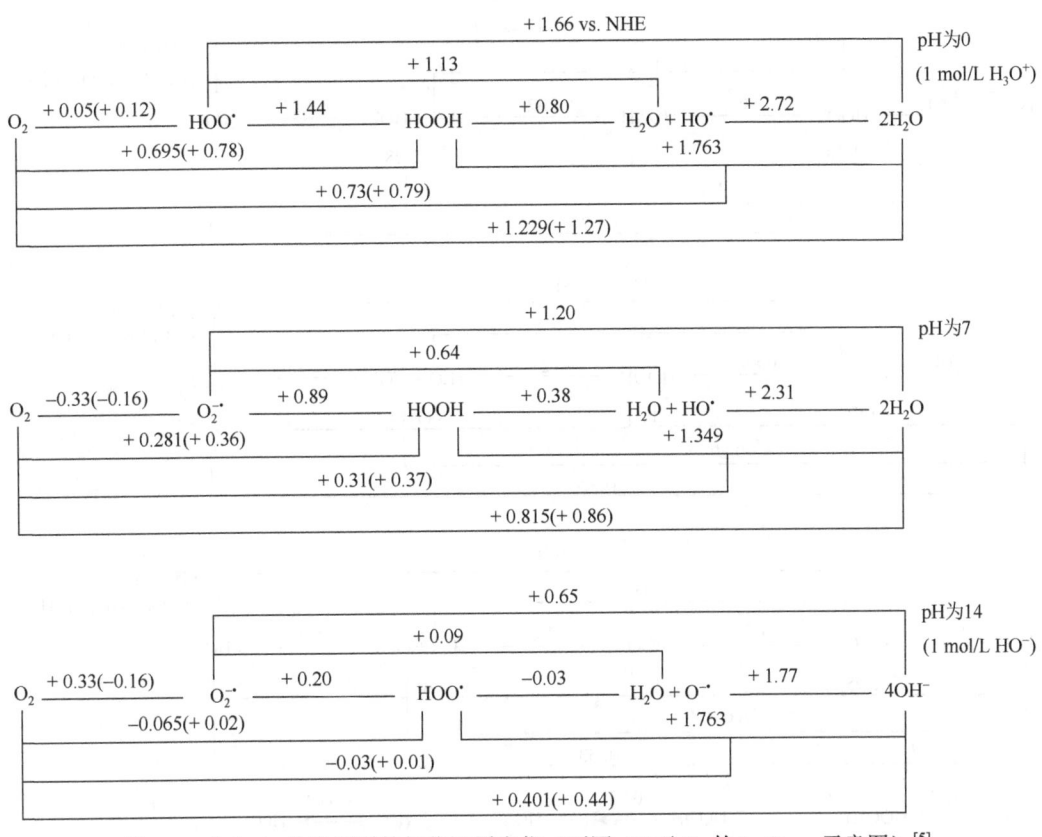

图 4.1 水中 O_2 分步还原的氧化还原电位（不同 pH 下 O_2 的 Latimer 示意图）[5]

氧还原的电化学电位还取决于溶剂的性质。据报道，在 1 mol/L 酸性乙腈溶液中，氧的氧化还原电位为 +1.79 V（图 4.2）[5]。在水和乙腈中，反应物和产物的溶解度不同，参与反应的酸的 pK_a 值不同，以及氧的溶解度也不同，这些因素都会影响氧化还原性质在不同溶剂中的变化。这种溶剂依赖性非常重要，因为几乎所有金属酶的氧活化研究都是在水中进行的，而合成配合物的大部分研究是在非水溶剂中进行的（乙腈似乎是这些建模研究中最常用的溶剂之一）。氧在有机溶剂中的溶解度比在水中的溶解度（1 atm O_2，25℃为 1.234 mol/L）高几倍[17]。

充分利用四电子还原氧的热力学势对于能量转换非常理想，但控制四个电子和四个质子的转移却是个挑战。氧的分步还原非常容易发生，在大多数天然和人工合成的氧活化体系中都能观察到。图 4.1 和图 4.2 总结了氧分子分步还原的热力学数据。氧的连续单电子还原会生成超氧化物（$O_2^{-·}$/HO_2）、过氧化物（O_2^{2-}/HO_2/H_2O_2）和羟基自由基（$HO^·$）。需要注意的是，氧的氧化还原电位取决于 pH（在水介质中）或有效酸度（在有机溶剂中）。O_2 的还原会将电子放入 π^* 轨道，削弱超氧阴离子中的 O_2 π 键（理论上 O—O 键的键级为 1.5），并在过氧化物中破坏该 π 键（两个氧原子通过单一的 σ 键连接，键级为 1）。进一步还原过氧化物则会破坏剩余的 O—O 键，并将两个氧原子分离。热力学上，第一个电子加到 O_2 是吸热反应，而后续的还原步骤则是放热反应[4, 5]。这种连续的氧化还原电位变化是氧活化面临的主要挑战：最初很难向 O_2 中添加一个电子，但一旦还原开

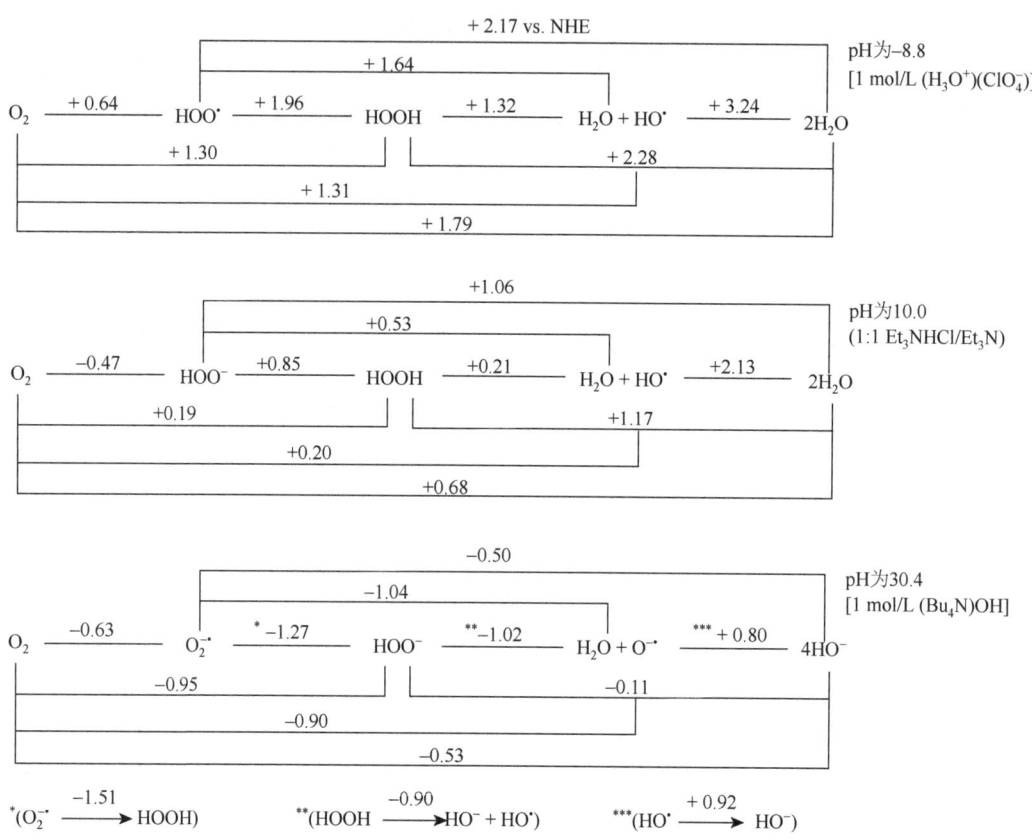

图 4.2　乙腈溶液中 O_2 分步还原的氧化还原电位（O_2 在不同酸度的乙腈溶液下的 Latimer 示意图）[5]

始，控制活化的反应路径或在特定还原步骤停止反应便变得困难。理想的氧活化金属配合物应能够实现两个目标，促使氧还原的初始步骤发生，并通过选择性地引导反应生成所需的金属-氧中间体，从而精确控制底物的氧化路径。

在解释金属活化氧的机理时，必须考虑未配位的超氧化物、过氧化物和羟基自由基的常见化学性质，它们都含有处于中间氧化态的氧。超氧化物是一种非常弱的氧化剂，但它具有一定的还原性，在无机超氧化物的简单反应中，还原性比其氧化性更为重要。过氧化氢和其他过氧化物可以被氧化成氧气（作为还原剂），也可以被还原成 O^{2-}、HO^- 或 H_2O（作为氧化剂）。超氧化物和过氧化氢都很容易发生歧化反应（图 4.1 和图 4.2）。

过氧化氢、过氧自由基（$HO_2^{\cdot}$）和超氧阴离子自由基（$O_2^{\cdot-}$）都是弱酸[18, 19]。H_2O_2 的 pK_a 为 11.65，$HO_2^{\cdot}$ 的 pK_a 为 4.88。因此，超氧阴离子自由基（$O_2^{\cdot-}$）具有强 Brønsted 碱性；同样，过氧化物或过氧化氢阴离子可以从水中夺取质子，生成 H_2O_2。超氧阴离子是弱亲核试剂，而过氧化物比 OH^- 更具亲核性。在质子充足的条件下，O_2 的单电子还原更容易发生；事实上，在氧还原的第一步中，氢原子攫取反应比电子转移更容易发生[4, 5]。值得注意的是，氢原子攫取反应也是羟基自由基的优先反应模式，而羟基自由基是强大的、广泛存在的氧化剂。在生物体系中必须避免这种自由基化学反应，因为它会引发氧化压力。在设计选择性氧化剂和用于化学合成的催化剂时，也必须避免这种反应。

4.2.2 过渡金属配合物与氧分子的反应及金属-氧配合物的结构

氧分子与金属离子或配合物的典型反应可以根据电子转移的数目分类。下面的例子显示了氧分子和金属中心的氧化态变化。当然，金属-氧配合物的质子化经常发生。为简化问题，以下化学方程式不考虑质子转移。

单电子氧还原生成超氧化物。单核或多核金属配合物可以作为单电子还原剂；在反应产物中，一个金属中心的氧化态变化为 1。

$$M^{n+} + O_2 \longrightarrow M^{n+1}(O_2^{-\cdot}) \tag{4.2}$$

单电子氧还原也可以通过外层电子转移发生，生成非配位的超氧阴离子和单电子氧化金属配合物。几乎所有低价态 3 d 过渡金属离子以及许多 4 d 和 5 d 过渡金属离子都可以参与单电子氧还原。

双电子氧还原可以发生在单金属中心（氧化态变化为 2）或双金属中心（每个金属原子的氧化态变化为 1）。

$$M^{n+} + O_2 \longrightarrow M^{n+2}(O_2^{2-}) \tag{4.3}$$

或

$$2M^{n+} + O_2 \longrightarrow (M^{n+1})_2(O_2^{2-}) \tag{4.4}$$

式（4.3）是双电子氧还原反应的简化例子，包括（但不限于）$Pd^0 \rightarrow Pd^{2+}$、$Fe^{2+} \rightarrow Fe^{4+}$、$Ru^{2+} \rightarrow Ru^{4+}$。

大多数过渡金属离子的反应路径可通过式（4.4）描述，与生物学相关的一些例子包括 $Fe^{2+}Fe^{2+} \rightarrow Fe^{3+}Fe^{3+}$ 和 $Cu^+Cu^+ \rightarrow Cu^{2+}Cu^{2+}$。两个低价态金属离子可以成为双核配合物的一部分。或者，单核配合物可能被氧化，生成氧化态较高的双核配合物。式（4.4）中的两个金属离子也可以不同，如在 Cu^+Fe^{2+} 体系中，氧化产物为异核。

四电子还原氧很少发生在一个金属中心上，因为其氧化态需要变化四个单位。需要注意的是，钌是一个例外，因为它具有一系列可达到的氧化态（从 +2 到 +8），因此四电子氧化（如 $Ru^{2+} \rightarrow Ru^{6+}$）是可能的。可以设想涉及两个、三个或四个金属离子的几种情况：两个金属离子氧化态均增加 2；一个金属离子失去两个电子，同时两个金属离子各失去一个电子；四个金属离子的氧化态均增加 1。

在大多数情况下，部分还原的氧分子仍然与金属中心配位。图 4.3 描述了过氧化物、过氧化氢及含氧金属配合物的经典结构。将某一特定双氧加合物识别为超氧化物或过氧化物并非总是容易。式（4.2）和式（4.3）描述了含氧金属配合物中理想的电子密度分布，但实际上，$M^{n+1}(O_2^{-\cdot})$ 与 $M^{n+2}(O_2^{2-})$ 之间可能存在连续状态，并且配合物的电子结构取决于金属的性质和配体的类型。实验上，光谱和结构数据提供了 O—O 键的键级（由 O—O 键振动频率和键长推断）及金属离子的氧化态信息，从而能够将化合物识别为超氧化物或过氧化物配合物。量子化学计算能够更精确地描述这些配合物的电子结构，通常可以揭示金属中心与双氧配体间的"中间"电子密度分布。

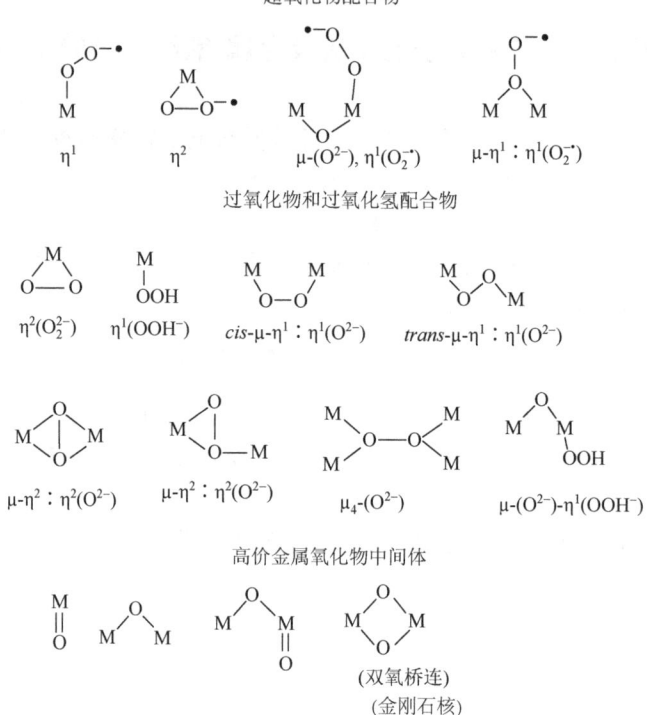

图 4.3 金属氧化物中经典的氧配位模式

双氧可以通过侧位（η^2）或端位（η^1）进行配位；当存在多个金属离子时，可能会采用不同的桥接配位模式（μ-）（图 4.3）[18]。例如，μ-η^1:η^1 结构包含一个 O_2 配体，它通过侧位链接桥接两个金属离子，所得配合物可能采用顺式或反式构型。同样，μ-η^2:η^2 结构意味着桥连的 O_2 配体以端位方式连接到每个金属中心，而 μ-η^1:η^2 结构是不对称的，其中 O_2 配体以两种不同方式与金属相连。对于高价双氧金属配合物，双氧配体的侧位链接和端位链接配位模式很常见，它们也可能共存于同一配合物中。当然，双氧金属配合物可以质子化，形成氢氧金属配合物。双氧桥连双核金属配合物通常被称为"金刚石核"。

4.2.3 生物氧载体与氧分子的可逆键合

氧分子与金属中心的配位是内层氧活化过程的第一步。在最重要的氧活化反应中，这种配位的 O_2 进一步发生转化（因此称为"活化"——初始的 O_2 配位诱导了反应底物与"活化"氧的后续氧化）。理解氧分子的多步氧化机理有助于掌握氧活化过程。然而，在这些复杂过程中，很难甚至不可能获得每个独立反应步骤的定量动力学数据。幸运的是，很多情况下我们可以设计更简单的化学体系，使研究者有机会详细研究单个反应步骤。可逆氧载体及其模型提供了一个很好的例子，由于其双氧的键合和解离不受后续反应的复杂化影响，因此可以进行详细的研究和表征。

$$P + O_2 \underset{k_{off}}{\overset{k_{on}}{\rightleftharpoons}} P(O_2), \quad K_{eq} = \frac{k_{on}}{k_{off}} \tag{4.5}$$

在生物学上，已知有三类金属蛋白能够可逆地键合和释放氧分子：血红素蛋白（血红蛋白和肌红蛋白是最著名的例子）、非血红素二铁蛋白（如蚯蚓血红蛋白），以及二铜蛋白（如血蓝蛋白）[20, 21]。这些氧载体的活性位点各不相同，导致它们的双氧加合物中 O_2 的配位模式不同（图 4.4）。

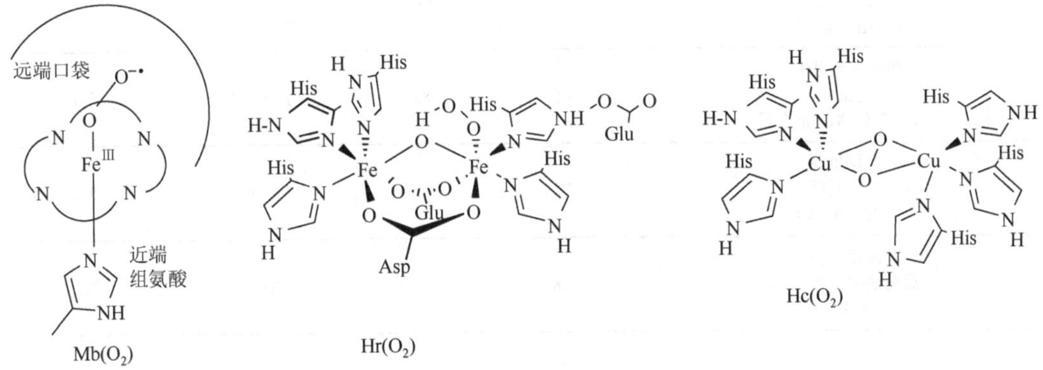

图 4.4 天然双氧载体的活性位点

在血红蛋白（一种四聚体氧运输蛋白）、肌红蛋白（一种单体氧储存蛋白）及其他相关蛋白质中，Fe(Ⅱ)在赤道位由卟啉环上的四个氮原子给体包围，第五个轴向氮原子给体是邻近的组氨酸（F8His，蛋白质 F 螺旋的第八个残基）。进入的 O_2 分子键合在远端口袋的第六配位位点。这种配位作用引发了铁的自旋态变化，使其从脱氧五配位高自旋态转变为含氧六配位低自旋态。当高自旋 Fe(Ⅱ)移动 0.6 Å 脱离卟啉平面时，一个较小的低自旋 Fe(Ⅱ)进入大环并移至卟啉平面。近端组氨酸的伴随运动引起血红蛋白亚基的构象变化，通过血红蛋白的接触区传递，解释了双氧配位于四聚体血红蛋白的协同效应。双氧分子与肌红蛋白或血红蛋白亚基中的 Fe(Ⅱ)-血红素以弯曲的端接配位方式结合，Fe—O—O 的键角约为 125°。大量的光谱和计算研究表明，该配合物的电子密度分布可描述为 Fe(Ⅲ)(O_2^-)。对肌红蛋白和血红蛋白的变体及突变体的详细研究揭示了多种氨基酸在血红素蛋白的氧吸附作用中发挥的作用。肌红蛋白和血红蛋白的双氧配合物通过远端口袋内的静电作用稳定，特别是通过与远端（非配位）组氨酸 E7His（蛋白质 E 螺旋的第七个残基）的氢键作用来稳定。当远端口袋中存在过于庞大的基团时，蛋白质的氧吸附能力急剧下降，因为空间位阻阻碍了双氧的有效键合。在高氧亲和力的血红蛋白中也可观察到相反的效应，例如 LegHb（一种豆科植物根蛋白质），其 $K(O_2) = 1.4 \times 10^7 \text{ M}^{-1}$，使 O_2 容易到达铁中心。有趣的是，空间位阻主要影响 O_2 键合速率 k_{on}。相比之下，电子效应，如由于金属中心电子密度增大而增强 Fe-O_2 的强度，或配位 O_2 在其配位环境中的静电作用，通常对 O_2 键合速率影响不大，反而降低了 O_2 从 Fe-O_2 配合物中的解离速率。典型的 O_2 键合速率达到 $10^8 \text{ M}^{-1}\text{s}^{-1}$（表 4.1），且具有低活化焓（约 5 kcal/mol）[21]。

表 4.1　氧键合到非协同性蛋白的动力学参数[17, 21]

氧气载体	$k_{on}\times 10^{-6}$ /$M^{-1}s^{-1}$	k_{off}/s^{-1}	K_{eq}/M^{-1}	$P_{1/2}(O_2)$ /torr①
肌红蛋白（SW，抹香鲸）	14.3	12.2	1.2×10^6	0.51
血红蛋白 HbA R（α-链）	28.9	12.3	2.39×10^6	0.15~1.5
血红蛋白 HbA T（α-链）	2.9	183	1.6×10^4	9~160
蚯蚓血红蛋白 蟚虫门（MHr，单体）	78	315	1.5×10^5 2.5×10^5	
蚯蚓血红蛋白 蟚虫门（Hr，八聚体，非协同）	7.5	82	1.3×10^5	6.0
血蓝蛋白 加州龙虾（Hc，单体）	57	100	5.7×10^5	9.3
血蓝蛋白 葡萄蜗牛，R 状态（配合物 Hc）	3.8	10	3.8×10^5	2.7

　　在血红素氧载体中，铁可以被钴取代，所得产物仍然具有可逆键合 O_2 的能力，尽管其氧亲和力约下降至原来的 1%（这可归因于 Co(Ⅲ)/Co(Ⅱ)的氧化还原电位比 Fe(Ⅲ)/Fe(Ⅱ)更高）。钴血红素与 O_2 的键合速率与肌红蛋白或血红蛋白相当，但由于 Co-O_2 较弱，O_2 解离速率明显更高。钴取代的血红素蛋白的功能性氧化促进了许多钴双氧载体的成功设计和合成（4.3 节）。

　　蚯蚓血红蛋白的活性位点位于四螺旋束中，含有两个不等价的 Fe(Ⅱ)中心，这两个中心由两个羧酸（一个来自天冬氨酸，一个来自谷氨酸）和一个氢氧根离子桥连[22]。这两个高自旋 Fe(Ⅱ)中心是反铁磁耦合的（$J=-14\ cm^{-1}$，$H=-2JS_1S_2$，由 SQUID 磁力计测得）[23]。X-射线晶体结构数据[22]和光谱研究[23]表明，其中一个 Fe(Ⅱ)由三个组氨酸配位，而另一个 Fe(Ⅱ)仅由两个组氨酸配位，保持配位不饱和（图 4.4）。该蛋白中铁中心的富组氨酸环境不同于二铁氧化酶中的富羧酸环境，这可能有助于防止高价铁的过度稳定，利于双氧的可逆键合。与二铁氧化酶（如 MMO、RNR-R2 或 Δ9D）中两个铁中心的桥连不同，该蛋白中的一个未占据的配位位点对 O_2 与铁中心进行可逆的端接配位至关重要[23]。在氧化的蚯蚓血红蛋白中，双氧分子被还原为一个端接过氧基团，所有亚铁离子都被氧化为 Fe(Ⅲ)。只有一个铁原子（最初为五配位）直接与 O_2 作用，第二个六配位铁作为电荷储存器。氢氧根桥上的质子转移到 O_2 中非配位的氧原子上，生成的—OOH 单元以氢键连接到氧桥上（图 4.5）。该 Hr 蛋白中键合氧口袋的疏水性有利于分子内氢键相互作用，因为口袋不提供其他氢键模式。因此，蛋白质与 O_2 之间的反应通过一系列基本步骤进行，包括双氧通过溶剂和蛋白质扩散到两个铁活性中心，伴随电子转移的 Fe—O 键形成，另一个单电子转移，以及质子转移（或质子耦合电子转移）。此外，O_2

---

① 1 torr = 1.33322×10^2 Pa

自由基与弱反铁磁耦合的二铁(Ⅱ)中心相互作用,生成强反铁磁耦合($J = -77$ cm^{-1},$H = -2JS_1S_2$)的二铁(Ⅲ)过氧化物,同时金属中心的自旋态发生变化[23]。

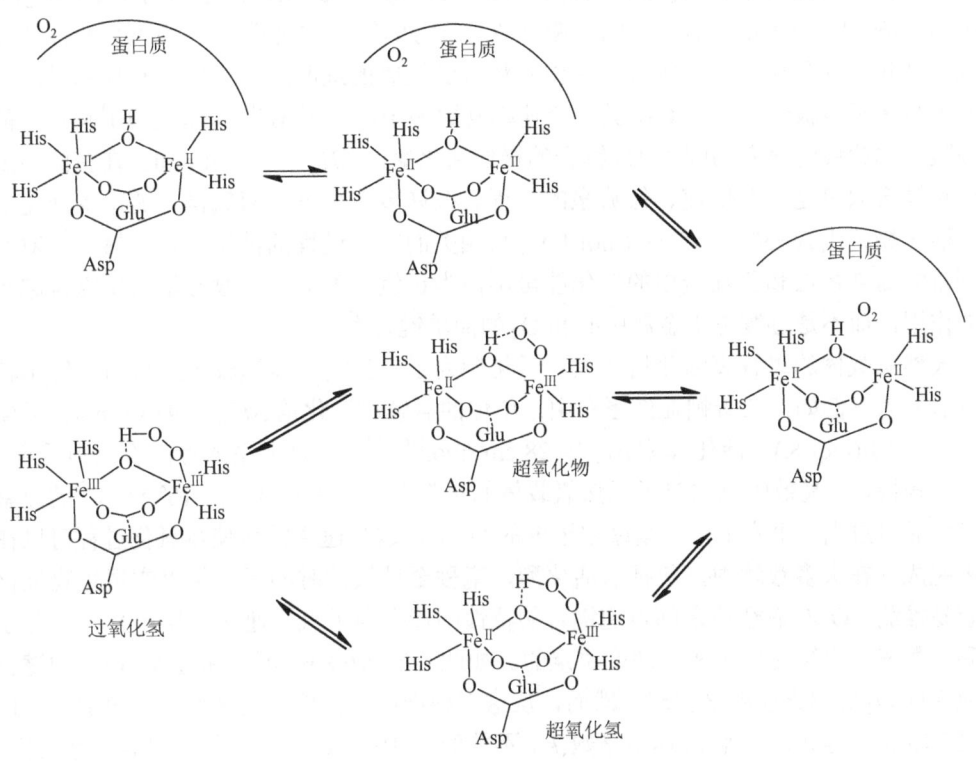

图 4.5 蚯蚓血红蛋白与双氧键合机理图[17]

详细的动力学和机理研究从分子层面确认了蚯蚓血红蛋白与双氧键合的机理,量子力学和 QM/MM 计算提供了更深入的见解。尽管蚯蚓血红蛋白与双氧键合涉及多个步骤,但双氧键合到二铁(Ⅱ)蛋白质的动力学性质相对简单,且与其他类型的双氧载体(如肌红蛋白和血蓝蛋白)相似。在大多数研究中(表 4.1),该蛋白在过量氧气存在下,氧键合产物呈现一级指数增长。这是一个相当快的二级反应,速率常数(室温下)处于 $10^6 \sim 10^8$ M^{-1}s^{-1}。该速率常数与 pH(至少在 6~9)无关[24,25],也不受同位素效应影响[25,26]。这表明质子转移反应是在分子内发生的,并且不是限速步骤[17,20]。

在血蓝蛋白中,每个 Cu(Ⅰ)以平面三角形几何构型与来自组氨酸的三个氮给体配位。反应中的 O$_2$ 以侧位与两个铜中心键合,以 μ-η^2,η^2 的方式桥接它们[20,21]。氧化后的血蓝蛋白中的电子分布可以准确地描述为[Cu^{2+}(O$_2^{2-}$)Cu^{2+}],两个铜通过过氧桥形成强反铁磁耦合。血蓝蛋白是一种高分子量的寡聚体,在与 O$_2$ 键合过程中常表现出聚集活性。O$_2$ 与这些大蛋白键合的热力学和动力学性质还取决于介质效应(pH、盐浓度等)。尽管如此,每个铜的氧化是通过可观察到的步骤进行的,这是一个协调的机理,似乎与其他氧载体的行为相似。

尽管活性中心的化学性质不同,三类天然氧载体在双氧键合时表现出惊人相似的热力学和动力学参数。所有不具有协同效应的单体或寡聚氧载体都表现出可逆的 1∶1 O_2 键合 [式 (4.5)]。

大多数天然氧载体的 O_2 亲和力约为 $10^5 \sim 10^6 \, M^{-1}$（表 4.1）。这相当于 $P_{1/2}(O_2)$ 值为 $0.5 \sim 10$ torr（$P_{1/2} = 1/K_p$，氧键合的平衡常数，压力单位）。这些数值使得蛋白质能够在与大气条件相当的分压下键合氧气，并将其释放到缺氧的细胞或组织中。有趣的是，大多数天然氧载体都能极快地键合 O_2，其二级速率常数为 $10^7 \sim 10^8 \, M^{-1}s^{-1}$，接近 $10^9 \, M^{-1}s^{-1}$ 的扩散极限。如此快的速率归因于 O_2 键合的极低活化焓，$\Delta H^\ddagger_{on} \approx 5$ kcal/mol。在空的金属配位位点键合双氧是一个快速、低势垒的过程。在许多情况下，双氧键合速率受活化能控制，活化熵范围为 $-30 \sim -15$ cal/(mol·K)，与相关的键合过程的性质一致。然而，双氧键合到蚯蚓血红蛋白和肌红蛋白的活化能虽小但为正值，表明在过渡态蛋白质重排起到很大的作用，而不是过渡态中金属中心和 O_2 的简单键合[27]。

天然氧载体的氧解离活化焓较大，活化熵为正，且活化体积较大，从而表现出较强的脱氧能力。例如，在蚯蚓血红蛋白中，单体的氧解离活化焓 $\Delta H^\ddagger_{off} = 92$ kJ/mol，活化熵 $\Delta S^\ddagger_{off} = 117$ J/(mol·K)，活化体积 $\Delta V^\ddagger_{off} = 28$ cm^3/mol[26, 28]。这是典型的键断裂控制反应。

尽管快速、高效的氧化对于天然氧载体的正常功能至关重要，但 $10^8 \, M^{-1}s^{-1}$ 的速率常数可能显得过高。事实上，在毫摩尔浓度的 O_2 中，这些速率常数使得氧化过程可以在微秒内完成。在大多数酶中，包括氧活化酶，毫秒至秒级的时间尺度足以实现生物催化。很容易推测，O_2 与氧载体之间可逆键合的特性间接提高了氧化速率。实际上，合理的 O_2 亲和力数值是由氧的分压和溶解度决定的。如此高的 $K(O_2)$ 值可以通过提高 O_2 的键合速率或降低 O_2 的解离速率来实现。然而，从这三种蛋白中释放氧的速度必须足够快，以确保氧气输送。因此，O_2 解离速率常数 k_{off} 不能低于 $10 \sim 100 \, s^{-1}$，而 O_2 键合速率常数 k_{on} 必须非常高。高的 O_2 亲和力加上相对较高的 O_2 解离速率需要极快的 O_2 键合速率。

4.3 单核金属配合物与双氧的反应

配体取代动力学惰性的配位饱和金属化合物可以与双氧发生外层电子转移反应。典型例子包括六配位 Cr(II) 配合物的氧化反应[29] [式 (4.6)] 以及含氧多核阴离子的氧化反应[30]。

$$(L)_3Cr^{2+} + O_2 \longrightarrow (L)_3Cr^{3+} + O_2^{\cdot -} \tag{4.6}$$

正如 4.1 节所讨论的，这些反应可以用 Marcus 理论解释，其速率取决于反应的热力学驱动力和氧化剂（$O_2/O_2^{\cdot -}$）与还原剂（金属配合物）的自交换反应速率常数[29, 30]。不幸的是，双氧/超氧化物的自交换速率难以确定，且报告的数值相差几个数量级。关于这一争议及该领域的最新进展在 4.1 节中已有详细描述，这里不再进一步讨论。

在许多情况下，金属配合物的氧化会生成各种含氧金属配合物。典型的单核含氧金属配合物结构如图 4.3 所示。配位的 O_2 可以是端接超氧或过氧配体、侧接超氧或过氧配体，或只是氧分子配体（这些配体也可能存在质子化形式）[14]。只要双氧与金属配合物发生反应，必然会在它们之间形成一个或两个化学键，通常会导致双氧取代另一个配体

（通常是溶剂分子，但也可能是配位阴离子、额外配体或多齿配体中的一齿），初步的电子转移反应生成端接超氧金属配合物。这种内部电子转移的程度有所不同。另一个反应路径是配体加成，例如一个五配位金属配合物 M^{n+} 反应生成六配位化合物 $M^{n+1}(O_2^-)$。形成第一个化学键后，可能会发生完全不同的反应（图 4.6 展示了铁配合物的可能反应路径[17]；其他金属也有类似的反应，尽管它们的氧化态可能不同）。环化发生后，端接超氧化合物自然转变为侧接。进一步的电子转移将生成端接过氧化物或侧接超氧化物。还可能发生与另一个单核铁配合物分子的反应，4.4 节将详细讨论生成的双核过氧配合物。下面讨论 1∶1 金属-过氧化物配合物。

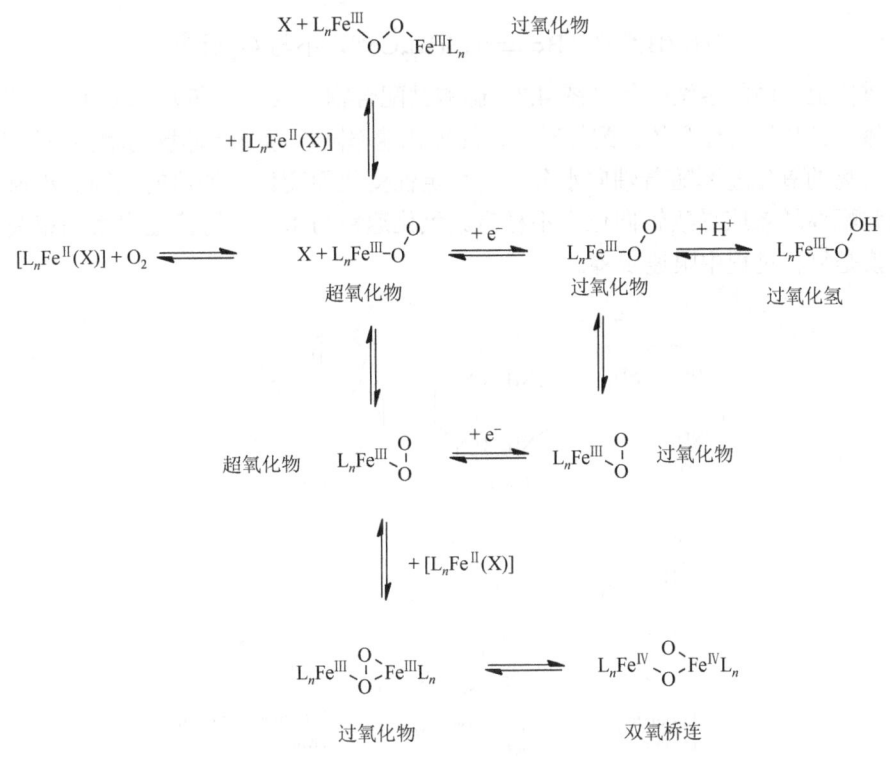

图 4.6 单核非血红素铁(Ⅱ)配合物可能的氧化反应路径[17]

4.3.1 端接 1∶1 金属-过氧化物配合物的形成

如何实现可逆地键合双氧？这个问题引发了对单核 η^1-超氧化物配合物的大量研究，这些配合物的配位方式类似于天然血红素氧载体中 O_2 的配位方式[14,21,31,32]。钴血红蛋白是肌红蛋白的一个分支，也是一种功能性氧载体。早期的合成工作集中于钴而非铁，因为钴(Ⅲ)配合物更稳定，不易进一步氧化。各种含氮多齿配体表现出可逆键合 O_2 的能力[14,33,34]。这些配合物的双氧亲和力随着钴中心电子密度的增加而增强，而钴中心的电子密度受强电子给体配体的影响。这些配体能稳定氧化后的钴，使 Co(Ⅲ)/Co(Ⅱ)氧化还原电位降低。在其他条件相同的情况下，我们发现 $E_{1/2}$[Co(Ⅲ)/Co(Ⅱ)]和 $\log K(O_2)$ 之间呈负相关关系[33]。钴配合物的双氧亲和力低于其更易氧化的铁类似物。提高钴配合物双氧亲和力的一般方法是在其轴向位置引入电子给体配体（如吡啶或咪唑衍生物）。电子结构对氧化速率影响不大，但可以影响钴氧合物的分解速率（这并不奇怪，因为 Co-O$_2$ 难以打破，O$_2$ 解离较慢）。

当赤道位配体无法屏蔽轴向配位位点时，外加两个碱分子可能会进行配位，占据用于键合双氧的位点，从而阻止氧化发生。

$$(L)Co^{II} + B \longrightarrow (L)(B)Co^{II}，活泼化合物 \tag{4.7}$$

$$(L)(B)Co^{II} + O_2 \rightleftharpoons (L)(B)Co^{III}(O_2)^- \tag{4.8}$$

但

$$(L)(B)Co^{II} + B \rightleftharpoons (L)(B)_2Co^{II}，不与 O_2 反应 \tag{4.9}$$

赤道位上不同的多胺配体（图 4.7）影响钴配合物的双氧亲和力（表 4.2）[14]。当与多胺配体（尤其是大环配体）配位时，钴的氧化速率随着赤道配体场的增强而显著提高。大环配合物的氧化速率随着轴向水分子的稳定性变化而变化，加速的原因是赤道位大环配体的强配体场效应导致轴向位点不稳定。氧化速率与水分子置换速率密切相关，表明配体置换是氧化过程中限速步骤。

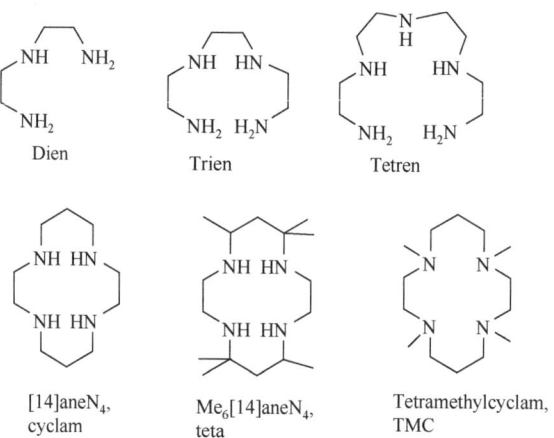

图 4.7 双氧键合铜化合物中的无环和大环多胺配体

表 4.2 水相钴(II)配合物氧化反应速率常数[14]

钴配合物 a	k_{on}/M^{-1}s^{-1}	k_{off}/s^{-1}
[Co(NH$_3$)$_5$(H$_2$O)]	2.5×10^4	
[Co(dien)$_2$]$^{2+}$	1.2×10^3	
[Co(trien)(H$_2$O)$_2$]$^{2+}$	2.5×10^4	
[Co(tetren)(H$_2$O)]$^{2+}$	1.0×10^5	
[Co([14]aneN$_4$)(H$_2$O)$_2$]$^{2+}$	1.18×10^7	63
[Co(Me$_6$[14]aneN$_4$)(H$_2$O)$_2$]$^{2+}$	5.0×10^6	2.06×10^4

续表

钴配合物[a]	$k_{on}/M^{-1}s^{-1}$	k_{off}/s^{-1}
$[Co(Me_6[14]aneN_4)(H_2O)Cl]^+$	1.80×10^6	3.21×10^3
$[Co(Me_6[14]aneN_4)(H_2O)(SCN)]^+$	7.29×10^6	1.77×10^1
$[Co(Me_6[14]aneN_4)(H_2O)(OH)]^+$	8.9×10^5	2.1×10^{-2}

[a] 配体的结构如图 4.7 所示。

钴配合物氧合反应的活化焓相对较大（4~20 kcal/mol）（图 4.8），而活化熵为正值，证实了限速步骤的解离性质[14, 35]。钴(Ⅱ)大环配合物氧合反应的活化体积接近于零，表明 $Co-O_2$ 的形成伴随着钴与溶剂分子间化学键的断裂[36]。对已报道的 O_2 与钴(Ⅱ)中心键合的动力学数据分析揭示了焓熵补偿效应：在几种钴配合物中观察到 $\Delta H^{\ddagger}$ 和 $\Delta S^{\ddagger}$ 之间的关系，这些配合物包括六配位氨配合物、水配合物、羧酸配合物以及脱辅基肌红蛋白或脱辅基血红蛋白中的卟啉配合物[35]。限速步骤的解离性质解释了这种焓熵补偿现象。如果第六个配体的解离是限速步骤，则键断裂的活化焓可能较大，但活化熵为正值。如果第六个配位点在键合 O_2 前为空闲，则 $Co-O_2$ 的形成所需的能量较低，但活化熵为负值，这不利于形成较强的 $Co-O_2$。在许多体系中，可能存在多个中间体，在室温下某些中间体的存在或许能够提高反应速率[35]。

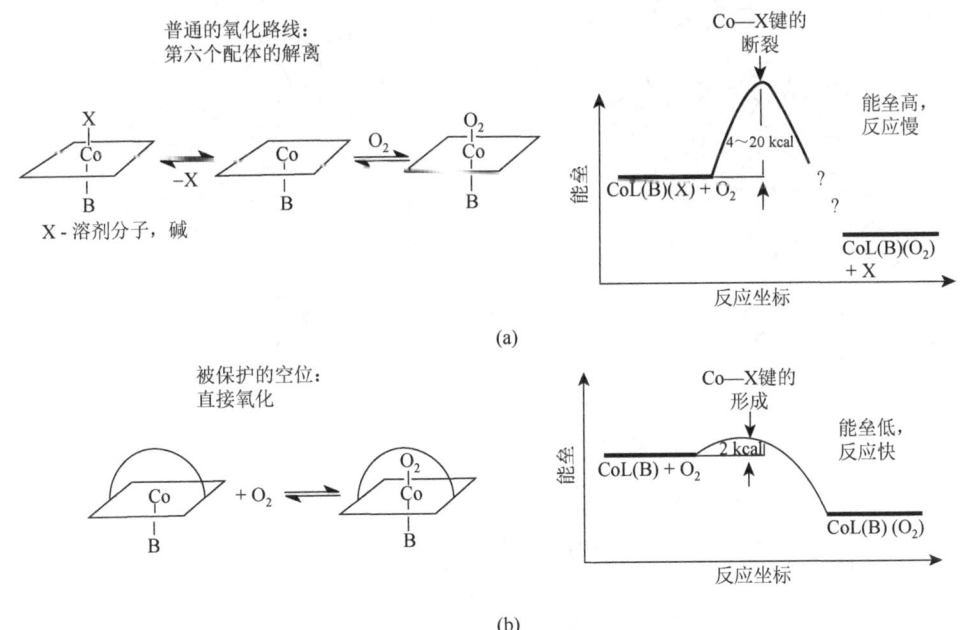

图 4.8 五配位和六配位的钴(Ⅱ)配合物的氧合反应能垒[35, 38]

含双环或三环配体的钴配合物在金属离子周围形成三维空间，这种空间设计允许该离子选择性地与小型或大型配体发生反应。这些具有空间位阻的配体还通过形成过氧桥或氧桥二聚体来保护端接双氧基团免受进一步的氧化分解。

$$\{(L)M^{II}(O_2) \rightleftharpoons (L)M^{III}(O_2^-)\} + (L)M^{III} \longrightarrow (L)M^{III}(O_2^{2-})M^{III}(O^{2-}) \quad (4.10)$$

$$(L)M^{III}(O_2^{2-})M^{III}(O^{2-}) \longrightarrow (L)M^{III}(\mu\text{-}O_2^{2-})M^{III}(L) \quad (4.11)$$

在钴配合物中，过氧化物二聚体的形成是可逆的，但在铁配合物中，过氧化物二聚体不可避免地会进一步氧化。金属中心周围的空间位阻阻止了二聚体的形成。

卟啉能够带来空间位阻，含卟啉的配合物已成为模拟天然氧载体的经典模型[21, 31, 32]（图 4.9）。对 Fe(II)和 Co(II)卟啉配合物氧合作用的研究揭示了影响 O_2 键合和解离的因素。正如预期的那样，近端轴向给体或通过氢键与 O_2 配位的远端给体增强了氧亲和力并降低了 O_2 解离速率[31]。O_2 配位点的空间位阻会降低配合物的氧亲和力和 O_2 键合速率。许多综述文章都详细讨论了这种引人入胜的化学反应[21, 31, 32]。

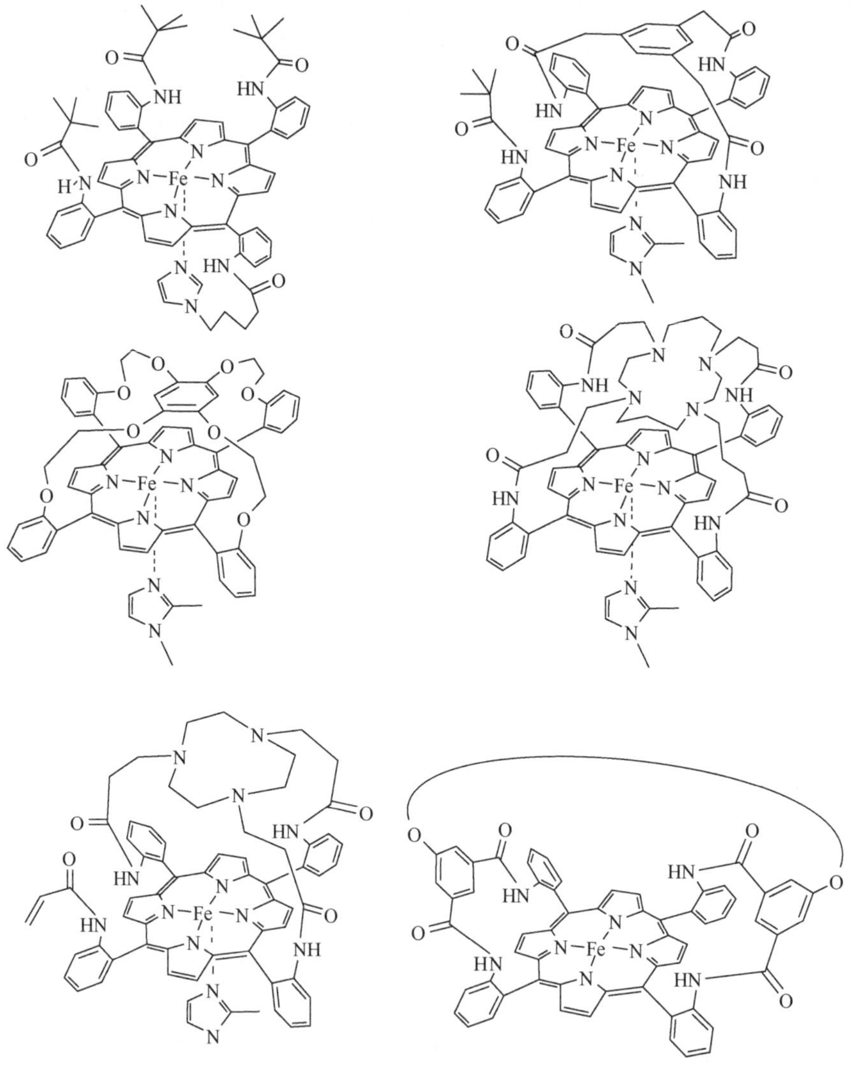

图 4.9　为可逆铁(II)或钴(II)配合物的双氧键合反应设计的空间位阻卟啉配体示例[31]

研究最为透彻且最稳定的全合成非卟啉氧载体是超分子 Co(Ⅱ)或 Fe(Ⅱ)大环烯化合物，它们在空腔中桥连，提供了一个空间保护的配体结合口袋，在所形成的空腔桥连配合物中（图 4.10）[37]。十六元大环平台的折叠是由于相邻螯合环的构象要求：六元饱和环的低能量椅型构象或船型构象迫使相邻的不饱和环向MN_4平面倾斜。在最常见的大环化合物构型中，两个不饱和的"翅膀"位于MN_4平面的同一侧，形成一个明显的裂缝。

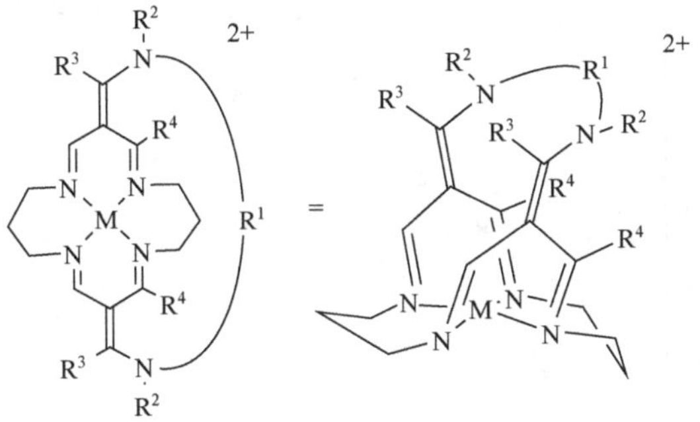

图 4.10 腔式环烷

Co(Ⅱ)和 Fe(Ⅱ)大环化合物的双氧亲和力受电子结构和空间位阻的控制。金属的第五个配体（如吡啶或咪唑）是有效键合双氧所必需的，这些配体一般是通过在大环配合物溶液中加入相应的碱生成的。金属的第六个配位点应保持空位或被不稳定的配体占据，以便O_2可以进行可逆配位。大环化合物的空腔能够选择性地吸收小型配体（如O_2和CO），同时排除较大的单齿碱性配体（如吡啶和咪唑）。与 C4 和 C5 环烯配体配位的 Fe(Ⅱ)配合物 [$R^1 = (CH_2)_4$ 或$(CH_2)_5$；$R^2 = Ph$；$R^3 = R^4 = Me$] 在溶液中（丙酮-吡啶-水或乙腈-1甲基咪唑体系）以五配位高自旋状态存在，但与 C6 桥的环烯配位的 Fe(Ⅱ)配合物 [$R^1 = (CH_2)_6$；$R^2 = Ph$；$R^3 = R^4 = Me$] 则在五配位高自旋态和六配位低自旋态之间存在平衡，低温（-40℃）时平衡倾向于生成六配位低自旋态。与 C8 桥环烯配位的 Fe(Ⅱ)配合物 [$R^1 = (CH_2)_8$；$R^2 = Ph$；$R^3 = R^4 = Me$] 也存在类似的平衡，即使在室温下反应也倾向于生成六配位低自旋配合物。分子模拟表明，排除 1-甲基咪唑的主要原因是客体与桥（空腔的"屋顶"）之间的范德瓦耳斯排斥力，而平坦的芳香环与裂缝两边的墙之间的作用力并不显著。根据 EPR 和电化学数据推断，d^7构型的Co(Ⅱ)与轴向配体结合的模式不同于d^6构型的金属离子，如 Co(Ⅲ)或Fe(Ⅱ)。在空位环合物和非桥连 Co(Ⅱ)环合物的溶液中，五配位配合物居多。在 Co(Ⅱ)大环化合物中（特别是未桥连化合物），金属排斥轴向配位的原因不是分子结构因素，而是由于电子结构因素（在具有强赤道配体场的配合物中，dz^2轨道不稳定）。在没有轴向配位的第六配位点，裂缝的两端和桥都能屏蔽 Co(Ⅱ)，因此非配位的溶剂分子（如甲醇）可以占据该位置并促进双氧配位[38]。

钴氧化物$\{Co[C6Cyc(O_2)(MeIm)]\}^{2+}$[$R^1 = (CH_2)_6$；$R^2 = R^3 = R^4 = Me$]是唯一具有晶体结构表征的化合物，其$O_2$与金属的键角为121°，属于超氧配体，六亚甲基桥发生翻转，以避开客体分子（O_2）[37]。钴(Ⅱ)配合物的双氧亲和力随空腔大小变化（图4.11），这表明空腔的墙与客体分子之间存在显著的空间效应。大环化合物空腔的宽度定义为空腔

"边缘"之间的距离(桥两端的氮原子,图 4.10),因此空腔宽度取决于桥的长度。由四个或五个亚甲基链组成的短桥限制了空腔边缘之间的距离,迫使空腔变窄。六亚甲基桥为跨越十六元大环化合物空腔的最佳长度,而较长的桥(C7 或 C8)则使空腔的"墙"之间距离更宽。较长的桥更灵活,具有更多的构型,可以使空腔收缩至最佳宽度[37]。

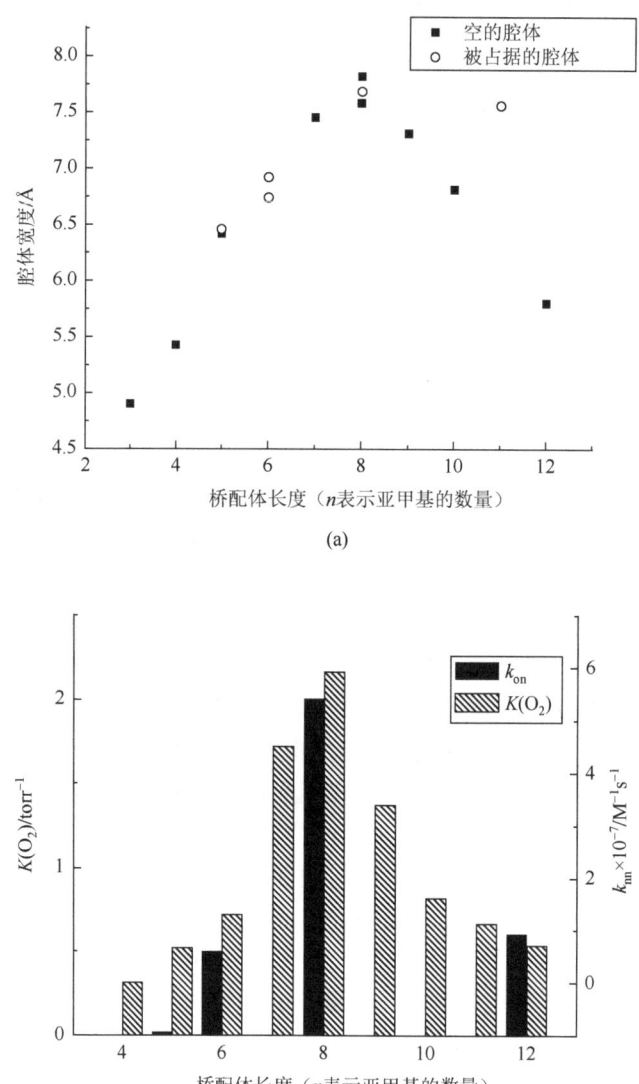

图 4.11 (a)聚亚甲基桥连环烷钴(Ⅱ)配合物中桥配体长度与腔体宽度关系;(b)钴(Ⅱ)配合物在 0℃ CH_3CN-1-甲基咪唑(MeIm)溶液中的双氧亲和力及其在 -70℃丙酮-MeIm 溶液中的氧合速率[35, 38]

双氧亲和力的差异是由 O_2 键合速率决定的,而不是解离速率(图 4.11 和表 4.3)。在式(4.5)描述的可逆吸氧过程中,O_2 的浓度决定了氧合速率。

$$k_{obs} = k_{on}[O_2] + k_{off} \tag{4.12}$$

表 4.3 乙腈/1.5 mol/L 1-MeIm［铁(Ⅱ)配合物］或丙酮/1.5 mol/L 1-MeIm［钴(Ⅱ)配合物］溶剂中经停流法光谱测定的环烷配合物氧合反应的动力学和热力学参数

R^1	R^2	R^3	$\Delta H_{on}^{\ddagger}$ /(kJ/mol)	$\Delta S_{on}^{\ddagger}$ /[J/(mol·K)]	$\Delta H_{off}^{\ddagger}$ /(kJ/mol)	$\Delta S_{off}^{\ddagger}$ /[J/(mol·K)]
钴配合物						
$(CH_2)_4$	Me	Me	9	−124	66	80
$(CH_2)_5$	Me	Me	3	−118	77	92
$(CH_2)_6$	Me	Me	17	−42		
铁配合物						
$(CH_2)_4$	Me	Ph	12	−276	95	76
$(CH_2)_5$	Me	Ph	14	−229	50	−110
$(CH_2)_6$	Me	Ph	41	−75		
$(CH_2)_8$	Me	Ph	54	−40		
m-Xy	Me	Me	11.1	−252		
m-Xy	Bz	Me	11.4	−253		
m-Xy	Ph	Me	15.8	−228		
m-Xy	Ph	Bz	9.1	−243		

注：氧解离速率等于直线 $k_{obs} = k_{on}[O_2] + k_{off}$ 的截距（非零），平衡常数公式为 $K = k_{on}/k_{off}$[35, 38]。

图 4.12 提供了一个实验例子。图中的直线用于确定 k_{on} 和 k_{off}，分别对应直线的斜率和截距。纵轴和横轴分别代表 k_{obs} 和 $[O_2]$。平衡常数 $K(O_2)$ 的独立测定提供了一种检查动力学测量准确性的方法，两者的结果应该几乎相同，$K = k_{on}/k_{off}$。

双氧与 Co(Ⅱ) 大环化合物的键合是一个熵控制的低势垒过程（图 4.8）[35]。大的负活化熵表明这是一个典型的缔合过程。大环化合物形成的空腔排斥溶剂分子，但保护了 Co(Ⅱ) 上空的配位位点。氧键合到 Co(Ⅱ) 上空位点的活化焓约为 1~4 kcal/mol[35]。

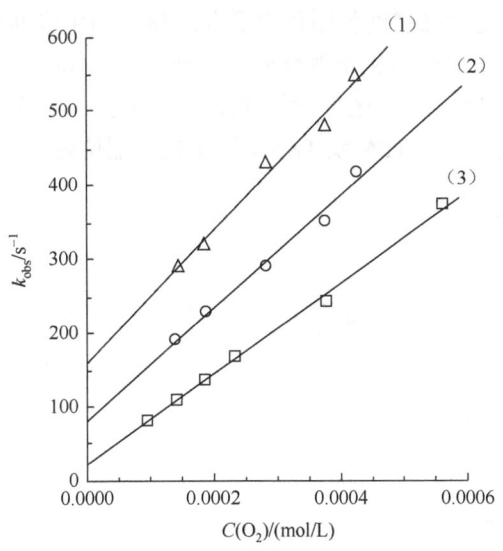

图 4.12 配合物 Co(C5Cyc)［$R^1 = (CH_2)_5$，$R^2 = R^3 = R^4 = Me$］在丙酮/吡啶中氧合速率与双氧浓度关系图
测定温度（1）−35℃、（2）−40℃、（3）−50℃[35]

Fe(Ⅱ)大环化合物的双氧亲和力取决于 O_2 键合时的空间位阻,空间位阻会导致范德瓦耳斯斥力。在不同长度的脂肪族桥配合物中,空间位阻的影响有明显差异(表 4.3)。O_2 与 C4、C5 和间二甲苯桥连的五配位 Co(Ⅱ)或 Fe(Ⅱ)大环化合物键合时表现出较低的活化焓和较高的负活化熵,属于典型的缔合过程。六配位的 C6-和 C8-Fe(Ⅱ)大环化合物在氧键合过程中释放溶剂分子。这些配体置换反应具有较大的活化能垒和较小的负活化熵(表 4.3)[38]。

在加氧反应中,电子效应并不总是明显,但有时也不能忽视。在 Fe(Ⅱ)间二甲苯桥连大环化合物中,当 R^2 和 R^3 的吸电子能力增强时,氧键合速率提高了一个数量级($R^2 = R^3 = $ Me 时,$k_{on} = 186$ $M^{-1}s^{-1}$;在 -20℃时,$R^2 = $ Ph,$R^3 = $ Bz,$k_{on} = 186$ $M^{-1}s^{-1}$)(表 4.3)[38]。

另一个参与生物和仿生双氧活化的 3d 金属是铜,它也可以形成端接超氧配合物[39-41]。

$$[(L)Cu^I] + O_2 \rightleftharpoons \{(L)Cu^{II}[\eta^1\text{-}(O_2^{\cdot-})]\} \tag{4.13}$$

与铁和钴不同,末端配位的超氧铜(Ⅱ)物种并不是铜-氧化学领域中的主导形式。在 Cu:O_2 为 1:1 的化合物中,有时可以观察到另一种 η^2-侧接配位模式。这些 $\{(L)Cu^{2+}[\eta^2\text{-}(O_2^{\cdot-})]\}$ 或 $\{(L)Cu^{3+}[\eta^2\text{-}(O_2^{2-})]\}$ 配合物将在后文介绍。单核铜配合物容易与另一个 Cu(Ⅰ)配合物分子反应,形成过氧或双氧桥连双核配合物(4.4 节)。在 Cu:O_2 为 1:1 且没有位阻配体的配合物中,双分子衰变速率通常超过键合速率。在这些情况下,动力学研究表明 O_2 最初与单个 Cu(Ⅰ)中心键合,但未观察到 Cu:O_2 为 1:1 的中间体,其结构仍未知。在其他情况下,含铜氧配合物的形成非常迅速(通常太快而无法测量),后续的双分子衰变步骤是限速步骤,这符合多数 Cu(Ⅰ)配合物满足的二级速率定律。最后,通过比较两个步骤的速率,可以观察到瞬态的 Cu:O_2 为 1:1 的中间体,并获得各自的动力学参数[40]。在某些情况下,光谱数据表明这些中间体是 η^1Cu(Ⅱ)-超氧配合物[39,41]。

在四齿三脚架配体上增加空间位阻可以避免二聚体的生成并稳定端接的 Cu-O_2 配合物。其中一个例子通过晶体结构和光谱数据得到确认,配体(TMG)$_3$TREN 在铜中心周围形成了一个空腔(图 4.13)[42]。这个意外的结果支持了一个假设:氧-铜配合物(Cu:O_2 = 1:1)与三脚架配体(如 TPA 或 TREN 衍生物)配位时,最初形成的是端接超氧化物配合物(图 4.13)[39,41]。

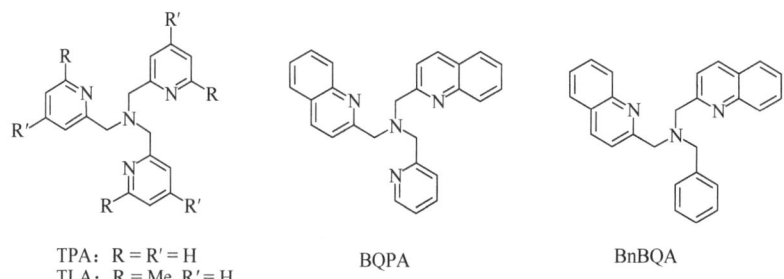

TPA: R = R' = H
TLA: R = Me, R' = H

BQPA

BnBQA

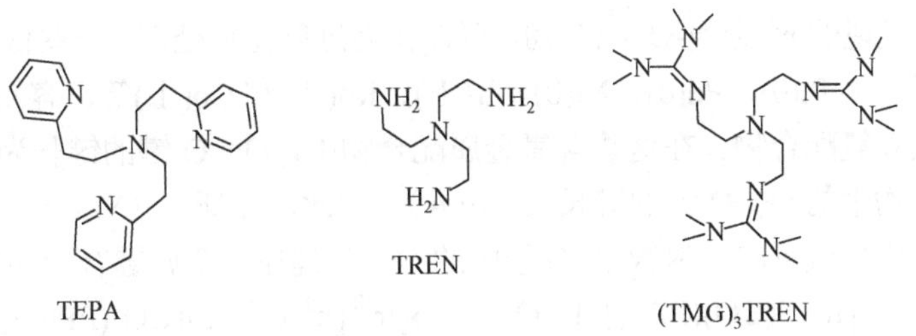

图 4.13 与双氧反应的铜(Ⅰ)配合物的三脚配体示例

了解这些三脚架配合物可以提供端接超氧化合物后,它们分子里的双氧与 Cu(Ⅰ)键合的机理和速率也得到了测定。它们的动力学参数相似,在配位溶剂(如腈类)中的反应活化焓约为 30~40 kJ/mol。这些过程的活化熵相对较小,小的正值和小的负值都有报道[40]。这意味着氧键合进行前或进行时发生溶剂分子离解。在研究最广泛的四齿胺或氨基吡啶配位的 Cu(Ⅰ)配合物中,第五个配位位点确实被腈类分子占据,而该腈分子随后会被入住的 O_2 所取代。

Cu(Ⅰ)与氧键合过程的热力学和动力学参数会受到多齿配体的构型、给电子能力和空间位阻的影响[39-41]。例如,[Cu(TPA)(RCN)]$^+$ 在低温下与 O_2 快速反应,但当用乙基吡啶配体取代甲基吡啶配体后,生成的[Cu(TEPA)]$^+$ 则不与双氧分子反应。两个配合物中螯合环尺寸大小的影响至少可以部分归因于它们氧化还原电位上 450 mV 的差异[41]。当将[Cu(TPA)(RCN)]$^+$ 与给电子能力较强的 N-Me6-TREN 配体进行比较时,发现后者的 O_2 解离速率比前者快一百多倍,因此其双氧亲和力是前者的一千倍,双氧键合速率是前者的十多倍,差异虽不算大,但也不可忽视。对照[Cu(TPA)(RCN)]$^+$,Cu^I(BQPA)中配体带来的空间位阻会降低 O_2 的键合速率,但会提高解离速率,同时延长中间体 Cu^{II}[η^2-(O_2^-)]的寿命[40, 41]。

为了更系统地研究电子效应,一系列 TPA 衍生物(^{R}TPA)被开发为配体,其 R 取代基位于每个吡啶环的 4 位。对于 R' = H、Me、^{t}Bu 或 OMe,双氧键合速率常数为 1×10^4~3×10^4 M^{-1}s^{-1}(283 K, EtCN),而 O_2 解离速率下降了一个数量级。这些趋势与 Co(Ⅱ)或 Fe(Ⅱ)配合物的氧合反应非常相似:电子因素对 O_2 键合速率影响不大,但对 O_2 解离速率有影响。

从配位溶剂(EtCN)转换到非配位溶剂(如 THF),双氧键合速率会大大提高:在[Cu(TPA)]$^+$ 体系中,激光技术测得 k_{on}≈10^9 M^{-1}s^{-1}[43]。这个缔合过程的活化熵为 -45.1 J/(mol·K)。在铜上一个空的配位点发生的双氧配位被证明是一个低能垒的过程:$\Delta H^\ddagger$ = 7.6 kJ/mol。再次表明,这些参数与钴(Ⅱ)配合物和铁(Ⅱ)配合物空位氧合动力学参数十分相似。

其他金属(铬、锰、镍等)的配合物也能与双氧形成端接超氧化合物,这些例子在其他地方被综述介绍[10, 14]。

4.3.2 侧接 1∶1 金属-超氧化物配合物的形成

Vaska[44]发现了 Ir(Ⅰ)配合物[IrCl(CO)(PPh$_3$)$_2$]的可逆氧合反应,这一发现引发了无机和生物领域的轰动,开辟了关于氧键合与活化的新思路。在生成的氧合化合物[Ir(O$_2$)Cl(CO)(PPh$_3$)$_2$]中,O_2 以侧接方式与铱中心键合。随后,发现了许多类似的过渡金属 η^2-双氧配合物[18, 45, 46]。这些氧合化合物的结构因金属和配体的不同而变化,但大多数类似于 Vaska 发现的 η^2-金属-O_2 配合物，可以作为过氧化物处理。一些低价态、大分子量的过渡金属离子，如 Pt(0)、Pd(0)、Ni(0)、Ir(Ⅰ)、Rh(Ⅰ)和 Co(Ⅰ)等，容易发生双电子氧化，易于形成侧接双氧配合物。在这些含氧金属配合物中，O—O 键的键长为 1.4～1.5 Å，相当于无机过氧化物中的 O—O 键的键长（1.49 Å）。因此，瓦斯卡（Vaska）配合物的氧合反应可以看作是氧化加成反应（尽管 O_2 分子中的 O—O 键在与金属键合后并未断裂）。

$$[Ir^{I}Cl(CO)(PPh_3)_2] + O_2 \longrightarrow [Ir^{III}(\eta^2\text{-}O_2^{2-})Cl(CO)(PPh_3)_2] \tag{4.14}$$

最初四配位的铱中心在与氧键合后变成六配位，金属的价态增加了 2。

有趣的是，在某些情况下，氧分子取代了金属上的一个配体，这可以通过双氧与五配位 Vaska 配合物或三配位 Pt(0)配合物[Pt(PPh$_3$)$_3$]键合来说明[18, 45]。

$$[Ir^{I}Cl(CO)(PPh_3)_2] + O_2 \longrightarrow [Ir^{III}(\eta^2\text{-}O_2^{2-})Cl(CO)(PPh_3)_2] + PPh_3 \tag{4.15}$$

$$[Pt^{0}(PPh_3)_3] + O_2 \longrightarrow [Pt^{II}(\eta^2\text{-}O_2^{2-})(PPh_3)_2] + PPh_3 \tag{4.16}$$

低价态后过渡金属配合物与双氧形成加合物的反应方向受电子和空间因素控制。当金属-氧成键较强时，反应是不可逆的；当成键较弱时，反应是可逆的；如果成键非常弱，则反应不会发生，该配合物是弱还原剂[46]。一系列金属配合物与双氧反应的方向与其他氧化加成反应一致[46, 47]。

在与双氧键合时，周期表中第 ⅧB 族元素呈现出周期性：从第二排到第三排，元素的反应活性增加 [Os(0)>Ru(0); Ir(Ⅰ)>Rh(Ⅰ)]。然而，第一排的金属如 Co(Ⅰ)的反应速率远比同周期中原子质量较大的元素快。总体趋势如表 4.4 所示，即 Co(Ⅰ)>Ir(Ⅰ)>Rh(Ⅰ)[46, 48]。反应速率与活化焓相关：Co(Ⅰ)配合物的氧合反应的 $\Delta H_{on}^{\ddagger}$ 较低，而 Rh(Ⅰ)配合物的 $\Delta H_{on}^{\ddagger}$ 较高。三个金属离子的氧反应活化熵均为很大的负值，符合双分子缔合作用的特点。随着平面四边形反应物转变为八面体含氧产物，活化焓似乎随着晶场稳定能量的变化而变化[48]。

在许多通式为 trans-Ir(CO)PPh$_3$X 的铱化合物中，金属的电子密度和双氧亲和力之间有明显的相关性[46, 47, 49]。当 X = Me，双氧和金属的成键过程不可逆，双氧无法解离；当 X = Cl 或 X = I 时，双氧和金属的成键过程可逆；当 X = OMe，双氧键合到金属上的现象只能在低温下稳定。双氧键合的动力学参数（表 4.4）也与铱的碱性有关，而碱性的强度取决于配体的电子供给能力[47]。此外，双氧键合焓和平面四边形 Ir(Ⅰ)配合物的光谱中电子跃迁能量（以及相应的晶场稳定化能的改变）之间存在线性关系[49]。

表 4.4 低价态的钴、铑和铱配合物双氧键合的动力学参数[46-49]

M	L	X	k_{on} /$M^{-1}s^{-1}$	$\Delta H_{on}^{\ddagger}$ /(kcal/mol)	$\Delta S_{on}^{\ddagger}$ /[cal/(mol·K)]
化合物：[M(Ph$_2$PCH$_2$CH$_2$PPh$_2$)$_2$]$^+$；溶剂：氯苯					
Co	2 Ph$_2$PCH$_2$CH$_2$PPh$_2$	—	1.7×10^4	3.4	−28
Rh	2 Ph$_2$PCH$_2$CH$_2$PPh$_2$	—	0.12	11.6	−24
Ir	2 Ph$_2$PCH$_2$CH$_2$PPh$_2$	—	0.37	6.5	−38
化合物：trans-[Ir(CO)(PPh$_3$)$_2$]X；溶剂：氯苯（X = F 时溶剂是苯）					
Ir	2 PPh$_2$, CO	F	1.48×10^{-2}	13.6	−24

续表

M	L	X	k_{on} /M^{-1}s^{-1}	$\Delta H^{\ddagger}_{on}$ /(kcal/mol)	$\Delta S^{\ddagger}_{on}$ / [cal/ (mol·K)]
Ir	2 PPh$_2$, CO	Cl	3.4×10^{-2}	13.1	−21
Ir	2 PPh$_2$, CO	Br	7.4×10^{-2}	11.8	−24
Ir	2 PPh$_2$, CO	I	0.30	10.9	−24

空间位阻效应也能影响双氧键合到 Vaska 配合物过程的热力学和动力学参数。例如,苯基膦配体上的邻位取代可以显著降低配合物的氧合速率,甚至完全关停氧合过程[46]。

侧接的 η^2 含氧配合物的合成可能需要两步反应:第一步是 O_2 的端接配位,第二步是形成另一个氧-金属键。虽然这种两步反应机理是合理的,但在 O_2 与平面四边形的铱配合物的反应中,在低温下也没有观察到中间体。在光谱上不能观察到中间体的情况下,动力学数据可以提供更多关于反应机理的信息。一个巧妙的研究比较了四配位和五配位铱配合物与双氧键合的速率(图 4.14)[24]。四配位配合物[Ir(cod)(phen)]Cl 可以发生双氧的协同侧接加成反应。或者,反应物首先与 O_2 反应生成端接配合物,然后重排生成双氧侧接的最终产物。在该体系中,氯离子不与铱配位,不干扰双氧的配位。然而,其他的阴离子,如碘离子或硫氰酸根离子,能与铱配位,形成五配位配合物,并且(至少暂时)占据一个氧分子的配位位点。有趣的是,I$^-$ 或 SCN$^-$ 并不妨碍双氧配位,这表明双氧配位并不需要铱的这两个空位。此外,双氧配位速率随着 I$^-$ 或 SCN$^-$ 浓度的增加而线性增加。研究结果表明,五配位 Ir(Ⅰ)配合物与 O_2 的反应速度快于四配位配合物,六配位 η^1 含氧配合物中的 I$^-$ 或 SCN$^-$ 很容易解离。在 O_2 与五配位铱配合物的加合物中,η^1 是最可能的配位方式(图 4.14)。照此推测,四配位铱在第一步的反应中可能会与加入的 O_2 分子生成端接配合物。这个 η^1 配合物会迅速重排成最终的 η^2 配合物[Ir^{III}(O$_2^{2-}$)(cod)(phen)]$^+$X$^-$[24]。

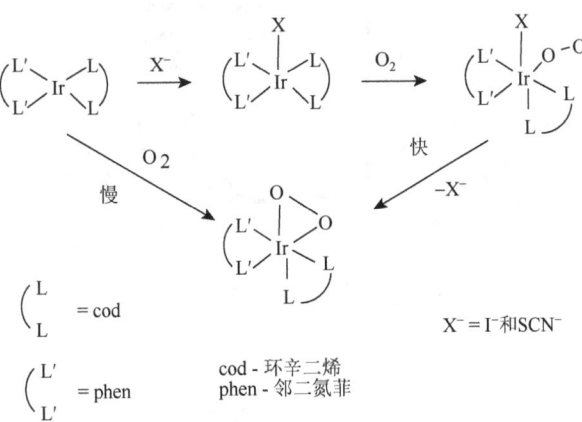

图 4.14 四配位和五配位铱(Ⅰ)配合物的分步氧合[24]

Vaska 分子和相关的化合物的氧合反应通常比较缓慢,它的活化能垒比天然氧载体或其仿生分子的更高。然而,这些跟氧形成强共价键的配合物由于其在氧化催化方面的潜力而引起了人们极大的兴趣[47]。对有氧氧化催化领域的关注无疑会使侧接氧贵金属配合物再度成为研究热点[2]。

第二排和第三排过渡金属与双氧倾向于形成强共价键,在某种意义上类似于有机金属化合物的化学行为,但不同于典型生物体系里的氧分子键合和活化。典型的生物无机方法是利用 3d 金属离子与氮、氧或硫给体的经典配位组合来模拟生物氧活化。虽然第一排过渡金属在与 O_2 的反应中优先形成端接超氧加合物,但也有侧接配合物的例子。例如,钴(I)、镍(I)、锰(II)、铁(II)和铜(I)能与双氧形成 η^2 配合物[10, 50-52]。这个族中有十几个配合物进行了晶体学表征;发现 O—O 键的键长(r)与 O—O 键振动频率(v)之间有很好的相关性(符合 Badger 法则,$r = Cv^{-2/3} + d$)[53]。通过密度泛函理论计算分析(与实验几何构型和 O—O 键振动频率基本一致),在这些配合物的电子结构中发现金属离子与过氧化物[$M^{n+2}(O_2^{2-})$]和超氧化物[$M^{n+1}(O_2^{-\cdot})$]之间的电荷分布呈"连续"状,而不是明显的"岛"状。在大多数配合物中,对金属价态和 O_2 的氧化程度进行精确评定是不可能的,这些配合物是介于过氧化物和超氧化物两个极限之间的中间体。

虽然对与 3d 金属形成侧接 O_2 加合物的机理的研究仍然有限,但是从结构、光谱、动力学和理论计算联合研究结果中得到了 η^2-(O_2)铜配合物形成的详尽的机理(图 4.15)[54]。反应底物中,低配位数的 Cu(I)与一个体积大的双齿 β-酮基甲酸盐配体配位;第三个配位点被一个与之弱结合的单齿溶剂分子(腈类)占据。形成该配合物的氧合反应为侧接氧化加成反应,它表现出明显的 Cu(III)过氧化物性质。这个结论得到以下数据支持:O—O 键

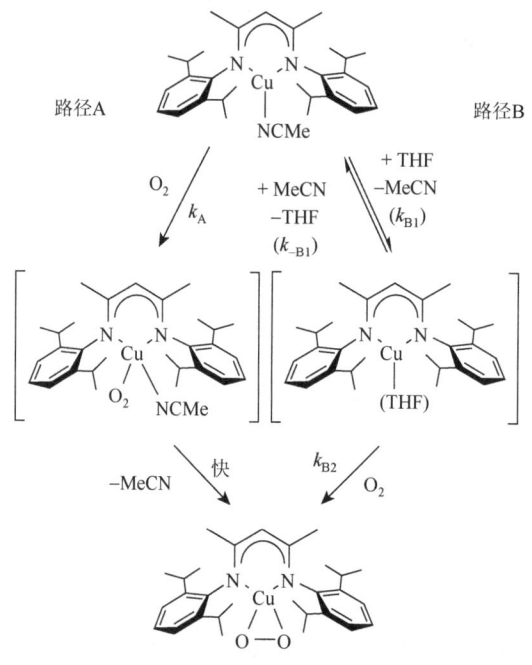

图 4.15 带有空间位阻的酮亚胺配体的单核铜(I)的溶剂依赖性氧合路径[54]

的拉伸频率[$\nu(^{16}O_2) = 961$ cm^{-1}，$\Delta\nu(^{18}O_2) = 49$ cm^{-1}]，相对较长的 O—O 键[1.392(12)Å]，铜 K 边 X-射线吸收光谱数据[边前结构在-8980.7 eV，该值与其他 Cu(Ⅲ)相似，超过 Cu(Ⅱ)的值达 1.5~2 eV]。采用低温停流法研究了 Cu(Ⅰ)配合物的不可逆和快速氧合反应，发现 Cu(Ⅰ)配合物的光谱发生了显著变化。当采用低温停留技术时，Cu(Ⅰ)配合物会发生快速不可逆的氧合反应，光谱上可以清晰观察到这个过程。

Cu(Ⅰ)配合物的氧合反应为一级反应，但对[O_2]的依赖性很复杂，反应还受到 MeCN 的影响，它使所测到的反应速率常数 k_{obs} 变小。在纯乙腈或含乙腈的混合溶剂中，氧浓度和 k_{obs} 直线线性相关，而且这条直线通过零点（图 4.16）。这种行为表明对 O_2 而言，氧合反应是一级反应；对全部反应物而言，氧合反应是二级反应。

$$k_{obs}^{THF/MeCN} = k_A[O_2] \tag{4.17}$$

$$\partial[LCuO_2]/\partial t = \partial[LCu(MeCN)]/\partial t = k_A[LCu(MeCN)][O_2] \tag{4.18}$$

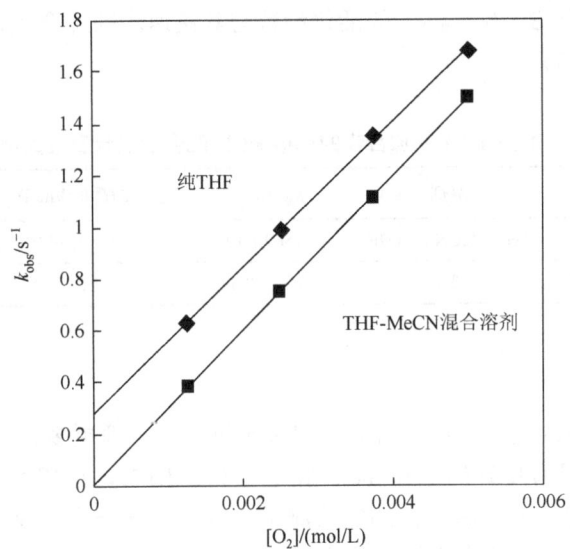

图 4.16 -80℃时纯 THF 和 THF-MeCN（160∶1）混合溶剂中[Cu(L)(MeCN)]（0.25 mmol/L）氧合速率的动力学直线

-70℃和-40℃时在两种溶剂体系中也得到相似的平行直线，反应路径如图 4.15 所示[54]

然而，在纯 THF 中，k_{obs} 和[O_2]的关系也是直线相关的，该直线在纵轴正方向上有个明显的截距（图 4.16）。这种直线在可逆氧载体中（4.3.1 节）十分常见，它是氧的键合速率 k_{on} 和离解速率 k_{off} 共同作用形成的（两者分别对应直线的斜率和截距）（图 4.12）。然而，这种解释不能应用于不可逆氧化过程，如含酮亚胺配体的铜(Ⅰ)配合物的氧合反应[54]。因此，LCu^{I} 的氧合采用另外一种不同的说法来解释。这种解释里有两个反应路径。新增一个在纯 THF 中发生的氧合反应，该反应的速率与[O_2]无关，所以整个速率方程有两部分 [式（4.19）和式（4.20）]。

$$k_{obs}^{THF} = k_A[O_2] + k_B \tag{4.19}$$

$$\partial[\text{LCuO}_2]/\partial t = -\partial[\text{LCu(MeCN)}]/\partial t = k_\text{A}[\text{LCu(MeCN)}][\text{O}_2] + k_\text{B}[\text{LCu(MeCN)}] \quad (4.20)$$

路径 A 的第一步是决速步（图 4.15），它是 LCu(MeCN)与 O_2 的直接双分子反应，其中加合物 LCu(MeCN)(O_2)可以被认为是一个过渡态或一个不稳定的中间体。在决速步之后，MeCN 被释放，加合物转化为 LCuO_2。在路径 B 中，第一步是决速步，这一步是 LCu(MeCN)的溶剂化，产物是一个高活性的中间体 LCu(THF)，然后它迅速被 O_2 捕获。因此，路径 B 在动力学上与[O_2]无关。假设 $\text{L}^1\text{Cu(THF)}$ 是一个稳态中间体，将图 4.15 中的反应机理用速率方程表示［式（4.21）］，这与在不同反应条件下通过实验测定的速率方程是一致的。

$$\frac{\partial[\text{LCuO}_2]}{\partial t} = -\frac{\partial[\text{LCu(MeCN)}]}{\partial t} = k_\text{A}[\text{LCu(MeCN)}][\text{O}_2] + \frac{k_{\text{B}1}k_{\text{B}2}[\text{LCu(MeCN)}]}{k_{-\text{B}1}[\text{MeCN}] + k_{\text{B}2}[\text{O}_2]} \quad (4.21)$$

在 MeCN 过量时，路径 B 容易被阻断，因为几乎所有的 LCu（THF）都转化为 LCu（MeCN），氧合过程将完全通过路径 A 进行。路径 B 的决速步是氧化反应前的乙腈跟四氢呋喃分子的取代反应，而路径 A 中，决速步是 O_2 与铜(Ⅰ)-腈配合物的配位反应。路径 A（k_A）和路径 B（$k_\text{b} = k_{\text{b}1}$）的活化参数与其决速步的缔合机理一致：即低的 $\Delta H^\ddagger$ 和极负的 $\Delta S^\ddagger$（表 4.5）。

表 4.5　生成 Cu：O_2 为 1∶1 的加合物的单核铜(Ⅰ)配合物氧合反应的部分动力学参数[54]

Cu(Ⅰ)配合物	溶剂	k_{on}^a/$\text{M}^{-1}\text{s}^{-1}$	$\Delta H^\ddagger$/(kJ/mol)	$\Delta S^\ddagger$/[J/(mol·K)]
LCu(MeCN)，反应路径 A	THF-MeCN 或 THF	1560±19	18±2, 14.9^b	−100±10, −108^b
LCu(MeCN)，反应路径 B	THF	3.95±0.59	30±2, 27.2^b	−98±10, −101.0^b

^{a}223 K。
^{b}数据为理论计算所得。

通过改变腈配体的化学性质，可以获得关于氧键合机理更多且更深入的认识。K_A 与取代基团 σ_p 值之间具有良好的 Hammett 相关性（图 4.17），这代表了氧合速率常数对一系列金属配合物的电子效应敏感性的定量测量，这些金属配合物仅在配位单齿芳族腈配体的性质上有所不同。由此产生的 ρ 值为−0.34，这反映了在决速步的过渡态的金属中心有一些正电荷，或者换句话说，这反映出在路径 A 的氧合过程中金属配合物的亲核性质（图 4.15）。考虑到 O_2 分子的还原程度和产物 L^1CuO_2 中 L^1Cu 片段的相应氧化程度，这一结果并不令人惊讶。有趣的是，电子效应通常对血红素蛋白与其合成模型的氧键合速率几乎没有影响，反而是改变了这些系统中的氧解离速率（4.2.3 节）。

CASPT2 修正的 DFT 计算（包括连续溶剂化）为研究决速步中过渡态的结构以及预测实验误差范围内两种路径的活化焓和活化熵提供了深入的理解。计算表明端接和侧接 O_2 加合物之间的能量差异很小，并表明在溶剂辅助路径中，O_2 起初以端接键合，然后跨过非常低的能垒重排生成一个侧接的最终产物[53]。可以得出结论，通常在反应初期形成的端接（η^1）配合物会逐步生成 η^2 金属-双氧加合物，这些反应类似于 4.3.1 节中描述的（通常是可逆的）过程。最终的侧接加合物趋向于热力学稳定，它们的形成通常是（但并不总是）不可逆的。第一排过渡金属（3d 金属）的氧合反应往往比第二排和第三排金属（4d 和 5d 金属）的氧合反应快得多。

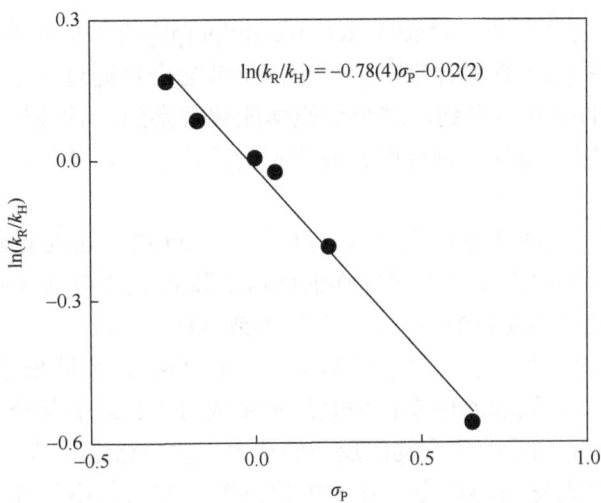

图 4.17 203 K 时 CuL(p-NC-C$_6$H$_4$-R)(R = Ome、Me、H、F、C、CN)在 THF 溶剂中氧合速率的 Hammett 直线[54]

4.3.3 金属-氧配合物的形成

金属酶催化的含氧生物氧化反应利用了高价金属氧化物中间体,这种中间体在还原底物时展现出高的反应活性。这种化学最著名的例子是细胞色素 P450,这是一种血红素酶,它能产生一个比初始 Fe(Ⅱ)高三个价态的中间体。

$$(P^{2-})Fe^V = O \rightleftharpoons (P^{-\cdot})Fe^{IV} = O$$

这个过程需要一个额外的电子和两个质子,见 4.5 节的讨论。在非酶体系中,由于不能对电子和质子传递进行精确控制,化学家们无法复制 Fe(Ⅱ)卟啉和双氧之间的不完全氧化还原反应。相反,无空间位阻的卟啉倾向于形成铁(Ⅲ)氧桥二聚体〔式(4.10)和式(4.11)〕。

$$(P^{2-})Fe^{II} + O_2 \rightleftharpoons (P^{2-})Fe^{II}(O_2) \rightleftharpoons (P^{2-})Fe^{III}(O_2^{-\cdot}) \quad (4.22)$$

$$(P^{2-})Fe^{II}(O_2) \rightleftharpoons (P^{2-})Fe^{III}(O_2^{-\cdot}) + (P^{2-})Fe^{II} \longrightarrow (P^{2-})Fe^{III}(O_2^{2-})Fe^{III}(P^{2-}) \quad (4.23)$$

$$(P^{2-})Fe^{III}(O_2^{2-})Fe^{III}(P^{2-}) \longrightarrow 2(P^{2-})Fe^{IV}(O^{2-}) \quad (4.24)$$

$$(P^{2-})Fe^{IV}(O^{2-}) + (P^{2-})Fe^{II} \longrightarrow (P^{2-})Fe^{III}(\mu\text{-}O^{2-})Fe^{III}(P^{2-}) \quad (4.25)$$

(瞬态反应,一般无法观察)

有空间位阻的铁(Ⅱ)卟啉配合物键合一个 O$_2$ 分子的过程通常是可逆的,但一般不能形成稳定的、可分离的铁(Ⅳ)-氧配合物(4.3.1 节)。直接从氧气生成高价金属氧化物是一个研究热点,这源自开发有氧氧化反应催化剂的目标。事实上,高价金属氧化物可以转移氧原子、夺取氢原子、转移电子等。然而,进展缓慢,且直接从氧气中生成金属氧化中间体的机理还没有完全弄清楚。该领域的一个重要进展是利用低温捕获高价铁配合物。低温有机溶剂中的研究为式(4.22)~式(4.25)所展示的反应提供了支持。例如,一个

Fe^{II}(TMP)被氧化后的中间体（TMP 为 tetramesitylporphyrin）能被明确地检测到，经光谱指认，它为一个铁(IV)-氧配合物[55]。这个高价铁配合物通过一个双金属反应从一个过氧化物的二铁(III)前驱体得到，这个前驱体能被观察到，且被认为是一个短暂的中间体。四苯基卟啉配合物与氧键合时具有类似的反应活性，并能产生瞬态的高价铁中间体。

一个介绍双氧与 Fe(F$_8$TPP)［其中 F$_8$TPP 为 tetrakis(2, 6-difluorophenyl)porphyrinate (2−)，是一种缺电子卟啉］反应的研究详细揭示了独立生成 O$_2$ 加合物的步骤[56]。这一反应依赖于溶剂：在参与配位的溶剂中（如腈类或 THF），典型的 1∶1 的端接 Fe^{III}(O$_2^-$) 的生成反应是可逆的。吸电子的氟取代基削弱了 Fe-O$_2$，从而降低了 Fe(F$_8$TPP)体系的双氧亲和力，提高了双氧解离速率；但是这种生成 1∶1 双氧加合物的反应的动力学参数跟双氧与其他铁(II)卟啉化合物的反应的动力学参数相当，其二级反应速率常数为 $10^7 \sim 10^8 \text{ M}^{-1}\text{s}^{-1}$。令人感兴趣的是，在非配位溶剂（如二氯甲烷或甲苯）中，发现了二铁(III)-过氧加合物的可逆形成过程（图 4.18）。碱（DMAP）的加入能活化中间体 (P)Fe^{III}(O$_2^{2-}$)Fe^{III}(P) 的 O—O 键，生成高价铁化合物(F$_8$TPP)Fe^{IV}═O。这个研究进而确定了 Fe(II)前驱体和 O$_2$ 反应生成 Fe(IV)-氧物种的过程是一个多步过程[56]。

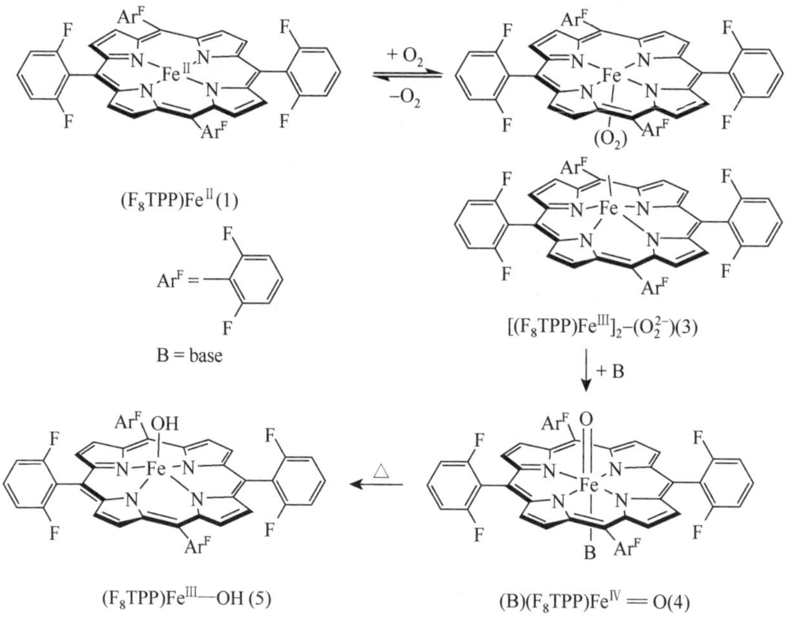

图 4.18 Fe^{II}(F$_8$TPP)分步氧化生成铁(IV)-氧中间体示意图[56]

近年来，许多血红素化学与对应的非血红素铁化学之间的相似之处被发现。一些非血红素铁(IV)氧化物得到了光谱确认和结构表征[57, 58]。虽然这些高价铁中间体大部分是由铁(II)或铁(III)前驱体和较强的氧化剂（作为氧原子给体）生成的，但也有可能直接从 (L)Fe(II)和双氧反应中直接获得(L)Fe^{IV}═O[59]。在该体系里，饱和的四氮大环配体-四甲基环胺（TMC）被用作铁离子的赤道配位。氧化反应产物再次被认为与溶剂相关。在醚、

THF 和乙醇这些降低铁氧化还原电位的溶剂中，可以生成高价铁化合物，但在乙腈、丙酮或 CH_2Cl_2 中则不行。$Fe(TMC)^{2+}$ 与 O_2 反应计量比为 2∶1 的方程式表明它属于有铁(Ⅲ)过氧化物中间体参与的双分子机理，这个机理与铁(Ⅱ)卟啉化合物活化 O—O 键的机理类似（见上文）[59]。

在模拟天然血红素或非血红素氧合酶铁化学的研究中，自然而然地会选择铁作为研究对象。尽管其他大部分过渡金属不存在于可以活化氧的生物酶中，但它们可以参与到与铁相似的反应中，并如铁一样与含双氧或氧原子的中间体发生反应。金属氧化物在无机化学中被广泛研究[60,61]，它们对氧原子的转移能力[62]使得它们作为氧化剂或催化剂具有吸引力[61]。金属氧化物基团的酸碱性质预示着低价金属有形成氢氧化物而不是氧化物的倾向，而高价金属（当氧化态等于或超过 4 时）即使在质子介质中也优先形成氧化物[62]。金属氧化物基团的电子结构表明金属离子可以具有五个或更少的 d 电子；这种结构有时被称为"氧合墙"[62]。虽然直到最近才发现后过渡金属氧化物[60]，但氧合墙已被最新发现的铱氧合物、钯氧合物和铂氧合物所打破[63]。尽管如此，金属氧化物仍在第Ⅵ族金属中最为普遍，且随着周期表中横向的移动，其丰度在逐渐减少[60,62]。

低价金属离子（或其配合物）与双氧直接反应生成的金属氧化物相对较少。就 3d 金属而言，对含铬(Ⅱ)的体系研究最多。有两个因素促成了所需的反应模式：一方面，铬(Ⅱ)的还原性强，使其与 O_2 的反应在热力学上有利，且在动力学上易发生；另一方面，虽然 $Cr^{Ⅳ}{=}O$ 稳定，但它也能将氧原子转移到一些底物上[14,15]。相比之下，TiO_2^+ 和 VO_2^+ 虽可由 Ti(Ⅱ) 和 V(Ⅱ) 制备，但它们没有氧化性；$Mn^{Ⅳ}{=}O$，尤其是 $Mn^V{=}O$ 化合物，是强氧化剂，但对应的 Mn(Ⅱ) 前驱体不与 O_2 反应，除非金属离子与强给电子配体配位，例如卟啉衍生物[64]。

一系列铬(Ⅱ)配合物[从水合的 Cr^{2+} 到铬(Ⅱ)卟啉配合物]已证明在与 O_2 的反应中产生铬(Ⅳ)氧化物[14,15,65]。

$$2(L)Cr^{Ⅱ} + O_2 \longrightarrow 2(L)Cr^{Ⅳ}{=}O \tag{4.26}$$

文献中所提出的 Cr(Ⅱ)卟啉配合物的氧化反应机理与 Fe(Ⅱ)卟啉配合物的氧化反应机理相同[式（4.22）～式（4.25）]，包括反应初期 O_2 与一个铬中心的配位，然后形成 Cr(Ⅲ)的过氧化物桥二聚体，并随后经过 O—O 键均裂转化为 $(p)Cr^{Ⅳ}{=}O^{[65]}$。与铁的反应类似，四电子氧化 $O_2{\rightarrow}2O^{2-}$ 和两电子还原 $Cr^{Ⅱ}{\rightarrow}Cr^{Ⅳ}$ 之间的电子数不匹配的原因被归因于双金属活化。$Cr^{2+}(aq)$ 的氧化过程甚至更为复杂，其中可能涉及奇数价态铬的单电子氧化过程（$Cr^{Ⅲ}$ 和 Cr^V）；这些中间体可能是 $Cr^{2+}(aq)$ 在水中极易发生的歧化反应的产物[66]。过量的氧气也会引起副反应，例如生成 CrO_2^{2+}。然而，在没有过量氧气的情况下，很快会生成铬(Ⅳ)酸中间体（在室温酸性水中半衰期为 30 s），这可用于后续关于反应活性的研究。

与第一排过渡金属相比，第二排和第三排过渡金属的高氧化态更为稳定。鉴于铁氧化学的生物学相关性和潜在的合成重要性，有必要简要讨论一下第Ⅷ族金属钌的反应性。钌化学天然与多电子化学相关。与铁不同，钌可以轻松进入广泛的氧化态（从 0 到 +8），其中稳定的氧化态（Ru^{2+}、Ru^{4+} 和 Ru^{6+}）通过两个电子的转移进行分隔。与它们的铁类似物一样，空间位阻保护的钌(Ⅱ)卟啉与氧反应，形成可逆的 Ru^{4+} 氧化物[67]。然而，空间位阻未保护的钌(Ⅱ)卟啉的反应与类似的铁体系有所不同。最有趣的是，$Ru^{6+}(TMP)O_2$（其中 TMP 是四甲基卟啉）被发现可以在常温常压下催化烯烃的有氧环氧化反应[68]。此外，该二氧钌(Ⅵ)催化剂在无氧条件下是一种有效的化学计量氧化剂，能够生成 1.6 当量的环氧化物。二氧(四甲基卟啉基)钌(Ⅵ) [$Ru(TMP)O_2$] 可以通过 $Ru^{2+}(TMP)$ 和氧气以高产量反应得到。提出的催化循环机理涉及$(TMP)Ru^{2+}$、$(TMP)Ru^{4+}=O$ 和 $(TMP)Ru^{6+}(O_2)$[67]。对该体系中活性中间体的实验研究由于 $(TMP)Ru^{4+}=O$ 的歧化不稳定性而变得复杂。在相关的卟啉催化 α 位氧化中观察到 $Ru^{4+}=O$ 物种的中间体行为，包括一种手性二氧钌(Ⅵ)卟啉配合物用于化学计量的对映选择性烯烃环氧化[69]。然而，值得注意的是，除了 O_2，其他供氧体（如间氯过氧苯甲酸、mCPBA、碘苯、PhIO）也被用于这些在合成上具有吸引力的应用中。计算研究提供了有关$(TMP)Ru^{2+}$进行原来的有氧环氧化的可能机理的额外见解并证实 $Ru^{4+}=O$ 可能是$(TMP)Ru^{2+}$和 O_2 反应中的一个中间体（图 4.19）[70]。

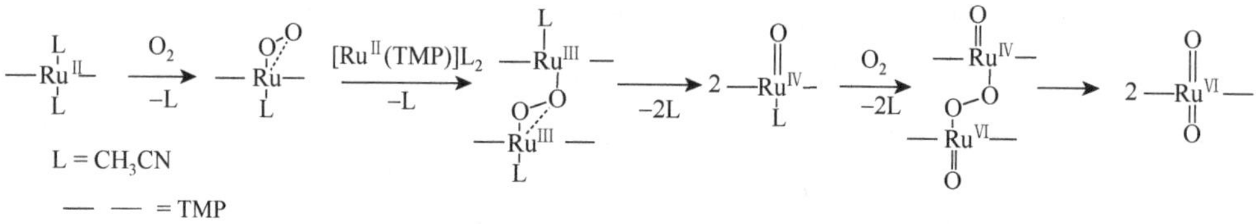

图 4.19 钌(Ⅱ)卟啉配合物[$Ru^{Ⅱ}P$]L（L = CH_3CN）分步氧化示意图[69]

双金属路径被用于解释 $Ru^{4+}=O$ 和 $Ru^{6+}(O_2)$的形成。毫无疑问，钌和锇与 O_2 的反应中蕴含的化学空间给科学家提供进一步探索的机会，这也将为研究 O—O 键断裂时生成相对稳定的高价金属氧化物中间体的机理提供新的视角。此外，这些金属通过四电子路径生成 $M^{n+4}(O_2)_2$ 金属氧化物，提供了真正的单金属活化氧气的最佳机会。这是一个必须抓住的机会。

一种有趣的方法是绕过过渡金属离子或配合物与双氧反应时电子不相容性的障碍，这种方法是基于从氧气的同素异形体（臭氧）进行氧原子转移。这种方法非常成功地生成了水合高价铁氧化物，这是一种其他方法很难产生的物质[71]。

$$Fe^{2+} + O_3 \longrightarrow FeO^{2+} + O_2 \tag{4.27}$$

这种产生高价铁氧化物中间体的干净方法使得对水合高价铁氧化物在后续反应中的特性得到了详细研究（4.5 节）。

4.4 双氧与两个金属中心的键合

如式（4.4）所示，通过同时将两个金属中心进行单电子氧化，可以很容易地将双氧还原为配位的过氧化物。许多过渡金属（钴、镍、铁、锰、铜等）离子可以形成双核过氧化物。这些配合物的结构各不相同（*cis*-μ-1, 2-过氧化物、*trans*-μ-1, 2-过氧化物、桥接

的 μ-η2：η2-过氧化物），它们的稳定性、反应活性和过氧化物配体的质子化程度也不同（表 4.3）。在某些情况下，μ-η2：η2-过氧化物和 bis-μ-氧化物配位的双核化合物可以相互转化，详见下文关于铜氧化物的讨论。

单核或双核前驱体可以转化为双核过氧化物。前者的合成过程更为简单，因为单金属底物通常易于获取。然而，双氧与这些化合物的键合必须经过一个涉及至少两个金属配合物分子的反应步骤，这导致了复杂的动力学过程。相对而言，尽管合成结构明确的双金属起始材料较为困难，但双氧与双核金属配合物的键合机理研究却相对简单。此外，双核配合物中两个金属中心的位点要足够合适，使双氧能够同时与两个金属中心配位。否则，多齿配体需要经过重排才能有效地键合氧气。

4.4.1 由单核前驱体合成双核金属-氧配合物

由单核配合物与 O_2 生成双核过氧桥连配合物的过程，一直不被科学家所青睐，因为它使双氧无法完全可逆地键合到血红蛋白和肌红蛋白的合成模型中。就氧载体设计而言，双核过氧化物的形成被称为"自氧化"过程。这实际上是 $(P)Fe^{III}(O_2^-)$ 加合物不可逆地解离为两个分子的第一步。正如 4.3 节所讨论的，空间位阻较大的配体被设计用来保护铁卟啉配合物中的金属-氧键合点。在没有空间位阻的血红素体系中，瞬态的二铁(III)过氧化物已被清楚地观察到[56, 72]。

大环非血红素铁配合物与双氧的反应活性与铁卟啉配合物类似[72]。强给电子配体确保铁(II)易于氧化，并能迅速与 O_2 分子反应。最初生成的单核铁(III)-超氧中间体会攻击另一个铁(II)配合物分子，形成二铁(III)过氧化物。这种反应活性一般的配体有很多，最新的例子是氨基吡啶类大环配体 $H_2pydioneN_5$（图 4.20）[73]。其刚性使金属具备可预测的（五角双锥体）几何结构，该配合物在热力学和动力学上都高度稳定，防止了金属泄漏、氧化及水解。铁(II)配合物的单质子化和双质子化产物都能从溶液中分离为固体，去质子化的产物则无法从 DMSO 溶剂中分离。单质子化的配合物可以为其他分子提供氧化还原反应所需的质子。

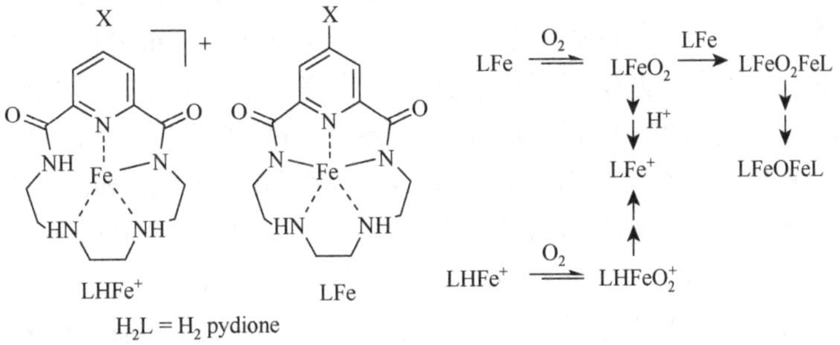

图 4.20 含 H_2 pydione 配体的大环单核铁(II)配合物的氧化反应[73]

去质子化的 $Fe(pydioneN_5)$ 配合物在非质子溶剂中的氧合过程与铁(II)卟啉配合物的氧化类似：氧化反应通过铁(III)超氧化物和二铁(III)过氧化物完成（图 4.20），并通过时间分辨光谱变化得到了验证。铁(Ⅱ)配合物的氧合是二级反应,反应速率与双氧浓度成反比。1-甲基咪唑的存在稳定了二铁过氧化物中间体,其半衰期约增加了两个数量级。Fe(pydioneN$_5$)与双氧在甲醇中的反应则表现出明显不同;对于Fe(Ⅱ)配合物和O$_2$均表现为一级反应,光谱中没有观察到中间体的存在。单质子化的 Fe(HpydioneN$_5$)在不同溶剂中也观察到类似的行为。在这些大环体系中,反应中心附近或溶剂中的可捕获质子改变了氧化路径[73]。在血红素和非血红素配合物中,配位的过氧化物的稳定性随着质子化的进行而降低[74]。

二铁(Ⅲ)过氧化物,即双氧桥连的二铁(Ⅲ)配合物的最终分解产物,由于它们的热力学和动力学稳定性被称为"生物无机锈"。为了实现氧的活化,必须避免双氧桥连二聚体的不可逆形成。除了常用的(尽管合成困难)空间位阻保护金属中心外,电子效应也可能阻止不可逆解离途径,有利于可逆地生成双核过氧化物。降低金属的电子密度使高价配合物相对不稳定,能够防止不可逆氧化产物的形成。在血红素化学中,吸电子基团使铁中心更难发生自氧化。最近有报道显示,一个有趣的铁(Ⅲ)过氧化物通过四-2, 6-二氟苯基-卟啉(F$_8$TPP)与 O$_2$ 的可逆反应生成;而无氟卟啉则与 O$_2$ 反应形成"生物无机锈"[56]。

钴(Ⅱ)化合物相比铁(Ⅱ)化合物更不容易发生单电子氧化。氧化还原电位的变化降低了单核钴(Ⅱ)氧载体对双氧的亲和力(4.3.1 节)。由此产生的另一种结果是,双氧与钴(Ⅱ)的键合可逆性增强。虽然铁和合成钴氧载体均可实现金属-超氧加合物的可逆生成,但钴配合物倾向于可逆地形成双核过氧化物,这种现象相当独特。例如,铁卟啉配合物在与 O$_2$ 的反应中很少停留在二铁过氧化物中间体阶段;而缺电子配体(如含吸电子取代基的卟啉)是可逆生成二铁(Ⅲ)过氧化物所需的必备配体[56]。相比之下,多种钴(Ⅱ)配合物通过 1:1 反应首先生成钴(Ⅲ)超氧化物,进而生成不分解的二钴(Ⅲ)过氧化物[75]。双分子自氧化体系的相对稳定性使得钴(Ⅱ)体系在氧载体的合成设计中具有吸引力。事实上,简单配体的配合物均可实现双氧的可逆键合,这些配体包括氰化物、无环和环状多胺、希夫碱(如水杨醛及其众多衍生物)、氨基羧酸盐、卟啉和酞菁等。其中一些配合物已通过晶体学表征,显示其具有反式结构[75]。

不同二钴(Ⅲ)过氧化物的两步生成反应的热力学和动力学参数差异可达几个数量级[14]。在大多数体系中,四个独立的速率常数[式(4.5)和式(4.10)]对 Co(Ⅱ)双分子氧化的动力学有贡献。因此,动力学过程往往复杂。在许多化学体系中,四个独立的速率常数都可以被测定,揭示体系倾向于经历连续两个氧键合步骤。O$_2$ 与单个钴(Ⅱ)中心的键合通常受配体取代速率限制,某些大环配合物的速率常数高达 10^7(表 4.2 和图 4.7)。第二步生成二钴(Ⅲ)过氧化物的反应速率常数有所降低。例如,对于[Co([14]aneN$_4$)(H$_2$O)$_2$]$^{2+}$,$k_{1,on} = 1.18 \times 10^7$ M^{-1}s^{-1} 和 $k_{2,on} = 4.7 \times 10^5$ M^{-1}s^{-1}[14]。第二步反应速率的下降反映了过氧化物桥连双核钴(Ⅲ)配合物形成过程中的空间位阻。当未取代的[14]aneN$_4$ 配体与其六甲基化衍生物 Me$_6$[14]aneN$_4$ 相比较时,显现出空间效应(图4.7)。在后者中,LCo(Ⅱ)的氧化停留在第一步;钴(Ⅲ)超氧化物不再与剩余的 LCo(Ⅱ)反应。大环配体两面的甲基取代基不利于生成 μ-1,2-过氧化物的双分子反应[14]。克服这一障碍的一种常用方法是设计双金属配合物,预先安排氧分子在两个金属原子之间配位。

4.4.2 以非血红素铁为例解释氧气与双核金属配合物的键合

在生物体系中，双金属氧活化位点通常包括非血红素铁或铜中心。对生物体系氧键合及活化的理解和模拟，推动了非血红素二铁和二铜化学的大量研究。关于氧气配位到仿生体系中的二铁或二铜分子的详细研究不断涌现。以下讨论将从二铁系统开始，因为它们与氧气反应的许多特征普遍适用于其他双金属配合物。

蛋白质和模型化合物中的非血红素二铁中心（由氧、氮配体配位）可以存在多个价态，从 $Fe^{II}Fe^{II}$ 到 $Fe^{IV}Fe^{IV}$。根据配体性质和反应条件的不同，二铁(Ⅱ)配合物与氧气的反应可以生成不同产物（图 4.21）。在配位饱和且具有空间位阻的配合物中，只要其氧化还原电位足够低，外层电子转移就可能发生[17]。

内层电子转移似乎是二铁(Ⅱ)配合物最常见的氧化路径[17, 73, 76, 77]。第一个 Fe—O 键的形成以及一个电子转移会生成 Fe(Ⅱ)Fe(Ⅲ)超氧化物中间体（图 4.21），这一现象直到最近才被观察到[78]。相反，在大多数酶和合成体系中观察到的加合物成分被认为是二铁(Ⅲ)过氧化物，这表明第二次电子转移和 Fe—O 键结合通常发生在决速步之后。某些合成的过氧桥连二铁化合物已经通过分子结构得到了表征[79-82]，大部分模型化合物和一些蛋白质（如可溶性甲烷单加氧酶、硬脂酰脱饱和酶、铁蛋白及核糖核苷酸还原酶）的二铁(Ⅲ)过氧化物中间体被假定具有过氧桥连的成键模式[17]。过氧化物配体的质子化会

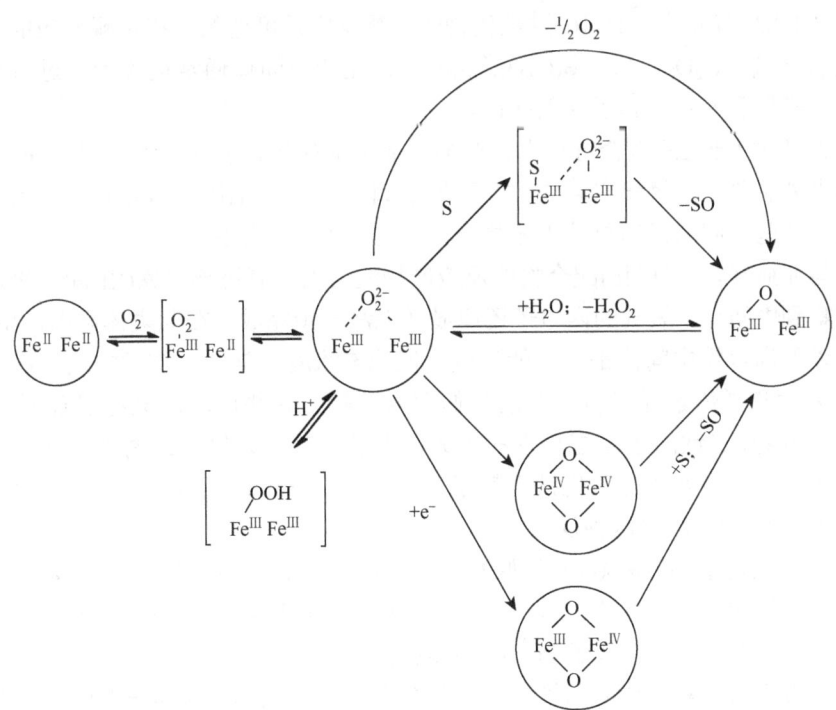

图 4.21 二铁(Ⅱ)配合物的氧化反应及其产物的进一步反应[17]

生成氢过氧化物；在蚯蚓血红蛋白中，这种质子化反应在分子内发生（一个 μ-OH 配体提供质子并转变为氧桥）（4.2.3 节）。最近，科学家合成了一些液相二铁(III)过氧化氢模型化合物，并进行了光谱表征[17]。

二铁(III)过氧化物中间体的稳定性和反应活性因配体性质及其他条件的不同而存在较大差异。其中一些物质（如氧化蚯蚓血红蛋白）（4.2.3 节）可以通过二铁(II)配合物与氧气的可逆反应形成[20]，但大多数已知的二铁(III)过氧化物的形成是不可逆的，最终会分解为不同类型的产物。通过歧化反应，二铁(III)过氧化物可以分解为氧桥连的多铁(III)配合物和氧气[83]，尽管这种反应尚未在合成体系中实现。最近，科学家通过铁(III)前驱体与氧气合成了双氧桥连的二铁(IV)配合物，他们推测该配合物是通过二铁(IV)过氧化物中间体生成的[84]。具有可交换配体的二铁(III)过氧化物能够将氧原子转移至有机膦和硫化物上，有力证据表明该分子内反应发生在底物配位时[17]。单电子还原的二铁(III)过氧化物可生成双氧桥连的 $Fe^{III}Fe^{IV}$ 化合物，这显然是发生在核糖核苷酸还原酶 R2 亚基上的反应[76,77]。类似的化学反应在某些生成 $Fe^{III}Fe^{IV}$ 化合物的模型系统中也被观察到或提及[77,85]。高价铁中间体（如 $Fe^{III}Fe^{IV}$ 和 $Fe^{IV}Fe^{IV}$）通常比其母体铁-过氧配合物具有更高的反应活性，能够进行诸如烷烃羟基化等具有挑战性的反应（4.5 节）。

二铁(III)过氧化物不仅能够发生氧化还原反应，还能进行配体取代反应。在二铁(III)过氧化物与酚类和羧酸反应时，生成过氧化氢，同时生成相应的酚类或羧酸铁(III)配合物[86]。二铁(III)过氧化物的水解反应会产生二铁(III)氧化物和过氧化氢。这类反应是蚯蚓血红蛋白"自氧化"的原因，但由于活性位点的疏水屏蔽作用，天然蛋白质的"自氧化"非常缓慢（4.2.3 节）[20]。铁(III)过氧化物的水解反应是可逆的。在水解反应的逆向过程中，由过氧化氢（H_2O_2）与二铁(III)形成的过氧化物中间体通常被称为"过氧化物分流器"，并在模型研究中得到了深入探讨。

在二铁(II)配合物的氧合过程中，在某些情况下观察到了混价铁中间体 $Fe^{II}Fe^{III}$，这很可能是由外层单电子氧化引起的。氧桥或氢氧桥连的二铁(III)配合物是这些氧合反应的最终产物。这些反应的机理显然十分复杂，目前仍未完全理解[77]。

氧气与非血红素二铁(II)配合物的反应产物通常为双氧桥连二铁(III)配合物，且在反应中未观察到中间体。氧气的四电子还原显然无法一步完成。在此类体系中，超氧化物、过氧化物以及高价铁中间体都有可能形成，但稳态浓度非常低，初期的氧气键合作为决速步。动力学和同位素标记研究帮助我们深入了解了这些反应的某些机理[73,87,88]。从氧活化的角度看，二铁(III)-氧配合物的生成远不及二铁过氧化物或高价二铁中间体的形成那般引人注目，因为此时氧化铁消耗了 4 当量氧，没有氧可用于氧化其他底物（除非 Fe^{III}/Fe^{II} 电位足够低以应对这种反应）。

最近，科学家通过单核铁(III)前驱体与氧气的直接反应，获得了两个稳定的四酰胺配位双氧桥连二铁(IV)配合物[84]。这一此前未曾报道的反应可能是由于配体的强给电子能力，稳定了高价铁，同时降低了 Fe^{IV}/Fe^{III} 的氧化还原电位。

非血红素铁酶和氧载体的活性位点通常含有咪唑氮配体和羧酸根氧配体，其他桥连（如氢氧桥或水分子配位的配合物）也很常见。大多数仿生二铁配合物也包含氮、氧配体。氮给体通常为氨基、吡啶环或其他杂环；氧给体则来自羧酸、醇、氢氧化物等。双核配合物可通过多齿二元配体与金属中心配位,并通过配体上的醇盐或苯酚盐桥连。或者,双齿、三齿、四齿配体先与单个铁中心配位,再通过外加的羧酸盐、氢氧化物或类似的单齿配体进一步桥连[17]。

关于二铁(Ⅱ)配合物氧化反应的首个详细动力学研究涉及一系列配合物的二核配体,包括 HPTP、Et-HPTB 和 HPTMP（图 4.22）[83]。

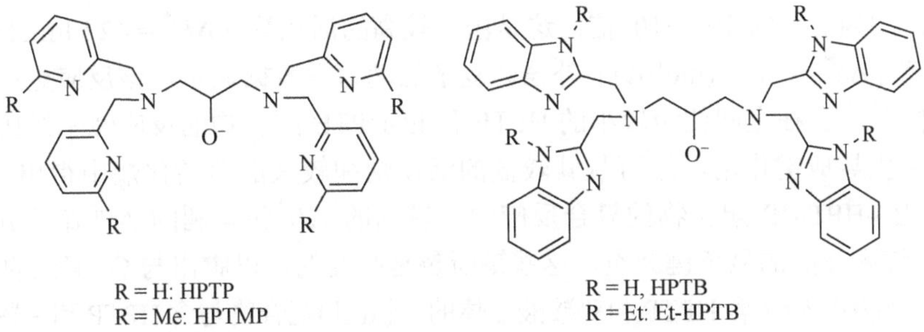

R = H: HPTP
R = Me: HPTMP

R = H, HPTB
R = Et: Et-HPTB

图 4.22　烷氧基桥连二铁氧化物中的双核氨基吡啶配体

原料[Fe$^{II}_2$(μ-L)(μ-O$_2$CPh)]$^{2+}$包含两个处于相同配位环境中的五配位铁(Ⅱ)中心,每个中心均由三个氮原子配位,并通过醇盐和羧酸盐桥连（图 4.23）。然而,二核配体中心的空间位阻显著不同（HPTP<Et-HPTB<<HPTMP）,这是由二核配体的结构差异所决定的。

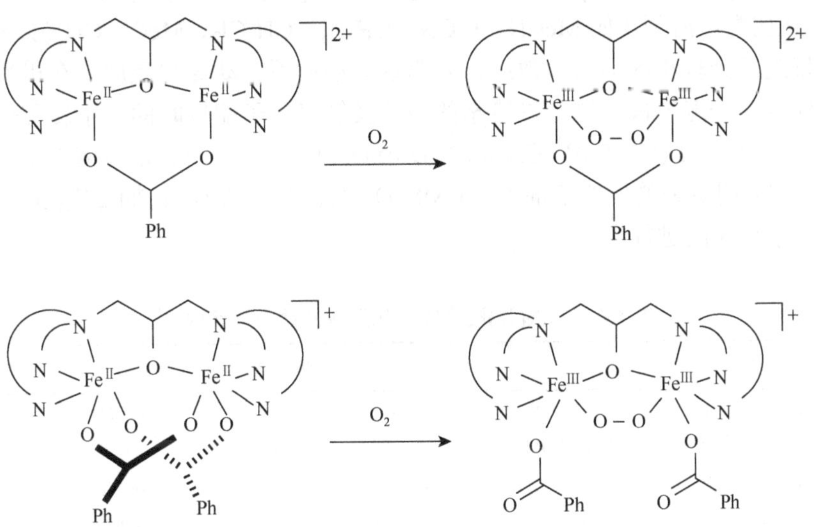

图 4.23　含双核氨基吡啶配体的烷氧基、羧基桥连二铁(Ⅱ)配合物的氧合反应[17]

配合物在低温（−70～−20℃）丙腈溶液中进行氧化,生成高产率的双氧加合物[Fe$^{II}_2$(μ-L)(μ-1, 2-peroxo)(μ-O$_2$CPh)]$^{2+}$。HPTP 和 Et-HPTB 的过氧化物形成是不可逆的,而 HPTMP 的双氧加合物形成是可逆的。空间位阻较小的二铁(Ⅱ)配合物（配体为 HPTP 和

Et-HPTB)的氧合反应为二级反应,速率方程为 $v = k[\text{Fe}_2^{\text{II}}][\text{O}_2]$,$\Delta H^{\ddagger} = 16 \text{ kJ/mol}$,$\Delta S^{\ddagger} = -120 \text{ J/(mol·K)}$。Et-HPTB 配合物的氧合反应还通过高压停流技术进行了表征[目前为止唯一合成的双铁(II)配合物的氧合反应研究],该技术测得 $\Delta V^{\ddagger}$ 为 $-13 \text{ cm}^3/\text{mol}$。负的 $\Delta S^{\ddagger}$ 和 $\Delta V^{\ddagger}$ 以及较低的活化能垒表明氧合反应遵循缔合机理,这与原料二铁(II)配合物 $[\text{Fe}_2^{\text{II}}(\mu\text{-L})(\mu\text{-O}_2\text{CPh})]^{2+}$(配体为 HPTP 或 Et-HPTB)的不饱和配位环境及其铁中心的配位能力相符[83]。在研究的温度范围内,空间位阻较大的二铁(II)-HPTMP 配合物的氧合反应速率较快,约为前者的 $10^2 \sim 10^3$ 倍,这是由于较高的活化焓($\Delta H^{\ddagger} = 42 \text{ kJ/mol}$),且仅部分被活化熵[$\Delta S^{\ddagger} = -63 \text{ J/(mol·K)}$]补偿。复杂的动力学数据显示,该反应更接近于可逆的氧气配位[17, 83]。在空间位阻较小的 HPTP 和 Et-HPTB 配合物的反应似乎经历了高度有序过渡态并主导成键作用,这可从其较低的活化焓和较大的负活化熵中得出(表 4.6)。而在二铁(II)-HPTMP 配合物的氧合反应中,较高的 $\Delta H^{\ddagger}$ 和有利的 $\Delta S^{\ddagger}$ 值表明反应涉及铁(II)与桥连配体间的显著键断裂,这些键断裂是必要的,以腾出与 O_2 配位的空间[83]。

图 4.23 直接比较了含 HPTP 和双羧酸配体的二铁(II)配合物与含 HPTP 和单羧酸配体的二铁(II)配合物在氧化活性上的差异[89]。双羧酸配合物 $[\text{Fe}_2(\mu\text{-HPTP})(\mu\text{-O}_2\text{CPh})_2]^+$ 在固态下具有两个六配位的铁(II)中心。在低温溶剂(MeCN 或 CH_2Cl_2)中,配合物按混合二级动力学方程与 O_2 反应,生成 $[\text{Fe}_2^{\text{II}}(\mu\text{-HPTP})(\mu\text{-peroxo})(\eta^1\text{-O}_2\text{CPh})_2]^+$ 加合物。由双羧酸盐前驱体形成的过氧化物配合物的氧合反应速度比单羧酸盐的配合物要慢,因为其活化负熵更大,而活化焓几乎相同(表 4.6)。因此,双羧酸配合物中的额外空间堆积和羧酸配体从桥连转变为端接的需求使得双氧键合过程的过渡态更为收敛,并且高度有序地参与反应。

科学家研究了配合物 $[\text{Fe}_2^{\text{II}}(\text{Et-HPTB})(\text{O}_2\text{CPh})]^{2+}$、$[\text{Fe}_2^{\text{II}}(\text{HPTP})(\text{O}_2\text{CPh})]^{2+}$ 和 $[\text{Fe}_2^{\text{II}}(\text{HPTP})(\text{O}_2\text{CPh})_2]^+$ 在弱配位溶剂(如 MeCN、EtCN、CHCl_3、CH_2Cl_2、MeCN/CH_2Cl_2 等)中的氧化反应,仅观察到较小的动力学效应,表明这些溶剂不主动参与反应。在极性较高的溶剂中,反应速率普遍较快,这与过渡态的极性及氧气分子配位时的电子转移规律相符。然而,$[\text{Fe}_2^{\text{II}}(\text{Et-HPTB})(\text{O}_2\text{CPh})]^{2+}$ 在 MeCN/DMSO($V:V = 9:1$)混合溶剂中的氧合反应显著不同,这表明更强的配位溶剂(如 DMSO)可能改变了反应初期二铁(II)配合物的形成,或干扰了反应的进行。

表 4.6 二铁(II)配合物氧化反应的动力学参数[73]

配合物	溶剂	T/℃	$k/(-40℃, \text{M}^{-1}\text{s}^{-1})$	$\Delta H^{\ddagger}$/(kJ/mol)	$\Delta S^{\ddagger}$/[J/(mol·K)]
$[\text{Fe}_2(\text{HPTP})(\text{O}_2\text{CPh})]^{2+}$	MeCN	$-40 \sim 0$	7300	15.8(4)	$-101(10)$
$[\text{Fe}_2(\text{HPTP})(\text{O}_2\text{CPh})]^{2+}$	MeCN/DMSO	$-40 \sim 0$	2800	8.0(3)	$-143(10)$
$[\text{Fe}_2(\text{HPTP})(\text{O}_2\text{CPh})]^{2+}$	CH_2Cl_2	$-80 \sim 0$	67	16.7(2)	$-132(10)$
$[\text{Fe}_2(\text{dxlCO}_2)_4(\text{Py})_2]$	CH_2Cl_2	$-80 \sim -30$	215	4.7(5)	$-178(10)$
$[\text{Fe}_2(\text{dxlCO}_2)_4(\text{MeIm})_2]$	CH_2Cl_2	$-80 \sim -30$	300	10.1(10)	$-153(10)$
$[\text{Fe}_2(\text{dxlCO}_2)_4(\text{THF})_2]$	CH_2Cl_2	$-80 \sim -30$	3.20	14(1)	$-135(10)$
$[\text{Fe}_2(\text{OH})_2(\text{TLA})_2]^{2+}$	CH_2Cl_2	$-80 \sim -40$	0.67	17(2)	$-175(10)$
$[\text{Fe}_2(\text{OH})_2(\text{TLA})_2]^{2+}$	MeCN	$-40 \sim -5$	1.94	16(2)	$-167(10)$
$[\text{Fe}_2(\text{OH})_2(\text{TPA})_2]^{2+}$	CH_2Cl_2	$-40 \sim -15$	12	30(4)	$-94(10)$

续表

配合物	溶剂	$T/℃$	$\kappa/(-40℃, M^{-1}s^{-1})$	$\Delta H^{\ddagger}/(kJ/mol)$	$\Delta S^{\ddagger}/[J/(mol \cdot K)]$
$[Fe_2(OH)_2(BQPA)_2]^{2+}$	CH_2Cl_2	$-40 \sim -15$	3.2	36(4)	$-80(10)$
$[Fe_2(OH)_2(BQPA)_2]^{2+}$	CH_2Cl_2/Net_3	$-70 \sim -40$	2.6	36(4)	$-81(10)$
$[Fe_2(OH)_2(BnBQA)_2]^{2+}$	MeCN	$-65 \sim -25$	2670	16(2)	$-108(10)$
$[Fe_2(OH)(OH_2)(TPA)_2]^{3+}$	CH_2Cl_2	$-30 \sim +20$	0.32	19(2)	$-170(10)$

含氨基吡啶配体（如 TPA 及其衍生物）的单核铁(Ⅱ)配合物在碱性条件下能够自组装成双羟基桥连的"类四方锥核心（diamond core-like）"结构。这些二铁(Ⅱ)配合物中的给体原子组合与 HPTB 等二核配体形成的配位环境相似。两个体系中观察到的氧化速率差异可归因于配位饱和的铁中心引起的空间位阻[73]，详见下文。

图 4.24 描述了双核配合物 $[Fe_2^{II}(\mu\text{-}OH)_2(L)_2]^{2+}$（L 为 TLA、TPA、BQPA 和 BnBQA）与氧气的反应[17, 73, 88]。在选定的溶剂中，含 TLA、BQPA 和 BnBQA 配体的配合物在低温下氧化生成二铁(Ⅲ)过氧化物；有机碱有助于提高反应产率。在其他条件下，反应产物为双氧桥连铁(Ⅲ)$[Fe_n^{III}(O)_n(L)_n]^{n+}$（$n$ 为 2 或 3）[90]。

在所有情况下，二铁(Ⅱ)配合物与氧气的反应都是一级反应（总体上为二级反应），其特点是低活化焓和较高的负熵（表 4.6），符合缔合过程的特征[90]。二铁双羟基中心与 O—H 键断裂（氢原子转移或质子耦合电子转移）生成水的步骤并非决速步，因为氧合反应速率与 H_2O 或 D_2O 的浓度无关[91]。蚯蚓血红蛋白与氧键合时也有类似现象[17, 20]。

动力学证据表明，$Fe_2(OH)_2$ 核心中的一个铁(Ⅱ)中心与氧气配位的步骤是整个氧合反应的决速步，二铁(Ⅱ)过氧化物中间体在反应之初即形成（图 4.24）。确实，最近在 $[Fe_2(OH)_2(TLA)_2]^{2+}$ 的低温（$-80℃$）氧化反应中发现了这一中间体[78]，其形成参数基本等同于形成更稳定的过氧化物中间体的参数，如图 4.24 和表 4.6 所示。

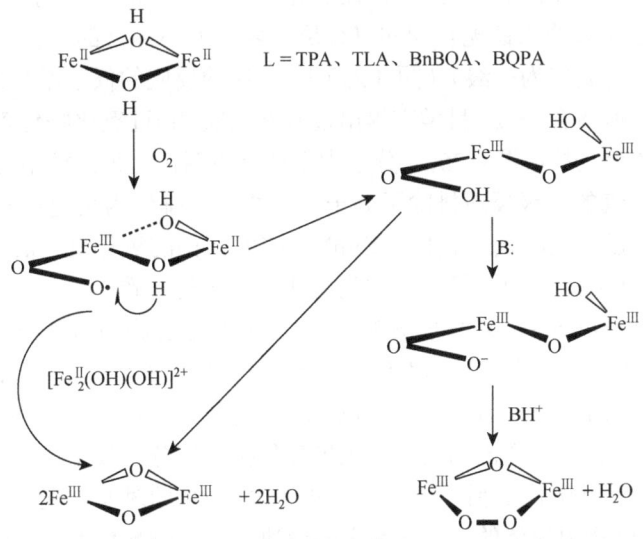

图 4.24 含氨基吡啶配体的双羟基桥连二铁(Ⅱ)配合物的氧化反应机理[88]

氧气分子与双铁(Ⅱ)中心的键合受限于配体取代反应速率，而非电子转移速率。不太可能发生外层单电子转移，因为氧气/超氧化物（O_2/O_2^-）在有机溶剂中的氧化还原电位相对于 $Fe^{II}Fe^{III}/Fe^{II}Fe^{II}$ 的电位向负方向移动了约 1 V[90]。此外，一系列二铁(Ⅱ)配合物的氧化速率与它们的氧化还原电位无关[90]。相反，氧化速率与二铁(Ⅱ)配合物中最弱铁配位键的长度密切相关，这表明在氧气键合时，一个或多个最初与铁键合的配位原子发生了解离。

含 TLA 的配合物中的铁活性位点因其极大的空间位阻能够保护过氧化物中间体免受氧化分解（这是理想的效果），但同时也使得 O_2 分子（即使体积很小）难以接近铁(Ⅱ)中心，导致氧合反应缓慢（40 ℃时，$t_{1/2} \approx 30$ min）[91]。减少四齿配体的空间堆积未能显著提高氧化速率，可能是 $Fe_2(OH)_2$ 核心更加"紧密"和对称的结构所致。配合物的活化负熵越小，就需要更高的活化焓来弥补（表 4.6），氧键合过程中需要打破较短的 Fe—O(H)键和/或 Fe—N(py)键。

由于配体取代速率限制了 O_2 的键合速率，科学家预测配位不饱和、具有空间位阻或不稳定位点的铁配合物将更容易与 O_2 键合。实际上，通过用 BnBQA 中的非配位苄基替代多齿配体 BQPA 中的一个吡啶，$[Fe_2^{II}(OH)_2(BQPA)_2]^{2+}$ 与氧气键合的速率显著提高了 1000 倍[17]。

碱的加入（NEt_3 或其他非配位胺）不会影响氧化速率，但在某些情况下（特别是 $[Fe_2(OH)_2(BQPA)_2]^{2+}$），它显著提高了过氧化物中间体的产率，表明反应过程中有质子敏感步骤，这一步骤控制了反应初期双氧加合物的活性（图 4.24）。在无碱情况下，氧化物中间体可氧化剩余的二铁(Ⅱ)配合物，生成双氧桥连二铁(Ⅲ)配合物[88]。另外，游离碱可使二铁氧化物中的氢氧桥脱质子，促进二铁(Ⅲ)过氧化物的形成[91]。如果可以避免起始 Fe(Ⅱ)配合物发生竞争或副反应，二铁(Ⅲ)过氧化物亲电性活化可用于氧化反应底物。

可以通过单齿、双齿或桥连方式与金属中心配位的羧酸根配体通常被加入到二铁配合物中，有时它们会改变配合物与氧气反应的活性[17]。例如，含多胺配体以及简单的甲酸根或乙酸根桥连配体的二铁配合物的氧合反应表现为不寻常的三级反应动力学（对二铁配合物为二级，对氧气为一级）（图 4.25）[87]。这种反应的低速率与二铁(Ⅱ)配合物和氧气分子之间的限速缔合一致。科学家提出过渡态二铁(Ⅱ)过氧化物包含一个连接两个二铁中心的侧接过氧化物桥（图 4.25）。分子力学计算表明，这种四核中间体或过渡态是可能存在的。虽然氧气的一级反应排除了分子内羧酸根重排作为决速步的可能性，但羧酸盐重排可能与氧气键合同时发生。$[Fe_2(BIPhMe)_2(HCO_2)_4]$ 的氧化反应活化焓为 33 kJ/mol，活化熵为 –39 J/(mol·K)，负值与氧合步骤为决速步的结论一致。

在简单的双分子反应中，双核羧酸配位的二铁(Ⅱ)配合物与氧气快速键合（对配合物和氧气而言都是一级反应）[92]。XDK-Im 配合物氧化反应的活化参数为 $\Delta H^{\ddagger} = 16$ kJ/mol 和 $\Delta S^{\ddagger} = -120$ J/(mol·K)，与其他二铁(Ⅱ)配合物的参数一致，符合无阻碍氧气配位至空铁(Ⅱ)中心的情况。科学家提出的氧合反应机理包括氧气分子攻击配位不饱和的铁(Ⅱ)中心，随后羧酸根位移并配位到另一个六配位铁(Ⅱ)中心，同时发生配体重排（图 4.26）。

二铁(Ⅲ)过氧化物中间体的生成速率主要取决于含氮碱配体 L_N 的性质。当 L_N 为咪唑或 N-炔基咪唑时，反应非常快（约在 70 ℃下几秒内完成），需要通过停流光谱仪测定；而

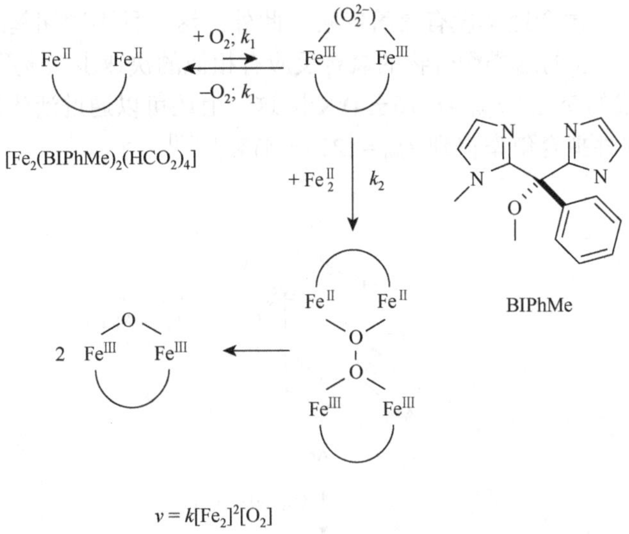

图 4.25　含羧基和 BIPhMe 配体的二铁配合物的三级氧化反应[87]

当 L_N 为吡啶时，反应速率慢了约五个数量级，可以利用常规紫外可见吸收光谱追踪反应。这种效应可解释为咪唑的给电子能力高于吡啶，从而增强了 Fe(Ⅱ)中心的还原能力[92]。然而，碱性单齿配体的效应也可能是由于羧酸根配体的不稳定性和/或二铁(Ⅱ)-羧酸盐核心的某些结构变化所引起的。

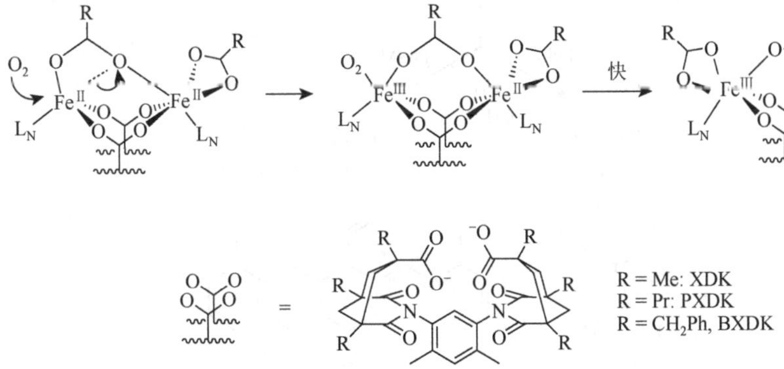

图 4.26　含双核二羧酸配体的二铁(Ⅱ)配合物的氧合反应机理[92]

带有空间位阻的单羧酸盐（如 O_2CAr^{Tol}、$O_2CAr^{Mes_2}$ 和 DXL）（图 4.27 和图 4.28）已被证明能够模拟非血红素二铁酶的活性中心[73,77,93]。在低温下，踏轮配合物[$Fe_2^{II}(DXL)_4(L)_2$]（L = Py、MeIm、THF）在极度干燥的非配位溶剂（如 CH_2Cl_2 或甲苯）中可以氧化生成含有氧分子配位的中间体（图 4.27）[73,90]。这些配位不饱和的配合物（两个铁(Ⅱ)中心都是五配位）迅速发生氧合，反应在几秒钟内完成（$T = -80$℃）。氧气键合为不可逆的二级过程（对二铁配合物和氧气而言均为一级反应），反应活化焓低且活化负熵大（表 4.6）。端基配体 L（如 Py、MeIm 和 THF）对氧合反应的动力学参数影响不大，说明单齿配体的给电子性质对氧气键合速率没有显著影响。此外，这三种不同端基配体的配合物具有相似的动力学参数，表明这类配合物的氧合反应有相似的决速步。该系列的等速温度 T_{iso} 可看作 Eyring 直线的交点 [T_{iso} = (216±4) K]，这一值还可以通过活化焓和活化熵之间的线性关系得出［线性拟合斜率得到 T_{iso} = (215±4) K］[90]。

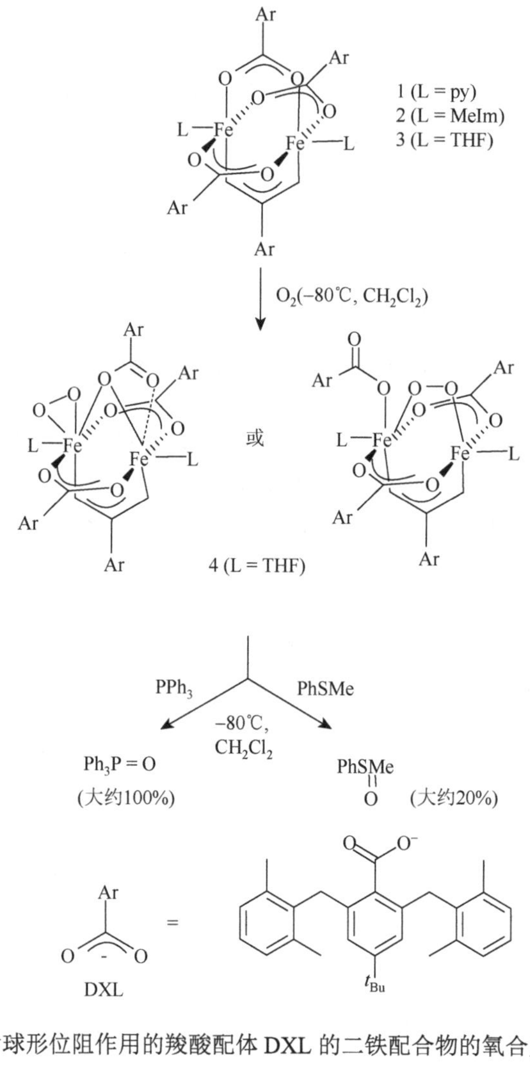

图 4.27 含球形位阻作用的羧酸配体 DXL 的二铁配合物的氧合反应机理[90]

空间限制较大的配合物氧合速度较慢，例如 [Fe_2^{II}(O_2CAr^{Tol})$_4$(4-^{t}Bupy)$_2$]（t≈10 min，-78℃）比 [Fe_2^{II}(DXL)$_4$(L)$_2$]（L = Py、MeIm、THF）（t≈10 s，-80℃）慢[94]。这些数据证明了空间位阻在调控二铁(II)配合物氧化速率中的重要性[17]。有趣的是，在含 O_2CAr^{Tol} 的配合物的反应中未观察到双氧加合物；相反，这个多变的中间体通过单电子转移与另一个二铁(II)分子反应，生成 Fe(II)Fe(III) 和 Fe(III)Fe(IV) 配合物（图 4.28）[94]。此体系中的混价 Fe(III)Fe(IV) 中间体对特定有机底物（如苯酚衍生物）是合适的氧化剂。

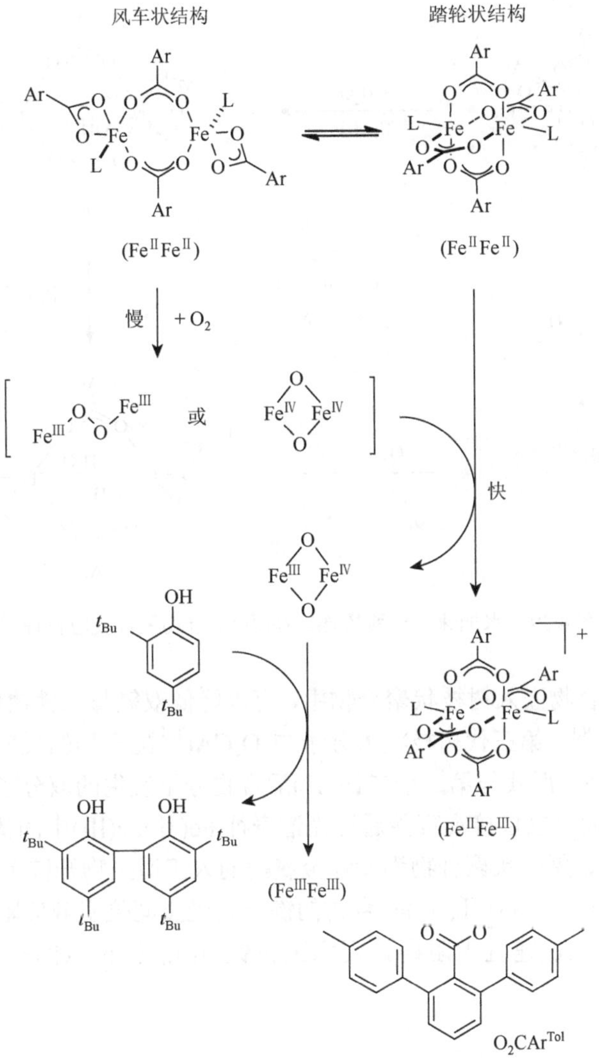

图4.28 含 O_2CAr^{Tol} 配体的二铁配合物（如[$Fe_2^{II}(O_2CAr^{Tol})_4$(4-$^tBupy)_2$]）活化氧分子示意图[94]

科学家开发了一种巧妙的方法来研究二铁羧酸配合物中的结构重排作用[95]。通过在单齿氮杂环分子中引入吸电子基团，这些配合物的吸收峰被移到光谱可观测范围内，因而可以直接观察到从踏轮状分子到风车状分子的转变及其与氧气的后续反应（图4.29）。在风车状分子中，铁中心显然更容易接近反应的氧分子，因此氧化速率加快。更有趣的是，水也能促使踏轮状二铁分子通过结构重排变成风车状分子。因此，在有水的情况下，双氧与踏轮状分子的键合速率可以加快40倍。第一个水分子的加入是整个氧化反应的决速步（图4.29）；第二个水分子迅速加入到第二个铁(Ⅱ)中心，并使双氧可以接近铁(Ⅱ)的反应位点。不稳定的水分子取代也能很容易发生，最终生成氧合物。这些结果显示了水在富含羧酸根的双铁酶中的重要作用[95]。

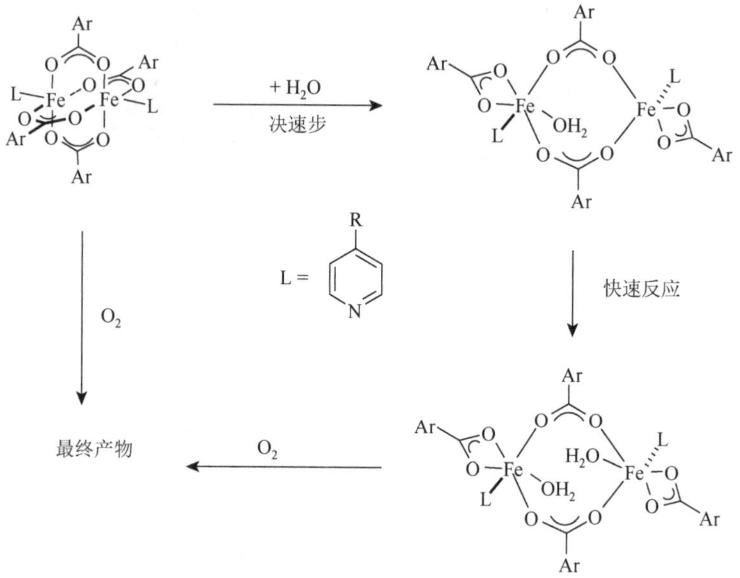

图 4.29　水加速的羧酸桥连二铁(Ⅱ)配合物氧合反应机理[95]

通过将金属配合物嵌入树枝状聚合物中，可以降低双氧与二铁羧酸中心的键合速率，并捕获含氧中间体[96]。第三代树枝状大分子与 O_2CAr^{Tol} 配合物的反应速度是非树枝状大分子的 1/300。此外，后续与第二个二铁(Ⅱ)配合物分子发生的双分子反应在树枝状大分子中受到抑制，从而可以直接观察并通过光谱表征 Fe(Ⅱ)Fe(Ⅲ)中间体（可能是超氧配合物）[96]。氧活化的金属树状聚合物为设计金属酶的人工衍生物开辟了新途径。

综上所述，双氧与二铁(Ⅱ,Ⅱ)配合物的键合是受空间位阻效应限制的内层过程。空间位阻中的氧合反应快速且无阻碍，而六配位铁(Ⅱ)活性位点的氧化反应则受限于配体取代反应。

4.4.3　双氧与二铜配合物的键合：O—O 键断裂并生成双氧桥连化合物

仿生铜化合物的富氧化学为研究二铜-氧中间体的化学结构、生成机理及反应活性提供了重要信息[40, 41, 97-100]。与其他低价过渡金属类似，铜与双氧分步反应。最初形成的单核 $Cu-O_2$ 加合物［端接或侧接的 Cu(Ⅱ)超氧化物或铜(Ⅲ)过氧化物］会与另一个铜(Ⅰ)配合物反应，生成双核 $Cu_2(O_2)$ 配合物（在某些情况下，可形成三核或四核加合物）。这些双氧配合物的结构取决于与铜中心配位的配体的化学性质，其中一些已经通过晶体结构表征。

四齿氮给体配体倾向于形成端接的反式二铜(Ⅱ)过氧化物[41]。Karlin 等制备了 $Cu_2(O_2)$ 的晶体，其结构表明，三甲基吡啶胺配位的配合物与双氧按照上述模式成键（图 4.13）[101, 102]。Cu(Ⅱ)的配位偏好决定了双氧加合物的端接结构。该 d^9 金属离子通常形成五配位的配合物；当四个位点被四齿配体的氮给体占据时，仍有一个位点可用于双氧键合[41, 97]。

三齿和双齿配体在每个金属上至少留有两个配位位点，用于双氧键合。因此，桥

连侧接 O_2 的键合在含这些配体的双核配合物中占主导地位。Kitajima 等[103, 104]首次发表了侧接二铜氧化物的晶体结构,这种氧合物的配体是三吡唑基硼酸盐。该模型化合物的光谱性质与氧合血蓝蛋白的光谱性质极为相似,因此在得到蛋白质晶体结构之前,就能够准确预测其侧接结构。在第一个血蓝蛋白模型中,二铜氧合物中心基本上是一个平面[103, 104],后来发现,不同模型中,该平面有不同程度的畸变[97]。最近的一个例子显示出一种蝶形核心结构,其中每个铜中心配位了一个具有空间位阻的双齿配体斯巴坦(sparteine),并通过一个桥连羧酸根连接[105]。

在侧接二铜氧合物中,O—O 键可以轻易被活化,形成双氧桥连二铜(III)四面体核心结构[40, 85, 106]。Tolman 等报道了这种配合物的首个晶体结构,该配合物含有三氮杂环壬烷配体[106]。随后,科学家在许多化学体系中观察到了大量双氧桥连二铜中间体[97]。在许多情况下,二铜(II)过氧化物和双氧桥连二铜(III)化合物可以轻易地相互转化(图 4.30)[40]。

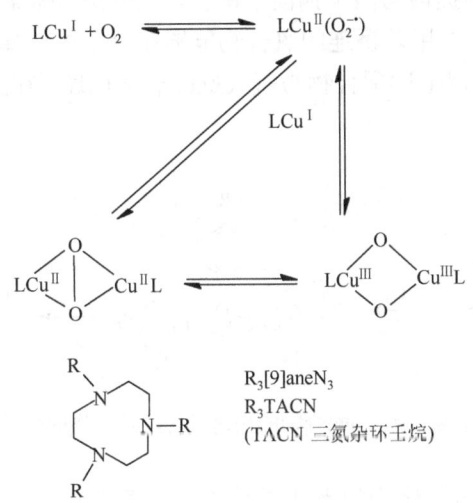

图 4.30 二铜氧合物的形成以及二铜(II)过氧化物和双氧桥连二铜(III)化合物之间的相互转化[40]

停流技术可以用于探讨单核铜(I)配合物的氧合机理,这些研究揭示了两步氧合反应中的三种主要动力学机理[40, 99]。在某些情况下,第一步反应(可逆生成 1∶1 的 Cu-O_2 加合物)的速率与第二步反应 [$Cu^{II}(O_2^-)$ 与另一分子 Cu^{I} 原料反应] 的速率相当[99]。这种情况最早在形成端接桥连过氧化物的配合物中被观察到[99]。通过对时间分辨光谱数据的全局分析,键合超氧化物和过氧化物中间体的显著吸收差异,可以精确确定四个速率常数。在无空间位阻的配体(如 4-取代的 TPA 衍生物,图 4.13)中,两个反应步骤的氧合速率似乎都受限于配体的取代(例如,配位溶剂分子被引入的 O_2 或 Cu^{II}-O_2^- 取代)[107]。进一步地,TPA 和 N-烷基化的 TREN 在生成过氧化物配合物的速率几乎相同,尽管后者被认为是更强的电子给体[108]。然而,氧与 Cu(Me_6tren)$^+$ 的键合平衡常数更高;K_1 值高出其他体系 2~4 个数量级。有趣的是,K_2 值仅相差 5 倍,比 TPA 体系的 K_2 值略高一些。正如氧合反应体系中常见的那样,电子效应主要表现在氧气解离速率上。正如预期,空间位阻配体显著减缓甚至完全抑制了二铜(II)过氧化物的生成[40]。

二铜氧化物的形成通常不是熵驱动的。一个可能的解决方案是通过共价键将两个铜键合位点连接起来，预先准备以便双氧配位[41, 99]。为了使这种"预先准备"成功，二铜(I, I)的构型必须与生成的双氧加合物的构型相匹配。灵活的连接配体，例如不同长度的聚亚甲基链，允许体系在氧化过程中进行大的构型调整。然而，这些非刚性配体的熵增很小，通常需要重组焓来补偿，从而抑制重组的发生[41]。这些趋势也在一系列由$(CH_2)_n$连接的氨吡啶配体上得到了证明[99]。在这些灵活的体系中，双分子（在二铜配合物中的）氧合反应与单分子氧合反应相互竞争；反应初期生成的 Cu^{II}-O_2^{-} 加合物可以攻击位于配体的第二个铜(I)位点，或者攻击另一个二铜(I)分子中的铜(I)位点。这些二核配体配合物的非理想几何结构通常导致 Cu_2-O_2 中心呈现非平面的"蝴蝶状"构型[41]。

当使用刚性芳香环代替柔性脂肪链时，生成过氧化物的速率非常快[41, 99]。例如，含间二甲苯的双齿配体能够提前与两个铜离子键合，以便进行双氧键合（图 4.31）。更有趣的是，科学家发现这些间二甲苯桥连的氧合物能够在分子内选择性羟基化芳香环。此外，独立制备的苯氧基桥连二铜(I)配合物与氧气反应非常迅速，在生成的氧化物中，双氧以非对称方式配位[41]。

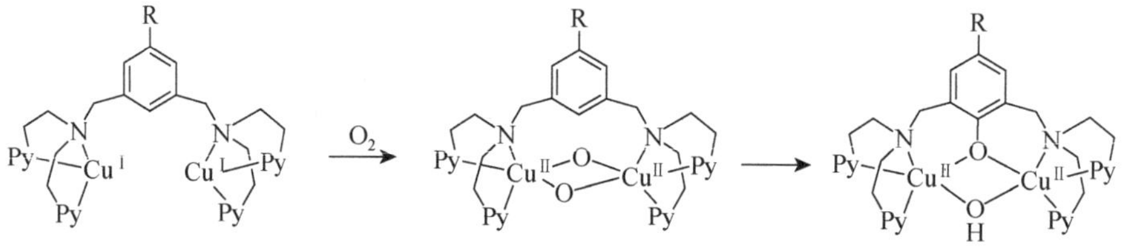

图 4.31　间二甲苯桥连二铜(I)配合物的快速氧化及其产物的分子内芳香环羟基化[41]

在许多情况下，二铜氧化物的形成过程中未观察到中间体。可能的原因有两种：①第一步为决速步，生成1：1的Cu-O_2加合物，后续反应步骤都非常快；②1：1的Cu-O_2加合物形成迅速，平衡更倾向于反应物，而随后形成$Cu_2(O_2)$配合物的反应则为速率限速步骤[40]。第一种情况通常会产生简单的混合二级速率定律[铜(I)配合物的一级反应与双氧的一级反应]；活化参数反映了$Cu(I)$与单个氧配位的效应（通常伴随着较小的活化焓和负的活化熵）。含三异丙基三氮杂环己烷的铜(I)配合物就是这种动力学行为的一个很好例子[40]。

第二种情况则表现为三级氧化反应速率（铜配合物为二级，O_2为一级）[40]。

整个过程的速率常数 k 如下：

$$k = K_1 k_2 \tag{4.28}$$

有效的活化参数反映了生成 $Cu^{II}(O_2^{-})$ 的反应焓及后续步骤的活化焓贡献，$Cu^{II}(O_2^{-})$ 与 Cu^I 反应生成 $Cu_2(O_2)$。

$$\Delta H^{\ddagger} = \Delta H_1^{\circ} + \Delta H_2^{\ddagger} \tag{4.29}$$

由于得到的活化参数由多个因素组成，有效活化焓可能为负值，这在一些反应中确实被观察到，例如，6-PhTPA[109]及其他一些TPA衍生物[107]配位的铜(Ⅰ)配合物的氧合反应中。

二铜氧合物的一个显著特征是它们能够在侧接铜(Ⅱ)过氧化物（$Cu^{Ⅱ}$）和双氧桥连二铜(Ⅲ)配合物这两种同分异构体之间快速相互转化（图4.30）[40, 41, 97]。这两种形式的能量非常接近，并且经常在平衡状态下共存，在许多情况下，通过改变反应条件（如溶剂、反离子或温度）可以轻松调节平衡。双氧桥连二铜(Ⅲ)配合物从焓的角度来看是稳定的，但从熵的角度来看则是不稳定的。例如，对于含三异丙基三氮杂环己烷的体系，如图4.30所示反应的平衡参数为 $\Delta H^\circ = -3.8$ kJ/mol，$\Delta S^\circ = -25$ J/(mol·K)[110]。

双氧桥连二铜(Ⅲ)配合物的相对稳定性取决于配体的结构（配位程度、体积和电子供给能力）。双齿配体倾向于稳定双氧桥连的二铜(Ⅲ)核心[97, 111]，这归因于 d^8 金属离子Cu(Ⅲ)更偏好平面四边形配位构型[97]。然而，许多三齿配体也形成了双氧桥连二铜(Ⅲ)配合物。密度泛函理论计算表明，双氧桥连二铜(Ⅲ)配合物的结构比侧接铜(Ⅱ)过氧化物的结构更稳定。然而，许多侧接铜(Ⅱ)过氧化物也是二铜化合物。空间位阻使得更紧密的二铜(Ⅲ)四面体核心变得不稳定，该核心中的铜原子间距约为2.8 Å[而侧接铜(Ⅱ)过氧化物的铜原子间距为3.6 Å][40, 41, 97]。因此，要获得二铜(Ⅲ)配合物和相关中间体时应避开空间位阻较大的配体。电子效应有时也可用于稳定双氧桥连二铜(Ⅲ)配合物：电子给体配体有利于金属高价态的稳定。然而，配位阴离子通常有利于形成二铜(Ⅱ)过氧化物，因为与其他配体的键合会增加金属的配位数，从而使紧密的二铜(Ⅲ)四面体核心不稳定。

在绝大多数情况下，侧接过氧化物与双氧桥连化合物之间的重排非常迅速，因此O_2与铜(Ⅰ)配合物的键合会生成最稳定的异构体（或在两者稳定性接近时，生成两种异构体）。当两种异构体处于快速平衡状态时，铜(Ⅰ)前驱体与氧气反应生成的异构体的生成速率是相同的。当体系更倾向于形成双氧桥连二铜(Ⅲ)化合物时，该化合物直接由两个铜(Ⅰ)配合物分子与一个O_2分子[或在某些情况下由一个双核配体配位的二铜(Ⅰ)配合物分子与一个O_2分子]键合而成。与大多数氧化反应一样，反应速率非常快，即使在低温下也如此，且反应的活化能垒很低[40]。整个双氧键合过程可以用式(4.30)来描述。

$$2(L)Cu^{Ⅰ} + O_2 \longrightarrow (L)Cu^{Ⅲ}(\mu\text{-}O)_2Cu^{Ⅲ}(L) \qquad (4.30)$$

该反应的最终结果是O—O键完全断裂，每个铜中心的氧化态增加2。这种O—O键的断裂并不总是完全的，且通常是可逆的。二铜体系通过O—O键的断裂为双氧的活化提供了机会；由此产生的铜(Ⅲ)配合物可以作为多种反应底物的氧化剂[40]。

4.4.4 四电子双氧还原

二铜(Ⅰ)配合物还原双氧生成双氧桥连二铜(Ⅲ)配合物[式(4.30)]可以视为一个四电子过程。除了铜之外，其他过渡金属的仿生体系中的双氧四电子还原也会生成高价四方锥核心的产物或中间体。例如，三齿或四齿配体的单核Ni(Ⅰ)配合物与O_2反应会生成双氧桥连二镍(Ⅲ)配合物[51]。与二铜体系不同的是，双氧桥连二镍(Ⅲ)配合物在热力学上比其侧接过氧化物异构体更稳定，两者之间不存在化学平衡。尽管科学家已经发现了几种镍(Ⅰ)配合物氧化反应中的中间体，但这些反应的动力学分析尚未见报道[51]。锰配合物与 O_2 也发生类似的四电子反应[14]，但金属的"低"价态现在为 Mn(Ⅱ)，而"高"价态($n+2$) 为 Mn(Ⅳ)。

$$2Mn(Ⅱ) + O_2 \longrightarrow Mn^{Ⅳ}(\mu\text{-}O)_2Mn^{Ⅳ} \tag{4.31}$$

强的给电子配体可用于调节 $Mn^{Ⅲ}/Mn^{Ⅱ}$ 和 $Mn^{Ⅳ}/Mn^{Ⅲ}$ 氧化还原电对的电势，从而大幅提高锰(Ⅱ)配合物的氧合反应活性。最终产物的四方锥核心结构无法适应刚性、平面配体(如卟啉或酞菁)，但它可被由衍生自水杨醛和丙二胺（SALPRN）衍生的席夫碱稳定，这类配体相对灵活[112]。虽然科学家确信双氧桥连二锰(Ⅳ)四方链核心的制备是一个多步骤过程，但这一反应的具体机理尚不清楚。

在生物学中，某些著名的金属蛋白中的多核中心可有效催化四电子氧还原，如细胞色素 c 氧化酶和多铜氧化酶[113]。光合成系统Ⅱ或多铜氧化酶中的锰原子簇可以完成可逆的四电子过程氧化水[114, 115]。尽管水的氧化过程很难直接视为双氧活化，但在机理上，这些可逆反应具有某些共同的特征。有趣的是，科学家设计了包含血红素铁和铜的仿生杂金属配合物，用于模拟细胞色素 c 氧化酶的活性位点[116-118]。这些化合物在反应初期与双氧键合，这与单一金属[铜(Ⅰ)中心在铁(Ⅱ)卟啉位置上]与双氧的配位相似。然而，后续反应的中间体与纯的血红素或铜体系有所不同，这些中间体包括不对称的 $\mu\text{-}\eta1:\eta2$ 过氧化物[116]和 $Fe(Ⅳ)\text{-}Cu^{Ⅱ}(OH)$ 配合物[119]。最近发现，这些多金属配合物还可用于电催化水的氧化反应[120]。

4.5 金属-氧中间体的反应

4.5.1 金属酶的氧活化作用

金属酶能够高效催化含氧有机分子的选择性氧化反应。虽然对该主题的全面讨论超出了本章的范围，但对酶促氧活化的基本了解可以加深我们对活性中间体作用的理解，并揭示常规多步骤还原氧分子反应中的难点。细胞色素 P450 提供了一个血红素单加氧酶中氧原子转移的典型示例（通常称为"血红素范例"），但围绕其机理的一些问题仍存在争议且备受质疑[58, 121]。

图 4.32 中描述的共识机理包括：首先，$(P)Fe^{Ⅲ}$ 发生单电子还原，随后 O_2 键合到 $(P)Fe^{Ⅱ}$ 的空位上，生成铁(Ⅲ)超氧加合物 $(P)Fe^{Ⅲ}(O_2^-)$。该双氧配合物通过进一步的单电子还原和质子化转变为铁(Ⅲ)过氧化氢配合物。电子由 NADPH 提供，并通过还原酶辅助的电子转移路径传递。通过 $(P)Fe^{Ⅲ}$ 与过氧化氢的反应（"过氧化物分流器"通道）可以生成相同的 $(P)Fe^{Ⅲ}(OOH)$ 中间体。质子辅助的 O—O 键均裂可以生成高活性的氧化铁(Ⅴ)中间体 $[(P)Fe^{Ⅴ}\!\!=\!\!O \leftrightarrow (P^+)Fe^{Ⅳ}\!\!=\!\!O]$，该中间体能够快速羟基化酶口袋中的底物分子，从而结束催化循环并再生酶中的高价铁。值得注意的是，细胞色素 P450 的双氧活化涉及两个电子转移及质子转移过程。

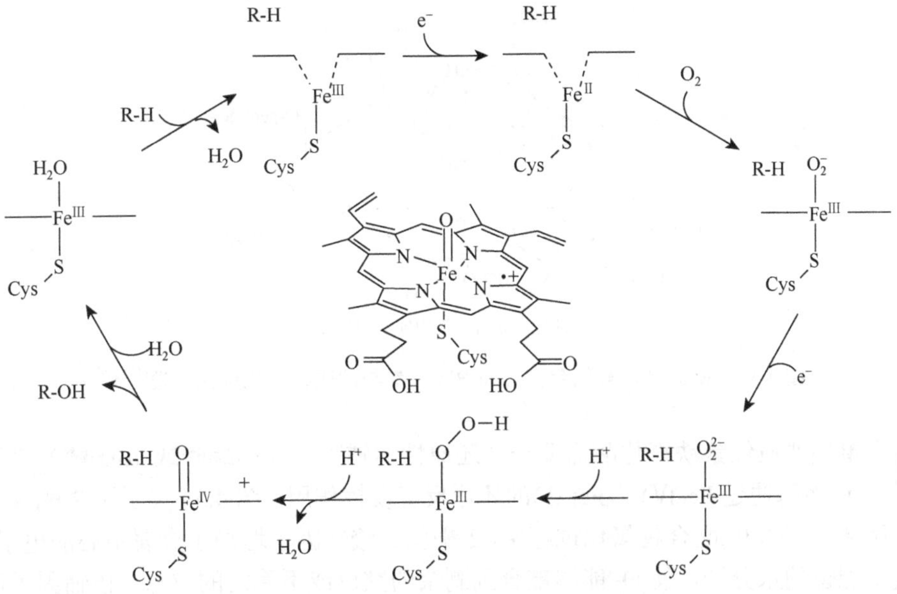

图 4.32 细胞色素 P450 催化的底物氧化反应机理[58, 124]

类似于过氧化物酶和过氧化氢酶化合物 I（Cpd I）的反应，科学家推测 P450 反应中存在高价铁-卟啉自由基中间体。直到最近，实验数据才证明了这一极不稳定中间体的存在[122]。科学家提出，细胞色素 P450 的 Cpd I 中间体参与了烷烃羟基化的机理，该机理包括脱氢和随后的重新氧化[121]。尽管 P450 循环中存在其他中间体，如 Fe(III)—OOH 和 Fe(IV)=O，它们有时也被认为是活性分子[123]，但它们的氧化能力似乎较低[124]。

血红素的电子结构非常适合稳定高价态的中间体。细胞色素 P450 和相关血红素酶利用了这一特性，并将 Fe(V)→Fe(III) 转变用于底物的双电子氧化。当然，体系还必须提供一个额外的电子以再生氧敏感的 Fe(II) 并关闭催化循环。在没有卟啉配体的情况下，不同的中间体也能够进行催化氧化。例如，单核体系的铁博来霉素化合物（Fe-Blm）活化氧并引发氧化性 DNA 损伤，这被认为是该药物抗癌活性的原因[23, 125, 126]。铁博来霉素活化 DNA 的步骤（图 4.33）包括 O_2 与 Fe(II) 中心的键合，随后通过单电子还原反应形成"活化博来霉素"，并与底物发生反应（如 DNA 断裂中发生 4′-氢从糖中被提取）。另一个单电子还原反应再生了 Fe(II)；在生物体内，铁博来霉素活化氧的电子的确切来源尚未确定。也可能发生铁博来霉素的过氧化物分流活化（peroxide shunt）。"活化博来霉素"$Fe^{III}(OOH)$ 可能经历了 O—O 键的均裂或异裂，或者直接攻击其底物。最近，有光谱和动力学证据表明，DNA 可能直接与"活化博来霉素"发生反应[127]。

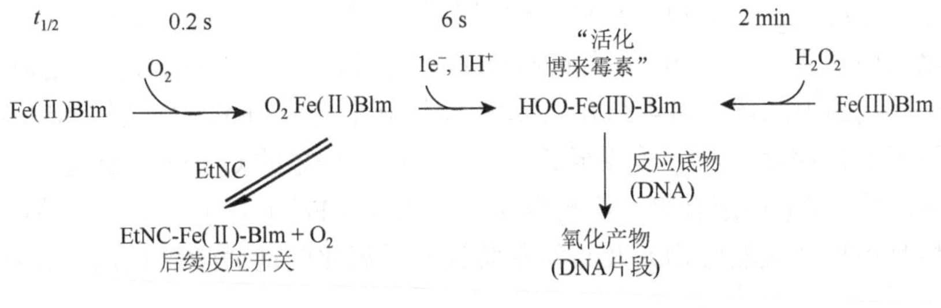

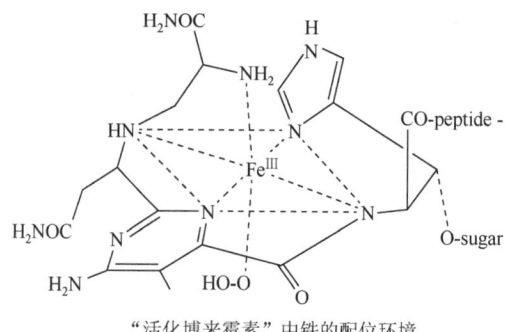

"活化博来霉素"中铁的配位环境

图 4.33 铁博来霉素化合物（Fe-Blm）参与的底物氧化反应机理[17, 126]

许多单核非血红素铁氧化酶需要一个还原性的辅因子（如蝶呤或 α-酮酸）来活化双氧[23, 128]。这些酶通过 Fe(Ⅳ)→Fe(Ⅱ) 的还原反应发挥作用。图 4.34 展示了 2-酮戊二酸酶的催化循环。在铁(Ⅱ)配合物氧化过程中，2-酮戊二酸辅因子增加了金属中心的电子密度，并取代了配位的水分子，使 O_2 能够键合到剩余的空位或不稳定的位点。该辅因子还提供了另一个亲电中心用于键合 O_2，并在双电子氧化的同时生成铁(Ⅳ)。琥珀酸作为单齿配体，在下一个催化循环中很容易被 2-酮戊二酸辅因子取代[23, 128]。

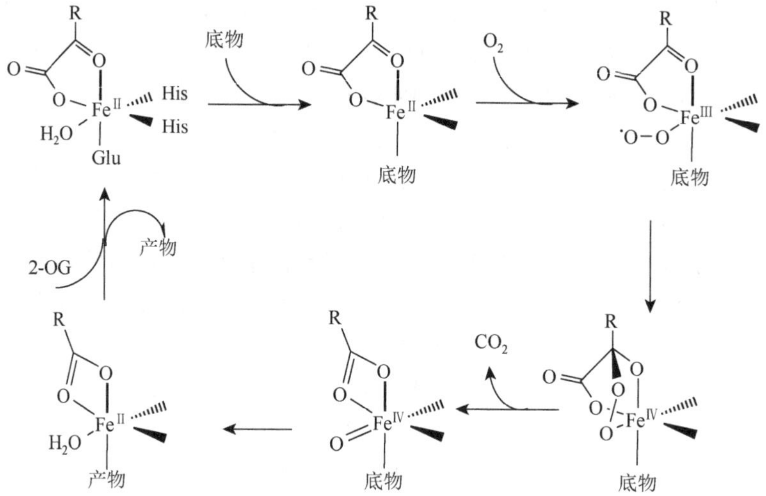

图 4.34 2-酮戊二酸酶的催化循环示意图[128]

双核体系在催化反应中会利用两个铁中心，例如被广泛研究的甲烷单加氧酶（MMO）体系，该体系使用 Fe_2^{IV}/Fe_2^{III} 氧化还原对进行双电子氧化反应，其羟化酶部分的中间体 Q 将甲烷转化为甲醇[76]。二铁(Ⅱ)形式的 MMO 与 O_2 反应生成二铁(Ⅱ)过氧化物 P，P 是光谱上首次观察到的中间体（图 4.35）。尽管中间体 P 本身不与 MMO 的原始底物反应，但一些数据显示 P 能够将氧原子转移至烯烃。通过质子诱导的 O—O 键断裂，中间体 P 进一步转化为高价二铁(Ⅳ)配合物，该配合物很可能具有 $Fe_2^{IV}(\mu\text{-}O)_2$ 核心。这种被称为 Q 的高价中间体是甲烷（天然底物）及其他脂肪族分子氧化的动力学氧化剂。底物的羟基化生成类似于酶的二铁(III)配合物。科学家通过注入 NADH 的两个电子结束催化循环,该过程由 MMO 还原酶介导。

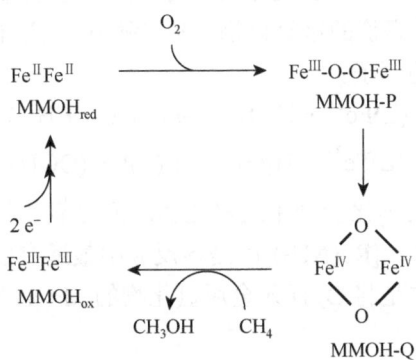

图 4.35　可溶性甲烷单加氧酶（羟基酶组分）（sMMOH）催化底物羟基化机理示意图[17, 76]

简单描述几个氧活化酶的催化循环不足以揭示金属蛋白结构、反应及其相互作用的复杂性与美妙。通过仔细研究这些反应机理,可以发现科学家在设计合成催化剂时经常忽视的一些共同特征。在反应初期,双氧与低价金属在空位处的键合通常很容易发生,随后引发一系列反应,生成各种金属-氧中间体。超氧化物、（羟基）过氧化物以及高价金属-氧中间体被发现,多个中间体可能参与了天然和非天然底物的氧化[123]。为生成活泼的高价金属-氧中间体和/或通过再生容易氧化的低价金属中心以结束催化循环,体系需要额外的电子和质子。换句话说,氧化酶需要牺牲还原剂。在模拟加氧酶催化活性的合成体系中,电子和质子传递的时空控制是一个极具挑战性的课题。

4.5.2　在合成体系中生成金属-氧中间体

正如前面讨论的那样,低价金属化合物与 O_2 的直接反应会生成各种金属-氧中间体,包括超氧化物、过氧化物和高价金属氧化物。然而,除了超氧化物和双核过氧化物之外,还有许多更通用的替代方法来生成这些中间体,并且这些方法通常能得到更好的结果[15, 16]。

对于金属超氧化物,$(L)M^{(n+1)}(O_2^-)$,最常见的制备方法是由 $(L)M^{n+}$ 和 O_2 反应生成。这些双氧加合物大多不稳定,通常会参与后续反应（最常见的是分解生成过氧化物桥连二聚体）。另外通过与无机超氧化物（如 KO_2）直接反应,也可能生成过氧化物配合物。

$$(L)M^{(n+1)} + O_2^- \longrightarrow (L)M^{(n+1)}(O_2^-) \tag{4.32}$$

如果使用低价金属配合物 M^{n+},则会形成过氧化物（详见下文）。大多数过渡金属离子能够在一定程度上催化超氧化物的分解（表现出超氧化物歧化酶的活性）,因此限制了反应 (4.32) 在合成或原位生成金属超氧化物中的适用性。

在某些情况下,低价金属配合物和 O_2 可以直接合成金属过氧化物,包括:①单核金属配合物前驱体容易发生双电子氧化,Mn(II)配合物是很好的例子,$(L)Mn^{2+} + O_2 \longrightarrow$

$(L)Mn^{IV}(O_2^{2-})$[14]；②单核或双核前驱体产生（$n+1$）价金属离子的双核过氧化物，钴(Ⅱ)、铁(Ⅱ)和铜(Ⅰ)配合物提供了许多这种例子。另一种常用的合成过氧化物配合物的方法是让$(L)M^{(n+1)}$与过氧化氢直接反应。此方法适用于中、高价金属。一种变通的方法是从低价金属配合物开始，生成较高价的过氧化物。在这种情况下，H_2O_2既是氧化剂也是配体。铁的化学反应是一个很好的例子。

$$(L)Fe^{2+} + H_2O_2 \longrightarrow (L)Fe^{3+} + H_2O \quad (4.33)$$

$$(L)Fe^{3+} + H_2O_2 \longrightarrow (L)Fe^{III}(OOH) \quad (4.34)$$

配位氢过氧化物的脱质子化会产生过氧化物。氢过氧化物配合物也可以通过超氧化物中间体的单电子还原合成；$[Ru(NH_3)_6]^{2+}$是该反应中最适宜的还原剂之一[15]。另一种有效的制备氢过氧化物的方法是将O_2插入金属氢化物的M—H键中；铂、铑和钴配合物都是已知的例子[14, 15]。

高价金属氧化物，$M^{(n+2)}$=O，也许是最有效的有机底物氧化剂。在某些情况下，它们可以直接由M^{n+}和O_2生成。例如，水合的Cr^{2+}与O_2反应生成$Cr_{aq}O^{2+}$[15]；其他铁化学和钌化学的例子已在4.3.3节中介绍。如果使用O_3代替O_2，可以绿色地生成水合的Fe^{IV}=O[71]。对于双核配合物，与O_2的反应可以直接生成高价配合物（4.4.3节中提到的Cu^ICu^I生成双氧桥连二铜配合物 $Cu^{III}(\mu\text{-}O)_2Cu^{III}$)。然而，对于大多数过渡金属配合物而言，获得高价金属氧化物的最佳方法是通过$(L)M^{n+}$与各种氧原子给体反应[如胺氧化物R_3NO、亚碘酰苯及其易溶衍生物ArIO、高碘酸钠$NaIO_4$、过氧酸RC(O)OOH等]。这种化学最初用于金属卟啉，但也适用于非卟啉过渡金属配合物。虽然金属离子的形式氧化态由于氧原子转移增加了2，但金属在此反应中初始和最终的氧化态取决于配体的电子特性。给电子能力强的卟啉支持 Fe(Ⅲ)$\longrightarrow$Fe(Ⅴ)氧化，而中性氨吡啶配体则支持Fe(Ⅱ)$\longrightarrow$Fe(Ⅳ)氧化[57, 58]。

$$(P)Fe^{III} + ArC(O)OOH \longrightarrow (P)Fe^V=O \rightleftharpoons (P^{\cdot+})Fe^{IV}=O + ArCOOH \quad (4.35)$$

$$(TMC)Fe^{II} + ArC(O)OOH \longrightarrow (TMC)Fe^{IV}=O + ArCOOH \quad (4.36)$$

理论上，$M^{(n+1)}$化合物的单电子氧化反应也可以生成高价金属-氧中间体，$M^{(n+2)}$=O。例如，氨基吡啶配体支持的铁(Ⅲ)氢过氧化物或烷基过氧化物的 O—O 键均裂可生成Fe^{IV}=O 化合物[57]。

$$(L)Fe^{III}(OOR) \longrightarrow (L)Fe^{IV}=O + RO^{\cdot} \quad (4.37)$$

双核配合物的类似反应有时会生成混价中间体，例如，二铁(Ⅲ)TPA 配合物与H_2O_2反应生成四方锥核心 $Fe^{III}(\mu\text{-}O)_2Fe^{IV}$[85]。

4.5.3 合成的金属超氧化物、金属过氧化物和金属-氧配合物的反应活性

金属-氧中间体通过多种反应路径与无机或有机底物发生反应，包括氧原子转移、氢原子转移、氢化物转移、电子转移、质子耦合电子转移反应、自由基反应等[14-16]。金属的性质与价态、配合物的核性质、氧衍生物配体的配位模式和质子化状态决定了优先发生的反应路径。

M^{n+} 和 O_2 可以直接生成超氧化物配合物。然而，这些双氧配合物通常是较弱的氧化剂。典型的单核天然和仿生氧载体［如肌红蛋白、共球蛋白、钴(Ⅱ)大环等］的超氧化物可能发生自由基偶联反应［例如，与 NO 反应生成过氧亚硝酸盐，反应式 (4.38)］[15]，有时也会氧化 O—H 键较弱的有机化合物，如苯酚[15,37,38]。对于相对稳定的模型体系（如铬和铑的超氧配合物），可以深入研究这些反应的机理[14-16]。例如，$Cr_{aq}OO^{2+}$ 与铑氢化物的反应明显是脱氢反应；这些反应在热力学上有利，并且显示出较大的 H/D 动力学同位素效应（在某些情况下，观察到 $k_{RhH}/k_{RhD}\approx 7$，表明可能存在隧穿效应）[15]。脱氢反应还主导了 2,4,6-三烷基苯酚与 $Cr_{aq}OO^{2+}$ 的氧化反应。

$$M^{(n+1)}(O_2^-) + NO \longrightarrow M^{(n+1)}[OON(O)]^- \qquad (4.38)$$

金属过氧化物的反应活性取决于氧的配位方式，这可以通过铜氧化学反应加以说明。端接的铜(Ⅱ)超氧化物，如［$Cu^{II}(TMG)_3TREN(\eta^1\text{-}O_2^-)$］（图 4.13）[42]，容易氧化新加入的苯酚（类似于上述其他金属超氧化物中间体），并引发相对较难发生的分子内氧化反应（如在氢原子给体 TEMPOH 存在时，三脚架配体上 CH_3 基团的烷基化反应）[129]。相比之下，含酮基亚氨酸配体的侧接超氧化物（图 4.15）与还原性底物基本不反应；反应中未观察到苯酚氧化，三苯基膦没有形成氧化膦，而是取代了 O_2 配体[53]。酮基亚氨酸配体的强给电子能力也导致其铜(Ⅱ)超氧化物的氧化性较弱。进一步的研究，比较同类或相似多齿配体的配合物中金属与超氧化物的不同配位模式将会非常有趣。

双核金属配合物与超氧化物键合的例子仍然较少；它们的反应活性类似于单核超氧化物的反应活性。最近一项关于含 $(6\text{-}Me)_3TPA(TLA)$（图 4.13）羟基桥连二铁配合物氧化反应的研究报道了一个相对不稳定的中间体，经共振拉曼（resonce Raman，RR）光谱鉴定为 Fe(Ⅱ)Fe(Ⅲ)配合物，其中一个铁与超氧化物端接配位[78]。该物质在-80℃下氧化 2,4-二叔丁基苯酚。虽然动力学效应较小，但测得 H/D 为 1.5，表明该过程遵循质子耦合电子转移反应机理。有趣的是，同一体系中的过氧化物桥连配合物中间体（图 4.24）不与苯酚或其他底物发生反应。考虑到过氧化氢的高反应活性，科学家未曾预想到二铁过氧化物中间体的氧化活性如此之低。下面简要讨论金属过氧化物的反应性。

金属过氧化物在结构和反应活性上差异很大。高价金属和低价金属的过氧化物分别代表了两个极端。当然，大多数化合物处于这两个极端之间，将它们全部描述为极端是不合理的。高价金属（如 Re^{VII}、Cr^{VI}、Mo^{VI}、W^{VI}、V^V 等）优先形成氧阴离子，其中一个或多个氧原子可以被过氧化物取代。除非金属中心具有强氧化性并倾向于与配位的过氧化物发生反应（产生氧气），否则这些高价过氧化物通常相当稳定，且易于结晶。高价金属离子配位后，过氧化氢的酸性增强，因此在大多数实际条件下更倾向于生成双去质子过氧化物阴离子；侧接配位模式最为常见。尽管缺少质子，但与高价金属配位的过氧化物被活化具亲电性，能将氧原子转移到底物上[16]。

对中间价的金属离子，观察到类似的过氧化物或烷基过氧化物配体亲电性活化。例如，环氧化反应利用了烷基过氧化氢在钛(Ⅳ)上的亲电活化作用。值得注意的是，高效的环氧化反应需要底物在配位烷基过氧化物附近结合，因此该反应的底物适用范围主要限于烯丙醇衍生物（烷氧基起锚定作用）[1,45]。

氧化酶的催化循环通常涉及不同结构的金属过氧化物中间体（图 4.32～图 4.35）。然而，在大多数情况下，这些过氧化物并不是天然底物的理想氧化剂。相反，它们往往会经历进一步的反应（通常是 O—O 键断裂，产生高价金属氧化物），从而生成更活泼、具备动力学优势的氧化剂。然而，一些过氧化物能够与酶催化和合成系统中的底物发生反应。

去质子的过氧化物与低价和中间价的金属倾向于侧接配位，且具有亲核性。例如，铁(III)-卟啉过氧化物是亲核性的：它们不会将氧原子转移到富电子底物（如富电子烯烃）上，而是发生缺电子烯烃的环氧化反应或醛的氧化反应[130]。含有去质子过氧化物的二铁(III)配合物也是亲核的弱氧化剂[17, 77, 86]。科学家对含有空间位阻羧酸配体的配合物进行了详细研究，揭示了过氧化物配体附近底物的关键作用。例如，底物与 $Fe_2^{III}(O_2)(DXL)_4(THF)_2$（图 4.27）中的一个铁中心配位是生成磷化氢的必要条件，类似于浓度饱和效应。磷化氢氧化物的生成由端基单齿配体（THF）与进入底物的取代反应速率控制。具有牢固结合的吡啶或咪唑配体的配合物不氧化三苯基膦[73, 90]。配位膦化合物的较高反应活性间接证明了这些脱质子的过氧化物配体的亲核性。然而，即便是亲核性的过氧化物也能够将氧原子转移到附近的底物上。Tshuva 和 Lippard[77]还报道了共价键底物氧化反应中类似的"邻近效应"。

不同类型的仿生双核过氧化物在氧化活性上有所不同，双氧桥连二铜配合物的活性明显高于顺式过氧化物桥连铁(III)配合物[40, 41]。这些配合物参与多种分子内氧化反应（如配体芳香环、苯环或脂肪烃的羟基化）和分子间氧化反应（如与苯酚或苯酚盐、膦类、硫化物反应）。有趣的是，端接或桥连的二铜过氧化物在反应中表现出亲核性。通过质子转移将苯酚盐转化为苯酚，将 CO_2 转化为过碳酸盐，但不会将氧原子转移到磷类化合物上（相反，发生配体取代反应，PAr_3 取代 O_2^{2-}）。相比之下，由氨基吡啶配位的侧接二铜过氧化物将氧原子转移到磷化合物上，并氧化苯酚，在反应中表现出亲核性[41]。一系列苯酚衍生物的氧化速率通过 Marcus 方程与底物的氧化还原电位相关联；这些结果表明，此类反应是一种质子耦合电子转移反应，而非简单的脱氢反应[39, 131]。侧接二铜(II)过氧化物的 O—O 键活化能垒较低，裂解后形成双氧桥连二铜配合物（图 4.30），被认为是更有效的氧化剂。有科学家认为，在进攻底物前，二铜(II)过氧化物可能转化为二铜(III)氧化物，某些情况下确实如此，但在其他情况下，过氧化物本身充当氧化剂，O—O 键断裂的同时将氧原子转移到底物上[39-41]。通常，二铜(II)过氧化物优先进行氧原子转移，而双氧桥连二铜(III)配合物则是夺氢反应中最活跃的中间体。类似于二铁(III)过氧化物，这两种铜-双氧加合物通常会氧化已配位的底物。

过氧化物配体的亲电活化可以通过质子化来实现，这通常会产生端接配位的氢过氧化物[16]。例如，铑和铬的过氧化氢配合物可以有效氧化无机底物，如卤素阴离子，这些反应是酸催化的[16]。一些酶催化的氧化反应会涉及过氧化氢中间体，如细胞色素 P450 催化的羟基化反应（图 4.32）。尽管有大量证据表明 P450 可能有多条反应路径，但$(P)Fe^{III}$—OOH 中间体是否真正参与反应仍有争议[132]。另外，一种非血红素复合物——活化博莱霉素，被认为具有铁(III)过氧化氢结构（图 4.33），似乎至少可以直接与某些底物反应，包括其天然底物 DNA[127]。有趣的是，铁博来霉素可能是一个相对特殊的铁(III)过氧化物配合物，在动力学上能够直接氧化底物。尽管在非血红素铁化学中观察并表征了许多类似的物质，并提出它们可能参与了 H_2O_2 氧化底物的催化循环[90, 128]，最近的直接实验表明，纯 Fe^{III}—OOH 化合物是一种弱氧化剂，它不能将氧原子转移到烯烃，甚至不能转移到本应较易反应的磷化物等底物上[132]。看起来，过量的氧化剂（H_2O_2）通常会缩短金属过氧化氢中间体的寿命，但增加其反应活性。这意味着可能形成了 M(OOH)以外的中间体，尤其是在过量的 H_2O_2 存在时，这些中间体将是良好的氧化剂。常被科学家提起的这些中间体包括高价金属氧化物（如 Fe^{IV}=O 或 Fe^{V}=O，两者分别通过 O—O 键均裂或异裂分解生成）。一个有趣的情况可能会发生，那就是氧化剂配位到高价金属物种上。提出这一机理以解释交叉桥连 cyclam 配体的锰(Ⅳ)氧化物催化 H_2O_2 烯烃环氧化的反应路径，其中(L)Mn^{IV}=O 和(L)Mn^{V}=O 是存疑的（前者是不活跃的，后者从未观察到）；Lewis 酸活化配位到 Mn^{IV}=O 的 H_2O_2 解释了观察到的反应活性和 ^{18}O 标记的实验结果[133]。类似的路径可能存在于 Corrolazine 中的 Mn^V=O 配合物催化 PhIO 的氧原子转移反应中；高价 Mn(Ⅴ)-氧配合物本身是稳定且不活泼的，而它与 PhIO 的加合物(L)Mn^V(O)(OIPh)则是一种强氧化剂[64]。

为了氧化富有挑战性的底物，必须生成真正的活性中间体。从氧化还原酶的经验中可以看出，高价金属氧化物是高效氧化剂的最佳选择。因此，许多文献致力于研究这些化合物的化学性质，这些化合物在结构和反应性方面差异很大，从简单的水溶性配合物（如 $Cr_{aq}O^{2+}$）到描述细胞色素 P450 活性位点的铁卟啉模型。O—O 键在这些化合物中不再存在：它们在形成之前就已经裂解。大多数非生物金属氧化物中间体是由氧给体生成的，而非双氧本身。金属氧化物对底物的氧化总是伴随着金属氧化态的降低，其氧化能力主要取决于特定金属在特定配体环境中的氧化还原性能。"高价"一词在描述金属氧化物时必须根据具体情形来界定：例如，+3 价对铜来说是"高"价态，但对铁来说是常见价态，而对钼来说则是"低"价态。这只是几个例子。配体的电子结构在调节金属氧化物的反应活性中起着关键作用。在铁的化学性质中，强给电子配体（如卟啉）支持Fe(Ⅴ)/Fe(Ⅲ)氧化还原电对，而 Fe(Ⅳ)卟啉则是较弱的氧化剂，优先进行单电子还原，生成热力学和动力学上稳定的(P)Fe^{III}。另外，在非卟啉铁化学中，+4 价被认为是"高"价态，双电子氧化还原过程通常通过 Fe(Ⅳ)/Fe(Ⅱ)氧化还原电对实现[57, 58]。

典型的高价金属氧化物化学反应包括（但不限于）单电子过程（夺氢反应、电子转移和质子耦合电子转移）和双电子过程（氢化物提取和氧原子转移）。电子转移发生在金属、夺氢反应或氢化物提取的过程中，涉及将 H$^+$或 H 添加到金属氧化物末端的氧原子中。质子耦合电子转移结合了电子转移到金属与质子转移到其他位置（如含氧基团），而氧原子转移涉及金属-氧键的完全断裂。

使用金属氧化物作为氧化剂时，电子转移速率可以通过 Marcus 理论描述，与其他电子转移过程相似。Mayer 详细分析了金属氧化物夺取氢原子的速率，并证明这些速率遵循波拉尼相关性[134]。此自由能关系将氧化速率与底物 O—H 键（或 C—H 键）的键能及金属配合物（M^{n+1}=O 衍生的 M^{n}—OH）的 O—H 键的键能联系起来。后者依赖于 M^{n+1}=O/M^{n}—OH的氧化还原电位及金属羟基产物的酸度（pK_a）。对于某一氧化剂，底物的氧化速率与 C—H 键的键能（或醇、苯酚类底物的 O—H 键的键能）呈线性关系。对于某一指定底物，其氧化速率与 M^{n+1}=O/M^{n}—OH 的氧化还原电位高度相关[134]。但也存在一些例外，通常归因于氧化还原过程中的空间位阻和/或过度构型重组。最近的一项分析表明，

Marcus 交叉关联不仅适用于电子转移，也适用于氢原子转移反应[135]。

$$k_{xy} = (k_{xx}k_{yy}K_{xy}f_{xy})^{1/2} \quad (4.39)$$

金属氧化物从底物中夺取氢原子的速度通常快于其质子化的金属羟基化合物，正如在交叉桥连的 cyclam 锰(IV)配合物中所观察到的那样[136]。脱氢反应的动力学同位素效应（KIE）通常相当大，KIE 通常超过 3，有时甚至高达 30~40[58]。相比之下，质子耦合电子转移反应的 KIE 通常较小，为 1.3~1.5[137, 138]。

在许多情况下，金属氧化物仅参与氢原子或氢负离子夺取反应；有时这两种反应会同时进行。反应途径的选择主要取决于底物的性质：底物首先通过 C—H 键的均裂形成自由基，从而进行脱氢反应[15]。这两种反应路径在能量上相近，例如，$Cr_{aq}O^{2+}$ 的反应就是一个例子。Cr^{2+} 和 O_2 可以直接生成简单的金属氧化物，单电子（氢原子转移）和双电子（氢化物转移）还原反应产生的产物在光谱上可以区分[Cr^{2+} 快速与过量 O_2 反应，分别生成 $CrOO^{2+}$ 或 $Cr^{III}(OH)$]。有趣的是，甲醇通过氢原子转移反应，而醛类（如特戊醛）则通过氢原子转移被氧化[15]。

$$Cr_{aq}O^{2+} + CH_3OH \longrightarrow CH_2O + H_2O + Cr_{aq}^{2+} \longrightarrow Cr_{aq}OO^{2+} \quad (4.40)$$

$$Cr_{aq}O^{2+} + (CH_3)_3C\text{—}CHO \longrightarrow (CH_3)_3\overset{\cdot}{C}O + Cr_{aq}OH^{2+} \quad (4.41)$$

氧原子转移反应包括从金属氧化物到膦（形成膦氧化物）、烷基硫化物（形成亚砜）、烯烃（形成环氧化物）以及其他底物。这种转移依赖于金属氧化物原料和氧化产物中的 X=O 键的键解离能，基于键解离能划定反应活性[62]。

虽然无法在此详述每个金属氧化物的情况，但值得一提的是，最近一个引人注目的进展是非血红素高价铁(IV)化合物的发现[57, 58]。铁(IV)-氧中间体在血红素化学中早已闻名，但非血红素体系中的高价铁(IV)一直未被报道。直到最近，含四甲基环拉胺的 Fe^{IV}=O 配合物的 X-射线结构才被确定[139]，一些类似的配合物也通过光谱鉴定和晶体表征（图 4.36）[57, 58]，非血红素体系中的高价铁(IV)才变得易于制备并得到准确的表征。

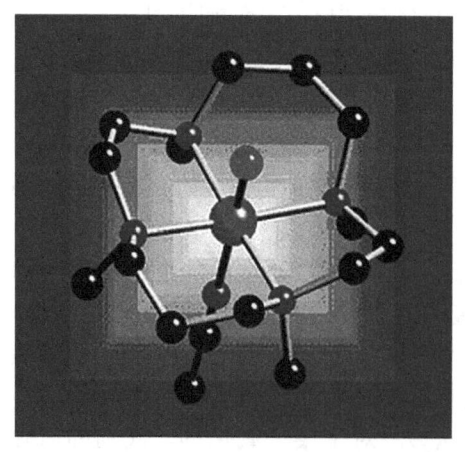 

图 4.36 非血红素铁(IV)-氧配合物的 X-射线晶体结构[57]（后附彩图）

这一突破使科学家们进入了一个全新的领域——非血红素铁单核中间体。非血红素铁(Ⅳ)-氧配合物能够氧化多种底物（图 4.37），其中最具挑战性的反应是烷烃羟基化。这些氧化剂本质上是亲电的，氧原子转移到芳基硫化物上的 Hammett 关联式证明了这一点。非血红素高价铁在从二氢蒽及其衍生物中夺取氢原子的反应中，显示出巨大的动力学同位素效应（H/D 约为 30～50）。相比之下，(L)Fe^{Ⅳ}=O 在芳香基羟基化反应中伴随着较小的逆动力学同位素效应，表明该反应的决速步是(L)Fe^{Ⅳ}=O 对一个 sp^2-sp^3 再杂化芳香环的亲电进攻。除多氨和氨基吡啶高价铁化合物外，Fe(Ⅱ)与臭氧生成的水合 Fe$^{Ⅳ}_{aq}$=O，其与有机底物的反应得到了表征，显示出氢原子转移和氢负离子转移之间的竞争[71]。

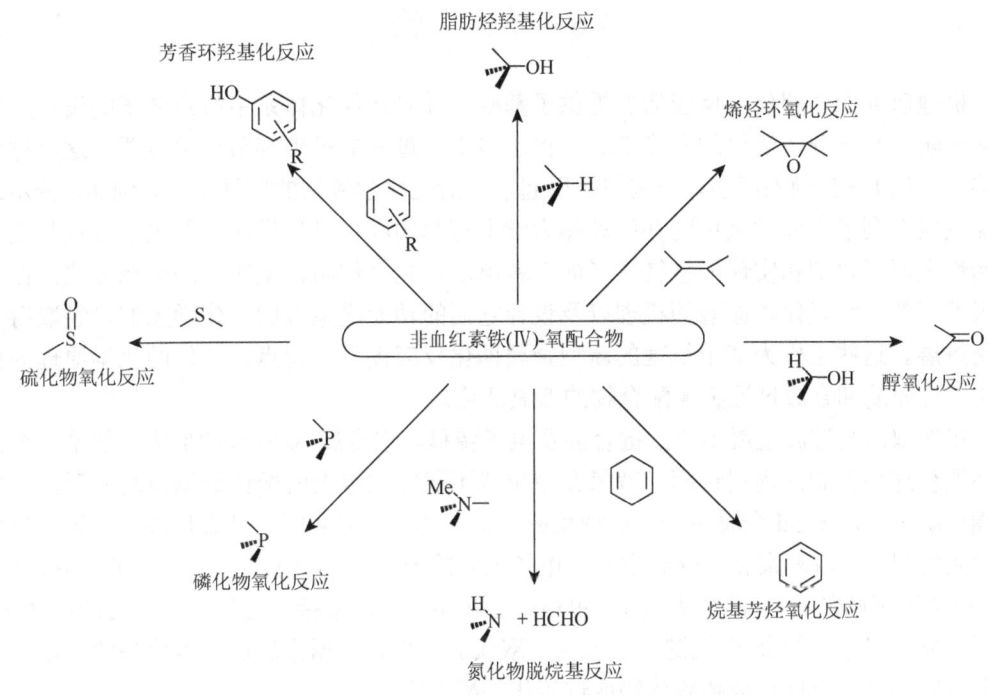

图 4.37　单核非血红素铁(Ⅳ)-氧配合物参与的氧化反应[58]

鉴于非血红素高价铁化合物在制备和表征方面取得的成功，科学家们试图让 Fe(Ⅳ)-氧中间体参与涉及双氧、过氧化物和其他氧原子给体的多种铁催化氧化反应。然而，在一些体系中，实验结果并不理想。例如，在乙酸存在下，Fe(TPA)$^{2+}$或 Fe(BPMEN)$^{2+}$催化过氧化氢与烯烃的环氧化反应，虽然反应条件有利于形成(L)Fe^{Ⅳ}=O 中间体并与烯烃发生反应，但令人惊讶的是，并未生成环氧化物（或另一产物——顺式二醇）。这一现象表明，高价铁(Ⅳ)不是环氧化反应或二羟基化反应的中间体[140]。由于另一可能的中间体 Fe^{Ⅲ}—OOH 在烯烃环氧化反应中也不具活性，由此提出了另一可能的中间体 Fe^{Ⅴ}=O，可能是通过过氧化物配体的 O—O 键在酸性条件下的异裂生成的。类似地，(H$_2$O)$_5$Fe^{Ⅴ}=O 将氧原子转移到亚砜生成砜的反应较为缓慢，这排除了高价铁作为芬顿（Fenton）反应中间体的可能性，因为芬顿反应中铁催化 H$_2$O$_2$ 氧化亚砜的速率要快得多[141]。羟自由基启动了亚砜的芬顿氧化反应，表明非血红素铁(Ⅳ)-氧配合物较差的氧化能力，这一异常结论值得进一步研究。现已明确，改变 Fe=O 上附加的反式配体可以调节中间体的反应活性[57, 58]。

提高金属-氧中间体反应活性的一种方法是将两个或更多的分子结合在一个双核配合物中。事实上，一些酶，如甲烷单加氧酶和多铜氧化酶，具有双核或多核金属中心。人工合成的高价金属氧化物中，最著名的是双氧桥连二铜(Ⅲ)配合物和混价双氧桥连二铁(Ⅲ，Ⅳ)配合物，它们通常具有"金刚石核心"结构[85]。最近的研究表明，端接高价金属-氧的双核配合物比单核高价金属-氧配合物具有更高的反应活性[142, 143]。探索双核和多核高价金属氧化物的反应活性有助于优化底物的氧化策略。

4.6 结　　论

机理研究为理解化学反应活性提供了基础，并对新催化体系中特定分子的设计产生直接影响。从小分子活化的角度来看，揭示多电子过程的机理细节至关重要，这个过程最终会导致 E—E 键的断裂。一些问题引起了氧活化化学领域的广泛关注，例如，分步氧还原反应有利于生成过氧化物并驱动热力学上有利的底物氧化反应；四电子过程是生成高活性金属氧化剂和实现能量转换（如燃料电池、光合作用模型等）的理想方法。在理解天然氧载体和氧化还原酶的机理以及设计它们的功能模型方面，化学家们已经取得了显著进展。这些工作为基于机理的新型金属催化反应提供了起点。类似的化学原理同样适用于金属酶和合成过渡金属配合物的双氧活化。

虽然双氧与过渡金属中心的键合涉及电子转移，但金属-双氧键的形成往往是一个由配体取代速率控制的内层过程。双氧在空位或不稳定位点上的配位是熵控制的反应。在极端情况下，对于 3d 金属离子，这种反应非常迅速；但对 4d 和 5d 金属离子来说，反应速度则慢得多。双氧亲和力受到空间和电子因素的控制，空间因素主要影响 O_2 的键合速率，电子因素则影响 O_2 的解离速率。单核配合物中，O_2 的端接配位往往是反应的决速步，随后可能形成第二个金属-氧键，生成侧接双氧加合物。根据金属的连续价态的稳定性，这些双氧加合物可以形成超氧化物或过氧化物配合物。

双氧与双核金属中心的键合通常也从第一个金属-氧键的形成开始；双氧的配位同样受配体取代速率的控制，并且在可接近的配位空位上迅速发生。接下来的步骤是氧与第二个金属中心的配位，这一过程在很大程度上取决于双核金属配合物的构型，并且可能受到多齿配体的紧密堆积的阻碍，甚至完全停止。双核配合物中的桥连 O_2 可以采用侧接或端接的配位方式，形成 $\mu\text{-}\eta^2:\eta^2$、$\mu\text{-}\eta^1:\eta^1$ 或 $\mu\text{-}\eta^1:\eta^2$ 结构。

O—O 键的断裂通常需要双金属的协同作用，尽管最终的产物可能是单核或双核金属氧化物。避免单电子过程对于底物的选择性氧化至关重要；形式上，双电子过程可能是由单个金属离子将其氧化态增加 2 或一对金属离子协同作用而产生的，其中每种金属的氧化态增加 1。双核金属过氧化物和高价氧化物中间体之间的快速转化是侧接二铜-双氧加合物的典型特征。

金属超氧化物和金属过氧化物可以参与多种氧化反应，如电子转移、氢原子或氢化物转移、质子耦合电子转移和氧原子转移。然而，当双氧侧接配位时，这些中间体往往是较差的氧化剂。通过亲电活化（如过氧化物与高价金属离子配位，或通过分子间或分子内质子化）可以提高它们的反应活性。此外，邻近效应也可利用：金属-双氧核心附近的底物氧化反应易于发生。类似的邻近效应可以解释酶氧化反应的选择性。

高价金属-氧中间体通常是较强的氧化剂。虽然低价金属配合物与强氧原子给体的反应可以生成各种金属-氧中间体，但这些中间体很少由合成金属配合物与双氧直接反应生成。在催化应用中面临的挑战在于难以再生低价金属前驱体和关闭催化循环。金属酶通过牺牲还原剂来克服这些障碍；控制质子的传递有助于 O—O 键的断裂。在合成体系中，对质子和电子传递的控制依然是一个巨大的挑战。系统性的机理研究将有助于解决这些困难。

参 考 文 献

1. Backvall, J.-E. *Modern Oxidation Methods*; Wiley-VCH: Weinheim, 2004; p 336.
2. Cornell, C. N.; Sigman, M. S. Molecular oxygen binding and activation: oxidation catalysis. In *Activation of Small Molecules*; Tolman, W. B., Ed.; Wiley-VCH: Weinheim, 2006; pp 159–186.
3. Yamamoto, S. The 50th anniversary of the discovery of oxygenases. *IUBMB Life* **2006**, *58*, 248–250.
4. Ho, R. Y. N.; Liebman, J. F.; Valentine, J. S. Overview of energetics and reactivity of oxygen. In *Active Oxygen in Chemistry*, Foote, C. S.; Valentine, J. S.; Greenberg, A.; Liebman, J. F.; Eds.; Blackie Academic and Professional: London, 1995; pp 1–23.
5. Sawyer, D. T. *Oxygen Chemistry*; Oxford University Press: New York, 1991.
6. Foote, C. S.; Valentine, J. S.; Greenberg, A.; Liebman, J. F. *Active Oxygen in Chemistry*; Blackie Academic & Professional, Chapman & Hall: Glasgow, 1995.
7. Valentine, J. S.; Foote, C. S.; Greenberg, A.; Liebman, J. F. *Active Oxygen in Biochemistry*; Blackie Academic & Professional, Chapman & Hall: Glasgow, 1995.
8. Meunier, B. *Biomimetic Oxidations Catalyzed by Transition Metal Complexes*; Imperial College Press: London, 2000.
9. Simandi, L. I. *Advances in Catalytic Activation of Dioxygen by Metal Complexes*; Kluwer: Dordrecht, 2003.
10. Borovik, A. S.; Zinn, P. J.; Zart, M. K. Dioxygen binding and activation: reactive intermediates. In *Activation of Small Molecules*; Tolman, W. B.; Wiley-VCH: Weinheim, 2006; pp 187–234.
11. Nam, W.; *Acc. Chem. Res.* 2007, *40* (7) (*Special Issue on Dioxygen Activation*).
12. van Eldik, R. *Chem. Rev.* 2005, *105* (6) (*Special Issue Inorganic and Bioinorganic Mechanisms*).
13. Holm, R. H.; Solomon, E. I.; *Chem. Rev.* 2004, *104* (2) (*Special Issue Biomimetic Inorganic Chemistry*).
14. Bakac, A. Mechanistic and kinetic aspects of transition metal oxygen chemistry *Progr. Inorg. Chem.* **1995**, *43*, 267–351.
15. Bakac, A. Dioxygen activation by transition metal complexes. Atom transfer and free

radical chemistry in aqueous media. *Adv. Inorg. Chem.* **2004**, *55*, 1–59.

16. Bakac, A. Kinetic and mechanistic studies of the reactions of transition metal-activated oxygen with inorganic substrates. *Coord. Chem. Rev.* **2006**, *250*, 2046–2058.

17. Kryatov, S. V.; Rybak-Akimova, E. V.; Schindler, S. Kinetics and mechanisms of formation and reactivity of non-heme iron oxygen intermediates. *Chem. Rev.* **2005**, *105*, 2175–2226.

18. Greenwood, N. N.; Earnwhaw, A. *Chemistry of the Elements*, 2nd edition; Elsevier: Amsterdam, 1997, p 1341.

19. Bielski, B. H. J.; Cabelli, D. E.; Arudi, R. L.; Ross, A. B. Reactivity of perhydroxyl-superoxide radicals in aqueous solution. *J. Phys. Chem. Ref. Data* **1985**, *14*, 1041–1100.

20. Kurtz, D. M., Jr. *Dioxygen-binding proteins*. In *Comprehensive Coordination Chemistry II*; McCleverty, J. A.; Meyer, T. J.; Elsevier; Oxford, UK, Vol. 8, 2004, pp 229–260.

21. Jameson, G. B.; Ibers, J. A. Dioxygen carrier. In *Biological Inorganic Chemistry: Structure and Reactivity*; Bertini, I.; Gray, H. B.; Stiefel, E. I.; Valentine, J. S.; University Science Books: Sausalito, CA, 2007; pp 354–388.

22. Stenkamp, R. E. Dioxygen and hemerythrin. *Chem. Rev.* **1994**, *94*, 715–726.

23. Solomon, E. I.; Brunold, T. C.; Davis, M. I.; Kemsley, J. N.; Lee, S.-K.; Lehnert, N.; Neese, F.; Skulan, A. J.; Yang, Y.-S.; Zhou, J. Geometric and electronic structure/function correlations in non-heme iron enzymes. *Chem. Rev.* **2000**, *100*, 235–349.

24. de Waal, D. J. A.; Gerber, T. I. A.; Low, W. J.; van Eldik, R. Kinetics and mechanism of the dioxygen uptake of the four-coordinate (X=Cl) and five-coordinate (X=I, SCN, PPh$_3$) complexes Ir(cod)(phen)X. *Inorg. Chem.* **1982**, *21*, 2002–2006.

25. Armstrong, G. D.; Sykes, A. G. Reactions of O$_2$ with hemerythrin, myoglobin, and hemocyan: effects of, D$_2$O on equilibration rate constants evidence for H-bonding. *Inorg. Chem.* **1986**, *25*, 3155–3139.

26. Lloyd, C. R.; Eyring, E. M.; Ellis, W. R., Jr. Uptake and release of O$_2$ by myohemerythrin: evidence for different rate-determining steps and a caveat. *J. Am. Chem. Soc.* **1995**, *117*, 11993–11994.

27. Projahn, H.-D.; Schindler, S.; van Eldik, R.; Fortier, D. G.; Andrew, C. R.; Sykes, A. G. Formation and deoxygenation kinetics of oxyhemerythrin and oxyhemocyanin: a pressure dependence study. *Inorg. Chem.* **1995**, *34*, 5935–5941.

28. Lloyd, C. R.; Raner, G. M.; Moser, A.; Eyring, E. M.; Ellis, W. R., Jr. Oxymyohemerythrin: discriminating between O$_2$ release and autoxidation. *J. Inorg. Biochem.* **2000**, *81*, 293–300.

29. Zahir, K.; Espenson, J. H.; Bakac, A. Reactions of polypyridylchromium(II) ions with oxygen: determination of the self-exchange rate constant of O$_2$/O$_2^-$. *J. Am. Chem. Soc.* **1988**, *110*, 5059–5063.

30. Geletii, Y. V.; Hill, C. L.; Atalla, R. H.; Weinstock, I. A. Reduction of O$_2$ to superoxide anion (O$_2^-$) in water by heteropolytungstate cluster-anions. *J. Am. Chem. Soc.* **2006**, *128*, 17034–17042.

31. Collman, J. P.; Fu, L. Synthetic models for hemoglobin and myoglobin. *Acc. Chem. Res.* **1999**, *32*, 455–463.

32. Momenteau, M.; Reed, C. A. Synthetic heme dioxygen complexes. *Chem. Rev.* **1994**, *94*, 659–698.
33. Jones, R. D.; Summerville, D. A.; Basolo, F. Synthetic oxygen carriers related to biological systems. *Chem. Rev.* **1979**, *79*, 139–179.
34. Niederhoffer, E. C.; Timmons, J. H.; Martell, A. E. Thermodynamics of oxygen binding in natural and synthetic dioxygen complexes. *Chem. Rev.* **1984**, *84*, 137–203.
35. Rybak-Akimova, E. V.; Marek, K.; Masarwa, M.; Busch, D. H. The dynamics of formation of the O_2-Co(II) bond in the cobalt(II) cyclidene complexes. *Inorg. Chim. Acta* **1998**, *270*, 151–161.
36. Zhang, M.; van Eldik, R.; Espenson, J. H.; Bakac, A. Volume profiles for the reversible binding of dioxygen to cobalt(II) complexes: evidence for a substitution-controlled process. *Inorg. Chem.* **1994**, *33*, 130–133.
37. Busch, D. H.; Alcock, N. W. Iron and cobalt "lacunar" complexes as dioxygen carriers. *Chem. Rev.* **1994**, *94*, 585–623.
38. Korendovych, I. V.; Roesner, R. R.; Rybak-Akimova, E. V. Molecular recognition of neutral and charged guests using metallomacrocyclic hosts. In *Advances in Inorganic Chemistry*; van Eldik, R.; B.-J. Kristen, Eds.; Academic Press: Amsterdam, **2007**; Vol. 59,
39. Itoh, S. Mononuclear copper active–oxygen complexes. *Curr. Opin. Chem. Biol.* **2006**, *10*, 115–122.
40. Lewis, E. A.; Tolman, W. B. Reactivity of dioxygen–copper-systems. *Chem. Rev.* **2004**, *104*, 1047–1076.
41. Hatcher, L. Q.; Karlin, K. D. Ligand influences in copper–dioxygen complex-formation and substrate oxidations. *Adv. Inorg. Chem.* **2006**, *58*, 131–184.
42. Wuertele, C.; Gaoutchenova, E.; Harms, K.; Holthausen, M. C.; Sundermeyer, J.; Schindler, S. Crystallographic characterization of a synthetic 1∶1 end-on copper–dioxygen adduct complex. *Angew. Chem., Int. Ed.* **2006**, *45*, 3867–3869.
43. Fry, H. C.; Scaltrito, D. V.; Karlin, K. D.; Meyer, G. J. The rate of O_2 and CO binding to a copper complex, determined by a "flash-and-trap" technique, exceeds that for hemes. *J. Am. Chem. Soc.* **2003**, *125*, 11866–11871.
44. Vaska, L. Oxygen-carrying properties of a simple synthetic system. *Science* **1963**, *140*, 809–810.
45. Cotton, F. A.; Wilkinson, G.; Murillo, C. A.; Bochmann, M. *Advanced Inorganic Chemistry*; Wiley: New York, 1999, p 1355.
46. Valentine, J. S. The dioxygen ligand in mononuclear group VIII transition metal complexes. *Chem. Rev.* **1973**, *73*, 235–245.
47. Atwood, J. D. Organoiridium complexes as models for homogeneously catalyzed reactions. *Coord. Chem. Rev.* **1988**, *83*, 93–114.
48. Vaska, L.; Chen, L. S.; Miller, W. V. Oxygenation and related addition reactions of isostructural d^8 complexes of cobalt, rhodium, and iridium. A quantitative assessment of the role of the metal. *J. Am. Chem. Soc.* **1971**, *93*, 6671–6673.
49. Vaska, L.; Chen, L. S.; Senoff, C. V. Oxygen-carrying iridium complexes: kinetics, mechanism, and thermodynamics. *Science* **1971**, *174*, 587–589.

50. Theopold, K. Dioxygen activation by organometallics of early transition metals. *Topics in Organometallic Chemistry* **2007**, *26*, 17–37.

51. Kiever-Emmons, M. T.; Riordan, C. G. Dioxygen activation at monovalent nickel. *Acc. Chem. Res.* **2007**, *40*, 609–617.

52. Seo, M. S.; Kim, J. Y.; Annaraj, J.; Kim, Y.; Lee, Y.-M.; Kim, S.-J.; Kim, J.; Nam, W. [Mn(tmc)(O_2)]$^+$: a side-on peroxide manganese(III) complex bearing a non-heme ligand. *Angew. Chem., Int. Ed.* **2007**, *46*, 377–380.

53. Cramer, C. J.; Tolman, W. B. Mononuclear Cu–O_2 complexes: geometries, spectroscopic properties, electronic structure, and reactivity. *Acc. Chem. Res.* **2007**, *40*, 601–608.

54. Aboelella, N. W.; Kryatov, S. V.; Gherman, B. F.; Brennessel, W. W.; Young, V. G., Jr.; Sarangi, R.; Rybak-Akimova, E. V.; Hodgson, K. O.; Hedman, B.; Solomon, E. I.; Cramer, C. J.; Tolman, W. B. Dioxygen activation at a single copper site: structure, bonding, and mechanism of formation of 1: 1 Cu–O_2 adducts. *J. Am. Chem. Soc.* **2004**, *126*, 16896–16911.

55. Balch, A. L.; Chan, Y.-W.; Cheng, R.-J.; La Mar, G. N.; Latos Grazynski, L.; Renner, M. W. Oxygenation patterns for iron(II) porphyrins. Peroxo and ferryl (Fe^{IV}O) intermediates detected by 1H nuclear magnetic resonance spectroscopy during the oxygenation of (tetramesitylporphyrin)iron(II). *J. Am. Chem. Soc.* **1984**, *106*, 7779–7785.

56. Ghiladi, R. A.; Kretzer, R. M.; Guzei, I.; Rheingold, A. L.; Neuhold, Y.-M.; Hatwell, K. R.; Zuberbuhler, A. D.; Karlin, K. D. (F_8TPP)Fe^{II}/O_2 reactivity studies {F_8TPP = tetrakis(2,6-difluorophenyl)porphyrinate(2-)}: spectroscopic (UV-visible and NMR) and kinetic study of solvent-dependent (Fe/O_2 = 1: 1 or 2: 1) reversible O_2 reduction and ferryl formation. *Inorg. Chem.* **2001**, *40*, 5754–5767.

57. Que, L., Jr. The road to non-heme oxoferryls and beyond. *Acc. Chem. Res. 40* (7), **2007**, 493–500.

58. Nam, W. High-valent iron(IV)-oxo complexes of heme and non-heme ligands in oxygenation reactions. *Acc. Chem. Res. 40* (7), **2007**, 522–531.

59. Kim, S. O.; Sastri, C. V.; Seo, M. S.; Kim, J.; Nam, W. Dioxygen activation and catalytic aerobic oxidation by a mononuclear nonheme iron(II) complex *J. Am. Chem. Soc.* **2005**, *127*, 4178–4179.

60. Trnka, T.; Parkin, G. A survey of terminal chalcogenido complexes of the transition metals: trends in their distribution and the variation of their M=E bond lengths *Polyhedron* **1997**, *16*, 1031–1045.

61. Nugent, W. A.; Mayer, J. M. *Metal-Ligand Multiple Bonds*; Wiley: New York, 1988.

62. Holm, R. H. Metal-centered oxygen atom transfer reactions. *Chem. Rev.* **1987**, *87*, 1401–1449.

63. Hill, C. L. Confirmation of the improbable. *Nature* **2008**, *455*, 1045–1047.

64. Goldberg, D. P. Corrolazines: new frontiers in high-valent metalloporphyrinoid stability and reactivity. *Acc. Chem. Res.* **2007**, *40*, 626–634.

65. Liston, D. J.; West, B. O. Oxochromium compounds. 2. Reaction of oxygen with chromium(II) and chromium(III) porphyrins and synthesis of a μ-oxo chromium porphyrin derivative. *Inorg. Chem.* **1985**, *24*, 1568–1576.

66. Nemes, A.; Bakac, A. Disproportionation of aquachromyl(IV) ion by hydrogen abstraction from coordinated water. *Inorg. Chem.* **2001**, *40*, 2720–2724.

67. Collman, J. P.; Brauman, J. I.; Fitzgerald, J. P.; Sparapany, J. W.; Ibers, J. A. Reversible binding of dinitrogen and dioxygen to ruthenium picnic-basket porphyrins. *J. Am. Chem. Soc.* **1988**, *110*, 3486–3495.

68. Groves, J. T.; Quinn, R. Aerobic oxidation of olefins with ruthenium porphyrin catalysts. *J. Am. Chem. Soc.* **1985**, *107*, 5790–5792.

69. Lai, T.-S.; Kwong, H.-L.; Zhang, R.; Che, C.-M. Stoichiometric enantioselective alkene epoxidation with a chiral dioxoruthenium(VI) D4-porphyrinato complex. *Dalton Trans.* **1998**, 3559–3564.

70. Zierkiewicz, W.; Privalov, T. A computational study of oxidation of ruthenium porphyrins via ORu^{IV} and ORu^{VI}O species. *Dalton Trans.* **2006**, 1867–1874.

71. Pestovsky, O.; Bakac, A. Identification and characterization of aqueous ferryl(IV) ion. *ACS Symp Ser. (Ferrates)* **2008**, *985*, 167–176.

72. Warburton, P. R.; Busch, D. H. Dynamics of iron(II) and cobalt(II) dioxygen carriers. In *Perspectives on Bioinorganic Chemistry*; JAI Press: London, 1993; Vol. 2, pp 1–79.

73. Korendovych, I. V.; Kryatov, S. V.; Rybak-Akimova, E. V. Dioxygen activation at non-heme iron: insights from rapid kinetic studies. *Acc. Chem. Res.* **2007**, *40*, 510–521.

74. Seibig, S.; van Eldik, R. Kinetics of [Fe^{II}(edta)] oxidation by molecular oxygen revisited. New evidence for a multistep mechanism. *Inorg. Chem.* **1997**, *36*, 4115–4120.

75. Bianchini, C.; Zoellner, R. W. Activation of dioxygen by cobalt group metal complexes *Adv. Inorg. Chem.* **1997**, *44*, 263–339.

76. Lee, D.; Lippard, S. J. Nonheme di-iron enzymes. In *Comprehensive Coordination Chemistry II*; McCleverty, J. A.; Meyer, T. J.; Elsevier: Oxford, UK, 2004; Vol. 8, pp 309–342.

77. Tshuva, E. Y.; Lippard, S. J. Synthetic models for non-heme carboxylate-bridged diiron metalloproteins: strategies and tactics. *Chem. Rev.* **2004**, *104*, 987–1012.

78. Shan, X.; Que, L., Jr. Intermediates in the oxygenation of a nonheme diiron(II) complex, including the first evidence for a bound superoxo species. *Proc. Natl. Acad. USA* **2005**, *102*, 5340–5345.

79. Zhang, X.; Furutachi, H.; Fujinami, S.; Nagamoto, S.; Maeda, Y.; Watanabe, Y.; Kitagawa, T.; Suzuki, M. Structural and spectroscopic characterization of (μ-OH or μ-O)(μ-peroxo)diiron(III) Complexes. *J. Am. Chem. Soc.* **2005**, *127*, 826–827.

80. Dong, Y.; Yan, S.; Young, V. G., Jr.; Que, L., Jr. Crystal structure analysis of a synthetic non-heme diiron-O_2 adduct: insight into the mechanism of oxygen activation. *Angew. Chem., Int. Ed. Engl.* **1996**, *35*, 618–620.

81. Kim, K.; Lippard, S. J. Structure and Mössbauer spectrum of a (μ-1,2-peroxo)bis(μ-carboxylato)diiron(III) model for the peroxo intermediate in the methane monooxygenase hydroxylase reaction cycle. *J. Am. Chem. Soc.* **1996**, *118*, 4914–4915.

82. Ookubo, T.; Sugimoto, H.; Nagayama, T.; Masuda, H.; Sato, T.; Tanaka, K.; Maeda, Y.; Okawa, H.; Hayashi, Y.; Uehara, A.; Suzuki, M. Cis-μ-1,2-peroxo diiron complex:

structure and reversible oxygenation. *J. Am. Chem. Soc.* **1996**, *118*, 701–702.

83. Feig, A. L.; Becker, M.; Schindler, S.; van Eldik, R.; Lippard, S. J. Mechanistic studies of the formation and decay of diiron(III) peroxo complexes in the reaction of diiron(II) precursors with dioxygen. *Inorg. Chem.* **1996**, *35* (9), 2590–2601.

84. Ghosh, A.; Tiago de Oliveira, F.; Yano, T.; Nishioka, T.; Beach, E. S.; Kinoshita, I.; Münck, E.; Ryabov, A. D.; Horwitz, C. P.; Collins, T. J. Catalytically active μ-oxodiiron(IV) oxidants from iron(III) and dioxygen. *J. Am. Chem. Soc.* **2005**, *127* (8), 2505–2513.

85. Que, L., Jr.; Tolman, W. B. Bis(μ-oxo)dimetal "Diamond" cores in copper and iron complexes relevant to biocatalysis. *Angew. Chem., Int. Ed.* **2002**, *41*, 1114–1137.

86. LeCloux, D. D.; Barrios, A. M.; Lippard, S. J. The reactivity of well defined diiron(III) peroxo complexes toward substrates: addition to electrophiles and hydrocarbon oxidation. *Bioorg. Med. Chem.* **1999**, *7*, 763–772.

87. Feig, A. L.; Masschelein, A.; Bakac, A.; Lippard, S. J. Kinetic studies of reactions of dioxygen with carboxylate-bridged diiron(II) complexes leading to the formation of (μ-oxo)diiron(III) complexes. *J. Am. Chem. Soc.* **1997**, *119* (2), 334–342.

88. Kryatov, S. V.; Taktak, S.; Korendovych, I. V.; Rybak-Akimova, E. V.; Kaizer, J.; Stéphane Torelli, S.; Shan, X.; Mandal, S.; MacMurdo, V.; Mairata i Payeras, A.; Que, L., Jr. Dioxygen binding to complexes with $Fe^{II}_2(\mu\text{-OH})_2$ cores: steric control of activation barriers and O_2-adduct formation. *Inorg. Chem.* **2005**, *44* (1), 85–99.

89. Costas, M.; Cady, C. W.; Kryatov, S. V.; Ray, M.; Ryan, M. J.; Rybak-Akimova, E. V.; Que, L., Jr. Role of carboxylate bridges in modulating nonheme diiron(II)/O_2 reactivity. *Inorg. Chem.* **2003**, *42*, 7519–7530.

90. Kryatov, S. V.; Chavez, F. A.; Reynolds, A. M.; Rybak-Akimova, E. V.; Que, L., Jr.; Tolman, W. B. Mechanistic studies on the formation and reactivity of dioxygen adducts of diiron complexes supported by sterically hindered carboxylates. *Inorg. Chem.* **2004**, *43*, 2141–2150.

91. Kryatov, S. V.; Rybak-Akimova, E. V.; MacMurdo, V. L.; Que, L., Jr. A mechanistic study of the reaction between a diiron(II) complex$[Fe^{II}_2(\mu\text{-OH})_2(6\text{-Me}_3\text{-TPA})_2]^{2+}$ and O_2 to form a diiron(III) peroxo complex. *Inorg. Chem.* **2001**, *40*, 2220–2228.

92. LeCloux, D. D.; Barrios, A. M.; Mizoguchi, T. J.; Lippard, S. J. Modeling the diiron centers of non-heme iron enzymes. Preparation of sterically hindered diiron(II) tetracarboxylate complexes and their reactions with dioxygen. *J. Am. Chem. Soc.* **1998**, *120*, 9001–9014.

93. Tolman, W. B.; Que, L., Jr. Sterically hindered benzoates: a synthetic strategy for modeling dioxygen activation at diiron active sites in proteins. *J. Chem. Soc., Dalton Trans.* **2002**, 653–660.

94. Lee, D.; Pierce, B.; Krebs, C.; Hendrich, M. P.; Huynh, B. H.; Lippard, S. J. Functional mimic of dioxygen-activating centers in non-heme diiron enzymes: mechanistic implications of paramagnetic intermediates in the reactions between diiron(ii) complexes and dioxygen. *J. Am. Chem. Soc.* **2002**, *124*, 3993–4007.

95. Zhao, M.; Song, D.; Lippard, S. J. Water induces a structural conversion and accelerates the oxygenation of carboxylate-bridged non-heme diiron enzyme synthetic analogues. *Inorg. Chem.* **2006**, *45*, 6323–6330.

96. Zhao, M.; Helms, B.; Slonkina, E.; Friedle, S.; Lee, D.; DuBois, J.; Hedman, B.; Hodgson, K. O.; Frechet, J. M. J.; Lippard, S. J. Iron complexes of dendrimer-appended carboxylates for activating dioxygen and oxidizing hydrocarbons. *J. Am. Chem. Soc.* **2008**, *130*, 4352–4363.

97. Mirica, L. M.; Ottenwaelder, X.; Stack, T. D. P. Structure and spectroscopy of copper–dioxygen complexes. *Chem. Rev.* **2004**, *104*, 1013–1045.

98. Schindler, S. Reactivity of copper(I) complexes towards dioxygen. *Eur. J. Inorg. Chem.* **2000**, 2311–2326.

99. Karlin, K. D.; Kaderli, S.; Zuberbuhler, A. D. Kinetics and thermodynamics of copper(I)/dioxygen interaction. *Acc. Chem. Res.* **1997**, *30*, 139–147.

100. Suzuki, M. Ligand effects on dioxygen activation by copper and nickel complexes: reactivity and intermediates. *Acc. Chem. Res.* **2007**, *40*, 609–617.

101. Tueklar, Z.; Jacobson, R. R.; Wei, N.; Murthy, N. N.; Zubieta, J.; Karlin, K. D. Reversible reaction of O_2 (and CO) with a copper(I) complex. X-ray structures of relevant mononuclear Cu(I) precursor adducts and the *trans*-(μ-1,2-peroxo)dicopper(II) product. *J. Am. Chem. Soc.* **1993**, *115*, 2677–2689.

102. Jacobson, R. R.; Tueklar, Z.; Farooq, A.; Karlin, K. D.; Liu, S.; Zubieta, J. A copper–oxygen ($Cu_2\text{-}O_2$) complex. Crystal structure and characterization of a reversible dioxygen binding system. *J. Am. Chem. Soc.* **1988**, *110*, 3690–3692.

103. Kitajima, N.; Fujisawa, K.; Fujimoto, C.; Morooka, Y.; Hashimoto, S.; Kitagawa, T.; Toriumi, K.; Tatsumi, K.; Nakamura, A. A new model for dioxygen binding in hemocyanin. Synthesis, characterization, and molecular structure of the $\mu\text{-}\eta^2:\eta^2$ peroxo dinuclear copper(II) complex, $[Cu(HB(3,5\text{-}R_2pz)_3)]_2(O_2)$ (R = isopropyl and Ph). *J. Am. Chem. Soc.* **1992**, *114*, 1277–1291.

104. Kitajima, N.; Fujisawa, K.; Morooka, Y.; Toriumi, K. $\mu\text{-}\eta^2:\eta^2$-Peroxo binuclear copper complex, $[Cu(HB(3,5\text{-}(Me_2CH)_2pz)_3)]_2(O_2)$. *J. Am. Chem. Soc.* **1989**, *111*, 8975–8976.

105. Funahashi, Y.; Nishikawa, T.; Wasada-Tsutsui, Y.; Kajita, Y.; Yamaguchi, S.; Arii, H.; Ozawa, T.; Jitsukawa, K.; Tosha, T.; Hirota, S.; Kitagawa, T.; Masuda, H. Formation of a bridged butterfly-type $\mu\text{-}\eta^2:\eta^2$-peroxo dicopper core structure with a carboxylate group. *J. Am. Chem. Soc.* **2008**, *130*, 16444–16445.

106. Mahapatra, S.; Halfen, J. A.; Wilkinson, E. C.; Pan, G.; Wang, X.; Young, V. G., Jr.; Cramer, C. J.; Que, L., Jr.; Tolman, W. B. Structural, spectroscopic, and theoretical characterization of bis-(μ-oxo)dicopper complexes, novel intermediates in copper-mediated dioxygen activation. *J. Am. Chem. Soc.* **1996**, *118*, 11555–11574.

107. Zhang, C. X.; Kaderli, S.; Costas, M.; Kim, E.-i.; Neuhold, Y.-M.; Karlin, K. D.; Zuberbuhler, A. D. Copper(I)–dioxygen reactivity of $[(L)Cu^I]^+$ (L-tris(2-pyridylmethyl)amine: kinetic/thermodynamic and spectroscopic studies concerning the formation of $Cu\text{-}O_2$ and $Cu_2\text{-}O_2$ adducts as a function of solvent medium and 4-pyridyl ligand substituent variations. *Inorg. Chem.* **2003**, *42*, 1807–1824.

108. Weitzer, M.; Schindler, S.; Brehm, G.; Hormann, E.; Jung, B.; Kaderli, S.; Zuberbuhler, A. D. Reversible binding of dioxygen by the copper(I) complex with tris(2-dimethylaminoethyl) amine (Me_6tren) ligand. *Inorg. Chem.* **2003**, *42*, 1800–1806.

109. Jensen, M. P.; Que, E. L.; Shan, X.; Rybak-Akimova, E. V.; Que, L., Jr. Spectroscopic and

kinetic studies of the reaction of [Cu^I(6-PhTPA)]$^+$ with O$_2$. *Dalton Trans.* **2006**, 3523–3527.

110. Cahoy, J.; Holland, P. L.; Tolman, W. B. Experimental studies of the interconversion of μ-η^2:η^2-peroxo- and bis(μ-oxo)dicopper complexes. *Inorg. Chem.* **1999**, *38*, 2161–2168.

111. Itoh, S.; Taki, M.; Nakao, H.; Holland, P. L.; Tolman, W. B.; Que, L., Jr.; Fukuzumi, S. Aliphatic hydroxylation by a bis(μ-oxo)dicopper(III) complex. *Angew. Chem., Int. Ed.* **2000**, *39*, 398–400.

112. Horwitz, C. P.; Winslow, P. J.; Warden, J. T.; Lisek, C. A. Reaction of the manganese(II) Schiff-base complexes (X-SALPRN)Mn^{II} [X = H, 5-Cl, 5-CH$_3$O; SALPRN = 1,3-bis(salicylideneamino)propane] with dioxygen and reactivity of the oxygenated products. *Inorg. Chem.* **1993**, *32*, 82–88.

113. Lee, D.-H.; Lucchese, B.; Karlin, K. D. Multimetal oxidases. In *Comprehensive Coordination Chemistry II*; McCleverty, J. A.; Meyer, T. J., Eds.; Elsevier: Amsterdam, 2004, Vol. 8, pp 437–457.

114. Solomon, E. I.; Augustine, A. J.; Yoon, J. O$_2$ reduction to H$_2$O by multicopper oxidases. *Dalton Trans.* **2008**, 3921–3932.

115. Solomon, E. I.; Sarangi, R.; Woertink, J. S.; Augustine, A. J.; Yoon, J.; Ghosh, S. O$_2$ and N$_2$O activation by bi-, tri-, and tetranuclear Cu clusters in biology. *Acc. Chem. Res.* **2007**, *40*, 581–591.

116. Chufan, E. E.; Puiu, S. C.; Karlin, K. D. Heme-copper/dioxygen adduct formation, properties, and reactivity. *Acc. Chem. Res.* **2007**, *40*, 563–572.

117. Collman, J. P.; Decreau, R. A. Functional biomimetic models for the active site in the respiratory enzyme cytochrome c oxidase *Chem. Commun.* **2008**, 5065–5076.

118. Collman, J. P.; Boulatov, R.; Sunderland, C. J.; Fu, L. Functional analogues of cytochrome c oxidase, myoglobin, and hemoglobin. *Chem. Rev.* **2004**, *104*, 561–588.

119. Collman, J. P.; Decreau, R. A.; Yan, Y.; Yoon, J.; Solomon, E. I. Intramolecular single-turnover reaction in a cytochrome c oxidase model bearing a Tyr244 mimic. *J. Am. Chem. Soc.* **2007**, *129*, 5794–5795.

120. Collman, J. P.; Devaraj, N. K.; Decreau, R. A.; Yang, Y.; Yan, Y.-L.; Ebina, W.; Eberspacher, T. A.; Chidsey, C. E. D. A cytochrome c oxidase model catalyzes oxygen to water reduction under rate-limiting electron flux. *Science* **2007**, *315*, 1565–1568.

121. Groves, J. T. High-valent iron in chemical and biological oxidations *J. Inorg. Biochem.* **2006**, *100*, 434–447.

122. Sheng, X.; Horner, J. H.; Newcomb, M. Spectra and kinetic studies of the compound I derivative of cytochrome P450 119 *J. Am. Chem. Soc.* **2008**, *130*, 13310–13320.

123. Newcomb, M.; Hollenberg, P. F.; Coon, M. J. Multiple mechanisms and multiple oxidants in P450-catalyzed hydroxylations *Arch. Biochem. Biophys.* **2003**, *409* (1), 72–79.

124. Nam, W.; Cytochrome P450. In *Comprehensive Coordination Chemistry II*; McCleverty, J. A.; Meyer, T. J., Eds.; Elsevier: Amsterdam, 2004, Vol. 8, pp 281–307.

125. Chen, J.; Stubbe, J. Bleomycins: new methods will allow reinvestigation of old issues. *Curr. Opin. Chem. Biol.* **2004**, *8*, 175–181.

126. Burger, R. M. Cleavage of nucleic acids by bleomycin. *Chem. Rev.* **1998**, *98*, 1153–1169.
127. Chow, M. S.; Liu, L. V.; Solomon, E. I. Further insights into the mechanism of the reaction of activated bleomycin with DNA. *Proc. Natl. Acad. Sci. USA* **2008**, *105*, 13241–13245.
128. Costas, M.; Mehn, M. P.; Jensen, M. P.; Que, L., Jr. Dioxygen activation at mononuclear nonheme iron active sites: enzymes, models, and intermediates. *Chem. Rev.* **2004**, *104*, 939–986.
129. Maiti, D.; Lee, D.-H.; Gaoutchenova, K.; Wuertele, C.; Holthausen, M. C.; Narducci Sarjeant, A. A.; Sundermeyer, J.; Schindler, S.; Karlin, K. D. Reactions of a copper(II) superoxo complex lead to C–H and O–H substrate oxygenation: modeling copper-monooxygenase C–H hydroxylation. *Angew. Chem., Int. Ed.* **2008**, *47*, 82–85.
130. Wertz, D. L.; Valentine, J. S. Nucleophilicity of iron-peroxo porphyrin complexes. *Struct. Bond.* **2000**, *97*, 38–60.
131. Osako, T.; Ohkubo, K.; Taki, M.; Tachi, Y.; Fukuzumi, S.; Itoh, S. Oxidation mechanism of phenols by dicopper–dioxygen (Cu_2/O_2) complexes. *J. Am. Chem. Soc.* **2003**, *125*, 11027–11033.
132. Park, M. J.; Lee, J.; Suh, Y.; Kim, J.; Nam, W. Reactivities of mononuclear non-heme iron intermediates including evidence that iron(III)-hydroperoxo species is a sluggish oxidant. *J. Am. Chem. Soc.* **2006**, *128*, 2630.
133. Yin, G.; Buchalova, M.; Danby, A. M.; Perkins, C. M.; Kitko, D.; Carter, J. D.; Scheper, W. M.; Busch, D. H. Olefin epoxidation by hydrogen peroxide adduct of a novel non-heme manganese(IV) complex: demonstration of oxygen transfer by multiple mechanisms. *Inorg. Chem.* **2006**, *45*, 3467–3474.
134. Mayer, J. M. Hydrogen atom abstraction by metal-oxo complexes: understanding the analogy with organic radical reactions. *Acc. Chem. Res.* **1998**, *31*, 441–450.
135. Roth, J. P.; Yoder, J. C.; Won, T.-J.; Mayer, J. M. Application of the Marcus cross relation to hydrogen atom transfer reactions. *Science* **2001**, *294*, 2524–2526.
136. Yin, G.; Danby, A. M.; Kitko, D.; Carter, J. D.; Scheper, W. M.; Busch, D. H. Oxidative reactivity difference among the metal oxo and metal hydroxo moieties: pH dependent hydrogen abstraction by a manganese(IV) complex having two hydroxide ligands. *J. Am. Chem. Soc.* **2008**, *130*, 16245–16253.
137. Rosenthal, J.; Nocera, D. G. The role of proton-coupled electron transfer in O–O bond activation. *Acc. Chem. Res.* **2007**, *40*, 543–553.
138. Mayer, J. M. Proton-coupled electron transfer: a reaction chemist's view. *Annu. Rev. Phys. Chem.* **2004**, *55*, 363–390.
139. Rohde, J.-U.; In, J.-H.; Lim, M. H.; Brennessel, W. W.; Bukowski, M. R.; Stubna, A.; Münck, E.; Nam, W.; Que, L., Jr. Crystallographic and spectroscopic characterization of a non-heme Fe(IV)=O complex. *Science* **2003**, *299*, 1037–1039.
140. Mas-Balleste, R.; Que, L. Jr. Iron-catalyzed olefin epoxidation in the presence of acetic acid: insights into the nature of the metal-based oxidant. *J. Am. Chem. Soc.* **2007**, *129*, 15964–15972.
141. Pestovsky, O.; Stoian, S.; Bominaar, E. L.; Shan, X.; Münck, E.; Que, L., Jr.; Bakac, A.

Aqueous Fe^{IV}=O: spectroscopic identification and oxo-group exchange. *Angew. Chem., Int. Ed.* **2005**, *44*, 6871–6874.

142. Xue, G.; Fiedler, A. T.; Martinho, M.; Münck, E.; Que, L. Jr. Insights into P-to-Q conversion in the catalytic cycle of methane monooxygenase from a synthetic model point of view. *Proc. Natl. Acad. Sci. USA* **2008**, *105*, 20615–20620.

143. Rowe, G.; Rybak-Akimova, E. V.; Caradonna, J. P. Unraveling the reactive species of a functional non-heme iron monooxygenase model using stopped-flow UV-vis spectroscopy. *Inorg. Chem.* **2007**, *46*, 10594–10606.

第5章 氢气分子的活化

Gregory J. Kubas 和 Dennis Michael Heinekey

5.1 引　　言

氢气（H_2）在催化过程中长期发挥着关键作用，例如在加氢反应和有机化合物的转化反应中。它还被视为未来的储能介质，氢的生产和储存始终处于研究的前沿。H_2 分子由非常强的双电子 H—H 键连接，只有在 H—H 键以可控方式断裂，分解成两个氢原子时才具有化学用途。近年来才建立了有关 H_2 分子的配位以及 H—H 键断裂的分子水平机理。以前，电子饱和的 H_2 分子并未被观察到与金属中心形成化学键，而这通常是打断强键的第一步。1984 年，Kubas 等[1-4]发现了 H_2 分子几乎完整地与金属配合物（L_nM；L = 配体）配位，捕捉到了这一过程隐晦的细节，从而开启了化学领域的新范式（图式 5.1）。

H_2 侧向（称为 η^2）与金属配位，主要是将其两个 σ 键电子转移到金属的空轨道中，从而形成稳定的 H_2 配合物。值得注意的是，即使 H_2 分子内部已有一个非常强的共价键，该成键电子对仍可作为电子给体与金属形成配位键，从而构建一个非经典的"两电子三中心键"结构，类似于其他"缺电子"分子，如二硼烷（B_2H_6）中的键合模式。

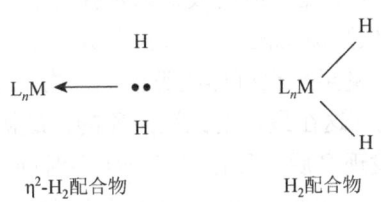

图式 5.1

值得注意的是，二氢配合物的存在长期未被识别。通过 H—H 键氧化加成形成的金属二氢化物，很早就被认为是催化循环的一部分[5, 6]。尽管金属-H_2 相互作用曾被认为是二氢化物形成过程的前导步骤，但这一过程通常被视为不可观测的中间体。正如 Kubas 之前所详述的，$W(CO)_3(PR_3)_2(H_2)$ 配合物是第一个在常温常压下合成和分离的、除单质 H_2 之外含 H_2 分子的化合物（尽管该 H_2 分子呈"拉伸"状态），除此之外，只有单质氢气本身含有这样的 H_2 分子。在 $W(CO)_3(P^iPr_3)_2(H_2)$（0.89 Å）中，H—H 键的键长比游离 H_2（0.74 Å）约长 20%，表明 H_2 不是物理吸附而是化学吸附，这被视为 H—H 键断裂前的"活化"。后续过程及其所有结构/键合/动力学方面都说明了 H_2 配合物的重要性：它的活化包括碳氢化合物中的 C—H 键在内的所有 σ 键的基本途径。本章将主要讨论 H_2 配合物的物理化学性质和光谱性质。例如，我们将着重讨论红外光谱和核磁共振谱，因为它们对最初发现 H_2 配合物，以及后来对金属中心的活化 H_2 和成键作用的理解至关重要。在氢分子（H_2）配位化学的这一方面及其他方面，同位素效应也至关重要，将在后文详细讨论。在 $W(CO)_3(P^iPr_3)_2(H_2)$ 配合物中，氢分子配位的确凿证据难以获得，因为在重原子存在的情况下，通过晶体学方法准确定位氢原子的位置非常困难。如下文将展示的，红外光谱首次提供了 H_2 是以分子形式而非原子形式结合到金属的线索。在 H_2 和 D_2 配合物的光谱中，我们观察到了显著的同位素位移，这有助于识别由配位二氢引起的振动，这种振动显著不同于金属氢化物。

最终，人们的疑惑通过核磁共振氢谱得到了证实：合成的 HD 配合物 $W(CO)_3(P^iPr_3)_2(HD)$ 显示出较大的 HD 耦合常数，证明配位的 H—D 键基本上是完整的，未发生裂解，而非生成了 $W(H)(D)(CO)_3(P^iPr_3)_2$ 等氢-氘化物。核磁共振显示 1∶1∶1 三重态（氘自旋 =1），J_{HD} = 33.5 Hz，几乎与游离 HD 中的 43.2 Hz 相当。观察到的 J_{HD} 高于二氢化物配合物（>2 Hz），成为确认 H_2 配合物的重要标准，这一点将在后文进一步详细讨论。

H_2 配合物的研究曾一度被搁置，原因在于人们认为它相对于经典的二氢化物不稳定。甚至在最初发现 H_2 配合物时，H_2 和其他 σ 键与金属相互作用的基础理论仍未得到发展。值得注意的是，Saillard 和 Hoffmann[7]在 1984 年发表了一篇关于 H_2 和 CH_4 与金属碎片[如 $Cr(CO)_5$]配位的计算研究论文，这篇论文恰好是我们课题组发表 W-H_2 配合物之后不久发表的（两者彼时并未互相知晓）。理论与实验之间的相互促进一直是一种极其有价值的协同关系[3, 4, 8]。尽管 H_2 的本征简单性使其在计算上具有吸引力，但 H_2 配合物的结构、键合和动力学结果却极其复杂，引发了广泛的研究（计算论文超过 300 篇）。

H_2 在 $M(CO)_3(PR_3)_2(H_2)$ 中的配位最初被认为是独特的，因为体积庞大的磷化物配体在空间上阻碍了通过氧化加成形成七配位的二氢化物。然而，现在已经发现一些配体极其简单的配合物，如胺、CO 甚至水也可形成类似配合物，这说明电子效应也同样重要。此后合成了数百种 H_2 配合物，这在最初是无法想象的，最初甚至难以判断应从何处寻找新的 H_2 配合物。在最初的发现之后，又花费了一年多时间才有其他 H_2 配合物被发现，其中代表性的工作由 Morris、Crabtree、Chaudret 和 Heinekey 完成。这些研究人员对 H_2 配合物[9-16, 114]进行了合成、反应性和核磁共振方面的研究，最终全球超过 100 名研究人员加入了这一研究领域。值得注意的是，1986 年 Crabtree 等[9, 17]使用 H_2 配体的短质子核磁共振弛豫时间为标准，发现了几种最初被认为是氢化物的 H_2 配合物，尤其是 1968 年首次报道的 $RuH_2(H_2)(PPh_3)$[18]。通常这些 H_2 配合物不稳定，因此 Ashworth 和 Singleton[19]在 1976 年将其描述为"类 H_2 键"的特征。然而，即使在 H_2 配位得以确认之后，很长一段时间内验证是否真正 H_2 配位还是个问题[20]。

截至 2010 年，已知发现了超过 600 种 H_2 配合物（大多数是稳定的），几乎涵盖了所有过渡金属和各种类型的配体。这些 H_2 配合物已在 1500 篇出版物、数十篇综述和三本专著中有所报道[2-4, 8-16, 114, 21-29]。对 H_2 配合物的看法已从基础科学意义逐渐转向与能源相关的实际应用方面，例如 H_2 的制备和储存。发现这些配合物后，一个重要的问题是它们在催化中的相关性,即是否存在氢原子从 H_2 配体直接转移至底物的过程?答案是肯定的。现在,人们认为 H_2 配合物是氢分子活化的重要中间体,尤其是在异裂裂解过程中。

本章将重点介绍用于研究 H_2 与金属中心相互作用的光谱表征方法及其他基于物理化学原理的方法。通常,某些类型的 H_2 配合物形成的唯一证据来自光谱学,尤其是溶液和固态的核磁共振(NMR)谱。截至 2010 年,NMR 光谱技术是最常用且最可靠的手段,可用于区分分子氢与原子氢的配位模式,并识别金属-H_2 配合物中 H_2 配体的活化程度。因此,本章将重点讨论这种物理化学方法,以及振动光谱和中子光谱。此外,还将介绍同位素效应以及对 H_2 配合物的热力学和动力学参数的测量方法。

5.2 H_2 配合物的合成

合成 H_2 配合物有多种途径。其中最简单的方法是将 H_2 加合到配位不饱和配合物中,如 $W(CO)_3(PR_3)_2$。另一种有效方法是利用 H_2 会取代弱配位的"溶剂型"配体,例如,在高压 H_2 条件下,$[Mn(CO)_3\{P(OCH_2)_3CMe\}_2(CH_2Cl_2)]^+$ 中的 CH_2Cl_2[30]或$[Ru(H_2O)_6]^{2+}$ 中的 H_2O 可被氢气取代,形成$[Ru(H_2O)_5(H_2)]^{2+}$(图式 5.2)。

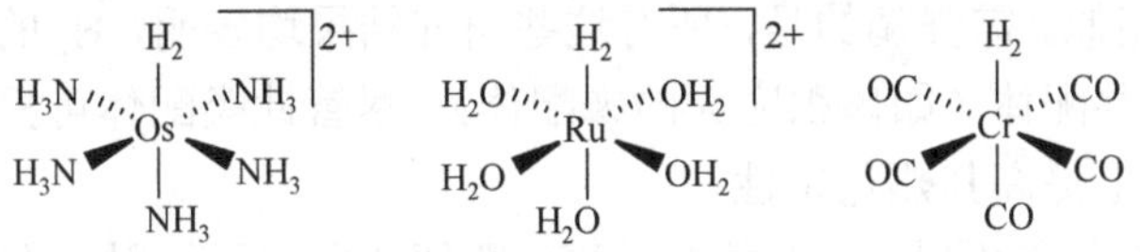

图式 5.2

尽管大多数金属-二氢化学研究是在有机溶剂中进行的,但已发现一些水溶液体系在仿生和绿色化学中具有潜在应用,例如化学选择性加氢催化[31]。通过酸对氢化物进行质子化也是一种常用的方法[13, 24],因为它不需要不饱和前驱体,因而得到了广泛应用。图式 5.3 中展示了一个例子。

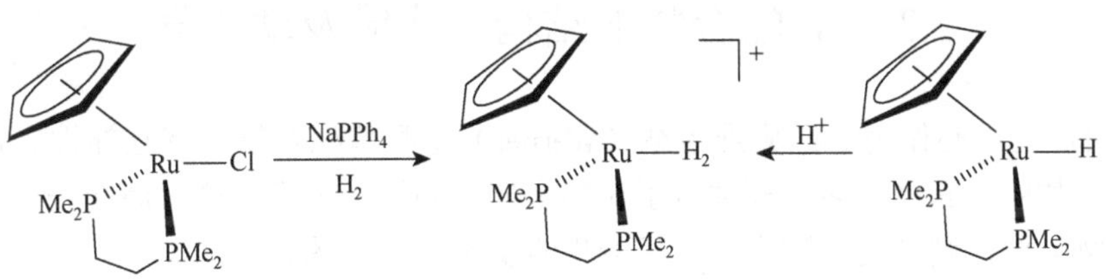

图式 5.3

对金属氢化物与酸反应生成$[FeH(H_2)P_4]^+$ [P_4 = 2 dppe 或 $P(C_2H_4PPh_2)_3$]类型 H_2 配合物的动力学研究表明,该反应对配合物和酸的浓度均表现出一级反应动力学依赖性[32]。在 THF 中,该反应涉及酸直接进攻 FeH_2P_4 中的一个氢负离子,其机理由图式 5.4 所示。反应初始步骤可能是通过氢键作用形成的二氢键。

$$\text{Fe—H + HX}$$
$$\downarrow$$
$$\text{Fe—H}\cdots\text{HX} \longrightarrow \text{Fe}\genfrac{}{}{0pt}{}{\text{H}}{\text{H}}\cdots\text{X} \longrightarrow \text{Fe}\genfrac{}{}{0pt}{}{\text{H}}{\text{H}}\cdots\text{X} \longrightarrow \left[\text{Fe}\genfrac{}{}{0pt}{}{\text{H}}{\text{H}}\right]^{+}\text{X}^{-}$$

图式 5.4

值得注意的是，该反应实际上是氢气异裂（heterolytic cleavage）的微观逆过程，而氢气异裂过程是 H_2 在化学计量反应和催化反应中至关重要的一个步骤，相关内容将在下文中进一步讨论。

大多数 H_2 配合物包含具有 d^6 电子构型的低价金属中心。H_2 配位的可逆性通常是一个关键特征；即在常温常压下，H_2 可在真空下去除，并可多次重新加合。几乎所有 H_2（和其他 σ 配合物）配合物都是抗磁性的，且目前尚无明确证据表明 H_2 配体可在金属之间桥连。令人意外的是，H_2 配合物上的共配体可以是简单、常见的氮给体辅助配体，例如 $[Os(NH_3)_5(H_2)]^{2+}$ 中的氨分子（图式 5.2）[33]，它的 H—H 键的键长（d_{HH}）很长，约为 1.34 Å[34]，明显更接近于二氢化物的特征，这也是其最初被认为属于二氢化物的原因[35]。也有文献报道了含 H_2O[36] 或 CO[37, 38] 共配体的 H_2 配合物，尽管其稳定性较低（图式 5.2）。Heinekey 研究表明，五羰基配合物足够稳定，可以获得低温 NMR 谱，并证明 H_2 的配位方式与 $M(CO)_3(PR_3)_2(H_2)$ 相似。需强调的是，所有这些研究结果均表明，H_2 的配位本身并不依赖于具有空间位阻的共配体（如体积庞大的膦配体）；尽管此类配体可提高金属中心的电子密度，从电子结构上提高其热稳定性。

确定 H_2 配体的存在及测定 d_{HH} 并非易事，即便使用中子衍射也有其局限性。H_2 的快速旋转/摆动可能导致 d_{HH} 缩短[39]。如下所述，$^1J_{HD}$ 是目前判定 H_2 存在与否的最佳标准，其在溶液中测定的值与固态 d_{HH} 密切相关。尽管 H_2 配体可能导致谱带变弱甚至消失，但振动光谱仍可能有用，这将在 5.8 节中讨论。非弹性中子散射（INS）是 Eckert 等开发的一种强大的光谱工具。固体 H_2 配合物中 H_2 分子的快速旋转为 H_2 配位提供了明确的证据，同时证明了 M→H_2 电子反馈（BD）的存在[40]。

5.3 H_2 配合物的结构、成键及动力学

金属-H_2 三中心作用对经典维尔纳（Werner）型配位配合物具有互补性。在 Werner 型配位配合物中，配体是通过非键电子对向金属中心提供电子密度；而在 π 配合物（如烯烃配合物）中，则是通过键合 π 电子的供给实现配位（图式 5.5）。

值得注意的是，在某些情况下，H_2 分子中的成键电子对可以与金属中心发生与非键电子对同等强度的相互作用。由此形成的金属-H_2 以及其他 σ 配合物中的侧向配位键，可类比于碳正离子或二硼烷中的"三中心-两电子（3c-2e）"键。因此，H_2 可被视为一种 Lewis 碱，可以与强亲电试剂结合。然而，过渡金属具有独特能力，可以通过 d 轨道中满填电子向 H_2 的 σ^* 反键轨道发生电子反馈（图式 5.5），从而稳定 H_2 及其他 σ 键配合物，而这种主要的相互作用是主族元素所不具备的[3, 4, 8]。该电子反馈机制可类比于杜瓦-查

特-邓肯森（Dewar-Chatt-Duncanson）模型[41, 42]中对乙烯等 π 配合物所描述的金属-配体相互作用。

从金属中心到 H_2 的电子反馈不仅对稳定 M-H_2 至关重要，同时也是活化 H—H 键，促进其均裂的关键因素[3, 4, 8]。如果电子反馈变得过强，例如通过增加金属中心上大配体的给电子能力，则会导致 H—H 键裂解并形成二氢化物，这是因为 H_2 分子的 σ^* 轨道的电子过度填充所致。通常，H_2 与二氢化物配位之间存在一个微妙的界限。某些体系中甚至在溶液中表现出 H_2 配合物与二氢化物的平衡态，如 W(CO)$_3$(PR$_3$)$_2$(H$_2$)（图式 5.6）。这表明，H_2 的侧向配位通常是 H—H 键断裂的第一步。

虽然 H_2 氧化加成的电子因素已经清楚，但空间因素的作用尚不明确。体积庞大的膦配体可以抑制 H_2 裂解：当 R 为较小的基团（如 Me）时，反应平衡完全偏向生成二氢化物，即该配合物为二氢化物[43]。然而，如上所述，即使在仅含小型配体 L（如 NH$_3$）的体系中，H_2 配合物也能够稳定存在（图式 5.2）。在某些情况下，由于其 H—H 键的键长（d_{HH}）显著延长，两个键合方式之间发生转换。这促使人们广泛探索金属中心 M、共配体 L 及其他影响因素，以研究 H—H 键的拉伸行为。在已知的数百种 L$_n$M-H$_2$ 配合物体系中，H_2 在金属中心活化的反应坐标（图式 5.3）显示出 H—H 键的键长（d_{HH}）为 0.82～1.5 Å（图式 5.7）[3, 10-15, 17, 21-24, 30, 34-40, 43-50]。

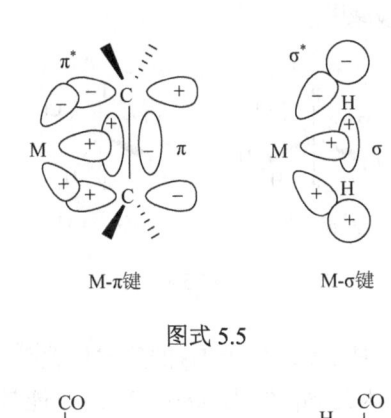

M-π键　　　　　　　　M-σ键

图式 5.5

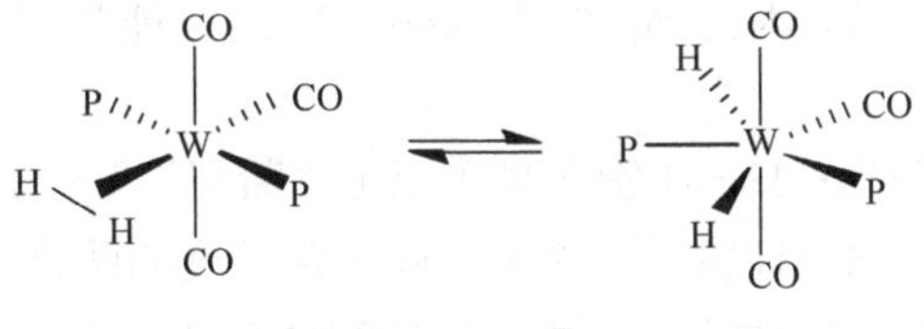

图式 5.6

0.74 Å　　0.8～1.0 Å　　1.0～1.3 Å　　1.3～1.6 Å　　＞1.6 Å
　　　　实际H_2配合物　拉伸型H_2配合物　压缩型二氢化物　二氢化物

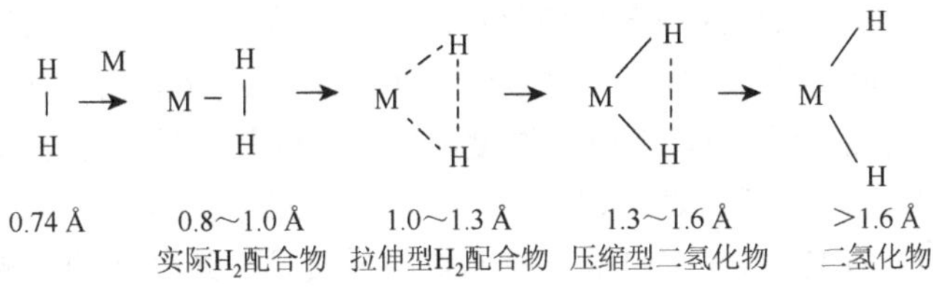

图式 5.7

尽管 d_{HH} 的范围是连续的，但每种配合物类别均具有不同的性质。在"实际" H_2

配合物中，d_{HH} 相对较短（0.8～1.0 Å），且 H_2 是可逆结合的。$W(CO)_3(PR_3)_2(H_2)$ 就是一个很好的例子，其 $d_{HH}<0.8$ Å，类似于物理吸附的 H_2。1991 年首次在 $ReH_5(H_2)(PR_3)_2$ 中清楚地识别出拉伸型 H_2 配合物（$d_{HH} = 1.0～1.3$ Å）[14, 34, 48, 49-51]，其中中子衍射显示 d_{HH} 为 1.357(7)Å[49]。现在将 $d_{HH}>1.3$ Å 的配合物视为"压缩型二氢化物"，其 NMR 特征与拉伸型 H_2 配合物不同；例如，前者的 J_{HD} 随温度升高，而后者随温度降低[51]。需要指出的是，这些分类是相对的，因为实验上已观察到 d_{HH} 几乎呈连续变化分布。

H_2 的活化对金属、配体和电荷非常敏感；例如，在 $Mo(CO)(H_2)(R_2PC_2H_4PR_2)_2$ 中，将 R 从苯基更改为烷基会导致 H_2 裂解[39]。强给电子配体 L、第Ⅲ族金属 M 和中性电荷有利于 H—H 键的伸长或裂解，而第Ⅰ主族金属 M、吸电子配体 L 和正电荷（阳离子配合物）有利于 H_2 的结合并缩短 d_{HH}。当配体处于 H_2 的对位时影响显著：强 π-受体（例如 CO）和强 σ-给体（如 H）大大削弱反馈作用，通常使 $d_{HH}<0.9$ Å。因此，将 H_2 置于强 π-受体的反式位置有利于稳定 H_2 配合物。相反，将中等 σ-给体（如 H_2O）或 π-给体（如 Cl）置于 H_2 的反式位置上，可延长 d_{HH}（0.96～1.34 Å），如图式 5.8 中的异构体所示[52]。实际上，顺式 Cl_2 配合物在溶液中是一个"压缩型三氢化物"（$d_{HH} = 1.5$ Å），但在固态下，由于 Ir-Cl···H-Ir 氢键的存在，它是一个拉伸型 H_2 配合物（$d_{HH} = 1.11$ Å），这表明 d_{HH} 对分子内和分子间作用非常敏感[53]。

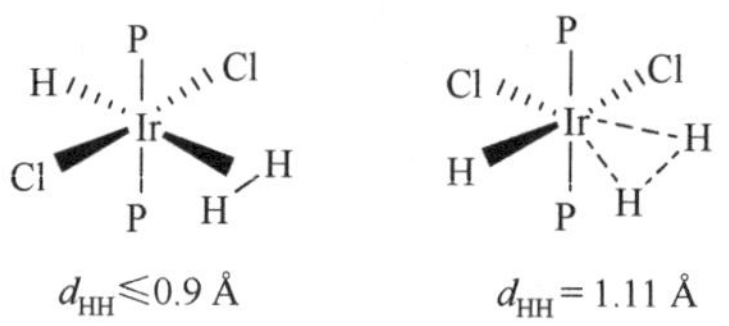

$d_{HH}\leq 0.9$ Å $d_{HH} = 1.11$ Å

图式 5.8

也存在特例：无论 CO 还是 PMe_3 位于 H_2 的反式位置[38]，$Cr(CO)_4(PMe_3)(H_2)$ 的异构体具有相似的 J_{HD}（～34 Hz，因此 d_{HH} 约为 0.86 Å）。这可能是因为金属中心极度缺电子，反馈作用非常弱。

这里可以提出一个问题：H—H 键在哪个点上"断裂"？计算分析表明，当 H—H 键键长达到 1.48 Å 左右时，H—H 键就会断裂，即正常长度的两倍[54]。但实际上，对于 $d_{HH}>1.1$ Å[14]，几乎没有 H—H 键相互作用。例如在 $[OsCl(H_2)(dppe)_2]^+$ 中，键断裂的势能面非常平坦，将 H—H 键从 0.85 Å 拉伸到 1.6 Å 的能垒非常低[14, 51]，约 1 kcal/mol。因此，在这里 H_2 配体的键合可以视为高度离域化：H 原子沿反应坐标发生大幅度振动运动，导致 H—H 键断裂。值得注意的是，某些配合物中的 d_{HH}[例如$[CpM(diphosphine)(H_2)]^{n+}$（M = Ru、Ir；n = 1、2）][55, 56]表现出与温度和同位素的相关性。这些现象表明，H_2 配位具有高度动态行为，甚至可能表现出不寻常的量子力学现象，例如旋转隧穿效应[40]和 NMR 交换耦合[57]。M-H_2 相互作用是目前已知的最典型、最复杂和最神秘的化学拓扑之一。H_2 配体可以与金属中心进行配位/解离，可逆裂解成二氢化物，亦可在金属中心上快速旋转甚至与顺式氢化配体发生交换。在某些情况下，即使在低温条件下，这些动态过程仍无法在核磁共振的时间尺度被"冻结"或静止观察。

5.4 H_2配合物的反应活性：酸性和 H—H 键的异裂

除了 H_2 解离外，M-H_2 配合物的反应主要包括 H_2 的均裂（氧化加成）和异裂，即在亲电金属中心上对配位 H_2 的去质子化（图式 5.9）[10]。

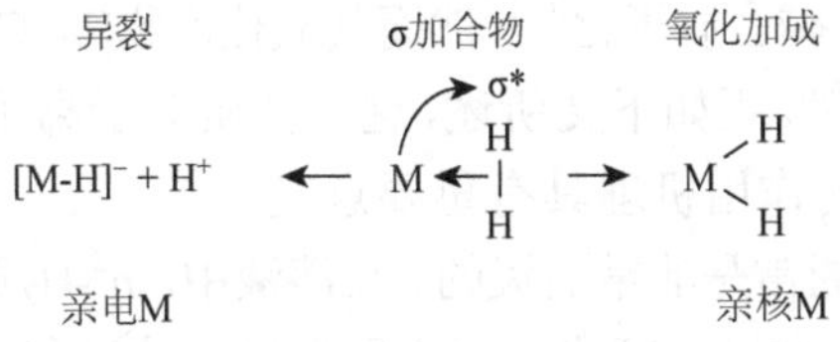

图式 5.9

H_2 配合物在催化和其他反应中具有多种优点。最重要的是，H_2 配位并不改变金属的氧化态，而形成二氢化物会使金属的氧化态提高两个单位。此外，H_2 配体的热力学和动力学酸性都显著高于氢化物，这一特性使酸性的 H_2 配体能够质子化底物，例如烯烃和 N_2。在异裂过程中[10, 26, 58, 59]，氢配体失去质子，剩余的氢以氢化物的形式与金属结合。这两种途径在催化加氢反应中都已得到证实，并且还可用于其他 σ 键的活化，如 C—H 键裂解。通过顺式配体的碱基或外部碱对 H—H 键进行质子化裂解是许多工业和生物过程中的关键步骤，这些过程均涉及 H_2 配体的直接反应。配合物中 H_2 可以通过两种基本途径发生异裂（图式 5.10）。

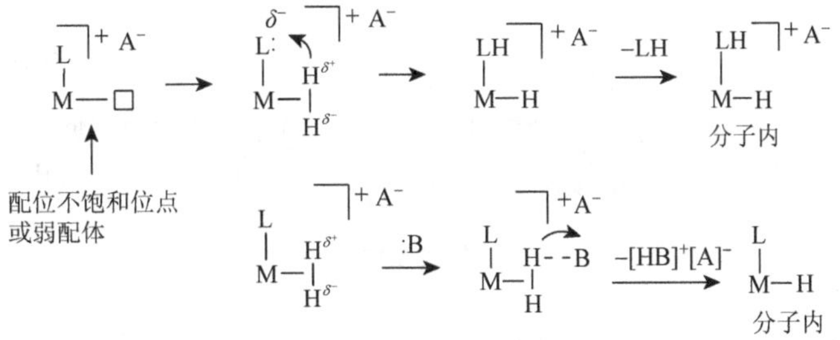

图式 5.10

当位于 H_2 配体顺式（*cis*）的配体 L（如 H 或 Cl）参与质子转移时，分子内异裂非常容易发生。质子也可能最终转移到反式配体[60]或阳离子配合物的抗衡阴离子 X 上，从而释放出酸 HX。分子间异裂反应包括外部碱 B 的质子化，例如乙醚溶剂，从而产生金属氢化物（H^-片段）和碱的共轭酸 HB^+。这与用于合成 H_2 配合物的质子化反应相反（图式 5.10 中的所有反应都是可逆的），并且形成的 $[HB]^+$ 可以将质子传递到体系内或体系外的其他位点（碱辅助异裂）。

Crabtree 和 Lavin[61]发现 $[Ir^IH(H_2)(LL)(PPh_3)_2]^+$ 中的 H_2 优先于氢负离子配体被 LiR 去质子化，这首次证实了 H_2 的异裂。Chinn 和 Heinekey[62]证明，中等强度的碱，如 NEt_3，

更容易对[CpRuH$_2$(dmpe)]$^+$和[CpRu(H$_2$)(dmpe)]$^+$的平衡混合物中的η^2-H$_2$异构体去质子化。因为H$_2$配合物的去质子化不涉及配位数或氧化态的变化，H$_2$配体具有更大的动力学酸度。因此，氢气可以转化为强酸：游离H$_2$是一种极弱的酸（四氢呋喃中的pK_a约为35）[63]，但与亲电的阳离子金属中心配位后，其酸性可显著增强，提升幅度高达40个数量级。pK_a约可低至−6，也就是说，η^2-H$_2$配体的酸性甚至强于硫酸，这一现象已由Morris[10, 11, 59]和Jia[22]所证实。具有吸电子配体（如CO）的缺电子阳离子配合物且H—H键键长小于0.9Å，例如[Re(H$_2$)(CO)$_4$(PR$_3$)]$^+$[64]，是目前已知酸性最强的一类。正电荷能够显著提高酸性：W(CO)$_3$(PCy$_3$)$_2$(H$_2$)仅能被强碱去质子化[65]，然而其氧化产物[W(CO)$_3$(PCy$_3$)$_2$(H$_2$)]$^+$的酸性已足以质子化弱碱性醚类溶剂[66]。正如下文所述，这一性质对于离子加氢（ionic hydrogenation）以及金属酶（如氢化酶）的作用机理具有重要意义。

具有H$_2$配体的配合物通常是非常活泼的。在溶液中，η^2-H$_2$配体与顺式定位的氢化物配体之间通常发生极快速的氢交换。顺式相互作用促进了该过程，也就是说，在固态下可观察到H$_2$和H配体之间的弱氢键作用[3, 8, 67]。这种中间体可以被认为是一种"三氢（H$_3$）"配合物[68, 69]，双(环戊二烯基)Mo型配合物的研究结果就是一个例子。Heinekey[70]和Parkin[71]分别确定了环柄-桥连配合物[Me$_2$X(C$_5$R$_4$)$_2$MoH(H$_2$)]$^+$（X = C、R = H；X = Si；R = Me）为热不稳定的二氢/氢化配合物，这是首批具有d^{2}电子构型、含顺式氢化物-H$_2$配体的配合物（图式5.11）。

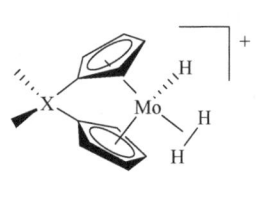

X = C(1)、Si(2)

图式5.11

在这些配合物中，氢化物和H$_2$配体之间可通过快速的动态过程相互转化。化合物 **1** 中配位的 H$_2$ 配体表现出旋转受阻，Δ$G^‡_{150}$ = 7.4 kcal/mol。然而，H 原子交换在温度低至 130 K 时速率仍然非常快。图式5.12描述了氢原子交换的动态过程，中间的 Mo-三氢结构代表氢原子从分子一侧转移到另一侧的过渡状态。

图式5.12

现在已知有许多类似的体系，例如，在 ReH$_2$(H$_2$)(CO)(PR$_3$)$_3$ 中，已有证据表明在快速氢原子交换过程中存在类似 M(H$_3$)结构的中间体[72]，该过程即使在−140℃下也能非常快速地进行[71, 73-77]。值得注意的是，IrClH$_2$(H$_2$)(P^{i}Pr$_3$)$_2$中氢原子交换的能垒在固态下仅为 1.5 kcal/mol[74, 75]。

在催化加氢反应中，H$_2$配体中的氢可以直接转移到底物上。虽然很难最终证明，但有证据表明，在离子加氢反应过程中，有机金属氢化物[如 CpMoH(CO)$_3$]与强酸（如HO$_3$SCF$_3$）相互作用，可以还原酮[78, 79]。酸性 H$_2$ 配合物被认为参与了质子转移到有机底物的过程。在具有商业价值的工业催化过程中，H$_2$异裂的一个很好的应用例子是 Noyori 等用钌配合物体系催化酮的不对称氢化生成醇（图式5.13）[80, 81]。

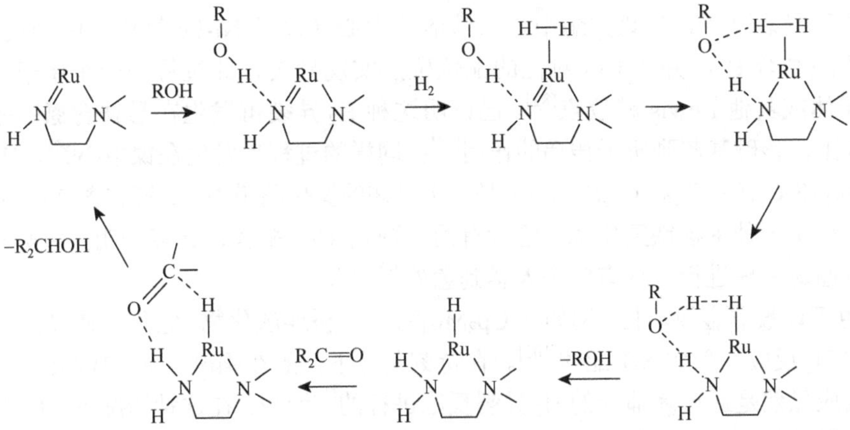

图式 5.13

该转化由 trans-RuCl$_2$[(S)-binap][(S, S)-dpen]（binap 为[1, 1′-联萘-2, 2′-双(二苯基膦)]；dpen 为二苯基乙二胺）催化，在多个方面具有突出特点。该反应在数小时内定量完成，对映体过量（ee）高达 99%，对含烯烃分子的羰基还原反应具有很高的化学选择性，并且底物与催化剂的比例＞100 000。与结构相似的经典钌加氢催化剂相比，非经典金属-配体双功能催化循环在机理上具有创新性。溶剂（醇）有助于 H$_2$ 的异裂。近年报道了越来越多的新型"NH 效应"双功能催化机理得到报道，其中包含胺、氨基和亚氨基配体，并且在溶剂、水、质子及共配体的辅助下有助于实现 H$_2$ 的异裂[82-85]。通过异裂实现催化加氢反应曾被认为是一个已较为成熟的领域，但如今其研究范围正大幅扩展，甚至涵盖了完全由主族元素构成的催化体系（见下文和图式 5.15）。

5.5 生物和非金属体系中 H$_2$ 的活化

氢化酶（H$_2$ases）是微生物中的氧化还原酶。它催化反应 H$_2 \rightleftharpoons 2H^+ + 2e^{-}$ [86-89]，为了利用 H$_2$ 作为能源或用于清除多余的电子。晶体结构分析发现，氢化酶的双核活性位点上存在 CO 和 CN 配体，这在生物体系中是前所未见的（图式 5.14）[90]，这些酶与有机金属非常相似，因此广泛用于模拟产氢（H$_2$）[88, 89, 91-96]。

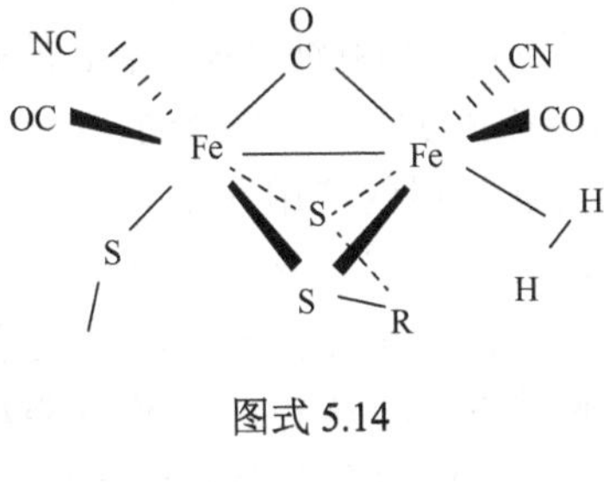

图式 5.14

这些酶在进化过程中利用 CO 配体已达数十亿年，其强烈的反式效应有利于 H$_2$ 的可逆配位和异裂[3, 26]。在此类酶中，二铁活性中心（以及 Ni-Fe 氢化酶中的类似结构）可能短暂地结合 H_2，并在 CO 对位的配位位点实现异裂，此过程中一个质子被转移至硫醇盐配体或其他 Lewis 碱位点[89]。已证明这种 H_2 异裂可发生在悬挂含氮碱基的单核铁配合物上，该碱基起到质子传递的作用[94]；同样的过程也发生在镍中心[97]。H_2 配合物 $[Ru_2(\mu\text{-}H)(\mu\text{-}S_2C_3H_6)_2(H_2)(CO)_3(PCy_3)_2]^+$ 是一个已知的氢化酶模型，尽管它含有钌而非铁[98]。目前还表征了一种单核铁氢化酶，它含有两个顺式 CO 配体，计算表明，氢分子的裂解是通过双通道机理进行，这有些令人感到意外[99, 100]。

H_2 也可以被非金属活化，例如在 $Cp_2Mo_2S_4$ 中的桥连硫化物，它们可通过四中心 S_2H_2 过渡态与 H_2 反应，形成 SH 配体[101]。在苛刻条件下，酮在强碱（如 $t\text{-}BuOK$）中的无金属氢化反应显然是通过碱辅助的 H_2 异裂反应进行的[102, 103]。在这种情况下，H_2 是一个非常弱的电子受体（Lewis 酸），接受电子到其 σ^* 空轨道上，并可与醇盐或金属氧化物中的氧相互作用发生异裂[3]。第一次在非金属中心观察到氢气的可逆异裂是一个重要的发现[104]。图式 5.15 中的膦硼烷在其 Lewis 碱位（磷）上连接了一个强 Lewis 酸中心（硼）。

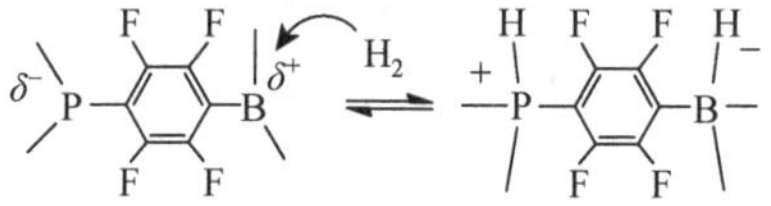

图式 5.15

理论计算表明[105]，H_2 异裂很可能发生在硼原子处，即 H_2 类配合物中的质子转移至磷的碱性位点，形成硼酸膦（phosphenium borate）。此外，Lewis 酸与 Lewis 碱的简单组合，若因空间位阻而无法形成配位键[即"受阻 Lewis 对（frustrated Lewis pairs，FLPs）"]，亦可实现 H_2 的异裂，甚至可作为无金属氢化反应催化剂使用[106]。新近报道的体系包括胺与硼烷的组合，如 $B(C_6F_5)_3$[107]。

5.6 H_2 的储存和生产

H_2 被宣称为未来的燃料，但仍面临诸多挑战。用于储存 H_2 的材料难以设计，尽管 H_2 可以很容易地从多种化合物中释放出来，但很难再纳入一个可再生的系统。该材料还必须是轻质的，且含 H_2 量＞6%，这降低了我们对已知的可逆体系（如 $M\text{-}H_2$ 或氢化物配合物）的期望。含有 Lewis 酸性（B）和碱性（N）中心的硼烷 H_3NBH_3 是一种熟知的候选化合物。然而，该化合物的酸碱中心是直接结合的，而图式 5.15 中的膦-硼烷中，酸性和碱性位点被连接体分开。非金属材料的应用非常有意义，因为像铂这样的贵金属，常用作催化剂，但并非环境友好材料，且成本高昂、供应有限。目前研究的金属有机骨架（MOFs）[108-110]储氢材料具有巨大的比表面积，能够结合大量的 H_2 分子。如 5.8.7 节所述，Eckert 进行了重要的中子散射光谱研究，确定 H_2 可像在有机金属中一样结合到不饱和金属中心，或物理吸附在骨架中。H_2 直接与金属中心结合的一个很好的例子是 H_2 在铜置换的 ZSM-5 分子筛上的吸附[111]。计算表明，具有多个 H_2 配体的配合物，如 $Cr(H_2)_6$，可能是稳定的[112]，并且像$[M(H_2)_n]^+$（$n = 6 \sim 10$）这样的金属离子在气相中能短暂存在[113]，但在凝聚相中分离存在困难。稳定地配位到单个金属中心的 H_2 配体最多只能有两个，$RuH_2(H_2)_2(PR_3)_2$ 就是一个很好的例子[15, 114]。

利用太阳能从水中生产氢燃料是一个非常重要的研究方向[115]。催化过程中可能至少在中间步骤中涉及 H_2 配合物，而 H_2 配合物此前已被认为是基于水的光还原的太阳能转化方案[116]。工业上重要的水煤气变换和相关的产氢反应无疑是通过瞬态氢配合物进行的[117]。仿生氢气生成反应是一项挑战，特别是太阳能驱动的（通过光催化），可能需要结合氢化酶活性位点模型和自然光系统模型来获取线索[91-93]。在此过程中，由质子和电子形成 H—H 键，即 H_2 异裂的微观逆过程是 H_2 生成的关键。此反应在氢化酶中的铁位点上进行得非常迅速，因此，基于廉价的第一过渡系金属而非贵金属的催化剂将有更广泛的应用。将制氢催化剂与光化学裂解水相结合需要对催化过程每一步反应的电化学电位进行微调。在均相分子催化剂体系中，这种微调可以通过改变配体来实现，因此，相较于非均相催化剂更具优势。显然，要实现这一目标，需要利用过去 25 年在 H_2 分子配位和活化领域积累的大量知识。

本章将着重于光谱表征和其他基于物理化学的方法，以研究氢与金属中心的相互作用。通常，形成 H_2 配合物的唯一证据来自光谱法，特别是溶液和固态的核磁共振谱。核磁共振是迄今为止最常用且最可靠的诊断方法，用于确定金属-H_2 配合物中氢配体的活化程度。因此，核磁共振谱将是本章的重点，同时结合振动光谱和中子光谱。此外，本章还将涵盖 H_2 配合物的热力学和动力学测量。

5.7 H_2 配合物的结构测定

5.7.1 衍射法

X-射线衍射是化学家用于测定新配合物结构的标准方法。然而，对于过渡金属氢化物和 H_2 配合物而言，使用 X-射线衍射法精确定位与金属配位的氢原子是非常困难的。相比之下，中子衍射技术可提供更优越的结构信息，但其对大尺寸、高质量单晶样品的严格要求限制了该方法在已知配合物中的广泛应用[118]。

在 Kubas 对首个 H_2 配合物的初步结构表征中，中子衍射数据起到了关键作用。尽管在室温条件下配合物 $W(CO)_3(P^iPr_3)_2(H_2)$ 的中子衍射实验中，由于磷配体的构型存在一定无序性，所获得的数据质量并不理想（图 5.1），但实验仍初步提出了 H_2 配体配位的可能性，并在随后通过高质量的低温 X-射线衍射研究得到了进一步验证[1]。

随后的衍射研究表明，即使在低温下，键合的 H_2 仍具有剧烈的热运动，这对于确定最关键的结构参数之一，H—H 键键长（d_{HH}）具有重要影响。例如，对 $Cr(CO)_3(P^iPr_3)_2(H_2)$ 进行低温 X-射线衍射研究，得到 $d_{HH} = 0.67(5)$ Å，该值比 H_2 分子中标准值（$d_{HH} = 0.74$ Å）更短[119]。对 $Mo(CO)(dppe)_2(H_2)$ 的中子衍射研究也得到了类似的结果，其中 $d_{HH} = 0.736(10)$ Å[39]。这些异常结果是由配位氢气中两个 H 原子的协同运动引起的。采用标准化精修程序，配体的转动或摇摆运动会导致测得的 d_{HH} 产生缩短效应（图式 5.16）。

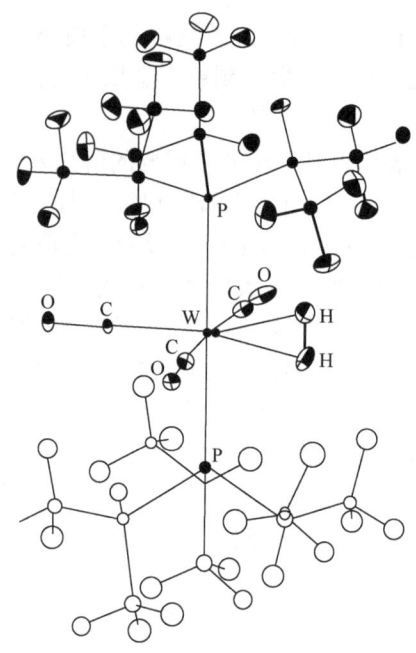

图 5.1　W(CO)$_3$(P^{i}Pr$_3$)$_2$(H$_2$)的中子衍射结构

位于下方的膦配体存在无序

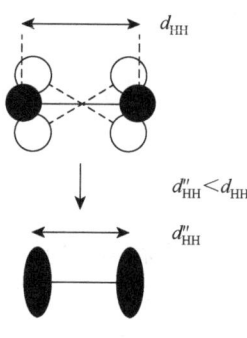

图式 5.16

可通过修正热运动效应进行校正[120]，然而因难以准确考虑 H 原子的内部振动运动，可能导致对校正因子的高估，并引入较大的不确定性。例如，校正后 Mo(CO)(dppe)$_2$(H$_2$) 的 d_{HH} 为 0.85～0.88 Å。Koetzle[121]总结了多个 H$_2$ 配合物的中子衍射数据，包括一些经过热运动校正的数据。

如上所述，目前已知的 d_{HH} 值呈连续变化范围，从最早 Kubas 配合物中的非常短的 d_{HH} 到常规二氢化物配合物的 d_{HH}≥1.5 Å 均有报道。其中报道数量较少的配合物具有中间范围的 d_{HH} 值，被称为拉伸型 H$_2$ 配合物[14]。此类配合物的一个典型实例是 [Cp*-Ru(dppm)(H$_2$)]$^+$。1994 年，Morris 等通过中子衍射法测定其 d_{HH} 值为 (1.10±0.3) Å （图 5.2）[122]。

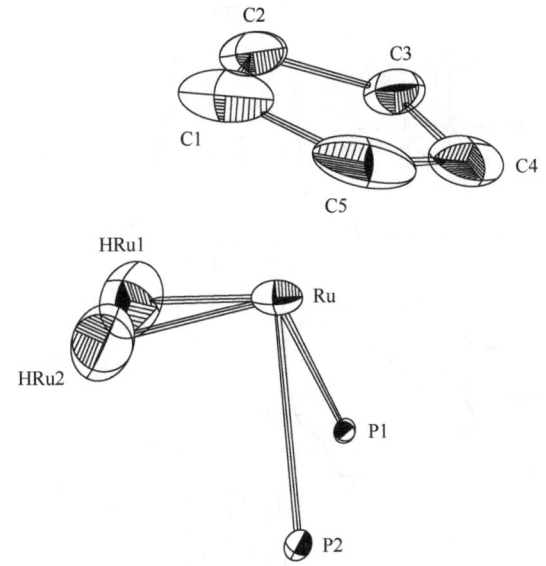

图 5.2　省略甲基和苯基的[Cp*Ru(dppm)(H$_2$)]$^+$的 ORTEP 图

文献[122]经许可转载，版权归 1994 年美国化学学会所有

随后对该钌配合物还进行了理论计算研究，得出了非常有趣的结果，不仅对其振动光谱提出了新的解释（5.8.5 节），还预测了新颖的同位素效应（5.9.5 节）。该配合物的同位素取代衍生物的 NMR 谱也极具研究价值（5.7.3 节）。

5.7.2　固态核磁共振谱

在固态 ^{1}H NMR 中直接测量偶极耦合常数是一种潜在的、具有广泛应用价值的方法，且仅需少量固体样品。由于两个配位氢原子之间的偶极耦合常数与$(d_{HH})^{-3}$成正比，因此该方法可给出非常精确的 d_{HH} 值。通过使用选择脉冲性序列，可以避免对非氢化配体中的氢原子进行氘代，从而简化实验流程[123]。用这种方法测得 W(CO)$_3$(PCy$_3$)$_2$(H$_2$) 的 d_{HH} 为 0.88 Å。如图 5.3 所示，钌配合物的 d_{HH} 值达 1.02 Å。

根据 Pake 模式的温度依赖性，可以推断配位 H$_2$ 配体在围绕垂直于金属-H$_2$ 配体轴线发生扭转或受限旋转运动。该配位氢常被描述为一个刚性平面转子（rigid planar rorator）。在某些情况下，该旋转运动的势能面也可通过上述测量手段进行表征。

固态 ^{2}H NMR 谱已被用于相关研究中。Buntkowsky 等[124]建立了用于研究 H$_2$ 配合物动态行为的理论基础。固态 ^{2}H NMR 谱已被用于研究 trans-[Ru(D$_2$)Cl(dppe)$_2$]PF$_6$ 中配位 D$_2$ 的动态行为，证实了相干旋转隧穿现象，并测定其能垒为 6.2 kcal/mol[125]。在近期的研究中，固态 ^{2}H NMR 谱已被用于确定几种二氢钌配合物的结构和动态特性[126]。

5.7.3　溶液核磁共振谱

利用偶极-偶极弛豫速率测量溶液中 ^{1}H NMR 的技术最初由 Hamilton 和 Crabtree[127]

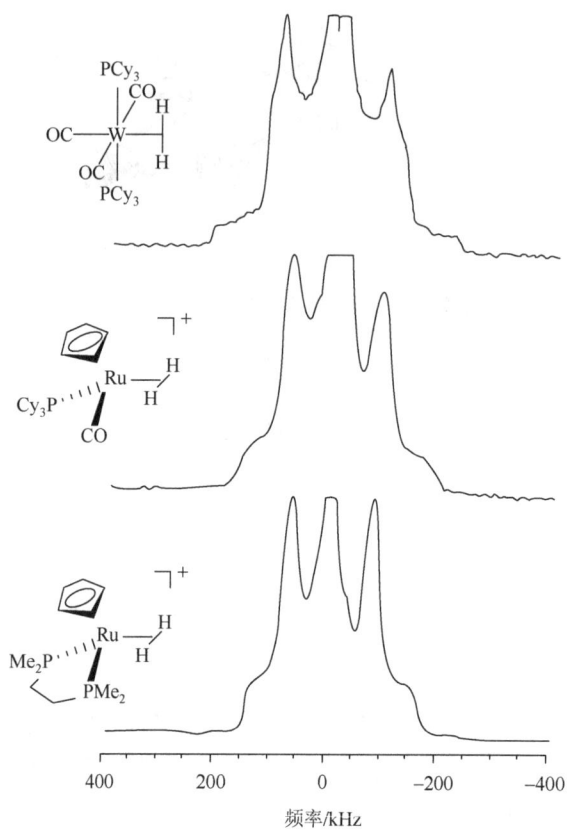

图 5.3 H_2 配合物的固态 ^1H NMR 谱中偶极耦合（Pake 模式）的测量

文献[123]经许可转载，版权归 1990 年 Elsevier 所有

开发，用于测量 d_{HH}，后来 Halpern 等进行了改进[128]。这种方法要求在不同温度下测量氢化物共振的自旋晶格弛豫时间（T_1）。如果可以获得最大弛豫速率所对应的温度（最小 T_1），就可以推导出 d_{HH} 值。该方法在数据解析方面的一个复杂因素产生于键合 H_2 配体的快速重新定向（reorientation）。这个问题首先由 Morris 等提出[129]，随后 Caulton 等进行了深入分析[130]。

下面给出该技术应用于简单配合物 $Cr(CO)_5(H_2)$ 的一个实例[37, 38]。对于该氢配合物，在 190～200 K 下，最小弛豫时间为 22 ms（500 MHz）或 31 ms（750 MHz）。假设 H_2 配体快速旋转，对 $Cr(CO)_5(H_2)$ 的 T_{1min} 数据分析，得到 d_{HH} = 0.87 Å（500 MHz）和 0.86 Å（750 MHz）。假设 H_2 配体缓慢旋转，则得到 d_{HH} = 1.09 Å（500 MHz）和 1.08 Å（750 MHz）（图 5.4）。

这些数据结合 H-D 耦合数据（参考下文），表明 $Cr(CO)_5(H_2)$ 中的 H_2 配体在快速重新定向。该现象与液态氙中的振动光谱一致，Poliakoff 等基于 ν_{HH} 吸收带的显著线宽，提出在 $Cr(CO)_5(H_2)$ 中，H_2 单元呈现出自由旋转状态（5.8.2 节）[131]。

该方法（以及中子衍射技术）有一个不足之处，在某些配合物中观察到的配位 H_2 配体快速旋转可能会影响 d_{HH} 的推导值。若氢分子的旋转速度相对于分子整体的转动(tumbling)较慢或非常快,数据分析相对简单;但若其旋转速度处于这两种极端情况之间,则分析过程将变得非常复杂。

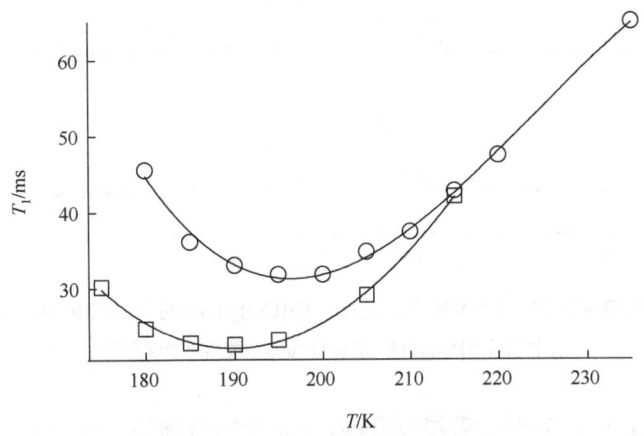

图 5.4 Cr(CO)$_5$(H$_2$)的 $T_{1\text{min}}$ 数据

文献[38]经许可转载,版权归 2006 年美国化学学会所有

用 D 取代配位 H$_2$ 配体中的一个 H 原子,然后测量 H-D 耦合常数,是一种非常有用且常见的溶液 NMR 方法,已得到了广泛应用。引入单个氘核(核自旋 $I=1$)的方法有多种,最简单的是在合成反应中使用 HD 气体。在游离 HD 气体中,H 与 D($^1J_{\text{HD}}$)的耦合常数为 43 Hz。当 HD 气体与过渡金属前驱体反应形成二氢化物配合物时,H 和 D 之间的 $^2J_{\text{HD}}$ 通常很小,约为 2~3 Hz。H$_2$ 配合物的 $^1J_{\text{HD}}$ 值在这两者之间,且 $^1J_{\text{HD}}$ 值与核间距离 d_{HH} 成反比。这种经验相关性可通过固态 NMR 和中子衍射数据进行确认[132]。定量关系为

$$d_{\text{HH}}(\text{Å}) = 1.440 - 0.0168 J_{\text{HD}} \tag{5.1}$$

量子化学计算预测了 J_{HD} 与 d_{HH} 之间几乎一致的线性关系[133]。

HD 耦合常数的测定已被广泛应用于多种氢配合物中可靠地推导 d_{HH} 值,尤其适用于那些在室温下不稳定、无法分离的配合物。例如,尽管(CO)$_5$Cr(H$_2$)无法在室温条件下分离,但仍可通过该方法将其鉴定为 H$_2$ 配合物。对含单氘原子的(CO)$_5$Cr(HD),观察到的 $J_{\text{HD}} = 35.8$ Hz,由此得出 $d_{\text{HH}} = 0.84$ Å(图 5.5)。这一结果有助于解释前文所述的自旋晶格弛豫时间(T_1)数据,其中 d_{HH} 的两个不同值可从弛豫数据中导出。HD 耦合常数仅与假设 H$_2$ 配体快速旋转时所得到的较短 d_{HH} 值一致。

在较长的 d_{HH} 范围内,如那些拉伸的二氢物种,HD 耦合常数与 d_{HH} 之间的简单线性关系不再适用。最近,Chaudret 等提出了一种更复杂的分析方法,可用于从 HD 耦合常数中可靠地推导出 d_{HH} 值[134]。Heinekey 等也报道了一种稍微不同的非线性模型(图 5.6)[135]。

从 J_{HD} 值推导 d_{HH} 的过程中隐含的假设是:分子结构与原子质量无关。对于某些 H$_2$ 配合物,该假设可能并不成立。如上所述,对于[Cp*Ru(dppm)(H$_2$)]$^+$,中子衍射给出 $d_{\text{HH}} = (1.10\pm0.03)$ Å。而对应的 J_{HD} 值表现出明显的温度依赖性,从 213 K 的 22.3 Hz 降

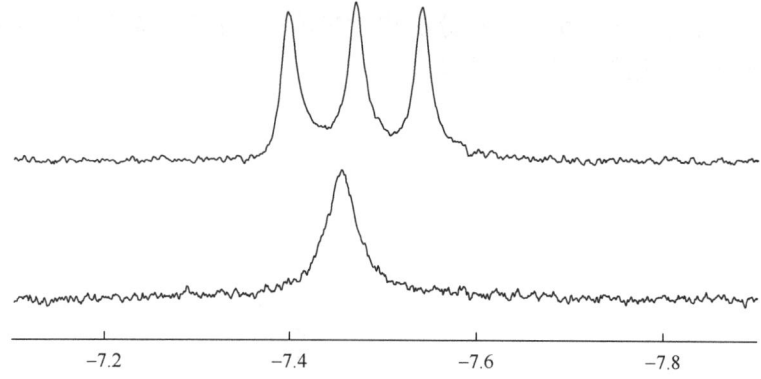

图 5.5 下图：$Cr(CO)_5(H_2)$ 的 ^1H NMR 谱；上图：$Cr(CO)_5(HD)$ 的 ^1H NMR 谱，显示 $J_{HD} = 35.8$ Hz

文献[38]经许可转载，版权归 2006 年美国化学学会所有

低至 295 K 的 21.1 Hz，表明随着温度升高，d_{HD} 会略有增加。这种不寻常的行为最初归因于振动激发态的热激发布局，导致在较高温度下的平均核间距离更长。随后，Lledós 等对该配合物的进行了理论计算，发现，描述 Ru-H 和 HH 相互作用的势能面非常平坦。因此，在较低能量下可能会出现较大的偏离平衡结构的情况。Lledós 等预测这种非简谐势能面会产生显著的结构同位素效应。据预测，氘代配合物的 d_{DD} 比原配合物中观察到的 d_{HH} 约短 3%[136]。

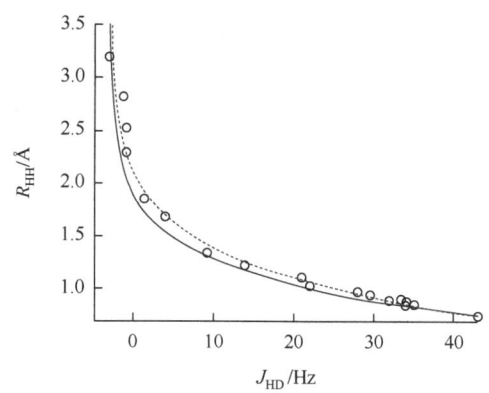

图 5.6 R_{HH} 与 J_{HD} 的关系

实线为 Chaudret 等报道的关系（文献[134]），虚线是由 Heinekey 等使用略有不同的参数所建立的关系（文献[135]）；文献[135]经许可转载，版权归 2006 年美国化学学会所有

上述预测随后通过对 $[CpRu(dppm)(H_2)]^+$ 的 HD、HT 和 DT 配合物进行 ^1H 和 ^3H NMR 光谱研究而得到了实验证实[55]。观察到了 HT 和 DT 耦合常数显著的同位素效应，与计算预测的键缩短趋势一致。这一发现提供了对稳定分子结构中前所未有的同位素效应的实验验证。该现象是 H_2 配合物和氢化物配合物独特结构特性的又一体现，其中氢原子常表现出高度离域特性，并且多种结构可能具有相近的能量。有趣的是，仅当分子的 d_{HH} 约为 1.10 Å 时，HD 耦合常数与温度有关，这表明实现平坦势能面的条件是非常苛刻的。

有理由质疑,这种不寻常的行为是否也普遍存在于其他金属的 H_2 配合物?当制备出 [CpIr(dmpm)(H_2)]$^{2+}$等双离子配合物时,观察到 J_{HD} = 7~9 Hz,这意味着配体是一种高度拉伸型 H_2 配体,也可以描述为一种压缩型二氢化物结构。例如,在[CpIr(dmpm)(HD)]$^{2+}$中,J_{HD} 在 240 K 时的观测值为 8.1 Hz,对应的 d_{HH} 值为 1.45 Å,与测得的 T_{1min} 值为 1.49 Å 相近。有趣的是,HD 耦合常数与温度相关,在较高温度下观察到较高的 J_{HD} 值。这与上述钌配合物的温度依赖性相反。通过计算研究,这些观测结果可归因于具有两个不同的最小值的势能面结构,对应于不同的 d_{HH}。d_{HH} 较长的结构稍稳定,因此在低温下更为有利。随着温度升高,d_{HH} 较短的不稳定结构的比例增加。这两种结构相互转化的能垒很低[135]。

5.8 H_2 配位的振动光谱研究

振动光谱法不仅是识别 H_2 配位的一个判据,如下文所述,它还为发现 W(CO)$_3$(PR$_3$)$_2$(H_2)中 H_2 配体提供了第一线索。尽管 H_2 配合物的红外光谱和拉曼光谱研究(尤其是拉曼光谱研究)远少于核磁共振谱表征,但这些研究方法与中子光谱一起为 H_2 配合物的结构、成键和动力学提供了宝贵的信息。在这方面,氘代同位素效应就是一个有力的例子,这将在 5.9 节中详细介绍。低温振动光谱对热不稳定的 H_2 配合物(例如,在基质分离研究中)的表征具有重要应用价值。红外光谱还在发现能够活化 H_2 的氢化酶中发挥了关键作用,这些酶具有类似有机金属活性中心的结构,并含有在生物体系中前所未见的 CO 和氰配体[137]。此外,其他非 NMR 类光谱技术在研究 H_2 弱配位体系中也发挥了重要作用,包括非弹性中子散射和质谱(MS)法,这些方法将在下文中进一步介绍。

5.8.1 η^2-H_2 的振动模式:发现 H_2 配合物的线索

H_2 加合到 W(CO)$_3$(PR$_3$)$_2$ 形成的配合物最初引起关注,因为 H_2 在真空或氩气中很容易原位失去。然而,正是这些 H_2 配合物在红外光谱中呈现出的异常吸收频率,成为首批关键线索,提示其中的氢是以分子态(H_2)而非原子态(即二氢化物)配位的。例如,在 W(CO)$_3$(P^{i}Pr$_3$)$_2$(H_2)的红外光谱中,并未观察到典型钨氢化物应出现的伸缩振动峰(v_{WH},1700~2300 cm^{-1})与弯曲振动峰(δ_{WH},700~900 cm^{-1})[138];相反,出现了三个彼此相隔较远的谱带,分别位于 1567 cm^{-1}、953 cm^{-1} 和 465 cm^{-1}(图 5.7)[2, 139]。这些特征谱带正是提示该配合物中存在分子态 H_2 配体的关键证据。

重要的是,当氢被氘取代时,这些谱带明显地移动分别到 1132 cm^{-1}、704 cm^{-1} 和 312 cm^{-1},成为确定 M-H 振动模式的有效手段。同位素质量变化为 1.38~1.45,接近预期值(1.414)。幸运的是,研究人员发现:常规红外光谱仪使用的 CsBr 盐板能够检测到 250 cm^{-1} 以下的波段。否则,从 465 cm^{-1} 移动到 312 cm^{-1} 的非常微弱的信号就不会引起注意,因为当时大多数红外光谱仪记录不到 400 cm^{-1} 以下的波段。异常的低频模式以及 H_2 的易解离性表明氢与这些金属配合物发生了新的配位作用。后续的振动光谱研究(包括拉曼光谱和中子光谱)提供了 H_2 与金属中心侧向配位的明确证据。

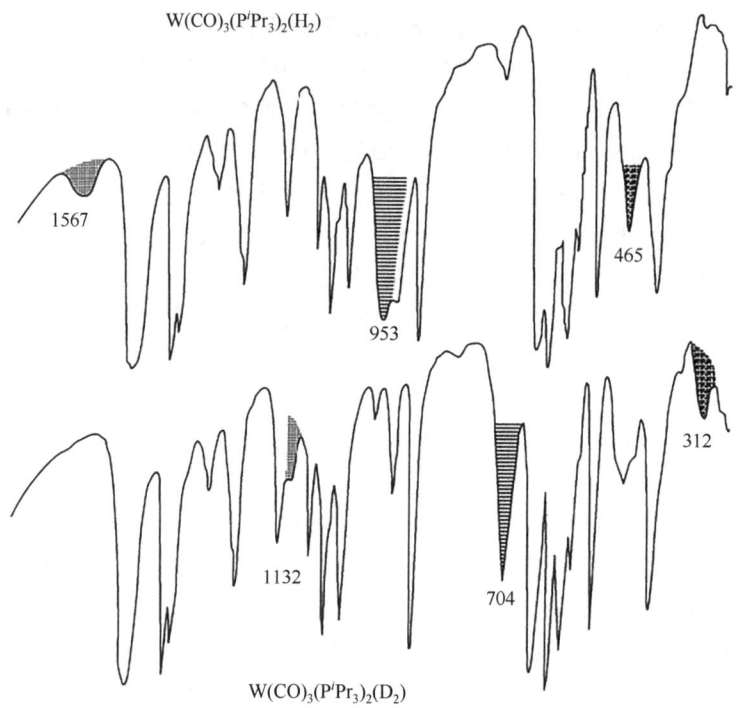

图 5.7　Nujol 糊状物中 W(CO)$_3$(P^{i}Pr$_3$)$_2$(H$_2$)和 D$_2$ 类似物的红外光谱

当双原子 H$_2$ 与 M-L 片段结合形成 η^2-H$_2$ 时，会产生六个"新"振动模式，这些模式来源于 H$_2$ 在配位过程中失去的平动和转动自由度（图式 5.17）[139]。

图式 5.17

H—H 键的伸缩振动 ν_{HH} 显然仍存在,但其吸收峰会显著向低频方向移动,并且与 M-H$_2$ 振动模式高度耦合,如下文所述。因此,理论上预计存在六种基本振动模式,它们在同位素替代下均表现出明显的敏感性:三种伸缩振动,$\nu(HH)$、$\nu_{as}(MH_2)$ 和 $\nu_s(MH_2)$;两种弯曲振动,$\delta(MH_2)$ 平面内和 $\delta(MH_2)$ 平面外;以及一种扭转振动 [H$_2$ 旋转,$\tau(H_2)$]。经 D$_2$ 或 HD 同位素置换,这些谱带移动数百个波数,这有助于识别每个谱带(图 5.7)。至关重要的是,研究人员发现,对于 η^2-HD 配合物,这些振动模式的频率介于 η^2-HH 和 η^2-DD 配合物之间,而不像在传统氢化物中那样,简单叠加 MH$_2$ 和 MD$_2$ 各自的振动带。这成为区分 H$_2$ 配位与二氢化物配位的重要诊断特征之一,不过这些振动模式通常难以观察:目前仅在第一个 H$_2$ 配合物 W(CO)$_3$(PR$_3$)$_2$(H$_2$)(R = Cy、^{i}Pr)中观察到完整的一组吸收带。除 $\nu_s(MH_2)$ 可在红外光谱和拉曼光谱中观察到之外,其余吸收谱带都很弱,大多数谱带都被其他配体的振动模式掩盖。H$_2$ 绕 M-H$_2$ 轴旋转的振动模式 $\tau(H_2)$ 和 640 cm^{-1} 附近的 $\delta(MH_2)$ 平面外振动仅能通过非弹性中子散射(INS)技术观察,相关内容将在 5.8.7 节中介绍(图 5.8)。

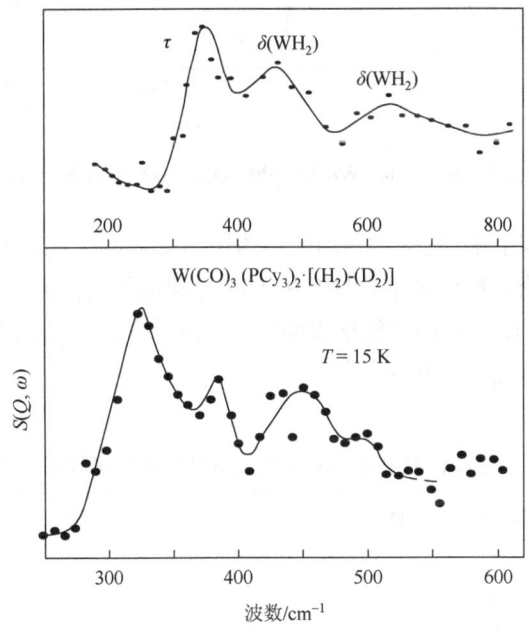

图 5.8 W(CO)$_3$(PCy$_3$)$_2$(H$_2$) 在 15 K 时的 INS 光谱,从其 H$_2$ 配合物光谱中减去 D$_2$ 配合物的光谱获得该化合物的差谱。能量较低谱图分辨率较高,能看到扭曲振动模式(385/325 cm^{-1})的裂分

H$_2$ 配合物中最感兴趣的 H—H 键伸缩频率(ν_{HH})通常不受限制,但在高度对称的

配合物中，M-H_2 键轴方向发生极化。因此，谱带强度仅产生于 ν_{HH} 与对称性相同的其他振动模式[如 $\nu_s(MH_2)$ 或 ν_{CO}，如果 CO 存在]耦合，而 ν_{HH} 通常较弱。此外，该振动频率变化很大，通常在 C—H 键伸缩频率 ν_{CH} 区域或附近。然而，振动频率落在这个区域，因为大多数辅助配体（如膦化氢）具有强 ν_{CH}。使用全氘代膦配体可以消除这种干扰，观察到 $W(CO)_3[P(C_6D_{11})_3]_2(H_2)$ 在 2690 cm^{-1} 处有一个宽而弱的 ν_{HH} 带（图 5.9）。

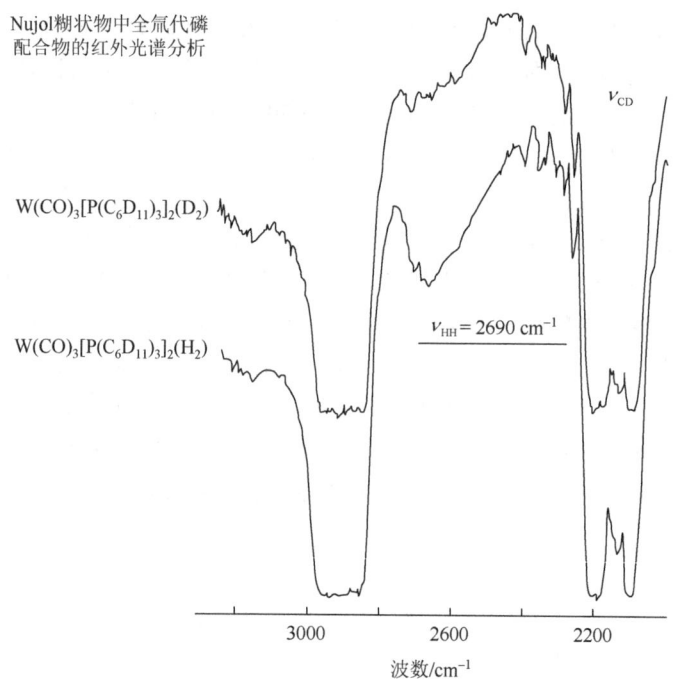

图 5.9　$W(CO)_3[P(C_6D_{11})_3]_2(H_2)$ 和 $W(CO)_3[P(C_6D_{11})_3]_2(D_2)$ 的红外光谱，显示 ν_{HH} 吸收峰

吸收峰的加宽归因于 H_2 配体绕 W-H_2 轴的快速受限旋转运动和平坦的转动势能面，这将在下面进一步讨论。相比之下，HD 和 DD 异构体的 ν_{HD} 和 ν_{DD} 吸收带则逐渐变窄。如表 5.1 所示，其他几种化合物（包括表面和簇状物质）的 ν_{HH} 范围为 2080～3350 cm^{-1}，这大大低于游离 H_2 的 ν_{HH}（4300 cm^{-1}）。

表 5.1　H_2 配合物中 ν_{HH} 和 MH_2 模式的红外光谱与 d_{HH} 的比较

化合物	$\nu(HH)$/cm^{-1}	$\nu_{as}(MH_2)$/cm^{-1}	$\nu_s(MH_2)$/cm^{-1}	$\delta(MH_2)^a$/cm^{-1}	d_{HH}/Å	来源
$CpV(CO)_3(H_2)$	2642					文献[160b]
$CpNb(CO)_3(H_2)$	2600					文献[160b]
$Cr(CO)_5(H_2)$	3030	1380	869, 878			文献[131]
$Cr(CO)_3(PCy_3)_2(H_2)$		1540	950	563^b	0.85	文献[119]
$Mo(CO)_5(H_2)$	3080					文献[131]
$Mo(CO)_3(PCy_3)_2(H_2)$	~2950^c	~1420^c	885	471	0.87	文献[1b]
$Mo(CO)(dppe)_2(H_2)$	2650		875		0.88	文献[39]

续表

化合物	$\nu(HH)/cm^{-1}$	$\nu_{as}(MH_2)/cm^{-1}$	$\nu_s(MH_2)/cm^{-1}$	$\delta(MH_2)^a/cm^{-1}$	$d_{HH}/\text{Å}$	来源
$W(CO)_5(H_2)$	2711		919			文献[131]
$W(CO)_3(P^iPr_3)_2(H_2)$	2695	1567	953	465	0.89	文献[1b]
$W(CO)_3(PCy_3)_2(H_2)$	2690	1575	953	462	0.89	文献[1b]
$WH_4(H_2)_4$	2500	1782		437		文献[166]
$Fe(CO)(NO)_2(H_2)$	2973	1374	~870			文献[160c]
$Co(CO)_2(NO)(H_2)$	{3100, 2976}^{d}	1345	868			文献[160c]
$FeH_2(H_2)(PEtPh_2)_3$	2380		850	500, 405^e	0.82	文献[67]
$RuH_2(H_2)_2(P^iPr_3)_2$	2568	1673	822^b		0.92	文献[205]
$Tp\ RuH(H_2)_2$	2361				0.90	文献[140]
$Tp\ RuH(H_2)(THT)$	2250				0.89	文献[140]
$[Os(NH_3)_5(H_2)]^{2+}$	2231^b				[1.34]^f	文献[33]
$[CpRu(dppm)(H_2)]^+$	2082^b	1358^b	679^b	486, 397^b	[1.10]^g	文献[141]
$Tp\ RhH_2(H_2)$	2238				0.94^h	文献[160]
$Pd(H_2)(matrix)$	2971	1507	950		0.85^h	文献[207]
$Ni(510)-(H_2)^i$	3205	1185	670			文献[165]
$Cu_3(H_2)(matrix)$	3351, 3232					文献[208]

^{a} 可能为平面内变形振动，尽管在多数情况下尚未做出具体归属。
^{b} 归属不清楚；在拉伸的 Ru 和 Os 配合物中，这些模式可能与 M-H 振动模式高度混合（如果存在）。
^{c} 根据观察到的 D_2 同位素带估算。
^{d} 吸收带可能因 Fermi 共振而发生分裂。
^{e} 归属不明确（来自 INS 的数据）。
^{f} 针对配合物 $Os(ethylenediamine)_2(H_2)(acetate)]^+$（文献[34]）。
^{g} 对于 Cp* 类似物（文献[122]）。
^{h} 由非弹性中子散射数据或 DFT 计算。
^{i} 数据来自 EELS。

在红外光谱中，1-d_1 的 ν_{HD} 约位于 2360 cm^{-1}，为弱宽带，但 1-d_2 的 ν_{DD} 被 $\nu(CO)$ 所遮盖，未能明显观察到。然而，1-d_2 的拉曼光谱显示出一个非常宽、几乎不可辨识的信号特征，其中心在 1900 cm^{-1} 附近，该信号显然与轴向 CO 伸缩振动 $\nu(CO)_{ax}$ 发生了混合（图 5.10）。这导致从 H_2 配合物到 D_2 配合物的峰向低能量方向移动 10 cm^{-1}。1-d_2 的 $\nu(CO)$ 峰的不对称性还指出 $\nu(DD)$ 存在一个潜在特征，其强度与 $\nu(HH)$ 混合而增强，但在拉曼光谱中未观察到，这显然是因为它未被增强，信号太弱，无法在本实验中检测到。在红外光谱上，W-H_2 的拉伸振动清楚地出现在 1575 cm^{-1} [$\nu_{as}(WH_2)$] 和 953 cm^{-1} [$\nu_s(WH_2)$] 处，但在拉曼光谱中仅观察到 $\nu_s(WH_2)$。$\nu_{as}(WH_2)$ 和 $\nu_{as}(WHD)$ 被部分遮盖，其频率只能通过估算确定。

扭转振动模式 $\tau(WH_2)$ 在 INS 差谱图（图 5.8）中被识别为两个分裂振动模式，分别位于 385 cm^{-1} 和 325 cm^{-1}，对应于跃迁至两个分裂的激发自由转动态（J = 1、2），相关内容将在下文进一步讨论。INS 光谱是一种非常强有力的手段，用于探测涉及氢原子的大振幅振动模式。由于氘原子的散射能力远低于氢原子，因此通过减去 D_2 配合物的光谱

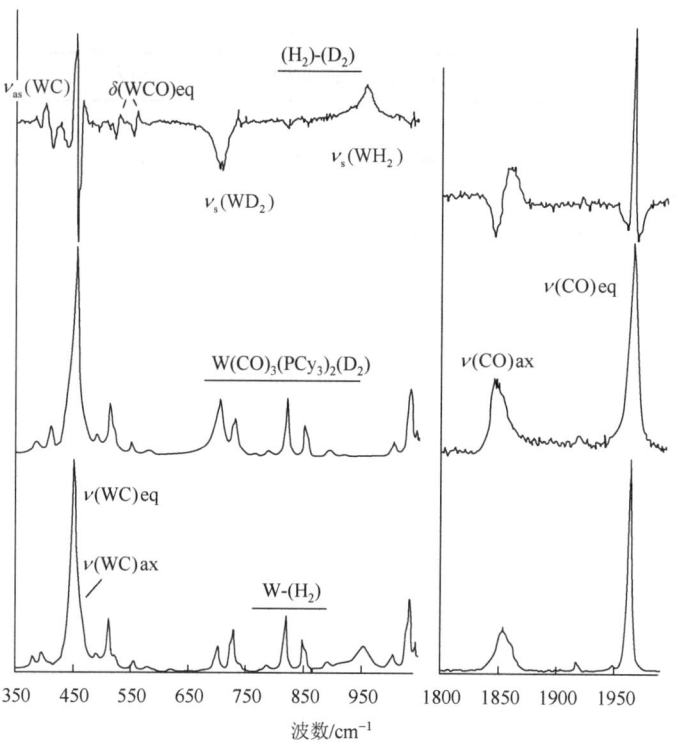

图 5.10　$W(CO)_3[P(C_6H_{11})_3]_2(H_2)$ 和对应的 D_2 配合物的拉曼光谱

样品为粉末状配合物,密封在熔点毛细管中,应用 6471 Å 光谱物理氪激光和 SPEX 双光束单色仪进行测试。尽管使用低功率（约 1mW）并将样品冷却到 77 K,但在实验过程中,当样品被激光束照射时,也会发生部分缓慢分解

或使用一个合适的"空白"样品（如将 H_2 替换为不含氢的配体的类似配合物）,可以有效剔除与 η^2-H_2 无关的模式。在洛斯阿拉莫斯国家实验室,使用中子光谱仪在 200～1000 cm^{-1} 内获得了 $W(CO)_3(PR_3)_2(H_2)$（**1**,图 5.8）及其相关配合物的高质量 INS 光谱。其中,两个 WH_2 弯曲变形振动模式（分别位于 640 cm^{-1} 和 462 cm^{-1}）在 INS 光谱中表现为宽广的吸收特征。大约 640 cm^{-1} 处的 WH_2 弯曲变形振动在红外光谱中被遮蔽,但 D_2 同位素异构体在 442 cm^{-1} 处显示出对应的 WD_2 弯变形振动吸收峰（图 5.7）。INS 光谱中的这两个 WH_2 弯曲变形振动模式（640 cm^{-1} 和 462 cm^{-1}）均可观察到。由于同一对称性且能量相近的模式之间的振动耦合,其他几种金属-配体模式在氘取代时也显示出小的位移,向较高或较低波数移动。这在 **1** 的 625 cm^{-1} 附近以及 **1**-d_2 的红外光谱和拉曼光谱中,在 650 cm^{-1} 以下区域尤为明显（图 5.10）。例如,在 D_2 配合物的光谱中,主要由 ν_{as}(WC) 产生的 400 cm^{-1} 带向高频方向移动 13 cm^{-1},这可能是由于与 $\delta(WD_2)$ 平面外振动的混合。在同时含有 H_2 和 CO 配体的其他配合物中也观察到这种移动[131]。

在低温条件下稳定存在、仅含 CO 配体的物种,如通过光化学方法在稀有气体溶剂中（低于 –70℃）生成的第Ⅵ族金属 $M(CO)_5(H_2)$,由于溶剂或共配体干扰极小,因此是研究的理想体系[131]。在这些体系中,即使在低温下,ν_{HH} 谱带通常也有很宽的半峰宽（小于 40 cm^{-1} FWHM）。因其 HD 和 DD 同位素异构体的 ν_{HD} 和 ν_{DD} 逐步变窄。金属的性质对谱带的位置有很大的影响,第三过渡系金属通常给出较低的频率,这是因为金属较强的

$d_\pi \to H_2\sigma^*$ 电子反馈使 H—H 键变弱。然而，由于 ν_{HH} 与 M-H$_2$ 振动的强耦合，很难将键的活化程度与振动频率直接相关联。

在室温下稳定的配合物中，除了 ν_{HH} 以外的其他振动模式偶尔被观察到，而低频弯曲变形和扭转振动则极少被观察到。这些数据的缺乏部分原因在于：共配体所带来的干扰吸收带以及振动模式归属的困难，尤其当体系中还存在氢化物配体时问题更为突出。如 Tp*RuH(H$_2$)$_2$ 就是这种情况，在 458~834 cm^{-1} 处显示四个难以识别的谱带（Tp* = hydrotris[3, 5-dimethylpyrazol-1-yl]borate，三[3, 5-二甲基-1-吡唑]基硼酸盐）[140]。这些振动频率也可通过拉曼光谱法在 [CpRu(dppm)(H$_2$)]BF$_4$ 中观察到，该配合物具有拉伸的 H—H 键（1.10 Å），及最低 ν_{HH} 为 2082 cm^{-1}[141]。然而，在这种拉伸型 H$_2$ 配合物中，由于振动模式高度混合，使得 ν_{HH} 和图式 5.17 中"实际的（未拉伸）η^2-H$_2$ 配体"定义的振动模式划分在此体系中已不再适用，因此需要重新定义振动模式。除第Ⅵ族配合物外，只有少数配合物显示出 M-H$_2$ 模式（表 5.1），包括光解生成的五羰基和亚硝酰基配合物，以及 H$_2$ 分子配位在镍表面或在 7~12 K 稀有气体介质中沉积在钯原子上的含 H$_2$ 配合物。H$_2$ 被认为是以 η^2-方式结合在 Ni 表面的边缘，并且在 100 K 下的电子能量损失谱（EELS）可观察到多个吸收带，与典型的 H$_2$ 配合物如 W(CO)$_3$(PCy$_3$)$_2$(H$_2$) 中的吸收特征相当。

如预期的那样，ν_{HH} 和 M-H$_2$ 振动模式通常与金属和配体有很大关系。人们可能期望 ν_{HH} 与 d_{HH} 以及金属的反馈（电子）能力（电子密度）的之间存在良好相关性，类似于 π 受体 N$_2$ 和 CO 配体中的 ν_{NN} 和 ν_{CO}。然而，在 H$_2$ 配合物中并非如此，由于键合以及 $\nu(HH)$ 和 $\nu(MH_2)$ 模式混合所带来的复杂性，下面将对此进行讨论。在某些体系中，研究者通过计算 H—H 键和 M—H 键振动频率，来评估 H$_2$ 配位后对 H—H 键的削弱程度[142, 143]。ν_{HH} 的频率低于游离 H$_2$ 分子的振动频率，这与实验值相符，尽管这些数据相对有限。

5.8.2 W(H$_2$)(CO)$_3$(PCy$_3$)$_2$ 的简正坐标分析

W(H$_2$)(CO)$_3$(PCy$_3$)$_2$（**1**）的简正坐标分析有助于正确理解其侧向非经典 M-H$_2$ 作用以及 H-H 和 M-H$_2$ 频率与键强度之间的关系[139]。除了前面讨论的六种模式的同位素位移外，其他几种金属-配体振动模式经氘置换后，也显示出微小的高频或低频偏移，这是由对称性相同且能量接近的模式之间的振动耦合引起的[144]。这在 **1** 和 **1**-d_2 的拉曼光谱中 650 cm^{-1} 以下的波段尤为明显；例如，D$_2$ 配合物的 400 cm^{-1} 带主要由 ν_{as}(WC) 向高频方向移动了 13 cm^{-1} 产生，这多半是因与 δ(WH$_2$) 平面外振动混合所致。显然，膦上的环己基基团不应显示 HH、HD 和 DD 同位素位移，并且与 Cy 和 P-Cy 模式以外的振动没有显著耦合。因此，在力场计算中仅需处理 "W(H$_2$)(CO)$_3$P$_2$" 核心片段。

简正坐标分析包括 13 个观察到的红外和拉曼频率（W-P 模式未被定位）。显然，在计算中必须固定大量的力常数；例如，假设 W-P 模式的力常数有 2~3 个，同时，基于其他体系，如 W(CO)$_6$，设定 CO 相关模式的力常数[145]。表 5.2 列出了结果，但仅总结了与 H$_2$ 相关模式的数据。

表 5.2 1、1-d_2 和 1-d_1 的测定值 ^{a} 和计算振动频率和模式指认 （单位：cm^{-1}）

强度	1 obsd（calcd）	1-d_2 obsd（calcd）	1-d_1 obsd（calcd）	归属
IR, w	2690（2692.1）	~1900（1909.9）	2360（2357.8）	ν(HH)
IR, R, m	953（949.0）	703（703.1）	791（799.8）	ν_s(WH$_2$)
IR, w	1575（1574.7）	~1144（1136.1）	~1360（1357.9）	ν_{as}(WH$_2$)
IR, w	462^b（456.2）	319（326.0）	360（368.7）	δ(WH$_2$)平面内 ^{c}
INS^d, IR, w	640^e（640.0）	442^f（442.0）		δ(WH$_2$)平面外
INS, m	385（325）			τ(WH$_2$)

^{a} 分辨率：2 cm^{-1}。
^{b} 也在 INS 中观察到。
^{c} 该模式显示出比计算结果更大的同位素位移。显然是由于 δ(WH$_2$)平面内摇摆坐标与其他坐标强烈耦合引起的。
^{d} 非弹性中子散射。
^{e} 只在 INS 中观察到。
^{f} 只在 IR 中观察到。

实验测得的振动频率与计算值之间的一致性并不完全理想，在若干情况下存在数个波数的偏差，但总体而言，这些分析仍足以对化合物 **1** 及其同位素异构体中的振动模式进行合理的归属。

为了理解 M-H$_2$ 键合作用，有必要研究表 5.3 中与氢相关模式的力常数的合理性和意义。

表 5.3 W(CO)$_3$P$_2$(H$_2$) 和三原子模型配合物中氢相关模式的力常数（单位：mdyn/Å）

	W(CO)$_3$P$_2$(H$_2$)	W(H$_2$)
F_{HH}	1.32	1.46
F_{WH}(s)	1.46	—
F_{WH}(as)	1.42	—
F_{WH}	1.44	1.43
$F_{WH, WH}$	0.02	−0.05
$F_{HH, WH}$	0.67	0.62

最重要的振动模式是 ν_{HH}，且 F_{HH} 为 1.3 mdyn/Å，远远小于游离的 H$_2$（5.7 mdyn/Å）[146]。这并不奇怪，但若采用常规分析方法，即将自由态 H$_2$ 的力常数按束缚态与自由态（H$_2$）频率平方的比值进行缩放，则应得到 F_{HH} 只降低到 2.1 mdyn/Å [式（5.2）]。

$$5.7 \times (2690/4395)^2 = 5.7 \times (0.37) = 2.1 \tag{5.2}$$

F_{HH} 低于计算值表明，对于 R = ^{i}Pr 和 Cy 配合物，在 W(CO)$_3$(P^{i}Pr$_3$)$_2$(H$_2$) 中，通过中子衍射观察到的 0.82 Å 或通过固态核磁共振测得的 0.89 Å 都比 d_{HH} 要长。根据键长与力常数之间的经验关系[称为 Badger 法则，$k_e = b/(r_e-a)^3$]可得 d_{HH} 约为 0.94 Å[147]。然而，简正坐标分析清楚表明 ν_{HH} 具有显著的 ν_{MH} 特性，因此不能将其视为孤立的 HH 振动模式。

在那些 H_2 配体活化程度更高、d_{HH} 更长的配合物中，$\nu(HH)$ 和 $\nu(WH_2)$ 的耦合更加显著，甚至达到两个振动模式本身不再具有独立物理意义，必须重新定义，后文将对此作进一步讨论。因此，表 5.1 中的 ν_{HH} 值并不能可靠地预测 H_2 配合物的 d_{HH} 值，特别是对于拉伸型配合物，其中列出的 ν_{HH} 和 ν_{WH} 值甚至可能反转。类似的情况也出现在其他具有大量 M→L 反馈 π-受体配体的体系中，例如金属-乙烯配合物：由于与对称性相同的 C_2H_4 摆动/变形模式的耦合，ν_{CC} 不是测量 d_{CC} 的可靠方法[148]。

令人意外的是，WH 伸缩常数与 HH 伸缩常数大小相当，WH-WH′ 作用可忽略不计。HH-WH 交叉作用力常数 $F_{HH, WH}$ 非常大（0.67 mdyn/Å），这表明 H—H 键拉伸会导致 H—W 键增强，反之亦然。进一步可以使用测得的 HH 和 WH 拉伸频率来计算分离的 WH_2 基团的拉伸力常数（即忽略 CO 和膦配体）。结果显示在表 5.3 中，并与更完整的处理结果进行了比较。出乎意料的是，两者的计算结果也具有较好的一致性，表明从这种简化的处理可以获得有用的信息。

5.8.3 通过振动分析确定 M-H_2 键合的性质

正如所预期的，H_2 配位的振动方式普遍高度依赖于金属中心和共配体的性质。然而在 M-η^2-H_2 体系中，振动分析还受到其三中心两电子（3c-2e）键合结构的进一步复杂化影响。这种振动方式属于金属-烯烃配合物的杜瓦-沙特-邓肯森类型；其中，除了 H_2 的电子对向空的金属 d 轨道的给电子 E_D 之外，还有一个较大的 M→$H_2\sigma^*$ 组分 E_{BD}（图式 5.18）。

计算表明，组分 E_{BD} 在能量上可以与 E 相当，甚至更强[149]。在 $W(CO)_3(PR_3)_2(H_2)$ 等室温稳定配合物中，组分 E_{BD} 键合约占 W-H_2 键合总能量的 50%。虽然计算表明，$Mo(CO)_5(H_2)$ 中的 F_{BD} 仍约为 W-H_2 键能的三分之一，但在以 π 受体为主的 CO 等配合物中，E_{BD} 较弱。我们可以预期，ν_{HH} 与富电子金属 M 的反馈电子能力之间存在相关性，这类似于 N_2 和 CO 共配体的 ν_{NN} 和 ν_{CO}。在表 5.1 中，从 $Mo(CO)_5(H_2)$ 到 $Mo(CO)_3(PCy_3)_2(H_2)$，再到 $Mo(CO)(dppe)_2(H_2)$，ν_{HH} 逐渐下降。乍一看，这似乎反映出随着磷共配体数量的增加（dppe = 二苯基膦基乙烷），Mo 上的电子更富集，从而削弱了 H—H 键。然而，这种相互关系并不总是成立。例如，对于 $M(CO)_5(H_2)$，ν_{HH} 按 Mo ＞Cr＞W 的顺序降低，理论上 Cr 的反馈作用最弱，应表现出 ν_{HH} 最高，而结果却与预期不符。令人疑惑的是，$W(CO)_5(H_2)$（2711 cm^{-1}）中的 ν_{HH} 值与 Cr 和 Mo 同系物较高的 ν_{HH} 值（3030 cm^{-1} 和 3080 cm^{-1}）相去甚远，同时与富电子的 $W(CO)_3(PCy_3)_2(H_2)$ 中的 ν_{HH} 值相差仅 20 cm^{-1}。五羰基配合物在室温下不稳定，这表明该化合物较短的 d_{HH} 可被视为 H—H 键较强的证据。

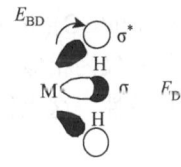

图式 5.18

从表 5.1 中的数据可以明显看出，ν_{HH} 与 d_{HH} 之间没有很好的相关性，这可能是由于广泛的振动模式混合所致。$W(CO)_3(PCy_3)_2(H_2)$ 的简正坐标分析将 W-H_2 作用视为一个三角形体系，即 W 和 H 原子之间存在直接的电子反馈作用（图式 5.19，左侧），而不是严格意义上的三中心键合方式（图式 5.19，右侧）。

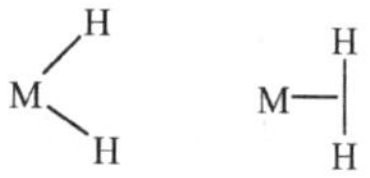

图式 5.19

这一观点通过以下事实得到支持：WH 伸缩力常数与 HH 伸缩力常数一样大，HH-HW 间存在很强的相互作用，这表明拉伸 H—H 键会导致 H—W 键的增强，反之亦然。这种强烈的振动模式混合以及将 ν_{HH} 力常数降低至游离 H_2 的四分之一，表明在配合物 1 中，H—H 键的弱化和 W—H 键的形成已沿"氧化加成（OA）"的反应坐标显著推进。此外，随着 H—H 键在金属上被逐步活化，观察到"ν_{HH}"振动模式将呈现越来越强的 M-H 特征，而 H-H 特征逐步减弱。在 H—H 键裂解后，该模式完全转化为 M-H 伸缩模式。在 d_{HH} 为 1.1 Å 或更长的 H_2 配合物中，表 5.1 中阳离子 Os 和 Ru 配合物的 2231 cm^{-1} 和 2082 cm^{-1} 频率应被视为 ν_{OsH} 或 ν_{RuH} 而不是 ν_{HH}。在 $L_nM(\eta^2-H_2)$ 配合物系列中，H—H 键被逐步活化（拉伸），并且随着 L_n 的变化而最终被断裂，名义上的"ν_{HH}"模式的频率会降低，最终与越来越强的 ν_{MH} 的频率"交叉"。这基本上代表了一个键断裂过程的反应坐标，这一新的情形事实上可以通过振动光谱进行跟踪。

对 1 的力常数分析表明，其 H_2 配体的活化程度比此前认为的更接近于发生氧化加成，生成二氢化物。然而，这里存在一个悖论，尽管表 5.1 中的 1 或任何第Ⅵ族配合物中的 d_{HH}（0.85～0.89 Å，固态 NMR）并不像后过渡元素配合物中的那样"被拉伸"（1.0～1.5 Å），但在溶液中 1 的 H—H 键仍可发生可逆断裂，形成与二氢互变异构体（图式 5.6）。因此，观察到的 d_{HH} 并不总是反映"裂解可能性"的大小。也就是说，可能存在一个明显滞后的过渡状态。在系列的另一端，$W(CO)_5(H_2)$ 和其他含有非常弱配位 H_2 配合物中，如图式 5.19 所示，T 形构型具有一个内部 H-H 拉伸坐标，可能更适合振动模型分析。H_2 与亲电金属的相互作用（E_D）比与富电子金属的作用更强，这抵消了较低的 E_{BD}。例如，像 $[Mn(CO)(dppe)_2(H_2)]^+$ 这样的阳离子 H_2 配合物与其等电子中性类似物 $Mo(CO)(dppe)_2(H_2)$ 具有极为相似的性质，如 d_{HH} 等[150]。振动与三中心键合带来的其他特性之间缺乏可靠的相关性，这也扩展到了 M-H_2 模式。

5.8.4 拉伸型 H_2 配合物中高度混合的 H-H 和 M-H_2 振动模式：定义新的简正模式

含有伸长（"拉伸"）H_2 配体的配合物表现出更强的振动模式混合，以至于必须定义新的简正振动模式。Chopra 等[141]对 $[CpRu(dppm)(H_2)]^+$ 的拉曼研究表明，与大多数其他配合物相比，所有归属的模式都显示出异常低的值。这种情况可能是由于 $\nu(HH)$ 的减弱，但是随着 M—H 键强度的增加，$\nu(MH_2)$ 的频率可能会增加。如 Lluch 和 Lledós[14]的计算所示，势能最低点附近存在显著的非谐性，至少对 H-H 和 Ru-H_2 伸缩振动是如此。这是理解核运动量子计算揭示的该类配合物中键的真正离域性质的关键。这类计算（包括离散变量表象，DVR）可在不采用简谐近似的前提下，准确再现振动能级与波函数，而无须诉诸于对拉伸型 H_2 配合物不适用简谐近似[151]。对 $[CpRu(H_2PCH_2PH_2)_2(H_2)]^+$ 模型配合物的计算，通过确定核能级来推导其振动能级。二维势能面（d_{HH} 与 Ru-H_2 距离相对应）的等高线图显示（图 5.11），相对于 ν_{HH} 和 $\nu(RuH_2)$ 两个方向，最低势能谷呈倾斜式分布。

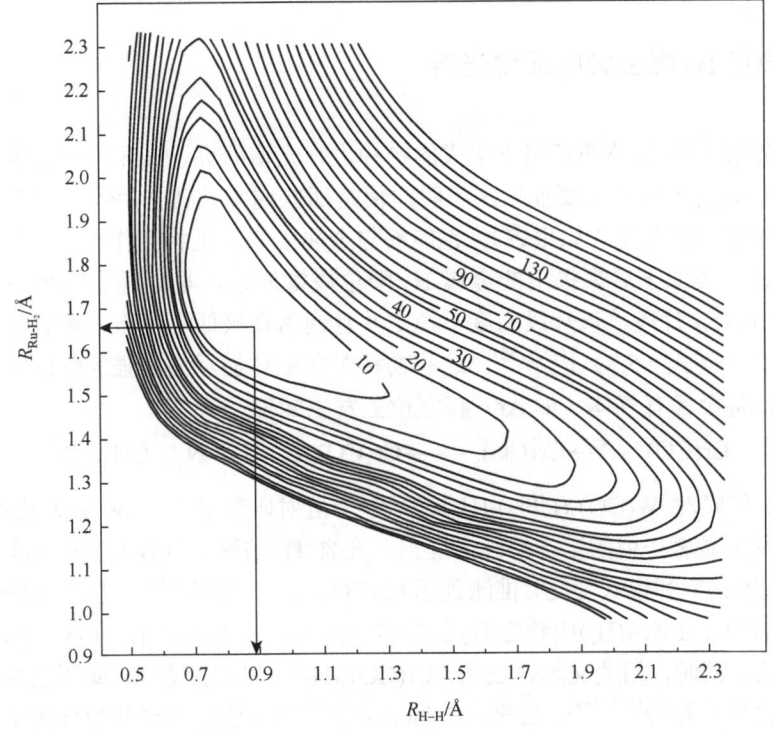

图 5.11　二维计算中使用的势能面的轮廓图

能量以 kcal/mol 为单位（相对于最低势能），文献[136]经许可转载，版权归 1997 年美国化学学会所有

由于所计算的仅为二维势能面（PES），因此在此只能描述两个正规振动模式，而无法包含不对称振动模式（如个对称伸缩或变形模式）。这些显然不是纯 H-H 伸缩振动与纯 Ru-H_2 伸缩振动的组合，而是"新"的振动模式，在图式 5.20 中有定性表示。

在图 5.11 上，第一模式基本上与斜着的、连接两个势能谷出口的最低能量途径（MEP）平行。沿该振动模式，体系能量变化非常平缓，因此被称为低能振动模式，DVR 分析计算该模式的频率为 555 cm^{-1}。该模式基本上对应于 H_2 在金属中心裂解的反应坐标，这种情形前所未有。在这里，H—H 键的伸缩导致 d_{RuH} 的缩短，从而增强 Ru—H 键。在正交的高能模式下，H—H 键和 Ru—H 键同时伸缩，这需要更高的能量：DVR 计算值为 2229 cm^{-1}。[CpRu(dppm)(H_2)]$^+$的 679 cm^{-1} 谱带对应于低能模式的计算值为 555 cm^{-1}，其实验值（2082 cm^{-1}）对应于高能模式。由于包含了显著的 Ru-H 伸缩振动成分，高频不再被视为单纯的 H-H 伸缩，实际上应主要视为 Ru-H 振动模式（混合一些 H-H 伸缩）。类似地，低频谱带应描述为 H 原子在接近 M 时彼此分离的一种模式，即主要由 H-H 和 Ru-H 伸缩振动混合产生的。换句话说，对于拉伸型 H_2 配合物，ν(HH) 和 ν(RuH_2) 的谱带归属应该反过来，尽管它们仍然高度混合。

图式 5.20

5.8.5 不稳定 H_2 配合物的振动光谱

对通过光解 CO 配体在低温下生成的物种进行光谱研究，在早期的研究中发挥了关键作用。这些研究提供了重要证据，表明即使是那些通常被认为"不活泼"的小分子，甚至仅含 σ 键的饱和分子（如甲烷），也能够与金属中心发生相互作用。在当时，这种观点堪称突破性，类似于后来提出的金属-H_2 配位成键概念。早期经典的体系是 16 电子（16e$^-$）的 $Cr(CO)_5$ 片段，该片段高度不稳定并且通常在极低温度下、稀有气体基质中由 $Cr(CO)_6$ 光解制得[式（5.3）][152-155]。这些物种对弱配体显示出极强的配位能力，可与弱配体如 CH_4，甚至稀有气体（如 Ar）在空位上发生配位。

$$Cr(CO)_6 \xrightarrow{-CO} Cr(CO)_5 \longrightarrow Cr(CO)_5L, \quad L = N_2 \text{、} CH_4 \text{、} Ar \qquad (5.3)$$

在 1982 年底对 $W(CO)_3(P^iPr_3)_2(H_2)$ 进行中子衍射研究之前，Sweany 获得了金属-H_2 以类似方式发生显著作用的第一个光谱证据。在含 H_2 的稀有气体基质中光解 $Cr(CO)_6$，通过观察 ν_{OC} 的频率和模式变化，推测到了 $Cr(CO)_5(H_2)$ 的生成[156]。然而，该研究者承认，在 1984 年 $W(CO)_3(PR_3)_2(H_2)$ 中稳定 H_2 配位被正式发现并发表之前（1985 年），该项研究结果很难发表。同时，相关文献也表明，$Cr(CO)_5(H_2)$ 可以在液态 Xe 或环己烷中形成，但在室温下仅稳定几秒钟[157, 158]。后来，Heinekey[37, 38] 证明这些五羰基配合物足够稳定，可以获得低温核磁共振谱，并证明其 H_2 结合方式与 $M(CO)_3(PR_3)_2(H_2)$ 类似，如前所述。

在 Sweany[159] 以及 Poliakoff 和 George[160a] 的综述中，对固态或液态稀有气体介质中的低温稳定 H_2 配合物的研究一直是与稳定配合物研究紧密相关的一个子学科。在大多数情况下，制备过程还需要在稀有气体基质中或在 $-70^\circ C$ 的液态 Xe（非常有用的介质）、烷烃溶剂，甚至气相中进行 CO 的光化学置换[式（5.4）]。

$$L_xM(CO)_n + H_2 \xrightarrow[2\sim 200 \text{ K}]{h\nu, -CO} L_xM(CO)_{n-1}(H_2) \qquad (5.4)$$

研究最深入的体系仍然是第Ⅵ族五羰基化合物 $M(CO)_5(H_2)$，Poliakoff 等在这些及相关体系上进行了大量工作[131, 160-164]。在所有介质中，振动光谱提供了关键证据，表明配体是 H_2，而不是二氢化物。在稀有气体介质中，由于光谱窗口清晰，H-H、H-D 和 D-D 伸缩模式经常被观察到，尽管实验明显比常规的红外光谱或拉曼光谱困难得多。Poliakoff 等在 H_2 或 N_2 压力下对浸渍在聚乙烯薄片中的六羰基化合物进行光解反应，得到 $M(CO)_{6-n}(L)_n$，其中 L 为 H_2 时，$n = 1\sim 2$；L 为 N_2 时，$n = 1\sim 4$[161]。反应体系中金属活性顺序为 Mo>Cr>W，在乙烯介质中，H_2 可以置换配位的 N_2。在 220 K 和 90 K 条件下，$W(CO)_5(H_2)$ 在该介质以及超交联的聚合物基质中通过紫外光解可分别发生 H_2 配合物的生成和解离反应[162]。这提出了一种可能的"UV 活化"机理，可用于氢的存储和释放。

几乎在所有情况下，这些配合物在室温或接近室温下都会迅速且不可逆地分解，这是因为在此类富含 CO 的金属上 H_2 的配位能力较弱，因而较少见到这种反馈键。由于 H_2 解离形成的 16e$^-$ 产物活性很高，它们无法通过内部 C—H 键效应或与溶剂配合（碳氢溶剂比 H_2 的结合力更弱）得到稳定，因此加剧了它们的不稳定性。实际上，在室温下，己烷中 H_2 从 $Cr(CO)_5(H_2)$ 的解离速率要慢于许多稳定配合物的解离速率。因此，这个配合物

和其他类似物在 H_2 气氛下稳定存在。一个原本被认为不稳定的配合物 $CpMn(H_2)(CO)_2$ 实际上成功地被分离出来；在超临界 $CO_2(scCO_2)$ 条件下，通过流动反应器中快速释放 $scCO_2$ 实现了室温下的固体分离（图式 5.21）[163, 164]。

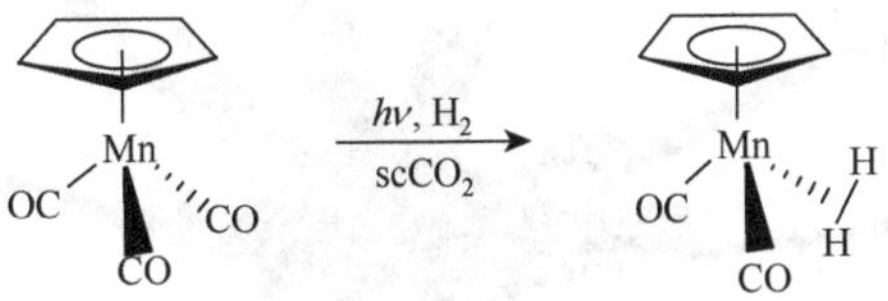

图式 5.21

这种配合物比最初预想的更稳定：在超临界 CO_2 中用 N_2（500 psi[①]）或乙烯置换 η^2-H_2 需要 2 h。$CpMn(H_2)(CO)_2$ 是最简单的稳定 H_2 配合物之一，在各种可分离的过渡金属 H_2 配合物中，它的分子量最低（178），而 H_2 的重量百分比最高（1.1%）。尽管这种配合物对通过光解 CO 配体在低温下生成的物种进行光谱研究，在早期的研究中发挥了关键作用。这些研究提供了重要证据，表明即使是那些通常被认为"不活泼"的小分子，甚至仅含 σ 键的饱和分子（如甲烷），也能够与金属中心发生相互作用。在当时，这种观点堪称突破性，类似于后来关于金属-H_2 配位键合概念的提出。

然而，该研究者承认，在 1984 年 $W(CO)_3(PR_3)_2(H_2)$ 中稳定 H_2 配位被正式发现并发表之前（1985 年），该项研究结果很难发表。H_2 被认为是以 η^2 方式键合在 Ni(510) 表面的阶梯位点上。尽管金属表面通常会裂解分子氢，形成氢化物，但实际上，表面金属原子的电子不饱和，使其能够配位氢分子。100 K 下的电子能量损失谱显示了几个与金属有机氢配合物类似的谱带（表 5.1）。在平坦的 Ni(100) 表面上没有观察到这样的化学吸附，因为该表面金属位点没有剩余的空 d 轨道可用于配位 H_2。毫无疑问，H_2 配位是 H_2 在金属表面解离形成氢化物的第一步，随后是 H—H 键的快速裂解，类似于在均相溶液中活化引起的氧化加成。

Andrews 等在低温（通常为 4 K）下利用激光烧蚀金属原子与纯氢气协同沉积制备了一系列 $MH_x(H_2)_y$ 型配合物（M = 碱金属、过渡金属或铀）。一个典型的例子是 $WH_4(H_2)_4$（图 5.12），该配合物通过固体氢基质隔离红外光谱进行研究（该物种在高于 7 K 时发生分解）[166]。

在该体系中共观测到四个与配位 H_2 有关的红外吸收带（表 5.1）。其中，一个宽峰位于 2500 cm^{-1}，被归属于 H-H 伸缩振动模式；另一个 1782 cm^{-1} 的吸收峰则被归属于 W-H_2 伸缩振动。这些数据可与室温稳定的 $W(CO)_3(PR_3)_2(H_2)$ 配合物中对应的吸收峰相比较，后者分别位于 2690 cm^{-1} 和 1570 cm^{-1}。有趣的是，$WH_4(H_2)_4$ 的较低 H-H 伸缩频率和较高 W-H_2 伸缩振动似乎表明，与室温稳定的 $W(CO)_3(PR_3)_2(H_2)$ 相比，低温稳定的 $WH_4(H_2)_4$ 键合 H_2 配体更牢固。计算表明，$WH_4(H_2)_4$ 中每个 H_2 分子的平均结合能为 15 kcal/mol，略低于 $W(CO)_3(PR_3)_2(H_2)$ 的计算值 17～20 kcal/mol。$W(CO)_3(PCy_3)_2(H_2)$ 的实验结合能估

---

① 1 psi = 6.89476×10^3 Pa

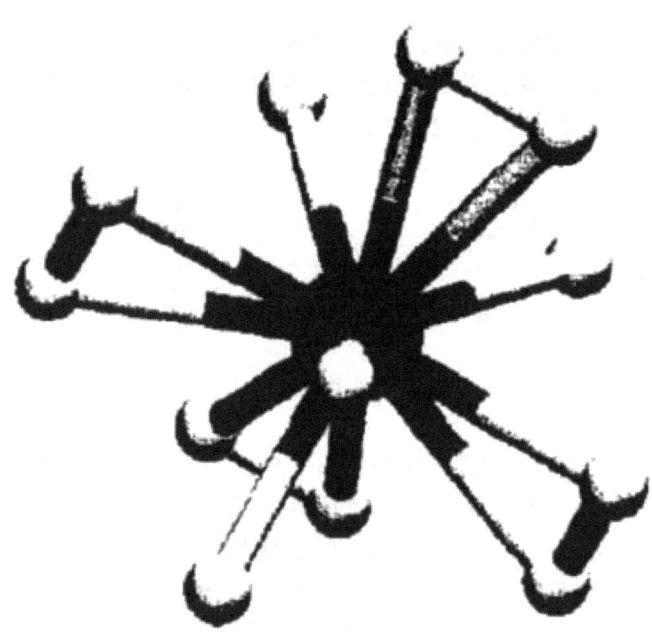

图 5.12　$WH_4(H_2)_4$ 的 DFT 计算结构

计接近 20 kcal/mol。因此，H_2 配体在有机金属配合物中可能比在 $WH_4(H_2)_4$ 中以更强方式配位，而红外吸收峰的位置并不能作为 M-H_2 相对键能的可靠指标。这可以预期是由于二氢配合物中的多种振动模式混合所致。在 $WH_4(H_2)_4$ 的 437 cm^{-1} 处还观察到一个变形振动模式，与 $W(CO)_3(PR_3)_2(H_2)$ 在 450 cm^{-1} 的振动相当。这种低频振动模式在 H_2 配合物中极为罕见。

值得特别强调的是，已观察到 H_2 可以在低温下配位于多孔材料中，如沸石和金属有机框架（MOF）配合物，在某些情况下甚至在室温下也能配位。这些研究成果使其在可逆储氢的应用方向上逐步接近实际应用层面。这一领域将在本节末尾进一步讨论。

H_2 也可以与主族元素发生弱相互作用，因此具有两性特征，既可作为 Lewis 碱（纯 σ-给体），也可作为 Lewis 酸（较少见），即通过 $σ^*$ 反键轨道接受电子（图式 5.22）。

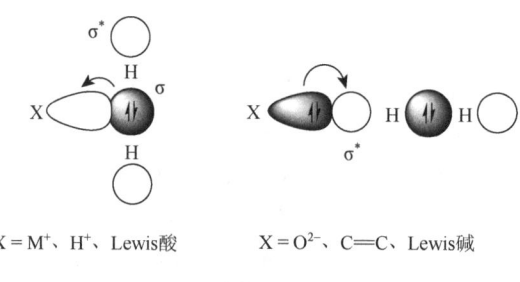

$X = M^+$、H^+、Lewis酸　　　$X = O^{2-}$、C=C、Lewis碱

图式 5.22

值得注意的是，H_2 充当纯 Lewis 碱的配合物是不稳定的，例如，三角形的氢物种 H_3^+ 被认为是 H_2 与高度 Lewis 酸性的 H^+ 结合的配合物。这种不稳定性证明了金属 d 轨道反馈

在稳定 σ-配体中的重要作用。此外，某些超价主族化合物（如 CH_5^+）在理论上也被解释为主族阳离子的高度动态 H_2 配合物，例如形式为 $CH_3(H_2)^+$ 的结构[167]。

5.8.6 H_2 配位和转动的非弹性中子散射研究

H_2 配体绕 M-H_2 轴进行快速的二维受限旋转；也就是说，它以螺旋桨状的方式摆动，几乎不伴随晃动。Eckert 通过 INS 方法对这一现象进行了广泛研究，因为它能明确区分 H_2 分子配位与氢化物配位[40, 168]。此外，H_2 与主族元素之间的弱物理吸附（如范德瓦耳斯作用）也可以从 H_2 对金属中心更强的结合加以区分。这种区分在于：固态储氢材料中常无法通过 NMR 或其他常规手段进行有效研究，而 INS 表现出独特优势。之所以能够区分这些类型的配位，是由于在金属配位体系中，H_2 旋转至少存在一个较小至中等程度的势垒（ΔE），这是由于金属向 H_2 σ* 轨道的反向给电子（M→H_2 σ*）引起的。相比之下，H_2 向金属的 σ 给电子作用是各向同性的，因此不会产生旋转势垒。而在 $M(CO)_3(PCy_3)_2(H_2)$ 中，旋转势垒主要因为 H_2 在不同方向排列时，金属 d 轨道反馈能存在差异：当 H_2 平行于 P-M-P 方向时，反馈能较强；而当 H_2 平行于 CO-M-CO 方向时，反馈能较弱（虽然不为零），如图式 5.23 所示。

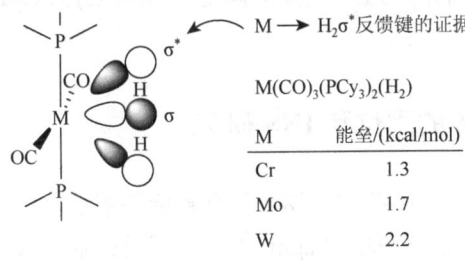

图式 5.23

ΔE 随 M、共配体和其他因素而变化，可通过理论计算以及对不同金属-配体（M/L）体系的系统实验进行研究。大多数 d_{HH} < 0.9 Å 的"真正"H_2 配合物的能垒只有几个千卡（kcal/mol），只能用中子散射法观测到。对于具有对称配体体系（例如所有顺式配体完全相同）的情况，势垒可低至 0.5 kcal/mol，但从未观测到完全为零的势垒，因为通常存在轻微几何畸变或晶体结构引起的微弱扰动。对于 H—H 键较长的配合物，或 H_2 旋转由于空间受阻的情况下，$[Cp'_2M(H)_2(L)]^+$（M = Nb、Ta）通过 INS 或甚至溶液核磁共振方法观察到的势垒显著升高，可达到 3～12 kcal/mol[169]。因此，η^2-H_2 的受阻旋转受多种力的控制，这些力可分为键合（电子）作用和非键合作用（"空间"效应）。M 和 H_2 之间的直接电子作用归因于相关分子轨道的重叠。η^2-H_2 原子与分子上其他原子之间的非键合相互作用（如范德瓦耳斯力）可能随 η^2-H_2 的旋转而变化。旋转隧穿跃迁和能垒呈指数相关，因此对其变化极为敏感，甚至对 H_2 环境的微小变化（如晶体堆积力）都敏感。正是利用这种特性能获得能垒产生的信息，并轻易地区分材料中 H_2 结合位点的微小变化（见下文）。

在发现 H_2 配合物之前，已知的唯一包含氢分子的体系是 H_2 气体或几乎不受其周围环境影响的 H_2（如物理吸附的 H_2 中）。在此之前所观察到的正氢（ortho-H_2）与副氢（para-H_2）之间的最小能级分裂为：在钾插层石墨（K-intercalated graphite）中为 $4.8\sim10.5\ cm^{-1}$[170]，在钴离子交换 NaA 沸石中为 $30.6\ cm^{-1}$[171]。在这两种情况下，H_2 极有可能是物理吸附，因为没有 H—H 键活化的迹象。然而，对于 $M(\eta^2\text{-}H_2)$ 的基态自由态，在高达 200 K 的温度下观察到分裂在 $0.6\sim17\ cm^{-1}$。信号向较低能量移动，峰变宽，但在准弹性散射区域中仍然可见。在如此高的温度下观察到的旋转隧穿是一种量子力学现象，这一点非同寻常。

关于氢分子与金属中心和非金属物质的相互作用以及 H_2 键合分子水平的细节信息，可以通过配位分子转动受限状态的非弹性中子散射获得。吸附氢分子不同于量子旋转态之间的跃迁能量对旋转势垒的形状与高度极其敏感，而旋转势垒又是客体-载体相互作用强度的直接衡量标准。对于低到中等的能垒高度（例如，在 MOF 储氢材料中），两个最低状态之间的跃迁（旋转隧穿跃迁）随着分子化学环境对旋转能垒的增加而近似呈指数下降。此外，^1H 的非弹性中子散射截面远大于体系中其他任何元素，使得 INS 对旋转隧穿的测量成为一种高度特异性的技术手段，可用于表征 H_2 与其载体之间的相互作用特性。除了研究 H_2 的旋转运动外，INS 光谱中 $200\sim1000\ cm^{-1}$ 的低至中频区也可用于探究二氢配位键的性质[168]。例如，通过该技术确定了 $W(CO)_3(PCy_3)_2(H_2)$ 中的变形振动模式，如 5.8.2 节所述。

5.8.7　H_2 与多孔固体的配位和 INS 研究

具有大表面积的非金属多孔化合物（如富勒烯等碳基材料）和 MOF 材料作为可能的轻质储氢材料被广泛研究。例如，Yaghi[172]已经证明锌基材料 MOF-177 的比表面积超过 $5600\ m^2/g$，可以在 77 K 下存储重量 7.5%的 H_2。该主题已有综述文献总结[173]，本文不再赘述细节，仅就金属-H_2 配合物研究中发展的结构/键合分析方法（非弹性中子散射）之间的相关性加以说明。上述技术为研究潜在储氢材料中氢的结构、动力学和化学环境提供了独特的工具。INS 方法已应用于多孔炭[174]、沸石[171,175]、磷酸镍[176]和无机-有机杂化化合物[177,178]中的低温 H_2 吸附（通常为 77 K），更详细的研究可见杂化材料的相关文献[179]。INS 技术在此领域中的一个高价值应用案例是：H_2 吸附于 $NaNi_3(SIPA)_2(OH)(H_2O)_5\cdot H_2O$ 中。这是一种由 Cheetham 等合成的 MOF 材料，如图 5.13 所示[180]。

这里的有机连接体是 5-磺基间苯二甲酸酯（SIPA）。在 H_2 的最低负载下，在旋转隧穿光谱中位于 4.2 meV 处观察到一个强峰（图 5.14）；另有一个弱吸收峰位于 17.3 meV，二者均归属于配位的 H_2 分子的受限旋转跃迁峰。

NiSIPA 中 H_2 的 INS 光谱似乎强烈表明，分子氢以化学吸附方式与因脱水产生的 Ni(II) 未配位位点结合。这是因为 4.1 meV、17.3 meV 及 22 meV 的一系列跃迁（未显示）无法用常规的物理吸附 H_2 配位模型（即具有两个旋转自由度的双势阱）加以解释，但用配位 H_2 配位模型（含两个最低势能位点的平面旋转）可以拟合得到。当 H_2 负载增加到初始负载的两倍时（图 5.14），第二个位点被占据，在 5.4 meV 和约 10 meV 处有一组跃迁，再

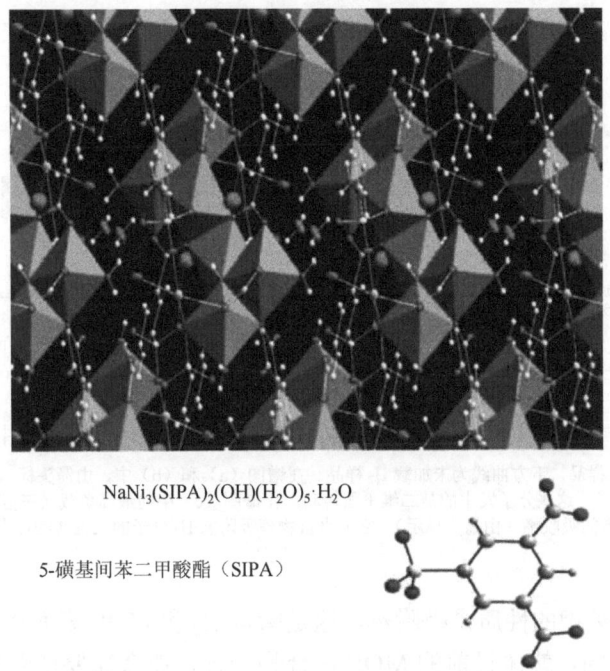

图 5.13 从 ab 面观察，水合 NaNi$_3$(SIPA)$_2$(OH)(H$_2$O)$_5$·H$_2$O 的晶体结构（后附彩图）

NiO$_6$ 八面体显示为绿色多边形，钠、硫、碳、氧和氢原子分别显示为蓝色、黄色、灰色、红色和白色球体

次符合配位 H$_2$ 平面旋转模型，表明这仍为分子化学吸附。当负载量增加至初始量的三倍时，出现两个额外的 H$_2$ 配位位点，4.8 meV 和 13.8 meV 处的峰表征了其中一个位点，而 8.5 meV 和 9.2 meV 处的双峰表征了另一个位点。然而，后一组跃迁符合物理吸附的二维重定向模型，对应的旋转能垒约为 3.4 kcal/mol。上述数据表明，在 NaNi$_3$(SIPA)$_2$(OH)(H$_2$O)$_5$·H$_2$O 中，Ni(Ⅱ)八面体经高温脱水去除水配体后，暴露出多个可配位的未饱和位点。利用 INS 还获得了 Zn$_4$O(O$_2$C-)$_6$ 次级结构单元组成的金属有机骨架中 H$_2$ 一级配位位点的详细信息[177, 179]。

在 Ni 和 Zn 的 MOFs 中开发具有可逆结合 H$_2$ 分子的多孔固体是材料科学中的一个重大挑战。除了大比表面积外，还有几个因素影响 MOF 和其他多孔材料的吸氢，从而影响

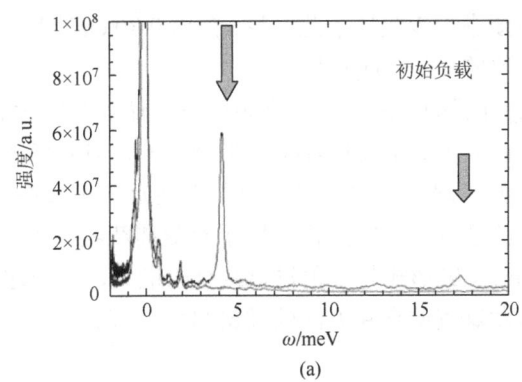

(a)

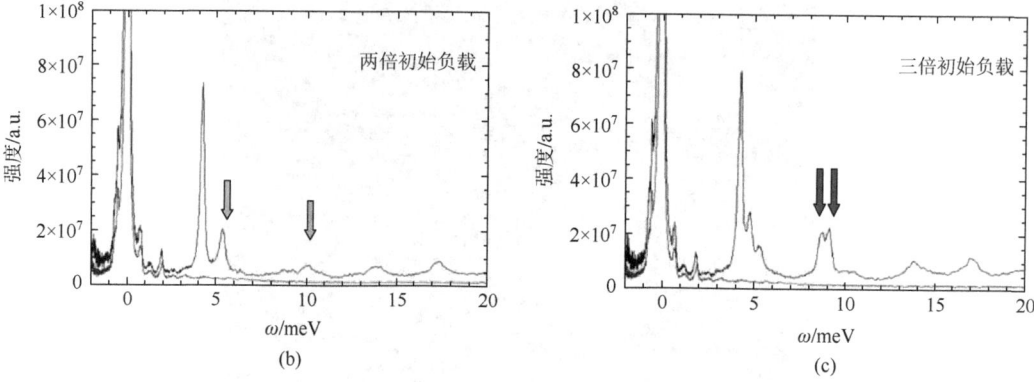

图 5.14 不同 H_2 负载下，$NaNi_3(SIPA)_2(OH)(H_2O)_5 \cdot H_2O$ 中 H_2 的非弹性中子散射光谱

谱图中上方曲线为加载 H_2 样品，下方曲线为未加载 H_2 样品。在谱图（a）和（b）中，由箭头标出的吸收峰源于化学吸附在不饱和 Ni 位点上的 H_2 分子，这些分子发生的是二维平面转动。在谱图（c）中的最高负载（三倍初始负载）条件下出现了新的吸收峰（由箭头标示），它们来自物理吸附态 H_2 分子的三维转动行为

其储氢性能。一个关键的性质是吸附热，这是衡量 H_2 和 MOF 表面相互作用强度的一个指标。如果作用太弱，就像目前的 MOF 化合物一样，那么需要低温来储存氢气。如果作用太强，则释放氢气需消耗额外能量，且可能伴随更多不利因素，如不可逆的解离配位或缓慢的动力学过程。Zhou 等的一篇综述文章中讨论了这些因素[173]。尽管存在上述挑战，含有配位不饱和金属位点（coordinatively unsaturated metal sites）的 MOF 及其他多孔材料仍被认为是储存氢气以及其他环境相关小分子（如甲烷、二氧化碳）具有前景的方案。

一个非常重要的最新发现是，在 Cu 改性的沸石 ZSM-5 中，H_2 在 Cu^+ 位点上的吸附异常强烈，甚至在室温下也可实现稳定吸附[111, 181, 182]。将铜改性的 ZSM-5 沸石在 873 K 抽空或在 CO 中还原后，在 77 K 或室温下吸附 H_2，漫反射傅里叶变换红外光谱（DR-FTIR）和 IR 透射光谱表明氢气有几种不同寻常的吸附形式[181]。其中观察到的 H—H 键伸缩振动频率位于 3075～3300 cm^{-1}，比游离 H_2 分子的对应频率约低 1000 cm^{-1}，表明被吸附的 H_2 受到了 Cu^+ 极强的扰动效应。如此强烈的作用在以往无论是 H_2 吸附，还是其他分子在任何沸石或氧化物阳离子形式中的吸附研究中均未曾报道。显然，H_2 分子是直接配位于铜金属位点上的，这由 Eckert 等进行的 INS 研究证实[111, 182]。在吸附 H_2 后的沸石 Cu-ZSM-5 中观察到的旋转隧穿谱图进一步验证了此结论，在约 0.80 cm^{-1} 和 1.73 cm^{-1} 处出现的特征峰明确表明形成了强配位的 $Cu(\eta^2\text{-}H_2)$ 配合物。

总之，为了实现 H_2 分子的可逆配位以满足如氢气储存等实际的应用需求，必须设计具备大比表面积的材料，或仿照富勒烯等碳纳米管结构，但应采用成本更低的材料体系。这为材料设计提供了重要机遇，例如可利用轻质主族元素（如硼、氧、氮、锂等）构建具有或不具有金属中心的超分子笼状结构，用于有效捕获氢分子。正如前文所述，H_2 分子具有以 Lewis 酸或 Lewis 碱形式与多种材料结合的能力，尽管这种配位作用通常较弱，但正是这一性质成为开发氢气储存新方法的关键科学基础。

5.9 H_2配体配位和断裂中的同位素效应

同位素效应是化学机理研究中一种常用且信息丰富的物理化学方法。特别是在有机金属化学中,同位素效应对于 X = H、C、Si 等的 M(H)(X) 体系具有很高的研究价值。Bullock 对这一领域做了详尽的综述[183]。动力学和平衡（或热力学）同位素效应都可以揭示反应机理中的关键信息，这是其他研究方法难以提供的。然而，人们对同位素效应的理解往往有限，有时甚至会得出相互矛盾的结论。与有机化学不同，金属位点（包括金属酶中的活性位点）能够在速率限速步骤之前可逆地与底物配位，这使得最初建立的同位素效应"规则"更为复杂。例如，H_2 和 D_2 加合至金属配合物的平衡同位素效应（equilibrium isotope effect，EIE），直到最近才被较为充分地理解。当这些配体发生均裂或异裂（两者皆可逆）时，情形会更加复杂。当未标记化合物的反应速率比相应的标记化合物更快，即"$k_H/k_D>1$"时，就称为"正"同位素效应；而当"$k_H/k_D<1$"时，这种效应被称为"逆"同位素效应。这种名称也适用于 EIEs，k_H/k_D，本文将首先讨论此类效应。氘代动力学同位素效应（kinetic isotope effects，KIEs）广泛用于推断与反应机理和过渡态性质有关的细节，而 EIE 则与氢和氘在不同位点的偏好相关，人们可以通过 NMR 光谱法来识别与分子结构有关的特性。氘的主要同位素效应通常由两条简单的规则来解释：基元反应的 KIE 是正常的，即 $k_H/k_D>1$；而 EIE 取决于氘优先占据最高频率振动的位点，因此其可能为正效应（$k_H/k_D>1$）或逆效应（$k_H/k_D<1$）。本节旨在评估这些规则在 H—H 键与过渡金属中心相互作用中的适用性。然而，近期的实验和计算研究对这些规则提出了质疑，指出这些体系的基本 EIE 不能简单地通过氘优先占据最高频率振动来预测。此外，氢配位和二氢氧化加成生成的配合物的 EIE 展现出异常的温度依赖性，这使得同一体系可能同时观察到正（$k_H/k_D>1$）和逆（$k_H/k_D<1$）的 EIE。本节将对这些温度依赖性及其他相关同位素效应问题进行详细讨论。

5.9.1 H_2 和 D_2 的键合平衡同位素效应比较

在溶液中，各种配合物可逆地加合 H_2 和 D_2，形成金属二氢化物/二氘化物[184-186]或 H_2/D_2 配合物（图式 5.24）的氘代 EIE 已被观察到[187-190]。

在较宽的温度范围内（260~360 K），加合 H_2 和 D_2 的 EIE 通常会发生逆转，这表明 D_2 的配位能力比 H_2 更强。迄今为止，观察到 H_2 配合物的 k_H/k_D 为 0.36~0.77，而氧合产物的 k_H/k_D 为 0.47~0.85。反应 $Cp_2WH_2 + H^+ \rightarrow [Cp_2WH(H_2)]^+$ 中还观察到逆 EIE（0.39），其中金属氢化物被质子化，形成 η^2-H_2 配合物[191]。

在中等 H_2/D_2 压力（1~10 atm）下四氢呋喃溶液中[式（5.5）和式（5.6）]，向不饱和前驱体配合物 $Cr(CO)_3(PCy_3)_2$ 加入底物，可以迅速达到以下平衡：

$$Cr(CO)_3(PCy_3)_2(soln) + H_2 \rightleftharpoons Cr(CO)_3(PCy_3)_2(H_2)(soln) \quad (5.5)$$

$$Cr(CO)_3(PCy_3)_2(soln) + D_2 \rightleftharpoons Cr(CO)_3(PCy_3)_2(D_2)(soln) \quad (5.6)$$

$$H_2 + ML_n \underset{}{\overset{k_H}{\rightleftharpoons}} \begin{array}{c} H \\ \\ H \end{array}\!\!\!\!\!\!>\!ML_n$$

$$D_2 + ML_n \underset{}{\overset{k_D}{\rightleftharpoons}} \begin{array}{c} D \\ \\ D \end{array}\!\!\!\!\!\!>\!ML_n$$

$$H_2 + ML_n \underset{}{\overset{k_H}{\rightleftharpoons}} \begin{array}{c} H \\ | \\ H \end{array}\!\!-\!ML_n$$

$$D_2 + ML_n \underset{}{\overset{k_D}{\rightleftharpoons}} \begin{array}{c} D \\ | \\ D \end{array}\!\!-\!ML_n$$

图式 5.24

通过红外光谱测定 ν_{CO} 在 13～36℃时的平衡常数，发现 H_2 配位的热力学参数为 $\Delta H^o = (-6.8\pm0.5)$ kcal/mol，$\Delta S^o = (-24.7\pm2.0)$ cal/(mol·K)。对于 D_2 配位，$\Delta H^o = (-8.6\pm0.5)$ kcal/mol，$\Delta S^o = (-30.0\pm2.0)$ cal/(mol·K)。也就是说，从焓变角度看，D_2 配位更强（$\Delta\Delta H = 1.8$ kcal/mol），并且可以轻松克服 D_2 配位熵的不利因素 [$\Delta\Delta S = 5.3$ cal/(mol·deg)]。这种焓主导而非熵主导的情形在常见的同位素效应中并不少见（例如，与 H_2 和 N_2 加合不同），因此 EIE 是由焓驱动的。应注意，由于熵差异，EIE 随温度变化。由于 W(H_2)更强，无法直接测定 W 配位体系的 EIE，但可借助式（5.7）的平衡反应间接获得精确测定 EIE 值的方法。

$$W(CO)_3(PCy_3)_2(N_2)(soln) + H_2(gas) \rightleftharpoons W(CO)_3(PCy_3)_2(H_2)(soln) + N_2(gas) \quad (5.7)$$

使用校准的 H_2/N_2 和 D_2/N_2 混合气体光谱测量，在 22℃ THF 溶剂中得到 $k_H/k_D = 0.70\pm0.15$。

文献中报道了同时含有氢负离子和 H_2 配体的 Ir 和 Os 配合物，$MH_x(H_2)L_n$ 的 H_2 和 D_2 键合数据[187, 188, 192]。研究观察到较低的 k_H/k_D 为 0.36～0.50，这可能归因于氢化物配体的存在[由于同位素交换无法确定 $MH_x(D_2)L_n$ 的值，因此使用 $MD_x(D_2)L_n$ 的值]。$IrClD_2(D_2)(L)_2$ 失去 D_2 的能量比 $IrClH_2(H_2)(L)_2$（L = P-t-Bu$_2$Me）失去 H_2 的能量约高 1 kcal/mol[188]。

5.9.2 H_2 配位中逆 EIE 的原因

由于游离 D—D 键比 H—H 键强 1.8 kcal/mol，人们或许认为 H_2 优先于 D_2 与配合物结合。如果图式 5.25 中配合物的 W-D_2 和 W-H_2 键强度相等，基于 D—D 键更强的事实，预计反应将放热 1.8 kcal/mol。

然而，实验测得 Cr 配合物中 ΔH（+1.8 kcal/mol）表明实际为吸热反应，这意味着 η^2-H_2 配体的零点能和激发态振动能决定了 EIE 值[189]。此外，不仅要考虑配位引起的 ν_{HH} 大于 ν_{DD} 的降低，还要考虑其他因素。图式 5.25 反应向左进行，与仅考虑 ν_{HH} 简单变化的预测相反；从 ν_{HH} 角度来看，氘代力常数增加，意味着与 H_2 相比，D_2 更倾向于处于非配位状态。

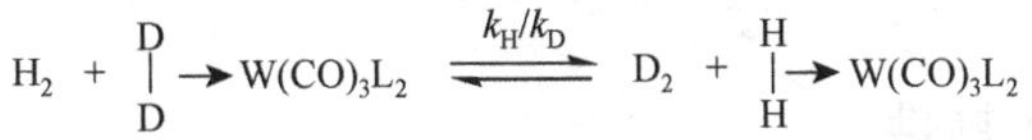

$$H_2 + \begin{matrix} D \\ | \\ D \end{matrix} \rightarrow W(CO)_3L_2 \xrightleftharpoons{k_H/k_D} D_2 + \begin{matrix} H \\ | \\ H \end{matrix} \rightarrow W(CO)_3L_2$$

图式 5.25

EIE 值可以根据 Bigeleisen 和 Mayer[193][式（5.8）]描述的分子平移、旋转和振动分配函数比来计算。

$$EIE = MMI \times EXC \times ZPE \tag{5.8}$$

计算得出的 EIE 是三个因素的乘积：旋转和平移因子，其中包含同位素体系约化的（经典）旋转和平移分配函数比（MMI）；描述激发态振动能级贡献的因子（EXC）；零点能量贡献的因子（ZPE）。对于 H_2 配合物，所有振动光谱数据显示，当 H_2/D_2 与金属配位时，ν_{HH} 和 ν_{DD}（同样地，键级）显著降低。如果 HH（DD）力常数的变化是影响 EIE 的主要因素，则会出现"正"平衡同位素效应（EIE）。然而，当 H_2 配位或裂解成二氢负离子时，新的振动和旋转模式对 ZPE 的贡献也变得关键，Krogh-Jespersen 等最先提出这一点[186]，后来 Bender 等[189]将其扩展到 H_2 配合物。HH（DD）伸缩模式的 ZPE 变化对总 EIE 具有显著的"正"影响。如果将 HH（DD）伸缩力常数的变化视为影响 EIE 的唯一因素，计算的 ZPE 贡献将指示式（5.8）中的 EIE 为 3.2。H_2 配合物中的五个"新"振动简正模式（5.8 节）分别对 EXC 和 ZPE 因子产生轻微的"逆"影响，这些因素共同抵消了来自 ν_{HH} 的"正"ZPE 贡献（表 5.4）。这些因子（ZPE = 0.216；EXC = 0.675）与 MMI 项（5.77）相乘，得出 $W(CO)_3(PCy_3)_2(H_2)$ 在 300 K 时的总逆 EIE 为 0.78（包括来自其他模式的较小贡献，与表 5.4 中的数值相对应）[189]。这一值与图 5.25 中 $k_H/k_D = 0.70 \pm 0.15$ 的实验值非常吻合。

表 5.4 在 T = 300 K 时 $H_2(D_2)$ 配位到 $W(CO)_3(PCy_3)_2(H_2)$ 的单个振动模式的平衡同位素效应贡献

模式（Sym）	$H_2(D_2)$气体/cm^{-1}	H_2 配合物 (D_2 配合物)/cm^{-1}	EXC	ZPE
$\nu(HH)(A_1)$	4395(3118)	2690(1900)	1.000	3.215
$\nu(WH_2)(A_1)$	—	953(703)	0.976	0.549
$\delta(WH_2)(B_1)$	—	640(442)	0.923	0.622
$\nu(WH_2)(B_1)$	—	1575(1144)	0.996	0.356
$\delta(WH_2)(B_2)$	—	462(319)	0.879	0.710
$\tau(WH_2)(A_2)$	—	355(251)	0.856	0.780

注：Π_{EXC} = 0.675；Π_{ZPE} = 0.216。

综上所述，虽然[SYM×MMI×EXC]项在解释 EIE 时通常不会被引用，因为该项通常贡献较小。但当反应物或产物较小时，它可能成为主导因素，以至于同位素取代对分子的惯性矩产生显著影响。因此，[SYM×MMI×EXC]的影响与涉及 H_2 和 CH_4 的反应特别相关，在这些情况下，MMI 项有利于较小分子的氘代。

5.9.3 EIE 的温度依赖性

正 EIE 和逆 EIE 之间的转换反映了这样一个事实：这些体系的行为不符合范托夫（van't Hoff）关系所预测的典型单一变化特征。相反，正如 Parkin[194]在一篇具有启发性的综述中讨论的那样，这些体系的 EIE 在 0 K 时为零，然后增加到一个大于 1 的值，最后在无限温度下减小为 1。这种不寻常的行为可以通过对 EIE 各个影响因素的分析得到解释。如前所述，EIE 可以表示为 EIE = SYM×MMI×EXC×ZPE（ZPE 是零点能量项）。这种独特的温度依赖性源于 ZPE 项（类似于焓）具有逆趋势，而[SYM×MMI×EXC]项（类似于熵）具有正趋势，两者在温度变化中的依赖性不同且相互竞争。在低温下，ZPE 项占主导地位，EIE 呈现"逆"效应；而在高温下，[SYM×MMI×EXC]项占主导地位，EIE 则转为"正"效应（图 5.15）。

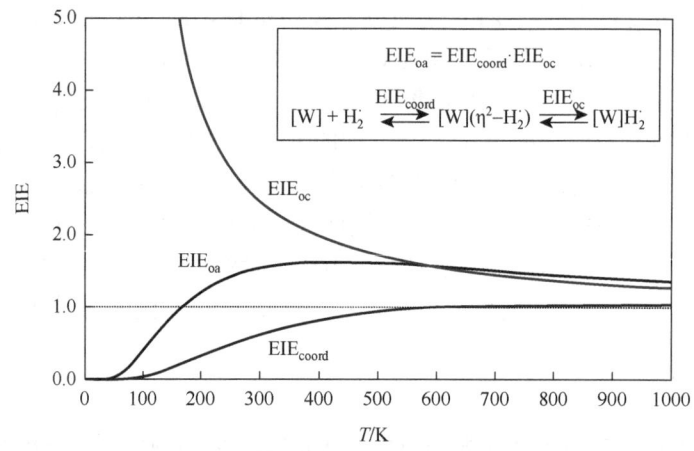

图 5.15　以温度为函数的 EIE 计算值

适用于 H_2 的氧化加成（EIE_{oa}）、H_2 和 D_2 与 $W(CO)_5$ 的配位（EIE_{cord}）以及 $W(CO)_5(H_2)$ 到 $W(CO)_5H_2$ 的氧化裂解（EIE_{oc}）

因此，Parkin 预计，当[SYM×MMI×EXC]项占主导地位时，H_2 配合物在高温下也会表现出"正"的 EIE。事实上，$W(CO)_5(H_2)$ 的计算结果证实了这一观点，如图 5.15 所示。二氢化物和 H_2 配合物是互变异构体，其中一个尚未解决的问题是氘的位点选择偏好。对此，Parkin 计算了 $W(CO)_5(H_2)$ 转化为二氢化物 $W(CO)_5H_2$ 的 EIE，结果表明在所有温度下均为正 EIE，表明在该体系中氘更倾向于占据非经典配位位点（即 H_2 配体位置图 5.15）。这种位点选择由 ZPE 项决定，因为分子尺寸较大，氘取代双氢和氢化物配体对 MMI 项的影响相对较小。此外，由于 $W(CO)_5(H_2)$ 和 $W(CO)_5H_2$ 具有相同数量的同位素敏感振动模式，正 ZPE 项主要归因于 $W(CO)_5(H_2)$ 中高能 H—H 键拉伸转变为 $W(CO)_5H_2$ 中的低能对称弯曲。

总之，ZPE 项的逆性质是由于 H-H 的转动与平移自由度在产物 H_2 配合物中转化为低能同位素敏感振动，而[SYM×MMI×EXC]项的正性质是由于氘取代对较小分子的惯性矩产生更大的影响。H—H（以及 C—H 和可能的其他 R—H）键与过渡金属中心的相互作用表现出氘 EIE 值有趣的温度依赖性。因此，很明显，仅考虑与高能拉伸频率相关的 ZPE 并不足以准确分析此类体系中的基本 KIE 和 EIE。在尝试解释同位素效应的影响之前，必须仔细考虑所有同位素敏感的振动。尽管实验上确定所有同位素敏感振动的频率具有挑战性，但可通过计算方法获得良好估算，并利用这些频率来对同位素效应进行有效建模与分析。

5.9.4 拉伸的 H_2 配合物和氧化加成过程的 EIE

通过核运动量子计算（DVR 方法，5.8.5 节）得到了稍低的 EIE 值（在 300 K 时为 0.53），但意外地得到了拉伸型 H_2 配合物的正 EIE，如[Cp*Ru(H⋯H)(dppm)]$^+$（EIE = 1.22）和[Os(H⋯H)Cl(dppe)$_2$]$^+$（EIE = 1.69）。这种行为被解释为这些配合物中与 H_2 相关的振动模式具有强烈的非简谐性，从而更有利于 H_2（而非 D_2）参与加成反应，特别是对于 $d_{HH}>1$ Å 的配合物，不过，这一结论仍需进一步实验验证[195]。

在 60℃下，H_2 加合到 $WI_2(PMe_3)_4$ 生成二氢化物 $WH_2I_2(PMe_3)_4$ 的氧化加成（OA）过程也得到了逆 EIE，其值为 0.63(5)，这是因为与 H_2 反应物相比，产物中存在大量同位素敏感振动模式（包括两个 M-H 伸缩模式和四个弯曲模式）[185]。应用前面关于 H_2 配合物形成的方法，以及 Krogh-Jespersen 等通过 H_2 氧化加成生成 $IrH_2Cl(CO)(PPh_3)_2$（计算值为 0.47；实验值为 0.55）的类似方法，上述过程的计算值为 0.73[186]。由于形成二氢化物和 H_2 配合物的 MMI 因子相似，EIE 的逆性质可能还是归因于 ZPE 的主导作用，其在二氢化物体系中的贡献范围为 0.10~0.17。

由于二氢化物和 H_2 配合物的 ZPE 变化量均以游离 H_2（或 D_2）为参照，这些自由能差异本质上来自力常数的变化，在二氢化物互变异构体中这种变化有利于 D。这一推论也与下列现象一致：尽管 $M(H_2)$ 配合物中 H—H 键的力常数较弱，但在发生氧化加成，完全转换为二氢化物配体后，总体力常数是增加的。因此，D 更倾向于存在于与金属更强配位状态中的二氢化物互变异构体中。与此相关的是，在某些氢化物（H_2）配合物中，D 倾向于集中在负氢位点，而在 η^2-H_2 配体中则相反[图式 5.26，例如 Ir = TpIr(PMe$_3$)][196]。

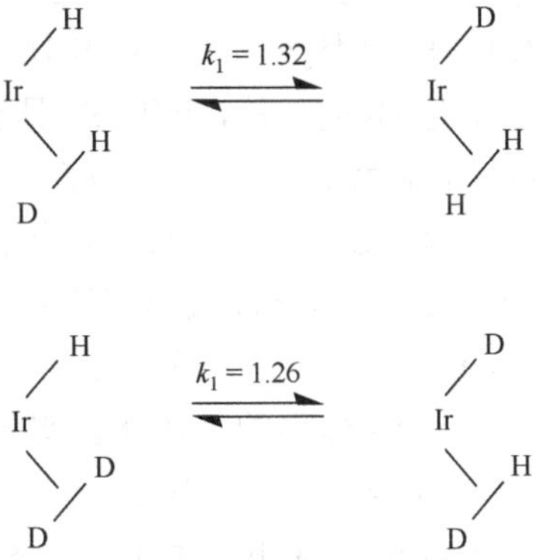

图式 5.26

平衡常数表明，在某些体系中较重的同位素倾向于占据氢化物位点，如 Ir 体系，而在[ReH$_2$(H$_2$)(CO)(PR$_3$)$_3$]$^+$中则倾向于 η^2-H$_2$。对于后者，Re(η^2-HD)和 Re(η^2-D$_2$)的同位素效应被认为是由 Re-H 和 Re-D 振动 ZPE 差异引起的。同位素选择将由两个互变异构体中各种力常数的变化决定，并取决于 H—H 键与 M—H 键强度的相对关系。Ir 体系的 d_{HH} 约为 1 Å，Ir—H 键（尤其是经典氢化物）显然比 H—H 键更强，这将使系统倾向于氘富集在氢化物位点上。相比之下，Re 配合物中的 H—H 键强度更强（J_{HD} = 34 Hz）；因此，体系更倾向于"真正的"σ 配合物，它比 H$_2$ 更稳固地结合 D$_2$。同样地，这一倾向可由[ReH$_2$(H$_2$)(CO)(PMe$_3$)$_3$]$^+$互变异构成四氢化物的 k_H/k_D = 1.5 进一步证实[197]，CpNb(CO)$_3$(H$_2$) 和 CpNb(CO)$_3$ 之间的平衡也解释了非经典异构体中的类似 D 代倾向。[Cp$_2$WH(H$_2$)]向[Cp$_2$WH$_3$]异构化平衡中，k_H/k_D = 0.20 反映了该体系具有更强的"氢化物特征"，即 H$_2$ 配体的 H—H 键较弱、易断裂。

5.9.5 H$_2$ 氧化加成和还原消除的动力学同位素效应

如图式 5.27 所示，关于 σ-配体配位/解离或 σ 键裂解平衡的 KIE，目前的实验数据仍非常有限。

对于 W(CO)$_3$(PCy$_3$)$_2$ 片段的 H$_2$ 解离，H$_2$ 的 k_{-1} = 469 s^{-1}，D$_2$ 的 k_{-1} = 267 s^{-1}，因此，k_{-1}^H/k_{-1}^D =1.7 [198]。结合上述和以下表达式的 EIE 数据，得出 H$_2$ 键合的速率比为 k_1^H/k_1^D =1.2。

$$k_H/k_D = k_{-1}^H/k_1^H \times k_{-1}^D/k_1^D \tag{5.9}$$

$$k_1^H/k_1^D = k_H/k_D \times k_{-1}^H/k_{-1}^D = 0.7 \times 1.7 = 1.2 \tag{5.10}$$

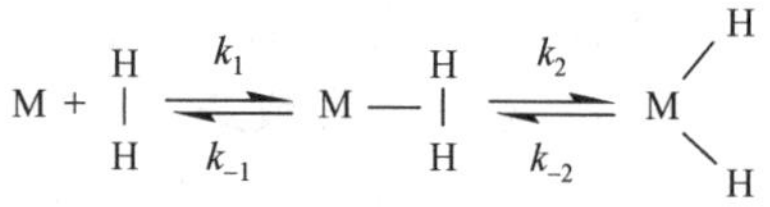

$$M + \begin{array}{c}H\\|\\H\end{array} \underset{k_{-1}}{\overset{k_1}{\rightleftharpoons}} M - \begin{array}{c}H\\|\\H\end{array} \underset{k_{-2}}{\overset{k_2}{\rightleftharpoons}} M\begin{array}{c}H\\ \\H\end{array}$$

图式 5.27

相比之下，以下反应中 H$_2$ 的反应速率是 D$_2$ 的 1.9 倍（10^4 s^{-1}）[199]。

$$Cr(CO)_5(C_6H_{12}) + H_2 \longrightarrow Cr(CO)_5H_2 + C_6H_{12} \tag{5.11}$$

连续解离 H$_2$（2.5 s^{-1}）的速率是 D$_2$ 的 5 倍，这与 H$_2$ 具有比 D$_2$ 更强的配位能力一致。在 RhCl(PPh$_3$)$_2$ 氧化加成 H$_2$ 时，k_H/k_D 为 1.5[200]，Vaska 配合物的氧化加成速率比 k_H/k_D 较小[201]。将图式 5.27 中的二氢化物转化为 H$_2$ 配合物，k_{-2} = 37 s^{-1}，对于 D$_2$，k_H/k_D = 1.08±0.04[对于逆向反应，H$_2$ 的氧化加成速率约慢 50%（k_2 = 18 s^{-1}）][198]。H—H 键的形成（还原消除）几乎没有 KIE，这也可能适用于 H—H 键的裂解（氧化加成）。图式 5.27 中的 k_{-1} 和 k_{-2} 步骤中，H$_2$ 和 D$_2$ 体系的活化能在实验误差范围内重叠。

在这类反应下，决定 H$_2$ 氧化加成过程总 KIE 的是其在前平衡步骤中配位的 KIE。在大多数情况下，H$_2$ 配位过程表现出正 KIE。由于过渡态的性质未知且可能变化，因此无法得出 D$_2$ 键合速率比 H$_2$ 慢的结论[183]。H$_2$ 的解离可以表现出正效应或逆效应。二

氢化物中 H_2 的还原消除的逆 KIE 表明，该过程是通过平衡步骤形成 H_2 配合物，而非单一步骤。

金属氢化物被 HX 酸质子化生成 H_2 配体（图 5.3），形成$[FeH(H_2)P_4]^+$[P_4 = 2 dppe 或 $P(C_2H_4PPh_2)_3$]，也表现出逆效应，其 KIE 值为 0.21～0.64。反应涉及 HX 直接进攻 FeH_2P_4 中的一个氢化物，并且观察到的逆效应表明该反应可能通过一个后期过渡态进行，其结构与产物 H_2 配合物相似[32, 202-204]。计算值与实验测定值相符，因此支持 5.2 节关于金属氢化物质子化机理的讨论。

致谢

GJK 感谢美国能源部基础能源科学办公室的资助，支持了 H_2 配合物基础研究的发现，并感谢洛斯阿拉莫斯国家实验室的 LDRD 资助。DMH 的研究得到了美国国家科学基金会（NSF）的支持。

参 考 文 献

1. (a) Kubas, G. J.; Ryan, R. R.; Swanson, B. I.; Vergamini, P. J.; Wasserman, H. J. *J. Am. Chem. Soc.* **1984**, *106*, 451; (b) Kubas, G. J.; Unkefer, C. J.; Swanson, B. I.; Fukushima, E. *J. Am. Chem. Soc.* **1986**, *108*, 7000.
2. Kubas, G. J. *Acc. Chem. Res.* **1988**, *21*, 120.
3. Kubas, G. J. *Metal Dihydrogen and σ-Bond Complexes*; Kluwer Academic/Plenum Publishers: New York, 2001.
4. Kubas, G. J. *Chem. Rev.* **2007**, *107*, 4152.
5. James, B. R. *Homogeneous Hydrogenation*; Wiley: New York, 1973.
6. Halpern, J. *J. Organomet. Chem.* **1980**, *200*, 133.
7. Saillard, J.-Y.; Hoffmann, R. *J. Am. Chem. Soc.* **1984**, *106*, 2006.
8. Maseras, F.; Lledós, A.; Clot, E.; Eisenstein, O. *Chem. Rev.* **2000**, *100*, 601.
9. Crabtree, R. H. *Angew. Chem., Int. Ed. Engl.* **1993**, *32*, 789.
10. Jessop, P. G.; Morris, R. H. *Coord. Chem. Rev.* **1992**, *121*, 155.
11. Morris, R. H. *Can. J. Chem.* **1996**, *74*, 1907.
12. Crabtree, R. H. *Acc. Chem. Res.* **1990**, *23*, 95.
13. Heinekey, D. M.; Oldham, W. J., Jr. *Chem. Rev.* **1993**, *93*, 913.
14. Heinekey, D. M.; Lledós, A.; Lluch, J. M. *Chem. Soc. Rev.* **2004**, *33*, 175.
15. Sabo-Etienne, S.; Chaudret, B. *Coord. Chem. Rev.* **1998**, *178–180*, 381.
16. Morris, R. H. *Coord. Chem. Rev.* **2009**, *253*, 1219.
17. Crabtree, R. H.; Hamilton, D. G. *J. Am. Chem. Soc.* **1986**, *108*, 3124.
18. Knoth, W. H. *J. Am. Chem. Soc.* **1968**, *90*, 7172.

19. Ashworth, T. V.; Singleton, E. *J. Chem. Soc., Chem. Commun.* **1976**, 705.
20. Gusev, D. G.; Vymenits, A. B.; Bakhmutov, V. I. *Inorg. Chim. Acta* **1991**, *179*, 195. In 1993, Zilm obtained solid-state ^{1}H NMR evidence for H_2 coordination ($d_{HH} = 0.93$ Å) on a sample we prepared.
21. Esteruelas, M. A.; Oro, L. A. *Chem. Rev.* **1998**, *98*, 577.
22. Jia, G.; Lau, C.-P. *Coord. Chem. Rev.* **1999**, *190–192*, 83.
23. Esteruelas, M. A.; Oro, L. A. *Adv. Organomet. Chem.* **2001**, *47*, 1.
24. (a) Kuhlman, R. *Coord. Chem. Rev.* **1997**, *167*, 205; (b) Besora, M.; Lledós, A.; Maseras, F. *Chem. Soc. Rev.* **2009**, *38*, 957;
25. McGrady, G. S.; Guilera, G. *Chem. Soc. Rev.* **2003**, *32*, 383.
26. Kubas, G. J. *Adv. Inorg. Chem.* **2004**, *56*, 127.
27. Kubas, G. J. *Catal. Lett.* **2005**, *104*, 79.
28. Dedieu, A., Ed. *Transition Metal Hydrides*; VCH Publishers: New York, 1992.
29. Peruzzini, M.; Poli, R., Ed. *Recent Advances in Hydride Chemistry*; Elsevier: Amsterdam, 2001.
30. Fang, X.; Huhmann-Vincent, J.; Scott, B. L.; Kubas, G. J. *J. Organomet. Chem.* **2000**, *609*, 95.
31. Szymczak, N. K.; Tyler, D. R. *Coord. Chem. Rev.* **2008**, *252*, 212.
32. Basallote, M. G.; Duran, J.; Fernandez-Trujillo, J.; Manez, M. A. *J. Organomet. Chem.* **2000**, *609*, 29, and references therein.
33. Harman, W. D.; Taube, H. *J. Am. Chem. Soc.* **1990**, *112*, 22612.
34. Hasegawa, T.; Li, Z.; Parkin, S.; Hope, H.; McMullan, R. K.; Koetzle, T. F.; Taube, H. *J. Am. Chem. Soc.* **1994**, *116*, 4352.
35. Malin, J.; Taube, H. *Inorg. Chem.* **1971**, *10*, 2403.
36. Aebischer, N.; Frey, U.; Merbach, A. E. *Chem. Commun.* **1998**, 2303.
37. Matthews, S. L.; Pons, V.; Heinekey, D. M. *J. Am. Chem. Soc.* **2005**, *127*, 850.
38. Matthews, S. L.; Heinekey, D. M. *J. Am. Chem. Soc.* **2006**, *128*, 2615.
39. Kubas, G. J.; Burns, C. J.; Eckert, J.; Johnson, S.; Larson, A. C.; Vergamini, P. J.; Unkefer, C. J.; Khalsa, G. R. K.; Jackson, S. A.; Eisenstein, O. *J. Am. Chem. Soc.* **1993**, *115*, 569.
40. Eckert, J.; Kubas, G. J. *J. Chem. Phys.* **1993**, *97*, 2378.
41. Dewar, M. J. S. *Bull. Soc. Chim. Fr.* **1951**, *18*, C79.
42. Chatt, J.; Duncanson, L. A. *J. Chem. Soc.* **1953**, 2939.
43. Heinekey, D. M.; Law, J. K.; Schultz, S. M. *J. Am. Chem. Soc.* **2001**, *123*, 12728.
44. Ingleson, M. J.; Brayshaw, S. K.; Mahon, M. F.; Ruggiero, G. D.; Weller, A. S. *Inorg. Chem.* **2005**, *44*, 3162.
45. Moreno, B.; Sabo-Etienne, S.; Chaudret, B.; Rodriguez, A.; Jalon, F.; Trofimenko, S. *J. Am. Chem. Soc.* **1995**, *117*, 7441.
46. Grellier, M.; Vendier, L.; Chaudret, B.; Albinati, A.; Rizzato, S.; Mason, S.; Sabo-Etienne, S. *J. Am. Chem. Soc.* **2005**, *127*, 17592.
47. Bart, S. C.; Lobkovsky, E.; Chirik, P. J. *J. Am. Chem. Soc.* **2004**, *126*, 13794.

48. Yousufuddin, M.; Wen, T. B.; Mason, S. A.; McIntyre, G. J.; Jia, G.; Bau, R. *Angew. Chem., Int. Ed.* **2005**, *44*, 7227.

49. Brammer, L.; Howard, J. A.; Johnson, O.; Koetzle, T. F.; Spencer, J. L.; Stringer, A. M. *J. Chem. Soc., Chem. Commun.* **1991**, 241.

50. Johnson, T. J.; Albinati, A.; Koetzle, T. F.; Ricci, J.; Eisenstein, O.; Huffman, J. C.; Caulton, K. G. *Inorg. Chem.* **1994**, *33*, 4966.

51. Gelabert, R.; Moreno, M.; Lluch, J. M. *Chem. Eur. J.* **2005**, *11*, 6315.

52. Albinati, A., et al. *J. Am. Chem. Soc.* **1993**, *115*, 7300.

53. Gusev, D. G. *J. Am. Chem. Soc.* **2004**, *126*, 14249.

54. Hush, N. S. *J. Am. Chem. Soc.* **1997**, *119*, 1717.

55. Law, J. K.; Mellows, H.; Heinekey, D. M. *J. Am. Chem. Soc.* **2002**, *124*, 1024.

56. Gelabert, R.; Moreno, M.; Lluch, J. M.; Lledós, A.; Heinekey, D. M. *J. Am. Chem. Soc.* **2005**, *127*, 5632.

57. Sabo-Etienne, S.; Chaudret, B. *Chem. Rev.* **1998**, *98*, 2077.

58. Brothers, P. J. *Prog. Inorg. Chem.* **1981**, *28*, 1.

59. Morris, R. H.In *Recent Advances in Hydride Chemistry*; Peruzzini, M.; Poli, R., Eds.; Elsevier: Amsterdam, 2001, pp 1–38.

60. Schlaf, M.; Lough, A. J.; Morris, R. H. *Organometallics* **1996**, *15*, 4423.

61. Crabtree, R. H.; Lavin, M. *J. Chem. Soc., Chem. Commun.* **1985**, 794.

62. Chinn, M. S.; Heinekey, D. M. *J. Am. Chem. Soc.* **1987**, *109*, 5865.

63. Buncel, E.; Menon, B. *J. Am. Chem. Soc.* **1977**, *99*, 4457.

64. Huhmann-Vincent, J.; Scott, B. L.; Kubas, G. J. *J. Am. Chem. Soc.* **1998**, *120*, 6808.

65. Van Der Sluys, L. S.; Miller, M. M.; Kubas, G. J.; Caulton, K. G. *J. Am. Chem. Soc.* **1991**, *113*, 2513.

66. Bruns, W.; Kaim, W.; Waldhor, E.; Krejcik, M. *Inorg. Chem.* **1995**, *34*, 663.

67. Van Der Sluys, L. S.; Eckert, J.; Eisenstein, O.; Hall, J. H.; Huffman, J. C.; Jackson, S. A.; Koetzle, T. F.; Kubas, G. J.; Vergamini, P. J.; Caulton, K. G. *J. Am. Chem. Soc.* **1990**, *112*, 4831.

68. Brintzinger, H. H. *J. Organomet. Chem.* **1979**, *171*, 337.

69. Burdett, J. K.; Phillips, J. R.; Pourian, M. R.; Poliakoff, M.; Turner, J. J.; Upmacis, R. *Inorg. Chem.* **1987**, *26*, 3054.

70. Pons, V.; Conway, S. L. J.; Green, M. L. H.; Green, J. C.; Herbert, B. J.; Heinekey, D. M. *Inorg. Chem.* **2004**, *43*, 3475.

71. Janak, K. E.; Shin, J. H.; Parkin, G. *J. Am. Chem. Soc.* **2004**, *126*, 13054.

72. Luo, X.-L.; Crabtree, R. H. *J. Am. Chem. Soc.* **1990**, *112*, 6912.

73. Gusev, D. G.; Hubener, R.; Burger, P.; Orama, O.; Berke, H. *J. Am. Chem. Soc.* **1997**, *119*, 3716.

74. Wisniewski, L. L.; Mediati, M.; Jensen, C. M.; Zilm, K. W. *J. Am. Chem. Soc.* **1993**, *115*, 7533.

75. Li, S.; Hall, M. B.; Eckert, J.; Jensen, C. M.; Albinati, A. *J. Am. Chem. Soc.* **2000**, *122*, 2903.

76. Gusev, D. G.; Berke, H. *Chem. Ber.* **1996**, *129*, 1143.
77. Pons, V.; Conway, S. L. J.; Green, M. L. H.; Green, J. C.; Herbert, B. J.; Heinekey, D. M. *Inorg. Chem.* **2004**, *43*, 3475.
78. Bullock, R. M.; Song, J.-S.; Szalda, D. J. *Organometallics* **1996**, *15*, 2504.
79. Guan, H.; Iimura, M.; Magee, M. P.; Norton, J. R.; Zhu, G. *J. Am. Chem. Soc.* **2005**, *127*, 7805.
80. Noyori, R. *Angew. Chem., Int. Ed.* **2002**, *41*, 2008.
81. Ohkuma, T.; Noyori, R. *J. Am. Chem. Soc.* **2003**, *125*, 13490.
82. Heiden, Z. M.; Rauchfuss, T. B. *J. Am. Chem. Soc.* **2009**, *131*, 3593.
83. Friedrich, A.; Drees, M.; Schmedt, J.; Schneider, S. *J. Am. Chem. Soc.* **2009**, *131*, 17552.
84. Ishiwata, K.; Kuwata, S.; Ikariya, T. *J. Am. Chem. Soc.* **2009**, *131*, 5001.
85. Zimmer-De Iuliis, M.; Morris, R. H. *J. Am. Chem. Soc.* **2009**, *131*, 11263.
86. Armstrong, F. A. *Curr. Opin. Chem. Biol.* **2004**, *8*, 133.
87. Volbeda, A.; Fonticella-Camps, J. C. *Coord. Chem. Rev.* **2005**, 1609.
88. Liu, X.; Ibrahim, S. K.; Tard, C.; Pickett, C. J. *Coord. Chem. Rev.* **2005**, 1641.
89. (a) Darensbourg, M. Y.; Lyon, E. J.; Zhao, Z.; Georgakaki, I. P. *Proc. Natl. Acad. Sci. USA* **2003**, *100*, 3683; (b) Tard, C.; Pickett, C. J. *Chem. Rev.* **2009**, *109*, 2245;
90. Peters, J. W.; Lanzilotta, W. N.; Lemon, B. J.; Seefeldt, L. C. *Science* **1998**, *282*, 1853.
91. Capon, J.-F.; Gloagen, F.; Schollhammer, P.; Talarmin, J. *Coord. Chem. Rev.* **2005**, 1664.
92. Sun, L.; Akermark, B.; Ott, S. *Coord. Chem. Rev.* **2005**, 1653.
93. Alper, J. *Science* **2003**, *299*, 1686.
94. Henry, R. M.; Shoemaker, R. K.; Newell, R. H.; Jacobsen, G. M.; DuBois, D. L.; DuBois, M. R. *Organometallics* **2005**, *24*, 2481.
95. Eilers, G.; Schwartz, L.; Stein, M.; Zampella, G.; de Gioia, L.; Ott, S.; Lomoth, R. *Chem. Eur. J.* **2007**, *13*, 7075.
96. Mealli, C.; Rauchfuss, T. B. *Angew. Chem., Int. Ed.* **2007**, *46*, 8942.
97. Wilson, A. D.; Shoemaker, R. K.; Miedaner, A.; Muckerman, J. T.; DuBois, D. L.; Dubois, M. R. *Proc. Natl. Acad. Sci. USA* **2007**, *104*, 6951–6956.
98. Justice, A. K.; Linck, R. C.; Rauchfuss, T. B.; Wilson, S. R. *J. Am. Chem. Soc.* **2004**, *126*, 13214.
99. Shima, S., et al. *Science* **2008**, *321*, 572.
100. Yang, X.; Hall, M. B. *J. Am. Chem. Soc.* **2009**, *131*, 10901.
101. DuBois, M. R. *Chem. Rev.* **1989**, *89*, 1.
102. Berkessel, A.; Schubert, T. J. S.; Muller, T. N. *J. Am. Chem. Soc.* **2002**, *124*, 8693.
103. Chan, B.; Radom, L. *J. Am. Chem. Soc.* **2005**, *127*, 2443.
104. (a) Welch, G. C.; San Juan, R. R.; Masuda, J. D.; Stephan, D. W. *Science* **2006**, *314*, 1124; (b) Rokob, T. A.; Hamza, A.; Papai, I. *J. Am. Chem. Soc.* **2009**, *131*, 10701; (c) Stephan, D. W. *Dalton. Trans.* **2009**, 3129;
105. Geier, S. J.; Gilbert, T. M.; Stephan, D. W. *J. Am. Chem. Soc.* **2008**, *130*, 12632.

106. Kenward, A. L.; Piers, W. E. *Angew. Chem., Int. Ed.* **2008**, *47*, 38.

107. Sumerin, V.; Schulz, F.; Nieger, M.; Leskela, M.; Repo, T.; Rieger, B. *Angew. Chem., Int. Ed.* **2008**, *47*, 6001.

108. Rosi, N. L.; Eckert, J.; Eddaoudi, M.; Vodak, D. T.; Kim, J.; O'Keeffe, M.; Yaghi, O. M. *Science* 2003, *300*, 1127.

109. Rowsell, J. L. C.; Eckert, J.; Yaghi, O. M. *J. Am. Chem. Soc.* 2005, *127*, 14904.

110. Forster, P. M.; Eckert, J.; Heiken, B. D.; Parise, J. B.; Yon, J. W.; Jhung, S. W.; Chang, J.-S.; Cheetham, A. K. *J. Am. Chem. Soc.* 2006, *128*, 16846.

111. Georgiev, P. A.; Albinati, A.; Mojet, B. L.; Ollivier, J.; Eckert, J. *J. Am. Chem. Soc.* **2007**, *129*, 8086.

112. Gagliardi, L.; Pyykko, P. *J. Am. Chem. Soc.* **2004**, *126*, 15014.

113. Weisshaar, J. C. *Acc. Chem. Res.* **1993**, *26*, 213.

114. Alacaraz, G.; Sabo-Etienne, S. *Acc. Chem. Res.* **2009**, *42*, 1640.

115. (a) Lewis, N. S.; Nocera, D. G. *PNAS* **2006**, *103*, 15729; (b) Nocera, D. G. *Inorg. Chem.* **2009**, *48*, 10001; (c) DuBois, M. R.; DuBois, D. L. *Acc. Chem. Res.* **2009**, *42*, 1974; (d) Dempsey, J. L.; Brunschwig, B. S.; Winkler, J. R.; Gray, H. B. *Acc. Chem. Res.* **2009**, *42*, 1995; (e) Lazarides, T.; McCormick, T.; Du, P.; Luo, G.; Lindley, B.; Eisenberg, R. *J. Am. Chem. Soc.* **2009**, *131*, 9192; (f) Reisner, E.; Powell, D. J.; Cavazza, C.; Fonticella-Camps, J. C.; Armstrong, F. A. *J. Am. Chem. Soc.* **2009**, *131*, 18457; (g) Kohl, S. W.; Weiner, L.; Schwartsburd, L.; Konstantinovski, L.; W. Shimon, L. J.; Ben-David, Y.; Iron, M. A.; Milstein, D. *Science* **2009**, *324*, 74; (h) Esswein, A. J.; Nocera, D. G. *Chem. Rev.* **2007**, *107*, 4022; (i) Le Goff, A.; Artero, V.; Jousselme, B.; Dinh Tran, P.; Guillet, N.; Metaye, R.; Fihri, A.; Palacin, S.; Fontecave, M. *Science* **2009**, *326*, 1384

116. Sutin, N.; Creutz, C.; Fujita, E. *Comments Inorg. Chem.* **1997**, *19*, 67.

117. Torrent, M.; Solà, M.; Frenking, G. *Chem. Rev.* **2000**, *100*, 439.

118. Bau, R.; Drabnis, M. H. *Inorg. Chim. Acta* **1997**, *259*, 27.

119. Kubas, G. J.; Nelson, J. E.; Bryan, C. J.; Eckert, J.; Wisniewski, L.; Zilm, K. *Inorg. Chem.* **1994**, *33*, 2954.

120. Maverick, E. F.; Trueblood, K. N. *THMA11: Program for Thermal Motion Analysis*. UCLA, 1988.

121. Koetzle, T. F. *Trans. Am. Crystallogr. Assoc.* 1997, **31**, 57.

122. Klooster, W. T.; Koetzle, T. F.; Jia, G.; Fong, T. P.; Morris, R. H.; Albinati, A. *J. Am. Chem. Soc.* 1994, **116**, 7677.

123. Zilm, K. W.; Millar, J. M. *Adv. Magn. Opt. Res.* 1990, **15**, 163.

124. Buntkowsky, G.; Limbach, H.-H.; Wehrmann, F.; Sack, I.; Vieth, H.-M.; Morris, R. H. *J. Phys. Chem. A* **1997**, *101*, 4679.

125. Wehrmann, F.; Fong, T. P.; Morris, R. H.; Limbach, H.-H.; Buntkowsky, G. *Phys. Chem. Chem. Phys.* **1999**, *1*, 4033.

126. Walaszek, B.; Adamczyk, A.; Pery, T.; Yeping, X.; Gutmann, T.; de Sousa Amadeu, N.; Ulrich, S.; Breitzke, H.; Vieth, H. M.; Sabo-Etienne, S.; Chaudret, B.; Limbach, H.-H.; Buntkowsky, G. *J. Am. Chem. Soc.* **2008**, *130*, 17502.

127. Hamilton, D. G.; Crabtree, R. H. *J. Am. Chem. Soc.* **1988**, *110*, 4126.
128. Desrosiers, P. J.; Cai, L.; Lin, Z.; Richards, R.; Halpern, J. *J. Am. Chem. Soc.* **1991**, *113*, 4173.
129. Ricci, J. S.; Koetzle, T. F.; Bautista, M. T.; Hofstede, T. M.; Morris, R. H.; Sawyer, J. F. *J. Am. Chem. Soc.* **1989**, *111*, 8823.
130. Gusev, D. G.; Kuhlman, R.; Renkema, K. B.; Eisenstein, O.; Caulton, K. G. *Inorg. Chem.* **1996**, *35*, 6775.
131. Upmacis, R. K.; Poliakoff, M.; Turner, J. J. *J. Am. Chem. Soc.* **1986**, *108*, 3645.
132. Luther, T. A.; Heinekey, D. M. *Inorg. Chem.* **1998**, *37*, 127.
133. Hush, N. S. *J. Am. Chem. Soc.* **1997**, *119*, 1717.
134. Gründemann, S.; Limbach, H.-H.; Buntkowsky, G.; Sabo-Etienne, S.; Chaudret, B. *J. Phys. Chem. A* **1999**, *103*, 4752.
135. Gelabert, R.; Moreno, M.; Lluch, J. M.; Lledós, A.; Pons, V.; Heinekey, D. M. *J. Am. Chem. Soc.* **2004**, *126*, 8813.
136. Gelabert, R.; Moreno, M.; Lluch, J. M.; Lledós, A. *J. Am. Chem. Soc.* **1997**, *119*, 9840.
137. Bagley, K. A.; Van Garderen, C. J.; Chen, M.; Duin, E. C.; Albracht, S. P. J.; Woodruff, W. *Biochemistry*, **1994**, *33*, 9229.
138. Sweany, R. L. In *Transition Metal Hydrides*; Dedieu, A., Ed.; VCH Publishers: New York, **1992**; pp 65–101.
139. Bender, B. R.; Kubas, G. J.; Jones, L. H.; Swanson, B. I.; Eckert, J.; Capps, K. B.; Hoff, C. D. *J. Am. Chem. Soc.* **1997**, *119*, 9179.
140. Moreno, B.; Sabo-Etienne, S.; Chaudret, B.; Rodriguez, A.; Jalon, F.; Trofimenko, S. *J. Am. Chem. Soc.* **1995**, *117*, 7441.
141. Chopra, M.; Wong, K. F.; Jia, G.; Yu, N.-T. *J. Mol. Struct.* **1996**, *379*, 93.
142. Hay, P. J. *J. Am. Chem. Soc.* **1987**, *109*, 705.
143. Dapprich, S.; Frenking, G. *Angew. Chem., Int. Ed. Engl.* **1995**, *34*, 354.
144. Wilson, E. B., Jr.; Decius, J. C.; Cross, P. C. *Molecular Vibrations*; McGraw-Hill: New York, 1955; pp 197–200.
145. Jones, L. H.; McDowell, R. S.; Goldblatt, M. *Inorg. Chem.* **1969**, *8*, 2349.
146. Levine, I. N. *Molecular Spectroscopy*; Wiley: New York, 1975; p 160.
147. Badger, R. M. *J. Chem. Phys.* **1934**, *2*, 128.
148. Anson, C. E.; Sheppard, N.; Powell, D. B.; Bender, B. R.; Norton, J. R. *J. Chem. Soc., Faraday Trans.* **1994**, *90*, 1449, and references therein.
149. Li, J.; Ziegler, T. *Organometallics* **1996**, *15*, 3844.
150. King, W. A.; Luo, X.-L.; Scott, B. L.; Kubas, G. J.; Zilm, K. W. *J. Am. Chem. Soc.* **1996**, *118*, 6782.
151. (a) Gelabert, R.; Moreno, M.; Lluch, J. M.; Lledós, A. *Chem. Phys.* **1999**, *241*, 155; (b) Torres, L.; Gelabert, R.; Moreno, M.; Lluch, J. M. *J. Phys. Chem. A* **2000**, *104*, 7898;
152. Perutz, R. N.; Turner, J. J. *Inorg. Chem.* **1975**, *14*, 262.
153. Perutz, R. N.; Turner, J. J. *J. Am. Chem. Soc.* **1975**, *97*, 4791.

154. Turner, J. J.; Burdett, J. K.; Perutz, R. N.; Poliakoff, M. *Pure Appl. Chem.* **1977**, *49*, 271.

155. Andrews, L.; Moskovits, M. *The Chemistry and Physics of Matrix Isolated Species*; Elsevier, Amsterdam, 1989.

156. Sweany, R. L. *J. Am. Chem. Soc.* **1985**, *107*, 2374.

157. Upmacis, R. K.; Gadd, G. E.; Poliakoff, M.; Simpson, M. B.; Turner, J. J.; Whyman, R.; Simpson, A. F. *J. Chem. Soc., Chem. Commun.* **1985**, 27.

158. Church, S. P.; Grevels, F.-W.; Hermann, H.; Shaffner, K. *J. Chem. Soc., Chem. Commun.* **1985**, 30.

159. Sweany, R. L.In *Transition Metal Hydrides*; Dedieu, A., Ed.; VCH Publishers: New York, 1992; pp 65–101.

160. (a) Poliakoff, M.; George, M. W. *J. Phys. Org. Chem.* **1998**, *11*, 589; (b) George, M. W.; Haward, M. T.; Hamley, P. A.; Hughes, C.; Johnson, F. P. A.; Popov, V. K.; Poliakoff, M. *J. Am. Chem. Soc.* **1993**, *115*, 2286; (c) Gadd, G. E.; Upmacis, R. K.; Poliakoff, M.; Turner, J. J. *J. Am. Chem. Soc.* **1986**, *108*, 2547.

161. Goff, S. E. J.; Nolan, T. F.; George, M. W.; Poliakoff, M. *Organometallics* **1998**, *17*, 2730.

162. Cooper, A. I.; Poliakoff, M. *Chem. Commun.* **2007**, 2965.

163. Banister, J. A.; Lee, P. D.; Poliakoff, M. *Organometallics* **1995**, *14*, 3876.

164. Lee, P. D.; King, J. L.; Seebald, S.; Poliakoff, M. *Organometallics* **1998**, *17*, 524.

165. Martensson, A.-S.; Nyberg, C.; Andersson, S. *Phys. Rev. Lett.* **1986**, *57*, 2045.

166. Wang, X.; Andrews, L.; Infante, I.; Gagliardi, L. *J. Am. Chem. Soc.* **2008**, *130*, 1972.

167. Marx, D.; Parrinello, M. *Nature* **1995**, *375*, 216.

168. Eckert, J. *Spectrochim. Acta A* **1992**, *48A*, 363.

169. Sabo-Etienne, S.; Rodriguez, V.; Donnadieu, B.; Chaudret, B.; el Makarim, H. A.; Barthelat, J.-C.; Ulrich, S.; Limbach, H.-H.; Moïse, C. *New J. Chem.* **2001**, *25*, 55, and references therein.

170. Beaufils, J. P.; Crowley, T.; Rayment, R. K.; Thomas, R. K.; White, J. W. *Mol. Phys.* **1981**, *44*, 1257.

171. Nicol, J. M.; Eckert, J.; Howard, J. *J. Phys. Chem.* **1988**, *92*, 7117.

172. Yaghi, O. M. *J. Am. Chem. Soc.* **2006**, *128*, 3494.

173. (a) Walker, G., Ed. *Solid-State Hydrogen Storage: Materials and Chemistry*; Woodhead Publishing Limited: Cambridge, UK, 2008. (b) Dinca, M.; Long, J. R. *Angew. Chem., Int. Ed.* **2008**, *47*, 6766; (c) Hoang, T. K. A.; Antonelli, D. M. *Adv. Mater.* **2009**, *21*, 1787; (d) Zhao, D.; Yuan, D.; Zhou, H.-C. *Energy Environ. Sci.* **2008**, *1*, 222; (e) Thomas, K. M. *Dalton Trans.* **2009**, 1487; (f) Murray, L. J.; Dinca, M.; Long, J. R. *Chem. Soc. Rev.* **2009**, *38*, 1294.

174. Brown, C. M.; Yildirim, T.; Neumann, D. A.; Heben, M. J.; Gennett, T.; Dillon, A. C.; Alleman, J. L.; Fischer, J. E. *Chem. Phys. Lett.* **2000**, *329*, 311.

175. (a) MacKinnon, J. A.; Eckert, J.; Coker, D. F.; Bug, A. L. R. *J. Chem. Phys.* **2001**, *114*, 10137; (b) Nouar, F.; Eckert, J.; Eubank, J. F.; Forster, P.; Eddaoudi, M. *J. Am. Chem. Soc.* **2009**, *131*, 2864.

176. Forster, P. M.; Eckert, J.; Chang, J.-S.; Park, S.-E.; Férey, G.; Cheetham, A. K. *J. Am. Chem. Soc.* **2003**, *125*, 1309.

177. (a) Rosi, N. L.; Eckert, J.; Eddaoudi, M.; Vodak, D. T.; Kim, J.; O'Keeffe, M.; Yaghi, O. M. *Science* **2003**, *300*, 1127; (b) Rowsell, J. L. C.; Spencer, E. C.; Eckert, J.; Howard, J. A. K.; Yaghi, O. M. *Science* **2005**, *309*, 1350.

178. Rowsell, J. L. C.; Yaghi, O. M. *Angew. Chem., Int. Ed.* 2005, *44*, 4670.

179. Rowsell, J. L. C.; Eckert, J.; Yaghi, O. M. *J. Am. Chem. Soc.* **2005**, *217*, 14904.

180. Forster, P. M.; Eckert, J.; Heiken, B. D.; Parise, J. B.; Yoon, J. W.; Jhung, S. H.; Chang, J.-S.; Cheetham, A. K. *J. Am. Chem. Soc.* **2006**, *128*, 16846.

181. Serykh, A. I.; Kazansky, V. B. *Phys. Chem. Chem. Phys.* **2004**, *6*, 5250.

182. Georgiev, P. A.; Albinati, A.; Eckert, J. *Chem. Phys. Lett.* **2007**, *449*, 182.

183. Bullock, R. M. *Transition Metal Hydrides*; Dedieu, A., Ed. VCH Publishers: New York, 1992; p 263.

184. Hostetler, M. J.; Bergman, R. G. *J. Am. Chem. Soc.* **1992**, *114*, 7629.

185. (a) Rabinovich, D.; Parkin, G. *J. Am. Chem. Soc.* **1993**, *115*, 353; (b) Hascall, T.; Rabinovich, D.; Murphy, V. J.; Beachy, M. D.; Friesner, R. A.; Parkin, G. *J. Am. Chem. Soc.* **1999**, *121*, 11402;

186. Abu-Hasanayn, F.; Krogh-Jespersen, K.; Goldman, A. *J. Am. Chem. Soc.* **1993**, *115*, 8019.

187. Gusev, D. G.; Vymenits, A. B.; Bakhmutov, V. I. *Inorg. Chem.* **1992**, *31*, 1.

188. Hauger, B. E.; Gusev, D. G.; Caulton, K. G. *J. Am. Chem. Soc.* **1994**, *116*, 208.

189. Bender, B. R.; Kubas, G. J.; Jones, L. H.; Swanson, B. I.; Eckert, J.; Capps, K. B.; Hoff, C. D. *J. Am. Chem. Soc.* **1997**, *119*, 9179.

190. Gusev, D. G.; Bakhmutov, V. I.; Grushin, V. V.; Vol'pin, M. E. *Inorg. Chim. Acta* **1990**, *177*, 115.

191. Henderson, R. A.; Oglieve, K. E. *J. Chem. Soc., Dalton Trans.* **1993**, 3431.

192. Bakhmutov, V. I.; Bertran, J.; Esteruelas, M. A.; Lledós, A.; Maseras, F.; Modrego, J.; Oro, L. A.; Sola, E. *Chem. Eur. J.* **1996**, *2*, 815.

193. Bigeleisen, J.; Mayer, M. G. *J. Chem. Phys.* **1947**, *15*, 261.

194. Parkin, G. *Acc. Chem. Res.* **2009**, *42*, 315.

195. Torres, L.; Gelabert, R.; Moreno, M.; Lluch, J. M. *J. Phys. Chem. A* **2000**, *104*, 7898.

196. (a) Heinekey, D. M.; Oldham, W. J., Jr. *J. Am. Chem. Soc.* **1994**, *116*, 3137; (b) Oldham, W. J., Jr.; Hinkle, A. S.; Heinekey, D. M. *J. Am. Chem. Soc.* **1997**, *119*, 11028.

197. Gusev, D. G.; Nietlispach, D.; Eremenko, I. L.; Berke, H. *Inorg. Chem.* **1993**, *32*, 3628.

198. Zhang, K.; Gonzalez, A. A.; Hoff, C. D. *J. Am. Chem. Soc.* **1989**, *111*, 3627, and references therein.

199. Church, S. P.; Grevels, F.-W.; Hermann, H.; Shaffner, K. *J. Chem. Soc., Chem. Commun.* **1985**, 30.

200. Wink, D. A.; Ford, P. C. *J. Am. Chem. Soc.* **1987**, *109*, 436.

201. Zhou, P.; Vitale, A. A.; San Filippo, J.; Saunders, W. H. *J. Am. Chem. Soc.* **1985**, *107*, 8049.
202. Basallote, M. G.; Duran, J.; Fernandez-Trujillo, J.; Manez, M. A. *J. Chem. Soc., Dalton Trans.* **1998**, 2205.
203. Basallote, M. G.; Duran, J.; Fernandez-Trujillo, J.; Manez, M. A.; Rodriguez de la Torre, J. *J. Chem. Soc., Dalton Trans.* **1998**, 745.
204. Basallote, M. G.; Duran, J.; Fernandez-Trujillo, J.; Manez, M. A. *Organometallics* **2000**, *19*, 5067.
205. Abdur-Rashid, K.; Gusev, D. G.; Lough, A. J.; Morris, R. H. *Organometallics* **2000**, *19*, 1652.
206. Eckert, J.; Albinati, A.; Bucher, U. E.; Venanzi, L. M. *Inorg. Chem.* **1996**, *35*, 1292.
207. Ozin, G. A.; Garcia-Prieto, J. *J. Am. Chem. Soc.* **1986**, *108*, 3099.
208. Hauge, R. H.; Margrave, J. L.; Kafafi, Z. H. *NATO ASI Ser. B* **1987**, *158* (Phys. Chem. Small Clusters), 787.

第6章 二氧化碳的活化

Ferenc Joó

6.1 引 言

二氧化碳是一种体积小、结构简单的对称性分子，它却对我们的生活有着深远的影响。二氧化碳广泛存在于地球上，主要以三种形式存在：以气态形式存在于大气中（约 2.5×10^{12} t）、以溶解态存在于水圈中（约 1.0×10^{14} t），以及固定在碳酸盐岩中（约 1.0×10^{16} t）。在过去的两个世纪里，人类活动导致大气中二氧化碳浓度显著上升至 380 ppm[①]以上，这加剧了温室效应，进而推动了全球变暖。如今普遍认为，应对全球变暖的策略必须包括控制大气中二氧化碳浓度进一步增加。化学科学在这场战役中应发挥关键作用，例如通过使用更高效、规模化的零碳排放工艺，以缓解 CO_2 排放问题。另外，化学也是将二氧化碳转变为丰富且廉价碳源的核心科学。目前，碳的主要来源有三种：石油、煤炭和生物质。虽然将煤炭（一种不可再生的碳源）加工成液态或气态燃料和化学品的技术尚未完善，但在这一领域已经取得了巨大进展，而石油储量正在逐渐枯竭。生物质是可再生的，但作为燃料和化学工业的来源需要占用大量的土地。此外，生物质的再生速度难以满足需求。因此，最终必须解决的问题是如何实现对富含 CO_2 的烟气进行大规模捕集和再利用。实际上，这一策略在一些特殊场合已得到应用。例如，生产过程中气态副产物几乎完全是二氧化碳的行业（如尿素合成、发酵技术、啤酒生产等）。然而，迄今为止仍主要使用来自天然井的纯 CO_2，因其成本最低，而大多数化学工艺中产生的 CO_2 副产物仍直接排放到大气中。

二氧化碳和碳酸盐是最稳定的碳形式，它们仅参与少数工业用途的热反应。当前，大量的二氧化碳（每年 8×10^7 t）被用于与氨反应合成尿素，使用酚盐和二氧化碳生产水杨酸（Kolbe-Schmitt 合成）也需要大量的二氧化碳（每年 2×10^4 t）。大多数其他 CO_2 反应需要金属或金属配合物的活化。这些催化反应包括但不限于有机碳酸盐（重要的试剂和溶剂）和聚碳酸酯（抗冲击塑料）的合成，以及二氧化碳的均相和非均相加氢反应，以生产甲醇和甲酸（甲酸盐、酰胺和酯）。

在本章中，我们将讨论二氧化碳催化活化的必要性、可能性以及 CO_2 最具合成实用价值的反应类型。我们将不讨论那些产生与产物等量的高成本副产物的反应[例如，格氏试剂的羧化反应和需要活性阳极（Al 和 Mg）的电化学反应][1]，尽管这些反应在研究和化学工业中具有重要意义。光合作用和酶辅助的 CO_2 活化也不在本章讨论范围之内，因

---

① ppm = 1.0×10^{-6}

为这些自然过程较为复杂,与研究和实际应用的反应相差甚远,两者之间缺乏直接的可借鉴之处(尽管从长远来看,不同领域间的交流可能会带来丰硕成果)。

鉴于二氧化碳实际应用的重要性,已有大量关于这一主题的专著和综述发表。读者如需了解更为详细的内容,可参考这些文献,它们从不同的角度(有些内容有所重叠)综述了 CO_2 的活化[2-24]。

6.2 CO_2 分子及其配位性质

二氧化碳是线性非极性分子。与化学键相关的分子轨道显示在沃尔什(Walsh)图的右侧(图 6.1)[25]。在基态下,最高占据分子轨道(HOMO)为 $1\pi_g$,其电子密度集中在氧原子上。因此,CO_2 的氧原子具有亲核性。相反,最低未占分子轨道(LUMO;$2\pi_u$)主要位于碳原子上,因此它是分子的亲电子中心。在大多数情况下(尽管不是唯一的),CO_2 与金属离子的配位涉及碳原子和氧原子的相互作用。从 Walsh 图可以推论,金属的 d 轨道与 CO_2 的 LUMO 重叠,形成反馈键,这导致 CO_2 分子的对称性从 $D_{\infty h}$ 变为 C_{2v},从而降低配体的总能量。事实上,这正是在金属配合物中所发生的,配位二氧化碳的优先构象呈弯曲的几何结构,O—C—O 的键角平均为 130°[26]。当电子被激发或者额外电子填入 LUMO 时(例如,通过电化学方法产生自由基阴离子 $CO_2^{\cdot -}$),也会发生类似的几何结构变化。

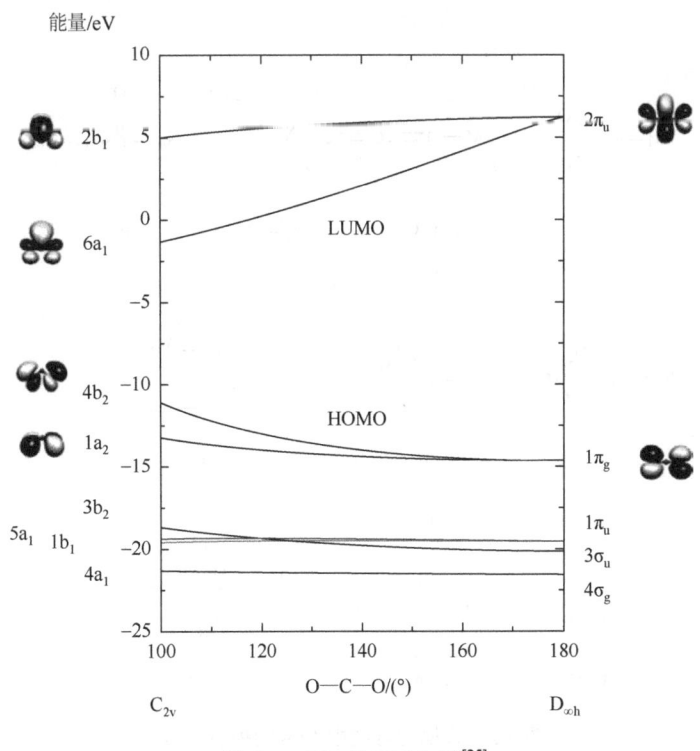

图 6.1 CO_2 的 Walsh 图[25]

在游离二氧化碳的红外光谱中,不对称伸缩振动出现在 2349 cm^{-1}(气态)和 2342 cm^{-1}(固态)处。对于弯曲振动,红外吸收峰位于 667 cm^{-1}(气态)处。CO_2 的对称伸缩振动,只能通过拉曼光谱检测,吸收范围在 1285~1388 cm^{-1}。另外,在具有弯曲 CO_2 配体的过渡金属配合物中,对称(ν_{asym})和不对称(ν_{sym})的伸缩振动均可在红外光谱中被检测到,分别位于 1350~1750 cm^{-1} 和 1140~1300 cm^{-1}。

二氧化碳的金属配合物种类相对丰富,具有多种配位模式(图6.2)[11]。在单核配合物中,优先的配位模式为 η^2-CO。实际上,由 Aresta 等[27]发现的第一个晶体学表征的过渡金属-CO_2 配合物[Ni(CO_2)(PCy$_3$)$_2$](Cy = 环己基)就属于这一类(η^2-CO)配位模式(IR:ν = 1740 cm^{-1}、1140 cm^{-1}、1094 cm^{-1})。Herskovitz 等发现[MCl(CO_2)(diars)$_2$][1, 2-亚苯基二(二甲基胂);M = Ir、Rh]配合物具有 η^1-C 配位模式[IR:ν = 1550 cm^{-1}、1230 cm^{-1}(Ir)和 1610 cm^{-1}、1210 cm^{-1}(Rh)][28, 29]。有趣的是,尽管这些化合物在 1977 年(Ir)和 1983 年(Rh)就已经被发现,从那时起,具有类似 η^1-C 配位的 CO_2 配合物数量并未显著增加。相比之下,最近才有一种具有线性、O 配位的铀-CO_2 配合物得到 X-射线衍射表征[30]。这种配合物含有多取代的 1, 4, 7-三氮杂环壬烷配体,围绕在 U(Ⅲ)金属中心周围,使其只能通过狭窄的圆柱形空腔与 CO_2 相互作用。因此,CO_2 只能通过氧原子与铀结合,而且由于空间限制,其结构保持了近乎线性的构型(O—C—O 键的键角为 178.0°)。因此,在红外光谱中只有 2188 cm^{-1} 处的一个吸收峰,表明 CO_2 活化程度很高。磁矩(μ_{eff})测量还确定配合物的 U(Ⅲ)中心离子在与 CO_2 反应时被氧化成 U(Ⅳ),即实际上有一个电子转移至 CO_2,因此,所得化合物应更准确地描述为配合物 U(Ⅳ)-CO_2^-。

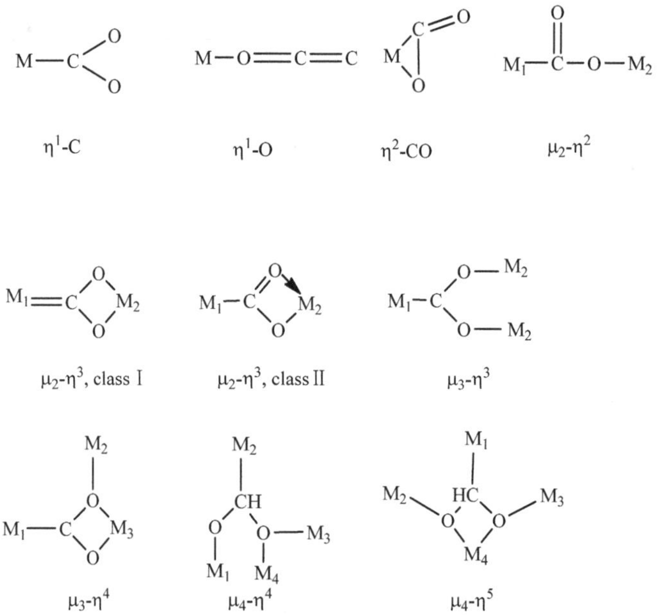

图 6.2 金属配合物中 CO_2 的配位模式

其他可能的配位方式涉及将 CO_2 同时键合到两个或多个金属中心，形成多种配位模式，从 μ_2-η^2（例如[CpFe(CO)(PPh$_3$)(μ_2-C, O-CO$_2$)Re(CO)$_4$(PPh$_3$)]；Cp = 环戊二烯基，PPh$_3$ = 三苯基膦）[31]到 μ_4-η^5 [10]。

通过 X-射线单晶衍射已经表征了多种含有配位二氧化碳的配合物的结构。典型的 C—O 键的键长通常比气相游离配体中的 C—O 键的键长（116.2 pm）更长。对于线性 CO_2 配位，发现的 C—O 键（配位）的键长为 112.2 pm，而 C—O 键（非配位）的键长为 127.7 pm[30]。在 μ_2-η^2 配位的 CO_2 配合物中，配位的 O 原子和 C 原子之间的键长通常为 125～129 pm（但可以达到 137.9 pm），而 C 原子与非配位 O 原子之间的键长约为 119～126 pm[26]。随着配位程度的增加，碳-氧键的键长进一步拉长。这种键长增加（表明 C—O 键级的降低）可视为活化的信号。然而，由于二氧化碳与金属离子配位形成稳定的配合物，CO_2 配合物的活性不一定增加。M[Co(salen)(CO$_2$)][M = Li$^+$、Na$^+$、K$^+$；salen = N, N'-亚乙基双(水杨醛亚胺)]提供了一个很好的例子，其中反离子对配合物的稳定性影响显著：与锂盐相比，钠盐和钾盐在真空下或用双环己基 18-冠-6 螯合钠离子时会释放 CO_2[32]。

二氧化碳的催化反应并不一定需要与 CO_2 形成配合物，这似乎仅在涉及 C—O 键断裂的反应中是必需的。在其他过程中（例如，C—C 键偶联），金属配合物的催化作用可能在于活化反应物（如烯烃、炔烃），随后这些反应物可以直接与二氧化碳反应[33]。

6.3　二氧化碳的实际利用

二氧化碳是一种非常稳定的分子（$\Delta_f G_{298}^\circ$ = −394.36 kJ/mol），它可以还原成多种产物，如甲酸、一氧化碳、甲醛、甲醇或甲烷等。在还原过程中，需要提供大量能量，可以是高能还原剂（如氢气），也可以通过电化学或光化学系统以电子形式提供能量。利用二氧化碳最节能的途径是将整个分子整合到最终产物中，使其呈开链结构（如羧酸盐）或环状结构（如内酯）。显然，这两者之间并无明显界限。例如，通过 CO_2 的氢化来生产甲酸就属于这两者的范畴。

在本节中，我们将讨论那些已经在工业上大规模实施或接近工业应用的合成工艺。此外，还将介绍在 CO_2 活化和利用方面取得的重要进展，尽管尚未投入到实际应用中。这类反应被视为二氧化碳的"新兴用途"，当然，传统应用与新兴应用之间的界限在某些情况下并不十分明确。

6.3.1　水杨酸的合成

商业生产的水杨酸（2-羟基苯甲酸）是通过碱性酚盐与二氧化碳反应制得的（图式 6.1）。这一过程最初由科尔贝（Kolbe）于 1859 年报道，苯酚钠和饱和的 CO_2 在 180～200℃下反应，生成水杨酸二钠盐和苯酚。随后，施密特（Schmitt）在 5～7 bar 的 CO_2 压力和 120～140℃的温度下进行反应，可以完全转化为水杨酸钠。酚钾盐的反应不如酚钠盐容易。在高温（>200℃）下，主要产物是 4-羟基苯甲酸。因此，2-羟基苯甲酸在加热时会重排为 4-羟基苯甲酸。近 150 年来，Kolbe-Schmitt 反应（当今商业生产是在 100 bar CO_2 压力和 125℃下进行）已成为合成水杨酸（以及其他羟基酸）的标准化工艺[34]。

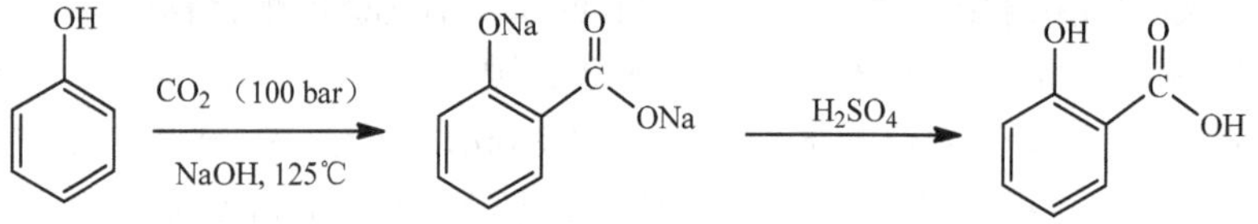

图式 6.1 水杨酸的 Kolbe-Schmitt 反应合成

尽管该反应不需要外加催化剂，但 CO_2 通过其亲电碳原子与酚环邻位（或对位）负极化碳原子相互作用被活化。这个机理由以下事实支持：即使在高的 CO_2 压力下，苯酚也不会形成水杨酸。该产物通过 α→γ 质子迁移而稳定。游离水杨酸是通过钠盐与外部质子（通常是硫酸）反应得到的。从形式上看，该反应可以视为 CO_2 插入芳族 C—H 键中，但上述机理否定了这种插入方式。

水杨酸是阿司匹林（乙酰水杨酸）的前驱体化合物，阿司匹林是一种广泛使用的非处方药，用于缓解疼痛和发烧。水杨酸还是多种化妆品（主要是皮肤护理产品）的主要成分。此外，它还可用作食品保鲜剂和防腐剂（例如在牙膏中）。

6.3.2 尿素的合成

尿素是由二氧化碳直接生产的产量最大的产品之一[35]。CO_2 与 NH_3 反应生成氨基甲酸铵，然后加热氨基甲酸铵进行脱水得到尿素（图式 6.2）。该工艺最初于 1922 年开发，后来被称为博施-迈泽尔（Bosch-Meiser）尿素工艺流程。氨基甲酸铵的形成过程快速且高度放热，在工业条件下几乎可以完全反应。然而，脱水过程是吸热且缓慢的，在生产条件下通常无法达到热力学平衡。这并不会影响整个过程的实际应用，因为未反应的 NH_3 和 CO_2 可以循环利用。二氧化碳转化为尿素的效率（工艺效率评价指标）随着温度和 NH_3/CO_2 摩尔比的升高而增加，但随着 H_2O/CO_2 摩尔比的增加而降低。由于工业过程在高温高压下进行，因此对这些技术的建模需要大量的热力学知识，包括氨基甲酸酯形成和脱水的平衡常数、气体逸散度、溶解度等对温度的依赖性[36]。

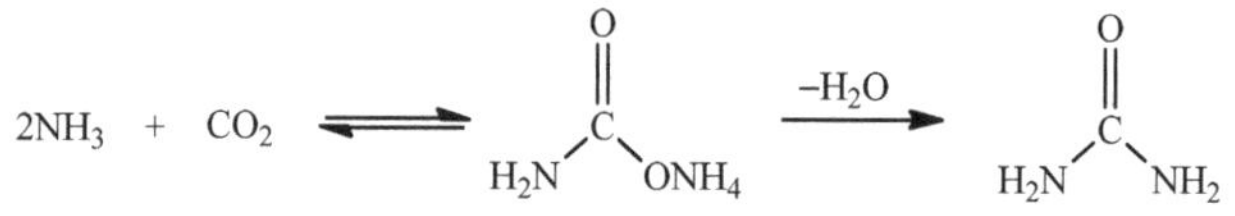

图式 6.2 Bosch-Meiser 法合成尿素

目前，全球约 75%的尿素是通过两种商业化技术生产的。两种工艺的主要区别在于所用的 NH_3/CO_2 摩尔比、从未反应的原料中分离尿素的方法以及氨和二氧化碳的再循环方式的不同。

在 Stamicarbon 工艺中,反应器中的 NH_3/CO_2 摩尔比为 2.95(在 140 bar[①]和 180~185℃ 下运行)。在此过程中,大约 60%的 CO_2 和 40%的 NH_3 被转化,未反应气体中的 NH_3/CO_2 摩尔比约为 4.5。反应器中流出的溶液在高压高温下用 CO_2 提取(重新建立适当的 NH_3/CO_2 摩尔比),然后将气体再循环回反应器。尿素溶液从残留的 NH_3 和 CO_2 中进一步纯化,最后通过蒸发步骤制得纯度为 99.7%的尿素熔体。

Snamprogetti 工艺在 150 bar 的压力和 188℃ 的温度下,利用较高的 NH_3/CO_2 摩尔比(3.2~3.4)和较低的 H_2O/CO_2 摩尔比(0.4~0.6)进行反应。结果,进入反应器的总 CO_2 中有 62%~64%被转化为尿素。将反应器流出物带入蒸馏塔,再用 NH_3 处理。未分解的氨基甲酸酯的大部分在此处分解,汽提塔塔顶的气体(NH_3 和 CO_2)循环回反应器,并通过加入新的 CO_2 重新建立适当的 NH_3/CO_2 摩尔比。尿素溶液经过中压蒸馏(17 bar)和低压蒸馏(3.5 bar)步骤,进一步从残留的氨基甲酸酯、CO_2 和 NH_3 中纯化,最后通过蒸发除去水分,得到纯度为 99.8%的尿素熔体,然后制成小粒或颗粒。

值得一提的是,这两种工艺都实现了 CO_2 和 NH_3 的全循环利用,并采用了非常有效的热回收方法。因此,排放到环境中的化学物质量保持在极低水平,其工艺废水中的尿素和 NH_3 含量均仅为 1 ppm。

全球尿素每年的总产量约为 1 亿 t。其中绝大部分被用作氮肥,以固态或溶液形式使用的约占总产量的 87%。它还是一种牲畜饲料添加剂(5%)、脲醛树脂(6%)和三聚氰胺(1%)的原料。其他应用(1%)包括作为除冰剂、精细化学品(如氰尿酸、氨基磺酸)的原料,以及用于形成结晶包合物等。

6.3.3 甲酸、甲酰胺和甲酸酯的合成

将二氧化碳还原为甲酸及其衍生物是一个非常活跃的研究领域,已有广泛的综述[18-20, 37, 38]。其中一些研究成果已接近商业化,另一些也被视为具有前景的发展方向。需要注意的是,目前氢气主要由化石燃料(天然气、煤炭)制得,并伴随着 CO_2 的生成。因此,二氧化碳的加氢不会减少 CO_2 的总量,但在合成化学中具有重要作用。

通过氢气分步还原 CO_2 可能会生成甲酸、甲醛、甲醇以及最终的甲烷,还有如图式 6.3 所示的 CO 或费-托(Fischer-Tropsch)型衍生物。在这些还原产物中,甲酸是最常见的。此外,还报道了在分子催化剂的作用下生成一氧化碳、甲醛、甲醇和甲烷。

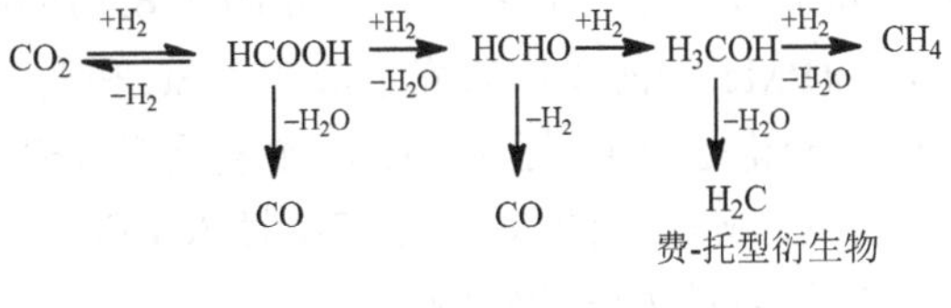

$$CO_2 \underset{-H_2}{\overset{+H_2}{\rightleftharpoons}} HCOOH \underset{-H_2O}{\overset{+H_2}{\longrightarrow}} HCHO \underset{-H_2}{\overset{+H_2}{\longrightarrow}} H_3COH \underset{-H_2O}{\overset{+H_2}{\longrightarrow}} CH_4$$

$$\downarrow -H_2O \quad\quad \downarrow -H_2 \quad\quad \downarrow -H_2O$$

$$CO \quad\quad\quad CO \quad\quad\quad H_2C$$

费-托型衍生物

图式 6.3 二氧化碳加氢产物

[①] 1 bar = 10^5 Pa

熵的显著降低会阻碍两种气态化合物生成液体产物的反应,这与温度有关,可能使整个过程在热力学上变得不利。CO_2 加氢生成 HCOOH[式(6.1)]也是如此,ΔH_{298}° = −32 kJ/mol,但 ΔG_{298}° = +33 kJ/mol。然而,在水溶液中,溶质的溶剂化使总熵差减小,ΔG_{298}° = −4 kJ/mol,反应变得略微放热[式(6.2)]。

$$H_2(g) + CO_2(g) \rightleftharpoons HCOOH(l) \quad (6.1)$$

$$H_2(aq) + CO_2(aq) \rightleftharpoons HCOOH(aq) \quad (6.2)$$

因此,从热力学角度来看,该反应可以在水溶液中进行[36]。然而,这些数据是基于标准条件的,为了克服 25℃时的动力学活化能,需使用高活性催化剂。此外,这些催化剂同样可促进相反的过程,即甲酸分解为 H_2 和 CO_2;而 H_2 和 CO_2 生成 CO 和 H_2O(即反向水煤气变换)则较少观察到。

还可以通过 HCOOH 的进一步反应将 CO_2 加氢反应向右推进,这可以通过将其与碱中和,或者与胺或醇反应,分别生成甲酰胺或甲酸酯。胺或氨基醇在此过程中尤为重要,因为这些化合物通常是从烟气中回收二氧化碳的洗涤混合物的主要成分。此外,在实验室,通常在碱存在下研究 CO_2 的氢化反应,尽管产物通常被称为甲酸,但实际上它是甲酸盐或共沸混合物,例如与三乙胺的混合物。

6.3.3.1 亚临界条件下的二氧化碳加氢反应

Inoue 等[39, 40]的早期实验中已经观察到水的促进作用。他们发现,在碱(NaOH、$NaHCO_3$、NMe_3、NEt_3 等)的存在下,1,2-双(二苯基膦基)乙烷(dppe)和 PPh_3 配位的过渡金属膦配合物(如[Pd(dppe)$_2$]、[Ni(dppe)$_2$]、[Pd(PPh$_3$)$_4$]、[RhCl(PPh$_3$)$_3$]、[RuH$_2$(PPh$_3$)$_4$] 和[IrH$_3$(PPh$_3$)$_3$]),可以在 20 h 内以 12%~87%的转化率催化 H_2 和 CO_2 生成 HCOOH(25 bar、室温、苯溶剂)。实验还发现,极少量的水也能显著促进反应过程。

Tsai 和 Nicholas[41]使用[Rh(NBD)L$_3$]BF$_4$ [L = P(CH$_3$)$_2$(C$_6$H$_5$)]作为催化剂前驱体,在四氢呋喃中进行 CO_2 加氢反应,观察到在水存在下反应加速。经过仔细的光谱研究,他们检测到二氢化物[RhH$_2$(H$_2$O)L$_3$]$^+$ 和[RhH$_2$(THF)L$_3$]$^+$ 的存在,以及二齿甲酸酯配合物[RhH(η^2-O$_2$CH)L$_3$]$^+$ 的形成。因此推测反应机理涉及将 CO_2 插入二氢化物的 Rh—H 键中,生成甲酸氢二钠中间体,接着经还原消除生成甲酸,并通过 H_2 的氧化加成再生二氢化物。Lau 等的另一项研究提出,水对反应速率的促进作用归因于插入过渡态[RhH$_2$(H$_2$O)L$_3$]$^+$ 中 H_2O 配体与进入的 CO_2 之间形成的分子间氢键[42],如图式 6.4 所示。

Jessop 等用[RuCl(OAc)(PMe$_3$)$_4$]前驱体研究了液态 NEt_3 和亚临界 CO_2 压力下的 CO_2 加氢动力学[43]。结果表明,无论是对 H_2 还是 CO_2,加氢反应均表现为一级反应,这与中间产物[RuHX(PMe$_3$)$_3$](X = H 或 Cl)的 Ru—H 键中插入 CO_2 是一致的。利用该催化剂还研究了胺类和醇类对 CO_2 加氢动力学的影响。

水溶性铑配合物,如[RhCl(*mtppts*)$_3$](*mtppts* = 三磺化三苯膦)或从[{RhCl(COD)}$_2$] 和[{RhH(COD)}$_4$]原位制备的铑配合物(P∶Rh = 2.6∶1),已被 Gassner 和 Leitner[44]成功用于胺或氨基烷醇存在下水溶液中的 CO_2 加氢。在没有胺的情况下无法形成 HCOOH;

然而，在含有 3.97 mol/L HNEt$_2$ 的水溶液中（水溶性比 NEt$_3$ 更好），甲酸的浓度可达 3.63 mol/L。初始转化率显著高于之前的任何转化率，例如，在 81℃和 40 bar 的总压力（CO$_2$∶H$_2$ = 1∶1）下，观察到的周转频率 TOF = 7260 h^{-1}[TOF = mol(氢气)/mol(催化剂)]。Leitner 等还研究了[RhH(cod)]$_4$ 与 dppb 反应得到的 Rh(Ⅰ)二膦配合物，如[RhH(dppb)]（dppb = 1,4-二苯基膦基丁烷），并证实[Rh(hfacac)(dcpb)]配合物（hfacac = 1,1,1,5,5,5-六氟乙酰丙酮，dcpb = 1,4-二环己基膦基丁烷）在 25℃时具有较高的催化效率，TOF = 1335 h^{-1}。

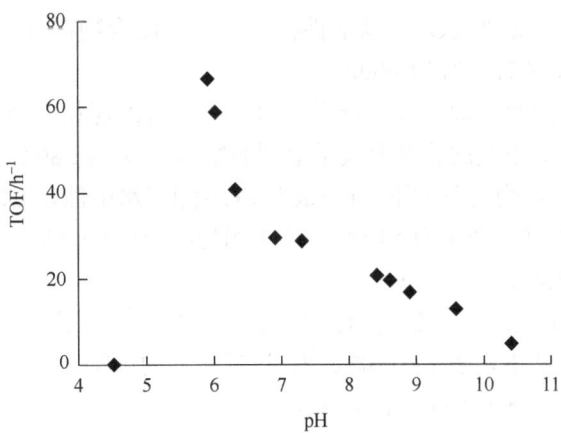

图式 6.4　二氧化碳加氢过程中氢键对中间体的稳定作用

水溶性金属膦配合物催化碳酸氢根加氢的反应速率远高于催化 CO$_2$ 加氢速率[45-47]。例如，使用[RhCl(*mtppms*)$_3$]催化剂（*mtppms* = 单磺化三苯膦），在 24℃、20 bar CO$_2$ 压力和 60 bar H$_2$ 压力的条件下，测定 TOF = 0.11 h^{-1}。相反，相同的催化剂以 TOF = 262 h^{-1} 氢化 NaHCO$_3$。有趣的是，使用[RuCl$_2$(pta)$_4$]催化剂（pta = 1,3,5-三氮杂-7-磷酸金刚烷），通过增加 CO$_2$ 压力，可显著提高 HCO$_3^-$ 还原反应的速率（图 6.3）[45]。由此得出的结论是，当催化剂存在于酸性溶液中时，增加 CO$_2$ 压力会降低溶液的 pH，从而促进[RuHX(pta)$_4$]的形成。

图 6.3　[RuCl$_2$(pta)$_4$]催化的碳酸氢盐氢化与 pH 的关系

[Ru] = 2.611013 mol/L，[CO$_2$] + [NaHCO$_3$] = 1mol/L，50℃，P(H$_2$) = 60 bar。*Inorg. Chem.*，**2000**，39，5083 经许可转载，版权归 2000 年美国化学学会所有

[{RuCl$_2$(*mtppms*)$_2$}$_2$]被证明是碳酸氢根氢化生成甲酸酯的最佳催化剂（前驱体），尤其是在加入过量的 *mtppms* 时。当反应在 CO$_2$ 存在下进行时，观察到显著的速率提

升:在 80℃下,$P(H_2) = 60$ bar,$P(CO_2) = 35$ bar,将 0.3 mol/L $NaHCO_3$ 溶液氢化,其 TOF 为 9600 h^{-1}。值得注意的是,这是首次提出通过增加 CO_2 压力,降低水溶液的 pH 来促进实际催化活性物质的形成。然而,DFT 计算显示,尽管溶液中存在的主要物质为[Ru(HCO$_3$)(mtppms)$_4$](已通过实验观察、分离和表征),但碳酸氢根加氢生成甲酸盐的反应实际上是通过 Ru-CO$_2$ 配合物进行的。Ru-CO$_2$ 配合物的形成过程包括,对[Ru(HCO$_3$)(mtppms)$_3$]中碳酸氢根配体进行质子化和脱水,并且随着二氧化碳压力的增加,质子浓度的增加,该步骤变得更快(图式 6.5)[48]。

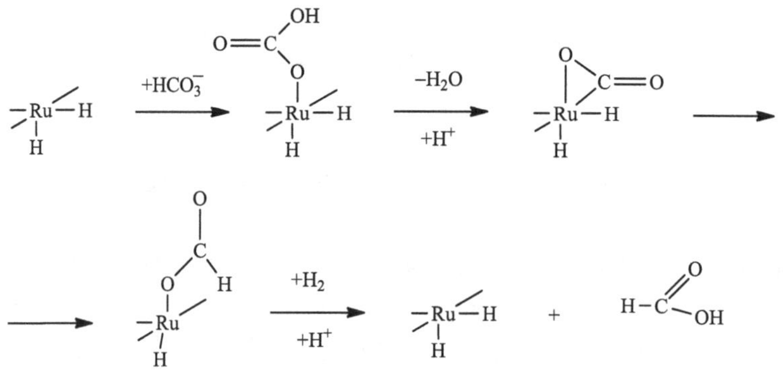

图式 6.5 通过 Ru-CO$_2$ 中间体加氢

Himeda[49]报道了两种非常活泼的催化剂前驱体[Cp*IrCl(DHphen)]Cl 和[RuCl(C$_6$Me$_6$)(DHphen)]Cl,它们都含有 4,7-二羟基-1,10-邻菲啰啉(DHphen)配体(Cp* = C$_5$Me$_5$)。在碱性溶液中,DHphen 配体去质子化,使其给电子能力增强。作者指出,这一因素导致在 1 mol/L KOH 中观察到 CO_2 加氢活性特别高,Ir 配合物在 120℃时的初始 TOF 为 36 400 h^{-1},周转数(TON)为 21 000。

多项专利描述了通过二氧化碳、碳酸氢盐或碳酸盐的氢化生产甲酸或甲酸酯[50,51]。在水-2-丙醇混合物中,甲酸的收率取决于溶剂的摩尔组成。在 80℃、NEt$_3$ 存在下,27 bar CO_2 压力和 54 bar H$_2$ 压力的条件下,[{RuCl$_2$(CO)$_2$}$_n$]在水中催化 CO_2 氢化产率为 13%;在 2-丙醇/水为 20/80 时,产率为 54.5%;在 2-丙醇/水为 60/40 时,产率为 60.7%;在纯 2-丙醇中,产率为 43.4%。

K[Ru^{III}Cl(EDTA-H)]是一种良好催化剂(TOF = 375 h^{-1}),在温和条件(40℃,3 bar CO_2 和 17 bar H_2)的水溶液中用于 CO_2 加氢[52]。这项研究的独特之处在于,反应的主要产物是甲酸和甲醛,随后分解为 CO、H$_2$O 和 H$_2$。

碳酸钙在 CO_2/H_2 压力下还可以成功加氢生成甲酸钙(甲酸钙用于动物营养和皮革鞣制)。在 20 bar CO_2、20~80 bar H_2 和 20~70℃条件下,研究了[RhCl(mtppms)$_3$]、[{RuCl$_2$(mtppms)$_2$}$_2$]和[RuCl$_2$(pta)$_4$]的催化活性[53]。在上述条件下,[RhCl(mtppms)$_3$]显示出最高的 TOF(26.6 h^{-1})。重要的是,反应中还形成了游离甲酸。例如,氢化 1 mmol CaCO$_3$ 产生了 3.21 mmol 的 HCO$_3^-$,相当于化学计量产率的 160%。在 3.21 mmol 的甲酸中,只有 1.0 mmol 的碳源来自 CaCO$_3$,这意味着可以有效利用气相中的 CO_2。

上述例子表明，有几种有效的方法可以在胺或其他碱的存在下，在水溶液或非水溶液中实现 CO_2 加氢。然而，从反应混合物中分离游离甲酸是一个挑战[4]，在专利文献中也提出了许多方法[50, 51]。在任何情况下，都必须将催化剂从反应混合物中除去，因为它在稍微升高的温度下就会分解甲酸。为了解决生产游离甲酸的问题，Han 等制备了一种特定的离子液体（TSIL），1-(N, N-二甲基氨基乙基)-2, 3-二甲基咪唑鎓三氟甲烷磺酸盐，并将其水溶液用作 CO_2 加氢的溶剂。所用的非均相 Ru 配合物催化剂由 $RuCl_3$ 和硫代乙酰胺改性的二氧化硅反应，然后添加 PPh_3 制备[54]。反应在 60℃、不同的 H_2/CO_2 摩尔比和 4～18 bar 的总压力下进行。在优化条件下，1 当量 TSIL 形成 1 当量的 HCOOH。过滤除去催化剂后，将水在 110℃蒸发，在 130℃蒸馏剩余的液体，得到游离的 HCOOH 和 TSIL。在此方法中催化剂和 TSIL 均可回收。

6.3.3.2 超临界二氧化碳中 CO_2 的加氢和甲酰胺的合成

二氧化碳的临界温度和压力分别为 31℃和 73 bar，$scCO_2$ 能溶解多种化合物，尤其是 H_2。在这种反应混合物中，CO_2 和 H_2 的浓度比在常规溶液中的浓度高得多。此外，反应物扩散速率较快，并且反应性不会由于强溶剂化作用而降低。这为在超临界状态下进行 CO_2 加氢提供了绝佳机会。实际上，使用可溶于 $scCO_2$ 的催化剂前驱体$[RuH_2(PMe_3)_4]$，在 H_2O 存在下，于 50℃、85 bar H_2 和 120 bar CO_2 条件下加入三乙胺，可实现快速反应，TOF 为 1400 h^{-1}[18-20, 55-57]。由二烷基胺、CO_2 和 H_2 合成甲酰胺是一个轻微放热的过程，例如，对于式（6.3）中的反应。

$$CO_2(aq) + HNMe_2(aq) + H_2(aq) \longrightarrow HCONMe_2(l) + H_2O(l) \qquad (6.3)$$

热力学参数为 ΔG^o = –0.75 kJ/mol、ΔH^o = –36.3 kJ/mol、ΔS^o = –199 J/(mol·K)。该反应类似于 CO_2 在配合物催化下加氢生成甲酸（甲酸酯），可在烃类、三乙胺、纯净底物（如 $HNMe_2$）等溶剂中进行，特别适合在超临界二氧化碳中进行。在少数情况下，可以检测到甲酰胺进一步加氢生成甲胺。

Jessop 等使用$[RuCl_2(PMe_3)_4]$作为催化剂在 $scCO_2$ 中合成 N, N-二甲基甲酰胺（DMF），可以实现 TON 达到 420 000，且具有极高选择性（图式 6.6）[18-20, 55-57]。显然，已确定反应的第一步是将 CO_2 加氢成甲酸（实际上是在反应的第一阶段中积累），然后与 $HNMe_2$ 进一步反应生成 DMF。Baiker 等发现$[RuCl_2(dppe)_2]$的活性更高，TON 达到 740 000[58]。反应的初始速率也非常高，TOF 为 360 000 h^{-1}。该团队还研究了在反应中使用$[RuCl_2(dppe)_2]$以及通过溶胶-凝胶法异质化或在气凝胶上负载的类似配合物，这种催化剂显示出高催化活性和良好的可回收性[59]。

除 DMF 以外，其他甲酰胺较难获得。一个典型例子是甲酰苯胺的合成，因为在弱碱苯胺的存在下不会生成 HCOOH，该反应未能成功实现。Jessop 等通过使用化学计量的强位阻碱 DBU（1, 8-二氮杂二环[5.4.0]十一碳-7-烯）解决了这个问题，DBU 促进甲酸的形成并自身提供甲酰胺。在此条件下，以$[RuCl_2(PMe_3)_4]$为催化剂，苯胺反应生成甲酰苯胺的分离产率为 72%[43]。原则上，催化剂和 DBU 均可循环使用，但尚未对此进行研究。

Baiker 等使用[RuCl$_2$(dppe)]催化剂，在 100～120℃和总压力 185～225 bar 条件下，高产率地合成了环仲胺（吡咯烷、哌啶、吡嗪等）。在这种条件下，R-(+)-1-苯乙胺被甲酰化而不发生外消旋化（图式 6.6）[60]。

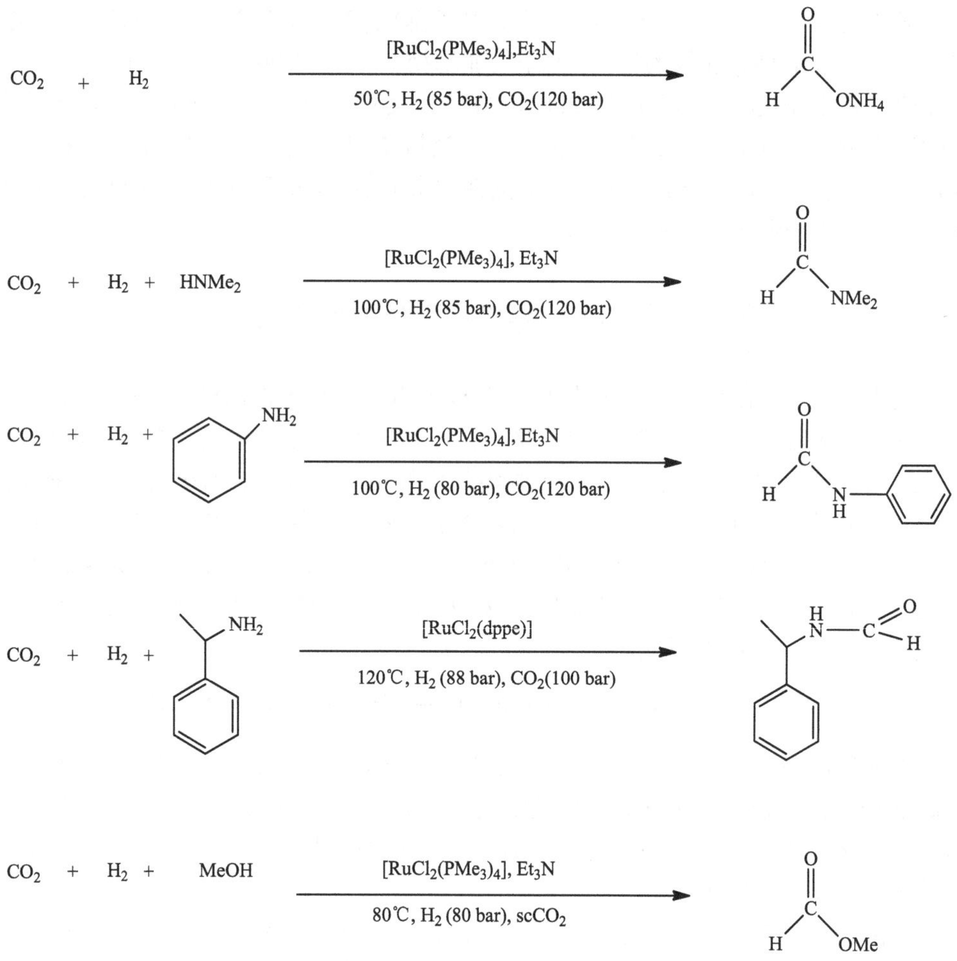

图式 6.6 基于 CO$_2$ 合成甲酸盐、甲酸酯和甲酰胺

6.3.3.3 甲酸酯

在甲醇存在下，CO$_2$ 加氢生成甲酸甲酯。总反应是放热的，如式（6.4）中的反应。

$$CO_2(aq) + H_2(aq) + CH_3OH(l) \longrightarrow HCOOCH_3(l) + H_2O(l) \qquad (6.4)$$

热力学参数如下：$\Delta G^\circ = -5.28$ kJ/mol、$\Delta H^\circ = -15.3$ kJ/mol、$\Delta S^\circ = -33.6$ J/(mol·K)。乙醇和丙醇的反应难一些。一种公认的机理是 CO$_2$ 催化加氢生成 HCOOH，然后进行热酯化反应。甲酸烷基酯的生产通常使用对 HCOOH 形成具有活性的配合物催化剂，如

[RhCl(PPh$_3$)$_3$]和[RuCl$_2$(PPh$_3$)$_3$][38],以及阴离子金属羰基化合物如[WH(CO)$_5$]$^-$[61,62]。在超临界 CO$_2$ 和 Et$_3$N 存在下,[RuCl$_2$(PMe$_3$)$_4$]催化生成甲酸甲酯,TOF = 55 h^{-1},总的 TON = 3500[57]。

烷基甲酸酯也可以在碱性盐(如 NaHCO$_3$)存在下,通过 CO$_2$、H$_2$ 和烷基卤(RX,X = F、Cl、Br、I)的反应生成,以中和反应释放的卤化氢[反应式(6.5)]。

$$CO_2 + H_2 + RX \longrightarrow HCOOR + HX \tag{6.5}$$

对于以阴离子金属羰基化合物(如[WCl(CO)$_5$]$^-$)作催化剂的反应进行了大量的机理研究[61,62]。尽管这些研究对于阐明将 CO$_2$ 转化为甲酸酯的方法非常有帮助,但并不具备实用性。

目前,甲酸甲酯是通过甲醇与 CO 的碱催化羰基化反应制得的,该工艺不太可能很快被甲醇中 CO$_2$ 均相加氢所取代。相反,甲酸甲酯的主要用途之一,即二甲基甲酰胺(DMF)的合成,可能会过时,因为可以在 HNMe$_2$ 存在下通过 CO$_2$ 直接加氢高效地生产 DMF(见上文)。

6.3.3.4 CO$_2$ 加氢和 HCOOH 分解作为氢气储存和运输的方法

氢气的运输和本地生产是构建"氢经济"中面临的重要问题。质子交换膜燃料电池(PEMFCs)可能成为未来最广泛使用的能源生产设备;然而,这些设备的长期运行需要无 CO 的氢气。已经研究和提出了多种储氢材料,其中甲酸被发现具有优异的性能。如本章前面所述,HCOOH 或 HCOOH/NEt$_3$ 混合物可通过 CO$_2$ 加氢生成,最近也有几种催化系统被用来分解它们[63,64]。

Beller 等研究了 5HCOOH/2NEt$_3$ 混合物在多种可溶和固体催化剂作用下的催化分解[65,66]。在室温下已经成功产生氢气,这对于便携式设备的实际应用非常重要。由 RuBr$_3$·xH$_2$O 和 3 当量 PPh$_3$ 原位反应生成的催化剂表现出最佳性能。在 40℃下,5HCOOH/2NEt$_3$ 混合物中的甲酸被催化分解,TOF 为 3630 h^{-1}。在相同条件下,常用的氢化催化剂[RuCl$_2$(PPh$_3$)$_3$]也表现出出色的活性,TOF = 2688 h^{-1}。重要的是,在生成的混合气体中未检测到 CO,这使得生成的氢气适用于燃料电池。事实上,这已在 H$_2$/O$_2$ PEM 燃料电池发电中得到验证。

Laurenczy 等采用了不同的方法,尽管其化学原理与前述类似[67]。他们在 HCOOH/HCOONa(9∶1)组分浓度为 4 mol/L 的水溶液中使用 RuCl$_3$·xH$_2$O,或通过[Ru(H$_2$O)$_6$]$^{2+}$ 与 2 当量的间位三磺化三苯基膦(*mtppts*)反应来制备催化剂。在 25℃下,生成的 Ru(II)催化剂可缓慢催化甲酸分解,在较高温度下反应更快。在 120℃时,TOF 达到 460 h^{-1}。傅里叶变换红外光谱未检测到任何 CO 痕迹。利用专门设计的高压反应器,通过自动控制液态甲酸的进料速度,可以在设定压力下持续保持恒定的产气速率。这使得即便是大规模供氢也可快速完成,且产物几乎不含 CO。

碳酸氢盐在水溶液中的非均相催化加氢是一种已知的工艺[68,69]。结合甲酸盐催化分解生成 H$_2$ 和 HCO$_3^-$ 的反应,该反应也被认为是一种储存和运输氢气的方法[70]。用于碳酸氢盐加氢的最佳催化剂是金属钯,包括负载型(如 Pd/C)或胶体型(通过 β-环糊精稳定)。

后者[71]以非常高的活性催化 HCO_3^- 的光化学辅助还原。双金属 Pd-Au/C 和 Pd-Ag/C 催化剂表现出比 Pd/C 更高的抗中毒稳定性。然而，这类催化剂的活性远低于前述的可溶性 Ru 配合物。

6.3.4 有机碳酸盐和聚碳酸酯的合成

有机碳酸盐广泛应用于溶剂和燃料添加剂等领域[5, 13]。在开链碳酸盐中，碳酸二甲酯（DMC）和碳酸二苯酯（DPC），以及在环状碳酸酯中，碳酸亚乙酯（EC）和丙烯碳酸酯（PC）是工业上最重要的化学品。此外，有机碳酸酯和异氰酸酯作为聚碳酸酯和聚氨酯的原料，是塑料工业中的关键化学物质。目前，有机碳酸酯主要通过醇的氧化羰基化反应（与 CO 反应）获得；异氰酸酯则通过胺与有害的光气反应制得，因此急需找到替代方法。目前，一些环状碳酸酯是由 CO_2 工业生产的[72]。如果进一步开发这一工艺，碳酸酯在无须光气的异氰酸酯生产中可发挥关键作用。DMC 和 DPC 在此类反应中有望替代光气。此外，DMC 还可以替代其他有毒试剂，例如硫酸二甲酯或氯甲酸甲酯。

通过 CO_2 合成无环碳酸酯最简单的方法是其与醇类的脱水缩合（图式 6.7）。该反应由多种可溶性和固态催化剂催化，有机金属锡衍生物[如 $Bu_2Sn(OMe)_2$]在其中起着重要作用。典型的反应条件包括 140～180℃的温度和最高 300 bar 的 CO_2 压力。一个实际问题是水的积累会对化学平衡产生不利影响。此外，水还会引起催化剂中毒，因此必须将其从反应混合物中除去。用作内部除水剂的原酸酯（如原乙酸三甲酯）和缩醛（如二甲基乙缩醛）可以代替醇作为起始原料。廉价的分子筛不能用于高温反应脱水剂，但在室温下，将其置于合成循环的隔离装置中，分离脱水效果很好[73]。

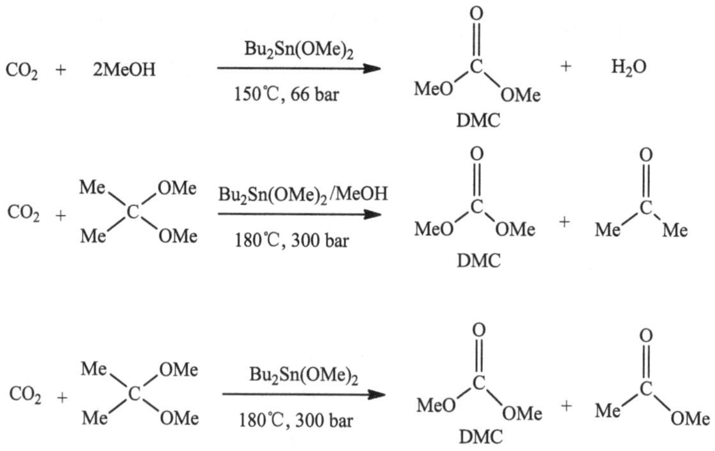

图式 6.7 基于 CO_2 合成碳酸二甲酯

CO_2 和环氧化物（如环氧丙烷）反应可轻松获得环状碳酸酯（图式 6.8）[13, 21]。该反应由包括金属盐和鎓衍生物在内的多种催化剂催化。典型的催化剂是卤化盐，如 Et_4NBr 和 KI，也可使用 Sn、Ni、Zn、Cu 等金属盐。此外，基于咪唑鎓和吡啶鎓的离子液体也是这种转化的良好催化剂。因为一般而言，季铵盐和季膦盐均可催化环氧化物和 CO_2 反应[74]。一些特定功能的离子液体可促进二氧化碳的吸收，并与环氧化物同步反应生成环状碳酸酯，收率良好[75, 76]。环氧化物的反应活性顺序为环氧丙烷＞氧化苯乙烯＞环氧乙烷＞氯甲基环氧乙烷（环氧氯丙烷）。在许多合成过程中，目标碳酸酯本身可用作溶剂。通过增加 CO_2 压力可以提高碳酸酯的产率，$scCO_2$ 有利于此类合成。与环氧乙烷不同，产物碳酸酯不溶于 $scCO_2$，这便于从不同相中分离产物。然而，$scCO_2$ 中的反应需要可溶于该相的催化剂。采用多氟烷基碘化膦为催化剂，例如[$(C_6F_{13}C_2H_4)_3MeP]I$，以高收率（93%）和高选择性（99%）合成碳酸丙烯酯。产物因不溶于 $scCO_2$ 而可被连续移出反应器，而催化剂则维持在超临界流体中，通过持续供给丙烯与 CO_2 保持体系反应进行[77]。此外，碘化钾与 β-环糊精在 120℃ 和 60 bar CO_2 压力下显示出优异的催化性能[78]。

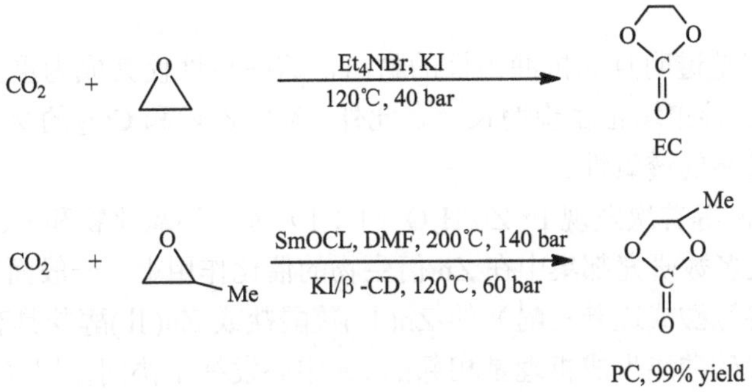

图式 6.8　基于 CO_2 合成碳酸亚乙酯和碳酸亚丙酯

链状和环状碳酸酯都易与醇发生酯交换反应，这是一个有趣的特性，这使链状碳酸酯的商业化成为可能（图式 6.9）。该方法在工业上用于由 DMC 合成碳酸二苯酯[172]。副

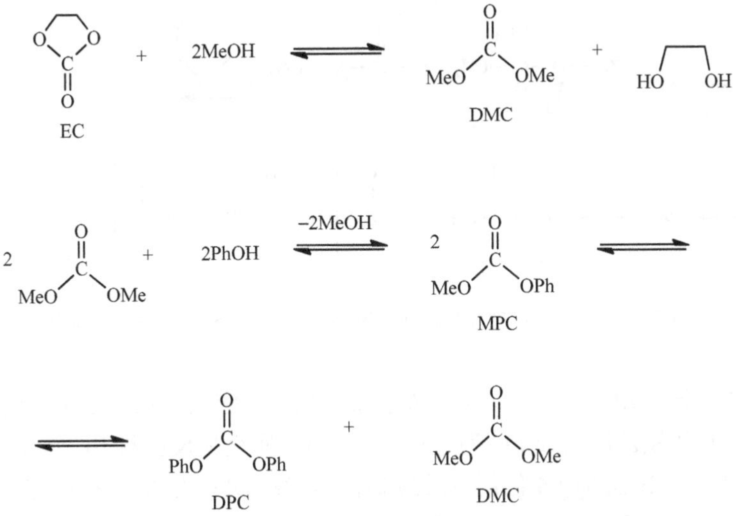

图式 6.9　通过酯交换合成碳酸二甲酯和碳酸二苯酯

产物甲醇可经循环再用于 DMC 的合成。然而，一旦找到一种高效的由 CO_2 直接生成有机碳酸酯的工艺，就可以通过酯交换反应生产其他任何碳酸酯。

环状碳酸酯也可以通过二醇和尿素的反应获得（图式 6.10）[79]。反应中产生的氨可以通过 Bosch-Meiser 工艺进行回收。

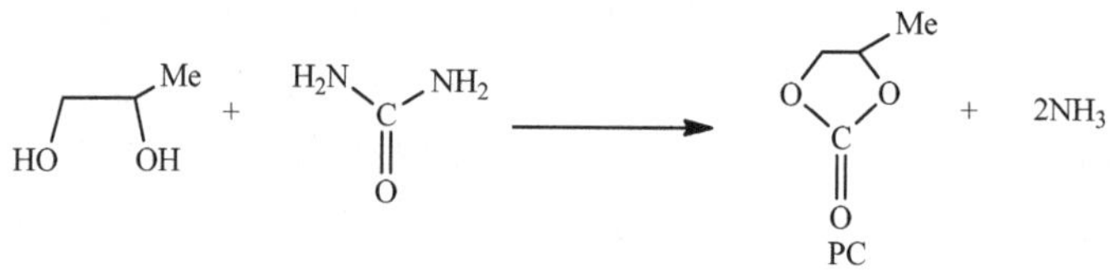

图式 6.10　使用脲作为掩蔽的 CO_2 合成碳酸亚丙酯

芳香聚碳酸酯是透明且高抗冲击性的材料，这些特性使其成为重要的工程塑料，年产量约为 200 万 t；该市场正稳步增长[22]。此外，环氧乙烷和 CO_2 的交叉共聚物是可生物降解的，且具有较高的透氧性。

1969 年，Intue 等首次发现 Et_2Zn/H_2O（1∶1）催化环氧化物和 CO_2 聚合形成聚碳酸酯[80, 81]。此后，大多数研究都集中在 Zn 衍生物的催化作用上。一般而言，含有双官能团或三官能团（如谷氨酸或连苯三酚）的 Zn(Ⅱ)羧酸盐或 Zn(Ⅱ)醇盐具有最高活性[17]。因此，普遍接受的聚碳酸酯生成机理是相邻的 Zn 中心发挥了协同作用（图式 6.11）。

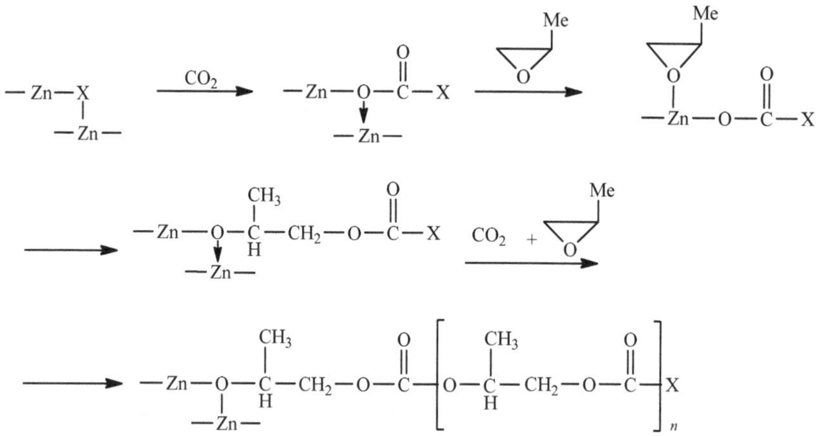

图式 6.11　二氧化碳和碳酸亚丙酯在锌基催化剂上的非均相催化

由碳酸二苯酯（DPC）和双酚 A 合成的聚碳酸酯（图式 6.12）已实现商业化生产[21]。该技术以 CO_2 和环氧乙烷生成 EC 为起点，然后通过酯交换反应将 EC 转化为 DMC。DPC 由 DMC 与苯酚在[$Pb(OPh)_2$]催化剂下反应制得。最终，DPC 与双酚 A 反应得到聚碳酸酯，副产物为乙二醇。该反应不使用光气或其他卤原料与溶剂。

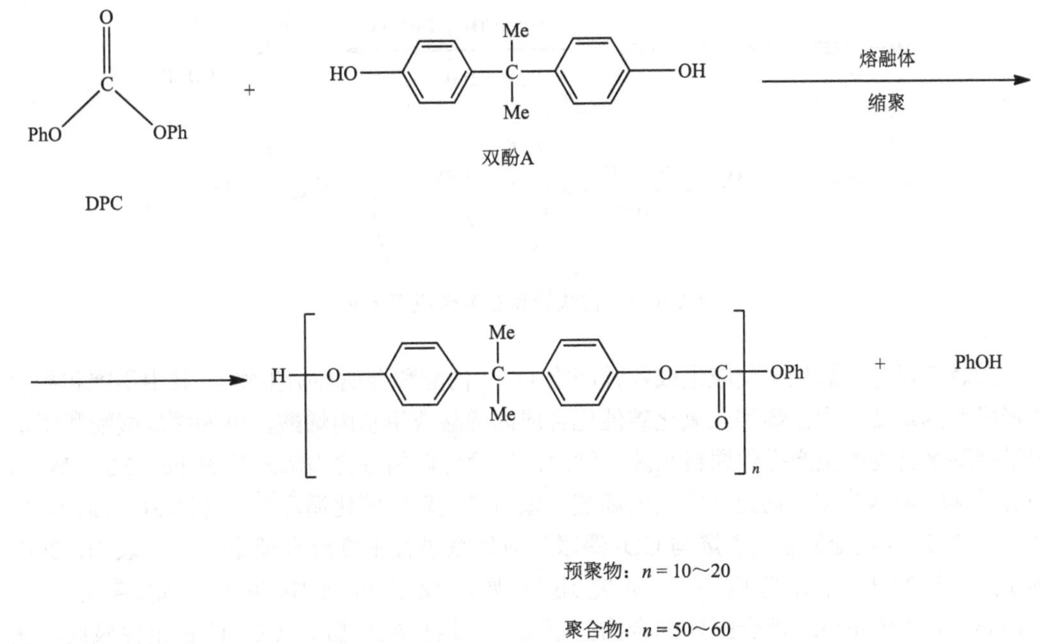

图式 6.12　由碳酸二苯酯和双酚 A 生成聚碳酸酯

6.4　二氧化碳作为 C1 原料的新兴应用

6.4.1　烃类的直接羧基化反应

通过 Kolbe-Schmitt 方法合成水杨酸（6.3.1 节）是芳香族化合物直接羧化的一个例子[34]。但同时也展示了此类反应的局限性。形式上将 CO_2 插入 C—H 键，通常仅适用于含有活泼氢原子的化合物（如酚盐），更重要的是，反应生成的羧酸类产物必须通过形成盐的方式来稳定存在。从这些羧酸盐中释放游离酸需要加入无机酸，并会产生 1 当量无机盐（废物）（图式 6.1）。

在中等温度（20～80℃）下，使用 CO_2-Al_2Cl_6/Al 体系对芳香族化合物进行羧化，可以高产率地获得芳香族羧酸[82]。在化学计量反应中，生成了羧酸的二氯铝酸盐。实验结果和 DFT 计算表明，最可能的反应路径是通过超强亲电试剂 $AlCl_3$ 对 CO_2 的活化，然后在典型的亲电取代试剂中与芳烃发生作用。

乙酸是一种重要的化学商品，甲烷与 CO_2 的直接羧化具有显著的工业价值。该反应已经在[Pd(OAc)$_2$]/[Cu(OAc)$_2$]/O_2/CF_3COOH 体系中被观察到，但收率很低[83]。

炔烃容易与二氧化碳发生羧化反应，通常产物是内酯或吡喃酮；然而，在某些情况下也可以得到羧酸。例如，使用[Ni(CDT)]（CDT = 1,5,9-环十二三烯）作为催化剂，在 N, N, N', N'-四甲基-1,2-二胺（TMEDA）碱的存在下，2-丁炔与 CO_2 反应生成 3-甲基丁-2-烯酸[21]。类似地，在 DBU 碱存在下，[Ni(COD)]以高度的区域选择性和化学选择性催化末端炔烃的反应，生成 E-丙烯酸，产率超过 85%（图式 6.13）[84]。

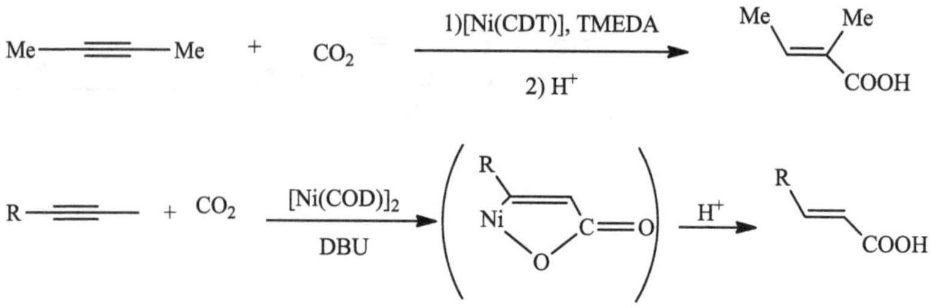

$$\text{Me}-\equiv-\text{Me} + \text{CO}_2 \xrightarrow[\text{2) H}^+]{\text{1)[Ni(CDT)], TMEDA}} \begin{array}{c}\text{Me}\text{Me}\\ \diagup=\diagdown\\ \text{COOH}\end{array}$$

$$\text{R}-\equiv- + \text{CO}_2 \xrightarrow[\text{DBU}]{\text{[Ni(COD)]}_2} \left(\begin{array}{c}\text{R}\\ \text{Ni}\diagdown_{\text{O}}\diagup\text{C}=\text{O}\end{array}\right) \xrightarrow{\text{H}^+} \begin{array}{c}\text{R}\\ \diagup=\diagdown\\ \text{COOH}\end{array}$$

图式 6.13　由炔烃和 CO_2 合成丁烯酸

烯烃可以与二氧化碳反应生成各种产物（酯、内酯和金属环衍生物），其中不饱和羧酸的形成尤为重要。由乙烯和二氧化碳催化合成丙烯酸或甲基丙烯酸，可为丙烯酸酯和甲基丙烯酸酯聚合物的生产提供原料来源。然而，尽管可以制备含丙烯酸盐的 Fe、Mo、W 和 Ni 配合物，但这些配合物无法释放丙烯酸并重新进入新的催化循环[85]。对[Ni(bipy)(CDT)]（bipy = 2, 2′-联吡啶）催化乙烯与 CO_2 偶联反应体系进行密度泛函理论[33]计算表明，其产物是稳定的五元镍基内酯。研究还发现，反应过程中并不一定需要形成[Ni(bipy)(CO_2)(ethene)]混合配体配合物；事实上，这种配合物对 CO_2 的稳定性极低，在反应体系中几乎不可能存在。最近，Aresta 等[86]证明，乙烯与预先形成的阳离子配合物[(L-L)Pd(COOMe)(OSO_2CF_3)] [L-L = 联吡啶基；2-[2(二苯基膦基)乙基]吡啶（或 dppe）]反应，可以获得较高产率的丙烯酸甲酯和丙烯酸乙酯（图式 6.14）。以 dppe 为配体、DMF 为溶剂，可获得最高的产率。在 CO_2/乙烯压力下，反应呈现出明显的催化性质，且提高了丙烯酸乙酯的产率，尽管催化 TON 较低。丙烯的反应与乙烯相似，但只生成甲基丙烯酸甲酯，且产率低于乙烯。进一步的 DFT 计算揭示，该反应过程经历了一个环状金属内酯中间体，并且溶剂 DMF 参与其中。计算还显示，羧基的酯化过程有助于促进丙烯酸酯

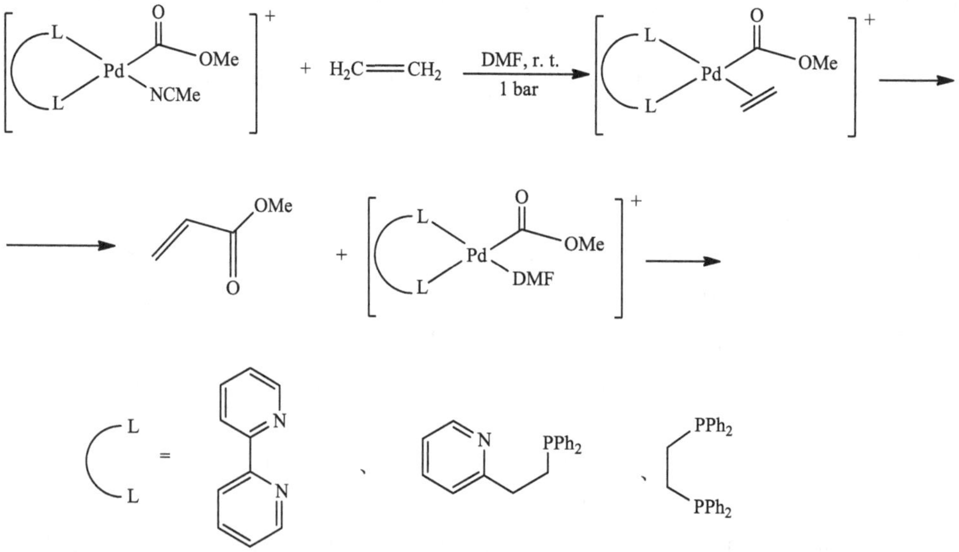

图式 6.14　由乙烯和预制钯金属羧酸盐制备丙烯酸甲酯；丙烯酸酯催化合成的典型反应

6.4.2 氨基甲酸酯的合成

氨基甲酸酯（聚氨酯）及其衍生物是农用化学品（如除草剂、杀真菌剂和杀虫剂）以及药物的重要前驱体。同时，它们还可以转化为异氰酸酯，异氰酸酯是聚氨酯的主要结构单元，广泛用于建筑、运输和其他领域。目前，制造异氰酸酯的主要技术是胺的光气化。由于全球对聚氨酯原料的消费量超过 1200 万 t（2007 年）[87]，因此从二氧化碳生产聚氨酯的需求非常大。

氨基甲酸酯是通过胺、二氧化碳、碱和烷基化剂（如有机卤化物、醇、有机碳酸酯、环氧化物、炔烃等）的反应合成的（图式 6.15）。无卤氨基甲酸酯的生产途径是非常理想的。反应可以在超临界 CO_2 中顺利进行。这让人联想到制备链状碳酸酯的反应：在缩醛、$Me_2C(OMe)_2$ 作为脱水剂和 Bu_2SnO 作为催化剂的条件下，二氧化碳与 t-丁胺和乙醇反应[88]。在高温和 CO_2 高压下，反应得到相应的氨基甲酸酯 t-BuNH-COOEt，收率为 84%。氨基甲酸酯还可以在温和条件（CO_2 压力为 25 bar）和碱性催化剂（如 Cs_2CO_3）存在下，由各种胺、醇和 CO_2 以高达 56% 的胺转化率和 79% 的氨基甲酸酯选择性制得[89]。

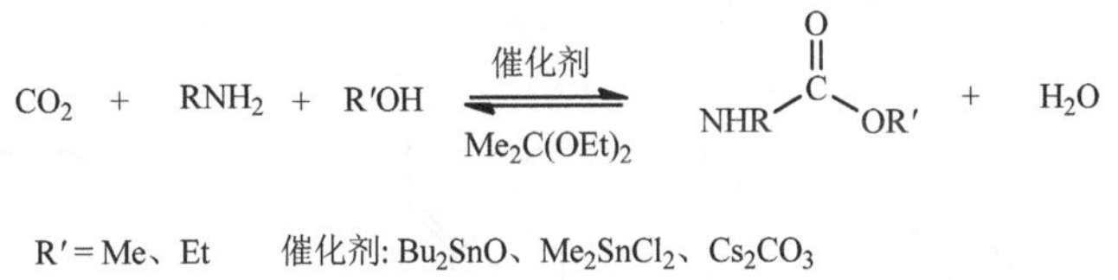

$$CO_2 + RNH_2 + R'OH \underset{Me_2C(OEt)_2}{\overset{催化剂}{\rightleftharpoons}} NHR\overset{O}{\underset{}{C}}OR' + H_2O$$

R′ = Me、Et   催化剂：Bu_2SnO、Me_2SnCl_2、Cs_2CO_3

图式 6.15　由二氧化碳、胺和醇直接合成氨基甲酸酯

氨基甲酸酯生产中的一个重要副反应是胺的 N-烷基化，导致活性的伯胺或仲胺的损失。在冠醚存在下，将预先制备的氨基甲酸铵反应导向 O-烷基化，从而成功转化为氨基甲酸酯[90]。

如上所述，有机碳酸酯也可以作为生产氨基甲酸酯的烷基化试剂。由于此类碳酸酯（例如，碳酸二甲酯）可以通过 CO_2 生产（见上文），因此可以设想构建一系列利用二氧化碳的工艺路线，用于合成聚氨酯及聚氨酯类高分子材料。

6.4.3 内酯和吡喃酮的合成

二烯、联烯和炔与二氧化碳反应生成环状内酯，催化剂包括各种镍和钯配合物[4]。对于某些二炔，与 CO_2 交叉共聚会生成聚合物（2-吡喃酮）（图式 6.16）。

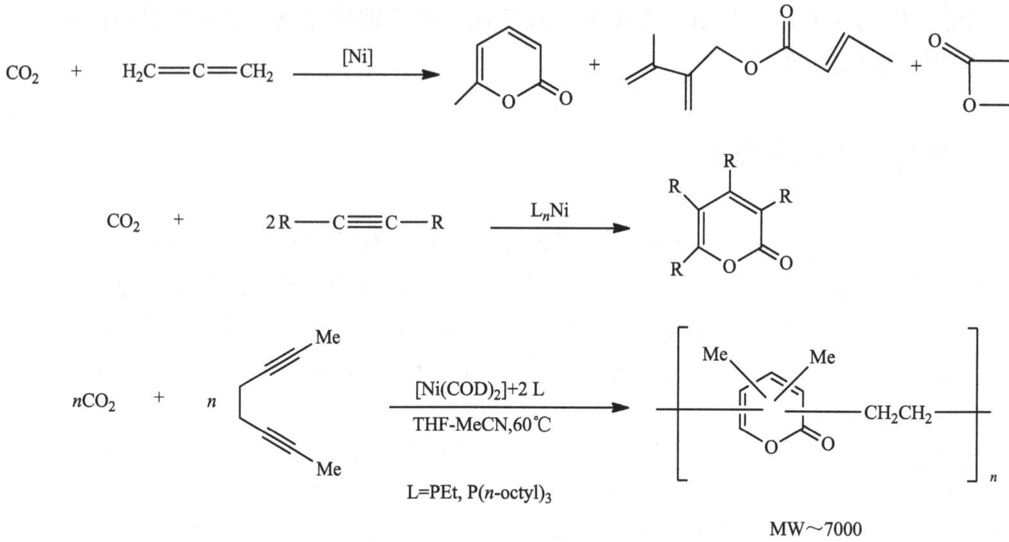

图式 6.16 二氧化碳与丙二烯和炔烃反应生成吡喃酮和聚吡喃酮

在这些反应中，最重要的可能是 1,3-丁二烯与 CO_2 的调聚反应[91]。该反应在温和条件下（80℃，40 bar 总压力）进行，使用[Pd(acac)$_2$]（acac = 乙酰丙酮酸）和叔膦（如 PPh$_3$，P^{i}Pr$_3$ 或 PCy$_3$）的混合物作为催化剂。该反应可以产生多种产物；但在最佳条件下，主要产物是 δ-内酯（2-亚乙基-6-庚烯-5-内酰胺）（图式 6.17）。

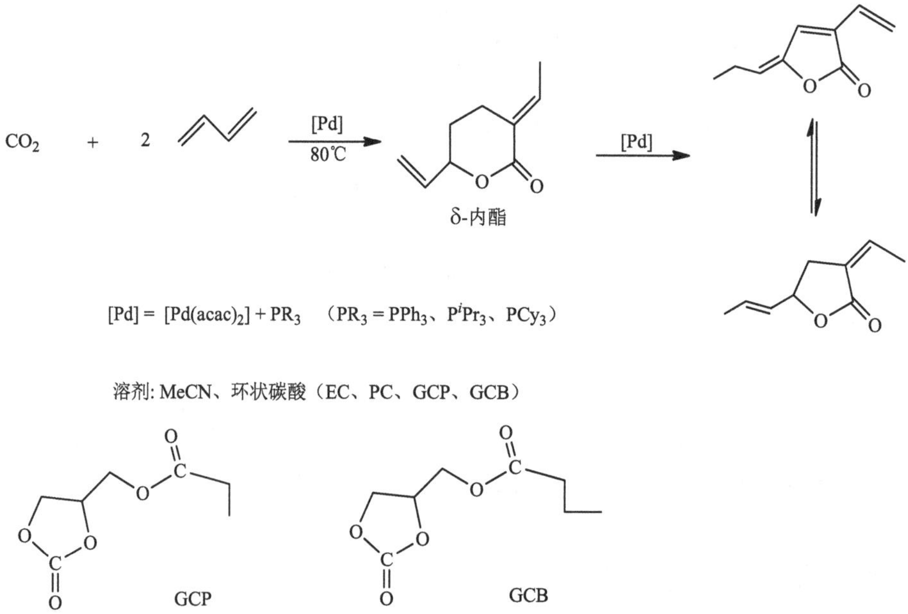

[Pd] = [Pd(acac)$_2$] + PR$_3$ （PR$_3$ = PPh$_3$、P^{i}Pr$_3$、PCy$_3$）

溶剂: MeCN、环状碳酸（EC、PC、GCP、GCB）

图式 6.17 二氧化碳和丁二烯的调聚反应

产率和选择性在很大程度上取决于所用的溶剂，可以使用腈或有机碳酸酯（它们本身可由二氧化碳制备）来获得高产率的 δ-内酯[92]。这些结果的重要性在于，δ-内酯可以通过各种方法（如氢化、加氢甲酰化、加氢氨化、氢氨甲基化等）转化为多种有用的产品[4]。详细研究表明，2-乙基庚醇可以容易地从 δ-内酯（来源于 CO_2 和 1,3-丁二烯）制备（图式 6.18），并可以进一步转化为邻苯二甲酸二(2-乙基庚基)酯，这可能成为有毒增塑剂邻苯二甲酸二(2-乙基己基)酯的替代品[93, 94]。

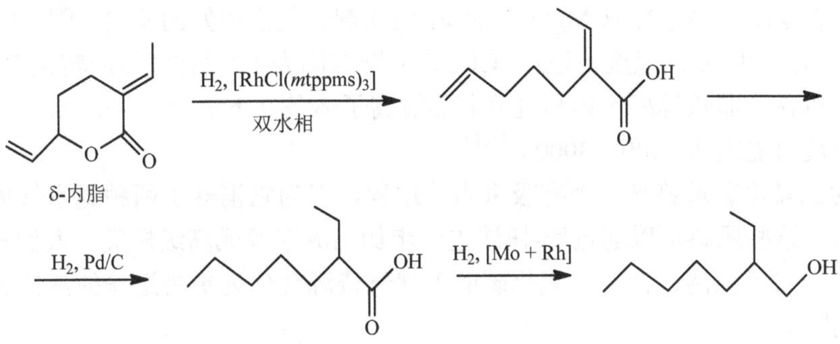

图式 6.18　由 CO_2 和丁二烯的调聚反应化中获得的 δ-内酯合成 2-乙基庚醇

在中试装置下，对 1,3-丁二烯与二氧化碳的调聚反应已进行了深入研究[91, 92]。尽管从化学转化的角度来看，乙腈和链状碳酸酯（EC，PC）是合适的溶剂，由于它们的沸点低，在后续的分离过程中，通过蒸馏从高沸点的 δ-内酯中除去。因此，催化剂必须与部分产物一起在溶液中循环，这对工艺的单位体积产率和副产物的控制都不利。因此，引入更高沸点的溶剂，如丙酸碳酸甘油酯（GCP）和丁酸碳酸甘油酯（GCB）（126~128℃和133~135℃在 0.01 mbar），它们比 δ-内酯（76℃，0.13 mbar）具有更高的沸点，因此可以通过蒸馏分离，催化剂可以溶解在有机碳酸酯中循环。在这种条件下，4 h 内丁二烯转化率达 34%，δ-内酯产率为 22%。通过连续回收未反应的原料，可以进一步提高总收率。

6.4.4　甲烷重整为合成气及甲醇生产

CH_4 与 CO_2 的反应（甲烷的干重整）产生接近 1:1 比例的 CO 和 H_2[式（6.6）]。从 CO_2 和 CH_4 中获得 CO 和 H_2 的其他两种方法是甲烷的部分氧化和蒸汽重整（湿重整）[式（6.7）和式（6.8）]。这三个过程的组合称为三重重整，它可以生产具有更高 H_2/CO 比的合成气，并且甲烷的氧化放热反应部分补偿了湿法和干法重整的高能耗。在干法重整过程中，主反应通常伴随以下副反应：逆水煤气变换反应[式（6.9）]、形成焦炭的 Bouduard 反应[CO 歧化，式（6.10）]和甲烷分解反应[式（6.11）][6, 95, 96]。

$$CH_4 + CO_2 \rightleftharpoons 2CO + 2H_2, \quad \Delta H^{\circ}_{298} = 247 \text{ kJ/mol} \tag{6.6}$$

$$CH_4 + \frac{1}{2}O_2 \rightleftharpoons CO + 2H_2, \quad \Delta H^{\circ}_{298} = -36 \text{ kJ/mol} \tag{6.7}$$

$$CH_4 + H_2O \rightleftharpoons CO + 3H_2, \quad \Delta H^{\circ}_{298} = 206 \text{ kJ/mol} \tag{6.8}$$

$$CO_2 + H_2 \rightleftharpoons CO + H_2O, \quad \Delta H_{298}^\circ = 41 \text{ kJ/mol} \qquad (6.9)$$

$$2CO \rightleftharpoons C + CO_2, \quad \Delta H_{298}^\circ = -172 \text{ kJ/mol} \qquad (6.10)$$

$$CH_4 \rightleftharpoons C + 2H_2, \quad \Delta H_{298}^\circ = 75 \text{ kJ/mol} \qquad (6.11)$$

氧化物载体上的镍基非均相催化剂可用于甲烷的二氧化碳重整。然而，由于碳沉积和载体表面金属颗粒的烧结，催化剂会迅速失活；但研究发现 Ni-La$_2$O$_3$ 可以防止积碳。通常，负载在 ZrO$_2$、Al$_2$O$_3$ 或 MgO 上的 Pt 催化剂表现出更好的稳定性[96,97]。一般情况下，反应在 600~800℃ 的温度下进行，CH$_4$/CO$_2$ 摩尔比为 1，两种气体的转化率约为 90%。该过程也可以在冷非热等离子体和过渡非热等离子体条件下进行[98,99]；在后一种情况下，等离子体温度可能高达 2000~3000℃[100]。

甲烷的二氧化碳重整是一个有吸引力的过程，因为它消耗了两种温室气体并产生了重要的原料，这些原料可以通过费-托法进一步加工成甲醇或高级烃类。人们普遍认为，该方法有望在将远距离、富含二氧化碳的天然气资源转化为更易运输的液体燃料方面发挥重要作用[95]。

甲醇在化学和能源（燃料）领域有许多重要用途，甚至有人建议将其作为未来"甲醇经济"的核心化学品[101]。甲醇可以通过一氧化碳和二氧化碳的加氢来获得。有趣的是，将一定比例的 CO$_2$ 加入 CO/H$_2$ 原料中可以显著提高甲醇的收率和放热效果。实际上，在碱性氧化物载体上涂覆 Cu-ZnO 的过程中，多达 30% 的 CO$_2$ 被混入进料中。反应在 250~300℃ 和 50~100 bar 的总压力下进行[6]。对于 CO$_2$ 直接加氢生成甲醇的反应，可以使用改性 Pd 或 ZrO$_2$ 掺杂的 Cu-ZnO 催化剂，在 250℃ 和 50 bar 条件下，可实现高选择性生成甲醇[102]。此外，负载 Cu-ZnO 的二氧化硅催化剂也表现出良好的连续反应稳定性，并已在中试装置中进行过测试。然而，基于 CO$_2$ 直接加氢的大规模生产甲醇尚未启动。

在均相条件下很少观察到甲醇的生成。有一种均相体系使用 N-甲基吡咯烷酮作为溶剂，催化剂为 [Ru$_3$(CO)$_{12}$]，KI 作为促进剂[103]。然而，该体系的反应速率和收率非常低（在 200℃ 和 80 bar H$_2$ 条件下，5 h 的甲醇 TON = 11.5，H$_2$/CO$_2$ = 3）。

6.4.5 二氧化碳的电化学和光化学还原

CO$_2$ 的还原可以通过还原剂（如 H$_2$）以单电子或多电子方式进行，也可以通过电化学电子转移实现。H$_2$ 还可以通过电化学或光化学水分解来生产。为了有效地电化学还原溶解的 CO$_2$，需要使用电子转移催化剂（电子中转体或调控体），通常是过渡金属配合物；而光化学系统还需要光敏剂。这两种方法也可以结合起来，形成光电化学体系。

在多电子转移过程中，CO$_2$ 的还原也可以生成 C1 化合物，如甲酸、一氧化碳、甲醛、甲醇或甲烷；也就是说，基本的电化学过程可以提供有价值的 C1 化合物。这些反应可以在较合理的还原电位范围内进行，即 -0.61~-0.24 V（NHE）[式（6.12）~式（6.16）；还原电势 E° 是在 pH = 7 的水溶液中测得的]，相比之下，生成阴离子自由基 CO$_2^-$ 的电位高达 -2.1 V[104]，因此在常规电化学条件下较难实现。若在有 H$^+$ 存在的条件下还原 CO$_2$，

则可生成 •CH_2 自由基，该自由基既可进一步还原为甲烷（CH_4），也可能通过偶联生成更高碳数的烃类（如乙烯或乙烷）[24, 105]。早在 1988 年，就有报道在铜电极上电解水溶液中的 CO_2，可以高效生成乙烯，并伴随生成醇类产物[106]。

$$CO_2 + 2H^+ + 2e^- \rightleftharpoons HCO_2H, \quad E^\circ = -0.61 \text{ V} \quad (6.12)$$

$$CO_2 + 2H^+ + 2e^- \rightleftharpoons CO + H_2O, \quad E^\circ = -0.52 \text{ V} \quad (6.13)$$

$$CO_2 + 4H^+ + 4e^- \rightleftharpoons HCHO + H_2O, \quad E^\circ = -0.48 \text{ V} \quad (6.14)$$

$$CO_2 + 6H^+ + 6e^- \rightleftharpoons CH_3OH + H_2O, \quad E^\circ = -0.38 \text{ V} \quad (6.15)$$

$$CO_2 + 8H^+ + 8e^- \rightleftharpoons CH_4 + 2H_2O, \quad E^\circ = -0.24 \text{ V} \quad (6.16)$$

对于电化学还原，广泛使用的电子转移催化剂包括 Ni^{2+} 和 Co^{2+} 的大环化合物[如四氮杂大环配合物（环酰胺、卟啉）]配合物，在许多情况下，反应是在 Cu 或 Ni 阴极上进行的[107]。在质子体系（水、甲醇）中，一个重要的竞争过程是 H^+ 还原为 H_2，这通常导致 CO_2 还原的选择性降低。因此，此类体系中的选择性（和产物分布）取决于 pH。在质子体系中，含氧的 C_n 分子（乙醇、丙醇、丙酮、草酸酯、丙酮酸、乙醛酸酯、乙醇酸酯、乙酰乙酸酯等）是主要产物，但在含有如 MeCN、DMF、DMSO 等非质子溶剂的体系中，产物不一定是这些。值得注意的是，在非电化学的均相催化体系中，CO_2 氢化得到比甲酸更进一步还原的产物非常罕见（即便偶有报道，体系的均相性并未经过验证）。

电化学也可用于促进 CO_2 与烯烃和环氧化物的反应，分别生成羧酸和环状碳酸酯[108-110]；本章前面部分已经讨论了相关反应。电化学方法的目的是在温和条件下实现更高的反应速率和更好的选择性。

上述 Ni^{2+} 和 Co^{2+} 配合物也可以在光化学体系中作为光还原催化剂（图式 6.19）。此外，已有多种光催化剂用于 CO_2 的光还原[$Ru(bipy)_2(CO)_2$]$^{+[23]}$、Ru 胶体[111]以及 Pd 与膦形成的树枝状配合物[112]。截至 2010 年，最广泛使用的可溶性光敏剂是[$Ru(bipy)_3$]$^{2+}$，此外还有[$ReCl(bipy)(CO)_3$]和[$ReBr(bipy)(CO)_3$]。这两种铼配合物也用作电子转移催化剂，因此可在无须外加还原剂的条件下实现 CO_2 的光还原[113, 114]。非均相光敏剂（如 TiO_2）也被广泛研究。

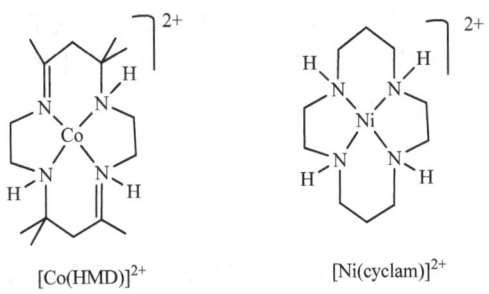

图式 6.19 用于催化电化学和光化学还原二氧化碳的四氮杂大环配合物

电化学和光化学还原 CO_2 的最大问题之一是电子的来源。如果不是基于核能或可再生能源，发电产生的 CO_2 排放量可能比电化学系统中减少的 CO_2 排放量还要多；光化学体系也多依赖牺牲性电子给体（如 Et_3N、三乙醇胺、抗坏血酸等），这些物质往往比 CO_2 还原产物本身更昂贵。然而，仍有一些例子表明，仅在紫外线照射下，CO_2 和 H_2O 可以在 TiO_2 表面反应生成 CH_4 和 CO（同时有微量的乙烯和乙烷）（图式 6.20）[115]。由于 TiO_2 廉价、无毒且易得，上述研究具有一定实际意义，但当前体系的光催化效率仍较低，有待进一步改进。

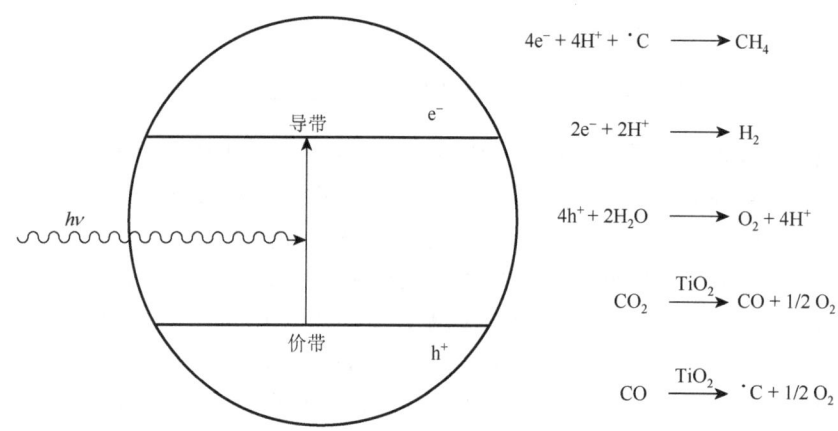

图式 6.20　在光照下 TiO_2 表面发生电荷分离和 CO_2 还原反应

6.5　结　论

化学利用二氧化碳需要对其进行活化。如前文所述，目前已经开发出多种方法可将 CO_2 高效、经济地转化为有用产物。从长远看，以二氧化碳为主要原料的化学工业有望提供新的溶剂、燃料、工程塑料和其他塑料等[116]。要实现这种转变，应减少向大气中排放二氧化碳（或其他温室气体），并使用无毒化学物质。然而，这样巨大的转变需要经历的许多工艺环节仍处于研发或起步阶段。此外，由于 CO_2 是碳的最高氧化态，反应需要输入净能量。如果这种能量来自化石能源，可能会促进某些领域的发展（例如，替代合成中的光气），但也会进一步增加大气中的二氧化碳浓度。能否赢得与全球变暖的竞赛，关键在于摆脱对化石能源的依赖，最终转向太阳能等可再生能源。为实现这一目标，必须对 CO_2 的利用（以及相关过程）展开广泛深入的研究。

致谢

匈牙利国家研究和技术办公室、国家研究基金（NKTH-OTKA K 68482）为我们本章的二氧化碳活化研究提供了支持。

参 考 文 献

1. Kamekawa, H.; Senboku, H.; Tokuda, M. *Electrochim. A* **1997**, *42*, 2117–2123.
2. Aresta, M., Ed. *Carbon Dioxide Recovery and Utilization*; Kluwer: Dordrecht, 2003.
3. Behr, A., Ed. *Carbon Dioxide Activation by Metal Complexes*; VCH: Weinheim, 1988.
4. Behr, A. *Angewandte homogene Katalyse*; Wiley-VCH: Weinheim, 2008.
5. Arakawa, H.; Aresta, M.; Armor, J. N.; Barteu, M. A.; Beckman, E. J.; Bell, A. T.; Bercaw, J. E.; Creutz, C.; Dinjus, E.; Dixon, D. A.; Domen, K.; DuBois, D. L.; Eckert, J.; Fujita, E.; Gibson, D. H.; Goddard, W. A.; Goodman, D. W.; Keller, J.; Kubas, G. J.; Kung, H. H.; Lyons, J. E.; Manzer, L. E.; Marks, T. J.; Morokuma, K.; Nicholas, K. M.; Periana, R.; Que, L.; Rostrup-Nielson, J.; Sachtler, W. M. H.; Schmidt, L. D.; Sen, A.; Somorjai, G. A.; Stair, P. C.; Stults, B. R.; Tumas, W. *Chem. Rev.* **2001**, *101*, 953–996.
6. Aresta, M. In *Activation of Small Molecules*; Tolman, W. B., Ed., Wiley-VCH: Weinheim, **2006**; pp 1–41.
7. Aresta, M.; Dibenedetto, A. *Catal. Today* **2004**, *98*, 455–462.
8. Behr, A. *Angew. Chem.* **1988**, *100*, 681–698.
9. Aresta, M.; Quaranta, E.; Tommasi, I.; Giannoccaro, P. *Gaz. Chim. Ital.* **1995**, *125*, 509–537.
10. Gibson, D. H. *Chem. Rev.* **1996**, *96*, 2063–2095.
11. Gibson, D. H. *Coord. Chem. Rev.* **1999**, *185-186*, 335–355.
12. Yin, X.; Moss, J. R. *Coord. Chem. Rev.* **1999**, *181*, 27–59.
13. Sakakura, T.; Choi, J.-C.; Yasuda, H. *Chem. Rev.* **2007**, *107*, 2365–2387.
14. Walther, D.; Ruben, M.; Rau, S. *Coord. Chem. Rev.* **1999**, *182*, 67–100.
15. Leitner, W. *Coord. Chem. Rev.* **1996**, *153*, 257–284.
16. Palmer, D. A.; van Eldik, R. *Chem. Rev.* **1983**, *83*, 651–731.
17. Darensbourg, D. J.; Holtcamp, M. W. *Coord. Chem. Rev.* **1996**, *153*, 155–174.
18. Jessop, P. G.; Ikariya, T.; Noyori, R. *Chem. Rev.* **1995**, *95*, 259–272.
19. Jessop, P. G.; Joó, F.; Tai, C.-C. *Coord. Chem. Rev.* **2004**, *248*, 2425–2442.
20. Jessop, P. G. In *The Handbook of Homogeneous Hydrogenation*; de Vries, J. G.; Elsevier, C. J., Eds.; Wiley-VCH: Weinheim, **2007**; pp 489–511.
21. Omae, I. *Catal. Today* **2006**, *115*, 33–52.
22. Darensbourg, D. J. *Chem. Rev.* **2007**, *107*, 2388–2410.
23. Fujita, E. *Coord. Chem. Rev.* **1999**, *185-186*, 373–384.
24. Tanaka, K. *Bull. Chem. Soc. Jpn.* **1998**, *71*, 17–29.
25. Walsh diagram of CO_2 based on DFT calculations. Courtesy of Dr. I. Pápai, Chemical Research Center, Hungarian Academy of Sciences, Budapest, Hungary, 2008.
26. Based on a survey of the Cambridge Structural Database. Courtesy of Dr. A. Bényei,

27. Aresta, M.; Nobile, C. F.; Albano, V. G.; Forni, E.; Manassero, M. *J. Chem. Soc., Chem. Commun.* **1975**, 636–637.
28. Herskovitz, T. *J. Am. Chem. Soc.* **1977**, *99*, 2391–2392.
29. Calabrese, J. C.; Herskovitz, T.; Kinney, J. B. *J. Am. Chem. Soc.* **1983**, *105*, 5914–5915.
30. Castro-Rodriguez, I.; Nakai, H.; Zakharov, L. N.; Rheingold, A. L.; Meyer, K. *Science* **2004**, *305*, 1757–1759.
31. Gibson, D. H.; Ye, M.; Richardson, J. F. *J. Am. Chem. Soc.* **1992**, *114*, 9716–9717.
32. Fachinetti, G.; Floriani, C.; Zanazzi, P. F. *J. Am. Chem. Soc.* **1978**, *100*, 7405–7407.
33. Pápai, I.; Schubert, G.; Mayer, I.; Besenyei, G.; Aresta, M. *Organometallics* **2004**, *23*, 5252–5259.
34. Lindsey, A. S.; Jeskey, H. *Chem. Rev.* **1957**, *57*, 583–620.
35. http://www.the-innovation-group.com/ChemProfiles/Urea.htm.
36. http://.Cheresources.com/ureamodeling.pdf.
37. Joó, F. *Aqueous Organometallic Catalysis*; Kluwer: Dordrecht, 2001.
38. Leitner, W. *Angew. Chem.* **1995**, *107*, 2391–2405; *Angew. Chem., Int. Ed. Engl.* **1995**, *34*, 2207–2221.
39. Inoue, Y.; Sasaki, Y.; Hashimoto, H. *J. Chem. Soc., Chem. Commun.* **1975**, 718–719.
40. Inoue, Y.; Izumida, H.; Sasaki, Y. *Chem. Lett.* **1976**, 863–864.
41. Tsai, J.-C.; Nicholas, K. M. *J. Am. Chem. Soc.* **1992**, *114*, 5117–5124.
42. Yin, C.; Xu, Z.; Yang, S.-Y.; Ng, S. M.; Wong, K. Y.; Lin, Z.; Lau, C. P. *Organometallics* **2001**, *20*, 1216–1222.
43. Munshi, P.; Heldebrandt, D.; McKoon, E.; Kelly, P. A.; Tai, C.-C.; Jessop, P. G. *Tetrahedron Lett.* **2003**, *44*, 2725–2727.
44. Gassner, F.; Leitner, W. *J. Chem. Soc., Chem. Commun.* **1993**, 1465–1466.
45. Laurenczy, G.; Joó, F.; Nádasdi, L. *Inorg. Chem.* **2000**, *39*, 5083–5088.
46. Joó, F.; Laurenczy, G.; Nádasdi, L.; Elek, J. *Chem. Commun.* **1999**, 971–972.
47. Kathó, Á.; Opre, Z.; Laurenczy, G.; Joó, F. *J. Mol. Catal. A: Chem.* **2003**, *204-205*, 143–148.
48. Kovács, G.; Schubert, G.; Joó, F.; Pápai, I. *Catal. Today* **2005**, *115*, 53–60.
49. Himeda, Y. *Eur. J. Inorg. Chem.* **2007**, 3927–3941.
50. Drury, D. J.; Hamlin, J. E. US Patent 4,474,959, 1984, to BP Chemicals.
51. Anderson, J. J.; Drury, D. J.; Hamlin, J. E.; Kent, A. G. US Patent 4,855,496, 1989, to BP Chemicals.
52. Taqui Khan, M. M.; Halligudi, S. B.; Shukla, S. *J. Mol. Catal.* **1989**, *57*, 47–60.
53. Jószai, I.; Joó, F. *J. Mol. Catal. A: Chem.* **2004**, *224*, 87–91.
54. Zhang, Z.; Xie, Y.; Li, W.; Hu, S.; Song, J.; Jiang, T.; Han, B. *Angew. Chem.* **2008**, *120*, 1143–1145; *Angew. Chem., Int. Ed.* **2008**, *47*, 1127–1129.
55. Jessop, P. G.; Ikariya, T.; Noyori, R. *Nature* **1994**, *368*, 231–233.

56. Jessop, P. G.; Hsiao, Y.; Ikariya, T.; Noyori, R. *J. Am. Chem. Soc.* **1996**, *118*, 344–355.
57. Ikariya, T.; Jessop, P. G.; Hsiao, Y.; Noyori, R. US Patent 5,763,662, 1998, to Research and Development Corporation of Japan and NKK Corporation, Japan.
58. Kröcher, O.; Köppel, R. A.; Baiker, A. *Chem. Commun.* **1997**, 453–454.
59. Schmid, L.; Rohr, M.; Baiker, A. *Chem. Commun.* **1999**, 2303–2304.
60. Schmid, L.; Canonica, A.; Baiker, A. *Appl. Catal. A: Gen.* **2003**, *255*, 23–33.
61. Darensbourg, D. J.; Ovalles, C. *J. Am. Chem. Soc.* **1987**, *109*, 3330–3336.
62. Darensbourg, D. J.; Kudaroski, R. *Adv. Organomet. Chem.* **1983**, *22*, 129–168.
63. Enthaler, S. *ChemSusChem* **2008**, *1*, 801–804.
64. Joó, F. *ChemSusChem* **2008**, *1*, 805–808.
65. Loges, B.; Boddien, A.; Junge, H.; Beller, M. *Angew. Chem.* 120, 4026-4029; *Angew. Chem., Int. Ed.* **2008**, *47*, 3962–3965.
66. Boddien, A.; Loges, B.; Junge, H.; Beller, M. *ChemSusChem* **2008**, *1*, 751–758.
67. Fellay, C.; Dyson, P. J.; Laurenczy, G. *Angew. Chem.* **2008**, *120*, 4030–4032; *Angew. Chem., Int. Ed.* **2008**, *47*, 3966–3968.
68. Stalder, C. J.; Chao, S.; Summers, D. P.; Wrighton, M. S. *J. Am. Chem. Soc.* **1983**, *105*, 6318–6320.
69. Wiener, H.; Sasson, Y.; Blum, J. *J. Mol. Catal.* **1986**, *35*, 277–284.
70. Zaidman, B.; Wiener, H.; Sasson, Y. *Int. J. Hydrogen Energy* **1986**, *11*, 341–347.
71. Mandler, D.; Willner, I. *J. Am. Chem. Soc.* **1987**, *109*, 7884–7885.
72. Fukuoka, S.; Kawamura, M.; Komiya, K.; Tojo, M.; Hachiya, H.; Hasegawa, K.; Aminaka, M.; Okamoto, H.; Fukawa, I.; Konno, S. *Green Chem.* **2003**, *5*, 497–507.
73. Choi, J. C.; He, L. N.; Yasuda, H.; Sakakura, T. *Green Chem.* **2002**, *4*, 230–234.
74. Gu, Y.; Shi, F.; Deng, Y. *J. Org. Chem.* **2004**, *69*, 391–394.
75. Wong, W.-L.; Chan, P.-H.; Zhou, Z.-Y.; Lee, K.-H.; Cheung, K.-C.; Wong, K.-Y. *ChemSusChem* **2008**, *1*, 67–70.
76. Zhang, S.; Chen, Y.; Li, F.; Lu, X.; Dai, W.; Mori, R. *Catal. Today* **2006**, *115*, 61–69.
77. He, L.-N.; Yasuda, H.; Sakakura, T. *Green Chem.* **2003**, *5*, 92–94.
78. Song, J.; Zhang, Z.; Han, B.; Hu, S.; Li, W.; Xie, Y. *Green Chem.* **2008**, *10*, 1337–1341.
79. Li, Q.; Zhao, N.; Wei, W.; Sun, Y. *Stud. Surf. Sci. Catal.* **2004**, *153*, 573–576.
80. Inoue, S. *CHEMTECH* **1976**, 588.
81. Sugimoto, H.; Inoue, S. *J. Polym. Sci. A: Polym. Chem.* **2004**, *42*, 5561–5573.
82. Olah, G. A.; Török, B.; Joschek, J. P.; Bucsi, I.; Esteves, P. M.; Rasul, G.; Surya Prakash, G. K. *J. Am. Chem. Soc.* **2002**, *124*, 11379–11391.
83. Kurioka, M.; Nakata, K.; Jinkotu, T.; Taniguchi, Y.; Takaki, K.; Fujiwara, Y. *Chem. Lett.* **1995**, 244.

84. Saito, S.; Nakagawa, S.; Koizumi, T.; Hirayama, K.; Yamamoto, Y. *J. Org. Chem.* **1999**, *64*, 3975–3978.
85. Alvarez, R.; Carmona, E.; Galindo, A.; Gutiérrez, E.; Marin, J. M.; Monge, A.; Poveda, M. L.; Ruiz, C.; Savariaoult, J. M. *Organometallics* **1989**, *8*, 2430–2439.
86. Aresta, M.; Pastore, C.; Giannoccaro, P.; Kovács, G.; Dibenedetto, A.; Pápai, I. *Chem. Eur. J.* **2007**, *13*, 9028–9034.
87. Avar, G. *Kunststoffe Int.* **2008**, 123–127.
88. Abla, M.; Choi, J.-C.; Sakakura, T. *Chem. Commun.* **2001**, 2238–2239.
89. Ion, A.; van Doorslaer, C.; Parvulescu, V.; Jacobs, P.; de Vos, D. *Green Chem.* **2008**, *10*, 111–116.
90. Aresta, M.; Quaranta, E. *Tetrahedron* **1992**, *48*, 1515–1530.
91. Behr, A.; Becker, M. *Dalton Trans.* **2006**, 4607–4613.
92. Behr, A.; Bahke, P.; Klinger, B.; Becker, M. *J. Mol. Catal. A: Chem.* **2007**, *267*, 149–156.
93. Behr, A.; Brehme, V. A. *J. Mol. Catal. A: Chem.* **2002**, *187*, 69–80.
94. Behr, A.; Urschey, M.; Brehme, V. A. *Green Chem.* **2003**, *5*, 198–204.
95. Siddle, A.; Pointon, K. D.; Judd, R. W.; Jones, S. L.; Fuel processing for fuel cells: a status review and assessment of prospects **2003**, Available at http://www.berr.gov.uk/files/file15218.pdf.
96. O'Connor, A. M.; Schuurman, Y.; Ross, J. R. H.; Mirodatos, C. *Catal. Today* **2006**, *115*, 191–198.
97. Yang, M.; Papp, H. *Catal. Today* **2006**, *115*, 199–204.
98. Czernichowski, A.; Wesolowska, K.; Czernichowski, J. US Patent 7,459,594, 2008, to Ceramatec Inc.
99. Cho, W.; Ju, W.-S.; Lee, S.-H.; Baek, Y.-S.; Kim, Y.-C. *Stud. Surf. Sci. Catal.* **2004**, *153*, 205–208.
100. Kalra, C.; Cho, Y.; Gutsol, A.; Fridman, A.; Rufael, T. S. *Prep. Pap. Am. Chem. Soc. Div. Fuel. Chem.* **2004**, *49*, 280–281. Available at http://plasma.mem.drexel.edu/publications/documents/PreprintSyn-gas.pdf.
101. Olah, G. A.; Goeppert, A.; Surya Prakash, G. K. *Beyond Oil and Gas: The Methanol Economy*; Wiley-VCH: Weinheim, 2006.
102. Yang, C.; Ma, Z.; Zhao, N.; Wie, W.; Hu, T.; Sun, Y. *Catal. Today* **2006**, *115*, 222–227.
103. Tominaga, K.; Sasaki, Y.; Watanabe, T.; Saito, M. *Bull. Chem. Soc. Jpn.* **1995**, *68*, 2837–2842.
104. Grant, J. L.; Goswami, K.; Spreer, L. O.; Otvos, J. W.; Calvin, M. *J. Chem. Soc., Dalton Trans.* **1987**, 2105–2109.
105. Kaneco, S.; Iiba, K.; Ohta, K.; Mizuno, T. *Energy Sources* **2000**, *22*, 127–135.
106. Hori, Y.; Murata, A.; Takahashi, R.; Suzuki, S. *J. Chem. Soc., Chem. Commun.* **1998**, 17–19.
107. Tanaka, K.; Ooyama, D. *Coord. Chem. Rev.* **2002**, *226*, 211–218.
108. Chiozza, E.; Desigaud, M.; Greiner, J.; Duñach, E. *Tetrahedron Lett.* **1998**, *39*, 4831–4834.

109. Bringmann, J.; Dinjus, E. *Appl. Organomet. Chem.* **2001**, *15*, 135–140.
110. Tascedda, P.; Weidmann, M.; Dinjus, E.; Duñach, E. *Appl. Organomet. Chem.* **2001**, *15*, 141–144.
111. Willner, I.; Maidan, R.; Mandler, D.; Dürr, H.; Dörr, G.; Zengerle, K. *J. Am. Chem. Soc.* **1987**, *109*, 6080–6086.
112. Miedaner, A.; Curtis, C. J.; Barkley, R. M.; DuBois, D. L. *Inorg. Chem.* **1994**, *33*, 5482–5490.
113. Hawecker, J.; Lehn, J.-M.; Ziessel, R. *J. Chem. Soc., Chem. Commun.* **1983**, 536–538.
114. Kutal, C.; Corbin, A. J.; Ferraudi, G. *Organometallics* **1987**, *6*, 553–557.
115. Tan, S. S.; Zou, L.; Hu, E. *Catal. Today* **2006**, *115*, 269–273.
116. Yu, K. M. K.; Curcic, I.; Gabriel, J.; Tsang, S. C. E. *ChemSusChem* **2008**, *1*, 893–899.

Note added in proof

A recently published useful review:

Sakakura, T; Kohno, K: The synthesis of organic carbonates from carbon dioxide. *Chem. Commun.* **2009**, 1312–1330.

第7章 键合一氧化氮及相关氧化还原衍生物的化学研究

José A. Olabe

7.1 引 言

一些同核和异核双原子分子（H_2、N_2、O_2、CO和NO）以及三原子分子（CO_2、N_2O和NO_2）与过渡金属发生强烈的相互作用，从而引起其结构和反应性的变化。本章主要探讨 NO 及其相关氧化还原衍生物（NO^+，即亚硝酰阳离子；NO^-/HNO，即亚硝酰阴离子/亚硝酰酸）在金属配位化学中的行为，作为一个案例研究，结合最先进的光谱学和动力学研究方法，以及现代理论计算手段，用以深入揭示亚硝酰配位的影响[1]。

对 NO 的化学关注源于对环境问题的担忧，主要涉及其作为气态污染物导致酸雨和臭氧层耗竭[2]，随后，研究逐渐拓展到生物学领域。研究表明，在哺乳动物中，NO 是通过 L-精氨酸的氧化反应合成的，该反应由以血红素为基础的 NO 合酶（NOS）催化完成。当前的研究重点已转向 NO 在多种生理过程中的作用机理，例如在血压调节、神经传导、细胞毒性作用等方面的功能[3]。

NO 是一种中等稳定的自由基分子，广泛存在于自然界。它是自然界中氧化还原循环中的中间体，在这些循环中，硝酸盐转化为氨的过程由含铁或铜酶的细菌催化完成，这些酶包括：NO_2^-还原酶、NO 还原酶和 N_2O 还原酶等[4]。因此，金属蛋白及精心设计的模拟配合物一直是研究的热点，对于揭示这些生物体系中复杂多样的反应机理具有持续而重要的意义[5]。

无论是在气体还是在溶液介质中，游离 NO 的化学性质主要由其自由基性质决定。根据其电子构型 $(1\sigma_s^b)^2(1\sigma_s^*)^2(2\sigma_s^b)^2(2\sigma_s^*)^2(2\pi_{xy}^b)^4(2\sigma_z^b)^2(2\pi_{xy}^*)^1$，考虑到单电子的反键特性，以及与其他自由基（如 O_2、O_2^-、NO_2）或过渡金属的反应性，预计其具有氧化还原活性，能够形成 NO^+。另外，它也可能形成 $^3NO^-$物种，该物种和 $^3O_2$ 是等电子体。在水溶液中，NO^+和 NO^-/HNO 分别是 NO_2^- 和 N_2O 活泼的前驱体[1]。因此，这三种 NO 相关的双原子分子在生物环境中的反应性差异已受到广泛关注[6]。最近，通过脉冲辐射分解和闪光光解技术重新研究了 NO 在水溶液中的还原化学[7]，提供了基态（GS）$^3NO^-$和 ^1HNO 的基本性质以及它们与 NO 反应生成 $N_2O_2^-$自由基和闭壳层 $N_3O_3^-$ 阴离子的证据，$N_3O_3^-$ 经单分子衰变为最终产物 N_2O 和 NO_2^-[7a]。此外，最近研究表明，低亚硝酸根自由基，即 $ONNO^-$和 ONNOH 是 NO 与 $^3NO^-$/^1HNO 的加合物，对 NO 的氧化还原化学至关重要[7b]。本章不展开讨论这些游离 NO 在溶液中的反应性，而是关注 NO 配位所带来的结构和反应性变化[8, 9]。值得指出的是，NO 配位后，其性质取决于金属中心的种类：它可能保留自由基特性；或被稳定为形式上的 NO^+或 NO^-/HNO 配体。

7.2 金属亚硝基的键合作用：结构与反应性 (Enemark-Feltham 理论)

NO 与过渡金属 M 形成共价键，形成多种结构类型的配合物，包括单核配合物、桥连 NO 配合物和金属簇化合物[8-10]。在单核配合物中，如表 7.1 所示，配位数主要为 4、5 和 6，指示了一个重要的结构特征，即 MNO 片段可以呈现线形或弯曲几何构型。

在 20 世纪 40 年代初，研究人员尝试用以下方式解释这一现象：将呈线性构型的 NO 配体归类为 NO^+，而弯曲构型归类为 NO^-。然而，查阅文献[10]和[11]中所报道的弯曲角度数据后发现，在实验误差范围内，观察到的极限构型并非只有两种，而是有三种。如今更为广泛接受的解释是由埃尼马克（Enemark）和费尔特姆（Feltham）提出的分子轨道（MO）方法[11]。该方法建立了一种合理的形式体系，用以描述和预测金属亚硝酰配合物的主要几何特征。用符号 $\{MNO\}^n$ 定义 MNO 部分的总电子分布，其中 n 表示金属 d 轨道和 π_{NO}^* 轨道上的电子数，而不考虑 M 和 NO 上的实际电子密度。观察到的线形或不同程度弯曲的 MNO 基团可以通过配位数（CN）、电子数（n）以及根据单电子模型构建的 Walsh 图中已占分子轨道的性质来解释[12]。对于 $n \leq 6$ 的配合物，可以预测其呈现线形 MNO 几何构型，而随着 $n=7$ 和 8，结构逐渐弯曲。该模型避免了对金属和 NO 配体赋予极端形式氧化态的做法，也不直接涉及配体 L 的数目和类型（如[ML_xNO]形式）。确实，L 配体会影响 M、N 和 O 原子的电子密度，并对反应起到调控作用。尽管如此，这被视为由 MNO 特性，特别是 n 值决定的微扰[10-12]。

表 7.1　典型的亚硝基配合物配位几何构型

配位数	几何构型			
CN = 4	直线型 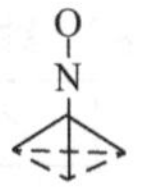 四面体 $n = 4$、8、10	弯曲型 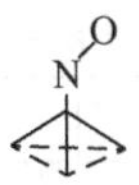 四面体 $n = 11$	弯曲型  平面方形 $n = 8$	
CN = 5	直线型  四方锥 $n = 5$、6、7	弯曲型 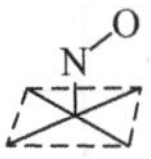 四方锥 $n = 7$、8	直线型  三角双锥 $n = 4$、7、8	弯曲型 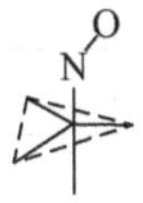 三角双锥 $n = 7$、8
CN = 6	直线型 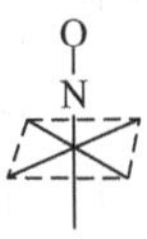 八面体 $n \leq 6$	弯曲型 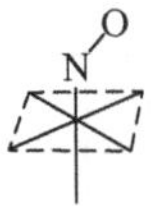 八面体 $n = 7$、8		

如果我们集中讨论准八面体 NO 配合物，就必须考虑 M 和 NO 之间的 σ-相互作用和 π-相互作用。图 7.1 显示了 {MNO}^{n} 配合物的计算分子轨道（MO）的能级图，其中 $n = 6$、7 和 8。

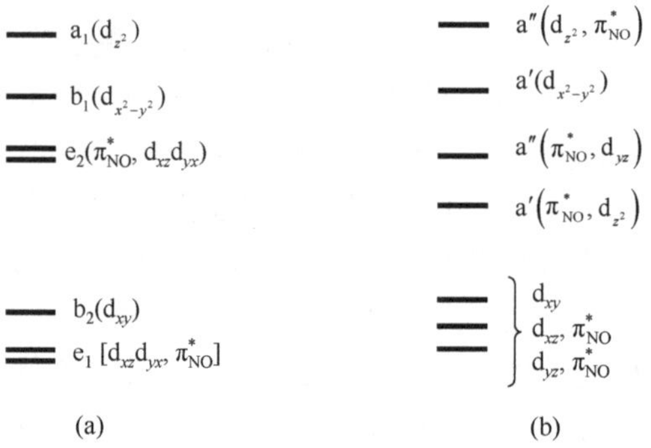

图 7.1　根据 Enemake-Feltham 模型，{MNO}^{n} 在六配位化合物中的分子轨道排列

其中 M—N—O 处于（a）线性构型，$n = 6$ 和（b）弯曲构型，$n = 7$ 和 8

对于最常见的 $n = 6$ 线形亚硝基配合物，电子主要占据金属轨道 e_1 和 b_2（图 7.1a）。第一个强成键轨道是由金属的 d_{xz}、d_{yz} 简并轨道与 π^*_{NO} 轨道混合而成的，这种相互作用就是典型的"反键"作用。这种"反键"作用取决于金属 M 的电荷、电子构型以及共配体 L 的给体和受体性质。图 7.1b 显示了 $n = 7$ 和 8 时因 MNO 结构发生弯曲而导致对称性降低，在这种构型中，原本简并的 e_1 和反键性的 e_2 分子轨道不再保持简并状态。我们重点讨论由 a′对称性的 e_2 产生的两个混合反键分子轨道：（π^*_{NO}，d_{z^2}）和（π^*_{NO}，d_{yz}）。表 7.2 列举了 $n = 6$、7 和 8 的六配位金属亚硝酰配合物及其结构信息[13]。

表 7.2　选定的亚硝基配合物的[MX$_5$NO]$_x$ 的总自旋态，亚硝基伸缩频率 ν_{NO}，相关键长 d_{M-N}、d_{N-O} 和相关键角 $\angle_{MNO}$ 数据，按{MNO}^{n} 表示法（$n = 6$、7 和 8）^{a} 排序

化合物	S	ν_{NO}/cm^{-1}	$d_{M-N}/\text{Å}$	$d_{N-O}/\text{Å}$	$\angle_{MNO}/(°)$	资料来源
			$n = 6$			
[Fe(cyclam-ac)NO](PF$_6$)$_2$	0	1904	1.663(4)	1.132(5)	175.5(3)	文献[13a]
[Fe(pyS$_4$)NO]PF$_6$	0	1893	1.634(3)	1.141(3)	179.5(3)	文献[13b]
[Fe(PaPy$_3$)NO](ClO$_4$)$_2$	0	1919	1.677(2)	1.139(3)	173.1(2)	文献[13c]
[Fe(pyN$_4$)NO]Br$_3$^{b}		1926	1.67	1.15	179	文献[13d]
[Fe(TpivPP)(NO$_2$)NO]	0	1893	1.668(2)	1.132(3)	180	文献[13e]
Na$_2$[Fe(CN)$_5$NO]·2H$_2$O	0	1945	1.6656(7)	1.1331(10)	176.03(7)	文献[13f]
Na$_2$[Ru(CN)$_5$NO]·2H$_2$O	0	1926	1.776(3)	1.127(6)	173.9(5)	文献[13g]
Na$_2$[Os(CN)$_5$NO]·2H$_2$O	0	1897	1.774(8)	1.14(1)	175.5(7)	文献[13h]
K$_3$[Mn(CN)$_5$NO]	0	1725	1.66(1)	1.21(2)	174(1)	文献[13i]
(PPh$_4$)$_2$[OsCl$_5$NO]	0	1802	1.830(5)	1.147(4)	178.5(8)	文献[13j]
K[IrCl$_5$NO]	0	1952	1.780(11)	1.124(17)	174.3(11)	文献[13k]

续表

化合物	S	ν_{NO}/cm^{-1}	d_{M-N}/Å	d_{N-O}/Å	$\angle_{MNO}$/(°)	资料来源
			$n=7$			
[Fe(cyclam-ac)NO](PF$_6$)	1/2	1615	1.722(4)	1.166(6)	148.7(4)	文献[13a]
[Fe(pyS$_4$)NO]	1/2	1648	1.712(3)	1.211(7)	143.8(5)	文献[13b]
[Fe(PaPy$_3$)NO](ClO$_4$)	1/2	1613	1.7515(16)	1.190(2)	141.29(15)	文献[13c]
[Fe(pyN$_4$)NO]Br$_2$	1/2	1620	1.737(6)	1.175(8)	139.4(5)	文献[13d]
K(222)[Fe(TpivPP)(NO$_2$)]	1/2	1668	1.840(6)	1.134(8)	137.4(6)	文献[13l]
Na$_3$[Fe(CN)$_5$NO]·2NH$_3$^{b}	1/2	1608	1.737	1.162	146.6	文献[13m]
[Fe(Me$_3$TACN)(N$_3$)$_2$NO]	3/2	1690	1.738(5)	1.142(7)	155.5(10)	文献[13n]、[13o]
[Fe(L^{pr})(NO)]^c	1/2、3/2	1682	1.749(4)	1.182(3)	147.0(2)	文献[13p]
			$n=8$			
Mb^{II}HNO^d	0	1385	1.82(2)	1.24(1)	131(6)	文献[13q]
[Fe(CN)$_5$HNO]$^{3-b}$	0	1338	1.783	1.249	137.5	文献[13r]
[CoCl(en)$_2$NO](ClO$_4$)	0	1611	1.820(11)	1.043(7)	124.4(11)	文献[13s]
[Ru(py^{bu}S$_4$)HNO]	0	1358	1.875(7)	1.242(9)	130.0(6)	文献[13t]
[OsCl$_2$(CO)(PPh$_3$)$_2$HNO]	0	1410	1.915(6)	1.193(7)	136.9(6)	文献[13u]
[IrHCl$_2$(PPh$_3$)$_2$HNO]	0	1493	1.879(7)	1.235(11)	129.8(7)	文献[13v]
K[Pt(NO$_2$)$_4$(H$_2$O)NO]·H$_2$O	0	1655	2.10(2)	1.19	129(2)	文献[13x]

^{a} 用于配体的缩略语：cyclam-ac = 1, 4, 8, 11-四氮环十二烷-1-乙酸单负离子；py S$_4$ = 2, 6-双(2-巯基苯硫甲基)吡啶的双负离子；PaPy$_3$ = N, N- 双 (2- 吡啶甲基) 胺 -N- 乙基 -2- 吡啶 -2- 羧酰胺单负离子；pyN$_4$ = 2, 6-C$_5$H$_3$N[CMe(CH$_2$NH$_2$)$_2$]$_2$；TpivPP = $\alpha, \alpha, \alpha, \alpha$-四甲基(邻丙戊酰胺多苯基)-卟啉的双负离子；K(222) = 六氧二氮双环二十六烷(穴状配体)-222；Me$_3$TA CN = N, N', N''-三甲基色氨酸-1, 4, 7-三氮环烷；L^{pr} = 1-异丙基-4, 7-(4-叔丁基-2-巯基苯基)-1, 4, 7-三氮环烷的二联；Mb = 肌红蛋白；py^{bu}S$_4$ = 2, 6-二(2-巯基-3, 5-二叔丁基苯基硫代)二甲基吡双负离子；PPh$_3$ = 三苯基膦。

^{b} 亚硝基的键长和键角是理论预测值。

^{c} 每种异构体固体含量大概占 50%。

^{d} 键长和键角从 XAFS 得到。

表 7.2 列出了金属亚硝酰配合物的主要几何参数，包括 M—N 键和 N—O 键的键长、MNO 的键角、N—O 键的拉伸频率 ν_{NO} 以及总自旋态 S。通过这些参数，可以获得有关亚硝酰配合物的结构与反应性初步比较视角。

为了进一步阐明 MNO 部分的真实电子密度，目前采用了多种互补的物理无机技术，如振动光谱（如红外和拉曼）、电子光谱（如 UV-Vis）、电子顺磁共振（EPR）谱、穆斯堡尔光谱、磁圆二色性（MCD）、共振拉曼（RR）光谱、X-射线吸收光谱（XAFS）等，以及理论计算[12, 14]。采用多种技术相结合的方法尤为重要，因为对单一技术结果的解释可能存在争议，有时甚至产生歧义。亚硝酰配体的反应模式多样，主要包括：金属离子上的配位和解离、MNO 片段上对不同底物的亲电和亲核加成，以及引起氮元素氧化或还原的电子转移反应[5, 8]。图 7.2 显示了一个含铁亚硝基配合物的循环伏

安法（CV）实验，该配合物经可逆氧化或还原反应，电化学生成 FeL_5 部分相同，$n = 6$、7 和 8 的三种氧化还原态物种[13a]。

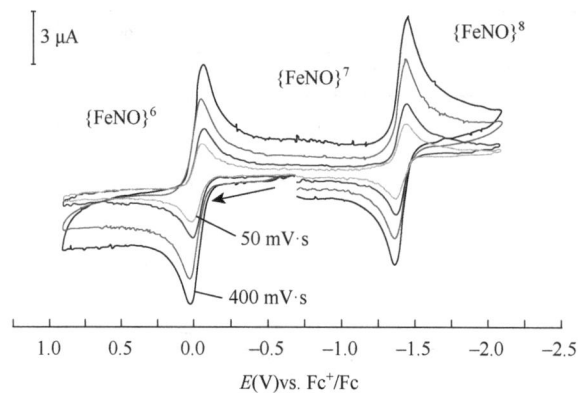

图 7.2 在 20℃，0.1 mol/L[N(n-Bu)$_4$]PF$_6$ 支持电解质、玻碳电极下，[Fe(NO)(cyclam-ac)](PF$_6$) 在 CH$_3$CN 中的循环伏安图[13a]（后附彩图）

除了最常见的 M—NO 端基键合模式外，还应考虑通过可逆光诱导（以及最终热诱导）生成的连接异构体的存在[15]。此外，某些情况下光反应还可能导致 {MNO}^{n} 配合物不可逆地释放 NO[16]。

7.3 $n = 6$：以亲电反应为主的线形配合物

7.3.1 X-射线结构、磁性、IR、UV-Vis 和穆斯堡尔光谱及理论证据

{MNO}^{6} 类配合物是最常见的，可以在"还原性亚硝基化"反应中将 NO 与 Fe(III) 前驱体直接混合来制备[5,8][反应式（7.1）]。

$$[Fe^{III}L_5H_2O]^x + NO \rightleftharpoons [ML_5NO]^x + H_2O \quad (7.1)$$

对于 L = CN$^-$，低自旋 Fe(III) 配合物生成硝普钠（SNP）作为不可逆产物。所提出的机理指出，首先是一个缓慢的 NO 结合还原步骤，然后是 NO$^+$ 与 [Fe^{II}(CN)$_5$H$_2$O]^3 中间体的快速配位[17]。高自旋 Fe(III) 卟啉配合物则表现出更快的可逆反应，如 7.3.2 节所示[5]。

亚硝酸可与 Fe(II) 前驱体反应，随后配位的 HNO$_2$ 在质子辅助下脱水。

$$[Fe^{II}L_5H_2O]^{(x-1)+} + NNO_2 + H^+ \longleftrightarrow [ML_5NO]^{x+} + 2H_2O \quad (7.2)$$

其他方法可能涉及还原或氧化过程（例如，使用从 HNO$_3$ 和 Na$_4$[Fe(CN)$_6$] 制备 SNP，或者将还原的氨基配体氧化至 NO$^+$ 态）。在非水介质中，NOBF$_4$ 可以直接与五配位的 Fe(II) 配合物反应[8]。

图 7.1 所描述的多重键合情形反映了 M—N 键较短且较强的特征，以及由此导致的

配合物对亚硝酰基解离的极大惰性，这一点可由传统配位化合物中缺乏有关 NO^+ 释放的动力学数据得以印证。由无序引起的常见问题限制了相关键长和键角的准确性，特别是 N—O 键的键长的准确性，对于不同的 MNO 配位模式，NO（1.15 Å）中的键长没有显著差异[18]。正如 Enemak-Feltham 模型所预测的那样[11]，MNO 的键角为 170°～180°，通常与所涉及的共配体无关，除了少数含有强 N-给体反式配体的配合物外，这些配合物未列入表 7.2 中[8]。在模型配合物[Fe(OEP)(NO){S-2, 6-(CF_3CONH_2)$_2C_6H_3$}]（OEP = 八乙基卟啉）中发现了一种键角为 160°的弯曲结构[19]。轴向 N 给体配位和 S 给体配位的亚硝酰铁血红素之间的差异可以追溯到 S 配体对结合 NO 的 σ-反式效应，该效应由 NO σ* 轨道介导，这样导致 Fe—N 键和 N—O 键的进一步削弱，并且观察到其 N-O 伸缩振动频率（v_{NO}）约下降至 1850 cm^{-1}[19, 20]。

红外光谱是描述这些配合物键合作用的有力工具，显示出较高的 v_{NO}，通常高于 1800 cm^{-1}。表 7.2 显示，对于 $n = 7$ 和 8 更具还原性的配合物，v_{NO} 值小于 1700 cm^{-1}。结合这些配合物普遍表现出的无 EPR 信号特性，可以合理地认为 $n = 6$ 的配合物具有理想化的 NO^+ 配体结构，即 NO 作为三电子给体与金属中心配位。然而，v_{NO} 值在 150 cm^{-1} 附近波动，必然反映了不同程度的反键作用，对于较强的 π 电子金属给体和/或较弱的电子受体协同配体 L，这种反键作用更加明显。例如，在[Fe(CN)$_5$NO]$^{2-}$、[Mn(CN)$_5$NO]$^{3-}$ 和 [V(CN)$_5$NO]$^{5-}$ 这三个电子数均为 $n = 6$、基态为 $^1A_1$ 的配合物中，v_{NO} 分别为 1939 cm^{-1}、1725 cm^{-1} 和 1575 cm^{-1}[21]。v_{NO} 的显著降低与基态反键作用的增加有关，例如 e_1 分子轨道中 π^*_{NO} 特征的占比由 Fe（25%）到 Mn（42%）再到 V（73%）逐步增加。因此，与提出的铁配合物的 $d^6M^{II}NO^+$ 构型不同，钒配合物的电子构型为 $d^2(\pi^*_{NO})^4$，而锰则处于一个中间态，可描述为 Mn^INO^+。总体而言，较高的 v_{NO} 值反映了 d^6 低自旋[ML$_5$NO]^x 配合物"亚硝酰离子"的特性增加。对于 v_{NO} 位于 1800～2000 cm^{-1} 的体系，可放心采用该方式来描述。

紫外可见吸收光谱（UV-Vis）是一种最早用于描述 $n = 6$ 配合物电子结构及其光学跃迁的工具。Manoharan 和 Gray[21]应用半经验方法（自洽电荷与组态方法，SCCC）研究了 [M(CN)$_5$NO]$^{x-}$ 类配合物，同时辅以红外和单晶偏振吸收 UV-Vis 测量。计算结果显示，亚硝普鲁士（SNP）中 σ、π^b 与 π^* 轨道分别来自 CN$^-$ 和 NO。最关键的是，e_2 分子轨道主要由 π^*_{NO} 轨道构成，其能级位于金属 M 的 $b_2(xy)$ 与 $b_1(x^2-y^2)$、$a_1(z^2)$ 分子轨道之间（图 7.1a）。其抗磁性与提出的基态$(e_1)^4(b_2)^2 = \ ^1A_1$ 一致。对最高占据轨道 b_2 的组分分析显示其电子密度约有 85%来自 d_{xy}，14%来自 CN$^-$ 的 π^b_{CN}，只有 1.6%来自 π^*_{CN}，说明向 CN$^-$ 的反键合作用较弱。相比之下，e_1 分子轨道虽同样以金属为中心，但约有 25%来自 π^*_{NO}，显示出 Fe-NO 间显著的反键合作用。这些结果有助于解释 SNP 的光谱特征。其他的两个低能带对应于从 e_1 与 b_2 向未占据 e_2 分子轨道的金属-配体电荷转移（MLCT）跃迁。

在有关 SNP 的理论研究中，已经强调了对溶液环境进行建模的必要性，部分文献因未考虑该因素而存在争议[13r]。因此，其 HOMO 的组成被描述为主要由氰根离子贡献，而非金属。在这些研究中，阴离子被视为一个独立的分子。事实上，即使使用介电连续介质模型也可能不足以精确模拟；必须强调，在合理解释 IR 和电子光谱数据时，还要考虑键合氰根离子与溶剂（或反阳离子）之间特殊的相互作用[23, 24]。图 7.3a 显示了 v_{NO} 与

SNP 在不同介质中的 Gutmann 受体数（AN）的相关性，反映了氰配体的强给体特性对 NO^+ 配体电子密度的调控效应。可以看到，随着 AN 的降低，ν_{NO} 降低，这电子密度更高的 $Fe^{II}(CN)_5$ 片段向 NO^+ 配体有更强的反键合作用。在不同溶剂中也观察到了显著的电子跃迁能量变化，如图 7.3b 所示[24]。

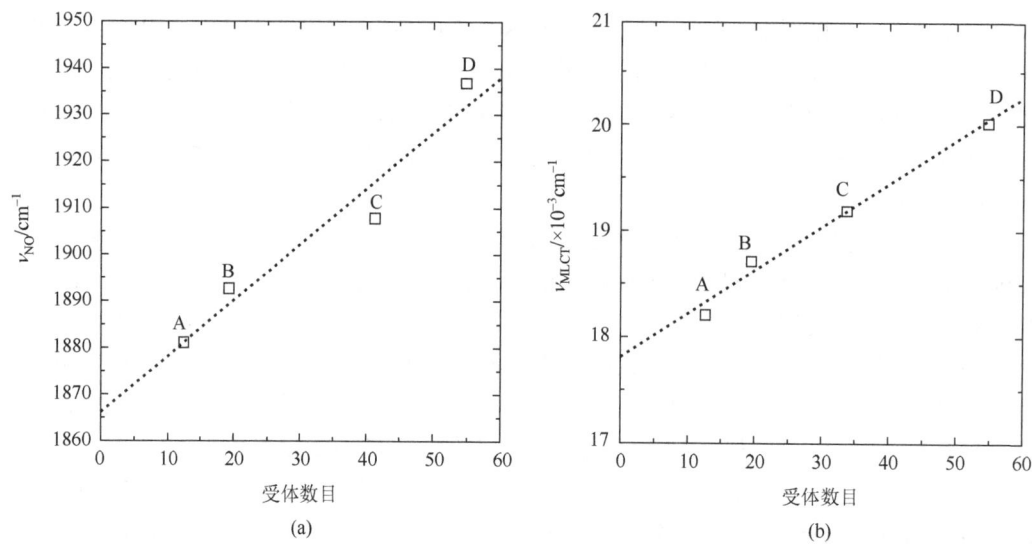

图 7.3 配合物 $(TBA)_2[Fe(CN)_5NO]$，（a）ν_{NO}（IR 拉伸频率）对溶剂受体数目（Gutmann 标度）作图；（b）ν_{MLCT}（最低能量可见光谱）对溶剂受体数目（Gutmann 标度）作图

A = 丙酮；B = 乙腈；C = 甲醇；D = 水[24]

模拟此类强配体-溶剂相互作用并非易事。对于 SNP 及其还原态衍生物，一种可行的方法是采用点电荷模型以模拟溶剂效应。点电荷被放置在氰配体轴线的延长线上，调整其大小，使整个体系呈电中性[13r, 21, 22]。这类给体-受体相互作用也存在于胺配合物中[23]。

通过 DFT 计算，在建模中采用连续介质方法并考虑溶剂效应，对其他铁配合物也得出了类似于 SNP 的键合模式，如 $[Fe(cyclam-ac)NO]^{2+}$、$[Fe(pyN_4)(NO)]^{3+}$ 和 $[Fe(pyS_4)(NO)]^+$，表 7.2 部分[13]。以硝基水合酶（NHase）等非血红素模拟物（结合 NO 的铁(III)酶）体系为研究对象，通过对 B3LYP 单点计算得到的密度矩阵进行自然键轨道（NBO）分析，以评估 BLYP 优化基态下的化学键合[25]。对于这三种不同的含羧酰氨基或硫代共配体的配合物，根据部分自旋密度计算结果，基态均以 $Fe(II)NO$ 描述为主，仅有一个体系展现出少量 $Fe^{III}NO^-$ 极限结构贡献。对一系列 $trans$-$[Ru(NH_3)_4(L)NO]^{x+}$ 配合物进行了含时 DFT（TD-DFT）计算，其中 L = NH_3、H_2O、吡嗪（pz）、吡啶（py）（$x = 3$）、Cl^- 和 OH^-（$x = 2$）[26]。结果显示，HOMO 的性质取决于共配体。对于 L = NH_3、H_2O、Cl^- 和 OH^-，HOMO 主要位于金属上；而在吡嗪、吡啶配体存在下，HOMO 多集中在配体上，这可能是由于强 π 相互作用使 Ru(II)-NO^+ 降低了金属轨道能级。类似地，对于 $[Ru(bpy)(tpm)NO]^{3+}$ 配合物，HOMO 明显局限于 bpy 配体上[27]。与上述 HOMO 的描述相反，在迄今计算的所有亚硝基配合物中，LUMO 主要是 π^*_{NO}，尽管金属 d 轨道也有显著贡献。

穆斯堡尔光谱已被用于描述 $n=6$ 系列配合物的电子密度分布[13a, 13c, 13d, 13e, 13l, 13p, 28]。许多配合物显示出小的异构体位移（δ），约为 0 mm/s，以及较大的四极子裂分（ΔE_Q）参数。表 7.3 所列数据支持将其极限结构描述为 $Fe^{II}NO^+$[13p]，排除了将其表述为含有 NO^-（自旋 $S=1$）配体的 Fe(IV)（自旋 $S=1$）构型的替代表述[28]。

7.3.2 亚硝基卟啉的键合和解离反应：NO 如何从"铁血红素"中释放出来？

NO 与高自旋"铁血红素"的反应[反应式（7.3）]，无论是在模型卟啉配合物还是在蛋白质中（H_2O 最终被其他配体如组氨酸或硫醇盐取代）[5]，与经典配合物[已在 7.3.1 节讨论，参见反应式（7.1）]具有相似性。

$$[Fe^{III}(por)(H_2O)_2]^x + NO \rightleftharpoons [Fe^{III}(por)(H_2O)NO]^x + H_2O, \quad k_{on}、k_{off} \quad (7.3)$$

对于五配位和六配位的亚硝基化合物，产物中 FeNO 基本呈线性排列，ν_{NO} 值约为 1900 cm^{-1}，无 EPR 信号。这些都是限制性描述 $Fe^{II}NO^+$ 的特征。

然而，对于迄今为止研究的所有经典配合物，反应式（7.1）似乎是不可逆的，与 NO^+ 配体紧密结合的预期相符。这与式（7.3）中在多种模型金属卟啉和蛋白质中观察到的可逆性形成鲜明对比，其速率常数 k_{on} 和 k_{off} 的值已通过停流和闪光光解技术确定[5]。k_{off} 值为 1～50 s^{-1}，可以认为反应性非常高。NO 易于从 Fe(III)-血红素中易于释放是 NO_2^- 还原酶机理中的一个关键步骤[4]；也被认为决定了硝基运载蛋白（NPs）的生理活性。NPs 是一种携带 NO 的 Fe(III)-血红素蛋白，存在于吸血昆虫的唾液中。当唾液被注入受害者组织中时，NO 易于解离，这一解离过程与环境 pH 约从 5.6 升高到 7.4 的稀释过程有关[29]。

这里我们不讨论反应式（7.3）的详细机理，这方面已有许多研究[5, 30]，并且目前正基于现代光谱与动力学方法进行重新审视（顺便提一下，已发现通过水配体的去质子化，pH 显著影响 NO 反应活性）[31]。我们在此聚焦于用支持 $Fe^{II}NO^+$ 或 $Fe^{III}NO^•$ 两种极限电子构型之一的论点来描述式（7.3）的产物。尽管该问题常被认为是语义问题[4b]，考虑到 M-NO 的共价特性，我们认为该议题仍值得讨论，因为结构和反应性之间缺乏关联性，对此目前仍没有合理的解释。

表 7.3 $n=6$ 和 7 的 {FeNO}^{n} 配合物的零场穆斯堡尔参数

	$n=6$、$S=0$				$n=7$、$S=1/2$			
	$\delta/$(mm/s)^a	$\Delta E/$(mm/s)^b	T/K		$\delta/$(mm/s)^a	$\Delta E/$(mm/s)^b	T/K	来源
[Fe(cyclam-ac)NO]$^{2+}$	0.01	1.76	80	[Fe(NO)(cyclam-ac)]$^+$	0.26	0.74	80	文献[13a]
[FeCl(cyclam)NO]$^{2+}$	0.04	2.05	4.2	[Fe(cyclam)(NO)Cl]$^+$	0.27	1.26	4.2	文献[28]
[Fe(NO)(pyS$_4$)]$^+$	1.04	−1.63	4.2	[Fe(NO)(pyS$_4$)]^0	0.33	−0.40	4.2	文献[13p]
[Fe(NO)(pyN$_4$)]$^{3+}$	2.04	1.84	77	[Fe(NO)(pyN$_4$)]$^{2+}$	0.31	0.84	77	文献[13d]

续表

	$n=6$、$S=0$				$n=7$、$S=1/2$			来源
	δ/(mm/s)^a	ΔE/(mm/s)^b	T/K		δ/(mm/s)^a	ΔE/(mm/s)^b	T/K	
[Fe(PaPy$_3$)NO]$^{2+}$	−0.05	0.85	80	[Fe(PaPy$_3$)(NO)]$^+$	0.18	0.66	80	文献[13c]
[Fe(NO)(TpivPP)(NO$_2$)]	0.09	1.43	4.2	[Fe(TpivPP)(NO$_2$)(NO)]$^-$	0.35	1.20	4.2	文献[13e]、[1]
Na$_2$[Fe(CN)$_5$NO]·2H$_2$O^c	0.00	1.72	77					文献[75]

^{a} 在 298 K 时异构体移与 α-Fe 的关系。

^{b} 四级裂分,当明确指明符号时,是通过外加磁场穆斯堡尔光谱确定的。

^{c} MS1 的 δ 和 ΔE 值: 0.18 和 +2.75; MS2: 0.20 和 +2.85[75]。

NP-NO 配合物的一个特殊的特征是其卟啉环的强烈起伏(卟啉环的一个 *meso*-碳原子在平面上下交替移动,导致卟啉大环极度非平面性)。这是 Walker[29]通过分析 NPs 可能的电子构型,即$(d_{xz}, d_{yz})^4(d_{xy})^1$,得出的结论。由于对称性不利,$d_{xy}$ 轨道不能与 NO 的半填充 π^* 轨道重叠,该起伏可稳定低自旋 Fe(III)的后一构型,这种主导性的 Fe^{III}NO˙电子分布对 NO 的可逆解离起促进作用。从这一点来看,这类"顺磁性"物种穆斯堡尔光谱结果显然无法区分如 Fe^{II}NO$^+$(从高 ν_{NO} 的红外光谱)中电子配对的真实情况和强反铁磁耦合的 Fe^{III}(d_{xy})-NO 构型。

利用核共振振动谱(NRVS),并结合简正坐标分析和 DFT 计算,对[Fe(TPP)(1-MeIm)(NO)]BF$_4$ 的电子结构进行了研究[32]。研究结果支持 Fe^{II}NO$^+$为基态(GS)描述,其中包含强的 Fe—N 键和 N—O 键。有趣的是,存在一个低自旋 Fe^{III}NO˙($S=0$)态,其稳态能量最小值出人意料的低,仅比 Fe^{II}NO$^+$基态高 1~3 kcal/mol。此外,Fe^{II}NO$^+$与低自旋的 Fe^{III}NO˙的势能面在离平衡距离很小的 Fe—NO 键伸长(仅 0.05~0.1 Å)处相交。这意味着在蛋白活性位点中,如轴向半胱氨酸的配位[已知可稳定 Fe(III)],受立体或电子微扰,可能存在这种基态的高铁血红素亚硝酰化合物。两种基态的性质截然不同,Fe^{III}NO˙的 Fe—N 键和 N—O 键明显较弱。势能面计算结果进一步表明,硝酰铁血红素化合物中 Fe—NO 键的热力学弱性是一个内在特征,与另一个处于低能态的高自旋 Fe^{III}NO($S=2$)态的性质有关,该态对于 Fe—NO 键具有解离性。从六配位的硝酰铁血红素体系中释放 NO 体系至少经历三个不同的电子态,这是过渡金属亚硝酰化合物中前所未有的复杂过程,确实,这为 NPs 等相关血红素亚硝基体系中 NO 的快速释放提供依据。

另外,为了揭示在 pH 为 5.6 和 7.4 时 NP4 的构象变化,利用最新的计算机技术,即分子动力学(MD)模拟,对 NO 释放的机理进行了研究[33]。计算了 NO 释放的自由能分布,并利用混合量子力学/分子力学(QM/MM)分析了不同 NP4 构象中的血红素-NO 结构和 Fe—NO 键强度。研究结果为解释 NP4 中的 NO 逃逸提供了分子基础,表明 NO 的逃逸是由不同的 NO 迁移速率,而非不同的 Fe—NO 键强度决定的。与大多数通过调节与铁的结合强度来控制配体亲和力的血红素蛋白不同,NP4 已经形成了一种笼子机理,在低 pH 下捕获 NO，并在 pH 升高时打开，将其释放。该模型隐含地忽略了第一配位层或附近配位层中（即 OH^-/H_2O 对组氨酸）的酸碱变化所引起的 pH 变化对 Fe—NO 键解离反应性的影响[31]。

7.3.3　NO^+ 配合物的亲核加成反应：对 OH^- 的动力学和计算研究

与 M—NO 键的取代惰性特点相反，将键合的 NO^+ 视为亲电部分意味着 MNO 中的离域 LUMO 可能是各种亲核分子的进攻位点，如反应式（7.4）所示。

$$[ML_5NO]^x + B \rightleftharpoons [ML_5N(O)B]^x \qquad (7.4)$$

反应式（7.4）的化学计量关系及其加成中间体的后续反应行为已在多种金属（主要是钌）和配体 L（如 CN^-、NH_3、Cl^-、聚吡啶、EDTA 等）与不同的亲核试剂 B[如 OH^-、键合了硫的物种（SR^-、SH^- 和 SO_3^{2-}）、含氮碱（NH_3、胺类、NH_2OH、HN_3 和 N_2H_4）]体系中进行研究[8, 34]。

对 OH^- 与 $SNP^{[35]}$[反应式（7.5）]的反应进行了详细的动力学和机理研究。

$$[Fe(CN)_5NO]^{2-} + 2OH^- \rightleftharpoons [Fe(CN)_5NO_2]^{4-} + H_2O \qquad (7.5)$$

这些研究已扩展到多种 $[ML_5NO]^x$ 配合物[27, 36]。例如，图 7.4 展示了 $[Ru(bpy)(tpm)(NO)]^{3+}$ 配合物的反应过程，随着反应进行，288 nm 处 NO_2 产物的吸光度随时间增加的光谱变化[27]。表 7.4 列出了部分 NO 配合物的相关动力学参数，以及其 ν_{NO} 和 $E_{NO^+/NO}$ 值，这些配合物均具有相同的总反应化学计量关系。

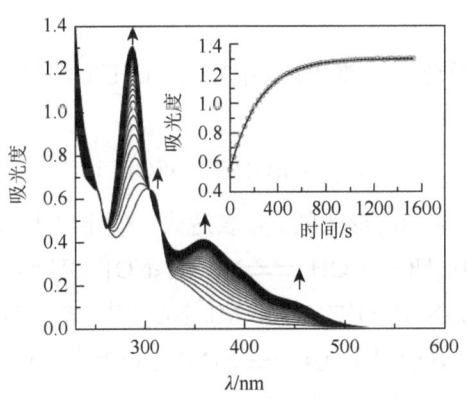

图 7.4　碱性条件下，$5.4 \times 10^{-5}[Ru(bpy)(tpm)NO]^{3+}$ 反应连续光谱：$I = 1$ mol/L，$T = 25℃$，$[OH^-] = 2.2 \times 10^{-9}$ mol/L。产物在 288 nm 处吸收随时间增加[27]

表 7.4　不同 $\{MX_5NO\}^n$ 配合物的加成速率常数、活化参数、相应的 ν_{NO}、$E_{NO^+/NO}$ 和 K_{eq} 值 ^{a}

配合物	$k_{OH}/M^{-1}s^{-1 b}$	$k_8/s^{-1 c}$	$\Delta H^{\#}/$ (kJ/mol)	$\Delta S^{\#}/$ [J/(mol·K)]	$E_{NO^+/NO}/V$	ν_{NO}/cm^{-1}	$K_{eq}/M^{-2 d}$
cis-[Ru(AcN)(bpy)$_2$NO]$^{3+}$	5.60×10^6	2.31×10^6			0.35	1960	
cis-[Ru(bpy)(trpy)NO]$^{3+}$	3.17×10^5	1.31×10^5	89±1	159±5	0.25	1946	2.1×10^{23}
cis-[Ru(bpy)$_2$(NO$_2$)NO]$^{2+}$	5.06×10^4	2.75×10^4	83±7	120±20	0.18	1942	

续表

配合物	$k_{OH}/M^{-1}s^{-1 b}$	$k_8/s^{-1 c}$	$\Delta H^{\#}/$(kJ/mol)	$\Delta S^{\#}/$[J/(mol·K)]	$E_{NO^+/NO}/V$	ν_{NO}/cm^{-1}	$K_{eq}/M^{-2 d}$
cis-[Ru(bpy)$_2$ClNO]$^{2+}$	8.50×10^3	4.60×10^3	100 ± 3	164 ± 8	0.05	1933	1.6×10^{15}
trans-[NCRu(py)$_4$CNRu(py)$_4$NO]$^{3+}$	9.20×10^3	3.40×10^3	91 ± 4	135 ± 10	0.22	1917	3.2×10^{15}
trans-[RuClNO(py)$_4$]$^{2+}$	4.60×10^1	3.10×10^1	62 ± 1	-6 ± 5	0.09	1910	
trans-[Ru(NCS)NO(py)$_4$]$^{2+}$	2.03×10^2	1.36×10^2			0.12	1902	
trans-[RuNO(OH)(py)$_4$]$^{2+}$	2.40×10^{-1}	1.60×10^{-1}			-0.22	1866	
trans-[Ru(NH$_3$)$_4$NO(pz)]$^{3+}$	1.77×10^2	9.55×10^2	76 ± 2	54 ± 6	-0.11	1942	6.0×10^8
trans-[Ru(NH$_3$)$_4$(nic)NO]$^{3+}$	3.30×10^1	1.80×10^1	78 ± 1	44 ± 4	-0.18	1940	5.9×10^7
trans-[Ru(Clpy)(NH$_3$)$_4$NO]$^{3+}$	2.60×10^1	1.40×10^1			-0.19	1927	6.0×10^6
trans-[Ru(NH$_3$)$_4$NO(py)]$^{3+}$	1.45×10^1	$7.8 \times 2 \times 10^0$			-0.22	1931	2.2×10^5
trans-[Ru(4-Mepy)(NH$_3$)$_4$NO]$^{3+}$	9.54×10^0	5.14×10^0	75 ± 1	26 ± 4	-0.25	1934	7.7×10^5
trans-[Ru(hist)(NH$_3$)$_4$NO]$^{3+}$	7.60×10^{-1}	4.12×10^{-1}			-0.39	1921	4.6×10^{13}
[Fe(CN)$_5$NO]$^{2-}$	5.50×10^{-1}	3.90×10^0	53	-49	-0.29	1945	1.5×10^5
[Ru(CN)$_5$NO]$^{2-}$	9.50×10^{-1}	6.40×10^0	57	-54	-0.35	1926	4.4×10^6
[Os(CN)$_5$NO]$^{2-}$	1.37×10^{-4}	8.63×10^{-4}	80	-73	-0.68	1897	4.2×10^1

^{a} 改编自文献[36]。
^{b} 从利率法中衍生出来的。
^{c} 通过 $k_8 = k_{OH}/K_{ip}$ 获得,K_{ip} 根据静电模型估算。
^{d} 从文献中获得的数值。

图 7.5 展示了准一级速率常数 k_{obs} 与[OH$^-$](OH$^-$的浓度)之间的依赖关系,并可表示为

$$k_{obs} = a[OH^-] + b/[OH^-] \quad (7.6)$$

通过稳态处理,可推导相同形式的 k_{obs} 表达式,假定以下的反应机理:

$$[ML_5NO]^x + OH^- \rightleftharpoons \{[ML_5NO]^x \cdot OH^-\}, \quad K_{ip} \quad (7.7)$$

$$\{[ML_5NO]^x \cdot OH^-\} \rightleftharpoons ML_5NO_2]^{x-1}, \quad K_8、k_8、k_{-8} \quad (7.8)$$

$$[ML_5NO_2]^{x-1} + OH^- \rightleftharpoons [ML_5NO_2]^{x-2} + H_2O, \quad K_9 \quad (7.9)$$

反应式(7.7)包括在相关亲核加成步骤[反应式(7.8)]之前的一个快速的结合预平衡,生成亚硝酸加合物中间体。该中间体可以回到反应物,或者发生如式(7.9)所示的反应,形成最终产物。式(7.6)中的 a 和 b 的值可以是 $a = k_{OH}$ 和 $b = k_{OH}/K_{eq}$,其中 $k_{OH} = K_{ip}K_9$ 和 $K_{eq} = K_{ip}k_8K_9$。这样,对式(7.6)的适当拟合可以得到 k_{OH}(M^{-1}s^{-1})和 K_{eq}(M^{-2})。然后,可以利用 K_{ip} 的估测值计算出 k_8(s^{-1})(表 7.4)。当[OH$^-$]和 K_{eq} 足够高时,k_{OH}/K_{eq}[OH$^-$]项的影响可以忽略;从而通过 k_{obs} 对[OH$^-$]的线性图可以得到 k_{OH}。

图 7.6 显示了 $\ln k_{OH}$ 对 $E_{NO^+/NO}$ 的关系图。大多数配合物的相关性都很好($R^2 = 0.993$),但 trans-[Ru(py)$_4$(L)NO]$^{x+}$ 系列除外,这些点位于一条平行线上,反应速率低于预期值,这可能是由于空间位阻所致。

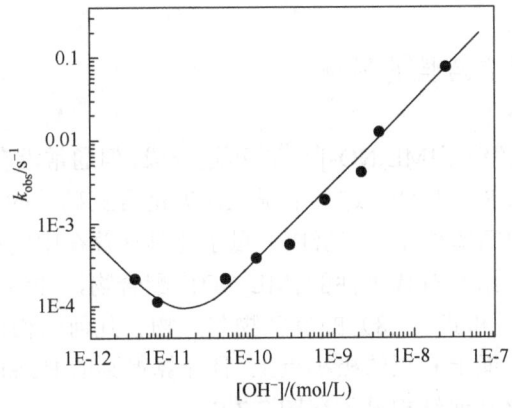

图 7.5 碱性条件下，$(2.5\sim5.5)\times10^{-5}$ mol/L $[Ru(bpy)(tpm)NO]^{3+}$：$T=25$℃和 $I=1$ mol/L 的反应，k_{obs} 对[OH$^-$]的依赖关系[27]

图 7.6 上主线的斜率为 20.2V^{-1}。值得注意的是，k_{OH} 值的相关性跨越了约 10 个数量级，氧化还原电位覆盖约 1 V。图 7.6 是一种线性自由能关系（LFER），这种动力学与热力学参数的相关性经常发现在由相同机理控制的系列反应中[37]。该斜率值接近 Marcus 理论对外层电子转移反应中交叉反应的预测值（19.4 V^{-1}，即 0.5/RT）。Marcus 理论后来被扩展至内层过程，并预测当反应以配位取代为主的缔合机理进行时，也可能出现同样的斜率[38]。

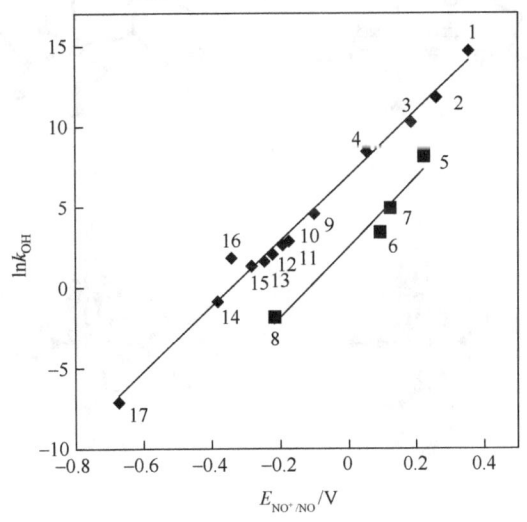

图 7.6 一系列$[MX_5NO]^n$配合物与 OH$^-$反应的 lnk_{OH} 对 $E_{NO^+/NO}$ 作图（相关数据见表 7.4）

表 7.4 显示，速率常数和氧化还原电位通常伴随着活化焓和熵的增加而同步增加。熵的变化趋势可从不同配合物与 OH$^-$反应所引起的溶剂化差异给予合理解释（特别是带相同或相反电荷的配体）；而焓变的趋势则较难理解。有研究提出，式（7.8）中亲核加成的速率控制主要受到耗能步骤控制，在此过程线性 MNO 部分重组为弯曲型 M-NO$_2$H[36]。

7.3.3.1 共配体对反应活性的影响

尽管 UV-Vis 结果解释了 $[ML_5NO_2]^{(n-2)}$ 的可逆形成,但通常没有 $[ML_5NO_2H]^{(n-1)}$ 中间体的直接证据[反应式(7.8)][8, 34]。这种情况在研究键合亚硝基的亲电反应中经常出现,此时所提出的加合物中间体往往反应极快。量子化学计算在中间体的表征和稳定性分析具有重要价值。选择一组具有代表性的 $\{ML_5NO\}^x$ 配合物,并结合不同的 $\ln k_{OH}$ 值,研究集中于反应式(7.7)和式(7.8)的反应物和产物。几何结构优化结果表明,反应物和产物均位于势能超曲面上真正的极小点上,且计算得到的 Hessian 矩阵中没有负分量。三个代表性例子的优化几何结构显示在图 7.7 中。

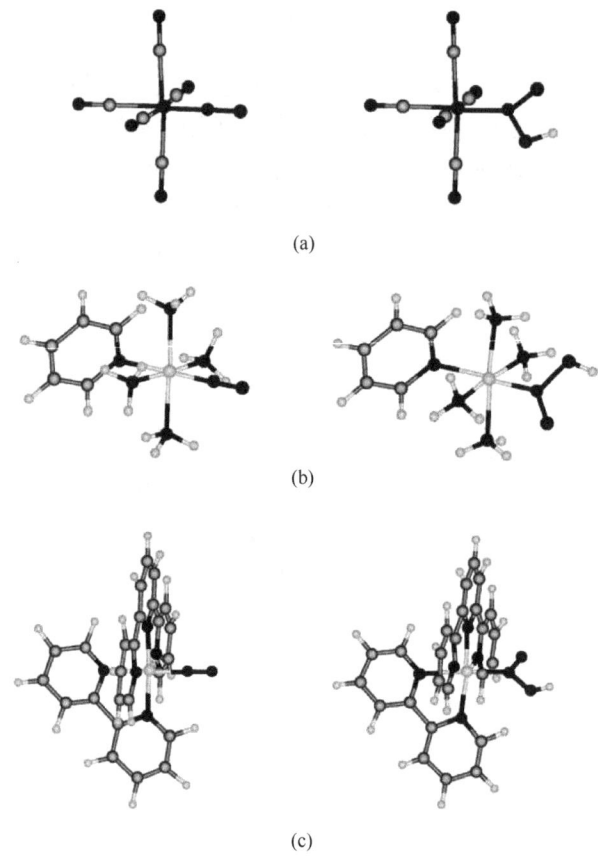

图 7.7 对代表性金属亚硝基和 OH^- 加成产物组合体进行的 B3LYP/6-31G** (基于金属中心的 SDD 假设势能)水平的优化几何构型:(a) $[Fe(CN)_5NO]^{2-}$;(b) trans-$[Ru(NH_3)_4NO(py)]^{3+}$;(c) cis-$[Ru(bpy)(Trpy)NO]^{3+}$[36] (后附彩图)

在整个计算过程中使用了不同的基组,从最简单的 3-21G 到虚拟金属中心势能基组。通过计算获得了主要参与反应的基团(MNO 和 MNO_2H)的几何参数和亲电中心的电荷。k_{OH} 的增加与 N—O 键的键长缩短以及 M—N 键的键长伸长相关联。为了准确定义亲电中心的电子特性,对 N 原子、NO 基团或 MNO 基团进行了电荷计算。通过定义与 $\ln k_{OH}$ 密切相关的基团电荷 q_{MNO},得到了更好的相关性。这清楚地表明,离域 MNO 上的辅助共配体对亲电反应速率起主要影响作用;这一结果应予以强调,尽管从理论上是可预测的。电子对反键 MMO 轨道的反馈决定了 N 原子的电荷及 N—O 键的键长。对更具电子受体特征的共配体来说这种效应很小,因此从氰根到多吡啶配体电子密度降低,N—O 键的键长缩短[36]。

值得一提的是,用于反应式(7.8)的 ΔE(ΔE = 反应物的能量–产物的能量)也与观察到的 $\ln k_{OH}$ 的趋势相关。这可归因于较大的 $\ln k_{OH}$ 值与较低的 LUMO 能量。这也表明反应的加成产物不仅仅是一个稳定的中间体,在某些情况下甚至比反应物更稳定。形式上,这种加成可以描述为 OH⁻对线性亚硝基 LUMO 的亲核进攻,电子在简并的 e_2 轨道(主要是 π^*_{NO})的布居引起能量分裂,将分子的对称性从 C_{4v} 降低到 C_s。键的形成是由于 OH⁻的 O 原子的 p 轨道与分裂后稳定化的 a′轨道的相互作用(图 7.1b)。因此,该系列所有配合物的 N—O 键的键长增长。在此过程中,LUMO 能级的降低有利于 OH⁻的稳定,体现为更负的 ΔE 值。因此,LUMO 能量成为决定反应能量变化的关键因素。该系列中 ONO 和 MNO 平面夹角的变化表明,在 OH⁻加合产物稳定性增强的情形下,几何构型更接近 N 原子 sp^2 杂化所要求的构型[36]。从线性到弯曲的构型重组形式上对应于还原反应,即 Enemak-Feltham 命名法中从{MNO}⁶种类转变为{MNO}⁸[11]。

不同基组计算的结构参数对比表明,LANL2DZ 和 SDD 的计算结果非常相似。Gorelsky 和 Lever[39a]利用相似计算水平,Boulet 等[39b]和 Wanner 等[40]使用 ADF 程序分别对 d_{NO} 的高估进行了分析。根据前人的数据,要获得更接近实验 d_{NO} 值的估算,有时需要使用包括扩散函数和极化函数的三重 ζ 基组进行计算。

7.3.3.2 SNP 的计算反应机理

对 SNP 的完整反应能量剖面进行了分析,计算中包含了极化函数在基组中的作用。表 7.5 中给出了反应的不同步骤的结构参数和光谱数据。计算 N—O 键的键长反映了基函数的影响,当计算中考虑极化函数时,N—O 键的键长缩短。对于 Fe 原子,采用赝势方法处理,得到了更准确的值。与 SNP 相比,$[Fe(CN)_5NO_2H]^{3-}$的总键长增加,反映出离域反键体系的电子数目增加。计算结果显示,OH⁻加成产物的能量比反应物的能量约高 0.12 au。过渡态(transition state,TS)的能量也较高,为 0.123 au,非常接近反应式(7.8)的产物的能量(图 7.8)。

表 7.5 B3LYP/6-31G 级下计算反应式(7.5)的不同步骤(包括中间体$[XNO_2H]^{3-}$)的选择键长、键角和伸缩 IR-频率**

	$[XNO]^{2-}(exp)^a$	$[XNO]^{2-}$	TS^b	$[XNO_2H]^{3-}$	$[XNO_2]^{4-}$
d_{FeC} ax/Å	1.9257(9)	1.9694	1.9878	1.9888	1.987
d_{FeC} eq^c/Å	1.935	1.9595	1.9890	1.9880	2.011
d_{FeN}/Å	1.6656(7)	1.6155	1.8223	1.813	2.104

续表

	$[XNO]^{2-}(exp)^a$	$[XNO]^{2-}$	TS^b	$[XNO_2H]^{3-}$	$[XNO_2]^{4-}$
d_{CN} ax/Å	1.1591(12)	1.1683	1.1751	1.1755	1.184
d_{CN} eq^c/Å	1.1613	1.1691	1.1761	1.1782	1.1826
d_{NO}/Å	1.1331(10)	1.1604	1.2255	1.2275	1.2642
$d_{NO(H)}$/Å			1.4536	1.4713	1.2642
d_{OH}/Å			0.9801	0.9784	
∠FeNO/(°)	176.03(7)	179.96	134.69	133.11	122.48
∠ONO/(°)			109.25	107.98	115.02
∠CFeC eq^d/(°)	176.63(4)	180.00	173.5	179.83	
ν_{CN}/cm^{-1}	2147~2177	2161~2170		2100~2120	2043
ν_{NO}/cm^{-1}	1943	1907		1567、1266、789	1317、1351、802
ν_{FeN}/cm^{-1}	658	712		575	574

注：实验值在可用时给出（X = [Fe(CN)$_5$]）。
^{a} 改编自参考文献[36]。
^{b} 过渡态。
^{c} 第四位的平均数。
^{d} NO$_2$H 基团的反向过程。

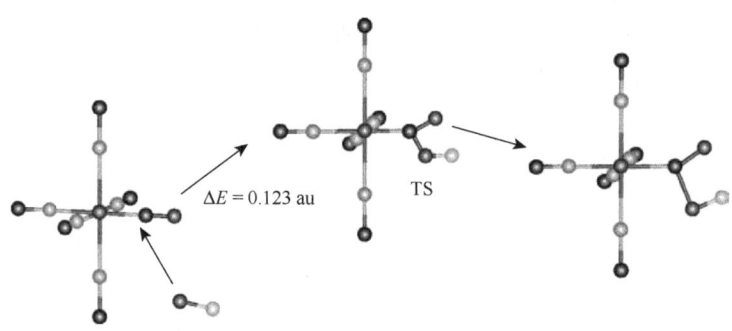

图 7.8 [Fe(CN)$_5$NO]$^{2-}$ 与 OH$^-$ 反应初始步骤的优化几何构型[36]

TS 与加成产物之间的主要结构差异在于 FeNOH 扭转角，在 TS 中为 164.35°，而在加成产物[Fe(CN)$_5$NO$_2$H]$^{3-}$ 中为 179.99°。因此，从 TS 向中间体加合物的演化过程主要与 O 原子杂化态的改变有关，从 OH$^-$ 的 sp^3 到配位加合物中的 sp^2。从反应物到 TS 的能量消耗主要与 N 原子的电子重组有关。表 7.5 显示了计算物种的一些特征振动频率，SNP 的值与使用 Fe 的赝势计算值一致。虽然这些频率值比实验值略低，但与先前的实验及理论结果一致。对于[M(CN)$_5$NO$_2$]$^{4-}$，在 1351 cm^{-1}、1317 cm^{-1} 和 802 cm^{-1} 处的频率对应于相关配合物中亚硝基的伸缩和变形。ν_{CN} 值为 2043 cm^{-1}，这在第六配体为中等强度 π-受体的 M(II)-五氰基配合物中是典型的，而 SNP 中的 ν_{CN} 值较高，为 2160 cm^{-1}。ν_{FeN} 伸缩频率低于 SNP，与弱的 Fe—N 键预期相符。对[M(CN)$_5$NO$_2$H]$^{3-}$ 中间体的频率分析支持硝基的质子化。对金属中心采用赝势方法计算其他加合物的频率模式,得到类似的结果[39a]。

电子跃迁通过 TD-DFT 方法进行计算。该方法在描述价态激发态时表现良好,但当激发态涉及跃迁至未束缚轨道时,可能会受到势能不正确的渐近行为的影响,正如所分析的阴离子的情况一样。然而,对 SNP 的计算结果与实验数据吻合较好,增加了对其他物种预测结果的信心。对 SNP 的 MLCT 跃迁的计算与实验非常吻合[22],证实了最低激发归因于 b_2、d_{xy} 和 e_2MOs 之间的跃迁。较高能跃迁则涉及更低能级的占据轨道。这些计算还支持了 $[M(CN)_5NO_2H]^{3-}$ 和 $[M(CN)_5NO_2H]^{4-}$ 的合理指认[36]。

7.3.4 SNP 与 N-键合亲核试剂的反应:以 N_2H_4 为例

含氮小分子是键合 NO^+ 的亲核活性分子,如下列化学计量反应式所示[8, 34]:

$$[Fe(CN)_5NO]^{2-} + NH_3 + OH^- \longrightarrow [Fe(CN)_5H_2O]^{3-} + N_2 + H_2O \quad (7.10)$$

$$[Fe(CN)_5NO]^{2-} + NH_2R + OH^- \longrightarrow [Fe(CN)_5H_2O]^{3-} + N_2 + ROH \quad (7.11)$$

$$[Fe(CN)_5NO]^{2-} + NH_2OH + OH^- \longrightarrow [Fe(CN)_5H_2O]^{3-} + N_2O + H_2O \quad (7.12)$$

$$[Fe(CN)_5NO]^{2-} + HN_3 + OH^- \longrightarrow [Fe(CN)_5H_2O]^{3-} + N_2 + N_2O \quad (7.13)$$

$$[Fe(CN)_5NO]^{2-} + N_2H_4 + OH^- \longrightarrow [Fe(CN)_5H_2O]^{3-} + N_2O + NH_3 \quad (7.14)$$

反应式(7.10)~式(7.14)可以描述为亲核试剂 N 原子对 MNO 片段中 N 原子的加成反应,伴随去质子化,这一机理得到了 pH 依赖性速率定律的支持,表现为配合物和亲核试剂浓度的一阶反应,随后发生快速的加合物重组。负的活化熵说明了加成起始步骤的缔合机理。加合物重组生成不同的气态产物 N_2 和/或 N_2O。加合物中间体的理论(如 DFT)表征已被报道[41],与之前对 OH^- 加成的研究一致[36]。

我们着重讨论已报道的反应式(7.14)总体动力学和机理研究[42]。图式 7.1 描述了 N_2H_4 加成($k_{N_2H_4} = 0.43\ M^{-1}s^{-1}$,pH 为 9.4,25℃)的各个步骤,接着去质子化和 N—N 键

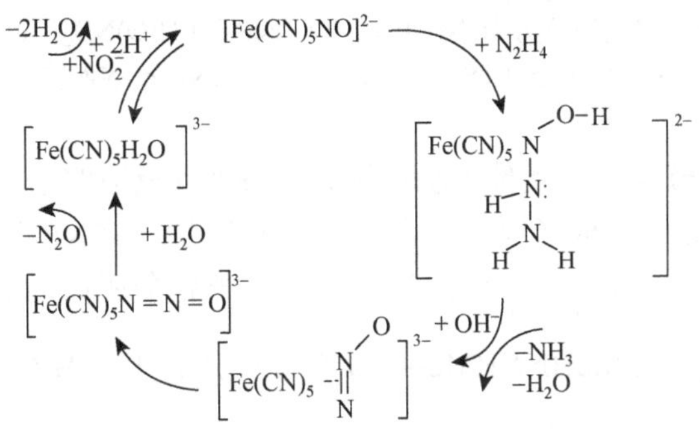

图式 7.1

裂解,生成 NH_3 和侧向 η^2-N_2O 以及端基 η^1-N_2O 配位中间异构体。别的最终产物还有游离 N_2O 和$[Fe(CN)_5H_2O]^{3-}$,还能进一步与更多的亚硝酸根配位(以NO^+的形式)。

这样,在适当的条件下,NO_2^- 可以被 N_2H_4 催化还原。有趣的是,N_2H_4 加入到其他硝基配合物中会产生叠氮配合物,而不是 N_2O。在此类反应中,亲核试剂的氮原子对配位的 NO^+ 进攻,这正是土壤中细菌及其还原酶将 NO_2^- 还原为气态产物 N_2/N_2O 反应机理的核心[4]。正如反应式(7.2)所预测的,NO_2^- 的配位被认为是引发后续反应的第一步。

采用标记的 SNP(^{15}NO)对反应式(7.14)进行了研究,产物中气体被定量鉴定为 $^{14}N^{15}NO$,但未检测到标记的 NH_3。结合图 7.9 的 DFT 计算结果,这一发现支持所提出的催化过程。

对 N_2O 连接异构体的预测与 7.6 节所述的 NO 类似物的结果相关。目前仅有某些 Ru 和 Os 配合物中的 η^1-N_2O 配位型的直接光谱证据[8a]。从 DFT 模型所得到的几何结构与红外光谱参数来看,反应式(7.14)中可能同时涉及 η^2-N_2O 和 η^1-N_2O。

在 N_2H_4 的 Me-取代衍生物与 SNP 的反应中,以相似的甲基肼与 1,1-二甲基肼化学计量比反应生成 N_2O,分别形成甲胺和二甲胺[反应式(7.14)]。相关机理确认 NH_2 基为进攻基团,并且每增加一个甲基使反应速率约降低至原来的 1/10。

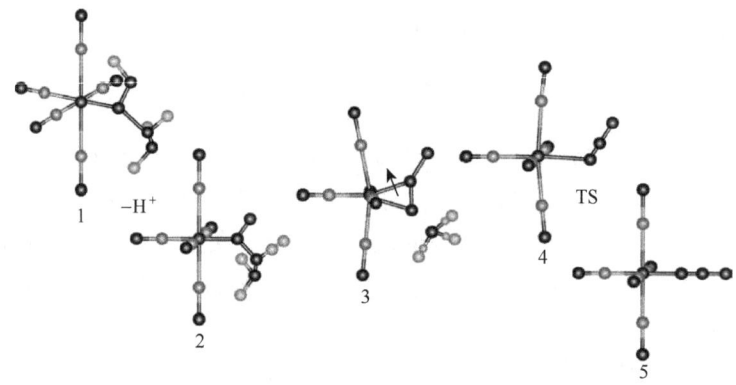

图 7.9 $[Fe(CN)_5NO]^{2-}$ 与 N_2H_4 反应起始步骤的 DFT 计算几何构型,包括了键合 N_2O 的各种中间体。这些结构对应于在 B3LYP/6-31G** 水平计算的势能面上的单点能。相对能量(y 坐标)未按比例绘制。从左到右依次为(1)$[Fe(CN)_5N(OH)NHNH_2]^{2-}$;(2)$[Fe(CN)_5N(O)NH_2]^{3-}$;(3)$[Fe(CN)_5-\eta_2-N_2O]^{3-}$;(4)过渡态(TS)结构;(5)$[Fe(CN)_5-\eta_1-N_2O]^{3-[42]}$

对于甲基肼,在 pH>8 的条件下观察到另一条平行反应路径,生成不同产物,其过程涉及甲基邻位的氮原子加成形成加合物。值得注意的是,SNP 与 1,2-二甲基肼的反应路径完全不同[反应式(7.15)],包括 NO^+ 的六电子完全还原为 NH_3,形成偶氮甲烷。

$$[Fe(CN)_5NO]^{2-} + 3MeHNNHMe \longrightarrow [Fe(CN)_5NH_3]^{3-} + H_3O^+ + 3MeNNMe \quad (7.15)$$

反应式(7.15)的机理可能包括双电子还原中间体$[Fe(CN)_5HNO]^{3-}$和$[Fe(CN)_5NH_2OH]^{3-}$。

7.4 $n=7$：部分弯曲的 MNO 配合物——多样化的结构和反应性图景

7.4.1 六配位和五配位配合物：红外、电子顺磁共振和穆斯堡尔光谱

直接混合化学计量比的 NO 与 Fe(Ⅱ)配合物，生成{MNO}$^{7[8]}$。

$$[Fe^{II}L_5H_2O]^x + NO \rightleftharpoons [ML_5NO]^x + H_2O \tag{7.16}$$

在 NO 过量的条件下，可能发生歧化反应。NO 配合物还可以通过合适的前驱体经化学或电化学还原/氧化生成（图 7.2）[8]。

$n=7$ 的配合物不如 $n=6$ 的配合物常见[8,10]。表 7.2 中的所有配合物都是弯曲的，其∠MNO 为 140°~150°，v_{NO} 值为 1600~1700 cm^{-1}，显著低于 NO$^+$ 的。对于相同的金属/共配体环境，可以明显观察到 d_{M-N} 和 d_{N-O} 的增长，这与部分占据的 π^* 型 MNO 轨道预期结果一致。

利用 EPR 谱可以鉴别基态为 $S=3/2$ 或 $S=1/2$ 的配合物。某些金属蛋白中具有非血红素亚铁中心的五配位和六配位配合物可逆地与 NO 反应，形成 $S=3/2$ 的亚硝基化合物。X-射线、RR、XAFS、MCD 和穆斯堡尔光谱以及理论计算证明了 Fe^{III}NO$^-$ 的存在[高自旋铁(Ⅲ)（$S=5/2$）与 NO$^-$（$S=1$）之间的反铁磁耦合][12,13o]。类似的描述也适用于经典配合物[Fe(Me$_3$TACN)(N$_3$)$_2$NO][13n,13o]和[Fe(EDTA)NO][13o]以及"棕色环"化合物[Fe(H$_2$O)$_5$NO]$^{2+}$[43]。通过 X-射线、EPR 谱、穆斯堡尔光谱和磁性测量，研究了一系列有趣的三角双锥几何构型的非血红素铁-亚硝酰配合物，其配体为三齿胺衍生物 tris-(N-R-羧酰甲基)胺（R = 异丙基、环戊基、3,5-二甲苯基）[44]。R 基团在金属离子周围形成空腔，影响金属离子的结构，特别是 FeNO 的弯曲程度，键角变化范围为 160.3°（R = dmp）到 178.2°（R = ^{i}Pr）。EPR 测量结果支持了这一点，$S=3/2$ 测量结果显示，配体弯曲程度越大，谱图呈现出更明显的菱形特征。这种组合的方法支持对 Fe(Ⅲ)-NO$^-$ 的结构描述。最终，[Fe(LPR)NO]配合物在固态下表现出价互变异构体 $S=1/2$ 和 $S=3/2$ 之间的自旋平衡[13P]。

$S=1/2$ 的情况通常存在于较强的配位场体系。对[M(CN)$_5$NO]$^{3-}$ 阴离子系列（M = Fe、Ru 和 Os）进行了 EPR 实验和理论研究[40]。在 3.5 K 冷冻的乙腈溶液中还原 NO$^+$ 前驱体可原位生成目标物种，其 EPR 谱图显示典型的轴向对称特征和一个 ^{14}N 超精细耦合常数。总结在表 7.6 中的结果证实了顺磁性物种为[M^{II}(CN)$_5$NO$^\bullet$]$^{3-}$。

表 7.6 [M(CN)$_5$NO]$^{3-}$ 配合物的 g 值^a 和 ^{14}N 的超精细耦合常数 A(mT)^b 的实验值和计算值对比^c

	[Fe(CN)$_5$NO)]$^{3-}$		[Ru(CN)$_5$(NO)]$^{3-}$		[Os(CN)$_5$(NO)]$^{3-}$	
	实验值^d	计算值	实验值^e	计算值	实验值^e	计算值
g_1	1.990	2.015	2.004	2.000	1.959	2.002
g_2	1.990	1.995	2.002	1.991	1.931	1.940
g_3	1.920	1.893	1.870	1.803	1.634	1.583
g_1-g_3	0.070	0.122	0.134	0.197	0.325	0.419
g_{av}^f	1.967	1.968	1.959	1.932	1.847	1.824
A_1		0.73		0.51		0.58

续表

	$[Fe(CN)_5NO]^{3-}$		$[Ru(CN)_5(NO)]^{3-}$		$[Os(CN)_5(NO)]^{3-}$	
	实验值[d]	计算值	实验值[e]	计算值	实验值[e]	计算值
A_2	2.80[g]	3.16	3.80	3.26	3.50	3.28
A_3		0.65		0.36		0.44
Spinδ, N(O)	62(22)		66(24)		65(25)	

[a] 限制自旋的计算,包括自旋-轨道合。
[b] 使用标量相对论 UKS-ZORA 方法的计算。
[c] 引用文献[40]。
[d] 来自文献[45a]水溶液 77 K 时的 EPR 测量值。
[e] 由 $CH_3CN/0.1$ mol/L Bu_4NPF_6 电解生成。EPR 测量值是在 3.5 K 下进行的。
[f] 由 $g_{av} = \left[\left(g_1^2 \pm g_2^2 \pm g_3^2\right)/3\right]^{1/2}$。
[g] 引用文献[45a]。

对所有三个体系进行了高水平 DFT 计算(ADF/BP 和 G98/B3LYP)。如上所述,将一个电子加到 NO^+ 前驱体中会导致 M—NO 键和 N—O 键的键长以及 M—N—O 键的键角(接近 145°)的显著变化。计算结果确认,e_2 轨道简并性的去除和 a′ 对称性分子轨道的单电子布居降低了分子结构的对称性。表 7.6 中列出了三种离子的 SOMOs 组成。

对于 $[Os^{II}(CN)_5NO^{\bullet}]^{3-}$,图 7.10 显示自旋密度不仅局限于分子的亚硝基部分(在氮原子上约占三分之二),还显著分布于金属中心。

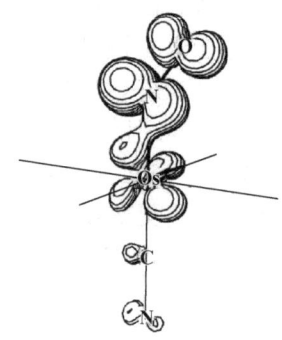

图 7.10 $[Os(CN)_5NO]^{3-}$ 内自旋密度分布

比较固体载体、铜或其他钌配合物碎片上 NO 的 EPR 数据,证实了自旋主要集中在配体上。实验和计算数据提供了明确的证据,并清楚地证明,自旋-轨道耦合效应依 Fe＜Ru＜Os 顺序增强(表 7.6)。在 Os 体系中,这一效应最为显著,它的 g_3 和计算的各向同性值 g_{av} 最低,总 g 的各向异性 (g_1-g_3) 最大。这一研究为 $S=1/2$, $n=7$ 体系的 EPR 谱归属奠定了坚实的基础,同时也有助于区分 $[Fe(CN)_5NO]^{3-[45a]}$ 与当时被误认为是 $[Fe(CN)_5NOH]^{2-}$ 的 $[Fe(CN)_4NO]^{2-}$(7.4.2 节)[45b]的 EPR 谱图。此研究成果后来扩展到更多 $[M^{II}(L_5NO^{\bullet})]^x$ 配合物(M = Ru、Fe),如图 7.11 所示对 $[Ru(bpy)(tpm)NO^{\bullet}]^{2+}$ 的描述[13a-13c, 45c]。

对 $S=1/2$ 的亚硝基金属卟啉进行了 EPR 研究[18, 46]。对于六配位的 $[Fe(TpivPP)(NO_2)NO]^{[131]}$,

未成对电子主要分配在 d_{z^2} 主导的 SOMO 轨道中,显示几乎纯的 Fe^INO^+ 的电子结构。对早期一些亚硝基金属蛋白(MbNO 和 HbNO)的 EPR 谱也被以此方式作出了解释[46a]。然而,最近对[Fe(TPP)(1-MeIm)NO]的 MCD、穆斯堡尔、IR 光谱和 DFT 计算研究表明,SOMO(Fe 上约占 20%)以亚硝基为中心,更适合描述为 Fe(II)NO·[40, 45c]。同样的描述适用于一系列[Ru(TPP)(NO)(X)]配合物(X = 4-CNpy、py、4-N,N-二甲氨基吡啶),其 g 因子通常为 $g_1>2$、$g_2\approx2.0$、$g_3<2$,^{14}N 的超精细耦合常数 A_2 约为 32 G,约 65%的自旋密度位于 NO 配体上[46d]。

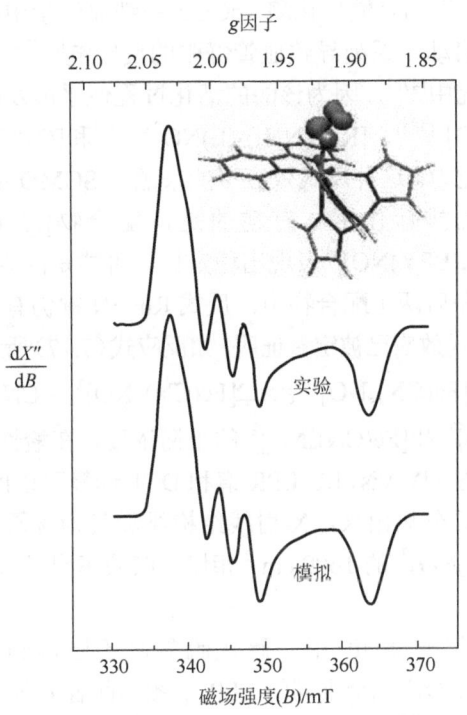

图 7.11 $[Ru(bpy)(tpm)NO·]^{2+}$ 的 EPR 谱

右上方:DFT 计算的真空自旋密度(B3LYP 水平,LanLDz 基组);中间:在 110 K 和 CH_3CN/0.1 mol/L Bu_4NPF_6 下,电化学产生的阳离子的光谱;底部:计算机模拟频谱[27]

UV-Vis 的复杂带型依赖于金属和辅助配体的性质,DFT 计算帮助合理归属这些跃迁,同时可估算 HOMO 与 LUMO 的混合组分。与{MNO}^{6} 配合物相比,{MNO}^{7} 配合物的吸收带明显发生位移[27, 46]。

最后,穆斯堡尔光谱被证明可用于区分 $n=6$ 和 $n=7$ 的相似亚硝基配合物。表 7.3 显示,含 NO·配体的 $n=7$ 配合物,显然 δ 值更高,而 ΔE_Q 值显著更低。在 $n=6$ 和 7 这两种情况下,测定值与辅助配体无关。这些差异并不反映 Fe 氧化态的变化[28],而是反映出 NO 配体化学性质变化导致不同程度的反馈键。计算的场梯度张量与实验趋势一致,对这种相关性提供了合理的解释[13a]。因此,轴向配体的反键越强,其从 Fe 3d 轨道拿走的电子密度越多,从而降低 3d 屏蔽效应并增加铁核上的电子密度。同时,金属-配体键强度减弱，价层 4s 轨道发生收缩，进一步提高了铁核的电子密度。与羰基类似物对比，π受体能力的趋势为 $NO^+>CO>NO^{\bullet}$，与后文第 7.4.3 节中讨论的解离动力学一致。DFT 计算还支持与 NO^+（28%）相比，NO 较小反馈键程度（MO 中约有 20%的 a′ 与 π^*_{NO} 相混合）。

7.4.2 反式效应：NO 信号作用的关键

$n = 7$ 的 $[ML_5NO]^x$ 配合物的一个重要结构事实是，NO 的反式配体中的 M—L 键被拉伸，有时可能导致解离[8, 12]。这在生物无机化学中具有重要意义，因为 NO 是一种必需的细胞信号分子，它与可溶性鸟苷酸环化酶（sGC）中铁血红素中心的配位，并诱导近端组氨酸配体的解离，从而启动一系列导致血管舒张的反应链[3, 47a]。关于这一重要生物反应的机理细节仍在仔细研究中[47b]，因为该酶的活化过程似乎涉及两个 NO 分子。

对 $[Ru^{II}Cl(cyclam)NO]^{+[48a]}$、$[Ru^{II}(NH_3)_4(L)NO]^{2+[48b]}$ 和 $[Os^{II}Cl_5NO]^{3-[13j]}$ 的研究揭示了氯离子配体的反式活化能力。这种反式效应可能来源于 SOMO 中未成对电子（具有 d_{z^2} 性质）反式配体对电子的排斥作用。有趣的是，配合物 $[cis\text{-}Os^{II}(bpy)_2ClNO]^+$、$[Ru^{II}(bpy)(tpm)NO]^{2+}$ 和 $[cis\text{-}Ru(LPY)NO]^{2+}$ 表现出稳定性，可能是因为反式位被螯合配体占据；然而，DFT 计算表明，在后两个配合物中，反式 Ru—N 键仍有一定程度的拉伸。

$[Fe^{II}(CN)_5NO]^{3-}$ 的反式效应已被定量证明，如反应式（7.17）所示，$K_{17} = 6.75\times 10^{-5}$ $M^{[49]}$。

$$[Fe(CN)_5NO]^{3-} \rightleftharpoons [Fe(CN)_4NO]^{2-} + CN^- \quad (7.17)$$

pH 影响 $[Fe(CN)_5NO]^{3-}$ 和 $[Fe(CN)_4NO]^{2-}$ 的平衡浓度，在酸性条件下，由于 HCN 的形成，后者的浓度升高。通过 UV-Vis、IR、EPR 谱和 DFT 计算可以区分这两种阴离子[13m, 45]。$[Fe(CN)_4NO]^{2-}$ 配合物盐已分离出来，X-射线结构显示其为含氰根的四方锥构型，ν_{NO} 在 1755 cm^{-1} 处。与 $[Fe(CN)_5NO]^{3-}$ 的 1600 cm^{-1} 相比，该频率明显偏高，证明了 Fe^INO^+ 电子分布的存在[50]。

通过对 90% ^{13}C 标记的 SNP 用二硫代硫酸盐还原得到的溶液的研究，观察到 $[Fe(CN)_4NO]^{2-}$ 与 $[Fe(CN)_5NO]^{3-}$ 完全不同的 EPR 谱图，前者 g 值为 2.024[45b]。EPR 谱可以解释为耦合到单个 ^{14}N 核，$A(^{14}N) = 15.2G$，以及四个 ^{13}C 核。$A(^{14}N)$ 值与在溶液中观察到正方锥形 $[Fe(NO)(S_2CNMe_2)_2]$ 的值非常接近[51]。扩展的 Hückel 计算证实了实验几何结构和 $A(^{14}N)$ 数值。从 $[Fe^{II}(CN)_5NO]^{3-}$ 中除去一个轴向氰根得到 $[Fe(CN)_4NO]^{2-}$，使 FeNO 片段中铁 d_{z^2} 轨道从几乎纯金属轨道转变为 $4p_z$ 与 σ(NO) 的混合轨道，在整个 FeNO 片段中形成 SOMO σ-轨道键结构。注意，$[Fe^{II}(CN)_5NO^{\bullet}]^{3-}$ 沿 FeNO 方向的 SOMO 具有 π-型特征，$A(^{14}N) = 38$ G。

在同一框架下，研究了五配位弯曲金属卟啉[18, 46a]。图 7.12 展示了 [Fe(TPP)NO] 的 X-带 EPR 谱[46c]。

对于相关配合物的 [Fe(OEP)NO]，未成对电子被归属到显著 d_{z^2} 轨道特征的 SOMO，表明该配合物具有近似纯粹的 Fe^INO^+ 电子结构，类似于 $[Fe(CN)_4NO]^{2-}$。最近 MCD、穆斯堡尔光谱、IR 光谱和 DFT 计算也支持 [Fe(TPP)NO] 具有类似的电子结构，尽管电子分布更为混合，铁和 NO 大约各占 50%[46b]。利用紫外可见吸收、红外、拉曼和 ^1H NMR 谱的互补性，将其电子结构与六配位衍生物 [Fe(TPP)(1-MeIm)(NO)] 进行了仔细比较[46c]。实验和理论证明，反式配体的配位减弱了 Fe—NO 键。五配位和六配位配合物均具有约 140°弯曲的 FeNO 键角。

在五配位配合物中，NO 单电子 π* 轨道向 Fe(II) 的 d_{z^2} 给电子，形成 Fe-NO 的 σ 键。最重要的区别是五配位配合物具有较强的 σ 键，这也导致自旋密度从 NO 向 Fe 的显著转移（MCD）[46b]。因此，相对于六配位配合物[描述为 $Fe^{II}NO^{·}$ 配合物（自由基）]，五配位配合物具有更显著的 Fe^INO^+ 特征。

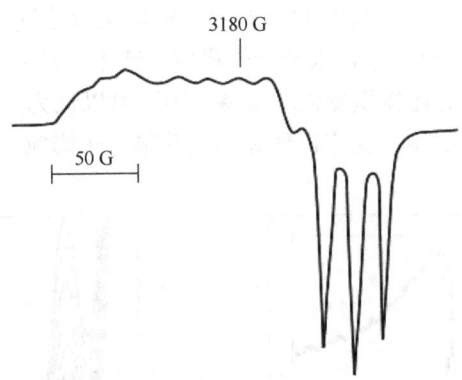

图 7.12 玻璃态甲苯中五配位 Fe(TPP)(NO) 的 X-带 EPR 谱

$g_1 = 2.102$，$A_1(^{14}N) = 12.4$ G；$g_2 = 2.064$，$A_2(^{14}N) = 16.6$ G；$g_3 = 2.010$，$A_3(^{14}N) = 16.2$ G。$A(^{14}N)$ 超精细裂分的单位为 10^{-4} cm^{-1} [46e]

作为 {FeNO}^{7} 体系的重要结论，其化学性质呈现多样化特征——配位数（CN）与共配体类型共同调控体系电子结构，允许存在不同的极限描述形式，如 $Fe^{II}NO^{·}$（二价铁结合 NO 自由基），以及涉及金属中心与配体间电子转移的变体形式：Fe^INO^+（一价铁结合 NO^+）或 $Fe^{III}NO^-$（三价铁结合 NO^-）。

通过 X-射线、IR、EPR 和 DFT 方法对两个相关的、含吡唑基甲烷和硼酸根的单核铜(I)亚硝基配合物进行了研究[52]。这些配合物属于 {CuNO}^{11} 类，作为铜蛋白与 NO 反应的中间体具有重要生物意义[4, 9]。数据解释可以确定配合物为限制性的 $Cu^INO^{·}$，其中弯曲的亚硝基以端基方式配位。

7.4.3 NO 配体交换：歧化反应

对经典配合物中的 NO$^{·}$ 配体的动力学研究很少[5, 8]。实验需要严格去除流路中的杂质，确保溶液中没有 NO_2^- 和/或 NO_2。NO 可逆地键合高自旋 $[Fe^{II}L_xH_2O]$ 配合物（L = EDTA、NTA 及其衍生物），这些配合物可用作气体净化 NO 的潜在催化剂[31]。如上所述，亚硝基化产物（$S = 3/2$）的电子结构被描述为 $Fe^{III}NO^-$[式（7.18）]。

$$[Fe^{II}L_xH_2O] + NO \rightleftharpoons [Fe^{III}L_x(NO^-)] + H_2O, \quad k_{on}、k_{off} \quad (7.18)$$

快速动力学检测显示，25℃下，k_{on} 值为 $10^6 \sim 10^8$ M^{-1}s^{-1}，而 k_{off} 值为 $10^{-1} \sim 10^3$ s^{-1}，随配体 L 变化。类似地，对于 $[Fe(H_2O)_5NO]^{2+}$，$k_{on} = 1.41 \times 10^6$ M^{-1}s^{-1}，$k_{off} = 3.2 \times 10^3$ s^{-1}[43]。通过水交换测量和活化参数分析，证实该过程遵循解离交换（I_d）机理[31]。

$[Fe^{II}(CN)_5NO]^{3-}$ 可被视为典型的 d^6 低自旋 $M^{II}NO^{·}$ 模型体系。图 7.13a 显示了 NO 与 $[Fe^{II}(CN)_5H_2O]^{3-}$ 反应的光谱变化[反应式（7.19）][53]。

$$[Fe^{II}(CN)_5H_2O]^{3-} + NO \rightleftharpoons [Fe^{II}(CN)_5NO^{\bullet}]^{3-} + H_2O, \quad k_{on}、k_{off} \quad (7.19)$$

图 7.13a 的内插图表明，在过量 NO 存在下，$[Fe^{II}(CN_5NO)]^{3-}$ 在 350 nm 处的吸收峰随时间衰减，说明发生了分解（见下文）。快速跟踪实验呈现良好的准一级动力学特征，而不受这一复杂性的影响。k_{obs} 与 NO 浓度成线性关系，得到 k_{on} = 250 M^{-1}s^{-1}。该值与其他几种配体（CO、NH$_3$、py 等）及 $[Fe(CN)_5H_2O]^{3-}$ 的配位反应速率相似，证明其为解离机理（可能为 D 型）；在这一过程中，水分子的释放是速率限速步骤（表 7.7），这一结果得到正的活化焓、活化熵和活化体积变化的支持。因此可以认为，NO 在与 Fe(II)中心配位时表现如同其他 Lewis 碱配体，反应机理并不受其单电子影响。

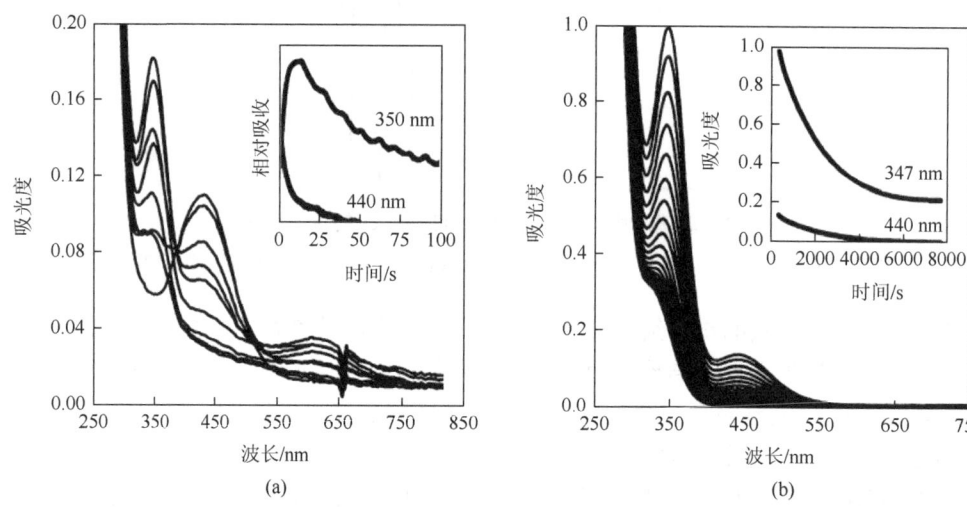

(a) (b)

图 7.13 （a）$5.0×10^{-5}$ mol/L $[Fe(CN)_5H_2O]^{3-}$ 与 $1.8×10^{-3}$ mol/L NO 反应的连续光谱：pH 为 10，I = 0.1 mol/L 和 T = 25.4℃。水离子衰减在 440 nm 处，$[Fe(CN)_5NO]^{3-}$ 形成在 350 nm 处。在约 600 nm 的吸收反映了 $[Fe(CN)_4NO]^{2-}$ 的存在。内插图：快反应物衰减和产物形成的时间依赖性。350 nm 处的进一步衰变反映了产物分解；（b）在游离氰根离子存在下 NO 从 $[Fe(CN)_5NO]^{3-}$ 中的解离：pH 为 10.2，I = 0.1 mol/L，T = 50.4℃，循环时间 312 s。内插图：在 440 nm 和 347 nm 处的动力学拟合[53]

表 7.7　$[Fe^{II}(CN)_5L]^{n-}$ 系列的配合物形成（k_{on}）和解离（k_{off}）反应的速率常数和活化参数[反应式（7.19）][a]

配体 L	k_{on}/M^{-1}s^{-1}，k_{off}/s^{-1}	$\Delta H^{\neq}$/(kJ/mol)	$\Delta S^{\neq}$/(J/mol·K)	$\Delta V^{\neq}$/(cm^3/mol)
NO^{+b}				
CO	310，<10^{-8}	63，—	15，—	—，—
CN$^-$	30，4×10^{-7}	76.9，—	42，—	13.5，—
NO	250，1.6×10^{-5}	70，106	34，20	17.4，7.1
DMSO	240，7.5×10^{-5}	64.4，110	16.7，46	—
pz	380，4.2×10^{-4}	64.4，110.5	20.9，58.6	—，13.0
his	315，5.3×10^{-4}	64.4，105.4	21，46.0	17.0，—
NH$_3$	365，1.75×10^{-2}	62，102	10，68	14.4，16.4

[a] 文献[8b]反应条件：T 约为 25℃，I = 0.5～1 mol/L。
[b] 不可测量的生成反应和不可探测的解离反应。

图 7.13b 显示了 NO 从[Fe(CN)$_5$NO]$^{3-}$解离时的光谱变化[反应式(7.19)的逆反应][53]。根据 X 从[Fe^{II}(CN)$_5$X]$^{3-}$配合物中解离的机理描述[8, 31]，反应式（7.20）描述了反应物的速率决速步骤，反应式（7.21）显示在 CN$^-$过量条件下最终产物的形成，过量 CN$^-$作为水配合物的快速清除剂。

$$[Fe(CN)_5NO]^{3-} + H_2O \rightleftharpoons [Fe(CN)_5H_2O]^{3-} + NO \quad 慢 \quad (7.20)$$

$$[Fe(CN)_5H_2O]^{3-} + CN^- \rightleftharpoons [Fe(CN)_6]^{4-} + H_2O \quad 快 \quad (7.21)$$

饱和条件下，$k_{off}(k_{-20}) = 1.6 \times 10^{-5}$ s^{-1}（25.0℃，pH 为 10），与其他[Fe^{II}(CN)$_5$X]$^{n-}$配合物的 k_{-X} 值一起列于表 7.7 中。

这种趋势与 Fe^{II}—X 键中 σ-π 相互作用的强度一致。因此可以得出结论，NO$^{\bullet}$是一种中等强度的配体，配位能力比羰基或氰化物弱，明显弱于 NO$^+$（尽管 NO$^{\bullet}$有显著 σ-给电子能力，其 π-受体能力较差，参见表 7.3 的穆斯堡尔结果）。目前缺乏[ML$_5$NO$^{\bullet}$]体系可靠的解离速率数据。对于[Ru^{II}(NH$_3$)$_4$(L)NO]$^{2+}$系列的多个成员，k_{off}（k_{-NO}）值通过循环伏安（CV）法在 NO$^+$配合物还原时估算得到[48b]。这些值较高（10^{-4}～1 s^{-1}），与[Fe(CN)$_5$NO]$^{3-}$的 k_{off}值相比有很大差异，表明电子共配体可加速 NO 的离去。

[Fe(CN)$_5$NO]$^{3-}$的 k_{off}值与在体液中注射 SNP 溶液引起的快速血管舒张（时间尺度为分钟）有关[54]。初始的还原性过程大致如反应式（7.22）所描述，随后进一步释放 NO 至介质中。

$$[Fe(CN)_5NO]^{2-} + SR^- \longrightarrow [Fe(CN)_5NO]^{3-} + 1/2 RS\text{-}SR \quad (7.22)$$

基于此，研究了[Fe(CN)$_5$NO]$^{3-}$和[Fe(CN)$_4$NO]$^{2-}$[反应式（7.17）]平衡溶液的自发热分解过程[55]。图式 7.2 概述了多种反应情况，并汇集了不同的光谱和动力学证据，以便对中间体和最终产物进行适当的表征。

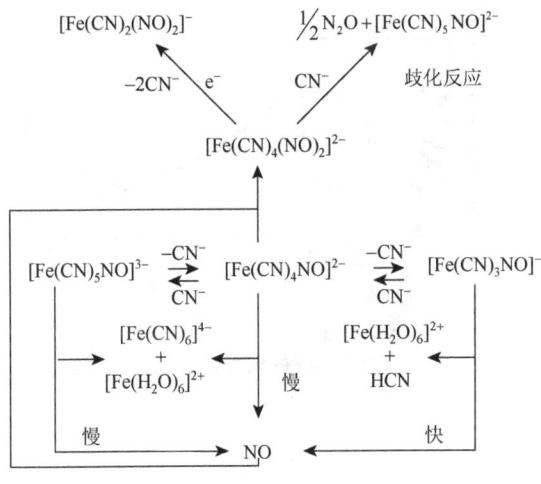

图式 7.2　文献[97c]

pH 对结果分析至关重要。当 pH 为 7 时，[Fe(CN)$_4$NO]$^{2-}$占主导地位，随后以 k_{off}约为 10^{-5} s^{-1}（25℃）的速率减少。在 pH 为 4～5 时，[Fe(CN)$_4$NO]$^{2-}$快速分解，释放出氰化

物和 NO，同时生成类似于普鲁士蓝的沉淀物（图式 7.2）。我们仍可接受目前的观点，即 [Fe(CN)$_4$NO]$^{2-}$ 是快速 NO 释放的必要前驱体，当其氰配体与特定受体蛋白位点发生作用时，甚至在生理 pH（pH = 7）下也可诱导其分解[54]。

在 pH>8 时，[Fe(CN)$_5$NO]$^{3-}$ 为主要存在形式，随后缓慢释放 NO·，形成一种具有特征的 UV-Vis，ν_{NO} 在 1695 cm^{-1} 以及无 EPR 信号的中间体（**I**）。**I** 是 NO 歧化为 [Fe(CN)$_5$NO]$^{2-}$ 和 N$_2$O 的前驱体，表现出严格 1∶0.5 的摩尔比。综合证据表明，**I** 是一个二亚硝基物种，*trans*-[Fe(CN)$_4$(NO)$_2$]$^{2-}$；DFT 计算结果支持该分子结构，这与最近报道的二亚硝基卟啉 [Fe(NO)$_2$(por)]一致[56]。在 NO 过量的情况下，*trans*-[Fe(CN)$_4$(NO)$_2$]$^{2-}$ 的生成也得到了独立动力学数据的支持，该反应遵循二级速率定律 $k = 4.3 \times 10^4$ M^{-1}s^{-1}。将 [Fe(pyS$_4$)] 与过量 NO 混合得到一个相关的二亚硝基苯甲酰化合物，[Fe(NO)$_2$(pyS$_4$)][13b]。二亚硝基化合物的合成、结构以及反应性与 NO 还原酶化学密切相关[4]。

图式 7.2 中另一值得关注的现象是最终分解产物出现新的 EPR 信号，表明产生了 "$g \approx 2.03$" 型二亚硝酰物，这些是具有生物意义的活性中间体，可参与血管扩张反应[57]。其通式为 [Fe(L)$_2$(NO)$_2$]，采取准四面体构型，L 为硫醇盐、咪唑盐等共配体。在图式 7.2 的反应条件下，L 显然应为氰化物。

7.4.4 氧的亲电加成

正如可以预测 NO$^+$ 配合物具有亲电反应性一样，我们也可以预测富电子的 NO 配合物具有亲核反应性。尽管 {MNO}^{7} 结构中并未观察到亚硝酰的质子化，但该系列中某些配合物已被证实对氧气敏感。图 7.14 显示 [Fe(CN)$_5$NO·]$^{3-}$ 在逐步加入溶解氧气后的衰变过程[58]，反应化学计量如式（7.23）所示。

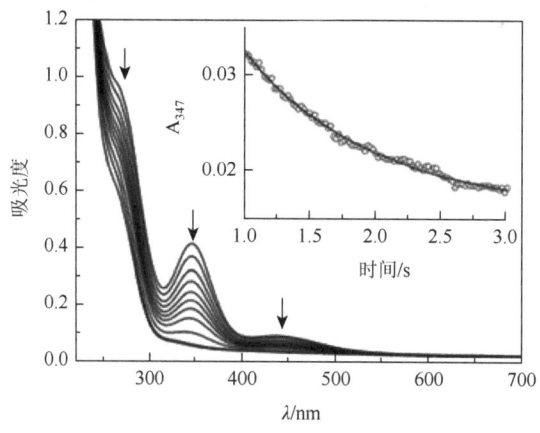

图 7.14 O$_2$ 与 [Fe(CN)$_5$NO·]$^{3-}$ 的反应

用 2.6×10^{-4} mol/L[O$_2$] 滴定 10^{-4} mol/L[Fe(CN)$_5$NO·]$^{3-}$ 得到的连续紫外可见吸收光谱：pH 为 10，$I = 0.1$ mol/L，5×10^{-4} mol/L CN$^-$，$T = 25$℃。内插图：流停跟踪 [Fe(CN)$_5$NO·]$^{3-}$ 在 347 nm 处的衰变[58]

$$4[Fe(CN)_5NO·]^{3-} + O_2 + 2H_2O \longrightarrow 4[Fe(CN)_5NO·]^{2-} + 4OH^- \quad (7.23)$$

在过量 O_2 条件下，$[Fe(CN)_5NO^·]^{3-}$ 在流停时间尺度上呈指数衰减（图 7.14，内插图）。实验准一级速率常数 k_{obs} 与 $[O_2]$ 呈线性关系，由此得到二级速率定律：$-1/4d[Fe(CN)_5NO^{3-}]/dt = k_{23}[Fe(CN)_5NO^{3-}][O_2]$（25℃，pH = 10），$k_{23} = (3.5±0.2)×10^{-5}\ M^{-1}s^{-1}$。活化参数为 $\Delta H^{\#} = 40\ kJ/mol$，$\Delta S^{\#} = 12\ J/(mol·K)$。在所有实验中，必须使用过量的游离 CN^- 以降低该配体的反位解离[反应式（7.17）]。改变 pH（9~11）和离子强度（0.1~1 mol/L）下，速率常数不变。然而，当 pH<10 且无多余 CN^- 时，氧化反应速率显著降低。

上述结果无法用外层机理解释，因为第一个单电子转移是吸热过程。通过 NO 或 CN^- 解离促进的 O_2 配位的反应步骤已被抛弃，取而代之的是以反应式（7.24）作为反应式（7.23）的初始步骤。

$$[Fe^{II}(CN)_5NO]^{3-} + O_2 \rightleftharpoons [Fe^{III}(CN)_5N(O)O_2]^{3-} \quad (7.24)$$

反应式（7.24）描述了 NO 和 O_2 之间共价键的形成（图 7.15）。DFT 计算结果支持氧分子经双电子还原，形成过氧亚硝酸根离子与 Fe(III) 的配合物，而不是形成 Fe(II)-硝基二氧自由基。

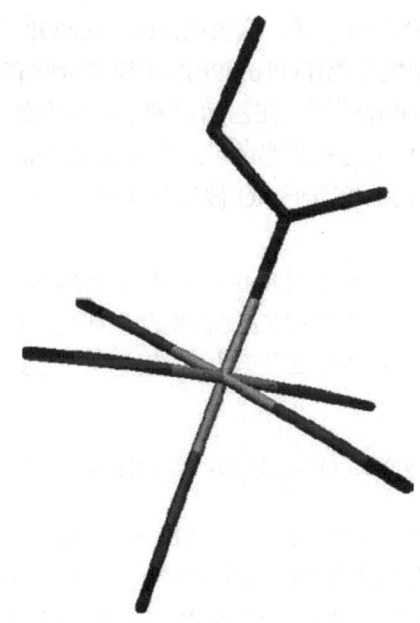

图 7.15 $[Fe(CN)_5NO^·]^{3-}$ 和 O_2 反应的初始步骤中形成的铁(III)过氧亚硝酸根配合物的 DFT 优化几何构型

在有关 $Mb^{II}NO$ 的研究中（7.8 节），提出一种从 N-配位到 O-配位的过氧亚硝酸盐异构化路径，以解释最终产物 NO_3^- 的生成[59]。相反，反应式（7.25）涉及 $[Fe(CN)_5NO_2]^{3-}$ 的快速双分子生成，该中间体可继续反应，最终形成 SNP[式（7.26）]。

$$[Fe(CN)_5N(O)O_2]^{3-} + [Fe(CN)_5NO]^{3-} \longrightarrow 2[Fe(CN)_5NO_2]^{3-} \quad (7.25)$$

$$[Fe(CN)_5NO_2]^{3-} + [Fe(CN)_5NO]^{3-} + H_2O \longrightarrow 2[Fe(CN)_5NO]^{2-} + 2OH^- \quad (7.26)$$

反应式（7.25）和式（7.26）可能涉及多个步骤。在整个反应过程中，氧化当量始终与金属结合，这就导致实验上观察到4∶1的总化学计量比，反应过程没有检测到其他副产物。

对$[Fe(CN)_5N(O)O_2]^{3-}$作稳态处理，得到$-d[Fe(CN)_5NO^{3-}]/dt = 4k_{ad}k_{25}[O_2][Fe(CN)_5NO^{3-}]^2/\{k_{-ad} + k_{25}[Fe(CN)_5NO^{3-}]\}$。当$k_{25}[Fe(CN)_5NO^{3-}] \gg k_{-ad}$时，该表达式简化为上述实验速率定律，$k_{23} = k_{ad}$。

配合物$[Ru(bpy)(tpm)NO]^{2+}$和$[Ru(NH_3)_5NO]^{2+}$与O_2的反应也呈二级速率规律。由于不同$\{MNO\}^7$部分的自旋密度分布基本保持不变（7.4.1节），可以合理地预测不同NO配合物具有相似的反应性。配合物$[Fe(CN)_5NO]^{3-}$和$[Ru(NH_3)_5NO]^{2+}$（$E_{NO^+/NO}$接近−0.10 V），加成速率非常接近。然而，$[Ru(bpy)(tpm)NO]^{2+}$（$E_{NO^+/NO} = 0.55$ V）的k_{ad}值低得多，相差5个数量级。对上述三种配合物$\ln k_{ad}$对$E_{NO^+/NO}$作图，可观察到线性趋势，斜率为(-18.4 ± 0.9) V^{-1}。这与理论上的Marcus型行为对于具有缔合特征的双分子反应所预测的斜率$(-19.4$ V$^{-1})$高度一致[38]。不出意料的是，该图与图7.6所示的$[ML_5(NO^+)]$配合物与OH^-的亲电加成反应非常相似，尽管其斜率为正值。

综上，六配位构型是实现NO配合物自氧化反应的必要条件。正如前面所述，反应式（7.23）的速率随pH的降低而下降，这表明$[Fe(CN)_4NO]^{2-}$在此反应中无活性。另外，树桩-篱笆（picket-fence）型配合物$[Fe(TpivPP)NO]$仅在吡啶存在时能在非水介质中与O_2反应，生成$[Fe(TpivPP)(NO_2)(py)]^{[60a]}$。在乙腈溶液中，非血红素$[Fe(PaPy_3)NO]^+$配合物的自氧化反应，也生成了$NO_2^-$配位的产物[60b]。自氧化过程涉及两个电子的转移（Fe∶O_2 = 2∶1的计量比），在形式上相当于$NO^·$被氧化成NO_2^-，Fe(II)被氧化成Fe(III)的两个单电子氧化过程。

确实，$MNO^+/MNO^·$氧化还原电对电位能够定量预测NO自氧化反应活性，这一点很有意义。未来需对更多结构明确的NO配合物开展研究，以扩展该机理分析并最终验证该预测方法。必须指出，游离NO在生理相关溶液中的衰变途径之一是如式（7.27）的反应。

$$4NO + O_2 + 2H_2O \longrightarrow 4H^+ + 4NO_2^- \quad (7.27)$$

反应式（7.27）是一个三分子反应，$k = 2.88\times10^6$ M^{-2}s^{-1} [61]。因此，除非产生免疫反应条件，否则在体液中低浓度的NO能存在较长时间。前面的讨论表明，$NO^·$配合物可与O_2反应，为$NO^·$的快速消耗提供一条途径。然而，$[Fe(CN)_5NO]^{3-}$这样的配合物中NO的反应活性几乎无法与其他主要的NO反应试剂相匹配，即游离NO与sGC或HbO_2的反应要快得多[1, 3]。

7.5 $n = 8$：强烈弯曲的NO^-/HNO配合物——质子化、解离和其他反应

正确表征的$\{MNO\}^8$类配合物较为稀少（表7.2）[62]。其中，以五配位、键合NO^-

并呈方锥几何构型的物种最为常见[10, 18],这可能与 NO⁻的强反式效应有关。最常见的例子是亚硝基钴卟啉[18]。通过与单齿配体（NCS、Cl、Br 等）反应,可以得到六配位配合物。反应式（7.28）描述了第一个通过 X-射线方法研究的该类型配合物的制备过程[13s]。

$$[Co(en)_2NO]^{2+} + Cl^- \longrightarrow trans\text{-}[CoCl(en)_2NO]^+ \quad (7.28)$$

还原态的水钴胺素（维生素 B_{12r}、Cbl^{II}）在生理条件下结合 NO,生成一个抗磁性的六配位产物,其 α-位二甲基苯并咪唑配体结合较弱,而 NO 配体在咕啉环 β-位以弯曲构型配位于钴原子。与其他钴硝基卟啉类似,基于 UV-Vis 和 ¹H NMR、³¹P NMR、¹⁵N NMR 数据,它被归类为 $Co^{III}NO^-$ [63a]。最近,对亚硝基钴胺的 X-射线结构分析进一步证实了对 $Co^{III}NO^-$的描述[63b]。表 7.2 还包括一个六配位铂配合物 $K[Pt(H_2O)(NO_2)_4NO]$ [13x],被归类为 $Pt^{IV}NO^-$结构。

未分离出 Fe-HNO 配合物是研究工作一个明显的不足之处。表 7.2 中包括了 SNP 的双电子还原产物数据,该产物在理论上被预测为稳定的、含有 HNO 配体的物种[13r],是第一个含亚硝酰的血红素蛋白衍生物 Mb^{II}-HNO[13q],它可在水溶液中通过 Mb^{II}-NO 的还原反应获得,并通过多种光谱手段进行表征[13q, 64]。在 D_2O 中,¹H NMR 在 14.8 ppm 处出现信号,并在 ¹⁵N (J_{NH} = 72 Hz) 谱中显示双重峰。结合共振拉曼光谱在 1385 cm⁻¹处的 ν_{NO},为 Mb^{II}HNO 中 HNO 配体的确认提供了有力的支持。并得到了 XANES 和 XAFS 光谱以及血红素口袋处的 ¹H NMR 结构研究的佐证。

对于[Fe(cyclam-ac)NO][13a],包括 ¹⁵N 和 ¹⁸O 标记的电化学和 IR 测定以及 DFT 计算都支持乙腈中 NO⁻的存在。确实,有明确证据表明 n = 8 配合物的形成,尽管尚无结构或 ¹H NMR 和 ¹⁵N NMR 足以区分 NO⁻和 HNO。

目前关于六配位 HNO 配合物的晶体结构仅报道了三种（表 7.2）。反应式（7.29）和式（7.30）描述了代表性配合物的合成方法[13t-13v]。

$$[Os^{II}Cl(CO)(PPh_3)_2NO] + HCl \longrightarrow [Os^{II}(Cl)_2(CO)(PPh_3)_2HNO] \quad (7.29)$$

$$[Ru^{II}(py^{bu}S_4)NO]^+ + H^- \longrightarrow [Ru^{II}(py^{bu}S_4)HNO] \quad (7.30)$$

最近,在非水溶液中对几个 M-HNO 配合物进行了明确的表征[65]。其中,采用与反应式（7.30）类似的方法得到了第一个卟啉衍生物$[Ru^{II}(TTP)(1\text{-MeIm})HNO]$ [65a]。用 $Pb(Ac)_4$ 双电子氧化羟胺前驱体制备了$[Re^I(CO)_3(PPh_3)_2HNO]$配合物[65b]。另一种用于合成该 Re^I 配合物的新方法是直接将 NO^+ 插入 $Re^I(H)(CO)_2(PPh_3)_2$ 的金属-氢负离子键之间[65c]。最后,通过类似于反应式（7.29）中的质子化反应,得到 $cis, trans\text{-}Re^I Cl(CO)_2(PR_3)_2HNO$（R = Ph、Cy）[65d]。

所有的 NO⁻/HNO 配合物在固相和溶液中都表现出相似的结构和光谱特征。它们均没有 EPR 信号（d^6 低自旋金属,单峰 NO⁻/HNO）,M—N—O 的键角接近 120°,比 n = 7 体系更加弯曲,如表 7.2 所示。对上述报道的配合物,¹H/¹⁵N NMR 谱的联合证据对于确认溶液中 HNO 配体至关重要。M^{II}HNO 配合物的 ν_{NO} 值约为 1300~1400 cm⁻¹,而对于更高形式的氧化态金属,如 $Co^{III}NO^-$或 $Pt^{IV}NO^-$配合物,观察到 ν_{NO} ≥1500 cm⁻¹。总体而言,这反映出 NO⁻/HNO 相较于 NO˙或 NO⁺配体键级降低,与 a′反键轨道被完全占据的情况一致(图 7.1b)。关于 NO⁻或 HNO 的配位倾向仍是一个开放性问题。M^{III}/M^{IV}配合物似乎更倾向于 NO⁻配体。较低的 π-给体能力或许能解释其较高的 ν_{NO} 值及 HNO 更易去质子化的性质,与 M^{II} 体系形成对比。

NO⁻被认为是强亲核试剂,可迅速从水等质子源中夺取质子。最近报道,游离的 ^{1}HNO/^{3}NO⁻的 pK_a 约为 11.4,而 ^{1}HNO/^{1}NO⁻的 pK_a 估计约为 23[66]。目前尚无水溶液中金属键合 ^{1}HNO/^{1}NO⁻的 pK_a 数据。

然而,大多数 M-HNO 配合物不溶于水。Mb^{II}-HNO 是一个例外,对释放 HNO 表现出显著的惰性(以小时计)。后一个事实支持 HNO 可能是五氰合铁催化 NH_2OH 歧化反应中的长寿命中间体,形成键合 NO⁺的最终产物[67],或在 1,4-二甲基肼对 SNP 的六电子还原反应中作为中间体 [见反应式 7.15] [42]。根据某些中间体的晶体学观测与 DFT 计算结果,HNO 被认为是细胞色素 c 亚硝酸还原酶催化 NO_2^- 还原成 NH_3 的六电子还原路径中必要的中间体[68]。

已报道的 HNO 配合物对空气敏感,但其产物和机理尚未得到详细研究。一些五配位 $[Co^{III}L_4NO^-]$ 配合物在非水介质中与 O_2 反应,只有在氮和磷碱存在下,才能生成相应的硝基化合物 $[CoL_4(NO_2)B]$[69a]。这些自氧化反应的速率强烈依赖于 NO⁻对位配体的性质,此依赖性被解释为对 $\{CoNO\}^8$ 单元亲核性的影响。对于配合物 $[Ir^{III}Cl(CO)(NO)(PPh_3)_2X]$(X = I⁻、Br⁻、Cl⁻、NCS⁻等),自氧化生成 NO_3^-[69b]。其他配合物可能生成 NO_2^- 和 NO_3^- 的混合物。

7.6 连接异构体:末端配位-ON、η^1-ON"异亚硝基"和侧向配位-ON、η^2-NO

1977 年,Hauser 等[70]在一项穆斯堡尔光谱研究中报道,在 80 K 下用蓝-绿色光照射亚铁氰化钠(SNP),可生成一种寿命较长的态。该新物种被称为亚稳态(metastable state,MS1),表现出比原始 SNP 更大的四极分裂(quadrupole splitting),以及更正的同位素位移(isomer shift)。随后,Güida 等[71]通过对 SNP 和其钡衍生物的单晶片进行红外光谱测量,又提出存在第二种亚稳态(MS2)。MS2 在穆斯堡尔光谱中的表现与 MS1 类似,相对于 SNP 也显示出略正的同位素位移(见表 7.3)。

样品在 350~590 nm 光照后,差示扫描量热法(DSC)检测到了 MS1 和 MS2[72]。图 7.16 显示了恒定升温速率下,监测样品吸热或放热过程所获得的 DSC 曲线。峰值代表高能态向基态弛豫所释放的热量。通过对峰面积积分,可计算出 MS1 和 MS2 的焓变,分别为 57 kJ/mol 和 36.3 kJ/mol。因此,也可根据 IR 或穆斯堡尔光谱实验估算亚稳态的转化率。

用红光和近红外光(600~900 nm)照射,或在约 150 K(MS2)和 200 K(MS1)的衰变温度下加热,均可完全可逆地进行 MS 态到 GS 态的去激发,这两个过程均遵循一级反应动力学。近红外光照射(900~1200 nm)可使 MS1 部分转移为 MS2。图 7.17 描述了 MS1、MS2 和 GS 之间的激发、去激发和转换的光谱区域[73]。

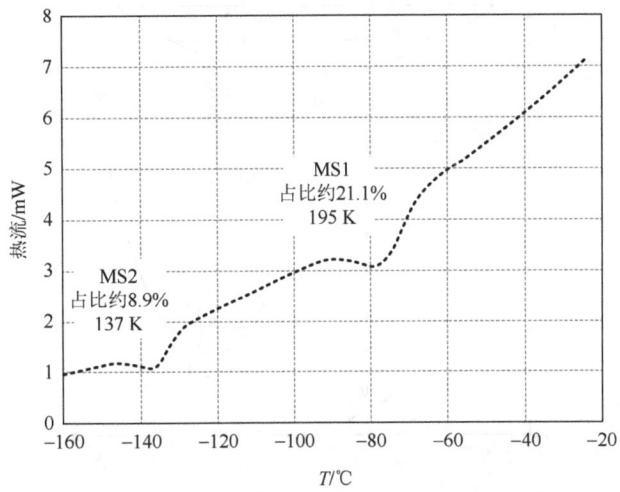

图 7.16　被激光照射后的 $Na_2[Fe(CN)_5NO]\cdot 2H_2O$ 晶体差示扫描量热曲线

加热速率为 4℃/min[13f]

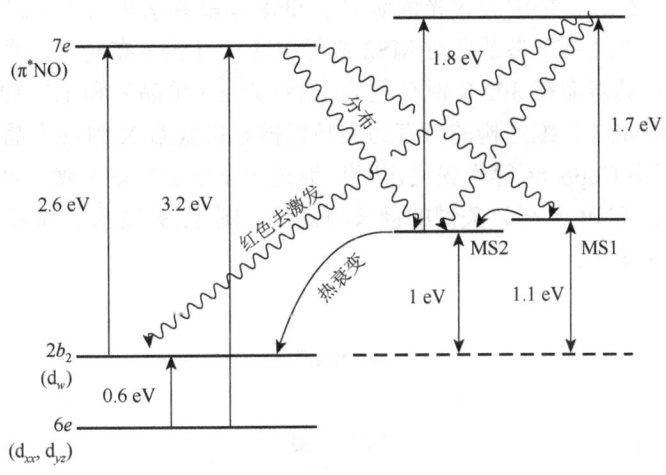

图 7.17　$Na_2[Fe(CN)_5NO]\cdot 2H_2O$ 亚稳态 MS1 和 MS2 的相对位置，激发态以及基态的激发能级[13f]

激发态（ES）由 $b_2\rightarrow e_2$ LUMO 的电子跃迁所产生（图 7.1）。ES 中间体可进一步弛豫至 MS1、MS2 或返回基态，如图 7.18 所示的势能面所描述，展示了各物种的相对能量。

1985 年，Yang 和 Zink[74]使用 9 ns 脉冲对 SNP 溶液进行了激发态拉曼实验。在 1835 cm^{-1} 和 500～700 cm^{-1} 处观察到新峰，提示存在构型尚不明确的"弯曲"结构弛豫态。1835 cm^{-1} 的频率恰好与 MS1 中的 ν_{CN} 值一致（表 7.3）。理论计算证明，该弛豫态在能量和几何结构与 GS/MS1 的过渡态相似，这解释了异构化过程的高效率[75]。在 80 K 的温度下，SNP 的激发态寿命为 20～80 μs，足以让 Fe 上的电子密度重新分布。因此，从 ES 到 MS1 或 MS2 的无辐射弛豫在新的势能极小值上发生，而铁仍保持抗磁性基态构型$(d_{xz,yz})^4(d_{xy})^2$。基于后一证据，MS1 与 MS2 被认为是硝酰配体的配位连接异构体，而

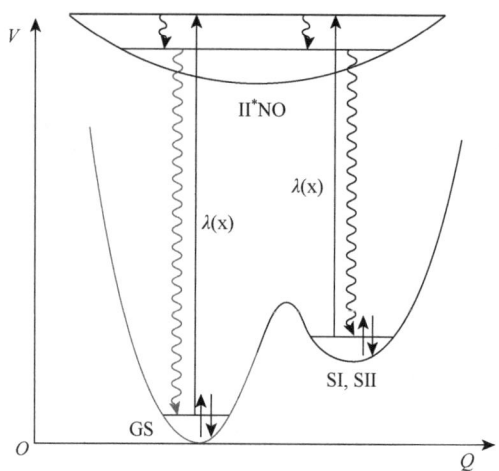

图 7.18　$Na_2[Fe(CN)_5NO]_2 \cdot H_2O$ 的 MS1 和 MS2 的基态和亚稳态势能面
$\pi^*(NO)$ 轨道为弛豫到 MS1、MS2 或回到基态的中间态[73]

非简单的激发态。最近，采用吸收光谱研究了 SNP 单晶和水溶液中的瞬态动力学[76]。在纳秒激光脉冲下，可经单重态跃迁对 MS2 进行快速（<1 ns）布居，并通过热去激发单指数衰减回到基态，其寿命在 302 K 时分别为 1.8×10^{-7} s（单晶）和 1.1×10^{-7} s（水溶液）。

关于 MS1 和 MS2 详细结构的最有力实验证据来自低温 X-射线光晶体学研究结果，该研究于 1994 年由 Coppens 等率先提出[13f]。通过电子密度的差分傅里叶图分析，得到了这些物种（与基态 SNP 共存）关键的键长与键角。图 7.19 显示了基态（GS）和亚稳态（MS）几何构型的变化。

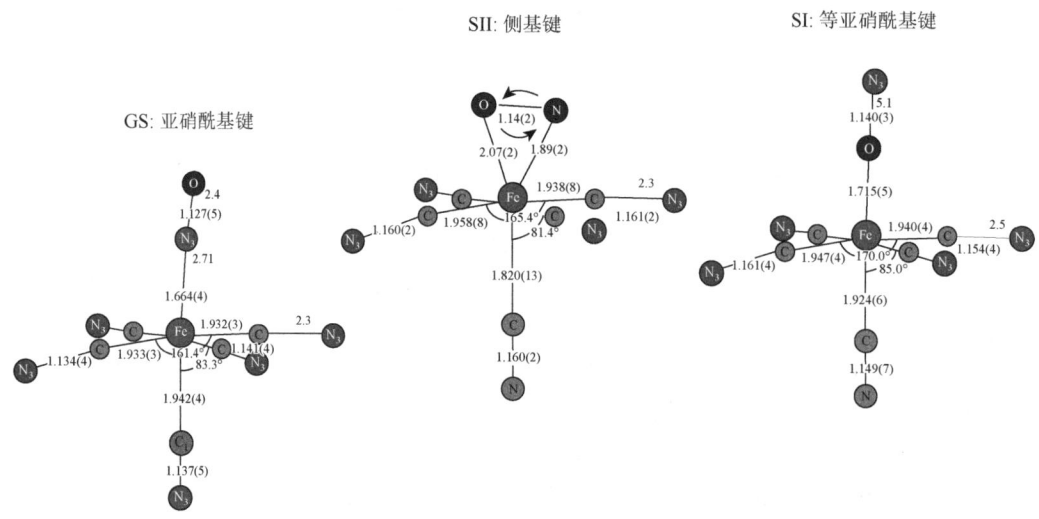

图 7.19　50 K 下，$Na_2[Fe(CN)_5NO] \cdot 2H_2O$ 基态和亚稳态（MS1 和 MS2）的键长（单位为 Å）和键角[77]

对于 MS1，伴随着基态（亚硝基键）的协同变化，Fe 到亚硝基近端原子键（N 为

GS，O 为 MS1）延长了 0.053(6) Å；对位赤道配体间的夹角有所加大。另外，在 MS2 中，对位赤道配体被侧基 NO 排斥，导致 C_{eq}-Fe-C_{eq}(*trans*)角度减小。MS2（不是 MS1）中的 Fe—C 键（轴向）显著缩短，缩减了 0.106 Å。令人意外的是，N—O 键的键长与基态值相比几乎没有变化。

用偏振光激发正交 SNP 晶体的研究显示，MS1 的饱和占比取决于光的偏振方向，可达到 50%。由于 MS2 达到饱和的速度比 MS1 快得多，推测存在一个沿 GS 到 MS1 反应坐标的中间体。Delley 等[75]和 Boulet 等[39b]的 DFT 计算支持这一推断，尽管对各态几何和能量变化的定量描述仍为粗略估计。

MS1 和 MS2 的初始穆斯堡尔光谱表明，与 GS 相比，核处的电子密度降低，但未能揭示 SNP 阴离子的真实变化。结合穆斯堡尔结果和 DFT 计算，证实了 MS1 中 NO^+ 基团的异亚硝基构象（FeON）；同时建议 MS2 是一种动态构象，包括 FeON 的弯曲振动和 NO^+ 基团围绕主分子轴的旋转[77]。在 77 K 下，使用同步辐射核非弹性中子散射（NIS）对硝普钠胍$(CN_3H_6)_2[Fe(CN)_5NO]$进行了研究。对比 DFT 模拟的 NIS 光谱，结果仅对 MS1 的异硝基结构提供支持[78]。

红外光谱[79]和拉曼光谱[80]一直是合理指认的最有效方法。表 7.8 显示了硝酰基相关的振动带（N-O 和 Fe-N 伸缩振动，δ_{FeNO} 弯曲振动）向低能量方向移动，同时 C-N 和 Fe-C 伸缩振动略有降低。说明最显著的结构变化集中在 FeNO 单元。

表 7.8 $Na_2[Fe(CN)_5NO]_2H_2O$ 在 GS、MS1 和 MS2 状态[a]下的红外光谱（77 K）

	GS	MS1	MS2
v_{CN}/cm^{-1}	2177 2168 2163 2146	2168 2159 2153 2138	2180 2165 2149 2133
v_{NO}/cm^{-1}	1960	1835	1664
δ_{FeNO}/cm^{-1}	667	582	596
v_{Fe-N}/cm^{-1}	657	565	547
v_{FEC}/cm^{-1}	414	405	
v_{FEC}/cm^{-1}	410	399	

[a] 来源文献[79]。

对天然丰度、^{15}NO 和 ^{18}O 同位素标记的 SNP 产生的 MS1 和 MS2 进行了低温 IR 实验与理论研究。经 488 nm 的激光照射并随后使用 1064 nm 的光处理，使 MS2 态达到高布居[79]，从而提供了 MS1 和 MS2 分别为末端配位和侧向配位的几何证据。δ_{FeNO} 的 $^{16}O/^{18}O$ 同位素位移为 MS2 表征提供了进一步支持。此外，拉曼研究表明，基态 δ_{FeNO} 峰从 669 cm^{-1} 降至 655 cm^{-1}（^{15}NO 替代），而 MS1 对应峰（582 cm^{-1}）几乎不变，符合 NO 基团以 O 原子配位的 MS1 异亚硝酰结构，与计算结果一致[80]。

此类配位连接异构体也在其他$[ML_5NO]^x$ 配合物中得到验证（L 为混合型配体，如 NH_3、吡啶、联吡啶、NO_2^-、卤化物、卟啉等）[15]。虽然大多数配合物都具有 $\{MNO\}^6$

构型，但也有在还原条件下形成的配位异构体，例如{MNO}^{7}（五配位铁硝基卟啉）[81]、{MNO}^{8}（[Pt(NH$_3$)$_4$Cl(NO)]Cl$_2$）[82]和{MNO}^{10}（[Ni(NO)η^5-Cp]）[83,84]。最近报道，用红光照射铂配合物，生成了独特的 MS 异构体。与{MNO}^{6} 体系中常见情况不同，其 Pt-N-O 到 Pt-O-N 转变涉及两种高度弯曲的结构（理论值约为 120°），其 ν_{NO} 从 1673 cm^{-1} 增至 1793 cm^{-1}，与 DFT 计算结果一致。该配合物的基态被描述为 Pt^{II}NO$^+$，尽管 Pt^{IV}NO$^-$ 的描述亦有可能（文献[13x]）。

加热 MS 使其回到 GS 的特征温度 T_d 取决于 ML$_5$ 片段的结构[15]。对于 MS1，T_d 倾向于与 ν_{NO} 以及 NO 对面配体的 π-给电子能力增强顺序相关，赤道配体的影响较小。随着 N—O 键的减弱，ν_{NO} 和 T_d 均降低。与 NO 呈反式的弱 π-给体配体有助于稳定 MS1 中的 L-M-ON 结构。现阶段对这些关联的分析仍需谨慎为之。

除 NO 外，其他小分子如 N$_2$、NO$_2^-$、NCS$^-$、SO$_2$ 和二甲基亚砜（DMSO）也显示出配位异构化行为[15]。这些异构体在生物相关的配体交换或加成过程中、NO 光解后的重配位反应，乃至水溶液室温下的光化学 NO 释放路径中可能作为中间体存在。事实上，光可切换的亚硝酰配合物是一类具有优良光致变色与光折变性能的材料，具有在光学与生物医学领域具有潜在应用价值。

7.7 光化学反应性

配位 NO$^+$ 的亲电性还可以通过光化学活化表现出来，电子激发跃迁通常发生在 UV-Vis 区域，然后释放出 NO[16]。对于 SNP，这一过程早已被研究，如反应式（7.31）所描述[85]。

$$[Fe(CN)_5NO]^{2-} \xrightarrow{h\nu} [Fe^{III}(CN)_5H_2O]^{2-} + NO \qquad (7.31)$$

反应（7.31）的起始步骤被描述为从 e$_1$ MO 跃迁至 e$_2$ 激发态（图 7.1a）。这意味着这两个轨道中电子填充分别减少和增加，这两种效应都会削弱 Fe—NO 键。该机理得到了不同波长照射实验的支持，其中量子产率（Φ）在 366～313 nm 达到最大值（Φ≈0.35～0.37），该波段恰为具有电荷转移特征的激发态所占据。当光照射波长更长时，Φ 值降低（在 435 nm 处为 0.18）。值得注意的是，在波长为 480 nm 的光照射下未观察到任何反应，说明光活性跃迁并不涉及几乎无成键性质的 b$_2$ 分子轨道。当固定照射波长时，通过分别检测生成的[Fe^{3+}(CN)$_5$H$_2$O]$^{2-}$ 和 NO 产物，均可得到相同的量子产率[86]。激光脉冲和闪光光解实验表明，NO 从激发态释放的过程快于微秒时间尺度。对五氰基钌和锇配合物进行光照同样观察到 NO 的释放，但其量子产率降低，这被解释为激发态中 M—NO 键的强度增加（M = Fe＜Ru＜Os），以及由于自旋-轨道耦合效应，在钌和锇体系中发生显著的光物理失活[86]。一些形式上构型为 Ru^{II}NO$^+$ 的相关亚硝基钌配合物（如 trans-[Ru(NH$_3$)$_4$L(NO)]$^{3+}$、cis-[Ru(bpy)$_2$L(NO)]$^{3+}$、trans-[RuCl([15]aneN$_4$)NO]$^{2+}$，L = Py、4-MePy、4-Acpy 等；[15]aneN$_4$ = 1, 4, 8, 12-四氮杂环戊烷）也表现出光释放 NO 的能力，产生相应的 Ru(III)水合配合物[87]。有趣的是，虽然 NHase 酶在热条件下对 NO 的解离表现出稳定性，但在光照条件下可以释放 NO[88]。尽管大多数光活性系统符合 n = 6 的电子数分布，但已有研究发现某些 n = 7 电子构型的配合物也能释放 NO[87]。目前，该领域在基础和应用层面都引起了极大关注,研究目标是通过精心设计配合物来实现对 NO 控释的能力。以 NHase 的非血红素模拟配合物为研究模型,科学家正致力于识别最有效的电子跃迁,尤其是那些与 NO^+ 顺式方向的共配体性质相关的跃迁。最终目标之一是利用低能光,甚至红外光,在光动力疗法中使用 NO 前驱体药物实现 NO 的控制释放,从而在体内诱导细胞凋亡以治疗癌症[88]。

7.8 O-配位和 N-配位过氧亚硝酸根配合物

小自由基分子 O_2、O_2^-、NO 和 NO_2 都能通过金属介导与生物靶反应[89]。此外,它们之间的相互作用可能在细胞中产生各种产物和响应,包括基因调控和转录。实际上,活性氧和活性氮对决定细胞的生存或死亡起到决定性作用。其中一种关键物种是过氧亚硝酸盐离子,$ONOO^-$[氧基过氧硝酸盐(1−)][90]。

$ONOO^-$ 溶液可以方便地通过 NO_2 与 H_2O_2 的反应制取[90a],也可以通过混合 NO 与 O_2^- 来制备[89-91],产物几乎以扩散控制的速率生成,或在与 O_2 反应后,在碱性条件下光解生成的 $N_2O_3^{2-}$(Angeli 盐)得到[66]。在体内,若 NO 和 O_2^- 的生成在时间和空间上协调一致,NO/O_2^- 反应可能发生[89]。$ONOO^-$ 在 pH>7 时稳定,但在 pH = 7、25℃ 下,其质子化形式——过氧亚硝酸(HOONO,pK_a = 6.8)在约 1 s 内异构化成 NO_3^-。过氧亚硝酸盐被认为是 NO 生物化学反应和氧化/硝化应激损伤的潜在中介,它是一种强氧化剂,能够破坏细胞关键成分,如损伤 DNA、引发脂质过氧化,或修饰芳香族和含硫氨基酸残基。此外,它还可在金属配合物或金属蛋白催化下硝化芳香化合物,并能与 CO_2 反应生成 $ONOOCO_2^-$,后者是比 $ONOO^-$ 更强的硝化试剂[89-91]。图 7.20 概述了 NO、O_2^- 和 $ONOO^-$ 的相关相互作用[90a],显示 $ONOO^-$ 可以与生物靶反应,分解为 NO_3^-,或发生金属催化反应。对复杂多变的 $ONOO^-$ 反应方式的详细分析超出了本书的范围。

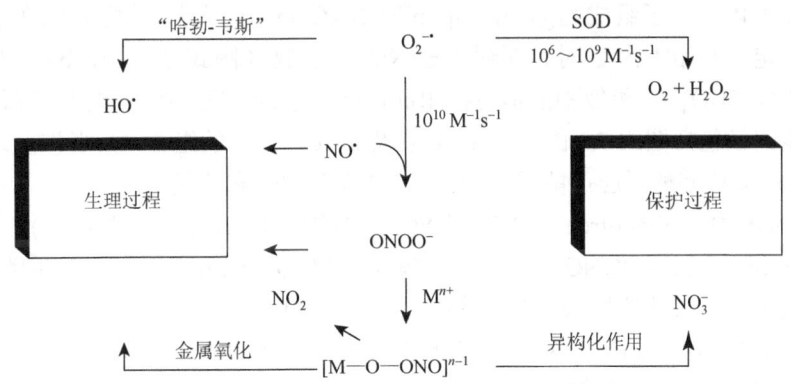

图 7.20 超氧化物、NO 和过氧亚硝酸盐的相互作用

最值得关注的是 $ONOO^-$ 的金属配位能力,特别是对血红素蛋白(metMb 和 metHb)和金属卟啉的配位。在 pH = 7 和 20℃ 下[反应式(7.32)],肌红蛋白(MbO_2)和血红蛋

白（HbO_2）的双氧铁配合物与 NO 发生快速反应，速率常数 $k = (4\sim9)\times10^{-7} M^{-1}s^{-1}$，这些反应是生物体液中 NO 的主要消除通道[1, 3, 5]。

$$Hb^{II}O_2 + NO \longrightarrow Hb^{III} + NO_3^- \qquad (7.32)$$

NO 到远端袋区的扩散被认为是限速步骤。根据快速扫描紫外可见吸收光谱和 EPR 谱，反应（7.32）可能经过中间体[$Hb^{III}OONO$][92]。过氧亚硝酸中间体的衰变机理仍存在争议[89-91, 93]。另一种异构化机理是[$Hb^{III}OONO$]中 O—O 键的均裂，生成 NO_2 和 $Fe^{IV}O$-蛋白质中间体（图 7.20）。

$ONOO^-$ 与过渡金属的快速反应为开发新型截获 $ONOO^-$ 的催化药物提供了机会[90a]。金属卟啉 Fe(III) 和 Mn(III) 配合物能有效催化 $ONOO^-$ 的异构化生成 NO_3^-，并在体内显示出较高的生物活性[90]。对几种非卟啉过氧亚硝酸盐配合物进行了研究，并在图式 7.3 中展示了这些配合物的生成过程（起始为双氧配合物加 NO）和后继反应，包括最终生成 NO_3^- 或 NO_2^- 的可能路径[93, 94]。

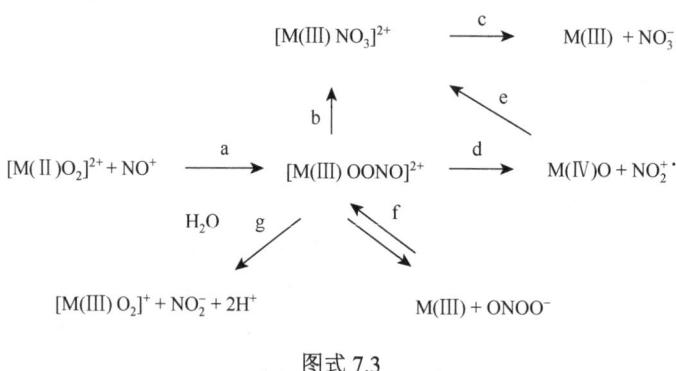

图式 7.3

尽管单个的过氧亚硝金属配合物很少见，但从[$Co(CN)_5O_2$]$^{3-}$ 与 NO 的反应中，已分离出一种固体，分子组成为[$(Et)_4N$]$_3$[$Co^{III}(CN)_5OONO$]$^{3-}$ [95a]。该配合物在 pH 为 6 的暗处保持稳定；在 pH 为 2 时，缓慢生成 NO_3^- 配合物（图式 7.3：a, b）。光解可使其生成[$Co^{III}(CN)_5H_2O$]$^{2-}$。类似中间体也在 Rh(II)-O_2 与 NO 反应中被提出，其最终产物为 NO_3^-，可能路径包括图式 7.3 的路径 a～c 以及 a、d、e、c 的组合，后者涉及均裂[94, 95b]。Ti(IV)O_2 与过氧亚硝酸反应可能遵循图式 7.3 中的路径 f 和路径 g[93]。

使用三齿配体（TMG_3tren）的 Cu(I)/O_2 配合物[$(TMG_3tren)Cu(II)(O_2^-)$]$^+$ 与 NO 反应生成[$(TMG_3tren)Cu(II)(OONO)$]$^+$，后者热解为[$(TMG_3tren)Cu(II)(ONO)$]$^+$ 并释放 O_2[96]。由于未得到固体，关于产物及反应性的证据来自 ^{16}O 和 ^{18}O 标记物的电喷雾电离质谱（ESI-MS）、EPR 谱和 DFT 计算。该 O-配位 ONO^- 产物的晶体结构已确定，它与 ONO^- 及 $OONO^-$ 的配合物的 EPR 谱显著不同。未观察到 NO_3^- 的生成，说明 O-配位过氧亚硝酸未发生异构化。这是首个确证的 Cu(II)-OONO 配合物，展示了过氧亚硝酸的特殊反应化学特征，表明其 O—O 键已断裂。

Skibsted 和 Bohle 对 $Mb^{II}NO$ 的自氧化过程进行了动力学和机理研究。$Mb^{II}NO$ 是在腌肉中发现的色素，其产物为 Mb^{III} 和 NO_3^- [97]。利用光谱测定的单值分解和全局拟合对该反应进行了详细修订[97c]。检测到两个连续的准一级反应，在 20℃ 时，k_{obs} 值约为 $10^{-4}\ s^{-1}$，表明了反应中间体的生成和衰变，如反应式（7.33）所示。

$$Hb^{II}NO + O_2 \rightleftharpoons 中间体 \longrightarrow Hb^{III} + NO_3^- \qquad (7.33)$$

在第一步中，在低压下，反应速率与氧气压力呈线性关系。中间体的光谱与 $Hb^{III}OONO$ 的光谱非常相似，后者已在反应式（7.32）中被确认。在此基础上，结合所测量的活化参数（包括体积），并与先前结果作比较分析，对反应式（7.32）和式（7.33）提出了一致的、与 NO/O_2 供给方式相关的两种不同情形的解释。

图式 7.4 中的上半部分反应式（7.33）认为，NO 最初结合在 Mb 的 Fe(II) 上，随后被 O_2 替代，发生可逆的配体交换反应，再经过不可逆电子转移。该过程为解离机理，NO 被捕获在蛋白腔体中。在第二步反应发生前两个配体都来到 Fe(II) 附近，然后分子内重排生成 NO_3^-。

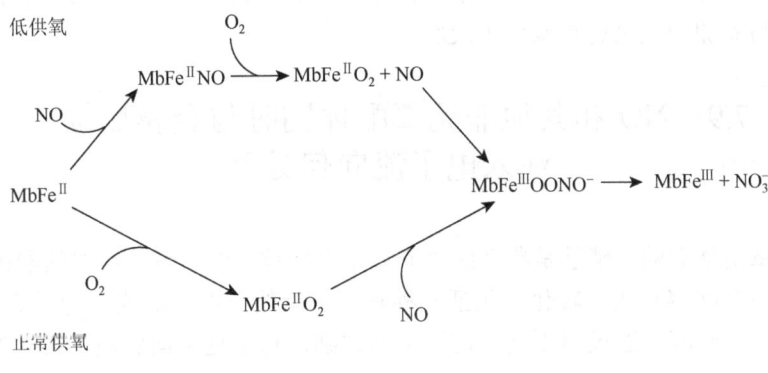

图式 7.4

机理分析摒弃了早先考虑的路线，即在缔合步骤中先产生 N-键合的过氧亚硝酸中间体[97a, 97b]，然后异构化生成 O-配位物并释放 NO_3^-。还考虑到，与 NO 释放密切相关的限制性解离机理的可操作性模糊，因为中间体的形成速率与 NO 从[$Mb^{II}NO$]解离的速率相近（$1.2 \times 10^{-4}\ s^{-1}$，pH 为 7，22℃）。

对 Cr(II)亚硝基配合物光解后的[CrO_2]$^{2+}$ 与 NO 的反应进行了研究[反应式（7.34）][94, 98]。

$$[CrNO]^{2+} + O_2 \xrightarrow{h\nu} [CrO_2]^{2+} + NO \longrightarrow [CrOONO]^{2+} \qquad (7.34)$$

生成瞬时的 O-配位过氧亚硝酸中间体的反应路径与上述 $Mb^{II}NO$ 的热反应相似。最终产物为铬(III)硝酸盐配合物和游离的 NO_3^-。中间体 NO_2 的生成是由[$CrOONO$]$^{2+}$ 的 O—O 键均裂导致的，这表明图 7.3 中的路径 a 和路径 d 是该反应的实际反应路径。

综上所述，目前文献中对 N-配位过氧亚硝酸中间体参与反应的直接证据仍较为不足。但最近的实验与理论研究支持了其在某些反应（如 O_2 氧化三苯膦和环己烯）中的中间体角色，这些反应由 Nafion 负载的六配位（硝基）钴卟啉催化[99]。在这种情况下，

[Fe(CN)$_5$NO]$^{3-}$的自氧化反应[反应式（7.23）]的结果和机理解释有着重要意义[58]。事实上，由于NO的反应速率（k_{-NO}）降低了90%，而测得的氧化反应速率相对快得多，排除了NO解离为限速步骤的可能性。其化学计量关系及DFT所得的N-配位中间体结构进一步支持所提出的机理。需要指出的是，该NO$^+$-配位产物等效于NO$_2^-$，也就是说，由于[Fe^{III}(CN)$_5$N(O)OO]$^{3-}$与[Fe(CN)$_5$NO]$^{3-}$反应的高活性[反应式（7.25）]，不可能发生NO$_3^-$的异构化。

根据以上讨论的研究工作可以看出，NO$_2$自由基成为一个重要的中间体，产生于O—O键的均裂，它极可能是ONOO$^-$生物毒性的来源。NO$_2$对环境的污染已广为人知[100]，但在溶液动力学和机理研究中，NO$_2$受到的关注比NO要少[101]。这可能是因为NO$_2$的寿命很短，快速歧化为NO$_2^-$和NO$_3^-$。在Cr(III)-O$_2^-$过量情况下，通过激光闪光光解(NH$_3$)$_5$CoNO$_2^{2+}$可生成NO$_2$，进而研究与超氧合铬配合物Cr(III)-OONO$_2^-$的反应性[102]。通过与NO$_2$清除剂的竞争实验，研究了平衡反应式（7.35）。

$$Cr_{aq}OONO_2^{2+} \rightleftharpoons Cr_{aq}OO^{2+} + NO_2 \quad (7.35)$$

结果表明，反应式（7.35）中的逆反应涉及自由基偶联。在40%乙腈中，正向均裂反应的速率常数估计为$k_H = 197 \text{ s}^{-1}$；快速均裂可归因于过氧硝酸铬配合物中的弱N—O键，从而限制其与添加的底物进行双分子反应。

7.9 NO和其他非无辜配体同时与金属配位：注入电子流向何处？

正如本章所强调的，硝基是典型的"非无辜"配体（参与氧化还原的配体），因为它在三个氧化态之间容易相互转化，包括一种具有自旋的自由基形式。为了描述$n = 6$、7和8体系的电子密度，通过对不同光谱指示的详细，对于这个问题做了认真考虑。

然而，在某些离域化分子中情况会更复杂，因为其共配体本身也可能具有氧化还原活性，例如金属亚硝酰卟啉配合物[46d]。我们选择了一系列双(二硫烯)-铁配合物的五配位NO配合物，构成了多达五个不同电子转移序列[Fe(NO)(二硫烯)$_2$]^z（$z = 1+$、0、1−、2−、3−）[103]。

该系列如图7.1所示。原则上，氧化还原活性产生于二硫烯，它可以以闭壳层二阴离子（$S_L = 0$）或π-自由基单阴离子（$S_L = 1/2$）的形式配位。亚硝基可能以NO$^+$（$S = 0$）、NO（$S = 1/2$）或NO$^-$（$S = 0$或1）存在。中心铁离子可具有d^6（$S_{Fe} = 0$、1、2）或d^5（$S_{Fe} = 1/2$、3/2、5/2）构型。

我们的分析将限于原著中讨论的一组配合物，即在图示7.1中称之为[1a]^{z}的配合物，其中R = p-甲苯基。该系列仅有两个成员被成功分离为晶体，通过X-射线衍射获得了其相关键长与键角数据，见表7.9。此外还辅以X-带EPR、穆斯堡尔、UV-Vis、红外等光谱的测量结果。循环伏安法和在CH$_2$Cl$_2$中的恒电位电解光谱电化学测量可用于确定不同系列配合物的氧化还原位点。作为互补性数据，测定了配合物的固态磁化率。

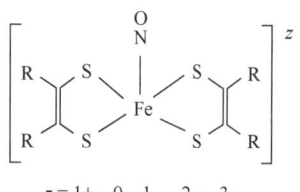

$z = 1+$、0、1−、2−、3−

图示7.1

表 7.9 中的第一列是关于该系列中氧化态最高的$[1a]^+$,其以$[BF_4]^-$盐的形成分离,并被描述为一个$\{FeNO\}^6$物种($S=0$)。在 1833 cm^{-1} 处的ν_{NO}值支持$Fe^{II}NO^+$的认定,该物种有两个配位的二硫烯基单阴离子:$[Fe^{2+}(NO^+)(L^{1·})_2]^+$。对二硫烯配体的后一种描述通过 UV-Vis 数据得到了证实。尤其是 850 nm 处的强吸收峰被归属于配体之间的电荷转移(LLCT)谱带,这种近似共平面的$(L^·)Fe^{II}(L^·)$单元的配体在不含 Fe-NO 单元的相关铁-二硫烯配合物中也出现过,因此可作为$Fe^{II}(L^{1·})_2$单元 LLCT 跃迁的有利证据。

表 7.9 系列配合物(L = 二硫烯衍生物;z = 1+、0、1−、2−)^{a}的光谱(IR、UV-Vis、EPR、穆斯堡尔和 X-射线)和电化学数据

	$[1a]^+$	$\xrightarrow{e^-}$	$[1a]^0$	$\xrightarrow{e^-}$	$[1a]^-$	$\xrightarrow{e^-}$	$[1a]^{2-}$
ν_{NO}/cm$^{-1\,b}$	1833		1800 1783		1758		1575 1530
$E_{1/2}$/V^c		0.17		−0.44		−1.22	
d_{S-C}(av)/Å			1.71		1.75		
d_{C-C}(av)/Å			1.39		1.36		
λ_{max}/nm	460(1.0)		384(1.5)		310(3.7)		316 sh(3.0)
$(10^4\varepsilon, M^{-1}cm^{-1})^d$	523(1.0)		490(0.7)		410sh(1.0)		420(1.0)
	858(2.7)		607(0.5)		678(0.12)		710(0.12)
			855(1.1)		1560(0.6)		
g_x^e	—		2.0224		—		2.0496
g_y^e	—		2.0127		—		2.0297
g_z^e	—		1.999		—		2.0097
$A_{xx}(^{14}N)^f$	—		—		—		0.0
$A_{yy}(^{14}N)^f$	—		—		—		14.4
$A_{zz}(^{14}N)^f$	—		—		—		15.6
δ/(mm/s)^{g,h}	0.07		0.06		0.04		0.20
ΔE_Q/(mm/s)^{g,i}	1.40		1.70		1.88		1.16
所推 e$^-$分布	$[Fe^{II}(NO^+)(L^·)_2]^+$		$[Fe^{II}(NO^+)(L^·)(L)]^0$		$[Fe^{II}(NO^+)(L)_2]^-$		$[Fe^{II}(NO^·)(L)_2]^{2-}$

^{a} 文献[103]的数据。
^{b} 在 KBr 磁盘。
^{c} CH$_2$Cl$_2$ 中,相对于 FC$^+$/FC,20℃。
^{d} CH$_2$Cl$_2$ 中,25℃。
^{e} X-带 EPR 数据,S = 1/2。在冷冻 CH$_2$Cl$_2$,30 K。
^{f} 氮超精细耦合常数(×10^{-4},cm^{-1})中。
^{g} 零场穆斯堡尔参数,80 K。
^{h} 异构体 α-Fe,298 K。
^{i} 四极八裂。

单电子还原(参见 CV 数据)可以得到中性的顺磁性固体配合物$[1a]^0$(S = 1/2)。红外光谱中在 1800 cm^{-1} 和 1783 cm^{-1} 处显示两个ν_{NO}值,仍明确其为$\{FeNO\}^6$类型。这表明

[1a]$^+$的还原是一个基于配体的过程：$(L^{1\cdot})^- + e^- \rightarrow (L^1)^{2-}$。X-射线晶体学数据显示 NO 基团位于 FeS$_4$N 方基金字塔的顶点位置，FeNO 基团呈线性，中心铁原子高出 S 原子构成的平面约 0.50 Å。两个 S$_4$ 基面大致相对，形成四个较弱的 S⋯S 相互作用，可能为观察到的非常微弱的反铁磁交换耦合($J = -1.1$ cm^{-1})提供了途径。FeNO 结构特征仍符合 {FeNO}^{6} 类型，尽管文献中 {FeNO}^{6} 通常被描述为抗磁性的，该结构仍要求两个二硫烯配体分别处于不同氧化态：一个为闭壳层二阴离子，另一个为 π-自由基单阴离子。相对于第二个单电子还原产物[1a]$^-$，C—S 键的键长均较短（平均为 1.70 Å），而烯烃式 C—C 键的键长则较长（平均为 1.39 Å，图示 7.2）。

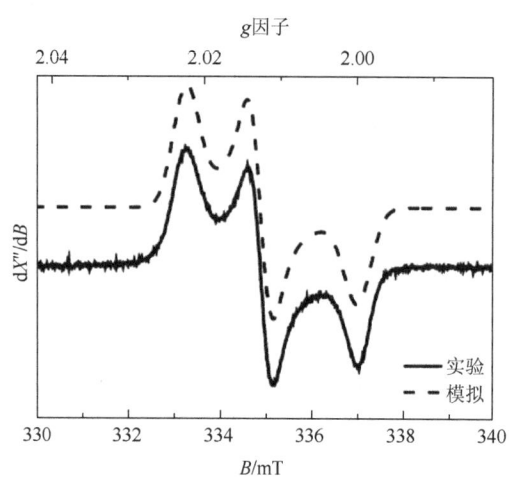

图示 7.2

原则上，作为初步结论，对[1a]^0，可以设想存在以下三种形式的电子分布：[{FeNO}^{7}(L')$_2$]、[{FeNO}^{6}(L')L]和[{FeNO}^{5}(L)$_2$]。其中最后一种被排除，因为迄今尚未表征过这种分布的物种。X-射线衍射数据证明其 $n = 6$ 的电子结构，$[Fe^{II}(NO^+)(L')(L)]^0 \rightleftharpoons [Fe^{II}(NO^+(L)(L'))]^0$，表现为III类（离域的）混价性质。EPR 谱证实了这一结构，从而排除了 $n = 7$ 的排布。图 7.21 显示了[1a]^0 的 EPR 谱，该谱图由一个菱形信号组成，具有较小的各向异性 g 值（$g = 1.999 \sim 2.02$），且无 ^{14}N 超精细分裂，EPR 谱图显示典型的 S 中心自由基行为，与 π-自由基单阴离子配体(L')$^-$一致。

图 7.21 [Fe(NO)(L$^{1\cdot}$)L^1)]和[1a]^0 的 X-带 EPR 谱（在 20 K 下冷冻 CH$_2$Cl$_2$ 中）

g 值见表 7.9，L^1 = S$_2$C$_2$R$_2$、R = 对甲苯基[103]

进一步的单电子还原产生抗磁性的[1a]$^-$，已分离出含[Co(Cp)$_2$]$^+$ 的固体。ν_{NO} 值为 1758 cm^{-1}，表明仍保留了 {FeNO}^{6} 单元。X-射线衍射结果显示，[1a]$^-$中的 FeNO 几何结构与[1a]^0 中的非常相似，尽管存在显著差异。平均 C—S 键键长为 1.75 Å，平均 C—C 键键长为 1.36 Å，与[1a]^0 中同种键比较，分别略有增加和减小。这清楚地显示，[1a]还原为[1a]$^-$仅涉及二硫代烯烃配体。因此，[1a]$^-$的测量数据表明其具有与[Fe^{II}(NO$^+$)(L^1)$_2$]$^-$相同的电子结构。

[1a]⁻进一步还原为[1a]²⁻，生成顺磁性物质（$S = 1/2$），ν_{NO} 为 1575 cm⁻¹。ν_{NO} 的大幅度下移表明 FeNO 被还原，产物具有典型的{FeNO}⁷分布。图 7.22 的 X-带 EPR 谱证实了这一预测。

与图 7.21 相比，可以看到[1a]²⁻与 NO 基团的氮核（¹⁴N，$I = 1$）发生一阶超精细相互作用，耦合常数 $A(^{14}N)$ 约为 15 G。该光谱与先前在 7.4 节中报道的其他五配位和六配位的{MNO}⁷（$S = 1/2$，M = Fe、Ru、Os）物种的光谱相似，最好被描述为低自旋 Fe(Ⅱ)与中性 NO•自由基发生键合。然而，目前尚无晶体结构数据可证实[1a]²⁻中 Fe-NO 键弯曲的预测。

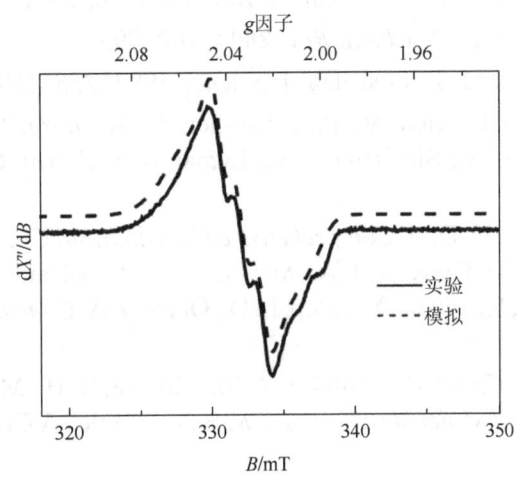

图 7.22　[Fe(NO•)(L²)₂]²⁻，即[2a]²⁻的 X-带 EPR 谱（在 30 K 下冷冻 CH₂Cl₂ 中）
g 值见表 7.9，L² = S₂C₂R₂，R = 联吡啶（与[1a]²⁻的光谱相似）[103]

表 7.9 所列的穆斯堡尔数据证实了上述归属。对于[1a]⁺、[1a]和[1a]⁻，同位素位移在较窄的范围内，即 0.01～0.08 mm/s，而四极裂分为 1.4～2.0 mm/s；这清楚地表明，无论配合物的电荷或二硫烯配体的氧化程度的改变，其{MNO}⁶部分维持不变。相比之下，[1a]²⁻配合物显示上述两个参数分别增加和减少，表明其具有{MNO}⁷构型，这与先前的报道一致（表 7.3）。

通过循环伏安实验，仅观察到三个可逆的电化学波，其半波电位（$E_{1/2}$）详见表 7.9。预期的第四个还原过程——即生成[1a]³⁻的还原波未被观测到，尽管对一个具有马来腈-1,2-二硫代酯配体的相关配合物，记录到该还原波出现在−1.83 V 处。[1a]³⁻配合物应含有{MNO}⁸组分。正如 7.5 节中所讨论的，这种构型的铁配合物很少见，很难实现对其精确表征。

致谢

感谢布宜诺斯艾利斯大学以及 ANPCYT 和 CONICET 提供的学术和资金支持。

参 考 文 献

1. Feelisch, M.; Stamler, J. S., Eds. *Methods in Nitric Oxide Research*; Wiley: Chichester, UK, 1996.
2. (a) Armor, J. N., Ed. *Environmental Catalysis, ACS Symp. Ser.* 552, 1993; (b) Richter-Addo, G. B.; Legdzins, P. *Metal Nitrosyls*; Oxford University Press: New York, 1992.
3. Ignarro, L. J., Ed. *Nitric Oxide, Biology and Pathobiology*; Academic Press: San Diego, CA, 2000.
4. (a) Wasser, I. M.; de Vries, S.; Moënne-Loccoz, P.; Schröder, I.; Karlin, K. D. *Chem. Rev.* **2002**, *102*, 1201;(b) Averill, B. A. *Chem. Rev.* **1996**, *96*, 2951.
5. Ford, P. C.; Lorkovic, I. M. *Chem. Rev.* **2002**, *102*, 993.
6. Stamler, J. S.; Singel, D. J.; Loscalzo, J. *Science* **1992**, *258*, 1898.
7. (a) Lymar, S. V.; Shafirovich, V.; Poskrebyshev, G. A. *Inorg. Chem.* **2005**, *44*, 5212; (b) Poskrebyshev, G. A.; Shafirovich, V.; Lymar, S. V. *J. Am. Chem. Soc.* **2004**, *126*, 891.
8. (a) Olabe, J. A.; Slep, L. D.In *Comprehensive Coordination Chemistry II: from Biology to Nanotechnology*; McCleverty, J. A.; Meyer, T. J., Eds.; Elsevier: Oxford, 2004, Vol. 1, p 603; (b) Roncaroli, F.; Videla, M.; Slep, L. D.; Olabe, J. A. *Coord. Chem. Rev.* **2007**, *251*, 1903.
9. (a) McCleverty, J. A. *Chem. Rev.* **2004**, *104*, 403; (b) Lee, D. H.; Mondal, B.; Karlin, K. D. In *Activation of Small Molecules*; Tolman, W. B., Ed.; Wiley-VCH: Weinheim, Germany, 2006; Chapter 2.
10. Feltham, R. D.; Enemark, J. H. *Top. Inorg. Organomet. Stereochem.* **1981**, *12*, 155.
11. Enemark, J. H.; Feltham, R. D. *Coord. Chem. Rev.* **1974**, *13*, 339.
12. Westcott, B. L.; Enemark, J. H.In *Inorganic Electronic Structure and Spectroscopy*; Solomon, E. I.; Lever, A. B. P., Eds.; Wiley: New York, 1999; Vol. 2, p 403.
13. (a) Garcia Serres, R.; Grapperhaus, C. A.; Bothe, E.; Bill, E.; Weyhermuller, T.; Neese, F.; Wieghardt, K. *J. Am. Chem. Soc.* **2004**, *126*, 5138; (b) Sellmann, D.; Blum, N.; Heinemann, F. W.; Hess, B. A. *Chem. Eur. J.* **2001**, *7*, 1874; (c) Afshar, R. K.; Patra, A. K.; Bill, E.; Olmstead, M. M.; Mascharak, P. K. *Inorg. Chem.* **2006**, *45*, 3774; (d) Pitarch López, J.; Heinemann, F. W.; Prakash, R.; Hess, B. A.; Horner, O.; Jeandey, C.; Oddou, J. J.; Latour, J. M.; Grohmann, A. *Chem. Eur. J.* **2002**, *8*, 5709; (e) Ellison, M. K.; Schultz, C. K.; Scheidt, W. R. *Inorg. Chem.* **1999**, *38*, 100; (f) Carducci, M. D.; Pressprich, M. R.; Coppens, P. *J. Am. Chem. Soc.* **1997**, *119*, 2669; (g) Olabe, J. A.; Gentil, L. A.; Rigotti, G. E.; Navaza, A. *Inorg. Chem.* **1984**, *23*, 4297; (h) Baraldo, L. M.; Bessega, M. S.; Rigotti, G. E.; Olabe, J. A. *Inorg. Chem.* **1994**, *33*, 5890; (i) Gans, P.; Sabatini, A.; Sacconi, L. *Inorg. Chem.* **1966**, *5*, 1877; (j) Singh, P.; Sarkar, B.; Sieger, M.; Niemeyer, M.; Fiedler, J.; Zalis, S.; Kaim, W. *Inorg. Chem.* **2006**, *45*, 4602; (k) Bottomley, F.; Clarkson, S. G.; Tong, S. B. *J. Chem. Soc., Dalton Trans.* **1974**, 2344; (l) Nasri, H.; Ellison, M. K.; Chen, S.; Huynh, B. H.; Scheidt, W. R. *J. Am. Chem. Soc.* **1997**, *119*, 6274; (m) Nast, R.; Schmidt, J. *Angew. Chem., Int. Ed. Engl.* **1969**, *8*, 383; (n) Pohl, K.; Wieghardt, K.;

Nuber, B.; Weiss, J. *J. Chem. Soc., Dalton Trans.* **1987**, 187; (o) Brown, C. A.; Pavlovsky, M. A.; Westre, T. E.; Zhang, Y.; Hedman, B.; Hodgson, K. O.; Solomon, E. I. *J. Am. Chem. Soc.* **1995**, *117*, 715; (p) Li, M.; Bonnet, D.; Bill, E.; Neese, F.; Weyhermuller, T.; Blum, N.; Sellmann, D.; Wieghardt, K. *Inorg. Chem.* **2002**, *41*, 3444; (q) Immoos, C. E.; Sulc, F.; Farmer, P. J.; Czarnecki, K.; Bocian, D.; Levina, A.; Aitken, J. B.; Armstrong, R.; Lay, P. A. *J. Am. Chem. Soc.* **2005**, *127*, 814; (r) González Lebrero, M.; Scherlis, D. A.; Estiú, G. L.; Olabe, J. A.; Estrin, D. A. *Inorg. Chem.* **2001**, *40*, 4127; (s) Snyder, D. A.; Weaver, D. L. *Inorg. Chem.* **1970**, *9*, 2760; (t) Sellmann, D.; Gottschalk-Gaudig, T.; Haussinger, D.; Heinemann, F. W.; Hess, B. A. *Chem. Eur. J.* **2001**, *7*, 2099; (u) Wilson, R. D.; Ibers, J. A. *Inorg. Chem.* **1979**, *18*, 336; (v) Melenkivitz, R.; Hillhouse, G. L. *Chem. Commun.* **2002**, 660; (x) Peterson, E. S.; Larsen, R. D.; Abbott, E. H. *Inorg. Chem.* **1988**, *27*, 3514.

14. Solomon, E. I.; Lever, A. B. P., Eds. *Inorganic Electronic Structure and Spectroscopy*; Wiley: New York, 1999; Vols. 1 and 2.

15. (a) Coppens, P.; Novozhilova, I.; Kovalevsky, A. *Chem. Rev.* **2002**, *102*, 861; (b) Coppens, P.; Fomitchev, D. V.; Carducci, M. D.; Culp, K. *J. Chem. Soc., Dalton Trans.* **1998**, 865.

16. Ford, P. C.; Wecksler, S. *Coord. Chem. Rev.* **2005**, *249*, 1382.

17. Roncaroli, F.; Olabe, J. A.; van Eldik, R. *Inorg. Chem.* **2002**, *41*, 5417.

18. (a) Scheidt, W. R.; Ellison, M. K. *Acc. Chem. Res.* **1999**, *32*, 350; (b) Wyllie, G. R. A.; Scheidt, W. R. *Chem. Rev.* **2002**, *102*, 1067.

19. Xu, N.; Powell, D. R.; Cheng, L.; Richter-Addo, G. B. *Chem. Commun.* **2006**, 2030.

20. Paulat, F.; Lehnert, N. *Inorg. Chem.* **2007**, *46*, 1547.

21. Manoharan, P. T.; Gray, H. B. *Inorg. Chem.* **1966**, *5*, 823.

22. Manoharan, P. T.; Gray, H. B. *J. Am. Chem. Soc.* **1965**, *87*, 3340.

23. Chen, P.; Meyer, T. J. *Chem. Rev.* **1998**, *98*, 1439.

24. Estrin, D. A.; Baraldo, L. M.; Slep, L. D.; Barja, B. C.; Olabe, J. A.; Paglieri, L.; Corongiu, G. *Inorg. Chem.* **1996**, *35*, 6327.

25. Greene, S. N.; Richards, N. G. *Inorg. Chem.* **2004**, *43*, 7030.

26. Gorelsky, S. I.; da Silva, S.; Lever, A. B. P.; Franco, D. W. *Inorg. Chim. Acta*, **2000**, *300–302*, 698.

27. Videla, M.; Jacinto, J. S.; Baggio, R.; Garland, M. T.; Singh, P.; Kaim, W.; Slep, L. D.; Olabe, J. A. *Inorg. Chem.* **2006**, *45*, 8608.

28. Hauser, C.; Glaser, T.; Bill, E.; Weyhermuller, T.; Wieghardt, K. *J. Am. Chem. Soc.* **2000**, *122*, 4353.

29. Walker, F. A. *J. Inorg. Biochem.* **2005**, *99*, 216.

30. Ford, P. C.; Fernandez, B. O.; Lim, M. D. *Chem. Rev.* **2005**, *105*, 2439.

31. van Eldik, R. *Coord. Chem. Rev.* **2007**, *251*, 1649 and references therein.

32. Praneeth, V. K. K.; Paulat, F.; Berto, T. C.; DeBeer, G. S.; Nather, C.; Sulok, C. D.; Lehnert, N. *J. Am. Chem. Soc.* **2008**, *130*, 15288.

33. Marti, M. A.; Gonzalez Lebrero, M. C.; Roitberg, A.; Estrin, D. *J. Am. Chem. Soc.* **2008**, *130*, 1611.

34. Bottomley, F.In *Reactions of Coordinated Ligands*; Braterman, P. S., Ed.; Plenum Publishing: New York, 1989; Vol. 2.

35. (a) Swinehart, J. H.; Rock, P. A. *Inorg. Chem.* **1966**, *5*, 573; (b) Masek, J.; Wendt, H. *Inorg. Chim. Acta* **1969**, *3*, 455.

36. Roncaroli, F.; Ruggiero, M. E.; Franco, D. W.; Estiu, G. L.; Olabe, J. A. *Inorg. Chem.* **2002**, *41*, 5760.

37. Wilkins, R. G. *Kinetics and Mechanism of Reactions of Transition Metal Complexes*, 2nd edition; VCH Publishers: New York, 1991.

38. Marcus, R. A. *J. Phys. Chem.* **1968**, *72*, 891.

39. (a) Gorelsky, S. I.; Lever, A. B. P. *Int. J. Quant. Chem.* **2000**, *80*, 636; (b) Boulet, P.; Buchs, M.; Chermette, H.; Daul, C.; Gilardoni, F.; Rogemond, F.; Schlapfer, C. W.; Weber, J. *J. Phys. Chem. A* **2001**, *105*, 8991;**2001**, *105*, 8999.

40. Wanner, M.; Scheiring, T.; Kaim, W.; Slep, L. D.; Baraldo, L. M.; Olabe, J. A.; Zalis, S.; Baerends, E. J. *Inorg. Chem.* **2001**, *40*, 5704.

41. Olabe, J. A.; Estiú, G. L. *Inorg. Chem.* **2003**, *42*, 4873.

42. Gutiérrez, M. M.; Amorebieta, V. T.; Estiú, G. L.; Olabe, J. A. *J. Am. Chem. Soc.* **2002**, *124*, 10307.

43. Wanat, A.; Schneppensieper, T.; Stochel, G.; van Eldik, R.; Bill, E.; Wieghardt, K. *Inorg. Chem.* **2002**, *41*, 4.

44. Ray, M.; Golombek, A.; Hendrich, M. P.; Yap, G. P. A.; Liable-Sands, L. M.; Rheingold, A. L.; Borovik, A. S. *Inorg. Chem.* **1999**, *38*, 3110.

45. (a) van Voorst, J. D. W.; Hemmerich, P. *J. Chem. Phys.* **1966**, *45*, 3914; (b) Glidewell, C.; Johnson, I. L. *Inorg. Chim. Acta* **1987**, *132*, 145; (c) Frantz, S.; Sarkar, B.; Sieger, M.; Kaim, W.; Roncaroli, F.; Olabe, J. A.; Zalis, S. *Eur. J. Inorg. Chem.* **2004**, 2902.

46. (a) Salerno, J. C.In *Nitric Oxide, Principles and Actions*; Lancaster, J. Jr., Ed.; Academic Press: 1996; (b) Praneeth, V. K. K.; Neese, F.; Lehnert, N. *Inorg. Chem.* **2005**, *44*, 2570; (c) Praneeth, V. K. K.; Näther, C.; Peters, G.; Lehnert, N. *Inorg. Chem.* **2006**, *45*, 2795; (d) Singh, P.; Das, A. K.; Sarkar, B.; Niemeyer, M.; Roncaroli, F.; Olabe, J. A.; Fiedler, J.; Zális, S.; Kaim, W. *Inorg. Chem.* **2008**, *47*, 7106; (e) Wayland, B. B.; Olson, L. W. *J. Am. Chem. Soc.* **1974**, *96*, 6037.

47. (a) Ballou, D. P.; Zhao, Y.; Brandish, P. E.; Marletta, M. A. *Proc. Natl. Acad. Sci. USA* **2002**, *99*, 12097; (b) Martí, M. A.; Capece, L.; Crespo, A.; Doctorovich, F.; Estrin, D. A. *J. Am. Chem. Soc.* **2005**, *127*, 7721.

48. (a) Lang, D. R.; Davis, J. A.; Lopes, L. G. F.; Ferro, A. A.; Vasconcellos, L. C. G.; Franco, D. W.; Tfouni, E.; Wieraszko, A.; Clarke, M. J. *Inorg. Chem.* **2000**, *39*, 2294; (b) Toledo, J. C.; dos Santos Lima Neto, B.; Franco, D. F. *Coord. Chem. Rev.* **2005**, *249*, 419.

49. Cheney, R. P.; Simic, M. J.; Hoffman, M. Z.; Taub, I. A.; Asmus, K. D. *Inorg. Chem.* **1977**, *16*, 2187.

50. Schmidt, J.; Kühr, H.; Dorn, W. J.; Kopf, W. L. *Inorg. Nucl. Chem. Lett.* **1974**, *10*, 55.

51. Davies, G. R.; Jarvis, J. A. J.; Kilbourn, B. T.; Mais, R. H. B.; Owston, P. G. *J. Chem. Soc.* **1979**, 1275.

52. Fujisawa, K.; Tateda, A.; Miyashita, Y.; Okamoto, K.; Paulat, F.; Praneeth, V. K. K.; Merkle, A.; Lehnert, N. *J. Am. Chem. Soc.* **2008**, *130*, 1205.

53. (a) Roncaroli, F.; Olabe, J. A.; van Eldik, R. *Inorg. Chem.* **2003**, *42*, 4179; (b) Olabe, J. A. *Dalton Trans.* **2008**, 3633.

54. Butler, A. R.; Megson, I. L. *Chem. Rev.* **2002**, *102*, 1155.

55. Roncaroli, F.; van Eldik, R.; Olabe, J. A. *Inorg. Chem.* **2005**, *44*, 2781.

56. (a) Patterson, J. C.; Lorkovic, I. M.; Ford, P. C. *Inorg. Chem.* **2003**, *42*, 4902; (b) Conradie, J.; Wondimagegn, T.; Ghosh, A. *J. Am. Chem. Soc.* **2003**, *125*, 4968.

57. (a) Tsai, F. T.; Chiou, S. J.; Tsai, M. C.; Tsai, M. L.; Huang, H. W.; Chiang, M. H.; Liaw, W. F. *Inorg. Chem.* **2005**, *44*, 5872–5881; (b) Lee, C. M.; Chen, C. H.; Chen, H. W.; Hsu, J. L.; Lee, G. H.; Liaw, W. F. *Inorg. Chem.* **2005**, *44*, 6670–6679.

58. Videla, M.; Roncaroli, F.; Slep, L. D.; Olabe, J. A. *J. Am. Chem. Soc.* **2007**, *129*, 278.

59. Moller, J. K. S.; Skibsted, L. H. *Chem. Rev.* **2002**, *102*, 1167.

60. (a) Cheng, L.; Powell, D. R.; Khan, M. A.; Richter-Addo, G. B. *Chem. Commun.* **2000**, 2301; (b) Patra, A. K.; Rowland, J. M.; Marlin, D. S.; Bill, E.; Olmstead, M. M.; Mascharak, P. K. *Inorg. Chem.* **2003**, *42*, 6812.

61. Goldstein, S.; Czapski, G. *J. Am. Chem. Soc.* **1995**, *117*, 12078 and references therein.

62. (a) Farmer, P. J.; Sulc, F. *J. Inorg. Biochem.* **2005**, *99*, 166; (b) Miranda, K. M. *Coord. Chem. Rev.* **2005**, *249*, 433.

63. (a) Wolak, M.; Zahl, A.; Schneppensieper, T.; Stochel, G.; van Eldik, R. *J. Am. Chem. Soc.* **2001**, *123*, 9780; (b) Hannibal, L.; Smith, C. A.; Jacobsen, D. W.; Brasch, N. E. *Angew. Chem., Int. Ed.* **2007**, *46*, 5140.

64. Lin, R.; Farmer, P. J. *J. Am. Chem. Soc.* **2000**, *122*, 2393.

65. (a) Lee, J.; Richter-Addo, G. B. *J. Inorg. Biochem.* **2004**, *98*, 1247; (b) Southern, J. S.; Hillhouse, G. L.; Rheingold, A. L. *J. Am. Chem. Soc.* **1997**, *119*, 12406; (c) Melenkevitz, R.; Southern, J. S.; Hillhouse, G. L.; Concolino, T. E.; Liable-Sands, L. M.; Rheingold, A. L. *J. Am. Chem. Soc.* **2002**, *124*, 12068; (d) Southern, J. S.; Green, M. T.; Hillhouse, G. L.; Guzei, I. A.; Rheingold, A. L. *Inorg. Chem.* **2001**, *40*, 6039.

66. Shafirovich, V.; Lymar, S. V. *Proc. Natl. Acad. Sci. USA* **2002**, *99*, 7340.

67. Alluisetti, G.; Almaraz, A. E.; Amorebieta, V. T.; Doctorovich, F.; Olabe, J. A. *J. Am. Chem. Soc.* **2004**, *126*, 13432.

68. Einsle, O.; Messerschmidt, A.; Huber, R.; Kroneck, P. M. H.; Neese, F. *J. Am. Chem. Soc.* **2002**, *124*, 11737.

69. (a) Clarkson, S. G.; Basolo, F. *Inorg. Chem.* **1973**, *12*, 1528; (b) Kubota, M.; Phillips, D. A. *J. Am. Chem. Soc.* **1975**, *97*, 5637.

70. Hauser, U.; Oestreich, V.; Rohrweck, H. D. *Z. Phys. A* **1977**, *280*, 17.

71. Güida, J. A.; Piro, O. E.; Shaiquevich, P. S.; Aymonino, P. J. *Solid State Commun.* **1986**, *57*, 175; **1988**, *66*, 1007.

72. Zöllner, H.; Woike, Th.; Krasser, W.; Haussühl, S. *Z. Kristallogr.* **1989**, *188*, 139.

73. Gutlich, P.; Garcia, Y.; Woike, Th. *Coord. Chem. Rev.* **2001**, *219–221*, 839.

74. Yang, Y. Y.; Zink, J. I. *J. Am. Chem. Soc.* **1985**, *107*, 4799.

75. Delley, B.; Schefer, J.; Woike, Th. *J. Chem. Phys.* **1997**, *107*, 10067.

76. Schaniel, D.; Woike, Th.; Merschjann, C.; Imlau, M. *Phys. Rev. B* **2005**, *72*, 195119.

77. Rusanov, V.; Stankov, Sv.; Trautwein, A. H. *Hyperfine Interact.* **2002**, *144/145*, 307.

78. Paulsen, H.; Rusanov, V.; Benda, R.; Herta, C.; Schünemann, V.; Janiak, C.; Dorn, T.; Chumakov, A. I.; Winkler, H.; Trautwein, A. X. *J. Am. Chem. Soc.* **2002**, *124*, 3077.

79. Chacón Villalba, M. E.; Güida, J. A.; Varetti, E. L.; Aymonino, P. J. *Inorg. Chem.* **2003**, *42*, 2622.

80. Morioka, Y.; Takeda, S.; Tomizawa, H.; Miki, E. *Chem. Phys. Lett.* **1998**, *292*, 625.

81. (a) Cheng, L.; Novozhilova, I.; Kim, C.; Kovalevsky, A.; Bagley, K. A.; Coppens, P.; Richter-Addo, G. E. *J. Am. Chem. Soc.* **2000**, *122*, 7142; (b) Lee, J.; Kovalevsky, A. Y.; Novozhilova, I. V.; Bagley, K. A.; Coppens, P.; Richter-Addo, G. B. *J. Am. Chem. Soc.* **2004**, *126*, 7180.

82. Schaniel, D.; Woike, Th.; Delley, B.; Biner, D.; Krämer, K. W.; Güdel, H. U. *Phys. Chem. Chem. Phys.* **2007**, *9*, 5149.

83. Crichton, O.; Rest, J. *J. Chem. Soc., Dalton Trans.* **1977**, 986.

84. Schaiquevich, P. S.; Güida, J. A.; Aymonino, P. J. *Inorg. Chim. Acta* **2000**, *277*, 277.

85. Wolfe, S. K.; Swinehart, J. H. *Inorg. Chem.* **1975**, *14*, 1049.

86. Videla, M.; Braslavsky, S. E.; Olabe, J. A. *Photochem. Photobiol. Sci.* **2005**, *4*, 75.

87. (a) Prakash, R.; Czaja, A. U.; Heinemann, F. H.; Sellmann, D. *J. Am. Chem. Soc.* **2005**, *127*, 13758; (b) Sauaia, M. G.; de Souza Oliveira, F.; Tedesco, A. C.; Santana da Silva, R. *Inorg. Chim. Acta* **2003**, *355*, 191; (c) de Souza Oliveira, F.; Togniolo, V.; Tedesco, A. C.; Santana da Silva, R. *Inorg. Chem. Commun.* **2004**, *7*, 160; (d) Tfouni, E.; Krieger, M.; McGarvey, B. R.; Franco, D. F. *Coord. Chem. Rev.* **2003**, *236*, 57.

88. Rose, M. J.; Mascharak, P. K. *Curr. Opin. Chem. Biol.* **2008**, *12*, 238.

89. Bohle, D. S. *Curr. Opin. Chem. Biol.* **1998**, *2*, 194.

90. (a) Groves, J. T. *Curr. Opin. Chem. Biol.* **1999**, *3*, 226; (b) Koppenol, W. H. In *Metals in Biology*; Siegel, H., Ed.; **1999**; Vol. 36, p. 597 Marcel Dekker, New York; (c) Szabo, C.; Ischiropoulos, H.; Radi, R. *Nat. Rev.* **2007**, *6*, 662.

91. Goldstein, S.; Lind, J.; Merénhi, G. *Chem. Rev.* **2005**, *105*, 2457.

92. (a) Herold, S. *FEBS Lett.* **1998**, *439*, 85; (b) Olson, J. S.; Foley, E. W.; Rogge, C.; Tsai, A. L.; Doyle, M. L.; Lemon, D. D. *Free Radic. Biol. Med.* **2004**, *36*, 685.

93. Herold, S.; Koppenol, W. H. *Coord. Chem. Rev.* **2005**, *249*, 499.

94. Bakac, A. *Adv. Inorg. Chem.* **2004**, *55*, 1.

95. (a) Wick, P.; Kissner, R.; Koppenol, W. H. *Helv. Chim. Acta* **2000**, *83*, 748; (b) Pestovsky, O.; Bakac, A. *J. Am. Chem. Soc.* **2002**, *124*, 1698.

96. Maiti, D.; Lee, D. H.; Narducci Sarjeant, A. A.; Pau, M. Y. M.; Solomon, E. I.; Gaoutchenova, K.; Sundermeyer, J.; Karlin, K. D. *J. Am. Chem. Soc.* **2008**, *130*, 6700.

97. (a) Andersen, H. J.; Skibsted, L. H. *J. Agric. Food Chem.* **1992**, *40*, 1741; (b) Arnold, E. V.; Bohle, D. S. *Methods Enzymol.* **1996**, *269*, 41; (c) Moller, J. K. S.; Skibsted, L. H. *Chem. Eur. J.* **2004**, *10*, 2291.

98. Nemes, A.; Pestovsky, O.; Bakac, A. *J. Am. Chem. Soc.* **2002**, *124*, 421.

99. Goodwin, J. A.; Coor, J. L.; Kavanagh, D. F.; Sabbagh, M.; Howard, J. W.; Adamec, J. R.; Parmley, D. J.; Tarsis, E. M.; Kurtikyan, T. S.; Hovhannisyan, A. A.; Desrochers, P. J.; Standard, J. M. *Inorg. Chem.* **2008**, *47*, 7852.

100. Lerdau, M. T.; Munger, J. W.; Jacob, D. J. *Science* **2000**, *289*, 2291.

101. Huie, R. E.; Neta, P. *J. Phys. Chem.* **1986**, *90*, 1193.

102. Pestovsky, O.; Bakac, A. *Inorg. Chem.* **2003**, *42*, 1744.

103. Ghosh, P.; Stobie, K.; Bill, E.; Bothe, E.; Weyhermuller, T.; Ward, M. D.; McCleverty, J. A.; Wieghardt, K. *Inorg. Chem.* **2007**, *46*, 522.

第8章 金属配合物中的配体取代动力学

Thomas W. Swaddle

8.1 引　言

随着2005年诺贝尔化学奖获得者亨利·陶布（Henry Taube）和2007年普里斯特利奖章获得者弗莱德·巴索洛（Fred Basolo）的去世，无机反应机理的开创性研究时代已经结束。具体来说，Taube[1]于1952年和Basolo[2]于1953年的原创性综述开创了溶液中金属配合物配体取代动力学和机理的研究领域，1958年，Basolo和皮尔森（Pearson）[3]所撰写的经典著作推动了该领域的发展（并于1967年修订[4]）。现在可以说，这一领域已经成为一个成熟的学科，预计未来的基础发展相对较少。然而，它在水生地球化学、有机金属化学、生物医学、催化和计算化学等学科中的重要性正在不断凸显。

关于配体取代动力学的信息丰富且详尽，并在几本专著[3-15]、会议论文集[16,17]、专业丛书[18,19]和综述[1,2,20-22]中得到了充分的总结和讨论。这里无意进行全面的综述。本章的目的是概述该领域的一些基本特征，重点是介绍影响溶液中简单金属离子配合物［如瓦尔登（Werner）配合物］取代反应速率的因素，并对过去五十年来吸引作者注意的某些特殊问题提供历史性的见解。将特别关注溶剂交换反应。由于溶剂交换反应的过程简单，揭示了金属离子的内在取代反应性，因此为计算研究提供了易于处理的模型，并且在当前研究中[23]被用作地球化学过程的模型。出于本书主题的精神，重点将放在无机体系上，生物分子的反应[24]和有机金属机理[15]将不予讨论。

8.2 热力学、动力学和机理

只有当标准反应的吉布斯自由能变化（$\Delta G°$）为负或略为正时，化学反应才能以高产率进行，因为在标准条件下反应的平衡常数$K°$由下式给出：

$$\ln K° = -\Delta G° / RT \qquad (8.1)$$

式中，$\Delta G°$和$K°$都与反应机理无关。然而，即使$\Delta G°$为负，如果反应速度太慢，或者关键步骤缓慢，可能只产生少量热力学上有利的产物。正如Taube[1]所强调的，我们需要理解什么因素使某些配体的取代反应快速进行，而另一些反应则较慢。反应机理是简化的假设模型，旨在帮助我们理解反应的动力学和立体化学（而不是相反，如一些研究者所认为那样）。

例如，六氨合钴(Ⅲ) $Co(NH_3)_6^{3+}$在酸性水溶液中分解为钴 $Co^{3+}(aq)$和6个氨根离子（NH_4^+）。虽然从热力学上看$\Delta G° = -186$ kJ/mol 表明它是不稳定的[25]，实际上由于钴(Ⅲ)

的动力学惰性,该过程在常温下反应极慢。这也是为什么钴(III)配合物在早期关于金属配合物动力学和机理的研究中占据重要位置,因为它们为研究反应提供了稳定的框架。通过研究配合物的动力学行为,我们能够研究配体取代过程中活性位点发生的现象。并且可以明确地分离和鉴定产品(例如立体化学变化)。作为动力学惰性的度量,$Co(NH_3)_6^{3+}$ 在 $HClO_4$ 水溶液中发生水解的第一步为

$$Co(NH_3)_6^{3+} + H^+ + H_2O \longrightarrow Co(NH_3)_5OH_2^{3+} + NH_4^+ \tag{8.2}$$

不依赖与[H$^+$]的一级反应速率 $k_{8.2}$,仅在高于正常的沸点温度下(在 141℃和饱和蒸汽压下,$k_{8.2} = 8 \times 10^{-5}$ s^{-1})能够测得,而在接近室温下由于反应的高活化焓($\Delta H_{8.2}^{\ddagger} = 153$ kJ/mol),$k_{8.2}$可忽略不计。水解的第二步为

$$Co(NH_3)_5OH_2^{3+} + H^+ + H_2O \longrightarrow Co(NH_3)_4(OH_2)_2^{3+} + NH_4^+ \tag{8.3}$$

经过一个相似的、与[H$^+$]无关的水解路径,其 $k_{8.3} = 1.3 \times 10^{-4}$ s^{-1}(141℃)和 $\Delta H_{8.3}^{\ddagger} = 175$ kJ/mol),并伴随一个与1/[H$^+$]相关的路径($k_{8.3}' = 6 \times 10^{-5}$ M^{-1}s^{-1},$\Delta H_{8.3}^{\prime\ddagger} = 182$ kJ/mol)。在随后的步骤中,与[H$^+$]成反比的路径占主导,相对快速的氧化还原过程的介入产生了 Co^{2+}(aq)、NH_4^+、N_2、N_2O 和一些 O_2,使简单的配体取代关系模糊不清[27]。

从这个例子中可以总结出几点:首先,配体的酸解离过程在高温下溶液中变得非常重要,且会优先发生[28];其次,尽管方程式表明 H$^+$ 存在,但它并不催化胺的取代;第三,溶剂(水)的浓度实际上保持恒定,因此我们无法通过动力学信息直接得知其在取代反应中的机理,关键问题在于钴中心与水分子的键合是否发生;最后,如 Taube 认识到的[1],钴(III)胺的动力学惰性可以归因于金属中心离子的电子构型(自旋成对的 3d^6 或 $t_{2g}^6 e_g^0$),如 8.4.1 节所述。

还有许多特定金属配合物动力学惰性阻碍热力学快速反应的例子。例如,六氰合铁酸盐(II)和(III)(铁氰化物和铁氰化物离子)在酸性溶液中表现出短暂的低毒性,但随着时间的推移,它们通过水解释放出剧毒的氰化氢。

8.3 机 理 分 类

过渡金属配合物的取代机理与常见的有机反应不同,主要表现如下几个方面:

(1)过渡金属配合物通常可以扩大或减少其配位数,从而生成具有显著稳定性的中间体。与之相反,在脂肪族取代反应中,碳原子上的三配位或五配位是瞬时的,通常发生在单个分子振动的时标内。

(2)金属配合物往往带电荷,导致静电作用,例如与离子或进入配位的偶极形成离子对。

(3)金属配合物的多种配位几何形状与脂肪族碳的四面体几何形状形成鲜明对比,这给金属配合物取代反应的立体化学带来困难(例如,目前尚不清楚在八面体取代中是否存在 Walden 翻转的对应现象)。

(4)过渡金属配合物通常容易参与氧化还原过程,因此初始的氧化还原步骤可能通过生成不稳定的中间体来促进配体取代。

（5）对金属中心的亲核性并不一定与对碳的亲核性相关；此外，Brønsted 碱可能通过从配体中提取酸性质子，而非对金属中心进行亲核进攻，来诱导配合物的取代反应（共轭碱反应机理）。这一点对简单水合金属离子的反应尤为重要，因为结合的水分子可能比氢氟酸或乙酸更具酸性；对于 Co^{III} 和 Ru^{III} 的胺配合物，它们很容易通过共轭碱途径发生水解。

因此，大量关于碳取代反应机理方面的信息对于理解金属配合物的取代反应价值有限。

8.3.1 第一步

早期关于金属中心取代的机理模型尝试使用了 S_N1 和 S_N2 标记（取代、亲核、单分子或双分子），这些标记源于英戈尔德（Ingold）对有机反应机理的经典研究[26]，并将其扩展至碳以外元素的取代反应。在甲醇中，$cis\text{-}Co(en)_2Cl_2^+$ 的 Cl^- 被不同阴离子 A^- 取代的顺序为

$$HO_3^- = Cl^- = NCS^- < NO_2^- < N_3^- \ll CH_3O^- \tag{8.4}$$

然而，Ingold 将这种速率的不连续性归因于随着 A^- 亲核性的增加，机理从 S_N1 转变为 S_N2 的看法是错误的。Basolo 和 Pearson[3, 4]成功证明，NO_2^-、N_3^-，特别是 CH_3O^-反应速度更快的原因是，这些 Brønsted 碱从 en [乙二胺(1, 2-二氨基乙烷)]的—NH_2 基团中夺取质子，生成比母体 $cis\text{-}Co(en)_2Cl_2^+$ 更不稳定的共轭碱基配合物（HO_3^-、Cl^-和 NCS^- 表现出可忽略的 Brønsted 碱性）。由于其他证据（8.4.1 节和 8.5 节）表明，Co^{III}中心的配体取代通常以解离活化进行，Basolo 和 Pearson 将 $cis\text{-}Co(en)_2Cl_2^+$ 中 Cl^-被 A^-取代机理[如式（8.4）中前三种 A^-] 标记为 S_N1，Ingold 也是如此，而后三种 A^-与 S_N1 CB （conjugate base）一致。对于 Co^{III}配合物，S_N1 CB 机理优于 S_N2 的强有力证据是，当配合物中的"旁观配体"（即非反应性配体）不含可提取质子时，其水解速率不受 Brønsted 碱浓度的影响，例如 $trans\text{-}Co(py)_4Cl_2^+$（py = 吡啶）、$cis\text{-}Co(bpy)_2(OAc)_2^+$（bpy = 2, 2'-联吡啶）、$trans\text{-}Co(bpy)_2(NO_2)_2^+$、$trans\text{-}Co(tep)_2Cl_2^+$ [tep = $(C_2H_5)_2PCH_2CH_2P(C_2H_5)_2$]、甲醇中的 $Co(diars)_2Cl_2^+$（diars = o-二苯基二砷亚乙烯）、$Co(CN)_5Br^{3-}$和 $Co(CN)_5I^{3-}$。最后两例说明这种效应与配合物的总电荷无关[4]。

与典型的有机反应物不同，大多数水溶性金属配合物以阳离子或阴离子形式存在，因此在溶液中会受到离子-离子库仑作用的影响。主要有两种类型：一类是 Debye-Hückel 或离子氛型，它影响配合物离子的活度系数和反应动力学；另一类是离子缔合（通常被简化为阴-阳离子对的形成）[29]。对于阳离子底物，特别是与进入的阴离子配体发生配对时，可能会给人一种双分子（S_N2）机理的错觉，而实际上该反应可能是被离子对或"相遇配合物"解离活化。

此外，对于涉及配合物电荷变化的水溶液反应，或那些需要大幅度改变 H^+浓度以研究共轭碱途径的反应，通常控制无配位倾向的浸渍电解质浓度来保持恒定的离子强度 I。常见的电解质是碱金属高氯酸盐，或为避免发生爆炸，使用三氟甲磺酸盐。这样可以保证反应过程中活性系数恒定。风险在于反应物与电解质之间的相互作用，或者溶剂活性的降低（如果使用非常高的浓度），这可能会掩盖人们试图揭示的因素。

在给体溶剂中，机理归属的另一种复杂性在于溶剂配合物中间体可能是起始产物，含有预期进入配体的最终产物可能涉及对溶剂配体的取代，而不是对原有配体。

总而言之，在 1950 年从有机化学中引入及基于分子数的 S_N1/S_N2 二分法不太适合用于描述溶液中复杂离子的取代反应机理。此外，并非所有金属配合物反应中的配体（例如 NO^+）都可以被恰当地描述为亲核试剂。

8.3.2 Langford-Gray 分类

鉴于上述情况，兰福德（Langford）和格雷（Gray）[5]提出了一种命名法，包括三种可区分的机理类别，而不考虑其亲核性。

（1）缔合机理（**A** 机理）：进入配体第一步与金属中心结合，形成配位数增加的中间体，"当后续反应朝着过渡态位于中间体之后的方向进行时，可通过其严格的二级反应动力学的偏离来检测该中间体。"

（2）解离机理（**D** 机理）：在第一步中，离去配体完全解离，形成配位数减少的中间体，该中间体可通过其选择性反应活性进行检测。

（3）交换机理（**I** 机理）：一种协同过程（即不存在中间体），离去基团的脱除与进入配体的进入的时间尺度相对短于相遇配合物或第二配位层（溶剂化鞘等）的寿命。若反应速率对进入配体的性质不敏感，则该反应可称为解离活化型（解离型交换机理，I_d）；反之，若速率同时显著依赖于进入配体与离去基团的性质，则该反应可归类为缔合活化型（缔合型交换机理，I_a）。

交换机理不仅适用于离子对前驱体组合内的反应，也适用于基本步骤发生在相对不动的溶剂或其他分子"笼子"内的反应。

Langford-Gray 体系在无机化学家中得到了广泛认可，但与任何科学模型体系一样，它也有一定的局限性。特别是关于 I_a/I_d 的区分，进入配体要多敏感才能记为 I_a？此外，以最初 Bridgman[30]提出的"操作定义"的观点（即通过一系列独特的操作来定义科学概念），可以通过某种测量方式归为 I_a 机理，而另一种归为 I_d。类似地，存在或不存在中间体的动力学证据可能与光谱或其他信息相冲突，且显著偏离二级动力学也成为发生在离子对之间的 **I** 机理的特征，如下所述。意外的是，Bridgman[30]和 Swaddle[31]开创了在机理化学中非常有用的高压实验，但他对机理模型却持有极大的反感。

8.3.3 机理标准

8.3.3.1 缔合机理

可以预期，配合物中以 **A** 机理为主导的反应较容易增加其配位数。显著的候选物包括 Pt^{II}、Pd^{II} 和 Au^{III} 的平面正方形配合物以及许多已知的五配位配合物。然而，这些平面正方形配合物中配体取代反应的显著特征并不是能否检测五配位中间体——反应速率通常是准二级的——而是广泛依赖于进入配体性质的二级速率常数。这意味着在这种解释中，k_1 步骤是速率决定步骤，因此 [ML$_3$XA] 的浓度始终很低。

$$ML_3X + A \underset{k_{-1}}{\overset{k_1}{\rightleftharpoons}} ML_3XA \overset{k_2}{\longrightarrow} ML_3A + X \tag{8.5}$$

并且 d[ML$_3$XA]/dt≈0（"稳态近似值"），在这种情况下，观察到的反应速率为

$$d[ML_3A]/dt = \{k_1k_2/(k_{-1}+k_2)\}[ML_3X][A] = k_{obsd}[ML_3X][A] \tag{8.6}$$

因此，若 [A]≫[ML$_3$X]（即 [A] 在反应过程中无明显变化），则通过在不同 [A] 下测得的表观速率常数 k_{obsd} 并计算得到的准一级速率常数 $k'_{obsd} = k_{obsd}$[A] 应随 [A] 呈线性变化。若在较高 [A] 下（如图 8.1 所示）出现偏离线性的现象（若可忽略离子强度影响），则表明 [ML$_3$XA] 不再是小数值，速率也不再仅由 k_1 所决定。极端情况下，决定步骤将转移至 k_2，即通过快速预平衡形成的中间体 ML$_3$XA（生成常数 $K_{int} = k_1/k_{-1}$）在总 [ML$_3$X] 中占显著比例。此时，当考虑 ML$_3$X 的消耗时，过量 A 存在下的速率方程变为式（8.7）。

$$d[ML_3A]/dt = \left\{k_2K_{int}[A]/\left(1+K_{int}[A]\right)\right\}[ML_3X]_{total} \tag{8.7}$$

其中，当 [A] 足够大时（即 K_{int}[A]≫1），大括号内的项将与 [A] 无关，此时 k_{obsd} 趋于极限值（如图 8.1 所示）。此类情况在实际中并不常见，但需强调的是，k'_{obsd} 对 [A] 作图偏离线性并不意味着与 **A** 机理相矛盾。事实上，Langford 与 Gray 对该机理的定义（8.3.2 节）明确包含了这一点。对交换机理的考虑，下文我们再回到式（8.7）。

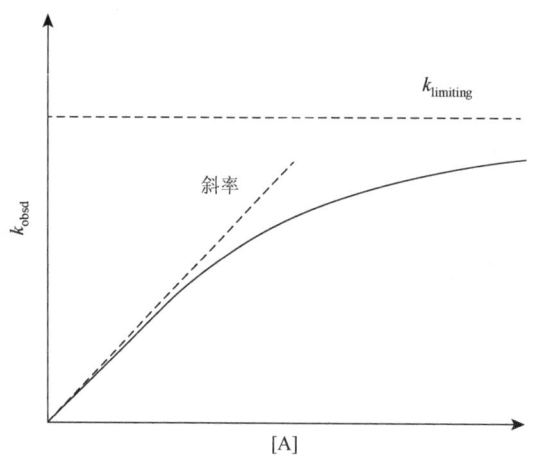

图 8.1 速率常数 k_{obsd} 对进入配体 A 浓度（用 [A] 表示）的依赖性，A 大大过量

因此，缔合活化的关键特征不一定是遵循式（8.6），而是反应速率对进入配体 A 性质的显著依赖性。在配体交换反应（即配位 X 与游离 X 之间的交换）中，此标准不适用。体系的主要特征在于，进入配体与金属中心之间的键合反应表现出较大的负熵（$\Delta S^{\ddagger}$）和较大的活化体积（$\Delta V^{\ddagger}$），这分别主要由平移自由度的损失和压缩效应所引起。

$$d[ML_3A]/dt = k_{obsd}[ML_3X] = (k_1 + k_2[A])[ML_3X] \tag{8.8}$$

然而，有一种可能，缔合活化和解离活化途径同时存在。早期关于 ML$_3$X 中 X 被 A 取代的动力学研究[5]（主要针对 M = Pt^{II}）提出了这样一种速率方程，此时与 [A] 无关的

k_1 贡献很小，表明存在次要的解离路径，与 k_2 项代表的缔合路径平行运行。例如，Gray 和 Olcott[32]研究了在水溶液中 Cl^- 和 NO_2^- 这类相对较弱的亲核试剂对 Pt(dien) OH_2^{2+}（dien = 二亚乙基三胺）中水配体的取代，并报道了 k_{obsd} 对[A]作图得到的截距极小，这表明几乎不存在解离活化路径（25℃时一级速率常数约为 $3 \times 10^{-4}\ s^{-1}$）。Kotowski 等[33]通过扩大 A 集合重复了这项研究，发现在所有情况下，k_{obsd} 轴上的截距都在实验不确定性范围内接近于零。解离活化取代似乎仅限于某些顺式有机金属化合物，如非水溶剂中的 cis-Pt(Ph)$_2$(Me$_2$SO)$_2$[34]（Ph = 苯基；Me = 甲基）、cis-Pt(Ph)$_2$(Me$_2$S)$_2$[35]和 Pt(bph)(SR$_2$)$_2$[36]。显然，这些路径表明，速率不依赖于进入配体的性质，且配体交换反应的活化熵为正。

8.3.3.2 解离机理

在 ML$_n$X 中 X 的 **D** 机理中，M—X 键完全断裂，ML$_n$ 中间体在与进入配体 A 结合之前便"失去了对 X 的所有记忆"。这样，以简化条件 X 为溶剂且 A 大大过量（使得[A]和[X]保持不变，并将[X]包括在 k_r 中），对式（8.9）作稳态近似（d[ML$_n$]/d$t \approx 0$）便得到式（8.10）。

$$ML_nX + A \underset{k_r}{\overset{k_f}{\rightleftharpoons}} ML_n + X \xrightarrow{+A,\ k_A} ML_nA + X \tag{8.9}$$

$$d[ML_nA]/dt = k_{obsd}[ML_nX],\quad k_{obsd} = k_f k_A[A]/(k_r + k_A[A]) \tag{8.10}$$

就[A]而言，这与式（8.7）具有相同的形式。因此，速率表达式并不一定定义机理，但对于 **A** 和 **D** 过程，速率常数构成的物理意义有所不同。接下来，问题在于能否通过独立的实验类型来识别这些构成速率常数，特别是当 X 是溶剂时，无论式（8.10）中得出的 k_r 是否等于测得的溶剂交换速率常数 k_{ex}。

20 世纪 60 年代，Haim 等[37-39]在对 Co^{III}(CN)$_5$OH$_2^{2-}$ 中水分子被各类阴离子 A$^-$ 取代（以及逆过程）的研究，通常被认为是水介质中 **D** 机理的典范性例证。这些阴离子-阴离子反应是极好的实验案例，因为不应该存在长寿命的 Co(CN)$_5^{2-}$ 中间体来阻止 A 的离去（即保留任何"记忆"）。实际上，最初的发现是动力学数据似乎符合式（8.10），如 **D** 机理所要求的那样，但试图通过 Co 配合物沉淀方法获得 Co(CN)$_5^{18}$OH$_2^{2-}$/H$_2$O 的 k_{ex} 值并未成功。20 世纪 80 年代，Burnett 等[40-42]和 Haim[43]质疑所有这些反应中的 Co(CN)$_5^{2-}$ 中间体，重新研究了该体系。例如，根据式（8.10）对 Co(CN)$_5$OH$_2^{2-}$/A$^-$ 体系动力学数据的分析表明（图 8.1），当 A$^-$ 为硫氰酸盐时，必然观察到对[A]的一级依赖性的偏离，但后续对叠氮化物体系的重新检验，显示其一级动力学行为未发生显著改变。此外，Burnett 等发现，在 Co(CN)$_5$A^{3-} 水合反应中，阴离子和中性亲核试剂对假设的 Co(CN)$_5^{2-}$ 中间体的竞争相对效率表现出明显的离去基团效应，换句话说，中间体没有完全丧失对其离去配体的"记忆"[42]。1988 年，Bradley 等[44]通过测量 Co(CN)$_5^{18}$OH$_2^{2-}$/H$_2$O 交换时溶剂中 ^{18}O 的含量得到 k_{ex}，发现该值明显高于式（8.10）计算的 k_r 值（40℃时为 $3.5 \times 10^{-3}\ s^{-1}$），而净取代反应的 k_r 范围为 $6.1 \times 10^{-4}\ s^{-1}$[41]到 $2.0 \times 10^{-3}\ s^{-1}$[43]。不同 A 取代的 k_r 值说明反应不涉及长寿命的 Co(CN)$_5^{2-}$ 中间体。因此，这一体系的某些细节无法通过 **D** 机理的严格验证，而采用 **I$_d$** 机理描述更为妥当，即包含相对于分子环境的弛豫（包括 A$^-$ 的离去）短暂存在的

$Co(CN)_5^{2-}$ 中间体。尽管如此，$Co(CN)_5OH_2^{2-}$/H_2O 交换的活化体积 $\Delta V_{ex}^{\ddagger}$ 为正（+7 cm^3/mol，8.4 节）[44]，而 $Co(CN)_5OH_2^{2-}$/A^- 反应也给出了类似的值（$A = Br$、I、NCS）[45]，这些结果证明 $Co(CN)_5OH_2^{2-}$ 中的水取代反应具有显著的解离活化模式。

对于溶液介质中的八面体配合物，真正的 D 机理是不可能的，因为大量水体中的小体积分子及对金属中心离子的强亲和力使得中间体的配位数减少且寿命缩短[46]。虽然在一些特殊反应中提出了对 D 机理的认同[15]。当然，配位数减少的配合物可能与母体配合物在溶液中共存，达到平衡，例如在高温下，通过 $Co^{2+}(aq)$ 的可见光谱可以检测到 $Co(H_2O)_4^{2+}$ 和 $Co(H_2O)_6^{2+}$ [47-49]，但这并不一定为配体交换提供了有效途径（$Co(H_2O)_6^{2+}$ 的水交换证明是通过瞬态五配位的 I_d 机理进行的[21]）。

8.3.3.3 交换机理

在本章的其余部分，将探讨以下几点：①最好将 I 机理视为 I_a 和 I_d 特性程度变化的连续体，因此坚持将某一特定反应归类为 I_a 或 I_d 的普遍做法可能会适得其反；②某些特定金属离子 M^{z+} 的配合物反应机理可以通过改变配体在 I_a 到 I_d 的连续体移动；③I_a 和 A 机理的实际区别在于相对于缔合途径，解离途径在能量上受到限制。然而，此处我们仅考虑代表 I 机理的速率方程特征。

在交换机理中，配位数增加和减少的中间体（分别对应 I_a 和 I_d 机理）在动力学上无法检测到[5]。这意味着，实际上以金属配合物环境（包括溶剂化鞘、离子对等）弛豫的纳秒时间尺度，中间体是短暂存在的。在 ML_nX 中，如果发生 A 替代 X 的反应，它会在偶遇配合物 $\{ML_nX, A\}$ 的寿命内完成。这并不意味着观察到的取代速率一定很快。相反，活化能垒的升高很少在偶遇配合物的皮秒级碰撞过程中发生，但是，一旦发生反应，产物将在环境弛豫之前生成[46]。换言之，当 X 离去时，A 已在附近区域存在，并可能在 M—X 键完全断裂前（I_a）或未完全断裂（I_d）便开始与 ML_n 配位，但无论何种情况，在 M—A 键完全形成之前，X 的"记忆效应"始终得以保留。实际上，考虑偶遇配合物形成的热力学，I_a 过程的速率会继续表现出对 A 特性的敏感性，而 I_d 过程则不会。

偶遇配合物 $\{ML_nX, A\}$ 可以以生成常数 K_{ec} 快速达到预平衡（时间约为 1 ns 或更短），在其内，A 以一级速率常数 k_i 替代 X。在 A 大大过量于 AML_nX 的情况下（即[A]在反应过程中保持恒定），对于给定的[A]，观察到的准一级速率常数 k_{obsd} 由式（8.11）给出。

$$k_{obsd} = k_i K_{ec}[A]/(1 + K_{ec}[A]) \tag{8.11}$$

它的整体形式与式（8.7）和式（8.10）相同，但参数的物理意义不同。因此，在没有单独的信息来识别常数的情况下，仅从取代反应速率的[A]依赖关系式无法区分 A 机理、D 机理和 I_a/I_d 机理。在所有情况下，k_{obsd} 与[A]的关系可以采用如图 8.1 所示的形式。对于 I 机理，在低[A]时（$K_{ec}[A] \ll 1$），k_{obsd} 与[A]成正比，斜率为 $k_i K_{ec}$；而在高[A]时，k_{obsd} 趋向于最大速率限制 k_i。如果未能非常接近这一限制且有独立获取的 K_{ec}，仍可提取其内取代速率常数 k_i，例如，在偶遇配合物为离子对（形成常数为 K_{IP}）的情况下。

对离子对形成的独立测量可能给出与技术方法依赖性的 K_{IP} 值（即，通过 UV 光谱法确定离子对电荷转移获得的 K_{IP} 值,也许不能像在电极电势、导电性扩散或取代动力学上的离子对效应一样代表同一物理现象)。Bjerrum 等提出的理论方法可以作为一级近似值估算 K_{IP}。该理论强调低溶剂介电常数(相对介电常数 ε)和高离子电荷是产生高 K_{IP} 的关键因素,但这在定义离子对构成时存在局限性[29]。通过形成 $\{ML_nX^{z+}, A^-\}$ 离子对,一价阴离子 A^- 取代水溶液中阳离子配合物 ML_nX^{z+} 中的 X (X 为 H_2O)(在 25℃时 ε = 78.3),如图 8.1 所示,K_{IP} 通常不够大,特别是在 L 也是 H_2O 的情况下,K_{IP} 之间可能没有显著差异。在这种情况下,对于给定的底物[如 $Cr(H_2O)_6^{3+}$],k_{obsd} 随 A^- 的任何变化都可作为某种程度对 A^- 的选择性(即缔合活化)的证据。

长期以来人们已经认识到[50],在给体溶剂(如水)中用 A 取代 ML_nX 中的 X 时,可以先用配体溶剂取代 X,然后用 A 取代配体溶剂。因此,研究配体取代过程时,至关重要的是了解溶剂交换速率常数 k_{ex} 和新配体 A 取代配体溶剂的速率常数。对于 ML_n(溶剂) 中的溶剂取代反应,我们需要知道偶遇配合物 $\{ML_n(溶剂), A\}$ 中 k_i 与溶剂交换的速率常数 $k_{ex(ec)}$ 的对比,因为在 I_d 过程中 $k_{ex(ec)}$ 设置了 k_i 的上限(溶剂总是过量)。相反,如果 k_i 随 A 变化很大,特别是在某些情况下 k_i 超过 $k_{ex(ec)}$,则表明 A 的亲核性,机理为 I_a。然而,如果 A 是 Brønsted 碱,底物或溶剂具有可电离的质子,则 8.3.1 节中提到的共轭碱效应将减弱亲核性。

因此,要寻找溶剂取代反应中 I_a 机理的动力学证据,最好在不易电离质子的非水给体溶剂中进行(例如 DMF,其 ε 足够低,离子对可达饱和状态;在 25℃时,DMF 的 ε = 36.7)。在 DMF 中,研究了 Cl^-、Br^-、NCS^- 或 N_3^- 取代溶剂(在给定[A]下,假设一级速率常数 k_{obsd})对 $Cr(DMF)_6^{3+}$ 中配位的 DMF 的取代反应动力学。结合游离 $Cr(DMF)_6^{3+}$ 中的溶剂交换速率(速率常数 k_{ex}^0,用大的四苯硼酸根为抗衡离子;高氯酸根因离子对的形成稍微减小 k_{ex})和离子对 $\{Cr(DMF)_6^{3+}, A^-\}$ 的 $k_{ex(ec)}$,对 I_a 过程的动力学做了详尽的描述。图 8.2 总结了文献[51]、[52]、[53]对 $Cr(DMF)_6^{3+}$ + Cl^- 体系在 DMF 中 71.1℃的数据做了重新评价,显示由于 $Cr(DMF)_6^{3+}$ 与 A^- = Cl^- 离子配对引起了 k_{obsd}(图 8.1)和 k_{ex} 的饱和。图 8.2 中的曲线是数据对式(8.11)和式(8.12)的非线性最小二乘拟合。

$$k_{ex} = \left(k_{ex}^{lim}K_{IP}[A^-] + k_{ex}^0\right)/(1 + K_{IP}[A^-]) \qquad (8.12)$$

公式得出 Cl^- 取代配位 DMF 的限制速率常数 k_i = (9.1±0.4)×10^{-5} s^{-1},DMF 交换速率常数 k_{ex}^{lim} = (4.1±0.2)×10^{-5} s^{-1}。氯化物取代数据 K_{IP} = (2.8±0.3)×10^2 M^{-1},而 Cl^- 对 DMF 交换的影响较小,致使 K_{IP} = (2.2±0.6)×10^2 M^{-1},在误差范围内一致,证实了相同的离子配对同时影响取代和溶剂交换过程。因此,氯化物的取代比 $\{Cr(DMF)_6^{3+}, Cl^-\}$ 离子对中的 DMF 交换稍快,考虑到 DMF 分子数目远超过氯离子数目,结果与 I_a 机理一致,而与 I_d 机理不同。

表 8.1 列出了 DMF 中 $\{Cr(DMF)_6^{3+}, A^-\}$ 离子对缔合活化不容置疑的证据,显示叠氮化物离子对 Cr 中心的进攻比溶剂交换快 100 倍,比溴化物取代快 650 倍。特别有趣的是,由于叠氮化物的 Brønsted 碱性,反应通过 HN_3 和 $Cr(H_2O)_5OH^{2+}$ 进行,因此在水中无法获得可比结果。然而,在无水 DMF 中,阴离子对 Cr^{3+} 的亲核能力顺序为 $N_3^- \gg NCS^-$ > Cl^- > $Br^- \gg ClO_4^- \approx BPh_4^-$。

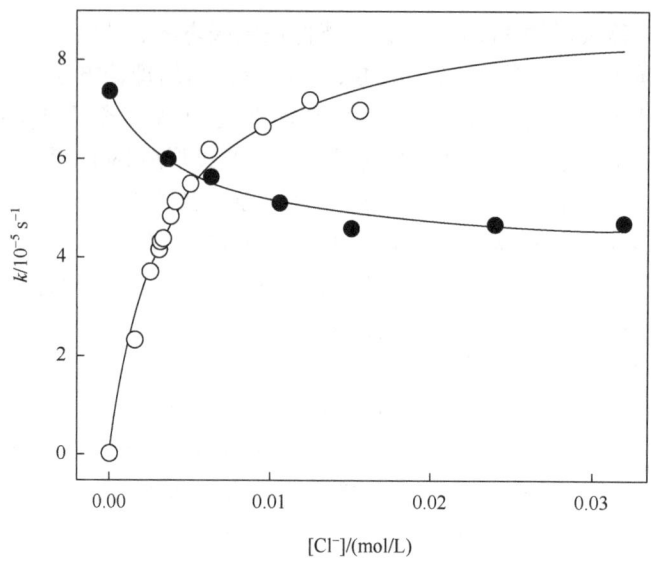

图 8.2 71.1℃，DMF 溶剂，$Cr(DMF)_6^{3+}$ 中 Cl^- 取代 DMF 的速率常数 k_{obsd}（空心符号）和配位 DMF 与溶剂的交换的速率常数 k_{ex}（实心符号）

表 8.1 还列出了一些别的重要结果。虽然在这些条件下高氯酸根离子不会与 Cr^{3+} 显著配合，但由于 K_{IP} 相对较低，仍能参与离子配对并降低溶剂交换速率。通常认为，离子对形成对溶剂交换速率常数的影响有限。对于 A^- 完全取代 $Cr(DMF)_6^{3+}$，k_i 在 A^- 范围内变化了 650 倍，而 K_{IP} 仅变化了 4 倍（表 8.1），因此可以明确区分离子缔合效应与真正的亲核性。从这点及溶剂交换数据可以看出，离子对不会极大地影响金属配合物固有的取代反应性。对于像 $Cr(H_2O)_6^{3+} + A^-$ 的溶液反应，K_{IP} 在实际离子强度下足够小（如对于 $\{Cr(H_2O)_6^{3+}, Cl^-\}$，$K_{IP} = 4.0\ M^{-1}$，$I = 4.4\ mol/L$，在 25℃，$I = 1.0\ mol/L$ 时 K_{IP} 下降到 $0.3\ M^{-1}$）[54]，图 8.1 中曲线图的曲率几乎无法测得，这意味着特定的 $k_{obsd}/[A^-]$ 近似表示 A^- 的亲核性（除金属中心呈 Brønsted 碱性外）。

表 8.1 DMF 中 $Cr(DMF)_6^{3+}$ 和 A^- 取代 DMF 与溶剂交换引起的离子对形成和极限速率常数 [a]

A^-	$k_i/10^{-5}\ s^{-1}$	$k_{ex}^{lim}/10^{-5}\ s^{-1}$	$K_{IP}/10^2\ M^{-1}$
无 [b]	—	7.4	—
ClO_4^-	—	5.7	0.3
Br^-	0.65	4.4	1.4 [c]
Cl^-	9.1	4.1	2.8
NCS^-	17.3	~5.5	0.73
N_3^-	424.0		3.3 [d]

[a] 文献[51]、[52]、[53]中的数据针对 A = Cl 进行了重新计算；除非另有说明，否则温度为 71.1℃。
[b] 四苯基硼酸抗衡离子（不成对，不络合）。
[c] 90℃。
[d] 50℃。

最后，溶剂交换反应在评估金属中心反应性方面至关重要，因为溶剂交换是一个对称过程，自由能变化为零（小同位素效应除外，例如 DMF-h_7 替代前述示例中的 DMF-d_7）。此外，溶剂交换反应避免了阴离子进攻或从阳离子金属中心释放时的复杂影响。因此，在溶剂交换反应中，金属离子的性质（如电荷、尺寸、电子构型）的影响最为明显。尽管通过改变溶剂浓度无法获得溶剂交换反应的机理信息（混合溶剂中可能除外，8.4.2 节），压力 P 对 k_{ex} 的影响通常通过活化体积 $\Delta V_{ex}^{\ddagger}$ 表达。

$$\Delta V_{ex}^{\ddagger} = -RT(\partial \ln k / \partial P)_T \tag{8.13}$$

由于不存在溶剂化变化以及进入配体和离去配体之间的差异，溶剂交换的激励解释相对容易。对于缔合活化的溶剂交换过程，预期 $\Delta V_{ex}^{\ddagger}$ 为负，因为形成过渡态时发生键合作用。反之，对于解离活化的溶剂交换过程，主要是键断裂，$\Delta V_{ex}^{\ddagger}$ 为正。

1958 年，Hunt 和 Taube[55]首次提出把 $\Delta V_{ex}^{\ddagger}$ 用于机理研究，他们发现 $Co(NH_3)_5OH_2^{3+}$ 中的溶剂水分子交换 $\Delta V_{ex}^{\ddagger} = 1.2\ cm^3/mol$，这与通过其他信息得出的 I_d 机理一致。1966 年，Taube 与 Andreja Bakac 交谈时提到，反应的压力效应甚小而无法进一步研究，但他同意也许有必要重新探讨其他溶剂交换反应。确实，在 1971 年 $Cr(H_2O)_6^{3+}$ 的水交换实验中，发现了对溶剂交换速率的影响更大的压力效应[56]：$\Delta V_{ex}^{\ddagger} = -9.3\ cm^3/mol$（随后通过对同时存在的共轭碱途径进行校正后修正为 $-9.6\ cm^3/mol$）[57]，因此指认为 I_a 机理，与其他信息建议的一样[58]（8.5 节）。从那时起，测量 $\Delta V_{ex}^{\ddagger}$ 已成为阐明无机取代机理的常用工具[21, 59]。对于上述 $Cr(DMF)_6^{3+}$/DMF 交换反应，$\Delta V_{ex}^{\ddagger} = -6.3\ cm^3/mol$，证实了该阳离子通过缔合活化机理进行反应[52]。

8.4 最简单的配体取代反应：溶剂交换

金属中心的缓慢溶剂交换速率通常采用同位素标记的溶剂示踪剂法（如 $H_2^{18}O$）进行质谱法测量，如果采样过程中能有效猝灭交换反应（后续为化学转化，如质谱分析要求将 H_2O 转化为 CO_2）[60]。或者，如果示踪剂含有 NMR 活性核，则可原位测量 NMR 谱线强度的变化。对于许多更快的反应，利用 NMR 弛豫方法，通过谱线展宽可测定溶剂中（如 $H_2^{17}O$）NMR 活性核在金属第一配位层内停留的时间。实际上，溶剂交换的大多数数据都来源于这种技术。某些备受关注的溶剂交换反应，如 $Mo(H_2O)_6^{3+}$/H_2O（由于其对 O_2 的高敏感性而具挑战性），其速率介于现有技术的时标范围内。而其他反应，如 $In^{3+}(aq)/H_2O$ 和 $Zn^{2+}(aq)/H_2O$，对动态 NMR 方法来说速率太快[61]。元素周期表第 I 族和第 II 族大多数金属离子的水交换速率非常快（亚纳秒时间尺度），超出了 NMR 时间范围，其速率只能通过超声吸收等其他方法间接推断。

然而，在考虑溶剂交换速率时，必须注意这些方法的实验限制性。质谱法可能会因猝灭不完全、"诱导交换"或同位素分馏（样品分离过程中的化学反应）而失效。NMR 谱线展宽可能由除化学因素外的多种因素引起，还需在特定温度范围内进行测量，以区分化学动力学和物理因素，但这种分离可能不完整，因此推导出的 k_{ex} 对温度的依赖性可能有严重错误。Helm 和 Merbach[59]指出，1967 年至 1989 年间报道 $Ni(CH_3CN)_6^{2+}$ 与 CH_3CN

溶剂的交换速率的 11 个 k_{ex} 值是通过 ^{1}H NMR 或 ^{14}N NMR 谱线展宽测得的，在 25℃时为 $2.0\times10^3 \sim 14.5\times10^3 \text{ s}^{-1}$。更糟糕的是，从谱线展宽的温度依赖性中推导出的活化焓 $\Delta H_{ex}^{\ddagger}$ 和对应的熵 $\Delta S_{ex}^{\ddagger}$ 分别为 40～68 kJ/mol 和 –33～+ 50 J/(mol·K)。造成这种数据过度分散的部分原因是焓-熵误差的相关性，即 $\Delta H_{ex}^{\ddagger}$ 中的误差 δH 意味着 $\Delta S_{ex}^{\ddagger}$ 中的补偿误差 $T\delta S$，从而 k_{ex} 可以是可靠的参数，即使 $\Delta H_{ex}^{\ddagger}$ 和 $\Delta S_{ex}^{\ddagger}$ 不可靠。因此，本文未列出基于 NMR 谱线展宽得到的后面参数（这些值可见于参考文献[15]、[21]、[22]和[59]）。此外，从 Eyring 图中得到的 $\Delta S^{\ddagger}$ 值实际上是通过无限温度外推得出。无论如何，对于从 NMR 弛豫获得的溶剂交换数据，以 $\Delta S_{ex}^{\ddagger}$ 的符号作为机理判据（I_a 为负，I_d 为正）的常规设定是不可靠的。

金属离子溶剂交换的活化体积 $\Delta V_{ex}^{\ddagger}$ 对补偿性误差的敏感性较 $\Delta H_{ex}^{\ddagger}$ 和 $\Delta S_{ex}^{\ddagger}$ 小，因为式（8.14）的积分形式假设 $\Delta V_{ex}^{\ddagger}$ 为常数。

$$\ln k = \ln k^0 - P\Delta V^{\ddagger} / RT \tag{8.14}$$

不需要外推很远就能评估其他参数，不像 $\Delta S_{ex}^{\ddagger}$，速率常数 k^0 的对数可直接测得（外压为零时）。然而，如果 k_{ex} 是通过 NMR 谱线展宽获得的，变压实验必须在 k_{ex} 是线宽唯一主要影响因素条件下进行（异质性修正后）。实际上，简单线性方程，如式（8.14）可在实验不确定性范围内拟合大多数溶剂交换速率数据，即 $\Delta V_{ex}^{\ddagger}$ 在正常实验压力范围（0～200 MPa）内保持恒定。这是因为在配体取代反应中，$\Delta V^{\ddagger}$ 对压力依赖性大，通常与溶剂变化有关[如水合 $Co(NH_3)_5SO_4^+$ 转化为 $Co(NH_3)_5OH_2^{3+}$ + SO_4^{2-} 时，溶剂化作用对电荷累积起稳定作用以及 $\ln k$ 对 P 的作图明显弯曲[62]]，但在溶剂交换反应中通常不存在净溶剂变化。然而，在 $Ni(CH_3CN)_6^{2+}/CH_3CN$ 交换中的三次独立报道中，$\Delta V_{ex}^{\ddagger}$ 值差异很大（+ 6 cm^3/mol、+ 10 cm^3/mol 和 + 12 cm^3/mol）[59]，虽然它们对误差敏感性较小，但都明显为正值，这与 I_d 机理一致。

既然 $\Delta V_{ex}^{\ddagger}$ 能提供机理信息（事实上，除非用惰性稀释剂[63, 64]改变溶剂浓度，否则这是溶剂交换反应唯一可靠的机理判据——尽管倾向性溶剂化可能带来不确定性），那么问题是，对于 D 和 A 极限情况，$\Delta V_{ex}^{\ddagger}$ 的数值应为多少？溶液中金属离子的绝对偏摩尔体积 V_{abs}^0 与其第一配位层溶剂分子数 n 之间的经验关系可用于溶液体系[65]；但它仅适用于同类型水配合物，尚未扩展到非水溶液体系，因为这些溶剂中缺乏大量 V_{abs}^0 和 n 的实验值。对于水溶液体系，在 25℃、0.1 MPa 的无限稀释溶液中，相对于 H$^+$(aq) 的 V_{abs}^0 = 5.4 cm^3/mol，金属离子 M^{z+}(aq) 的部分摩尔体积 V_{abs}^0 由式（8.15）给出[65, 66]。

$$V_{abs}^0 = 2.523\times10^{-6}(r+\Delta r)^3 - 18.07n - 417.5z^2 / (r+\Delta r) \tag{8.15}$$

式中，n 是 M^{z+}(aq)第一配位层中的水分子数；r 是 M^{z+} 的有效离子半径，单位为 pm（n 每增加 1，r 约增加 6 pm）[67]；Δr 表示水合配体第一配位层的有效厚度，经验值为 238.7 pm。由此可估算出，从 M(H$_2$O)$_6^{z+}$ 形成中间体 M(H$_2$O)$_5^{z+}$ 和 H$_2$O 时的极限体积变化 $\Delta V_{ex}^{\ddagger}$（以简单的 D 机理进行的 M(H$_2$O)$_6^{z+}$ 水交换反应）从约 14 cm^3/mol（r = 40 pm）到约 12 cm^3/mol（r = 120 pm），对离子强度（z）的依赖性很微小。对于简单的 A 机理，相应的体积变化范围为 –14～–12 cm^3/mol。因此，对于典型的 M(H$_2$O)$_6^{z+}$ 的水交换 I_d 机理，可预测 0 cm^3/mol < $\Delta V_{ex}^{\ddagger}$ < 13 cm^3/mol，而对于 I_a 机理，–13 cm^3/mol < $\Delta V_{ex}^{\ddagger}$ < 0 cm^3/mol。

要知道，计算出的极限 $\Delta V_{ex}^{\ddagger}$ 值的不确定性范围为 1～2 cm^3/mol，主要由于 r 随 n 的变化而产生的不确定性。另外，回应 Rotzinger[68]的评论时我们可能会注意到，r 对 n

的依赖性已经充分考虑了 A 或 D 活化过程，由于旁观水配体的 M—O 键的键长增加或减少而产生的体积效应。此外，反对意见认为上述计算的 $\Delta V_{ex}^{\ddagger}$ 极限值被高估了[68]，因为在 A 机理的过渡态中，进入的水分子与 M 的键合尚未形成（相应地，在 D 机理中 M—OH$_2$ 键未完全断裂），但忽视了一个要点，即这些 $\Delta V_{ex}^{\ddagger}$ 值是针对极限情况计算出的最大值。

8.4.1 水交换反应

溶液中发生在金属离子上的水交换反应特别重要，因为水溶液中的纯配体取代反应通常发生在与水交换相似的时间范围内。因此，交换反应为水合金属离子固有的反应性提供了重要的量度，而不受周围化学环境的干扰。此外，如 8.8 节所述，作为水环境中矿物风化和沉积过程中发生的化学过程的参照，水交换反应最近引起了地球化学家的关注[23]。Lincoln[69]最近对金属水合配合物的机理研究进行了综述。

关于反应机理的解释，表 8.2 中的 $\Delta V_{ex}^{\ddagger}$ 数据可以通过式（8.15）来说明，意味着大多数简单的水合配合物的水交换反应被合理地描述为 I 过程。这一概念在图 8.3 中以示意图形式呈现[70]，其理论基础源自 More O'Ferrall 提出的势能图[71]，用于表述有机反应机理在极限 S_{N1} 和 S_{N2} 机理之间的渐变过渡。图 8.3 中，以对称水交换反应的 $V_{ex}^{\ddagger}$ 作图，取值在式（8.15）所设定的极限之间：A 机理的 $\Delta V_{ex}^{\ddagger}$ 为-13.5 cm^3/mol（右上角），D 机理的 $\Delta V_{ex}^{\ddagger}$ 为 +13.5 cm^3/mol（左下角）。从左上角到右下角的反应体积轨迹是任意绘制的，但受限于 A-D 边界线，两个坐标值代数和等于实验测得的 $\Delta V_{ex}^{\ddagger}$。该图假设从反应物到相同产物的过程是简单的。关键在于，正方形内的所有轨迹都代表 I 机理，这些轨迹表现出不同程度的成键和断键过程，即 I_a 和 I_d 特性，而 I_a 和 I_d 之间没有明确的边界。Kowall 等[61]指出，如果控制反应速率的过渡态结构基本上不同于上述的七配位或五配位中间体，$\Delta V_{ex}^{\ddagger}$ 的非极限值可能与 A 或 D 机理一致。比如，如果第二配位层相互作用使这个简单模型变得复杂，像计算机模拟 Al^{3+}(aq)、Ga^{3+}aq)和 In^{3+}aq)的水交换所显示的那样。迄今为止观察到的最负的 $\Delta V_{ex}^{\ddagger}$ 值为-13.6 cm^3/mol 和-12.1 cm^3/mol，分别对应 Be(H$_2$O)$_4^{2+}$ [64]和 Ti(H$_2$O)$_6^{3+}$ [72]的水交换反应，可与 A 机理的计算值-12.9 cm^3/mol 和-13.4 cm^3/mol 相比较，这表明基于式（8.15）的限制 $\Delta V_{ex}^{\ddagger}$ 值的预测在计算误差（±1~2 cm^3/mol）范围内有意义。至今，尚未发现均相金属水合配合物的水交换反应有接近上限的 $\Delta V_{ex}^{\ddagger}$ 值，表明在这种情况下 D 机理的可能性较小[46]，与 8.3.3.2 节、8.3.3.3 节及其他处表达的观点相符。

表 8.2　对于选定金属水合配合物及其共轭碱中水交换的速率常数 k_{ex} 和活化体积 $\Delta V_{ex}^{\ddagger}$

金属离子	O_h 配位场中的 d 构型	k_{ex}/s^{-1a}	$\Delta V_{ex}^{\ddagger}$/(cm^3/mol)^a	M^{z+}的半径 ^{b}/pm
Be(H$_2$O)$_4^{2+}$		7.3×10^2	−13.6	27
Mg(H$_2$O)$_6^{2+}$		6.7×10^5	+6.7	72
V(H$_2$O)$_6^{2+}$	$t_{2g}^3 e_g^0$	87	−4.1	79

续表

金属离子	O_h 配体场中的 d 构型	k_{ex}/s^{-1a}	$\Delta V_{ex}^{\ddagger}/(cm^3/mol)^a$	M^{z+}的半径 ^{b}/pm
$Cr(H_2O)_6^{2+}$	$(t_{2g}^3 e_g^1)^c$	$>10^8$		80
$Mn(H_2O)_6^{2+}$	$t_{2g}^3 e_g^2$	2.1×10^7	−5.4	83
$Fe(H_2O)_6^{2+}$	$t_{2g}^4 e_g^2$	4.4×10^6	+3.8	78
$Co(H_2O)_6^{2+}$	$t_{2g}^5 e_g^2$	3.2×10^6	+6.1	74.5
$Ni(H_2O)_6^{2+}$	$t_{2g}^6 e_g^2$	3.2×10^4	+7.2	69
$Cu(H_2O)_6^{2+}$	$(t_{2g}^6 e_g^3)^c$	4.4×10^9	+2.0	73
$Zn(H_2O)_6^{2+}$	$t_{2g}^6 e_g^4$	$\geqslant 5\times 10^7$		74
$Ru(H_2O)_6^{2+}$	$t_{2g}^6 e_g^0$	1.8×10^{-2}	−0.4	
$Pd(aq)_4^{2+d}$		5.6×10^2	−2.2	64
$Pt(aq)_4^{2+d}$		3.9×10^{-4}	−4.6	60
$Eu(H_2O)_7^{2+}$		4.4×10^9	−11.3	120
$Al(H_2O)_6^{2+}$		1.29	+5.7	53.5
$AlOH(aq)^{2+d}$		3.1×10^4		53.5
$Ga(H_2O)_6^{3+}$		4.0×10^2	+5.0	62
$Ti(H_2O)_6^{3+}$	$t_{2g}^1 e_g^0$	1.8×10^5	−12.1	67
$V(H_2O)_6^{3+}$	$t_{2g}^2 e_g^0$	5.0×10^2	−8.9	64
$Cr(H_2O)_6^{3+}$	$t_{2g}^3 e_g^0$	2.4×10^{-6}	−9.6	61.5
$Cr(H_2O)_5OH^{2+}$	$t_{2g}^3 e_g^0$	1.8×10^{-4}	+2.7	61.5
$Fe(H_2O)_6^{3+}$	$t_{2g}^3 e_g^2$	1.6×10^2	−5.4	64.5
$Fe(H_2O)_5OH^{2+}$	$t_{2g}^3 e_g^2$	1.2×10^5	+7.0	64.5
$Ru(H_2O)_6^{3+}$	$t_{2g}^5 e_g^0$	3.5×10^{-6}	−8.3	68
$Ru(H_2O)_5OH^{2+}$	$t_{2g}^5 e_g^0$	5.9×10^{-4}	+0.9	68
$Rh(H_2O)_6^{3+}$	$t_{2g}^6 e_g^0$	2.2×10^{-9}	−4.2	66.5
$Rh(H_2O)_5OH^{2+}$	$t_{2g}^6 e_g^0$	4.2×10^{-5}	+1.5	66.5
$Ir(H_2O)_6^{3+}$	$t_{2g}^6 e_g^0$	1.1×10^{-10}	−5.7	68
$Ir(H_2O)_5OH^{2+}$	$t_{2g}^6 e_g^0$	5.6×10^{-7}	−0.2	68
$Gd(H_2O)_8^{3+}$		83.0	−3.3	105.3
$Tb(H_2O)_8^{3+}$		55.8	−5.7	104

续表

金属离子	O_h 配体场中的 d 构型	k_{ex}/s^{-1a}	$\Delta V_{ex}^{\ddagger}$ /(cm^3/mol)^a	M^{z+} 的半径 ^{b}/pm
$Dy(H_2O)_8^{3+}$		43.4	−6.0	102.7
$Ho(H_2O)_8^{3+}$		21.4	−6.6	101.5
$Er(H_2O)_8^{3+}$		13.3	−6.9	100.4
$Tm(H_2O)_8^{3+}$		9.1	−6.0	99.4
$Yb(H_2O)_8^{3+}$		4.7		98.5

^{a} 25℃时；有关 $\Delta V_{ex}^{\ddagger}$ 和 $\Delta S_{ex}^{\ddagger}$ 的数值来源，请参见参考文献[21]、[59]和[15]。

^{b} 合适的配合几何形状和自旋状态的离子半径[67]。

^{c} 标准状态，这种假设的构型迫使 Jahn-Teller 畸变达到六配位的近似 D_{4h} 对称性。

^{d} 见正文部分。

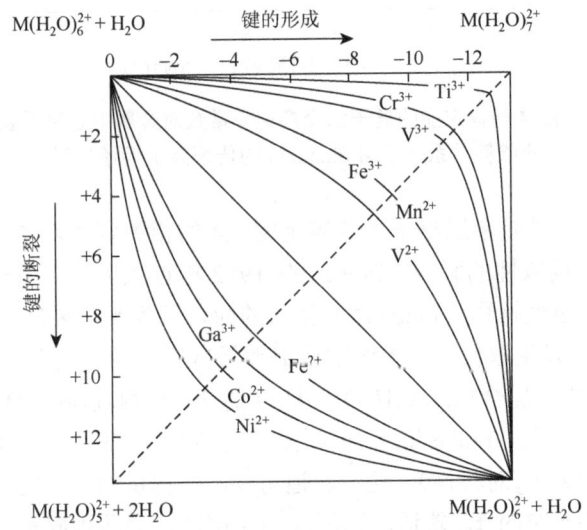

图 8.3 八面体六水合配合物水交换过程中的体积变化（cm^3/mol）示意图

体系的瞬时体积是纵坐标和横坐标值的代数和，处于虚线对角线上的点代表各轨迹的过渡态，*Chem Rev*，**2005**，*105*，1923 经许可转载，版权归 2005 年美国化学学会所有

有人可能会认为预测的 $\ln k_{ex}$ 值（与活化自由能 $\Delta G_{ex}^{\ddagger}$ 有关，通过艾林方程 $\ln k_{ex} = \ln(k_B T/h) - \Delta G_{ex}^{\ddagger}/RT$ 来确定）应该与金属中心离子 M^{z+} 的电荷半径比成反比，因为配体受到的静电势越高，结合得越牢，交换速率就会越慢，而与机理无关。图 8.4 表明，这对于球形对称的 M^{z+} 是有效的，即具有 d^0、高自旋 d^5（$t_{2g}^3 e_g^2$）或 d^{10} 外部电子构型，但典型的水合配合物（图 8.4 中的实心符号）与后面的八配位的镧系元素具有不同的线性相关性。四配位的 Be^{2+}(aq) 比任何一种趋势所预测的都更加不稳定。根据晶体中 M—O 或 M—F 距离的任意分离值得到人造"离子半径"可能是这些相关性差异的原因。例如，使用 Shannon[67] 首选的"晶体半径"（即传统离子半径为 +14 pm）导致 $Be(H_2O)_4^{2+}$ 的 k_{ex} 更靠

近非镧系元素，虽然各镧系元素的 k_{ex} 是分离的。图 8.4 暗示 Zn^{2+}(aq)水交换的 k_{ex} 约为 $5×10^7\ s^{-1[61]}$ 的下限事实上更接近于实际值；此外，$Fe(H_2O)_6^{3+}$ 和 $Al(H_2O)_6^{3+}$ 共轭碱形成显著促进其水交换反应主要是由于去质子化对电荷的减少。

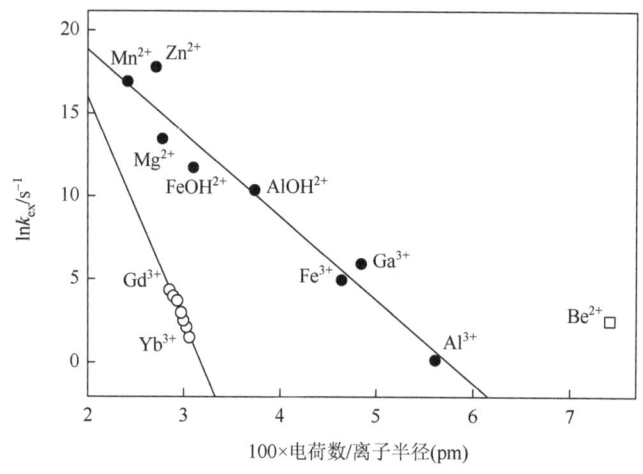

图 8.4 无配体场稳定能的离子水交换速率常数对金属中心离子表面电势的依赖关系（采用 Shannon 的传统离子半径）[67]

更重要的是，许多过渡金属离子不能满足图 8.4 的相关要求，这凸显了 d 电子构型对取代反应中金属离子反应性的影响。Taube[1] 在 1952 年首次指出 d 电子构型的重要性，并从价键理论上进行了定性解释。Taube 用其擅长的简单试管实验区分了"活泼"与"惰性"金属配合物（在混合时发生取代），后者通常是 d^3 或低自旋 d^5 和 d^6 的八面体配合物以及 Pd^{2+}、Pt^{2+} 和 Au^{3+} 的平面正方形配合物。$V(H_2O)_6^{3+}/H_2O$ 的交换速度比 $V(H_2O)_6^{2+}/H_2O$ 更快，尽管 $V(H_2O)_6^{3+}$ 含有更高的电荷。Taube 将这一事实归因于 V^{3+} 具有可用的轴向空 d 轨道（如 d_{xy}、d_{xz} 或 d_{yz}；在 O_h 场中为 t_{2g} 对称性），这些轨道可与配体提供的电子对形成键，从而促进缔合活化。反之，若缺乏空的 t_{2g} 轨道，则反应相对惰性，除非轴向轨道（$d_{x^2-y^2}$ 或 d_{z^2}；e_g 对称性）中存在电子，会削弱金属-配体键，有利于解离过程。

Basolo 和 Pearson[3,4] 使用晶体场理论建立了一种半定量方法，该方法将配体视为点电荷或点偶极子，与 M^{z+} 的 d 电子发生静电相互作用。随后，大多数讨论转向了分子轨道 (MO) 理论，认识到配体与 M^{z+} 的 d 电子之间存在 σ 和 π 相互作用（即配体场理论）。对于水合配合物，只需考虑 σ 相互作用，适合于晶体场理论近似处理。当 M^{z+} 被笛卡儿坐标方向（x、y 和 z）的六个阴离子或偶极子配体的正八面体场（O_h）包围时，轴向 d 轨道（e_g 轨道，以 σ 分子轨道理解为反键轨道）的一个电子与配体相互作用，能量上升 $6Dq$；而轴间 d 轨道（t_{2g} 轨道，以 σ 相互作用而为非键轨道）的一个电子的能量被稳定为 $4Dq$。两者均相对于单个 d 电子在相当于六个配体球形对称分布在 M^{z+} 周围的假设能量（图 8.5）。两组 d 轨道的总分裂（通常为 d_{xy} 和 $d_{x^2-y^2}$ 轨道之间的能量差）为 $10Dq$，并可以通过紫外-可见-近红外光谱测量。例如，八面体配合物（$t_{2g}^3 e_g^0$ 电子构型）的 Cr^{3+} 因其 $12Dq$ 的总配体场稳定能量（LFSE）而表现出稳定性。有人可能会争辩，在 **D** 机理过程中移除一个配体，留

下方锥形 $Cr(H_2O)_5^{3+}$ LFSE 将减少 $2Dq$，总计约为 -42 kJ/mol。$Cr(H_2O)_6^{3+}$/H_2O 交换反应的观察值 $\Delta H_{ex}^{\ddagger}$ 为 109 kJ/mol[57]，而没有 LFSE 损失的 $Fe(H_2O)_6^{3+}$/H_2O 的 $\Delta H_{ex}^{\ddagger}$ 为 64 kJ/mol[73]。这样，Fe^{III}水交换速率比 Cr^{III} 快 $7×10^7$ 倍，可归因于活化过程中 LFSE 的损失。换句话说，$Cr(H_2O)_6^{3+}$/H_2O 交换偏离图 8.4 的校正值对应于 $2Dq$ 能量差。

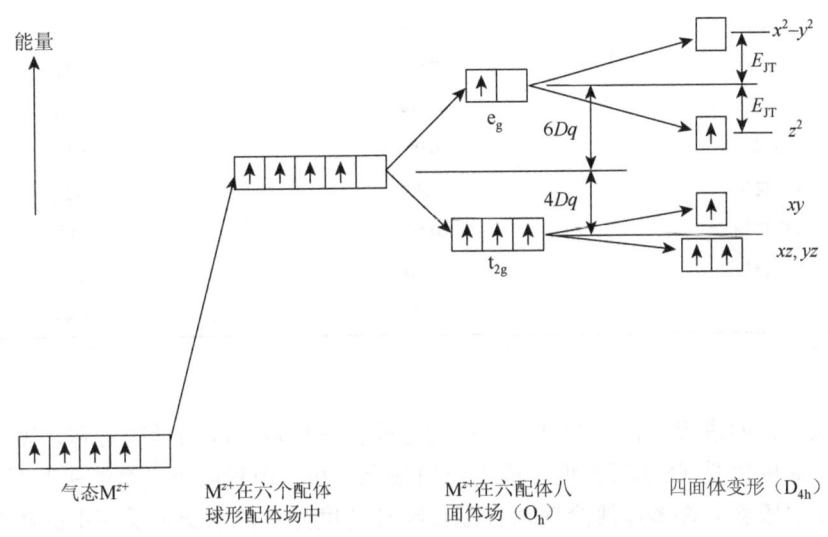

图 8.5　d 轨道在八面体和变形四边形的八面体配体场中的分裂

对于高自旋的 d^4 离子，奇数电子的存在会导致 e_g 的分裂，由此体系的能量减少了 E_{JT} 量（Jahn-Teller 效应），但是奇数电子存在 d_{z^2} 轨道使 z 轴上的配体不对称

当然，如此粗略论证的近乎定量的成功带有偶然性。$\Delta V_{ex}^{\ddagger}$ 值（-9.6 cm^3/mol[57]）表明反应机理是 $\mathbf{I_a}$ 而不是 $\mathbf{D}$，它确实表明过渡金属水合配合物中的配体场效应可能与基于图 8.4 的预期结果大相径庭。Basolo 和 Pearson[3,4]尝试通过计算配体场活化能（ligand field activation energy，LFAE）在八面体楔形配合物缔合活化和解离活化取代反应中的贡献，将配体场效应对取代反应动力学的影响概念置于定量基础上。理论上，这可基于路径的计算活化能是否较低来预测反应机理。然而，需要假设过渡态的几何构型：对于解离活化，配位数降低的理想中间体可能为四方锥形（C_{4v}）或三角双锥形（D_{3h}）；对于缔合活化，考虑的七配位中间体包括八面体楔形（C_{2v}，来自进入配体对离去配体的侧向攻击）或五角双锥形（D_{5h}）。还需考虑过渡态中的键长，尤其是八面体楔形模型。表 8.3 给出了通过假想四方锥形和八面体楔形过渡态进行的交换反应的 LFAE 值，其中"低自旋"指强配体场强制自旋配对的体系。原则上，特定金属离子不同假设过渡态几何构型对应的最低 LFAE 应能揭示反应机理，但对比表 8.2 的 $\Delta V_{ex}^{\ddagger}$ 值与表 8.3 的 LFAE 值可知：该方法对 $Cr(H_2O)_6^{3+}$（$\mathbf{I_a}$）有效，却无法解释 $Ni(H_2O)_6^{2+}$（$\mathbf{I_d}$）。这可归因于 Ni^{2+}水合离子较低电荷从而促进配体解离。正如 Basolo 和 Pearson 所强调的，LFAE 的应用需结合图 8.4 大概反映出的更普遍存在中心对称效应[4]。此外，金属-配体相互作用的共价性或与周围溶剂效应也未明确考虑在内。

表 8.3 过渡金属离子交换反应中配体（晶体）场对活化能的贡献，假设过渡四方锥形和八面体楔形过渡态分别代表解离活化和缔合活化（基于不同活化路径的 LFAE 分析）[a]

电子数目	LFAE/Dq	
	四方锥形	八面体楔形
1 或 6	−0.57	−2.08
2 或 7	−1.14	−0.68
3 或 8	2.00	1.80
4 或 9	−3.14	−2.79
0、5 或 10	0.00	0.00
4 低自旋	1.43	−0.26
5 低自旋	0.86	1.14
6 低自旋	4.00	3.63
7 低自旋	−1.14	−0.98

[a] 来自文献[4]。

近年来，人们进行了许多尝试，旨在改进配体场对取代动力学的处理，特别是对溶剂交换的计算机建模（8.7 节）近乎成为一门独立学科，但目前还没有解决方案。然而，LFAE 的基本概念为许多过渡金属水合配合物在适度简单的水交换反应中的相对反应性提供了清晰的定性解释。以下是一些例子：

（1）V(H$_2$O)$_6^{3+}$/H$_2$O 相对于 V(H$_2$O)$_6^{2+}$/H$_2$O 具有更高的反应活性，这可归因于前者具有负的 LFAE 值（−0.68 Dq）以及后者在假定的八面体楔形过渡态下正的 LFAE 值（+1.80 Dq）。需注意的是，尽管两种体系的 $\Delta V_{ex}^{\ddagger}$ 值均符合 $\mathbf{I_a}$ 机理，但晶体场分裂能（Dq）对+3 价离子的影响通常约为+2 价离子的两倍。同理，Ti(H$_2$O)$_6^{3+}$（+3 价离子中最活泼的体系）极高的反应活性可以从计算的 LFAE 值（−2.08 Dq）来解释，该值显著降低了八面体楔形过渡态的活化能，与 $\Delta V_{ex}^{\ddagger}$ 值暗示的近极限 $\mathbf{A}$ 机理一致。

（2）通常，自旋配对的 d^5（$t_{2g}^5 e_g^0$；Ru^{III}）和 d^6（$t_{2g}^6 e_g^0$；Rh^{III}、Ir^{III}）构型（表 8.2）会表现出动力学惰性。Rh(H$_2$O)$_6^{3+}$ 和 Ir(H$_2$O)$_6^{3+}$ 的水交换均通过 $\mathbf{I_a}$ 机理进行，这从 $\Delta V_{ex}^{\ddagger}$ 值得到支持，并通过模型验证[74]。目前没有关于 Co(H$_2$O)$_6^{3+}$ 的水交换数据。对于 3d^6 离子，足够大的 Dq 强制基态自旋配对，但推测其取代反应可能通过不稳定的高自旋态进行。此外，它可能缓慢地被水还原为不稳定的 Co^{2+}(aq)，进而通过双分子电子转移活化 Co(H$_2$O)$_6^{3+}$。对于相同的氧化态和配体组的过渡金属，随着周期数增加，Dq 和 LFAEs 显著增加，因此 Ir(H$_2$O)$_6^{3+}$/H$_2$O 的交换速率非常缓慢，$\Delta H_{ex}^{\ddagger}$ 高达 131 kJ/mol[75]。

（3）对于包含 Co^{III} 配合物在内的比较，我们可以参考表 8.4 中 M(NH$_3$)$_5$OH$_2^{3+}$ 的水交换数据[55, 76, 77]。活化体积及 8.5 节讨论的其他信息指出，Co(NH$_3$)$_5$OH$_2^{3+}$ 以 $\mathbf{I_d}$ 主导，而列表中的其他 M(NH$_3$)$_5$OH$_2^{3+}$ 则具有 $\mathbf{I_a}$ 特征，并计算出表 8.4 中的 LFAEs 值[4]。事实上，机理的归属选择不会显著影响后续的实验结果。对于 Rh(NH$_3$)$_5$OH$_2^{3+}$ 和 Ir(NH$_3$)$_5$OH$_2^{3+}$ 来说，其 LFAE 的绝对值远远超过了 $\Delta H_{ex}^{\ddagger}$ 的实验值，甚至无须考虑中心对称或共价相互作用。显然，仅作为评价取代反应速率的配体场效应的定性指导。此外，尽管从 Co 到 Rh 再到

Ir,LFAE 值确实随 Dq 的增加而增加(与机理归属无关),但实验测得的 $Co(NH_3)_5 OH_2^{3+}$ 的 $\Delta H_{ex}^{\ddagger}$ 和 $\Delta S_{ex}^{\ddagger}$ 显著高于 Rh^{III} 和 Ir^{III} 类似物建立的趋势,由此导致 $Co(NH_3)_5 OH_2^{3+}$ 和 $Rh(NH_3)_5 OH_2^{3+}$ 的 k_{ex} 值非常接近。这一证据和其他证据(8.5 节)表明,Co^{III} 配合物在配体取代反应中的行为在某种程度上表现异常,意外的是,大多数旨在阐明八面体取代的机理研究都是在 Co^{III} 配合物上进行的。这些异常可能与 Co^{3+} 在八面体环境中的异常小的离子半径(54.5 pm,表 8.2)[67]有关,导致其配合物出现空间拥挤,并倾向于解离活化,如 $Co(NH_3)_5 OH_2^{3+}/H_2O$ 交换反应正的 $\Delta V_{ex}^{\ddagger}$ 值。换句话说,除 Co^{III} 之外的 +3 价过渡金属配合物(包括后镧系元素)正常地发生具有显著的 I_a 特征的配体取代反应,这在表 8.2 和表 8.4 中负的 $\Delta V_{ex}^{\ddagger}$ 值中得到证实。

表 8.4 一些 Pentaam(m)ine 水合配合物的水交换动力学 ^{a}

配合物	d 电子构型	LFAE^b/(kJ/mol)	$k_{ex}^{298}/10^{-5}$ s^{-1}	$H_{ex}^{\ddagger}$/(kJ/mol)	$\Delta S_{ex}^{\ddagger}$/[(J/mol·K)]	$\Delta V_{ex}^{\ddagger}$/(cm^3/mol)
$Ru(NH_3)_5 OH_2^{3+}$	4d: $t_{2g}^5 e_g^0$	$1.14Dq = 46$	23.0	91.5	−8	−4.0
$Cr(MeNH_2)_5 OH_2^{3+}$		$1.8Dq = 44$	0.41	98.5	−18	−3.8
$Co(NH_3)_5 OH_2^{3+}$	3d: $t_{2g}^6 e_g^0$	$4.0Dq = 102^c$	0.57	111.3	+28	+1.2
$Co(MeNH_2)_5 OH_2^{3+}$		$4.0Dq = 98^c$	70.0	99.0	+27	+5.7
$Rh(NH_3)_5 OH_2^{3+}$	4d: $t_{2g}^6 e_g^0$	$3.6Dq = 142$	0.87	102.9	+3	−4.1
$Rh(MeNH_2)_5 OH_2^{3+}$		$3.6Dq = 139$	1.06	112.7	+38	+1.2
$Ir(NH_3)_5 OH_2^{3+}$	5d: $t_{2g}^6 e_g^0$	$3.6Dq = 173$	0.0061	117.6	+11	−3.2
$Cr(NH_3)_5 OH_2^{3+}$	3d: $t_{2g}^3 e_g^0$	$1.8Dq = 45$	5.2	97.1	0	−5.8

^{a} 来自文献[76]、[77]和[140]的数据。
^{b} 对于八面体楔形过渡态,除非另有说明。
^{c} 对于四方锥形过渡状态。

(4) 从表 8.2 和表 8.3 可以看出,钌(III)配合物在动力学特性上与相应的铬(III)配合物相似,尽管 Ru^{III} 的 Dq 较大,因为低自旋 d^5 的 LFAE 因子低于 d^3 的 LFAE 因子。对于 $Ru(H_2O)_6^{3+}$,其 $\Delta V_{ex}^{\ddagger}$ 值表明它比 $Ru(H_2O)_6^{2+}$ 更具缔合活化模式的特性,这似乎是符合八面体过渡金属配合物的典型特征,可能归因于高氧化态的直接静电效应以及因增加 Dq 引起 LFAE 增加的间接效应。

(5) 表 8.2 中除 Cr^{2+} 和 Cu^{2+} 外,所有高自旋八面体+2 价金属水合配合物在 Taube 分类中都显活性,其活性顺序($V^{2+} \ll Cr^{2+} > Mn^{2+} > Fe^{2+} > Co^{2+} > Ni^{2+} \ll Cu^{2+} > Zn^{2+}$)与基于 LFAE 的理论预测一致。具体而言,$t_{2g}^3 e_g^0$ (V^{II}) 和 $t_{2g}^6 e_g^2$ (Ni^{II}) 构型应产生最大的 LFAE(假设解离机理下均为 $2Dq$),因而对应最低的反应速率。活化体积表明,V^{2+} 和 Mn^{2+} 主要呈现 I_a 机理特征,而 Fe^{2+}、Co^{2+} 和 Ni^{2+} 逐渐以 I_d 机理占主导。将 $Mn(H_2O)_6^{2+}$ 的水交换反应归为 I_a 机理似乎与其净取代反应中对进入配体性质缺乏显著敏感性相矛盾,但这可能仅由于快速反应缺乏合适数据。物理有机化学家早已指出:缔合过程速率越快,表现出选择性越低[78]，而 Mn^{2+} 的取代反应在任何标准下均属极速范畴。对 $M(H_2O)_6^{2+}/H_2O$（M = Mn、Fe、Co、Ni）交换体系，结合 $\Delta V_{ex}^{\ddagger}$ 与传统摩尔体积 V_{conv}^0 [$H^+(aq)$ 的 $V_{conv}^0 = 0$]可得过渡态的传统摩尔体积 V_{conv}^0 分别为–22.8 cm³/mol、–21.5 cm³/mol、–19.3 cm³/mol 和–21.2 cm³/mol。相对于 $\Delta V_{ex}^{\ddagger}$ 超过 12 cm³/mol 的差异[79]，这些值在实验误差范围内基本恒定。因此，同属 I 机理，$\Delta V_{ex}^{\ddagger}$ 的变化以及缔合活化与解离活化的相对主导性主要源于水合离子的初始态。较大的 Mn^{2+} 易扩展其配位数，而较小的 Ni^{2+} 则难以实现。对 $M(NH_3)_5OH_2^{3+}/H_2O$ 交换体系亦可得出类似结论[79]。

（6）对于低自旋 $4d^6$（$t_{2g}^6 e_g^0$）构型的 $Ru(H_2O)_6^{2+}$，其 LFAE 为 $4Dq$（假设为解离机理，因 $\Delta V_{ex}^{\ddagger}$ 仅显示极弱的缔合特征），使其处于 Taube 惰性类别的边界，而大多数八面体的+2 价离子均属活性体系。相反，Cr^{2+} 和 Cu^{2+} 表现出极高的 k_{ex} 值，这可归因于金属离子处于准八面体环境中显著的姜-泰勒（Jahn-Teller）畸变。若轴向 d 轨道含单电子（Cr^{2+}），或两个电子占据一个轴向 d 轨道而另一轴向仅有一个电子（Cu^{2+}），几何结构将自发畸变为四方形伸长构型（D_{4h} 点群，四个赤道配体靠近，两个轴向配体远离）。以高自旋 d^4（Cr^{2+}）配合物为例，在图 8.5 中 Jahn-Teller 效应的驱动力以能量 E_{JT} 表示。事实上，固态高自旋 Tutton 盐$(NH_4)_2Cr(H_2O)_6(SO_4)_2$[80]中的 $Cr(H_2O)_6^{2+}$ 单元呈现四方形畸变，其轴向 Cr—O 键较赤道键约伸长 16%[81]，且可合理地假设这种结构在溶液中依然存在。显然，两个远端配体可通过 I_a 或 I_d 机理与溶剂快速交换，而配合物的振动能在飞秒至皮秒时间尺度上引发轴向与赤道位置的快速翻转[82]。遗憾的是，易氧化的 $Cr^{2+}(aq)$ 的 $\Delta V_{ex}^{\ddagger}$ 尚未测得。

（7）$Cu^{2+}(aq)$ 水交换反应的极高速率常数（$k_{ex} = 4.4 \times 10^9$ s⁻¹）与极低活化焓（$\Delta H_{ex}^{\ddagger} = 11.5$ kJ/mol）[83]显然可归因于 Jahn-Teller 效应，但其极端反应活性与水合离子结构的相关性仍不明确。传统观点基于早期对 $Cu^{2+}(aq)$ 水溶液的 X-射线衍射研究（如 Magini[84]的工作）及固态 Cu^{2+} 化合物（$[Cu(H_2O)_6](ClO_4)_2$[85]）的结构类比，认为 Cu^{2+} 在水溶液中以四方形畸变的六配位物种存在（近似 D_{4h} 对称性）。冻结 $Cu^{2+}(aq)$ 溶液的 EPR 数据表明，该水合配合物可能确为六配位，但非中心对称——还存在部分四面体畸变，对称性降为大致 D_{2d}[86]。然而，2001 年，Pasquarello 等[87]通过中子衍射与分子动力学模拟提出，水溶液中的 $Cu(ClO_4)_2$ 呈五配位 $Cu^{2+}(aq)$ 结构。进一步结合 X-射线吸收光谱与密度泛函理论[88, 89]的研究表明，$Cu(H_2O)_5^{2+}$ 可能为四方锥体构型，轴向 Cu—O 键伸长并趋向 D_{2d}。另外，2002 年，Persson 等[90]通过 EXAFS 与大角度 X-射线衍射分析固态及水溶液中的 Cu^{2+}，重申存在轴向伸长的八面体 $Cu(H_2O)_6^{2+}$（四个赤道 Cu—O 键键长为 195 pm，两个轴向 Cu—O 键键长 229 pm）。Schwenk 与 Rode[91]的分子动力学模拟支持溶液中 $Cu^{2+}(aq)$ 为伸长八面体结构的观点，并指出 Cu—O 键键长的动态重排时间尺度甚至短于 Powell 等从 NMR 测试估算的 5 ps[82, 83]。问题在于，对各种 X-射线数据的拟合依赖于结构假设，因此不能无疑义地确定配位数。对于各类计算机模拟方法，Rotzinger[92]指出，高估或低估配位数（8.7 节）的倾向性取决于具体方法。因此，尽管证据权重倾向于拉长八面体的六水合配合物，Jahn-Teller 效应在水溶液 $Cu^{2+}(aq)$ 中的几何效应问题仍未解决。此外，Rotzinger[92]指出，对于配位不饱和的 $Cu(H_2O)_5^{2+}$，水合交换应通过活化体积显著负的 A 或 I_a 机理进行，但实验测得的 $\Delta V_{ex}^{\ddagger}$ [(+2.0±1.5) cm³/mol]虽为近似值，却明显为正，这说明水合交换以基态六配位的 I_d 路径主导。最后，经验式（8.15）给出 $n=6$ 时 Cu^{2+}(aq)的 $V_{abs}^0 = -37\ cm^3/mol$，$n=5$ 时为 $-19\ cm^3/mol$，而实验值（引自 Millero[94]）为 $-33\ cm^3/mol$。无论水溶液 Cu^{2+}(aq)中 Jahn-Teller 畸变的具体几何效应如何，其动力学结果表现为极快的水合交换，并发生配位层内水合配体快速重排（寿命在飞秒至皮秒量级）。表 8.2 所列的速率常数基于六配位模型计算得出。

（8）水溶液中 Pt^{2+} 的水合交换速率比 Pd^{2+} 慢六个数量级，这一现象可通过比较平面正方形配合物的配体场活化能（LFAE）定性解释，即同一族中自上而下过渡时晶体场分裂能（Dq）的增加所致。然而，这再次透露，长期以来溶液中水合配合物 $M(H_2O)_4^{2+}$ 的基态构型被认为是平面正方形结构，现在需要重新审视。鉴于平面正方形 Pt^{2+} 配合物以 A 机理主导（8.3.3.1 节和 8.6 节），令人困惑的是观察到 Pt^{2+}(aq)的 $\Delta V_{ex}^{\ddagger} = (-2.2 \pm 0.2)\ cm^3/mol$[95]，而非更大的负值，因为目前尚无类似式（8.15）的方程可预测平面正方形水合配合物 A 反应的限制 $\Delta V_{ex}^{\ddagger}$ 值。2005 年，Lincoln[69]提出假设：在溶液基态下，平面正方形的 $Pt(H_2O)_4^{2+}$ 可能在某一侧弱键合一个水分子，从而形成五配位过渡态并降低体积变化。这一推测在 2008 年得到 Jalilehvand 和 Laffin[96]的 EXAFS 数据支持：他们发现 Pt^{2+}(aq)具有四个赤道水合配体（Pt—O 键键长为 201 pm），并伴随一个或两个轴向水分子（Pt—O 键键长为 239 pm）。与抗癌药物顺铂（cisplatin, 8.6 节）作用动力学相关的顺式双水合双氨合铂（Ⅱ）在溶液中具有相似结构。

（9）在水交换反应中，共轭碱 MOH^{2+}(aq)的反应性不像母体 $M(H_2O)_6^{3+}$（表 8.2），表现可追溯到 LFAE 效应的特定模式，除了非常小的 Al^{3+} 因为没有 d 电子，因此没有 LFAE，其共轭碱的活性最大化。通常，由 $M(H_2O)_6^{3+}$ 去质子生成 $M(H_2O)_5OH^{2+}$ 的可逆过程比 $M(H_2O)_5OH^{2+}$ 的水交换反应快。根据 $\Delta V_{ex}^{\ddagger}$（表 8.2），共轭碱的水交换反应比六水合配合物母体分子的水交换更容易发生解离活化。然而，Al^{3+}(aq)的水解在表 8.2 中是独一无二的，因为水分子的解离与 $Al(H_2O)_6^{3+}$ 的去质子同步发生[97]。

$$Al(H_2O)_6^{3+} \rightleftharpoons Al(H_2O)_4OH^{2+} + H_2O + H^+ \quad (8.16)$$

式（8.16）表示，每一个氧原子交换三个质子。实际上，对 H^+ 依赖的水交换途径，对 H 的一级交换速率常数为 $(9\pm1)\times10^4\ s^{-1}$[98, 99]，而对于 ^{17}O 的交换速率为 $3.1\times10^4\ s^{-1}$。式（8.16）还解释了 H^+ 依赖的水交换途径的总 $\Delta V_{ex}^{\ddagger}$ 为 $-0.7\ cm^3/mol$，乍一看，这似乎意味着共轭碱的反应比母体六水合离子更具缔合性（$\Delta V_{ex}^{\ddagger} = +5.7\ cm^3/mol$），这与合理预期结果[59]以及表 8.2 中其他共轭碱反应的证据均相悖。然而，按照式（8.16）提出的机理，形成五配位 $AlOH^{2+}$(aq)较大的正体积变化被缔合水进攻的负体积变化有效抵消。计算机建模支持这一机理，表明 $Al(H_2O)_6^{3+}$ 在不到 1 ps 的时间内去质子化，并失去一个水合配体，形成最稳定的共轭碱形式 $Al(H_2O)_4OH^{2+}$[97, 100]。Martin[101]在 1991 年提出，$Al(H_2O)_6^{3+}$ 的水解伴随着配位数的减少，而 $Fe(H_2O)_6^{3+}$ 的水解似乎没有这种配体损失，这与 $Fe(H_2O)_6^{3+}$ 和 $FeOH^{2+}$(aq) 的水交换反应 $\Delta V_{ex}^{\ddagger}$ 分别为 $-5.4\ cm^3/mol$ 和 $+7.0\ cm^3/mol$ 的结果一致。$Al(H_2O)_6^{3+}$ 的异常水解行为可以归因于六配位 Al^{3+} 异常小的半径（53.5 pm，对比六个紧密堆积的水分子产生的空腔计算值 57 pm），当去除质子后，电荷从 +3 价降至 +2 价，降低了对水配体的静电作用，其中一个配体迅速离开，以减少空间拥堵。

（10）在镧系元素（Ln）周期中，从镧（La）到钕（Nd）的 Ln^{3+} 在水中的部分摩尔体积遵循式（8.15），其配位数为 9，从铽（Tb）到镥（Lu）的 Ln^{3+} 配位数为 8，而铕（Eu）及某种程度到钆（Gd）介于两者之间[66]。光谱数据表明，Eu^{3+}(aq)实际上是 $Eu(H_2O)_8^{3+}$ 与 $Eu(H_2O)_9^{3+}$ 的混合体系。目前尚未获得早期镧系三价离子水合交换的确切速率常数，但 $Ln(H_2O)_8^{3+}$ 的 k_{ex} 值从钆（Gd）到镱（Yb）逐渐减小，其活化体积变化量（$\Delta V_{ex}^{\ddagger}$）大多维持在 –6 cm^3/mol 左右（Gd 例外，为 –3 cm^3/mol）。这些数据符合大尺寸、近球形离子的特性，配位数从 8 增至 9 相对容易，倾向于以解离机理（I_a 机理）进行交换。但随着中心离子半径减小，空间位阻增大，这一过程逐渐变得困难。对于镧系元素而言，由于不存在部分占据的 d 轨道，且深层的 4f 电子几乎不受配体场效应影响，因此 LFAE 在此体系中并不显著。在镧系二价离子中，仅有铕（Eu^{2+} 易被氧化）在水溶液中具有重要性。值得注意的是，Eu^{2+} 以七配位和少量八配位水合离子的平衡混合物形式存在[102]。因此，通过对 $Eu(H_2O)_7^{2+}$ 的缔合进攻（associative attack）进行快速水交换。该离子同时具有非常小的电荷-金属离子半径比，这些因素使其 k_{ex} 值非常高[103]。

（11）对于锕系离子，通常不具有 6d 电子，且 5f 电子对配体场效应不敏感。因此，这些大离子的水交换反应通常非常迅速。例如，对于 $M(H_2O)_{10}^{4+}$（M = Th 或 U），k_{ex} 值约为 10^7 s^{-1}[59]，而 $UO_2(H_2O)_5^{2+}$ 的水交换速率 k_{ex}^{298} = 1.3×10^6 s^{-1}[104, 105]。

最后，需在本节中适当重申的是，根据式（8.15）（图 8.3）对 $\Delta V_{ex}^{\ddagger}$ 极限的预测仅适用于均配水合离子或其共轭碱的水交换反应，虽然该预测也可以作为其他水交换过程的粗略指南。例如，在水溶性铁卟啉 Fe(TMPS)(H$_2$O)$_2^{3-}$ [TMPS = *meso*-tetra (sulfonatomesityl) porphine]中进行水交换的 $\Delta V_{ex}^{\ddagger}$ 为 12 cm^3/mol[106]，这一结果表明存在明显的解离机理，但不一定是极限 D 过程。

8.4.2 非水溶剂交换反应

水溶液与非水溶剂中的溶剂交换的一个显著差异是后者的溶剂分子体积更大，这可能阻碍缔合活化过程。的确，对 Be(溶剂)$_4^{2+}$ 的溶剂交换反应，使用惰性稀释剂（如硝基甲烷）调节非水溶剂浓度，发现表观速率常数 k_{obsd} 包含与溶剂浓度无关的解离路径 k_1 和缔合路径 k_2 两部分贡献，后者随溶剂分子增大而减小。在 DMF 中，两种路径均对溶剂交换有显著贡献。此外，Be(H$_2$O)$_4^{2+}$/H$_2$O 交换的 $\Delta V_{ex}^{\ddagger}$（–13.6 cm^3/mol）已接近 A 机理的极限值；在有机介质中，随着溶剂分子体积增大（TMP、DMF、DMSO、DMPU、TMU），Be(溶剂)$_4^{2+}$/溶剂的 $\Delta V_{ex}^{\ddagger}$ 逐渐转为正值（分别为 –4.1 cm^3/mol、–3.1 cm^3/mol、–2.5 cm^3/mol、+10.3 cm^3/mol 和 +10.5 cm^3/mol）。这种趋势与空间位阻抑制小尺寸 Be^{2+} 中心（r = 27 pm）的缔合活化过程相符[64]，表明反应机理逐渐转向 I 机理甚至 D 机理。这些结果证实了 $\Delta V_{ex}^{\ddagger}$ 作为溶剂交换反应机理判据的有效性。

图 8.6 显示，第一过渡系列二价金属离子在非水溶剂中的溶剂交换速率总体上遵循与水溶剂相似的规律，尽管由于有机溶剂的普遍特性，速率通常稍慢，但适用于相似的机理解析。表 8.5 所列溶剂的 $\Delta V_{ex}^{\ddagger}$ 值证实了 Mn^{2+} 至 Ni^{2+} 在水中表现出的解离活化逐渐增加。表 8.5 中的 $\Delta V_{ex}^{\ddagger}$ 数据表明，缔合活化对列举的 +3 价离子（虽然 Fe^{3+} 不太一致）的溶剂交

换起重要作用。对 Mn^{2+} 来说，在所有列出的溶剂中，相对分子体积较大的 DMF 最有利于解离过程。对于镧系三价离子在 DMF 中的溶剂交换，8.4.1 节提到的在水溶液中九配位至八配位平衡被前面的 Ce、Pr 和 Nd 所证实。对于 $Ln(DMF)_8^{3+}$ 的快速 DMF 交换，随着 Ln^{3+} 半径减小（从 Tb 到 Yb），机理逐步从 $\mathbf{I_d}$ 转向 $\mathbf{D}$，$\Delta V_{ex}^{\ddagger}$ 从约+5 cm³/mol 升至+12 cm³/mol。对于 $Nd(DMF)_9^{3+} \rightarrow Nd(DMF)_8^{3+}+DMF$，光谱测的平衡体积变化为 +10 cm³/mol。这一结论通过 CD_3NO_2 溶剂稀释得到验证：Tb^{3+} 的交换速率依赖于 DMF 的浓度[63]，而 Yb^{3+} 的速率则无此依赖性。于此相符，k_{ex} 作为离子半径减小的函数，在 $Ho(DMF)_8^{3+}$ 经过最低值，因缔合活化对 $\mathbf{I_d}$ 过程贡献较小被立体效应扣除，解离机理变得更为有利（表 8.6）。从 Tb^{3+} 到 Yb^{3+}，从相对低的 $\Delta H_{ex}^{\ddagger}$ 和负的 $\Delta S_{ex}^{\ddagger}$ 分别到高的 $\Delta H_{ex}^{\ddagger}$ 和正的 $\Delta S_{ex}^{\ddagger}$ 变化支持这一解释。

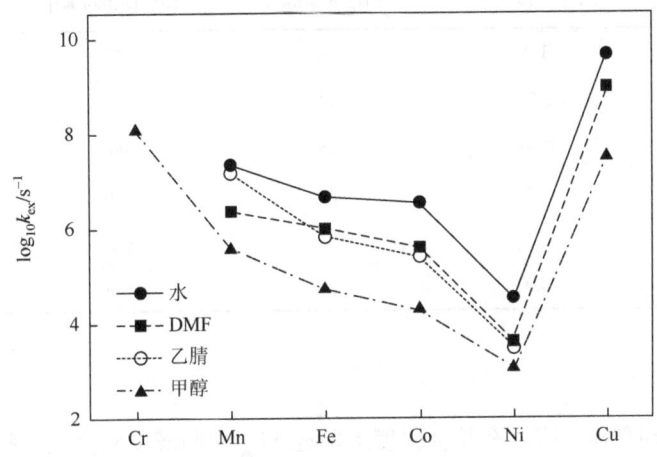

图 8.6　25℃时二价金属离子的溶剂交换速率常数

表 8.5　第一组过渡金属离子中溶剂交换的活化体积 $\Delta V_{ex}^{\ddagger a}$　　（单位：cm³/mol）

M^{z+} in $M(DMF)_6^{z+}$	溶剂				
	H_2O	CH_3OH	CH_3CN	DMF	$DMSO^b$
Mn^{2+}	−5.4	−5.0	−7.0	2.4	
Fe^{2+}	3.8	0.4	3.0	8.5	
Co^{2+}	6.1	8.9	7.7	6.7	
Ni^{2+}	7.2	11.4	9.6	9.1	
Cu^{2+}	2.0	8.3		8.4	
Ti^{3+}	−12.1			−5.7	
V^{3+}	−8.9				−10.1
Cr^{3+}	−9.6			−6.3	−11.3
Fe^{3+}	−5.4			−0.9	−3.1

^{a} 文献[59]中的数据。
^{b} 在本章及本章中的其他地方，有关 DMS 溶液中的 $\Delta V_{ex}^{\ddagger}$ 数据有限，因为 DMSO 在接近环境的温度以及几兆帕的压力下会冻结。

如前所述，从 NMR 测量中得到的单个 $\Delta H_{ex}^{\ddagger}$ 和 $\Delta S_{ex}^{\ddagger}$ 数值并不总是可靠的，但表 8.6 中 $Ln(DMF)_8^{3+}/DMF$ 系列的测量值展示系统性趋势，提供了这些参数与反应机理之间关系的示范。通过部分成键的能量反馈，缔合活化的 $\Delta H_{ex}^{\ddagger}$ 减小，但代价是自由度的降低，包括进入配体的定域（低 $\Delta S_{ex}^{\ddagger}$），而解离活化过程键断裂的高焓值被过渡态构型自由度的增益所补偿。以地理作比喻，可以理解为穿越低海拔山脉（低 $\Delta H_{ex}^{\ddagger}$），但只有极其有限的通道选择（低 $\Delta S_{ex}^{\ddagger}$），而通过高海拔山脉（高 $\Delta H_{ex}^{\ddagger}$），则有更多通道选择（高 $\Delta S_{ex}^{\ddagger}$）。$\Delta H_{ex}^{\ddagger}$ 和 $T\Delta S_{ex}^{\ddagger}$ 之间的补偿现象意味着机理变化对速率常数影响小于预期。

表 8.6　镧系元素(III)在 N,N-二甲基甲酰胺溶剂中的交换 ^{a}

Ln in $Ln(DMF)_8^{3+}$	$k_{ex}^{\ddagger 298}/10^7\,s^{-1}$	$\Delta H_{ex}^{\ddagger}/(kJ/mol)$	$\Delta S_{ex}^{\ddagger}/[J/(mol\cdot K)]$	$\Delta V_{ex}^{\ddagger}/(cm^3/mol)^b$
Tb	1.9	14	−58	+5.2
Dy	0.63	14	−69	+6.1
Ho	0.36	15	−68	+5.2
Er	1.3	24	−30	+5.4
Tm	3.1	33	+10	+7.4
Yb	9.9	39	+40	+11.8

^{a} 文献[63]中的数据。
^{b} 在 235～255 K。

对于非水溶剂交换反应，在某种程度上单凭 $\Delta V_{ex}^{\ddagger}$ 来归属反应机理有些武断，因为对于非水溶剂，还没有建立类似于式（8.15）的关系式。虽然有非水溶剂交换大的 $\Delta V_{ex}^{\ddagger}$ 报道[例如 $Sc(TMP)_3^+/TMP$ 的 $\Delta V_{ex}^{\ddagger}$ 为 −20 cm^3/mol [59]]，但同时也指出，非水溶剂交换的 $\Delta V_{ex}^{\ddagger}$ 值[15]（例如表 8.5 中列出的值）通常与相应的水交换反应的 $\Delta V_{ex}^{\ddagger}$ 值没有太大差异，尽管有机溶剂相对于水的分子体积要大得多。这可能令人感到意外，因为式（8.15）出现了溶剂的摩尔体积（在 25℃时为 18.07 cm^3/mol）。比如，对于 $Ni(溶剂)_6^{2+}$，所有 $\Delta V_{ex}^{\ddagger}$ 值（aceto-、propio-、butyro-、isobutyro-、valero-和 benzonitrile）位于 12.4～14.4 cm^3/mol，这与常见的解离活化机理一致，尽管溶剂分子体积变化较大[107]。对于 $Mn(solvent)_6^{2+}$ 的类似交换反应，$\Delta V_{ex}^{\ddagger}$ 值从 −4.2 cm^3/mol（乙腈）到 +2.5 cm^3/mol（异丁腈）。按照 Ni^{2+} 的结果，这说明随着腈基化合物分子体积的增加，机理从 I_a 向 I_d 转变[107]。然而，尽管溶剂分子体积变化显著，Ni^{2+} 的 $\Delta V_{ex}^{\ddagger}$ 却基本恒定，这引发了如下疑问：是否可以通过类似式（8.15）的经验公式，对有机溶剂中 A 和 D 机理的 $\Delta V_{ex}^{\ddagger}$ 极限进行预测？该方程是基于大量水溶液离子实验数据（包括 V_{abs}^0 绝对体积和配位数 n）建立的半经验关联式，其中 Δr 是一个可调参数，表示水合配体第一配位层的有效厚度，而 18.07 cm^3/mol 是溶剂水的摩尔体积。目前尚无足够大的实验数据集（包含 V_{abs}^0 和 n）来推导任何一种有机溶剂的类似式（8.15）的相关性。但若存在此类数据，溶剂摩尔体积的增大会伴随 V_{abs}^0 的增大，从而拟合参数 Δr 也会增大。此时，方程似乎不太可能给出具有预测价值的相关性。正如 Jordan[15]所指出的，$\Delta V_{ex}^{\ddagger}$ 与有机溶剂摩尔体积缺乏显著相关性，这可能意味着当金属中心离子的配位数改变时，只有配体的"作用端（business end）"对体积效应有显著贡献。非常小的水分子仅含一个配位 O 原子和两个 H 原子，是一个"全部发挥作用（all business）"配体，因此式（8.15）及其导出的 $\Delta V_{ex}^{\ddagger}$ 极限值对水溶液体系具有实际意义。

使用有机溶剂进行溶剂交换研究的一个优势在于避免了水合交换反应中复杂的共轭碱途径干扰。然而，对于碱性极强的溶剂，如无水液氨与金属氨配合物的交换反应，情况则截然相反。以 $Cr(NH_3)_6^{3+}/NH_3$ 交换为例，添加 NH_4^+ 会显著抑制 $^{15}NH_3$ 的交换速率（当[NH_4NO_3]>1 mmol/L 时，抑制效应与[NH_4^+]成反比），而添加 NH_2^- 则会显著加速交换[108, 109]。另外，由于液氨的介电常数极低（20℃时约为 15），$Cr(NH_3)_6^{3+}$ 与阴离子之间会普遍形成离子对，这也会降低交换速率（硝酸根比高氯酸根的影响更显著）。在未添加盐的液氨中，0.01 mol/L 的[$Cr(NH_3)_6$](ClO_4)$_3$ 在饱和蒸汽压下的 $^{15}NH_3$ 交换速率常数经外推计算得到在 25℃时为 4.2×10^4 s^{-1}，比 $Cr(H_2O)_6^{3+}/H_2O$ 快两个数量级，但与 $Cr(H_2O)_5OH^{2+}/H_2O$ 相当（表 8.2）。此时，可观测的交换速率完全由共轭碱离子对{$Cr(NH_3)_5NH_2^{2+}$，ClO_4^-}主导。而对于酸性较弱的 $Ni(NH_3)_6^{2+}$ 配合物，无论是 NH_4^+ 还是其他添加离子均不影响其交换速率[$k_{ex}^{298}=4.7\times10^4$ s^{-1}，与 $Ni(H_2O)_6^{2+}/H_2O$ 的交换速率相近][110]。

8.5 八面体配合物的取代

如果反应机理为 **D** 或 $\mathbf{I_d}$，则金属水合配合物的水交换速率常数可以作为该配合物在净取代反应中的反应性指标。在这种情况下，考虑到离子配对，k_{ex} 将决定进入配体 A 取代的速率常数 k_{obsd}（8.3.3.3 节）。当缔合活化作用显著时，即便发生离子配对，k_{obsd} 随 A 的变化也很明显。对于一系列反应 $ML_5OH_2^{3+}+A^-$，水中离子配对并不普遍，可以大致认为在整个系列中反应性保持恒定。对于配合物 $Co(NH_3)_5X^{2+}$ 的水合反应，

$$Co(NH_3)_5X^{2+} + H_2O \underset{k_{an}}{\overset{k_{aq}}{\rightleftharpoons}} Co(NH_3)_5OH_2^{3+} + X^- \tag{8.17}$$

Langford[111]指出，$\log k_{aq}$ 与 $-\log Q$ 成线性关系，其中 $Q(=k_{an}/k_{aq})$ 是 $Co(NH_3)_5X^{2+}$ 的稳定常数，斜率为 1.0。该结果表明过渡态与产物非常相似，暗示 $\mathbf{I_d}$ 或 **D** 机理。对该线性自由能关系（LFER）[112]斜率的直接解释是，对于所有阴离子 X^-，反应式（8.17）逆反应（"阴离子"）的速率常数 k_{an} 基本相同，这表明存在 $\mathbf{I_d}$ 或 **D** 过程。对于 $X^{z-}=H_2O$、NO_3^-、Br^-、Cl^- 和 SO_4^{2-}，水合反应在无外加压力时的活化体积 $\Delta V_{aq}^{\ddagger 0}$ 分别为 $+1.2$ cm^3/mol[55]、-6.3 cm^3/mol、-9.2 cm^3/mol、-10.6 cm^3/mol 和 -18.5 cm^3/mol[62]，相应的反应平衡体积 ΔV 依次为 -6.0 cm^3/mol、-9.6 cm^3/mol、-10.4 cm^3/mol 和 -15.2 cm^3/mol[113]，这些结果与 Langford 的解释一致。宽的 $\Delta V_{aq}^{\ddagger 0}$ 和 ΔV 范围主要反映了释放出 X^{z-} 的水合作用；该系列，$X=H_2O$ 时键断裂对 $\Delta V_{aq}^{\ddagger 0}$ 和 ΔV 的贡献很小。$\Delta V_{aq}^{\ddagger 0}$ 对阴离子 X^- 的显著压力依赖性可能与释放的 X^{z-} 的水合作用有关[62]。

然而，对于 $Cr^{III}(H_2O)_5X^{2+}$ 的水合物，Swaddle 和 Guastalla[114]发现了相似的 LFER，但其斜率为 0.59。根据 Langford 的观点，这意味着反应物和产物之间的过渡态刚好超过一半，这与 $\mathbf{I_a}$ 机理相符。斜率的一个简单解释[115]是 $Cr(H_2O)_6^{3+}$ 与 X^- 反应的速率常数 k_{an} 随 X^- 的种类显著变化，这是缔合活化的标志。$Cr(H_2O)_6^{3+}$ 的 $\mathbf{I_a}$ 取代倾向随后通过其在水

交换中显著的负 $\Delta V_{ex}^{\ddagger}$ 值[56,57]，以及竞争研究[58]得到了验证。如上指出，在 $Cr^{III}(NH_3)_5X^{2+}$ 系列中，水合活化体积与反应体积呈线性关系，但其斜率仅约为 0.6，这表明 Cr^{III} 胺遵循 I_a 机理[116]。

Langford 和 Gray 对 I_a 与 I_d 机理的区分具有随意性：前者适用于"反应速率对进入基团和对离去基团变化的敏感性相近（或更敏感）"的情形，而后者则针对"反应速率对离去基团变化的敏感性远高于进入基团"的情况[5]。但是，对进入基团的性质（选择性）来说，其敏感性程度是连续变化的，需以定量方式描述[46,70,117]。对某种指定的金属水合物，Sasaki 与 Sykes[118] 以硫氰酸根（NCS^-）的取代速率常数与氯离子（Cl^-）的取代速率常数之比定义了一个参数 R。这一参数的优势在于，现有数据已覆盖多种金属水合物底物，但其概念仍存在局限——NCS^- 可通过氮原子与"硬"金属中心（如 Cr^{3+}）结合，或通过硫原子与"软"金属中心（如第二、第三过渡系列的重金属）结合[119,120]。一个替代参数 S 定义某一特定金属水合配合物 M 相对于参考配合物 M_{ref} 的选择性，以涵盖尽可能宽的进入配体 A 置换水合配体的速率常数 k_{an} 范围。

$$S = \left(\delta \ln k_{an}^{M}\right) / \left(\delta \ln k_{an}^{M_{ref}}\right) \tag{8.18}$$

式中，$\delta \ln k_{an}^{M_{ref}}$ 是 A 变化时速率常数对数的变化[46,70]。此方法允许使用不同配体 A，不一定所有配体都相同。以 $Cr(H_2O)_6^{3+}$ 作为通用参考底物 M_{ref} 时 S 定义为 1.0。表 8.7 列出了部分三价金属离子的 R 和 S 值。数据显示，高选择性平行于由表 8.2 中的 $\Delta V_{ex}^{\ddagger}$ 推断的缔合特征。例如，共轭碱 $Cr(H_2O)_5OH^{2+}$ 和 $Fe(H_2O)_5OH^{2+}$ 的溶剂交换选择性和缔合性都低于其母体六水配合物。

表 8.7　25℃时 R 和 S 的选择性参数

底物	R	S
$Mo(H_2O)_6^{3+}$	62	1.1
$Cr(H_2O)_6^{3+}$	55	1.0
$Co(H_2O)_6^{3+}$	≥43	
$V(H_2O)_6^{3+}$	≥36	
$Fe(H_2O)_6^{3+}$	14	0.7
$Cr(NH_3)_5OH_2^{3+}$	6	0.3
$Co(H_2O)_5OH^{2+}$	2	
$Cr(H_2O)_5OH^{2+}$	1	0.4
$Rh(NH_3)_5OH_2^{3+}$	0.6	
$Fe(H_2O)_5OH^{2+}$	0.6	0.1
$Co(NH_3)_5OH_2^{3+}$	0.5	−0.1

设置金属水合配合物或氨配合物的 LFER 和选择性尺度的一个严格的限制是，具有显著 Brønsted 碱的进入配体 A（如 F^- 和 N_3^-）倾向于从水配体中提取质子并生成 HA 与活

化的共轭碱 $M(H_2O)_{n-1}OH^{(z-1)+}$ 发生反应。在水合反应中，其微观逆过程表现为 HA 优先从 $M(H_2O)_{n-1}OH^{(z-1)+}$ 分离，而非 A^- 从 $M(H_2O)_n^{z+}$ 中分离，即质子不确定性。氨配合物也有类似的问题，例如 $Co(NH_3)_5N_3^{2+}$ 的形成或水合现象，因为 Co^{III} 和 Ru^{III} 等胺配合物发生取代反应远快于其母体氨配合物。这些选择性取代反应路径在其速率方程中难以区分，但通过异常的活化参数得以揭示出来[112]。例如，对于 $Co(NH_3)_5N_3^{2+}$ 的水合反应，$\Delta V_{aq}^{\ddagger} = +17\ cm^3/mol$，而不是像预期那样，发生 N_3^- 与 $Co(NH_3)_5^{3+}$ 分离，得到负的 ΔV_{aq} 值[62]。

8.5.1 旁观配体和立体化学变化

旁观配体——即不直接参与配体取代过程的配体——可以通过空间效应或溶剂化作用来阻碍或加速反应，从电子性质上影响反应速率（包括邻位效应和对位效应）。

一般来说，对位活化作用在八面体配合物中不如在 d^8 平面四方形配合物中明显，但它仍然对过渡金属化学有重要影响。比较 $M(NH_3)_5OH_2^{3+}$ 和 $M(H_2O)_6^{3+}$（M = Cr、Ru、Rh 和 Ir）（表 8.2 和表 8.4）水交换速率发现，相对于 H_2O，NH_3 表现出适度的活化效应，就 $Cr(NH_3)_n(H_2O)_{6-n}^{3+}$ 而言，这表明对位效应的存在[121]。对于配合物 $Cr^{III}(H_2O)_5X^{2+}$ 系列，$H_2^{18}O$ 的交换速率表明，处于 X 对位上的水合配体被活化顺序为 $I^- > Br^- > Cl^- > NCS^- > H_2O$[122]。Poë 和 Vuik[123] 发现，X 从 $Rh^{III}(en)_2LX$ 体系离去的动力学对位效应顺序是 $L = I^- \gg Br^- >$ $NH_3 > OH^- \gtrsim Cl^-$。更显著的是，钴(III)氨配合物中硫代硫酸根（$S_2O_3^{2-}$），尤其是亚硫酸根（SO_3^{2-}）所表现出的强对位活化效应。$Co^{III}L_4(SO_3)X$ 配合物（L 为胺或半个乙二胺配体）中的硫键合亚硫酸根（SO_3^{2-}）对对位 X 配体的活化效应比 NH_3 约强 10^8 倍[124]。至少在 Co^{III} 配合物中，这种强对位激活剂有利于极限 D 机理[125]。其他的强对位活化配体还包括 CN^-、异腈、CO、NO 和烷基。CN^- 的强活化作用使 $Cr(CN)_6^{3-}$ 水合反应表现出很强的立体选择性，得以从 fac-$Cr(H_2O)_3(CN)_3$ 和 cis-$Cr(H_2O)_4(CN)_2^+$ 合成 $Cr(H_2O)_5CN^{2+}$。相反，不可能从 $Cr(H_2O)_6^{3+}$ 直接合成得到最后的配合物，因为 CN^- 的取代会在第一步就迅速进行[126]。一般而言，动力学对位效应与结构性对位效应相关联，表现为对位键延长和轻微的邻位键延长——没有观察到对位键增长伴随着邻位键缩短的情况（与四边形 Jahn-Teller 畸变相反）[127]。

虽然伴随主要的动力学对位效应的邻位活化作用较小[127]，某些旁观配体确实对其邻位的配体有显著的活化作用，但静态（结构上的）效应微弱。Jordan[15] 提出了八面体金属配合物（主要是有机金属化合物）中邻位活化能力的顺序为 $NO_3^- > RCO_2^- > Cl^- \approx Br^- >$ 吡啶 $> I^- > PR_3 > CO \approx H^-$，这一顺序与对位效应的顺序大致相反。例如，在酸性溶液中，$Cr(NH_3)_5ONO_2^{2+}$ 的热力学水合反应仅产生 33% 的 $Cr(NH_3)_5OH_2^{3+}$，其余产物包括 cis-$Cr(NH_3)_4$ $(OH_2)_2^{3+}$、进一步水合的物种加上 NH_4^+ [128]。甚至干燥的固体 $Cr(NH_3)_5ONO_2$，在暗处放置几天释放出 NH_3，在此期间未检测到固态卤合戊氨硝酸铬(III)或高氯酸盐。最合理的解释是，硝酸根配体（NO_3^-）先形成瞬态螯合物 $Cr(NH_3)_4(O_2NO)^{2+}$，接着 NO_3^- 配体邻位缔合进攻释放一个 NH_3 分子。在水溶液中，该螯合物水合生成 cis-$Cr(NH_3)_4(ONO_2)OH_2^{3+}$，然后此物种可以进一步水合为 cis-$Cr(NH_3)_4(OH_2)_2^{3+}$，或者形成 $Cr(NH_3)_3(O_2NO)(OH_2)^{2+}$，并释放另一个 NH_3，继续螯合并接受另一个水分子，最终硝酸根配体本身被水合移去。这一序列发

生在 Cr^{III} 的硝酸根配合物中，但显然不出现在 Co^{III} 配合物中，这可能归因于 Cr^{III} 中心对缔合活化的倾向性。值得注意的是，通过解离活化的共轭碱途径，$Cr(NH_3)_5ONO_2^{2+}$ 的碱性水解相对较快（见下文），完全转变为 $Cr(NH_3)_5OH^{2+}$。

最近，Bakac 等[129]展示了铬(III)配合物中硝酸根配体邻位活化效应的一个特殊例子，它在合成上具有实用性。在酸性水溶液中，$(H_2O)_5CrONO_2^{2+}$ 与稀过氧化氢（10～100 mmol/L）反应以高的非平衡产率（>50%）生成羟基过氧化铬(III)配合物 $CrOOH^{2+}(aq)$，同时生成少量超氧铬(III)类似物 $CrOO_2^+(aq)$ 及部分水合产物 $Cr(H_2O)_6^{3+}$。值得注意的是，在低 pH 条件下 H_2O_2 与 $Cr(H_2O)_6^{3+}$ 直接反应不会大量生成 $CrOOH_2^+(aq)$，而此前该产物需通过还原 O_2 和氧化 $Cr^{2+}(aq)$ 生成的微量 $CrOO_2^+(aq)$ 来制备。由于 $CrOOH_2^+(aq)$ 和 $CrOO_2^+(aq)$ 均可作为基因毒性 Cr(V) 的前驱体，这些结果可能对表面良性的 Cr(III) 在生理过氧化物和环境硝酸盐或潜在双齿配体存在下的毒理学具有重要启示[129]。

从这里提出的硝酸根邻位活化机理可以推断出，其他可能的双齿配体，例如 RCO_2^-、SO_4^{2-}、SO_3^{2-}（如果是 O 键合的）和 CO_3^{2-}，也应能够活化 Cr^{III} 配合物中的邻位配体，这倾向于缔合反应，而这种现象不会出现在 Co^{III} 的类似物中。实际上，尝试合成已知的 $Co(NH_3)_5OCO^{2+}$ 和 $Co(NH_3)_4(O_2CO)^+$，仅得到 $Cr(OH)_3$，而 Writer 实验室合成 $Cr(NH_3)_5SO_4^+$ 一直未成功。同样，在取代反应中，$Cr(H_2O)_5OSO^{2+}$ 甚至比 $Cr(H_2O)_5OH_2$ 更活泼。与 Co^{III} 配合物中 S 键合的 SO_3^{2-} 的强对位活化作用不同，亚硫酸根配体通过 O 与 Cr^{III} 键合，显示出一定的邻位活化效应[130]。在 $Cr(NH_3)_5O_2CR^{2+}$ 的水解反应中，当 R = CF_3 或 CCl_3 时，发生水取代羧酸根的反应；但当 R = CH_3、CH_2Cl 和 $CHCl_2$ 时，邻位氨基的解离成为主要反应，反应速率随羧酸根配体碱性的增加而提高[131]。

在钴(III)配合物的碱水解（8.3.1 节和 8.4.1 节）中，氨配体去质子化产生的强共轭碱活化几乎总是邻位效应[132]。Co^{III} 配合物的碱水解涉及五配位中间体，在恢复为六配位之前（极端情形的解离共轭碱机理，D_{CB}）它能存活足够长时间以发生显著的异构化，这不同于 Co^{III} 氨配合物的简单水合反应，后者只显示有限的立体化学变化（I_d 机理）。例如，在对 trans-$(^{15}NH_3)Co^{III}(NH_3)_4X^{2+}$（X = Cl、Br、$NO_3$）碱水解的经典研究中，Buckingham 等[133]证明了水解产物由 50% 的 cis-$(^{15}NH_3)Co(NH_3)_4OH^{2+}$ 和 50% 的 trans-$(^{15}NH_3)Co(NH_3)_4OH^{2+}$ 组成，而与 X 无关，这是长寿命的共同中间体基本上"丧失对 X 的记忆"的证据。但是，如果起始的四方锥五配位中间体在赤道平面引入新的配体，完全变为三角双锥体，对位产物的比例可能超过 33%。由于四方锥中间体能够在空位接受配体并全部形成对位产物，因此对位异构体的 50% 产率表明，至少有部分中间体在重排成三角双锥之前获得了第六个配体。这意味着立体化学弛豫的时间与恢复六配位的时间相近。尚不清楚五配位中间体是否有足够的寿命来区分潜在的新配体，或者它是否能迅速从周围环境中消除一个分子[132]。如果是后一种情况，该机理可能更好地被称为 I_{dCB} 机理。

在提取 N 原子上的一个质子后，Co^{III} 胺（氨）配合物表现出明显的不稳定性，这不仅归因于总电荷的减少（按 MO 为 σ 效应），Pearson 和 Basolo[134]提出的解释：新生成的氨基 N 原子的 π（2p）电子与 Co 3d 轨道的相互作用，从而降低了六配位母体配合物的稳定性，却稳定了三角双锥五配位中间体。这一解释与普遍的观察结果一致，并被广泛接受，即当 L 是潜在的 π 给体时，trans-$Co^{III}(en)_2LX$ 的取代反应通常会引起立体化学变化[4]。然而，这一解释并不完全令人满意——Cr^{III}、Rh^{III}、Ir^{III}，尤其是 Ru^{III}胺的碱水解通常通过共轭碱机理快速进行，并表现出立体选择性。而对于 Co^{III}，已有证据表明，至少五配位中间体的初始形态是四方锥结构。一种解释是，共轭碱的不稳定性可能是由于酰基 N 向中心金属 M^{III}的单电子转移，瞬时产生不稳定的 M^{II}；这可以解释为什么相对易还原的 Co^{III}和 Ru^{III}氨比 Cr^{III}、Rh^{III}和 Ir^{III}更容易受到碱水解的影响[132]。可以认为，Co^{III}配合物中的酰胺配体通过其强 π 给体能力，对离去配体的邻位发挥有效作用。

根据 Vanquickenborne 与 Pierloot 的研究[135]，低自旋 d^6（t_{2g}^6，e_g^0）配合物的立体化学仅在沿反应坐标发生自旋态转变时才有可能改变（如跃迁至邻近的五重态），也就是说，立体化学变化随着 Dq 增加可能变得次要。因此，虽然低自旋 Co^{3+}配合物在水合交换（尤其是碱水解）中伴随显著的立体化学变化，但 Rh^{3+}和 Ir^{3+}配合物的取代反应的立体化学保持不变。更准确地说，若三角双锥构型的 Co^{3+}或 Fe^{2+}物种能够以接近四方锥中间体的单重基态的低五重态存在，则可能发生立体化学变化[68]；而 Rh^{3+}和 Ir^{3+}物种不能进到这种五重态。低自旋 Fe^{3+}（$3d^5$）配合物如果存在三角双锥中间体，且其六重态与初始四方锥中间体的双重态能量相近，取代伴随着立体化学变化。钌(Ⅲ)氨配合物（低自旋 $4d^5$）尽管在碱水解中表现出与 Co^{3+}类似物相当的高反应活性，但其取代反应仍保持立体化学，也许与它更高的 Dq 值有关。与 Co^{3+}对照物比较，铬(Ⅲ)氨配合物（$3d^3$）更不易发生碱水解（相对于非共轭碱取代反应），并在取代反应中立体化学不变。这可能是因为它在取代反应中的 I_a 行为倾向（表 8.7）。无论是八面体楔形七配位中间体还是四方锥五配位中间体，均倾向于保留立体化学构型（除非后续发生异构化）。此外，针对 d^6 配合物提出的自旋态转变机理不适用于 d^3 体系。

8.5.2 立体效应

根据传统物理有机化学知识，在旁观配体上引入庞大的取代基会阻碍进入配体的加入（缔合活化），但也可以通过减轻空间位阻（解离活化）加速被取代配体的离去。在 $M(RNH_2)_5Cl^{2+}$中用水替代氯离子时，当 M = Co、Cr 和 Rh，$k_{R=Me}/k_{R=H}$ 的值分别为 22（25℃）、0.030（25℃）和 0.50（85℃）；对于碱水解，相应的比例为 $1.5×10^4$、225 和 29，数值如此之大不能从 RNH_2 配体酸性变化所能理解[136-138]。这些结果分别与 Co、Cr 和 Rh 水合反应中 I_d、I_a 和介于两者之间的 I 机理，以及相应碱水解中的 D_{CB}、I_{Dcb} 和介于两者之间的 I_{dCB} 机理，根据空间效应预期的结果相一致。对于 $Cr(RNH_2)_5Cl^{2+}$的水合和碱水解反应，当取代基从甲基逐步变为乙基、正丙基和正丁基时，反应速率增幅较小，推测是由于空间位阻或胺配体的给电子诱导效应增加了解离机理的成分，或配合物溶剂化作用受到抑制所致[136]。然而值得注意的是，$Cr(MeNH_2)_5Cl^{2+}$中的 Cr—Cl 键键长（约 3 pm）比 $Cr(NH_3)_5Cl^{2+}$更短，这提示 $Cr(MeNH_2)_5Cl^{2+}$较慢的水合速率可能源于更长的 Cr—Cl 键而非缔合活化的空间位阻；同时所有 Cr—N 键键长均延长了 3 pm[139]。对于 M = Rh 和 Ir 的 $M(NH_3)_5Cl^{2+}$进行 N-甲基化时，M—Cl 键缩短程度较小，而 M=Co 时 Co—Cl 键键长无显著变化。所有这些配合物均未发现显著的基态空间位阻的结构证据。

Lay[139]将反应活性差异归因于基态下的 M-Cl π 相互作用，并据此提出，所有此类体系（包括 Cr 配合物）的 Cl 取代反应均可归类为 I_d 机理。然而，对于 $M(RNH_2)_5OH_2^{3+}$ 的水合交换反应，尽管不存在 M-OH$_2$ π 键合的可能性，但依然观察到随着 R 从 H 变为 Me，对 Cr 配合物反应速率降低，而对 Co 配合物反应速率加快（表 8.4）；Rh 配合物则几乎无变化。更重要的是，$\Delta V_{ex}^{\ddagger}$ 分析明确显示，在所有情况下，当 $M(RNH_2)_5OH_2^{3+}$ 中 M 从 Cr 变为 Co 时，I_a-I_d 连续体中的解离成分增加，Cr 仍适用于 I_a 标签，而 $Co(NH_3)_5OH_2^{3+}$ 的水合交换更宜描述为 I_d 机理，但并未接近极限 D 机理。对于 Cr 配合物，随着 R 从 H 变为 Me，反应对进入配体的选择性降低，速率常数的跨度缩小（符合 I_a 机理主导的特征）；而 Co 配合物未表现出速率跨度缩小的现象。Gonzalez 和 Martınez[140]通过研究 $M(RNH_2)_5OH_2^{3+}$ 中水配体与多种阴离子（$H_2PO_4^-$、$H_2PO_3^-$、$CF_3CO_2^-$、Br^-、Cl^- 和 NCS^-）的取代速率验证这些结果。

实验观察到 $Co(NH_3)_5DMF^{3+}$ 和 $cis/trans$-$MeNH_2Co(NH_3)_4DMF^{3+}$ 的水合速率常数 k^{298} 分别为 $0.2\times10^{-5}\ s^{-1}$、$0.3\times10^{-5}\ s^{-1}$ 和 $0.8\times10^{-5}\ s^{-1}$[141]。这说明 $trans$-$MeNH_2$ 在电子性质上有一定对位活化作用，由此判断钴(III)胺的 N-甲基化可能是影响取代反应动力学的另一个因素。前两个配合物中单个甲基带来的空间位阻和溶剂化效应最小，可以由此推断，甲基取代基向金属中心的电子诱导作用是导致 Co^{III} 体系中从 $Co(NH_3)_5^-$ 到 $Co(MeNH_2)_5^-$ 的 I_d 取代加速及相应的 Cr^{III} I_a 反应减缓的部分原因。然而，这种影响并不显著，因此可以得出结论，空间位阻效应、溶剂化效应[136]以及 LFAE 效应（表 8.4）并存于同一体系。总而言之，在八面体配体取代中，从 $M(NH_3)_5^-$ 转变为 $M(MeNH_2)_5^-$ 的确是 I_a 机理特征减少，I_d 机理特征增加。这可以谨慎地作为在交换机理连续体内判断主导活化方式的依据。

8.5.3 螯合物

化学家们凭直觉可以理解，多齿配体形成的金属螯合物通常比相同金属离子与等量单齿配体形成的配合物要稳定得多，但这种"螯合效应"的定量解析却始终带有不确定性。例如，由于单位不同，无法直接比较多齿配体与单齿配体的稳定常数，这种困境同样存在于对简单计算反应熵的比较中。对于像 $(H_2O)_4Ni(en)^{2+}$ 这样的螯合物（图 8.7，25℃ 时稳定常数 $4.0\times10^7\ M^{-1}$），多步生成反应及溶剂解动力学的研究能提供更清晰的认识。早期研究[4]受限于信息不全及先入为主的观念——认为第一步配位步骤（k_{12} 或 k_{34}）应为决速步，因为环闭合步骤（k_{35}）必然快速发生。这一观点源自 Schwarzenbach[142]的观察：当多齿配体的一个给体原子与金属结合后，其他给体原子的局部浓度会显著升高。Jordan[15]指出，若反应为解离活化机理，给体原子的局部浓度不应影响反应速率，但这过于简化，因为在如 Ni^{2+} 配合物典型的 I_d 过程，低配位数的瞬时中间体需要从周围环境中捕获一个替代配体。Jordan 对 $Ni(H_2O)_6^{2+}$-en 反应的仔细分析得出：$k_{43}\approx900\ M^{-1}s^{-1}$、$k_{34}\approx15\ s^{-1}$、$k_{35}\approx1.2\times10^5\ s^{-1}$ 和 $k_{53}\approx0.14\ s^{-1}$（图 8.7）[15,143]。这些数据清晰表明 $(H_2O)_4Ni(en)^{2+}$ 的高稳定性主要因为缓慢的开环步骤（k_{53}，决速步）；闭环速率常数 k_{35} 仅比 $Ni(H_2O)_6^{2+}$ 的水合交换约快四倍（表 8.2；因单位不同无法直接与 k_{34} 比较）。

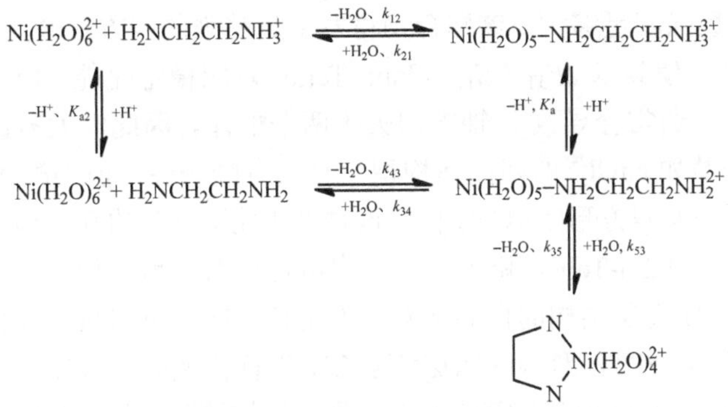

$$Ni(H_2O)_6^{2+} + H_2NCH_2CH_2NH_3^+ \underset{+H_2O,\, k_{21}}{\overset{-H_2O,\, k_{12}}{\rightleftharpoons}} Ni(H_2O)_5-NHCH_2CH_2NH_3^{3+}$$

$$-H^+,\, K_{a2} \Updownarrow +H^+ \qquad\qquad\qquad -H^+,\, K_a' \Updownarrow +H^+$$

$$Ni(H_2O)_6^{2+} + H_2NCH_2CH_2NH_2 \underset{+H_2O,\, k_{34}}{\overset{-H_2O,\, k_{43}}{\rightleftharpoons}} Ni(H_2O)_5-NHCH_2CH_2NH_2^{2+}$$

$$-H_2O,\, k_{35} \Updownarrow +H_2O,\, k_{53}$$

$$\underset{N}{\overset{N}{\diagdown}}Ni(H_2O)_4^{2+}$$

图 8.7 $Ni(en)(H_2O)_4^{2+}$ 的形成和水合

按照 Jordan 的书写方式[15]

$Ni(H_2O)_6^{2+}$-(en)（en = 乙二胺）是理解金属水合物螯合作用的一个范例。H^+ 被认为起到了促进螯合物水解的作用，因为此时 N 原子上没有孤对电子可供质子化，不涉及开环反应的初始决速步骤。但当单齿 en 的自由端可用时，H^+ 的质子化可以帮助配体脱离，这与质子加快丢失叠氮化物、氟化物、乙酸盐或碳酸盐等碱性配体一样[112]。需要指出的是，质子化碳酸盐的解离涉及 MO—CO_2 键断裂而非 M—OCO_2 键断裂[144]，碱性氧阴离子配体（如 O 键合亚硫酸盐）水合都遵循这一机理[145]。对于以碳酸根为双齿螯合剂与钴形成的$(NH_3)_4CoO_2CO^+$，H^+ 诱导开环涉及 Co—O 键断裂，但 CO_2 的分离经过 C—O 键裂解[146]。

8.6 平面正方形配合物中的取代

对平面正方形 Pt(Ⅱ)配合物取代动力学的关注具有悠久历史[147]，主要因其反应速率足够缓慢，可通过常规技术直接观测，且对进入配体、离去配体及旁观配体的性质表现出显著依赖性。简而言之，这些配合物为无机化学中的缔合活化机理研究提供了一个典型范例。这一研究延续至今，很大程度上源于 cis-$Pt(NH_3)_2Cl_2$（顺铂）等 Pt(Ⅱ)配合物在癌症治疗中的应用：顺铂与癌细胞 DNA 上的嘌呤碱基结合，形成的链内交联可破坏细胞[148-150]。迄今为止，在这方面已研究了约 3000 种 Pt(Ⅱ)配合物，主要目的是寻找抗癌活性相当或更优，以及毒性和负作用更低的药物。含生物介质成分和靶向 DNA 位点的 Pt^{II} 配合物的水合反应及竞争性配合物生成的动力学为药物研发提供重要信息。例如，水合顺铂与磷酸盐（尤其是碳酸盐）的相互作用会减少活性药物的含量[151]。顺铂的疗效部分取决于合适的水合反应及后续配合物生成的速率，氯配体必须缓慢水合以确保药物抵达靶点，但又需足够迅速地以 cis-$Pt(NH_3)_2(OH)_2^{2+}$ 形式接近 DNA；$Pt(NH_3)_2^{2+}$ 交联单元必须牢固结合在 DNA 上足够长的时间以破坏细胞。就这一点来说，类似的平面正方形 Pd(Ⅱ)配合物的取代反应速率更快。

对图 8.5 的分析表明，对于处于弱至中等强度均配配体场中的 d^8 金属离子（如 Ni^{2+}），高自旋的 $t_{2g}^6 e_g^2$ 电子构型倾向于形成六配位的正八面体（O_h 对称性）几何构型。但是，如

果 Dq 代表的晶体场强度足够大,该配合物将发生足够强的四方形畸变(D_{4h}),迫使两个电子在 d_z^2 轨道配对,使其以 $2E_{JT}$(E_{JT} = Jahn-Teller 效应稳定化能)(需扣除电子成对能)稳定自身。这种畸变通常会导致 z 轴方向失去两个配体。因此,大多数 Ni^{2+} 配合物呈现八面体构型(或少数如 $NiCl_4^{2-}$ 的四面体构型)且具有顺磁性,但强配体 CN^- 强制自旋配对,形成反磁性的平面四方形 $[Ni(CN)_4]^{2-}$。这种"非此即彼"的几何构型调控有别于轨道简并产生的连续变化 Jahn-Teller 畸变。在 Ni^{2+} 氰合体系,另一种有效的能量最小化方式是形成具有 18 电子闭壳层结构的自旋配对、五配位(D_{3h})的 $[Ni(CN)_5]^{3-}$。因此,溶液中 16 电子配位不饱和平面四方形 $[Ni(CN)_4]^{2-}$ 与 CN^- 进行快速的二级交换反应,存在于溶液中的 $[Ni(CN)_5]^{3-}$ 中间体与 $[Ni(CN)_4]^{3-}$ 处于平衡且可被检测到,这是 **A** 机理的一个明确的例证。Cross[147]指出,此类 16→18→16 电子路径广泛存在于催化过程中。然而随着周期表向下延伸,Dq 值显著增大,进一步稳定了平面四方形物种,使 $Pd(CN)_4^{2-}$ 和 $Pt(CN)_4^{2-}$ 相对于五配位中间体稳定性大大提高,而氰化物的交换速率明显降低(表 8.8)[152, 153]。

表 8.8　pH≥6 的溶液中四氰金属配离子双分子 CN^- 交换的动力学

配合物	$k_2^{298}/M^{-1}s^{-1}$	$\Delta H_2^{\neq}$/(kJ/mol)	$\Delta S_2^{\neq}$/[J/(mol·K)]	$\Delta V_2^{\neq}$/(cm³/mol)
$Ni(CN)_4^{2-}$ ^{a}	2.3×10^6	21.6	−51	−19
$Pd(CN)_4^{2-}$ ^{a}	82	23.5	−129	−22
$Pt(CN)_4^{2-}$ ^{a}	11	25.1	−142	−27
$Au(CN)_4^-$ ^{b}	6.2×10^3	40.0	−38	+2

^{a} 数据来源文献[152]。
^{b} 数据来源文献[153]。

对于 $M(H_2O)_4^{2+}$,M = Pd 时水配体被 A^{z-} 取代的反应速率比 M = Pt 约快 10^5 倍。表 8.9 列出了一些典型的速率常数,可以看到 **A** 的电荷数并不重要。列出的最快反应是中性的硫脲,说明离子配对不是一个前提条件,这一点与 I_a 机理相反。最新证据[96]显示,至少存在一个(可能两个)额外的水分子以较长的 $M-OH_2$ 键位于 MO_4 平面的上方和下方,这暗示该详细机理可能并非常见的简单 **A** 过程。

表 8.9　水溶液中由 $M(H_2O)_4^{2+}$ 和 A^{z-} 形成 $M(H_2O)_3A^{(2-z)+}$ 的双分子速率常数 k_2 ^{a}（单位：$M^{-1}s^{-1}$）

A^{z-}	M = Pd	M = Pt
Cl^-	1.8×10^4	2.7×10^{-2}
Br^-	9.2×10^4	0.21
I^-	1.1×10^4	7.7
SCN^-	4.4×10^5	1.3
DMSO	2.5	8.4×10^{-5}
Me_2S	1.5×10^5	3.6
$(NH_2)_2CS$	9.6×10^5	14

^{a} 数据来源文献[22]。

为简单起见，如果忽略可能存在的弱结合其他溶剂分子，意味着平面方形配合物平面上方和下方的空间有利于缔合攻击。因此在平面方形 Pd^{II}、Pt^{II} 和 Au^{III} 配合物中，丢失离去配体的情形极为少见。除了在诸如 $cis\text{-}Ph_2Pt^{II}(Me_2S)_2$[35]这样的配合物中，有机旁观配体可以稳定 14 电子三配位的中间体（8.3.3.1 节）。如预期的那样，庞大的配体引起的立体位阻确实显著阻碍缔合过程，但不足以使解离途径出现[154]。导致缔合进攻的重要因素是金属中心离子的"软"特性[119]，这意味着"软"特性的进攻配体 A（例如 I^-、硫醇盐、CN^- 或有机膦）将非常有效。对于这些体系，由于形成的强 M—A 键，反应速率以相对较低的 $\Delta H^{\ddagger}$ 为特征，这将有助于抵消典型缔合活化反应的负 $\Delta S^{\ddagger}$。代表性的活化参数列于表 8.8 中。

从缔合特性的优势可以预见，平面方形的取代反应选择性要比八面体更为明显。相对于溶剂，进入配体 A 对 Pt^{II} 的亲核性可以用参数 n^0_{Pt} 表示，$\log(k_A/k_{solvent}) = n^0_{Pt}$，其中标准底物是在 30℃的 $trans\text{-}Pt^{II}(py)_2Cl_2$，溶剂为甲醇（$k_{solvent}$ 除以溶剂的摩尔浓度，得到一个量纲一的比值）。这可以推广到其他底物和其他溶剂，将其概括为式（8.19）。

$$\log k_A = s n^0_{Pt} + \log k_{solvent} \tag{8.19}$$

式中，常数 s（$\log k_A$ 对 n^0_{Pt} 的线性图的斜率）是特定底物和溶剂的亲核选择性因子，s 越大，底物的选择性越高。Basolo 和 Pearson[4]已将许多亲核试剂的 n^0_{Pt} 值制成表格，并定义了对 Pt^{II} 亲核性增强的顺序为 $H_2O \approx MeOH \ll Cl^- < NH_3 < py < NO_2^- < PhSH < Br^- < Et_2S < Me_2S < I^- < Me_2Se < SCN^- < SO_3^{2-} < Ph_3As < CN^- < (MeO)_3P < SeCN^- < (NH_2)_2CS < S_2O_3^{2-} < Et_3As < Ph_3P < Et_3P$。离去基团对反应速率的影响基本上与该顺序相反。对于 Pd^{II}，原则上可以建立类似的 n^0_{Pt} 标度，但是由于 Pd^{II} 取代速率的数据有限。对于 Au^{III}，许多配体容易被金属中心氧化[155]，但总体而言，取代速率比相应的 Pt^{II} 反应快几个数量级，并且对进入配体更为敏感[156]。

离去基团对位的旁观配体的动力学效应，在平面方形比八面体配合物的取代反应中更为显著，这是设计 Pt^{II} 化合物的重要因素。平面正方形配合物中的配体取代几乎总是保持其立体构型[147]，这样对位效应很容易追踪。一个历史悠久的例子可追溯到 1844 年，Rieset 发现将固体 $[Pt(NH_3)_4]Cl_2$ 加热至 250℃会产生浅黄色化合物，后来被证明是 $trans\text{-}Pt(NH_3)_2Cl_2$，而 Peyrone 展示 $K_2[PtCl_4]$ 与氨水反应生成橙色异构体 $Pt(NH_3)_2Cl_2$，因为 Cl^- 的对位效应比 NH_3 强，该异构体为邻位形式。对位活化作用增强的一般顺序为 $H_2O \approx OH^- \approx F^- < NH_3 < py < Cl^- < Br^- < I^- < R_2S < R_3P, H^- < CO, \eta^2\text{-}C_2H_4 < CN^-$。在该序列中，$H_2O$ 和 OH^- 相似的低排序表明共轭碱机理在 Pt^{II} 取代反应中不是太重要，这是可以理解的，因为它们通过促进解离而不是缔合活化发挥作用。

$PtCl_3(\eta^2\text{-}C_2H_4)^-$（蔡斯阴离子）提供了一个强对位效应的例子，其中乙烯侧向键合到 Pt 上，分子轴垂直于平面方形。由于乙烯极强的对位活化效应，Otto 和 Elding[157]需在 223 K 下借助低温停流二极管阵列分光光度法来获得甲醇溶液中各种配体 A 取代对位 Cl^- 的速率常数 k_{obsd}。速率方程为 $k_{obsd} = k_1 + k_2[A]$，其中 $k_1^{223} = k_{MeOH}^{223}[MeOH] = 1.2 \times 10^2 \text{ s}^{-1}$，当 $A = Br^-、I^-、N_3^-$ 和 SCN^- 时，k_{13}^{223} 分别为 $5.1 \times 10^2 \text{ M}^{-1}\text{s}^{-1}$、$3.5 \times 10^3 \text{ M}^{-1}\text{s}^{-1}$、$1.2 \times 10^4 \text{ M}^{-1}\text{s}^{-1}$ 和 $5.6 \times 10^4 \text{ M}^{-1}\text{s}^{-1}$。作为基准，在 298 K 水溶液中，$Br^-$ 取代 $PtCl_4^{2-}$ 中的一个 Cl^- 的速率常数为 $4.8 \times 10^{-5} \text{ M}^{-1}\text{s}^{-1}$[158]。由于 $\eta^2\text{-}C_2H_4$ 具有极强的对位效应，甲醇中蔡斯阴离子与结合和游离

的乙烯迅速进行交换（在 298 K 时 $k_2 = 2.1 \times 10^3$ M^{-1}s^{-1}）[159]。乙烯对 trnas-Pt—Cl 键键长静态影响很小，这可能是因为 η^2-C$_2$H$_4$ 释放σ电子和接受π*电子两种作用相互抵消，证明活化作用起因于缔合过渡态，而不是在基态减弱 trnas-Pt—Cl 键。

在 trans-LPt^{II}L$'_2$X 配合物中，配体 L 的动力学对位效应有两种作用方式：一种是高度极化的（"软"）L 释放σ电子，这对 X 的离去有明显影响；另一种是π电子从填满的 Pt(II) 的 d$_{xz}$ 轨道吸引到 L 的空π轨道（"反馈电子"），促进亲核试剂 A 在平面上方和下方进入并形成稳定的五配位中间体。L 的π受体轨道可以是空的 p$_z$、d$_{xz}$ 或反键π*分子轨道（如 η^2-C$_2$H$_4$ 的情形），从铂接受到 L 的π电子密度可以诱导 L 向铂释放σ电子——一种协同或"推拉"效应。η^2-C$_2$H$_4$ 和 CO 的对位活化效应主要是因为它们的π*受体能力，而 H$^-$ 和 CH$_3^-$ 基本上是σ给体，CN$^-$、硫脲、I$^-$ 和三有机膦则发挥了σ电子密度给体和π*受体两种作用。Dewar-Chatt-Duncanson 模型[160,161]已使用超过半个世纪，并得到了最新理论研究的进一步支持[162]。

可以合理地预测，增加旁观配体的空间体积将阻碍平面正方形配合物中的缔合活化过程。实际上，当从 Pd(dien)OH$_2^{2+}$ 到 Pd(Me$_5$dien)OH$_2^{2+}$ 和 Pd(Et$_5$dien)OH$_2^{2+}$ 时，水交换速率常数 k_{ex}^{298} 从 5100 s^{-1} 下降到 187 s^{-1} 和 2.9 s^{-1}，在相应的配位反应中也发现了类似的变化。但是，水交换反应的 $\Delta V_{ex}^{\ddagger}$ 值分别为 –3 cm^3/mol、–7 cm^3/mol 和 –8 cm^3/mol[163]。因此，随着体积阻碍的增加，水交换反应仍保持缔合活化。显然对于 Pd^{II}，像 Pt^{II} 一样，在没有强σ给体配体（如烷基或芳基配体）电子效应的情况下，解离活化路径在能量上是无法实现的（8.3.3.1 节）。这与八面体配合物 M^{III}(RNH$_2$)$_5$X 的交换反应中的空间阻碍问题形成鲜明对比，该反应中，从 H 变到 Me 及更强给电子性基团，在 I$_a$/I$_d$ 连续体内机理改变更倾向于解离特性（8.5.2 节）。鉴于解离活化无法起作用，Pd^{II} 和 Pt^{II} 配合物中的配体取代机理可能更准确地描述为 A 而不是 I$_a$。

8.7 配体取代过程的计算机建模

Connick 和 Alder[164]（C&A）早期尝试了通过计算机建模来模拟金属水配合物中"罕见"的溶剂交换现象，但仅限于二维模型，该平面内模型包含 90 个粒子，包括一个金属中心离子和四个紧密堆积的配位溶剂分子。之所以称其为"罕见"，是因为即便是最快的溶剂交换反应，在溶剂分子频繁碰撞的时间尺度上发生的溶剂交换事件也非常罕见。为了在有限的计算机时间内模拟粒子（溶剂）交换，溶剂交换限制在沿反应坐标正向进行，即活化能垒升高的方向。虽然今天看来这项研究比较简单，但它对交换过程提供了有益的见解。当两个交换粒子移动越过活化能垒时，按照交换机理定义中设想的方式，它们被认为占据了内层配位层和第二配位层之间的空间（一个从内层移出，一个从第二层进入）。在交换过程中，三个旁观配体发生了明显的角位移，但没有径向位移。重要的是，尽管在数百次模拟碰撞中，粒子逐步移动的距离一般小于自身半径，但显然，交换途径涉及所有粒子的高度相关的集体运动。有趣的是，跨越活化能垒与扩散相似，可能发生逆转和穿越（参见溶剂动力学控制反应速率[165]，在电子转移过程中更为常见），而非过渡态理论假设的单向跨越。

自 1983 年 C&A 模拟发表以来，计算机硬件和相关软件均有了极大的改进。然而，就建模的成效而论，即使对像溶剂交换这样"简单"的配体取代过程，仍然存在局限性。因为实际上，对金属配合物和取代过程的量子力学（QM）处理需要与分子力学（MM）相结合，而后者涉及对经典三维力场中约 500 个溶剂分子的集体运动的模拟（QM/MM 模拟）[82]。C&A 的文章明确了这一要求，最近对 MX_xL_{n-x} 型配合物键长的 DFT 研究也强调，需要对周围的凝聚相进行实际处理，以说明如结构对位效应之类的静态现象[166]。C&A 的文章还指出，在 MM 模拟的皮秒级时间尺度上，成功的配体取代事件极为少见。因此，许多建模人员选择计算各种假定的配体取代过渡态的能量，为了简化计算，这种过渡态经常设在"气相"（更准确地说是在真空中）。

气相计算与溶液中的配体交换过程的相关性可能有限，甚至可能得出完全错误的结论。例如，1994 年 Åkesson 等[167]采用大基组自洽场（SCF）气相计算，强有力地支持第一过渡二价系 V 至 Zn 的金属水合离子 $M(H_2O)_6^{2+}$ 的水交换遵循 I_d 机理。然而不久后 Rotzinger 报道了采用 Hartree-Fock 或完全活性空间（CAS）SCF 计算结果与实验人员指认的机理一致：$V^{[168]}$ 和 $Mn^{[169]}$ 配合物水交换为 I_a 机理，而其他 M^{2+} 以解离活化。Tsutsui 等[170]基于从头算分子轨道计算提出，任何 3d 电子数少于 7 的 $M^{2+}(aq)$ 都可能发生缔合过程。Rotzinger[168]承认需在计算中引入体相溶剂的影响，后续报道了把溶剂简化为介电连续介质（即具有时均溶剂分子性质的介质）进行处理，所得活化能与实验值的吻合度优于气相模型[171]。但此类模型无法获得活化熵或活化自由能，故速率常数的预测仍无法实现。针对 $Ni(H_2O)_6^{2+}$ 的水合交换，Inada 等[172]的经典与量子力学分子力学模拟表明，该过程通过寿命约 2.5 ps 的五配位中间体进行，因此，基于此时标可将其归类为 I_d 机理，与实验机理归属一致。

对于三价过渡金属水合离子的水交换，计算普遍认为 I_a 是常见机理，除非在它们的共轭碱中，解离活化占主导地位[167-169, 171, 173]。对于第 13 族阳离子，Hartree-Fock 计算和 $\Delta V_{ex}^{\ddagger}$ 测量均指示为 I_d 机理[61]。Merbach 等对水中三价镧系元素的配位数、体积性质和反应机理进行了分子动力学模拟，计算结果与实验推论非常吻合[127, 174-177]。

8.5.2 节总结了有关 $M^{III}(NH_3)_5X$ 中氨配体 N-甲基化对机理影响的争议。Rotzinger[178]进行了从头算量子力学计算，指出由于甲胺配体大的体积，发生在 $Cr(NH_2Me)_5OH_2^{3+}$ 上的水交换会以解离活化机理进行。换句话说，空间位阻使 $Cr(NH_2Me)_5OH_2^{3+}$ 水交换的 I_a 机理被抑制，而 I_d 机理受益，这也是传统观点。计算结果还显示，假定的四方锥形中间体 $Cr(NH_3)_5^{3+}$ 和 $Cr(NH_2Me)_5^{3+}$ 重排成三角双锥体异构体的能垒远高于水交换能垒，因此，解离取代路径应该是立体保持的，这与实验指出的 Cr^{III} 取代反应一致。

2005 年，Rotzinger[92]评估了用于计算气相金属水合离子的几何形状和能量的各种 MO 和 DFT 方法，并指出不同计算方法在配位数等基本问题上可能存在分歧。通常，Hartree-Fock 会高估这些数值，而 DFT 计算则倾向于低估，这影响对首选水交换机理的预测。由于金属离子和配体的基组不足，问题变得更加复杂，尤其是在更一般的配体取代反应中，其中配体是阴离子或 π 键[68]。其他常见的失败来自对电子相关性和/或氢键处理的不当[68]。

Erras-Hanauer 等[179]、Rotzinger[68]和 Rode 等[82]最近发表了关于金属离子上溶剂交换

的建模方法和结果的综述，应该参考这些文章进行详细评估。显然，即使使用当今的硬件和软件，也必须做出折中以在可接受的时间内完成 QM/MM 模拟。鉴于 DFT 在过渡金属化学中的巨大成功，卡尔-帕林尼罗（Car-Parrinello）方法[180]结合 DFT 与分子动力学，似乎是目前最有希望的模拟配体取代动力学的方法。

计算机建模可能无法满足老一辈化学家的需求，因为影响动力学行为是显而易见的因素，例如 LFAE 效应和本体溶剂性质（介电常数、黏度等），被整体模拟所取代，虽然整体模拟或许能提供有用的结果，但同时也掩盖了导致一种化合物与其他化合物行为差异的主要因素。为了适应特定的化学体系，在几种替代计算方法之间做出选择也不是件容易的事，这说明研究人员可能会选择一种符合个人见解的程序。无论选择哪种程序，都必须仔细评估所得结果不可避免的近似性。Evans 等[181]通过从头算和分子动力学模拟探究了 $Al(H_2O)_6^{3+}$ 与周围多达 12 个水分子的水配体交换，计算与立体化学途径预测相矛盾。从头算受到周围水分子簇环境的强烈影响，而分子动力学模拟通常提供更具说服力的结果，尤其是在以实验中已知的结果为指导的情况下。Evans 等敦促对复杂过程（如配体交换）应用从头算需持谨慎态度，建议将此类静态计算与分子动力学模拟相结合，并将结果视为要实验验证的假设。这些建议完善了 Rotzinger[68]的结论，即正确应用现代建模技术有助于确认实验者对交换溶剂的机理指认，特别是在验证 $\Delta V_{ex}^{\ddagger}$ 这一方面的应用。

8.8 水生地球化学中的配体取代动力学和计算机模拟

在撰写本书时，本章所述领域中的许多当前实验和计算机建模工作主要由地球化学家完成，尤其是 Casey 等[23, 182-196]。矿物在水环境中溶解（风化）的动力学和机理与金属配合物中的配体取代表现出惊人的相似性[185]。例如，端基原硅酸盐矿物（$M_2^{II}SiO_4$）在 pH 为 2 下的每单位矿物表面积的溶解速率与水在 $M_2(aq)$ 上交换的 k_{ex} 呈线性对数关系（图 8.8）[186]。这种关系使地球化学家能够利用庞大的 k_{ex} 数据库预测地球化学反应速率[21, 59, 69, 177]。此外，早已认识到生物产生的羧酸、氨基酸、酚、腐殖酸和其他潜在配体（尤其是螯合剂）极大地促进了金属矿物［如方铅矿（NiO）[187, 188]］的溶解，并参与了水生环境中金属离子的运输。因此，了解与此相关的模型金属配合物的配体取代动力学至关重要。由于矿物表面与水环境相互作用的复杂性，以及在异相体系中进行相关原位实验的困难，地球化学家开始求助于，或许有些过于依赖计算机建模，分子级别的配体取代动力学信息为这类研究提供了重要的支撑作用。在这方面，水交换反应尤其有用。另外，如 8.7 节所述，即使对 $M(H_2O)_n^{z+}$ 这样简单的体系发生的水交换，计算机模型（尤其是从头算）也存在局限性，这为地球化学家如何进行建模以获得真正有意义的结果提供了指南[68, 181]。

鉴于难以在扩展表面上进行矿物与水相互作用的实验研究，用 1~5 nm 的多氧离子进行水交换实验研究受到关注，因为它不仅为扩展表面，还为颗粒状的材料行为提供了近似

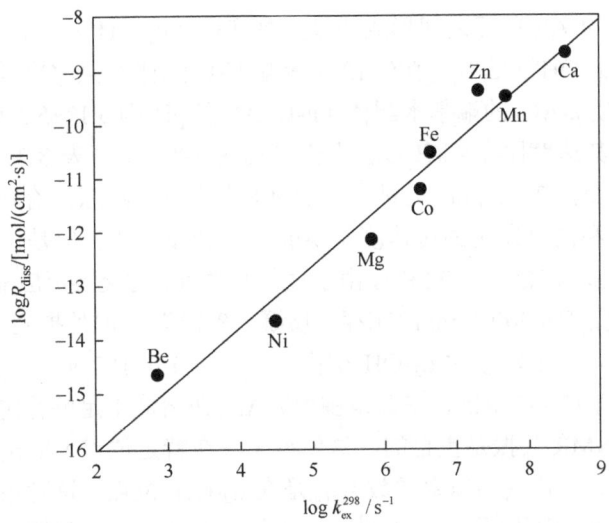

图 8.8　原硅酸盐 M_2SiO_4 在 pH = 2 和 25℃的水中的溶解 R_{diss} 速率与 M^{2+}(aq)的水交换速率常数 k_{ex} 的相关性

Lincoln 和 Merbach[21]的数据以及 Casey 和 Westrich[186]的数据

值。这类研究也符合当前无机化学界纳米材料和纳米技术的发展趋势[189]。铝是地壳中第三大常见元素（仅次于 O 和 Si），因此 Al^{III} 的水解低聚物，如$[AlO_4Al_{12}(OH)_{24}(OH_2)_{12}]^{7+}$($Al_{13}$)和$[Al_2O_8Al_{28}(OH)_{56}(OH_2)_{26}]^{18+}$（$Al_{30}$）具有特殊的地球化学意义。这些低聚物的结构得到了X-射线衍射的准确表征，可以作为研究结构类似（如三羟铝石[γ-Al(OH)$_3$]和 γ-氧化铝）的表面反应的实验示范模型[189-191]。

Al_{13} 的常见形式是五种可能的 Keggin 结构的 ε-异构体，它由一个中心 AlO_4 单元组成，周围被 12 个 AlO_6 八面体包围，分成四个平面嵌块，每个块体含三个单元。Keggin 异构体可通过四个 Al_3 嵌块相对于彼此的旋转相互转化，ε-Al_{13} 结构具有 T_d 对称性（图 8.9）。中心 AlO_4 四面体与三个 AlO_6 八面体（μ_4-O）共享每个氧原子。有两种桥连式（μ_2）氢氧

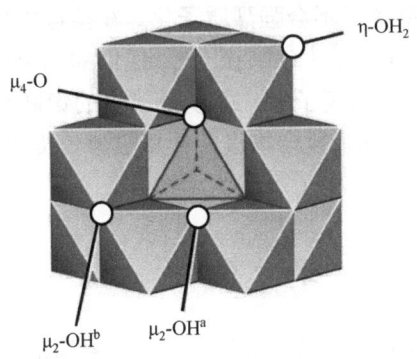

图 8.9　沿任一个 C_3 轴（共四个）方向看，ε-$[AlO_4Al_{12}(OH)_{24}(OH_2)_{12}]^{7+}$（ε-$Al_{13}$，$T_d$ 对称）的结构（后附彩图）

Chem. Rev. **2006**，*106*，1. 经许可转载，版权归 2006 年美国化学会所有

化物，一种在分离的 Al_3 单元之间形成边缘共享连接（μ_2-OH^a），另一种在 Al_3 单元内的八面体之间共享（μ_2-OH^b）边缘。所有 12 个末端 H_2O 配体（η-H_2O）是等效的。^{17}O NMR 弛豫测量[191,192]表明 ε-Al_{13} 的端基水配体（η-H_2O）在 pH 为 5.1~5.3 与溶剂水发生交换，k_{ex}^{298}=1.1×10^3 s^{-1}，其速度比在 $Al(H_2O)_6^{3+}$ 上交换约快 1000 倍（表 8.2）。发生在 μ_2-OH 位点非常慢的溶剂水交换在 35 ppm 处被 ^{17}O NMR 强度测量跟踪，恰好在此处发生共振，呈现出对应于快速和同时发生的慢速度交换的双相衰减模式。但是，这些测量必须限制在非常窄的温度范围内（282~292 K）。由于误差相关性，对交换反应非常高的 $\Delta H_{ex(1)}^{\ddagger}$（约 200 kJ/mol）和 $\Delta S_{ex(1)}^{\ddagger}$ [约 400 J/(mol·K)]存在质疑（8.4 节）；但外推到 298 K 还是合理的，$k_{ex(1)}^{298}$ = 1.6×10^{-2} s^{-1}。对于较慢的 μ_2-OH 交换，$k_{ex(2)}^{298}$ = 1.6×10^{-5} s^{-1}。这些值似乎与 pH 无关，但实验仅限于窄的 pH 范围，在此范围内 ε-Al_{13} 在溶液中足够稳定。不幸的是，两个 μ_2-OH 位点的 ^{17}O NMR 共振是重合的，这使得无法在特定位点上明确指认这两个速率常数。然而，一般认为，较快的速率常数 $k_{ex(1)}$ 是在 μ_2-OH^a 位点，这种指认是合理的，这意味着 Al_3 嵌块比连接它们的桥更稳定[190]。μ_4-O 位点在动力学上是惰性的，时隔几天都没有 ^{17}O 溶剂与其交换。

如果仅把 ε-Al_{13} 的一个 Al^{III} 中心替换为 Ga^{III}（ε-$GaAl_{12}$），其 $k_{ex(1)}^{298}$ 和 $k_{ex(2)}^{298}$ 分别为 ε-Al_{13} 的 1/890 和 1/39[193]。如果用 Ge^{IV} 替代中心 $Al^{III[194]}$，会再次导致 μ_2-OH 位点不稳定，$k_{ex(1)}^{298}$ 太快以至于无法通过 NMR 谱线强度进行测量；虽然因为 ε-$GeAl_{12}$ 的总电荷为 +8 而不是 +7，且随着[H^+]的增加，μ_2 位上的 ^{17}O 交换速率确实显著增加，与 ε-Al_{13} 的直接比较是不合适的。尽管如此，虽然 ε-MAl_{12} 中的金属中心离子本身相对于配体取代表现惰性，但它对三个键以外的氧位点的不稳定性有着意想不到的极大影响，分子动力学计算证实，整个多氧阴离子对任何一个位点取代事件都有响应[195]。这表明水生环境中氧化铝/氢氧化物矿物质的交换机理可能比想象中简单的表面现象要复杂得多。另外，这也解释了观察到的高配位氧，如勃姆石中的 μ_4-O [γ-AlO(OH)]对 Al^{III} 矿物反应性的影响[195]。

ε-Al_{13} 的例子指示了低聚物水解研究中实验人员面临的困难。因此，Casey 等寻找"表现良好"的多氧阴离子，希望能够深入了解此类纳米化合物的反应动力学一般原则。他们确定了十铌酸根离子 $H_xNb_{10}O_{28}^{(6-x)-}$ 作为合适的候选者（尽管在地球化学中并非具有内在重要性），因为它在水中溶解时不会强烈质子化，在接近中性条件下稳定以及它的所有七个不同的氧位点均表现出不同的 ^{17}O 共振[196]。他们的结果难以总结，但该项研究的主要发现是，在纳米尺寸的多氧阴离子中，即使最简单的键断裂过程也不能与分子中的其他原子分开考虑。这对如何对纳米化合物进行计算机建模提出了限制，与 8.7 节中提出的问题相呼应。

8.9 结 论

配体取代反应最贴切的机理归属可能不像通常想象的那样重要。对于进入配体 A 的足够宽的浓度范围，D、A 和 I 机理的速率方程式均具有相同的总体数学形式，如图 8.1 所示。它们仅在方程式中的参数附加意义上有所不同。极限 D 机理可能与大多数水合体系无关，因为普遍存在的、非常小的、强亲核体 H_2O 通常会清除配位数降低的中间体。

在 Pd^{II}、Pt^{II} 和 Au^{III} 的平面方形配合物的反应中，**A** 机理而非 I_a 是最重要的，因为金属中心的配位不饱和度和"柔软度"，以及缺乏能量可接近的解离活化路径，少数有机金属情况除外。八面体配合物（尤其是在水中）的取代通常通过交换机理进行，尽管可以很方便地将某些配合物（如 Co^{III} 胺配合物）的反应标记为 I_d，而将其他配合物（如 Cr^{III} 的水合物）标记为 I_a。两者之间没有明确界限。相反，**I** 机理应理解为从近 **A** 机理扩展到近 **D** 机理的连续体，伴随 a 到 d 特征混合比的改变（参见物理有机化学家识别的 S_N1/S_N2 连续体[71, 197]）。因此，旁观配体的变化可以沿着 I_a-I_d 连续体改变特定金属离子的机理倾向，例如替换 $Cr^{III}(NH_2R)_5X$ 中的各种 X，其中 R = H 变为 R = CH_3 会以 I_a 特征的减少来增加 I_d 特征。这种机理的可变性将影响金属离子对进入配体的选择性，但由于解离特征的增加通常会导致 $\Delta H^{\ddagger}$ 和 $T\Delta S^{\ddagger}$ 的增加，两者倾向于相互抵消，这种机理变化对重要参数（速率常数）的净效应可能小于预期值。

自 1980 年以来，计算机建模变得非常流行，计算机硬件和软件的成本大大降低，而实验工作的成本以及环境和安全方面的限制却急剧上升。建模当然可以成为实验工作的宝贵增益，但单独运用时，它很容易因不可避免的近似产生的严重误差。如 8.7 节和 8.8 节所述，如果要进行完全现实的计算，必须包括整个反应体系（包括周围的溶剂）——单独进行气相从头算或 DFT 计算可能会造成严重误导。

配体取代研究在有机金属和生物无机化学领域继续快速发展，这些领域的配体体系比本章所考虑的要复杂得多。然而，在地球化学背景下，金属中心简单取代反应的动力学和机理最近才发现具有新的意义。同样令人欣喜的是，现在地球化学家在配体取代动力学的基本物理-无机基础方面提供了有价值的反馈。

致谢

感谢加拿大国家研究委员会以及后来加拿大自然科学与工程研究委员会在 1964 年至 2009 年间对我无机反应机理研究工作的持续支持，感谢我的学生和研究人员在此期间的杰出贡献，并感谢加利福尼亚大学戴维斯分校的 WH Casey 教授提供图 8.9。

参 考 文 献

1. Taube, H. *Chem. Rev.* **1952**, *50*, 69.
2. Basolo, F. *Chem. Rev.* **1953**, *52*, 459.
3. Basolo, F.; Pearson, R. G. *Mechanisms of Inorganic Reactions,* 1st edition, Wiley: New York, 1958.
4. Basolo, F.; Pearson, R. G. *Mechanisms of Inorganic Reactions,* 2nd edition, Wiley: New York, 1967.
5. Langford, C. H.; Gray, H. B. *Ligand Substitution Processes*; W. A. Benjamin, Inc.: Reading, MA, 1966.
6. Sykes, A. G. *Kinetics of Inorganic Reactions*; Pergamon: Oxford, 1966.

7. Tobe, M. L. *Inorganic Reaction Mechanisms*; Nelson: London, 1972.
8. Burgess, J. *Metal Ions in Solution*; Ellis Horwood: Chichester, UK, 1978.
9. Wilkins, R. G. *Kinetics and Mechanism of Reactions of Transition Metal Complexes*, 2nd edition; VCH: Weinheim, Germany, 1991.
10. Henderson, R. A. *The Mechanisms of Reactions at Transition Metal Sites*; Oxford University Press: Oxford, 1993.
11. Atwood, J. D. *Inorganic and Organometallic Reaction Mechanisms,* 2nd edition; VCH: New York, 1997.
12. Richens, D. T. *The Chemistry of Aqua Ions*; Wiley: Chichester, UK, 1997.
13. Tobe, M. L.; Burgess, J. *Inorganic Reaction Mechanisms*; Addison Wesley Longman: Harlow, Essex, UK, 1999.
14. Hay, R. W. *Reaction Mechanisms of Metal Complexes*; Horwood: Chichester, UK, 2000.
15. Jordan, R. B. *Reaction Mechanisms of Inorganic and Organometallic Systems,* 3rd edition; Oxford University Press: Oxford, 2007.
16. Murmann, R. K., Ed. *Mechanisms of Inorganic Reactions*; American Chemical Society: Washington, DC, 1965.
17. Rorabacher, D. B.; Endicott, J.F., Eds. *Mechanistic Aspects of Inorganic Reactions*; American Chemical Society: Washington, DC, 1982.
18. Sykes, A. G., Ed. *Advances in Inorganic and Bioinorganic Mechanisms*; Academic Press: New York, 1982–1986; Vols. 1–4.
19. Twigg, M. V., Ed. *Mechanisms of Inorganic and Organometallic Reactions*; Plenum Press: New York, 1983–1994; Vols. 1–8.
20. Margerum, D. W.; Cayley, G. R.; Weatherburn, D. C.; Pagenkopf, G. K. In *Coordination Chemistry. ACS Monograph 174*; Martell, A. E., Ed.; American Chemical Society: Washington, DC, 1978; Vol. 2.
21. Lincoln, S. F.; Merbach, A. E. *Adv. Inorg. Chem.* **1995**, *42*, 1.
22. Richens, D. T., *Chem. Rev.* **2005**, *105*, 1961.
23. Casey, W. H.; Swaddle, T. W. *Rev. Geophys.* **2003**, *41* (2), 4–1.
24. Williams, R. J. P.; Fraústo da Silva, J. J. R. *The Biological Chemistry of the Elements: The Inorganic Chemistry of Life*; 2nd edition; Oxford University Press: Oxford, 2001.
25. Wagman, D. D.; Evans, W. H.; Parker, V. B.; Schumm, R. H.; Halow, I.; Bailey, S. M.; Churney, K. L.; Nuttall, R. L. *The NBS Tables of Chemical Thermodynamic Properties*; National Bureau of Standards: Washington, DC, 1982.
26. Ingold, C. K. *Substitution at Elements Other Than Carbon*; Weizmann Science Press of Israel: Jerusalem, 1959.
27. Newton, A. M.; Swaddle, T. W. *Can. J. Chem.* **1974**, *52*, 2751.
28. Baes, C. F. Jr.; Mesmer, R. E. *The Hydrolysis of Cations*; Wiley–Interscience: New York, 1976.
29. Marcus, Y.; Hefter, G. *Chem. Rev.* **2006**, *106*, 4585.
30. Bridgman, P. W. *The Logic of Modern Physics*; The Macmillan Co.: New York, 1928.

31. Swaddle, T. W. *Rev. Phys. Chem. Jpn.* **1980**, *50*, 232.
32. Gray, H. B.; Olcott, R. J. *Inorg. Chem.* **1962**, *1*, 481.
33. Kotowski, M.; Palmer, D. A.; Kelm, H. *Inorg. Chim. Acta* **1980**, *44*, L113.
34. Lanza, S.; Minnitti, D.; Romeo, R.; Moore, P.; Sachinidis, J.; Tobe, M. L. *J. Chem. Soc., Chem. Commun.* **1984**, 542.
35. Alibrandi, G.; Bruno, G.; Lanza, S.; Minnitti, D.; Romeo, R.; Tobe, M. L. *Inorg. Chem.* **1987**, *26*, 185.
36. Plutino, M. R.; Scolaro, L. M.; Romeo, R.; Grassi, A. *Inorg. Chem.* **2000**, *39*, 2712.
37. Haim, A.; Wilmarth, W. K. *Inorg. Chem.* **1962**, *1*, 573, 583.
38. Haim, A.; Grassi, R. J.; Wilmarth, W. K.; Mechanisms of Inorganic Reactions. *ACS Adv. Chem. Ser.* **1967**, *49*, 31.
39. Haim, A.; Grassi, R. J.; Wilmarth, W. K. *Inorg. Chem.* **1967**, *6*, 237.
40. Burnett, M. G.; Gilfillan, W. M. *J. Chem. Soc. Dalton Trans.* **1981**, 1578.
41. Abou-El-Wafa, M. H. M.; Burnett, M. G.; McCullagh, J. F. *J. Chem. Soc., Dalton Trans.* **1986**, 2083.
42. Abou-El-Wafa, M. H. M.; Burnett, M. G.; McCullagh, J. F. *J. Chem. Soc., Dalton Trans.* **1987**, 1059, 2311.
43. Haim, A. *Inorg. Chem.* **1982**, *21*, 2887.
44. Bradley, S. M.; Doine, H.; Krouse, H. R.; Sisley, M. J.; Swaddle, T. W. *Aust. J. Chem.* **1988**, *41*, 1323.
45. Palmer, D. A.; Kelm, H. *Z. Anorg. Allg. Chem.* **1979**, *450*, 50.
46. Swaddle, T. W. *Comments Inorg. Chem.* **1991**, *12*, 237.
47. Swaddle, T. W.; Fabes, L. *Can. J. Chem.* **1980**, *58*, 1418.
48. Fedorchuk, C.; Swaddle, T. W. *J. Phys. Chem. A* **2000**, *104*, 5651.
49. Faherty, K. P.; Thompson, C. J.; Aguirre, F.; Michne, J.; Metz, R. B. *J. Phys. Chem. A* **2001**, *105*, 10054.
50. Pearson, R. G.; Moore, J. W. *Inorg. Chem.* **1964**, *3*, 1332.
51. Lo, S. T. D.; Watts, D. W. *Aust. J. Chem.* **1975**, *28*, 491.
52. Lo, S. T. D.; Swaddle, T. W. *Inorg. Chem.* **1975**, *14*, 1878.
53. Lo, S. T. D.; Swaddle, T. W. *Inorg. Chem.* **1976**, *15*, 1881.
54. Wrona, P. K. *Inorg. Chem.* **1984**, *23*, 1558.
55. Hunt, H. R.; Taube, H. *J. Am. Chem. Soc.* **1958**, *80*, 2642.
56. Stranks, D. R.; Swaddle, T. W. *J. Am. Chem. Soc.* **1971**, *93*, 2783.
57. Xu, F.-C.; Krouse, H. R.; Swaddle, T. W. *Inorg. Chem.* **1985**, *24*, 267.
58. Carey, L. R.; Jones, W. E.; Swaddle, T. W. *Inorg. Chem.* **1971**, *8*, 1566.
59. Helm, L.; Merbach, A. E. *Chem. Rev.* **2005**, *105*, 1923.
60. Hunt, J. P.; Plane, R. A. *J. Am. Chem. Soc.* **1954**, *76*, 5960.
61. Kowall, T.; Caravan, P.; Bourgeois, H.; Helm, L.; Merbach, A. E. *J. Am. Chem. Soc.* **1998**, *120*, 6569.

62. Jones, W. E.; Carey, L. R.; Swaddle, T. W. *Can. J. Chem.* **1972**, *50*, 2739.
63. Pisaniello, D. L.; Helm, L.; Meier, P. F.; Merbach, A. E. *J. Am. Chem. Soc.* **1983**, *105*, 4528.
64. Pittet, P.-A.; Elbaze, G.; Helm, L.; Merbach, A. E. *Inorg. Chem.* **1990**, *29*, 1936.
65. Swaddle, T. W. *Inorg. Chem.* **1983**, *22*, 2663.
66. Swaddle, T. W.; Mak, M. K. S. *Can. J. Chem.* **1983**, *61*, 473.
67. Shannon, R. D. *Acta Crystallogr., Sect. A* **1976**, *32*, 751.
68. Rotzinger, F. P. *Chem. Rev.* **2005**, *105*, 2003.
69. Lincoln, S. F. *Helv. Chim. Acta* **2005**, *88*, 523.
70. Swaddle, T. W. *Adv. Inorg. Bioinorg. Mech.* **1983**, *2*, 95.
71. More O'Ferrall, R. A. *J. Chem. Soc. B* **1970**, 274.
72. Hugi, A. D.; Helm, L.; Merbach, A. E. *Inorg. Chem.* **1987**, *26*, 1763.
73. Grant, M.; Jordan, R. B. *Inorg. Chem.* **1981**, *20*, 55.
74. De Vito, D.; Weber, J.; Merbach, A. E. *Inorg. Chem.* **2004**, *43*, 858.
75. Cusanelli, A.; Frey, U.; Richens, D. T.; Merbach, A. E. *J. Am. Chem. Soc.* **1996**, *118*, 5265.
76. Doine, H.; Ishihara, K.; Krouse, H. R.; Swaddle, T. W. *Inorg. Chem.* **1987**, *26*, 3240.
77. González, G.; Moullet, B.; Martínez, M.; Merbach, A. E. *Inorg. Chem.* **1994**, *33*, 2330.
78. Leffler, J. E.; Grunwald, E. *Rates and Equilibria of Organic Reactions*; Wiley: New York, 1963.
79. Swaddle, T. W. *J. Chem. Soc., Chem. Commun.* **1982**, 832.
80. Earnshaw, A.; Larkworthy, L. F.; Patel, K. C.; Beech, G. *J. Chem. Soc. A* **1969**, 1334.
81. Figgis, B. N.; Kucharski, E. S.; Reynolds, P. A. *Acta Crystallogr., Sect. B* **1990**, *46*, 577.
82. Rode, B. M.; Schwenk, C. F.; Hofer, T. S.; Randolf, B. R. *Coord. Chem. Rev.* **2005**, *249*, 2993.
83. Powell, D. H.; Helm, L.; Merbach, A. E. *J. Chem. Phys.* **1991**, *95*, 9258.
84. Magini, M. *Inorg. Chem.* **1982**, *21*, 1535.
85. Gallucci, J.; Gerkin, R. E. *Acta Crystallogr., Sect. C* **1989**, *45*, 1279.
86. Peisach, J.; Mims, W. B. *Chem. Phys. Lett.* **1976**, *37*, 307.
87. Pasquarello, A.; Petri, I.; Salmon, P. S.; Parisel, O.; Car, R.; Tóth, É.; Powell, D. H.; Fischer, H. E.; Helm, L.; Merbach, A. E. *Science* **2001**, *291*, 856.
88. Benfatto, M.; D'Angelo, P.; Della Longa, S.; Pavel, N. V. *Phys. Rev. B* **2002**, *65*, 174205.
89. Frank, P.; Benfatto, M.; Szilyagi, R. K.; D'Angelo, P.; Della Longa, S.; Hodgson, K. O. *Inorg. Chem.* **2005**, *44*, 1922.
90. Persson, I.; Persson, P.; Sandström, M.; Ullström, A.-S. *J. Chem. Soc., Dalton Trans.* **2002**, 1256.
91. Schwenk, C. F.; Rode, B. M. *J. Am. Chem. Soc.* **2004**, *126*, 12786.
92. Rotzinger, F. P. *J. Phys. Chem. B* **2005**, *109*, 1510.
93. Powell, D. H.; Furrer, P.; Pittet, P.-A.; Merbach, A. E. *J. Phys. Chem.* **1995**, *99*, 16622.
94. Millero, F. J. In *Water and Aqueous Solutions: Structure, Thermodynamics, and*

Transport Processes; Horne, R. A., Ed; Wiley–Interscience: 1972; Chapter 13.

95. Helm, L.; Elding, L. I.; Merbach, A. E. *Inorg. Chem.* **1985**, *24*, 1719.
96. Jalilehvand, F.; Laffin, L. J. *Inorg. Chem.* **2008**, *47*, 3248.
97. Swaddle, T. W.; Rosenqvist, J.; Yu, P.; Bylaska, E.; Phillips, B. L.; Casey, W. H. *Science* **2005**, *308*, 1450.
98. Fong, D. W.; Grunwald, E. *J. Am. Chem. Soc.* **1969**, *91*, 2413.
99. Holmes, L. P.; Cole, D. L.; Eyring, E. M. *J. Phys. Chem.* **1968**, *72*, 301.
100. Hanauer, H.; Puchta, R.; Clark, T.; van Eldik, R. *Inorg. Chem.* **2007**, *46*, 1112.
101. Martin, R. B. *J. Inorg. Biochem.* **1991**, *44*, 141.
102. Moreau, G.; Helm, L.; Purans, J.; Merbach, A. E. *J. Phys. Chem. A* **2002**, *106*, 3034.
103. Caravan, P.; Tóth, É.; Rockenbauer, R.; Merbach, A. E. *J. Am. Chem. Soc.* **1999**, *121*, 10403.
104. Farkas, I.; Bányai, I.; Szabó, Z.; Wahlgren, U.; Grenthe, I. *Inorg. Chem.* **2000**, *39*, 799.
105. Szabó, Z.; Toraishi, T.; Vallet, V.; Grenthe, I. *Coord. Chem. Rev.* **2006**, *250*, 784.
106. Schneppensieper, T.; Zahl, A.; van Eldik, R. *Angew. Chem., Int. Ed.* **2001**, *40*, 1678.
107. Funahashi, S.; Inada, Y. *Bull. Chem. Soc. Japan* **2002**, *75*, 1901.
108. Swaddle, T. W.; Coleman, L. F.; Hunt, J. P. *Inorg. Chem.* **1963**, *2*, 950.
109. Glaeser, H. H.; Hunt, J. P. *Inorg. Chem.* **1964**, *3*, 1245.
110. Hunt, J. P.; Dodgen, H. W.; Klanberg, F. *Inorg. Chem.* **1964**, *2*, 478.
111. Langford, C. H. *Inorg. Chem.* **1965**, *4*, 265.
112. Swaddle, T. W. *Coord. Chem. Rev.* **1974**, *14*, 217.
113. Spiro, T. G.; Revesz, A.; Lee, J. *J. Am. Chem. Soc.* **1968**, *90*, 4000.
114. Swaddle, T. W.; Guastalla, G. *Inorg. Chem.* **1968**, *7*, 1915.
115. Espenson, J. H. *Inorg. Chem.* **1969**, *8*, 1554.
116. Guastalla, G.; Swaddle, T. W. *Can. J. Chem.* **1973**, *51*, 821.
117. Lay, P. A. *Comments Inorg. Chem.* **1991**, *9*, 235.
118. Sasaki, Y.; Sykes, A. G. *J. Chem. Soc., Dalton Trans.* **1975**, 1048.
119. Pearson, R. G. *J. Chem. Educ.* **1968**, *45*, 64.
120. Pearson, R. G. *Inorg. Chem.* **1988**, *27*, 734.
121. Mønsted, L.; Mønsted, O. *Acta Chem. Scand.* **1982**, *36*, 365, 555.
122. Bracken, D. E.; Baldwin, H. W. *Inorg. Chem.* **1974**, *13*, 1325.
123. Poë, A.; Vuik, C. *Can. J. Chem.* **1975**, *53*, 1842.
124. Jackson, W. G. *Inorg. Chem.* **1988**, *27*, 777.
125. Byrd, J. E.; Wilmarth, W. K. *Inorg. Chim. Acta Rev.* **1971**, *5*, 7.
126. Schilt, A. A.; Schaap, W. B. *Inorg. Chem.* **1973**, *12*, 1424.
127. Anderson, K. M.; Orpen, A. G. *Chem. Commun.* **2001**, 2682.
128. Guastalla, G.; Swaddle, T. W. *Can. J. Chem.* **1974**, *52*, 527.
129. Cheng, M.; Song, W.; Bakac, A. *Eur. J. Inorg. Chem.* **2008**, 4687.
130. Carlyle, D. W.; King, E. L. *Inorg. Chem.* **1970**, *9*, 2333.

131. Zinato, E.; Furlani, C.; Lanna, G.; Riccieri, P. *Inorg. Chem.* **1972**, *11*, 1746.
132. Tobe, M. L. *Adv. Inorg. Bioinorg. Mech.* **1983**, 2, 1.
133. Buckingham, D. A.; Olsen, I. I.; Sargeson, A. M. *J. Am. Chem. Soc.* **1967**, *89*, 5129.
134. Pearson, R. G.; Basolo, F. *J. Am. Chem. Soc.* **1956**, *78*, 4878.
135. Vanquickenborne, L. G.; Pierloot, K. *Inorg. Chem.* **1981**, *20*, 3673.
136. Parris, M.; Wallace, W. J. *Can. J. Chem.* **1969**, *47*, 2257.
137. Buckingham, D. A.; Foxman, B. M.; Sargeson, A. M. *Inorg. Chem.* **1970**, *9*, 1790.
138. Swaddle, T. W. *Can. J. Chem.* **1977**, *55*, 3166.
139. Lay, P. A. *Comments Inorg. Chem.* **1991**, *11*, 235.
140. González, G.; Martínez, M. *Inorg. Chim. Acta* **1995**, *230*, 67.
141. Benzo, F.; Bernhardt, P. V.; González, G.; Martínez, M.; Sienra, B. *J. Chem. Soc., Dalton Trans.* **1999**, 3973.
142. Schwarzenbach, G. *Helv. Chim. Acta* **1952**, *35*, 2344.
143. Letter, J. E. Jr.; Jordan, R. B. *J. Am. Chem. Soc.* **1975**, *97*, 2381.
144. Hunt, J. P.; Rutenberg, A. C.; Taube, H. *J. Am. Chem. Soc.* **1952**, *74*, 268.
145. van Eldik, R.; Harris, G. M. *Inorg. Chem.* **1980**, *19*, 880.
146. Posey, F. A.; Taube, H. *J. Am. Chem. Soc.* **1953**, *75*, 4099.
147. Cross, R. J. *Adv. Inorg. Chem.* **1989**, *34*, 219.
148. Jamieson, E. R.; Lippard, S. J. *Chem. Rev.* **1999**, *99*, 2467.
149. Jung, Y.; Lippard, S. J. *Chem. Rev.* **2007**, *107*, 1387.
150. Reedijk, J. *Chem. Commun.* **1996**, 801.
151. Todd, R. C.; Lovejoy, K. S.; Lippard, S. J. *J. Am. Chem. Soc.* **2007**, *129*, 6370.
152. Monlien, F. J.; Helm, L.; Abou-Hamdan, A.; Merbach, A. E. *Inorg. Chem.* **2002**, *41*, 1717.
153. Monlien, F. J.; Helm, L.; Abou-Hamdan, A.; Merbach, A. E. *Inorg. Chim. Acta* **2002**, *331*, 257.
154. Romeo, R. *Comments Inorg. Chem.* **1990**, *11*, 21.
155. Elmroth, S. K. C.; Elding, L. I. *Inorg. Chem.* **1996**, *35*, 2337.
156. Skibsted, L. H. *Adv. Inorg. Bioinorg. Mech.* **1986**, *4*, 137.
157. Otto, S.; Elding, L. I. *J. Chem. Soc., Dalton Trans.* **2002**, 2354.
158. Elding, L. I.; Gröning, A. B. *Chem. Scripta* **1977**, *11*, 8.
159. Plutino, M. R.; Otto, S.; Roodt, A.; Elding, L. I. *Inorg. Chem.* **1999**, *38*, 1233.
160. Dewar, M. J. S. *Bull. Soc. Chim. Fr.* **1951**, *18*, C79.
161. Chatt, J.; Duncanson, L. A. *J. Chem. Soc.* **1953**, 2939.
162. Lin, Z.; Hall, M. B. *Inorg. Chem.* **1991**, *30*, 646.
163. Berger, J.; Kotowski, M.; van Eldik, R.; Frey, U.; Helm, L.; Merbach, A. E. *Inorg. Chem.* **1989**, *28*, 3759.
164. Connick, R. E.; Alder, B. J. *J. Phys. Chem.* **1983**, *87*, 2764.
165. Hynes, J. T. *Annu. Rev. Phys. Chem.* **1985**, *36*, 573.
166. Hocking, R. K.; Deeth, R. J.; Hambley, T. W. *Inorg. Chem.* **2007**, *46*, 8238.

167. Åkesson, R.; Pettersson, L. G. M.; Sandström, M.; Wahlgren, U. *J. Am. Chem. Soc.* **1994**, *116*, 8705.
168. Rotzinger, F. P. *J. Am. Chem. Soc.* **1996**, *118*, 6760.
169. Rotzinger, F. P. *J. Am. Chem. Soc.* **1997**, *119*, 5230.
170. Tsutsui, Y.; Wasada, H.; Funahashi, S. *Bull. Chem. Soc. Japan* **1998**, *71*, 1771.
171. Rotzinger, F. P. *Helv. Chim. Acta* **2000**, *83*, 3006.
172. Inada, Y.; Mohammed, A. M.; Loeffler, H. H.; Rode, B. M. *J. Phys. Chem. A* **2002**, *106*, 6783.
173. Hartmann, M.; Clark, T.; van Eldik, R. *J. Phys. Chem. A* **1999**, *103*, 9899.
174. Kowall, T.; Foglia, F.; Helm, L.; Merbach, A. E. *J. Am. Chem. Soc.* **1995**, *117*, 3790.
175. Kowall, T.; Foglia, F.; Helm, L.; Merbach, A. E. *J. Phys. Chem.* **1995**, *99*, 13078.
176. Kowall, T.; Foglia, F.; Helm, L.; Merbach, A. E. *Chem. Eur. J.* **1996**, *2*, 285.
177. Helm, L.; Merbach, A. E. *Coord. Chem. Rev.* **1999**, *187*, 151.
178. Rotzinger, F. P. *J. Phys. Chem. A* **2000**, *104*, 8787.
179. Erras-Hanauer, H.; Clark, T.; van Eldik, R. *Coord. Chem. Rev.* **2003**, *238–239*, 233.
180. Car, R.; Parrinello, M. *Phys. Rev. Lett.* **1985**, *55*, 2471.
181. Evans, R. J.; Rustad, J. R.; Casey, W. H. *J. Phys. Chem. A* **2008**, *112*, 4125.
182. Casey, W. H.; Rustad, J. R. *Annu. Rev. Earth Planet. Sci.* **2007**, *35*, 21.
183. Spiccia, L.; Casey, W. H. *Geochim. Cosmochim. Acta* **2007**, *71*, 5590.
184. Balogh, E.; Casey, W. H. *Prog. Nucl. Magn. Reson. Spectrosc.* **2008**, *53*, 193.
185. Casey, W. H.; Ludwig, C. *Rev. Mineral.* **1995**, *31*, 87.
186. Casey, W. H.; Westrich, H. R. *Nature* **1992**, *355*, 157.
187. Ludwig, C.; Casey, W. H.; Rock, P. A. *Nature* **1995**, *375*, 44.
188. Ludwig, C.; Devidal, J.-L.; Casey, W. H. *Geochim. Cosmochim. Acta* **1996**, *60*, 213.
189. Casey, W. H.; Rustad, J. R.; Banerjee, D.; Furrer, G. *J. Nanopart. Res.* **2005**, *7*, 377.
190. Casey, W. H. *Chem. Rev.* **2006**, *106*, 1.
191. Phillips, B. L.; Casey, W. H.; Karlsson, M. *Nature* **2000**, *404*, 379.
192. Casey, W. H.; Phillips, B. L.; Karlsson, M.; Nordin, S.; Nordin, J. P.; Sullivan, D. J.; Neugebauer-Crawford, S. *Geochim. Cosmochim. Acta* **2000**, *64*, 2951.
193. Casey, W. H.; Phillips, B. L. *Geochim. Cosmochim. Acta* **2001**, *65*, 705.
194. Lee, A. P.; Phillips, B. L.; Casey, W. H. *Geochim. Cosmochim. Acta* **2002**, *66*, 577.
195. Rustad, J. R.; Loring, J. S.; Casey, W. H. *Geochim. Cosmochim. Acta* **2004**, *68*, 3011.
196. Villa, E. M.; Ohlin, C. A.; Balogh, E.; Anderson, T. M.; Nyman, M. D.; Casey, W. H. *Angew. Chem., Int. Ed.* **2008**, *47*, 4844.
197. Jencks, W. P. *Chem. Soc. Rev.* **1981**, *10*, 345.

第 9 章 无机自由基在水溶液中的反应

David M. Stanbury

9.1 引　　言

本章主要探讨无机自由基在水溶液中多种反应类型，通过这些反应，建立完整的反应体系分类，总结当前对反应机理的认识，并考察反应平衡及反应速率常数的规律。留给读者的练习是，识别性质不同于非自由基的无机自由基的反应特性。

在本章中，我们将无机自由基定义为基态带有不成对电子的主族分子或离子，这些分子或离子不含碳-碳键和碳-氢键。此定义包括了 ClO_2 和 NO 等稳定物种，I_2^- 和 NO_2 等活性物种，以及 SCN^- 和 CO_2^- 等含碳物种，但不包括 $^3O_2$、$^1O_2$ 和 HNO 等活性物种。为了统一本章的主题，讨论范围仅限于均相水溶液中的反应。此外，参与这些反应的物质也必须是无机物，包括过渡金属配合物。最后，本章仅讨论在 25℃ 条件下的反应。

关于无机自由基反应的许多信息来源于瞬态技术，如闪光光解和脉冲辐射，因此，研究重点是基元反应，而不是总或净反应。因此，本章以具体基本反应类型为组织结构，而非针对整个元素周期表进行划分。实际上，已知的几乎所有反应都可归入 15 类有限的类型中。尽管水合电子的反应特性有所不同，但仍然归类于这些类型中。因此，本章分为 15 个部分，每个部分描述一种特定的反应类型，并提供例子来探讨该类型的反应范围，同时寻找可用于预测反应速率的通用概念。这些部分大致按照反应复杂程度排序，因此我们首先讨论单个自由基固有的反应，接着讨论自由基与其他溶质的反应。影响基元反应速率的最重要因素之一是标准自由能变化；其相关的热化学数据（如还原电位、pK_a 及其他平衡常数）正是国际纯粹与应用化学联合会（IUPAC）"自由基还原电位"项目的研究主题，研究结果将很快发表。在此之前，读者可以参考作者 1989 年发表的综述文章《水溶液中无机自由基的还原电位》[1]。最近也出版了一些关于"自由基化学"的书籍，涵盖了本章的部分主题[2-5]。本章的主要目标是探究速率常数有意义的变化趋势，并努力确定反应产物，因此对于那些速率常数已知但产物未知的反应，本章将不作详细讨论。

本章目的不是试图提供该领域的发展历史，也不是要归属作者对所描述研究工作的贡献，而是帮助读者接触到该主题的最新文献，特别是综述和概要。

9.2 二 聚 反 应

二聚反应是无机自由基在没有其他反应物参与时最常见的反应类型之一，在所有涉及这些自由基的反应体系中，二聚反应始终是一个潜在的反应路径。表9.1 列出了这些自由基反应。

表9.1 自由基二聚反应的速率常数

自由基	$2k/\text{M}^{-1}\text{s}^{-1}$	来源
$e^-(\text{aq})$	5.5×10^9	文献[6]
O^-	2.0×10^9	文献[7]
OH	5.5×10^9	文献[6]
H	7.8×10^9	文献[6]
I	8.0×10^9	文献[8]
ClO	7.0×10^9	文献[8]
BrO_2	3.0×10^9	文献[8]
SO_2^-	1.1×10^9	文献[8]
SO_3^-	5.3×10^8	文献[8]
SO_4^-	8.1×10^8	文献[8]
HS	6.5×10^9	文献[8]
$S_2O_3^-$	8.6×10^8	文献[8]
N_3	4.4×10^9	文献[8]
NH_2	2.2×10^9	文献[8]
NO_2	4.6×10^8	文献[8]
N_2H_3	2.0×10^9	文献[9]
HPO_2^-	3.3×10^9	文献[10]
H_2PO_4	1.0×10^9	文献[8]
HPO_4^-	1.5×10^8	文献[8]
PO_4^{2-}	3.9×10^7	文献[8]
CO_2^-	5.0×10^8	文献[8]

大多数情况下，二聚反应是可逆的，除 NO_2、SO_2^- 等化合物外，它们的平衡常数已被测定[11]。并不是所有的自由基都会发生二聚反应。例如，NO 和 ClO_2 作为单体非常稳定，没有明显的二聚趋势；因此，二聚反应的平衡常数很难测定。还有一些自由基则没有观察到发生二聚反应，而是发生歧化反应，具体情况将在下文讨论。然而，对于那些已经确认发生二聚反应的自由基，其反应速率常数通常接近扩散极限。如从 H_2PO_4、HPO_4^{2-} 和 PO_4^{2-} 等中观察到，这些速率常数随着离子电荷斥力的增加逐步下降。

关于水合电子 $e^-(\text{aq})$ 的二聚反应需要特别说明：早期研究观察到 $e^-(\text{aq})$ 按二级动力学衰减。净反应如下：

$$2e^-(\text{aq}) + 2H_2O \longrightarrow H_2 + 2OH^- \tag{9.1}$$

有人提出 e_2^{2-} 是该反应的中间体。然而，截至 2010 年尚未直接检测到这一双电子物种。最新的机理研究表明，水合电子的二级衰减速率限速步骤涉及水中质子的转移，该转移受到第二个水合电子的静电诱导。H^+ 与 e^- 结合形成 $H^·$，随后 $H^·$ 与水反应生成 H_2[12]。

氧自由基阴离子 O^- 按照二级动力学速率衰减，通常通过二聚反应生成 O_2^{2-}。然而，这里存在一个难题，因为 O_2^{2-} 在水溶液中尚未被观察到。可能是 O_2^{2-} 迅速生成后并随即转化为 HO_2^-；或者，与水的质子转移可能以协同方式发生。

令人意外的是，关于卤素原子的二聚反应报道很少。碘原子的二聚反应仅有一次报道[8]，而溴原子的二聚反应截至 2010 年还没有报道，关于氯原子的二聚反应，报道的数据缺乏一致性[13]。

ClO 能发生二聚反应，但其二聚体 Cl_2O_2 不稳定，会歧化生成 Cl 和 ClO_3^-[14]。对 N_2H_3 而言，从歧化产物生成滞后，和通过动力学方法可以推断出它的二聚体[9]。

N_3 自由基在 $2N_3 \rightarrow 3N_2$ 中以二级动力学方式分解。有人提出 N_6 可能是反应中间体，但这种物质仅在低温环境下检测到。

SO_3^- 的二聚反应生成高度惰性的物种 $S_2O_6^{2-}$，已有明确实验证据；然而，SO_3^- 还存在另一条反应路径，即歧化生成 SO_4^{2-} 和 SO_2[15,16]。

通常认为 CO_2^- 通过二聚反应生成草酸盐，但在 γ-射线研究中，草酸盐产量在 pH 较低时下降[17]。这表明，在受 pH 影响的限速步骤中，CO_2^- 歧化为 CO_2 和甲酸盐可能会成为主要反应路径。

NO_3 自由基显然通过一级和二级途径分解。一级途径是氧化水生成羟基自由基（将在下文讨论），而二级途径则生成 N_2O_6[18]，其反应速率相当缓慢（$k = 8 \times 10^5$ M^{-1} s^{-1}），且也可能不可靠。

9.3 歧化反应

自由基的二级衰变可以通过歧化反应，而非二聚反应来发生，通过产物的检测可加以区分。表 9.2 列出了这些反应，结果显示，卤素和伪卤素的二聚离子（X_2^-）歧化速率较快，接近扩散极限。另外，NO_2 和 HO_2 的歧化速率明显减慢。X_2^- 的反应机理可能是 X 原子从一个 X_2^- 转移到另一个 X_2^-，直接生成 X^- 和 X_3^-；随后，X_3^- 可以迅速解离出 X_2 和 X^-。NO_2 衰变速率常数较低可能源于其复杂的机理。虽然具体细节尚未完全弄清，但可以确定的是，水分子以特定方式参与反应。CO_3^- 和 SO_3^- 的歧化反应通过 O^- 的转移进行的，该过程有显著的动力学势垒。SO_5^- 的歧化反应很可能通过四氧化物中间体进行，类似于广泛报道的有机过氧自由基反应。HO_2/O_2^- 的歧化反应非常缓慢，需要特别讨论。

表 9.2 自由基歧化反应的速率常数

反应	$2k/M^{-1}$ s^{-1}	来源
$2HO_2 \longrightarrow O_2 + H_2O_2$	8.3×10^5	文献[19]
$2Cl_2^- \longrightarrow 2Cl^- + Cl_2$	2.2×10^9	文献[8]

续表

反应	$2k/\text{M}^{-1}\,\text{s}^{-1}$	来源
$2\text{Br}_2^- \longrightarrow 2\text{Br}^- + \text{Br}_2$	2.2×10^9	文献[8]
$2\text{I}_2^- \longrightarrow 2\text{I}^- + \text{I}_2$	3.2×10^9	文献[8]
$2\text{SO}_3^- \longrightarrow \text{SO}_2 + \text{SO}_4^{2-}$	4.0×10^8	文献[15]、[16]
$2\text{SO}_5^- \longrightarrow 2\text{SO}_4^- + \text{O}_2$	1.0×10^8	文献[20]
$2\text{NO}_2 + \text{H}_2\text{O} \longrightarrow \text{NO}_2^- + \text{HO}_3^- + 2\text{H}^+$	1.0×10^8	文献[8]
$2\text{N}_2\text{O}_2^- \longrightarrow \text{N}_2\text{O}_2^{2-} + 2\text{NO}$	8.2×10^7	文献[21]
$2(\text{SCN})_2^- \longrightarrow 2\text{SCN}^- + (\text{SCN})_2$	1.3×10^9	文献[8]
$2\text{CO}_3^- \longrightarrow \text{CO}_2 + \text{CO}_4^{2-}$	6.0×10^6	文献[22]

ClO_2 只有在亲核试剂的参与下才会发生歧化反应[23-25]。目前已知氯歧化反应有三条路径。第一条路径的速率定律为[ClO_2]和[OH^-]的一级，生成 ClO_2^- 和 ClO_3^-；推测该路径的速率限速步骤为 OH^- 对 ClO_2 的加成，随后加成物迅速与 ClO_2 发生歧化反应。第二条路径中，生成的 ClO_2/OH^- 加成物，不再形成 ClO_3^- 而是形成 HO_2^-。第三条路径为二级反应，对[ClO_2]和亲核试剂[Nu]均为一级，对应于 9.13 节讨论的亲核辅助电子转移机理。

NO 歧化为 N_2O 和 NO_2^- 在热力学上是有利的（N_2O 的 $\Delta G^\circ = -544\text{ kJ/mol}$），但如果没有催化作用，这一反应无法进行。过渡金属配合物能够催化 NO 的歧化反应[26]，但其反应速率明显慢于下述超氧化物催化的歧化反应。

HO_2/O 歧化反应可以直接发生，也可通过金属离子催化进行，其速率定律为

$$\text{rate} = \frac{2\left[k_{\text{HO}_2} + k_{\text{mix}}(K_a/[\text{H}^+])\right][\text{HO}_2]_{\text{tot}}^2}{\left(1 + K_a/[\text{H}^+]\right)^2} \tag{9.2}$$

式中，[HO_2]$_{\text{tot}}$ 是[HO_2]和[O_2^-]的总浓度；K_a 是 HO_2 的酸解离常数（$pK_a = 4.8$）；k_{HO_2}（$8\times10^5\text{ M}^{-1}\text{s}^{-1}$）是 HO_2 分子之间的双分子歧化速率常数；k_{mix}（$9.7\times10^7\text{ M}^{-1}\text{s}^{-1}$）是 HO_2 和 O_2^- 之间的双分子歧化速率常数[19]。从方程可以看出，当 pH 大于 6 时，反应速率逐渐减慢。由于金属离子杂质催化作用的竞争性增强，在高 pH 条件下准确测量反应速率变得非常困难。Foti 等[27]提出，k_{HO_2} 过程涉及氢原子转移，要求 HO_2 自由基通过与溶剂形成氢键而得到稳定。由于水并非良好的氢键受体，因此反应速率较低。

超氧化物催化歧化作用已经得到了广泛的研究，特别是在超氧化物歧化酶（SODs）的催化方面。SODs 是一种含有铜-锌、铁、锰或镍的金属酶。简单的无机物质也可催化这种反应[28]。例如，在 pH 为 7.2 条件下，Fe^{2+}/$\text{Fe}(\text{III})$催化的速率定律为

$$\text{rate} = k_{\text{cat}}[\text{O}_2^-][\text{Fe}]_{\text{tot}}, \quad k_{\text{cat}} = 1.3\times10^7\text{ M}^{-1}\text{s}^{-1} \tag{9.3}$$

请注意，在该 pH 下，Fe(III)会沉淀析出，因此需要特殊的实验手段来获得速率常数[29]。部分合成的 Mn(II)配合物也表现出类似的催化行为，k_{cat} 的值可达 $1.6\times10^9\text{ M}^{-1}\text{s}^{-1}$[30]。Ni-SOD

的催化活性非常高，k_{cat} 为 $1.3×10^9$ $M^{-1}s^{-1}$[31]。这些催化反应大多具有类似的乒乓机理，其中超氧化物交替还原和氧化金属中心，从而引发 Cu^{I}/Cu^{II}、Fe^{II}/Fe^{III}、Mn^{II}/Mn^{III} 和 Ni^{II}/Ni^{III} 氧化还原循环。

$$O_2^- + M_{ox} \longrightarrow O_2 + M_{red}, \quad k_{ox} \tag{9.4}$$

$$O_2^- + M_{red}(+2H^+) \longrightarrow H_2O_2 + M_{ox}, \quad k_{red} \tag{9.5}$$

在稳态催化条件下，这两个过程的速率相等，因此超氧化物的总损失速率为

$$-d[O_2^-]/dt = 2k_{ox}k_{red}[O_2^-][M]_{tot}/(k_{ox}+k_{red}) \tag{9.6}$$

$$k_{cat} = 2k_{ox}k_{red}/(k_{ox}+k_{red}) \tag{9.7}$$

上面的方程式适用于 O_2^- 的反应，但它们同样适用于涉及 O_2^- 和 HO_2 的各种反应，速率常数是在相同的 pH 下测定，并且 $[O_2^-]$ 被理解为两个物种的总和。通过 Fe^{2+} 测定的 k_{cat} 值与分别测定的 k_{ox} 和 k_{red} 值之间有良好的一致性[29]。类似的催化结果也在 Cu^{2+}[32]、Cu-SOD[33]、Fe-EDTA[34] 以及各种 Mn(II) 配合物[28, 35] 中得到了验证。有趣的是，Ni^{2+}（水合离子，aq）并不能催化超氧化物歧化，只有由 Ni-SOD 的肽配体 Ni 配合物才能实现催化[36]。要快速氧化超氧自由基，通过乒乓机理进行有效催化的金属中心的电位必须足够高（$E^\circ > 0$ V），同时又足够低（$E^\circ < 0.8$ V），以快速还原过氧化氢前驱体。

另一种不依赖金属氧化还原能力的超氧歧化机理，涉及金属中心的 Lewis 酸性，该机理下金属中心活化配位的超氧阴离子，使其更易与另一分子反应。

$$LM(II) + O_2^- \longrightarrow LM^{II}(O_2^-) \tag{9.8}$$

$$LM^{II}(O_2^-) + O_2^- (+2H^+) \longrightarrow LM(II) + O_2 + H_2O_2 \tag{9.9}$$

尽管 Th(IV) 和 U(VI) 也具有类似的催化能力，但 Mn(II) 配合物似乎是解释这种机理的最佳例子[38]。

9.4 质子转移反应

自由基参与溶剂之间的酸碱反应在多个自由基体系中均有发生，并且这种参与常常对自由基的反应性产生显著影响。例如，HO_2 的去质子化反应生成 O_2^-，而后者在热力学上相较 HO_2 更稳定，不易发生歧化反应。表 9.3 列出了已知 pK_a 值的自由基。

表 9.3 自由基的 pK_a 值

反应	pK_a	来源
$HO_2 \rightleftharpoons H^+ + O_2^-$	4.8	文献[19]
$OH \rightleftharpoons H^+ + O^-$	11.9	文献[6]
$H \rightleftharpoons H^+ + e^-(aq)$	9.6	文献[6]
$HPO_3^- \rightleftharpoons H^+ + PO_3^{2-}$	5.8	文献[8]
$H_2PO_4 \rightleftharpoons H^+ + HPO_4^-$	5.7	文献[8]
$HPO_4^- \rightleftharpoons H^+ + PO_4^{2-}$	8.9	文献[8]

续表

反应	pK_a	来源
$Cl(+H_2O) \rightleftharpoons H^+ + ClOH^-$	5.3	文献[39]
$I(+H_2O) \rightleftharpoons H^+ + IOH^-$	13.1	文献[40]
$SCN(+H_2O) \rightleftharpoons SCNOH^- + H^+$	12.5	文献[41]

这些酸碱反应通常非常迅速地达到平衡,因此其反应速率在其所参与的整体反应中一般不会成为限速步骤。通常有以下两个经验规则:一是通常自由基 HX 的 pK_a 值远低于对应非自由基 HX⁻ 的 pK_a 值;二是对于无机自由基含氧酸阴离子(如 XO_2^-、XO_3^- 等),其连续质子化的 pK_a 值通常相差 4~5 个单位[42-44]。

然而,氢原子与水合电子[e^-(aq)]之间的相互转化是上述"快速反应"规则的一个例外。在这种情形下,反应相对较慢,对[OH⁻]呈一级反应,二级速率常数为 3×10^7 M⁻¹s⁻¹[45]。在碱性较弱的溶液中,氢原子与水的直接反应较慢,生成 H_2 和 OH。由于这些速率常数较低,氢原子与水合电子之间的转化可由 F⁻ 和 NH_3 等弱碱催化。

关于卤素原子和硫氰酸根自由基(SCN·,可简记为 X·)的酸性,也许不像表 9.3 所列反应那样简单和直接。因为其共轭碱 XOH⁻ 能够可逆地解离为 X· 和 OH⁻。这种理解使得 X· 的电离程度取决于 X⁻ 的浓度。进一步的复杂化还来自 X· 能够可逆地与 X⁻ 缔合,生成 X_2^-。

9.5 羟基自由基产生反应

有一类自由基可以与水或其组分反应,生成羟基自由基。这类反应在水溶液中非常重要,因为它们不仅反映了水介质中自由基的固有性质,而且能实现性质截然不同物种之间的相互转化。表 9.4 列出了这些自由基转化反应的例子,部分例子是根据它们的可逆性进行选择的。

如表 9.4 所示,大多数生成羟基自由基的反应相当缓慢,因此很难准确测量。尤其是产生 NO_3 的反应,不同实验室测量的结果差异较大[51]。考虑到涉及的机理多种多样,目前很难用一种统一的方法对其反应速率作出解释。

表 9.4 自由基与水的重要反应示例

反应	k_f/s^{-1}	K_{eq}/M^2	来源
$Cl + H_2O \rightleftharpoons OH + Cl^- + H^+$	1.8×10^5	1.1×10^{-5}	文献[46]
$NO_3 + H_2O \rightleftharpoons OH + HO_3^- + H^+$	$1.6\times10^4(?)$		文献[47]
$SO_4^- + H_2O \rightleftharpoons OH + SO_4^{2-} + H^+$	3.6×10^2	1.0×10^{-3}	文献[48]
$H_2PO_4 + H_2O \rightleftharpoons OH + H_3PO_4$	1.4×10^5	3.3^a	文献[49]
$O_3^- + H^+ \rightleftharpoons OH + O_2$	$9.0\times10^{10\,b}$		文献[8]
$BrOH^- \rightleftharpoons OH + Br^-$	4.2×10^6	$3.1\times10^{-3\,a}$	文献[50]

^{a} 量纲为 M。
^{b} 量纲为 M⁻¹ s⁻¹。

9.6 与非自由基分子的缔合反应

自由基最常见的双分子反应之一是与非自由基分子的缔合。我们在其他文献使用"半配位（hemicolligation）"一词来描述这种反应类型[11]。这种反应方式特别重要，因为许多自由基前驱体都能通过这种方式进行反应。例如，溴原子通常由氧化溴离子生成，因此 $Br + Br^- \rightleftharpoons Br_2^-$ 是此类体系中不可避免的组成部分。自由基与 O_2 的缔合也是常见现象，在反应混合物中若未完全排除氧气，则该过程变得尤为重要。当自由基为水合电子时，缔合反应实质上为一个还原过程，相关内容在 9.9 节中单独讨论（表 9.5）。

表 9.5 自由基的一些缔合反应

反应	$k_f/M^{-1}\,s^{-1}$	来源	K/M^{-1}	来源
$H + O_2 \longrightarrow HO_2$	2.1×10^{10}	文献[6]		
$H + I^- \rightleftharpoons HI^-$	2.8×10^8	文献[52]	~300	文献[52]
$O^- + O_2 \rightleftharpoons O_3^-$	3.6×10^9	文献[6]	9×10^5	文献[53]
$OH + Cl^- \rightleftharpoons ClOH^-$	4.3×10^9	文献[6]	0.7	文献[54]
$Cl + Cl^- \rightleftharpoons Cl_2^-$	6.5×10^9	文献[8]	1.4×10^5	文献[55]
$Br + Br^- \rightleftharpoons Br_2^-$	9.0×10^9	文献[8]	3.9×10^5	文献[56]
$I + I^- \rightleftharpoons I_2^-$	1.2×10^{10}	文献[8]	1.3×10^5	文献[57]
$HS + HS^- \longrightarrow H_2S_2^-$	5.4×10^9	文献[8]		
$SO_3^- + O_2 \longrightarrow SO_5^-$	1.5×10^9	文献[8]		
$NH_2 + O_2 \longrightarrow H_2NO_2$	2.0×10^9	文献[58]		
$HPO_3^{2-} + O_2 \longrightarrow HPO_5^{2-}$	1.9×10^9	文献[8]		
$CCl_3 + O_2 \longrightarrow CCl_3O_2$	3.3×10^9	文献[59]		
$SCN + SCN^- \rightleftharpoons (SCN)_2^-$	7.0×10^9	文献[60]	2.0×10^5	文献[61]

这些缔合反应之所以重要，是因为它们会显著影响参与自由基的反应活性。例如，碘原子是良好的氧化剂，其还原性可以忽略不计，但 I_2^- 自由基很容易被氧化为 I_2。应该注意到，这些缔合反应具有可逆性特征，这一性质可能使得某些反应活性趋势的解读更加复杂。一个典型例子是氯/二氯自由基阴离子（Cl/Cl_2^-）的化学，在该体系中，有多个最初归因于 Cl_2^- 的反应，后来被重新指认为 Cl 原子的反应[62]。

大多数缔合反应的速率常数约为 $2 \times 10^9\,M^{-1}\,s^{-1}$，而氢原子反应的速率常数变化较大。导致这些速率差异的原因尚不清楚。相关问题包括：是什么决定了缔合平衡常数的大小？为什么 Br_2 不与 O_2 结合？为什么 NO 不与 Cl^- 发生反应？这些问题的答案与加合物中的键合性质相关，但我们尚不具备预测这些性质的手段。水合电子能与多种分子发生加成反应，并将在 9.9 节中进一步讨论。

9.7 与其他自由基的结合

不对称自由基-自由基缔合反应最容易在高浓度自由基或不存在其他反应物的条件下研究，例如水的辐射分解过程。当其中一个自由基是相对稳定的物种，如 NO 或 ClO_2，很容易地得到较高的自由基浓度。另外，在不存在任何可变价态金属离子的均相反应体系中，不稳定的自由基最终会发生二聚反应、歧化反应或不对称的结合反应。表 9.6 列举了不对称结合反应的一些例子。

从表 9.6 中速率常数的数值可以看出，这些反应通常非常快，接近扩散极限。它们与自由基二聚反应的相似性显而易见。

表 9.6 一些不对称的结合反应

反应	$k/M^{-1}\,s^{-1}$	来源
$H + e^-(aq)(+ H_2O) \longrightarrow H_2 + OH^-$	2.5×10^{10}	文献[6]
$OH + e^-(aq) \longrightarrow OH^-$	3.0×10^{10}	文献[6]
$H + OH \longrightarrow H_2O$	7.0×10^9	文献[6]
$NO + O_2^- \longrightarrow OONO^-$	5.0×10^9	文献[63]
$HO_2 + OH \longrightarrow H_2O_3$	2.8×10^{10}	文献[64]
$OH + NH_2 \longrightarrow NH_2OH$	9.5×10^9	文献[8]
$NO + NO_2 \rightleftharpoons N_2O_3\;(\longrightarrow 2HNO_2)$	1.1×10^9	文献[8]
$ClO_2 + O^- \longrightarrow ClO_3^-$	2.7×10^9	文献[8]
$HO_2 + NO_2 \rightleftharpoons HOONO_2$	4.0×10^9	文献[63]
$CO_2^- + NO \longrightarrow NOCO_2^-$	3.5×10^9	文献[65]

9.8 亲核取代反应

这些反应被定义为亲核试剂与自由基发生缔合反应，进而取代另一亲核试剂。表 9.7 列出了这类反应的几个例子。通常可以将这些反应重新表述为自由基与非自由基之间的两步缔合反应。例如：

$$BrSCN^- + Br^- \rightleftharpoons Br_2^- + SCN^- \tag{9.10}$$

从热化学角度看，此反应等同于

$$BrSCN^- \rightleftharpoons Br + SCN^- \tag{9.11}$$

再加上

$$Br + Br^- \rightleftharpoons Br_2^- \tag{9.12}$$

这三种反应都非常迅速，因此在实际化学中，反应的平衡位置往往比具体的反应路径更为重要。

表 9.7 一些亲核取代反应

反应	K_{eq}/M^2	来源
$BrOH^- + Br^- \rightleftharpoons Br_2^- + OH^-$	70	文献[50]
$IOH^- + I^- \rightleftharpoons I_2^- + OH^-$	2.5×10^{-4}	文献[11]
$ClSCN^- + SCN^- \rightleftharpoons (SCN)_2^- + Cl^-$	3.0×10^4	文献[11]
$BrSCN^- + Br^- \rightleftharpoons Br_2^- + SCN^-$	1.0×10^{-3}	文献[11]
$ISCN^- + SCN^- \rightleftharpoons (SCN)_2^- + I^-$	2.5×10^{-3}	文献[11]
$(SCN)_2^- + S_2O_3^{2-} \rightleftharpoons SCNS_2O_3^{2-} + SCN^-$	1.6×10^2	文献[11]

9.9 电子转移反应

简单的双分子电子转移反应可以发生在自由基和非自由基之间，也可以发生在自由基和过渡金属配合物之间。这类反应很多，报道的速率常数变化范围很广。表 9.8 列出了一些具有可逆性的代表性电子转移反应。

表 9.8 一些代表性的可逆电子转移反应

反应	$k_f/M^{-1}s^{-1}$	$k_r/M^{-1}s^{-1}$	来源
$O_3(aq) + ClO_2^- \rightleftharpoons O_3^- + ClO_2$	4.0×10^6	1.8×10^5	文献[53]
$N_3^- + [IrCl_6]^{2-} \rightleftharpoons N_3 + [IrCl_6]^{3-}$	1.6×10^2	5.5×10^8	文献[66]
$CO_2^- + Tl^+ \rightleftharpoons CO_2 + Tl(aq)$	3.0×10^6	3.5×10^7	文献[67]
$SO_3^{2-} + [Ru(phen)(NH_3)_4]^{3+} \rightleftharpoons SO_3^- + [Ru(phen)(NH_3)_4]^{2+}$	3.7×10^4	1.0×10^8	文献[68]
$NO_2^- + [Fe(TMP)_3]^{3+} \rightleftharpoons NO_2 + [Fe(TMP)_3]^{2+}$	3.9×10^3	1.0×10^7	文献[69]
$O_2 + [Ru(NH_3)_5isn]^{2+} \rightleftharpoons O_2^- + [Ru(NH_3)_5isn]^{3+}$	0.11	2.2×10^8	文献[70]

注：phen = 1, 10-邻二氮杂菲；TMP = 3, 4, 5, 6-etramethylphenanthroline；isn = 异烟酰胺。

无机自由基的许多电子转移反应遵循外层电子转移机理，因此可以用 Marcus 电子转移理论进行描述[71]。该模型部分依赖于自交换反应的概念，以及自由基之间的反应也可以定义为自交换反应的推论。多年来，这些反应通常默认存在，并利用 Marcus 理论来计算自交换反应速率常数。然而，现在有一些实际测量的自交换反应速率常数的例子，特别是 NO_2/NO_2^- 和 O_2/O_2^- 体系[72, 73]。影响反应速率常数的因素包括自由基的结构重排、反应驱动力、反应物的自交换反应速率常数、反应静电学和反应物之间的大小差异。另外，一些反应的速度过快，不符合 Marcus 理论，这些反应被认为具有较小的动力学势垒，源于内层机理中自由基轨道与反应对轨道的强重叠。例如，$[IrCl_6]^{2-}$氧化 NO 的反应[69]。还有一类反应，其内在势垒非常小，即使在 Marcus 模型中，交叉交换速率常常受扩散速率所限制；这种描述特别适用于碘原子还原成碘化物的反应。

一些名义上属于外层机理的 O_2^-/O_2 氧化还原反应，其速率常数似乎偏离了 Marcus 模型的预测，但这些偏差目前多被归因于小体积 O_2^- 自由基与大型反应对之间的体积不匹配，这种体积差异影响了溶剂重组能，而这并未被简单的 Marcus 交叉关系所解释[74]。核隧穿可能是外层自由基电子转移反应中一个重要的研究课题。尤其值得留意的是 NO_2 还原为 NO_2^-，因为预测核隧穿使自交换反应速率常数比经典值增加了 79 倍[75]。动力学同位素效应的测量可以为核隧穿的形成提供实验依据。$^{18}O/^{16}O$ KIE 的测量结果确实为 O_2/O_2^- 氧化还原反应中的核隧穿效应提供了证据[76]。将水合电子加到另一个分子或离子中，可以认为发生了电子转移反应，或极限电子转移反应，目前已观察到了许多这样的反应[6]。当反应未发生键裂时，反应速率通常处于静电效应调整后的扩散限制。然而，一些 f 区元素打破了这一规则，例如 $e^-(aq)$ 与 Am^{3+}（$k = 1.6 \times 10^8$ $M^{-1}s^{-1}$）、Er^{3+}（$k = 1.0 \times 10^7$ $M^{-1}s^{-1}$）和 Tm^{3+}（$k = 3.3 \times 10^8$ $M^{-1}s^{-1}$）的反应。

更为复杂的是伴随有键断裂或键形成的电子转移反应（即解离/缔合电子转移）。其中一部分也属于外层类型。表 9.9 列出了一些此类自由基还原断裂反应的例子，并已测得其正反应速率。实际上仅测得单方向反应速率的此类反应数量比表中列出的更多。已知可发生还原断裂的自由基包括 I_2^-、Br_2^-、Cl_2^- 和 $(SCN)_2^-$。此外，也存在氧化断裂反应，后文将作介绍。

表 9.9 一些可逆的解离/缔合自由基电子转移反应

反应	$k_f/M^{-1}s^{-1}$	$k_r/M^{-1}s^{-1}$	来源
$2I^- + [Os(bpy)_3]^{3+} \rightleftharpoons I_2^- + [Os(bpy)_3]^{2+}$	3.3×10^4	1.1×10^8	文献[77]
$2Br^- + N_3 \rightleftharpoons Br_2^- + N_3^-$	4.0×10^8	7.3×10^3	文献[78]
$2SCN^- + [Ru(bpy)_3]^{3+} \rightleftharpoons (SCN)_2^- + [Ru(bpy)_3]^{2+}$	2.0×10^7	3.5×10^7	文献[79][a]

[a] 速率常数是根据文献[79]图 4 中的数据计算出来的。

当从断裂方向考虑还原断裂反应时，这些反应表现为简单的双分子反应，并不涉及复杂的动力学问题。但对于逆反应，其总速率定律为三级，有些化学家质疑是否存在真正的三级基元反应，认为这类过程在统计上是不太可能的。按照这一观点，反应物中必须先发生某种预缔合。微观可逆性的原理要求，在裂解方向（双分子）的反应也必须是一个两步过程，第一步产生与另一个方向相同的（前）缔合配合物。例如，将 I_2^- 还原为两个溶剂分离的碘离子时，必须首先产生一对双碘离子。简单的离子配对计算表明，两个碘离子之间的这种缔合并不是有利的过程，但显然它足以解释所观察到的速率。这种观点的另一个优点是，它使 Marcus 理论的交叉关系适用于这类反应。因为原始形式的交叉关系维度上并不适用于三级反应速率常数。解决办法是将碘离子的自交换反应定义为式（9.13）和式（9.14）两步过程。

$$2I^- \rightleftharpoons (I^-)_2 \tag{9.13}$$

$$(I^-)_2 + {}^*I_2^- \longrightarrow I_2^- + ({}^*I^-)_2 \tag{9.14}$$

另一个需要考虑的问题是如何建立势能面模型。通常的 Marcus 模型假定结构重组能较小，可近似为某一简谐振子发生形变。但对于键断裂反应，简谐振子的描述不再适用，例如两个碘离子之间的势能面完全为排斥型。为此，基于 Morse 势函数，可推导出用于描述这种排斥势能面的重组能表达式。这些处理最终可较好解释涉及 I_2^- 还原断裂的外层电子转移的速率[80]。

某些自由基发生氧化裂解反应，如当 HO_2 被氧化为 O_2 和 H^+ 时。HO_2 的氧化裂解实际上是一种质子耦合电子转移（PCET）的形式，下面将进行讨论。它发生在 HO_2 与 Cu^{2+}、Ce^{4+}[32]、Am^{4+}、各种 Ni(III)配合物和$[Ru(bpy)_3]^{3+}$的反应中[19]。

在这些反应中，羟基自由基可以作为单电子氧化剂发生反应。

$$OH + [Fe(CN)_6]^{4-} \longrightarrow OH^- + [Fe(CN)_6]^{3-}, \quad k = 9 \times 10^9 \text{ M}^{-1}\text{s}^{-1} \tag{9.15}$$

$$OH + [IrCl_6]^{3-} \longrightarrow OH^- + [IrCl_6]^{2-}, \quad k = 1.2 \times 10^{10} \text{ M}^{-1}\text{s}^{-1} \tag{9.16}$$

这些反应非常快，通常在扩散限制或接近扩散限制。它们可能看起来都能当作外层电子转移的例子，但事实上，似乎这些反应都通过某种形式的内层机理进行[81]。

氢原子可以作为单电子还原剂，如以下反应：

$$H + MnO_4^- \longrightarrow H^+ + MnO_4^{2-}, \quad k = 2.4 \times 10^{10} \text{ M}^{-1}\text{s}^{-1} \tag{9.17}$$

由于 H 和 H^+ 在溶剂化方面的巨大差异，可能会给外层电子转移带来很大的影响，因此可以推断，氢原子一定是通过内层机理发生反应的[82]。氢原子与 Fe^{3+}(aq)反应的低速率常数可通过该观点进行解释。以铜基离子 MO_2^{2+}（M = U、Pu、Np 和 Am）为例，速率常数为 $4.5 \times 10^7 \sim 1.6 \times 10^9$ $M^{-1}s^{-1}$，随着金属离子成为较强的氧化剂，速率常数均匀增大[83]。据推测，这些铜基离子中的氧配体为内层机理提供了结合位点。同样，氢原子对$[Fe(CN)_6]^{3-}$的快速还原，也可归因于 CN^- 配体与 H 原子的结合作用。

如 9.10 节所述，氢原子也可以作为单电子氧化剂生成 H_2。

自由基可以通过经典的内层电子转移机理与过渡金属配合物发生反应，并直接与金属中心结合。例如，用二氧化氯氧化 Fe^{2+}(aq)时，可以检测到一种 $Fe(ClO_2)^{2+}$中间体，它的生成速率由金属中心的取代速率决定[84]。$(SCN)_2^-$、I_2^-、Br_2^- 和 O_2^- 通过内层机理氧化 EDTA 和 NTA 的 Fe^{II}、Co^{II} 和 Mn^{II} 配合物[85]。同样地，$(SCN)_2^-$、Cl_2^- 和 Br_2^- 对四氮大环配位的 Ni(II)配合物的氧化也属于内层机理[86]。自由基对 U^{3+} 的氧化也是如此[87]。关于内层机理氧化还原反应的进一步讨论，请参阅 9.12 节。

上述提到的几种内层反应涉及自由基的还原裂解，例如：

$$Cl_2^- + Co^{2+} \longrightarrow CoCl^{2+} + Cl^- \tag{9.18}$$

Cl_2^- 和 Br_2^- 与 Fe^{2+} 和 Mn^{2+} 的反应类似于 Cl_2^- 与 Co^{2+} 的反应[88-90]。Cl_2^-、Br_2^-、I_2^- 与 Cr^{2+} 的反应也很相似[91]。但由于 V^{2+} 配体交换速率相对较慢，相同的自由基通过外层机理与 V^{2+} 反应[91]。另外，Br_2^- 氧化 $Cu^{II}(gly_4)$ 会通过内层机理[92]生成 $Cu^{III}(gly_4)Br$。例如，在与 $Mn^{II}(NTA)$ 的反应中，$(SCN)_2^-$ 也会发生类似的内层还原裂解[8]。

9.10 氢原子转移/质子耦合电子转移

一种常见的净反应模式是自由基作为氢原子的受体。从理论上讲，这些反应可以通过直接攫氢反应进行，也可以通过一个连续的电子转移和质子转移过程进行。区分这两种机理的实验过程是相当困难的。然而，许多自由基是热力学上强有力的氢原子受体。根据表 9.10 中的热力学数据，建立了攫氢的优先顺序。该表给出了自由基捕获氢原子反应的标准还原电势，还给出了 R—H 键的键焓；这两种衡量氢原子受体能力的方法既有相似之处，也有相反之处。

根据计算得到的还原电势，PO_4^{2-} 是一个很强的氢原子受体，然而，这一数值暗示其可氧化水，说明该计算可能存在误差。尽管如此，PO_4^{2-} 被认为能通过 HAT 机理氧化 NH_3。

如上所述，羟基自由基是不参与外层电子转移的。另一种攫氢反应机理经常提及。如表 9.10 所示，羟基自由基在该机理下具有极强的活性。OH 与有机底物之间的 HAT 反应机理已被广泛证实，例如其与醇类反应所表现出的显著 H/D 动力学同位素效应[98]。OH 与 Fe^{2+} ($k = 4 \times 10^8$ $M^{-1}s^{-1}$)、Mn^{2+} ($k = 3 \times 10^7$ $M^{-1}s^{-1}$)、Ce^{3+} ($k = 3 \times 10^8$ $M^{-1}s^{-1}$) 和 Cr^{3+} ($k = 3 \times 10^8$ $M^{-1}s^{-1}$) 等金属离子的反应中，人们认为反应速率不符合外层电子转移的规律，甚至高于配位水分子的取代速率，这些特征更符合波拉尼-谢苗诺夫（Polanyi-Semenov）规则所预测的 HAT 行为[99]。但需注意，Mn^{2+} 的最新速率常数已被修正为原值的五分之一，Cr^{3+} 的速率常数也存在不确定性，因此这些早期结论目前受到质疑[100]。此外，该机理在其他方面也存在争议[81]。OH 与 H_2O_2 反应生成 HO_2 的 H/D KIE 约为 3，这为该反应中的 HAT 机理提供了良好的支持[101]。OH 自由基与 NH_3[97]、NH_2Cl[102]、$H_2PO_2^-$、$H_2PO_3^-$、HPO_3^{2-} 的反应也认为是 HAT 机理[10]。

表 9.10 某些自由基的热力学攫氢反应能力排序

半反应	E^o/V^a	$D(R-H)/kJ^b$
$PO_4^{2-} + H^+ + e^- = HPO_4^{2-}$	2.96(?)^c	
$OH + H^+ + e^- = H_2O$	2.72	497
$SO_4^- + H^+ + e^- = HSO_4^-$	2.55	
$NH_2 + H^+ + e^- = NH_3$	2.26	453
$H + H^+ + e^- = H_2$	2.13	436
$ClO + H^+ + e^- = HOCl$	1.95	393
$O^- + H^+ + e^- = OH^-$	1.77	
$N_3 + H^+ + e^- = HN_3$	1.61	338
$BrO_2 + H^+ + e^- = HBrO_2$	1.5	
$HS + H^+ + e^- = H_2S$	1.49	382
$HO_2 + H^+ + e^- = H_2O_2$	1.44	369
$NO_2 + H^+ + e^- = HNO_2$	1.18	328

续表

半反应	E°/V^a	$D(R-H)/kJ^b$
$ClO_2 + H^+ + e^- = HClO_2$	1.17	
$N_2H_3 + H^+ + e^- = N_2H_4$	1.11	366
$O_2^- + H^+ + e^- = HO_2^-$	1.03	
$NF_2 + H^+ + e^- = HNF_2$	0.91	317
$NO + H^+ + e^- = HNO^d$	−0.14	213

[a] 相对于标准氢电极的电位。数据来自文献[1]并根据文献[1]、[93]、[94]的标准计算$\Delta_r G^\circ$。
[b] 键焓数据来自 Kerr 的表格[95]以及 NIST 网络数据库中的相关数据。
[c] 根据文献[49]的计算数据。
[d] 引用文献[96]。

长久以来，硫酸根自由基被认为是典型的外层氧化剂，但表 9.10 的数据表明它也是一个非常强的氢原子受体。许多有机底物与 SO_4^- 之间的反应已被认为可能通过 HAT 机理进行[103, 104]。根据 OH 自由基与 SO_4^- 的氧化速率呈平行趋势，有研究认为 SO_4^- 氧化 NH_3OH^+、$H_2PO_3^-$、HPO_3^{2-}、H_2O_2、$H_2PO_2^-$、$N_2H_5^+$、N_2H_4 和 NH_2OH 的反应均遵循 HAT 机理[105]。因此，SO_4^- 氧化 NH_3 的反应遵循 HAT 机理[97]。

表 9.10 还显示，氨基自由基（NH_2）和次氯酸根自由基（ClO）在热力学上也是强氢原子受体，尽管目前缺乏它们与无机底物以此反应机理的直接证据。

氢原子通常被认为是强还原剂，但在生成 H_2 的净氢原子转移反应中，其表现为氧化剂。这种行为在与有机底物的反应中已有广泛报道，也在与 $[Co(NH_3)_5O_2CH]^{2+}$、$N_2H_5^+$、$H_3PO_3^-$、$H_2PO_4^-$ 和 $H_3PO_4^-$ 的反应中有过报道[6]。氢原子与 NH_2OH 和 NH_3OH^+ 的反应也认为是依照 HAT 机理进行的[106]。氢原子与 N_2H_4 的反应认为是氢原子转移，而氢原子与 $N_2H_5^+$ 的反应认为是另一个裂解过程[107]。这些生成 H_2 的反应机理可以是氢原子转移或连续的质子耦合电子转移（PCET）。在后一种情况下，氢化物离子（H^-）是一种中间体，然后质子化形成 H_2。

$$H + N_2H_4 \longrightarrow H^- + N_2H_4^+ \quad (9.19)$$

$$H^- + H^+ \longrightarrow H_2 \quad (9.20)$$

水相中 H^- 的真实存在仍缺乏有力证据，H 原子的标准还原电位估值也存在较大的不确定性，但最新估值为 $E^\circ(H/H^-) = 0.83\ V$，表明 H 原子可能是一个相当强的单电子氧化剂[108]。这意味着，对于某些氢原子反应，很难明确区分是 HAT 机理还是 PCET 机理。

氧化物自由基离子（O^-）几乎不可能作为简单的外层单电子氧化剂参与反应，因为其还原产物 O^{2-} 极易被质子化。然而，当反应最终产物为 OH^- 时，O^- 又表现出很强的氧化性。O^- 的反应速率的数据有限，因其仅在高 pH 条件下较稳定。一个例子明确反应是 O^- 与 H_2 的反应[109]。O^- 还可与 H_2O 反应生成 OH 自由基和 OH^-，但该反应究竟为氢原子转移还是质子转移仍不确定。更为充分的证据表明，其与有机底物的反应为氢原子转移机理。此外，O^- 也能氧化缺乏质子的底物，如 I^- 和 Br^-；相关反应可能通过 O^- 向底物加成（并伴随来自溶剂的质子供给）生成 XOH^-，随后解离生成 X 和 OH^-[40]。

超氧化物 HO_2^- 被认为是有效的氢原子受体,尽管在表 9.10 中它是热力学上最弱的氧化剂之一,但作为电子转移路径的替代体,在水溶液中受到限制,因 O_2^{2-} 在水中几乎不存在。Taube[110]预估 HO_2^- 的 pK_a 值为 21。因此,与$[Co^{2+}(sep)]^{2+}$、$[Fe^{2+}(tacn)_2]^{2+}$、$[Ru^{2+}(tacn)_2]^{2+}$ 和 $[Ru^{2+}(sar)]^{2+}$ 等配合物反应推断为 HAT 机理,在这些反应中,配体为氢原子给体,而金属中心则被氧化。HO_2 的双分子歧化反应很可能也是氢原子转移的另一个例子,该机理也可能适用于 HO_2 与 O_2^- 的反应[27]。值得注意的是,O_2^- 与水合电子的反应非常迅速,且似乎不受 pH 影响。该反应可能产生真正的 O_2^{2-} 为中间体,或是一种 PCET 机理,在电子注入的同时溶剂提供一个质子。

NO 到 HNO 的单电子还原反应是独特的,因为涉及自旋问题。连续的电子-质子转移将产生 $^3NO^-$ 作为中间产物,其质子化生成 ^1HNO 的速度较慢[112]。这些动力学考量加上热力学因素,使 HAT 机理成为更合理的解释。尽管如此,关于 NO 接受氢原子的直接证据仍然有限。已有研究提出,NO 可作为 H 原子受体,与羟胺反应形成 HNO 中间体[113]。该反应的速率定律为:对[NO]和$[H_2NO^-]$都为一级反应。NO 还可从次亚硝酸(HONNOH)中提取氢原子[114]。然而,表 9.10 显示 NO 在热力学上是一个非常弱的氢原子受体,因此报道这一模式的反应性值得进一步重新审视。

令人惊讶的是,有人认为溴原子可以作为氢原子的受体,但是支持性的实验数据仅基于有机给体的反应[115]。在这些反应中,最终产物是溴化物,而 HBr 被推断为一种能立即将质子释放到溶液中的中间体。

9.11 氧原子/阴离子的提取

有报道称在一些过氧自由基的有机反应中发现中性氧原子转移例子[116],也有人提出,CCl_3O_2 将一个氧原子转移到碘离子(I^-),但最近的研究支持另一种反应机理[117]。一个更常见的过程似乎是另一个自由基对一个 O^- 自由基的提取。我们知道,O^-给体本身也是自由基。

$$NO + CO_3^- \longrightarrow NO_2^- + CO_2 \tag{9.21}$$

还有 O^- 给体是非自由基的例子。

$$H + NO_3^- \longrightarrow OH^- + NO_2 \tag{9.22}$$

第一种类型的例子包括 NO 与 CO_3^- 的反应[65],CO_3^-、NO_2^-、SO_3^- 与 CO_3^- 的反应[118]和 SO_3^- 的歧化[15,16]。第二种类型的例子包括氢原子与 NO_2^-、HNO_2 和 NO_3^- 的反应[119]。研究表明,氢原子与 NO_2^- 反应是一个两步反应过程,氢原子首先与 NO_2^- 反应生成寿命相对较长的 HNO_2^- 自由基中间体,然后 HNO_2^- 裂解生成 OH^- 和 NO[44]。由于这类反应涉及 O—R 键的断裂与形成,存在较高的能垒,因此大多数这类反应的速率显著低于扩散极限,这与预期相符。

9.12 金属中心的配体取代反应

自由基可以加在配合物的金属中心上。这些反应可以通过取代原有的配体或在空的配位位点上加成配体而实现,但这两种机理之间的界限可能很模糊。目前已知能加成到金属中心的自由基有 H、O_2^-/HO_2^-、NO、CO_2^- 和 SO_3^-。如下文所述,虽然形式上羟基也能够加到许多金属中心上,但在机理层面上将其归类为配体取代反应仍存在争议。

这些反应的一个特点是很难区分简单的取代反应和伴随氧化还原过程的反应。加上去的自由基可能形成自由基配体,或者伴随金属中心的氧化态改变。例如,当超氧阴离子加到 Co(Ⅱ)中心时,所得产物难以确定的是 Co(Ⅱ)超氧配合物还是 Co(Ⅲ)过氧配合物。此外,也可能首先形成 Co(Ⅱ)超氧配合物,然后通过分子内电子转移产生 Co(Ⅲ)过氧配合物。NO 的反应也产生了类似的问题。

在净反应中,氢原子可以通过内层机理氧化金属离子。

$$H + Fe^{2+}(+H^+) \longrightarrow H_2 + Fe^{3+} \quad (9.23)$$

在多个体系中,氢化物作为中间体能够检测到,一般的机理是

$$H + M^{n+} \longrightarrow HM^{n+} \quad (9.24)$$

$$HM^{n+} + H^+ \longrightarrow H_2 + M^{(n+1)+}$$

或者

$$HM^{n+} + H_2O \longrightarrow H_2 + M^{(n+1)+} + OH^- \quad (9.25)$$

在 Cr^{2+}[120, 121]、Cu^+[122]、Fe^{2+}[123]和 Ti^{3+}[124]的反应中都发现了这种氢化物中间体。氢化物的生成速率符合 I_a 取代动力学规律。$Ni(cyclam)^{2+}$ 和 Co(Ⅱ)四氮杂大环配合物的反应,为氢原子加到金属配合物提供了一个例子[82, 125]。

羟基自由基可与许多金属中心发生配体取代的反应。

$$OH + M(H_2O)^{n+} \longrightarrow M(OH)^{n+} + H_2O \quad (9.26)$$

当然,这些是氧化还原反应,其中金属中心发生了单电子氧化。其机理可以是对配位水的取代并伴随电子转移(取代)、氢原子转移(9.10 节)或外层电子转移后氧化态较高的金属离子的水解。目前,似乎没有明确的实验标准来判断是哪种机理。

表 9.11　O_2^- 与金属离子配位的稳定常数

金属离子	K_{eq}/M^{-1}	来源
$Co^{Ⅲ}(papd)^a$	10^{12}	文献[126]
$Co^{Ⅲ}([14]aneN_4)(H_2O)_2$	1.3×10^{15}	文献[110]、[127]、[128]
$Co^{Ⅲ}([15]aneN_4)(H_2O)_2$	$>10^{18}$	文献[110]、[128]
$Co^{Ⅲ}(Me6-[14]aneN_4)(H_2O)_2$	1.1×10^{15}	文献[127]
$Co^{Ⅲ}(Me6-[14]aneN_4)(H_2O)(OH)$	2.5×10^{11}	文献[127]
UO_2^{2+}	1.4×10^7	文献[110]
Th(Ⅳ)	0.9×10^9	文献[110]
$Fe^{2+}(+HO_2)$	240	文献[129]

续表

金属离子	K_{eq}/M^{-1}	来源
Cr^{3+}	3×10^7	文献[130]
$Cu^{2+}(+HO_2)$	5×10^7	文献[131]
$Mn^{2+}(+O_2^-)$	2×10^4	文献[132]

^{a}papd = 1, 5, 8, 11, 15-五氮杂十五环。

众所周知，超氧化物（O_2^-）和氢过氧化物（HO_2）可以与金属离子结合，这种类型的反应活性在金属催化的超氧化物歧化反应中具有重要意义，并在金属离子活化氧气和过氧化氢等方面具有重要的认识。尽管其具有显著的重要性，但金属离子对这些自由基的亲和力的直接测量数据仍较少，大部分数据来自 O_2 结合的平衡常数的间接推导。表 9.11 总结了目前报道的平衡常数。

Co(Ⅲ)配合物与 O_2^- 结合的稳定常数非常大。正如 Taube[110]和 Bakac[127]所指出的，它们可能在一定程度反映了产物的 Co^{II}-O_2 特性。Bakac 等还注意到 Cr(Ⅲ)与 O_2^- 结合能力也非常强[127, 133]。

HO_2 和 O_2^- 能与多种的金属离子和配合物发生反应，但在大多数情况下，还不清楚这些反应是否涉及取代反应。列举几个显著的例子，例如 HO_2 与 Fe^{2+} 的反应[129, 134]，O_2^- 与 $Fe^{III}(TMPyP)(H_2O_2)$ 的反应[135]，O_2^- 与一些大环 Co^{II} 配合物和 $Co(bpy)_3^{2+}$ 的反应[136]，O_2^- 与 $Co^{II}EDTA^{2-}$ 和 $Co^{II}NTA$ 的反应[85]，HO_2 与 Th^{IV} 和 U^{VI} 的反应[38]，$Fe^{II}EDTA$ 与 O_2 形成配合物[34]。HO_2 和 O_2^- 加成到 Cu(Ⅱ)-精氨酸配合物的反应[137]。HO_2/O_2^- 可以与 $Mn(EDTA)^{2-}$、$[Mn(nta)]^{2-}$[85]、各种其他 Mn(Ⅱ)配合物[138, 139]，以及含七配位 Mn(Ⅱ)配合物[140]和 Mn-SOD 的加成[141]。有人认为，超氧化物还原酶通过使 O_2^- 结合到 Fe(Ⅱ)位点进行还原[142]。HO_2 与 Fe^{2+} 的键合速率似乎受到溶剂交换速率的限制[129]，但上述大多数其他反应限速步骤尚不明确。任何情形下加成物都是不稳定的，通常会导致 O_2^-/HO_2 的净氧化或还原；因此，许多反应都是 SOD 催化循环的组成部分，如 9.3 节所述。

NO 可加到多种金属中心上，因 NO 溶液稳定且易于操作，相关研究数据十分丰富。近年来，已有多篇综述论文总结了该方向的研究成果[143-149]。许多情况下，这些反应是可逆的，因此测量得到了配位平衡常数，以及键合/解离速率常数（k_{on} 和 k_{off}）。表 9.12 列出了一些数据。

NO 与 Fe(Ⅲ)的结合研究主要集中在血红素蛋白和卟啉配合物，这些反应会将高自旋或中间自旋的 Fe(Ⅲ)(Por)转化为顺磁性配合物[Fe-NO]^6 或 Fe(Ⅱ)(Por)(NO$^+$)，其中显著的电子重排被认为是平衡常数较大的主要原因。二水合 Fe(Ⅲ)配合物的键合速率常数（k_{on}）普遍较高，并呈现出解离型取代机理。由于轴向配体为较惰性的咪唑和甲硫氨酸，细胞色素 Cyt^{III} 表现出较低的键合速率。在上述综述发表后，后续研究进一步确认了这些规律，并发现在较高的 pH 条件下，Fe^{III}(Por)(OH)与 NO 的键合速率和解离速率明显下降[150, 158-160]。尽管此时水交换速率加快，NO 的取代反应却变慢，表明由于较大的自旋改变，反应机理转向缔合型，并表现出较高的 NO 配体取代反应能垒。关于非血红素 Fe(Ⅲ)配合物与 NO 的结合数据较少，一个值得注意的例子是 NO 与$[Fe(CN)_5(L)]^{2-}$

反应，生成$[Fe(CN)_5NO]^{2-}$，此时，$[Fe(CN)_5(H_2O)]^{3-}$因其活性更高，通过它的取代反应进行催化[147, 161, 154]。

表 9.12 NO 加成金属配合物

金属反应物	K/M^{-1}	$k_{on}/M^{-1}\ s^{-1}$	k_{off}/s^{-1}	来源
$(P^{8+})Fe^{III}(H_2O)_2$	577	1.5×10^4	26	文献[150]
$(P^{8+})Fe^{III}(OH)(H_2O)$	258	1.6×10^3	6.2	文献[150]
$(TMPyP^{4+})Fe^{III}(H_2O)_2$	491	2.9×10^4	59	文献[150]
Fe^{2+}	470	1.4×10^6	3.2×10^3	文献[151]
Fe^{II}citrate	670	4.4×10^5	6.6×10^2	文献[152]
$Fe^{II}(acac)_2$	17	4.0×10^2	24	文献[152]
Fe^{II}EDTA	2.1×10^6	2.4×10^8	91	文献[153]
Fe^{II}hedtra	1.1×10^7	6.1×10^7	4.2	文献[153]
Fe^{II}nta	1.8×10^6	2.1×10^7	9.3	文献[153]
Fe^{II}mida	2.1×10^4	1.9×10^6	57	文献[153]
$Fe^{II}(mida)_2$	3.0×10^4	1.8×10^6	62	文献[153]
$[Fe^{II}(CN)_5(H_2O)]^{3-}$	1.6×10^7	250	1.6×10^{-5}	文献[154]
Fe^{II}TPPS	2.4×10^{12}	1.5×10^9	6.3×10^{-4}	文献[155]
Co^{II}TPPS	1.3×10^{13}	1.9×10^9	6.3×10^{-4}	文献[155]
Cbl(II)[a]	3.1×10^7	6×10^8	3.4	文献[156]
$Cu^{II}(Ppidtc)_2$[b]	2×10^{10}			文献[157]
$Cu^{II}(Deadtc)_2$[c]	2×10^{10}			文献[157]
$Cu^{II}(Pdidtc)_2(NO)$	407			文献[157]

[a]Cbl(II) = 钴胺素(II)。
[b]Ppiditc = (2-哌啶羧基)二硫代氨基甲酸酯。
[c]Deadtc = (二羟乙基)二硫代氨基甲酸酯。

尽管 Fe(II)血红素仍是关注重点，有关 NO 与 Fe(II)结合的研究比与 Fe(III)结合的研究要更加多样化。NO 与 Fe(II)中心结合生成高稳定性的[Fe-NO]^{7}配合物，其基态自旋可为双重态、四重态，或自旋交叉。约 40 个非血红素 Fe(II)-NO 配合物的稳定常数跨度达四个数量级，并显示出与 Fe-NO 配合物 MLCT 吸收带能量和自氧化速率的相关性[162]。可以比较的是，Fe(II)中 NO 取代速率通常比对应的 Fe(III)配合物快几个数量级，除细胞色素 c 外。一个有趣的发现是，NO 与 Fe^{II}(TPPS)和 Fe^{II}(TMPyS)键合速率常数比 CO 相对应的反应速率常数约大 100 倍[155]，在肌红蛋白中也观察到类似结果[163, 164]。这种 NO/CO 键合速率差异来源于反应的加合特性，以及两者在自旋禁阻特性上存在差异[165]。其他 Fe(II)配合物的 NO 取代反应多表现出 I_d 机理，而$[Fe(nta)(H_2O)_2]^-$配合物的反应为 I_a 机理[153]。乙酸盐能提高 Fe^{II}(aq)配合物的稳定常数，还测量了二硝基配合物的稳定常数[166]。NO 还可被 NO 还原酶（NOR）催化还原为 N_2O，该酶活性中心为一个双核 Fe 结构（一个血红素位点和一个非血红素位点），其机理被认为涉及两个 NO 分子分别配位至两个 Fe(II)位点[167]。

NO 与 Ru(III)的反应常常伴随金属中心的内层电子转移，最终产物为 Ru(II)-(NO$^+$)。这些反应与 Fe(III)的配体取代不同，因为 Ru(III)反应物通常为低自旋态。一个有趣的反应是，NO 与[Ru(NH$_3$)$_6$]$^{3+}$反应生成[Ru(NH$_3$)$_5$NO]$^{3+}$。该反应在酸性介质中不受 pH 影响，且两个反应物均为一级反应[168-170]。这些结果与 NH$_3$ 配体被 NO 缔合置换机理一致，且符合 Ru(III)配合物广泛存在的缔合取代模式[171]。类似的描述也适用于 NO 与[Ru(NH$_3$)$_5$Cl]$^{2+}$ 和[Ru(NH$_3$)$_5$(H$_2$O)]$^{3+}$的反应[169]。NO 与 *cis-trans*-[Ru^{III}(terpy)(NH$_3$)$_2$Cl]$^{2+}$的反应为多步反应，第一步为 Cl$^-$被 NO 可逆取代；第二步是 Ru(III)-NO 向 Ru(II)-NO$^+$的转化[172]。后续步骤中，Ru(terpy)配合物释放亚硝酸根和氨。NO 也可快速且可逆地加至如 Ru(EDTA)等多种 Ru(III)多胺羧酸配合物中[173, 174]。

NO 可逆加到还原钴胺素 Cbl(II)[156]。NO 不直接与水钴胺素 Cbl^{III}(H$_2$O)反应，但会与 Cbl^{III}(NO$_2^-$)和 Cbl^{III}(NO)反应[175]。二亚硝基物种在酸水解后释放亚硝酸根，亚硝酸根与 Cbl^{III}(H$_2$O)结合生成 Cbl^{III}(NO$_2^-$)。该系列反应为 Cbl^{III}(H$_2$O)的 NO 取代提供了一个亚硝酸根催化机理。NO 与 Co^{III}卟啉的反应相当复杂[176]。在第一步中，NO 取代轴向水配体形成弱配位的单 Co-NO 配合物；后一步则是 NO 分子还原形成亚硝酸盐和还原态 Co-NO 配合物，该过程称为还原亚硝基化。锰(II)卟啉与 NO 结合非常快[177]。已测得 Cu^{II}(dithiocarbamate)的单和双 NO 配合物的稳定常数[157]。

SO$_3^-$与金属离子的内层反应目前仅有对 Fe^{2+}的研究[178]。其反应动力学呈现出不寻常的浓度依赖性，这为 SO$_3^-$与 Fe(II)形成配合物（稳定常数为 278 M^{-1}）并迅速建立平衡的机理所解释。其限速步骤为分子内电子转移（$k = 3 \times 10^5$ s^{-1}），最终生成 Fe(III)（SO$_3^{2-}$）。

虽然 CO$_2^-$自由基通常以外层还原剂方式反应，但也存在其加到金属中心并通过内层机理还原的案例，例如，CO$_2^-$与[Ni(cyclam)]$^{2+}$的反应和与 Co(II)四氮杂大环配合物的反应[82, 125]。

9.13 亲核体辅助的电子转移反应

最近发现了一类新的电子转移反应。其特点符合三级速率定律：对亲核试剂浓度为一级，对自由基浓度为二级。在这些反应中，亲核试剂起到了催化剂的作用。该现象最初在 ClO$_2$ 的歧化反应和 ClO$_2$ 与 BrO$_2$ 的反应中被发现[23]，后续研究又在 ClO$_2$ 与 NO$_2$ 的反应中观察到了类似机理[179]。我们以后者为例来说明该机理：NO$_2$ 与 ClO$_2$ 的净反应生成 NO$_3^-$和 ClO$_2^-$。对多种亲核试剂（如 NO$_2^-$、Br$^-$、CO$_3^{2-}$ 等）的浓度对其反应速率有显著影响[179]。

该反应速率公式为

$$-d[NO_2]/dt = k_{nu}[ClO_2][NO_2][Nu] \tag{9.27}$$

其中，速率常数 k_{nu} 因亲核试剂不同而不同：当 NO$_2^-$为亲核体时为 4.4×10^6 M^{-2}s^{-1}，而当 H$_2$O 为亲核体时则降至 2.0×10^3 M^{-2}s^{-1}。因此，推测的反应机理如下：

$$ClO_2 + NO_2 + Nu \longrightarrow Nu NO_2^+ + ClO_2^-, \quad k_{nu} \tag{9.28}$$

$$NuNO_2^+ + H_2O \longrightarrow Nu + HNO_3 + H^+, \quad 快 \tag{9.29}$$

类似的反应机理也适用于 ClO_2 与 BrO_2 的反应以及 ClO_2 的歧化反应。需要指出的是，上述限速步骤[式（9.28）]的逆反应在形式上与 9.15 节中讨论的还原性断裂机理相类似。

9.14 其他三级反应

一氧化氮与氧气（$NO + O_2$）在气相和水溶液中表现出不寻常的三级速率公式[180, 181]。

$$-d[NO]/dt = k[NO]^2[O_2] \quad (9.30)$$

在气相中，该反应是一步生成 NO_2，而在水溶液中，遵循以下反应：

$$O_2 + 4NO + 2H_2O \longrightarrow 4NO_2^- + 4H^+ \quad (9.31)$$

在溶液相中反应的限速步骤为 NO_2 的生成，随后 NO_2 与 NO 结合生成 N_2O_3，再水解生成亚硝酸盐（NO_2^-）。有趣的是，经过溶剂化效应修正后，气相与水相中的三级反应速率常数基本一致，表明两相中的过渡态十分相似。

此外，NO 与 Cl_2 和三苯基膦（$P(C_6H_5)_3$）在有机溶剂中的反应也表现出类似的三级反应速率定律[182, 183]，因此推测其在水溶液中亦可能呈现类似行为。NO 与胺类化合物的反应也有类似特征[184]。另一个相关例子是 NO 与亚硫酸根（SO_3^{2-}）在水溶液中反应生成 $ON(NO)SO_3^{2-}$ 的反应[185]，该反应对[NO]呈一级反应动力学，推测其限速步骤是中间体 $ONSO_3^{2-}$ 的生成，而后者能迅速地加合第二个 NO 分子。

9.15 自由基引发的还原裂解反应

自由基可以诱导其他物种的还原裂解。例如，H_2O_2 中的 O—O 键在与氢原子的反应中发生断裂[186]。

$$H + H_2O_2 \longrightarrow OH + H_2O \quad (9.32)$$

在与 $S_2O_8^{2-}$、H_2SO_5、O_3 的反应中，氢原子也会裂解 O—O 键，同时也可断裂 N_2O 中的 N—O 键[6]。

其他的还原性自由基也可以进行还原裂解，例如水合电子、CO_2^- 和 O_2^-。因此，水合电子可以分解 NH_2Cl[102]、H_2O_2、N_2O、$S_2O_3^{2-}$、$S_2O_8^{2-}$、H_2NOH 和许多其他的物质[6]。CO_2^- 裂解 N_2O 和 H_2O_2[8]。O_2^- 裂解 HOCl 中的 O—Cl 键[187]。

进行还原裂解的物种本身可以是自由基，如水合电子与 Br_2^- 的反应。

$$e^-(aq) + Br_2^- \longrightarrow 2Br^- \quad (9.33)$$

需要指出的是，这类还原性裂解反应速率通常显著低于扩散控制极限，这是因为它们涉及打断较强的共价键，这是反应速率降低的合理原因。

9.16 配 体 反 应

我们用"配体反应"一词来描述自由基与过渡金属配合物的配体发生反应。在某些情况下，金属中心仅对自由配体的反应性产生轻微扰动；而在另一些情况下，金属中心则能显著影响配体的反应路径与反应活性。配体反应中，金属中心常伴随氧化态的改变，这种变化可能与配体反应同步发生，或分步发生。由于这类反应种类繁多，本节仅列举部分代表性例子，按自由基种类进行分类讨论。

水合电子与一定的水溶性金属卟啉配合物发生反应，使卟啉配体还原为 π 自由基。当金属中心为 Zn(II)、Pd(II)、Ag(II)、Cd(II)、Cu(II)、Sn(IV) 和 Pb(II) 时，相应的自由基配合物以扩散控制速率生成，并以二级动力学规律衰变[188]，而 Fe(III)卟啉则被还原为 Fe(II)卟啉[189]。$[Ru(bpy)_3]^{3+}$ 与水合电子反应表现出不同路径；此时，平行路径产生著名的发光态 $[Ru(bpy)_3]^{2+*}$ 及另一个还原中间体，最终都衰变为基态 $[Ru(bpy)_3]^{2+}$ [190]。$[Co^{III}(NH_3)_5L]^{2+}$（L = 硝基苯甲酸类）与 $e^-(aq)$ 反应时，生成 Co(III)-配体自由基中间体，随后通过分子内电子转移生成 Co(II)和游离配体 L[191]。

以 CO_2^- 为还原剂，可对配体进行单电子还原。例如在 $[Ru(bpz)_3]^{2+}$ 中还原 bpz 配体[192]；同样也可作用于一系列相关配合物[193]。这些反应的速率大小取决于驱动力，符合 Marcus 交叉关系。

氢原子可以加成到配位的苯甲酸配体上，例如在 $[Co(NH_3)_5(O_2CPhNO_2)]^{2+}$ 中，这类反应非常迅速，反应速率接近扩散极限[191]。氢原子也会加成到 $[Ru(bpy)_3]^{2+}$ 的 bpy 配体中[194]。

羟基自由基能够加成到许多配合物的配体中，也可以从许多其他配合物的配体中提取氢原子。这个过程的最终结果可能包括金属中心的氧化或还原。作为自由基加成的一个例子，OH 自由基加成到 $[Co(NH_3)_5(py)]^{3+}$ 的吡啶配体上[195]；这个加合物通过多种途径分解，其中一种途径是通过分子内电子转移形成 Co(II)。因此，OH 对配体的氧化会导致金属中心的还原。当 OH 与 $[Ru(NH_3)_5(isn)]^{3+}$ 反应时，配体被氧化，Ru(II)以扩散控制的速率生成，反应速率明显快于 OH 与游离 isn 配体的反应[70]。Ru(III)与 Co(III)反应的差异被认为是因其 d 轨道对称性的不同，使得 Ru(III)的反应与自由基对配体 π 体系的攻击协同发生。另一个例子是氢原子提取反应，OH 与 $[Co(en)_3]^{3+}$ 反应时会生成 Co(II)，并且乙二胺被氧化成亚胺；人们推测该过程是 ·OH 从配位的 en 分子中提取一个氢原子，然后 Co(III)提供第二个氧化当量以完成反应[196]。

其他氧化自由基也可以通过单电子氧化实现对配体的氧化。例如，$(SCN)_2^-$、Br_2^-、Cl_2^-、N_3^- 和 I_2^- 能够氧化各种金属卟啉配合物中的配体，如 ZnTMPyP[197]。

如 9.3 节所述，超氧化物可以通过与超氧配合物反应而发生歧化反应。U(VI)体系反应的一个例子如下[38]：

$$U^{VI}\text{-}HO_2 + HO_2 \longrightarrow U(VI) + O_2 + H_2O_2 \tag{9.34}$$

类似的化学反应也发生在 Th(IV)和某些 Mn(II)配合物上[37,38]。

一氧化氮在配体化学中展现出极其丰富的反应多样性。重要的是要区分这两类反应：还原性亚硝基化反应和还原性亚硝酸化反应机理。还原性亚硝基化反应指的是在结合的酰胺配体上加成 NO，同时使金属中心发生还原，例如：

$$LM^{III}\text{-}(NHR\text{-}) + NO \longrightarrow LM^{II}\text{-}[NHR(NO)] \tag{9.35}$$

另外，还原性亚硝酸化反应可以指代在还原金属中心时将 NO 加成到金属中心 M_{ox}，产生 $M_{red}(NO^+)$，但是，就配体反应而言，还原性亚硝酸化反应指的是 NO 与金属键合 NO

的净反应及后继反应。例如，配位胺的亚硝酰化反应（生成亚硝胺）需胺配体的共轭碱参与。已报道的 NO 与金属配位体系的反应有[Ni(tacn)$_2$]$^{3+}$[198]，甲胺配位形成的大环 Ni(III) 配合物[199]，Fe(III)、Ni(III)、Cu(III)的三甘氨酸配合物[200]，以及 Cu(II)大环配合物[201]。[Ru(NH$_3$)$_6$]$^{3+}$的还原亚硝化反应在碱催化下生成[Ru(NH$_3$)$_5$N$_2$]$^{2+}$，其中配位 N$_2$ 分子是在亚硝化之后水解生成的[170]。

Fe(III)卟啉类配合物也发生还原亚硝酰化[145, 147, 159]，其净反应如下：

$$LFe^{III}(H_2O) + 2NO \longrightarrow [LFe(NO)]^- + NO_2^- + 2H^+ \tag{9.36}$$

这些反应由亲核试剂（如水、OH$^-$、NO$_2^-$ 等）催化，其机理如下：

$$LFe^{III}(H_2O) + NO \rightleftharpoons [LFe(NO)] + H_2O \tag{9.37}$$

$$[LFe(NO)] + Nu \rightleftharpoons [LFe(NO\text{-}Nu)] \tag{9.38}$$

$$[LFe(NO\text{-}Nu)] + H_2O \rightleftharpoons [LFe^{II}(H_2O)]^- + NO\text{-}Nu^+ \tag{9.39}$$

$$[LFe^{II}(H_2O)]^- + NO \rightleftharpoons [LFe(NO)]^- + H_2O \tag{9.40}$$

$$NO\text{-}Nu^+ + H_2O \rightleftharpoons NO_2^- + 2H^+ + Nu \tag{9.41}$$

反应式（9.41）中生成的亚硝酸盐非常重要，因为亚硝酸盐在反应式（9.38）中也可以作为亲核试剂再次参与循环。当叠氮为亲核试剂时，产物是 N$_2$ 和 N$_2$O，而不是亚硝酸盐，这是由不同的 N$_3$NO 水解路径决定的。若亲核试剂为 NH$_3$、H$_2$NOH 或 N$_2$H$_4$，则可生成Fe(II)及其他含氮产物[202]。尽管此类反应严格意义上并非典型的"配体反应"，但为行文方便将其归入本节。Co(III)卟啉也与 NO 发生类似于反应式（9.36）的化学计量反应，但不同于 Fe(III)系统，其反应不被亲核试剂催化，机理涉及两个轴向位的取代，与前者显著不同[147, 176]。

在另一类反应中，NO 被金属-(O$_2$/O$_2^-$)配合物氧化为 NO$_3^-$ 或其等价物。在这些反应中，NO 首先与 O$_2^-$ 结合，生成过氧亚硝酸盐中间体，并通过多种途径分解[203]。这类反应与和游离超氧化物 NO 直接反应，生成过氧亚硝酸盐并进一步异构化为硝酸盐的反应非常相似。一个重要的例子是 NO 被氧合血红蛋白氧化为 NO$_3^-$，其中 Fe-O$_2$ 反应物具有相当明显的 Fe^{III}-(O$_2^-$)特征[204]。在其他例子中，NO 与 Rh(III)和 Cr(III)的超氧化物配合物反应，生成复杂的过氧亚硝酸根中间体，随后经复杂的途径分解[205, 206]。

NO 还可以与氧配合物反应，如 CrO^{2+}和 MbFe^{IV}O，生成亚硝酸配合物[203]。类似的反应也可发生在多种金属蛋白中含有的 Fe(V)=O 单元上，这一过程可能成为一个重要的生理考虑因素。

NO$_2$ 也可与氧配合物反应，如 CrO^{2+}[205]、[(TMPS)Fe^{IV}O][207]和 MbFe^{IV}O，生成硝酸根配合物[203]。NO$_2$ 可以可逆地加成到 CrOO^{2+}上，形成一种反应性较弱的过氧硝酸配合物[208]。这些反应伴随着金属中心的还原，因此可以看作是内层电子转移机理的典型实例。

致谢

感谢美国国家科学基金会在本章的准备过程中提供的经费（CHE-0509889）支持。

参 考 文 献

1. Stanbury, D. M. *Adv. Inorg. Chem.* **1989**, *33*, 69–138.
2. Alfassi, Z. B., Ed. *Peroxyl Radicals*; Wiley: New York, 1997; pp 1–535.
3. Alfassi, Z. B., Ed. *N-Centered Radicals*; Wiley: New York, 1998; pp 1–715.
4. Alfassi, Z. B., Ed. *General Aspects of the Chemistry of Radicals*; Wiley: New York, 1999; pp 1–563.
5. Alfassi, Z. B., Ed. *S-Centered Radicals*; Wiley: New York, 1999; pp 1–371.
6. Buxton, G. V.; Greenstock, C. L.; Helman, W. P.; Ross, A. B. *J. Phys. Chem. Ref. Data* **1988**, *17*, 513–886.
7. Alam, M. S.; Janata, E. *Chem. Phys. Lett.* **2006**, *417*, 363–366.
8. Neta, P.; Huie, R. E.; Ross, A. B. *J. Phys. Chem. Ref. Data* **1988**, *17*, 1027–1284.
9. Buxton, G. V.; Stuart, C. R. *J. Chem. Soc., Faraday Trans.* **1996**, *92*, 1519–1525.
10. Shastri, L. V.; Huie, R. E.; Neta, P. *J. Phys. Chem.* **1990**, *94*, 1895–1899.
11. Stanbury, D. M. In *General Aspects of the Chemistry of Radicals*; Alfassi, Z. B., Ed.; Wiley: New York, 1999; pp 347–384.
12. Marin, T. W.; Takahashi, K.; Jonah, C. D.; Chemerisov, S. D.; Bartels, D. M. *J. Phys. Chem. A* **2007**, *111*, 11540–11551.
13. Wagner, I.; Karthauser, J.; Strehlow, H. *Ber. Bunsen-Ges. Phys. Chem.* **1986**, *90*, 861–867.
14. Jia, Z. J.; Margerum, D. W.; Francisco, J. S. *Inorg. Chem.* **2000**, *39*, 2614–2620.
15. Fischer, M.; Warneck, P. *J. Phys. Chem.* **1996**, *100*, 15111–15117.
16. Waygood, S. J.; McElroy, W. J. *J. Chem. Soc., Faraday Trans.* **1992**, *88*, 1525–1530.
17. Flyunt, R.; Schuchmann, M. N.; von Sonntag, C. *Chem. Eur. J.* **2001**, *7*, 796–799.
18. Glass, R. W.; Martin, T. W. *J. Am. Chem. Soc.* **1970**, *92*, 5084–5093.
19. Bielski, B. H. J.; Cabelli, D. E.; Arudi, R. L. *J. Phys. Chem. Ref. Data* **1985**, *14*, 1041–1100.
20. Yermakov, A. N.; Zhitomirsky, B. M.; Poskrebyshev, G. A.; Sozurakov, D. M. *J. Phys. Chem.* **1993**, *97*, 10712–10714.
21. Poskrebyshev, G. A.; Shafirovich, V.; Lymar, S. V. *J. Phys. Chem. A* **2008**, *112*, 8295–8302.
22. Alfassi, Z. B.; Dhanasekaran, T.; Huie, R. E.; Neta, P. *Radiat. Phys. Chem.* **1999**, *56*, 475–482.
23. Wang, L.; Nicoson, J. S.; Hartz, K. E. H.; Francisco, J. S.; Margerum, D. W. *Inorg. Chem.* **2002**, *41*, 108–113.
24. Wang, L.; Margerum, D. W. *Inorg. Chem.* **2002**, *41*, 6099–6105.
25. Odeh, I. N.; Francisco, J. S.; Margerum, D. W. *Inorg. Chem.* **2002**, *41*, 6500–6506.
26. Roncaroli, F.; van Eldik, R.; Olabe, J. A. *Inorg. Chem.* **2005**, *44*, 2781–2790.
27. Foti, M. C.; Sortino, S.; Ingold, K. U. *Chem. Eur. J.* **2005**, *11*, 1942–1948.

28. Cabelli, D. E.; Riley, D.; Rodriguez, J. A.; Valentine, J. S.; Zhu, H. In *Biomimetic Oxidations Catalyzed by Metal Complexes*; Meunier, B., Ed.; Imperial College Press: London, 2000; pp 461–508.
29. Rush, J. D.; Bielski, B. H. J. *J. Phys. Chem.* **1985**, *89*, 5062–5066.
30. Aston, K.; Rath, N.; Naik, A.; Slomczynska, U.; Schall, O. F.; Riley, D. P. *Inorg. Chem.* **2001**, *40*, 1779–1789.
31. Choudhury, S. B.; Lee, J.-W.; Davidson, G.; Yim, Y.-I.; Bose, K.; Sharma, M. L.; Kang, S.-O.; Cabelli, D. E.; Maroney, M. J. *Biochemistry* **1999**, *38*, 3744–3752.
32. Rabani, J.; Klug-Roth, D.; Lilie, J. *J. Phys. Chem.* **1973**, *77*, 1169–1175.
33. Klug-Roth, D.; Fridovich, I.; Rabani, J. *J. Am. Chem. Soc.* **1973**, *95*, 2786–2790.
34. Bull, C.; McClune, G. J.; Fee, J. A. *J. Am. Chem. Soc.* **1983**, *105*, 5290–5300.
35. Bielski, B. H. J.; Cabelli, D. E. In *Active Oxygen in Chemistry*; Foote, C. S.; Valentine, J. S.; Greenberg, A.; Liebman, J. F., Eds.; Blakie Academic and Professional: New York, 1995; 66–104.
36. Shearer, J.; Long, L. M. *Inorg. Chem.* **2006**, *45*, 2358–2360.
37. Cabelli, D. E.; Bielski, B. H. J. *J. Phys. Chem.* **1984**, *88*, 6291–6294.
38. Meisel, D.; Ilan, Y. A.; Czapski, G. *J. Phys. Chem.* **1974**, *78*, 2330–2334.
39. Buxton, G. V.; Bydder, M.; Salmon, G. A.; Williams, J. E. *Phys. Chem. Chem. Phys.* **2000**, *2*, 237–245.
40. Mulazzani, Q. G.; Buxton, G. V. *Chem. Phys. Lett.* **2006**, *421*, 261–265.
41. Behar, D.; Bevan, P. L. T.; Scholes, G. *J. Phys. Chem.* **1972**, *76*, 1537–1542.
42. Czapski, G.; Lymar, S. V.; Schwarz, H. A. *J. Phys. Chem. A* **1999**, *103*, 3447–3450.
43. Lymar, S. V.; Schwarz, H. A.; Czapski, G. *Radiat. Phys. Chem.* **2000**, *59*, 387–392.
44. Lymar, S. V.; Schwarz, H. A.; Czapski, G. *J. Phys. Chem. A* **2002**, *106*, 7245–7259.
45. Han, P.; Bartels, D. M. *J. Phys. Chem.* **1990**, *94*, 7294–7299.
46. Yu, X.-Y. *J. Phys. Chem. Ref. Data* **2004**, *33*, 747–763.
47. Poskrebyshev, G. A.; Neta, P.; Huie, R. E. *J. Geophys. Res.* **2001**, *106*, 4995–5004.
48. Tang, Y.; Thorn, R. P.; Maudlin, R. L.; Wine, P. H. *J. Photochem. Photobiol. A* **1988**, *44*, 243–258.
49. Jiang, P.-Y.; Katsumura, Y.; Domae, M.; Ishikawa, K.; Nagaishi, R.; Ishigure, K.; Yoshida, Y. *J. Chem. Soc., Faraday Trans.* **1992**, *88*, 3319–3322.
50. Mamou, A.; Rabani, J.; Behar, D. *J. Phys. Chem.* **1977**, *81*, 1447–1448.
51. Herrmann, H. *Chem. Rev.* **2003**, *103*, 4691–4716.
52. Bartels, D. M.; Mezyk, S. P. *J. Phys. Chem.* **1993**, *97*, 4101–4105.
53. Kläning, U. K.; Sehested, K.; Holcman, J. *J. Phys. Chem.* **1985**, *89*, 760–763.
54. Jayson, G. G.; Parsons, B. J.; Swallow, A. J. *J. Chem. Soc., Faraday Trans. I* **1973**, *69*, 1597–1607.
55. Yu, X.-Y.; Barker, J. R. *J. Phys. Chem. A* **2003**, *107*, 1313–1324.
56. Liu, Y.; Pimentel, A. S.; Antoku, Y.; Giles, B. J.; Barker, J. R. *J. Phys. Chem. A* **2002**, *106*,

11075-11082.
57. Liu, Y.; Sheaffer, R. L.; Barker, J. R. *J. Phys. Chem. A* **2003**, *107*, 10296–10302.
58. Laszlo, B.; Alfassi, Z. B.; Neta, P.; Huie, R. E. *J. Phys. Chem. A* **1998**, *102*, 8498–8504.
59. Neta, P.; Huie, R. E.; Ross, A. B. *J. Phys. Chem. Ref. Data* **1990**, *19*, 413–505.
60. Baxendale, J. H.; Bevan, P. L. T.; Stott, D. A. *Trans. Faraday Soc.* **1968**, *64*, 2389–2397.
61. Milosavljevic, B. H.; LaVerne, J. A. *J. Phys. Chem. A.* **2005**, *109*, 165–168.
62. Buxton, G. V.; Salmon, G. A. *Prog. React. Kinet. Mech.* **2003**, *28*, 257–297.
63. Goldstein, S.; Lind, J.; Merényi, G. *Chem. Rev.* **2005**, *105*, 2457–2470.
64. Elliot, A. J.; Buxton, G. V. *J. Chem. Soc., Faraday Trans.* **1992**, *88*, 2465–2470.
65. Czapski, G.; Holcman, J.; Bielski, B. H. J. *J. Am. Chem. Soc.* **1994**, *116*, 11465–11469.
66. Ram, M. S.; Stanbury, D. M. *Inorg. Chem.* **1985**, *24*, 4233–4234.
67. Schwarz, H. A.; Dodson, R. W. *J. Phys. Chem.* **1989**, *93*, 409–414.
68. Sarala, R.; Islam, M. S.; Rabin, S. B.; Stanbury, D. M. *Inorg. Chem.* **1990**, *29*, 1133–1142.
69. Ram, M. S.; Stanbury, D. M. *Inorg. Chem.* **1985**, *24*, 2954–2962.
70. Stanbury, D. M.; Mulac, W. A.; Sullivan, J. C.; Taube, H. *Inorg. Chem.* **1980**, *19*, 3735–3740.
71. Stanbury, D. M. In *Electron Transfer Reactions*; Isied, S., Ed.; American Chemical Society: Washington, DC, 1997; pp 165–182.
72. Lind, J.; Shen, X.; Merényi, G.; Jonsson, B. Ö. *J. Am. Chem. Soc.* **1989**, *111*, 7654–7655.
73. Stanbury, D. M.; deMaine, M. M.; Goodloe, G. *J. Am. Chem. Soc.* **1989**, *111*, 5496–5498.
74. Weinstock, I. A. *Inorg. Chem.* **2008**, *47*, 404–406.
75. Stanbury, D. M.; Lednicky, L. A. *J. Am. Chem. Soc.* **1984**, *106*, 2847–2853.
76. Roth, J. P.; Wincek, R.; Nodet, G.; Edmonson, D. E.; McIntire, W. S.; Klinman, J. P. *J. Am. Chem. Soc.* **2004**, *126*, 15120–15131.
77. Nord, G.; Pedersen, B.; Floryan-Løvborg, E.; Pagsberg, P. *Inorg. Chem.* **1982**, *21*, 2327–2330.
78. Alfassi, Z. B.; Harriman, A.; Huie, R. E.; Mosseri, S.; Neta, P. *J. Phys. Chem.* **1987**, *91*, 2120–2122.
79. DeFelippis, M. R.; Faraggi, M.; Klapper, M. H. *J. Phys. Chem.* **1990**, *94*, 2420–2424.
80. Stanbury, D. M. *Inorg. Chem.* **1984**, *23*, 2914–2916.
81. Meyerstein, D. *Acc. Chem. Res.* **1978**, *11*, 43–48.
82. Kelly, C. A.; Mulazzani, Q. G.; Venturi, M.; Blinn, E. L.; Rodgers, M. A. J. *J. Am. Chem. Soc.* **1995**, *117*, 4911–4919.
83. Gogolev, A. V.; Shilov, V. P.; Fedoseev, A. M.; Pikaev, A. K. *Radiat. Phys. Chem.* **1991**, *37*, 531–535.
84. Wang, L.; Odeh, I. N.; Margerum, D. W. *Inorg. Chem.* **2004**, *43*, 7545–7551.
85. Lati, J.; Meyerstein, D. *J. Chem. Soc., Dalton Trans.* **1978**, 1105–1118.
86. Maruthamuthu, P.; Patterson, L. K.; Ferraudi, G. *Inorg. Chem.* **1978**, *17*, 3157–3163.
87. Golub, D.; Cohen, H.; Meyerstein, D. *J. Chem. Soc., Dalton Trans.* **1985**, 641–644.

88. Laurence, G. S.; Thornton, A. T. *J. Chem. Soc., Dalton Trans.* **1973**, 1637–1644.
89. Thornton, A. T.; Laurence, G. S. *J. Chem. Soc., Dalton Trans.* **1973**, 1632–1636.
90. Thornton, A. T.; Laurence, G. S. *J. Chem. Soc., Dalton Trans.* **1973**, 804–813.
91. Laurence, G. S.; Thornton, A. T. *J. Chem. Soc., Dalton Trans.* **1974**, 1142–1148.
92. Kirschenbaum, L. J.; Meyerstein, D. *Inorg. Chem.* **1980**, *19*, 1371–1379.
93. Stanbury, D. M. *Prog. Inorg. Chem.* **1998**, *47*, 511–561.
94. Wagman, D. D.; Evans, W. H.; Parker, V. B.; Schumm, R. H.; Halow, I.; Bailey, S. M.; Churney, K. L.; Nuttall, R. L. *J. Phys. Chem. Ref. Data* **1982**, *11*, (Suppl. 2).
95. Kerr, J. A.; Stocker, D. W. In *CRC Handbook of Chemistry and Physics*; Lide, D. R., Ed.; CRC Press: Boca Raton, FL, 2002; pp 9-52–9-75.
96. Shafirovich, V.; Lymar, S. V. *Proc. Natl. Acad. Sci. USA* **2002**, *99*, 7340–7345.
97. Neta, P.; Maruthamuthu, P.; Carton, P. M.; Fessendon, R. W. *J. Phys. Chem.* **1978**, *82*, 1875–1878.
98. Lossack, A. M.; Roduner, E.; Bartels, D. M. *J. Phys. Chem. A* **1998**, *102*, 7462–7469.
99. Berdnikov, V. M. *Russ. J. Phys. Chem.* **1973**, *47*, 1547–1552.
100. Zhang, H.; Bartlett, R. J. *Environ. Sci. Technol.* **1999**, *33*, 588–594.
101. Stuart, C. R.; Ouellette, D. C.; Elliot, A. J. *AECL Rep.* **2002**, 12107.
102. Poskrebyshev, G. A.; Huie, R. E.; Neta, P. *J. Phys. Chem. A* **2003**, *107*, 7423–7428.
103. Gilbert, B. C.; Smith, J. R. L.; Taylor, P.; Ward, S.; Whitwood, A. C. *J. Chem. Soc., Perkin Trans.* **1999**, *2*, 1631–1637.
104. Khursan, S. L.; Semes'kov, D. G.; Teregulova, A. N.; Safiullin, R. L. *Kinet. Catal.* **2008**, *49*, 202–211.
105. Maruthamuthu, P.; Neta, P. *J. Phys. Chem.* **1978**, *82*, 710–713.
106. Johnson, H. D.; Cooper, W. J.; Mezyk, S. P.; Bartels, D. M. *Radiat. Phys. Chem.* **2002**, *65*, 317–326.
107. Mezyk, S. P.; Tateishi, M.; MacFarlane, R.; Bartels, D. M. *J. Chem. Soc., Faraday Trans.* **1996**, *92*, 2541–2545.
108. Kelly, C. A.; Rosseinsky, D. R. *Phys. Chem. Chem. Phys.* **2001**, *3*, 2086–2090.
109. Hickel, B.; Sehested, K. *J. Phys. Chem.* **1991**, *95*, 744–747.
110. Taube, H. *Prog. Inorg. Chem.* **1986**, *34*, 607–625.
111. Bernhard, P.; Anson, F. C. *Inorg. Chem.* **1988**, *27*, 4574–4577.
112. Shafirovich, V.; Lymar, S. V. *J. Am. Chem. Soc.* **2003**, *125*, 6547–6552.
113. Bonner, F. T.; Wang, N.-Y. *Inorg. Chem.* **1986**, *25*, 1858–1862.
114. Akhtar, M. J.; Bonner, F. T.; Hughes, M. N. *Inorg. Chem.* **1985**, *24*, 1934–1935.
115. Merényi, G.; Lind, J. *J. Am. Chem. Soc.* **1994**, *116*, 7872–7876.
116. Engman, L.; Persson, J.; Merényi, G.; Lind, J. *Organometallics* **1995**, *14*, 3641–3648.
117. Stefanic, I.; Asmus, K.-D.; Bonifacic, M. *J. Phys. Org. Chem.* **2005**, *18*, 408–416.

118. Lilie, J.; Hanrahan, R. J.; Henglein, A. *Radiat. Phys. Chem.* **1978**, *11*, 225–227.
119. Mezyk, S. P.; Bartels, D. M. *J. Phys. Chem. A* **1997**, *101*, 6233–6237.
120. Cohen, H.; Meyerstein, D. *J. Chem. Soc., Dalton Trans.* **1974**, 2559–2564.
121. Ryan, D. A.; Espenson, J. H. *Inorg. Chem.* **1981**, *20*, 4401–4404.
122. Mulac, W. A.; Meyerstein, D. *Inorg. Chem.* **1982**, *21*, 1782–1784.
123. Jayson, G. G.; Keene, J. P.; Stirling, D. A.; Swallow, A. J. *Trans. Faraday Soc.* **1969**, *65*, 2453–2464.
124. Micic, O. I.; Nenadovic, M. T. *J. Chem. Soc., Dalton Trans.* **1979**, 2011–2014.
125. Creutz, C.; Schwarz, H. A.; Wishart, J. F.; Fujita, E.; Sutin, N. *J. Am. Chem. Soc.* **1991**, *113*, 3361–3371.
126. Maeder, M.; Mäcke, H. R. *Inorg. Chem.* **1994**, *33*, 3135–3140.
127. Bakac, A. *Prog. Inorg. Chem.* **1995**, *43*, 267–351.
128. Wong, C.-L.; Switzer, J. A.; Balakrishnan, K. P.; Endicott, J. F. *J. Am. Chem. Soc.* **1980**, *102*, 5511–5518.
129. Mansano-Weiss, C.; Cohen, H.; Meyerstein, D. *J. Inorg. Biochem.* **2002**, *91*, 199–204.
130. Espenson, J. H.; Bakac, A.; Janni, J. *J. Am. Chem. Soc.* **1994**, *116*, 3436–3438.
131. Meisel, D.; Levanon, H.; Czapski, G. *J. Phys. Chem.* **1974**, *78*, 778–782.
132. Jacobsen, F.; Holcman, J.; Sehested, K. *J. Phys. Chem. A* **1997**, *101*, 1324–1328.
133. Bakac, A.; Scott, S. L.; Espenson, J. H.; Rodgers, K. R. *J. Am. Chem. Soc.* **1995**, *117*, 6483–6488.
134. Jayson, G. G.; Parsons, B. J.; Swallow, A. J. *J. Chem. Soc., Faraday Trans. I* **1973**, *69*, 236–242.
135. Solomon, D.; Peretz, P.; Faraggi, M. *J. Phys. Chem.* **1982**, *86*, 1843–1849.
136. Simic, M. G.; Hoffman, M. Z. *J. Am. Chem. Soc.* **1977**, *99*, 2370–2371.
137. Cabelli, D. E.; Bielski, B. H. J.; Holcman, J. *J. Am. Chem. Soc.* **1987**, *109*, 3665–3669.
138. Cabelli, D. E.; Bielski, B. H. J. *J. Phys. Chem.* **1984**, *88*, 3111–3115.
139. Barnese, K.; Gralla, E. B.; Cabelli, D. E.; Valentine, J. S. *J. Am. Chem. Soc.* **2008**, *130*, 4604–4606.
140. Deroche, A.; Morgenstern-Badarau, I.; Cesario, M.; Guilhem, J.; Keita, B.; Nadjo, L.; Houée-Levin, C. *J. Am. Chem. Soc.* **1996**, *118*, 4567–4573.
141. Bull, C.; Niederhoffer, E. C.; Yoshida, T.; Fee, J. A. *J. Am. Chem. Soc.* **1991**, *113*, 4069–4076.
142. Niviére, V.; Fontecave, M. *J. Biol. Inorg. Chem.* **2004**, *9*, 119–123.
143. Ford, P. C. *Pure Appl. Chem.* **2004**, *76*, 335–350.
144. Ford, P. C.; Laverman, L. E.; Lorkovic, I. M. *Adv. Inorg. Chem.* **2003**, *54*, 203–257.
145. Ford, P. C.; Fernandez, B. O.; Lim, M. D. *Chem. Rev.* **2005**, *105*, 2439–2455.
146. Ford, P. C.; Lorkovic, I. M. *Chem. Rev.* **2002**, *102*, 993–1018.
147. Franke, A.; Roncaroli, F.; van Eldik, R. *Eur. J. Inorg. Chem.* **2007**, 773–798.
148. Hoshino, M.; Laverman, L. E.; Ford, P. C. *Coord. Chem. Rev.* **1999**, *187*, 75–102.

149. Wolak, M.; van Eldik, R. *Coord. Chem. Rev.* **2002**, *230*, 263–282.
150. Jee, J. -E.; Wolak, M.; Balbinot, D.; Jux, N.; Zahl, A.; van Eldik, R. *Inorg. Chem.* **2006**, *45*, 1326–1337.
151. Wanat, A.; Schneppensieper, T.; Stochel, G.; van Eldik, R.; Bill, E.; Wieghardt, K. *Inorg. Chem.* **2002**, *41*, 4–10.
152. Littlejohn, D.; Chang, S. G. *J. Phys. Chem.* **1982**, *86*, 537–540.
153. Schneppensieper, T.; Wanat, A.; Stochel, G.; van Eldik, R. *Inorg. Chem.* **2002**, *41*, 2565–2573.
154. Roncaroli, F.; Olabe, J. A.; van Eldik, R. *Inorg. Chem.* **2003**, *42*, 4179–4189.
155. Laverman, L. E.; Ford, P. C. *J. Am. Chem. Soc.* **2001**, *123*, 11614–11622.
156. Wolak, M.; Zahl, A.; Schneppensieper, T.; Stochel, G.; van Eldik, R. *J. Am. Chem. Soc.* **2001**, *123*, 9780–9791.
157. Cachapa, A.; Mederos, A.; Gili, P.; Hernandez-Molina, R.; Dominguez, S.; Chinea, E.; Rodriguiz, M. L.; Feliz, M.; Llusar, R.; Brito, F.; Ruiz de Galaretta, C. M.; Tarbraue, C.; Gallardo, G. *Polyhedron* **2006**, *25*, 3366–3378.
158. Imai, H.; Yamashita, Y.; Nakagawa, S.; Munakata, H.; Uemori, Y. *Inorg. Chim. Acta* **2004**, *357*, 2503–2509.
159. Jee, J.-E.; Eigler, S.; Jux, N.; Zahl, A.; van Eldik, R. *Inorg. Chem.* **2007**, *46*, 3336–3352.
160. Wolak, M.; van Eldik, R. *J. Am. Chem. Soc.* **2005**, *127*, 13312–13315.
161. Roncaroli, F.; Olabe, J. A.; van Eldik, R. *Inorg. Chem.* **2002**, *41*, 5417–5425.
162. Schneppensieper, T.; Finkler, S.; Czap, A.; van Eldik, R.; Heus, M.; Nieuwenhuizen, P.; Wreesmann, C.; Abma, W. *Eur. J. Inorg. Chem.* **2001**, 491–501.
163. Quillin, M. L.; Li, T.; Olson, J. S.; Phillips, G. N.; Dou, Y.; Ikeda-Saito, M.; Regan, R.; Carlson, M.; Gibson, Q. H.; Li, H.-R.; Elber, R. *J. Mol. Biol.* **1995**, *245*, 416–436.
164. Olson, J. S.; Phillips, G. N. *J. Biol. Chem.* **1996**, *271*, 17593–17596.
165. Strickland, N.; Harvey, J. N. *J. Phys. Chem. B* **2007**, *111*, 841–852.
166. Pearsall, K. A.; Bonner, F. T. *Inorg. Chem.* **1982**, *21*, 1978–1985.
167. (a) Collman, J. P.; Yang, Y.; Dey, A.; Decréau, R. A.; Ghosh, S.; Ohta, T.; Solomon, E. I. *Proc. Natl. Acad. Sci. USA* **2008**, *105*, 15660–15665. (b) There are different types of nitric oxide reductases with a great diversity of active sites: see Daiber, A.; Shoun, H.; Ullrich, V. *J. Inorg. Biochem.* **2005**, *99*, 185–193. and Zumft, W. G. *J. Inorg. Biochem.* **2005**, *99*, 194–215.
168. Armor, J. N.; Scheidegger, H. A.; Taube, H. *J. Am. Chem. Soc.* **1968**, *90*, 5928–5929.
169. Czap, A.; van Eldik, R. *Dalton Trans.* **2003**, 665–671.
170. Pell, S. D.; Armor, J. N. *J. Am. Chem. Soc.* **1973**, *95*, 7625–7633.
171. Fairhurst, M. T.; Swaddle, T. W. *Inorg. Chem.* **1979**, *18*, 3241–3244.
172. Czap, A.; Heinemann, F. W.; van Eldik, R. *Inorg. Chem.* **2004**, *43*, 7832–7843.
173. Davies, N. A.; Wilson, M. T.; Slade, E.; Fricker, S. P.; Murrer, B. A.; Powell, N. A.; Henderson, G. R. *Chem. Commun.* **1997**, 47–48.

174. Storr, T.; Cameron, B. R.; Gossage, R. A.; Yee, H.; Skerlj, R. T.; Darkes, M. C.; Fricker, S. P.; Bridger, G. J.; Davies, N. A.; Wilson, N. T.; Maresca, K. P.; Zubieta, J. *Eur. J. Inorg. Chem.* **2005**, 2685–2697.

175. Roncaroli, F.; Shubina, T. E.; Clark, T.; van Eldik, R. *Inorg. Chem.* **2006**, *45*, 7869–7876.

176. Roncaroli, F.; van Eldik, R. *J. Am. Chem. Soc.* **2006**, *128*, 8024–8153.

177. Spasojevic, I.; Batinic-Haberle, I.; Fridovich, I. *Nitric Oxide: Biol Chem.* **2000**, *4*, 526–533.

178. Buxton, G. V.; Barlow, S.; McGowan, S.; Salmon, G. A.; Williams, J. E. *Phys. Chem. Chem. Phys.* **1999**, *1*, 3111–3115.

179. Becker, R. H.; Nicoson, J. S.; Margerum, D. W. *Inorg. Chem.* **2003**, *42*, 7938–7944.

180. Awad, H. H.; Stanbury, D. M. *Int. J. Chem. Kinet.* **1993**, *25*, 375–381.

181. Ford, P. C.; Wink, D. A.; Stanbury, D. M. *FEBS Lett.* **1993**, *326*, 1–3.

182. Lim, M. D.; Lorkovic, I. M.; Ford, P. C. *Inorg. Chem.* **2002**, *41*, 1026–1028.

183. Nottingham, W. C.; Sutter, J. R. *Int. J. Chem. Kinet.* **1986**, *18*, 1289–1302.

184. Bohle, D. S.; Smith, K. N. *Inorg. Chem.* **2008**, *47*, 3925–3927.

185. Littlejohn, D.; Hu, K. Y.; Chang, S. G. *Inorg. Chem.* **1986**, *25*, 3131–3135.

186. Mezyk, S. P.; Bartels, D. M. *J. Chem. Soc., Faraday Trans.* **1995**, *91*, 3127–3132.

187. Candeias, L. P.; Patel, K. B.; Stratford, M. R. L.; Wardman, P. *FEBS Lett.* **1993**, *333*, 151–153.

188. Harriman, A.; Richoux, M. C.; Neta, P. *J. Phys. Chem.* **1983**, *87*, 4957–4965.

189. Wilkins, P. C.; Wilkins, R. G. *Inorg. Chem.* **1986**, *25*, 1908–1910.

190. Jonah, C. D.; Matheson, M. S.; Meisel, D. *J. Am. Chem. Soc.* **1978**, *100*, 1449–1465.

191. Simic, M. G.; Hoffman, M. Z.; Brezniak, N. V. *J. Am. Chem. Soc.* **1977**, *99*, 2166–2172.

192. Venturi, M.; Mulazzani, Q. G.; Ciano, M.; Hoffman, M. Z. *Inorg. Chem.* **1986**, *25*, 4493–4498.

193. D'Angelantonio, M.; Mulazzani, Q. G.; Venturi, M.; Ciano, M.; Hoffman, M. Z. *J. Phys. Chem.* **1991**, *95*, 5121–5129.

194. Baxendale, J. H.; Fiti, M. *J. Chem. Soc., Dalton Trans.* **1972**, 1995–1998.

195. Hoffman, M. Z.; Kimmel, D. W.; Simic, M. G. *Inorg. Chem.* **1979**, *18*, 2479–2485.

196. Shinohara, N.; Lilie, J. *Inorg. Chem.* **1979**, *18*, 434–438.

197. Neta, P.; Harriman, A. *J. Chem. Soc., Faraday Trans.* **1985**, *81*, 123–138.

198. deMaine, M. M.; Stanbury, D. M. *Inorg. Chem.* **1991**, *30*, 2104–2109.

199. Shamir, D.; Zilberman, I.; Maimon, E.; Cohen, H.; Meyerstein, D. *Inorg. Chem. Commun.* **2007**, *10*, 57–60.

200. Shamir, D.; Zilbermann, I.; Maimon, E.; Gellerman, G.; Cohen, H.; Meyerstein, D. *Eur. J. Inorg. Chem.* **2007**, 5029–5031.

201. Khin, C.; Lim, M. D.; Tsuge, K.; Iretskii, A.; Wu, G.; Ford, P. C. *Inorg. Chem.* **2007**, *46*, 9323–9331.

202. Olabe, J. A. *Dalton Trans.* **2008**, 3633–3648.

203. (a) Bakac, A. *Adv. Inorg. Chem.* **2004**, *55*, 1–59. (b) Herold, S.; Koppenol, W. H. *Coord. Chem. Rev.* **2005**, *249*, 499–506.
204. Gardner, P. R.; Gardner, A. M.; Brashear, W. T.; Suzuki, T.; Hvitved, A. N.; Setchell, K. D. R.; Olson, J. S. *J. Inorg. Biochem.* **2006**, *100*, 542–550.
205. Nemes, A.; Pestovsky, O.; Bakac, A. *J. Am. Chem. Soc.* **2002**, *124*, 421–427.
206. Pestovsky, O.; Bakac, A. *J. Am. Chem. Soc.* **2002**, *124*, 1698–1703.
207. Shimanovich, R.; Groves, J. T. *Arch. Biochem. Biophys.* **2001**, *387*, 307–317.
208. Pestovsky, O.; Bakac, A. *Inorg. Chem.* **2003**, *42*, 1744–1750.

第10章 有机金属自由基：热力学、动力学和反应机理

Tamás Kégl、George C. Fortman、Manuel Temprado 和 Carl D. Hoff

10.1 引　言

虽然 17 电子和 19 电子配合物比经典的 16 电子和 18 电子配合物更难表征，还是发现了几种反应模型，图式 10.1 将对此进行了概括，其中·ML_n 表示一个 17 电子自由基。A-B 与 17 电子自由基·ML_n 的相互作用会形成 19 电子配合物·ML_n(A-B)。根据简单的分子轨道理论，这种 19 电子配合物通过金属和 A-B 之间形成的半键得以稳定[1]。17 电子自由基的大部分反应都与 19 电子配合物有关，这些配合物可以在缔合反应中快速形成。19 电子配合物·ML_n(A-B)可以通过释放一个配体，生成一个取代型自由基配合物，如图式 10.1 所示。如果 A-B 键较弱，则会发生均裂，生成 A-ML_n 和·B。·B 可能与·ML_n(A-B)结合形成 B-ML_n，或参与其他反应路径。如果 A-B 键较强，则可能需要两倍摩尔量的自由基才能断裂 A-B 键，生成中间体 L_nM(A-B)ML_n，随后裂解成 A-ML_n 和 B-ML_n。单金属均裂也能产生相同的产物，但不会生成·B。

除了原子转移反应，电子转移反应也会发生。常见的反应包括将 17 电子自由基·ML_n 还原成 18 电子阴离子 ML_n^-，以及将 19 电子配合物·ML_n(A-B)氧化成 18 电子 ML_n(A-B)$^+$。因此，中间体 L_nM(A-B)ML_n 的另一种反应路径是歧化反应，生成离子化合物[L_nM(A-B)]$^+$[ML_n]$^-$。这些反应的详细机理比图式 10.1 中所示的更为复杂，许多反应是可逆的，此外，它们还可能与其他反应耦合。

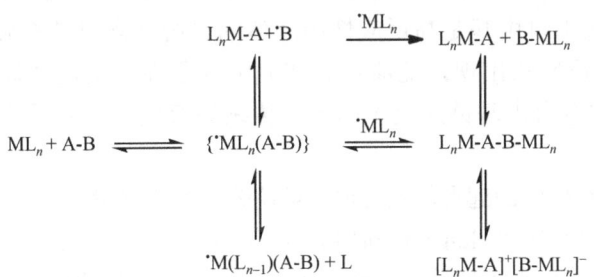

图式 10.1　典型的 17 电子自由基·ML_n 的反应

电化学和光化学反应在金属自由基化学中也占有重要地位。

本章专门描述金属自由基的反应性。简要介绍了金属自由基的历史发展和表征方法后，分四个部分讨论了代表性自由基在金属氧化态递增中的化学性质。图式 10.1 的反应

路径的普遍适用性因金属配合物的不同而存在很大差异，因此对这些特定配合物进行了详细讨论。$^\cdot$Co(CO)$_4$是（0）氧化态的低价金属羰基自由基，在加氢甲酰化催化中起着至关重要的催化作用。（+1）氧化态的讨论涵盖了通过光化学和热化学产生的 Cr、Mo 和 W 自由基，其通式为$^\cdot$M(CO)$_3$C$_5$R$_5$。（+2）氧化态主要讨论$^\cdot$Rh(Ⅱ)（卟啉）及相关配合物，这些配合物在有机金属化学与生物无机化学之间起桥梁作用。（+3）氧化态讨论了具有高自旋（$S=3/2$）自由基的 Mo(NRAr)$_3$ 配合物。此外，简要总结了配体中心反应和自旋态变化对反应的影响。本章的讨论旨在说明反应模式，并非全面综述。

10.2　历　　史

有机自由基化学的起源可以追溯到 1900 年，Moses Gomberg[2]发现了三苯基甲基自由基。该三苯基甲基自由基暴露于空气中后，被氧气捕获并形成过氧化物，如反应式（10.1）所示。

$$2Ph_3C\text{-}Cl + Zn \longrightarrow ZnCl_2 + 2Ph_3C^\cdot + O_2 \longrightarrow Ph_3C\text{-}O\text{-}O\text{-}CPh_3 \quad (10.1)$$

更简单但反应性更强的甲基自由基的发现，可以追溯到 20 世纪 20 年代末 Paneth 和 Hofeditz[3]的可逆热解实验。

$$Pb(CH_3)_4 \rightleftharpoons {}^\cdot CH_3 + {}^\cdot Pb(CH_3)_3 \quad (10.2a)$$

$$^\cdot Pb(CH_3)_3 \rightleftharpoons {}^\cdot CH_3 + Pb(CH_3)_2 \quad (10.2b)$$

$$Pb(CH_3)_2 \rightleftharpoons {}^\cdot CH_3 + {}^\cdot Pb(CH_3) \quad (10.2c)$$

$$^\cdot Pb(CH_3) \rightleftharpoons {}^\cdot CH_3 + Pb \quad (10.2d)$$

本章主要探讨低价过渡金属自由基的化学性质。尽管金属自由基化学的研究尚未达到有机自由基化学那样的深度和复杂度，但该领域已迅速发展，现已成为无机化学研究的新兴领域[4]。尽管与有机自由基化学相比仍有较大进步空间，但已发展出如下特色："近年来，关于自由基是高反应性中间体的传统观念已被打破，随着合理设计、高效的自由基链式反应的出现，能够在温和的中性条件下实现高效的官能团相互转化和碳-碳键构建。如今自由基链式反应已可与传统双电子协同反应在有机合成领域平分秋色[5]。"

有机金属自由基化学的起源较难追溯。早期关于维生素 B$_{12}$ 模型化合物（钴肟类化合物）的综述中指出[6]，自 Tschugaeff[7]时起，维生素 B$_{12}$ 是已知的最早且最简单的钴肟类化合物。1946 年，Calvin 等[8]报道了氧与 Co(salen)$_2$ 配合物的可逆结合。该论文引用了 Pfeiffer 在 1933 年的研究，发现二水杨醛二亚胺的钴配合物在暴露于氧气后发生了可逆的颜色变化，从红色变为黑色，这种氧气的可逆结合方式与 Gomberg 发现三苯甲基自由基的现象相似［反应式（10.1）］。

金属羰基自由基化学可以追溯到 1959 年$^\cdot$V(CO)$_6$ 的发现[9]，其电子结构和反应性至今仍在研究中[10]。之后的研究发现$^\cdot$V(CO)$_6$ 的配体取代速率比 Cr(CO)$_6$ 快 10^{10} 倍，显示其通过"缔合路径（associative pathway）"而非"解离路径（dissociative pathway）"进行反应。

$$Cr(CO)_6 \xrightarrow{\text{非常慢}} CO + Cr(CO)_5 + L \xrightarrow{\text{快}} Cr(CO)_5(L) + CO \quad (10.3)$$
$$\quad 18e^- \qquad\qquad\qquad 16e^- \qquad\qquad\qquad 18e^-$$

$$^{\bullet}V(CO)_6 + L \xrightleftharpoons{\text{快速}} \{^{\bullet}V(CO)_6(L)\} \xrightarrow{\text{变量}} {^{\bullet}V(CO)_5(L)} + CO \quad (10.4)$$
$$\quad 17e^- \qquad\qquad\qquad 19e^- \qquad\qquad\qquad 17e^-$$

反应式（10.4）是图式 10.1 的典型反应（配体取代反应）之一，这类反应在自由基物种中进行得更加迅速。与配位饱和的配合物相比，自由基配合物的配体取代速率要快得多，这种特性可引发自由基链式取代反应。Byers 和 Brown[11]在 1975 年的报道是最早描述这一现象的研究之一。

$$^{\bullet}X + H\text{-}Re(CO)_5 \longrightarrow {^{\bullet}Re(CO)_5} + H\text{-}X \quad (10.5)$$

$$L + {^{\bullet}Re(CO)_5} \longrightarrow {^{\bullet}Re(CO)_4L} + CO \quad (10.6)$$

$$^{\bullet}Re(CO)_4L + H\text{-}Re(CO)_5 \longrightarrow {^{\bullet}Re(CO)_5} + H\text{-}Re(CO)_4L \quad (10.7)$$

$$H\text{-}Re(CO)_5 + L \longrightarrow H\text{-}Re(CO)_4L + CO \quad (10.8)$$

反应式（10.5）通过氢原子转移引发链式反应，生成 $^{\bullet}Re(CO)_5$。在反应式（10.6）中，发生了快速的配体取代反应。随后取代的金属自由基与初始氢化物之间的氢原子转移完成了反应链，如反应式（10.7）所示。所有这些反应在自由基体系中的速率均比在饱和配合物中快得多，因此总反应式（10.8）[即式（10.6）与式（10.7）的综合]最可能通过不可见的自由基中间体进行。Byers 和 Brown 的论文还包含了两条对于初学有机金属自由基化学的读者具有重要参考价值的论述："我们发现很难获得可重复的动力学结果。在严格控制溶剂和试剂的纯度以及排除光照的条件下，在氮气氛围中，10^{-3} mol/L $HRe(CO)_5$ 和 10^{-2} mol/L 三丁基膦在乙烷中约 25℃下静置 60 天仍未观察到反应。""与之前的报道不同，$HRe(CO)_5$ 在室温下未与溶解氧发生反应。"

第一条提示了动力学研究中识别自由基过程的一个信号，即反应速率会因微量自由基引发剂的背景水平差异而日益变化。第二条则强调合成中清除自由基杂质的重要性，即如果金属氢化物等配合物非常纯净，通常会表现出惊人的稳定性。

第一个被分离出的金属茂自由基是钴茂金属，其重要性在早期有机金属合成的文献中得到了强调[12]。19 电子配合物，钴茂至今仍然是非水介质中电子转移反应的首选试剂[13]。在离域有机金属自由基配合物中，一个关键问题是未配对电子的位置。1965 年，Fishcer 和 Wawersik[14]提出 $RhCp_2$（$Cp = \eta^5\text{-}C_5H_5$）通过 C—C 键耦合形成二聚体，如反应式（10.9）所示。

$$2RhCp_2 \longrightarrow Cp\text{-}Rh\diagup\!\!\!\!\diagdown Rh\text{-}Cp \quad (10.9)$$

这种通过配位有机配体的偶联反应仍然是有机金属自由基化学中的主要反应路径。这表明这些自由基中的相当一部分电子密度位于有机配体上，而不是在金属上。相关内容将在后续章节进行更详细的讨论。

双二硫烯配合物$(C_5H_5)W\{[S_2C_2(CF_3)_2]_2\}$的制备说明了电子位置和金属氧化态不确定性的问题，如反应式（10.10）所示。

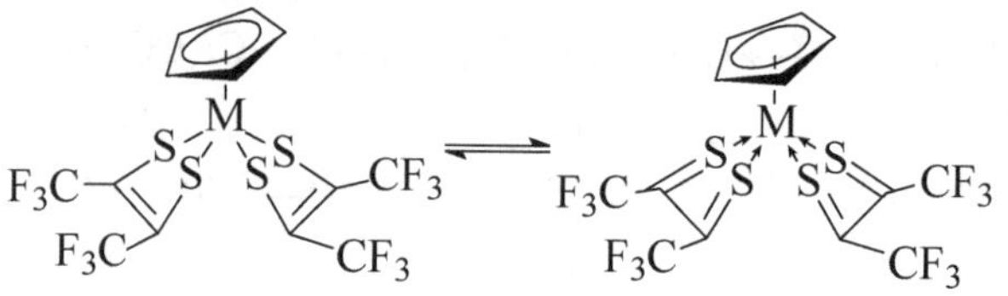

$$\text{（结构式）} \rightleftharpoons \text{（结构式）} \tag{10.10}$$

如King和Bisnette[15]在1967年提出的，该配合物可能存在两种极限互变异构形式。第一种是标准的W(V)双硫醇根配合物，第二种是标准的W(I)配合物，其中双硫醇根配体作为电子给体配位。确定互变异构体中的主要结构或确定这些配合物中的中间键合模式是一项挑战，需要现代理论和光谱技术的支持。金属自由基的配位环境会因非纯有机配体的存在（例如氧化态不明确的配体）而发生改变，软[16]配体（如双硫醇根）的配位也会影响其配位环境。

在20世纪60年代末，Halpern团队对自由基反应机理进行了开创性研究[17]。d^7自由基离子$\cdot Co(CN)_5^{3-}$与碘甲烷反应生成甲基，如反应式（10.11）所示。

$$\cdot Co(CN)_5^{3-} + I\text{-}CH_3 \longrightarrow I\text{-}Co(CN)_5^{3-} + \cdot CH_3 \tag{10.11}$$

氢气的氧化遵循三分子的速率定律：$-d[H_2]/dt = k[\cdot Co(CN)_5^{3-}]^2[H_2]^1$，见反应式（10.12）。

$$2\cdot Co(CN)_5^{3-} + H_2 \longrightarrow 2H\text{-}Co(CN)_5^{2-} \tag{10.12}$$

这是氧化加成中三分子过渡态的首个具体例子，这种反应是金属自由基的典型反应之一，如图式10.1所示。此外，人们还首次精确测定了$H\text{-}Co(CN)_5^{2-}$中过渡金属-氢键的键能（58 kcal/mol）。Lappert和Lednor[18]发表的关于金属自由基的里程碑式综述为该领域的早期研究奠定了坚实的基础。

尽管上述研究具有重要意义，但可以说，在当时大多数研究者看来，自由基化学仍被视为一种"好奇而边缘"的研究领域，尚未进入有机金属化学的主流。这主要是因为当时对16电子和18电子配合物的反应有了快速且系统的理解与应用，这些配合物的结构更容易表征和研究。由于自由基在当时被广泛认为会引发分解反应，许多研究者在实验中都极力避免其产生。本章的目标是展示有机金属自由基化学自早期以来取得的一些显著进展，未来的发展前景更加可期。科学家有望像使用有机自由基反应一样，设计并实现一系列可控的金属自由基反应，正如下面这段引言所暗示的："苯硒醇催化锡烷介导的自由基链式反应再次表明，一个单一而效率低下的传播步骤可以被两个匹配良好的步骤有效替代。这种策略的应用为合成化学家打开了许多过去无法进入的大门[19]。"

10.3 用于表征金属自由基的光谱技术

核磁共振（NMR）可能是表征抗磁性有机金属化合物类型的最常用技术之一。然而，分子中未成对电子的存在导致了显著的各向同性位移和信号加宽。因此，耦合检测和信号积分变得非常困难。此外，顺磁性物质的核磁共振谱通常无法提供关于化学环境或化合物结构的有效信息。另外,氢化物与金属直接配位的碳原子相连的氢通常是不可观测到的。正如Pariya和Theopold[20]总结的那样。

"目前的现状是:一些化学家在面对某个化合物未能展现出'正常'的 ^{1}H NMR 谱图时,便直接放弃该体系,转而寻求更有希望的项目。某种程度上,我们对 NMR 技术的过度依赖让18电子规则变成了一种'眼罩',限制了我们的视野。"

这些作者还主张广泛地使用 ^{2}H NMR 来表征顺磁性配合物:"当谱线展宽成为严重障碍时,可以借助某些物理现象来实现谱线变窄。例如,用同位素 ^{2}H 取代 ^{1}H 后,在顺磁体系中进行 ^{2}H NMR 测量,可以获得宽度为相应 ^{1}H NMR 谱图约 1/40 的谱线,这是由于 ^{2}H 核较慢的自旋弛豫行为。"

表征自由基配合物的方法之一是通过晶体学确定其三维结构。这里为有兴趣查找代表性结构数据的读者提供一些参考文献。全氯代三苯甲基自由基的平面结构[21]以及几种Si、Ge、Sn 自由基[22]的平面结构已经被测定。18 电子配合物 Mn(CO)(dppe)(η^5-C_6H_6Ph)和 17 电子配合物 Mn(CO)(dppe)(η^5-C_6H_6Ph)$^+$的结构也已被确定,二者结构相似[23]。氧化对自由基最显著的影响是Mn—P键的键长从2.221 Å增加到2.338 Å。Cr(CO)$_2$(PPh$_3$)(Cp)[24]和(η^5-C_5Ph_5)Cr(CO)$_3$[25]的结构也已报道。17 电子自由基配合物 Re(PCy$_3$)$_2$(CO)$_3$ 的结构类似于 18 电子的 Kubas[26]型配合物 W(PCy$_3$)$_2$(CO)$_3$,重要区别在于:Re(PCy$_3$)$_2$(CO)$_3$ 在结构和光谱中均未显示 W(PCy$_3$)$_2$(CO)$_3$ 中所具有的抓氢键特征。

Pariya 和 Theopold[20]讨论了顺磁性 Cr(III)配合物 CpCr(Me)$_2$(吡啶)的晶体结构,得出了如下结论:"在我们不断增长的结构数据库中可以归纳出两个结论。其中一个是顺磁性化合物与其 18 电子配合物在结构上没有显著差异。例如,Cp*环通过完全正常的 η^5 方式与铬配位,许多化合物采用熟悉的'三脚钢琴凳'几何结构,键长和键角都在合理范围内。"

初步估计显示,金属自由基配合物的结构与类似的非自由基配合物没有太大区别。然而,细微的差异可能非常重要。可以预期,随着自由基结构数据的积累,人们对这些差异的理解将不断深化。

许多有机金属自由基配合物不够稳定,不能分离,也不能通过单晶 X-射线衍射或中子衍射进行表征。此时,仔细测定红外光谱和紫外可见吸收光谱可以获得大量信息,其信息量可与非自由基配合物相媲美。电化学研究(通常用于生成自由基)也能提供这些中间体氧化还原电位的宝贵信息。磁化率测量也可用于研究自由基,但通常要求较高的自由基浓度。化学诱导动态核极化(CIDNP)虽然难以定量分析,但可为反应中是否涉及自由基过程提供有力的定性证据[27]。

自由基表征的主要技术是 ESR。许多自由基在溶液中没有 ESR 信号。例如,$^\bullet$Cr(CO)$_3$Cp*在溶液中无 ESR 信号,仅在冷冻固体状态下可见。通过 ESR 可以证实自由基的存在,越来越多的实验为研究单占据分子轨道(SOMO)中未成对电子的性质提供了直接的实验信息。在理想情况下,光谱数据可以通过模拟计算出自由电子与所有原子核之间的耦合常数,进而计算出自旋密度,并揭示电子在分子中的分布位置[28]。一些示例将在下文中重点介绍,但应指出,自旋密度与观察到的自由基反应性之间的关系仍不完全清楚。

通过计算和 ESR 谱,研究了通过配体取代获得的系列$^\bullet$Rh(CO)$_4$配合物。该配合物的结构介于平面四边形平面和四面体之间。这类配合物的电子分布数据[类似于即将讨论的 ·Co(CO)$_4$]表明，即使是对 CO 配体而言，电子自旋密度在 Rh 中心的分布小于在配体上的分布：大部分自旋密度分布于 trop 配体的碳氢骨架上。回顾先前报道的含羰基、烯烃和/或膦配体的单核铑配合物可以看出，没有一个配合物可以真正被描述为 d^9-Rh(0)体系。在所有这些体系中，未成对电子都是高度离域的。这一现象很可能源于配体本身具有能量较低的 π 型受体轨道，能与金属的 d 轨道发生强烈相互作用。显然，这种相互作用增强了形式上 Rh(0)配合物的稳定性，同时降低了其阳离子前驱体配合物的还原电位。然而，一个以三苯甲基为配体，自旋密度主要集中在金属中心的 Rh 自由基配合物仍有待合成与研究[29]。

ESR 技术可扩展至自由基簇的测定。图 10.1 显示了 Cp$_2$Ni$_2$(μ$_3$-S)$_2$Mn(CO)$_3$ 自由基体系的实验和计算 ESR 谱数据[30]。图 10.2 展示了晶体结构和计算的 SOMO。这些数据完整地表征一个多中心自由基。

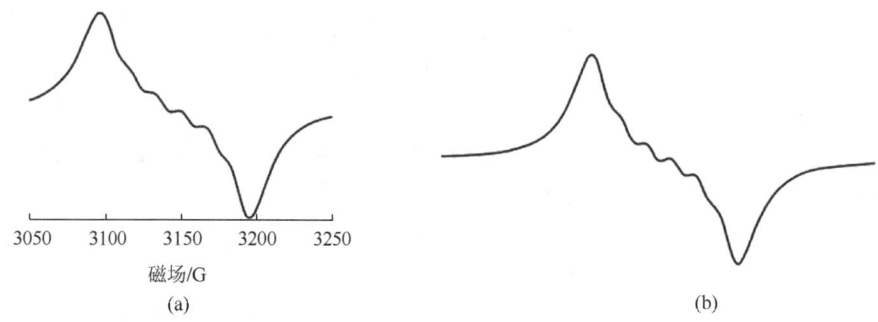

图 10.1　离域自由基 Cp$_2$Ni$_2$(μ$_3$-S)$_2$Mn(CO)$_3$ 的 ESR 谱（a）实验光谱数据和（b）计算光谱数据

文献[30]经许可转载，版权归 2004 年美国化学学会所有

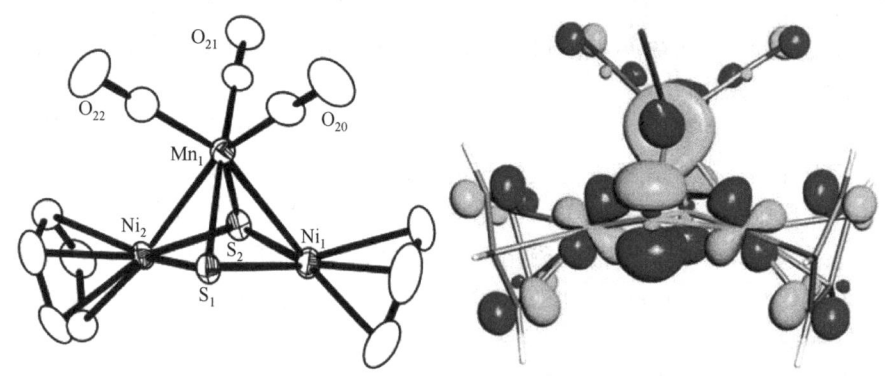

图 10.2　Cp$_2$Ni$_2$(μ$_3$-S)$_2$Mn(CO)$_3$ 分子结构 ORTEP 图以及计算得到的 SOMO 图（后附彩图）

文献[30]经许可转载，版权归 2004 年美国化学学会所有

通过这些数据可以计算出最大的自旋密度，约为 20%，位于 Mn 原子上，同时电子在 S 原子和 Ni 原子以及配体上也有显著的离域分布。这类离域自由基的物理性质和化学反应性目前已成为多个研究团队关注的前沿问题。

10.4 典型的有机金属自由基及其反应活性

10.4.1 以 Co(CO)$_4$ 为代表的金属羰基自由基

钴和铑配合物催化的氧化过程是工业中规模最大的均相工艺之一。

$$CO + H_2 + 烯烃 \longrightarrow 醛 + H_2 \longrightarrow 乙醇 \tag{10.13}$$

以钴为例，关键步骤是羰基钴的加氢反应，如式（10.14）所示。

$$Co(CO)_8 + H_2 \longrightarrow 2HCo(CO)_4 \tag{10.14}$$

在 Heck-Breslow 加氢甲酰化机理中，关键中间体是 HCo(CO)$_3$，如式（10.15）所示。这种 16 电子不饱和中间体通过 CO 解离生成，并迅速与烯烃反应，如式（10.16）所示。一个重要的实验观察是，式（10.13）中的反应随着 CO 压力的增加而受到抑制，这与式（10.15）和式（10.16）的预测一致。

$$HCo(CO)_4 \rightleftharpoons HCo(CO)_3 + CO \tag{10.15}$$

$$HCo(CO)_3 + 烯烃 \rightleftharpoons 2HCo(CO)_3(烯烃) \tag{10.16}$$

尽管 Heck-Breslow 机理主要涉及 16/18 电子配合物，但大量实验表明，在某些温度和压力条件下，·Co(CO)$_4$ 自由基可能在加氢甲酰化过程中起作用。冷冻气体基质中的光解实验首次提供了·Co(CO)$_4$ 自由基在低温下的红外光谱证据[31]。

$$Co_2(CO)_8 \xrightarrow{hv} 2·Co(CO)_4 \tag{10.17}$$

·Co(CO)$_4$ 的结构通过计算研究得到了最好的解释（参见后续部分）。Bor 等根据 −210～−165℃ 温度下的红外光谱研究，提出·Co(CO)$_4$ 是 Co$_2$(CO)$_8$ 的"第三种异构体"[32]。

目前，关于·Co(CO)$_4$ 自由基最重要的研究仍在于其反应机理[33]。Wegman 和 Brown[34] 提出了 HCo(CO)$_4$ 的热分解途径，其关键步骤是·Co(CO)$_4$ 与 HCo(CO)$_4$ 反应生成·HCo$_2$(CO)$_7$ 自由基。然而，反应式（10.15）所提出的机理受到了质疑："HCo(CO)$_4$ 的热分解或取代反应通常认为通过解离 CO 生成 HCo(CO)$_3$。然而，几乎没有独立实验证据支持该热过程的存在。"

尽管在重要的工业体系中进行了大量研究，但 HCo(CO)$_3$ 的作用仍未被完全理解。最近的一项计算研究表明[35]，HCo(CO)$_4$ 中 CO 的解离（无论是平面 CO 还是轴向 CO）[式（10.15）] 是吸热过程，分别吸热 25.7 kcal/mol 和 36.3 kcal/mol。这表明催化物种存在显著的动力学障碍，似乎排除了通过式（10.15）建立 HCo(CO)$_3$ 平衡的可能性。

围绕 HCo(CO)$_4$ 对芳基取代烯烃的加氢反应，开展了另一组重要的实验研究，在该反应中观察到了 CIDNP 现象[36]，并提出了自由基对机理，如反应式（10.18）～式（10.20）所示。

$$HCo(CO)_3 + Ph_2C\!=\!CH_2 \rightleftharpoons [·Co(CO)_4, Ph_2C(·)CH_3] \tag{10.18}$$

$$[·Co(CO)_4, Ph_2C(·)CH_3] \longrightarrow ·Co(CO)_4 + Ph_2C(·)CH_3 \tag{10.19}$$

$$HCo(CO)_4 + Ph_2C(·)CH_3 \longrightarrow ·Co(CO)_4 + Ph_2C(H)CH_3 \tag{10.20}$$

值得注意的是，这一机理适用于芳基取代烯烃，其中生成的有机自由基的结构类似于三苯甲基自由基（trityl radical），因而特别稳定。Ungvary 和 Marko 曾独立研究了三苯甲基自由基与 $HCo(CO)_4$ 之间的快速氢原子转移，如式（10.21）所示。

$$HCo(CO)_4 + {}^{\bullet}CPh_3 \longrightarrow {}^{\bullet}Co(CO)_4 + HCPh_3 \qquad (10.21)$$

在将上述自由基过程推广至普通烯烃时应谨慎处理，因为有机自由基自身的反应能量学可能会限制反应式（10.18）和式（10.19）的发生。尽管如此，${}^{\bullet}Co(CO)_4$ 自由基在糖基化过程中仍然具有重要作用，这一点不断得到验证，尤其是在 Klingler 等[37]的研究中。他们在超临界 CO_2 和其他溶剂中的高压高温核磁共振研究取得了许多显著成果，尤其是观察到 $HCo(CO)_4$ 和 $Co_2(CO)_8$ 之间以 ${}^{\bullet}Co(CO)_4$ 为媒介的快速氢原子交换：$HCo(CO)_4$ 与 $Co_2(CO)_8$ 之间的氢原子交换速率比羰基合成过程中氢原子传递至烯烃的稳态速率快了一百万倍以上[38]。

10.4.2 以 $M(CO)_3Cp$（M = Cr、Mo、W）为代表的取代基金属羰基自由基

${}^{\bullet}M(CO)_3(C_5R_5)$（M = Cr、Mo、W）自由基及其简单衍生物已经被广泛研究。1974 年，Hackett 等[39]发现$[Cr(CO)_3Cp]_2$ 易于发生配体取代反应，$[(\pi\text{-}C_5H_5)Cr(CO)_3]_2$ 的许多反应表明 Cr—Cr 键比 Mo 和 W 对应物中的金属-金属键要弱得多。

后来的研究证实了这一观察结果。起初，人们认为 PPh_3 对该二聚体的取代反应会生成一个 PPh_3 配位的金属-金属键合二聚体。

$$[Cr(CO)_3Cp]_2 + 2PPh_3 \longrightarrow [Cr(CO)_2(PPh_3)Cp]_2 + 2CO \qquad (10.22)$$

Baird 后来证实，Hackett 等制备的配合物实际上是单体 Cr(I)自由基 ${}^{\bullet}Cr(CO)_2(PPh_3)Cp$[40]。Adams 等的结构研究证实了在$[Cr(CO)_3Cp]_2$ 中存在一条键长很长的 Cr—Cr 键，长达 3.281 Å[41]。Muetterties 等[42]制备了二甲基亚磷酸二聚体$[Cr(CO)_2(P(OMe)_3)Cp]_2$，其 Cr—Cr 键的键长为 3.343 Å，并在溶液中几乎完全解离成单体自由基，如式（10.23）所示。

$$\{Cr(CO)_2[P(OMe)_3]Cp\}_2 \rightleftharpoons 2{}^{\bullet}Cr(CO)_2[P(OMe)_3]Cp \qquad (10.23)$$

这些自由基在室温下与溶液中的 H_2 发生反应。

$$2{}^{\bullet}Cr(CO)_2[P(OMe)_3]Cp + H_2 \longrightarrow 2H\text{-}Cr(CO)_2[P(OMe)_3]Cp \qquad (10.24)$$

直到 McLain[43]进行细致的光谱测量，才最终在溶液中明确证实了式（10.25）中的平衡。

$$[Cr(CO)_3Cp]_2 \rightleftharpoons 2{}^{\bullet}Cr(CO)_3Cp \qquad (10.25)$$

尽管在常规条件下，溶液中 ${}^{\bullet}Cr(CO)_3Cp$ 自由基的浓度非常低，人们很快认识到 Cr-Cr 配合物反应活性的增加可以归因于这些非常活跃自由基的存在。与未取代的 Cp 体系相比，五甲基环戊二烯体系（Cp^*）在固态下虽然为 Cr-Cr 键合二聚体，但在溶液中却更易解离。

$$[Cr(CO)_3Cp^*]_2 \rightleftharpoons 2{}^{\bullet}Cr(CO)_3Cp^* \qquad (10.26)$$

如式（10.25）所示，通常在毫摩尔每升的浓度下，室温下只有少量的$[Cr(CO)_3Cp]_2$

配合物解离形成自由基。然而，对于[Cr(CO)$_3$Cp*]$_2$ 在相同条件下，仅有少量以 Cr-Cr 二聚体形式存在，该配合物几乎完全解离成自由基。

自由基的浓度在动力学和机理方面至关重要，尤其是在研究涉及金属自由基配合物的二级反应时。对于钼和钨配合物，由于 M—M 键更强，在室温下没有观察到显著的 ˙M(CO)$_2$(L)C$_5$R$_5$(M = Mo、W)自由基。Tyler 等[44]报道了在平衡条件下产生的˙Mo(CO)$_3$C$_5$Ph$_5$ 自由基是个例外。在大多数情况下，高反应活性的˙M(CO)$_3$C$_5$R$_5$ 自由基是通过 M-M（M = Mo、W）二聚体的光解产生，而˙Cr(CO)$_3$C$_5$R$_5$ 自由基则通过热解产生。接下来将分为两个独立的小节：一是关于 M = Mo、W 体系中 M(CO)$_3$C$_5$Ph$_5$ 自由基的光化学生成，二是关于 Cr(CO)$_3$C$_5$R$_5$ 自由基的热反应。目的是较为详细地总结这些体系中已观察到的反应性特征。需要特别注意的是，这些反应研究所采用的实验条件（如自由基浓度、温度、溶剂等）各不相同，不同反应条件下可能会开启不同的反应通道。

10.4.2.1 光化学产生˙M(CO)$_3$C$_5$R$_5$（M = Mo、W）

[M(CO)$_3$C$_5$R$_5$]$_2$（M = Cr、Mo、W）的光化学已经得到了广泛研究，并将在本节中详细讨论，因为它代表了其他低价金属-金属键合配合物，并且可以与热生成的自由基反应进行对比。本节采用历史回顾的方式介绍早期的一些关键研究成果，表明许多优秀的研究人员的早期见解为目前该领域达到超快甚至飞秒技术的复杂知识水平奠定了基础。Haines 等[45]报道了如下的光反应：

$$[Mo(CO)_3Cp]_2 + PPh_3 \xrightarrow{h\nu} Cp(CO)_2(PPh_3)Mo\text{-}Mo(CO)_3Cp + CO \quad (10.27)$$

除了生成取代的金属-金属键合配合物外，他们还观察到了不对称歧化配合物 {Mo(CO)$_2$(PPh$_3$)$_2$}$^+$和{Mo(CO)$_3$Cp}$^-$的形成[45]。Burkert 等[46]进行了更为量化的研究，研究了反应式（10.28）（X = SCN、Cl、Br、I）中金属-金属键的离子裂解。

$$[Mo(CO)_3Cp]_2 + X^- \xrightarrow{h\nu} X\text{-}Mo(CO)_3Cp + [Mo(CO)_3Cp]^- \quad (10.28)$$

当使用 Cl$^-$时，在波长为 546 nm 下的量子产率为 0.36，而 366 nm 下则仅为 0.07，显示出高能量反而反应效率更低这一不寻常现象。研究者还研究了丙酮、乙腈和四氢呋喃中的反应，并观察到溶剂依赖性。Wrighton 和 Ginley[47]报道了式（10.29）所示的 Cl 原子提取反应的量子产率，并提出该反应的光解关键步骤中，σ→σ*跃迁导致的金属-金属键断裂，从而生成自由基。

$$[Mo(CO)_3Cp]_2 + CCl_4 \xrightarrow{h\nu} Cl\text{-}Mo(CO)_3Cp \quad (10.29)$$

Hughey 等[48]通过激光闪光光解研究，直接证明了如下反应中的光初产物为金属自由基：

$$[Mo(CO)_3Cp]_2 \xrightarrow{h\nu} 2\,˙Mo(CO)_3Cp \quad (10.30)$$

他们还测定了自由基在不同溶剂中的重组速率：在四氢呋喃中为 2×10^9 M^{-1} s^{-1}，在乙腈中为 3×10^9 M^{-1} s^{-1}，在环己烷中为 5×10^9 M^{-1} s^{-1}。研究者还观察到了 Mo$_2$(CO)$_5$Cp$_2$ 的生成，并指出无论紫外光还是可见光的光解都会导致金属-金属键的断裂和 CO 的脱除，表明这两种中间产物有一个共同的起源。但目前尚不清楚失去 CO 的中间产物是否为初级光产物。在紫外光进入 σ→σ*（Mo—Mo 键轨道）激发态之后，预期会发生金属-金属键断裂，因为该激发态相对于 Mo—Mo 键具有反键特性。当体系达到热平衡时，最可能形成的是溶剂笼中存在的(η^5-C_5H_5)Mo(CO)$_3$ 片段。

上述见解十分有价值，溶剂笼效应将在后文讨论。Laine 和 Ford[49]在早期的研究中强调了溶剂效应的重要性。他们研究了光生·W(CO)$_3$Cp 在不同溶剂中提取 Cl 原子的速率，发现 $CCl_4 \gg CHCl_3 > PhCH_2Cl > CH_2Cl_2$。并指出："在各种氯代甲烷溶剂中观察到的量子产率并不能简单地反映出从溶剂中提取氯原子的难易程度，而是表明溶剂对活性金属自由基形成的初始量子产率有影响。"

Hoffman 和 Brown[50]利用光解反应产生金属自由基，引发自由基链式反应生成取代配体 HM(CO)$_3$Cp（M = Mo、W），见反应式（10.31）和式（10.32）。

$$·M(CO)_3Cp + PR_3 \longrightarrow ·M(CO)_2(PR_3)Cp + CO \qquad (10.31)$$

$$·M(CO)_2(PR_3)Cp + HM(CO)_3Cp \longrightarrow HM(CO)_2(PR_3)Cp + ·M(CO)_3Cp \qquad (10.32)$$

由此提出了通过生成金属自由基，引发链式反应的观点，如式（10.30）所示。随后发生快速的缔合取代反应[式（10.31）]，并通过氢原子转移[式（10.32）]完成链循环。报道中 M = W 的量子产率超过 1000，M = Mo 时的量子产率也超过 50。早期报告指出·M(CO)$_3$Cp 易于失去一分子 CO，这可能在取代反应中起作用，如反应式（10.31）所示。Turaki 和 Huggins[51]通过研究 HW(CO)$_3$Cp 与三苯甲基自由基反应生成的·W(CO)$_3$Cp，并基于对 CO 浓度依赖动力学，得出如下结论："我们的结果清楚地排除了瞬时 CpW(CO)$_3$ 自由基的解离取代机理。然而，我们尚无法在这些反应中是否经由 19 电子过渡态或形成稳定的 19 电子中间体。"

Philbin 等[52]详细研究了生成 {Mo(CO)$_2$(PPh$_3$)$_2$Cp}$^+$ 和 {Mo(CO)$_3$Cp}$^-$ 的光化学歧化反应。研究表明初始产物为{Mo(CO)$_3$(PPh$_3$)Cp}$^+$和{Mo(CO)$_3$Cp}$^-$，可在苯中发生逆反应，但在极性更强的溶剂（如二氯甲烷）中该逆反应速率显著减慢。此外，当 $\lambda = 290$ nm 时，{Mo(CO)$_3$(PPh$_3$)Cp}$^+$的光解产生了{Mo(CO)$_2$(PPh$_3$)$_2$Cp}$^+$，但在 $\lambda = 525$ nm 时则未观察到该现象。最终产物无法发生逆反应，而初始产物对则可以，从而解释了光化学反应的波长依赖性。研究还提出三种抑制逆反应的方法：使用极性更强的溶剂、阳离子或阴离子进一步反应、降低反应温度。

Tyler 等进行了多项光化学测试，包括(C_5H_4COOH)$_2$W$_2$(CO)$_6$ 在水溶液中的光化学反应生成自由基[53]。该光化学反应及其速率与在有机溶剂中的反应类似。(C_5H_4COOH)$_2$W$_2$(CO)$_6$[54]在水中发生光化学反应，生成·W(CO)$_3$($C_5H_4COO^-$)。在水溶性磷化氢 PPh$_2$R（R = $C_6H_4SO_3^-$）的存在下，生成了更强的还原剂。甲基紫基、Fe(CN)$_6^{3-}$和细胞色素 c^{III}都可作为光还原底物，如反应式（10.33）所示。

$$(C_5H_4COO^-)_2W_2(CO)_6 + 2PPh_2R^- \rightleftharpoons 2[(C_5H_4COO^-)W_2(CO)_3(PPh_2R^-)]$$
$$+ 2\text{ 底物} \qquad\qquad\qquad + 2\text{ 底物} \qquad (10.33)$$

此外，在该反应中还生成了少量氢气。

Zhu 和 Espenson[55]对水溶性自由基·W(CO)$_3$($C_5H_4COO^-$)进行了定量光化学研究。其在水中的二聚反应的速率为 3×10^9 M^{-1}s^{-1}，类似于 Scott 等[56]研究的·M(CO)$_3$Cp（M = Mo、W）在有机溶剂中的重组速率。这些自由基的一个特征是对 O$_2$ 的捕获反应，如反应式（10.34）所示。

$$\cdot W(CO)_3Cp + O_2 \longrightarrow \cdot O_2W(CO)_3Cp \qquad (10.34)$$

该反应的二级反应速率常数为 $3.3\times10^9\,M^{-1}s^{-1}$。与有机卤化物的反应表现出高度选择性，速率常数可跨越七个数量级。此外，该研究还观察到 Bu_3SnH 与 $\cdot W(CO)_3Cp$ 的反应并不符合氢原子转移或电子转移机理。作者提出的氧化加成机理，如式（10.35）所示。

$$\cdot W(CO)_3Cp + HSnBu_3 \longrightarrow \cdot W(H)(SnBu_3)(CO)_3Cp \longrightarrow \cdot W(H)(SnBu_3)(CO)_2Cp + CO \qquad (10.35)$$

所提出的自由基配合物 $\cdot W(H)(SnBu_3)(CO)_2Cp$ 被假设可进一步发生反应。在该反应中并未观察到生成 $H-W(CO)_3Cp$。上述反应提出了一种发生在金属自由基上的氧化加成机理，并伴随 CO 的脱除，最终生成 W(Ⅲ) 自由基，该反应在化学上具有新颖性，对于此类反应仍需进一步深入研究。

光生成的金属自由基的另一个有趣特性是它们既可以作为氧化剂，也可以作为还原剂。反应式（10.36）所示反应的还原速率[57]在乙腈中测定为 $1.87\times10^7\,M^{-1}\,s^{-1}$。

$$\cdot W(CO)_3Cp + FeCp_2^+ \longrightarrow W(CO)_3Cp^+ + FeCp_2 \xrightarrow{CH_3CN} W(CH_3CN)(CO)_3Cp^+ \qquad (10.36)$$

在乙腈中，16 电子阳离子 $W(CO)_3Cp^+$ 很可能进一步反应，形成 18 电子的 $W(MeCN)(CO)_3Cp^+$。目前尚不清楚该过程是发生于反应式（10.36）的一部分，还是随后迅速发生。相反地，对于十甲基亚铁（$FeCp_2^{*+}$），发现其还原反应要么完全不发生，要么极其缓慢。

$$\cdot W(CO)_3Cp + FeCp_2^{*+} \longrightarrow W(CO)_3Cp^+ + FeCp_2^* \qquad (10.37)$$

尽管 $\cdot W(CO)_3Cp$ 不能还原 $FeCp_2^{*+}$，但能够氧化 $FeCp_2^*$；氧化反应速率常数 $k_{obs} = 2.23\times10^8\,M^{-1}s^{-1}$，见反应式（10.38）。

$$\cdot W(CO)_3Cp + FeCp_2^* \longrightarrow W(CO)_3Cp^- + FeCp_2^{*+} \qquad (10.38)$$

强配体（如膦配体）的配位可在热力学与动力学上增强光生自由基 $\cdot M(CO)_3Cp$（M = Mo、W）的氧化性，因为这些配体可稳定其阳离子 $W(PR_3)(CO)_3Cp^+$。TMPD（四甲基对苯二胺）催化生成 $[Mo(MeCN)(CO)_3Cp]^+$ 和 $[Mo(CO)_3Cp]^-$，证明光生自由基 $\cdot M(CO)_3Cp$（M = Mo、W）既可被氧化又可被还原[58]。在第一步反应中，建立了一个涉及光生自由基 $\cdot M(CO)_3Cp$ 的可逆平衡，如反应式（10.39）所示。

$$\cdot Mo(CO)_3Cp + TMPD \rightleftharpoons Mo(CO)_3Cp^- + \cdot TMPD^+ \qquad (10.39)$$

接着，自由基阳离子 $\cdot TMPD^+$ 可作为氧化剂与第二个 $\cdot M(CO)_3Cp$ 发生反应，如反应式（10.40）所示。

$$\cdot Mo(CO)_3Cp + \cdot TMPD^+ + CH_3CN \longrightarrow \cdot Mo(CH_3CN)(CO)_3Cp^+ + TMPD \qquad (10.40)$$

$[Mo(MeCN)(CO)_3Cp]^+$ 和 $[Mo(CO)_3Cp]^-$ 在热力学上是不稳定的，会解离为 $[Mo(CO)_3Cp]_2$ 和 MeCN。然而，在乙腈中，这些物质在动力学上是稳定的。

时间分辨红外研究对 $Me-W(CO)_3Cp$ 的光反应过程表明，其最终产物为 $[W(CO)_3Cp]_2$ 和 CH_4，而反应主要通过最初的 CO 脱除进行[59]，如反应式（10.41）所示，而不是通过 Me—W 键的均裂，如反应式（10.42）所示。

$$H_3C-W(CO)_3Cp \xrightarrow{h\nu} H_3C-W(CO)_2Cp + CO \qquad (10.41)$$

$$H_3C-W(CO)_3Cp \xrightarrow{h\nu} \cdot W(CO)_3Cp + \cdot CH_3 \qquad (10.42)$$

尽管关于 CH_4 的生成方式以及甲基自由基是否作为初级光化学产物生成仍存在争议，

但 Me-W(CO)$_3$Cp 配合物已被 Mohler 等用于光诱导 DNA 断裂的研究[60]。在该反应条件下，曾提出如下反应机理[61]，如式（10.43）所示，用以解释甲酸根自由基的生成过程。

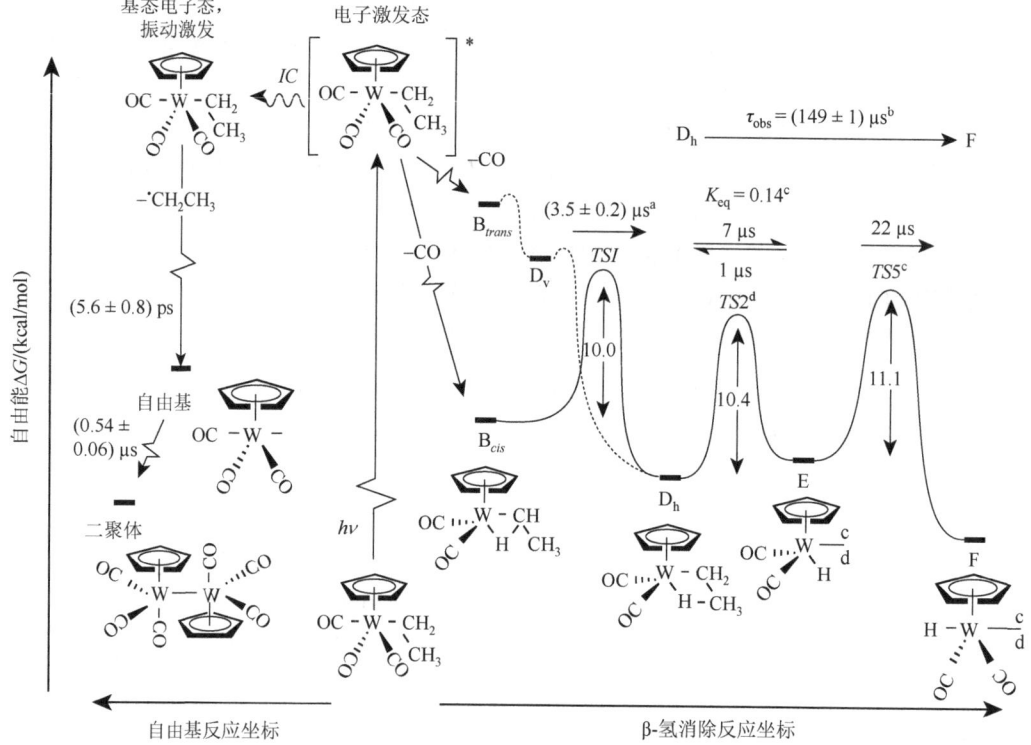

近年来的飞秒红外光谱研究为金属配合物自由基的生成和反应机理提供了新的见解。对 Et-W(CO)$_3$Cp 的光化学研究表明[62]，主要的光化学途径是 CO 的脱除，如反应式（10.43）中的甲基配合物 Me-W(CO)$_3$Cp 所示。虽然存在副反应生成自由基的现象，但可能源自具有高振动能量的母体分子。此外，在这些体系中观察到 α-和 β-C—H 键的活化过程。图 10.3 给出了乙基配合物中相关反应的一个总体机理示意图。

图 10.3 提出 β-C—H 氧化加成反应的光化学顺序是 β-C—H 键的氧化加成首先经历 CO 的脱除，随后进行 α-和 β-C—H 键的配位。左侧的自由基断裂是相对于主要反应过程的副反应

文献[63]经许可转载，版权归 2006 年美国化学学会所有

关于 19 电子中间体的作用长期以来一直存在争议，尤其是许多反应机理并不需要假设其存在，而且到目前为止，仅有极少数 19 电子配合物得到了晶体学表征。对 •W(CO)$_3$Cp 与亚磷酸根配体取代反应的超快光化学研究首次直接检测到了 •W(CO)$_3$(PR$_3$)Cp 的红外特征吸收带，其寿命约为 280 ns[63]，如反应式（10.44）所示。

$$1/2[W(CO)_3Cp]_2 \xrightarrow{h\nu} \bullet W(CO)_3Cp \underset{-PR_3}{\overset{+PR_3}{\rightleftharpoons}} \bullet W(CO)_3(PR_3)Cp \quad (10.44)$$

已有大量研究表明，17e$^-$ 自由基 [如 CpM(CO)$_3^\bullet$（M = Cr、W）、CpFe(CO)$_2^\bullet$、M(CO)$_5^\bullet$（M = Mn、Re）] 以及 V(CO)$_6^\bullet$ 的配体取代反应遵循缔合机理，但本研究首次提供了明确证据，证明 19e$^-$ 配合物在配体取代过程中是一个中间体而非过渡态。

这项工作的另一个重要方面是，金属自由基与配体结合的平衡常数为 $K_{eq} \approx 3.4$ M^{-1}，这表明在 17/19 电子之间的平衡反应中，自由能变化接近于零。因此，配体加成所带来的不利熵变几乎被形成 19e$^-$ 加合物中"半键"所带来的有利焓变所抵消。

前述研究是在相对稀释的溶液（在三甲氧基膦中的浓度为 85 mmol/L）中进行的，然而，光化学反应的歧化研究是在相对高浓度溶液（在三甲氧基膦中的浓度为 1.6 mol/L）下进行的[64, 65]。在这些条件下，歧化反应速率甚至比配体取代反应还要快。这是由于高浓度确保至少有一个 P(OMe)$_3$ 分子位于金属-金属键合二聚体的第一溶剂化壳层中。在这种情况下，反应可以在溶剂笼扩散之前发生，如图式 10.2 所示。

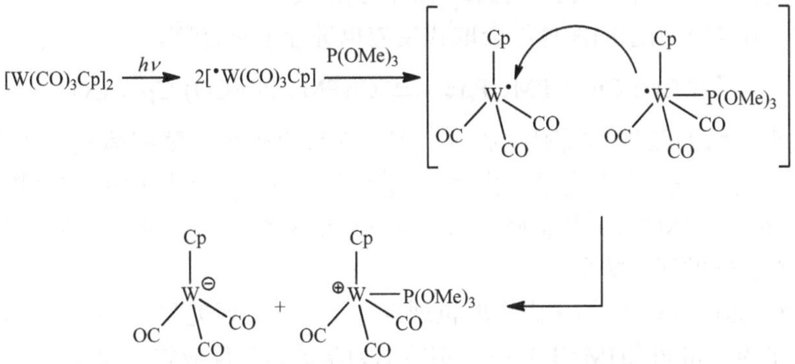

图式 10.2 提出的在溶剂笼中光化学歧化的顺序

文献[63]经许可改编，版权归 2006 年美国化学学会所有

歧化产物与配体取代产物的比例受 P(OMe)$_3$ 浓度的控制。在较低配体浓度下，光生自由基会在溶剂笼中扩散逃逸，尚未来得及与两摩尔的光生自由基结合。这是一个重要的结果，因为它将光生成的自由基的化学反应（通常在稀溶液中研究）与稳定自由基的化学反应（将在下一节讨论，通常发生在高浓度溶液中）联系了起来。溶剂笼中的反应是一个三级反应，涉及两个金属自由基和一个配体，该反应极为迅速，其速率足以与自由基从溶剂笼逃逸的速率竞争。

使用高浓度配体可以促使电子转移发生，这表明三元过渡态的活化焓较低。与该研究密切相关的还有扩散受限体系下的研究成果，尤其是在基质隔离光谱领域。对此主题的详细讨论超出本章的范围，感兴趣的读者可参阅 Bitterwolf[66]撰写的优秀综述。

10.4.2.2 ·$Cr(CO)_3C_5R_5$ 的反应机理

许多团队正在研究溶液中的·$Cr(CO)_3C_5R_5$（R = H、Me）。这些自由基很容易通过金属-金属键合二聚体的解离生成。对于 R = Me，该溶液在室温下几乎定量转化为自由基单体。而对于 R = H，在典型条件下仅约 1%～10%的配合物解离为自由基。由于二聚体的解离非常迅速（自由基的重组也是如此），大多数观察到的化学反应来自高度活泼的 17 电子自由基。尽管溶液中热化学的基本反应与前面讨论的光化学反应有关，但溶液热反应研究通常涉及更高的浓度，因此更容易观察到涉及两个金属自由基之间的协同反应。

Baird[40]首先对·$Cr(CO)_3Cp^*$的化学性质进行了广泛研究。Jaeger 和 Baird[67]最早报道了几个关键反应，如卤化反应。该反应可以迅速发生，如反应式（10.45）所示。

$$·Cr(CO)_3(Cp^*) + 1/2\, I_2 \longrightarrow I\text{-}Cr(CO)_3(Cp^*) \tag{10.45}$$

虽然这是一个典型的金属-金属键配合物和自由基反应，但也观察到生成的 I-$Cr(CO)_3C_5R_5$ 与未反应的·$Cr(CO)_3C_5R_5$ 之间发生的快速原子转移。

$(\eta^5\text{-}C_5Me_5)Cr(CO)_3I$ 会与 IV[·$Cr(CO)_3C_5Me_5$]发生碘原子交换过程，这一过程通过两个化合物中甲基信号的合并在核磁共振谱图中得到证实。

对如式（10.46）所示的配体结合取代反应也进行了研究[68]。

$$·Cr(CO)_3Cp^* + PMe_2Ph \rightleftharpoons ·Cr(PMe_2Ph)(CO)_2Cp^* + CO \tag{10.46}$$

研究发现，膦的取代遵循配位加成机理，在该机理中，膦配体被 CO 取代［反应式（10.46）的逆过程］则是通过交换-加成过程实现的。反应式（10.45）（原子转移）和反应式（10.46）（配体取代）是金属自由基化学中的两个基本步骤，实验发现这些过程在该体系中具有较低的活化能垒。

研究者对·$Cr(CO)_3C_5R_5$ 的卤素提取机理进行了一系列研究[69]。特别是在含有 β-H 原子的有机卤化物（如 PhCHMeBr）中，实验动力学数据与反应式（10.47）～式（10.53）中提出的机理一致，并可用于拟合这些反应路径。

$$·Cr(CO)_3Cp + PhCHMeBr \longrightarrow Br\text{-}Cr(CO)_3Cp + ·CPhHMe \tag{10.47}$$
$$k = 0.02\ M^{-1}\ s^{-1}$$

$$·Cr(CO)_3Cp + ·CPhHMe \longrightarrow H\text{-}Cr(CO)_3Cp + PhHC\!\!=\!\!CH_2 \tag{10.48}$$
$$k = 10^9\ M^{-1}\ s^{-1}$$

$$·Cr(CO)_3Cp + ·CHPhHMe \longrightarrow PhMeHC\text{-}Cr(CO)_3Cp \tag{10.49}$$
$$k = 10^9\ M^{-1}\ s^{-1}$$

$$PhMeHC\text{-}Cr(CO)_3Cp \longrightarrow H\text{-}Cr(CO)_3Cp + PhHC\!\!=\!\!CH_2 \tag{10.50}$$
$$k = 10^3\ M^{-1}\ s^{-1}$$

$$H\text{-}Cr(CO)_3Cp + ·CPhHMe \longrightarrow ·Cr(CO)_3Cp + PhCH_2CH_3 \tag{10.51}$$
$$k = 10^7\ M^{-1}\ s^{-1}$$

$$\text{H-Cr(CO)}_3\text{Cp} + \text{PhHC}=\text{CH}_2 \longrightarrow \text{·Cr(CO)}_3\text{Cp} + \text{·CPhHMe} \quad (10.52)$$
$$k = 0.4 \text{ M}^{-1}\text{ s}^{-1}$$

$$\text{PhMeHC-Cr(CO)}_3\text{Cp} \longrightarrow \text{·Cr(CO)}_3\text{Cp} + \text{·CPhHMe} \quad (10.53)$$
$$k = 10^3 \text{ M}^{-1}\text{ s}^{-1}$$

有机自由基·CPhHMe 在反应式（10.47）中通过缓慢的原子转移步骤生成，可以与第二个 Cr 自由基结合，如反应式（10.49）所示，或发生氢原子转移，如反应式（10.48）所示。反应式（10.50）涉及 β-H 原子消除，生成金属氢化物。这也可以参与自由基氢原子转移反应，如反应式（10.51）所示。最后，氢原子转移到 PhCH=CH$_2$ 生成自由基对，如反应式（10.52）所示。烷基配合物也可能发生自由基裂解，如反应式（10.53）所示。

从上面的讨论可以清楚看出，看似简单的溴原子转移反应［式（10.47）］可能会导致一系列复杂的后继反应。这些反应的可逆性也被用于可逆烯烃聚合的研究。Norton 等对此过程进行了广泛的研究，感兴趣的读者可以参考这个工作[70]，以及 Bullock 和 Samsel[71] 早期的相关研究。

Weng 和 Goh[72]对这一"简单"有机金属自由基·Cr(CO)$_3$Cp 的复杂反应路径进行了深入细致的研究，并引用了该领域的主要文献。本节重点讨论基本的初级反应，对这些配合物的结构和机理的详细研究超出了本节的范围而不再赘述。该自由基与 P$_4$、P$_4$E$_3$（E = S、Se）和 Sb$_2$S$_3$ 的反应活性（图 10.4）说明了其与 P、S 以及其他非金属元素形成的有趣配合物。

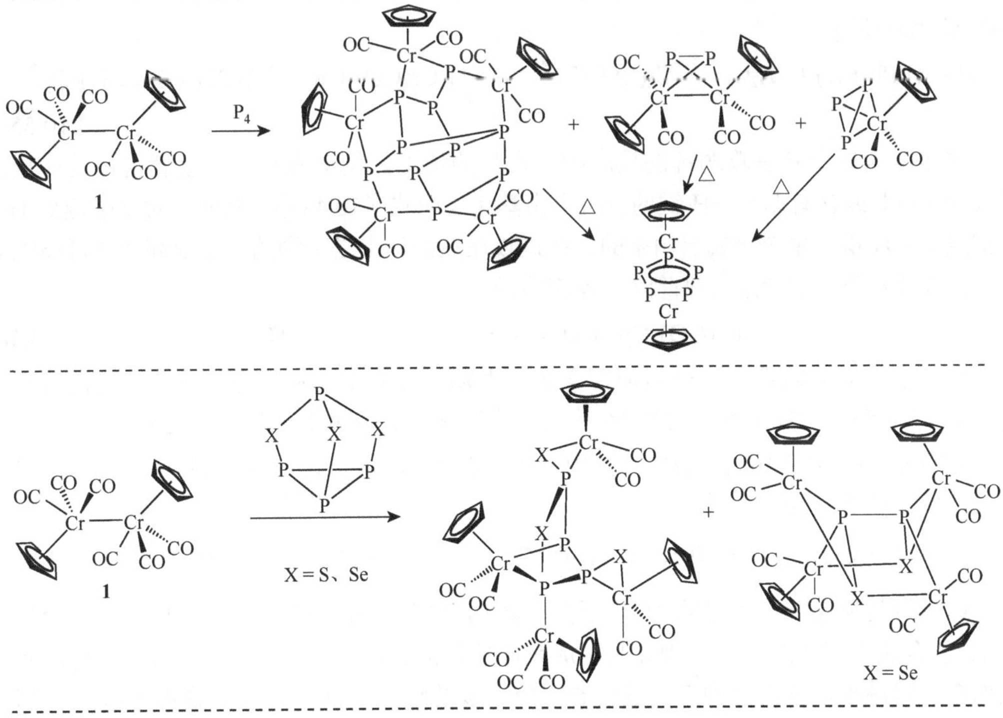

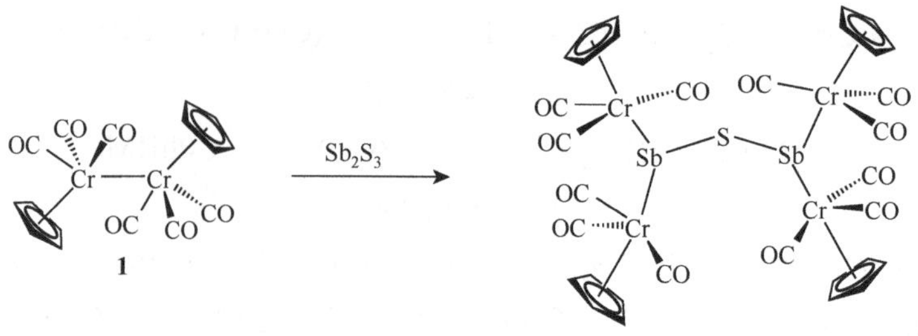

图 10.4 由 ˙Cr(CO)₃Cp（来源于[Cr(CO)₃Cp]₂ 的反应物种）与 P₄、P₄E₃（E = S、Se）和 Sb₂S₃ 反应所生成的产物

文献[72]经许可改编，版权归 2004 年美国化学学会所有

1985 年，测定了铬、钼和钨的金属-金属键合二聚体的加氢反应焓[反应式（10.54）][73]。

$$[M(CO)_3Cp]_2 + H_2 \longrightarrow H-M(CO)_3Cp \quad (10.54)$$

$$\Delta H(M) = -3(Cr) \text{ kcal/mol}, +6(Mo) \text{ kcal/mol}, -1(W) \text{ kcal/mol}$$

当时，溶液中 ˙Cr(CO)₃Cp 的自由基性质尚未得到证实。Muetterties 等[42]曾报道了该二聚体溶液的加氢反应，但氧化加成的机理尚不清楚。此外，已知配合物[Cr(CO)₃Cp]₂ 可以催化二烯的加氢反应，机理涉及催化条件下 H-Cr(CO)₃Cp 中间体的再生。反应式（10.54）的热化学数据是通过间接热力学循环获得的，而 H₂(g)与 ˙Cr(CO)₃Cp˙反应的焓则通过直接测量，得到 H-Cr(CO)₃Cp˙键能为(62.3±1) kcal/mol[74]。

如反应式（10.55）所示，当反应在热力学上允许进行时[ΔH = (−2.5±0.2) kcal/mol]，其自由基氢原子转移过程的动力学势垒较低[$\Delta H^\ddagger$ = (2.1±0.2) kcal/mol，$\Delta S^\ddagger$ = (−38.2±3.8) cal/(mol·K)]。

$$H\text{-}Cr(PPh_2Me)(CO)_2Cp^* + {}^\cdot Cr(CO)_3Cp^* \longrightarrow H\text{-}Cr(CO)_3Cp^* + {}^\cdot Cr(PPh_2Me)(CO)_2Cp^* \quad (10.55)$$

这在金属自由基进攻弱键的反应中是常见的情形，例如进攻另一金属自由基［反应式（10.55）］或含有弱 C—H 键的有机自由基［反应式（10.48）］。然而，对于强键如 H—H 键或 R—H 键，单个金属自由基的直接进攻在热力学上是不利的，焓变高达 40 kcal/mol 以上，因此从热力学考虑可排除这一反应路径。

$$^\cdot Cr(CO)_3Cp^* + H_2 \longrightarrow H\text{-}Cr(CO)_3Cp^* + H^\cdot \quad (10.56)$$

M—H 键相对较弱，这一情形在金属自由基中很典型。就热力学而言，自由基直接进攻 H₂ 是不利的。动力学研究表明[75]，H₂ 的氧化加成总体上遵循三级反应速率。

$d[P]/dt = k[{}^\cdot Cr(CO)_3Cp^*]^2[H_2]$，其中 $\Delta H^\ddagger$ = 0 kcal/mol，$\Delta S^\ddagger$ = −47 cal/(mol·K)。三级反应机理如反应式（10.57）所示。

$$[Cr(CO)_3Cp^*]_2 + H_2 \rightleftharpoons {}^\cdot H_2\text{-}Cr(CO)_3Cp^* \xrightarrow{{}^\cdot Cr(CO)_3Cp^*} 2H\text{-}Cr(CO)_3Cp^* \quad (10.57)$$

第一步是形成一个可逆的 19 电子分子氢加合物。如前所述，由于 19 电子加合物中的 H₂ 和金属之间形成半键，因此其生成是微放热的。第二步涉及第二摩尔 Cr 自由基对该加合物的进攻，从而得到三元过渡态。第二步的焓垒较低，且几乎被式（10.57）第一

步中 H_2 配位的放热效应所抵消。因此，该反应总体表现出零活化焓，但活化熵较大且为负值。

减少不利熵垒的一种方法是使用配位的自由基来捕获 H_2，从而利用低活化焓来实现双核加成。研究了富瓦烯（fulvalene）配合物体系，如反应式（10.58）所示[76]。

$$\text{(Cp)}(OC)_2Cr\text{—}Cr(CO)_2\text{(Cp)} + H_2 \rightleftharpoons [\text{(Cp)}(OC)_2Cr\cdots H\cdots Cr(CO)_2\text{(Cp)}]_{H} \qquad (10.58)$$

该体系的实验活化焓比两个 $^\bullet Cr(CO)_3Cp^*$ 自由基的预期值要高。这可能是在富瓦烯桥连体系中，Cr 自由基之间在过渡态中的几何排列和反应路径受限所致。

RS—H 键的键能低于 H—H 键和 R—H 键，因此可以预见单个自由基对 RS—H 键的进攻是可行的路径。以 PhS—H 键为例，其键能为 79 kcal/mol[77]，仅比 Cr—H 键高 17 kcal/mol。然而，对 PhSH 和 BuSH 的详细动力学研究表明（后者的 S—H 键的键能比 PhSH 约高 10 kcal/mol[78]），这两种反应的反应速率相似，并遵循三级反应动力学规律[79]。图 10.5 展示了该反应的势能图。实测的活化参数与 H_2 的氧化加成极为相似[对于 PhSH，$\Delta H^\ddagger = 0$ kcal/mol，$\Delta S^\ddagger = -52$ cal/(mol·K)；对于 BuSH，$\Delta H^\ddagger = 0$ kcal/mol，$\Delta S^\ddagger = -55$ cal/(mol·K)]。

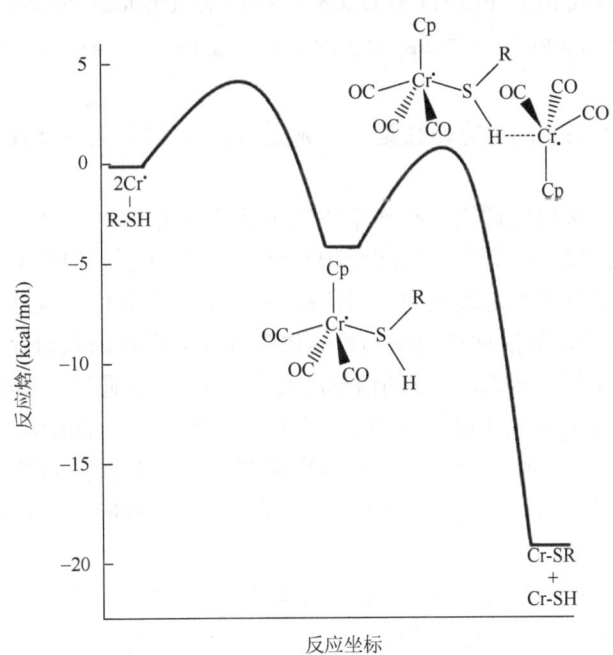

图 10.5 硫醇氧化加成的势能图

第一步是形成一个可逆的 19 电子配位硫醇加合物，其键合焓估计为 $-6\sim-3$ kcal/mol。当它受到第二摩尔铬自由基进攻时，就会出现过渡态。由于第一步结合的放热焓被第二步的活化焓抵消，所以测得的活化焓接近 0 kcal/mol。文献[79]经许可改编，版权归 1996 年美国化学学会所有

S—H 键的活化在工业和生物过程中都非常重要[80]。在两摩尔·Cr(CO)3Cp*自由基进攻 RS—H 键的反应中，有两种情况下可转化为一级反应。与 H$_2$S 的反应在 Ar 气氛下表现为相对快速、对金属自由基呈一级反应，而在 CO 气氛下则为较慢的、对金属自由基呈二级反应[81]，如图式 10.3 所示。

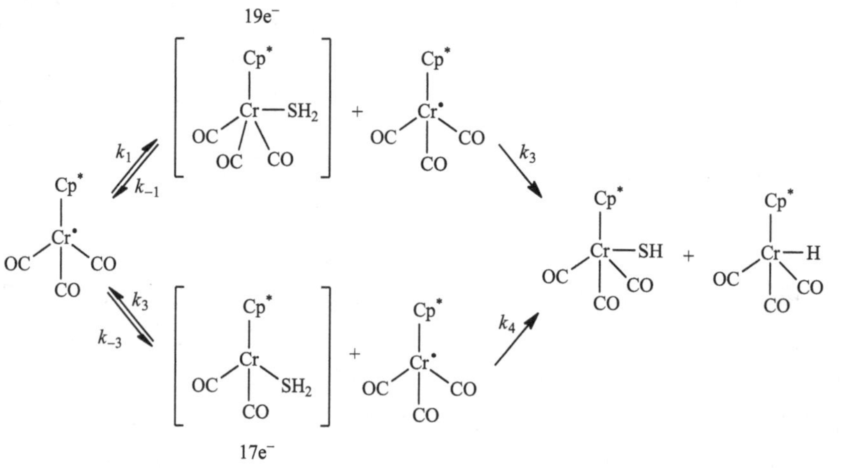

图式 10.3 H$_2$S 与·Cr(CO)$_3$Cp*反应的两种氧化加成机理途径

下方的途径在氩气气氛下进行，涉及以 H$_2$S 取代 CO 的速率限速步骤，生成取代自由基·Cr(SH$_2$)(CO)$_2$Cp*

在 CO 气氛下观察到的上方路径是一个典型的三级过程，与 PhSH 和 BuSH 的氧化加成类似。

反应路径中的一级反应通道具有速率决定步骤（图式 10.3 中的 k_3），该步骤涉及 H$_2$S 取代 CO 的配位，生成取代的自由基配合物·Cr(SH$_2$)(CO)$_2$Cp*。但在 CO 气氛下，该反应通道被抑制，此时观察到的是较慢的"默认路径"，即三级氧化加成路径。该中间配合物·Cr(SH$_2$)(CO)$_2$Cp*及类似的活性自由基物种的化学行为尚未被深入研究。

第二种实现铬自由基一级动力学的情形涉及预先配位，即通过金属配合物对 RS—H 键进行活化[79]。形成 W(phen)(BuSH)(CO)$_3$ 配合物后，相较于游离硫醇，其 S—H 键键能显著降低。如图式 10.4 所示的机理为快速反应路径，即金属自由基进攻一个非自由基金属配合物中配位的配体。由于硫醇配位降低了 S—H 键键能，金属自由基的第一次进攻成为可能。

对于二硫化物的氧化加成反应，有研究发现其反应级数是一级还是二级，取决于所断裂的 RS—SR 键的强度。当底物为 PhSSPh 时，其 S—S 键较弱（键能约为 46 kcal/mol），因此速率决定步骤为单个金属自由基的进攻。而当底物为 MeSSMe 时，其 S—S 键较强（键能约为 60 kcal/mol），此路径不再可行，反应需通过三级路径进行。这两种路径如图式 10.5 所示。对于 PhSSPh，反应遵循以下路径：生成一个游离的·SPh 自由基，该自由基会迅速与额外的·Cr(CO)$_3$Cp*自由基结合，生成 PhS-Cr(CO)$_3$Cp*。而对于 MeSSMe，由于其 S—S 键更强，因此反应遵循三级动力学，与 H$_2$ 和硫醇的活化路径类似。

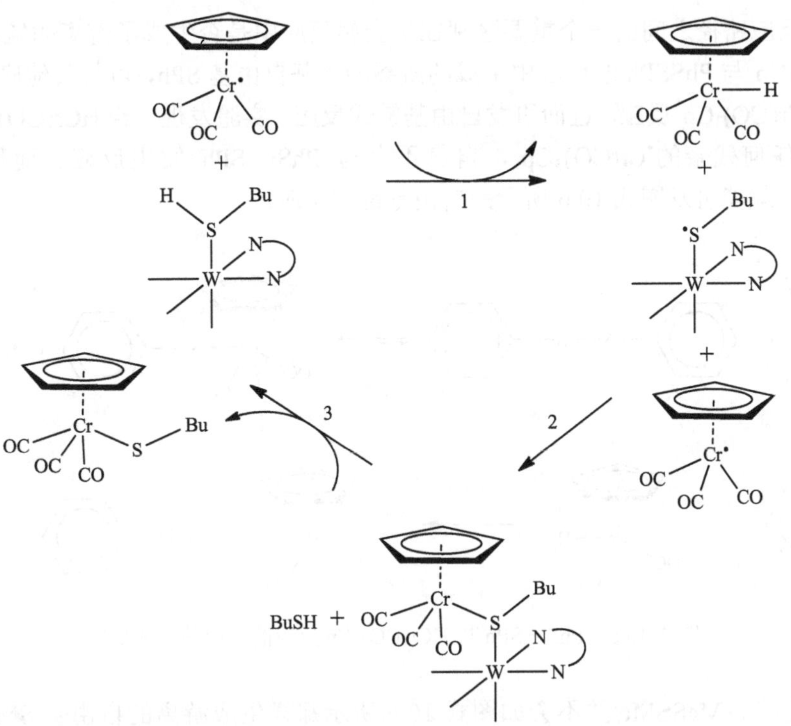

图式 10.4　配合物 W(phen)(CO)₃ 催化 BuSH 与 ·Cr(CO)₃Cp 反应

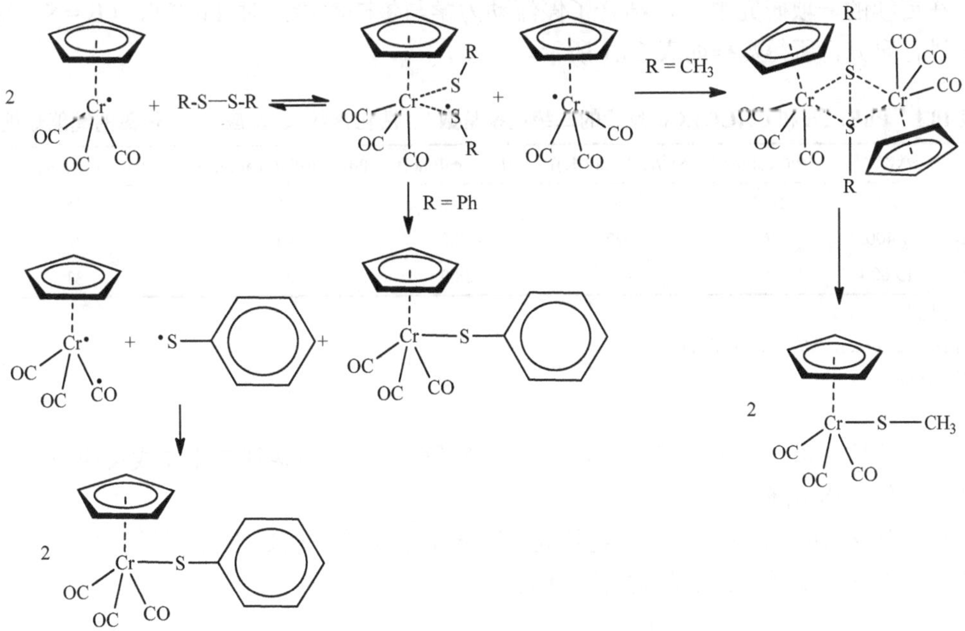

图式 10.5　·Cr(CO)₃Cp 与二硫化物反应的机理
两者都被认为通过最初的 19 电子片段 (RSSR)·Cr(CO)₃Cp 进行

两个反应路径之间的一个重要区别在于金属反应中是否生成了游离的硫基自由基。在 ·Cr(CO)$_3$Cp* 与 PhSSPh 的反应中生成的游离的硫基自由基·SPh，可与其他底物反应，特别是与 HCr(CO)$_3$Cp* 反应，进而引发自由基链式反应。实验发现，若 HCr(CO)$_3$Cp* 非常纯净，不含任何残余的 ·Cr(CO)$_3$Cp*，自身不会与 PhS—SPh 发生反应。而加入少量的 ·Cr(CO)$_3$Cp* 就能引发图式 10.6 所示的自由基链式反应。

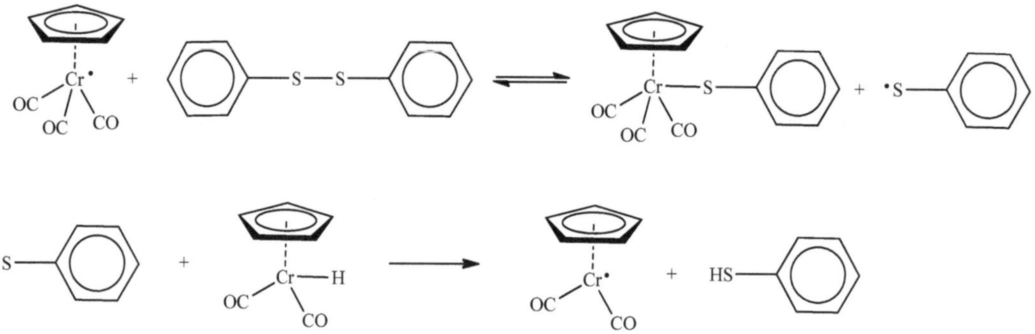

图式 10.6　PhS—SPh 与 HCr(CO)$_3$Cp 反应的自由基链式反应

相较之下，MeSSMe 并不会如图式 10.6 所示那样生成游离的自由基·SMe，因此向 MeSSMe 与 HCr(CO)$_3$Cp 的反应体系中加入少量的 ·Cr(CO)$_3$Cp* 也不会引发自由基链式反应。

在后续的一项研究中[83]，结合了停流动力学与量热实验，对 PhEEPh（E = S、Se、Te）进行研究，所得数据如表 10.1 所示。

表 10.1　PhEEPh 和 ·Cr(CO)$_3$Cp* 反应的二级速率常数 ^{a}、活化常数 ^{b}、反应焓 ^{c}、估算的键能数据 ^{c}

E	k/M^{-1}s^{-1}	$\Delta H^{\ddagger}$/(kcal/mol)	$\Delta S^{\ddagger}$/[cal/(mol·K)]	ΔH_{rxn}/(kcal/mol)	PhE—EPh/(kcal/mol)	PhE—Cr/(kcal/mol)
S	1.3	10.2	−24.4	−29.6	46	38
Se	1 400	7	−22	−30.8	41	36
Te	19 000	4	−26	−28.9	33	31

^{a} M^{-1} s^{-1}。
^{b} $\Delta H^{\ddagger}$ = kcal/mol, $\Delta S^{\ddagger}$ = cal/(mol·K)。
^{c} kcal/mol。

随着硫族元素逐渐由上至下，其键能逐渐减弱，因此观察到氧化加成反应速率显著加快，活化焓逐渐降低。

与硫醇反应相关的另一类化合物是吡啶硫酮，因为其存在明显的互变异构，如式（10.59）所示，即 2-吡啶硫酮与 2-吡啶硫醇之间的互变。

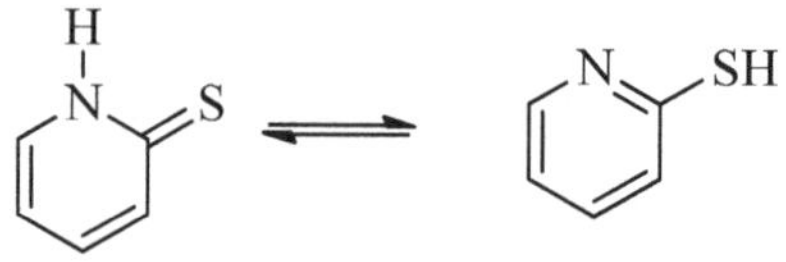

(10.59)

在甲苯溶液中，硫酮互变异构体占优势[84]。尽管如此，研究发现其氧化加成反应方式与硫醇类似，甚至对于 4-吡啶硫酮而言，其反应速率出人意料地快于常见硫醇[85]。这是因为金属自由基与 S═C 键配位形成的初始 19 电子配合物更有利的生成焓，如图式 10.7 所示。

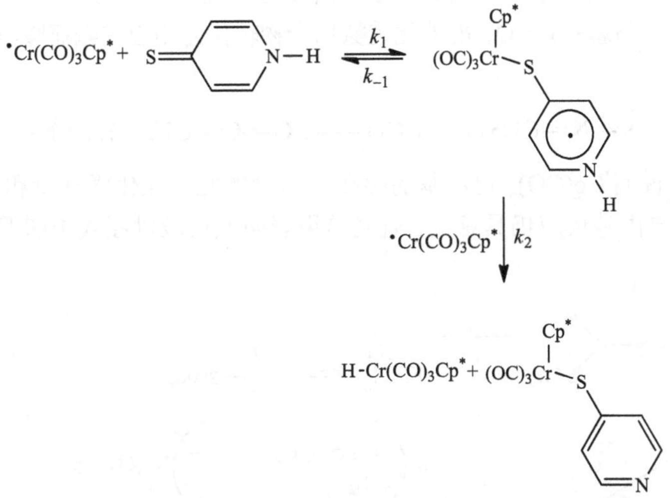

图式 10.7　Cr(CO)$_3$Cp*与 4-吡啶硫酮之间的两步氢原子转移机理

首先形成一个 19 电子硫酮配合物，随后从 4 位发生氢原子转移

另一种可能的解释则是电子转移/质子转移（e$^-$/H$^+$）机理，如图式 10.8 所示。

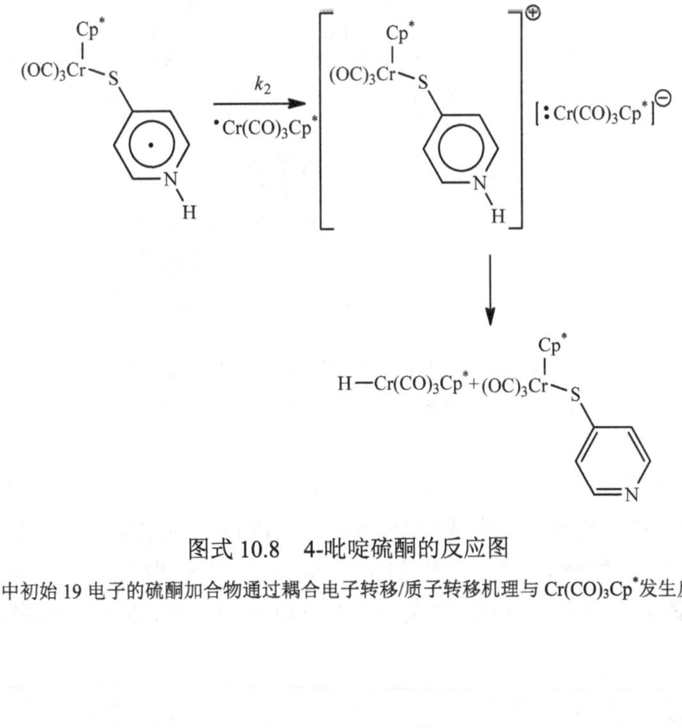

图式 10.8　4-吡啶硫酮的反应图

其中初始 19 电子的硫酮加合物通过耦合电子转移/质子转移机理与 Cr(CO)$_3$Cp*发生反应

电子转移机理的一个支持性证据是：当底物为 4-N-甲基吡啶硫酮（不具备 H 原子转移能力）时，反应会生成离子对产物[Cr(CO)$_3$(4-S-C$_5$H$_4$N-Me) (C$_5$Me$_5$)]$^+$[Cr(CO)$_3$Cp*]$^-$。这一结果说明在区分氢原子转移机理与电子转移/质子转移机理时仍存在挑战，也不能排除其他机理的可能性。但重要的结论是，由于 4-吡啶硫酮含有优良的自由基受体 S═C 键[86]，因而其反应活性显著高于相应的硫醇，尽管其热力学上更稳定的异构体为硫酮。

Ungváry 等[87]发现，Co$_2$(CO)$_8$ 能催化重氮化合物转化为相应的酮亚胺，如反应式（10.60）所示。

$$N=N=CHSiMe_3 + CO \longrightarrow O=C=CHSiMe_3 + N_2 \quad (10.60)$$

该反应并未说明 ·Co(CO)$_4$ 自由基的存在。尽管如此，在化学计量和催化反应中观察到 ·Cr(CO)$_3$C$_5$R$_5$ 自由基反应仍具意义。研究结果表明该反应以图式 10.9 所示的机理进行。

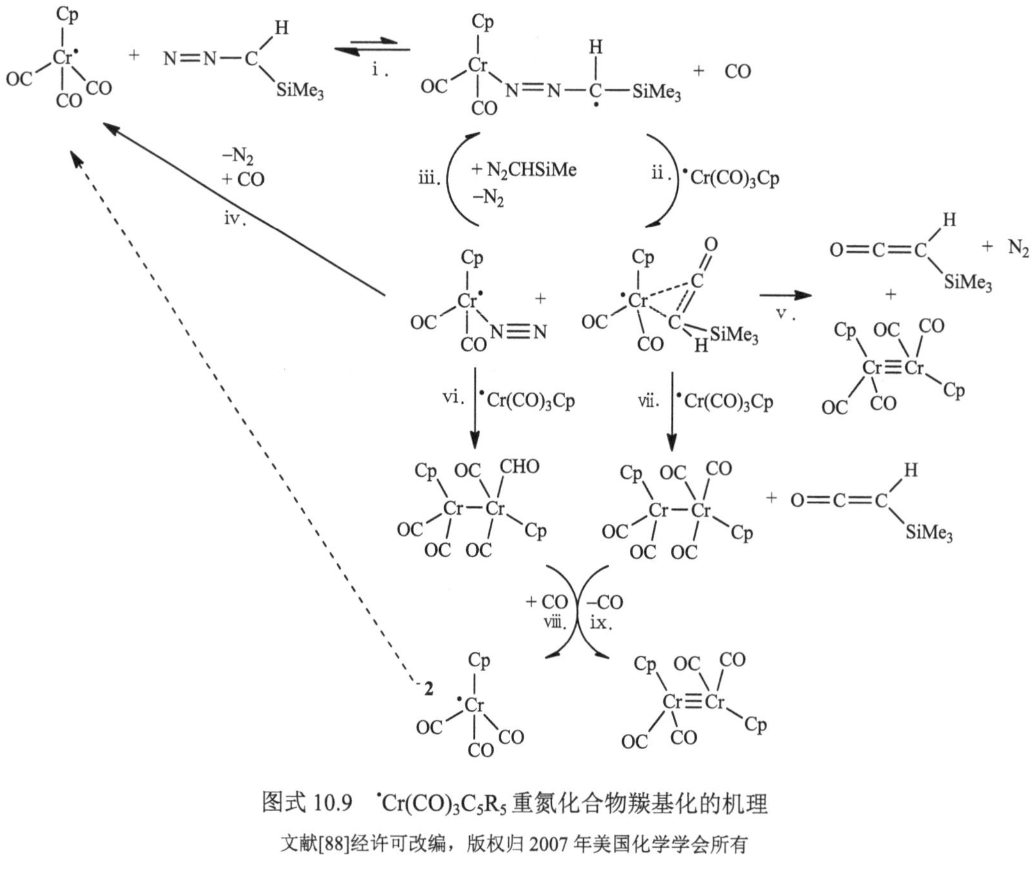

图式 10.9 ·Cr(CO)$_3$C$_5$R$_5$ 重氮化合物羰基化的机理

文献[88]经许可改编，版权归 2007 年美国化学学会所有

在整个羰基化反应过程中，观察到一个诱导期，并且该反应受到一部分 CO 的抑制作用[88]。该机理中的关键步骤是生成 ·Cr(N═N═CHR)(CO)$_2$C$_5$R$_5$ 自由基中间体，其中重氮烷烃取代了一个羰基配体，这一过程与上文所述的 H$_2$S 取代类似。随后，第二分子 ·Cr(CO)$_3$C$_5$R$_5$ 对该中间体发起进攻，生成一个双核桥连加合物，其计算结构如图 10.6 所示。

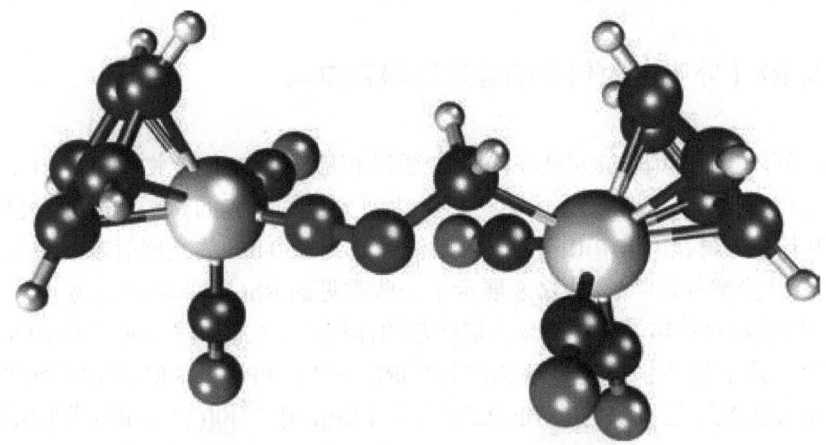

图 10.6　在 BP86 理论水平计算得出的 Cp(CO)$_2$Cr═N═N-CH$_2$-Cr(CO)$_3$Cp 的结构。产物生成经两摩尔 ·Cr(CO)$_3$Cp 分步加成到 N═N═CHSiMe$_3$，同时伴随 CO 的离去

文献[88]经许可转载，版权归 2007 年美国化学学会所有

该桥连中间体结构 Cp(CO)$_2$Cr═N═N-CH$_2$-Cr(CO)$_3$Cp 被认为经由羰基插入与断裂反应，生成一摩尔 ·Cr(N$_2$)(CO)$_2$Cp 和一摩尔 ·Crη^2(O═C═CHSiMe$_3$)(CO)$_2$Cp。计算得到的过渡态结构如图 10.7 所示。

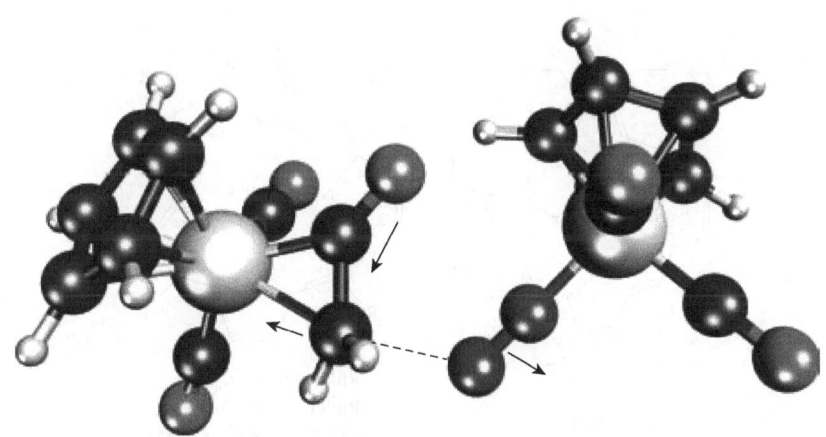

图 10.7　在 BP86 理论水平计算得到的结合重氮烷烃的羰基化反应过渡态的结构

文献[88]经许可转载，版权归 2007 年美国化学学会所有

该反应提出的复杂机理源于两个金属自由基对底物（重氮烷烃）发起进攻，该底物具有显著的电子离域能力，并在反应过程中生成新的、极具活性的金属自由基。

本节试图较为详细地展示自由基 ·Cr(CO)$_3$C$_5$R$_5$ 的反应类型。其基本反应步骤——增强配体取代能力、19e$^-$ 中间体的形成、对弱键的单金属裂解生成自由基、强键的协同断裂、19e$^-$ 配合物的电子转移生成 18e$^-$ 阳离子、自由基对配位配体的进攻——均已被相对充分地确立。将这些类型的反应应用于可设计的催化反应路径，已成为无机化学研究的前沿领域。

10.4.3　以 Rh（卟啉）为代表的金属卟啉自由基

通常，单体形式的(por)Rh·是在溶液中通过相应前驱体化合物中 Rh-Rh、Rh-H 或 Rh-Me 的热或光诱导均裂反应生成的[89]。其中研究较为深入的一类 Rh 卟啉自由基体系是二价四甲苯基卟啉铑[(TMP)Rh·]，它可用波长约为 350 nm 的光照射苯或甲苯溶液中的(TMP)Rh-Me，光解制得[90]。图 10.8 展示了一些常见的 Rh(Ⅱ)卟啉配合物。

二聚反应的相对稳定性与卟啉环上取代基的体积大小直接相关。对于图 10.8 中所列的一组配合物，其空间体积排列顺序为(TTiPP)Rh·>(TTEPP)Rh·>Rh(TMP)·>(TXP)Rh·>(TPP)Rh·>(OEP)Rh·。已报道的[(OEP)Rh]$_2$[91]、[(TXP)Rh]$_2$[92]和[(TMP)Rh]$_2$[92]的键解离焓分别为 15.5 kcal/mol、12 kcal/mol 和 0 kcal/mol。这些数据是通过温度对 NMR 谱线展宽随温度变化测定得出的。单体(TPP)Rh·可通过几种方法生成：在 77 K 下对 2-Me-THF 中的[Rh(TPP)]$_2$进行光解[93]，在苯溶液中对 μ-TPP[Rh(CO)$_2$]$_2$进行闪光光解[93, 94]，以及对四氢呋喃中的(TPP)Rh-(NHMe$_2$)$_2^+$进行电化学还原[95]。然而，由于缺乏其他试剂的稳定作用，该单体通常迅速二聚回到[Rh(TPP)]$_2$。对于空间位阻更大的配合物，则仅观察到 15e$^-$的单体自由基物种。卟啉配体的体积在很大程度上决定(por)Rh·自由基的稳定性与反应活性。以下小节将介绍该类配合物反应活性的一些例子，并非列举所有反应类型，相关综述文献中已有更详细的整理和讨论[89,96,97]。

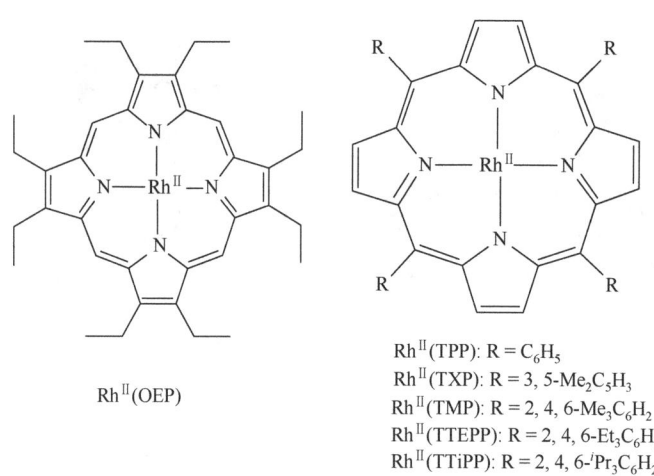

图 10.8　15 电子，d^7 构型的平面方形 Rh 卟啉及其常用缩写

10.4.3.1　(por)Rh· 对脂肪族 C—H 键的活化

(TMP)Rh 与甲烷发生可逆反应生成(TMP)Rh-H 和(TMP)Rh-Me，如反应式（10.61）所示。已有报道指出 Rh(TXP)·也显示出类似的反应性[92]。在 353 K 时可以在苯溶液中观察到(por)Rh-H 和(por)Rh-Me 的反应可逆性，生成 2(por)Rh·和 CH$_4$（por = TMP、TXP）。

$$2(TMP)Rh^· + CH_4 \rightleftharpoons (TMP)Rh\text{-}H + (TMP)Rh\text{-}CH_3 \qquad (10.61)$$

该反应为三级反应[Me-R 为一级，Rh(por)·为二级]，反应中可能形成一个三分子线性中间体，如图 10.9 所示。

反应的热力学驱动力来源于生成两个较弱的键，即 Rh—H 键（约 60 kcal/mol）和 Rh—Me 键（约 57 kcal/mol）[92]，其总键能高于断裂的 H—Me 键（104.6 kcal/mol）。通过测量(TMP)Rh·与甲烷反应的平衡常数 K_{eq}，发现该反应具有较大的活化熵，$\Delta S^‡ = -39.2$ cal/(mol·K)，这与反应中需同时结合两个大分子和一个小分子的过程相吻合。

有趣的是，没有观察到苯和(por)Rh·的反应。这归因于空间位阻效应[92]。由于苯环体积较大，这类大体积的(por)Rh·不能形成类似于如图 10.9 所示的中间体。该类自由基对芳香族和脂肪族 C—H 键选择性的差异，随后通过(por)Rh·与苯的反应进一步探讨[92]。文献表明(TXP)Rh·和 (TMP)Rh·与甲苯反应生成(por)Rh-H 和 (por)Rh-CH$_2$-C$_6$H$_5$，如反应式（10.62）所示。没有发现任何芳香族碳-氢键被活化的证据。

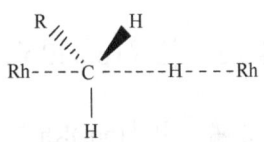

图 10.9　Me-R（R = H、C$_6$H$_5$）的 C—H 键活化中的线性四中心中间体

$$2(TMP)Rh^· + CH_3\text{-}C_6H_5 \rightleftharpoons (TMP)Rh\text{-}H + (TMP)Rh\text{-}CH_2C_6H_5 \qquad (10.62)$$

从键能角度来看，H—CH$_2$Ph 键（87.2 kcal/mol）比甲烷的 H—CH$_3$ 键（104.6 kcal/mol）弱，因此可预计反应活性应更高。然而，实验发现与甲烷的反应速率竟然比与甲苯的约高 19 倍。这一结果归因于苯基大的空间位阻抑制了中间体的形成。该结论亦体现在活化焓的对比上：与甲烷反应的活化焓为 7.1 kcal/mol，而与甲苯反应则为 17.2 kcal/mol。

10.4.3.2　(por)Rh·与 CO 反应中的 C—C 键耦合

(por)Rh·(por = TXP、TMP 和 TTiPP) 与 CO 反应生成(por)Rh-CO [反应式（10.63）]，该配合物随后通过 C—C 键耦合形成二聚体，如反应（10.64）所示[90]。

$$(por)Rh^· + CO \rightleftharpoons (por)Rh\text{-}CO \qquad (10.63)$$

$$2(por)Rh^·\text{-}CO \rightleftharpoons (por)Rh\text{-}C(O)\text{-}C(O)\text{-}Rh(por) \qquad (10.64)$$

卟啉固有的空间体积直接影响生成桥连 α-二酮配合物的数量。在 $p_{CO} = 1$ atm 和 298 K 条件下，除最具空间位阻的体系（TTiPP）外，其他体系都倾向于形成二聚体。对于空间位阻最小的卟啉配体（OEP），其与 CO 反应生成双金属酮配合物(OEP)Rh-C(O)-Rh(OEP)[98]。

这些大体系的二聚反应表明，金属自由基的一部分自由基特性被转移到了 CO 加合物上[99]。单体配合物的 ESR 谱显示，与 CO 配位后，体系的对称性消失。CO 的单电子还原导致键级从 3 降低到 2 和 3 之间的某一值。因此，CO 配体不再呈现线性构型。这种弯曲结构使得 CO 配体的 π* 轨道之间的简并性被打破，其中一个轨道保留了 π* 特性，而另一个轨道则重新排列与 Rh 的 d_{z^2} 轨道形成 σ 键。Wayland 指出，这种 σ 键的形成伴随着 dπ-pπ 轨道之间重叠的消失。

(TMP)Rh-CO 可与氢原子给体[如 HSn(t-Bu)$_3$ 和 H$_2$]反应，生成甲酰产物[99]，如反应式（10.65）和式（10.66）所示。对于体积较大的(TMP)Rh-H 的反应中未发现甲酰化产物。

$$2(TMP)Rh\text{-}{}^{\bullet}CO + H_2 \rightleftharpoons 2(TMP)Rh\text{-}{}^{\bullet}CHO \tag{10.65}$$

$$2(TMP)Rh\text{-}{}^{\bullet}CO + HSn^tBu_3 \rightleftharpoons (TMP)Rh\text{-}{}^{\bullet}CHO + {}^tBu_3Sn\text{-}Sn^tBu_3 \tag{10.66}$$

研究还表明，(TMP)Rh-H 不会与 CO 或(TMP)Rh-CO 发生反应[99]。有观点推测，(TMP)Rh-CO 与 H$_2$ 的反应可能涉及两个(TMP)Rh-CO 分子与一个 H$_2$ 分子，通过一个四中心过渡态完成。

10.4.3.3　栓系(por)Rh$^{\bullet}$，提高反应速率

金属自由基(por)Rh$^{\bullet}$与 H$_2$ 和烃类化合物的反应是通过三分子过渡态进行的，该过渡态中包含两个金属自由基和一个底物，其反应模式如图 10.9 所示[100]。因此，这类反应通常伴随着较大的活化熵和较慢的反应速率。为提高反应速率，有一种策略是将两个金属自由基连接在一起，使其能够更容易地协同活化底物，形成所需的线性过渡态[100, 101]。

将邻二甲苯醚作为连接基应用于(TMP)Rh$^{\bullet}$体系，已被证实能通过预先排列金属自由基中心，提高反应速率[100]。图 10.10 展示了一个典型的金属自由基中心结构示意图。$^{\bullet}$Rh(TMP)-m-xylyl-(TMP)Rh$^{\bullet}$的合成方法与 10.4.3.2 节讨论的单核金属自由基体系的制备方法相似。该双自由基与各种底物的反应如式（10.67）所示。

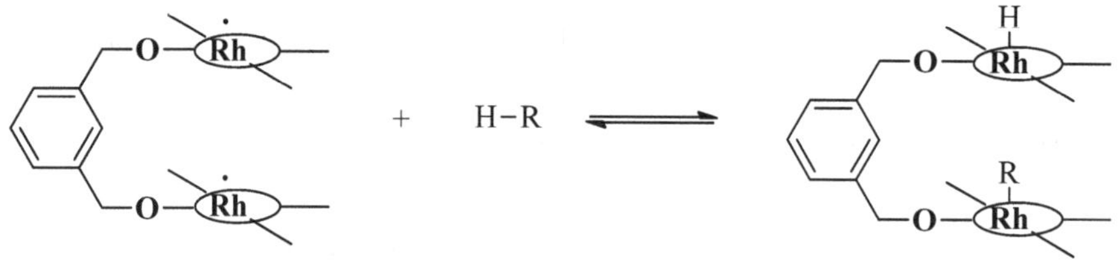

$$\text{结构式} + H\text{-}R \rightleftharpoons \text{结构式} \tag{10.67}$$

R=H、CH$_3$、CH$_2$OH、CH$_2$CH$_3$、CH$_2$C$_6$H$_5$

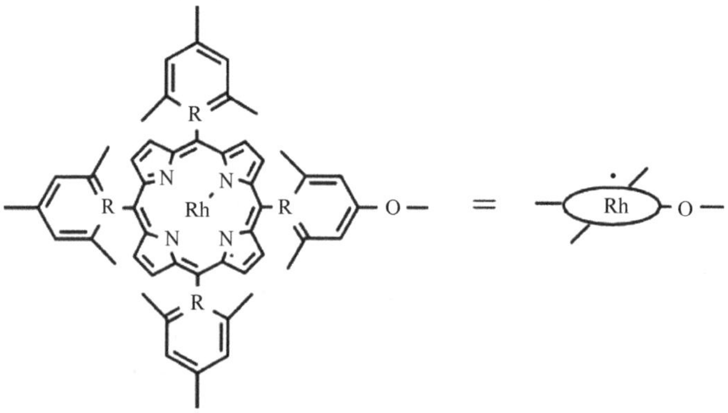

图 10.10　$^{\bullet}$Rh(TMP)-m-xylyl-(TMP)Rh$^{\bullet}$的示意图

反应式（10.67）随后会发生一个中等速度的氢原子转移过程，H-Rh(TMP)-(m-xylyl)-

(TMP)Rh-R 与 ·Rh(TMP)-(*m*-xylyl)-(TMP)Rh· 之间反应，生成 H-Rh(TMP)-(*m*-xylyl)-(TMP)Rh·和·Rh(TMP)-(*m*-xylyl)-(TMP)Rh-R。经过几个月和几周的时间，最终生成了二烷基产物 R-Rh(TMP)-(*m*-xylyl)-(TMP)Rh-R。值得注意的是，这些反应中未观察到涉及芳香族 H—C 键的反应。

10.4.3.4　(por)Rh·的其他自由基反应

大量研究集中在这些选择性的反应(por)Rh·体系。前几节提到的研究仅代表了这些工作的一小部分。(por)Rh$^{II·}$的反应性已通过其与大多数底物的反应得以证实。除了上述反应外，(por)Rh·还被证明可以活化或耦合乙烯[102]，从多种有机卤化物中提取卤素原子[95a]，与氧气的反应生成超氧化物、过氧化物和过氧化氢配合物[103]，与重氮化合物的反应脱去 N_2 生成烷基加合物[104]。它还可以活化氰类化物[105]和 TEMPO（TEMPO = 2, 2, 6, 6-四甲基哌啶-1-氧基）的 C—C 键[106]。

10.4.4　Mo(NRAr)$_3$ 作为含多个未成对电子的金属有机自由基代表

众所周知，Werner 型配位化合物可以以低自旋或高自旋状态存在。根据配体场理论，这种偏好可以通过轨道分裂和配对能量来解释。18e$^-$有机金属化合物通常是抗磁性的，因为它们涉及的分子轨道相对离域较强，成对能较低，同时成键轨道与反键轨道之间的能量间隔较大。然而，许多过渡金属配合物在较窄的能量范围内存在多个低能电子态，因此表现为价层空间中存在未成对电子的开放壳层体系。当配体的种类或数目较少，或者金属上的形式 d 电子数为中间值时（如 2~8），这种情况更为常见。尤其是在 3d 元素参与时，由于其轨道紧凑、交换作用较强，高自旋基态的概率进一步增加。而在金属电子缺乏、轨道扩展性较弱以及配体强吸电子能力的情况下，也倾向于形成高自旋态。正如 Poli 所指出的，开放壳层的有机金属化合物可视为 Werner 型配合物与 18e$^-$金属有机体系之间的桥梁[107]。

带有两个或三个未成对电子的有机金属配合物比较常见。Cr(Cp)$_2$ 和 Ni(Cp)$_2$ 是两个具有三重态的著名化合物[108]。具有 4 个[109]和 5 个[108, 110]未成对电子的有机金属化合物在基态中则比较少见。这些化合物通常被描述为低自旋态和高自旋态之间的平衡状态，其中不同自旋态的占比随温度变化而变化[111]。因此，这些配合物更接近于本质上为离子型相互作用的 Werner 型配合物，具有显著的离子性相互作用特征。含有 5 个未配对电子的物种在生物化学中起重要作用，例如在细胞色素 P450 所介导的氧化过程[112]和血红蛋白的活性机理[113]。在这些情况下，溶剂效应、蛋白质环境及氨基酸残基的氢键对高自旋态的稳定性至关重要。此外，已有研究表明，在反应过程中，不同自旋态之间的能量差可能会逐步缩小。本节将介绍具有多个未成对电子的化合物，重点讨论 Mo(NRAr)$_3$ 配合物及其相关化合物。

Cummins 等合成的 Mo^{III}配合物 Mo(N[*t*-Bu]Ar)$_3$（Ar = 3, 5-Me$_2$C$_6$H$_3$）是一个具有四重态配合物的实例[114]。^{1}H NMR 分析证实了其顺磁性，磁性研究显示 μ_{eff} = 3.56μ_B，表明存在三

个未成对电子。此外，其结构已通过 X-射线晶体学确定。Mo(N[*t*-Bu]Ar)$_3$ 为单体形式，并呈三角平面几何构型。这一单体结构与 Mo^{III} 二聚物 L$_3$Mo≡MoL$_3$（L 为烷基、酰胺、醇氧基）不同，后者包含强金属-金属三键且具有抗磁性。前者因苯胺类配体庞大的体积，从而产生较强的空间位阻，阻止了 M—M 键的形成，并促使其形成高自旋自由基；而其特征反应则通常涉及自旋配对过程。

这一特性在该配合物最引人注目的反应之一（氮气裂解反应）中得到体现[115]。两摩尔的 Mo(N[*t*-Bu]Ar)$_3$（$S=3/2$）与一分子氮反应生成两摩尔的氮化物 Mo^{VI} 产物 [N≡Mo(N[*t*-Bu]Ar)$_3$]（$S=0$），该反应机理已被广泛研究，包括实验[116]和理论[117]。也已证明该反应可由 Lewis 碱（如吡啶或 2,6-二甲基吡嗪）[118]或通过 NaH 催化[116b]。

图式 10.10 显示了该反应能量学及自旋态效应理论研究中所使用的模型配合物。

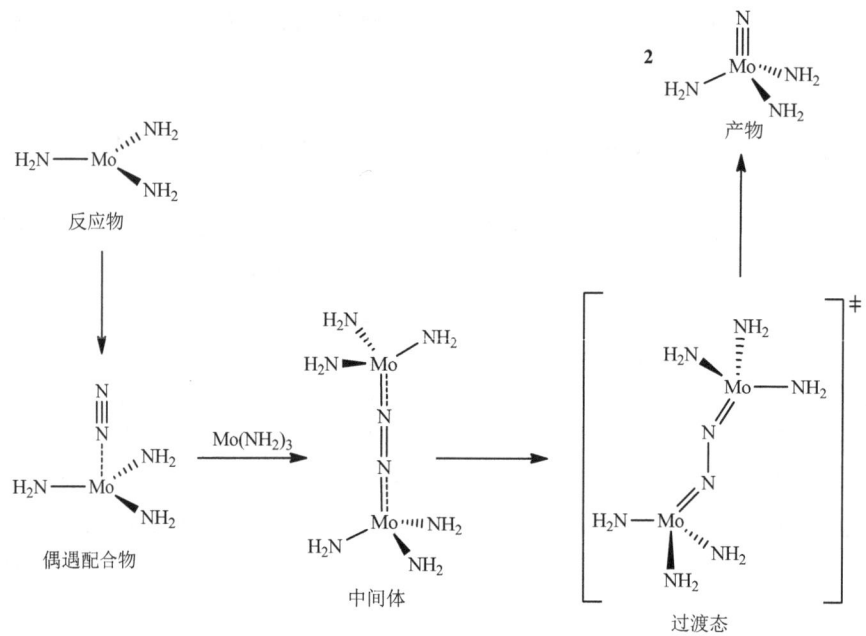

图式 10.10　为模拟 Mo(NH$_2$)$_3$ 催化的 N$_2$ 解离反应而计算得到的一组模型配合物

文献[117a]经许可改编，版权归 2005 年美国化学学会所有

Mo(NH$_2$)$_3$（计算中使用的模型配合物）的基态被认为是一个四重态，包含三个未成对电子。其与 N$_2$ 的相互作用会形成一个"偶遇配合物（encounter complex）"，该配合物可能具有双重态或四重态。但计算结果表明，双重态能量较低，暗示在反应路径的某一阶段需经历自旋态转变。中间体(NH$_2$)$_3$Mo=N=N=Mo(NH$_2$)$_3$ 被预测在三重态下最为稳定。最终裂解形成的两个 N≡Mo(NH$_2$)$_3$（自旋成对的单重态）需再次经历自旋转变。因此，多自旋态的存在为这些自由基反应带来了额外的复杂性。10.6 节将对这一新兴研究领域作进一步介绍。

Mo(N[*t*-Bu]Ar)$_3$ 的许多反应（如配体加成和氧化加成）如果发生，通常反应迅速。即使在所有配体都参与反应时,其反应速率依然很快。这一现象既与其较大的空间位阻有关,也可能与其四重态基态有关,从而赋予该配合物丰富的化学反应性。例如,研究者设计了一种利用 Mo(N[t-Bu]Ar)$_3$ 催化将 N$_2$ 中氮原子引入有机腈化物的反应路径(图式 10.11),该反应的初始步骤即为 N$_2$ 的裂解。

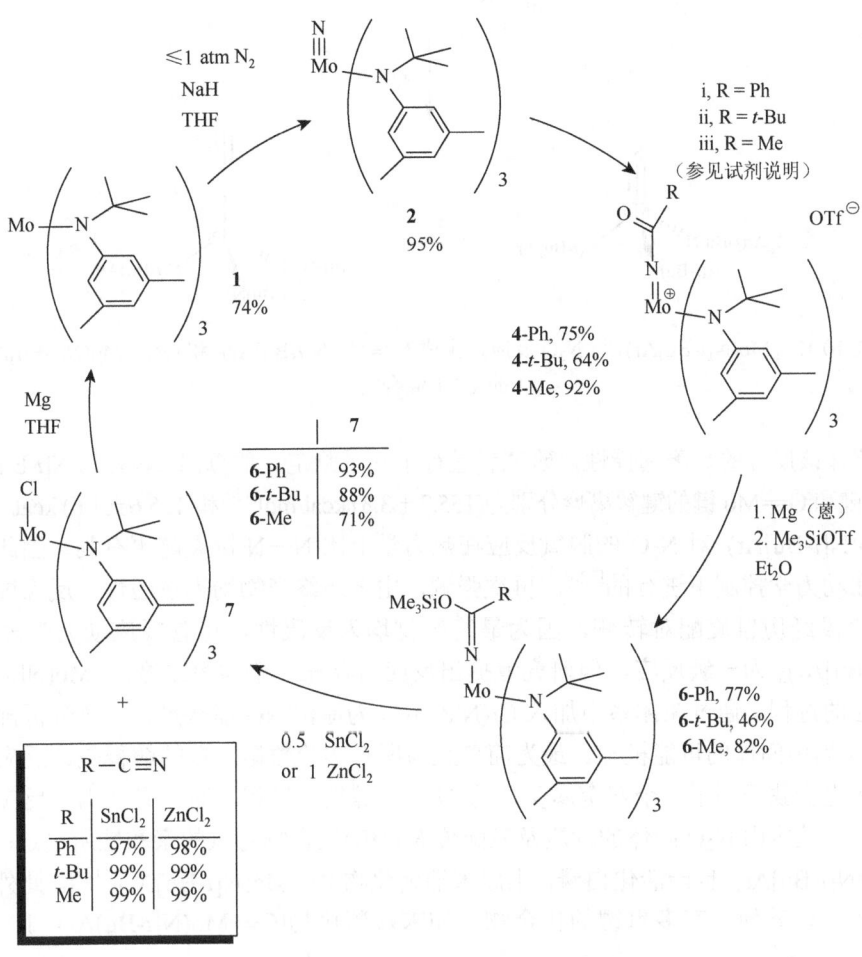

图式 10.11　一个将 N$_2$ 引入有机腈的合成循环

(i)(a) Me$_3$SiOTf,(b) 1.25PhC(O)Cl, 0.2py;(ii) 1.25t-BuC(O)Cl, [Me$_3$Si(py)][OTf];(iii) (i-Pr)$_3$SiOTf, MeC(O)Cl。RCN 的产率由 ^{1}H NMR 与内标对照测定。图中所示 7 的分离产率是用 SnCl$_2$ 反应得到的。文献[116c]经许可转载,版权归 2008 年美国化学学会所有

除了断裂 N≡N 键(已知的最强键之一)外,Mo(N[t-Bu]Ar)$_3$ 还以一种新的方式与 N$_2$O 迅速反应[114]。通常 N$_2$O 向还原剂提供一个氧原子,释放 N$_2$。N—O 键和 N—N 键的键解离能分别为 1.672 eV 和 4.992 eV[119]。因此,N—N 键比 N—O 键强 75 kcal/mol。基于此,反应式(10.68)可以发生。

$$\text{Mo(N}[t\text{-Bu}]\text{Ar})_3 + \text{N}_2\text{O} \longrightarrow \text{OMo(N}[t\text{-Bu}]\text{Ar})_3 + \text{N}_2 \tag{10.68}$$

然而,在该反应中没有观察到预期产物 O=Mo(N[t-Bu]Ar)$_3$ 和 N$_2$。令人意外的是,

Mo(N[*t*-Bu]Ar)$_3$ 与 N$_2$O 选择性反应，生成氮化物 N≡Mo(N[*t*-Bu]Ar)$_3$ 和亚硝酰基化合物 ON—Mo(N[*t*-Bu]Ar)$_3$ 为 1∶1 的混合物，如图式 10.12 所示。

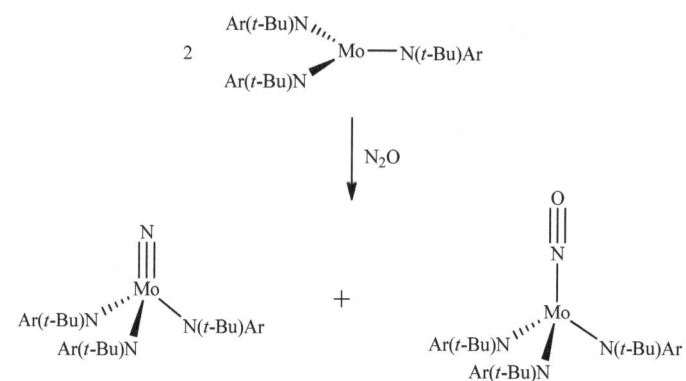

图式 10.12　Mo(N[*t*-Bu]Ar)$_3$ 与 N$_2$O 反应，生成 N≡Mo(N[*t*-Bu]Ar)$_3$ 和 ON—Mo(N[*t*-Bu]Ar)$_3$ 的 1∶1 混合物

为解释该反应的显著选择性，研究者进行了热量测定。估算出 N≡Mo(N[*t*-Bu]Ar)$_3$ 中 N≡Mo 键和 O≡Mo 键的键解离焓分别为(155.3±3.3) kcal/mol[120]和(155.6±1.6) kcal/mol[121]。由于 Mo(N[*t*-Bu]Ar)$_3$ 对 N$_2$O 的脱氧反应在热力学上比 N—N 键裂解更有利，因此推测该反应是在动力学控制下进行的[120]。再次强调，由于最终产物均为抗磁性，反应过程中需在某一阶段经历自旋配对转变，因为最终产物均为反磁性。尽管反应动力学表现为对 Mo(N[*t*-Bu]Ar)$_3$ 为一级反应，但研究者提出反应后存在一个与第二摩尔 Mo(N[*t*-Bu]Ar)$_3$ 快速反应的过程。通过在体系中加入 Cr(N^{i}Pr$_2$)$_3$ 作为原位 NO 捕获剂，产物分析排除了原位 NO 作为中间体的可能机理。最为简单且与所有实验数据一致的解释是该反应中的一个速率决定步骤经历了一个双金属参与的 N—N 键裂解过程。研究者认为，反应动力学的"漏斗"效应由 N$_2$O 配体的性质及三配位 Mo(III)配合物对氮的亲和性所决定。

Mo(N[*t*-Bu]Ar)$_3$ 也能活化白磷，生成末端磷化物 P≡Mo(N[*t*-Bu]Ar)$_3$[122]。此外，还分离得到了一些其他含有多重键的化合物，如末端碳化物[C≡Mo(N[*t*-Bu]Ar)$_3$]$^-$、硒化物 [Se≡Mo(N[*t*-Bu]Ar)$_3$]和碲化物[Te≡Mo(N[*t*-Bu]Ar)$_3$][123]。与 PhE-EPh 配合物的反应也已被研究，并证明是通过自由基机理进行的[124]。

10.5　配体中心反应性

有机金属自由基可以 17 或 19 电子物种的形式存在，未成对的电子通常定域在金属中心。因此，这类化合物通常在金属中心表现出反应性。然而，对于含有多重配体或 π-受体配体的化合物，也存在其他电子结构的描述方式，即自旋密度主要分布在配体上。在这些情况下，金属可以被视为"常规"的 16 或 18 电子物种。然而，"金属自由基"和"配体自由基"只是实际电子结构的两种极限共振形式，通常前者描述更为适用。自由基配合物在金属中心通常表现出比在配体上更高的反应活性，因此金属中心反应活性的研究也更加广泛。然而，配体自由基特性在某些酶催化过程中已被证明具有重要作用[125]。

电子密度在配体上的离域、多齿配体配位模式的改变以及空间位阻都会影响化合物的反应性。例如，在二茂钴中，未配对电子几乎均匀地分布在钴原子和 Cp 配体之间[126]。氧化还原非惰性（redox non-innocent）配体被广泛认为可从金属中心接受电子密度。当自旋密度离域到具有扩展 π-体系的氧化还原非惰性配体上时，有助于自由基的相对稳定性。因此，此类物种表现出较弱的配体中心自由基反应性。多核配合物与簇合物中自旋密度在多个金属中心之间的离域也被认为可以稳定有机金属自由基。

配合物的自由基反应性通常归因于其最高单占据分子轨道（SOMO）。因此，通过理论计算来阐明该轨道的性质是表征自旋密度分布的有力工具，尤其是用于预测有机金属自由基的反应性。此主题将在后续章节中进一步讨论。

关于配体中心的有机金属自由基反应性的综述已有报道[127,128]，在此不作深入讨论。这里只列举了一些例子来说明这些体系的典型反应性。最常见的配体中心自由基反应为配体之间的偶联反应，即通过配体-配体偶联形成新的 C—C 键。当由于配体配位方式不同而存在多种可能的配位数时，可在金属中心形成不同电子数的物种并处于平衡中。如式（10.69）所示，当对铑掺杂阳离子进行电子转移时，自由基特性可由金属转移至环戊二烯配体，并通过 Cp 环从 η^6 配位转变为 η^4 配位发生二聚反应[129]。

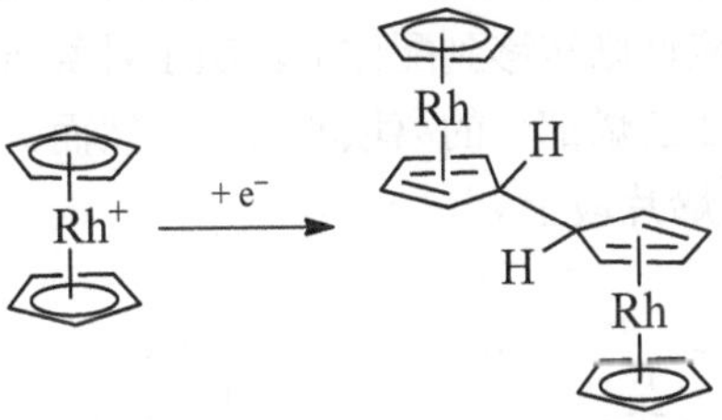

$$(10.69)$$

此外，已有证明增大的金属中心空间位阻已被证明可以增强配体中心的自由基反应性。在金属卟啉体系中已有多个配体中心反应的实例被讨论。(TMP)RhCO（TMP = 四甲基卟啉）通过 CO 配体偶联，形成二酮二聚体[90]。

类似地，在 Mo(N[t-Bu]Ar)$_3$ 腈配体加合物 RCN-Mo(N[t-Bu]Ar)$_3$ 中，由于三个大体积苯胺配体在金属周围造成的空间位阻，金属中心的反应性降低。实际上，该腈配体加合物已被证明表现为碳基自由基特性[124b, 130-132]。Mo(N[t-Bu]Ar)$_3$ 与腈类的反应会导致腈的还原偶联，生成亚胺配体产物（图式 10.13，反应 a）。其中苯甲腈加合物的偶联速率远低于乙腈类似物，归因于自由基在苯环上的离域效应[130]。

然而，配体中心自由基的反应性不局限于二聚反应。在溶液中存在适当反应物时，也观察到了发生在分子间的自由基反应，如氢原子提取和自由基加成到不饱和底物等类型。PhCN-Mo(N[t-Bu]Ar)$_3$ 与自由基前驱体如 PhC(O)OOC(O)Ph、PhSSPh、PhSeSePh、HMo(CO)$_3$Cp 和 H$_2$SnR$_2$ 反应，生成相应的亚胺类产物（图式 10.13，反应 b）。反应 b 的焓变为−22.7 kcal/mol、−27.1 kcal/mol、−35.1 kcal/mol 和−55.3 kcal/mol[分别对应 X = PhSeSePh、PhSSPh、HMo(CO)$_3$Cp 和 PhC(O)OOC(O)Ph]。这些双分子过程的活化焓为 2～12 kcal/mol，且具有约 30 kcal/mol 的高活化熵。值得注意的是，PhCN-Mo(N[t-Bu]Ar)$_3$ 与 HMo(CO)$_3$Cp 的反应几乎没有活化熵变化[132]。

$$2\text{PhCN-MoL}_3 \xrightarrow[\substack{b \\ +X}]{a} \begin{array}{l} \text{L}_3\text{Mo-N}=\text{C(Ph)-C(Ph)}=\text{N-MoL}_3 \\ 2\text{ PhC(Y)N-MoL}_3 \end{array}$$

图式 10.13 典型的 PhCN-MoL$_3$ 配合物中以配体为中心的自由基反应

L = N(t-Bu)；X = PhC(O)OOC(O)Ph、PhSSPh、PhSeSePh、HMo(CO)$_3$Cp 或 H$_2$SnR$_2$；Y = OC(O)Ph、SPh、SePh 和 H

同时具有金属中心与配体中心自由基反应性的配合物较为少见[127]。顺磁性的 Rh 和 Ir 烯烃配合物展现出多样的自由基反应类型，反应中心既可以是金属，也可以是烯烃配体[96]。例如，[(Me$_3$tpa)Ir^{II}(ethene)]$^{2+}$ 配合物[Me$_3$tpa = N,N,N-三(6-甲基-2-吡啶基甲基)胺]的铱中心存在一个空位和一个乙烯基配体，原则上表现出金属中心和烯烃中心的反应活性[133]。在弱配位溶剂中，该配合物不会发生二聚，而在丙酮中与·NO 反应生成亚硝基配合物，表现出金属自由基特性（图式 10.14）。然而，在强配位溶剂如乙腈中，它会自发二聚，形成一个乙烯桥连物，表现出乙烯配体上的自由基特性（图式 10.14）。因此，该铱配合物的反应性由溶剂的配位能力决定。在弱给体溶剂中，它表现为中等反应性的金属自由基，而在较强配位能力的溶剂中，其反应性则转移到配体上。DFT 计算表明，[(Me$_3$tpa)Ir^{II}(ethene)]$^{2+}$ 的自旋密度主要位于铱中心，在乙烯部分的离域非常小。然而，当乙腈配位后，自旋密度则重新分布，并主要集中于乙烯片段上。

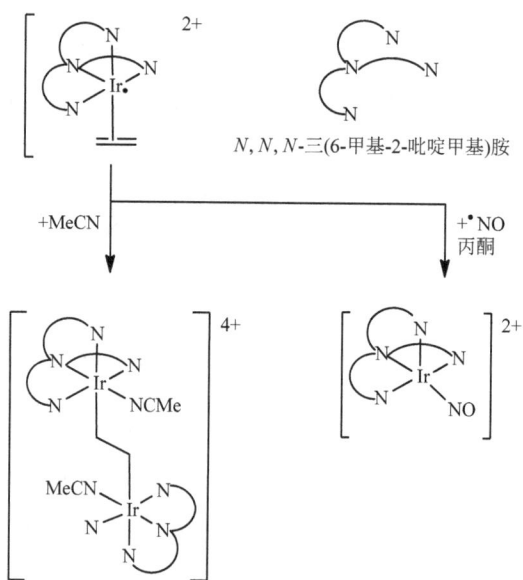

图式 10.14 [(Me$_3$tpa)Ir^{2+}(ethene)]$^{2+}$ 配合物[Me$_3$tpa = N,N,N-三(6-甲基-2-吡啶甲基)胺]表现出的金属和配体中心的反应性

10.6 自旋态变化效应

在有机金属化学中,许多反应涉及多个电子态,尤其是不同自旋态之间的转变,这些反应被认为是"自旋禁阻"的。后来,观察到伴随自旋态变化的反应确实发生,因此提出了"自旋阻滞效应"的概念:认为反应可能因自旋翻转(即自旋多重度的变化)而导致活化能垒的升高,从而减缓反应速率[134]。然而,多项含自旋变化的配体加成反应的动力学研究表明,此类反应可以与"自旋允许"过程一样快[135]。

Schröder 等[136]提出的双态反应性概念强调了自旋交叉现象在有机金属反应中的重要性。自旋交叉效应能够显著影响反应机理、速率常数、分支比以及有机金属反应的温度依赖性。

Poli 等进一步研究了自旋交叉的重要性,并将其应用于解决有机金属化学中的实际问题[137]:过去,涉及自旋变化的反应机理往往被忽视、掩盖或误解,但现在可以用更加定量的方法进行分析[137b]。

认识自旋交叉重要性的困难是通过常规光谱方法不容易检测到反应中间体。然而,计算化学已经被证明是一种非常强大的工具,用于识别和量化这一现象。

在没有自旋-轨道耦合的情况下,这些反应才是真正意义的"自旋禁阻"。然而,自旋-轨道耦合对金属来说非常重要,特别是在重金属系列中。自旋-轨道耦合越强,不同自旋态势能面之间发生交叉的概率就越大。尽管如此,从一个势能面"跃迁"到另一个势能面的概率并不等于 1。因此,在这些反应中可观察到不同的产物分布以及动力学同位素效应。当两个不同自旋态之间具有非常强的自旋-轨道耦合时,该反应就表现得如同在一个单一绝热势能面上进行,即自旋特性从反应物到产物之间平滑变化。

反应速率受两个因素影响:一是为实现过渡态几何构型所需的能量(即经典 Arrhenius 活化能);二是决定不同自旋势能面之间跃迁概率的传输因子。然而,如何定量分配各部分活化能却是一个十分困难的问题,因为能垒在不同体系中差异很大。

为了理解这些过程的反应性,需掌握反应物、产物以及过渡态的自旋态。反应速率取决于势能面及其交叉点的拓扑结构。传统上,交叉点的计算通常使用"部分优化法",即在固定一个选定的反应坐标的多个值下,对不同自旋态分别进行几何优化。Poli 和同事们开发了一种更准确、更经济的方法来定位交叉点,即最低能量交叉点(MECP)方法[138]。不同自旋态下的绝热波函数交叉区域等同于非相互作用对应势能面之间的交点。在一个包含 N 个原子的分子体系,两个 $3N-6$ 维的势能面在一个 $3N-7$ 维的超曲面上发生交叉。两个势能面"避免交叉"时形成绝热过渡态,两者最近似的点就是该超曲面上的最低能量交叉点。若自旋-轨道耦合强,则真实绝热势能垒可能略低于 MECP 所对应的能量[137b]。

自旋交叉可以发生在反应坐标的不同位置。因此,只有当交叉点位于反应物自旋态势能面的鞍点之前时,反应才会受到自旋交叉的控制。当交叉点出现在鞍点之后时,反应速率将受到与普通单自旋态反应相同的因素影响。在某些情况下,即使反应物和产物处于相同的自旋态,反应也可能通过具有不同自旋多重度的势能面发生。当跃迁因子较高且 MECP 能量低于反应物势能面的鞍点时,反应速率可能高于不发生交叉的情况,形成自旋加速过程[138a]。因此，正如 Poli 等所述：自旋禁阻反应可以像自旋允许反应一样快，也可以更慢，或者更快[137b]。

图式 10.15 展示了三个定性的示例。在示例（a）中，低自旋路径的能垒高于高自旋路径的能垒，低自旋产物的能量也更高。示例（b）展示了一个典型情况，某些配合物中配体发生无能垒解离，而相应的不饱和中间体为高自旋基态。而相应不饱和中间体的基态为高自旋。在这两个情形中，两个势能面仅交叉一次。然而，在某些情况下，自旋多重度不同的势能面之间可能会发生双重交叉。例如，示例（c）展示了低自旋路径有较高能垒，高自旋路径涉及较高能量的反应物和产物。该体系经历两次自旋态交叉，从而反应加快。

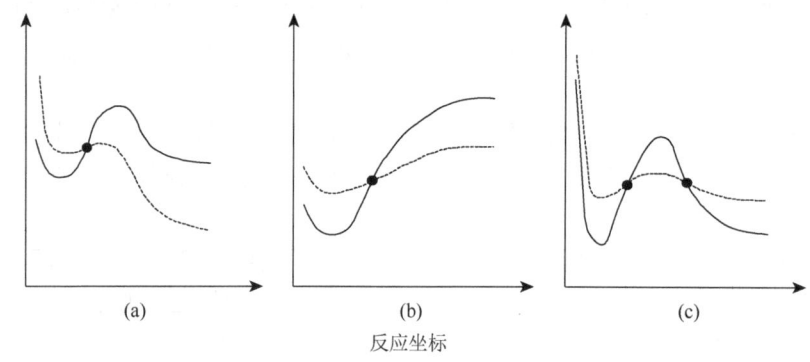

图式 10.15 涉及不同自旋态的反应的定性示例

虚线表示具有较高自旋态的反应路径；黑点表示最低能量交叉点（MECP）

一个典型实例是 17 电子的 $CpMoCl_2(PR_3)_2$ 体系，它引起了实验和计算上的广泛关注。令人意外的是，该配合物在大多情况下表现出膦配体的解离型交换反应，而大多数低价有机金属自由基通常通过配体取代的"加成"机理反应。实验观察表明：Mo(III)配合物倾向于通过 15 电子不饱和物种 $CpMoCl_2(PR_3)$ 进行反应，因此推测反应过程中发生了自旋态变化——高自旋体系通过配位不饱和路径更容易进行解离反应。B3LYP 与 MP2 计算显示，该中间体的基态确实为四重态，比双重态高出 6.3 kcal/mol（图 10.11）[139]。

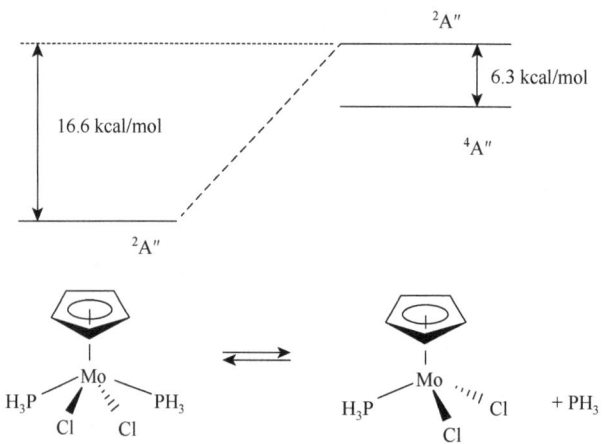

图 10.11 在 B3LYP 水平下 $CpMoCl_2(PH_3)_2$ 和 $CpMoCl_2(PH_3)$ + PH_3 体系的相对能量

部分优化方法如图 10.12 所示[138a]。双重态与四重态的能量在某一特定内部坐标（如 Mo—P 键的键长）上的变化趋势不同。在该坐标下，采用系列固定的 Mo—P 键键长值对两个自旋态分别进行几何优化，可以估算其交叉点。从而近似估算出自旋态的交叉位置。实际的 MECP 的能量应比两条局部优化曲线上等能量点更高。可以通过计算两个部分优化的几何结构中每个自旋态的单点能量来估算真实的 MECP 能量上限 [图 10.12 中的 (+) 点]。

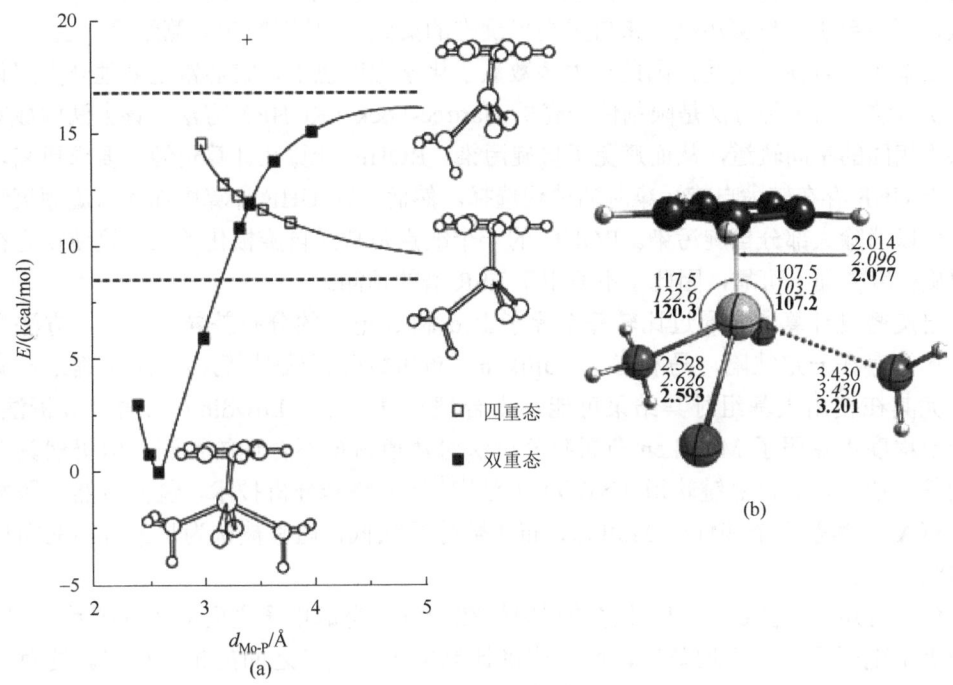

图 10.12 （a）CpMoCl$_2$(PH$_3$)$_2$ 的双重态与四重态在不同固定 Mo—P 键的键长下的部分优化能量图，相对于双重态全局最低点的能量，包括解离产物 CpMoCl$_2$(PH$_3$)（虚线）以及交叉点能量的估算上限（+）；（b）所得 MECP 的优化几何结构。给出了部分优化的双重态（常规字体）、四重态（斜体）以及 MECP（黑体）的键长与键角[138a]

经美国化学学会许可转载

两条曲线在 Mo—P 键约 3.430 Å 处交叉。两个 PES 的部分优化构型以及 MECP 的构型也一并展示在图 10.12 中。

10.7 自由基体系的理论计算研究

10.7.1 金属有机自由基计算的一般考量

长期以来，哈特里-福克（Hartree-Fock，HF）理论与自洽场（SCF）方法相结合被证明是计算化学最为实用的方法之一,虽然存在广为人知的局限性。在该框架下,轨道的构造可以反映成对或未成对的电子。如果分子体系具有单重态,每对 α 和 β 自旋的电子都可以使用相同的轨道空间函数。这种假设被称为限制性的 Hartree-Fock 方法(RHF)。

对于含有未成对电子的体系,需要采用不同的方法,基本上有两种技术。一种是为 α 和 β 电子构建两套完全独立的轨道,称为非限制性的 Hartree-Fock(UHF)波函数。在这种情况下,即使是成对电子,其空间分布也不相同,波函数不再是总自旋的 $\langle S^2 \rangle$ 的本征函数,可能会引入自旋污染(来自更高自旋态的贡献),从而影响计算结果。由于 UHF 计算效率较高且易于实现,因此在大多数量子化学程序包中,它通常是处理开壳层体系的默认方法。另一种方法是限制性开壳层 Hartree-Fock(ROHF)方法,该方法中成对电子共用相同的空间轨道,从而避免了自旋污染。ROHF 计算在计算资源上要求更高,主要用于 UHF 存在较大自旋污染时的替代选择。然而,在 UHF 计算中加入自旋湮灭步骤通常可以消除大部分自旋污染。ROHF 的一个缺点是缺乏自旋极化效应,这使得它在预测自旋密度方面不可靠,因此也不适用于 ESR 谱的预测。

自旋密度计算通常通过比较每个原子上 α 和 β 电子的分布差异来进行,方法有多种。尽管存在一定缺陷,马利肯(Mulliken)布居数分析法[140]仍然常用于确定自旋密度,尤其在使用大基组时其结果可能不太合理。勒夫丁(Löwdin)布居数分析法[141]在一定程度上克服了 Mulliken 布居数分析法对轨道占据不合理的预测,但仍然具有一定的基组依赖性。自然键轨道(NBO)方法[142]是一整套分析技术,包括自然布居数分析(NPA),其基组依赖性比 Mulliken 布居数分析法低,通常被认为是最可靠的布居分析方法之一。

众所周知,Hartree-Fock 计算的局限性在于没有考虑电子之间的相互关系,即 HF 只考虑了电子斥力的平均效应,而未明确计算电子与电子之间的相互作用。这对于过渡金属配合物来说是一个问题,尤其是对于第四周期的过渡金属,因为 3d 轨道的紧凑导致了强烈的简并效应[143]。因此,HF 甚至 MP2 方法有时无法准确给出正确的几何形状和能量。密度泛函理论(DFT)则引入了电子相关项,使得采用科恩-沈(Kohn-Sham)轨道的计算结果(可使用与 HF 相同的 SCF 方法)在含过渡金属的体系中显著提升了可靠性。目前,计算过渡金属化学几乎已与 DFT 画上等号。此外,有机金属配合物的体积较大,通常无法使用更高阶的从头算方法。通常会用简化的配体来计算复杂的模型,以减少计算时间。大量的交换-相关泛函已经被开发出来,尤其是使用广义梯度近似(GGA)方法得到了广泛的应用。在这些交换-相关泛函中,BP86 是最为可靠的用于过渡金属化学的泛函之一[144]。混合泛函也很流行,它们通常将 Hartree-Fock 交换与交换泛函结合,最著名的例子是 B3LYP 泛函[145]。使用 DFT 的主要限制在于不同的泛函可能会产生不同的结果,因此需要通过与研究体系中的实验结果进行比较来校准泛函的使用。

正如之前所述,高自旋态在反应机理中起着重要作用。为了更好地理解有机金属自由基的化学性质,研究这些自旋态也是必要的。

10.7.2 自由基配合物的结构和反应的研究

10.7.2.1 钒金属羰基配合物

17 电子的 ˙V(CO)₆ 是最早进行理论研究的配合物之一。Lin 和 Hall 研究了 17 电子和 18 电子的 M(CO)₆ 配合物（M = V、Nb、Ta、Cr、Mo、W）中的配体交换[146]。他们使用 HF 方法结合双 ζ 基组和过渡金属上相应的有效核势场对几何结构进行了优化。在 HF 优化的几何构型基础上，通过单点单参考 CISD（全单激发和双激发）计算引入电子相关效应。为了确定最有利的亲核攻击路径，他们优化了高价态的 ˙Ta(CO)₇ 并比较了不同异构体的能量。结果表明，在离去配体的邻位进行"面进攻"模式最为有利。因此，配体的取代通过类似于图式 10.16 中的结构进行，即一个具有三中心五电子键的伪 C_{2v} 过渡态。

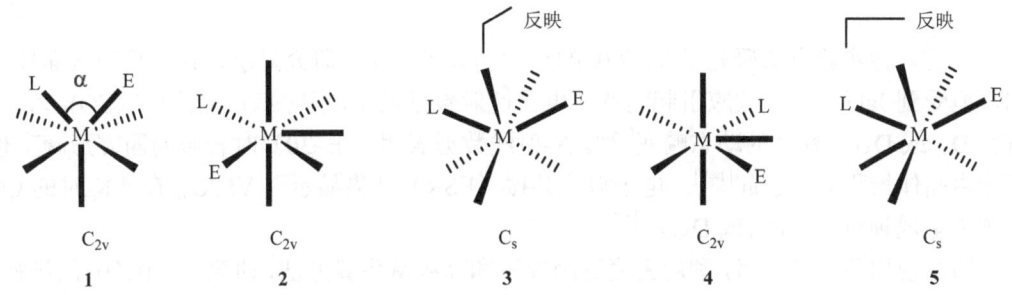

图式 10.16　M(CO)₆（M = V、Nb、Ta）的配体交换过渡态可能的几何结构

进入配体用 E 表示，而离去配体用 L 表示。文献[146]经许可转载，版权归 1992 年美国化学学会所有

CO 与 ˙V(CO)₆、˙Nb(CO)₆ 和 ˙Ta(CO)₆ 的配体交换反应的活化能分别为 16.9 kcal/mol、20.8 kcal/mol 和 20.8 kcal/mol。对于 18 电子的 M(CO)₆ 配合物（M = Cr、Mo、W）中的 CO 取代反应，计算得到的活化能更高，分别为 19.1 kcal/mol、27.3 kcal/mol 和 35.8 kcal/mol。

我们在密度泛函理论（DFT）框架下使用 BP86 泛函和相对较大的基组对 ˙V(CO)₆ 的羰基交换反应进行了重复计算。对于钒，使用了 Wachters 等的(14 s11 p6d3f)/[8 s7 p4d1f] 全电子基组，而碳和氧则使用了 6-311G(2d, p)基组[147]。计算表明，˙V(CO)₆ 的最低能异构体具有 D_{3d} 对称性，而描述 CO 交换过程的过渡态具有 C_2 对称性（图 10.13）。

这些反应的活化能为 13.6 kcal/mol，略小于 Lin 和 Hall 在 HF/CISD 水平下计算的值。尽管如此，由这两个截然不同的理论水平计算出的势垒还是非常一致的。

Lin 和 Hall 还研究了膦的羰基取代反应。近似的过渡态和能垒通过弛豫势能面扫描得到，即在每一步中固定 R 值（R 为 M-Y-M-X 的长度，其中 X 是进入配体，Y 是离去配体，R 从+4.0 Å 到-4.0 Å），并强制保持 C_s 的对称性，对体系 L_nMXY 进行多次优化。对于 Ta(CO)₆ + PH₃ 的反应，计算出的活化能为 21.7 kcal/mol。而对类似的 18 e⁻配合物 W(CO)₆ 与 PH₃ 的反应，计算得到的活化能显著提高，为 32.8 kcal/mol。

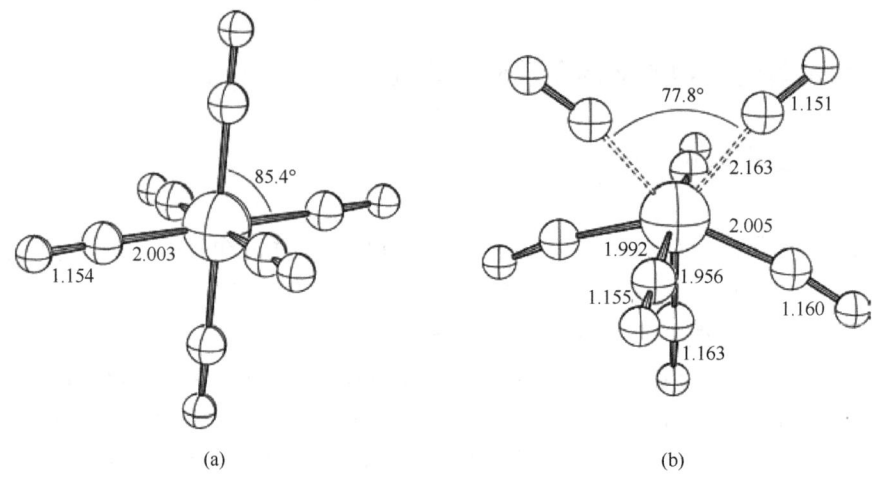

图 10.13 （a）·V(CO)₆ 的最低能异构体和（b）CO 交换过程的过渡态，均在 BP86 理论水平下计算得到

选定的键长以埃（Å）为单位，键角以度为单位

通过各种实验方法研究了·V(CO)₆ 的结构和分子性质。研究显示，其几乎为八面体结构，但受到 Jahn-Teller 效应引起畸变。电子衍射数据显示，其振动振幅较 Cr(CO)₆ 为大，符合 D_{4h} 或 D_{3d} 对称性的动态畸变[148]。X-射线数据表明，在 −30 ℃ 时轻微的四方形畸变也可能由晶体堆积效应引起[149]。电子自旋共振（ESR）结果显示，·V(CO)₆ 在 4 K 时的 CO 矩阵中呈现轴对称（D_{4h} 或 D_{3d}）[150]。

通过使用不同的基组，利用密度泛函理论和高级从头算方法，研究了·V(CO)₆ 的结构、相对能量、振动谱以及电子自旋共振参数[151]。根据图式 10.17，研究了 O_h 对称性可能引起的 Jahn-Teller 畸变。

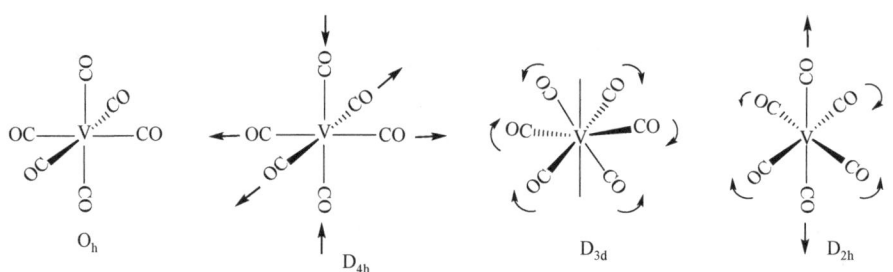

图式 10.17　·V(CO)₆ 由 O_h 构型变形得到的可能构型

文献[151]经许可转载，版权归 2003 年美国化学学会所有

·V(CO)₆ 从 O_h 对称性变为 D_{4h} 的四方畸变，导致晶体结构中轴向钒-碳键缩短。D_{3d} 三角畸变使 C-V-C 的夹角仅发生微小改变（不超过 4°），同时保持 V-CO 基团近乎线性。几何结构对基组的敏感性不明显。耦合簇单双激发（CCSD）计算所得的键角也非常接近，尽管 V—C 键的键长略有增加。

所有采用的方法都得到了一致的能量排序：$D_{3d} < D_{2h} < D_{4h}$。没有发现真正具有 O_h

对称性的最小值。UBP86 计算的力常数分析证实了 D_{3d} 和 D_{4h} 构型是势能面的极小值结构，而 D_{2h} 是连接两个等效 D_{3d} 构型的过渡态。·V(CO)$_6$ 的红外光谱与根据 D_{3d} 构型计算得到红外光谱相吻合。

根据 18 电子规则，V$_2$(CO)$_{12}$ 配合物应当是最稳定的。然而，实验发现的却是·V(CO)$_6$ 单核自由基配合物。人们曾假设·V(CO)$_6$ 与 V$_2$(CO)$_{12}$ 之间存在平衡。该假设通过红外光谱得到验证，实验样品由 V 原子与 CO 在稀有气体矩阵中共冷凝而得，且在 V 浓度较高时观察到该平衡现象[152]，也可通过激光（激光器为准分子激光器）光解·V(CO) 得到支持[153]。Liu 等利用 B3LYP 和 BP86 的密度泛函理论研究了 V$_2$(CO)$_n$（n = 10～12）等一系列二核均配位钒羰基配合物的结构和谐波振动频率[154]，发现未桥连的 V$_2$(CO)$_{12}$ 异构体具有 D_2 对称性，是全局最低能结构，其 V—V 键的键长为 3.334 Å（BP86 水平）。若将该结构裂解为两个 17 电子的·V(CO)$_6$ 配合物的反应，使用 B3LYP 计算为放热反应（ΔE = -12.4 kcal/mol），而用 BP86 计算则为吸热反应（ΔE = +5.7 kcal/mol）。

此外，还使用 B3LYP、BP86 和 MP2 方法在 V(CO)$_6^+$ 的单重态与三重态势能面上考察了多种结构[155]。计算未能找到 D_{2h} 或 D_{4h} 的稳定结构点，尝试得到这些对称结构时，最终总是得到具有更高 O_h 对称性的构型。V(CO)$_6^+$ 的全局最低能态为三重态，具有与中性双重态配合物相似的 D_{3d} 构型。

10.7.2.2 铬的环戊二烯羰基配合物

使用 BP86 和 B3LYP 的密度泛函计算方法，研究了·Cr(CO)$_3$Cp 的结构及其反应行为，如 CO 的解离、二聚以及与重氮化合物的反应[88]。在这两种理论下，·Cr(CO)$_3$Cp 的 CO 解离能分别为 38.5 kcal/mol（B3LYP）和 45.9 kcal/mol（BP86），显著高于实验值（约 14 kcal/mol）。然而，在 BP86 水平下，·Cr(CO)$_3$Cp 的二聚反应生成[Cr(CO)$_3$Cp]$_2$ 的能量为 17.1 kcal/mol，与实验结果基本一致。正如预期的那样，在·Cr(CO)$_3$Cp 中，环戊二烯环的旋转是一个简单的过程，能垒非常小，约为 1.3 kcal/mol。图 10.14 展示了·Cr(CO)$_3$Cp 和·Cr(CO)$_2$Cp 的结构，以及连接这两种等效三羰基物种的过渡态。

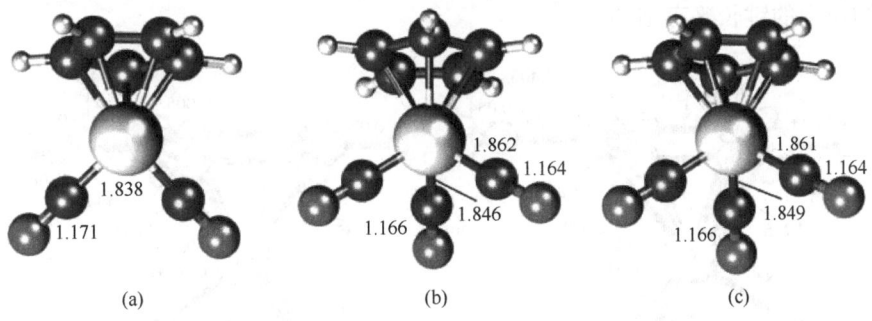

图 10.14　（a）·Cr(CO)$_2$Cp、（b）·Cr(CO)$_3$Cp 的 BP86 结构以及（c）连接两个等效三羰基结构的过渡态
所有物种均具有 C_s 对称性。键长单位为 Å。经美国化学会许可转载

在 $\cdot Cr(CO)_3Cp$ 中，用重氮甲烷取代一个 CO 的自由能为 3.6 kcal/mol。实验中观察到了酮烯配合物的形成，并计算了可能的酮互变异构体的结构和谐波振动频率（图 10.15）。由于酮类化合物同时具有 C=C 键和 C=O π-键，因此 η^2-(C, C)和 η^2-(C, O)的配位方式都必须考虑。铬对氧具有较强的亲和力，因此 η^2-(C, O)构型（图 10.15c）在能量上低于另一种构型（1.3 kcal/mol），这并不令人感到意外。

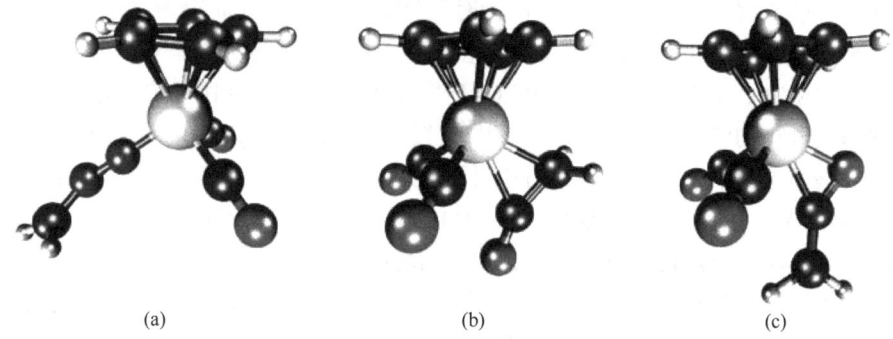

图 10.15　(a) $\cdot Cr(CO)_2(NNCH_2)Cp$、(b) $\cdot Cr(CO)_2[\eta^2$-(C, C)-O=C=CH$_2$]Cp 和（c）$\cdot Cr(CO)_2[\eta^2$-(C, O)-O=C=CH$_2$]Cp 的结构

文献[88]经许可转载，版权归 2007 年美国化学学会所有

酮烯配合物由重氮配合物通过桥连双核中间体形成（图 10.6）。此中间体由 $\cdot Cr(CO)_3Cp$ 和 $\cdot Cr(CO)_2(NNCH_2)Cp$ 自由基复合形成。在第二步反应中，CH$_2$ 基团类似于 CO 插入的方式迁移至羰基上。当此过程发生时，烯酮和 N$_2$ 的生成为裂解 C—N 键提供了驱动力，将二聚体转化为两个自由基 $\cdot Cr(CO)_2$(酮烯)Cp 和 $\cdot Cr(CO)_2(N_2)Cp$。计算的过渡态如图 10.7 所示。此反应为放热反应，自由能变化为 9.3 kcal/mol，自由能势垒为 21.3 kcal/mol。

研究人员采用 B3LYP 泛函，对甲苯-$Cr(CO)_3$ 的甲基基团经去除质子、氢负离子或氢自由基处理所形成的反应中间体的结构与能量进行了研究（图 10.16）[156]。C_6H_5-$CH_2^\cdot$-$Cr(CO)_3$ 的最稳定构象是交叉式构象，而较不稳定的重叠构象能量高 2.8 kcal/mol。芳烃配体几乎是平面的，但在该物质中，芳烃配体以 3°的角度弯向金属方向。C_{aryl}—$C_{methylene}$ 键在重叠构象中的键长略有增加。

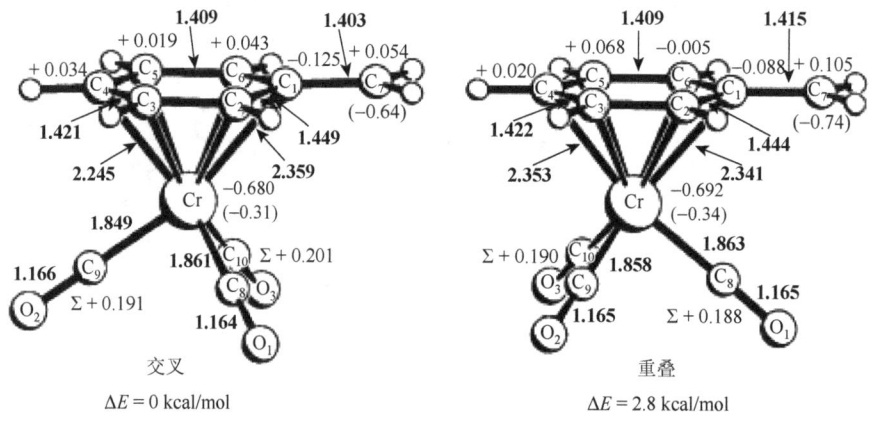

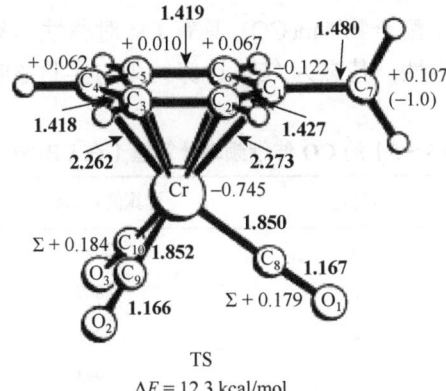

TS

$\Delta E = 12.3$ kcal/mol

图 10.16　$C_6H_5—CH_2^{\bullet}—Cr(CO)_3$ 配合物的交叉式和重叠式结构的优化几何结构（黑体）及自然电荷分布，以及描述末端 CH_2 基团旋转的过渡态（TS）

键长以埃（Å）为单位，键角以度为单位。氢原子的电荷汇总到碳原子中。经 Wiley-InterScience 许可转载[156]

未成对电子的位置应该在共振结构的两个极端情况下移动，如反应式（10.70）所示。

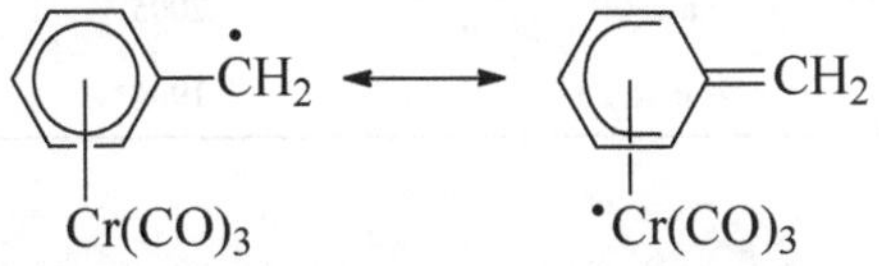

（10.70）

计算结果表明，该自由基体系约三分之二的自旋密度位于末端的 CH_2 基团上，而铬原子上分布约为 0.31 |e|。然而，在旋转过渡态中，预测未成对电子完全位于末端 CH_2 基团的碳原子上。此外，计算得到的 CH_2 旋转能垒为 12.3 kcal/mol。

10.7.2.3　锰羰基配合物

Barckholtz 和 Bursten 研究了 $Mn_2(CO)_{10}$ 等双核同质羰基的键解离能，这使得有必要进一步研究其相应单体的结构和分子振动特性[157]。所有计算中，BP86 泛函与 STO 价基组一同使用。$^{\bullet}Mn(CO)_n$（$n = 3$～5）的几何结构见图 10.17。$^{\bullet}Mn(CO)_5$ 为 C_{4v} 对称的四方

C_{4v}　　C_{3v}　　C_{2v}

$Mn(CO)_5$　　$Mn(CO)_3$　　$Mn(CO)_4$

图 10.17　$^{\bullet}Mn(CO)_n$（$n = 3$～5）在 BP86 理论水平下的优化几何构型[157]

经 ScienceDirect 许可改编

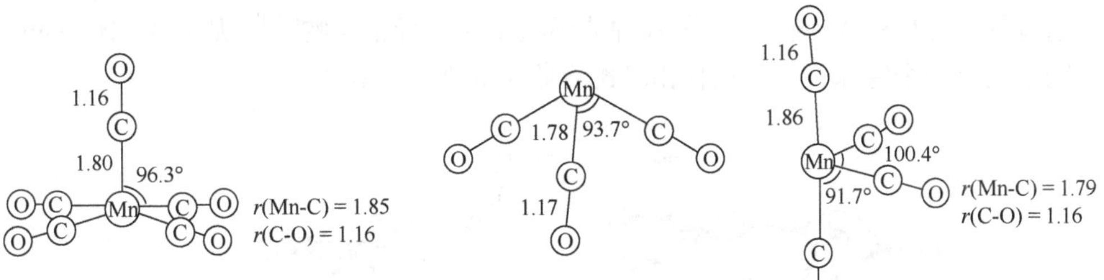

锥体，基态为 $^2A_1$。15 电子配合物 ·Mn(CO)$_4$ 具有 C_{2v} 对称性，基态为 $^2B_1$，而 13 电子配合物 ·Mn(CO)$_3$ 具有 C_{3v} 对称性，基态为 ^2E。计算结果与实验值吻合良好（表 10.2）[158]。

表 10.2 ·Mn(CO)$_n$（$n = 3\sim5$）的 CO 伸缩频率计算值（在 UBP86 理论水平上）和实验值

分子	对称性	计算值 ν_{CO} /cm^{-1}	实验值 ν_{CO} /cm^{-1}
·Mn(CO)$_5$·(C_{4v})	a_1	2094	2015^a
	b_2	2009	2018^a
	a_1	1993	1978^b
	e	1993	1988^b
·Mn(CO)$_4$·(C_{2v})	a_1	2065	
	a_1	1971	
	b_2	1967	
	b_1	1948	
·Mn(CO)$_3$·(C_{3v})	a_1	2005	
	e	1904	

^{a} 根据实验数据通过力场计算获得。
^{b} 参考文献[158]的实验值。

研究人员通过未桥连 Mn$_2$(CO)$_{10}$ 配合物与两个弛豫自由基 ·Mn(CO)$_5$ 之间的能量差来计算 Mn—Mn 键的键解离能。在 Mn$_2$(CO)$_{10}$ 解离过程中，Mn(CO)$_5$ 单元的几何结构变化很小，因此由结构弛豫所带来的能量增益对 Mn—Mn 键的键解离能的贡献可以忽略不计。Mn—Mn 键的键解离能实验测定较为困难，且文献中的数值跨度较大。最准确的实验值可通过脉冲时间分辨光声热量测定法获得，为 38±5 kcal/mol，该值与 UBP86 理论水平计算得到的结果（38.9 kcal/mol）吻合良好[159]。

10.7.2.4 异戊二烯-Fe(CO)$_3$ 自由基配合物

通过使用 B3LYP 泛函，研究了几种非环状 1,3-二烯配合物[160]。从异戊二烯-Fe(CO)$_3$ 配合物中去除一个氢原子，生成自由基配合物 **1** 和 **2**（图 10.18）。

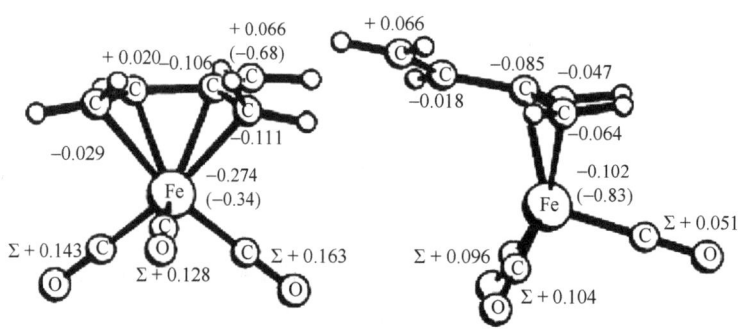

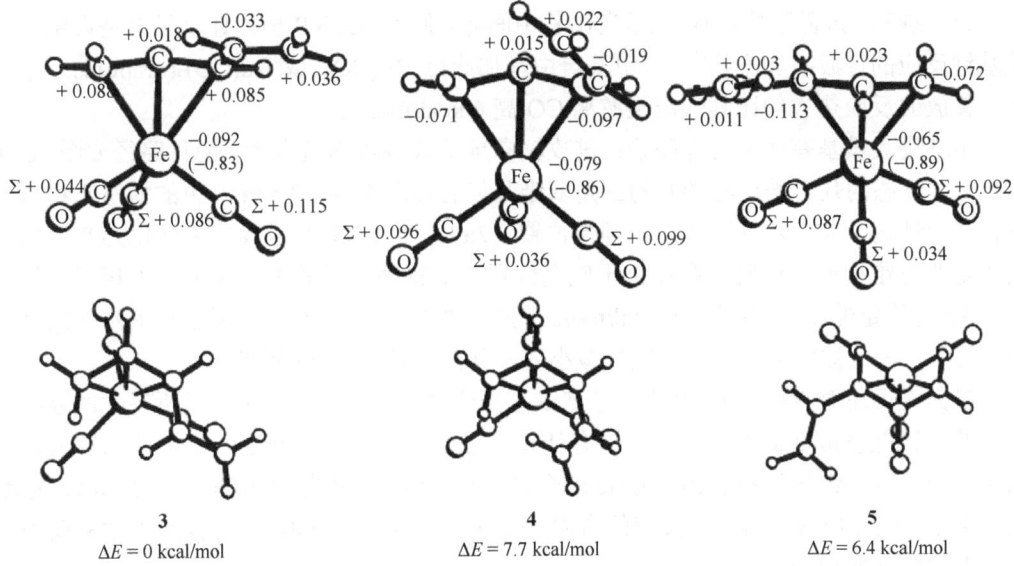

1
ΔE = 11.6 kcal/mol

2
ΔE = 0 kcal/mol

1a (18 VE)　　**1b** (17 VE)　　**2** (17 VE)

图 10.18　自由基配合物 **1** 和 **2** 的结构，分别通过从中性异戊二烯-Fe(CO)$_3$ 配合物中提取一个氢原子获得，包含自然电荷和 **1**、**2** 的共振形式

氢原子的电荷被合并到碳原子上。括号中给出了自旋密度[160]。经 Wiley-Interscience 许可改编

在结构 **1a** 中，铁以 η^4 的方式与丁二烯配位，此结构更能代表该自由基配合物的本质，因为自旋密度主要位于末端的非配位亚甲基基团上。异构体 **2** 的能量比 **1** 低 11.6 kcal/mol。在更稳定的异构体 **2** 中，83%的自旋密度定域在铁中心。

配合物 **3** 和 **4** 均表现出 Fe 对有机配体的 η^3 配位模式（图 10.19），且自旋密度主要分布在铁原子上。因此，用共振结构式 **3b** 和 **4b** 更能合理地描述这些计算所得的结构。

3
ΔE = 0 kcal/mol

4
ΔE = 7.7 kcal/mol

5
ΔE = 6.4 kcal/mol

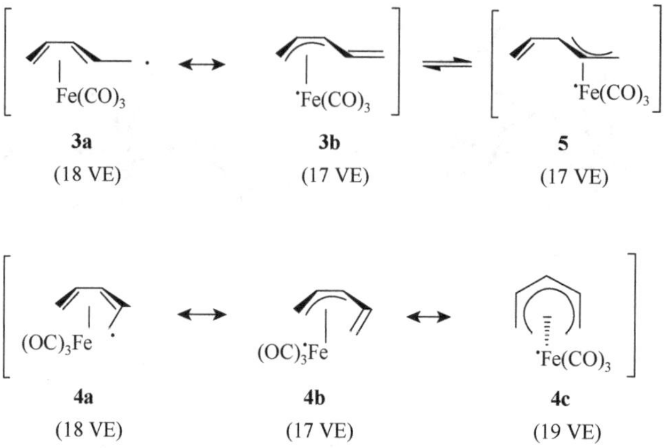

图 10.19 通过从中性戊二烯-Fe(CO)$_3$ 配合物中夺取氢原子并形成 3、4 和 5 的共振式形式而正式推导出的自由基配合物 3、4 和 5 的结构

氢原子的电荷已归入对应碳原子，自旋密度以括号标注[160]。经 Wiley-InterScience 许可转载

配合物 3 和 4 可视为构象异构体，其中 3 更稳定，能量比 4 低 7.7 kcal/mol。另一异构体配合物 5 也呈 η^3 配位方式，但其能量比 3 高 6.4 kcal/mol，因此在热力学上不利。这些开壳层体系更倾向于形成 17 电子构型的铁中心。形式上的 18 电子结构（**3a** 和 **4a**），尤其是 η^3 配位的 19 电子结构 **4c**，均不足以准确描述这些配合物的真实电子结构。

10.7.2.5 羰基钌与烷基自由基的反应

Boese 和 Goldman[161]报道，在芳基酮存在的情况下，d^8 金属羰基如 Ru(CO)$_3$(dmpe) 可通过自由基机理催化烷烃的光羰基化反应。该反应的起始步骤被认为是烷基自由基加成至金属羰基，进而形成金属-酰基自由基中间体。使用 B3LYP 理论计算了烷基自由基与羰基钌反应的过渡态和产物[162]。甲基自由基加成至 Ru(CO)$_5$ 或 Ru(CO)$_3$(dmpe) 的一个羰基所释放的反应热大约比其加成至游离 CO 高 6 kcal/mol。

甲基进攻羰基有两种可能路径：进攻轴向羰基或进攻赤道羰基。两种路径如图 10.20 所示。过渡态的几何结构与初始的三角双锥几何有显著不同。**TS2a** 产生的酰基产物呈方锥体几何结构，其中乙酰配体位于顶端位置（**2a**）。而 **TS2b** 则将反应物转化为产物 **2b**，其也是四方锥构型，但酰基配体位于底面位置。尽管两个过渡态的能量几乎相同，但中间体 **2a** 的稳定性比 **2b** 高出 3.6 kcal/mol。此外，构象异构体 **2c**——通过对酰基基团旋转 180°获得——也被确定存在一个能量极小值，其能量几乎与 **2a** 相当。

研究人员还对六配位的 19 电子金属烷基配合物进行了理论研究，但所有尝试寻找该物种的真正能量最低值均未成功。所有计算均显示，该结构倾向于一个羰基的解离，从而生成一个四方锥构型的 Ru(CO)$_4$Me 配合物。就 **1** 和游离甲基自由基转化为 Ru(CO)$_4$Me 和游离 CO 的净反应而言，该反应的自由能变化为 –2.8 kcal/mol，表明其热力学驱动力远不及形成酰基产物 **2a**。

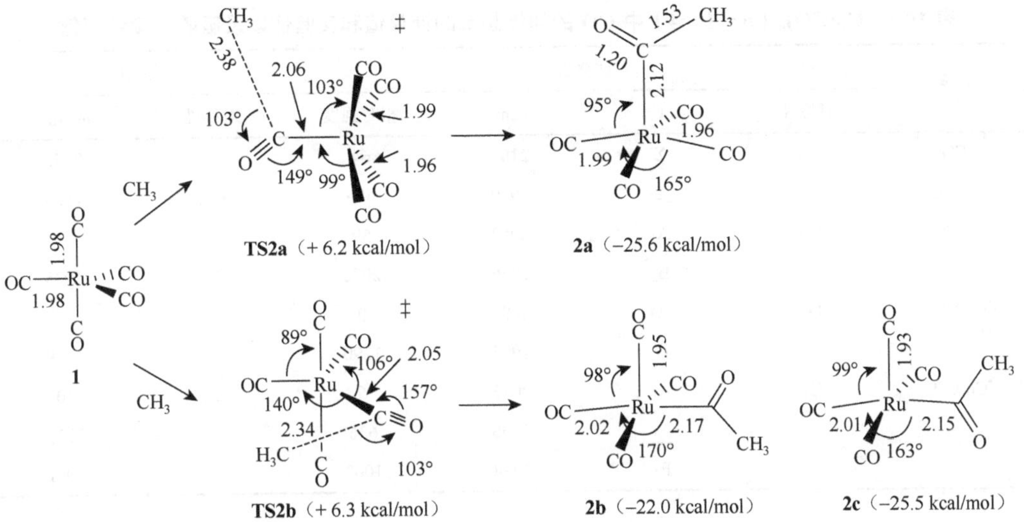

图 10.20 甲基加成到 1 的过渡态和产物的选定结构参数（以度和埃为单位），以及相对于分离反应物的电子能量（EB3LYP）

文献[162]经许可转载，版权归 2008 年美国化学学会所有

10.7.2.6 钴基的自由基羰基配合物

使用 BP86 泛函对 ·Co(CO)$_n$（n = 1～4）的分子结构和 CO 伸缩频率进行了研究[163]。由于三重 ζ 极化函数（TZVP）基组没有显著改善，计算中采用了 DZVP Slater 单电子径向波函数（STO）价基组。此外，还计算了四重态以确定每个体系的电子基态。表 10.3 比较了所有二元羰基自由基配合物的几何形状，CO 的伸缩频率见表 10.4。

表 10.3 对称性、平衡距离（R）、键角（A）、不同异构体的相对能量（E）和每个羰基的平均结合能 E（CoC）

	·CoCO	·Co(CO)$_2$		·Co(CO)$_3$		·Co(CO)$_4$
对称性	D$_{\infty v}$	C$_{2v}$(B)	D$_{\infty h}$	D$_{3h}$	C$_{3v}$	D$_{2d}$
E/(kcal/mol)		0	7	0		3
E(CoC)/(kcal/mol)	57.5	53.8		47.3	44.1	
R(C-O)/Å	1.170	1.157	1.154	1.156	1.151	1.151
R(CoC)/Å	1.667	1.784	1.796	1.818		1.813
R(CoC)$_{ax}$/Å					1.825	
R(CoC)$_{eq}$/Å					1.794	
A(Co-C-O)/(°)		175		177	174	
A(C-Co-C)/(°)		152				61
A(C$_{ax}$-Co-C$_{eq}$)/(°)					98	

表 10.4 Co(CO)$_n$（n = 1~4）中 CO 的伸缩频率的计算值和实验值以及吸收强度计算值

体系	计算值				实验值	
	对称性	Γ	ω/cm^{-1}	相对强度	对称性	ω/cm^{-1}
CO	C$_{\infty v}$	Σ	2107	64	C$_{\infty v}$	2133
·CoCO	C$_{\infty v}$	Σ	1979	686	C$_{\infty v}$	1959
·Co(CO)$_2$	C$_{2v}$	A$_1$	2052	59		
		B$_2$	1956	2075	D$_{\infty h}$	1925
·Co(CO)$_3$	D$_{3h}$	A'	2083	0		
		E'	1994	1290	C$_{3v}$	1989
·Co(CO)$_4$	C$_{3v}$	A$_1$	2075	6	C$_{3v}$	2107
		A$_1$	2006	636		2029
		E$_1$	1998	1062		2011

对于·CoCO，发现了一种线性基态几何构型 C$_{\infty v}$。计算得到 CO 的伸缩频率比实验值高出 20 cm^{-1}。对于·Co(CO)$_2$，发现了两个极小值构型（弯曲的 C$_{2v}$ 和线性的 D$_{\infty h}$），其能量几乎相同，中间仅有很小的势垒。弯曲构型比线性构型更为稳定，能量低 7 kcal/mol，C—Co—C 键的键角约为 152°。CO 伸缩模式的振动频率为 1956 cm^{-1} 和 2052 cm^{-1}，分别对应 B$_2$ 和 A$_1$ 对称性。对于·Co(CO)$_3$ 仅发现一个极小值构型，其对称性为 D$_{3h}$。这个结果与 Hanlan 等[31c]的 IR 实验结果一致，后者仅观察到一个 CO 模式。然而，ESR 结果则指示了该体系具有 C$_{3v}$ 几何构型，并且他们认为，平面几何的细微差异通过 IR 不容易检测到，因此·Co(CO)$_3$ 在惰性气体基质中的对称性可能为 C$_{3v}$，即使气相基态是 D$_{3h}$ 对称性。计算得到的不对称拉伸频率为 1994 cm^{-1}，仅比实验值高出 5 cm^{-1}。

原则上，·Co(CO)$_4$ 有多种可能的对称性。几何优化采用 T$_d$、D$_{2d}$、C$_{3v}$ 和 C$_{2v}$ 对称性约束，得到的相对能量分别为 14 kcal/mol、2 kcal/mol、0 kcal/mol 和 6 kcal/mol，表明基态构型是 C$_{3v}$。此外，没有任何对称约束的几何优化从 T$_d$ 几何收敛到 C$_{3v}$。四方锥结构中，顶点的 Co—C 键的键长比地面三个 Co—C 键的键长长 0.03 Å。该体系中具有三种 IR 活性的 CO 振动模式，与实验谱相符[31]。两个 A$_1$ 和一个 E$_1$ 的 CO 伸缩频率分别比实验值低 37 cm^{-1}、23 cm^{-1} 和 30 cm^{-1}。

Zhou 和 Andrews[164]发现，在类似的·M(CO)$_n$（M = Rh、Ir；n = 1~4）自由基中，Rh 和 Ir 的三羰基和四羰基物种显示出与·Co(CO)$_3$ 和·Co(CO)$_4$ 不同的对称性。不同于三角 D$_{3h}$ 构型的·Co(CO)$_3$，自由基·Rh(CO)$_3$ 和·Ir(CO)$_3$ 均为 T 型的 C$_{2v}$ 对称构型。Rh 和 Ir 的四羰基物种表现出不同的热力学稳定性。·Co(CO)$_4$ 的基态为 C$_{3v}$ 构型，其 D$_{2d}$ 配合物的能量较高，但对 Rh 和 Ir 配合物，得到相反的结果。

Huo 等[35]研究了羰基钴自由基，其阳离子和阴离子钴羰基配合物和钴羰基氢化物的结构和能量。在计算中，他们使用了全电子三 ζ 质量基组与 B3LYP 泛函。他们发现，这些配合物大多倾向于不对称的结构，并且即便是微小的几何畸变也可能引起显著的能量差异。

·Co(CO)$_n$ 配合物（n = 1~4）的结构如图 10.21 所示。中性单羰基自由基也具有弯曲结构，而线性构型则包含一个虚频（因此不是真正的能量极小值），其能量比弯曲构型高

21.6 kcal/mol。计算得到的解离能为 23.0 kcal/mol，远低于 Ryeng 等[163]在 BP86 水平计算得到的 57.5 kcal/mol。

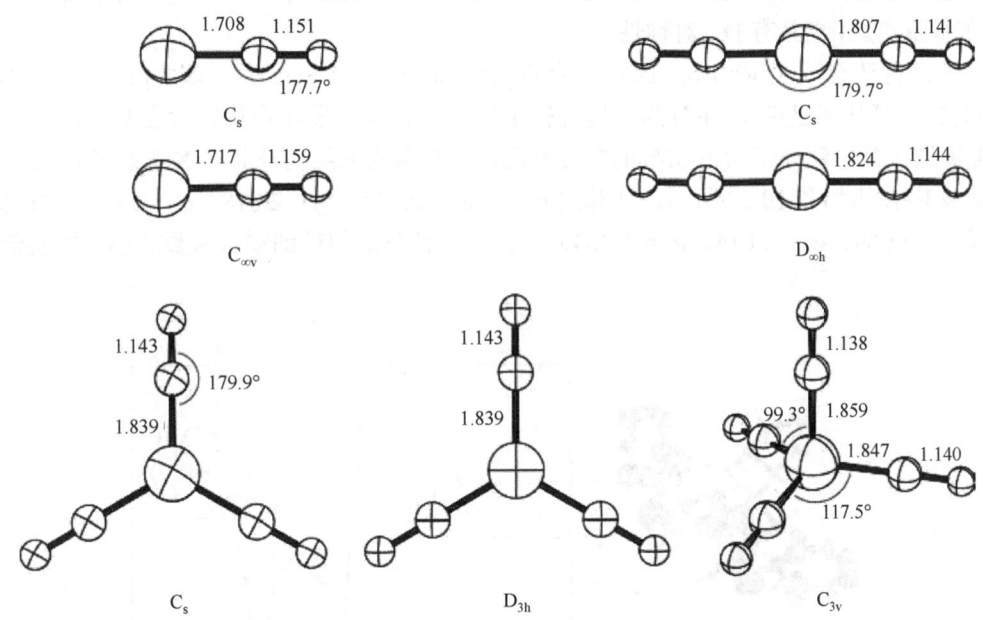

图 10.21　·Co(CO)$_n$（n = 1～4）的最稳定异构体的 B3LYP 结构

键长以埃（Å）为单位，键角以度为单位。文献[35]经许可转载。版权归 2002 年美国化学学会所有

·Co(CO)$_2$ 最稳定的结构是轻微弯曲的 C$_s$ 对称结构，比线性异构体的能量高 19.6 kcal/mol。这与 Ryeng 等在 BP86 水平计算的结果明显不同，后者认为，弯曲的 C$_{2v}$ 结构（键角为 152°）比线性结构更稳定。

研究者发现，·Co(CO)$_3$ 具有 C$_s$ 对称的三角平面结构，与预期的 D$_{3h}$ 构型几乎简并，仅比其高 0.1 kcal/mol。与 BP86 的研究结果相反，在本研究中仅发现·Co(CO)$_4$ 的一个构型，即 C$_{3v}$ 结构。与 BP86 结果的主要区别在于，轴向的 Co—C 键的键长比赤道的 Co—C 键的键长长[163]。在·Co(CO)$_2$、·Co(CO)$_3$ 和·Co(CO)$_4$ 的基态构型中，第一个 CO 解离能分别为 37.9 kcal/mol、23.9 kcal/mol 和 22.0 kcal/mol。原子的自然电荷分析显示，在大多数情况下，中心钴原子略带正电荷，其中 C$_s$ 构型的三羰基化合物具有最高正电荷，而在二羰基配合物中钴原子则几乎接近中性。

Barckholtz 和 Bursten[157]研究了 Co$_2$(CO)$_8$ 和 Co$_2$(CO)$_7$ 的均裂键解离能。尽管没有关于 Co$_2$(CO)$_7$ 的实验数据，但 BP86 泛函计算的 Co$_2$(CO)$_8$ 的键解离能明显偏高，其 D$_{3d}$ 构型的 BDE 值为 29.9 kcal/mol，而实验得出的 Co$_2$(CO)$_8$ → 2·Co(CO)$_4$ 反应的 BDE 为 19 kcal/mol。为了验证这一差异，研究者还计算了 HCo(CO)$_4$ 中的 Co—H 键的 BDE，BP86 得出的值为 70.1 kcal/mol，而实验值为 54 kcal/mol 和 59 kcal/mol[38, 165]。因此作者认为 BP86 泛函对·Co(CO)$_4$ 的能量预测可能存在偏差。

de Bruin 等[29]利用 BP86 泛函研究了类似的·Rh(CO)$_4$ 配合物及其部分羰基被其他配体

取代后的衍生物。正如预期的那样，由于 Jahn-Teller 效应，•Rh(CO)$_4$ 不具有 T_d 对称性。因此，对于•Rh(CO)$_4$，发现具有 D_{2d} 对称性的全局极小值，其 Rh—C 键键长为 1.943 Å，平面之间的最小夹角为 52.4°。类似地，•Rh(cod)$_2$ 和•Rh(dppe)$_2$ [cod = 环辛二烯；dppe = 双(二苯基膦乙烷)]也具有 D_{2d} 对称性。

研究者还合成了•Rh(trop$_2$dach)配合物[trop$_2$dach = 1, 4-双(5H-二苯并[a, d]环庚烯-5-基)-1, 2-二氨基环己烷]，并对其结构进行了计算[29]，结果发现自旋密度在整个配合物上高度离域，其中铑原子约占 36%的自旋密度。该配合物的结构及其在 X-波段冷冻溶液中连续波 EPR 谱如图 10.22 所示。计算的 g 值（g_1 = 2.054、g_2 = 2.018、g_3 = 1.964）与实验值（g_1 = 2.069、g_2 = 2.014、g_3 = 1.964）一致，而计算的超精细耦合常数略小于实验值。

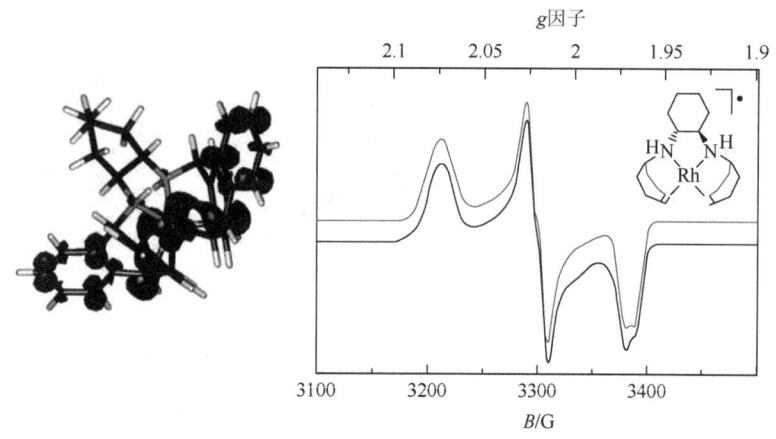

图 10.22 在 X-带（9.0303044 GHz）下 68 K 时•Rh(trop$_2$dach)配合物的自旋密度分布及其实验和模拟的 EPR 谱[29]

经 ScienceDirect 许可改编

10.8 结 论

本章旨在对有机金属自由基化学的广泛内容进行介绍。该领域是无机化学中一个正在快速发展的前沿方向。特别是顺磁配合物的发展有望带来新的理解与进展。1988 年，Astruc[166]的一个评论："对 19 电子物种在反应机理上的存在性与作用的认识，可能在不久的将来会引导人们发现新型反应过程，这些过程可能涉及具有先进技术装置的多催化组分体系。"该评论至今仍对从事无机自由基化学研究的科学家具有重要的启发意义。

参 考 文 献

1. Collman, J. P.; Hegedus, L. S.; Norton, J. R.; Finke, R. G. *Principles and Applications of Organotransition Metal Chemistry*; University Science Books: Sausalito, CA, 1987.
2. Gomberg, M. *J. Am. Chem. Soc.* **1900**, *22*, 757.

3. Paneth, F. A.; Hofeditz, W. *Berichte der Deutschen Chemischen Gesellschaft*, **1929**, *62*, 1335.

4. A special issue dedicated to one-electron processes as appeared. See Poli, R. *J. Organometal. Chem.* **2007**. *692*, 3109 for a preface to this area.

5. Taken from the preface to *Free Radical Chain Reactions in Organic Synthesis*, Motherwell, W. P.; Crich, D.; Academic Press, New York: 1992.

6. Schrauzer, G. N. *Acc. Chem. Res.* **1968**, *1*, 97.

7. Tschugaeff, L. *Berichte der Deutschen Chemischen Gesellschaft* **1905**, *38*, 2520. It is not clear whether the nature of the metal radical were identified at that time.

8. Calvin, M.; Bailes, R. H.; Wilmarth, W. K. *J. Am. Chem. Soc.* **1946**, *68*, 2254.

9. (a) Natta, G.; Ercoli, R.; Bernaldi, G.; Calderazzo, F. *Gazz. Chim.* **1959**, *89*, 809; (b) Ercoli, R.; Calderazzo, R.; Alberola, A. *J. Am. Chem. Soc.* **1960**, *82*, 2966.

10. Sando, G. M.; Spears, K. G. *J. Phys. Chem. A* **2004**, *108*, 1290.

11. Byers, B. H.; Brown, T. L. *J. Am. Chem. Soc.* **1975**, *97*, 947.

12. King, R. B. *Organomet. Syn.* **1965**, *1*, 70.

13. Geiger, W. E. *Organometallics* **2007**, *26*, 5738.

14. Fischer, E. O.; Wawersik, H. *J. Organomet. Chem.* **1966**, *5*, 559.

15. King, R. B.; Bisnette, M. B. *Inorg. Chem.* **1967**, *6*, 469.

16. Baoslo, F.; Pearson, R. G. *Mechanisms of Inorganic Reactions*; Wiley: New York, 1967.

17. This work is summarized in Halpern, J. *Acc. Chem. Res.* **1970**, *3*, 386.

18. Lappert, M. F.; Lednor, P. W. *Adv. Organometal. Chem.* **1976**, *14*, 345.

19. Crich, D.; Grant, D.; Krishnamurthy, V.; Patel, M. *Acc. Chem. Res.* **2007**, *40*, 453.

20. Pariya, C.; Theopold, K. H. *Curr. Sci.* **2000**, *78*, 1345.

21. Veciana, J.; Carilla, J.; Miravitlles, C.; Molins, E. *J. Chem. Soc. Chem. Commun.* **1987**, 812.

22. Lee, V. Y.; Sekiguchi, A. *Acc. Chem. Res.* **2007**, *40*, 410.

23. Connelly, N. G.; Freeman, M. J., Orpen, A. G.; Sheehan, A. R.; Sheridan, J. B.; Sweigart D. A. *J. Chem. Soc., Dalton Trans.* **1985**, 1019.

24. Fortier, S.; Baird, M. C.; Preston, K. F.; Morton, J. R.; Ziegler, T.; Jaeger, T. J.; Watkins, W. C.; MacNeil, J. H.; Watson, K. A. *J. Am. Chem. Soc.* **1991**, *113*, 542.

25. Hoobler, R. J.; Hutton, M. A.; Dillard, M. M.; Castellani, M. P.; Rheingold, A. L.; Rieger, A. L.; Rieger, P. H.; Richards, T. C.; Geiger, W. E. *Organometallics* **1993**, *12*, 116.

26. Kubas, G. J. *Metal Dihydrogen and σ-Bond Complexes: Structure, Theory, and Reactivity*; Kluwer Academic Publishers Group: Netherlands, 2001.

27. Ward, H. R. *Acc. Chem. Res.* **1972**, *5*, 18.

28. For an excellent summary of quantum methods EPR spectroscopy, see Neese, F. *Coord. Chem. Rev.* **2008**, *253*, 526–563. See also Kababya, S.; Nelson, J.; Calle, C.; Neese, F.; Goldfarb, J. *J. Am. Chem. Soc.* **2006**, *128*, 2017.

29. de Bruin, B.; Russcger, J. C.; Grützmacher, H. *J. Organomet. Chem.* **2007**, *692*, 3167.

30. Adams, R. D.; Miao, S.; Smith, M. D.; Farach, H.; Webster, C. E.; Manson, J.; Hall, M. B. *Inorg. Chem.* **2004**, *43*, 2515.
31. (a) Sweaney, R. L.; Brown, T. L. *Inorg. Chem.* **1977**. *16*, 421; (b) Crichton, O.; Poliakoff, M.; Rest, A. J.; Turner, J. J. *J. Chem. Soc., Dalton Trans.* **1973**, 1321; (c) Hanlan, L. A.; Huber, H.; Kündig, E. P.; McGarvey, B. R.; Ozin, G. A. *J. Am. Chem. Soc.* **1975**, *97*, 7054.
32. Bor, G.; Dietler, U. K.; Noack, K. *J. Chem. Soc. Chem. Commun.* **1976**, 914.
33. For an interesting review of this topic, see Pályi, G.; Ungváry, F.; Galamb, V.; Markó, L. *Coord. Chem. Rev.* **1984**, *53*, 37.
34. Wegman, R. W.; Brown, T. L. *J. Am. Chem. Soc.* **1980**, *102*, 2494.
35. Huo, C. F.; Li, Y. W.; Wu, G. S.; Beller, M.; Jiao, H. *J. Phys. Chem. A.* **2002**, *106*, 12169.
36. Nalesnik, T. E.; Orchin, M. *Organometallics* **1982**, *1*, 222.
37. (a) Klingler, R. J.; Chen, M. J.; Rathke, J. W.; Kramarz, K. W. *Organometallics* **2007**, *26*, 352; (b) Rathke, J. W.; Klingler, R. J.; Krause, T. R. *Organometallics* **1992**, *11*, 585; (c) Klingler, R. J.; Rathke, J. W. *Inorg. Chem.* **1992**, *31*, 804; (d) Rathke, J. W.; Klingler, R. J.; Krause, T. R. *Organometallics* **1991**, *10*, 1350.
38. Klingler, R. J.; Rathke, J. W. *J. Am. Chem. Soc.* **1994**, *116*, 4772.
39. Hackett, P.; O'Neil, P. S.; Manning, A. R. *J. Chem. Soc., Dalton Trans.* **1974**, 1625.
40. Baird, M. C. *Chem. Rev.* **1988**, *88*, 1217.
41. Adams, R. D.; Collins, D. E.; Cotton, F. A. *J. Am. Chem. Soc.* **1974**, *96*, 749.
42. Goh, L.-Y.; D'Aniello, M. J., Jr.; Slater, S.; Muetterties, E. L.; Tavanaiepour, I.; Chang, M. I.; Fredrich, M. F.; Daz, V. W. *Inorg. Chem.* **1979**, *18*, 192.
43. McLain, S. J. *J. Am. Chem. Soc.* **1988**, *110*, 643.
44. Fei, M.; Sur, S. K.; Tyler, D. R. *Organometallics* **1991**, *10*, 419.
45. Haines, R. J.; Nyholm, R. S.; Stiddard, M. H. B. *J. Chem. Soc. A.* **1968**, 43.
46. Burkett, A. R.; Meyer, T. J.; Whitten, D. G. *J. Organomet. Chem.* **1974**, *67*, 67.
47. Wrighton, M. S.; Ginley, D. S. *J. Am. Chem. Soc.* **1975**, *97*, 4246.
48. Hughey, J. L., IV; Bock, C. R.; Meyer, T. J. *J. Am. Chem. Soc.* **1975**, *97*, 4440.
49. Laine, R. M.; Ford, P. C. *Inorg. Chem.* **1977**, *16*, 388.
50. Hoffman, N. W.; Brown, T. L. *Inorg. Chem.* **1978**, *17*, 613.
51. Turaki, N. N.; Huggins, J. M. *Organometallics* **1986**, *5*, 1703.
52. Philbin, C. E.; Goldman, A. S.; Tyler, D. R. *Inorg. Chem.* **1986**, *25*, 4434.
53. Stiegman, A. E.; Tyler, D. R. *Acc. Chem. Res.* **1984**, *17*, 61.
54. Avey, A.; Tenhaeff, S. C.; Weakley, T. J. R.; Tyler, D. R. *Organometallics* **1991**, *10*, 3607.
55. Zhu, Z.; Espenson, J. H. *Organometallics* **1994**, *13*, 1893.
56. Scott, S. L.; Espenson, J. H.; Zhu, Z. *J. Am. Chem. Soc.* **1993**, *115*, 1789.
57. (a) Scott, S. L.; Espenson, J. H.; Chen, W. J. *Organometallics* **1993**, *12*, 4077; (b) Yao, W.; Bakac, A.; Espenson, J. H. *Organometallics* **1993**, *12*, 2010.
58. Balla, J.; Bakac, A.; Espenson, J. H. *Organometallics* **1994**, *13*, 1073.

59. Virrels, I. G.; George, M. W.; Johnson, F. P. A.; Turner, J. J.; Westwell, J. R. *Organometallics* **1995**, *14*, 5203.

60. Mohler, D. L.; Barnhardt, E. K.; Hurley, A. L. *J. Org. Chem.* **2002**, *67*, 4982.

61. Mohler, D. L.; Downs, J. R.; Hurley-Predecki, A. L.; Sallman, J. R.; Gannett, P. M.; Shi, X. *J. Org. Chem.* **2005**, *70*, 9093.

62. Glascoe, E. A.; Kling, M. F.; Cahoon, J. F.; Shanoski, J. E.; DiStassio, R. A.; Payne, C. K., Jr.; Mork, B. V.; Tilley, T. D.; Harris, C. B. *Organometallics* **2007**, *26*, 1424.

63. Cahoon, J. F.; Kling, M. F.; Sawyer, K. R.; Frei, H.; Harris, C. B. *J. Am. Chem. Soc.* **2006**, *128*, 3152.

64. Kling, M. F.; Cahoon, J. F.; Glascoe, E. A.; Shanoski, J. E.; Harris, C. B. *J. Am. Chem. Soc.* **2004**, *126*, 11414.

65. Cahoon, J. F.; Kling, M. F.; Schmatz, S.; Harris, C. B. *J. Am. Chem. Soc.* **2005**, *127*, 12555.

66. Bitterwolf, T. E. *Coord. Chem. Rev.* **2001**, *211*, 235.

67. Jaeger, T. J.; Baird, M. C. *Organometallics* **1988**, *7*, 2074.

68. Watkins, W. C.; Hensel, K.; Fortier, S.; Macartney, D. H.; Baird, M. C.; McLain, S. J. *Organometallics* **1992**, *11*, 2418.

69. (a) MacConnachie, C. A.; Nelson, J. M.; Baird, M. C. *Organometallics* **1992**, *11*, 2521; (b) Huber, T. A.; Macartney, D. H.; Baird, M. C. *Organometallics* **1993**, *12*, 4715; (c) Huber, T. A.; Macartney, D. H.; Baird, M. C. *Organometallics* **1995**, *14*, 592.

70. Choi, J.; Tang, L.; Norton, J. R. *J. Am. Chem. Soc.* **2007**, *129*, 234.

71. Bullock, R. M.; Samsel, E. G. *J. Am. Chem. Soc.* **1990**, *112*, 6886.

72. Weng, Z.; Goh, L.-Y. *Acc. Chem. Res.* **2004**, *37*, 187.

73. Landrum, J. T.; Hoff, C. D. *J. Organomet. Chem.* **1985**, *282*, 215.

74. Kiss, G.; Zhang, K.; Mukerjee, S. L.; Hoff, C. D.; Roper, G. C. *J. Am. Chem. Soc.* **1990**, *112*, 5657.

75. Capps, K. B.; Bauer, A.; Kiss, G.; Hoff, C. D. *J. Organomet. Chem.* **1999**, *586*, 23.

76. Vollhardt, K. P. C.; Cammack, J. K.; Matzger, A. J.; Bauer, A.; Capps, K. B.; Hoff, C. D. *Inorg. Chem.* **1999**, *38*, 2624.

77. Bordwell, F. G.; Zhang, X.-M.; Satish, A. V.; Cheng, J.-P. *J. Am. Chem. Soc.* **1994**, *116*, 6605.

78. Benson, S. W. *Chem. Rev.* **1978**, *78*, 23.

79. Ju, T. D.; Lang, R. F.; Roper, G. C.; Hoff, C. D. *J. Am. Chem. Soc.* **1996**, *118*, 5328.

80. Stieffel, E. I.; Matsumoto, K., Eds. *Transition Metal Sulfur Chemistry: Biological and Industrial Significance*, ACS Symposium Series No. 653, American Chemical Society Publication, 1996.

81. Capps, K. B.; Bauer, A.; Ju, T. D.; Hoff, C. D. *Inorg. Chem.* **1999**, *38*, 6130.

82. Ju, T. D.; Capps, K. B.; Lang, R. F.; Roper, G. C.; Hoff, C. D. *Inorg. Chem.* **1997**, *36*, 614.

83. McDonough, J. E.; Weir, J. J.; Carlson, M. J.; Hoff, C. D.; Kryatova, O. P.; Rybak-Akimova, E. V.; Clough, C. R.; Cummins, C. C. *Inorg. Chem.* **2005**, *44*, 3127.

84. Moran, D.; Sukcharoenphon, K.; Puchta, R.; Schaefer, H. F., III; Schleyer, P. v. R.; Hoff, C. D. *J. Org. Chem.* **2002**, *67*, 9061.

85. Sukcharoenphon, K.; Moran, D.; Schleyer, P. v. R.; McDonough, J. E.; Abboud, K. A.; Hoff, C. D. *Inorg. Chem.* **2003**, *42*, 8494.

86. Crich, D.; Quintero, L. *Chem. Rev.* **1989**, *89*, 1413.

87. (a) Ungvári, N.; Kégl, T.; Ungváry, F. *J. Mol. Catal. A* **2004**, *219*, 7; (b) Kégl, T.; Ungváry, F. *J. Organomet. Chem.* **2007**, *692*, 1825.

88. Fortman, G. C.; Kégl, T.; Li, Q.-S.; Zhang, X.; Schaefer, H. F., III; Xie, Y.; King, R. B.; Telser, J.; Hoff, C. D. *J. Am. Chem. Soc.* **2007**, *129*, 14388.

89. DeWit, D. G. *Coord. Chem. Rev.* **1996**, *147*, 209.

90. Sherry, A. E.; Wayland, B. B. *J. Am. Chem. Soc.* **1989**, *111*, 5010.

91. Wayland, B. B.; Farnos, M. D.; Coffin, V. L. *Inorg. Chem.* **1988**, *27*, 2745.

92. Wayland, B. B.; Ba, S.; Sherry, A. E. *J. Am. Chem. Soc.* **1991**, *113*, 5305.

93. Hoshino, M.; Yasufuku, K.; Konishi, S.; Imamura, M. *Inorg. Chem.* **1984**, *23*, 1982.

94. Yamamoto, S.; Hoshino, M.; Yasufuku, K.; Imamura, M. *Inorg. Chem.* **1984**, *23*, 195.

95. (a) Anderson, J. E.; Yao, C.-L.; Kadish, K. M. *Inorg. Chem.* **1986**, *25*, 718; (b) Anderson, J. E.; Yao, C.-L.; Kadish, K. M. *Organometallics* **1987**, *6*, 706.

96. de Bruin, B.; Hetterscheid, D. G. H. *Eur. J. Inorg. Chem.* **2007**, 211.

97. de Bruin, B.; Hetterscheid, D. H. G.; Koekkoek, A. J. J.; Grützmacher, H. *Prog. Inorg. Chem.* **2007**, *55*, 247.

98. Wayland, B. B.; Woods, B. A.; Coffin, V. L. *Organometallics* **1986**, *5*, 1059.

99. Wayland, B. B.; Sherry, A. E.; Poszmik, G.; Bunn, A. G. *J. Am. Chem. Soc.* **1992**, *114*, 1673.

100. Cui, W.; Wayland, B. B. *J. Am. Chem. Soc.* **2004**, *126*, 8266.

101. Zhang, X.-X.; Wayland, B. B. *J. Am. Chem. Soc.* **1994**, *116*, 7897.

102. Bunn, A. G.; Wayland, B. B. *J. Am. Chem. Soc.* **1992**, *114*, 6917.

103. Cui, W.; Wayland, B. B. *J. Am. Chem. Soc.* **2006**, *128*, 10350.

104. Zhang, L.; Chan, K. S. *Organometallics* **2007**, *26*, 679.

105. Chan, K. S.; Li, X. Z.; Zhang, L.; Fung, C. W. *Organometallics* **2007**, *26*, 2679.

106. Chan, K. S.; Li, X. Z.; Dzik, W. I.; de Bruin, B. *J. Am. Chem. Soc.* **2008**, *130*, 2051.

107. (a) Poli, R. *Chem. Rev.* **1996**, *96*, 2135; (b) Poli, R.; Cacelli, I. *Eur. J. Inorg. Chem.* **2005**, 2324.

108. Haaland, A. *Acc. Chem. Res.* **1979**, *12*, 415.

109. (a) Pitarch López, J.; Heinemann, F. W.; Prakash, R.; Hess, B. A.; Horner, O.; Jeandey, C.; Oddou, J.-L.; Latour, J.-M.; Grohmann, A. *Chem. Eur. J.* **2002**, *8*, 5709; (b) Overby, J. S.; Hanusa, T. P.; Sellers, S. P.; Yee, G. T. *Organometallics* **1999**, *18*, 3561; (c) Voges, M. H.; Rømming, C.; Tilset, M. *Organometallics* **1999**, *18*, 529; (d) Hao, S.; Gambarotta, S.; Bensimon, C. *J. Am. Chem. Soc.* **1992**, *114*, 3556.

110. (a) Tabard, A.; Cocolios, P.; Lagrange, G.; Gerardin, R.; Hubsch, J.; Lecomte, C.; Zarembowitch, J.; Guilard, R. *Inorg. Chem.* **1988**, *27*, 110; (b) Gaudry, J.-B.; Capes, L.; Langot, P.; Marcén, S.; Kollmannsberger, M.; Lavastre, O.; Freysz, E.; Létard, J.-F.; Kahn, O. *Chem. Phys. Lett.* **2000**, *324*, 321; (d) Sheng, T.; Dechert, S.; Hyla-Kryspin, I.; Winter, R. F.; Meyer, F. *Inorg. Chem.* **2005**, *44*, 3863.

111. Ellison, M. K.; Nasri, H.; Xia, Y.-M.; Marchon, J.-C.; Schulz, C. E.; Debrunner, P. G.; Scheidt, W. R. *Inorg. Chem.* **1997**, *36*, 4804.

112. (a) Meunier, B.; de Viser, S. P.; Shaik, S. *Chem. Rev.* **2004**, *104*, 3947; (b) Shaik, S.; Kumar, D.; de Viser, S. P.; Altun, A.; Thiel, W. *Chem. Rev.* **2005**, *105*, 2279.

113. (a) Kelleher, M. J. *Acc. Chem. Res.* **1993**, *26*, 154; (b) McCoy, S.; Caughey, W. S. *Biochemistry* **1970**, *9*, 2387.

114. Laplaza, C. E.; Odom, A. L.; Davis, W. M.; Cummins, C. C. *J. Am. Chem. Soc.* **1995**, *117*, 4999.

115. Laplaza, C. E.; Cummins, C. C. *Science* **1995**, *268*, 861.

116. (a) Laplaza, C. E.; Johnson, M. J. A.; Peters, J. C.; Odom, A. L.; Kim, E.; Cummins, C. C.; George, G. N.; Pickering, I. J. *J. Am. Chem. Soc.* **1996**, *118*, 8623; (b) Peters, J. C.; Cherry, J.-P. F.; Thomas, J. C.; Baraldo, L. M.; Mindiola, D. J.; Davis, W. M.; Cummins, C. C. *J. Am. Chem. Soc.* **1999**, *121*, 10053; (c) Curley, J. J.; Cook, T. R.; Reece, S. Y.; Müller, P.; Cummins, C. C. *J. Am. Chem. Soc.* **2008**, *130*, 9394.

117. (a) Graham, D. C.; Beran, G. J. O.; Head-Gordon, M.; Christian, G.; Stranger, R.; Yates, B. F. *J. Phys. Chem. A* **2005**, *109*, 6762; (b) Marcus, C. D. *Chem. Eur. J.* **2007**, *13*, 3406; (c) Cui, Q.; Musaev, D. G.; Svensson, M.; Sieber, S.; Morokuma, K. *J. Am. Chem. Soc.* **1995**, *117*, 12366; (d) Hahn, J.; Landis, C. R.; Nasluzov, V. A.; Neyman, K. M.; Rosch, N. *Inorg. Chem.* **1997**, *36*, 3947; (e) Neyman, K. M.; Nasluzov, V. A.; Hahn, J.; Landis, C. R.; Rosch, N. *Organometallics* **1997**, *16*, 995; (f) Christian, G.; Stranger, R.; Yates, B. F.; Graham, D. C. *Dalton Trans.* **2005**, 962; (g) Christian, G.; Stranger, R. *Dalton Trans.* **2004**, 2492; (h) Christian, G.; Driver, J.; Stranger, R. *Faraday Discuss.* **2003**, *124*, 331.

118. Tsai, Y. C.; Cummins, C. C. *Inorg. Chim. Acta* **2003**, *345*, 63.

119. Okabe, H. *Photochemistry of Small Molecules*; Wiley: New York, 1978; p 219.

120. Cherry, J.-P. F.; Johnson, A. R.; Baraldo, L. M.; Tsai, Y.-C.; Cummins, C. C.; Kryatov, S. V.; Rybak-Akimova, E. V.; Capps, K. B.; Hoff, C. D.; Haar, C. M.; Nolan, S. P. *J. Am. Chem. Soc.* **2001**, *123*, 7271.

121. Johnson, A. R.; Davis, W. M.; Cummins, C. C.; Serron, S.; Nolan, S. P.; Musaev, D. G.; Morokuma, K. *J. Am. Chem. Soc.* **1998**, *120*, 2071.

122. (a) Laplaza, C. E.; Davis, W. M.; Cummins, C. C. *Angew. Chem., Int. Ed. Engl.* **1995**, *34*, 2042; (b) Stephens, F. H.; Johnson, M. J. A.; Cummins, C. C.; Kryatova, O. P.; Kryatov, S. V.; Rybak-Akimova, E. V.; McDonough, J. E.; Hoff, C. D. *J. Am. Chem. Soc.* **2005**, *127*, 15191.

123. Cummins, C. C. *Chem. Commun.* **1998**, 1777.

124. (a) McDonough, J. E.; Weir, J. J.; Sukcharoenphon, K.; Hoff, C. D.; Kryatova, O. P.; Rybak-Akimova, E. V.; Scott, B. L.; Kubas, G. J.; Mendiratta, A.; Cummins, C. C. *J. Am.*

Chem. Soc. **2006**, *128*, 10295; (b) Mendiratta, A.; Cummins, C. C.; Kryatova, O. P.; Rybak-Akimova, E. V.; McDonough, J. E.; Hoff, C. D. *Inorg. Chem.* **2003**, *42*, 8621.

125. (a) Collman, J. P.; Boulatov, R.; Sunderland, C. J.; Fu, L. *Chem. Rev.* **2004**, *104*, 561; (b) Kim, E.; Chufán, E. E.; Kamaraj, K.; Karlin, K. D. *Chem. Rev.* **2004**, *104*, 1077; (c) Costas, M.; Mehn, M. P.; Jensen, M. P.; Que, L. Jr. *Chem. Rev.* **2004**, *104*, 939; (d) Enemark, J. H.; Cooney, J. J. A. *Chem. Rev.* **2004**, *104*, 1175.

126. Ammeter, J. H.; Swalen, J. D. *J. Chem. Phys.* **1972**, *57*, 678.

127. Torraca, K. E.; McElwee-White, L. *Coord. Chem. Rev.* **2000**, *206-207* 469.

128. Astruc, D. *Electron-Transfer and Radical Processes in Transition-Metal Chemistry*; Wiley-VCH: New York, 1995.

129. Elmurr, N.; Sheats, J. E.; Geiger, W. E.; Holloway, J. D. L. *Inorg. Chem.* **1979**, *18*, 1443.

130. Tsai, Y.-C.; Stephens, F. H.; Meyer, K.; Mendiratta, A.; Gheorghiu, M. D.; Cummins, C. C. *Organometallics* **2003**, *22*, 2902.

131. Mendiratta, A.; Cummins, C. C. *Inorg. Chem.* **2005**, *44*, 7319.

132. Temprado, M.; McDonough, J. E.; Mendiratta, A.; Tsai, Y.-C.; Fortman, G. C.; Cummins, C. C.; Rybak-Akimova, E. V.; Hoff, C. D. *Inorg. Chem.* **2008**, *47*, 9380.

133. Hetterscheid, D. G. H.; Kaiser, J.; Reijerse, E.; Peters, T. P. J.; Thewissen, S.; Blok, A. N. J.; Smits, J. M. M.; de Gelder, R.; de Bruin, B. *J. Am. Chem. Soc.* **2005**, *127*, 1895.

134. Collman, J. P.; Hegedus, L. S. *Principles and Applications of Organotransition Metal Chemistry*; University Science Books: Mill Valley, CA, 1980; p 280.

135. (a) Bengali, A. A.; Bergman, R. G.; Moore, C. B. *J. Am. Chem. Soc.* **1995**, *117*, 3879; (b) Detrich, J. L.; Reinaud, O. M.; Rheingold, A. L.; Theopold, K. H. *J. Am. Chem. Soc.* **1995**, *117*, 11745.

136. (a) Schröder, D.; Shaik, S.; Schwarz, H. *Acc. Chem. Res.* **2000**, *33*, 139; (b) Shaik, S.; Danovich, D.; Fiedler, A.; Schröder, D.; Schwarz, H. *Helv. Chim. Acta* **1995**, *78*, 1393.

137. (a) Poli, R.; Harvey, J. N. *Chem. Soc. Rev.* **2003**, *32*, 1; (b) Harvey, J. N.; Poli, R.; Smith, K. M. *Coord. Chem. Rev.* **2003**, *238-239*. 347; (c) Poli, R. *J. Organomet. Chem.* **2004**, *689*, 4291.

138. (a) Smith, K. M.; Poli, R.; Harvey, J. N. *New J. Chem.* **2000**, *24*, 77; (b) Carreón-Macedo, J. L.; Harvey, J. N. *J. Am. Chem. Soc.* **2004**, *126*, 5789.

139. Cacelli, I.; Keogh, D. W.; Poli, R.; Rizzo, A. *J. Phys. Chem. A* **1997**, *101*, 9801.

140. Mulliken, R. S. *J. Chem. Phys.* **1955**, *23*, 1833.

141. Löwdin, P. O. *Adv. Quantum Chem.* **1970**, *5*, 185.

142. Foster, J. P.; Weinhold, F. *J. Am. Chem. Soc.* **1980**, *102*, 7211.

143. Siegbahn, P. E. M.In *Advances in Chemical Physics*; Rice, S. A.; Prigogine, I., Eds.; Wiley: New York, **1996**; Vol. *XCIII*, p 333.

144. (a) Becke, A. D. *Phys. Rev. A* **1988**, *38*, 3098; (b) Perdew, J. P. *Phys. Rev. B* **1986**, *33*, 8822.

145. (a) Becke, A. D. *J. Chem. Phys.* **1993**, *98*, 5648; (b) Lee, C.; Yang, W.; Parr, R. G. *Phys. Rev. B* **1988**, *37*, 785.

146. Lin, Z.; Hall, M. B. *Inorg. Chem.* **1992**, *31*, 2791.
147. (a) Wachters, A. J. H. *J. Chem. Phys.* **1970**, *52*, 1033; (b) Bauschlicher, C. W.; Langhoff, S. R. Jr.; Barnes, L. A. *J. Chem. Phys.* **1989**, *91*, 2399.
148. Schmidling, D. G. *J. Mol. Struct.* **1975**, *24*, 1.
149. Bellard, S.; Rubinson, K. A.; Sheldrick, G. M. *Acta Crystallogr. B* **1979**, *35*, 271.
150. Parrish, S. H.; Van Zee, R. V.; Weltner, W. J. *J. Phys. Chem. A* **1999**, *103*, 1025.
151. Bernhardt, E.; Willner, H.; Kornath, A.; Breidung, J.; Bühl, M.; Jonas, V.; Thiel, W. *J. Phys. Chem. A* **2003**, *107*, 859.
152. Ford, T. A.; Huber, H.; Klotzbücher, W.; Moskovits, M.; Ozin, G. A. *Inorg. Chem.* **1976**, *15*, 1666.
153. Ishikawa, Y.; Hackett, P. A.; Rayner, D. M. *J. Am. Chem. Soc.* **1987**, *109*, 6644.
154. Liu, Z.; Li, Q.; Xie, Y.; King, R. B.; Schaefer, H. F., III *Inorg. Chem.* **2007**, *46*, 1803.
155. Dicke, J. W.; Stibrich, N. J.; Schaefer, H. F., III *Chem. Phys. Lett.* **2008**, *456*, 13.
156. Pfletschinger, A.; Dargel, T. K.; Bats, J. W.; Schmalz, H.; Koch, W. *Chem. Eur. J.* **1999**, *5*, 537.
157. Barckholtz, T. A.; Bursten, B. E. *J. Organomet. Chem.* **2000**, *596*, 212.
158. (a) Perutz, R. N.; Turner, J. J. *Inorg Chem.* **1975**, *14*, 262; (b) Church, S. P.; Poliakoff, M.; Timney, J. A.; Turner, J. J. *J. Am. Chem. Soc.* **1981**, *103*, 7515.
159. Goodman, J. L.; Peters, K. S.; Vaida, V. *Organometallics* **1986**, *5*, 815.
160. Pfletschinger, A.; Schmalz, H.; Koch, W. *Eur. J. Inorg. Chem.* **1999**, 1869.
161. Boese, E. T.; Goldman, A. S. *J. Am. Chem. Soc.* **1992**, *114*, 350.
162. Hasanayn, F.; Nsouli, N. H.; Al-Ayoubi, A.; Goldman, A. S. *J. Am. Chem. Soc.* **2008**, *130*, 511.
163. Ryeng, H.; Gropen, O.; Swang, O. *J. Phys. Chem. A* **1997**, *101*, 8956.
164. Zhou, M.; Andrews, L. *J. Phys. Chem. A* **1999**, *103*, 7773.
165. Daniel, C. *J. Phys. Chem.* **1991**, *95*, 2394.
166. Astruc, D. *Chem. Rev.* **1988**, *88*, 1189.

第 11 章 金属介导的碳-氢键活化

Thomas Brent Gunnoe

11.1 引　　言

碳-碳键和碳-氢键构成了有机化学的基础。典型的碳-氢键总强度（碳-氢键的键解离能，BDEs）通常为 95～110 kcal/mol，加上其非极性特点，碳-氢键往往表现出化学惰性。这些特性使得选择性地将碳-氢键转化为新官能团变得困难，成为合成复杂有机分子以及大规模生产材料的重大障碍。在过去几十年里，金属介导的碳-氢键活化技术的出现，让人们期待能开发出具有选择性且催化碳-氢键高效转化的均相催化剂。

自从过渡金属配体上的碳氢基团能够在分子内与金属成键（图 11.1 中的分子内抓氢作用）被证实以来[1, 2]，化学家们为理解过渡金属/碳-氢的键合及随后金属中心对碳-氢键的裂解了做出了极大的努力。尽管基础研究和应用都依然存在挑战，对金属如何配位和裂解碳-氢键已经有了深刻的理解。本章的目的是概述金属活化与裂解碳-氢键的机理。本章并非旨在全面回顾该领域的所有贡献，而是提供一些具有代表性的开创性研究范例，并对这些引领金属介导的碳-氢键活化领域的前瞻性研究的历史和范围进行述评。

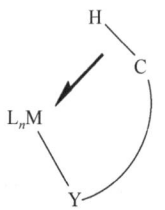

图 11.1 分子内抓氢作用的示意图

分子内抓氢作用通常用半箭头表示

11.2 金属与碳-氢键的键合和早期金属介导的碳-氢键活化的研究概述

普遍认为，金属介导的碳-氢键断裂通常是通过碳氢单元与金属中心的直接配位进行的。与氢气配位于金属中心的机理相似（该机理最早由 Kubas 等[3, 4]于 1984 年报道），碳氢基团与金属中心的键合作用被认为是通过 C—H σ 键向金属的空轨道提供电子实现的。由配体的 σ 键分子轨道对向金属提供电子的配合物称为 σ-配合物（图 11.2）[5]。在某种意义上，C—H 键与金属的配位类似于经典的 Lewis 碱（如胺、膦），因为键合作用往往产生于配体向金属空轨道提供两个电子。然而，与经典的 Lewis 碱不同，C—H 键配位的电子来自 σ 键分子轨道，而非孤对电子或某些 π 轨道。由于 σ 键分子轨道的能量相对较低，碳氢单元与金属中心的配位弱于胺、膦、烯烃等配体与金属的配位。事实上，这种独特的金属/C—H 键合方式催生了新词"抓氢作用"，以描述氢原子同时与碳原子和过渡金属形成共价键的情形[1, 2]。表 11.1 列出了与第Ⅵ主族金属五羰基化合物配位的烷烃的键解离能（BDE）。这些 BDE 的范围为 8~17 kcal/mol，属于典型的金属-烷烃键，强度上略高于普通的分子间氢键。金属-烷烃只能弱成键，配位的烷烃也只能通过特殊光谱技术进行观察（11.4 节）。

图 11.2 不同种类的 Lewis 酸/碱加合物

表 11.1 代表性烷烃底物与 $M(CO)_5$ 片段配位的金属-烷烃键键焓[6]

金属	烷烃	键焓/(kcal/mol)
Cr	戊烷	8(3)
Cr	庚烷	10(2)
Cr	环己烷	11(2)
Mo	庚烷	17[a]
W	庚烷	13(3)

[a] 文献中未见误差。

尽管科学家们已经通过光谱、X-射线和中子衍射仔细研究了许多分子内抓氢作用的例子，但很少直接观察到碳氢基团的分子间配位（即金属与"自由"分子作用并配位）。基于对分子内抓氢作用的配合物的实验和理论研究、相似的分子结构（如配位的硅烷和 BH_4^-，详见下文）以及光谱数据，科学家们提出了几种碳氢基团可能的配位模式（图式 11.1）[6]。优先采取的配位模式似乎对金属和有机基团存在微妙的依赖性。最常见的配位模式是 η^2-C, H 配位模式，其中金属中心直接与碳原子和一个氢原子结合。在这种模式下，金属与碳氢单元之间可能形成两个键。如上所述，C—H σ 键的电子被送至金属具有 σ 对称性的空轨道（图式 11.2）。因此，C—H 键作为金属中心的中性双电子给体。然而，如果金属中存在一个相对于 M-(CH)键轴呈 π 对称性的电子占据轨道，则会发生金属向 C—H σ* 的反馈键作用（图式 11.2）。这种金属向 C—H 键的 π 键相互作用会削弱并拉长 C—H 键，对于富电子金属中心而言，形成金属向 C—H σ* 的 π 反馈键是活化并解离 C—H 键的关键。

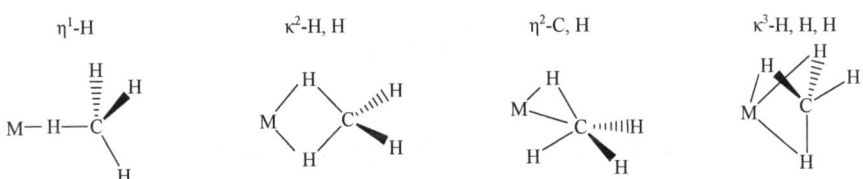

图式 11.1 以甲烷为配体的常见碳氢配位模式

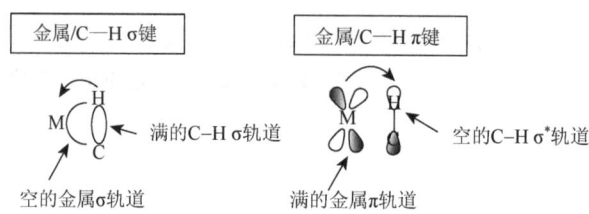

图式 11.2 金属/C—H 键具有 σ 和 π 两种成键模式

图中弧形箭头表示了两种键中电子的起点和"流动方向"

变换与金属中心直接配位的原子会引发其他配位模式。图式 11.1 以甲烷为例展示这些配位模式。除了 η^2-C, H 配位模式外,碳-氢键和金属的配位还可能是线性的 η^1-H、κ^2-H, H 或 κ^3-H, H, H 模式。其中,η^1-H 模式具有相对较长的 M—H 键键长和较大的 M—H—C 键键角(约 110°~170°),被称为"非抓氢作用(anagostic interaction)"。

尽管目前尚无烷烃配体的配合物被分离并充分表征的例子,科学家们已使用其他体系作为研究烷烃配位的模型。例如,在缺乏金属到碳-氢反馈键的情况下(图式 11.2 右侧),金属与烷烃中两个原子的相互作用形成了一种三中心两电子的配位模式,其电子结构与 H_3^+ 类似。鉴于 H_3^+ 倾向于弯曲构型,在大多数情况下,都预测 M-H-C 单元不倾向于绝对线形的 η^1-H 配位模式。硼氢化物阴离子(BH_4^-)与甲烷互为等电子体,但其碱性更强,能够比烷烃形成更稳定的配合物。已经报道了多例硼氢化物配合物,其配位模式包括 η^1-H、κ^2-H, H、η^2-B, H 和 κ^3-H, H, H[7-9]。BH_4^- 所展现出的多种配位几何结构意味着烷烃配合物可能也具有类似的配位模式。此外,科学家们已分离得到并表征了硅烷配合物,这些配合物呈现出 η^2-Si, H 的配位模式[10, 11]。

20 世纪 60 年代对分子内抓氢作用以及早期 C—H 键活化的例子解释,说明金属有可能通过 C—H 键与烷烃或芳烃配位形成中间体[12]。例如,1965 年报道的 $Ru(Cl)_2(PPh_3)_3$ 的结构中,钌原子与膦配体邻位碳氢基团存在紧密的 Ru-H 接触(图 11.3)[13]。利用苯环的典型几何参数计算得到 Ru-H 的距离约为 2.59Å。虽然短距离的 Ru-H 接触暗示着分子内存在 Ru/C—H 键,但由于缺乏先例,文章作者并未明确这一结论。在该问题上,他们表述:"……从几何结构的角度出发,没有足够的依据支持我们假设此处存在一种类似用于解释各种光谱异常的弱金属-氢相互作用……这种弱金属-氢相互作用的证据极其薄弱……"在后续工作中,通过结合结构和光谱数据分析,明确证实了多个配合物中存在

图 11.3 具有分子内元结反应配合物的早期实例

通过利用典型的苯环几何参数,计算得到 Ru-H 的距离约为 2.59 Å

$$ReH_7(PEt_2Ph)_2 + C_6D_6 \rightleftharpoons ReH_{7-n}D_n(PEt_2Ph)_2 + C_6D_{6-n}H_n$$ (100℃)

$$Cp_2TaH_3 + C_6D_6 \rightleftharpoons Cp_2TaH_{3-n}D_n + C_6D_{6-n}H_n$$

$$H_2 + Cp_2TaH_3 + C_6D_6 \rightleftharpoons Cp_2TaH_{3-n}D_n + C_6D_{6-m}H_m + HD + D_2$$

$$H_2 + (PhPEt_2)_2IrH_5 + C_6D_6 \rightleftharpoons (phPEt_2)_2IrH_{5-n}D_n + C_6D_{6-m}H_m + HD + D_2$$

H/D 交换反应的新途径

$$M-H + C_6D_6 \rightleftharpoons \left[\underset{D_5}{\bigcirc}\overset{M-H}{\underset{D}{}}\right] \rightleftharpoons \left[\underset{D_5}{\bigcirc}\overset{M-D}{\underset{H}{}}\right] \rightleftharpoons M-D + C_6D_5H$$

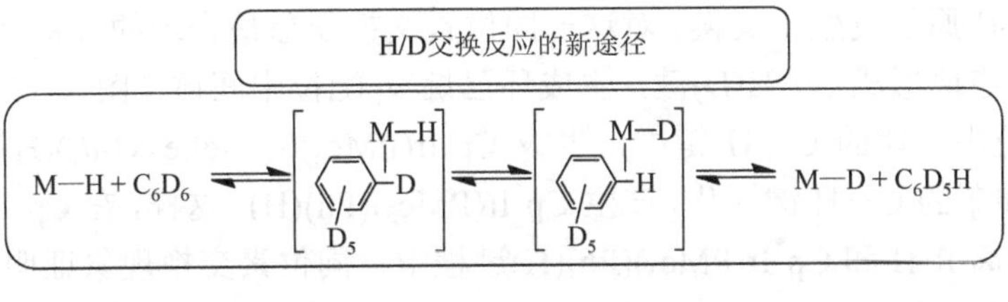

图式 11.3 金属氢化物和氘化烃之间 H/D 交换的早期实例和涉及 C—D(H)与金属中心配位的可能机理

分子内抓氢作用[12, 14]。其他金属介导的碳-氢键活化的早期证据来自同位素标记研究。例如，20 世纪 60 年代末至 70 年代初，多个研究小组报道了金属氢化物与氘代烃之间的 H/D 交换反应，一些例子列举在图式 11.3 中[15-17]。对这些实验结果最合理的解释是，反应过程中存在 C—H(D)基团与金属中心配位的中间体。

Chatt 和 Davidson 结合 Cotton 等[18]的后续研究工作，证明了含有两个双膦配体的钌金属配合物 Ru(κ^2-P, P-Me$_2$PCH$_2$CH$_2$PMe$_2$)$_2$ 可以断裂膦配体上甲基的碳-氢键，生成环化钌(Ⅱ)二聚体产物［式（11.1）］。此外，该配合物 Ru(κ^2-P, P-Me$_2$PCH$_2$CH$_2$PMe$_2$)$_2$ 与萘反应可生成钌(Ⅱ)萘基氢化物配合物[19]。这些反应是最早被明确表征的金属介导 C—H 键断裂的例子。

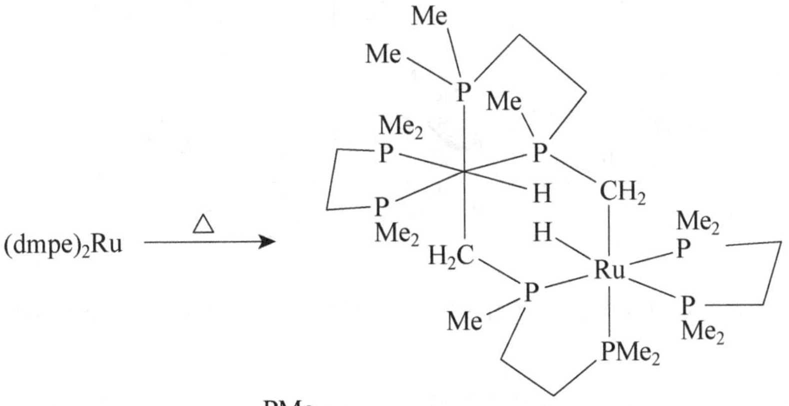

(dmpe)$_2$Ru $\xrightarrow{\Delta}$ [环化钌二聚体结构] (11.1)

dmpe = Me$_2$P-CH$_2$CH$_2$-PMe$_2$

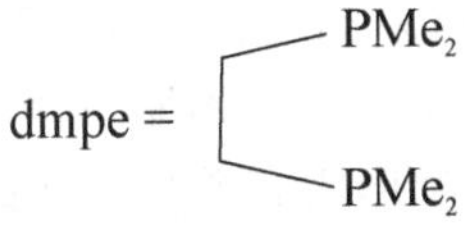

尽管分子内抓氢作用和分子间 H/D 交换反应指向 C—H(D)键活化反应中可能存在烷烃/芳烃 C—H 键配位的中间体，进一步确定的证据来自明晰的分子内同位素交

换实验[20]。C—H 键活化的一些早期机理研究聚焦于 Cp*M(PMe₃)(R)(H)配合物的反应（Cp* = 五甲基环戊二烯基；M = Ru 或 Ir；R = 烃基或氢）[21, 22]。例如，在苯溶液中加热 CpM(PMe₃)(alkyl)会发生烷烃的还原消除反应，生成 Cp*M(PMe₃)(R)(H)。前驱体烷基氢化物配合物的同位素标记实验提供了更有趣的结果。Bergman 等发现，在苯中加热（130℃）Cp*Ir(PMe₃)(环己基)(D)不仅会生成游离的环己烷-d_1 和 Cp*Ir(PMe₃)(Ph)(H)，还会生成同位素异构体 Cp*Ir(PMe₃)(cyclohexyl-d_1)(H)[23]。因此，原料中的氘代配体与环己基配体的 α-H 原子发生了交换。对这一同位素交换现象最合理的解释是，环己基和氘代配体之间可逆地形成 C—H(D)键，生成环己烷-d_1 配位中间体（图式 11.4）。铱插入到环己烷-d_1 配位中间体的 C—H 键中，生成 Cp*Ir(PMe₃)(cyclohexyl-d_1)(H)，接着发生环己烷-d_1 解离和苯的 C—H 键活化，产生 Cp*Ir(PMe₃)(Ph)(H)。这样，在 Cp*Ir(PMe₃)(R)(H)和苯转化为游离 R-H 和 Cp*Ir(PMe₃)(Ph)(H)过程中，同位素交换现象证明了烷烃加合物中间体的存在。

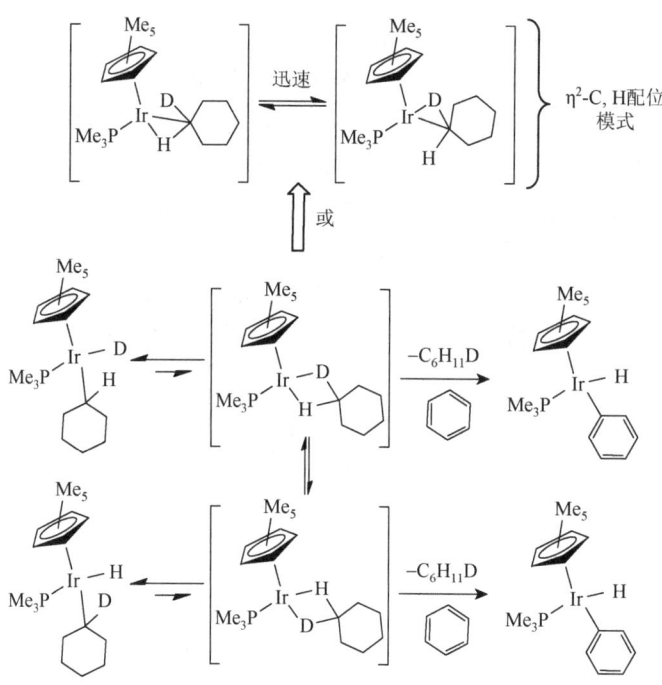

图式 11.4　Ir(Ⅲ)配合物的 H/D 转换可以用 Ir/环己烷加合物的中间体来解释

在铱(Ⅲ)环己基氢化配合物转化为铱/环己烷体系的过程中，金属铱由 +3 价被还原到 +1 价（即双电子还原）。对应地，该基元反应步骤被称为还原偶联（图 11.4）。从金属烃基氢化配合物中[如 M(R)(H)]开始，C—H 键形成和游离烃（或相关官能化分子）解离的整个过程被称为还原消除反应（图 11.4）。其逆反应，金属与 C—H 键配位及插入反应，则为氧化加成反应（注意：氧化加成反应和还原消除反应不局限于涉及 C 和 H 的反应）。

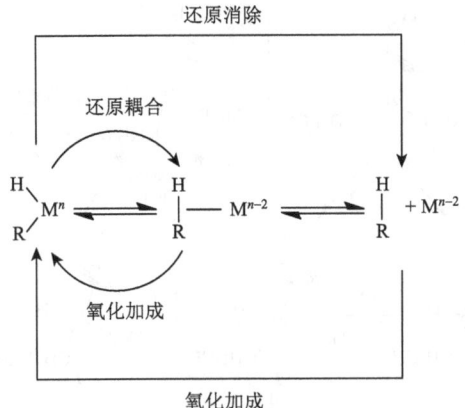

图 11.4 通过金属插入到碳-氢键中将碳-氢键活化及其逆反应的微观过程

注意：术语"氧化加成"即指将金属通过一步反应直接插入到配位 C—H 键中，又指金属通过两步反应先和 C—H 键配位然后再插入到 C—H 键中

将同位素标记研究拓展至 Rh 体系得到了与 Cp*Ir 体系类似的结果[24]。在 -80 ℃的甲苯-d_8 中，Cp*Rh(PMe$_3$)(^{13}CH$_2$CH$_3$)(D) 迅速异构化生成 Cp*Rh(PMe$_3$)(^{13}CDHCH$_3$)(H)，并与起始同位素异构体达成平衡。在高温下 (-30 ℃)，氘和 ^{13}C 标记掺入乙基配体的 β-位的同位素交换与乙烷消除和甲苯的 C—H 键活化发生竞争（图式 11.5）。这些结果表明，-30 ℃下氘和 ^{13}C 同位素向乙基 β 位的迁移是通过形成乙烷配合物实现的，且伴随 Rh 在配位乙烷的碳单元间迁移（图式 11.5）。因此，乙烷的解离具有足够大的 $\Delta G^{\ddagger}$，使得 Rh 沿着碳链的迁移并进行 C—H 键活化，形成 Rh 乙基氢化配合物，与乙烷的解离是竞争的。重要的是，在甲苯-d_8 溶液中监测氘代配合物 Cp*Rh(PMe$_3$) (CD$_2$CD$_3$)(D) 时，若体系中存在普通乙烷（C$_2$H$_6$），Rh 配合物中没有发现质子化乙基/氢化物。因此，Cp*Rh(PMe$_3$) (^{13}CH$_2$CH$_3$)(D) 的 H/D 交换不太可能通过配位 Rh 配位层中乙烷的可逆消除而发生，这为从原料 Rh 乙基氢化物形成中间体乙烷配位 Rh 配合物提供了额外证据。此外，在 -20 ℃的甲苯-d_8 中混合 Cp*Rh(PMe$_3$)(C$_2$H$_5$)(H) 和 Cp*Rh(PMe$_3$)(C$_2$D$_5$)(D) 得到 Cp*Rh(PMe$_3$)(C$_2$D$_7$)(D)、C$_2$H$_6$ 和 C$_2$D$_6$。因此，在上述实验条件下，H/D 交换是通过分子内途径发生的，不太可能涉及双核 Rh 配合物。

对其他金属的研究得到了一致的结果，说明在 C—H 键活化过程中存在烷烃（或芳烃）配位中间体。[Cp$_2$Re(CH$_3$)(H)]$^+$[X]$^-$（Cp = 环戊二烯基）发生甲烷消除反应，生成 Cp$_2$Re(X)（X 形式上为阴离子配体，如氯离子）和游离 CH$_4$。在 CH$_4$ 气压监测 [Cp$_2$Re(CD$_3$)(H)]$^+$ 反应，发现没有质子进入到原料，这表明甲烷的还原消除过程是不可逆的[25]。在 -55 ℃下反应，[Cp$_2$Re(CD$_3$)(H)]$^+$ 生成 [Cp$_2$Re(CD$_2$H)(D)]$^+$。Heinekey 和 Gould 分别监测了 [Cp$_2$Re(CD$_3$)(H)]$^+$ 中甲基和氢化物之间的 H/D 交换速率（它反映了 C-H 还原偶联的速率），以及甲烷还原消除速率（即 C-H 还原偶联后伴随甲烷解离的过程）随温度的变化关系。根据 Eyring 图，求得两种过程的活化参数：对甲烷的还原消除，$\Delta H^{\ddagger} = 28.1(1.2)$ kcal/mol，$\Delta S^{\ddagger} = 27(6)$ cal/(mol·K)；而对于可逆 C-H 还原偶联生成甲烷加合物中的 H/D 交换反应，$\Delta H^{\ddagger} = 22.3(1.9)$ kcal/mol，$\Delta S^{\ddagger} = 24(9)$ cal/(mol·K)（图式 11.6）。有趣的是，H/D 交换和甲烷还原消除反应之间的活化能垒的差异几乎完全是因为活化焓的不同（$\Delta\Delta H^{\ddagger} \sim 6$ kcal/mol），此数值落在大部分估测的烷烃结合能的合理范围内（可参考表 11.1 所列举的数据）。

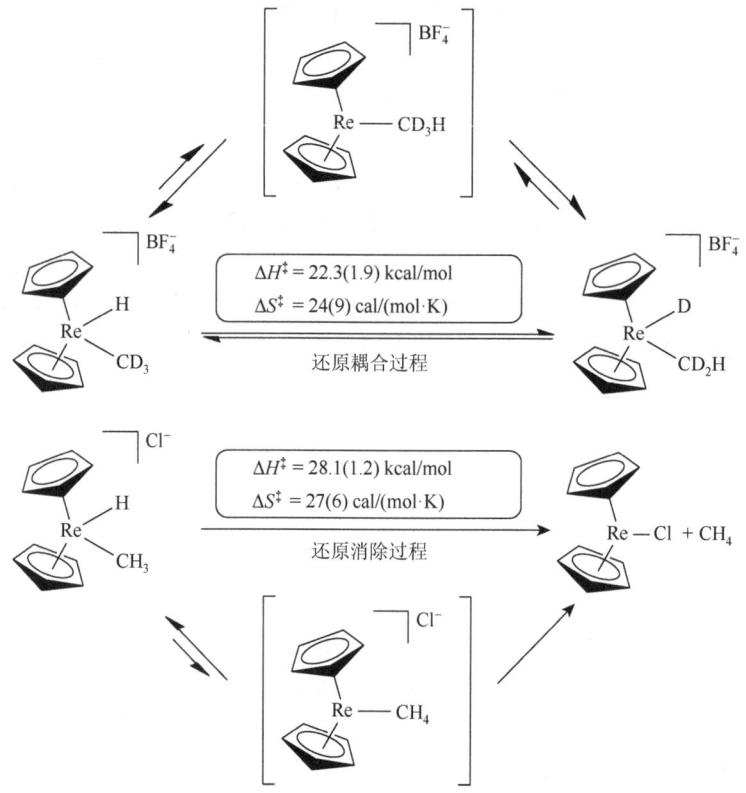

图式 11.5 同位素标记 Cp*Rh 配合物的 H/D 交换反应指示出配位乙烷中间体存在的可能性（*C = ^{13}C）

图式 11.6 Re(V)氘代甲基氢化配合物的 H/D 交换反应速率和甲烷还原消除速率随温度的变化可以比较这两个过程的活化参数

Parkin 和 Bercaw[26]曾报告,配合物 $Cp_2^*W(Me)(H)$ 消除甲烷后会生成配合物 $Cp^*(\eta^5, \eta^1\text{-}C_5Me_4CH_2)WH$。对于混合同位素异构体 $Cp_2^*W(CH_3)(D)$,H/D 交换生成 $Cp_2^*W(CH_2D)(H)$ 的过程与甲烷消除反应存在竞争(图式 11.7)。尽管作者指出,H/D 交换可能通过形成甲烷配位中间体以外的路径发生,但甲烷还原消除中观察到的逆动力学同位素效应(KIE)(图式 11.7 底部)为可逆形成烷烃配位中间体提供了进一步的支持(有关还原消除 C—H 键的 KIE 的详细讨论,见下文)。此外,在较低浓度下加热混合物 $Cp_2^*W(CH_3)(H)$ 和 $Cp_2^*W(CD_3)(D)$,仅生成 CH_4 和 CD_4,而未观察到 H/D 交叉产物,这与分子内 C-H(D)反应过程一致。对配合物 $Cp_2W(CH_3)(H)$ 的研究也得到了类似结果[27]。有趣的是,在较高浓度下,$Cp_2W(D)(CH_3)$(14.0 mmol/L)和 $Cp_2W(H)(CD_3)$(9.4 mmol/L)会消除所有可能的甲烷同位素异构体混合物,这表明 W 配合物浓度升高时,甲烷的消除是在通过分子间过程发生的。这些结果揭示了 C-H(D)消除/加成和氢交换路径之间机理倾向细微的能量平衡。这强调了通过详细研究,准确阐明机理路径的重要性,同时也告诫我们,不能把一定条件下的实验结果推广为不同条件下 C—H 键活化/消除的普适性结论,即便是对于很相近或完全相同金属体系。

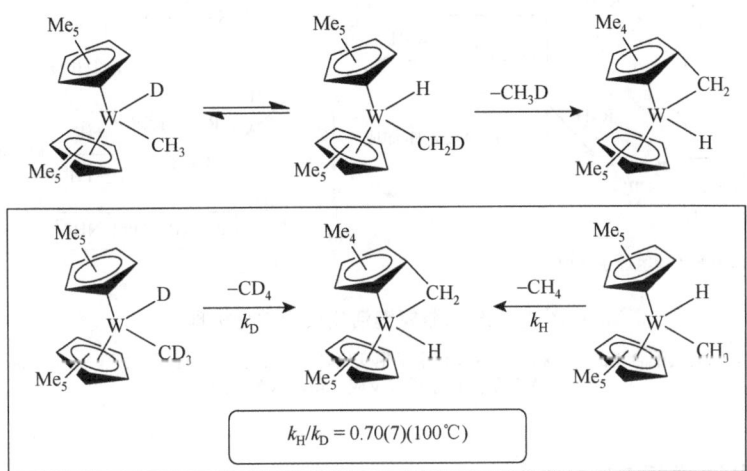

图式 11.7　$Cp_2^*W(H)(Me)$ 及其同位素异构体的 H/D 交换反应与甲烷配位中间体相符

这些主要基于同位素标记和动力学实验以及相关的观察结果,进一步巩固了在 C—H 键活化和 C—H 键消除过程中,以 C—H 键配位的配合物作为中间产物(即金属/CH σ-配合物)的概念,并为更深入地研究 C—H 键活化机理打下基础。基于同位素标记实验对 σ-配合物的间接推断,已经得到了包括快速红外实验和专门的核磁共振波谱实验在内的光谱学的支持。11.4 节将对这些实验进行概述。

11.3　碳-氢键活化机理

11.3.1　概述

目前已经证实了几种金属介导的碳-氢键活化机理(图式 11.8)[28]。得到最广泛认可的路径包括氧化加成、σ键复分解、亲电取代、金属-杂原子键与 C—H 键交叉的 1,2-加成以及金属自由基反应。下文将逐一讨论这些反应机理，阐述各种反应路径的代表性研究。本节不涵盖金属自由基反应[29]。另外，另一类由金属促使的 C—H 键断裂涉及配体中心的氢原子夺取反应（也称为质子耦合电子转移反应）。此类反应通常涉及中后过渡金属的高氧化态配合物，且配体为形式阴离子或双阴离子杂原子配体[30,31]。尽管金属的种类和性质在这些反应中起到明显的重要作用，但通常认为金属中心并不直接与 C—H 键相互作用；因此，这类反应以及金属自由基反应将不在本节讨论。

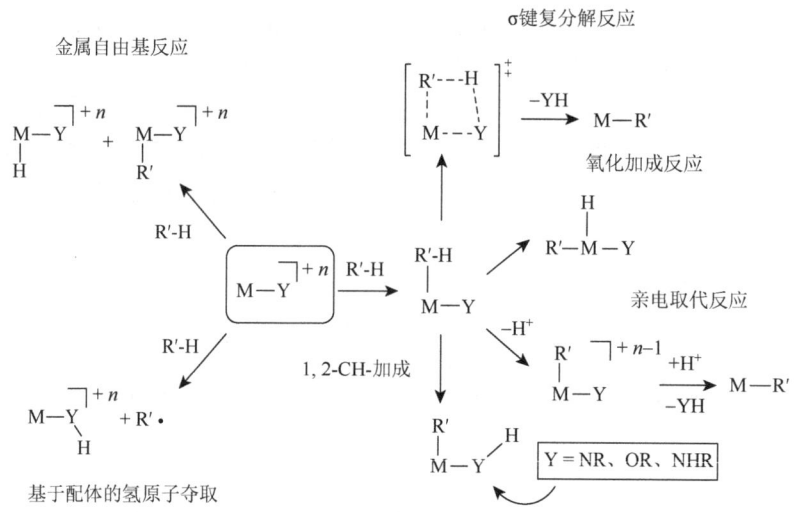

图式 11.8　碳-氢键活化反应常见机理

在初始配合物之后，只有当配合物的总电荷在反应过程中发生变化时，+n 电荷才会显示出来。本文不讨论金属自由基和基于配体的氢原子攫取反应（均显示在左侧）

11.3.2　氧化加成反应

氧化加成发生时，金属插入到 C—H 键中间，生成新的氢化物和烃基配体（图式 11.8）。两个新的金属-配体键的形成需要四个电子，其中两个电子来自 C—H 键，另外两个电子由金属中心提供。因此，该过程导致金属中心形式上发生了双电子氧化（图式 11.9）。单个金属中心参与的 C—H 键氧化加成要求金属前驱体具有两个空的配位位点并至少有一对孤对电子。此类反应通常发生在易失电子的富电子金属中，氧化加成反应经常（但不限于）发生在低氧化态的钌、锇、铼、铑、铱和铂的配合物中。然而，对富电子金属中心更易发生氧化加成这一概念的普适性推广应持谨慎态度，因为其他较隐蔽的因素（包括配位数、配位几何和金属-配体键的影响）可能会影响此类反应的能量学[32]。此外，导致每个金属中心的氧化态 +1 变化及相关转化。

第 11 章 金属介导的碳-氢键活化

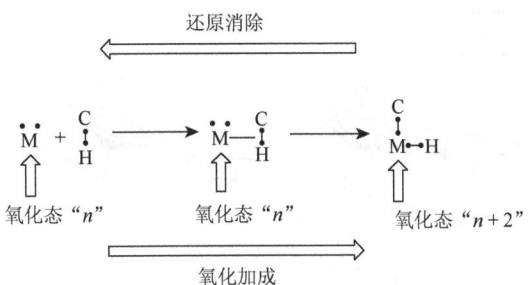

图式 11.9 单金属中心的碳-氢键氧化加成反应会产生氧化态 "$n+2$" 的金属

早期的氧化加成反应研究主要涉及过渡金属插入碳-卤素键的反应，这些反应常见于周期表中后部低氧化态的金属体系。类似地，首批明确涉及 C—H 键氧化加成反应的经典例子集中在 Ir(I) 和 Rh(I) 配合物。在一系列开创性研究中[33-38]，Bergman 等报道了由 Cp*配体支撑的 Ir 和 Rh 体系能够引发 C—H 键氧化加成，甚至包括难以实现的烷烃反应实例。例如，照射 Cp*Ir(PMe$_3$)(H)$_2$ 释放氢气，生成不饱和的 Ir(I) 中间体 Cp*Ir(PMe$_3$)，它与苯、环己烷和新戊烷反应，分别生成 Cp*Ir(PMe$_3$)(Ph)(H)、Cp*Ir(PMe$_3$)(环己基)(H) 和 Cp*Ir(PMe$_3$)(CH$_2$CMe$_3$)(H)（图式 11.10）[33]。为了探究净氧化加成反应机理，Janowicz 和 Bergman 考虑了两种可能的自由基途径（图式 11.11）[34]。Cp*Ir(PMe$_3$)(H)$_2$ 与 C$_6$D$_{12}$ 的反应仅生成 Cp*Ir(PMe$_3$)(C$_6$D$_{11}$)(D)（图式 11.12），从而排除了涉及初始 Ir—H 键均裂的机理（图式 11.11 中的机理 1），因为这将产生混合同位素产物 Cp*Ir(PMe$_3$)(C$_6$D$_{11}$)(H)。第二种自由基途径（图式 11.11 中的机理 2）预期会优先活化较弱的 C—H 键。然而，未观察到的中间体 Cp*Ir(PMe$_3$) 与 p-二甲苯中的强芳香 C—H 键的反应速度是与苄位 C—H 键反应的 3.7 倍（图式 11.12）。标记交叉实验为排除自由基机理提供了进一步证据（图式 11.11 中的机理 2）。在全氢新戊烷和氘代环己烷的混合物中光照 Cp*Ir(PMe$_3$)H$_2$，仅得到预期的金属直接插入 C—H(D) 键中产物，Cp*Ir(PMe$_3$)(CH$_2$CMe$_3$)(H) 和 Cp*Ir(PMe$_3$)(C$_6$D$_{11}$)(D)（图式 11.12）。若按自由基机理 2，则还应生成交叉产物 Cp*Ir(PMe$_3$)(CH$_2$CMe$_3$)(D) 和 Cp*Ir(PMe$_3$)(C$_6$D$_{11}$)(H)。上述及其他实验结果更符合总的 C—H 键的氧化加成机理，证明烃类首先与 Cp*Ir(PMe$_3$) 配位，随后金属协同插入 C—H 键。Graham 课题组在羰基铱配合物 Cp*Ir(CO)$_2$ 的研究中也报道了类似结果[35,36]。例如，在加压甲烷下，光照新戊烷或全氟己烷中的 CpIr(CO)$_2$ 会生成 Cp*Ir(CO)(R)(H)（R = CH$_2$CMe$_3$ 或 Me）。

图式 11.10 原位生成的 Cp*Ir(PMe$_3$) 通过氧化加成引发碳-氢键活化

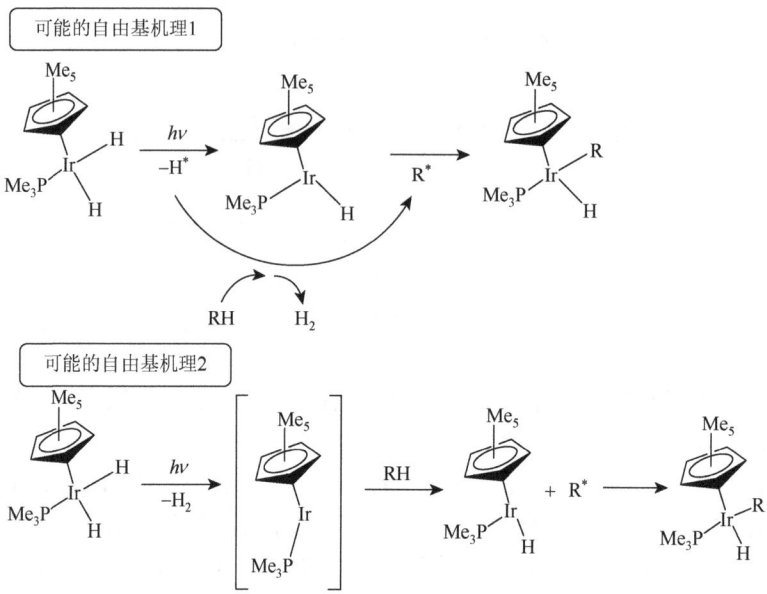

图式 11.11 配合物 Cp*Ir(PMe₃)的碳-氢键活化可能的自由基机理

图式 11.12 的实验证明这一机理过程不可能存在

图式 11.12 与 Cp*Ir(PMe₃)H₂ 前驱体引发的碳-氢键活化非自由基机理相符的实验

通过一系列深入研究，Jones 和 Feher[22]探明了 Cp*Rh(PMe₃)对 C—H 键氧化加成/还原消除的热力学和动力学，Cp*Rh(PMe₃)是通过 Cp*Rh(PMe₃)H₂ 光诱导消氢产生的。通过结合分子间和分子内的 KIE 分析，证实通过苯的限速配位及随后的快速 C—H 键活化，实现了从 Cp*Rh(PMe₃)和苯到 Cp*Rh(PMe₃)(Ph)(H)的转化。在摩尔比为 1∶1 的 C₆H₆/C₆D₆ 混合物中光解 Cp*Rh(PMe₃)H₂，产物 Cp*Rh(PMe₃)(C₆H₅)(H)和 Cp*Rh(PMe₃)(C₆D₅)(D)的摩尔比为 1.05∶1，这反映了没有显著分子间初始 KIE。这一结果表明苯的 C—H(D)键活化不可能是从 Cp*Rh(PMe₃)H₂ 和苯到 Cp*Rh(PMe₃)(C₆H₅)(H)和 H₂ 总的转化反应的决速步。与之相比，在 1,3,5-三氘代苯中光照 Cp*Rh(PMe₃)H₂，k_H/k_D = 1.4（图式 11.13），这与过渡态中存在非线性 Rh—H—C 键的初始 KIE 相符。考虑苯配位作为决速步，这些结果可以得到合理的解释，此步骤氘代的影响甚微，接着发生的是 C—H(D)键活化快速步骤（图式 11.14）。对于 1,3,5-三氘代苯的 η²-C, C 配位，只可能生成一个异构体，初始 KIE 反映了在转化的第二步（且是决速步）中 C—H 键和 C—D 键活化的速率差异。

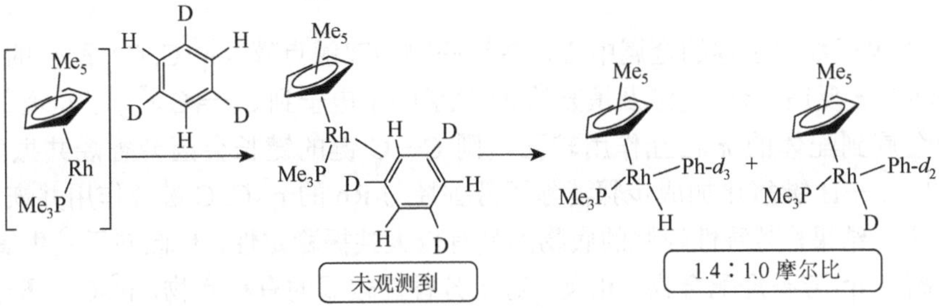

图式 11.13

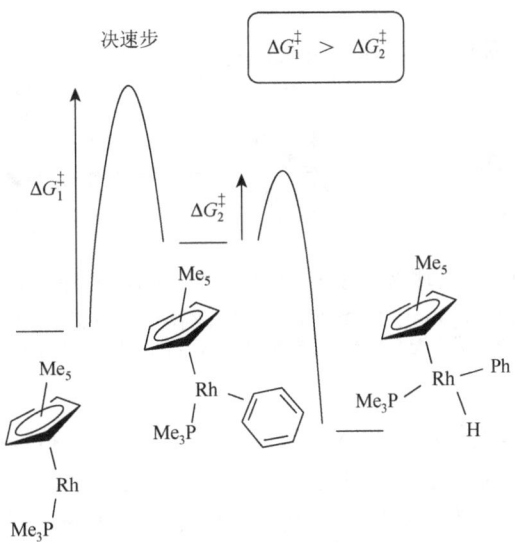

图式 11.14

Jones 等研究了 Cp*Rh(PMe₃)(η²-avomatic)和 Cp*Rh(PMe₃)(aryl)(H)体系之间的热力学平衡关系（也研究了母体 Cp 体系）[式（11.2）][39]。通过对比一系列底物的平衡常数[式（11.2）]，得出结论：这些平衡不是由 C—H 键、M—C 键和 M—H 键的强度或 ΔS 控制的，而是由 η²-芳香烃配合物的能量控制的。因此，有关 Rh-η²-芳香烃键合的具体信息是理解 Cp*Rh(PMe₃)和芳香体系易于发生芳香 C—H 键氧化加成，生成 Cp*Rh(PMe₃)(Ar)(H)产物的关键。

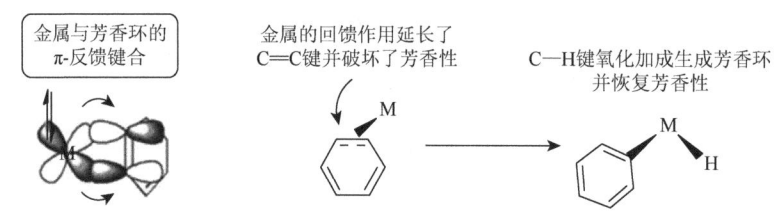

(11.2)

对于 d 电子数大于零的金属中心，芳烃底物的双触点碳（η²-C, C）配位的会导致金属与芳香环的 π-反馈键合，这涉及填充的 dπ 轨道赠予电子到 C=C π*分子轨道（图 11.5）。如果这种金属到配体的 π 相互作用较强，则 C—C 键的键长会因芳香烃共振能的削弱而增加[40]。C—H 键氧化加成步骤消除了芳香烃与 Rh 的 η²-C,C 键合作用并恢复其芳香性（图 11.5）。结果，芳香性较强的底物因具有较大共振稳定性，更倾向于发生氧化加成，使平衡偏离了 η²-芳香烃配合物。相反，对于芳香性较弱的有机底物，η²-C,C 配位更为有利，同时，相对于芳香性更强的底物，K_{eq} 更偏向于 η²-芳香烃配合物。计算的游离和配位芳香烃底物共振能与根据 η²-芳香烃配合物的能量得出的平衡相吻合。

图 11.5　左侧为金属与芳香环的 π-反馈键合的通用示意图

其中苯作为芳烃底物（箭头表示电子密度从金属的 dπ 轨道流向芳香烃 C=C π*分子轨道）；右侧显示通过 C—H 键氧化加成将 η²-苯配合物转化为苯基氢化物配合物的过程，从而恢复芳香性

许多引发 C—H 键氧化加成的体系都有一个引人注目的特性：它们普遍表现出较强的 C—H 键选择性，分为动力学和热力学选择性。在金属介导的 C—H 键活化中，动力学和热力学选择性通常一致。例如，芳烃的反应比 C—H 键较弱的烷烃反应速度更快，且芳基氢化物配合物（包括游离烷烃）通常在热力学上比烷基氢化物体系（包括游离芳香烃底物）更为有利。假设 M—H 键能大致不变且熵变 ΔS 可以忽略，金属芳基负氢配合物与游离烷烃相对于金属烷基负氢配合物与游离芳烃底物在热力学上的优势

表明，M—Ar 键与 M—R 键的键解离能之差（ΔBDE）大于 Ar—H 键与 R—H 键的键解离能之差（图 11.6）。

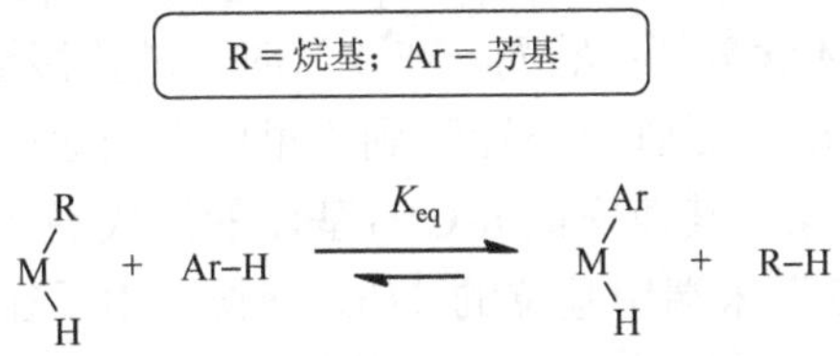

$$R = 烷基；Ar = 芳基$$

$$\underset{H}{\overset{R}{M}} + Ar-H \xrightleftharpoons{K_{eq}} \underset{H}{\overset{Ar}{M}} + R-H$$

$$\Delta H \sim BDE_{M(R)} + BDE_{Ar(H)} - BDE_{M(Ar)} - BDE_{R(H)}$$

如果 $K_{eq} > 1$，则 $|\Delta BDE_{M(Ar)-M(R)}| > |\Delta BDE_{Ar(H)-R(H)}|$

图 11.6 相对于烷基负氢配合物和自由芳香烃，倾向于金属芳基负氢和烷烃的平衡可能表明，M—Ar 键和 M—R 键的 ΔBDE 大于 Ar—H 键和 R—H 键的 ΔBDE（假设 ΔS 约为 0，并且两个 M—H 键的 BDEs 近似相等）

芳烃 C—H 键在动力学选择性优先于烷烃底物可能是因为，与烷烃的 σ 配位相比，芳烃底物的芳香环 π 配位更容易。通常情况下，π 电子比 C—H σ 键与金属中心的配位键要强。因此，虽然分离方法不成熟，但科学家也已经分离并详细表征了一些 η^2-C,C 芳香配位的化合物[40]，而烷烃配合物的分离和详细表征仍难以确定。因此，在需要选择芳烃底物或烷烃底物时，金属中心会优先快速与 π-体系配位，形成热力学上更稳定的键（图式 11.15）。这种机理性解释可能特别适用于烃类配位是决速步的体系。

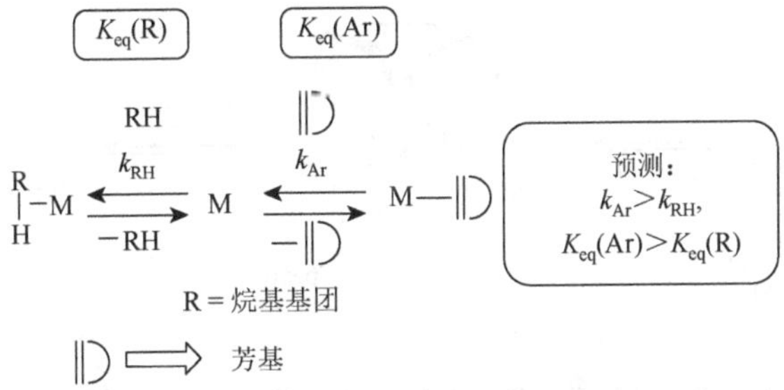

图式 11.15 η^2-C,C 芳香配位比碳-氢配位更容易

目前还很难合理解释在不同 sp^3 杂化 C—H 键之间的选择性。例如，原位生成的 Cp*Rh(PMe$_3$) 与烷烃反应时，优先活化较强的一级 C—H 键而非较弱的二级（或三级）C—H 键，生成相应产物。在其他体系中也有类似的选择性。这种选择性的一个可能解释是直链烷烃内部的 C—H 键活化受到空间位阻抑制，即在 C—H 键氧化加成过程的时间尺度内，金属中心可能仅与末端的 C—H 键发生反应。然而，最近一些详细的机理研究表明，这种说法并不正确，至少在某些体系中。

在 C_6F_6 和 C_6D_6 的混合溶液中，将配合物 [Cn*Rh(PMe$_3$)(CH$_3$)(D)][BAr′$_4$] [Cn* = 1, 4, 7-三甲基-1, 4, 7-三氮环壬烷；Ar′ = 3, 5-(CF$_3$)$_2$C$_6$H$_3$] 加热至 50℃，引发 H/D 交换，达到 [Cn*Rh(PMe$_3$)(CH$_3$)(D)][BAr′$_4$] 与 [Cn*Rh(PMe$_3$)(CH$_2$D)(H)][BAr′$_4$] 的平衡 [反应式（11.3）]，

最终产物是游离甲烷和[Cn*Rh(PMe₃)(Ph-d₅)(D)][BAr′₄][41]。Flood 等[42]对甲基氢化物的 H/D 交换进行了扩展实验，他们制备了[Cn*Rh{P(OMe)₃}(R)(H)][BAr′₄]配合物，其中 R 可以是 Et、Bu、己基或癸基。最早在低温下在合成氘代己基配合物[Cn*Rh{P(OMe)₃}(hexyl)(D)][BAr′₄]得到的氘代己基配体含量低；然而，在 4 ℃时，氘转移至 α-CH₂ 基团的速率常数 k 为 $4.3×10^{-4}$ s^{-1}（图式 11.16）。尽管氘不迁移到"里面"的亚甲基基团，但可以观察到氘与末端甲基的 H/D 交换现象，其速率比 α-CH₂ 基团的氘代慢（图式 11.16）。甚至在癸基配合物中，也观察到了"R"末端甲基位的 H/D 交换。由于在苯中会生成苯基氢化物配合物，Rh-D 与烷基配体末端甲基之间的 H/D 交换机理中不太可能是经过游离烷烃进行的。因为没有观察到 D 在烷基配体的 β-位的交换，Cn* 配体氮解离后经 β-负氢消除/再插入反应导致 Rh 转移机理的可信度降低。因此，实验结果指出了另一种可能性：C—H 键还原偶联，随后沿着配位烷烃的碳链迁移，最终活化末端甲基的 C—H 键。这个机理表明，活化甲基的 C—H 键比活化亚甲基 C—H 键更容易（图 11.7）。

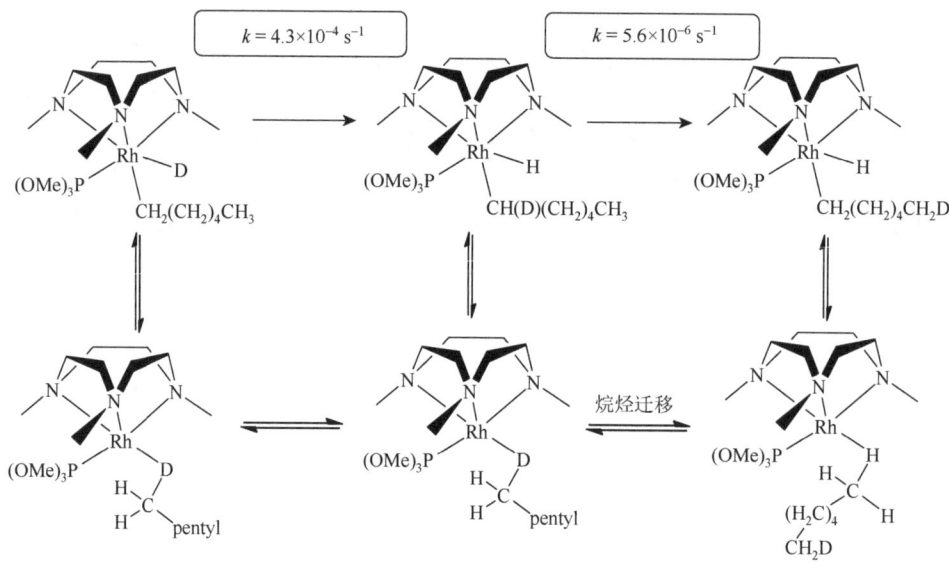

图式 11.16　Rh-己基氢化物配合物 H/D 交换及其沿烷烃链迁移的机理

图 11.7　对于许多过渡金属体系，甲基碳-氢键氧化加成动力学上比 CH₂ 活化更容易

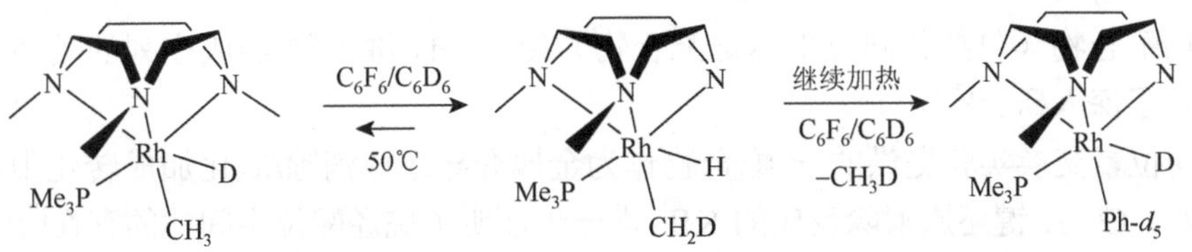

$$\text{(11.3)}$$

通过对 Tp*Rh(CNR')(R)(H)体系（Tp* = 羟基-3,5-二甲基吡唑硼酸盐；R' = 新戊基；R = 烷基）的碳-氢键还原消除和氧化加成反应的详细研究，进一步证实了 Rh(Ⅰ)配合物活化甲基碳-氢键的速率快于活化 CH$_2$ 和 CH 基团[43]。通常，烷烃与 Rh(Ⅰ)体系直接反应会产生甲基碳-氢键活化的产物。合成 Rh-Cl 前驱体 [Tp*Rh(CNR')(R)Cl] 后，经氢化物/氯化物复分解反应得到了仲烷基氢化物配合物。在 C$_6$D$_6$ 中，Tp*Rh(CNR')(i-Pr)(H)重排生成 Tp*Rh(CNR')(Pr)(H)，这与丙烷还原消除，及 Rh 与 C$_6$D$_6$ 反应生成 Tp*Rh(CNR')(Ph-d$_5$)(D) 形成竞争。异丙基配合物的同位素异构体 Tp*Rh(CNR')(CHMe$_2$)(D)重排生成线性正丙基配合物 Tp*Rh(CNR')(CH$_2$CHDCH$_3$)(H)和 2-氘代丙烷或 Tp*Rh(CNR')(Ph-d$_5$)(D)。没有证据表明可通过可逆还原偶联或氧化碳-氢键裂解得到 Tp*Rh(CNR')(CDMe$_2$)(H)（图式 11.17）。在仲丁基异构体中也观察到了类似的结果。

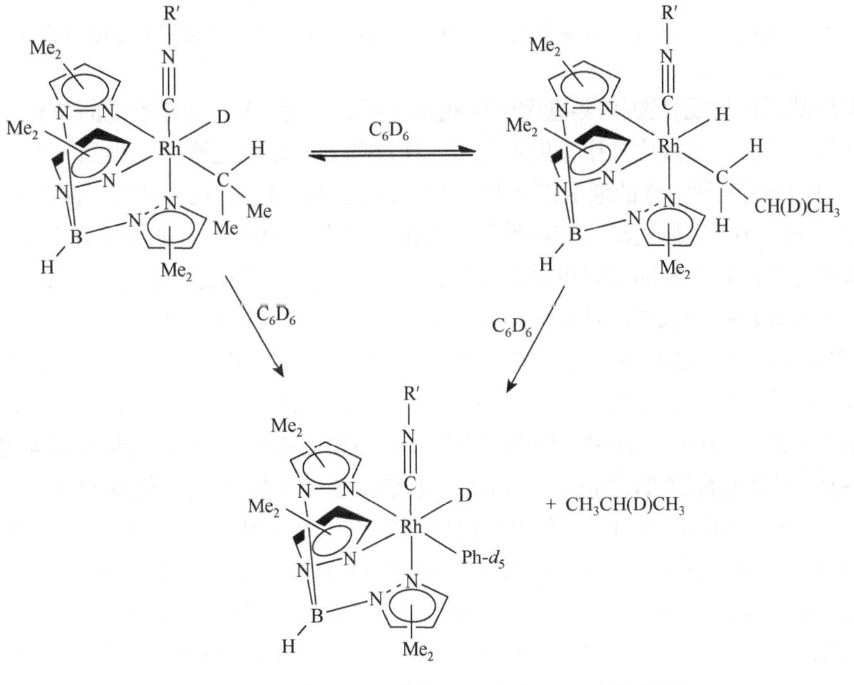

图式 11.17 Tp*Rh 配合物的 H/D 交换（R' = 新戊基）

对于 Rh 氘代烷基配合物，氘只在 α-CH$_2$ 和末端甲基处迁移。随着烷基链长度的增加，氘进入末端甲基的程度（相对于烷烃的还原消除）逐渐减小。与[Cn*Rh{P(OMe)$_3$}(R)(H)][BAr'$_4$]研究结果类似，C—H 键还原偶联发生在 Tp*Rh(CNR')(R)(H)体系中，而甲基 C—H 键氧化加成与烷烃在 Tp*Rh(CNR')(R)(H) σ-配合物中解离形成竞争。重要的是，无论在动力学还是热力学上，伯位 C—H 键均比仲位 C—H 键更易活化。大规模合成 Rh

烷基氢化物配合物（包括其同位素标记配合物）使 C—H 键消除/加成序列的动力学和热力学均得到了深入研究[20]。

除了同位素交换实验提供的 σ-配合物作为金属介导还原消除/氧化加成转化中间体的间接证据外，C—H 键还原消除反应的 KIE 进一步证明了烷烃配位中间体的存在[20]。假设烷烃配位中间体是存在的，则还原消除和氧化加成反应平衡及速率可以通过四个速率常数进行阐述，分别是 C—H 键可逆的还原偶联/氧化加成速率常数和烃类底物的解离/缔合速率常数（图式 11.18）。多个课题组报道称，全氢与全氘烷烃的 C—H 键还原消除速率呈现出逆 KIE（即 $k_H/k_D < 1$）[20]。

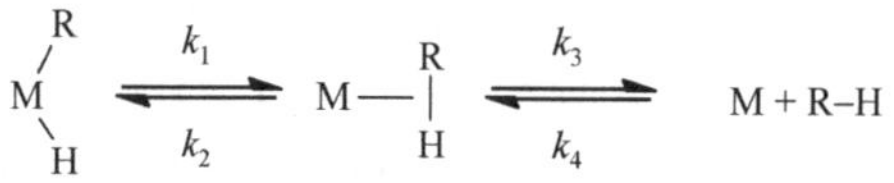

$$\text{M}\genfrac{}{}{0pt}{}{R}{H} \underset{k_2}{\overset{k_1}{\rightleftharpoons}} \text{M} \text{—} | \underset{k_4}{\overset{k_3}{\rightleftharpoons}} \text{M} + \text{R–H}$$

k_1：还原偶联速率常数
k_2：氧化加成速率常数
k_3：解离速率常数
k_4：缔合速率常数

图式 11.18　净碳-氢键还原消除与其微弱的逆反应（氧化加成）之间平衡通常受四个速率常数掌控

对于烷基氢化物配合物和碳-氢键配位底物之间的平衡，考虑到零点能的差异，可推导出逆平衡同位素效应，该效应被用来解释在 C—H(D)键还原消除过程中观察到的逆 KIE 现象。因此，C—H(D)键还原消除的逆 KIE 证明了烃类配位中间体的存在。然而，两种不同的情况可能导致 C—H(D)键还原消除反应的整体逆 KIE（图式 11.19）[20]。如果过渡态中 H 和 D 同位素异构体之间的零点能的差异可以忽略不计，那么正向反应和逆向反应（即还原偶联和氧化加成）都表现出初始 KIE，且氧化加成的 KIE 值大于还原偶联的 KIE 值（图式 11.9 的右图）。第二种情形是，过渡态的零点能之差介于初始烷基氢化物配合物和配位烷烃的零点能差异之间。在这种情况下（图式 11.19 的左图），还原偶联将表现出逆 KIE，而氧化加成步骤将表现出正 KIE。在图式 11.19 中的两种情况下，R—H(D)键还原消除的最终结果都是逆 KIE。

Jones[20]利用配合物 Tp*Rh(CNR′)(i-Pr)(H)来测定 C—H 键还原偶联的 KIE。在 C_6D_6 溶液中，Tp*Rh(CNR′)(i-Pr)(H)配合物不仅转化为 Tp*Rh(CNR′)(Pr)(H)（Pr = n-丙基），还生成热力学稳定产物游离丙烷和 Tp*Rh(CNR′)(C_6D_5)(D)。通过监测 Tp*Rh(CNR′)(i-Pr)(H)转化为 Tp*Rh(CNR′)(Pr)(H)的过程，并进行动力学建模，确定了 C—H 键还原偶联步骤的速率常数（图式 11.18 和图式 11.19 中的 k_1），将其与 Tp*Rh(CNR′)(i-Pr)(D)配合物的还原偶联步骤速率相比，得到了两个分立的还原偶联反应 KIE（$k_{1H}/k_{1D} = 2.1$）。为了测定配合物 Tp*Rh(CNR′)(RH)氧化加成反应的 KIE（图式 11.18 和图式 11.19 中的 k_2），相关实验采用 CH_2D_2 作为溶剂。在 CH_2D_2 中光照 Tp*Rh(CNR′)(R′N=C=NPh)，生成同位素异构体 Tp*Rh(CNR′)(CH_2D)(D)和 Tp*Rh(CNR′)(CHD_2)(H)，从动力学产物的同位素异构体比例得到了两个分立氧化加成反应的 KIE，$k_{2H}/k_{2D} = 4.3$［式（11.4）］。因此，Jones 证明，Tp*Rh(CNR′)(R)(H)中烷烃总还原消除的逆 KIE 很可能是还原偶联和氧化加成步骤中的两个正 KIE 造成的，这对应于图式 11.19 右侧所示的过程。这些结果的普适性尚不清楚。

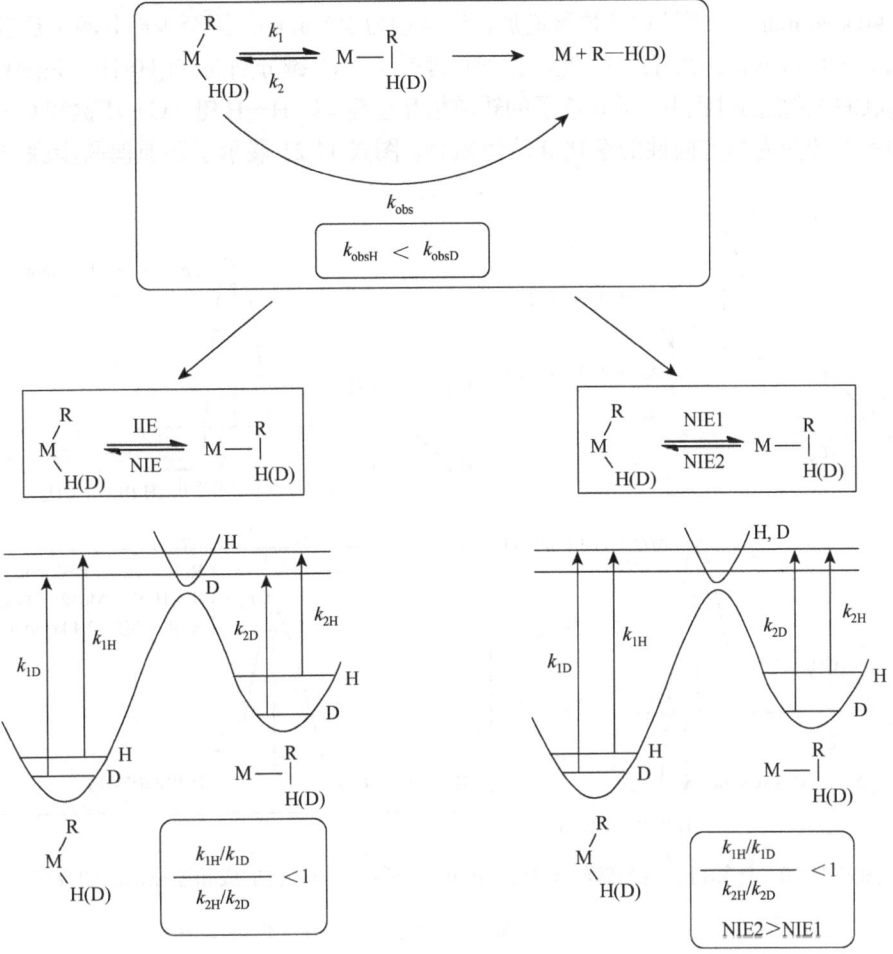

图式 11.19 碳-氢键还原消除的逆动力学同位素效应的两种情况（IIE = 逆同位素效应；NIE = 正同位素效应）

涉及 Pt(0)/Pt(Ⅱ) 和 Pt(Ⅱ)/Pt(Ⅳ) 氧化还原偶联的氧化加成及其微观逆反应（还原消除）长期以来备受关注[44-47]。研究人员对双膦铂体系进行从头算分析，揭示了氧化加成反应的热力学和活化势能与底物类型的关系（图式 11.20）。计算得到的 H_2、CH_4 和 $CH_3—CH_3$（C—C 键断裂）与 $Pt(PH_3)_2$ 进行氧化加成反应的活化能分别为 1.7 kcal/mol、21.5 kcal/mol 和 52.4 kcal/mol。这些结果表明，虽然 H_2 和 CH_4 具有相近的键解离能（分别为 104 kcal/mol 和 105 kcal/mol），但它们键断裂所需活化能存在显著差异；而断裂较弱的乙烷 C—C 键

（约为 90 kcal/mol）所需活化能显著增加。这种动力学差异的原因至少部分源于反应过程中涉及的分子轨道形状。在 H—H 键、C—H 键或 C—C 键分别向 Pt(H)(H)、Pt(H)(CH₃)或 Pt(CH₃)(CH₃)转变的过程中，活化原子的轨道相互重叠（如 H—H 键、C—H 键和 C—C 键的轨道重叠）转变为与方向性的杂化 d 轨道重叠。图式 11.21 展示了还原偶联步骤中前线轨

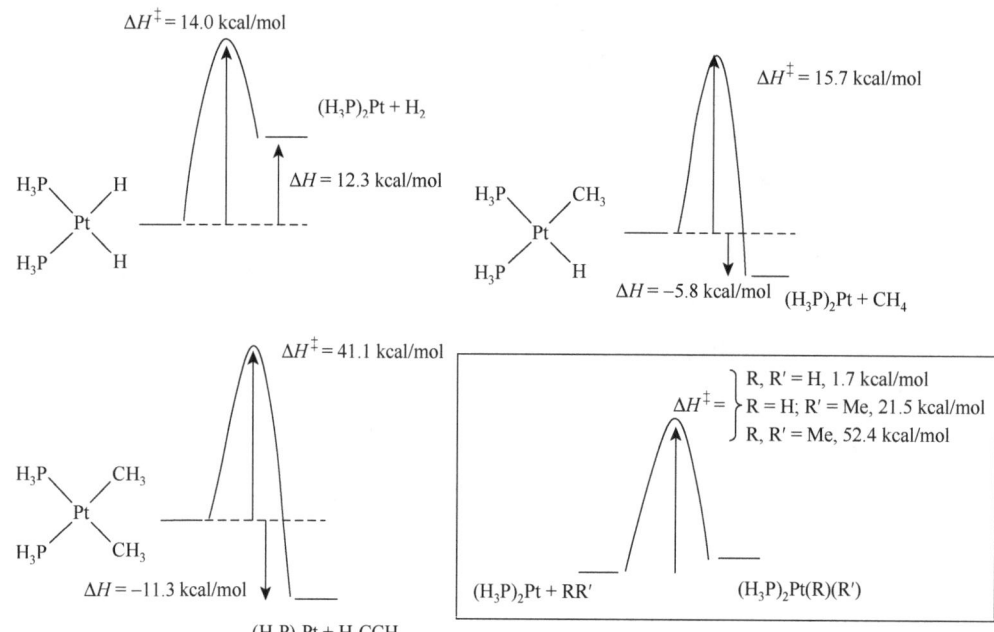

图式 11.20　计算得到两个膦配体的 Pt(Ⅱ)/Pt(0)循环过程氧化加成和还原消除的反应焓

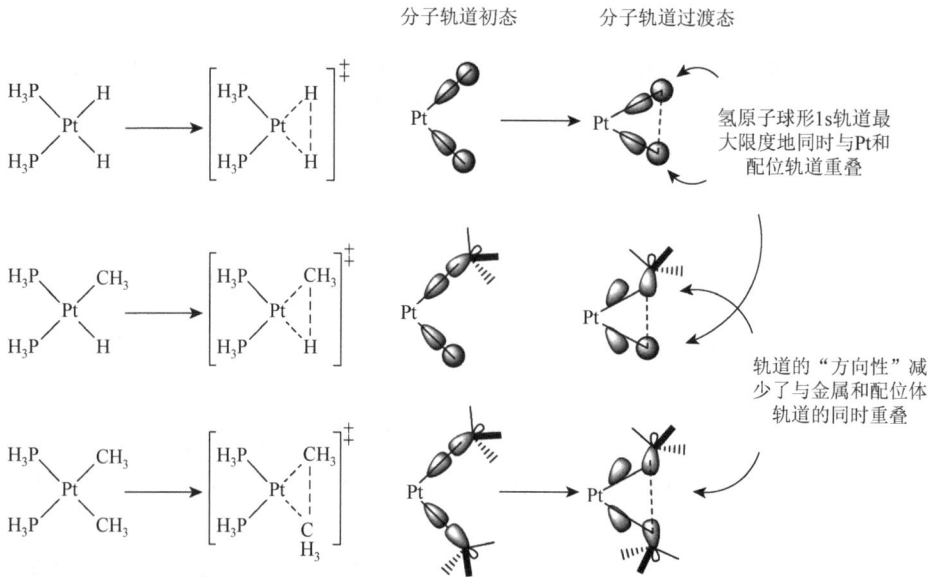

图式 11.21　举例说明氧化加成和还原消除过程的轨道形状和对热力学的影响。碳基轨道的定向性质导致其过渡态轨道重叠相对于氢原子球形 1 s 轨道的重叠要少

道形状与方向性对反应的影响。根据微观可逆性原理，同样的因素也会影响逆反应（即氧化加成）的能量学。在过渡态中，氢原子球形 1 s 轨道可以有效地与其配对轨道成键（例如，H_2 分子的另一个氢原子的 1 s 轨道或 H_3C—H 中的 sp^3 杂化轨道）；并且由于氢原子的 1 s 轨道具有球形性质，它可以有效地与金属杂化轨道重叠。与此相反，甲基的定向 sp^3 杂化轨道不能同时与金属轨道及另一个氢原子或碳原子的配对轨道有效重叠。因此，随着更多甲基基团的引入，过渡态中的轨道重叠减少。σ 键复分解反应中不同底物对 C—H 键活化的相对选择性差异给出了类似的解释（见下文）。

在 20 世纪 60 年代末至 70 年代初，Shilov 和 Shul'pin[48]证明了 Pt(Ⅱ)盐 $K_2[PtCl_4]$能够催化包括甲烷在内的 C—H 键。甲烷生产甲醇过程中催化剂的热稳定性和耐水性促进了对催化过程的细节研究，包括 C—H 键的断裂步骤[49]。对该体系 C—H 键活化考虑了两种机理：亲电取代和氧化加成（图式 11.22）。Shilov 体系的 Pt(Ⅱ)模型机理研究揭示了氧化加成的途径[50-52]。由于正向反应（即 C—H 键活化过程）的研究具有挑战性，通过 Pt(Ⅱ)烷基或芳基配合物的质子化来监测其微观逆反应一直是努力的方向。例如，在−78℃时，配合物(tmeda)Pt(CH_2Ph)(Cl) （tmeda = κ^2-N, N, N', N'-四甲基乙二胺）在加入 HCl 后生成 Pt(Ⅳ)配合物(tmeda)Pt(CH_2Ph)(H)$(Cl)_2$[50]。当温度升高到−30℃时，(tmeda)Pt(CH_2Ph)(H)$(Cl)_2$ 发生甲苯消除反应，生成 Pt(Ⅱ)配合物(tmeda)$PtCl_2$。若加入三氟甲磺酸（HOTf），可加速(tmeda)Pt(CH_2Ph)(H)$(Cl)_2$ 还原消除甲苯反应。当三氟甲磺酸浓度一定时，提高 HCl 浓度会减缓甲苯消除的速度。图式 11.23 展示了与这些实验结果相吻合的机理。Pt(Ⅳ)烷基氢化物中间体的形成及后续的 C—H 键还原消除过程，表明了其逆反应遵循氧化加成机理。

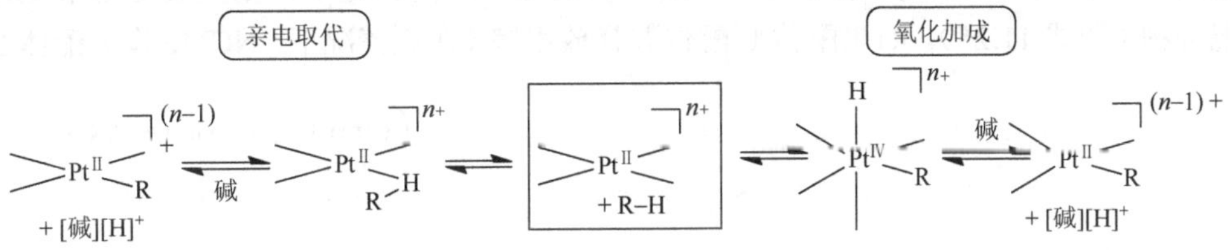

图式 11.22　Shilov 体系的 Pt(Ⅱ)模型中碳-氢键活化的两种机理

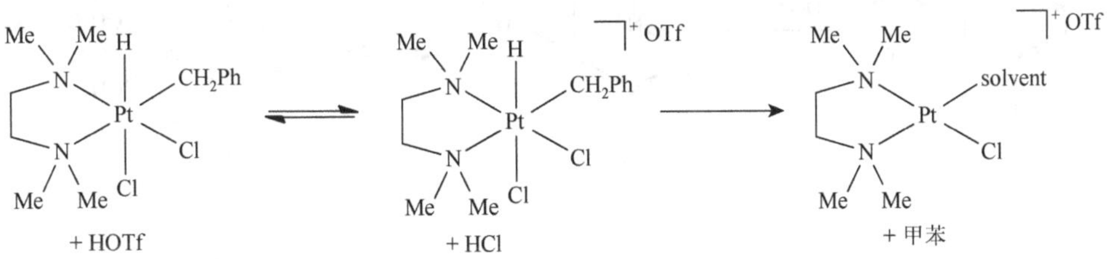

图式 11.23　从观察到的 Pt(Ⅳ)中间体推测碳-氢键还原消除机理

尽管从 Pt(Ⅱ)到 Pt(Ⅳ)的 C—H 键氧化加成已明确，这个转化过程可以进一步区分。例如，以四配位的 Pt(Ⅱ)配合物$[L_3Pt(R)]^+$为起始物，C—H 键活化可以直接发生 C—H 键先配位后氧化加成的反应，或反应开始就丢掉配体"L"（图式 11.24）。为了进一步探讨这些反应，多个课题组研究了八面体 Pt(Ⅳ)配合物的 C—H 键还原消除，根据微观可逆性原理，这些研究能提供有关氧化加成的反应信息[52-55]。

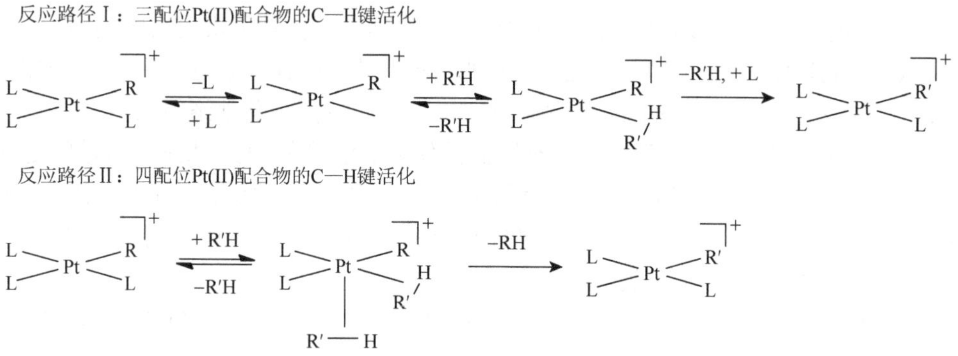

反应路径 I：三配位 Pt(II)配合物的 C—H 键活化

反应路径 II：四配位 Pt(II)配合物的 C—H 键活化

图式 11.24　四配位 Pt(II)配合物前驱体碳-氢键活化的两种路径

Pt(II)阳离子[(diimine)Pt(CH$_3$)(H$_2$O)]$^+$[diimine = κ^2-ArN═C(Me)-C(Me)Nar，Ar = 3,5-(CF$_3$)$_2$C$_6$H$_3$]在 2,2,2-三氟乙醇（TFE）中能够引发甲烷活化反应，这个结论是通过 Pt(II)阳离子与甲烷的同位素 CD$_4$ 发生 H/D 交换生成 CH$_n$D$_{4-n}$ 的反应验证的[56]。水的加入抑制了上述 H/D 交换反应，这表明：①反应涉及水分子的可逆解离，随后甲烷与三配位 Pt(II)阳离子配位并活化（符合图式 11.24 中的机理 I）；②四配位的[(diimine)Pt(CH$_3$)(TFE)]$^+$[OTf]$^-$中 TFE/水交换，实现甲烷活化（类似于图式 11.24 中的机理 II）。研究 Pt(IV)前驱体的微观逆反应（还原消除）可以深入探索 C—H 键活化机理。在配合物(diimine)Pt(CH$_3$)$_2$中加入 DOTf，可以生成[(diimine)Pt(D)(CH$_3$)$_2$]$^+$，通过 C—D 键还原偶联和甲烷消除反应进而生成 CH$_3$D。然而，如果甲烷 C—H(D)键活化与解离相竞争，则生成 CH$_4$ 和 CH$_3$D 的混合物（图式 11.25）。如果配体 L 配位并释放甲烷（在该情况下，NCMe 作为配体 L），

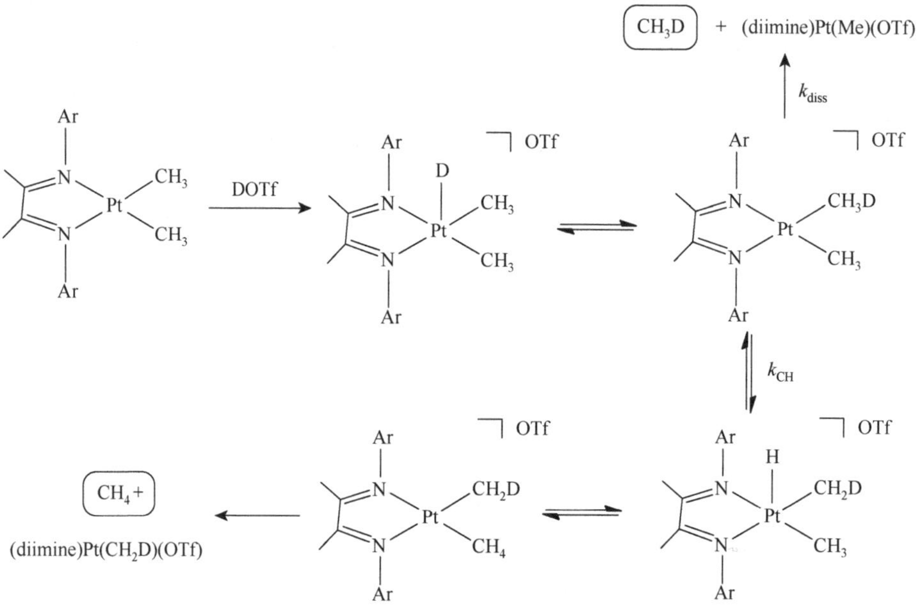

图式 11.25　同位素标记研究甲烷解离（k_{diss}）与甲烷 C—H(D)键活化（k_{CH}）[Ar = 3,5-(CF$_3$)$_2$C$_6$H$_3$]之间的竞争关系

则[(diimine)Pt(CH₃D) (CH₃)]⁺转化为[(diimine)Pt(CH₃D)(CH₃)(NCMe)]⁺,这是四配位 Pt(Ⅱ)体系直接活化 C—H 键的逆过程,CH₄ 与 CH₃D 的比例应取决于 NCMe 的浓度。相反,如果没有 NCMe 配位,[(diimine)Pt(CH₃D)(CH₃)]⁺即可释放甲烷,则 CH₄/CH₃D 的比例与 NCMe 浓度无关。后一种情况表明,甲烷活化是通过消除配体产生三配位 Pt(Ⅱ)中间体实现的。实验结果显示,CH₃D 与 CH₄ 的比例随着 NCMe 浓度的增大而增加,这与四配位 Pt(Ⅱ)配合物直接活化 C—H 键的机理吻合(图式 11.24 中的路径Ⅱ)。

其他 Pt(Ⅱ)体系的研究直接探讨了 C—H 键的氧化加成过程,并证明了这种转化的可行性。例如,在苯、环戊烷或环己烷中,B(C₆F₅)₃ 从起始配合物 K[κ²-Tp*Pt(CH₃)₂]中攫取一个甲基配体生成 K[MeB(C₆F₅)₃]和 κ³-Tp*Pt(Me)(R)(H)(R = 苯、环戊烷或环己烷)[式(11.5)][57]。κ³-Tp*Pt(Me)(R)(H)配合物产生于 R—H 键氧化加成到 Pt(Ⅱ),接着双齿 Tp*配体转化为三齿。与此相关的化学是 Tp*Pt(Ph)(H)₂ 的质子化,生成四配位配合物 [(κ²-Tp*H)Pt(H)(η²-C₆H₆)]⁺[58]。在 252 K 时,¹H NMR 谱中观察到苯配体和 Pt—H 基团的宽的共振峰。252 K 的谱线展宽对应于交换过程的开始,这可能是由于可逆的氧化加成生成了 Pt(Ⅳ)体系[(κ²-Tp*H)Pt(Ph)(H₂)]⁺[式(11.6)]。通过谱线展宽法算得 252 K 转化速率 k 为 47 s⁻¹,$\Delta G^{\ddagger}$ 为 12.7 kcal/mol[58]。

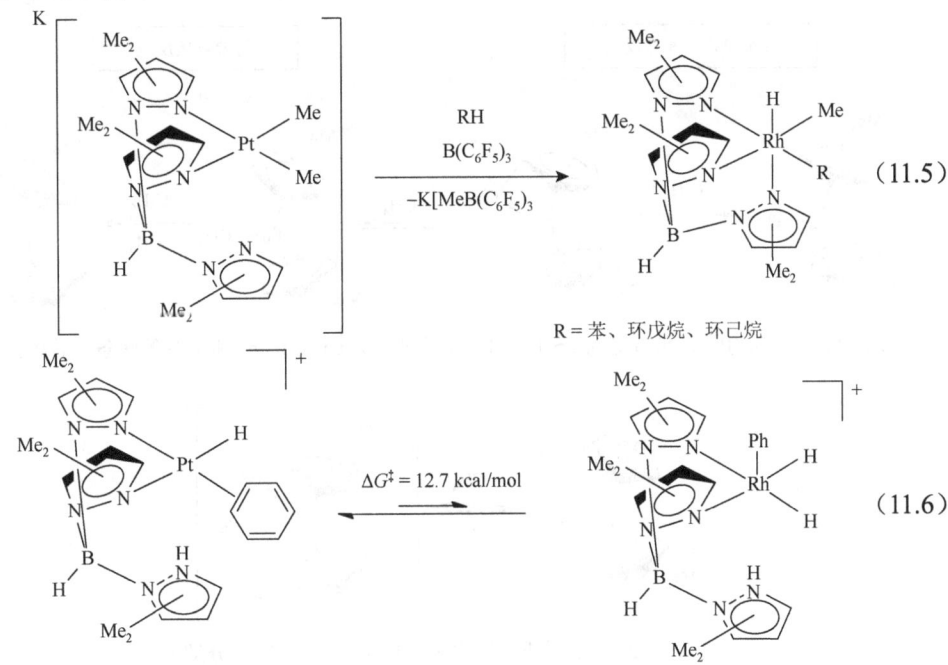

11.3.3 σ 键负分解反应

通过 σ 键复分解活化 C—H 键的过程包含 C-H 基团配位,接着发生活化底物 C—H 键的协同断裂和烃基配体 C—H 键的形成。因此,该反应经历了四中心过渡态(图式 11.8)。

在 1983 年,Watson 报道了 Lu(Ⅲ)和 Y(Ⅲ)的甲基配合物介导的苯和甲烷 C—H 键的活化[59]。对于苯的活化,Cp₂*Lu(Me)[其与 Cp₂*Lu(μ-Me)Lu(Me)Cp₂* 之间存在平衡]

反应时释放甲烷，并生成产物 $Cp_2^*Lu(Ph)$ ［式（11.7）］。动力学研究得到速率方程 $-d[Lu-Me]/dt = (k_1 + k_2[C_6H_6])[Lu-Me]$，表明反应有两种途径。推测其中一条途径涉及 Cp^* 环的环金属化和甲烷的释放，随后与苯迅速反应生成 Lu-Ph 产物（图式 11.26）。有趣的是，反应在密封的核磁共振管中进行时，速度比在开放容器中慢，这表明甲烷的释放是可逆的。实验证实，$Cp_2^*M(CH_3)$（M = Lu 或 Y）与同位素标记的 $^{13}CH_4$ 反应，会发生甲基交换，生成 $Cp_2^*M(^{13}CH_3)$。由于这些体系是 d^0 配合物，氧化加成机理不适用于 C—H 键活化。如图式 11.27 所示，四中心过渡态被用于解释 $Cp_2^*Lu(Me)$ 的甲烷活化，且 Lu 和 Y 的反应被认为是以协同一步式完成的，同时实现 C—H 键的断裂和形成，而不改变金属的形式氧化态，这种反应被称为 σ 键复分解反应。

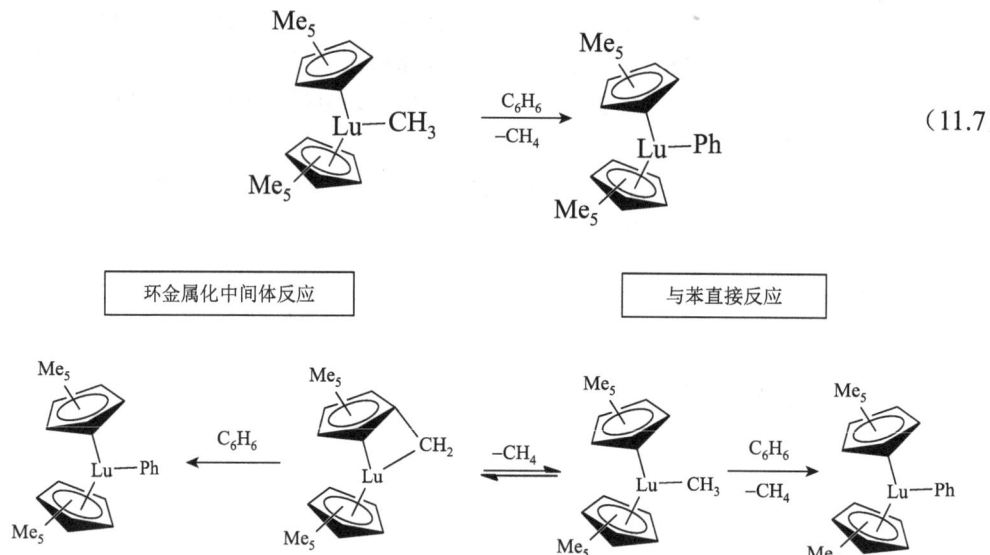

图式 11.26 动力学研究指出的 $Cp_2^*Lu(Me)$ 和苯转化为 $Cp_2^*Lu(Ph)$ 和甲烷的两条可行性途径

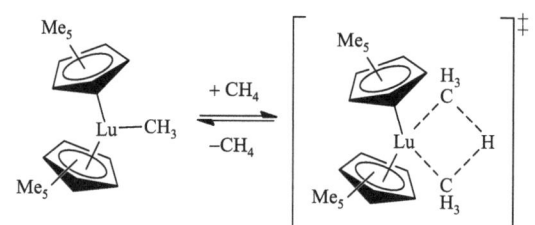

图式 11.27 Lu 介导碳-氢键活化的机理（σ 键复分解）

自从 Watson 发表相关报道以来，通过 σ 键复分解机理实现金属介导 C—H 键活化的例子陆续被报道。主要涉及前过渡金属和镧系元素体系，这些元素因缺乏 d 电子而无法进行氧化加成反应[60]。典型例子包括 $Cp_2^*Sc(R)$ [61, 62]、$Cp_2^*Th(R)_2$ 体系[63]和 $[Cp_2Zr(R)]^+$[64]。σ 键复分解反应的一个有趣特点是，氢原子在这些反应中比烷基更加活泼。例如，Bercaw 等报道了 R—H 键与 Cp_2^*Sc-R' 体系反应的相对速率顺序为 R = R'H ≫ (R = H, R' = alkyl) ≫ (R—H = sp C—H, R' = alkyl) > (R—H = sp^2, R' = alkyl) > (R—H = sp^3, R' = alkyl)[61]。

表明随着键中 s 成分的减少，反应活性降低。这说明四中心过渡态的几何结构导致与无方向的 s 轨道的键合作用最大化，在四元金属环过渡态中的金属 β 位作用尤其显著。对这一相对速率趋势可按照以上 Pt 体系氧化加成体系给予相似的解释（图式 11.21）。

对于过渡金属介导的化学，尤其是对 σ 键复分解反应来说，重要的是有机底物的 [2σ + 2σ] 反应在本质上是禁阻的，但对于过渡金属配合物来说，这种转变通常很容易发生。这归因于金属中心 d 轨道的参与[65, 66]。理解金属轨道的作用对于建立有机金属反应的预测能力非常重要，Steigerwald 和 Goddard[65]在研究 d^0 金属介导的 σ 键复分解反应时指出："M—Z 键中金属 d 轨道特点越突出，交换反应及相关插入反应的活化能垒越低。"这使得在过渡态中消减金属的 s 或 p 轨道特性很有必要。因此推断，在 D_2 与 $[Cl_2MH]^n$（M = Sc，n = 0；M = Ti，n = +1）的 σ 键复分解反应中，Ti 体系的计算活化能远低于 Sc 体系。

11.3.4 氧化加成还是 σ 键复分解反应？

最新研究表明，通过 σ 键复分解反应实现的 C—H 键活化并不局限于 d^0 金属中心。例如，$(acac)_2Ir(CH_2CH_2Ph)$（acac = κ^2-O, O-乙酰丙酮配体）中 Ir(Ⅲ)活化苯的 C—H 键生成 $(acac)_2Ir(Ph)$ 和乙苯，计算显示，该反应存在中间体 $(acac)_2Ir(CH_2CH_2Ph)(C_6H_6)$，通过协同 σ 键复分解反应完成（图式 11.28）[67]。计算结果表明，TpRu(L)R 体系［L = CO、PPh_3、$P(OCH_2)_3CEt$ 和 P(N-pyrrolyl)$_3$］通过类似的过程（图式 11.28）活化 C—H 键[68, 69]。DFT 计算探明了金属种类对 $TpM(PH_3)(R)$（M = Fe、Ru 或 Os）体系活化 C—H 键过程的过渡态的影响[70]。在各类转换反应中，DFT 计算还分析了 $TpM(PH_3)(Me)(\eta^2\text{-}CH_4)$ 体系中甲烷 C—H 键活化过程的过渡态。对 Os(Ⅱ)配合物的计算表明，反应经 Os(Ⅳ)中间体进行氧化加成及较低的 $\Delta G^\ddagger$（3.3 kcal/mol）（图式 11.29）。相比之下，计算结果说明 Fe 体系

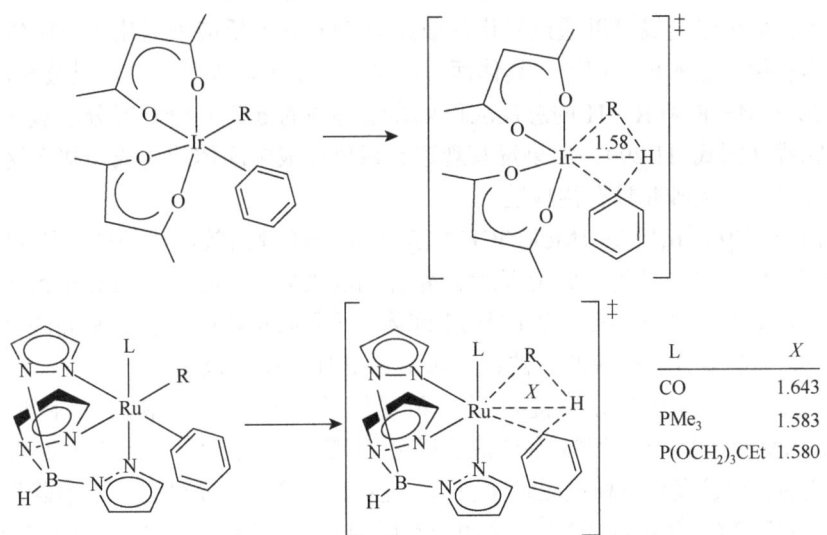

图式 11.28　计算得到的六配位 d^6 配合物通过 σ 键复分解反应路径活化 C—H 键的过渡态
（R = CH_2CH_2Ph；计算的键长单位为 Å）

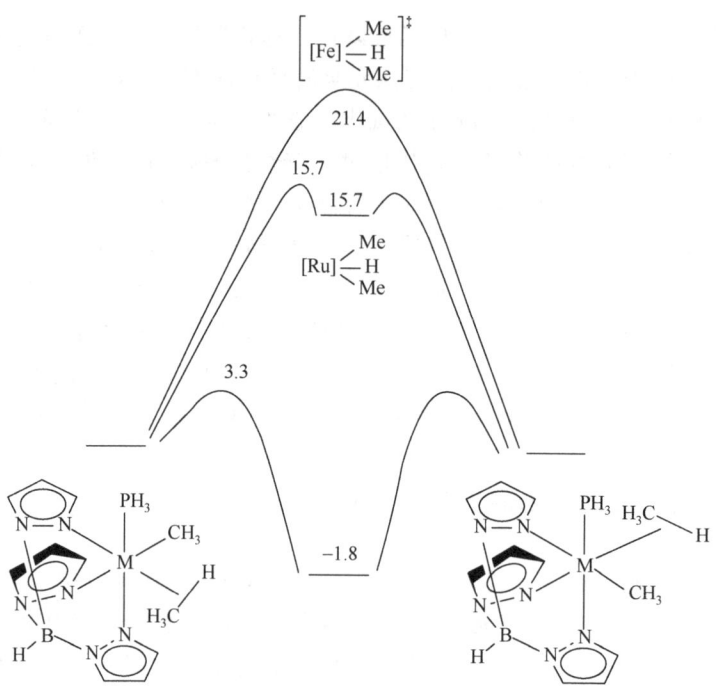

图式 11.29　TpM(PH$_3$)(Me)(η^2-CH$_4$)活化甲烷 C—H 键的计算能量（Gibbs 自由能）的比较

经一步反应活化，过渡态 Fe—H 键的键长为 1.568 Å。对于 Ru 体系，计算结果较为模糊，尽管计算得到一个 Ru(Ⅳ)中间体，但其与过渡态之间的能量差最小。与 TpRu(L)(CH$_2$CH$_2$Ph) 体系的计算结果（见上文）类似，最合理的解释是 Ru 介导的反应是一个协同过程。值得注意的是，[CpM(PH$_3$)(Me)]$^+$（M = Co、Rh 或 Ir）体系活化甲烷 C—H 键的计算结果与 TpM(PH$_3$)Me（M = Fe、Ru 或 Os）体系的计算结果非常相似[71]。

富电子的后过渡金属可以通过氧化加成或 σ 键复分解反应来活化 C—H 键，这也提出了一个具有挑战性的机理问题。具体而言，对于 d 电子数大于零的后过渡金属，M—R 与 R'—H 形成 M—R'和 R—H 的总反应可以通过协同的 σ 键复分解或分步氧化加成和还原消除来完成（图式 11.29）。如果没有观察到氧化加成中间体的生成，那么这两条路径的实验区分就相当微妙并具有挑战性。

Ir(Ⅲ)配合物[Cp*Ir(PMe$_3$)(Me)(ClCH$_2$Cl)]$^+$ 对 C—H 键高效活化的研究引起了人们对区分 σ 键复分解反应和氧化加成/还原消除路径的极大兴趣。正如 Bergman 和 Arndtsen[72] 所指出的，氧化加成过程需要一个 Ir(Ⅴ)中间体，这是有机铱配合物异常高的氧化态。相反，在当时，σ 键复分解反应通常被认为属于 d^0 金属的研究范畴。

质谱法为监测同位素分布提供了一种便捷的方法，人们利用气相质谱研究了 [Cp*Ir(PMe$_3$)(Me)(NCMe)]$^+$对苯 C—H 键的活化[73]。鉴于气相反应与液相反应之间的差异，将气相反应的机理扩展到液相反应时需谨慎。这些研究揭示一个通过甲烷消除形成的中间体，金属磷环丙烷（气相中形成）[73]。例如，使用同位素标记的配合物[Cp*Ir{P(CD$_3$)$_3$}(CH$_3$)(NCMe)]$^+$作为前驱体，产物为 CH$_3$D。这表明甲烷完全是通过膦配体的环金属化反应得到的，而不是通过 Cp*配体（图式 11.30）。此外，同位素标记的金属磷环丙烷配合物与 C$_6$H$_6$

反应生成[Cp*Ir{P(CD$_3$)$_2$(CHD$_2$)}(Ph)]$^+$。

[Cp*Ir(PMe$_3$)(Me)(ClCH$_2$Cl)]$^+$在液相中能否通过形成金属磷酸环丙烷而活化 C—H 键？在液相反应中，[Cp*Ir(PMe$_3$)(Me)(ClCH$_2$Cl)]$^+$ 与 C$_6$D$_6$ 反应生成[Cp*Ir{P(CH$_3$)$_3$}(Ph–d_5)(ClCH$_2$Cl)]$^+$的过程中未观察到膦配体的氘代（图式 11.31）[74]。此外，当有苯存在时，生成环金属化三氟甲酸盐配合物 Cp*Ir{κ^2-P, C-PMe$_2$(CH$_2$)}OTf 时并没有生成[Cp*Ir(PMe$_3$)(Ph)(OTf)]，而是配合物的分解。结合动力学研究，这些结果表明 PMe$_3$ 配体的环金属化不参与[Cp*Ir(PMe$_3$)(Me)(ClCH$_2$Cl)]$^+$介导的液相 C—H 键活化反应。以 Cp*Ir(Me)$_4$ 为原料，可以合成 Ir(Ⅴ)配合物[Cp*Ir(Me)$_3$(PMe$_3$)][OTf]，这一配合物可作为研究 Cp*Ir(PMe$_3$)(Me)OTf 氧化加成中间体的模型化合物。此外，[Cp*Ir(PMe$_3$)(Me)(ClCH$_2$Cl)]$^+$与三苯基硅烷反应生成 Ir(Ⅴ)配合物[Cp*Ir(PMe$_3$)(H)(κ^2-C, Si-Si(Ph)$_2$(C$_6$H$_4$)]$^+$（图式 11.31）。这些结果证实了 Ir(Ⅴ)氧化加成中间体的存在[75]。

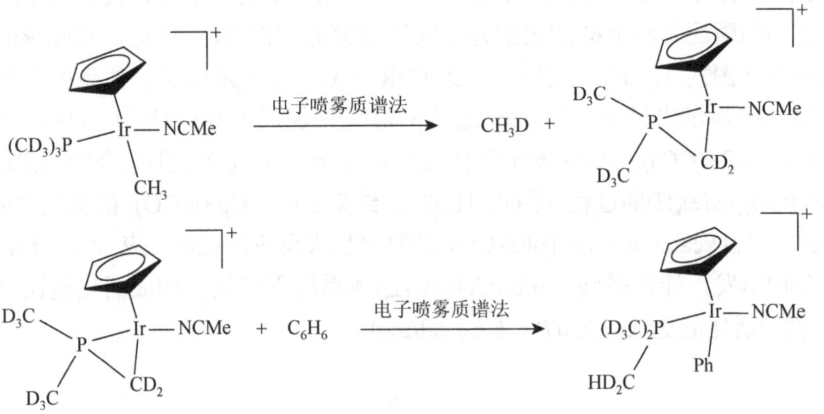

图式 11.30　电喷雾质谱研究表明，[CpIr(PMe$_3$)(NCMe)(Me)]$^+$的 C—H 键活化是通过气相的环金属化途径发生的

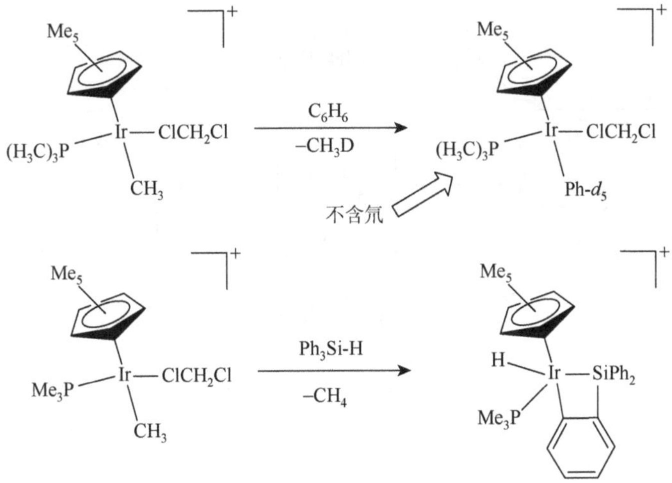

图式 11.31　与[Cp*Ir(PMe$_3$)(Me)(ClCH$_2$Cl)]$^+$活化 C—H 键反应过程的 PMe$_3$ 环金属化反应不一致的液相实验

与 d^0 金属中心的 σ 键复分解反应相比，d 电子的存在对后过渡金属体系 σ 键复分解反应可能带来显著差异。对于 d^6 电子构型配合物 [如 Ru(II)、Fe(II) 和 Ir(III)]，计算得到的过渡态中金属-氢作用表明，这些反应可能因金属向氢的给电子行为而具有氧化性。多个研究小组提出应该通过命名来区分 d^0 和 d^n 电子数 ($n>0$) 两种体系的 σ 键复分解反应。对后者，反应名称包括金属辅助 σ 键复分解、氧化加成过渡态、氧化氢迁移和 σ 配合物辅助复分解反应[76]。

d^6 过渡金属配合物 C—H 键活化研究表明，C—H 键断裂的机理可能会存在细微的平衡，其具体路径取决于辅助配体、金属的性质、金属氧化态以及被活化底物的特性。此外，计算结果显示，此类反应可能存在一系列连续变化的机理：从"经典的"σ 键复分解反应到金属-氢距离较短（即金属-氢键）的 σ 键复分解反应，再到涉及氧化加成中间体的反应路径（图式 11.32）。理论计算清晰地揭示了金属中心对反应机理的影响，在 Fe/Ru/Os 和 Co/Rh/Ir 系列，当金属中心变化时，其反应机理也随之改变（图式 11.29）。此外，对 TpRu(L)(R) 体系的研究也证明了辅助配体的影响。相对于给电子能力较弱的 CO 配体，给电子能力更强的膦配体和亚磷酸根配体会缩短过渡态中的 Ru—H 键，意味 Ru 对 H 的给电子能力增强（图式 11.28）。此外，对比 CpRe(CO)$_2$ 与 TpRe(CO)$_2$ 体系中甲烷 C—H 键活化，计算结果显示出辅助配体 Cp 比 Tp 对氧化加成的倾向性[77]。DFT 计算研究了 CpRe(CO)$_2$ 和 TpRe(CO)$_2$ 与甲烷发生氧化加成反应分别生成 Re(III) 配合物 CpRe(CO)$_2$(Me)(H) 和 TpRe(CO)$_2$(Me)(H) 的过程（图式 11.33）。结果表明，CpRe(CO)$_2$ 的氧化加成反应是放热反应（$\Delta H = -7.9$ kcal/mol），而 TpRe(CO)$_2$ 的氧化加成反应是吸热反应（$\Delta H = 6.4$ kcal/mol）。从甲烷配合物出发，计算得到 CpRe(CO)$_2$(CH$_4$) 体系的甲烷氧化加成活化能比 TpRe(CO)$_2$(CH$_4$) 配合物的活化能更低（$\Delta\Delta H^\ddagger = 6.6$ kcal/mol）。

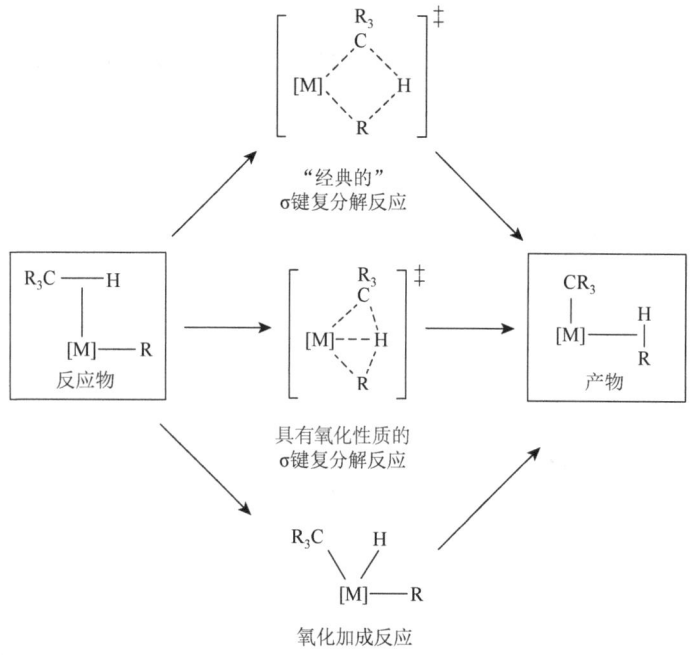

图式 11.32　d 电子数大于零的过渡金属配合物活化 C—H 键的可能机理

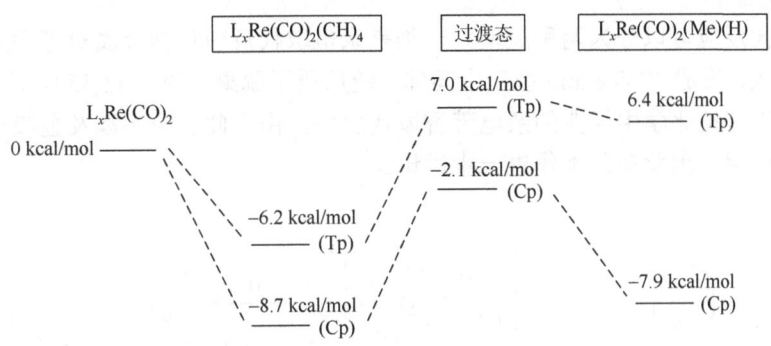

图式 11.33　与 $CpRe(CO)_2$ 和 $TpRe(CO)_2$ 进行甲烷氧化加成反应的能量计算比较

11.3.5　亲电取代反应

亲电取代反应涉及 C—H 键的配位与活化，随后失去一个质子。质子通常转移到弱碱性的抗衡阴离子上（图式 11.8）。由于金属中心的 Lewis 酸性起着关键作用，亲电取代反应通常发生在电负性较高的后过渡金属配合物中。对于许多似乎通过亲电取代进行 C—H 键活化的体系，质子的转移途径究竟是通过分子间转移（到非配位碱）还是分子内转移（到碱性配体）的问题尚未得到明确回答 [图式 11.34 和式（11.8）]。由于分子内亲电取代反应类似于 σ 键复分解反应，而分子间亲电取代与 σ 键复分解反应往往难以分辨，因此"亲电取代"和"σ 键复分解"常常被混用。实际上，至少对于 Pt(Ⅱ) 配合物而言，两种反应路径在能量分布上非常接近，配体环境、烃基、溶剂等细微变化可能会改变首选反应路径[78]。

$$L_nM\text{—}R + R'H \longrightarrow \text{氧化加成或亲电取代？} \longrightarrow L_nM\text{—}R' + RH \quad (11.8)$$

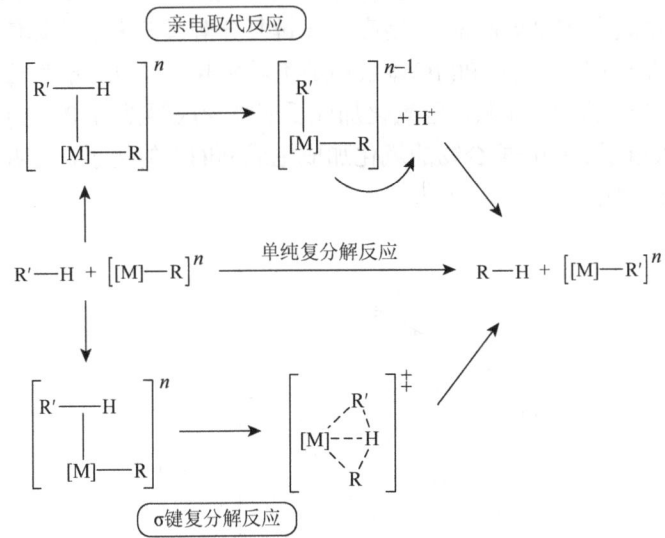

图式 11.34　实验研究区分 M(R) 和 R'H 向 M(R') 和 RH 的总转化反应是以分子间亲电取代还是 σ 键复分解反应路径可能是一个挑战

亲电取代反应可以分为两种类型。一类是亲电取代反应包括金属对芳香族底物 π 体系的亲电加成，形成"Wheland 型"中间体，随后质子脱离（图式 11.35）。这种金属参与的反应类似于有机化学中经典的亲电芳香取代反应。由于此反应不涉及金属与 C—H 键的直接相互作用，因此在此不作进一步讨论。

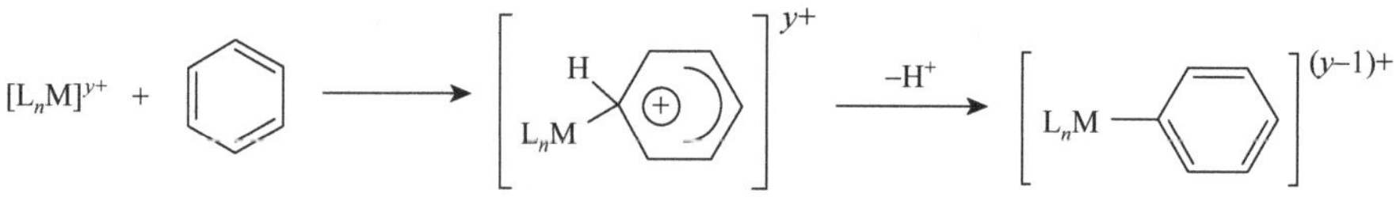

$$[L_nM]^{y+} + \text{（苯）} \longrightarrow \left[L_nM\text{（环己二烯基正离子）}\right]^{y+} \xrightarrow{-H^+} \left[L_nM\text{—Ph}\right]^{(y-1)+}$$

图式 11.35　通过 Wheland 型中间体实现 C—H 键的亲电取代

亲电取代的另一种类型要求 C—H 键与 Lewis 酸性金属中心配位，这会降低 C—H 键部分的电子密度，增强其酸性，从而促进质子的转移。此反应可发生在芳烃和烷烃底物上。已知 H_2 配位可以显著增加其酸性[4]，据此可合理推测，C—H 键与金属的配位，尤其是对强 Lewis 酸性的金属来说，也会产生类似的效应。虽然目前尚未直接测定金属配合物中碳-氢配体的 pK_a 值，但分子内抓氢作用的酸性已有报道[2]。

利用计算方法研究了甲烷功能化的 Shilov-Pt(Ⅱ)体系。例如，以 $MCl_2(H_2O)_2$（M = Pt 或 Pd）配合物为 Shilov 型反应的模型，运用 DFT 与从头算相结合的方法，系统研究了整个催化循环过程[78]。结果表明，在反式二氯化物（也研究了顺式二氯化物）的 C—H 键活化过程中存在类似于 σ 键复分解的四中心过渡态（图 11.8），其能量比前驱体甲烷配合物高 20.5 kcal/mol。计算得到的 Pt 与活化的氢原子间的距离 1.99 Å。从甲烷加合物到过渡态，活化氢的 Mulliken 电荷变化很小（+0.26 到 +0.23），表明其质子特征甚微。比较 σ 键复分解反应的过渡态与 Pt(Ⅳ)配合物 $[Pt(H)(Me)(OH_2)_2Cl_2]$ 的氧化加成过渡态，发现氧化加成反应的活化能为 23.8 kcal/mol，略高于 σ 键复分解过渡态的计算值（20.5 kcal/mol）略高。这些研究结果说明，虽然 Pt(Ⅱ)体系不是绝对采取 σ 键复分解反应路径，但极可能是主导机理。而对于 Pd(Ⅱ)体系，因氧化加成反应需形成罕见的 Pd(Ⅳ)配合物而难以发生。然而，近期报道了 Pd(Ⅱ)配合物的氧化加成生成 Pd(Ⅳ)的例子，表明高价态的 Pd(Ⅳ)配合物可能比预想的更容易获得[79, 80]。

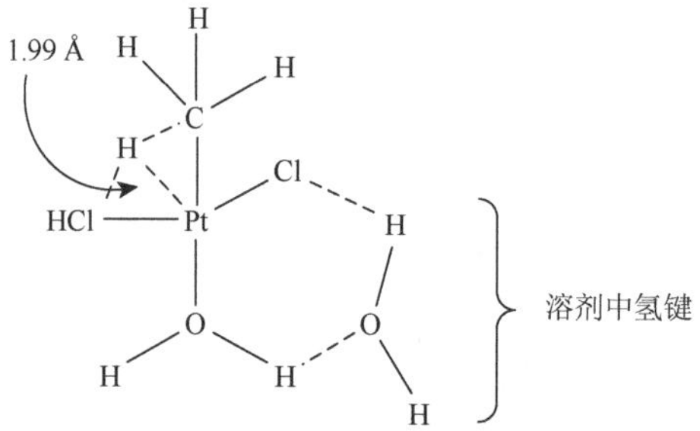

图 11.8　$Pt(Cl)_2(H_2O)_2$ 活化甲烷 C—H 键的过渡态计算模型

Periana 等[81]报道了一种汞催化体系，可实现甲烷部分氧化为甲醇。Hg(Ⅱ)通常被认为是一种软亲电试剂，已知它能够引发芳烃底物的质子亲电取代。该催化反应以三氟甲磺酸汞为催化剂，在硫酸中进行，其催化循环中的关键步骤是 Hg(Ⅱ)介导的甲烷 C—H 键活化。在 Hg(Ⅱ)介导的甲烷 C—H 键活化过程中，不太可能通过 Hg(Ⅳ)发生氧化加成。因此，提出了亲电取代机理，虽然质子转移至非配位阴离子与分子内质子转移至配位阴离子（即 σ 键复分解反应）两种机理的差异尚不明确。CH_4 和 D_2SO_4 之间的 H/D 交换反应验证了 Hg(Ⅱ)介导的甲烷 C—H 键活化过程[式（11.9）]。

$$Hg(OSO_3H)_2 + CH_4 \xrightarrow{-H_2SO_4} (CH_3)Hg(OSO_3H) \xrightarrow[-CH_3D]{+D_2SO_4} Hg\{OSO_3H(D)\}_2$$

（11.9）

11.3.6 金属-杂原子键上的 1,2-加成反应

据报道，C—H 键对金属-杂原子键的 1,2-加成反应可发生在两类不同的配合物体系：含前 d^0 过渡金属亚胺配合物和含氨基、羟基及芳氧基的后过渡金属配合物（图式 11.36）。这些转换可能与之前讨论的 σ 键复分解反应相关。然而，接收活化氢的杂原子上的孤对电子可能带来重要的差异。

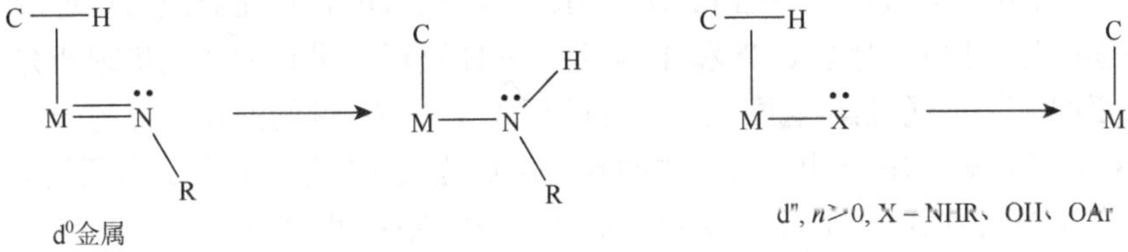

图式 11.36　在前 d^0 过渡金属亚胺配合物和含氨基、羟基和芳氧基的后过渡金属体系观察到 1,2-CH 加成反应

苯中热解(t-Bu$_3$SiNH)$_3$Zr(Me)导致甲烷的消去和(t-Bu$_3$SiNH)$_3$Zr(Ph)的生成[82, 83]。在 C_6D_6 中，生成 CH_4 和(t-Bu$_3$SiND)$_3$Zr(C_6D_5)的反应速率对苯浓度呈零级。所有氨基配体中的氘代反应均产生于中间体{t-Bu$_3$SiN(H/D)}$_3$Zr(C_6D_5)的可逆苯消除。将氘代氨基的同位素异构体(t-Bu$_3$SiNH)$_3$Zr(Me)置于 C_6H_6 中加热，得到 CH_3D 和(t-Bu$_3$SiNH)$_3$Zr(C_6H_5)。这些结果表明甲烷的生成是决速步，其中甲基配体攫取氨基氢原子，生成一个未观察到的亚胺中间体(t-Bu$_3$SiNH)$_2$Zr = N{Si(t-Bu)$_3$}，该中间体随后与苯快速配位并活化苯分子（图式 11.37）。(t-Bu$_3$SiNH)$_3$Zr(Me)与(t-Bu$_3$SiND)$_3$Zr(Me)的反应存在较大的 KIE [k_H/k_D = 7.3(4)]，这与甲烷消除作为决速步的机理吻合。在 THF 中加热(t-Bu$_3$SiNH)$_3$Zr(Ph)，生成了一个与 THF 结合的 Zr 酰亚胺配合物，进一步证明 Zr 亚胺中间体的存在。除了活化苯的 C—H 键，Zr 亚胺配合物还可活化甲烷，比如(t-Bu$_3$SiNH)$_3$Zr(CD_3)可与 CH_4 反应生成(t-Bu$_3$SiNH)$_3$Zr(CH_3)和 CD_3H。

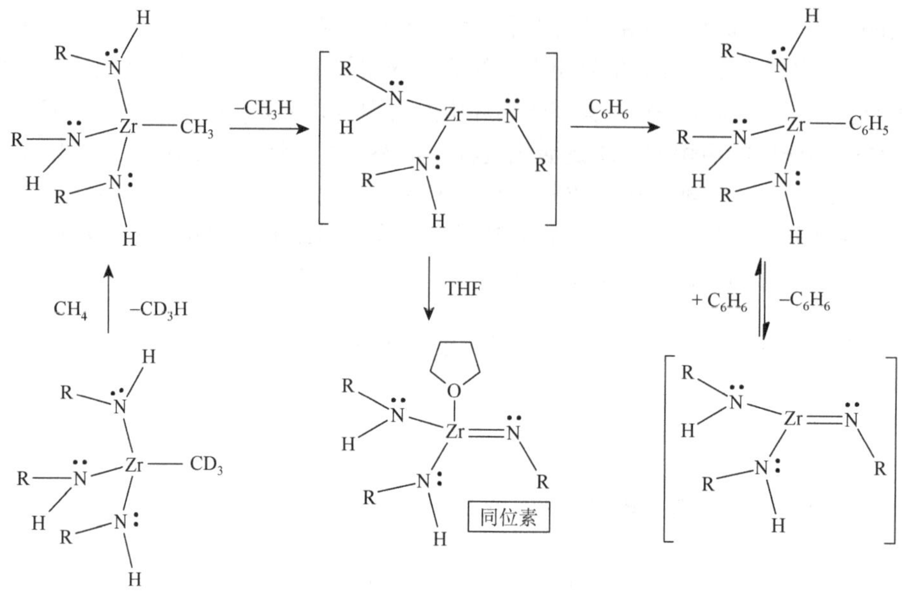

图式 11.37　C—H 键在 Zr 亚胺键上的 1, 2-加成反应（R = t-Bu₃Si）

与 Zr 体系类似，加热 (t-Bu₃SiNH)(t-Bu₃SiO)₂Ti(CH₃) 会通过消除甲烷生成 Ti 亚胺配合物 (t-Bu₃SiO)₂Ti = N{Si(t-Bu)₃}[84]。除了与多种烃类底物反应生成 (t-Bu₃SiNH)(t-Bu₃SiO)₂Ti(R)（R = CH₂CH₃、c-C₃H₅、c-C₅H₉、C₆H₄Me 或 C₆H₅），Ti 亚胺配合物还会经历可逆的二聚反应（通过桥连亚胺配体）。对 Zr、Ti 和 Ta 体系 C—H 键活化进行的详细机理研究，揭示了反应的重要细节[85]。通过碳-氢配位中间体的形成，C—H 键的活化可能是一步完成的，同时，观察到的显著 KIE 指出过渡态中的 N⋯H⋯C 连接可能接近线型。钛亚胺中间体在 C—H 键活化中的动力学选择性主要受新形成的 Ti—C 键强度的影响，并不是原来的 C—H 键的键解离能。基于这一结论，式（11.10）描述了两种烃类底物之间 C—H 键活化反应的动力学选择性，其中斜率"m"表示选择性的程度。根据一系列 (t-Bu₃SiO)₂(t-Bu₃SiNH)Ti(R) 配合物 Ti—R 键的键离解能与（有机底物"RH"）C—H 键的键解离能绘制的坐标图显示出两者良好的线性关系。在 Ti—C 键强度控制动力学选择性的情况下，该斜率决定了各种 C—H 键之间选择性的大小，这种选择性是热力学的函数。对于 Ti 体系，C sp³—H 键活化的斜率 m = 0.77。

$$[(t\text{-}Bu_3SiO)_2Ti = N(Si\text{-}t\text{-}Bu_3)] + R\text{-}H + R'\text{-}H \longrightarrow \begin{array}{c}(t\text{-}Bu_3SiO)_2(t\text{-}Bu_3SiNH)Ti(R)\\+\\(t\text{-}Bu_3SiO)_2(t\text{-}Bu_3SiNH)Ti(R')\end{array}$$

$$\Delta\Delta G^\ddagger = \Delta G^\ddagger_{RH} - \Delta G^\ddagger_{R'H} \sim m[\Delta G\gamma_{Ti\text{-}R} - \Delta G\gamma_{Ti\text{-}R'}] \quad (11.10)$$

双环戊二烯基锆(IV)亚胺配合物也通过金属-亚胺键的 1,2-CH 加成反应引发 C—H 键活化[86, 87]。例如，在苯中加热 Cp₂Zr(Me){N(H)-t-Bu} 释放甲烷并生成苯的 C—H 键活化的产物 Cp₂Zr(Ph){N(H)-t-Bu}。将这一化学反应扩展至由乙烯基双(四氢)茚撑配位的锆亚胺配合物，可以实现饱和烃类的 C—H 键活化（图式 11.38）。对于该体系，在线性烷烃反应中观察到末端甲基位置的区域选择性。这种对较强 C—H 键的选择性与上述 Ti 亚胺配合物的结果一致。在 n-戊烷-d_0 和 n-戊烷-d_{12} 的同位素混合物中加热乙烯基双(四氢)茚撑锆配合物，生成了 Zr(亚胺)(戊基)产物，并没有发生同位素交换。这些结果与单核反应一致，反应过程中可能发生 Zr 亚胺配合物与 C—H(D)键配位并触发分子内 1,2-CH 加成，而不是发生经过两个锆中心的分子间化学。

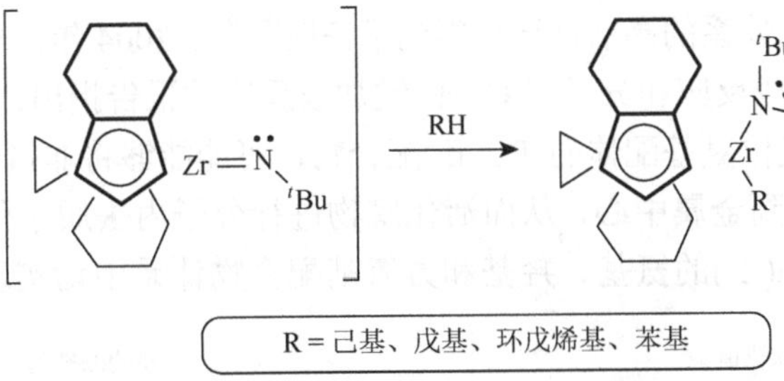

图式 11.38 Zr(Ⅳ)亚胺配合物对 C—H 键的活化作用

通过对多种不同 d^0 过渡金属在金属-亚胺键上的 1,2-CH 加成的观察，发现该反应可能具有一定的普适性。然而，金属-亚胺键的性质很可能是决定反应能量学的重要因素。例如，降低金属-亚胺键的多重性可能是这类反应关键。简而言之，C—H 键活化的四中心过渡态将质子从活化的 C—H 键传递到亚胺氮原子上的孤对电子（图式 11.39）。通过形成一个或两个金属-亚胺 π 键，亚胺配体可以作为四电子到六电子的给体（图 11.9）。然而，由于存在多个 π 给体配体（也称为"π 负载"配合物）[88]，可以通过 pπ-dπ 竞争干扰亚胺配体向金属的 π 电子转移。基于 C—H 键活化及图式 11.39 中的过渡态模型，可以推测，减少亚胺配体的 π 电子转移，从而增加氮原子上的电子密度，将有助于 C—H 键活化。事实上，在亚胺 π 电子转移最小化的富电子体系中，1,2-CH 加成的过渡态可能更早形成，从而在动力学和热力学上使得 C—H 键活化更易发生。

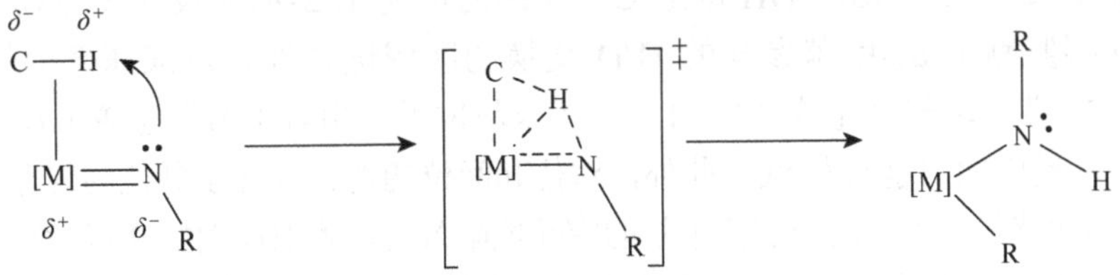

图式 11.39 金属-亚胺键上 1,2-CH 加成的四中心过渡态

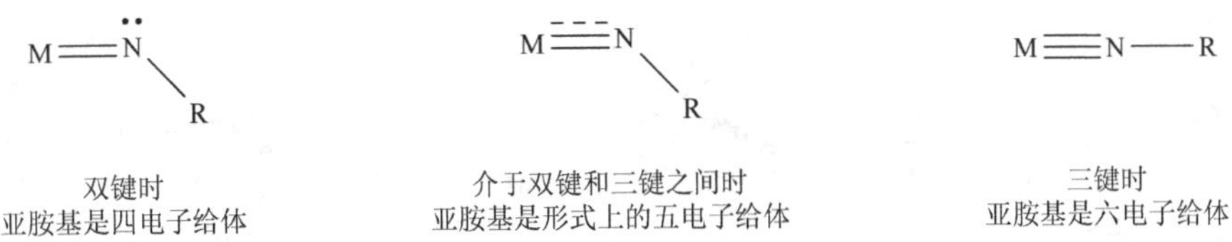

双键时
亚胺基是四电子给体

介于双键和三键之间时
亚胺基是形式上的五电子给体

三键时
亚胺基是六电子给体

图 11.9 金属-亚胺基多重键

通过对亚胺与金属之间的 π 键电子云密度降低的观察（对配合物的"π 负载"），可以推测处于低价态的后过渡金属配合物可能最适合于经金属-杂原子键上的 1,2-加成实现 C—H 键活化。由于 dπ 轨道被电子占据，这类系统可以抑制配体对金属的 π 电子转移。因此，与需要通过 π 轨道竞争调节配体-金属 π 相互作用的 d^0 金属不同，对于后过渡金属体系，由于金属-配体 π 键和 π 反键分子轨道都被电子占据（图式 11.40），金属-配体 π 键在形式上被"关闭"。事实上，含氨基、羟基等配体的低价态的后过渡金属配合物和碱性/亲核性杂原子配体反应体系的高活性已经得到了证明[89-92]。2004 年，一篇关于 Ru(II)氨基配合物上 H_2 的 1,2-加成反应和分子内 C—H 键加成反应的报告指出："因此，通过获得具有开放配位位点和非配位氮基配体的 Ru(II)配合物，可能能够将非极性 X—H（如 H—H 或 C—H）键暂时结合到金属中心，从而活化底物进行分子内去质子化。"[93] 随后证明，在 Ru(II)、Ir(III)和 Rh(I)的氨基、羟基和芳氧基配合物体系中均实现了这些反应。

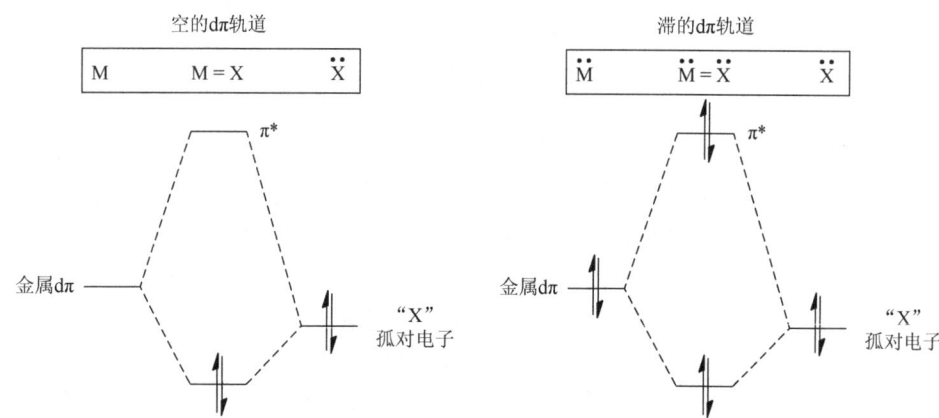

图式 11.40　d 电子数对金属-杂原子多重键（X = OR 和 NHR 等）的影响

在 C_6D_6 中加热 $TpRu(PMe_3)_2OH$ [Tp = 氢化物(吡唑基)硼酸盐] 可引发羟基配体与 C_6D_6 之间进行 H/D 交换[94, 95]。机理研究表明，该过程遵循金属介导反应路径：首先是 PMe_3 的解离，接着发生 Ru—OH 键上 C—D 键的可逆 1,2-加成反应（图式 11.41）。用氢谱核磁共振监测了 d_8-甲苯参与的 H/D 交换的区域选择性，反应速率的快慢顺序为对位＞间位＞邻位＞苄基［式（11.11）］。在苄基位置（相对于芳环位置）反应的缓慢速率表明自由基反应的可能性较低。此外，对位和间位的选择性优于邻位的现象与金属介导的 C—H 键活化路径一致。由于邻位甲基的空间位阻效应，体积较大的 Ru 配合物难以接近。与 $TpRu(L)(R)(C_6H_6)$ 体系的 C—H 键活化类似（见上文），DFT 计算结果支持该过程为 σ 键复分解反应，且过渡态存在 Ru—H 键（图式 11.42）。

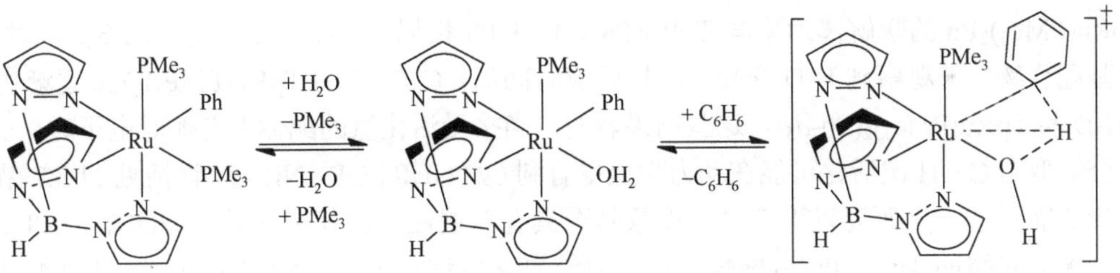

图式 11.41　C_6D_6 与 Ru—OH 键的 H/D 交换机理

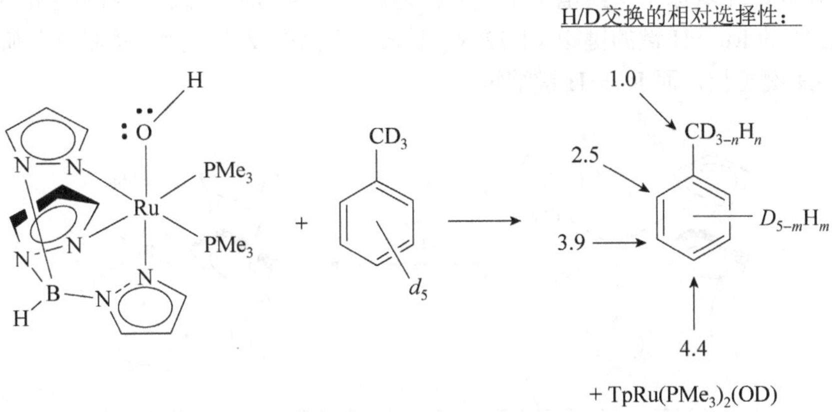

$$(11.11)$$

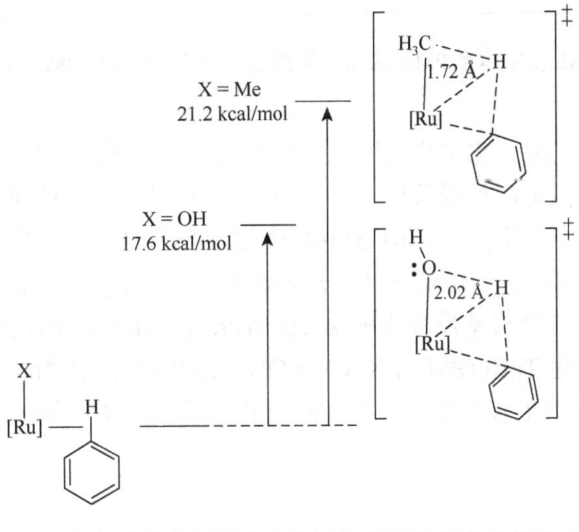

H/D 交换的相对选择性：
- 1.0 → $CD_{3-n}H_n$
- 2.5
- 3.9
- 4.4
- $D_{5-m}H_m$

+ $TpRu(PMe_3)_2(OD)$

X = Me, 21.2 kcal/mol
X = OH, 17.6 kcal/mol

图式 11.42　计算得到的 Ru 氢氧化物和甲基配合物活化苯环碳-氢的过渡态 [[Ru] = (Tab)Ru(PH$_3$), Tab = 三偶氮硼酸盐]

一系列 TpRu(PMe$_3$)$_2$(X)（X = OH、OPh、NHPh、SH、Me、Ph、Cl、OTf）配合物被用于研究 1, 2-CH 加成反应。在可以监测 C_6D_6 与 H/D 交换同位素的杂原子体系中（即 X = OH、NHPh 和 SH），X = OH 和 NHPh 时发生 H/D 交换，但 X = SH 不会发生 H/D 交换。根据 TpRu(PMe$_3$)$_2$(X) 解离 PMe$_3$ 的速率分析，相对速率关系为 $k_{OH} = 2.8k_{NHPh} = 23k_{SH}$，这与膦配体解离并引发 C—H 键活化的要求相符（图式 11.43）。虽然 TpRu(PMe$_3$)$_2$Me 和

TpRu(PMe$_3$)$_2$Ph 的膦解离速率与 TpRu(PMe$_3$)$_2$NHPh 相似（$k_{NHPh} = 2.6k_{Me} = 1.2k_{Ph}$），对 Ru 烷基配合物，未观察到 H/D 交换。延长反应时间后，C$_6$D$_6$ 中的 TpRu(PMe$_3$)$_2$Me 逐渐生成 CH$_3$D 和 TpRu(PMe$_3$)$_2$(Ph-d_5)。这些结果表明，当接受活化氢的配体上有孤对电子时，σ 键复分解型的 C—H 键活化可能在动力学上更有利（如 NHR、OR、NR 等；详情见 11.3.7 节）。尽管还需要进一步研究以确定这一现象是否具有普遍性，但使用三吡唑硼酸盐和 PH$_3$ 配体（模拟完整的 Tp 和 PMe$_3$ 配体）的计算结果支持这一观点（图式 11.42）。计算得到的过渡态几何结构解释了它们的稳定性。在计算所得的过渡态中，Ru—H 键的键距短，证明可能存在向活化氢原子供给电子密度的行为。当 X = OH，计算得到的键距（2.02 Å）比 X = Me 时的 Ru—H 键的键距（1.72 Å）要长，这也许反映了由于氧原子上孤对电子的存在，O···H 键延长，而 Ru—H 键缩短。

图式 11.43 中：

相对速率 k_X: $k_{OH} = 2.8k_{NHPh} = 3.5k_{Ph} = 7.4k_{Me} = 23k_{SH}$

图式 11.43　TpRu(PMe$_3$)$_2$X 体系 PMe$_3$ 的相对解离速率（由 PMe$_3$ 与 PMe$_3$-d_{18} 的交换速率决定）

在 Ir(Ⅲ)和 Rh(Ⅰ)配合物中也观察到类似的碳-氢键活化反应，这表明后过渡金属中金属-杂原子键上的 1,2-CH 加成反应可能具有普适性，但具体的机理可能有所不同[96, 97]。在苯与吡啶混合溶剂中，将(acac)$_2$Ir(OMe)(MeOH)加热至 160℃，生成两当量的游离甲醇（一当量来自配位的甲醇，另一当量来自甲氧基配体）和(acac)$_2$Ir(Ph)(pyridine)［式（11.12）］。有趣的是，Ir-OMe 配合物与苯反应生成(acac)$_2$Ir(Ph)(pyridine)和游离甲醇在热力学上是有利的。相比之下，虽然 TpRu(PMe$_3$)$_2$X（X = OH、NHPh）配合物的 1,2-CH 加成反应比 Ir(Ⅲ)配合物在动力学上更容易进行，但 TpRu(Ⅱ)体系 1,2-CH 加成反应在热力学上并不是有利的。

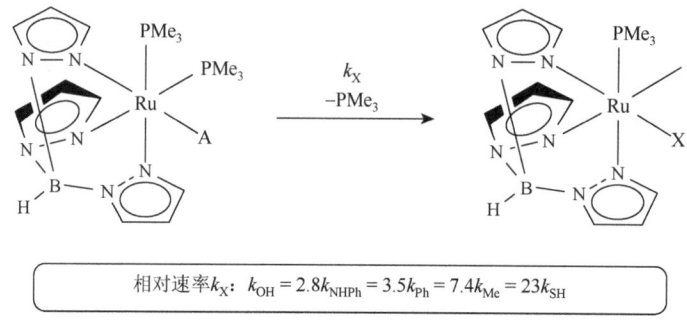

$$\qquad\qquad\qquad\qquad\qquad\qquad\qquad\qquad\qquad\qquad\qquad\qquad\qquad\qquad\quad + 2\text{MeOH} \quad (11.12)$$

对 Ir(Ⅲ)体系的计算表明，该反应最有可能通过分子内质子转移过程进行（称为分子内亲电取代）[98]。其与 σ 键复分解反应的主要区别在于接受活化氢的配体是烃基配体还是杂原子配体。当接受配体是烃基时,产生四电子体系:两个电子来自与金属配位的 C—H 键,两个电子来自金属-碳键的断裂(图式 11.44)。在过渡态中,C—H 键的电子对在碳和活化氢之间离域。当接受配体是具有孤对电子的杂原子配体(如 M-OR 配合物)时,产生六电子体系,涉及来自 C—H 键、M-杂原子键和杂原子上的孤对电子。根据模型 Ir(Ⅲ)配合物的计算结果[98],在过渡态中,杂原子的孤对电子主要呈现 X—H 键的特征(图式 11.44),而 M/CH 的电子对则在这三个原子上离域。

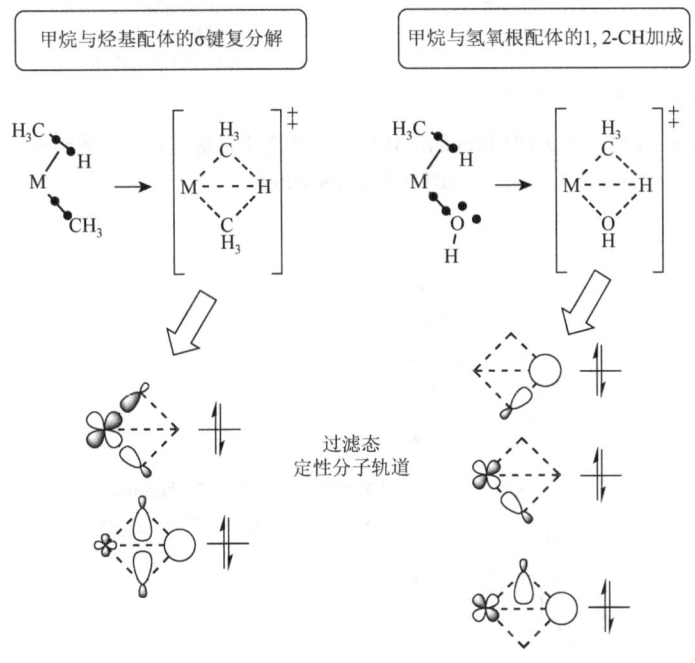

图式 11.44　σ 键复分解反应过渡态的比较,包括活化氢原子转移到烃基或杂原子配体的定性分子轨道

后过渡金属杂原子键上的 1,2-CH 加成是一种新发现的反应,对于控制这些反应能量的因素知之甚少。一个重要的考虑因素是电子结构对活化能垒的影响,特别是通过辅助配体调节金属中心电子密度和杂原子配体的碱性。DFT 计算表明,Ir(Ⅲ)体系 $(acac)_2Ir(X)(C_6H_6)$(X = OMe、OCF_3 或 NH_2)中苯 C—H 键活化的反应能垒变化小于 2 kcal/mol[98]。为探测金属电荷密度的影响,比较了计算 $Ir(Me)_2(NX_2)_2(OH)(CH_4)$ 中 Ir—OH 键上配位甲烷 1,2-CH 加成的活化能垒,发现当配体 X 从 H 变为 F 时,活化能垒降低了 6.8 kcal/mol(图式 11.45)。这些结果表明,与改变杂原子配体的类型相比,调节金属的亲电性对增强碳-氢键配位和活化效果更显著。DFT 计算还对一系列 $[(Tab)M(PH_3)_2(X)]^+$(X = OH 或 NH_2)配合物进行了研究,结果表明 X 的种类对苯 C—H 键活化的总活化能垒影响相对较小[99]。然而,计算涵盖整个 C—H 键活化过程,包括膦解离、苯配位和 1,2-CH 加成。相比之下,比较对苯 C—H 键活化基本步骤的计算结果,发现改变配体 X 对反应有实质性影响。例如,计算表明 $[(Tab)Ir(PH_3)(C_6H_6)(OH)]^+$ 配合物中 1,2-CH 加成反应的活化能垒 $\Delta G^\ddagger$ 为 17.6 kcal/mol,而对于 $[(Tab)Ir(PH_3)(C_6H_6)(NH_2)]^+$,同一反应 $\Delta G^\ddagger$ = 28.9 kcal/mol(图式 11.46)。目前控制后过渡金属 1,2-CH 加成反应的参数尚不明确。

H
O
[Ir]
H
C
H_3
‡
当X为F时相对于X为H时
活化能垒变化值为
$\Delta\Delta G^{\ddagger} = 6.8$ kcal/mol
$(Me)_2(NX_3)_2Ir(OH)(CH_4)$

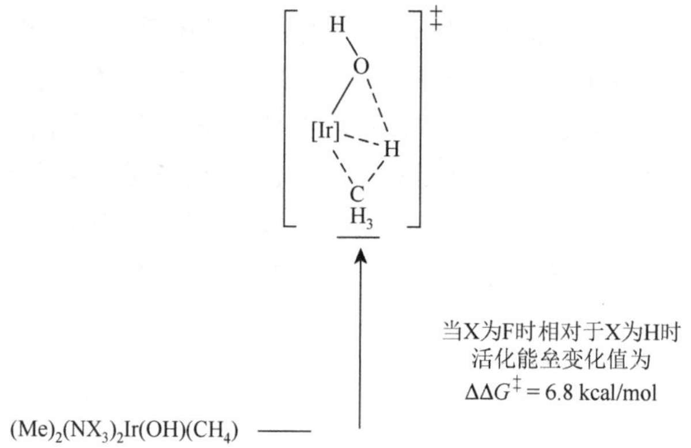

图式 11.45　Ir—OH 键上 1, 2-CH 加成的活化能垒计算值［该值是辅助配体给电子能力的函数，$[Ir] = (Me)_2(NX_3)Ir$］

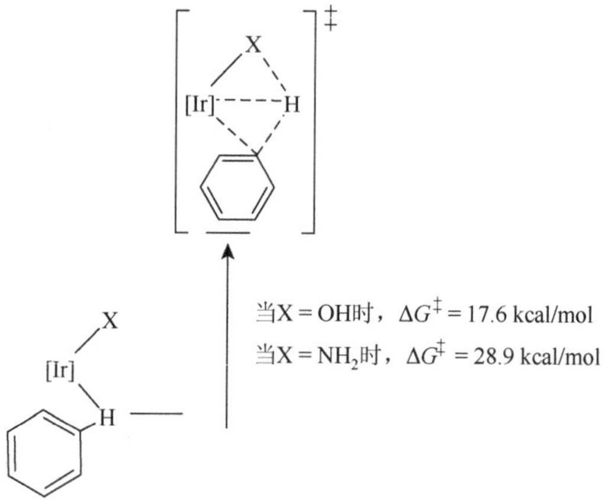

X
[Ir]
H
‡
当X = OH时，$\Delta G^{\ddagger} = 17.6$ kcal/mol
当X = NH_2时，$\Delta G^{\ddagger} = 28.9$ kcal/mol

图式 11.46　在$[(Tab)Ir(PH_3)(C_6H_6)(X)]^+$（$[Ir] = [(Tab)Ir(PH_3)]^+$）的 Ir—X 键（X = OH 或 NH_2）上 1, 2-CH 加成的活化能垒计算值

四配位铑(Ⅰ)氢氧化物及其相关配合物已被证明能够促进芳香族 C—H 键的活化［式（11.13）］[97, 100]。与 Ru(Ⅱ)和 Ir(Ⅲ)体系提出的机理相反，对 Rh(Ⅰ)体系的机理研究表明，RO^-与溶剂之间的初始离子交换（通过 Rh—OR 键的异裂解）、C—H 键活化底物的配位以及游离 RO^-的质子化的可能性较大（图式 11.47）。尚未有文献报道通过后过渡金属-杂原子键上 1, 2-CH 加成实现烷烃 C—H 键活化的例子。

PR_2
N
Rh
OR′
C_6H_6
△
PR_2
N
Rh
Ph + R′OH
PR_2
PR_2

（11.13）

R = *t*-Bu；R′ = H、苯基、CH_2CF_3

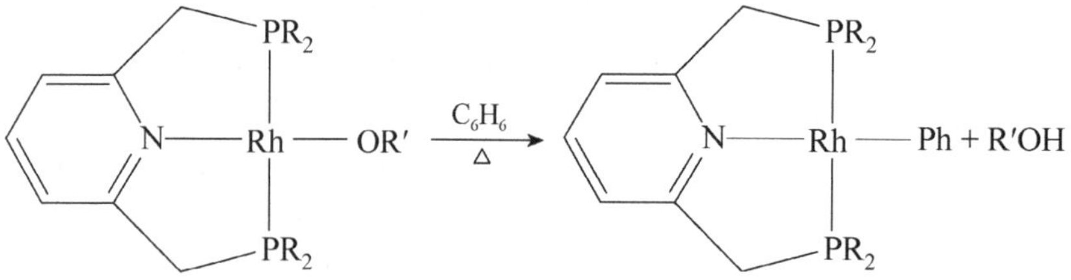

图式 11.47　含有羟基、烷氧基和芳氧基配体的 Rh(Ⅰ)介导的 C—H 键活化机理（R = *t*-Bu；S 代表溶剂）

11.3.7　后过渡金属配合物中非氧化加成碳-氢键活化的反应模型

通过对配合物 TpRu(L)(X)(RH)（L = 中性或双电子给体配体；X = 烷基、OR 或 NHR；RH = C—H 键活化底物）的 C—H 键活化过程进行详细的实验和计算研究，构建了 C—H 键活化的反应模型（图 11.10）。在该模型中，C—H 键与 Ru(Ⅱ)配位，促使氢原子发生分子内质子转移至配体 X。在过渡态时，Ru 通过反馈电子来稳定被活化的氢原子。因此，任何能够稳定"质子型"氢原子或增加 R 基团负电荷密度的因素都将降低活化能。可能的影响因素包括：①金属中心电子密度提升（如通过增强配体 L 的给电子能力），可以增强过渡态时 Ru-H 的键合作用。但从另一角度，这一特性也可能削弱金属中心的亲电性，意味着金属电子结构之间存在尚未完全理解的竞争平衡；②R 上的吸电子基团可以增强 C—H 键的酸性，从而促进反应；③更碱性的配体"X"应当增加反应程度，尤其是含孤对电子的杂原子配体（如羟基、氨基等）。

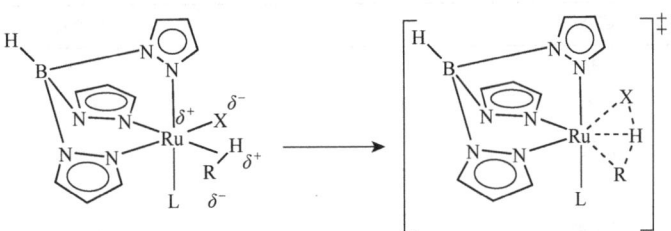

图 11.10　TpRu(L)(X)(RH)体系的 C—H 键活化反应模型（L = 中性、双电子给体配体；X = 烷基、OR、NHR；RH = C—H 键活化底物）

11.4 烷烃配位的研究

目前尚未见可分离且完全表征的烷烃配位过渡金属配合物的报道。由于典型的金属-烷的烃键能低于 15 kcal/mol，这些配合物的分离面临着巨大的挑战。然而，光谱技术已经用于直接观察烷烃的配位。最早，利用快速红外光谱法研究了烷烃的瞬时配位行为。近年来，发展了新的核磁共振技术，能够直接观察烷烃与过渡金属的配位。这两种技术为了解金属/烷烃键合提供了宝贵的见解。

11.4.1 快速红外光谱

直接观察过渡金属与烷烃的配位面临两个主要挑战：①金属/烷烃配合物的寿命较短；②烷烃与其他配体的配位存在竞争。由于烷烃的结合能较弱，烷烃配位通常是短暂的。因此，需要使用快速光谱技术，并通常结合低温操作，以延缓烷烃解离的过程。除了烷烃的快速解离，大多数有机底物在配位过程中（无论是动力学还是热力学）都会与烷烃竞争。因此，反应介质的选择非常重要，因为大多数常见的溶剂比烷烃具有更强的配位能力，反应通常只能在气相、烃类基质以及液态氪或氙中进行。最后，通常需要在低温下借助光解配合物，从而为烷烃配位提供一个短暂的配位位点。

早期关于烷烃配位的研究包括在烃类基质中光解羰基配体并利用红外光谱进行监测。例如，气相下，研究了通过光解 $W(CO)_6$ 生成的 16 电子配合物 $W(CO)_5$ 与烷烃的配位[101]。时间分辨红外光谱显示，游离态 $W(CO)_5$ 在 1980 cm^{-1} 和 1942 cm^{-1} 处出现 CO 吸收峰。当引入烷烃后，新的 CO 吸收峰通常位于 1973~1969 cm^{-1} 和 1944~1947 cm^{-1}，归因于 $W(CO)_5$(alkane)配合物。烷烃配位发生在毫秒级时间尺度内。发现多种烷烃可以与 $W(CO)_5$ 配位，包括乙烷、丙烷、丁烷、异丁烷、己烷和环己烷。然而，并未发现 $W(CO)_5$ 与甲烷配位的证据。通过范托夫图确定了烷烃的结合能（表 11.2），发现结合能与烷烃的电离能呈正相关（即富电子烷烃与金属形成更强的键），这表明烷烃向金属的 σ-电子赠予是配位能的主要贡献来源。

表 11.2　$W(CO)_5$(alkane)配合物的烷烃结合能　　（单位：kcal/mol）

烷烃	结合能
甲烷	<5
乙烷	7.4(2)
丙烷	8.1(2)
丁烷	9.1(3)
异丁烷	8.6(2)
戊烷	10.6(3)
环戊烷	10.2(3)

CpM(L)配合物(M = Rh、Ir；L = 中性配体、双电子给体配体)在氧化加成过程中与烷烃配位并活化烷烃。在气相中，照射 $CpRh(CO)_2$ 会导致 CO 解离，生成 CpRh(CO)，其在 1985 cm^{-1} 处显示 CO 吸收峰[102]。在没有烷烃的情况下，CpRh(CO)与起始的 Rh 配合物 $CpRh(CO)_2$ 发生分解反应，生成半衰期约为 1 μs 的 $Cp_2Rh_2(CO)_2(\mu\text{-}CO)$。在新戊烷中，CpRh(CO)反应生成 C—H 键氧化加成产物 CpRh(CO)(neopentyl)(H)，其 CO 吸收峰位于 2037 cm^{-1}。当 CpRh(CO)转化为 CpRh(CO)(neopentyl)(H)时，CO 吸收能的增加与 Rh 氧化态从 +1 到 +3 的增加相一致，因而 Rh 到 CO 的 π 反馈作用减弱。

类似的手段被用于研究 $Cp^*Rh(CO)_2$ 与不同烷烃的反应[103]。在液态氪中光解 $Cp^*Rh(CO)_2$ 首先生成 $Cp^*Rh(CO)(Kr)$ (ν_{CO} = 1947 cm^{-1})。同时，还在 2000~2008 cm^{-1} 处观察到了 CO 吸收峰，对应于 C—H 键氧化加成产物 $Cp^*Rh(CO)(R)(H)$ 的形成。基于图式 11.48 所示的烷烃氧化加成机理和 k_{obs} 的表达式，使用时间分辨红外光谱法监测 $Cp^*Rh(CO)(R)(H)$ 的生成速率，可得到 k_2 和 K_{eq}。这些数据在 −110~−80℃ 的温度下获得。

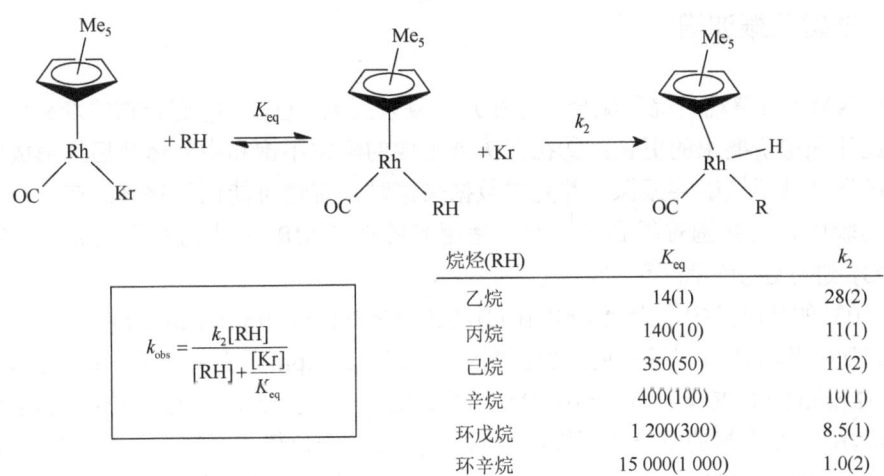

烷烃(RH)	K_{eq}	k_2
乙烷	14(1)	28(2)
丙烷	140(10)	11(1)
己烷	350(50)	11(2)
辛烷	400(100)	10(1)
环戊烷	1 200(300)	8.5(1)
环辛烷	15 000(1 000)	1.0(2)

图式 11.48 Rh-Kr 和 Rh-烷烃配合物之间平衡的选定数据（在 −80℃ 下获得的数据）

烷烃结构对反应最突出的影响是较大的烷烃尺寸会增加 Rh-Kr/Rh-烷烃交换的 K_{eq}（图式 11.48）。如前所述，这与研究烷烃配位 $W(CO)_5$ 的结果一致，表明烷烃尺寸的增大会导致更强的配位作用。与 $W(CO)_5$ 的研究相似，$Cp^*Rh(CO)(Kr)$ 体系也不与甲烷配位。这些结果支撑甲烷在配位和活化方面具有的特别挑战性的本质，即便是在系列似合很相关烷烃底物中。C—H 键氧化加成反应速率常数 k_2 相对大小的变化趋势与 K_{eq} 大致相反。也就是说，配位更紧密的烷烃，K_{eq} 值较大，表现出较慢的氧化加成反应（图式 11.48），这表明基态的稳定性对 C—H 键氧化加成反应的 $\Delta G^{\ddagger}$ 起到关键作用。

快速红外光谱研究的一个潜在价值在于揭示烷烃配位作用的趋势。例如，通过直接观察烷烃配合物及其分解过程，可筛选出对烷烃具有最强结合能力的金属配合物。对一系列含芳香环和羰基配体的庚烷配合物的直接观察表明，发现 $CpRe(CO)_2(alkane)$ 配合物具有相对较高的稳定性（表 11.3）[104]。这一结论是通过监测金属-烷烃配合物的消失速率得出的，表 11.3 中的 k 值显示了这些速率。这些结果为首次利用核磁共振波谱观察烷烃配合物提供了重要线索（11.4.2 节）。

表 11.3　系列配合物中庚烷与 CO 交换的速率常数　（单位：$M^{-1} s^{-1}$）

化合物	k
CpV(CO)$_3$(heptane)	1×10^8
CpNb(CO)$_3$(heptane)	7×10^6
CpTa(CO)$_3$(heptane)	5×10^6
(η^6-Benzene)Cr(CO)$_2$(heptane)	2×10^6
CpMn(CO)$_2$(heptane)	8×10^5
CpRe(CO)$_2$(heptane)	2×10^3

11.4.2　核磁共振波谱

利用 NMR 波谱观察烷烃配合物存在几个复杂因素，包括：①配合物的寿命要求必须比快速红外光谱所要求的更长；②在探头外生成的配位不饱和中间体及后续形成的烷烃加合物样品转移至核磁共振探头并完成数据采集时，烷烃可能已经解离。在一系列精美设计的实验中，这些困难得到了克服，使用光纤在 NMR 探头内对不同烃类溶剂中的 CpRe(CO)$_3$ 进行连续光照[105, 106]。

在−80℃的环戊烷中，光照 CpRe(CO)$_3$ 生成 CpRe(CO)$_2$(cyclopentane)（图式 11.49）。与环戊烷配位相符的 ^{1}H 核磁共振特征包括一个在 4.92 ppm 的新共振峰（Cp 配体）和在高场−2.32 ppm 的五重峰（$^3J_{HH}$ = 6.6 Hz），两者的积分比为 5∶2，符合 Cp 环和单个亚甲基的比例。配位亚甲基的单一共振峰可能源于 η^2-H, H 配位模式或快速互变异构的 η^2-C, H 配位模式（图式 11.49）。在氘代环戊烷中进行相同实验，出现了新的 Cp 环共振峰，但未观察到高场五重峰，证实该五重峰是由配位环戊烷引起的。CpRe(CO)$_3$ 在比例为 1∶1 的氕/氘环戊烷中，平衡常数 K_{eq} = 1.33，表明氘同位素优先配位。配位的 ^{13}C 标记环戊烷显示配位亚甲基的化学位移为−31.2 ppm，$^1J_{CH}$ 为 112.9 Hz（游离环戊烷为 129 Hz）。在−80℃时，配位亚甲基的解离能 $\Delta G^{\ddagger}$ 为 10.3(5) kcal/mol。

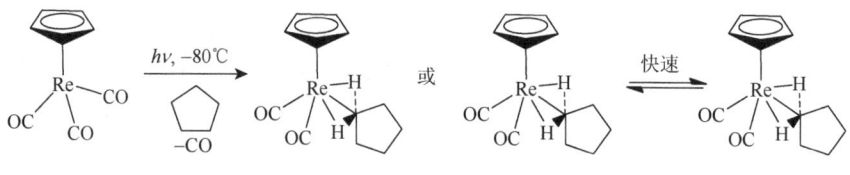

图式 11.49　用低温核磁共振波谱直接观察环戊烷与 CpRe(CO)$_2$ 的配位，确认了甲基与两个亚甲基单元之间的平衡

在-110℃的戊烷溶液中，光解(i-PrCp)Re(CO)$_3$（i-PrCp = 异丙基环戊二烯基，用于提高溶解度）可直接观察到铼与戊烷的配位[106]。与只提供一个亚甲基的环戊烷不同，戊烷具有三个化学上性质各异的 CH_n（$n = 2$ 或 3）与 Re 配位。尽管引发氧化加成的过渡金属通常倾向选择末端甲基，但同位素标记研究（见上文）表明，金属中心可以在线性烷烃的不同 CH_n 部分之间快速迁移。与这些观察结果一致，(i-PrCp)Re(CO)$_2$(pentane)配合物中观察到戊烷三个碳氢单元的配位，而末端甲基表现出微弱的选择性优势［约 0.13(2) kcal/mol］。ROESY NMR（旋转相关二维核磁共振）实验证实了这些配位异构体之间的快速交换，这与观察到的比例相符，反映配位是由热力学分布而非动力学偏好所决定（图式 11.50）。配位的亚甲基质子的氢谱核磁共振（^{1}H NMR），其化学位移比配位甲基的化学位移更偏向高场。这一结果符合 η^2-C, H 配位模式，因为每个亚甲基质子有 50%的概率占据金属配位位点，而每个甲基氢原子与金属作用的概率为 33%。

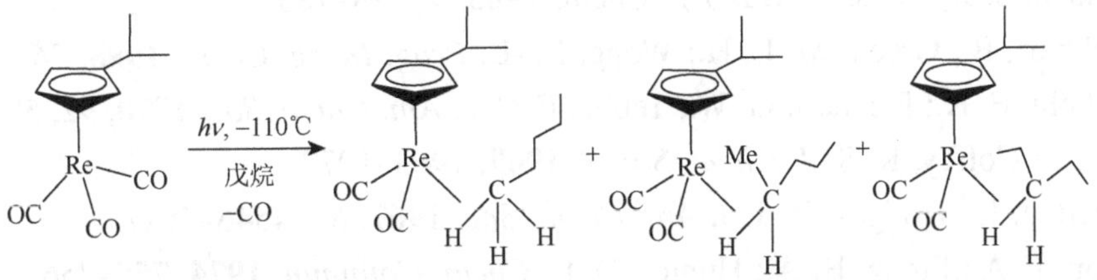

图式 11.50 通过直接观察戊烷与 CpRe(CO)$_2$ 的配位，可以确定甲基与两个亚甲基的配位平衡

11.5 结 论

在过去的几十年里，在阐明金属介导的碳-氢键活化的细节和机理方面取得了实质性进展。虽然人们对这些反应的理解越来越深入，但每一次进展又伴随着新问题的出现。能否合理地开发C-H功能化的催化剂以及控制碳氢化合物和功能化材料碳-氢键的合成过程，取决于对这些基本细节日益深入的理解。

致谢

T. Brent Gunnoe 感谢罗切斯特大学的 William Jones 教授和加州理工学院的 William Goddard III 教授，感谢他们抽出宝贵时间并提供了宝贵的建议。

参 考 文 献

1. Brookhart, M.; Green, M. L. H. *J. Organomet. Chem.* **1983**, *250*, 395–408.
2. Brookhart, M.; Green, M. L. H.; Wong, L. -L. *Prog. Inorg. Chem.* **1988**, *36*, 1–124.
3. Kubas, G. J.; Ryan, R. R.; Swanson, B. I.; Vergamini, P. J.; Wasserman, H. J. *J. Am. Chem. Soc.* **1984**, *106*, 451–452.

4. Kubas, G. J. *Metal Dihydrogen and σ-Bond Complexes.* Kluwer Academic/Plenum Publishers: New York, 2001.

5. Crabtree, R. H. *Angew. Chem., Int. Ed. Engl.* **1993**, *32*, 789–805.

6. Hall, C.; Perutz, R. N. *Chem. Rev.* **1996**, *96*, 3125–3146.

7. Jensen, J. A.; Wilson, S. R.; Schultz, A. J.; Girolami, G. S. *J. Am. Chem. Soc.* **1987**, *109*, 8094–8096.

8. Baker, M. V.; Field, L. D. *Chem. Commun.* **1984**, 996–997.

9. Jensen, J. A.; Girolami, G. S. *Chem. Commun.* **1986**, 1160–1162.

10. Luo, X.-L.; Kubas, G. J.; Burns, C. J.; Bryan, J. C.; Unkefer, C. J. *J. Am. Chem. Soc.* **1995**, *117*, 1159–1160.

11. Schubert, U. *Adv. Organomet. Chem.* **1990**, *30*, 151–187.

12. Brookhart, M.; Green, M. L. H.; Parkin, G. *Proc. Natl. Acad. Sci.* **2007**, *104*, 6908–6914.

13. La Placa, S. J.; Ibers, J. A. *Inorg. Chem.* **1965**, *4*, 778–783.

14. Brookhart, B.; Green, M. L. H.; Wong, L.-L. *Prog. Inorg. Chem.* **1988**, *36*, 1–124.

15. Barefield, E. K.; Parshall, G. W.; Tebbe, F. N. *J. Am. Chem. Soc.* **1970**, *92*, 5234–5235.

16. Chatt, J.; Coffey, R. S. *J. Chem. Soc. A* **1969**, 1963–1972.

17. Garnett, J. L.; Hodges, R. J. *J. Am. Chem. Soc.* **1967**, *89*, 4546–4547.

18. Cotton, F. A.; Frenz, B. A.; Hunter, D. L. *Chem. Commun.* **1974**, 755–756.

19. Chatt, J.; Davidson, J. M. *J. Chem. Soc. A* **1965**, 843–855.

20. Jones, W. D. *Acc. Chem. Res.* **2003**, *36*, 140–146.

21. Arndtsen, B. A.; Bergman, R. G.; Mobley, T. A.; Peterson, T. H. *Acc. Chem. Res.* **1995**, *28*, 154–162.

22. Jones, W. D.; Feher, F. J. *Acc. Chem. Res.* **1989**, *22*, 91–100.

23. Buchanan, J. M.; Stryker, J. M.; Bergman, R. G. *J. Am. Chem. Soc.* **1986**, *108*, 1537–1550.

24. Periana, R. A.; Bergman, R. G. *J. Am. Chem. Soc.* **1986**, *108*, 7332–7346.

25. Gould, G. L.; Heinekey, D. M. *J. Am. Chem. Soc.* **1989**, *111*, 5502–5504.

26. Parkin, G.; Bercaw, J. E. *Organometallics* **1989**, *8*, 1172–1179.

27. Bullock, R. M.; Headford, C. E. L.; Hennessy, K. M.; Kegley, S. E.; Norton, J. R. *J. Am. Chem. Soc.* **1989**, *111*, 3897–3908.

28. Labinger, J. A.; Bercaw, J. E. *Nature* **2002**, *417*, 507–514.

29. Sherry, A. E.; Wayland, B. B. *J. Am. Chem. Soc.* **1990**, *112*, 1259–1261.

30. Mayer, J. M. *Acc. Chem. Res.* **1998**, *31*, 441–450.

31. Mayer, J. M. *Annu. Rev. Phys. Chem.* **2004**, *55*, 363–390.

32. Krogh-Jespersen, K.; Czerw, M.; Zhu, K.; Singh, B.; Kanzelberger, M.; Darji, N.; Achord, P. D.; Renkema, K. B.; Goldman, A. S. *J. Am. Chem. Soc.* **2002**, 10797–10809.

33. Janowicz, A. H.; Bergman, R. G. *J. Am. Chem. Soc.* **1982**, *104*, 352–354.

34. Janowicz, A. H.; Bergman, R. G. *J. Am. Chem. Soc.* **1983**, *105*, 3929–3939.

35. Hoyano, J. K.; Graham, W. A. G. *J. Am. Chem. Soc.* **1982**, *104*, 3723–3725.

36. Hoyano, J. K.; McMaster, A. D.; Graham, W. A. G. *J. Am. Chem. Soc.* **1983**, *105*,

7190-7191.

37. Jones, W. D.; Feher, F. J. *J. Am. Chem. Soc.* **1982**, *104*, 4240-4242.
38. Jones, W. D.; Feher, F. J. *J. Am. Chem. Soc.* **1984**, *106*, 1650-1663.
39. Chin, R. M.; Dong, L. Z.; Duckett, S. B.; Partridge, M. G.; Jones, W. D.; Perutz, R. N. *J. Am. Chem. Soc.* **1993**, *115*, 7685-7695.
40. Harman, W. D. *Chem. Rev.* **1997**, *97*, 1953-1978.
41. Wang, C.; Ziller, J. W.; Flood, T. C. *J. Am. Chem. Soc.* **1995**, *117*, 1647-1648.
42. Flood, T. C.; Janak, K. E.; Iimura, M.; Zhen, H. *J. Am. Chem. Soc.* **2000**, *122*, 6783-6784.
43. Northcutt, T. O.; Wick, D. D.; Vetter, A. J.; Jones, W. D. *J. Am. Chem. Soc.* **2001**, *123*, 7257-7270.
44. Low, J. J.; Goddard, W. A., III. *J. Am. Chem. Soc.* **1984**, *106*, 6928-6937.
45. Low, J. J.; Goddard, W. A., III. *J. Am. Chem. Soc.* **1986**, *108*, 6115-6128.
46. Low, J. J.; Goddard, W. A., III. *Organometallics* **1986**, *5*, 609-622.
47. Halpern, J. *Acc. Chem. Res.* **1982**, *15*, 332-338.
48. Shilov, A. E.; Shul'pin, G. B. *Chem. Rev.* **1997**, *97*, 2879-2932.
49. Stahl, S. S.; Labinger, J. A.; Bercaw, J. E. *Angew. Chem., Int. Ed.* **1998**, *37*, 2180-2192.
50. Stahl, S. S.; Labinger, J. A.; Bercaw, J. E. *J. Am. Chem. Soc.* **1995**, *117*, 9371-9372.
51. Johansson, L.; Tilset, M.; Labinger, J. A.; Bercaw, J. E. *J. Am. Chem. Soc.* **2000**, *122*, 10846-10855.
52. Stahl, S. S.; Labinger, J. A.; Bercaw, J. E. *J. Am. Chem. Soc.* **1996**, *118*, 5961-5976.
53. Fekl, U.; Zahl, A.; van Eldik, R. *Organometallics* **1999**, *18*, 4156-4164.
54. Hill, G. S.; Rendina, L. M.; Puddephatt, R. J. *Organometallics* **1995**, *14*, 4966-4968.
55. Bartlett, K. L.; Goldberg, K. I.; Borden, W. T. *J. Am. Chem. Soc.* **2000**, *122*, 1456-1465.
56. Johansson, L.; Tilset, M. *J. Am. Chem. Soc.* **2001**, *123*, 739-740.
57. Wick, D. D.; Goldberg, K. I. *J. Am. Chem. Soc.* **1997**, *119*, 10235-10236.
58. Reinartz, S.; White, P. S.; Brookhart, M.; Templeton, J. L. *J. Am. Chem. Soc.* **2001**, *123*, 12724-12725.
59. Watson, P. L. *J. Am. Chem. Soc.* **1983**, *105*, 6491-6493.
60. Lin, Z. *Coord. Chem. Rev.* **2007**, *251*, 2280-2291.
61. Thompson, M. E.; Baxter, S. M.; Bulls, A. R.; Burger, B. J.; Nolan, M. C.; Santarsiero, B. D.; Schaefer, W. P.; Bercaw, J. E. *J. Am. Chem. Soc.* **1987**, *109*, 203-219.
62. Sadow, A. D.; Tilley, T. D. *J. Am. Chem. Soc.* **2003**, *125*, 7971-7977.
63. Fendrick, C. M.; Marks, T. J. *J. Am. Chem. Soc.* **1984**, *106*, 2214-2216.
64. Jordan, R. F.; Taylor, D. F. *J. Am. Chem. Soc.* **1989**, *111*, 778-779.
65. Steigerwald, M. L.; Goddard, W. A., III. *J. Am. Chem. Soc.* **1984**, *106*, 308-311.
66. Ziegler, T.; Folga, E.; Berces, A. *J. Am. Chem. Soc.* **1993**, *115*, 636-646.
67. Oxgaard, J.; Muller, R. P.; Goddard, W. A., III; Periana, R. A. *J. Am. Chem. Soc.* **2004**, *126*, 352-363.
68. Foley, N. A.; Lail, M.; Lee, J. P.; Gunnoe, T. B.; Cundari, T. R.; Petersen, J. L. *J. Am.*

Chem. Soc. **2007**, *129*, 6765–6781.

69. Foley, N. A.; Ke, Z.; Gunnoe, T. B.; Cundari, T. R.; Petersen, J. L. *Organometallics* **2008**, *27*, 3007–3017.
70. Lam, W. H.; Jia, G.; Lin, Z.; Lau, C. P.; Eisenstein, O. *Chem. Eur. J.* **2003**, *9*, 2775–2782.
71. Niu, S.; Hall, M. B. *Chem. Rev.* **2000**, *100*, 353–405.
72. Arndtsen, B. A.; Bergman, R. G. *Science* **1995**, *270*, 1970–1972.
73. Hinderling, C.; Feichtinger, D.; Plattner, D. A.; Chen, P. *J. Am. Chem. Soc.* **1997**, *119*, 10793–10804.
74. Luecke, H. F.; Bergman, R. G. *J. Am. Chem. Soc.* **1997**, *119*, 11538–11539.
75. Klei, S. R.; Tilley, T. D.; Bergman, R. G. *J. Am. Chem. Soc.* **2000**, *122*, 1816–1817.
76. Vastine, B. A.; Hall, M. B. *J. Am. Chem. Soc.* **2007**, *129*, 12068–12069.
77. Bergman, R. G.; Cundari, T. R.; Gillespie, A. M.; Gunnoe, T. B.; Harman, W. D.; Klinckman, T. R.; Temple, M. D.; White, D. P. *Organometallics* **2003**, *22*, 2331–2337.
78. Siegbahn, P. E. M.; Crabtree, R. H. *J. Am. Chem. Soc.* **1996**, *118*, 4442–4450.
79. Whitfield, S. R.; Sanford, M. S. *J. Am. Chem. Soc.* **2007**, *129*, 15142–15143.
80. Dick, A. R.; Hull, K. L.; Sanford, M. S. *J. Am. Chem. Soc.* **2004**, *126*, 2300–2301.
81. Periana, R. A.; Taube, D. J.; Evitt, E. R.; Löffler, D. G.; Wentrcek, P. R.; Voss, G.; Masuda, T. *Science* **1993**, *259*, 340–343.
82. Cummins, C. C.; Baxter, S. M.; Wolczanski, P. T. *J. Am. Chem. Soc.* **1988**, *110*, 8731–8733.
83. Schaller, C. P.; Cummins, C. C.; Wolczanski, P. T. *J. Am. Chem. Soc.* **1996**, *118*, 591–611.
84. Bennett, J. L.; Wolczanski, P. T. *J. Am. Chem. Soc.* **1994**, *116*, 2179–2180.
85. Bennett, J. L.; Wolczanski, P. T. *J. Am. Chem. Soc.* **1997**, *119*, 10696–10719.
86. Walsh, P. J.; Hollander, F. J.; Bergman, R. G. *J. Am. Chem. Soc.* **1988**, *110*, 8729–8731.
87. Hoyt, H. M.; Michael, F. E.; Bergman, R. G. *J. Am. Chem. Soc.* **2004**, *126*, 1018–1019.
88. Chao, Y.-W.; Rodgers, P. M.; Wigley, D. E. *J. Am. Chem. Soc.* **1991**, *113*, 6326–6328.
89. Fulton, J. R.; Holland, A. W.; Fox, D. J.; Bergman, R. G. *Acc. Chem. Res.* **2002**, *35*, 44–56.
90. Gunnoe, T. B. *Eur. J. Inorg. Chem.* **2007**, 1185–1203.
91. Caulton, K. G. *New J. Chem.* **1994**, *18*, 25–41.
92. Mayer, J. M. *Comments Inorg. Chem.* **1988**, *8*, 125–135.
93. Conner, D.; Jayaprakash, K. N.; Cundari, T. R.; Gunnoe, T. B. *Organometallics* **2004**, *23*, 2724–2733.
94. Feng, Y.; Lail, M.; Barakat, K. A.; Cundari, T. R.; Gunnoe, T. B.; Petersen, J. L. *J. Am. Chem. Soc.* **2005**, *127*, 14174–14175.
95. Feng, Y.; Lail, M.; Foley, N. A.; Gunnoe, T. B.; Barakat, K. A.; Cundari, T. R.; Petersen, J. L. *J. Am. Chem. Soc.* **2006**, *128*, 7982–7994.
96. Tenn, W. J., III; Young, K. J. H.; Bhalla, G.; Oxgaard, J.; Goddard, W. A., III; Periana, R. A. *J. Am. Chem. Soc.* **2005**, *127*, 14172–14173.
97. Kloek, S. M.; Heinekey, D. M.; Goldberg, K. I. *Angew. Chem., Int. Ed.* **2007**, *46*,

4736–4738.

98. Oxgaard, J.; Tenn, W. J., III; Nielsen, R. J.; Periana, R. A.; Goddard, W. A., III. *Organometallics* **2007**, *26*, 1565–1567.
99. Cundari, T. R.; Grimes, T.; Gunnoe, T. B. *J. Am. Chem. Soc.* **2007**, *129*, 13172–13182.
100. Kloek, S. M.; Heinekey, D. M.; Goldberg, K. I. *Organometallics* **2008**, *27*, 1454–1463.
101. Brown, C. E.; Ishikawa, Y. -I.; Hackett, P. A.; Rayner, D. M. *J. Am. Chem. Soc.* **1990**, *112*, 2530–2536.
102. Wasserman, E. P.; Moore, C. B.; Bergman, R. G. *Science* **1992**, *255*, 315–318.
103. McNamara, B. K.; Yeston, J. S.; Bergman, R. G.; Moore, C. B. *J. Am. Chem. Soc.* **1999**, *121*, 6437–6443.
104. Sun, X. -Z.; Grills, D. C.; Nikiforov, S. M.; Poliakoff, M.; George, M. W. *J. Am. Chem. Soc.* **1997**, *119*, 7521–7525.
105. Geftakis, S.; Ball, G. E. *J. Am. Chem. Soc.* **1998**, *120*, 9953–9954.
106. Lawes, D. J.; Geftakis, S.; Ball, G. E. *J. Am. Chem. Soc.* **2005**, *127*, 4134–4135.

第 12 章　锚定在半导体表面过渡金属化合物的太阳能光化学

Gerald J. Meyer

12.1　引　言

当前亟需实现太瓦级（TW = 10^{12} W）规模的可持续能源供应[1, 2]。全球能源需求与地球人口数量密切相关，在 1985～2010 年的二十五年间，世界人口增加了约 20 亿人，增长率达到惊人的 45%，相应的能源需求增加了约 6 TW（增长率约为 63%）[3]。此外，第三世界的城市化进程以及工业化国家和城市的快速发展，导致了燃料需求的增加，推动了汽油和石油价格创下历史新高[3]。然而，无论价格如何变化，化石燃料的持续使用都无法成为长期解决方案，因为其本身储量有限，且燃烧所带来的环境危害已愈发显而易见[4, 5]。过去几十年中测得的全球平均气温上升与冰川融化速率的增加，正是这一问题的明显警示[6-9]。值得关注的是，冰芯数据表明，在过去 50 万年中，温度变化与温室气体浓度之间存在高度相关性。目前大气中的 CO_2 水平已达 380 ppm，超过了同期历史上任何一个时刻的记录[5, 6]。此外，除了自然的光合作用外，我们没有其他明显的方式来降低当前的 CO_2 水平。因此，单凭人口、能源需求和燃料价格的增长并不足以全面体现可持续能源需求的紧迫性。

我们相信，分子组件，尤其是组装在半导体界面的分子，有朝一日将有效地收集和转换太阳能，为人类提供可持续的、碳中和的能源。事实上，太阳是唯一能够单独提供所需太瓦级能量的来源。研究表明，地球一天内接收到的太阳能量即可满足全球一整年的能源需求[7, 8]。因此，关键挑战在于如何以具有低成本、高效益的方式对这部分能量进行收集、转化与储存。已经有配位化合物可以高效地吸收阳光的大部分波段并引发氧化还原反应，最终生成电能[10, 11]。其中，已被证实最为稳定和实用的化合物是二价钌（Ru^{II}）多吡啶配合物。这类化合物的金属-配体电荷转移（MLCT）激发态能够稳定储存超过 1.5 eV 的自由能[11]。接下来重要的一步是找到将这种能量永久存储和/或转换为电能的方法。在这方面，欧里根（O'Regan）和格雷策尔（Grätzel）首次描述了 MLCT 激发态能够定量地将电子注入到组装在多孔薄膜中的金刚石相 TiO_2 纳米晶中（图 12.1）。当这些敏化薄膜用于可再生太阳能电池时，已经证实其能量转换效率超过 11%[12]。

在本章中，我们描述了锚定在金刚石相 TiO_2 纳米颗粒表面的过渡金属化合物的激发态行为和电子转移性质。重点讨论与光能转化为其他形式能量相关的界面电荷转移过程。虽然内容并不涵盖全部研究进展，但所选案例展示了近年来实现实际应用的关键突破，也代表了该领域进一步研究和应用的新机遇。

第 12 章 锚定在半导体表面过渡金属化合物的太阳能光化学

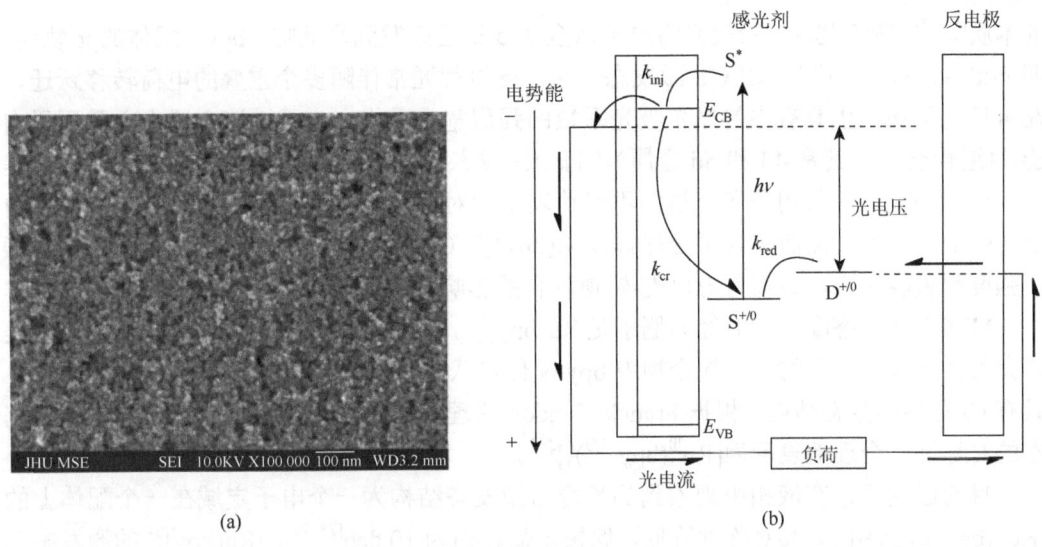

图 12.1 （a）介孔纳米晶（锐钛矿）TiO_2 薄膜的 SEM 图像；（b）再生染料敏化太阳能电池中光能转化为电能的机理

光激发的敏化剂 S^* 以速率常数 k_{inj} 向宽带隙半导体导带注入电子。氧化的敏化剂 S^+ 以速率常数 k_{red} 被存在于外部电解质中的电子给体 D 再生。氧化的电子给体 D^+ 在暗的对电极处还原。氧化的敏化剂或电子给体会发生电荷重组，这相当于意外的损失过程

12.2 金属到配体电荷转移激发态

过渡金属配位化合物的金属到配体电荷转移激发态已成为太阳能收集和转换最有效的工具。考虑对不同氧化态下高稳定性的要求，二亚胺类配体配位的 Ru(Ⅱ)与 Os(Ⅱ)（如图 12.2 所示）无疑是最具前景的体系。Crosby 等的开创性研究深入揭示了 MLCT 激发态

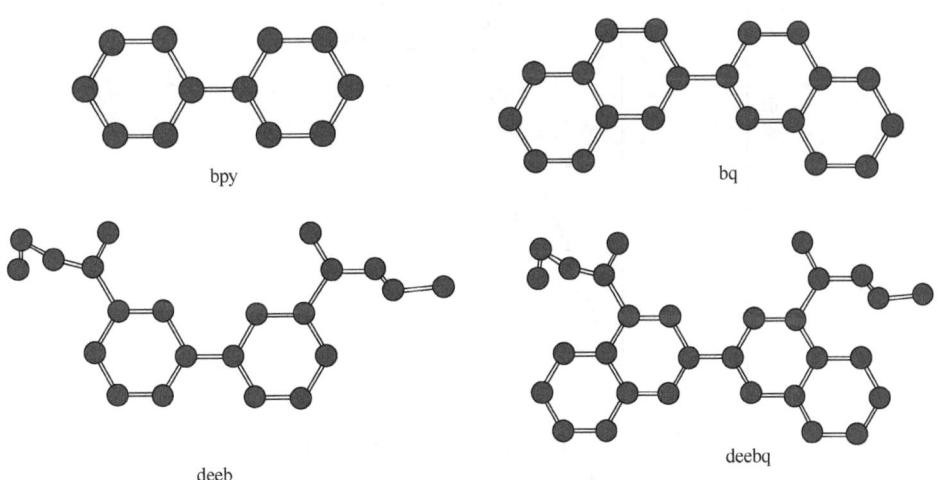

图 12.2 分子敏化剂中常用的二亚胺配体：2,2'-联吡啶（bpy）、2,2'-联喹啉（bq）、4,4'-$(CO_2CH_2CH_3)_2$-bpy（deeb）和 4,4'-$(CO_2CH_2CH_3)_2$-bq（deebq）

在用于表面组装之前，酯基通常会被转化为相应的羧酸，对应的羧基配体缩写为 dcb 和 dcbq

的本质[13-27]。顾名思义，吸收光将电子从金属 d 轨道激发到联吡啶（bpy）配体的 π^* 轨道，即 $d(\pi) \to \pi^*$ 跃迁，产生 MLCT 激发态[19-22]。该过程通常伴随多个重叠的电荷转移跃迁，在可见光区域产生具有中等摩尔吸光系数的强烈宽带吸收。由于过渡金属中心重原子自旋-轨道耦合（尤其是 4d 和 5d 金属），每个激发态都没有形式自旋[23, 24]。Crosby 等[23]提出，这类激发态应仅用分子点群的不可约表示的对称性标签来描述，而无需分别标注自旋与轨道角动量。然而，为了合理解释 $M(bpy)_3^{2+}$（M = Fe、Ru 和 Os）配合物的相对振子强度和吸收光谱，必须考虑自旋-轨道耦合的影响。

MLCT 激发态配合物的经典例子是 $Ru(bpy)_3^{2+}$，其中 bpy 是 2,2'-联吡啶，这可以说是研究得最充分的配合物。该配合物中 bpy 配体以八面体方式对 $d\pi^6$ 钌金属中心螯合配位，具有 C_3 对称的基态结构，根据 Franck-Condon 原理，最初形成的 MLCT 激发态保留了基态的对称性，合理地表示为 $[Ru^{III}(bpy^{-1/3})_3]^{2+*}$。

目前已明确，在液相中观察到的长寿命激发态结构为一个电子定域在一个配体上的 $[Ru^{III}(bpy^-)(bpy)_2]^{2+}$，其对称性降低，偶极矩估计约为 10 deb[28, 29]。$Ru(bpy)_3^{2+}$ 的激发态已在简化的雅布隆斯基（Jablonski）图（图 12.3）中进行了总结[13-18]。值得注意的是，该热平衡激发态（thexi）实际包含三个能量接近的激发态，在室温下呈玻尔兹曼（Boltzmann）分布，表现为单重态。第四个 MLCT 激发态和一个配体场态（LF）处于更高能级。激发态 $D_3 \to C_2$ 定域的时间与界面电子转移过程相关，由于两个过程都发生在飞秒尺度，McCusker 最近对 MLCT 激发态的超快动力学做了综述[30]。

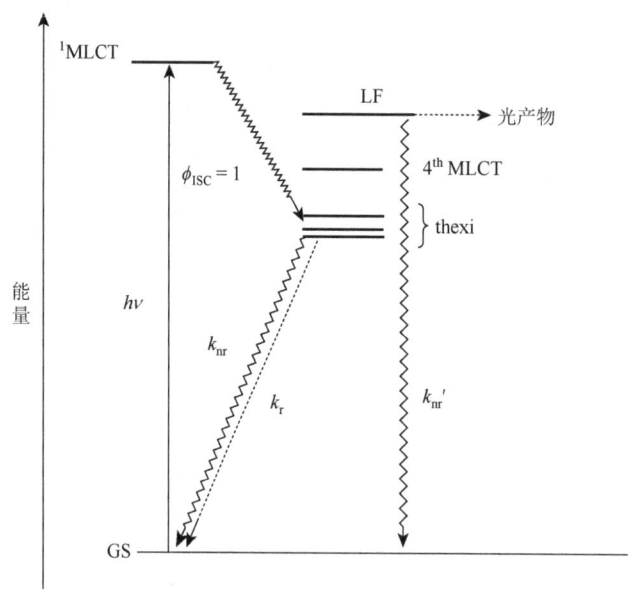

图 12.3　$Ru(bpy)_3^{2+}$ 的简化 Jablonski 能级图

从最初形成的单重激发态经定量系间窜越，转化为一组热平衡的 MLCT 激发态（统称为 thexi 态），在室温下呈 Boltzmann 分布，可视为单重态。辐射与非辐射弛豫过程均发生在该 thexi 态。能量更高的配位场（LF）激发态则对金属-配体键具有反键性特征

室温下，Ru(bpy)$_3^{2+}$ 的 thexi 态在水中的寿命约为 1 μs[31]。辐射速率常数（k_r 约为 $10^5\ \text{s}^{-1}$）通常比非辐射速率常数（k_{nr} 约为 $10^7\ \text{s}^{-1}$）小两个数量级左右，因此激发态寿命由后者控制[31]。Ru(Ⅱ)和 Os(Ⅱ)多吡啶激发态已被证明遵循 Jortner 的能隙定律，其中非辐射速率常数随着基态与 thexi 态间能隙的减小呈指数增长[32-36]。因此，要制备既能在红外区发光又具有长寿命激发态的化合物颇具挑战性。激发态与基态的能量差可近似表示为 Ru(Ⅲ/Ⅱ) 与 bpy($^{-/0}$) 的形式还原电位之差，这使得通过简单的电化学测量即可较准确地估算激发态寿命。此外，Lever 提出了一种经验模型，可准确预测含有不同配体的 Ru 配合物的氧化还原性质[37]。因而可以在合成前根据设计需要调整 Ru(Ⅱ)配合物的颜色、发射能量、激发态寿命与量子产率等性质。

在含有不同配体的 Ru$^\text{II}$ 配合物中，科学家发现电子定域在最容易被还原的二亚胺配体上[38]。例如，在 Ru(dcb)(bpy)$_2^{2+}$ 配合物中［dcb 为 4,4'-(CO$_2$H)$_2$-bpy］，吸电子羧酸基团降低了联吡啶 π^* 轨道的能量，从而产生红移的 MLCT 吸收峰。dcb 配体由于相同的诱导效应，相对于联吡啶配体更容易还原。因此，激发态定域在 dcb 配体上，表现为[Ru$^\text{III}$(dcb$^-$)(bpy)$_2$]$^{2+*}$。当考虑电子在半导体表面相邻的配体（邻注）或在远离表面的联吡啶配体注入时，这一点具有重要意义。

能量间隙不仅决定了化合物的颜色，也影响其太阳光收集能力。通过合成手段可对其调控，常见方法包括在二亚胺配体上引入诱导性取代基以调节 π^* 能级，或通过调控金属向非发色性配体（如 Cl$^-$、I$^-$、Br$^-$、NCS$^-$、CN$^-$、胺、膦等）的 $d\pi$-π^* 反馈键的程度。目前在再生染料敏化太阳能电池中最有效的敏化剂是 cis-Ru(dcb)$_2$(NCS)$_2$，常被称为 N3 染料[39]。N3 相较于 Ru(dcb)(bpy)$_2^{2+}$，其吸收范围向红光拓展，但代价是 Ru$^{3+/2+}$ 金属中心的还原电位更负。这一特性虽然对可再生太阳能电池不构成严重影响，却限制了其在太阳能化学中"圣杯"反应中的应用，即光催化分解水制氢气和氧气[39, 40]。

12.2.1 在纳米二氧化钛薄膜上的表现

目前最常用于激发态敏化的官能团是羧酸，通常位于 bpy 的 4-位点和 4'-位点[41]。此外，也有报道采用膦酸酯、硅氧烷、乙酰丙酮、醚、酚和氰化物等的官能团实现与 TiO$_2$ 的结合[41]。表面锚定反应一般在有机溶剂中进行，反应时间为整夜，TiO$_2$ 薄膜需新鲜制备。有些研究中，还采用了已知 pH 的水溶液或 TiCl$_4$ 水溶液对 TiO$_2$ 表面进行预处理。

古迪纳夫（Goodenough）最早提出羧酸与钛醇脱水偶联形成表面酯键（图 12.4）[42]。我们曾报道关于此类反应的光谱学证据，并在 Ru(dcb)(bpy)$_2$(PF$_6$)$_2$ 与 Ru(bpy)$_2$(ina)$_2$(PF$_6$)$_2$ 与纳米晶 TiO$_2$ 和胶体 ZrO$_2$ 薄膜在室温下于乙腈中反应的研究中，观察到了更常见的"羧酸盐"型锚定方式［dcb = 4,4'-(CO$_2$H)$_2$-bpy；ina = 异烟酸］[43]。通过在锚定前将薄膜与已知 pH 的水溶液平衡，可系统调节界面处的质子浓度。可见光吸收与红外光谱数据表明，高表面质子浓度下倾向形成酯键型连接；而低质子浓度则更易形成羧酸盐型锚定方式（图 12.5）。在 Ru(deeb)(bpy)$_2$(PF$_6$)$_2$ ［deeb = 4,4'-(CO$_2$Et)$_2$-bpy］的反应中，TiO$_2$ 表面对酯基进行皂化反应，最终生成与表面结合的羧酸盐形式[43]。对于含羧酸基的各种敏化剂在

未经处理的 TiO_2 表面的锚定反应，其浓度依赖行为通常符合朗缪尔（Langmuir）吸附等温模型，配合物形成常数为 $10^4 \sim 10^5\ M^{-1}$，表面锚定的极限覆盖量约为 $10^{-8}\ mol/cm^2$。这相当于单分子层覆盖，每个约 20 nm 的 TiO_2 纳米颗粒上可锚定约 700 个 Ru(Ⅱ)敏化剂分子。

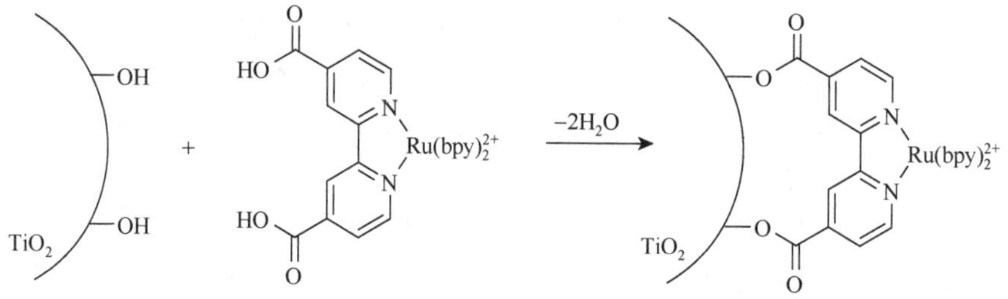

图 12.4 Goodenough 首先提出的理想表面化学：表面钛醇与羧酸基团的脱水偶联形成酯键

注意，对于介孔纳米晶 TiO_2 薄膜，最常见的表面连接方式是羧酸盐基团与 TiO_2 的相互作用

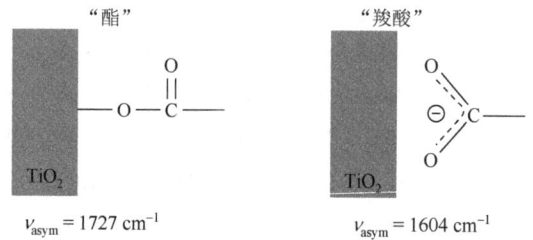

图 12.5 基于 4,4'-$(COOH)_2$-2,2'-联吡啶（dcb）配体的钌(Ⅱ)敏化剂在 TiO_2 上锚定后观察到的 CO 不对称伸缩振动峰分别在 1730 cm^{-1} 和 1600 cm^{-1}。前者仅在酸化表面上报告过，而后者是截至 2010 年观察到的最常见峰，尽管与羧酸盐结合的 TiO_2 位点的性质和数量仍不明确

截至 2010 年，已报道的振动光谱数据尚未直接确定参与敏化剂-半导体成键的表面位点[44-49]。迪肯（Deacon）和菲利普斯（Phillips）[48]整理了已知晶体结构的金属羧酸盐配合物的振动数据，并提出一个经验关系，即不对称与对称羧酸 CO 伸缩振动峰之间的频差可指示羧酸盐的配位模式。此分析方法已被广泛用于推测羧酸盐在 TiO_2 表面（假定为 Ti^{4+} 位点）的锚定方式[45-48]。分析结果支持羧酸盐中的两个氧原子与不同的 Ti^{4+} 中心结合，与理论计算结果一致[50]。

目前关于 MLCT 激发态在 TiO_2（或其他半导体）表面的实验研究仍然较少，主要原因是界面电荷分离过程极为迅速，显著缩短了激发态的寿命。通过研究，现在理解了锚定在纳米晶态 TiO_2 薄膜上的 MLCT 激发态的各个方面。此体系半导体受体态位于敏化剂激发态还原电位之上（接近真空能级），不利于 texi 态的激发态电子转移。

在许多关键方面，锚定于 TiO_2 表面的 Ru(dcb)(bpy)$_2$ 在室温下的光物理性质与其在流动溶液中的行为非常相似，尤其是在考虑羧酸基质子化状态的影响时[51]。最显著的差别在于：在 TiO_2（以及 ZrO_2）表面上，激发态弛豫过程遵循并联的一级和二级动力学模型，而在溶液中则主要表现为一级动力学。该二级过程被归因于三重态-三重态湮灭（triplet-triplet annihilation）反应，其与辐射和非辐射衰变过程并行发生。锚定在表面紧密接触的分子对激发态湮灭起到促进作用，从而可以在半导体表面实现快速、横向、等能的能量转移（图 12.6）。

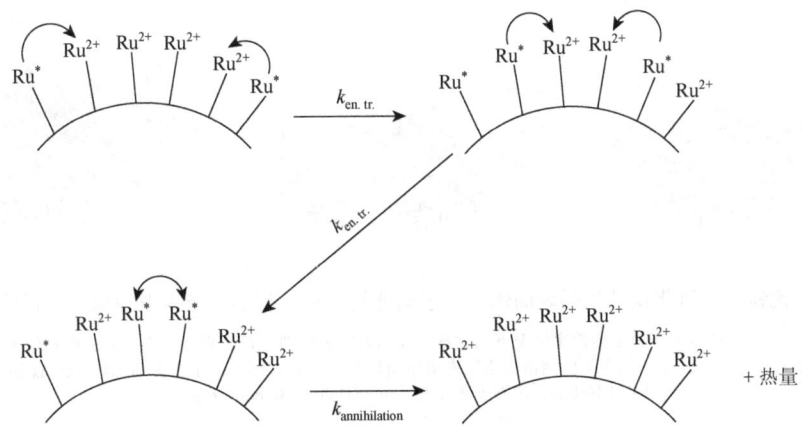

图 12.6　半导体表面上分子间横向能量传递导致二级激发态湮灭的示意图

对于激发态寿命短（$\tau<50\,\text{ns}$）的敏化剂，在低光照强度和低表面覆盖率下，激发态衰减过程以一级动力学过程为主

通过在同一纳米晶 TiO_2 薄膜上同时锚定 $Ru(dcb)(bpy)_2(PF_6)_2$ 与 $Os(dcb)(bpy)_2(PF_6)_2$，可直接观察到能量传递行为[52]。在该体系中，Os 配合物可作为能量传递的"陷阱"，因反应式（12.1）是热力学自发的。

$$Ru(dcb)(bpy)_2^*/TiO_2 + Os(dcb)(bpy)_2/TiO_2 \xrightarrow{k_{en}} Ru(dcb)(bpy)_2/TiO_2 + Os(dcb)(bpy)_2^*/TiO_2$$
（12.1）

通过进一步研究，系统性地量化了锚定在介孔纳米晶（锐钛矿型）TiO_2 薄膜上 Ru^{2+} 和 Os^{2+} 型敏化剂的 MLCT 激发态的能量传递产率与动力学行为[53]。明确观察到 Ru^{2+} 向 Os^{2+} 的横向能量转移，并测定了能量转移产率与表面覆盖度以及外部溶剂环境（如 CH_3CN、THF、CCl_4、己烷）之间的关系。Ru^{2+}/TiO_2 的激发态衰减可以通过前面描述的一级和二级动力学模型很好地拟合，而 Os^{2+}/TiO_2 衰减则遵循一级动力学。一级成分归因于溶液中常见的辐射与非辐射速率常数之和（$\tau=1\,\mu s$ 对应 Ru^{2+}/TiO_2，$\tau=50\,\text{ns}$ 对应 Os^{2+}/TiO_2）。二阶成分归因于分子间能量转移以及后续的三重态-三重态湮灭。建立的解析模型可用于确定激发态经历一阶与二阶过程的比例。系统研究发现，随着激发光照强度与表面覆盖率的增加，Ru^{2+}/TiO_2 体系中经历二阶过程的激发态比例增加。

采用蒙特卡罗模拟法，将敏化剂以 32×32 的网格方式排列（模拟四配位或六配位近邻结构，见图 12.7），代表饱和覆盖下每个 TiO_2 纳米晶粒上约有 1000 个敏化分子。首先，通过随机数确定激发态在敏化剂中的分布；以 AM 1.5 光照条件估算，每颗纳米晶粒平均激发约 3 个分子。在每 1 ps 的时间步中，随机数决定哪一个近邻接收能量；若两个激发态分子相邻，则发生湮灭反应，一个返回基态，一个保留激发态。整个过程重复进行，直到总模拟时间达到 5 μs（相当于 Ru^{2+} 的五个寿命周期），对应约 99%以上的激发态衰减。模拟中还设置了周期性边界条件，使得激发态可跨越网格边界继续迁移。模拟结果表明：与正方排列相比，六方排布模式能更好地拟合实验数据。

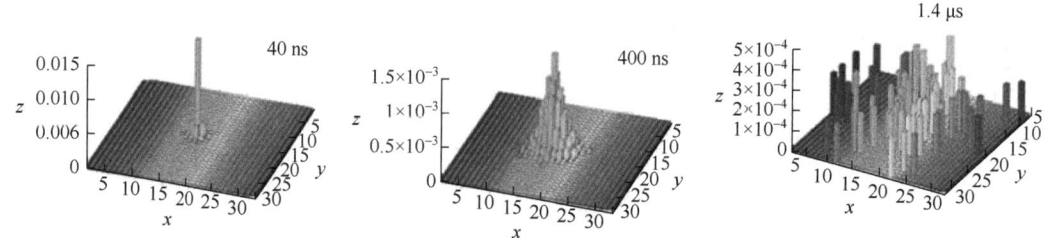

图 12.7　锐钛矿二氧化钛纳米晶表面侧向分子间能量转移过程的蒙特卡罗模拟图（后附彩图）

图中格点为 32×32，它被用于高表面覆盖率情况下的半导体表面激发态模拟（每个直径约 20 nm 的圆球锚定约 700 个光敏分子），格点具有连续性条件，允许跳出网格的激发态重新出现在另一侧。图上显示了在 40 ns、400 ns 和 1.4 μs 时，$Ru(dcb)(bpy)_2^*$ 激发态随机分子间能量跃迁$(30 ns)^{-1}$ 的概率

这些模拟还能估测激发态在 TiO_2 纳米晶表面，通过分子间等能量转移所能迁移的距离[53]。对于如 Ru^{2+}/TiO_2 这类寿命较长的激发态，激发能量有较大概率传递至表面上任一敏化剂分子。这表明，此类介孔薄膜可以像天然天线系统般将光能传递至特定位点或催化剂上。而对于激发态寿命较短（≤50 ns）的敏化剂，其激发能量在四个寿命周期内几乎未发生迁移，这一点从图 12.7 中亦可看出。这也与实验观察相符，即在饱和表面覆盖度与不同激发强度条件下，短寿命敏化剂未发生三重态-三重态湮灭反应。横向能量转移可用于敏化半导体表面的特定催化位点。更重要的是，能量转移动力学可以提供有关表面结合敏化剂之间距离的直接信息。

12.2.2　配体场和配体定域激发态

从配体解离光化学可推断出流体溶液中 thexi→LF 激发对表面的干预作用[14-20]。低能级配体场态的存在也可以使 MLCT 激发态去活化，从而缩短其寿命。这方面的一个经典例子是 $Fe(bpy)_3^{2+}$，由于其迅速、定量地转化为配体场态，长期以来被认为完全不发光。

从其配体解离光化学和温度依赖性激发态寿命，可以推断 Ru(Ⅱ)多吡啶配合物中低能配体场态的存在。例如，cis-$Ru(bpy)_2(py)_2^{2+}$（其中 py 为吡啶）在室温乙腈电解质中无发光性，光照下出现显著的配体解离。另一个广泛研究的例子是 Ru(Ⅱ)吡啶胺类配合物的水相光化学，在 MLCT 激发下表现出较高的光水合产率。

我们最近报道，虽然 cis-$Ru(bpy)_2(ina)_2(PF_6)_2$ 在溶液中不发光（$\tau<10$ ns），但当锚定到纳米晶 TiO_2 薄膜上时却展现出强烈发光，寿命可达 60 ns[55]。该光敏剂的光稳定性远高于溶液中。MLCT→LF 态的内转换活化能在锚定后升高至 2500 cm^{-1}。类似的活化能增加也在 $Ru(bpy)_3^{2+}$ 的固态体系中观察到，被归因于固体环境对配体场态的去稳定化作用[56]。

有趣的是，cis-Ru(bpy)$_2$(ina)$_2$/TiO$_2$ 激发态的生成效率呈温度依赖性，表明其系间窜跃效率低于 100%[55]。

在对 Ru(ina)(NH$_3$)$_5^{2+}$ 和 Ru(dcb)(NH$_3$)$_4^{2+}$ 类型化合物的研究中，科学家还观察到它们在锚定于 TiO$_2$ 后光稳定性增强。同位素取代研究表明，高频 N-H 振动模式可能参与 MLCT 激发态的弛豫过程[57,58]。不同于 Ru(bpy)$_3^{2+}$ 及其他多数 Ru(Ⅱ)异配三齿配合物在不同环境下表现出稳定的光电性能，Ru(ina)(NH$_3$)$_5^{2+}$ 和 Ru(dcb)(NH$_3$)$_4^{2+}$ 在溶液中或锚定至 TiO$_2$ 薄膜上，其性能受环境变化影响较大[59]。含氨基或氰基的化合物，如 M(bpy')(X)$_4^{2-/2+}$ 或 cis-M(bpy)$_2$(X)$_2^{0/2+}$（X = CN$^-$ 或 NH$_3$）在溶剂中呈现强烈的溶剂致变色效应[60-63]。这些配体的外层相互作用对 Ru(Ⅲ/Ⅱ) 的还原电位及 MLCT 能隙有显著影响，进而改变配合物的颜色。事实上，它们是已知最显著的溶剂致变色配合物之一[59]。

Ru(Ⅱ)配合物在太阳光捕获方面的一个主要缺点是其消光系数普遍较低，相较于有机染料中常见的 π→π* 跃迁，Ru(Ⅱ) MLCT 吸收带的强度明显偏弱。因此，需制备厚度为 6~10 μm 的纳米晶 TiO$_2$ 薄膜，才能获得足够的光吸收和 Ru(Ⅱ)配合物的光电转换效率。这一要求限制了许多小比表面积半导体材料的应用。Ru(bpy)$_3^{2+}$ 的 MLCT 吸收带消光系数约为 15 000 M^{-1}cm^{-1}[63]。相比之下，自然与合成有机颜料通常具有超过 200 000 M^{-1}cm^{-1} 的吸收强度[64]。研究表明，在 bpy 配体上引入低能 π* 取代基（如芳环、酯基、羧酸基）有助于提高 MLCT 的吸收强度[62,63]。特别是位于 4,4'-位的双取代基比 5,5'-位取代更有效地增强了吸收带。基于此，发展具有高吸收能力的 N3 衍生物（其中一个 dcb 配体被 4,4'-取代的 bpy 替代）已成为当前研究热点[64-68]。

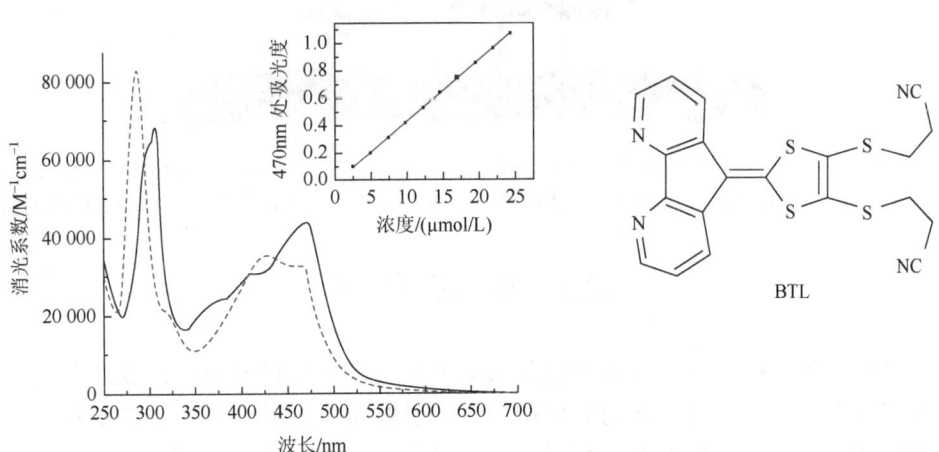

图 12.8　高消光系数敏化剂 Ru(deeb)$_2$(BTL)(PF$_6$)$_2$（实线）和 Ru(bpy)$_2$(BTL)(PF$_6$)$_2$（虚线）在纯乙腈中的吸收光谱

插图显示了 Ru(deeb)$_2$(BTL)(PF$_6$)$_2$ 在 470 nm 处的吸光度与浓度的关系，据此得出了 470 nm 处的消光系数为 44 300 M^{-1} cm^{-1}。图中 BTL 配体很罕见，因为它的取代基位于联吡啶 3-和 3'-位置，而不是常见的 4-和 4'-位置

我们最近发现，具有 3,3'-二硫烯基联吡啶配体的 Ru(Ⅱ)配合物具有显著的高消光系数。虽然 3,3'-位取代通常会使两个吡啶环非共面，进而影响化合物稳定性，但通过桥连策略可有效克服这一问题，尽管这种结构会扩大 N-Ru-N 角，进而稳定配体场态。尽

管如此，这类第一代 MLCT-二硫烯配体配合物的最低能吸收跃迁的消光系数仍可达 Ru(Ⅱ)(4,4′-取代 bpy) 配合物中报告的最高值（约 $4.4\times10^4\,M^{-1}cm^{-1}$）（图 12.8）。其成功部分归因于二硫烯-bpy 配体本身在可见光区也具有明显的分子内吸收带[69]。

提高 LHE 的另一种策略是利用自然的天线效应[70]。多个 Ru(Ⅱ)-bpy 单元通过合理排列，可实现光吸收并将能量定向传递至终端结构，该结构可进一步将电子注入半导体。若附加的染料单元不会显著增加敏化剂在半导体表面的"占位面积"，该策略便可有效提升光吸收效率。实际上，1991 年发表于 Nature 的经典文章中所用的三核 Ru(Ⅱ)敏化剂，便是意大利研究团队最初为天线功能设计的[10,71]。然而，该文中使用的 Ru(dcb)$_2$(CN)$_2$ 受体和表面锚定单元存在一个问题：其二氰基为两性配体，采用顺式构型，导致敏化剂随 Ru(Ⅱ)-bpy 单元数增加而在表面"占位面积"逐渐增大（图 12.9）。因此，更优选的是反式构型[72]。稳定反式构型通常需将两个二亚胺配体共价连接，以避免发生光诱导的顺式⇌反式异构化反应。设计具备天线功能用于染料敏化太阳能电池（DSSC）的分子，仍是当前研究的活跃前沿，有望最终实现半导体材料的高效光敏化。

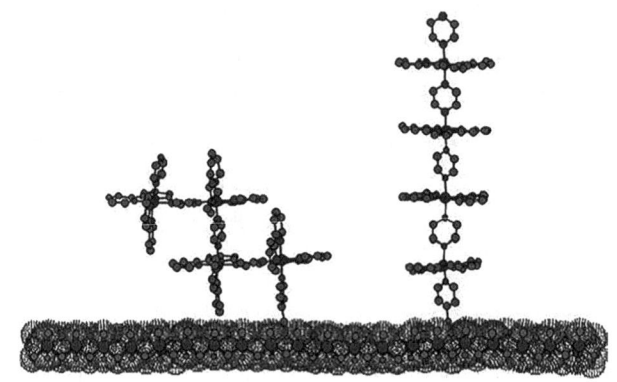

图 12.9　锚定在二氧化钛表面的敏化剂分子列阵，它由 cis-(left)和 trans-(right){[Ru(LL)$_2$(pz)]$_4$(ina)}$^{8+}$组成，其中 pz 是吡嗪，ina 是异烟酸。反式构型允许增加更多的 Ru(LL)单元而不增加占用的表面积

12.3　电荷分离

联吡啶二价钌配合物可以高效收集太阳能并引发氧化还原反应，最终产生电能或其他可用能源，例如氢气。光诱导电荷分离是引发氧化还原反应的关键步骤，其通用过程如图 12.10 所示。C 吸收光后产生激发态 C*，该激发态将电子转移到电子受体上，从而产生"电荷分离态"，该态由被氧化的给体 C$^+$和被还原的电子受体 A$^-$组成。这种激发态电子转移反应通常称为氧化猝灭。由于激发态相较于基态既是强氧化剂也是强还原剂，因此也可以由给体将电子转移至激发态，形成 C$^-$ 与 D$^+$ 的电荷分离态，该过程称为还原猝灭。这些反应的意义在于，它们为将光能转化为氧化还原当量这一潜在能量形式提供了分子层面的基础。然而，这种能量仅是暂时储存的，因为电荷复合（如 $C^+ + A^- \rightarrow C + A$ 或 $C^- + D^+ \rightarrow C + D$）是热力学下行反应（放热过程）。在液相中，电荷复合速率常常接近扩散控制极限。

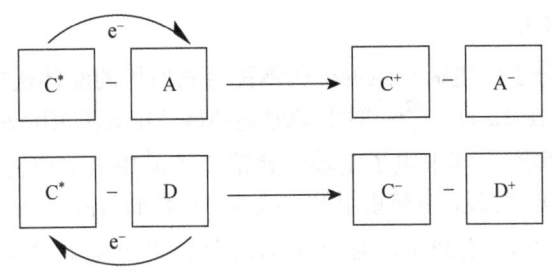

图 12.10 激发态电子转移机理示意图

上图展示了激发态作为还原剂的电子转移过程，称为氧化猝灭；下图展示了激发态作为氧化剂的电子转移过程，称为还原猝灭

激发态电子转移的热力学可以通过基态和激发态的还原电位估算[73]。基态电位通常可以通过循环伏安法方便地测量。激发态的还原电位可以通过热化学循环估算[式（12.2）和式（12.3）]，其中 ΔG_{ES} 是热平衡态中储存的自由能，可通过荧光发射起始波长估算，或由已校正的光谱进行 Franck-Condon 线型分析获得。若用激发能替代 ΔG_{ES}，上述公式亦适用于估算 Franck-Condon 激发态的还原电位。对于许多锚定于 TiO_2 薄膜的敏化剂，其光谱和电化学数据可在原位条件下直接测定。已有研究表明，锚定在多孔纳米晶 TiO_2 薄膜上的 Ru(Ⅱ)等敏化剂在标准电化学池中是可逆氧化的，只要表面覆盖率超过渗流阈值即可[74-76]。因此，原位循环伏安法和光谱电化学测定是确定相关氧化还原态的形式还原电位和吸收光谱的有效方法。

$$E°(Ru^{Ⅲ/Ⅱ*}) = E°(Ru^{Ⅲ/Ⅱ}) - \Delta G_{ES} \tag{12.2}$$

$$E°(Ru^{Ⅱ*/+}) = E°(Ru^{Ⅱ/+}) + \Delta G_{ES} \tag{12.3}$$

电荷分离的经典无机例子是从 $Ru(bpy)_3^{2+}$ 的 MLCT 激发态向甲基紫精（MV^{2+}）传递电子，其中 $Ru(bpy)_3^{2+}$ 是发色团给体，MV^{2+} 是电子受体[77,78]。激发态电子转移生成 $Ru(bpy)_3^{3+}$ 和 MV^+ 的电荷分离态，储存了大约 1.6 eV 的自由能[式（12.4）]。虽然氧化猝灭产率很高，但溶剂笼中的快速重组大大降低了水溶液中长寿命电荷分离态的产率[式（12.5）]。自 Whitten 等首次直接观测到该电荷分离态以来，相关机理已在分子层面得到清晰阐明[77,78]。Gray 与 Winkler 将 $Ru(bpy)_3^{2+}$ 的激发态用于驱动具有生物学意义的电子转移过程，具有开创性意义[79]。含共价连接的给体-受体分子的研究则进一步揭示了自旋态、距离与热力学驱动力对电子转移速率常数的影响[80]。此外，固态材料已成功地应用于发色团、给体或受体在空间的排列和分离，以实现长寿命的电荷分离[81]。

$$Ru^{Ⅲ}(bpy^{-•})(bpy)_2^{2+*} + MV^{2+} \longrightarrow Ru(bpy)_3^{3+} + MV^{+•} \tag{12.4}$$

$$Ru(bpy)_3^{3+} + MV^{+•} \longrightarrow Ru(bpy)_3^{2+} + MV^{2+} \tag{12.5}$$

报道的一个有趣的分子内光诱导电子转移的例子是铜基供体-受体化合物[82,83]。Cu^I 二亚胺化合物不仅可用于太阳能转换，而且它们具有 $d\pi^6$ 体系 $Ru^Ⅱ$、$Os^Ⅱ$ 或 Re^I 化学中未发现的独特结构性质。对于双菲咯啉配合物，Cu^I 态在固态和溶液中都是准四面体结构。相反，$Cu^Ⅱ$ 化合物通常为五配位的三角双锥或四方锥结构，第五配位位点由溶剂或阴离子占据。因此，当电荷复合涉及 $Cu^Ⅱ$ 还原为 Cu^I 时，预计会发生结构能量（内层重组能量）的变化[84]。

第一个用于研究分子内电荷重组的一价铜配合物所用的配体是接有紫精基团的 2,2'-联吡啶（bpy-MV^{2+}）（图 12.11）[82]。对于 Cu(bpy-MV^{2+})$_2^{5+}$ 或 Cu(bpy-MV^{2+})(PPh$_3$)$_2^+$，可见光激发产生了电荷分离态，其中电子定域于紫精和 Cu^{II} 中心。电荷分离速率常数（$k_{cs} > 10^8\ s^{-1}$）太快，无法测准。相反，电荷重组的一级速率常数非常慢。Cu(bpy-MV^{2+})(PPh$_3$)$_2^{3+}$ 在二氯甲烷（CH_2Cl_2）中的电荷分离态寿命为 20 ns，而在二甲基亚砜（DMSO）中延长至 1.8 μs。乙腈（CH_3CN）中，联吡啶配位的铜配合物电荷分离态能存储 0.45 eV 能量，而三苯基膦配位的铜配合物则可存储约 1.1 eV 能量。与基于 Ru^{II} 的类似给体-受体化合物相比，铜配合物的电荷分离态寿命长三个数量级，说明其重组过程存在显著的内重组能。为了解释电子转移的长寿命特性和显著的溶剂依赖性，推测在电荷分离态发生了溶剂与 Cu^{II} 中心的配位[82]。因此，Cu—S 键断裂的焓值贡献需纳入总重组能之中。变温电荷重组动力学实验结果表明，Cu(bpy-MV^{2+})(PPh$_3$)$_2^{3+}$ 的电荷重组符合 Marcus 电子转移的"正常区"[83]。在 DMSO 中，测得其活化焓 ΔH = 17(3) kJ/mol，活化熵 ΔS = 45(5) J/(mol·K)。

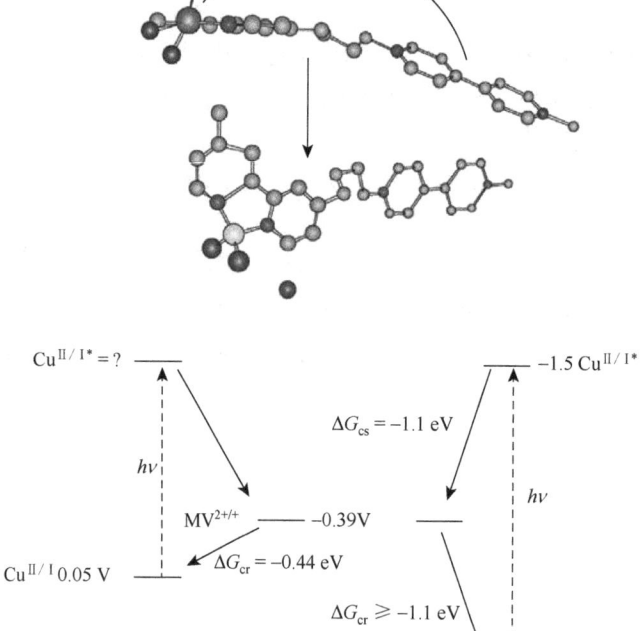

图 12.11　分子内电荷重组示意图

反应方程式为 $MV^{+\cdot}$-Cu(II)→MV^{2+}-Cu(I)，配位数从 5 变成 4。图中显示了两种铜配合物的能级：一种拥有两个 bpy-MV^{2+} 配体（左），另一种拥有一个 bpy-MV^{2+} 配体和两个三苯基膦配体（右）。值得注意的是，电荷重组的驱动力小于电荷分离的驱动力，这种行为并不常见

通过 XANES 与 XAFS（图 12.12）获得了[Cu(dmp)$_2$]$^+$（其中 dmp 为 2,9-二甲基-1,10-邻菲啰啉）中铜配位数变化的直接证据[85-87]。研究识别出铜中心存在第五近邻原子，推

测来源于溶剂或反离子，配位几何为一个畸变的四方锥结构。这些光谱变化是可预期的，因为在 MLCT 激发态中，铜的电子构型从 Cu(Ⅰ) 的 $3d^{10}$ 转变为 Cu(Ⅱ) 的 $3d^9$。这一电子构型变化可能伴随着激发态向电子受体（如联吡啶季铵离子 viologen）转移过程中几何构型的调整，该类几何变化将成为未来研究的重点内容。

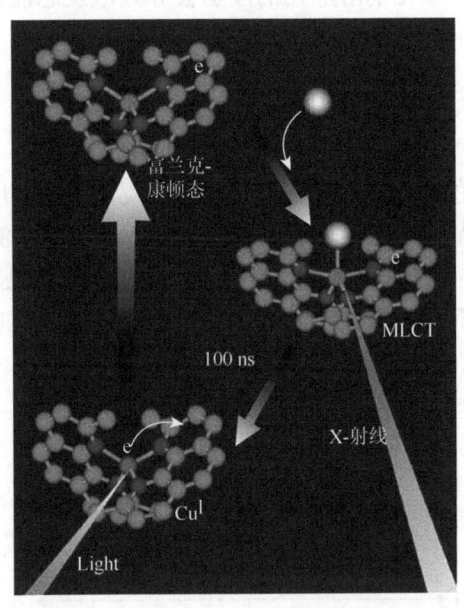

图 12.12　甲苯溶液中 $Cu(dmp)_2^+$ 的平衡 MLCT 激发态的 X-射线表征（后附彩图）

首先利用脉冲激光产生激发态，随后通过阿贡国家实验室的先进光源进行一系列 X-射线探测。结果表明，发光的激发态有五个最近的邻原子

12.3.1　界面电荷分离

一个很有前景的想法是将电荷分离态中储存的氧化还原当量直接转化为电能。著名的"光伏电池"正是因此而设计的，通过在两个暗电极上选择性收集光生 D^+ 和 A^- 实现能量转换[88]。尽管基于 $Ru(bpy)_3^{2+}$ 和 $Fe^{3+}(aq)$ 的光电电池已经被表征，但其太阳能转化效率仍然很低[88,89]。当由染料吸收光而产生光电流时，该过程被称为敏化作用（sensitization），而光吸收染料则被称为敏化剂（sensitizer）。二价钌的多吡啶配合物是最早被研究的敏化剂之一，并且仍然是实际应用于可再生太阳能电池中最具前景的敏化剂。由 Grätzel 和 O'Regan 开发的介孔纳米晶 TiO_2 薄膜在这种电池中应用后，太阳能转化效率提高了一个数量级。薄膜的厚度和高透明度使得界面电荷转移过程能够通过光谱方法表征，信噪比与液相中相近。

12.3.1.1　理论

格里舍尔（Gerischer）提出了一种研究激发态电子向半导体转移的理论[90-92]。界面电子转移的速率常数与激发态电子给体占据能级 $W_{\mathrm{don}}(E)$ 与半导体中未占据的受体能级 $D(E)$ 的重叠成正比 [式（12.6）]。

$$k_{\mathrm{inj}} \sim \int \kappa(E) D(E) W_{\mathrm{don}}(E) \mathrm{d}E \tag{12.6}$$

式中，$\kappa(E)$ 是转移频率。敏化剂溶剂化的波动会导致激发态能量的分布。格里舍尔定义了激发态电子给体的高斯分布函数 $W_{\mathrm{don}}(E)$。

$$W_{\mathrm{don}}(E) = \frac{1}{\sqrt{4\pi\lambda k_{\mathrm{B}}T}} \exp\left[-\frac{(E - °E)^2}{4\lambda k_{\mathrm{B}}T}\right] \tag{12.7}$$

式中，λ 是界面电子转移的重组能；k_{B} 是玻尔兹曼常数；T 是温度；E 是能量；$°E$ 是最可几的溶剂化状态的能量[91]。因此，电子注入速率和效率取决于激发态分布函数与半导体中受体态密度之间的重叠程度（如图 12.13 所示）。这一模型曾被用于定量估算 Ru(Ⅱ) 多吡啶化合物在金红石单晶 TiO_2 表面注入过程的重组能，其光敏电流是 pH 的函数，并测得 $\lambda \approx 0.25$ eV[93]。

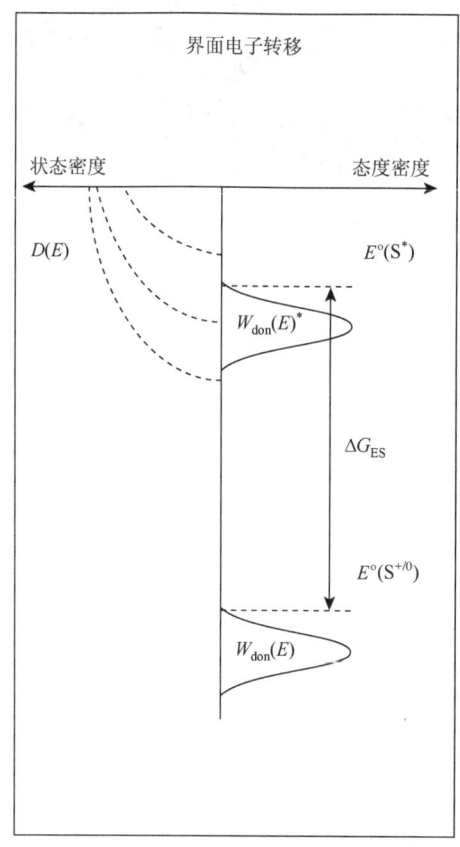

图 12.13　界面电子转移的格里舍尔示意图

界面电子转移的速率常数取决于敏化剂与半导体态密度的重叠程度。注意，半导体的态密度并不是固定的参数，它会随环境（如 pH、离子强度、溶剂等）的变化而变化

12.3.1.2 TiO$_2$ DOS

TiO$_2$ 的电子受体态的本质仍然未被充分理解,目前仍缺乏化学家所希望的明确分子描述。通常会在"离域电子(delocalized electrons)"和"陷阱电子(trapped electrons)"之间做出区分。人们普遍认为电子注入进入未填充的导带态后,会迅速被俘获为 Ti^{3+} 态,充当电荷重组的位点。这种从导带电子转为陷阱电子的观点在化学上具有一定合理性。然而,在浸入乙腈等有机电解质中的 TiO$_2$ 薄膜中,"陷阱态"和"导带态"之间的区分是较为模糊的。相比之下,在水相体系中则存在更明确的证据表明二者为不同状态[94]。由于本文中所述的大多数研究是在有机溶剂(如乙腈)中敏化二氧化钛薄膜上进行的,因此我们将还原的二氧化钛表示为 TiO$_2$(e$^-$)。

众所周知,TiO$_2$ 可以通过电化学、化学或光电化学方式还原而变为蓝黑色的 TiO$_2$(e$^-$),只要没有 O$_2$ 或其他电子受体存在,它就可以保持稳定。这种还原态具有特征性的 EPR 与 UV-Vis[95-97],在可见区呈现强吸收,并伴随着价带到导带吸收边的蓝移。在 1.0 mol/L LiClO$_4$-乙腈溶液中,TiO$_2$(e$^-$)薄膜在 800 nm 的消光系数约为 1800 M^{-1}cm^{-1}。电化学还原 TiO$_2$ 的电子光谱在实验误差范围内与染料敏化产生的电子光谱相同。因此,TiO$_2$(e$^-$)可以通过光化学和电化学方法生成,用于热电子转移研究。

要估算界面电荷分离态中存储的自由能,必须首先确定 TiO$_2$(e$^-$)的"氧化还原电位"。在所有研究的条件下,TiO$_2$ 中的注入电子都能够还原 MV^{2+},这表明其存储的自由能大于经典的电荷分离态 [Ru(bpy)$_3^{3+}$/MV$^+$],即 $\Delta G > 1.6$ eV。然而,纳米晶(锐钛矿型)二氧化钛薄膜中未占电子受体的态密度(即 DOS)仍未完全解析。Hagfeldt 等使用光电子能谱(PES)对 N3 敏化的 TiO$_2$ 薄膜进行了研究[98],显示在导带下约 1 eV 处存在广泛分布的陷阱态。但需要指出的是,TiO$_2$ 的平带电势(flat band potential)和导带位置受环境(如 pH、电解质离子类型、溶剂等)强烈影响,在真空中的能量绝对值不一定适用于液相电解质。传统上,平带电位是通过电容-电位曲线(Mott-Schottky 分析)获得的[99],但对于粒径约为 20 nm 的锐钛矿 TiO$_2$ 纳米粒子,其可能在热能 kT 作用下已完全耗尽电荷,因此未观察到明显耗尽层[100]。

Rothenberger 等[101]提出了累积层模型描述在负电位下 TiO$_2$ 内的电位分布,并给出了不同溶剂体系下导带边缘能级的文献估计值[102-104]。这些值给人一种纳米晶二氧化钛薄膜具有明确导带边缘的印象。即便如此,仍有大量数据支持以下观点:与界面电荷分离和重组相关的受体态比文献数据所示的更为局部化,且更容易还原。许多电化学、光化学和光谱技术的数据支持这一观点,即介孔纳米晶 TiO$_2$ 膜具有指数 DOS,而不是从理想的 E_{cb} 突然开始[105]。这些态被认为是存在氧空位的不饱和 Ti(IV)表面态。由于不饱和 Ti(IV)和表面结合分子的 Lewis 酸碱特性,这些态的能量学已被证明会受到表面各种分子螯合的影响[106-108]。

最后关于半导体 DOS 的评论是,它们不是单一的材料参数。最著名的例子是,由于二氧化钛表面钛醇基的质子化/去质子化,在 pH 范围 $H_0 = -8 \rightarrow H_- = +23$ 的水溶液中,几乎呈现 Nernstian 位移(59 mV/pH)的变化[109,110]。早已知晓,介孔纳米晶(锐钛矿型)二氧化钛的平带电势(及导带边缘电势)可以通过非水水相电解液中的阳离子进行宽范围调节。此效应对电荷与半径比值大的阳离子最为显著,顺序为 $Mg^{2+}>Li^+>Na^+>K^+>TBA^+$。例如,在 0.1 mol/L $LiClO_4$-乙腈电解液中,E_{cb} 约为-1.0 V vs. SCE (-0.76 V vs. NHE),而当 Li^+ 被 TBA^+ 取代时,约为-2.0 V (-1.76 V)。该行为可由激发态猝灭实验所确认。此外,在水溶液中观察到的阳离子吸附平衡趋势与此一致[111]。尽管这种电位变化不遵循 Nernstian 行为,但在乙腈等非质子溶剂中,TiO_2 E_{cb} 的移动趋势对 $LiClO_4$ 的活度具有对数依赖关系。在质子溶剂中则未观察到类似行为,可能由于质子溶剂对 Li^+ 的选择性溶剂化所致。这种依赖于阳离子的 E_{cb} 变化可以用于促进从表面结合的敏化剂光诱导电子注入。

12.3.1.3 界面电荷分离机理

从分子给体向半导体(如 TiO_2)传递电子的界面分离过程主要有三种机理:①激发态电子转移,即 $Ru^{III}(dcb^-)(bpy)_2^{2+*}/TiO_2 \rightarrow Ru^{III}(dcb)(bpy)_2^{3+}/TiO_2(e^-)$;②还原态电子转移,$[Ru^{II}(dcb^-)(bpy)_2]^+/TiO_2 \rightarrow [Ru^{II}(dcb)(bpy)_2]^{2+}/TiO_2(e^-)$;③分子到颗粒的电荷转移配合物体,即 $[(NC)_5Ru^{II}-CN]^{4-}/TiO_2 \rightarrow [NC)_5Ru^{III}(CN)]^{3-}/TiO_2(e^-)$。下面将对三种敏化机理的关键实验观察与尚未解决的问题进行讨论。

大量实验数据表明,MLCT 激发态中的电子可在超快时间尺度内转移至锐钛矿型 TiO_2 的受体态[112]。目前多数研究集中于著名的"N3"染料——由 Nazeeruddin 等[39]首次合成的 cis-$Ru(dcb)_2(NCS)_2$。通过时间分辨技术,近期研究揭示了注入过程对激发波长的依赖性[113]。飞秒注入过程归因于单重态和一个来自热平衡三重态的较慢的皮秒过程[113]。

关于超快注入的证据还来自 $Ru(dcb)(bpy)_2/TiO_2$ 体系的光致发光猝灭实验,该实验通过调节 TiO_2 表面阳离子的种类和浓度进行控制[114]。通过改变外部乙腈溶液中锂离子(Li^+)的浓度,可以将电子注入的量子产率从低于检测限(接近 0)调节至接近 100%。为解释该现象,研究者提出了 Gerischer 类型的模型:Li^+ 吸附于 TiO_2 表面使其受体态在电化学能级上发生正移(即远离真空能级),从而增强了与光敏分子激发态的态密度重叠(图 12.14)。

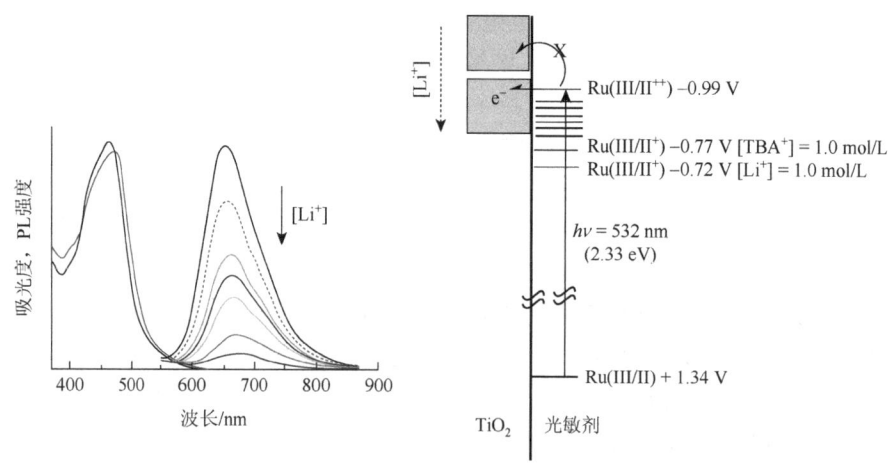

图 12.14 $Ru(dcb)(bpy)_2/TiO_2$ 在乙腈中的吸收和发光

增加乙腈中高氯酸锂的浓度会导致吸收峰红移(虚线所示)和发光强度的降低,这是因导带的氧化猝灭。瞬态光谱数据与模型一致:锂离子吸附在二氧化钛表面,促使激发态电子迅速注入半导体

猝灭数据与从振动热激发态 Ru$^{III/II**}$ 注入最为相符。在低 Li$^+$ 浓度下，激发态猝灭表现为纳秒时间尺度上的静态行为。换句话说，随着 Li$^+$ 浓度升高，激发态分子浓度降低，但其寿命却并未发生明显变化。如果电子从 thexi 态超快注入，则激发态寿命会减少至注入速率常数的倒数，这与实验结果相悖[112]。此外，已报道多种 Lewis 酸性碱金属与碱土金属阳离子均可提升激发态注入量子产率，并与阳离子的电荷/半径比成正相关[114]，该现象已被用于比率型光致发光传感应用[115]。

亚皮秒注入速率常数的出现通常归因于 dcb 配体中的羧酸基团与半导体表面之间的强电子耦合。因此，量化光敏剂与半导体之间的电子耦合程度具有重要意义。由于激发态的辐射和非辐射失活速率较低，在 10^{-8} s 的时间尺度上进行电子注入应具有近乎 100%的量子产率，前提是不存在其他猝灭途径（如氧化还原介体的竞争反应）。事实上，有研究表明可能存在某种尚未明确的光敏剂-半导体电子相互作用机理，使电子注入几乎定量发生而电荷复合速率显著降低，从而提升了还原电位负的 Ru$^{III/II}$ 光敏剂的光电流效率。

调控光敏剂与 TiO$_2$ 之间的电子耦合最初通过引入柔性的亚甲基链（位于羧基与 bpy 配体之间）或使用双金属光敏剂实现[69, 116, 117]。两种方法都实现了有效的电子注入，其中一项研究还发现注入速率常数存在依赖性。近期的研究中，设计了结构精巧的三足式光敏剂，其在染料主发色团与三个酯（或羧酸）基团之间引入了苯乙炔桥（图 12.15）[68, 69]。

值得注意的是，如果实现了如图 12.15 所示的理想化的埃菲尔铁塔式朝向，则可以使用固定在距离半导体表面约 24 Å 的表面上 Ru 敏化剂来测量亚皮秒注入速率[118-120]。当然，激发态离域到联吡啶配体的苯乙炔取代基上会降低注入距离。事实上，该桥连结构也作为激发态向 TiO$_2$ 的电荷转移通道[120]。

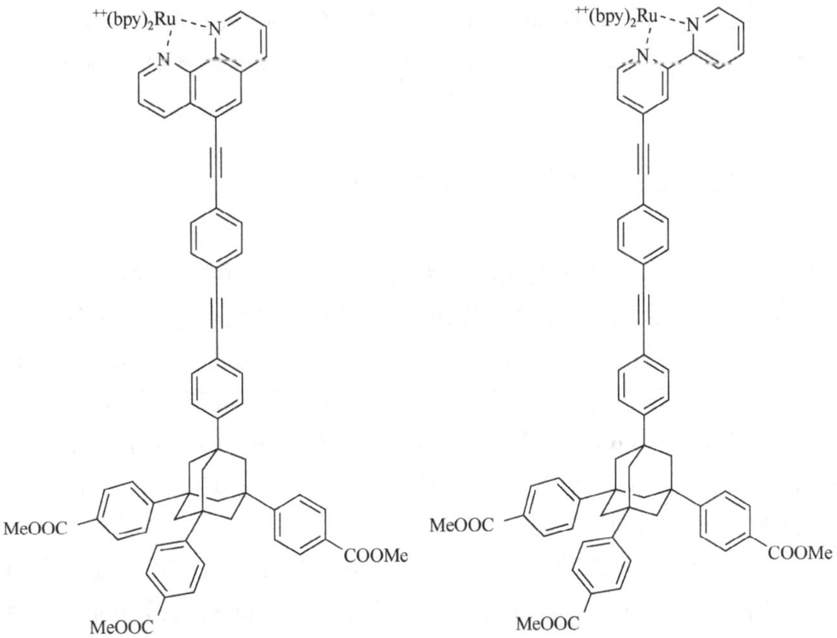

图 12.15 三足式光敏剂分子，它将钌与半导体表面的距离固定在一个特定数值。理想情况下，三个酯或羧酸基团（图中未显示）与表面结合，而金刚烷基团使苯乙炔间隔基团大致垂直于二氧化钛表面

即使激发电子位于并未直接锚定在半导体表面的 bpy 配体上，电子注入的量子产率仍可接近 100%（图 12.16）[121, 122]。例如，Re(bpy)(CO)$_3$(ina)$^+$ 在光激发后生成 Re(Ⅱ)(bpy$^-$)(CO)$_3$(ina)$^{+*}$，并以 $k_{inj} > 10^8 \text{ s}^{-1}$ 的速率向半导体定量注入电子[121]。然而，cis-Ru(bpy)$_2$(ina)$_2$/TiO$_2$ 光激发后的注入产率低于其根据激发态还原电位所预测的值，且在低温时量子产率会升高。这种现象与 Gerischer 理论对"活化型界面电荷分离"的预测完全相反[91]。研究推测其原因可能在于该光敏剂存在低能配体场激发态，而快速的内转换过程导致了上述温度依赖性。据我们所知，这种温度依赖的电子注入行为在敏化半导体体系中尚属唯一实例。

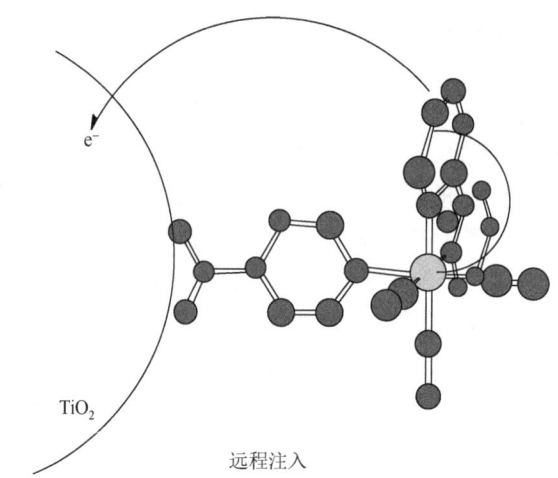

图 12.16　fac-Re(bpy)(CO)$_3$(ina)$^+$ 激发态向半导体注入电子的示意图

其中 ina 是异烟酸。光激发后，电子跃迁到联吡啶配体，即使该配体没有直接与半导体接触，电子也被证明可以定量地注入半导体中

12.3.1.4　超快电子注入对太阳能转换有用吗？

对那些拥有短激发态寿命的敏化剂（例如多吡啶配位的铁配合物）而言，超快电子注入是必需的，但科学家们尚不清楚太阳能转换是不是必须要超快电子注入，也不清楚超快电子注入是不是真的可以满足需求。近期关于"高能载流子（hot carriers）"俘获的研究提供了一些线索，说明超快电子转移可能被用于提升能量转化效率[123, 124]。

研究者将锐钛矿型 TiO$_2$ 薄膜功能化修饰为 Ru(bpy)$_2$(deebq)$_2$、Ru(bq)$_2$deeb$_2$、Ru(deebq)$_2$bpy$_2$、[Ru(bpy)(deebq)(NCS)$_2$] 或 Os(bpy)$_2$(deebq)$_2$，这些化合物的羧酸形式的表面覆盖率为 $(8\pm2)\times10^{-8}$ mol/cm^2。电化学测量显示，这些化合物的首次还原（相对于 SCE 电极为 –0.70 V）早于二氧化钛的还原。其热平衡的 MLCT 激发态以及还原态均不能将电子注入 TiO$_2$。然而，在超快电子注入之后，电子会回转至 thexi 态或还原态，后者可被光谱清晰地观察到（图 12.17）。该过程的量子产率随激发能量增加而升高，这是由于敏化

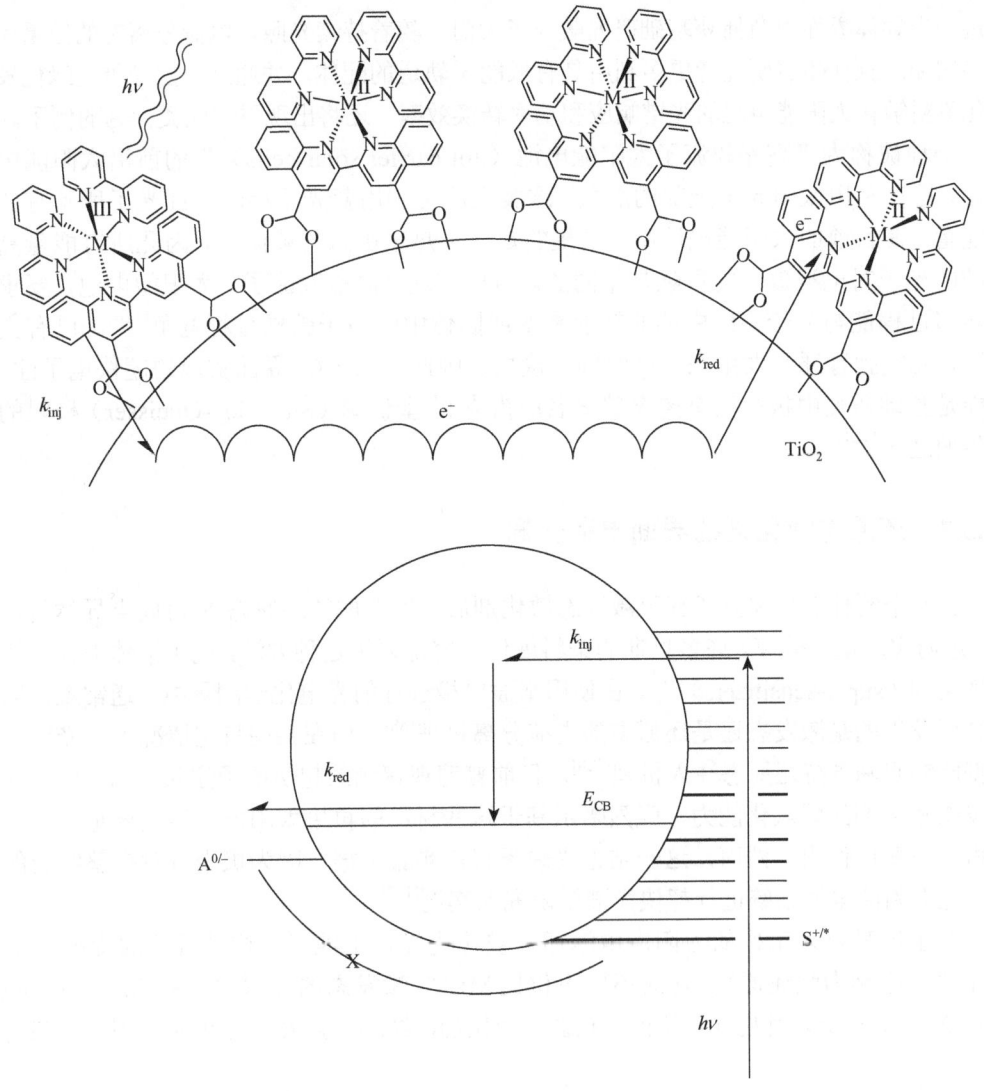

图 12.17　利用超快激发态电子注入减少对热平衡态不利的电子受体的示意图

一个例子是使用了含有 4, 4′-(COOH)$_2$-2, 2′-联喹啉配体的钌和锇光敏剂。这些配体在二氧化钛还原之前被还原，这是实现该行为的必要条件

剂激发态与半导体受体态之间的重叠增加。例如，Os(bpy)$_2$dcbq/TiO$_2$ 在不同激发波长下的量子产率分别为 $\varphi(417\text{ nm}) = 0.18 \pm 0.02$、$\varphi(532.5\text{ nm}) = 0.08 \pm 0.02$、$\varphi(683\text{ nm}) = 0.05 \pm 0.01$。电子注入后形成的基态产物是通过横向分子间电荷转移实现的。电荷复合的驱动力超过了光致发光激发态所存储的自由能[124]。时域吸收（chronoabsorption）测量结果表明，配体为中心的分子间电子转移速率比以金属为中心的空穴转移约快三个数量级[125]。

因此，从较高能级振动激发态向半导体注入电子会产生长寿命的电荷分离中间体，这些中间体可存储约 2 eV 的自由能[124]。实现该行为的关键在于构建还原电位低于 TiO$_2$ 受体态的光敏剂。结构明确的化合物分子可用于在半导体界面处捕获和存储电荷，这些发现为半导体界面电荷捕获基础研究敞开了大门。随着持续光照，电荷分离态的数量可进一步增加。预计随着研究者更多利用具有低能 π^* 轨道的配体，并通过调控导带边缘位置以优化染料敏化太阳能电池的光谱响应和功率转换效率，还将出现更多此类行为的例子。

一种被称为"高能载流子太阳能电池（hot carrier solar cells）"的前沿太阳能电池概念，旨在利用太阳光子全部的能量。这类电池可利用蓝光子相较于红光子所具有的额外能量。在目前的太阳能电池中，采集的是处于热平衡态的载流子，因此所有能量高于带隙的光子对电池效率的贡献是相同的。若要实现"高能载流子"太阳能电池，要求电子转移过程能与分子系统中的非辐射衰变或固体中的声子弛豫过程竞争[126]。已有文献表明，此类弛豫通常发生在飞秒时间尺度内。因此，在 TiO_2 界面实现的超快电子注入，可能是基础研究中极少数有望突破著名的肖克利-奎伊瑟（Shockley-Queisser）极限的分子界面之一[127]。

12.3.2　还原态敏化剂的界面电荷分离

当一个给体以还原方式猝灭激发态敏化剂后，所形成的还原态 S^- 可向半导体传递电子，进而实现电荷分离。许多早期的染料敏化研究都采用这种方法，电子给体被称为"超级敏化剂（super-sensitizers）"。在使用平面电极进行的光电化学测量中，通常难以明确区分所发生的是激发态还是还原态的电荷分离机理[88]。但在某些特定情况下，光电化学数据能够明确支持还原态注入机理[128]。目前普遍观察到的超快电子注入行为，以及现有激发态敏化剂的弱氧化能力，强烈暗示基于这些材料的再生太阳能电池主要是激发态注入机理在发挥作用。然而，这一结论尚缺乏直接实验证据，因为极少有对完整组装的染料敏化太阳能电池系统进行超快光谱学研究的案例[112]。

基于这种机理工作的太阳能电池通常被称为光伏电池[88]。这种机理的优势在于被还原的敏化剂为强还原剂，它的还原电位比 MLCT 激发态的还原电位高 300～500 meV（图 12.18）。因此，那些光还原能力较弱的敏化剂，经还原猝灭后仍可高效地敏化 TiO_2。

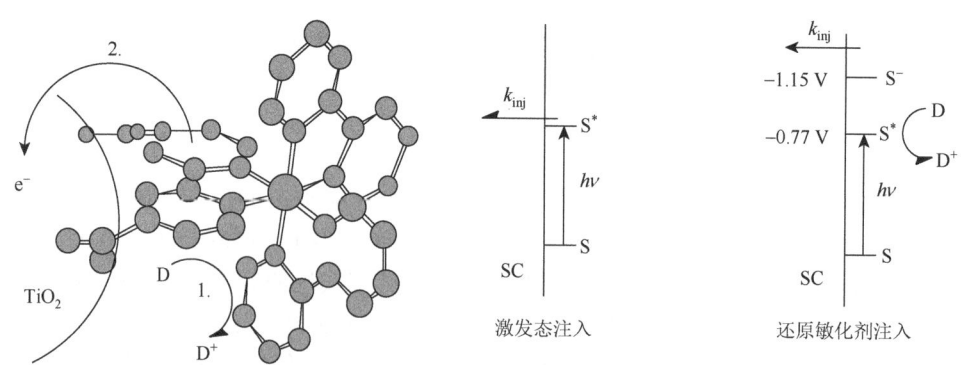

图 12.18　一种利用 $Ru(dcb)(bpy)_2^{2+}$ 的激发态敏化二氧化钛的替代机理

在该机理中，电子给体首先还原猝灭激发态，然后通过敏化剂的还原产物注入热电子。这种敏化剂的还原产物是比激发态更强的还原剂，两者电位相差 380 mV

这一策略有望实现更高的开路电压,或增强对近红外区域光的吸收。已有明确的光谱学证据表明,还原态敏化剂可将电子注入 TiO_2[129]。这种界面电子转移的速率受敏化剂激发态还原猝灭的速率限制。该研究中使用的敏化剂是 $Ru(dcbH_2)(bpy)_2(PF_6)_2$,电子给体是吩噻嗪(PTZ)。然而,PTZ 类给体的缺点是在纳米晶染料敏化太阳能电池中产生的光电流极低。目前唯一能在标准 AM 1.5 太阳光照射下实现大于 10%转换效率的电子给体是碘离子(I^-)[12]。近期研究表征了一类以 Ru(Ⅱ)双吡嗪配合物为基础的强光氧化剂,能够快速氧化 I^-[130, 131]。这些配合物与多种电子给体之间发生了高效的还原猝灭,且 I^-的氧化产物被确认为碘原子。尽管"笼逃逸(cage escape)"产率较低,但仍实现了长寿命的电荷分离,并揭示了I—I 键形成的机理[130]。然而,该类化合物还原态(如$[Ru(dcb)(bpz^-)(bpz)]^+$)并不能将电子注入 TiO_2 或 SnO_2 等半导体[131]。

12.3.3 分子到颗粒的电荷转移

某些无机或有机化合物能够与 TiO_2 表面形成分子-粒子电荷转移(MPCT)的给体-受体加合物[132]。这种界面化学伴随明显颜色变化,无法用简单的酸碱反应、分解或聚集等过程加以解释。该类吸收带最早是在锚定于纳米晶 TiO_2 表面的金属氰络化物中发现的[133, 134]。现有大量的理论和实验研究支持这一解释[132]。MPCT 的出现引发了一个有趣的问题,即从哪里开始算作固体?分子系统何时终止?相比激发态或还原态敏化机理而言,该机理实验上更为简洁明确,因为每一个吸收的光子都能直接生成界面电荷分离态。

研究 MLCT 的经典配合物是金属氰化物$[M(CN)_x]^{m-}$(M = $Fe^{Ⅱ}$、$Ru^{Ⅱ}$、$Os^{Ⅱ}$、$Re^{Ⅲ}$、$Mo^{Ⅳ}$ 或 $W^{Ⅳ}$;x = 6、7 或 8),如亚铁氰化物 $Fe^{Ⅱ}(CN)_6^{4-}$,它通过氰基锚定在酸化的二氧化钛颗粒上。例如,铁氰化物 $Fe^{Ⅱ}(CN)_6^{4-}$ 可通过氰基的双配位方式与 TiO_2 酸性表面形成加合物。$Fe^{Ⅱ}(CN)_6^{4-}$ 本身在波长大于 380 nm 的区域无明显吸收,但当其与 TiO_2 缔合后,体系呈深橙色,吸收最大值位于 420 nm,$Fe^{Ⅱ}(CN)_6^{4-}/TiO_2$ 被认为形成了金属-粒子电荷转移加合物,即 Fe(Ⅱ)→Ti(Ⅳ)的电子跃迁[131]。该指认得到了光致电流与瞬态吸收实验的支持[133-136]。

科学家们设计了一系列 $Fe(LL)(CN)_4^{2-}$ 类型的配合物(LL 为联吡啶或菲咯啉配体),旨在通过两种不同的电荷转移途径敏化二氧化钛以吸收可见光(图 12.19)[137]。锚定在二氧化钛上的 $Fe(bpy)(CN)_4^{2-}$ 配合物的吸收光谱可以由金属到配体(Fe→bpy)和金属到颗粒[Fe(Ⅱ)→Ti(Ⅳ)]电荷转移吸收带的加和模型拟合。电荷分离过程太快无法实时观测,而电荷重组过程符合二级动力学模型。在 Fe→bpy 激发路径下,电荷分离量子产率依赖于溶液的离子强度,这被认为是 MLCT 激发态敏化机理的证据。而 Fe→Ti^{4+}的路径则呈现出预期的离子强度无关的单位产率。MLCT 吸收带具有溶剂变色效应,而 MPCT 吸收带则没有。对于 $Fe(CN)_6^{4-}/TiO_2$ 的 MPCT 过程,其总重组能约为 0.6 eV,这与在水溶液中单晶金红石电极通过 MLCT 敏化获得的值(约 0.3 eV)相近[137]。

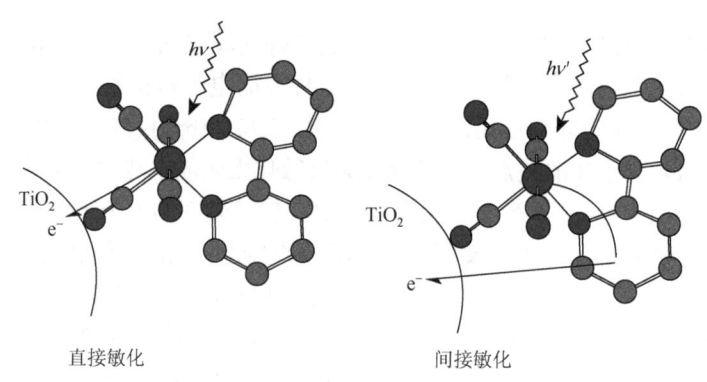

图 12.19　Fe(bpy)(CN)$_4^{2-}$ 激发态敏化二氧化钛的机理示意图

在直接敏化机理中，电子从铁的 d 轨道直接跃迁到二氧化钛。在间接敏化机理中，首先形成 MLCT 激发态，然后将电子注入二氧化钛

12.4　界面电荷重组

注入电子与金属中心的氧化态复合会生成基态产物，从而损耗界面电荷分离态中所储存的能量。为了在再生型太阳能电池中高效地产生光电流，碘离子的氧化速率必须快于电子的复合速率。已有研究指出，复合通常发生在微秒至毫秒时间尺度上，而电子注入则快了几个数量级。这种界面电子转移速率偶然差异的原因一直是研究的主题[11]。最近的研究表明，电荷重组速度之所以看起来较慢，并非由于本身较小的速率常数，而是因为该过程本质上是二级动力学过程，以及受到注入电子返回氧化态敏化剂的传输限制[138-141]。已有系统研究通过调节光照强度或表面吸附的阳离子浓度，独立控制电荷分离态浓度，并测量重组动力学，所得的二级反应速率常数被证实与所产生的界面电荷对数量无关。这些数据迄今为止最有力地支持了界面电荷重组为二级过程的观点[141]。

电荷重组的速率决定步骤是注入电子回传至被氧化的敏化剂的传输过程，这是一个自发过程。研究表明，敏化二氧化钛上的电荷传输和电荷重组均为二级动力学过程。纳尔逊（Nelson）使用科尔劳施-威廉斯-瓦茨（Kohlrausch-Williams-Watts）模型对重组数据进行了建模，该模型是描述无序材料中电荷传输的典范[138-140]。当通过电化学手段引入额外的电子至二氧化钛时，重组速率显著增加。因此，可以推断在陷阱态密度较高、注入电子数量较少的体系中，类似行为可能普遍存在。由于胶体半导体界面通常具有较高的陷阱态密度，这意味着在大多数敏化纳米晶半导体界面中，只要实现了电荷分离，就能形成长寿命的电荷分离态。

界面电荷重组速率与被氧化敏化剂的最低未占分子轨道的位置密切相关。研究发现，在前几埃范围内，重组速率随着距离增大呈指数衰减，估算的衰减系数 β 值为 (0.95 ± 0.2) Å^{-1} [141]。通过共轭间隔基团调控敏化剂与半导体间距以抑制复合的策略收效甚微。已报道的速率常数对距离的依赖性很小，或不随预期距离系统性变化。这一项目值得进一步研究，并与下文所述超分子敏化剂研究互补。

在敏化剂与二氧化钛之间沉积一层第二金属氧化物薄膜也是一种调整电子耦合和界面电荷分离态寿命的策略[142-145]。研究的两类材料包括绝缘体和半导体。如果是半导体层，其导带边缘设计为高于二氧化钛的导带，从而促进电子从氧化的敏化剂向外进行矢量电荷转移。对于绝缘体，其策略是通过绝缘层的隧穿效应使激发态电子转移，并降低电子回传的耦合强度。这些材料确实对电荷分离态的寿命产生了显著影响，但尚未实现高于不含此层的 TiO_2 敏化膜所达到的能量转换效率。

最新的一项研究中，科学家们在 cis-$Ru(dcb)_2(NCS)_2$ 与二氧化钛之间插入一层 ZrO_2 和 Al_2O_3 绝缘层研究其对重组动力学的影响[145]。研究发现，电荷重组动力学参数与金属氧化物的零电荷点（pzc）之间存在良好的相关性。其中，Al_2O_3 是 pzc 最高的材料（pzc = 9.2），对电荷重组的抑制最为显著。在该策略的一个创新拓展中，研究人员在 TiO_2 上负载了 cis-$Ru(dcb)_2(CN)_2$，并进一步在其表面插入一层 Al_2O_3，然后连接一分子 Ru 酞菁配合物，构建出 RuPc/Al_2O_3-$Ru(dcb)_2(CN)_2$/TiO_2 三元异质结构。在光激发下，该体系发生电子转移，最终生成 TiO_2 中的电子以及一个氧化态酞菁分子。其中约一半的电荷分离态寿命可达 5 ms。值得注意的是，所采用的金属氧化物核心-壳层溶胶-凝胶合成法，条件温和且未引发敏化剂的降解，因此能顺利构建复杂的分子异质结构。

12.5 超分子敏化剂

将"超分子"敏化剂锚定于纳米晶 TiO_2 表面，为逐步电荷分离与空穴转移的经典光化学原理在固态材料中的应用提供了范例[146,147]。对此类敏化剂的研究是为了验证概念，而不是要在再生型太阳能电池中与常用的高效敏化剂竞争。

如图 12.20 所示，在双核 Rh-Ru 敏化剂中，铑中心直接与二氧化钛结合，发色团钌则远离半导体，形成 TiO_2/Rh-L-Ru[148]。在 MLCT 激发下，电子实现了前所未有的"跃迁"，依次从 bpy 配体跃迁至 Rh 中心，再注入到半导体纳米晶中。在实验条件下，约 40%的电子到达 Rh 中心且成功注入 TiO_2，其余部分则与 Ru(Ⅲ) 复合。该 60/40 的分流比可能反映了敏化剂在 TiO_2 表面不同取向所导致的行为差异。将其应用于再生型太阳能电池时，由于电荷注入效率较低，光电流效率也相对较低。尽管如此，该结果为减缓注入电子与氧化态敏化剂间的复合过程提供了一种可行性策略[148]。

分子内"空穴"转移过程也被用于在敏化 TiO_2 界面上再生 Ru(Ⅱ)发色团的基态[149,150]。首个利用分子内"空穴"转移的配合物是 $Ru(dcb)_2$(4-CH_3, 4'-CH_2-PTZ, -2, 2'-联吡啶)$^{2+}$，其中 PTZ 是吩噻嗪电子给体，如图 12.21 所示。

在溶液中，PTZ 基团的电子转移反应中等放热（<0.25 eV），在甲醇中的电子转移速率常数约为 $2.5×10^8$ s^{-1}。对应的电荷重组过程则更快，因此与 Ru-Rh 化合物类似，未观察到显著的电荷分离态积累。

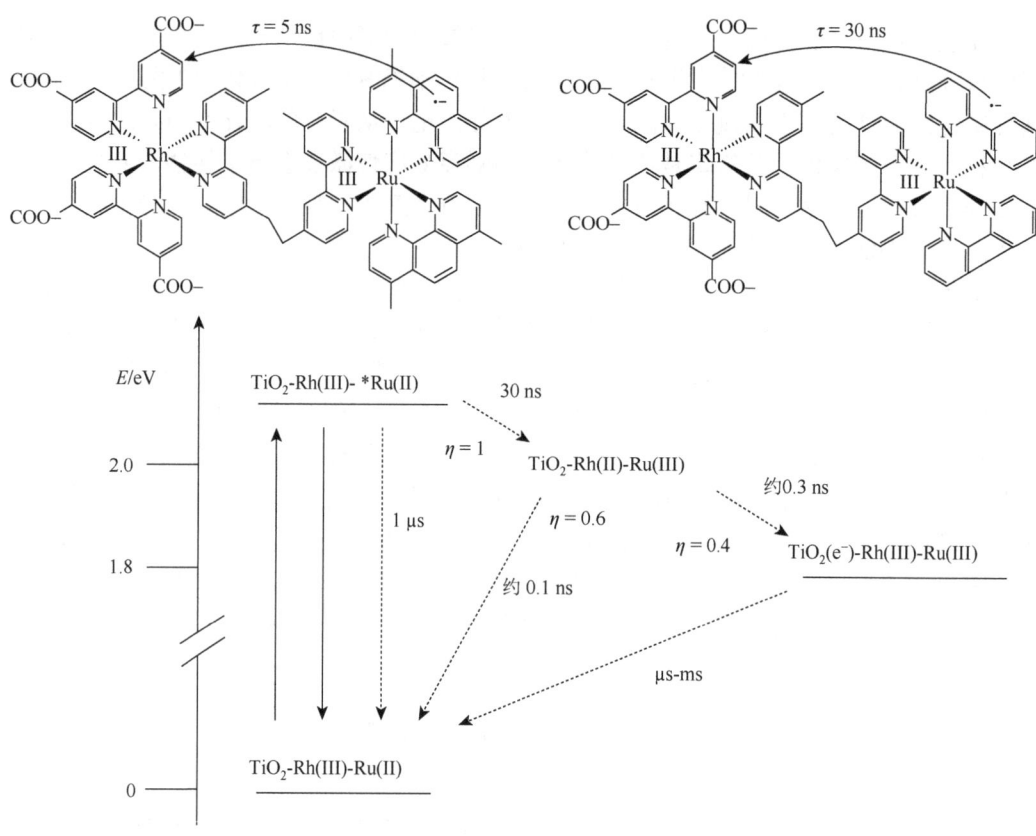

图 12.20 用于界面电子转移研究的两个锚定在 TiO_2 上的 Rh-Ru 二聚体的化学结构

Rh(dcb)基团通过电子转移氧化猝灭了钌的 MLCT 激发态。约 40%的还原铑单元向 TiO_2 注入电子,形成了长寿命的电荷分离态 $TiO_2(e^-)/Rh(III)$-Rh(III),该分离态在微秒至毫秒的时间尺度上通过电子回传衰减至基态产物

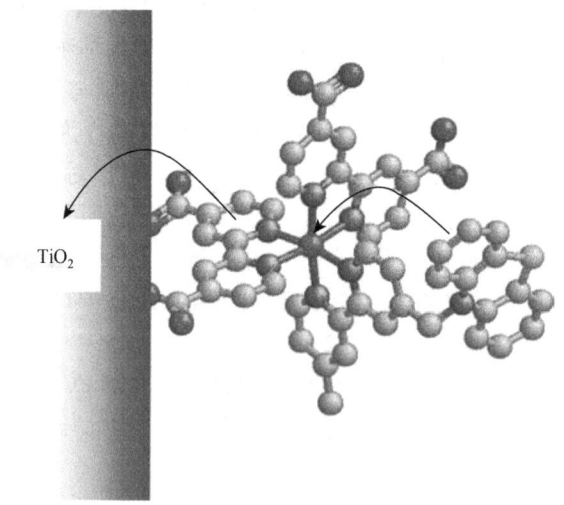

图 12.21 含共价键结合吩噻嗪基团的多吡啶钌配合物

该配合物旨在促进激发态电子注入 TiO_2 后快速空穴转移离开 Ru(III)中心

当化合物锚定在 TiO_2 上时,MLCT 激发产生了一个新的电荷分离态,该态由注入 TiO_2 中的电子和被氧化的 PTZ 基团构成,记作 PTZ^+-Ru/$TiO_2(e^-)$。从机理上讲,有两种可能的电子转移途径可以产生这种电荷分离态:①先进行电子注入,然后由氧化的敏化单元氧化吩噻嗪,PTZ-Ru(Ⅱ)*/TiO_2→PTZ-Ru(Ⅲ)/$TiO_2(e^-)$→PTZ^+-Ru/$TiO_2(e^-)$;②先由 PTZ 进行还原猝灭,然后电子注入半导体,TiO_2-Ru(Ⅱ)*-PTZ→TiO_2-Ru(Ⅱ)(dcb$^-$)$^+$-PTZ^+→PTZ^+-Ru/$TiO_2(e^-)$。注意,两种路径都会生成相同的电子转移产物。

重组过程(TiO_2 中的电子与 PTZ^+)的速率常数为 $3.6\times10^3\ s^{-1}$。而不含 PTZ 给体的对照化合物 Ru(dcb)$_2$(dmb)$_2^{2+}$(其中 dmb 为 4,4'-二甲基-2,2'-联吡啶),在相同条件下形成的 $TiO_2(e^-)$/Ru(Ⅲ)态重组速率常数则高达 $3.9\times10^6\ s^{-1}$。也就是说,将"空穴"从 Ru 中心迁移至悬挂的 PTZ 基团可将重组速率降低近三个数量级。

在以碘化物为电子给体的再生太阳能电池中,对 Ru-PTZ 和模型化合物进行了测试。在实验误差范围内,两种敏化剂的电荷分离产率相同。然而,观察到 Ru-PTZ/TiO_2 的开路电压(V_{oc})约高出 100 mV。在无碘离子的条件下,此差异更为显著,在 5 mW 光照强度范围内增强了 180 mV。根据二极管方程[式(12.8)],在电子注入通量 I_{inj} 保持恒定的前提下,重组速率常数 $k_i[A]$ 每下降一个数量级,导致 V_{oc} 上升 59 mV。将光谱实测的速率常数代入该式,可预测 V_{oc} 约增加 200 mV,与实验测得的 180 mV 高度一致。这些结果表明,在此类分子界面中,电荷分离速率远高于重组速率(至少六个数量级),器件行为类似于理想二极管[150]。

$$V_{OC} = \left(\frac{kT}{e}\right)\ln\left(\frac{I_{inj}}{n\sum_i k_i[A]_i}\right) \tag{12.8}$$

另一种超分子敏化剂为双金属化合物 Ru(dcb)$_2$(Cl)-bpa-Os(bpy)$_2$(Cl)$_2$,简称 Ru-bpa-Os,其中 bpa 是 1,2-双(4-吡啶基)乙烷(图 12.22)[151]。

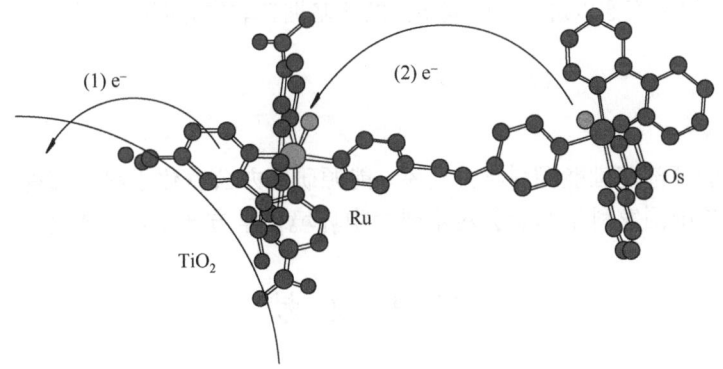

图 12.22 双金属敏化剂 Ru-bpa-Os 锚定在 TiO_2 上,用于界面电子转移研究

图中展示了该化合物的结构,钌和锇中心通过桥连配体 1,2-双(4-吡啶基)乙烷(bpa)连接。钌的 MLCT 激发态推动了电子向锇中心的转移,并最终传递到半导体表面

在 25℃下,将 Os-bpa-Ru/TiO_2 材料浸入 1.0 mol/L 高氯酸锂-乙腈溶液中,通过脉冲光激发,发生了快速的界面电子转移和分子内电子转移[Os(Ⅱ)→Ru(Ⅲ)],最终生

成 TiO_2 上的一个电子和一个 Os(III) 中心组成的界面电荷分离态，简写为 Os(III)-bpa-Ru/TiO_2(e^-)[94]。

在通过红光选择性激发 Os(II) 基团，也能产生相同的电荷分离态。分子内和界面电子转移的速率都非常快，$k > 10^8 \text{ s}^{-1}$，而界面电荷重组［Os(III)-bpa-Ru/TiO_2(e^-)→Os-bpa-Ru/TiO_2］需要毫秒级的时间才能完成。该体系展示了一种策略：在发生界面电子注入之后通过快速分子内电子转移（Os→Ru）来实现"远程注入"机理。然而，并未观察到电荷分离态寿命的明显延长，推测是因为 Os(III) 中心仍位于半导体表面附近[151]。Grätzel 等发表了相关超分子敏化剂的研究，强调了其在光致变色器件中的潜在应用[152]。有趣的是，他们在部分体系中确实观察到了与上述 PTZ-Ru/TiO_2 类似的长寿命电荷分离态，而在另一些体系中则没有。这可能取决于电荷分离的驱动力与分子在半导体表面的取向。此外，还出现了更多与胺类给体相关的实验研究[153-155]，但该领域仍需进一步探索，才能全面理解这类引人注目的界面行为。

12.6 结 论

自化学家首次观察到光诱导电荷分离以来，已有约 40 年的历史[78]。这些研究已取得了进步，并自然而然地朝着更适用的太阳能转换的固态材料方向发展。现在已在分子水平上对 Ru^{2+} 敏化 TiO_2 薄膜界面处的界面电荷分离与重组机理有了相当详尽的理解。如今，研究人员可以相对容易地在界面上产生寿命达到毫秒级、储能超过 1.5 eV 的电荷分离态。除了在可再生太阳能电池中用于发电之外，未来的一项重大挑战是如何捕获这些分离态，并利用其作为光催化材料，驱动反应生成可用的燃料。正在广泛研究的介孔纳米晶体薄膜为该领域的基础研究提供了令人兴奋的新机遇。在半导体材料中储存和运输高密度氧化还原当量的能力，为水分解与环境修复相关的多电子转移光催化提供了现实和近期的可能性。展望未来，将配位化合物锚定于半导体表面以进行太阳能转换的策略拥有非常光明的前景。

致谢

感谢美国能源部基础能源科学办公室、能源研究办公室化学科学部提供的研究支持。我们还要感谢美国国家科学基金会对本研究中环境化学方面工作的支持。

参 考 文 献

1. Hoffert, M. I.; Caldeira, K.; Jain, A. K.; Haites, E. F.; Harvey, L. D. D.; Potter, S. D.; Schlesinger, M. E.; Schneider, S. H.; Watts, R. G.; Wigley, T. M. L.; Wuebbles, D. J. *Nature* **1998**, *395*, 881–884.
2. Caldeira, K.; Jain, A. K.; Hoffert, M. I. *Science* **2003**, *299*, 2052–2054.
3. U.S. Department of Energy, Energy Information Administration, http://www.eia.doe.gov/.

4. Lewis, N. S.; Nocera, D. G. *Proc. Natl. Acad. Sci. USA* **2006**, *103*, 15729–15735.
5. Petit, J. R.; Jouzel, J.; Raynaud, D.; Barkov, N. I.; Barnola, J. M.; Basile, I.; Bender, M.; Chappellaz, J.; Davis, M.; Delaygue, G.; Delmotte, M.; Kotlyakov, V. M.; Legrand, M.; Lipenkov, V. Y.; Lorius, C.; Pepin, L.; Ritz, C.; Saltzman, E.; Stievenard, M. *Nature* **1999**, *399*, 429–436.
6. Siegenthaler, U.; Stocker, T. F.; Monnin, E.; Luthi, D.; Schwander, J.; Stauffer, B.; Raynaud, D.; Barnola, J.-M.; Fischer, H.; Masson-Delmotte, V.; Jouzel, J. *Science* **2005**, *310*, 1313–1317.
7. Lewis, N. S. *Powering the Planet: Global Energy Perspective*. http://nsl.caltech.edu/files/energy.pdf.
8. U.S. Department of Energy. Report of the Basic Energy Sciences Workshop on Solar Energy Utilization. In *Basic Research Needs for Solar Energy Utilization*; U.S. Department of Energy: Washington, DC, 2005.
9. United Nations. World Energy Assessment Report: Energy and the Challenge of Sustainability. In *United Nations Development Program*; United Nations: New York, 2003.
10. O'Regan, B.; Grätzel, M. *Nature* **1991**, *353*, 737–740.
11. Meyer, G. J. *Inorg. Chem.* **2005**, *44*, 6852–6864.
12. Green, M. A.; Emery, K.; Hishikawa, Y.; Warta, W. *Prog. Photovolt. Res. Appl.* **2008**, *16*, 61–67.
13. Kober, E. M.; Meyer, T. J. *Inorg. Chem.* **1982**, *21*, 3967–3977.
14. Adamson, A. W.; Demas, J. N. *J. Am. Chem. Soc.* **1971**, *93*, 1800–1801.
15. Crosby, G. A.; Demas, J. N. *J. Am. Chem. Soc.* **1971**, *93*, 2841–2847.
16. Demas, J. N.; Taylor, D. G. *Inorg. Chem.* **1979**, *18*, 3177–3179.
17. Yersin, H.; Gallhuber, E. *J. Am. Chem. Soc.* **1984**, *106*, 6582–6586.
18. Adamson, A. W. *J. Chem. Educ.* **1983**, *60*, 797–802.
19. Hager, G. D.; Crosby, G. A. *J. Am. Chem. Soc.* **1975**, *97*, 7031–7037.
20. Hager, G. D.; Watts, R. J.; Crosby, G. A. *J. Am. Chem. Soc.* **1975**, *97*, 7037–7042.
21. Harrigan, R. W.; Crosby, G. A. *J. Chem. Phys.* **1973**, *59*, 3468–3476.
22. Hipps, K. W.; Crosby, G. A. *J. Am. Chem. Soc.* **1975**, *97*, 7042–7048.
23. Crosby, G. A.; Hipps, K. W.; Elfring, W. H. *J. Am. Chem. Soc.* **1974**, *96*, 629–630.
24. Daul, C.; Baerends, E. J.; Vernooijs, P. *J. Am. Chem. Soc.* **1994**, *33*, 3538–3543.
25. Juris, A.; Balzani, V.; Barigelletti, F.; Campagna, S.; Belser, P.; Von Zelewsky, A. *Coord. Chem. Rev.* **1988**, *84*, 85.
26. Kalyanasundaram, K. *Photochemistry of Polypyridine and Porphyrin Complexes*; Academic Press: London, 1992.
27. Meyer, T. J. *Acc. Chem. Res.* **1989**, *22*, 163.
28. Kober, E. M.; Sullivan, B. P.; Meyer, T. J. *Inorg. Chem.* **1984**, *23*, 2098–2104.
29. Dallinger, R. F.; Woodruff, W. H. *J. Am. Chem. Soc.* **1979**, *101*, 4391–4393.
30. McCusker, J. K. *Acc. Chem. Res.* **2003**, *36*, 876–887.

31. Durham, B.; Caspar, J. V.; Nagle, J. K.; Meyer, T. J. *J. Am. Chem. Soc.* **1982**, *104*, 4803–4810.

32. Englman, R.; Jortner, J. *Mol. Phys.* **1970**, *18*, 145–164.

33. Freed, K. F.; Jortner, J. *J. Chem. Phys.* **1970**, *52*, 6272–6291.

34. Bixon, M.; Jortner, J. *J. Chem. Phys.* **1968**, *48*, 715–726.

35. Claude, J. P.; Meyer, T. J. *J. Phys. Chem.* **1995**, *99*, 51–54.

36. Lumpkin, R. S.; Meyer, T. J. *J. Phys. Chem.* **1986**, *90*, 5307–5312.

37. Lever, A. B. P. Ligand electrochemical parameters and electrochemical-optical relationships. In *Comprehensive Coordination Chemistry II*; Elsevier Science, 2003; Vol. 2, pp 251–268.

38. DeArmond, M. K.; Carlin, C. M. *Coord. Chem. Rev.* **1981**, *36*, 325–355.

39. Nazeeruddin, M. K.; Kay, A.; Rodicio, I.; Humphry-Baker, R.; Mueller, E.; Liska, P.; Vlachopoulos, N.; Grätzel, M. *J. Am. Chem. Soc.* **1993**, *115*, 6382–6390.

40. Bard, A. J.; Fox, M. A. *Acc. Chem. Res.* **1995**, *28*, 141–145.

41. Galoppini, E. *Coord. Chem. Rev.* **2004**, *248*, 1283–1297.

42. Anderson, S.; Constable, E. C.; Dare-Edwards, M. P.; Goodenough, J. B.; Hamnett, A.; Seddon, K. R.; Wright, R. D. *Nature* **1979**, *280*, 571–573.

43. Qu, P.; Meyer, G. J. *Langmuir* **2001**, *17*, 6720–6728.

44. Finnie, K. S.; Bartlett, J. R.; Woolfrey, J. L. *Langmuir* **1998**, *14*, 2744–2749.

45. Kilsa, K.; Mayo, E. I.; Brunschwig, B. S.; Gray, H. B.; Lewis, N. S.; Winkler, J. R. *J. Phys. Chem. B* **2004**, *108*, 15640–15651.

46. Meyer, T. J.; Meyer, G. J.; Pfennig, B. W.; Schoonover, J. R.; Timpson, C. J.; Wall, J. F.; Kobusch, C.; Chen, X.; Peek, B. M.; Wall, C. G.; Ou, W.; Erickson, B. W.; Bignozzi, C. A. *Inorg. Chem.* **1994**, *33*, 3952–3964.

47. Dobson, K. D.; McQuillan, A. J. *Spectrochim. Acta A* **2000**, *56*, 557–565.

48. Deacon, G. B.; Phillips, R. J. *Coord. Chem. Rev.* **1980**, *33*, 227–250.

49. Heimer, T. A.; D'Arcangelis, S. T.; Farzad, F.; Stipkala, J. M.; Meyer, G. J. *Inorg. Chem.* **1996**, *35*, 5319–5324.

50. Persson, P.; Bergstrom, R.; Lunell, S. *J. Phys. Chem. B* **2000**, *104*, 10348–10351.

51. Kelly, C. A.; Farzad, F.; Thompson, D. W.; Meyer, G. J. *Langmuir* **1999**, *15*, 731–737.

52. Farzad, F.; Thompson, D. W.; Kelly, C. A.; Meyer, G. J. *J. Am. Chem. Soc.* **1999**, *121*, 5577–5578.

53. Higgins, G. T.; Bergeron, B. V.; Hasselmann, G. M.; Farzad, F.; Meyer, G. J. *J. Phys. Chem. B* **2006**, *110*, 2598–2605.

54. Leasure, R. M.; Oy, W.; Moss, J. A.; Linton, R. W.; Meyer, T. J. *Chem. Mater.* **1996**, *8*, 264–272.

55. Qu, P.; Thompson, D. W.; Meyer, G. J. *Langmuir* **2000**, *16*, 4662–4671.

56. Maruszewski, K.; Strommen, D. P.; Kincaid, J. R. *J. Am. Chem. Soc.* **1993**, *115*, 8345.

57. Liu, F.; Meyer, G. J. *J. Am. Chem. Soc.* **2005**, *127*, 824–825.

58. Liu, F.; Meyer, G. J. *Inorg. Chem.* **2003**, *42*, 7351–7353.

59. Chen, P.; Meyer, T. J. *Chem. Rev.* **1998**, *98*, 1439–1478.

60. Timpson, C. J.; Bignozzi, C. A.; Sullivan, B. P.; Kober, E. M.; Meyer, T. J. *J. Phys. Chem.* **1996**, *100*, 2915–2925.

61. Hasselman, G. M.; Watson, D. F.; Stromberg, J. R.; Bocian, D. F.; Holten, D.; Lindsey, J. S.; Meyer, G. J. *J. Phys. Chem. B* **2006**, *110*, 25430–25440.

62. Liu, Y.; De Nicola, A.; Reiff, O.; Ziessel, R.; Schanze, K. S. *J. Phys. Chem. A* **2003**, *107*, 3476.

63. Argazzi, R.; Bignozzi, C. A.; Heimer, T. A.; Castellano, F. N.; Meyer, G. J. *Inorg. Chem.* **1994**, *33*, 5741–5749.

64. Wang, P.; Klein, C.; Humphy-Baker, R.; Zakeeruddin, S. M.; Grätzel, M. *Appl. Phys. Lett.* **2005**, *86*, 123508–123510.

65. Wang, P.; Klein, C.; Humphry-Baker, R.; Zakeeruddin, S. M.; Grätzel, M. *J. Am. Chem. Soc.* **2005**, *127*, 808–809.

66. Kuang, D.; Ito, S.; Wenger, B.; Klein, C.; Moser, J. E.; Humphry-Baker, R.; Zakeeruddin, S. M.; Grätzel, M. *J. Am. Chem. Soc.* **2006**, *128*, 4146–4154.

67. Snaith, H. J.; Karthikeyan, C. S.; Petrozza, A.; Teuscher, J.; Moser, J. E.; Nazeeruddin, M. K.; Thelakkat, M.; Grätzel, M. *J. Phys. Chem. C* **2008**, *112*, 7562–7566.

68. Aranyos, V.; Hjelm, J.; Hagfeldt, A.; Grennberg, H. *J. Chem. Soc., Dalton Trans.* **2001**, 1319–1325.

69. Staniszewski, A.; Heuer, W. B.; Meyer, G. J. *Inorg. Chem.* **2008**, *47*, 7062–7064.

70. Holten, D.; Bocian, D. F.; Lindsey, J. S. *Acc. Chem. Res.* **2002**, *35*, 57–69.

71. Amadelli, R.; Argazzi, R.; Bignozzi, C. A.; Scandola, F. *J. Am. Chem. Soc.* **1990**, *112*, 7099–7103.

72. Gajardo, F.; Leiva, A. M.; Loeb, B.; Delgadillo, A.; Stromberg, J. R.; Meyer, G. J. *Inorg. Chim. Acta* **2008**, *361*, 613–619.

73. Rehm, D.; Weller, A. *Isr. J. Chem.* **1970**, *8*, 259–267.

74. Bonhote, P.; Gogniat, E.; Tingry, S.; Barbe, C.; Vlachopoulos, N.; Lenzmann, F.; Comte, P.; Grätzel, M. *J. Phys. Chem. B* **1998**, *102*, 1498–1507.

75. Heimer, T. A.; D'Arcangelis, S. T.; Farzad, F.; Stipkala, J. M.; Meyer, G. J. *Inorg. Chem.* **1996**, *35*, 5319–5324.

76. Trammell, S. A.; Meyer, T. J. *J. Phys. Chem. B* **1999**, *103*, 104–107.

77. Young, R. C.; Meyer, T. J.; Whitten, D. G. *J. Am. Chem. Soc.* **1975**, *97*, 4781–4782.

78. Bock, C. R.; Meyer, T. J.; Whitten, D. G. *J. Am. Chem. Soc.* **1975**, *97*, 2909–2911.

79. Gray, H. B.; Winkler, J. R. *Proc. Natl. Acad. Sci. USA* **2005**, *102*, 3534–3539.

80. Schanze, K. S.; Walters, K. A. Photoinduced electron transfer in metal-organic dyads. In *Molecular and Supramolecular Photochemistry*; Ramamurthy, V.; Schanze, K. S., Eds.; Marcel Dekker: New York, 1999, Vol. 8, Chapter 3, pp 75–126, and references therein.

81. Castellano, F. N.; Meyer, G. J. *Prog. Inorg. Chem.* **1997**, *44*, 167–209.

82. Ruthkosky, M.; Kelly, C. A.; Castellano, F. N.; Meyer, G. J. *J. Am. Chem. Soc.* **1997**, *119*,

12004–12005.

83. Scaltrito, D. V.; Kelly, C. A.; Ruthkosky, M.; Thompson, D. W.; Meyer, G. J. *Inorg. Chem.* **2000**, *39*, 3777–3783.

84. Scaltrito, D. V.; Thompson, D. W.; O'Callahan, J. A.; Meyer, G. J. *Coord. Chem. Rev.* **2000**, *208*, 243–267.

85. Chen, L. X.; Jennings, G.; Liu, T.; Gosztola, D. J.; Hessler, J. P.; Scaltrito, D. V.; Meyer, G. J. *J. Am. Chem. Soc.* **2002**, *124*, 10861–10867.

86. Chen, L. X.; Shaw, G. B.; Liu, T.; Jennings, G.; Attenkofer, K.; Meyer, G. J.; Coppens, P. *J. Am. Chem. Soc.* **2003**, *125*, 7022–7034.

87. Shaw, G. B.; Grant, C. D.; Castner, E. W.; Meyer, G. J.; Chen, L. C. *J. Am. Chem. Soc.* **2007**, *129*, 2147–2160.

88. Albery, W. J. *Acc. Chem. Res.* **1982**, *15*, 142.

89. Gomer, R. *Electrochim. Acta* **1975**, *20*, 13.

90. Gerischer, H.; Willig, F. *Top. Curr. Chem.* **1976**, *61*, 31–84.

91. Gerischer, H. *Photochem. Photobiol.* **1972**, *16*, 243–260.

92. Gerischer, H. *Surf. Sci.* **1969**, *18*, 97–122.

93. Clark, W. D. K.; Sutin, N. *J. Am. Chem. Soc.* **1977**, *99*, 4676–4682.

94. Boschloo, G.; Fitzmaurice, D. *J. Phys. Chem. B* **1999**, *103*, 7860–7868.

95. Enright, B.; Redmond, G.; Fitzmaurice, D. *J. Phys. Chem.* **1994**, *98*, 6195–6200.

96. Rothenberger, G.; Fitzmaurice, D.; Grätzel, M. *J. Phys. Chem.* **1992**, *96*, 5983–5986.

97. O'Regan, B.; Grätzel, M.; Fitzmaurice, D. *J. Phys. Chem.* **1991**, *95*, 10525–10528.

98. Rensmo, H.; Södergren, S.; Patthey, L.; Westermark, K.; Vayssieres, L.; Kohle, O.; Brühwiler, P. A.; Hagfeldt, A.; Siegbahn, H. *Chem. Phys. Lett.* **1997**, *274*, 51–57.

99. Cardon, F.; Gomes, W. P. *J. Phys. D: Appl. Phys.* **1978**, *11*, L63–L67.

100. Albery, W. J.; Bartlett, P. N. *J. Electrochem. Soc.* **1984**, *131*, 315–325.

101. Rothenberger, G.; Fitzmaurice, D.; Grätzel, M. *J. Phys. Chem.* **1992**, *96*, 5983–5986.

102. Enright, B.; Redmond, G.; Fitzmaurice, D. *J. Phys. Chem.* **1994**, *98*, 6195–6200.

103. Redmond, G.; Fitzmaurice, D. *J. Phys. Chem.* **1993**, *97*, 1426–1430.

104. Fitzmaurice, D. *Solar Energy Mater.* **1994**, *32*, 289–305.

105. Bisquert, J.; Fabregat-Santiago, F.; Mora-Sero, I.; Garcia-Belmonte, G.; Barea, E. M.; Palomares, E. *Inorg. Chim. Acta* **2008**, *361*, 684–698.

106. Finklea, H. O. *Semiconductor Electrodes*; Elsevier: Amsterdam, 1988; Vol. 55.

107. Moser, J.; Punchihewa, S.; Infelta, P. P.; Grätzel, M. *Langmuir* **1991**, *7*, 3012–3018.

108. Redmond, G.; Fitzmaurice, D.; Grätzel, M. *J. Phys. Chem.* **1993**, *97*, 6951–6954.

109. Gerischer, H. Semiconductor electrochemistry. In *Physical Chemistry: An Advanced Treatise*; Eyring, H.; Henderson, D.; Jost, W., Eds.; Academic Press: New York, 1970; Vol. 9A, Chapter 5, p 463.

110. Lyon, L. A.; Hupp, J. T. *J. Phys. Chem. B* **1999**, *103*, 4623–4628.

111. Berube, Y. G.; de Bruyn, P. L. *J. Colloid Interface Sci.* **1968**, *28*, 92–105.

112. Watson, D. F.; Meyer, G. J. *Annu. Rev. Phys. Chem.* **2005**, *56*, 119–156.

113. Benko, G.; Kallioinen, J.; Korppi-Tommola, J. E. I.; Yartsev, A. P.; Sundstrom, V. *J. Am. Chem. Soc.* **2002**, *124*, 489–493.

114. Kelly, C. A.; Thompson, D. W.; Farzad, F.; Stipkala, J. M.; Meyer, G. J. *Langmuir* **1999**, *15*, 7047–7054.

115. Stux, A. M.; Meyer, G. J. *J. Fluorescence* **2002**, *12*, 419–423.

116. Anderson, N. A.; Ai, X.; Chen, D.; Mohler, D. L.; Lian, T. *J. Phys. Chem. B* **2003**, *107*, 14231–14239.

117. Argazzi, R.; Bignozzi, C. A.; Heimer, T. A.; Meyer, G. J. *Inorg. Chem.* **1997**, *36*, 2–3.

118. Galoppini, E.; Guo, W.; Qu, P.; Meyer, G. J. *J. Am. Chem. Soc.* **2001**, *123*, 4342–4343.

119. Galoppini, E.; Guo, W.; Hoertz, P.; Qu, P.; Meyer, G. J. *J. Am. Chem. Soc.* **2002**, *124*, 7801–7811.

120. Piotrowiak, P.; Galoppini, E.; Wei, Q.; Meyer, G. J.; Wiewior, P. *J. Am. Chem. Soc.* **2003**, *125*, 5278–5279.

121. Hasselmann, G. M.; Meyer, G. J. *Z. Phys. Chem.* **1999**, *212*, 39–44.

122. Liu, F.; Meyer, G. J. *Inorg. Chem.* **2005**, *44*, 9305–9313.

123. Hoertz, P. G.; Staniszewski, A.; Marton, A.; Higgins, G. T.; Incarvito, C. D.; Rheingold, A. L.; Meyer, G. J. *J. Am. Chem. Soc.* **2006**, *128*, 8234–8245.

124. Hoertz, P. G.; Thompson, D. W.; Friedman, L. A.; Meyer, G. J. *J. Am. Chem. Soc.* **2002**, *124*, 9690–9691.

125. Staniszewski, A.; Morris, A. J.; Ito, T.; Meyer, G. J. *J. Phys. Chem. B* **2007**, *111*, 6822–6828.

126. Ross, R. T.; Nozik, A. J. *J. Appl. Phys.* **1982**, *53*, 3813–3818.

127. Shockley, W.; Queisser, H. J. *J. Appl. Phys.* **1961**, *32*, 510–519.

128. Ortmans, I.; Moucheron, C.; Kirsch-De Mesmaeker, A. *Coord. Chem. Rev.* **1998**, *168*, 233–271.

129. Thompson, D. W.; Kelly, C. A.; Farzad, F.; Meyer, G. J. *Langmuir* **1999**, *15*, 650–653.

130. Bergeron, B. V.; Meyer, G. J. *J. Phys. Chem. B* **2003**, *107*, 245–254.

131. Gardner, J. M.; Giaimuccio, J. M.; Meyer, G. J. *J. Am. Chem. Soc.* **2008**, *130*, 17252–17253.

132. Liu, F.; Yang, M.; Meyer, G. J. Molecule-to-particle charge transfer in sol-gel materials. In *Handbook of Sol-Gel Science and Technology: Processing Characterization and Application; Volume II: Characterization of Sol-Gel Materials and Products*; Almeida, R. M.,Ed.; Kluwer Academic Publishers: Dordrecht, The Netherlands, 2005; Vol. 2, pp 400–428.

133. Vrachnou, E.; Grätzel, M.; McEvoy, A. J. *J. Electroanal. Chem.* **1989**, *258*, 193–205.

134. Vrachnou, E.; Vlachopoulos, N.; Grätzel, M. *Chem. Commun.* **1987**, 868–870.

135. Blackbourn, R. L.; Johnson, C. S.; Hupp, J. T. *J. Am. Chem. Soc.* **1991**, *113*, 1060–1062.

136. Lu, H.; Prieskorn, J. N.; Hupp, J. T. *J. Am. Chem. Soc.* **1993**, *115*, 4927–4928.

137. Yang, M.; Thompson, D. W.; Meyer, G. J. *Inorg. Chem.* **2002**, *41*, 1254–1262.
138. Barzykin, A. V.; Tachiya, M. *J. Phys. Chem. B* **2004**, *108*, 8385–8389.
139. Nelson, J.; Haque, S. A.; Klug, D. R.; Durrant, J. R. *Phys. Rev. B* **2001**, *63*, 205–321.
140. Walker, A. B.; Peter, L. M.; Martínez, D.; Lobato, K. *Chimia* **2007**, *61*, 792–795.
141. Clifford, J.N.; Palomares, E.; Nazeeruddin, M.K.; Gratzel, M.; Nelson, J.; Li, X.; Long, N.J.; Durrant, J.R. J. Am Chem. Soc. **2004**, *126*, 5225–5233.
142. Bedja, I.; Kamat, P. V. *J. Phys. Chem.* **1995**, *99*, 9182–9188.
143. Diamant, Y.; Chappel, S.; Chen, S. G.; Melamed, O.; Zaban, A. *Coord. Chem. Rev.* **2004**, *248*, 1271–1276.
144. Zaban, A.; Chen, S. G.; Chappel, S.; Gregg, B. A. *Chem. Commun.* **2000**, 2231–2232.
145. Palomares, E.; Clifford, J. N.; Haque, S. A.; Lutz, T.; Durrant, J. R. *J. Am. Chem. Soc.* **2003**, *125*, 475–482.
146. Balzani, V.; Moggi, L.; Scandola, F. Towards a supramolecular photochemistry: assembly of molecular components to obtain photochemical molecular devices. In *Supramolecular Photochemistry*; Balzani, V., Ed.; D. Reidel Publishing Co.: Dordrecht, Holland, 1987.
147. Forster, R. J.; Keyes, T. E.; Vos, J. G. *Interfacial Supramolecular Assemblies*; Wiley: Chichester, 2003.
148. Kleverlaan, C. J.; Indelli, M. T.; Bignozzi, C. A.; Pavanin, L.; Scandola, F.; Hasselman, G. M.; Meyer, G. J. *J. Am. Chem. Soc.* **2000**, *122*, 2840–2849.
149. Argazzi, R.; Bignozzi, C. A.; Heimer, T. A.; Castellano, F. N.; Meyer, G. J. *J. Am. Chem. Soc.* **1995**, *117*, 11815–11816.
150. Argazzi, R.; Bignozzi, C. A.; Heimer, T. A.; Castellano, F. N.; Meyer, G. J. *J. Phys. Chem. B* **1997**, *101*, 2591–2597.
151. Kleverlaan, C.; Alebbi, M.; Argazzi, R.; Bignozzi, C. A.; Hasselmann, G. M.; Meyer, G. J. *Inorg. Chem.* **2000**, *39*, 1342–1343.
152. Bonhote, P.; Moser, J. E.; Humphry-Baker, R.; Vlachopoulos, N.; Zakeeruddin, S. M.; Walder, L.; Grätzel, M. *J. Am. Chem. Soc.* **1999**, *121*, 1324–1336.
153. Hirata, N.; Lagref, J.-J.; Palomares, E. J.; Durrant, J. R.; Nazeeruddin, M. K.; Grätzel, M.; Di Censo, D. *Chem.: Eur. J.* **2004**, *10*, 595–602.
154. Haque, S. A.; Handa, S.; Peter, K.; Palomares, E.; Thelakkat, M.; Durrant, J. R. *Angew. Chem., Int. Ed.* **2005**, *44*, 5740–5744.
155. Handa, S.; Wietasch, H.; Thelakkat, M.; Durrant, J. R.; Haque, S. A. *Chem. Commun.* **2007**, 1725–1727.

彩 图

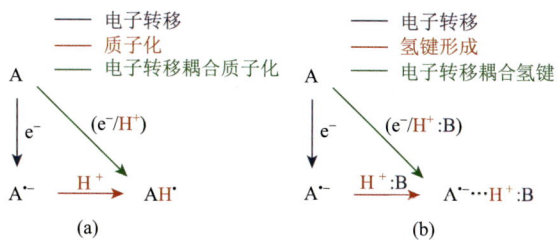

图式 2.6

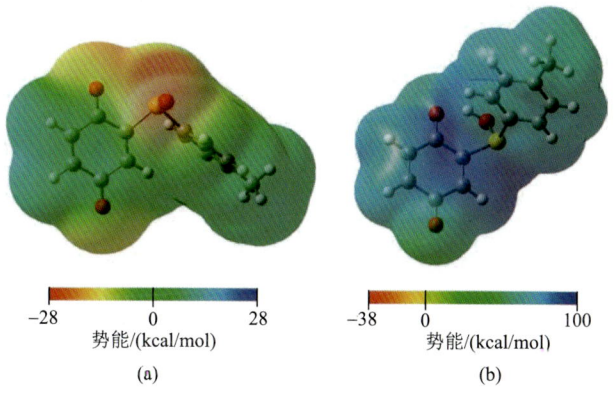

图 2.12 （a）TolSQ 和（b）TolSQH$^+$的静电势能图[81]

采用 BLYP/6-31G**进行 DFT 计算

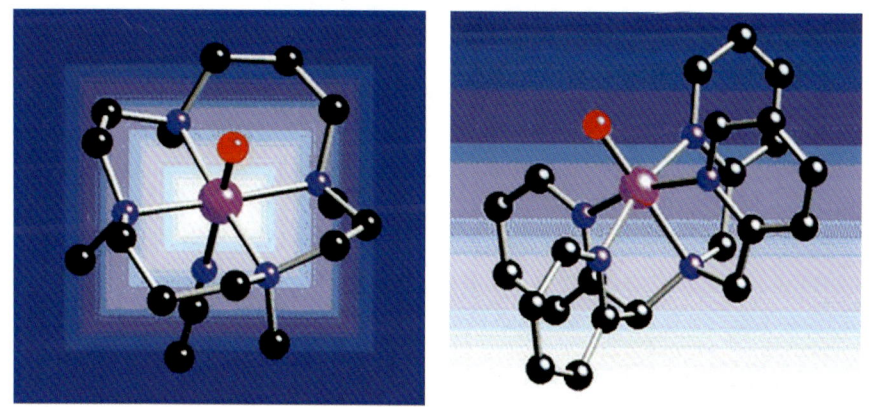

图 4.36 非血红素铁(Ⅳ)-氧配合物的 X-射线晶体结构[57]

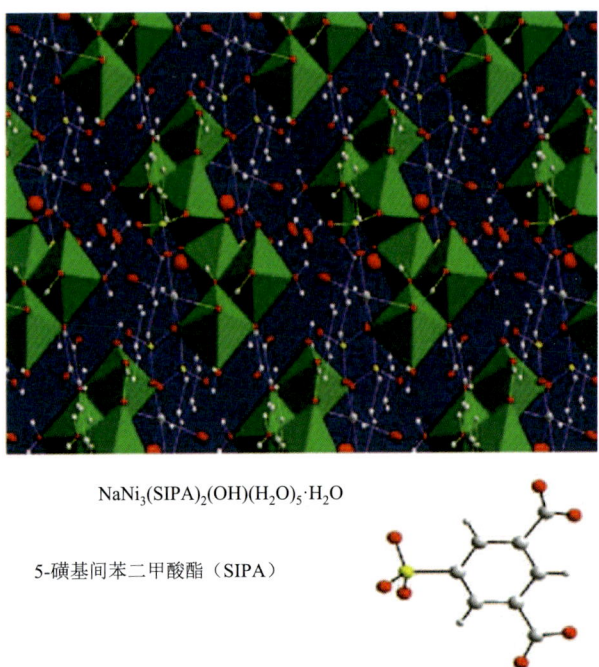

NaNi$_3$(SIPA)$_2$(OH)(H$_2$O)$_5$·H$_2$O

5-磺基间苯二甲酸酯（SIPA）

图 5.13　从 ab 面观察，水合 NaNi$_3$(SIPA)$_2$(OH)(H$_2$O)$_5$·H$_2$O 的晶体结构

NiO$_6$ 八面体显示为绿色多边形，钠、硫、碳、氧和氢原子分别显示为蓝色、黄色、灰色、红色和白色球体

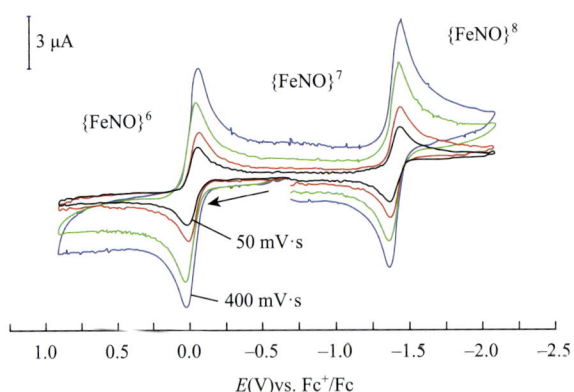

图 7.2　在 20℃，0.1 mol/L[N(n-Bu)$_4$]PF$_6$ 支持电解质、玻碳电极下，[Fe(NO)(cyclam-ac)](PF$_6$) 在 CH$_3$CN 中的循环伏安图[13a]

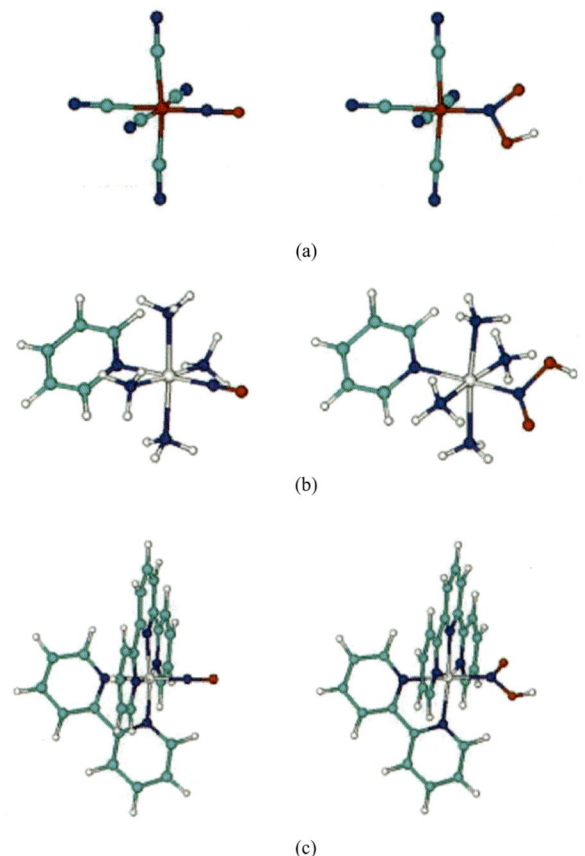

图 7.7 对代表性金属亚硝基和 OH⁻加成产物组合体进行的 B3LYP/6-31G** (基于金属中心的 SDD 假设势能)水平的优化几何构型:(a) [Fe(CN)$_5$NO]$^{2-}$;(b) trans-[Ru(NH$_3$)$_4$NO(py)]$^{3+}$;(c) cis-[Ru(bpy)(Trpy)NO]$^{3+}$[36]

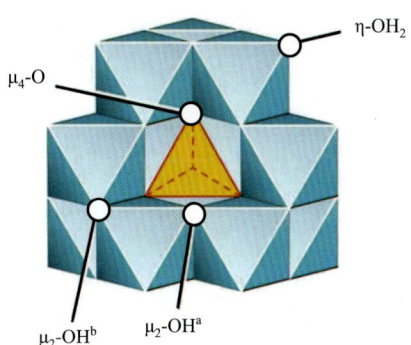

图 8.9 沿任一个 C_3 轴(共四个)方向看,ε-[AlO$_4$Al$_{12}$(OH)$_{24}$(OH$_2$)$_{12}$]$^{7+}$(ε-Al$_{13}$,T_d 对称)的结构

Chem. Rev. 2006,106,1. 经许可转载,版权归 2006 年美国化学会所有

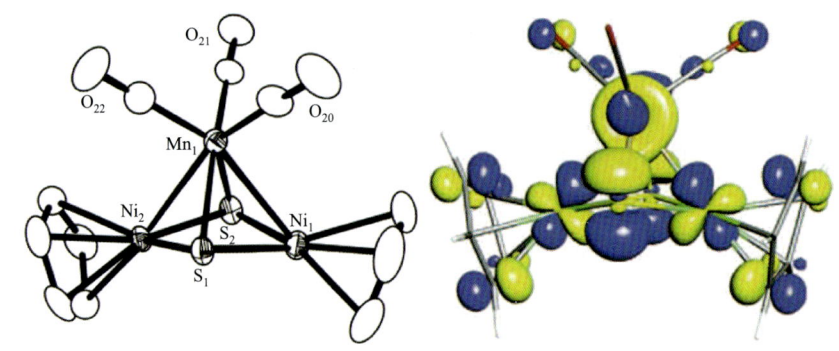

图 10.2　$Cp_2Ni_2(\mu_3-S)_2Mn(CO)_3$ 分子结构 ORTEP 图以及计算得到的 SOMO 图

文献[30]经许可刊载，版权归 2004 年美国化学学会所有

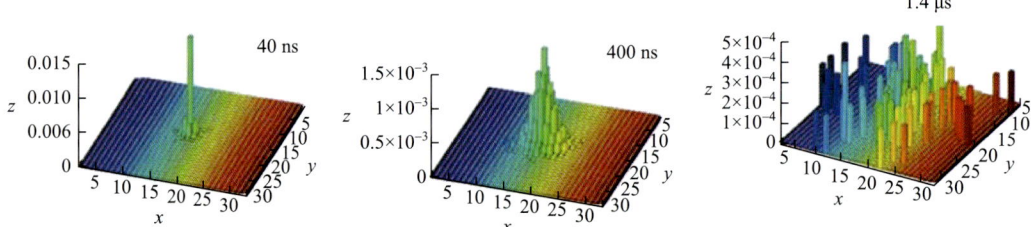

图 12.7　锐钛矿二氧化钛纳米晶表面侧向分子间能量转移过程的蒙特卡罗模拟图

图中格点为 32×32，它被用于高表面覆盖率情况下的半导体表面激发态模拟（每个直径约 20 nm 的圆球锚定约 700 个光敏分子），格点具有连续性条件，允许跳出网格的激发态重新出现在另一侧。图上显示了在 40 ns、400 ns 和 1.4 μs 时，$Ru(dcb)(bpy)_2^*$ 激发态随机分子间能量跃迁$(30 \text{ ns})^{-1}$ 的概率

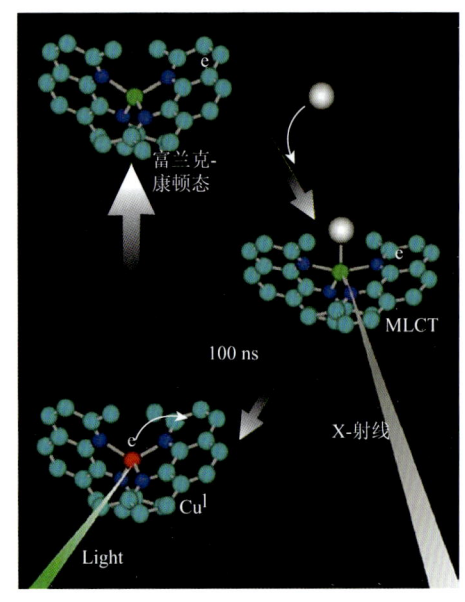

图 12.12　甲苯溶液中 $Cu(dmp)_2^+$ 的平衡 MLCT 激发态的 X-射线表征

首先利用脉冲激光产生激发态，随后通过阿贡国家实验室的先进光源进行一系列 X-射线探测。结果表明，发光的激发态有五个最近的邻原子